FORTSCHRITTE DER BOTANIK

BEGRÜNDET VON FRITZ VON WETTSTEIN

UNTER ZUSAMMENARBEIT
MIT ZAHLREICHEN FACHGENOSSEN
UND MIT DER
. DEUTSCHEN BOTANISCHEN GESELLSCHAFT

HERAUSGEGEBEN VON

ERWIN BÜNNING
TÜBINGEN

ERNST GÄUMANN
ZÜRICH

FÜNFUNDZWANZIGSTER BAND
BERICHT ÜBER DAS JAHR 1962

MIT 27 ABBILDUNGEN

SPRINGER-VERLAG BERLIN
HEIDELDERG GMBH
1963

ISBN 978-3-642-94865-7   ISBN 978-3-642-94864-0 (eBook)
DOI 10.1007/978-3-642-94864-0

Brühlsche Universitätsdruckerei Gießen

Inhaltsverzeichnis

---

[1] Der Beitrag folgt in Band XXVI.

C. Physiologie des Stoffwechsels

D. Physiologie der Organbildung

---

[1] Der Beitrag folgt in Band XXVI.

Die Abschnitte A und B sind von E. GÄUMANN und die Abschnitte C und D von E. BÜNNING und der Abschnitt E von E. BÜNNING und E. GÄUMANN redigiert.

---

[1] Der Beitrag folgt in Band XXVI.

FORTSCHRITTE DER BOTANIK

BAND 25

A. Anatomie und Morphologie

1. Morphologie und Entwicklungsgeschichte der Zelle

Von Lothar Geitler, Wien

Mit 1 Abbildung

Cyanophyceen und Bakterien. Nach den elektronenmikroskopischen Untersuchungen von Frank, Lefort u. Martin ist die scheinbar einfach gebaute Zellmembran einer Hormogonale wie *Phormidium* — auch abgesehen von ihrem Porenbau — recht kompliziert mehrschichtig gestaltet: von den Außenwänden läßt sich eine dünne Schichte mechanisch abtragen, die Scheidewände haben eine Mitellamelle. Auch Hall u. Claus fanden bei *Oscillatoria*, daß eine allen Fadenzellen gemeinsame äußere Hautschicht vorhanden ist und die Querwände Doppelbau besitzen (daher können sich auch bei den Hormogonalen die Fadenzellen isolieren); das Chromatoplasma zeigt den üblichen Bau aus Doppellamellen (Fortschr. Bot. **24**, 2), dem Centroplasma fehlt bei dieser Art, im Unterschied z. B. von *Chroococcus*, jede chromatoplasmatische Lamellierung; über die Kernäquivalente des Centroplasmas läßt sich noch nichts Sicheres sagen.

Giesbrecht findet bemerkenswerterweise eine sehr weitgehende Übereinstimmung der Feinstruktur der Chromosomen einer Dinophycee und der Chromatinkörper von *Bacillus megaterium* (die er Chromosomen nennt); auch einander entsprechende Strukturwechsel in verschiedenen Lebenszuständen der Zellen sind vorhanden (vgl. auch Giesbrecht, Fortschr. **24**, 2); die Schlußfolgerung, daß deshalb Dinophyceen und Bakterien besonders nahe verwandt sind, ist allerdings kühn. — Die massenweise durchgeführten el.-mikr. Untersuchungen an Bakterien können in diesem Rahmen nicht behandelt werden; sie gehen grundsätzlich nicht über das hinaus, was schon früher referiert wurde.

Protisten. Bei *Hydrodictyon* kommt die dreidimensional netzförmige Anordnung der Zellen bekanntlich dadurch zustande, daß sich die Zoosporen in der Mutterzelle in bestimmter Weise aneinanderlegen und zu einem neuen Netz heranwachsen. Versuche mit künstlich isolierten Zoosporen zeigten (McReynolds), daß die Wachstumsrichtung durch einen Druck auf die Zelle determiniert wird: bei zweiseitiger Berührung mit zwei anderen Zoosporen wächst die Zoospore in normaler Weise zylindrisch in die Länge, bei drei- oder vierfacher Berührung bildet sie drei oder vier Arme, ohne Berührung bzw. Außendruck wächst sie überhaupt nicht. — Die Zoosporen und die aus ihnen entstehenden Keimlinge von Coleochaeten sind nicht nur polar und dorsiventral gebaut, sondern besitzen auch eine inhärente Rechts-Links-Asymmetrie; bei *C. nitellarum* verläuft die 1. Teilung des Keimlings im Zusammenhang mit der intra-membranösen Lebensweise extrem inäqual [GEITLER 1962 (2)]. — Teils in Bestätigung, teils in Widerspruch zu älteren Angaben finden DRAWERT u. MIX [1962 (1)], daß die Häutung bei Desmidiaceen unmittelbar mit der Zellteilung zusammenhängt: die wachsenden Halbzellen bilden eine Pri-märmembran, der innen die definitive, zu Flächenwachstum unfähige Membran angelagert wird, wonach die Primärwand abgeworfen wird; die primäre im Isthmus gebildete Querwand bleibt entweder als Verbindungs-stück der primären Halbzellmembranen erhalten oder spaltet sich, so daß diese einzeln abgestoßen werden.

Die habituell eigenartige Mitose der Dinophyceen ist dennoch grund-sätzlich eine typische Mitose (DODGE), doch bestehen die Chromosomen schon in der Prophase aus distinkten Chromatiden, die relational coiling zeigen oder parallel liegen; lokalisierte Centromeren sind nach der Mei-nung des Autors nicht vorhanden, was den Angaben von SKOCZYLAS (Fortschr. Bot. **21**, 2) insofern widerspricht, als dieser zwar keine Centro-meren, aber eine entsprechende Orientierung der Chromosomen in der Spindel fand; nach DODGE scheint die anaphasische Trennung nicht durch Spindeltätigkeit in der üblichen Weise zu erfolgen. — Bei *Puccinia sorghi* wird ein SAT-Chromosom und, ohne in topographische Einzelheiten einzugehen, Eu- und Heterochromatin festgestellt (PAVGI, COOPER u. DICKSON).

Bei der farblosen Protococcale *Prototheca* sind auch el.-mikr. Leuko-plasten sicher nachweisbar (MENKE u. FRICKE); im Unterschied zu ergrünbaren anderer Pflanzen sind sie nicht lamelliert. — In der lebenden Zelle von *Micrasterias* sind rundliche bis lang fädliche Mitochondrien gut zu beobachten; in jungen Halbzellen werden sie im strömenden Plasma verlagert, in alten liegen sie fest und zeigen nur infolge vorbei-führender Plasmaströmung schlängelnde Bewegungen (DRAWERT u. MIX, 1961). — Die Pyrenoide von *Micrasterias* (und vermutlich ja alle Pyrenoide) enthalten, wie die fluorescenzmikroskopische Beobachtung zeigt, kein Chlorophyll [DRAWERT u. MIX, 1962 (2)]. Das Pyrenoid von *Micrasterias* gehört, wie die Pyrenoide aller Conjugaten, zum Typus der nicht polarisierten Pyrenoide, deren Stärkehülle aus vielen gleichmäßig großen Körnern besteht; auch el.-mikr. lassen sich keine voneinander ab-gegrenzten, den Stärkekörnern entsprechende Einzelteile — wie bei *Anthoceros* und unter Umständen bei *Pyramidomonas* schon licht-mikroskopisch — erkennen (vgl. die eingehende Darstellung bei SCHUSS-NIG), vielmehr ist eine einheitliche Grundsubstanz von Doppellamellen des Chromatophors in weiten, mit dem physiologischen Zustand der Zelle wechselnden Abständen durchzogen (so auch in anderen Fällen, vgl. z. B. UEDA — 1960 — für *Trachelomonas*). Die Durchsetzung der Pyrenoide mit Stromalamellen bestätigt für Chlorophyceen, Dinophyceen, Rhodophy-ceen, Eugleninen und Diatomeen auch UEDA (1962), wobei sich ver-schiedene Pyrenoidtypen unterscheiden lassen, die im wesentlichen schon lichtmikroskopisch bekannt waren (vgl. SCHUSSNIG). Bei *Chrysochromu-lina* ragt das Pyrenoid über die Innenfläche des Chromatophors anhängsel-artig heraus, wird aber von der Plastidengrenzschicht überzogen und von einigen Stromalamellen durchsetzt (das gleiche gilt offenbar für gewisse Diatomeen; TSCHERMAK-WOESS, Fortschr. Bot. **15**, 2).

Wie zu erwarten, ergibt auch die el.-mikr. Untersuchung, daß die *Euglena*-Zelle alle Elemente der Zellen höher entwickelter Organismen enthält (FREY-WYSSLING u. MÜHLETHALER). — Die gesamte Morphologie der Protistenzelle einschl. Fortpflanzung behandelt SCHUSSNIG in einer Handbuch-Darstellung auf breitester Grundlage. — An 6 Ascomyceten und 5 Basidiomyceten läßt sich el.-mikr. zeigen, daß die Querwände in beiden Gruppen typisch verschieden gebaut sind: bei den Ascomyceten ist eine einfache zentrale Pore vorhanden, bei den Basidiomyceten wird eine zentrale kanalartige Durchbrechung von einer doppelten kragenartigen Bildung umgeben, die im Lichtmikroskop nur andeutungsweise wahrnehmbar ist (MOORE u. MCALEAR); von Basidiomyceten wurden allerdings nur vermutlich dikaryotische Hyphen untersucht.

Plastiden und Mitochondrien. Vergleichende el.-mikr. Untersuchungen UEDAS (1962) der Plastiden von Chlorophyceen, Heterokonten, Dinophyceen, Rhodophyceen, Eugleninen, Diatomeen und an *Glaucocystis* ergeben überall das Vorhandensein von Stromalamellen, aber nur bei Chlorophyceen Granabildung; bemerkenswert, daß die als Chromatophoren dienenden symbiontischen Cyanophyceen-artigen Körper von *Glaucocystis* in ihrem Feinbau mit *Oscillatoria*, aber nicht mit echten Plastiden übereinstimmen. — YUASA gibt eine zus. Darstellung des Verhaltens der Plastiden bei der Zellteilung und Kopulation bei Flagellaten, Algen und Kormophyten und betrachtet die Abläufe als autonom. Seine Meinung, daß männliche und weibliche Plastiden in den Zygoten der Diatomeen verschmelzen, ist aber längst überholt, ebenso unrichtig sind die Angaben über Fusionen bei Conjugaten und bei *Chlamydomonas;* hierüber ist in dem gründlichen Sammelreferat von MICHAELIS nachzulesen, das auch einen aufschlußreichen Überblick über die durchschnittliche Zahlenkonstanz der Plastiden in Meristemen und ausdifferenzierten Zellen, die Beziehungen zur Zellteilung, zur Umwelt u. a. m. bringt. — Gesetzmäßig mit inäqualen Zellteilungen verbunden treten inäquale Chromatophorenteilungen bei der Spermienbildung und in Keimlingen von Coleochaeten auf [GEITLER, 1962 (1) (2)]. — Die verschiedentlich bloß auf Grund el.-mikr. Bilder geäußerte Meinung von der Inkontinuität der Plastiden wird, wie zu erwarten, zurückgewiesen (SCHÖTZ, STUBBE). — Bei *Anthoceros* und einer *Chrysochromulina* lassen sich keinerlei Anzeichen dafür finden, daß die Mitochondrien de novo entstünden (MANTON), wie dies für andere Pflanzen manchmal behauptet wurde.

Golgiapparat. Der Begriff G.A. als eine besondere plasmatische Differenzierung ist mehr als 100 Jahre alt, doch wurde trotz zahlreicher zoologischer und botanischer Untersuchungen nicht klar, inwieweit es sich um vergleichbare, allen Zellen gemeinsame Strukturen handelt. Erst el.-mikr. Untersuchungen (Fortschr. Bot. **23**, 31) ergaben das Vorkommen bestimmter plasmatischer Einschlüsse, die untereinander besser vergleichbar erscheinen und die als Golgiapparate oder Golgikörper bezeichnet werden können, wenn sie auch mit dem früher beschriebenen, wohl stark artifiziell veränderten G.A. nicht immer viel gemeinsam haben. Es handelt sich um scheibenförmige, lipoidhaltige Lamellenpakete (vgl. z. B. FALK für *Allium*). Sie sind offenbar lebende Teile des Plasmas und im Lichtmikroskop in der lebenden Zelle gut erkennbar, ihr komplizierter lamellarer Feinbau zeigt sich aber erst im El.-Mikroskop. Ihr Verhalten in der lebenden Zelle läßt sich besonders gut bei *Micrasterias*, aber auch bei Characeen und im Fruchtfleisch von *Symphoricarpus* verfolgen [KIER-MAYER u. JAROSCH, JAROSCH, 1962 (1)]. Die lange bekannten rätselhaften „Doppelplättchen" und „Plättchen" derDiatomeen, die einen integrieren-den Bestandteil des Protoplasten bilden (vgl. GSCHÖPF, Fortschr. Bot. **15**, 2), sind offenbar nichts anderes als Golgikörper [JAROSCH, 1962 (2)].

Zellmembran. Einen aufschlußreichen Überblick über Entstehung und Bau gibt SITTE (1962). Die im Phragmoplast sich bildende Zellplatte ent-hält noch keine Cellulose, sie bekleidet sich beidseitig mit je einer Lamelle, die Cellulose enthält, wodurch die dreischichtige primäre Wand entsteht, die für Wasser gut wegsam und leicht dehnbar ist, so daß die Zelle zu wachsen vermag. Die alte Vorstellung des Flächenwachstums durch Intussuszeption (Einlagerung neuer Substanz zwischen die alte) ist zu-gunsten der Auffassung verlassen, daß neue Schichten vom Zellinneren her apponiert und die alten verdehnt werden; auch die noch in die Fläche wachsende Wand gilt derzeit als totes, nicht von Plasma durchsetztes Abscheidungsprodukt (unbeschadet des Vorkommens von lokalisierten Plasmodesmen). Von sekundären Veränderungen sind zu unterscheiden die Inkrustierung, wie im Fall der Verholzung, bei der Ligninsubstanz in die vorhandene (auch primäre) Wand eingelagert wird, und Akkrustie-rung, in welchem Fall die sekundäre Wand von Anfang an aus den ent-sprechenden Substanzen (Kutin, Suberin) aufgebaut und der primären Wand schichtweise angelagert wird. — Eingehende Untersuchungen von MARTENS u. WATERKEYN über den Membranbau der Pollenkörner von *Pinus* und *Picea* stehen z. T. im Widerspruch mit neueren und neuesten Auffassungen: vor allem bilden sich die Luftsäcke nicht unter Trennung von Exine und Intine, sondern durch die Trennung zweier Schichten der Exine, der „Endexine" und „Ectomesexine": die Basis der Luftsäcke wird von der Endexine gebildet (Einzelheiten sind in dem reich bebilder-ten Original nachzulesen).

Zellteilung. Die „Pollenkörner" der Cyperaceen sind Pollentetraden mit drei frühzeitig abortierten Pollenzellen [CARNIEL, 1962 (1)]; dadurch findet die „Einmaligkeit" des Geschehens ihren natürlichen Anschluß an den Normalfall (vgl. auch weiter unten). Bei der Bildung des sporogenen Gewebes spielen zunächst raummechanische Beziehungen eine Rolle, die die Orientierung der Kernspindel und damit die Lage der Zellplatte beein-flussen; bei den späteren Vermehrungsteilungen ist von solchen Einflüssen nichts mehr zu bemerken. Für den Ablauf der meiotischen Teilungen ist die Polarität der PMZ maßgebend und bestimmt den inäqualen Verlauf, der zum Abort von drei Pollenzellen führt. — Im wesentlichen die gleichen Verhältnisse — Degeneration der Anlagen von Pollenzellen einer Tetrade und Umwandlung der Tetrade in ein „Pollenkorn" — treten auch bei Epacridaceen auf (SMITH-WHITE); bei manchen Arten ist der Vorgang nicht streng fixiert und es werden in einer Tetrade mehrere Pollenzellen fertil; SMITH-WHITE meint, daß dieser Zustand sekundär aus dem Fall des Zugrundegehens von drei Pollenzellen entstanden wäre (obwohl er doch den Anschluß an den Normalfall der Entwicklung aller vier Pollenzellen herstellt!). Die verschiedenen artspezifischen Typen — 1 bis 3 fertile, 2 fertile Pollenkörner, 1 fertiles Pollenkorn je Tetrade — behandelt RAO.

Chromosomen, Heterochromatin. Baueigentümlichkeiten der Chromosomen, die für größere systematische Einheiten kennzeichnend sind, treten bei Onagraceen auf (KURABAYASHI, LEWIS u. ROVEN). Es lassen sich drei Gruppen unterscheiden: 1. Fuchsieae, Lopezieae, Circaeeae, 2. Epilobieae, Jussieae, 3. Onagreae, Hauyeae. Alle Arten, bei denen überhaupt Translokationen und im besonderen Komplexheterozygote auftreten, gehören zu Gruppe 3; in der Gruppe 1 ist wohl Heterochromatin vorhanden, doch werden keine distinkten Chromozentren gebildet, wie dies in Gruppe 2 und 3 der Fall ist. In der Gruppe 1 erfolgt die prophasische Kontraktion der Chromosomen ungefähr gleichmäßig entsprechend einem Gradienten, in den anderen Gruppen treten kompakte proximale und lockere distale Segmente in Erscheinung. Ausschließlich oder vorwiegend metazentrische Chromosomen in einem Satz finden sich nur in Gruppe 3; in Gruppe 2 sind die Chromosomen eines Satzes deutlicher verschieden groß und zeigen größere Unterschiede ihres eu- und heterochromatischen Baus als in Gruppe 3. — Entsprechend einem Gradienten angeordnete Chromomeren verschiedener Größe in Pachytänchromosomen (Fortschr. Bot. **17**, 7) beschreiben wieder LIMA DE FARIA u. SARVELLA, wobei auch auf die verschiedene „phänotypische" Ausprägung des Chromomerenmusters besonders hingewiesen wird (über die Variation der Ausbildung der Pachytänchromomeren vgl. auch LINNERT, Fortschr. Bot. **19**, 14; **24**, 7). — Offenbar neu durch Translokation entstandene Chromosomen lassen sich bei *Lilium longiflorum* beobachten (EMSWELLER u. UHRING), genkontrolliert ist die Chromosomengröße in der 1. Pollenmitose bestimmter Pflanzen von *Narcissus bulbocodium* (FERNANDES). — Photometrische Untersuchungen des DNS-Gehalts verschiedener *Luzula*-Arten — deren Chromosomen kein lokalisiertes Centomer besitzen — ergeben das Auftreten von zweierlei Typen von Polyploidie (MELLO-SAMPAYO): im einen Fall verringert sich die Chromosomengröße und die DNS-Menge des Kerus bleibt ungefähr gleich, im anderen bleibt die Chromosomengröße gleich und die DNS-Menge steigt entsprechend an; *L. purpurea* mit $2n = 6$ außergewöhnlich großen Chromosomen hat den 4- bis 5fachen DNS-Gehalt im Vergleich zu den Arten mit 12 Chromosomen; als hypothetische Erklärung der Artentstehung kann Polynemie und Verselbständigung der Chromatiden angenommen werden. — Die Meiose verschiedener *Luzula*-Arten untersuchen wieder NORDENSKIÖLD, KUSANAGI sowie KUSANAGI u. TANAKA.

Das Heterochromatin der Kerne des Endosperms bestimmter Arten von *Gagea* ist in auffallender und charakteristischer Weise einseitig netzförmig lokalisiert; die Erklärung dieser Struktur, die Kerne anderer Gewebe nicht aufweisen, liegt darin (ROMANOW), daß der obere Polkern und der Spermakern locker gebaut sind, aber der untere Polkern, der nachträglich zu dem Verschmelzungsprodukt der beiden anderen Kerne tritt, einen viel dichteren heterochromatischen Bau besitzt; nach seiner Fusion bleibt sein kondensiertes Heterochromatin durch die folgenden Teilungen hindurch in dem dreifachen Fusionskern erhalten, — obwohl die Nachkommenkerne in andere Plasmabezirke gelangen; bei *Gagea chomutovae* sind alle drei Kerne gleich gebaut und folgerichtig fehlt den Endospermkernen die entsprechende Struktur.

Bei verschiedenen Liliaceen sind weit verbreitet Spezial- oder Differentialsegmente der Chromosomen, d. h. nach Kältebehandlung auftretende unterkondensierte bzw. unterspiralisierte („unkontrahierte") Abschnitte, die einem bestimmten, in der Interphase als kompakte Chromozentren ausgebildetem Heterochromatin entsprechen (DYER; vgl. Fortschr. Bot. **18**, 4; **22**, 5). Bei *Tulberghia alliacea* und *Hyacinthus litwinowii* findet sich ein neuer Typ von Allozyklie: das betreffende Segment ist unter normalen Bedingungen in der Mitose unkontrahiert, aber unter Kälte- und Colchicinbehandlung kontrahiert, verhält sich also umgekehrt wie das Heterochromatin sonst; es handelt sich allerdings um den terminalen Abschnitt des nucleolusbildenden Arms des SAT-Chromosoms, also um einen Sonderfall: dieser Abschnitt erscheint als Trabant, also normal kontrahiert, nur nach Vorbehandlung. Das Chromosom tritt im übrigen heterozygotisch auf, die Pflanzen sind also hinsichtlich dieses Abschnitts strukturelle Hybriden; der Vergleich verschiedener Arten läßt auch gewisse phylogenetische Schlüsse zu (der Autor schreibt allerdings „Phyllogenie"). — In bezug auf die Verteilung des Heterochromatins heteromorphe Paare finden sich auch bei *Allium carinatum* (GEITLER u. TSCHERMAK-WOESS); in zahlreichen Populationen von diploidem *A. carinatum* verschiedenster Herkunft wurde überhaupt keine homozygote Pflanze gefunden; der extreme chromosomale Polymorphismus der Art ist übrigens noch viel größer, als er bisher erschien. — Ein heteromorphes Bivalent mit verschieden langen Armen, das in einer Pflanze von *Belamcanda chinensis* auftrat, benützten ROY u. SARAN um zu zeigen, daß Chiasmatypie erfolgt: im Diplotän ist in den ungleichen Armen ein Chiasma vorhanden, das seine Entstehung durch Stückaustausch zwischen Nicht-Schwesterchromatiden unmittelbar erkennen läßt, und in der I. Anaphase tritt ein entsprechend gebautes nachhinkendes Bivalent auf (Analoges wurde auch bei *Allium carinatum* beobachtet; GEITLER u. TSCHERMAK-WOESS). Heteromorphe Paare ließen sich ferner im gleichen Sinn auswerten bei *Lilium callosum* — hier treten in den ungleichen Armen 1 bis 3 Chiasmata auf (KAYANO, 1959); bei *Disporum sessile* sind zwei solche heteromporhe Paare vorhanden (KAYANO, 1960) und auch die in reziproken Translokations-Heterozygoten von *Lilium maximowiczii* und *Scilla scilloides* auftretenden (NODA) sowie die von *Allium fistulosum* (ZEN) verhalten sich übereinstimmend.

Inkonstante Chromosomenzahlen finden sich, ohne chemische Vorbehandlung, in den Nachkommen des Gattungsbastards *Agroelymus turneri* — Zahlen zwischen 4 und mehr als 80 — (NIELSEN u. NATH) und in einigen Blättern eines Exemplars von *Petunia hybrida* (TAKEHISA); die Ursachen sind unbekannt. — Im Bastard *Haplopappus gracilis* ($n = 2$!)

×*ravenii* ($n = 4$) zeigt die fast vollständige Pachytänpaarung an, daß die Segmente der Chromosomen beider Eltern praktisch homolog sind (JACKSON, 1962); es läßt sich annehmen, daß *gracilis* aus *ravenii* durch stark inäquale reziproke Translokation mit Verlust von Centromeren entstanden ist, d. h. grob ausgedrückt, daß die 4 *ravenii*-Chromosomen zu den 2 *gracilis*-Chromosomen wurden (ähnliche Prozesse wurden schon früher auch in anderen Fällen erschlossen); in der Diakinese treten am häufigsten 2 Bivalente und 2 Univalente, seltener 1 Quadrivalent und 1 Bivalent oder 1 Hexavalent auf. — Eine zus. Darstellung der Chromosomenreproduktion gibt TAYLOR, der Chromosomenaberrationen EVANS.

Geschlechtschromosomen kommen nach RAMACHANDRAN bei *Dioscorea*-Arten vor (großes Y- und kleines X-Chromosom wie bei *Melandrium*). — Bei *Cycas pectinata* halten ABRAHAM u. MATHEW ein heteromorphes Paar, dessen Partner sich nur durch Besitz oder Fehlen des Trabanten unterscheiden, für ein XY-Paar und vergleichen es mit den angeblich analogen Verhältnissen bei *Ginkgo;* die Widerlegung dieser Auffassung durch CZEIKA u. SCHIMAN ist den Autoren unbekannt geblieben.

B-(akzessorische) Chromosomen (vgl. zuletzt Fortschr. Bot. 23, 7). Bei *Crepis conycaefolia* treten morphologisch ähnliche B-Chromosomen wie bei *C. pannonica* auf und in beiden Fällen ist ihre Anzahl in der Keimbahn höher als im Soma (FRÖST); im Unterschied zu anderen Fällen, in denen im Soma eine Elimination erfolgt, tritt bei *C.* eine Verdoppelung bei, oder genauer wohl unmittelbar vor der Keimzellbildung ein, so daß Pflanzen mit 1, 2 oder 3 B-Chr. in somatischen Geweben 2, 4 oder 6 B-Chr. in den PMZ besitzen; der Verdoppelung liegt entweder non-disjunction oder eine Art endomitotischer Reduplikation zugrunde; der Autor hält die zweite Annahme für wahrscheinlich, wobei allerdings zusätzlich angenommen werden muß, daß die Verdoppelung nur die B-Chr. erfaßt —, ein Vorgang, der ganz ohne Analogie dasteht. — In Populationen von *Haplopappus gracilis* ($2n = 4$) treten in verschiedenen Pflanzen 1 bis 5 B-Chr. auf (JACKSON, 1960, 1962); sie scheinen in diesem Fall auch äußerliche morphologische Effekte zu haben (JACKSON, 1960; JACKSON u. NEWMARK). Bei *Haplopappus spinulosus* ($2n = 8$) finden sich in den Blüten B-Chr. in höherer Zahl als in den Wurzeln (LI u. JACKSON), in fünf Pflanzen von *H. gracilis*, die ÖSTERGREN untersuchte, sind B's in den PMZ, nicht aber in den Wurzeln vorhanden (Elimination von B-Chr. in bestimmten Geweben ist auch von anderen Pflanzen bekannt). Bei *Agropyron cristatum* und Verwandten treten (nichtheterochromatische) B-Chr. in den PMZ, in den primären Wurzeln und im Stamm auf, aber, wie bei manchen anderen Gräsern, nicht in Adventivwurzeln (BAENZIGER); im Pollen erfolgt in einem hohen Prozentsatz gerichtete non-disjunction zugunsten der Gameten. In Wildpopulationen von *Lilium callosum* fanden sich drei Typen von B-Chr. [KAYANO, 1962, (1) (2)]. B-Chr. wurden ferner gefunden bei *Anthurium*-Arten (SHARMA u. BHATTACHARYYA), *Aquilegia* (LINNERT), *Narcissus* (FERNANDES), bei *Rumex acetosa, Paris tetraphylla, Scilla scilloides* (HAGA). — Bei *Rumex* schwankt ihre Zahl intraindividuell zwischen 0 und 8. Die höchsten bisher bekannten

Zahlen [nach der Zitation verschiedener Autoren bei KAYANO, 1962 (2)] sind: $2n = 14 + 19\,\mathrm{B}$ bei *Festuca pratensis*, $2n = 20 + 22\,\mathrm{B}$ bei *Centaurea scabiosa*, $2n = 20 + 34\,\mathrm{B}$ bei *Zea mays!*

Mitosemechanik. LINDEGREN nimmt an, daß jedes Chromosom für sich mit bestimmten Spindel-aufbauenden Elementen permanent verbunden ist und eine eigene „Miniaturspindel" bildet; bei der Entstehung der definitiven Spindel würden sich alle Teilspindeln vereinigen; für die Bewegung seien elektrische Ladungskräfte maßgebend, die nach dem Prinzip von Anziehung und Abstoßung wirken. Auf der Grundlage dieser Theorie lassen sich verschiedene Ausnahmefälle besser verstehen: so sind chromosomeneigene, in der Prophase als solche auftretende Teilspindeln schon seit langem von Cocciden bekannt; es würde sich dabei gewissermaßen nur um eine quantitative Verschiedenheit gegenüber dem Normalfall handeln. Neuerdings fand auch DIETZ (vgl. auch BAUER, DIETZ u. RÖBBELEN) für Tipuliden, daß die Chromosomen zunächst einzeln eine Art von Partialspindel aufbauen, wonach diese Einzelspindeln zur eigentlichen Teilungsspindel fusionieren. Hierdurch wird auch wieder die Existenz von chromosomeneigenen Spindelfasern gesichert (vgl. auch INOUÉ sowie INOUÉ u. BAJER, die polarisationsoptisch die Anisotropie der Spindel in vivo nachwiesen; der negative Befund SITTES — 1961 — wird sich wohl aus dem Untersuchungsobjekt oder der Methode erklären)[1].

Untersuchungen lebender und fixierter Mitosen von *Allium* und *Tradescantia* ergeben (LIMA DE FARIA u. BOSE), daß in der frühen Anaphase zuerst die mittleren Abschnitte, dann die dem Centromer benachbarten und schließlich die Enden (Telomeren) der Chromosomenarme sich trennen (bei Colchicinbehandlung trennen sich die Enden vor den centromerennahen Abschnitten); die Statistik zeigt, daß die Enden kurzer Arme sich früher trennen als die langer, der längerdauernde Zusammenhalt langer Arme soll nützlich für ihre exakte anaphasische Trennung sein.

Endomitose und karyologische Anatomie. Weitere Untersuchungen PUISEUX-DAOS (Fortschr. Bot. 23, 10) an den Dasycladaceen *Batophora* und *Acetabularia* dürften nun, trotz einigen Lücken in den Beobachtungen, ergeben, daß der Riesenkern, den die Pflanzen bis zum Eintritt der Fortpflanzung enthalten, endopolyploid ist. In Keimlingen von *Batophora* ließen sich Strukturen beobachten, die als Endopro-, Endometa-, Endoana- und Endotelophasen aufzufassen sind. Wieviele Endomitosen stattfinden, ist nicht bekannt. Die Pflanzen sind Diplonten, die Meiose — die allerdings mehr vermutet als beobachtet wurde — läuft bei der Gametenbildung ab, die Endopolyploidisierung erfolgt nach der Zygotenkeimung bzw. in Keimlingen, die aus (diploiden) Zoosporen oder Cysten hervorgegangen sind. Die Zerlegung des offenbar hoch endopolyploiden Riesenkerns in diploide Kerne bei der Zoosporen-, Gameten- und Cystenbildung, wobei eine Herabregulierung der Chromosomenzahl erfolgen muß, ist nicht untersucht. Verwandte Dasycladaceen mit riesigem Primärkern verhalten sich offenbar analog.

---

[1] Auf das gesamte wohldurchdachte und von zahlreichen Lebendbeobachtungen gestützte Hypothesengebäude von BAUER, DIETZ u. RÖBBELEN kann hier nicht eingegangen werden.

Kerne des Endospermhaustoriums von *Loasa* sind hoch endopolyploid und enthalten riesenchromosomenähnliche Bildungen in besonderer Ausprägung: die Einzelchromosomen halten nur im Heterochromatin zusammen und spreizen im Euchromatin auseinander. Im Haustorium von *Plantago psyllium* bleiben die Chromosomen in den hoch endopolyploiden Kernen frei oder sind nur lose gruppiert; im Suspensorhaustorium von *Gagea lutea* treten Riesenchromosomen auf; endopolyploid sind auch die

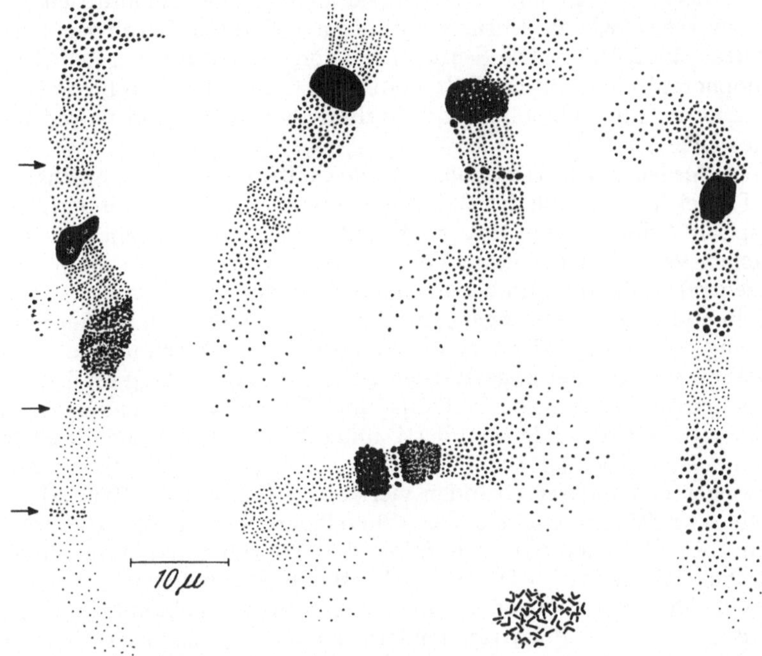

Abb. 1. Verschiedene „Riesenchromosomen" aus dem endopolyploiden Abschnitt des Suspensors von *Phaseolus coccineus* und eine Metaphaseplatte aus einer diploiden Suspensorzelle. — Nach NAGL 1962 (1); Photos bei NAGL 1962 (2)

Antipodenkerne vieler Angiospermen und besitzen mannigfache, bei der gleichen Art gleichbleibende oder wechselnde Strukturen (HASITSCHKA-JENSCHKE). — Das Endosperm von *Zephyranthes* bietet ein buntes Bild sehr verschieden voluminöser Kerne, die Ursachen sollen Polyploidisierung, Amitosen, Kernfusionen und Endomitosen sein (TANDON u. KAPOOR); weder die Amitosen noch die Endomitosen sind bewiesen, letztere wohl in Unkenntnis der Literatur mißverstanden.

Die eingehende Untersuchung der Suspensoren von 20 Arten aus 11 Familien der Angiospermen ergibt, daß ihre Kerne vielfach endopolyploid werden (NAGL); manche bleiben diploid, manche werden durch Restitutionskernbildung polyploid. Bei *Phaseolus coccineus* werden die Kerne 4096-ploid und die Endochromosomen bilden unter Streckung und Bündelung schließlich Riesenchromosomen, die ± 24 mal länger als mitotische Chromosomen sind und oft deutliche Querschreibenmuster aufweisen (Abb. 1). Bei anderen Pflanzen treten Endochromozentren und andere Strukturen auf. Das äußere Integument von *Tropaeolum majus* enthält eine Zone von Zellen, die 1024 ploid werden, im Stengelmark treten Endopolyploidiegrade bis 128n, in den Blattstielen bis 32n auf, die Karpellzellen sind fast durchwegs endopolyploid. Die Subepidermis von *Trapa natans* besteht aus bis 256 ploiden Zellen, bei *Geranium phaeum* wird der Suspensor von Zellen des inneren Integuments umgeben, die bis 256 ploid werden. — Im Tapetum von Cyperaceen, deren Chromosomen kein lokalisiertes Centromer besitzen, laufen typische Endomitosen in der gleichen Weise wie in Kernen mit normalgebauten Chromosomen ab [CARNIEL, 1962 (2)]. — Die Kerne in den von ihm entdeckten Duftdrüsen (Osmophoren) vieler Blüten hält VOGEL auf Grund ihrer Größe und dichten Struktur für endopolyploid; rhythmisches Wachstum wurde nicht festgestellt.

Verschiedenes. Die Tatsache, daß alle Geißeln und Cilien im Pflanzen- und Tierreich, außer die der Bakterien, aus 2 zentralen und 9 peripheren (Doppel-)Fibrillen aufgebaut sind, läßt sich aus raummechanischen Ursachen verstehen (SERRA): Vorausgesetzt wird, daß die Doppeltheit des zentralen Paares durch den Doppelbau des Centriols, aus dem ja Geißeln und Cilien entspringen, gegeben ist, und daß dann bei der Unterbringung weiterer Fibrillen in dem elliptischen Querschnitt der Geißel die Zahl 9 sich aus der angestrebten besten Raumerfüllung ergibt. — In Parenchymen bestimmten Aufbaus und Teilungsverhaltens herrschen fünfkantige Zellflächen (gegenüber 4- und 6-kantigen) vor und die Gründe hierfür lassen sich angeben [WHEELER, 1962 (1)], in anders gebauten überwiegen aus anderen Gründen vierkantige [WHEELER, 1962 (2)].

Die Verschiedenartigkeit der Wurzelhaare behandelt CORMACK in einem übersichtlichen Sammelreferat; daß es auch endopolyploide gibt, blieb ihm unbekannt. — Das junge Prothallium von *Dryopteris* (das die Autoren „Protonema" nennen), zeigt nicht nur, wie bekannt, im Ganzen eine ausgesprochene Polarität, sondern jede Einzelzelle verrät durch das Auftreten eines basalen negativen Plasmolyseorts ihre Polarität (NAKAZAWA u. OOTAKI).

Als Ergastoplasma wurden seinerzeit bestimmte, in spezialisierten Zellen von Metazoen auftretende stark färbbare (basophile), fibrilläre oder flockige Strukturen des Cytoplasmas bezeichnet; später wurden auch in pflanzlichen Zellen angeblich gleichartige Strukturen beschrieben (vgl. z. B. DE ROBERTIS, NOWINSKI u. SAEZ). In verschiedenen Zellen des weiblichen Gametophyten von Ranunculaceen findet nun EYMÉ auf Grund lichtmikroskopischer Untersuchungen eine cytoplasmatische Struktur, die er für identisch mit dem Ergastoplasma hält; nach SITTE [1961 (2)] ist dieses nur eine bestimmte Ausbildung des endoplasmatischen Reticulums; die Beziehung der Strukturen zu dem lange bekannten sog. Fadenapparat bleibt noch ungeklärt.

Literatur

ABRAHAM, A., and P. M. MATHEW: Ann. of Bot. **26**, 261 (1962).
BAENZIGER, H.: Canad. J. Bot. **40**, 549 (1962). — BAUER, H., R. DIETZ u.
CHRISTA RÖBBELEN: Chromosoma **12**, 116 (1961).

CARNIEL, K.: Österr. Bot. Z. **109**, 81 (1962) (1); Österr. Bot. Z. **109**, 168 (1962)
(2). — CORMACK, R. G. H.: Bot. Rev. **28**, 446 (1962). — CZEIKA, G., u. HELENE
SCHIMAN: Österr. Bot. Z. **107**, 1 (1960).

DE ROBERTIS, E. D. P., W. W. NOWINSKI and F. A. SAEZ: General Cytology,
3. Aufl. Philadelphia u. London 1960. — DIETZ, R.: Z. Naturforsch. **14**b, 749 (1959) —
DODGE, J. D.: Arch. Protk. **106**, 442 (1963). — DRAWERT, H., u. MARIANNE MIX:
Flora (Jena) **151**, 487 (1961); — Arch. Mikrobiol. **42**, 96, 1962 (1); — Planta **58**, 50
(1962) (2). — DYER, A. F.: Chromosoma **13**, 545 (1963).

EMSWELLER, S. L., and J. UHRIG: Amer. J. Bot. **49**, 978 (1962). — EVANS, H. J.:
Int. Review Cytol. **13**, 221 (1962).

FALK, H.: Protoplasma **55**, 237 (1962). — FERNANDES, A.: Bol. Soc. Brot. **35**
(2. ser.) 75 (1961). — FRANK, H., MARCELLE LEFORT u. H. H. MARTIN: Z. Naturforsch. **17**b, 262 (1962). — FREY-WYSSLING, A., u. K. MÜHLETHALER: Schweiz. Z.
Hydrologie **22**, 122 (1960). — FRÖST, S.: Hereditas **48**, 667 (1962).

GEITLER, L.: Österr. Bot. Z. **109**, 495 (1962) (1); — Österr. Bot. Z. **109**, 529
(1962) (2). — GEITLER, L., u. ELISABETH TSCHERMAK-WOESS: Österr. Bot. Z. **109**,
150 (1962. — GIESBRECHT, P.: Zentralbl. Bakt. Parasitk. Hyg. **187**, 452 (1962).

HAGA, T.: Proc. Jap. Acad. **37**, 627 (1961). — HALL, W. T., u. G. CLAUS: Protoplasma **54**, 355 (1962). — HASITSCHKA-JENSCHKE, GERTRUDE: Österr. Bot. Z. **109**,
125 (1962).
INOUÉ, S.: Ann. N. Y. Acad. Sci. **90**, 529 (1960). — INOUÉ, S., u. A. BAJER:
Chromosoma **12**, 48 (1961).

JACKSON, R. C.: Evolution **14**, 135 (1960); — Amer. J. Bot. **49**, 119 (1962). —
JACKSON, R. C., and P. NEWMARK: Science **132**, 1316 (1960). — JAROSCH, R.: Protoplasma **55**, 406 (1962) (1); — Protoplasma **55**, 552 (1962) (2).

KAYANO, H.: The Nucleus **2**, 47 (1959); — Cytologia **25**, 461 u. 468 (1960); —
Evolution **16**, 86 (1962) (1); — Evolution **16**, 246 (1962) (2). — KIERMAYER, O., u.
R. JAROSCH: Protoplasma **54**, 382 (1962). — KURABAYASHI, M., H. LEWIS and P. H.
ROVEN: Amer. J. Bot. **49**, 1003 (1962). — KUSANAGI, A.: Bot. Mag Tokyo **75**, 302
(1962). — KUSANAGI, A., u. N. TANAKA: Jap. J. Gen. **35**, 67 (1960).

LI, N., and R. C. JACKSON: Amer. J. Bot. **48**, 419 (1961). — LIMA DE FARIA, A.,
u. S. BOSE: Chromosoma **13**, 315 (1962). — LIMA DE FARIA, A., u. PATRICIA SAR-
VELLA: Chromosoma **13**, 300 (1962). — LINDEGREN, C. C.: Canad. J. Gen. Cyt. **4**,
426 (1962). — LINNERT, GERTRUDE: Chromosoma **12**, 449 (1961).

MCREYNOLDS, J. S.: Bull. Torrey Bot. Cl. **88**, 397 (1961). — MANTON, IRENE:
J. exp. Bot. **12**, 421 (1961). — MANTON, IRENE, and G. F. LEEDALE: J. mar. biol.
Ass. U. K. **41**, 519 (1961). — MARTENS, P., et L. WATERKEYN: Cellule **62**, 173
(1962). — MELLO-SAMPAYO, T.: Genetica Iber. **13**, 1 (1961). — MENKE, W., u. BAR-
BARA FRICKE: Portug. Acta Biol. Ser. A. **6**, 243 (1962). — MICHAELIS, P.: Proto-
plasma **55**, 177 (1962). — MOORE, R. T., and H. MCALEAR: Amer. J. Bot. **49**, 261
(1962).
NAGL, W.: Österr. Bot. Z. **109**, 430 (1962) (1); — Naturwiss. **49**, 261 (1962) (2). —
NAKAZAWA, S., u. T. OOTAKI: Naturwiss. **48**, 577 (1961). — NIELSEN, E. L., and J.
NATH: Amer. J. Bot. **48**, 345 (1961). — NODA, S.: Cytologia **25**, 456 (1960); —
Cytologia **26**, 74 (1961). — NORDENSKIÖLD, HEDDA: Hereditas **47**, 203 (1961).

ÖSTERGREN, G., and S. FRÖST: Hereditas **48**, 363 (1962).

PAVGI, M. S., D. C. COOPER and J. G. DICKSON: Mycologia **52**, 608 (1960). —
PUISEUX-DAO, SIMONE: Rev. gén. Bot. **69**, 410 (1962).

RAMACHANDRAN, K.: J. Ind. Bot. Soc. **41**, 93 (1962). — RAO, C. V.: J. Indian
Bot. Soc. **40**, 409 (1961). — ROMANOW, I. D.: Doklady Acad. Nauk. SSSR **141**, 188
(1962) d. engl. Ausgabe [russ. **141**, 984 (1961)]. — ROY, R. P., and J. SARAN: Cytologia **26**, 176 (1961).

SCHÖTZ, F.: Planta **58**, 333 (1962). — SCHUSSNIG, B.: Handb. d. Protophytenkunde, II, Jena 1960. — SERRA, J. A.: Exp. Cell. Res. **20**, 395 (1960). — SHARMA, A. K., and U. CH. BHATTACHARYYA: Proc. nat. Inst. Sci. India, B, **27**, 317 (1961). — SITTE, P.: Protoplasma **54**, 560 (1961) (1); — Ber. Deutsch. Bot. Ges. **74**, 177 (1961) (2); — Umschau **1962**, 236, 273. — SMITH-WHITE, S.: Proc. Linn. Soc. N. S. Wales **84**, 8; **84**, 259 (1959). — STUBBE, W.: Z. Vererbungsf. **93**, 175 (1962).

TAKEHISA, S.: Bot. Mag. Tokyo **74**, 494 (1961). — TANDON, S. L., and B. M. KAPOOR: Caryologia **15**, 21 (1962). — TAYLOR, J. H.: Int. Review of Cytol. **13**, 39 (1962).

UEDA, KATSUMI: Cytologia **25**, 8 (1960); — **26**, 344 (1962).

VOGEL, ST.: Beitr. Biol. Pfl. **36**, 159 (1961); — Abh. Ak. Wiss. Lit. Mainz, math.-nat. Kl. Jhrg. **1962**, 603.

WHEELER, G. E.: Amer. J. Bot. **49**, 246 (1962) (1); Amer. J. Bot. **49**, 355 (1962) (2).

YUASA, A.: Sci. Papers Coll. Gen. Education Tokyo **11**, 93 (1961).

ZEN, S.: Cytologia **26**, 67 (1961).

2. Morphologie einschließlich Anatomie

Von Wilhelm Troll und Hans Weber, Mainz

Mit 1 Abbildung

Vorbemerkung. Der vorliegende Bericht umfaßt Arbeiten, die sich auf Sproß und Wurzel beziehen. Die nicht berücksichtigten Gebiete gelangen im folgenden Band zur Darstellung.

I. Sproßbildung und Sproßbau

1. Scheitelmeristeme

In fast allen histogenetischen Arbeiten, die während der letzten Jahre erschienen sind, werden die von Plantefol bzw. Buvat stammenden Begriffe «anneau initial» und «méristème d'attente» diskutiert. Beim „Initialring" handelt es sich um eine peripher gelegene meristematische Zone des Sproßscheitels, in deren Bereich die Blattprimordien ausgegliedert werden. Wo sie bisher nachweisbar war, hat sie sich mit dem von anderen Autoren so genannten Flankenmeristem als identisch erwiesen. Weit problematischer ist das «méristème d'attente». Darunter wird von Buvat (1952) ein apikaler Zellkomplex verstanden, der weitgehend inaktiv sein soll, wenigstens so lange, wie der Sproß sich in seiner vegetativen Entwicklungsphase befindet. Erst beim Übergang zur Blüten- bzw. Inflorescenzbildung soll jenes Meristem in lebhafte Teilungstätigkeit eintreten. In zahlreichen Arbeiten der französischen Schule wird die Existenz solcher Strukturen nachzuweisen versucht, zuletzt u. a. von Bernier *(Sinapis)*, Brulfert *(Anagallis)*, Codaccioni *(Castanea)* und Tribot *(Cryptomeria)*. Aber mehr und mehr häufen sich die Stimmen, die jene Konzeptionen verwerfen. In einem inhaltsreichen Sammelreferat über bisherige Untersuchungen an den Sproßvegetationspunkten von Gymnospermen bestreitet z. B. Newman sowohl den «anneau initial» als auch das «méristème d'attente». Ähnlich hat Clowes Argumente zusammengestellt, die gegen ein „ruhendes Meristem" im Sproßscheitel sprechen. Mitosen im äußersten Bereich des Scheitels fanden auch Edgar bei *Lonicera*, Paolillo und Gifford bei *Ephedra* sowie Ball bei *Vicia faba*, *Lupinus* und *Asparagus*. Balls Befunde sind insofern besonders aufschlußreich, als sie mit Hilfe photographischer Aufnahmen gewonnen werden konnten, die in zeitlichen Abständen von 3—5 min von der lebenden, entblätterten Sproßspitze gemacht wurden. Die Zellteilungen erfolgen danach im Dermatogen des gesamten Scheitels in annähernd gleicher Häufigkeit. Das spricht wohl dafür, daß allen Zellen dieses Bereiches gleiche Teilungspotenzen zukommen, wie es auch F. und L. Bergann bei ihren Studien über Translokationen an chimärischen Sproßscheiteln gefolgert haben. Damit nehmen diese Autoren zugleich gegen die früher von v. GUTTENBERG sowie neuerdings von BARTELS geäußerte Ansicht Stellung, daß auch die Scheitel angiospermer Pflanzen über eine oder mehrere durch ihre Funktion ausgezeichnete Scheitel- bzw. Zentralzellen verfügen sollen (vgl. hierzu auch Fortschr. Bot. **23**, 14).

Immerhin ist mit der Frage nach der Existenz einzelner Zentralzellen als Ausgangsort für die gesamte Achsenentwicklung ein wichtiges histogenetisches Problem wieder aufgeworfen worden, das weiterhin geprüft werden sollte. Der Begriff Scheitelzelle müßte freilich jenen Fällen vorbehalten bleiben, in denen — wie bei den Filicinen — eine einzige distinkte apikale Zelle durch Abgabe von Segmenten zum Aufbau eines vollständigen Organs führt. Als Beispiel dafür mag *Pteridium aquilinum* genannt sein, für das GOTTLIEB und STEEVES finden, daß im Verlauf des Erstarkungsformwechsels des Vegetationspunktes die Scheitelzelle ihre ursprüngliche Größe annähernd beibehält. Dies steht freilich im Widerspruch zu den von R. und C. WETTER (Fortschr. Bot. **17**, 20) für *Polypodium glaucum* gewonnenen Ergebnissen, nach denen hier die Achsenerstarkung mit einer deutlichen Vergrößerung der Scheitelzelle verbunden ist.

Die in der Tunica-Corpus-Konzeption von SCHMIDT bzw. BUDER bei den Angiospermen zum Ausdruck kommende Schichtung der Sproßscheitel wird durch weitere Untersuchungen belegt. So behandelt THIELKE erneut die Vegetationspunkte von *Saccharum* (vgl. Fortschr. Bot. **23**, 13). Für *S. sinense* findet sie, daß zwar in der Frühentwicklung periklinale Teilungen in der äußersten Zellschicht des Scheitels auftreten können, daß aber später, nach Erstarkung des Vegetationskegels, stets eine ausgeprägte Tunica vorliegt. Auffallend hoch ist die Zahl der Tunica-Lagen bei *Daphne pseudo-mezereum* (HARA). Sie schwankt hier im Verlauf einer Vegetationsperiode zwischen 3 und 7; sie ist am größten während der Entwicklung in den Frühjahrsmonaten.

Neben einer derart ausgeprägten jahreszeitlichen Schwankung konnte bei *Daphne* während des Plastochronformwechsels keine Veränderung in der Zahl der Schichten wahrgenommen werden. Auch bei *Alyssum maritimum* soll während der vegetativen Entwicklungsphase die Zahl der Tunica-Schichten von 2 auf 5—6 ansteigen (LANCE-NOUGARÈDE). Am Beispiel von *Rauwolfia vomitoria* geht MIA auf solche Fragen ein. Der flache Scheitel des Embryos wölbt sich bei der Entwicklung der Keimpflanze schwach kegelförmig vor, um sich später wieder abzuflachen oder gar grubenförmig zu vertiefen (über Scheitelgruben vgl. Fortschr. Bot. **17**, 18). Dabei kann sich die Zahl der Tunica-Schichten gleichfalls von 2 auf 3—5 erhöhen. Eine Vermehrung der Mantellagen erfolgt ferner im Scheitel der Bananenstaude, wenn diese zur Inflorescenzbildung übergeht [BARKER und STEWARD (2)].

Neben der Tunica-Corpus-Gliederung läßt sich in fast allen obengenannten Fällen eine histologische Zonierung der Sproßscheitel feststellen, wie sie in diesen Berichten schon wiederholt geschildert worden ist (Zentralmutterzellen, Flanken- und Markmeristem). Weitere Beispiele dafür bringen u. a. TOLBERT *(Hibiscus syriacus)*, TUCKER *(Michelia fuscata)* sowie RAMJI *(Sarcandra)*. Wie GIFFORD und TEPPER jetzt auch für *Chenopodium album* zeigen konnten, läßt sich eine solche Zonierung histochemisch bestätigen, insbesondere durch Nachweis des verschieden hohen Gehalts an RNS in den einzelnen Bezirken. Unterschiedliche Lichtqualitäten (weißes und rotes Licht, Dunkelheit) vermögen offenbar keinerlei Einfluß auf die Organisation des Scheitelbereichs auszuüben [THOMSON und MILLER (1, 2)].

Mit der Schichtung der Scheitelmeristeme befaßt sich weiter KALBE anhand einer Reihe von Holzgewächsen. Er stützt damit die Ausführungen seines Lehrers VON GUTTENBERG (vgl. Fortschr. Bot. 23, 13), der die apikalen Meristeme in Dermatogen, Subdermatogen und Zentralmeristem gegliedert wissen möchte. Als Initialen des letzteren werden die Zentralmutterzellen angesehen, die nach den Seiten „Flankenmutterzellen" und nach unten „Markmutterzellen" abgeben.

Im Gegensatz zum Verhalten der angiospermen Pflanzen entbehren die Sproßvegetationspunkte der meisten Gymnospermen einer Tunica (Fortschr. Bot. 23, 13). Dies gilt auch für *Cephalotaxus drupacea*, deren Scheitelzonierung SINGH näher beschreibt. Dagegen wurde für *Ephedra* das Vorhandensein einer einschichtigen Tunica bestätigt (DESPHANDE und BHATNAGAR).

2. Knospenanlegung und Verzweigung

Eine Reihe der im Vorhergehenden genannten Arbeiten bringt auch Angaben über die Histogenese von Seitenknospen, die sich in das bereits bekannte Bild einfügen. Bemerkenswert sind aber diesbezügliche Hinweise auf die Bananenpflanze [BARKER und STEWARD (1)]. Während nämlich im blühenden Bereich die Knospen rein axillär erscheinen, finden sie sich in der vegetativen Wachstumsperiode (im Scheinstamm-Stadium) den Blattprimordien jeweils genau gegenüber. Aus anatomischen Gründen möchten die Autoren hier von „Adventivknospen" sprechen und damit die schon von SKUTCH (1932) geäußerte Vermutung verwerfen, daß es sich hier um Sympodienbildung handele. An dieser letzteren Auffassung ist jedoch kaum zu zweifeln, wenn auch die einzelnen Gipfelknospen zunächst extrem gehemmt sind und überhaupt erst im Bereich des etwa zehntjüngsten Blattes zur Differenzierung gelangen.

Wenn bei *Gossypium* in den Blattachseln je zwei Seitentriebe angetroffen werden, so handelt es sich dennoch nicht um Beiknospenbildung. Die zweite Knospe geht vielmehr aus der Achsel des Vorblattes des regulären Seitentriebes hervor (MAUNEY und BALL). Echte seriale Beiknospen finden sich dagegen in absteigender Folge bei *Spartium junceum* [VESCOVI (2)]. Als seriale Beiknospen sind auch die „dimorphen" Areolen zu deuten, die bei Mamillen tragenden Kakteen verbreitet sind (vgl. TROLL, Vergl. Morphologie I, 1; S. 886). In neuen Arbeiten geht BOKE auf deren Bildung bei *Solisia* (1), *Dolicothele* (2) sowie bei zwei *Coryphantha*-Arten (3) näher ein. Bei letzteren finden sie sich vorwiegend an Jungpflanzen, während ältere Triebe dimorphe und monomorphe Areolen nebeneinander zeigen.

„Leere Blattachseln" sind u. a. in der Gattung *Linaria* verbreitet. Wenn hier in vielen Fällen keinerlei meristematisches Gewebe zu beobachten ist, so lassen sich doch gelegentlich in einzelnen epidermalen oder auch subepidermalen Zellen Teilungen feststellen, die zumindest das Anfangsstadium eines Achselmeristems darstellen (CHAMPAGNAT).

In diesem Zusammenhang sei ferner das Problem der sog. Doppelnadeln von *Sciadopitys* erwähnt. Die Auffassung, daß es sich bei diesen Organen um phyllokladiale Kurztriebe handelt (vgl. TROLL, Vergl. Morphologie I, 1; S. 553), konnte jetzt durch ROTH auch histogenetisch unterbaut werden. Die Doppelnadeln werden danach in der Achsel von Schuppenblättern als einheitliche Höcker angelegt, deren Struktur weitgehend der des Scheitels der Langtriebe entspricht. Das Spitzenwachstum dieser Kurztriebe ist jedoch begrenzt. Kurz vor seinem Erlöschen werden an ihnen zwei seitliche Wülste ausgegliedert, die zweifellos als Blattrudimente zu deuten sind und die durch ein nunmehr einsetzendes basal-interkalares Wachstum des Achseltriebes mit emporgehoben werden und dann an der Spitze der adulten Nadel vielfach noch sichtbar sind.

Die mono- bzw. dichasiale Verzweigung verschiedener Holzgewächse ist bekanntlich mit dem Absterben des Vegetationspunktes der Hauptachsen verbunden. Bei *Syringa* beginnt dieser Prozeß bereits im Frühjahr, wenn die Triebe in lebhaftes Streckungswachstum eingetreten sind. Er markiert sich zuerst durch Plasmaarmut der äußersten Sproßspitze. Bald darauf kommt es, unmittelbar oberhalb der zuletzt angelegten Achselknospen, zur Ausbildung einer transversal liegenden Korkschicht, die das Spitzenwachstum endgültig begrenzt (GARRISON und WETMORE).

3. Blattstellung

Die von PLANTEFOL entwickelte Blattstellungslehre, die „Theorie der multiplen Blattschrauben", hat außerhalb der französischen Schule kaum Resonanz gefunden, obwohl immer wieder neue Beispiele zu ihrer Begründung angeführt werden. Sie geht davon aus, daß alle Blattorgane in Schraubenlinien (hélices foliaires) angeordnet sind, die sich ihrerseits von besonderen Blattbildungszentren herleiten lassen sollen. Auf dem Boden dieser Theorie stehen neue Arbeiten von LOISEAU, CODACCIONI, VESCOVI (1), CHAMPAGNAT und BERTHON, LOISEAU und DESCHATRES u. a. Um eine echte Erklärung der Phyllotaxie kann es sich dabei nicht handeln, auch dort nicht, wo die Hypothese durch histologische Befunde zu stützen versucht wird. Einer anderen Theorie, der sog. „spacefilling-Theorie" (Fortschr. Bot. **16**, 29), liegt die Vorstellung zugrunde, daß am Sproßscheitel ein Blattprimordium jeweils in dem „nächst verfügbaren Raum" ausgegliedert wird, der bei der Weiterentwicklung des Vegetationspunktes entsteht und auf den bereits vorhandene Anlagen keine Hemmwirkung mehr ausüben können. Wachstumsreaktionen, die auf experimentelle Eingriffe am Sproßscheitel von *Lupinus albus* folgten, werden von M. und R. SNOW als weitere Argumente für ihre Auffassung angeführt.

Keinem Zweifel unterliegt es, daß die Art der Blattstellung weitgehend von der Symmetrie der Sproßachse bestimmt ist, derart etwa, daß radiäre Triebe dispers beblättert sind, dorsiventrale Achsen dagegen Distichie zeigen. TUCKER weist in diesem Zusammenhang (wie früher schon EICHLER auf *Liriodendron*) auf die Magnoliacee *Michelia fuscata* hin, deren radiärer Haupttrieb $^2/_5$-Stellung der Blätter zeigt, wogegen die dorsiventralen Seitenzweige distich beblättert sind. Daß bei den letzteren die Zweizeiligkeit früher oder später der Dispersion Platz machen kann, ist die Folge einer Änderung der Achsensymmetrie, die ihrerseits mit einer Erstarkung des Sproßscheitels verbunden sein dürfte (vgl. TROLL, Vergl. Morphologie I, 1; S. 458).

Neben anderen Familien mit dekussierter Blattstellung sind die Caryophyllaceen seit langem dafür bekannt, daß die beiden Blätter eines Wirtels am Vegetationspunkt nicht simultan, sondern nacheinander hervortreten. Eine experimentelle Bestätigung dieser Tatsache ist HACCIUS und MASSFELLER gelungen. Aus vorgekeimten Samen, die mit Phenylborsäure behandelt waren, entwickelten sich Keimpflanzen, an denen entweder im ersten *(Vaccaria pyramidata)* oder im zweiten epikotylen Blattwirtel *(Agrostemma githago)* eines der beiden Glieder ablastiert war. Diese durchlaufen also nacheinander das PhB-sensible Stadium, womit erwiesen scheint, daß sie auch ungleichzeitig entstehen.

4. Leitgewebe

Studien über den Leitbündelverlauf in Sproßachsen waren in den letzten Jahren in den Hintergrund getreten. Neuerdings sind solche jedoch von einer ganzen Reihe von Autoren wieder aufgenommen worden, teilweise mit dem Ziel, die Ergebnisse für phylogenetische Aussagen zu verwerten. Anhand übersichtlicher Diagramme erläutern BALFOUR und PHILIPSON den Verlauf der primären Bündel bei dikotylen Pflanzen verschiedener Verwandtschaftsgruppen. Mehrere Araliaceen und Umbelliferen, die von MITTAL bearbeitet wurden, besitzen multilacunäre Knoten, im Gegensatz zu den Cornaceen, deren Knoten trilacunär sind. Letzteres wird innerhalb der Umbelliflorae als primitives Merkmal gedeutet. Weitere, z. T. sehr eingehende Studien über Leitbündelverlauf und Knotenanatomie liegen für die Nyctaginacee *Boerhavia diffusa* [PANT und MEHRA (2); NAIR und NAIR], für *Cissus* (SHAH), *Vitis vinifera* (DRACZYNSKI) und *Lupinus albus* (O'NEILL) vor sowie für verschiedene *Piper*- und *Peperomia*-Arten [MURTY (1, 2)] und einige *Alangium*-Arten (GOVINDARAJALU). DAVIS berichtet über Vorkommen und Bildung markständiger Leitbündel bei *Dahlia*-Arten.

Schon in der älteren Literatur finden sich vereinzelt Angaben, wonach in den Achsenkörpern einiger Monokotylen *(Acorus, Tradescantia u. a.)* zwei voneinander unabhängige Leitsysteme vorkommen sollen. Für *Zea mays* hat dies jetzt KUMAZAWA eingehend dargestellt. Danach existiert hier ein äußeres System, dem die peripher liegenden Bündel angehören, und ein von diesem umschlossenes inneres System. Beide sollen sich von der Sproßbasis bis zum Scheitel erstrecken, ohne direkte Kontakte miteinander zu besitzen.

Was das Xylem betrifft, so ist für Holzgewächse seit langem bekannt, daß die Länge von Gefäßen und Holzfasern in ein und demselben Stamm

mannigfachen Schwankungen unterworfen sein kann. Sie variiert nicht
allein mit dem Alter und der Höhe der Stämme (Fortschr. Bot. 23, 18),
sondern auch innerhalb eines Jahresringes vom Frühholz zum Spätholz
hin, wofür HEJNOWICZ und HEJNOWICZ *(Robinia acacia)* sowie SWAMY,
PARAMESWARAN und GOVINDARAJALU neue Beispiele bringen. Darüber
hinaus haben LIESE und DADSWELL nachgewiesen, daß auch die Sonnen-
einstrahlung einen Einfluß auf die Längenentwicklung von Fasern und
Tracheiden hat. Insbesondere bei Nadelhölzern wirkt sich diese stark aus,
so daß die Fasern auf der Sonnenseite eines Stammes bis zu 25% länger
sein können als auf der Schattenseite. An Rebsprossen *(Vitis vinifera)*
ist, namentlich unterhalb der Blattinsertionen, ein schwach exzentrisches
Wachstum des Holzkörpers zu beobachten, das noch gesteigert wird,
wenn Achselknospen austreiben. SARTORIUS sieht darin die Folge einer
von den Seitentrieben ausgehenden Wuchsstoffwirkung. Angaben über
die Xylementwicklung bei einigen *Selaginella*-Arten ist u. a. zu entnehmen, daß die tracheidalen Elemente vorwiegend schraubige Wand-
versteifungen besitzen, doch können, vor allem auf ontogenetisch frühem
Stadium, auch ringförmige Verdickungsleisten beobachtet werden
[ZAMORA (1, 2)]. Über die Tracheidenentwicklung von *Blechnum brasi-
liense* u. a. berichtet BOUGAULT. GREGUSS beschreibt die Stammanatomie
von 2 Cycadeen *(Microcycas calocoma, Lepidozamia hopei)*.

Eingehende Studien über die Entwicklung des Phloems bei *Pyrus
communis*, die EVERT ausgeführt hat, zeigen, daß — im Widerspruch zu
manchen älteren Angaben — hier echte Siebröhren vorliegen, die aus
recht langgestreckten Elementen bestehen. Letztere sind fast immer mit
Geleitzellen versehen. Bemerkenswert ist weiter, daß die Phloeminitialen
mit Beginn der Kambiumtätigkeit im Frühjahr gebildet werden, dann
aber ruhend bleiben, um erst in der kommenden Vegetationsperiode ihre
endgültige Differenzierung zu funktionstüchtigen Elementen zu erfahren.
Echte Siebröhren mit Siebplatten will DAVID im Phloem von *Psilotum
triquetrum* gefunden haben, WHITE vermutet solche im Phloem von
Marsilea. Dies wären, wenn ihre Bestätigung erfolgen sollte, die ersten
derartigen Befunde für jene Verwandtschaftsbereiche. Was den Feinbau
der Phloemelemente betrifft, so gelang jetzt für *Metasequoia* u. a. der
elektronenoptische Nachweis, daß die plasmatischen Verbindungsbrücken in den Siebelementen tatsächlich nichts anderes darstellen als
spezialisierte und erweiterte Plasmodesmen [KOLLMANN und SCHU-
MACHER (1, 2)].

5. Weitere Arbeiten zur Sproßanatomie

Wenngleich über das „endophytische System" zahlreicher Loranthaceen eine umfangreiche Literatur existiert, so sind doch noch immer
die einzelnen Befunde recht widerspruchsvoll. Insbesondere bezieht sich
dies auf die Art der Verbindung des Parasiten mit dem Wirt. SCRIVASTAVA
und ESAU (1) konnten jetzt für eine Reihe von amerikanischen *Arceuthobium*-Arten nachweisen, daß in allen Fällen die Tracheidalzellen der
Haustorien direkten Kontakt mit den Tracheiden der Wirtsbäume *(Pinus,
Abies, Tsuga)* besitzen. Ähnliches fand THODAY für die südafrikanische

Loranthacee *Tapinanthus prunifolius*. Deren Haustorien nehmen Kontakt mit dem Phloem der Wirtspflanze, durchbrechen deren Kambium und verbinden sich mit dem Holzkörper. Andere, nahe verwandte Arten, die THODAY gleichfalls untersucht hat, scheinen sich jedoch anders zu verhalten, so z. B. *Mocquinia rubra*, deren Haustorien ebenfalls in das Holz vordringen, ohne aber eine unmittelbare Verbindung mit den Gefäßen einzugehen. Bemerkenswert sind u. a. auch die Auswirkungen, die der Befall mit dem Parasiten auf die anatomische Struktur der Wirtspflanze mit sich bringt. Besonders starke Veränderungen erfahren in den von SCRIVASTAVA und ESAU (2) studierten Fällen die Markstrahlen, die vielfach eine hypertrophische Entwicklung annehmen. Die Tracheiden der befallenen Wirtshölzer sind meist kürzer und breiter, und die Zahl der Harzgänge kann vermehrt werden. Einen ausführlichen Bericht über die Entwicklung von *Arceuthobium* hat auch KUIJIT (1) vorgelegt, der darüber hinaus morphologische und anatomische Befunde über die im tropischen Amerika vertretene Gattung *Oryctanthus* (Loranthaceae) mitteilt.

Anatomische Details über Sproßachse, Blatt und Wurzel bringt LARDIER für verschiedene *Asphodelus*-Arten, insbesondere für *A. microcarpus*. In ähnlicher Weise behandelt TOMLINSON eine Reihe von Maranthaceen (1) sowie *Canna*-Arten (2), während ZAGARI die Sproßanatomie von *Pterogyrum*, einer in den ariden Gebieten Vorderasiens verbreiteten Polygonaceen-Gattung, erläutert. In einer umfangreichen Arbeit von OBATON wird auf die Stammstruktur von mehr als 100 westafrikanischen Lianen eingegangen, insbesondere auf solche, die sich durch anormales Dickenwachstum auszeichnen. Da die meisten bisher studierten Lianen dem südamerikanischen Kontinent angehören, stellt diese neue Untersuchung eine wertvolle Ergänzung dar.

Die Ramie-Fasern *(Boehmeria nivea)* entwickeln sich als mehrkernige Elemente aus prosenchymatischen Zellen, die an das Protophloem angrenzen (KUNDU und SEN). COURTOT und BAILLAUD (2) fanden in den Zellen der Leitbündelscheiden von *Lamium album* und *Melittis melissophyllum* Casparysche Streifen, wie sie sonst in der Regel nur in Wurzelendodermen zu beobachten sind. Dieselben Autoren bringen auch einige Bemerkungen zu Fasciationserscheinungen, u. a. für *Geranium pyrenaicum* (1; siehe auch BAILLAUD und COURTOT). Über die Anatomie verbänderter Stämme von *Corchorus*-Arten berichten weiter KUNDU und RAO. Fasciation tritt hier leicht bei Pflanzen auf, die aus röntgenbestrahlten Samen hervorgehen.

6. Embryo und Keimpflanze

In diesen Berichten wurde schon wiederholt betont, daß die sog. Terminalität des Monokotylen-Keimblattes nichts anderes ist als eine durch Verzögerung der Achsenentwicklung bedingte extreme Abwandlung der rein lateralen Anordnung des Kotyledos (Fortschr. Bot. **16**, 24; **20**, 15). Entsprechende neuere Befunde an den Embryonen von *Ottelia* (HACCIUS) und *Stratiotes* (BAUDE) wurden von SOUÈGES angezweifelt. Jetzt aber konnte auch für *Halophila* (SWAMY und LAKSHMANAN) sowie für *Potamogeton* (SWAMY und PARAMESWARAN) nachgewiesen werden, daß Sproßscheitel und Keimblatt nebeneinander aus den Zellen des Endsegmentes des Proembryos hervorgehen und daß somit keine grundsätzlichen Unterschiede gegenüber dem Verhalten anderer Spermatophyten bestehen (Abb. 2).

Aus dem Bereich der Monokotylen ist jedoch kein Embryo so häufig diskutiert worden wie derjenige der Gramineen (vgl. Fortschr. Bot. **20** 14; **23**, 15). Problematisch an ihm ist u. a. die morphologische Natur de

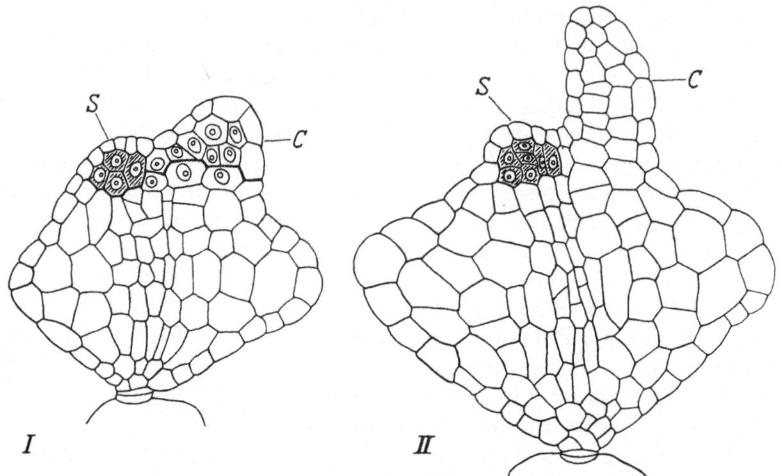

Abb. 2. *Halophila ovata* Gaudich. I—II verschieden alte Embryonalstadien. *C* Cotyledo, *S* Sproßvegetationspunkt. (Nach Swamy u. Lakshmanan 1962)

Koleoptile. Neuerdings betont McGahan (2), daß jene Bildung durchaus mit der Keimblattscheide von *Musa balbisiana* vergleichbar sei, und er unterstützt damit die alte, schon von Goebel mit guten Gründen vertretene Auffassung, wonach es sich bei der Koleoptile um einen Teil des Kotyledos handelt. Laminale Bildungen will Portyanko gelegentlich an der Koleoptile von *Zea mays* beobachtet haben. Er plädiert deshalb für die Blattnatur dieses Organs, freilich ohne im einzelnen genauere Vorstellungen zu entwickeln. Umstritten ist weiter die Bedeutung des Epiblasten. Foard und Haber lehnen insbesondere die von verschiedenen Autoren geäußerte Vermutung ab, daß dieser ein Blattrudiment darstelle. Sie möchten vielmehr schließen, daß der Epiblast zusammen mit der Koleorrhiza eine entwicklungsgeschichtliche Einheit bildet, was außer durch die Wachstumsverhältnisse mit der gleichartigen Behaarung begründet wird, die sich von derjenigen der jungen Blattorgane unterscheidet. Ähnliche Vorstellungen hatten schon Schlickum (1896) und Souèges (1924) entwickelt. In Ergänzung früherer Mitteilungen (Fortschr. Bot. **21**, 14) über Bau und Nervatur von Grasembryonen bringt Reeder noch einige Angaben zur Organisation des Embryos der Bambuseen, den er dem festucoiden Typ zuordnet.

Für die Keimlinge verschiedener dikotyler Arten wurde die Differenzierung des Leitgewebes geprüft, so etwa für *Helianthus annuus* und

Althaea rosea [VASILEVSKAYA (1, 2)] sowie für eine Reihe von Chenopodiaceen (BISALPUTRA). Wenn im Embryonalstadium ein zusammenhängendes prokambiales System vorliegt, erfolgt die spätere Differenzierung des Xylems in den einzelnen Grundorganen gesondert. Für die Keimblätter einiger Ranunculaceen erfahren wir darüber Näheres durch die von ZIMMERMANN angeregten Untersuchungen von HÖSTER. Danach geht die „Spiralisierung" des vorher „glatten" Protoxylems (vgl. hierzu Fortschr. Bot. 24, 12) im allgemeinen von zwei voneinander unabhängigen Zentren aus, einmal von der Spreitenbasis im Bereich der Abzweigung der beiden Seitennerven vom Hauptnerv, zum anderen von der Region des Kotyledonarknotens. Bei *Thalictrum, Pulsatilla vulgaris* u. a. kann die Differenzierung zusätzlich noch basipetal von der Blattspitze her erfolgen.

Schließlich sei noch auf die Sporenkeimung zweier Hymenophyllaceen *(Mecodium sanguinolentum, M. scabrum)* hingewiesen. Nach ATKINSON entwickeln sich die jungen Gametophyten schon innerhalb des Sporangiums, das sich erst öffnet, wenn jene einen aus 12—14 Zellen bestehenden Vegetationskörper aufweisen. Besonders beachtenswert aber erscheint der Befund, daß bereits in der noch geschlossenen Spore ein 6—9 zelliges, annähernd kugeliges Gametophytenstadium vorliegt.

7. Wuchsformen

Eine äußerst interessante Pflanzengruppe stellt die im Südwesten Madagaskars endemische Familie der Didieraceen dar, welche die Gattungen *Didiera, Alluaudia, Alluaudiopsis* und *Decarya* umfaßt. Dabei handelt es sich nach RAUH (1) um strauch- oder auch baumförmig wachsende Pflanzen, die in ihrer Organisation weitgehende Übereinstimmung mit Kakteen zeigen. Insbesondere entwickeln sich in den Achseln der Laubblätter areolenartige Kurztriebe, die als erste Blattorgane krätfgie Dornen hervorbringen, denen später zwei *(Alluaudia, Alluaudiopsis)* oder mehrere *(Didiera)* Laubblätter folgen. An diesen Kurztrieben entstehen auch die Blüten bzw. Inflorescenzen. Zahlreiche Merkmale sprechen dafür, daß die Familie zu den Centrospermae zu stellen ist und nicht, wie früher angenommen (Fortschr. Bot. 20, 13), zu den Sapindales. Weiterhin hat RAUH (2) in einer Serie von 12 Einzelmitteilungen über „Bemerkenswerte Succulente aus Madagaskar" berichtet, vor allem über *Euphorbia*- und *Pachypodium*-Arten . Durch große Variabilität zeichnet sich der gleichfalls auf Madagaskar verbreitete *Aponogeton fenestralis* aus (KIENER). Einen Atlas mit Bildern von Sproß- und Wurzelformen einer größeren Zahl von Pflanzen verschiedener Verwandtschaftsbereiche haben russische Autoren (THEODOROVO, KIRPICZNIKOV und ARTJUSCHENKO) vorgelegt.

Im Rahmen einer eingehenden Analyse des Inflorescenzbaues von *Chlorophytum comosum* geht TROLL auch auf die Gesamtwuchsform dieser Pflanze ein. Unter anderem interessieren hier die im blühenden Bereich auftretenden Proliferate, die dadurch entstehen, daß der Vegetationspunkt sowohl der Endflorescenz als auch derjenige der Bereicherungstriebe mit der Blütenbildung nicht verbraucht wird, sondern zu vegetativem Wachstum übergeht und so Triebe entwickelt, die in ihrer Organisation weitgehend den Keimpflanzen entsprechen. Durch eine schon im Verlauf der Anthese einsetzende Deflexion der Synflorescenzachsen werden diese „Scheitelproliferate" in Bodennähe gebracht, wo sie sich weiterentwickeln können.

In der Gattung *Linaria* lassen sich nach CHAMPAGNAT, in Übereinstimmung mit älteren Befunden von RAUH (1937), drei verschiedene Wuchstypen unterscheiden, die freilich durch Übergänge verbunden sind. Der erste Typ, der den Wuchsverhältnissen von *Chaenorrhinum* nahekommt, umfaßt Arten wie etwa *L. hirta*, deren Primärtrieb ein reich verzweigtes Sproßsystem entwickelt, wobei hypokotylbürtige Sprosse zwar angelegt werden, sich aber kaum entfalten. Bei einer anderen Gruppe, der *L. triphylla* und *L. supina* angehören, entwickeln sich Primärtrieb und Hypokotylsprosse in gleicher Weise. Bei der dritten Gruppe schließlich geht der epikotyle Haupttrieb frühzeitig zugrunde, ohne zur Blüte zu gelangen. Er wird durch hypokotylbürtige Sprosse und z. T. auch durch Wurzelsprosse regelmäßig ersetzt. Bemerkenswert ist der experimentelle Nachweis, daß diese Wuchsverhältnisse innerhalb der Gattung wandelbar sind und daß es z. B. gelingt, bei Unterdrückung der hypokotylen Triebe der zur dritten Gruppe gehörigen Arten den epikotylen Primärsproß zur Blüte zu bringen. Eingehendere Beobachtungen über die Sproßentwicklung (Verzweigung, Überwinterung u. a.) liegen weiter für *Myosotis alpestris* und für *Papaver orientale* vor [IGNATIEVA (1, 2)]. SCHAEPPI bringt vergleichende Betrachtungen zur Sproßgestaltung von *Listera ovata* und *Platanthera chlorantha*.

Zahlreiche Holzgewächse der südbrasilianischen Campos zeichnen sich durch Ausbildung sog. Xylopodien aus (RIZZINI und HERINGER). Darunter sind knollen- oder rübenförmige Verdickungen zu verstehen, die unter Einbeziehung des Hypokotyls aus dem proximalen Abschnitt der Primärwurzel hervorgehen. Diese vorwiegend aus hartem Sekundärholz bestehenden Organe sind langen Trockenzeiten gegenüber äußerst widerstandsfähig. Beim Abbrennen der oberirdischen Sproßteile können sie erhalten bleiben und danach neu austreiben. Ihre Bildung ist bei einzelnen Arten obligatorisch *(Clitoria guyanensis* u. a.), sie kann aber auch durch Außenfaktoren ausgelöst werden, so z. B. bei *Mimosa multipinna* und *Jacaranda decurrens*.

Schließlich seien noch zwei Arbeiten HELMs erwähnt, die sich mit alten Kulturpflanzen befassen *(Brassica oleracea, Brassica pekinensis)*. Wenn dabei zwar die Blattgestalt im Vordergrund steht, so ist diese doch nur im Zusammenhang mit der gesamten Wuchsform zu würdigen. Die erste Arbeit gründet sich in interessanter Weise auf schwer zugängliche Pflanzenzeichnungen aus der vorlinnéischen Zeit und weist u. a. nach, daß die beiden von LINNÉ (1753) aufgestellten Varietäten *laciniata* und *selenisia* der Art *Brassica oleracea* lediglich die beiderseitigen Endglieder einer kontinuierlichen Merkmalsreihe darstellen. Was die „Chinakohle" *(Brassica pekinensis)* anlangt, so resultiert deren Formenreichtum gleichfalls aus der unterschiedlichen Ausgestaltung und Anordnung der Blattorgane, die entweder zu offenen Rosetten zusammentreten (var. *laxa*) oder auch zur Bildung geschlossener Köpfe führen, sei es, daß die distalen Enden der gekrümmten Blattspreiten sich überlagern (var. *pekinensis)* oder das gerade gestreckte Blätter entstehen, deren Spreiten einander vorwiegend seitlich überdecken (var. *cylindrica*). Sicherlich ist die Kopfbildung als Folge einer Entfaltungshemmung zu verstehen.

II. Wurzel

1. Wurzelvegetationspunkt

Insbesondere VON GUTTENBERG und dessen Schüler haben versucht, die Struktur des Wurzelscheitels bei angiospermen Pflanzen unter einheitlichen Gesichtspunkten zu betrachten. Sie haben dabei u. a. auf die Existenz einer zentralen Schlußzelle hingewiesen, auf die letzten Endes die Bildung aller Histogene zurückgehen soll (Fortschr. Bot. 18, 27). Diese Aussage hat in der Folge mannigfachen Widerspruch hervorgerufen und zahlreiche Arbeiten angeregt, deren Ergebnisse sich mit der Zentralzell-These nicht vereinbaren lassen. Besonders eingehend hat CLOWES zu diesen Fragen Stellung genommen, der in seiner Monographie die bis 1960 vorliegende Literatur berücksichtigt. Aber auch neueste Untersuchungen bestätigen, daß selbst innerhalb eng begrenzter Verwandtschaftsgruppen, so etwa im Bereich der Amaryllidaceen und der Liliaceen [DESHPANDE (1, 3)] oder der Scitamineen [PILLAI und PILLAI (1, 4) und PILLAI,PILLAI und SACHDEVA] und der Palmen [PILLAI und PILLAI (5)] hinsichtlich der histogenetischen Entwicklung des Wurzelscheitels verschiedene Möglichkeiten gegeben sind, sei es, daß sämtlichen Histogenen gemeinsame Initialen zugrunde liegen oder daß verschiedene Histogene auf eigene, von einander gesonderte Initialzellen zurückgehen, wie dies auch im älteren Schrifttum schon zum Ausdruck kommt.

Ein den Wurzelspitzen offenbar vieler Pflanzen gemeinsames Merkmal hebt sich dagegen in der neuesten Literatur immer deutlicher ab. Dabei handelt es sich um das sog. „ruhende Zentrum" (quiescent centre nach CLOWES), das einen Komplex wenig teilungsaktiver Zellen darstellt, der selber von einer stark meristematischen Zone umgeben ist (Fortschr. Bot. 23, 23). Neue Hinweise darauf bringen DAVIDSON, BENBADIS (1, 2) sowie PILLAI u. Mitarb. für Angiospermen-Wurzeln, während WILCOX genauere Befunde für wachsende und ruhende Wurzelspitzen von *Libocedrus decurrens* mitteilt. Ein derartiger inaktiver Zellbezirk im äußersten Scheitel scheint allerdings bei sehr jungen Wurzeln noch zu fehlen. Darauf hat schon CLOWES aufmerksam gemacht, und neuerdings weisen PILLAI, PILLAI und GIRIJAMMA in Wurzelstudien an *Delphinium, Althaea, Gossypium* u. a. auf diese Tatsache hin. Die Ausbildung eines "quiescent centre" scheint also mit der allgemeinen Erstarkung des Wurzelvegetationspunktes verknüpft zu sein. Über seine Bedeutung ist nichts bekannt. Die Vermutung von CLOWES, daß es sich dabei um eine Zellreserve handeln könne, deren Elemente bei Bedarf, etwa nach Beschädigungen, wieder in Funktion treten würden, mag dahingestellt sein. PILLAI und PILLAI (3) fanden keine Anhaltspunkte dafür. Auch DAVIDSON muß die Frage nach der Funktion einer solchen inaktiven Zellgruppe offen lassen.

Bei Einwirkung von Chloralhydrat auf Keimwurzeln von *Vicia faba* können mixoploide Wurzelspitzen erzielt werden, deren Meristeme bis zu einem Drittel, in manchen Fällen sogar bis zu vier Fünftel polyploide Zellen zeigen [Němec (1)]. Aus derartigen Organen gehen Seitenwurzeln hervor, die ebenfalls mixoploid sind; jedoch ist in deren Entwicklungsablauf die Tendenz sichtbar, die polyploiden Elemente wieder auszuschalten. Němec (2, 3) spricht in diesem Zusammenhang von einer Art Selbstreinigung oder Autoregulation, die auf verschiedene Weise vor sich gehen kann, etwa dadurch, daß polyploide Initialen ihr Wachstum einstellen und durch diploide Zellen ersetzt werden, oder dadurch, daß ganze polyploide Zellzüge oder Sektoren durch Metakutinisierung der Membranen vom übrigen Grundgewebe isoliert werden. Der Autor vermutet, daß bei Vorherrschen des polyploiden Anteils in einer Wurzelspitze in ähnlicher Weise die in der Minderzahl vorhandenen diploiden Elemente ausgeschieden werden und dann ein rein polyploides Meristem zu erwarten ist.

2. Weitere Arbeiten zur Wurzelanatomie

Zahlreiche Details enthält eine Beschreibung der Wurzelanatomie von 37 Palmen-Arten (Mahabale und Udwadia). Unter anderem wird darin auf die oftmals artspezifische Ausbildung der Intercellularen und der Sklerenchymfaserbündel im Rindengewebe hingewiesen, wie dies auch durch Dutta für die Wurzeln der Fächerpalme *Borassus flabellifer* geschieht. Auf die Bildung von Lufträumen in der Rinde anderer Monokotylen-Wurzeln gehen Pillai und Pillai (7) näher ein. Danach sind die Intercellularen bei *Musa sapientum* rein schizogener Natur. Bei *Zingiber officinale* werden sie gleichfalls schizogen angelegt, vergrößern sich aber später lysigen. *Phoenix dactylifera* und *Cymbopogon* zeigen dagegen rein lysigene Entstehung der Lufträume. Die die Intercellularenbildung auslösenden Faktoren sind noch weithin unbekannt. Im Rindenparenchym der Wurzeln verschiedener *Cyperus*-Arten ist die lysigene Entstehung von Lufträumen nach Mani vermutlich die Folge einer Lignifizierung der Endodermis und einer damit einhergehenden Unterbindung des Stoffaustausches. Mulay und Deshpande (Fortschr. Bot. **23**, **25**) hatten früher betont, daß an den Wurzeln einiger Liliaceen ein echtes, aus dem Protoderm hervorgehendes Velamen vorhanden sei. Jetzt wird diese Erscheinung auch für eine Reihe von Amaryllidaceen angegeben. Während dieses Velamen bei den meisten der daraufhin untersuchten Arten dieser Familie einschichtig ist, soll es bei *Crinum latifolium* und *Clivia miniata* 4—5 und bei *Agapanthus africanus* sogar 5—7 Zellschichten mächtig sein [Deshpande (2)]. Diese Ergebnisse stimmen weitgehend mit den schon von Goebel (1921) mitgeteilten Befunden überein, die den Autoren unbekannt waren. Über die Anatomie der sproßbürtigen Wurzeln von *Vanilla planifolia* berichtet Neubauer. Wesentliche Unterschiede zwischen den lang auswachsenden Nährwurzeln und den kürzer bleibenden Wurzelranken zeigen sich dabei nicht.

Pharmakognostische Gesichtspunkte liegen zugrunde bei der Schilderung der Wurzelanatomie von *Onosma echioides* (BISHT, KUNDU und MUKERJI), *Rauwolfia ligustrina* (ADDERSON, EVANS und TREASE), *Rauwolfia mombasiana* (COURT) und *Glycyrrhiza glabra* (SCARINCI).

3. Radikation und Wurzelsysteme

Wenngleich die Wurzelsysteme in mannigfacher Weise von den edaphischen Faktoren beeinflußt sein können, so zeigen sie doch für bestimmte Verwandtschaftsgruppen oder auch für einzelne Arten sehr konstant wiederkehrende Merkmale. Dies geht auch aus einem kürzlich von MEUSEL für *Asteriscus*-Arten durchgeführten Wuchsformenvergleich hervor. Insbesondere wurden hier annuelle Formen *(A. aquaticus)* und strauchförmige Perennen *(A. sericeus)* nebeneinander gestellt. Den Verschiedenheiten des Sproßsystems entspricht die Differenziertheit der Radikation. Die Sträucher bilden ein weit ausgreifendes extensives Wurzelsystem, wogegen die Annuellen in rascher Entwicklung einen begrenzten Bodenraum intensiv durchwurzeln. Mit der sympodialen Erneuerung der Triebe von *Iris palaestina* ist auch die jährliche Neubildung von stärkespeichernden Wurzeln verbunden. Bei zu hoher Bodenlage gehen aus der Sproßbasis stärkefreie Zugwurzeln hervor, deren Lebensdauer kürzer ist als die der Speicherorgane (GALIL). Pfahlartige Zugwurzeln finden sich auch, wie schon bekannt, bei einer Reihe von *Oxalis*-Arten, u. a. bei *O. latifolia*, deren Wuchsform JACKSON näher beschreibt.

In Fortschr. Bot. **17**, 35 wurde von sog. Rindenwurzeln berichtet, wie sie für Lycopodien und Bromeliaceen bekannt sind. Sie entwickeln sich im Stamminnern und wachsen mehr oder weniger weit in dessen Rinde basalwärts, bevor sie daraus hervorbrechen. Gleiches trifft aber gelegentlich auch für Seitenwurzeln zu, die ihre Längenentwicklung zunächst in der Rinde der Mutterwurzel erfahren. Als Beispiel dafür geben PANT und MEHRA (1) die Wurzeln einer *Bambusa*-Art an. Eine Schilderung über die Entstehung der eigentümlichen Wurzelknie bei der in afrikanischen Sumpfwäldern vorkommenden *Mitragyna stipulosa* durch McCARTHY fügt sich im wesentlichen dem Bild ein, das TROLL (Vergl. Morphologie I, 3; S. 2441) für derartige Erscheinungen entwickelt hat.

Voraussetzung für jegliche vegetative Vermehrung von höheren Pflanzen ist das Vermögen der Vermehrungseinheiten, sich sproßbürtig zu bewurzeln. Während vielen Angiospermen diese Fähigkeit zukommt, ist sie bei Gymnospermen äußerst selten. Nach REINES und McALPINE gelingt z. B. bei *Pinus elliottii* eine vegetative Reproduktion, wennKurztriebe als Stecklinge benutzt werden. An deren Wundfläche bildet sich ein Callus, aus dem heraus sich Wurzeln entwickeln können. Später nimmt dann der sonst ruhend bleibende Sproßvegetationspunkt das Wachstum auf.

Literatur

ADDERSON, J. E., W. C. EVANS and G. E. TREASE: J. Pharm. **13**, 224—239 (1961). — ATKINSON, L. R.: Phytomorphology **10**, 26—36 (1960). BAILLAUD, L., et Y. COURTOT: Ann. Sci. Univ. Besançon, Bot., Sér. 2, **15**, 59—64 (1960). — BALFOUR, E. E., and W. R. PHILIPSON: Phytomorphology **12**,

110—143 (1962). — BALL, E.: Phytomorphology **10**, 377—396 (1960). — BARKER, W. G., and F. C. STEWARD: (1) Ann. Bot. (London), N. S. **26**, 389—411 (1962); — (2) Ann. Bot. (London), N. S. **26**, 413—423 (1962). — BARTELS, F.: Flora (Jena) **150**, 552—571 (1961). — BENBADIS, M. C.: (1) Rev. Gén. Bot. **67**, 550—570 (1960); — (2) Rev. Gén. Bot. **68**, 397—416 (1961). — BERGANN, F., u. L. BERGANN: Züchter **32**, 110—119 (1962). — BERNIER, G.: C. r. Acad. Sci. (Paris) **252**, 2750—2752 (1961). — BISALPUTRA, T.: Austr. J. Bot. **9**, 1—19 (1961). — BISHT, B. S., B. C. KUNDU and B. MUKERJI: J. Sci. Indust. Res. C., **20**, 218—222 (1961). — BOKE, N. H.: (1) Amer. J. Bot. **47**, 59—65 (1960); — (2) Amer. J. Bot. **48**, 316—321 (1961); — (3) Amer. J. Bot. **48**, 593—603 (1961). — BOUGAULT, M. C.: Rev. Cytol. Biol. Vég. **23**, 321—359 (1961). — BRULFERT, J.: C. r. Acad. Sci. (Paris) **254**, 1475—1477 (1962).

CHAMPAGNAT, M.: Ann. Sci. natur., Bot. (Paris), Sér. 12, **2**, 1—170 (1961). — CHAMPAGNAT, M., et M. BERTHON: Rev. Gén. Bot. **69**, 57—83 (1962). — CLOWES, F. A. L.: Apical Meristems. Bot. Monogr., edit. by W. O. JAMES, Vol. 2. Oxford, Springfield (Ill.), Toronto 1961. — CODACCIONI, M.: Rev. Cytol. Biol. Vég. **25**, 1—208 (1962). — COURT, W. E.: J. Pharm. **14**, 22—36 (1962). — COURTOT, Y., et L. BAILLAUD: (1) Ann. Sci. Univ. Besançon, Bot., Sér. 2, **15**, 43—46 (1960); — (2) Ann. Sci. Univ. Besançon, Bot., Sér. 2, **15**, 47—52 (1960).

DAVID, A.: C. r. Acad. Sci. (Paris) **252**, 597—598 (1961). — DAVIDSON, D.: Ann. Bot. (London), N. S. **24**, 288—295 (1960). — DAVIS, E. L.: Amer. J. Bot. **48**, 108—113 (1961). — DESHPANDE, B. D.: (1) J. Indian Bot. Soc. **39**, 126—132 (1960); — (2) J. Indian Bot. Soc. **39**, 593—600 (1960); — (3) J. Indian bot. Soc. **40**, 535—541 (1961). — DESHPANDE, B. D., and P. BHATNAGAR: Bot. Gaz. **122**, 279—284 (1961). — DRACZYNSKI, M.: Weinbau u. Keller **9**, 335—361 (1962). — DUTTA, B.: Sci. and Culture **27**, 578—579 (1961).

EDGAR, E.: Fluctuations in mitotic index in the shoot apex of Lonicera nitida. Univ. of Canterbury, Christchurch/New Zealand 1961. — EVERT, R. F.: (1) Univ. Calif. Publ. Bot. **32**, 127—194 (1960); — (2) Amer. J. Bot. **48**, 479—488 (1961).

FOARD, D. E., and A. H. HABER: Amer. J. Bot. **49**, 520—523 (1962).

GALIL, J.: Bull. Research Council Isreael **11** D, 17—24 (1962). — GARRISON, RH., and R. H. WETMORE: Amer. J. Bot. **48**, 789—795 (1961). — GIFFORD, E. M., and H. B. TEPPER: Amer. J. Bot. **49**, 902—911 (1962). — GOTTLIEB, J. G., and T. A. STEEVES: Phytomorphology **11**, 230—242 (1961). — GOVINDARAJALU, E.: Proc. Nat. Inst. Sci. India, B. **27**, 374—388 (1961). — GREGUSS, P.: Acta Biol. (Szeged.), N. S. **7**, 3—14 (1961).

HACCIUS, B., u. D. MASSFELLER: Naturwissenschaften **48**, 577—578 (1961). — HARA, N.: Bot. Gaz. **124**, 30—42 (1962). — HEJNOWICZ, A., and Z. HEJNOWICZ: Acta Soc. Bot. Pol. **28**, 453—460 (1959). — HELM, J.: (1) Kulturpflanze (Gatersleben) **10**, 111—121 (1962); — (2) Kulturpflanze (Gatersleben) **9**, 88—113 (1961). — HÖSTER, H. R.: Naturwissenschaften **49**, 426—427 (1962).

IGNATIEVA, I. P.: (1) Bot. Ž. **46**, 1194—1202 (1961). Russisch; — (2) Bot. Ž. **46**, 1255—1270 (1961). Russissch.

JACKSON, D. I.: N. Z. J. Sci. **3**, 600—609 (1960).

KALBE, L.: Flora (Jena) **152**, 279—314 (1962). — KIENER, A.: J. Agric. trop. Bot. appl. **8**, 134—140 (1961). — KOLLMANN, R., u. W. SCHUMACHER: Planta **58**, 366—386 (1962). — KUIJT, J.: (1) Univ. Calif. Publ. Bot. **30**, 333—436 (1960); — (2) Canad. J. Bot. **39**, 1809—1816 (1961). — KUMAZAWA, M.: Phytomorphology **11**, 128—139 (1961). — KUNDU, B. C., and N. S. RAO: Bot. Gaz. **121**, 257—266 (1960). — KUNDU, B. C., and S. SEN: Proc. Nat. Inst. Sci. India, B. **26**, 190—198 (1960).

LANCE-NOUGARÈDE, A.: C. r. Acad. Sci. (Paris) **252**, 924—926 (1961). — LARDIER, R.: Recherches sur l'anatomie des Asphodèles du Maroc. Inst. Sci. Chérifien (Rabat) 1961. — LIESE, W., u. H. E. DADSWELL: Holz als Roh- und Werkstoff **17**, 421—427 (1959). — LOISEAU, J. E.: Ann. Biol. **36**, 249—304 (1960). — LOISEAU, J. E., et R. DESCHATRES: Bull. Soc. Bot. Fr. **108**, 105—116 (1961).

MAHABALE, T. S., and N. N. UDWADIA: Proc. Nat. Inst. Sci. India, B. **26**, 73—104 (1960). — MANI, A. P.: Sci. and Culture **28**, 39—40 (1962). — MAUNEY, J. R., and E. BALL: Bull. Torrey bot. Club **86**, 236—244 (1959). — McCARTHY, J.: Phytomorphology **12**, 20—30 (1962). — McGAHAN, M. W.: Amer. J. Bot. **48**, 630—637 (1961). — MEUSEL, H.: Flora (Jena) **150**, 441—453 (1961). — MIA, A. J.: Bot. Gaz. **122**, 121—124 (1960). — MITTAL, S. P.: J. Indian bot. Soc. **40**, 424—443

(1961). — MURTY, Y. S.: (1) Proc. Nat. Inst. Sci. India, B. **25**, 31—38 (1959); — (2) Phytomorphology **10**, 50—59 (1960).

NAIR, N. C., and V. J. NAIR: Proc. Indian Acad. Sci., B. **54**, 281—294 (1961). — NEUBAUER, H. F.: Beitr. Biol. Pflanzen **36**, 239—253 (1961). — NEWMAN, I. V.: Proc. Linnean Soc. New South Wales **86**, 9—59 (1961). — NĚMEC, B.: (1) Biol. Plant. (Praha) **4**, 161—169 (1962); — (2) Biol. Plant. (Praha) **4**, 261—268 (1962); — (3) Biol. Plant. (Praha) **5**, 15—18 (1963).

OBATON, M.: Ann. Sci. Natur. Bot., Sér. 12, **1**, 1—220 (1960). — O'NEILL, T. B.: Bot. Gaz. **123**, 1—9 (1961).

PANT, D. D., and B. MEHRA: (1) Curr. Sci. **30**, 308 (1961). — (2) Phytomorphology **11**, 384—405 (1961). — PAOLILLO, D. J. JR., and M. GIFFORD JR.: Amer. J. Bot. **48**, 8—16 (1961). — PILLAI,S. K., and A. PILLAI: (1) J. Indian bot. Soc. **40**, 444—455 (1961); — (2) J. Indian bot. Soc. **40**, 645—656 (1961); — (3) J. Indian bot. Soc. **41**, 148—155 (1962); — (4) Proc. Indian Acad. Sci., B. **53**, 302—317 (1961); — (5) Proc. Indian Acad. Sci., B. **54**, 218—233 (1961); — (6) Proc. Indian Acad. Sci., B. **54**, 234—240 (1961); — (7) Proc. Indian Acad. Sci., B. **55**, 296—301 (1962). — PILLAI, S. K., A. PILLAI and P. GIRIJAMMA: Proc. Rajasthan Acad. Sci. **8**, 43—59. — PILLAI, S. K., A. PILLAI and S. SACHDEVA: Proc. Indian Acad. Sci., B.**53**, 240—256 (1961). — PORTYANKO, V. F.: Bot. Z. **46**, 419—421 (1961).

RAMJI, M. V.: Proc. Indian Acad. Sci., B. **53**, 20—35 (1961). — RAUH,W.: (1) Sitzungsber. Heidelberger Akad. Wiss., Math.-naturw. Kl. 1960/61, 185—300; — (2) Kakteen u. andere Sukkulenten **12** (1961); **13** (1962). — REEDER, J. R.: Amer. J. Bot. **49**, 639—641 (1962). — REINES, M., and R. G. MCALPINE: Bot. Gaz. **121**, 118—124 (1960). — RIZZINI, C. T., and E. P. HERINGER: Phyton (Buenos Aires) **17**, 105—124 (1961). — ROTH, I.: Flora (Jena) **152**, 1—23 (1962).

SARTORIUS, O.: Weinberg u. Keller **9**, 331—339 (1962). — SCARINCI, V.: Studi Urbinati 31/34, 63—67 (1961). — SCHAEPPI, H.: Mitt. Naturw. Ges. Winterthur **30**, 23—31 (1961). — SHAH, J. J.: J. Indian bot. Soc. **39**, 443—454 (1960). — SINGH, H.: Phytomorphology **11**, 146—153 (1961). — SNOW, M., and R. SNOW: Phil. Trans. Roy. Soc. London, B. **244**, 483—513 (1962). — SRIVASTAVA, L. M., and K. ESAU: (1) Amer. J. Bot. **48**, 159—167 (1961); — (2) Amer. J. Bot. **48**, 209—215 (1961). — SWAMY, B. G. L., and K. K. LAKSHMANAN: Ann. Bot. (London), N. S. **26**, 243—249 (1962). — SWAMY, B. G. L., and N. PARAMESWARAN: Österr. bot. Z. **109**, 344—349 (1962). — SWAMY, B. G. L., N. PARAMESWARAN and E. GOVINDARAJALU: J. Indian bot. Soc. **39**, 163—170 (1960).

THEODOROV, AL., M. KIRPICZNIKOV et Z. ARTJUSCHENKO: Organographia illustrata plantarum vascularium. — Caulis et radix. Acad. Sci. URSS. Moskau-Leningrad 1962. (Russisch). — THIELKE, CH.: Planta **58**, 175—192 (1962). — THODAY, D.: Proc. Roy. Soc. (London), B. **152**, 143—162 (1960). — THOMSON, B. F., and P. M. MILLER: (1) Amer. J. Bot. **48**, 256—261 (1961); — (2) Amer. J. Bot. **49**, 303—310 (1962). — TOLBERT, R. J.: Amer. J. Bot. **48**, 249—255 (1961). — TOMLINSON, P. B.: (1) J. Linnean Soc. London, Bot. **56**, 55—78 (1961). — (2) J. Linnean Soc. London, Bot., **56**, 467—473 (1961). — TRIBOT, R.: Rev. Cytol. Biol. Vég. **23**, 1—48 (1961). — TROLL, W.: Neue Hefte z. Morphologie (Weimar) **4**, 9—68 (1962). — TUCKER, S. C.: Amer. J. Bot. **49**, 722—737 (1962).

VASILEVSKAYA, V. K.: (1) Bot. Ž. **46**, 780—789 (1961). Russisch. — (2) Vestn. Leningrad. Univ., Nr. 21, Ser. Biol., H. **4**, 14—22 (1961). Russisch. — VESCOVI, P.: (1) C. r. Acad. Sci. (Paris) **252**, 160—162 (1961); — (2) C. r. Acad. Sci. (Paris) **253**, 1728—1730 (1961).

WHITE, R. A.: Science **133**, 1073—1074 (1961). — WILCOX, H.: (1) Amer. J. Bot. **49**, 221—236 (1962); — (2) Amer. J. Bot. **49**, 237—245 (1962).

ZARGARI, A.: Naturalia Monspeliensia, Sér. Bot. 12, 103—114 (1960). — ZAMORA, P. M.: (1) Philipp. J. Sci. **87**, 93—114 (1959); — (2) Philipp. J. Sci. **88**, 345—353 (1960).

3. Entwicklungsgeschichte und Fortpflanzung

Von Kurt Steffen, Braunschweig

Cyanophyceae. Die meisten Arbeiten befassen sich mit taxonomischen Fragen [z. B. Vasishta (1–6), Schwabe], Kulturbedingungen (z. B. Bunt; Dyer u. Gafford; Richter; von Baalen) und der submikroskopischen Struktur [z. B. Sun; Hall u. Claus; Frank, Lefort u. Martin; Hagedorn; Ris u. Singh; Hopwood u. Glauert; Lefort (1 u. 2); Levchenko]. Besonders lohnend ist die submikroskopische Strukturanalyse bei den schwer zu bestimmenden sog. μ-Algen (Drews, Prauser u. Uhlmann). — Ein Vergleich der Endosporenbildung bei der Gattung *Chroococcidiopsis (Dermocarpales)* ergibt bei *C. thermalis* neben der normalen häufig eine gehemmte Endosporenbildung, die zu acht sich im Sporangium behäutenden Pseudoendosporen führt, die nach Freiwerden zu neuen Sporangien auswachsen. Bei *C. indica* werden sekundäre Mutterzellen, bei der neu entdeckten Art *C. kashaii* sogar tertiäre und quartäre Mutterzellen gebildet [Friedmann (3 u. 4)]. Diese entwicklungsgeschichtlichen Unterschiede lassen sich besser als die sich überschneidenden Größenangaben zur Artdiagnose verwenden. — Die rot gefärbten endophytischen Cyanophyceen von *Codium* sind unter den besonderen im Wirtsthallus herrschenden Bedingungen heterotroph und müssen als Parasiten angesehen werden (Jacob). Wie sie in den Wirtsthallus gelangen, ist unbekannt. Sie konnten weder als Epiphyten noch in der Umgebung von *Codium bursa* nachgewiesen werden.

Chlorophyceae. *Ulotrichales.* Bei der Gattung *Monostroma* lassen sich folgende Entwicklungsgänge unterscheiden (Kornmann u. Sahling). *M. grevillei* ist ein Diplohaplont mit heteromorphen Generationen. Der einzellige Sporophyt ist kalkbohrend, der Gametophyt bleibt in Kultur sackförmig [Kornmann (8)]. Diplonten mit isomorphen Generationen sind *M. arcticum* (Zoosporen zweigeißlig) und *leptodermum* (Zoosporen viergeißlig). Beim Diplonten *M. undulatum* ist die ungeschlechtliche Generation heteromorph, die flächenförmige und die einzellige Form sind durch viergeißlige Zoosporen verbunden. *M. grevillei* und *Gomontia polyrhiza* sind einander sehr ähnlich. Beide Formen haben einen einzelligen kalkbohrenden Sporophyten und einen zunächst scheibenförmigen Gametophyten, der sich bei *Gomontia* zu einem kissenförmigen, in der Mitte mehrschichtigen Lager, bei *Monostroma* über ein sackartiges Zwischenstadium zu einem einschichtigen Thallus entwickelt [Kornmann (13)]. Bei *Monostroma grevillei* können die Gameten unmittelbar neue Gametophyten bilden oder sich parthenogenetisch zu Sporophyten umwandeln. Nach den Untersuchungen von Scagel ist *Collinsiella* *tuberculata* eine Form der gametophytischen Phase von *Enteromorpha intestinalis*. Unsicher ist, ob sie den typischen Gametophyten darstellt oder eine Sekundärform ist, die aus der Basis eines mit *Enteromorpha* isomorphen Gametophyten (vgl. auch CHRISTIE u. EVANS) nach dessen Zerstörung entsteht. Jedenfalls bildet sie zweigeißlige Gameten. Die Zygoten wachsen zu typischen *Enteromorpha*-Pflanzen aus. Die ungeschlechtliche Vermehrung der *Enteromorpha* erfolgt über mehrere Generationen ohne Zwischenschaltung einer sexuellen Phase durch viergeißlige Zoosporen. Bei *E. linza* ist die Fortpflanzung auf viergeißlige Zoosporen beschränkt, der Gametophyt ist ganz ausgefallen (COMPS; über Kulturbedingungen vgl. BAUDRIMONT). Bei *Ulva mutabilis* treten diploide Gametophyten mit diploiden, kopulationsunfähigen zweigeißligen Gameten auf,. die sich nach zwei Tagen festsetzen und zoosporenbildende Sporophyten erzeugen (FÖYN). Die Ursache für die Bildung von diploiden Gametophyten ist unbekannt.

Siphonocladales. Bei einer marinen *Cladophora*-Art wurde in Kultur eine ähnliche Heteromorphie beschrieben, wie sie für die Süßwasserform *C. glomerata* bekannt ist (LEMASSON). Zweigeißlige Zoosporen keimen zunächst zu einem dem Substrat aufliegenden Basalteil aus, auf dem sich später der aufrechte verzweigte Thallus erhebt, der in der Spitzenregion die Zoosporangien bildet. *Chaetomorpha aerea* und *capillaris var. crispa* erwiesen sich als homothallisch [VALET (1 u. 2)]. Die bisher zu einem Entwicklungscyclus zusammengeschlossenen *Codiolum polyrhizum* und *Gomontia* erwiesen sich als zwei verschiedene Organismen. *Codiolum polyrhizum* gehört als Sporophyt zu einer kissenförmigen Gametophytengeneration (vgl. Fortschr. Bot. **22**, **38**). Die vermeintliche *Gomontia* wurde als prostrate, kalkbohrende Chaetophoracee erkannt und zu einer neuen Gattung und Art *Eugomontia sacculata* erhoben [KORNMANN (1)], die einen antithetischen Generationswechsel mit isomorphen Generatonen aufweist (Fortschr. Bot. **23**, **41**). Durch Kulturversuche konnte KORNMANN (3) feststellen, daß die endophytisch in Rotalgen lebenden *Codiolum petrocelidis* und *Chlorochytrium inclusum* identisch und nur verschiedene Erscheinungsformen desselben Sporophyten sind. Als Gametophyt gehört dazu *Spongomorpha lanosa* (nicht *coalita*, wie FAN meinte; vgl. dazu Fortschr. Bot. **22**, **39**; **24**, **58**). Die Gattung *Acrosiphonia*, die auch als Gametophyt von *Codiolum* angesehen wurde, hat einen isomorphen Generationswechsel und darf demnach nicht mit *Spongomorpha* in dieselbe Familie geordnet werden [KORNMANN (9)]. Bei *Codiolum wormskioldii (= C. gregarium)* treten drei heteromorphe, genotypisch gleiche, sich ungeschlechtlich vermehrende Generationen *(Codiolum*-Phase, fädige *Urospora wormskioldii* und eine Zwerggeneration*)* auf, die sich durch Änderung der Temperatur ineinander überführen lassen [KORNMANN (4 u. 5)]. Bei *Urospora penicilliformis* und *speciosa* hingegen kann ein antithetischer Generationswechsel mit Geschlechtspflanzen vorkommen.

Chrysophyceae. PARKE faßt in einem vorzüglichen Referat unsere Kenntnisse über die Chrysophyceen und die noch offenen Probleme zusammen. Sie möchte zwei große morphologische Gruppen unterscheiden, in denen nebeneinander Gattungen mit und ohne Gehäuse vorkommen. Die erste Gruppe ist charakterisiert durch den Besitz einer Flimmergeißel und kieselhaltiger Schalen (MANTON u. LEEDALE), die zweite durch glatte Geißeln und mineralfreie Schuppen. Diese Gruppierung stimmt mit der von DALES auf Grund der Pigmentierung getroffenen Einteilung überein. Einige Gattungen der ersten Gruppe besitzen einen sich kontrahierenden Ankerapparat, die meisten der zweiten Gruppe ein Haptonema (PARKE, MANTON u. CLARKE). Beim Studium der Entwicklungsgeschichte stellte sich heraus, daß einige Coccolithophoriden wegen ihrer beweglichen Form in die zweite Gruppe einzuordnen sind. So ist z. B. *Crystallolithus hyalinus* die bewegliche Phase von *Coccolithus pelagicus* (PARKE u. ADAMS), von der bisher nur die unbewegliche Phase bekannt war. Bei den marinen benthontischen Formen besteht der Verdacht, daß sie Entwicklungsphasen der Coccolithophoriden sind. — SUBRAHMANYAN beschreibt eine neue *Ruttnera*-Art, die im Gegensatz zu der luftlebenden *R. spectabilis* im Meer vorkommt und deren Schwärmer sich zunächst an Schwebefortsätzen von Diatomeen festheften und sich erst später im 256-Zellstadium passiv ablösen. Die von einigen Autoren angenommene Symbiose zwischen Diatomeen und Coccolithophoriden wird von GAARDER u. HASLE mit dem Hinweis abgelehnt, daß es sich um eine bloß zufällige Anheftung der Coccolithophoriden handelt. Diese ist begünstigt durch den reichlichen Schleim, den die Diatomeen in warmen Gewässern bilden. Im sexuellen Verhalten läßt sich nach den Untersuchungen von WAWRIK und KRISTIANSEN außer den bisher bekannten Typen der Isogameten-Kopulation und der isogamen Hologamie mit apikaler Verschmelzung noch ein dritter Typ unterscheiden, nämlich isogame Hologamie mit Verschmelzung der Zellenden (vgl. Fortschr. Bot. **23**, 38; **24**, 55).

Bacillariophyceae. Die zu den *Pennales* gehörige Familie *Tabellariaceae* wird als Bindeglied zwischen zentrischen und pennaten Diatomeen angesehen (Fortschr. Bot. **22**, 35). Während bei einem Vertreter dieser Familie, nämlich bei *Rhabdonema*, noch die für die *Centrales* typische Oogamie vorkommt, zeigt die strukturmäßig und cytologisch nahe verwandte Gattung *Grammatophora* bereits die für die übrigen *Pennales* typische morphologische Isogamie (MAGNE-SIMON). In jedem Gametangium entsteht nach Eliminierung von drei Kernen ein haploider Gamet. Der männliche wandert zur Kopulation in das weibliche Gametangium hinüber. Die Zygote verläßt die Schale, wird zur Auxospore und bildet ein Perizonium, das als Stützmembran das Wachstum der Zygote ermöglicht (VON STOSCH). In der Auxospore findet eine metagame Kernteilung statt, wobei ein Tochterkern degeneriert oder eliminiert wird. Nach GEITLER ist die metagame Kernteilung die Voraussetzung für die Bildung der Erstlingsschalen (vgl. auch Fortschr. Bot. **17**, 65), MAGNE-SIMON glaubt, daß beide Vorgänge zuweilen parallel ablaufen können.

Phaeophyceae. Eine listenmäßige Zusammenstellung der Epiphyten auf Braunalgen liegt von LINDAUER, CHAPMAN u. AIKEN vor. Bei der auf Fucus-Arten epiphytisch vorkommenden *Elachista fucicola* waren bisher nur unilokuläre Sporangien bekannt, jetzt entdeckte KORNMANN (12) an den Achsen des auf dem Substrat kriechenden Basallagers auch plurilokuläre Sporangien. Damit dürfte es also berechtigt sein, die ähnliche *E. lubrica* abzutrennen und in die Gattung *Myriactula* zu überführen [JAASUND (1)]. JAASUND (2 u. 3) wendet sich gegen die Auffassung, daß die epiphytische *Fosliea curta* (= *Pylaiella curta*) eine isomorphe Generation von *Isthmoplea sphaerophora* sei. Die beiden genannten Formen gehören nicht nur verschiedenen Genera, sondern auch verschiedenen Familien an. Die *Fosliea*-Pflanze entwickelt sich direkt aus einer basalen Scheibe, während bei *Isthmoplea* zunächst ein myrionemoides Stadium mit plurilokulären Sporangien entsteht und später erst die *Isthmoplea*-Pflanze, die außerdem unilokuläre Sporangien bildet. JAASUND ist der Auffassung, daß man *Isthmoplea* entweder zu den Ectocarpaceen stellen solle oder zugestehen, daß man die systematische Zugehörigkeit nicht kennt. — Die Nachuntersuchung von *Desmarestia viridis* [KORNMANN (11)] stellte frühere Literaturangaben richtig: der Gametophyt ist monoezisch. Die befruchteten Eier bleiben meist an der Oogonienmündung haften, so daß der sich entwickelnde Sporophyt fest mit dem Gametophyten verwachsen bleibt. KORNMANN (10) kommt bei der Untersuchung von *Chordaria flagelliformis* zu anderen Ergebnissen als CARAM (Fortschr. Bot. **18**, 45). Zwar treten im Entwicklungsgang heteromorphe Generationen auf, die jedoch in keinem obligaten Wechsel stehen. Die Zwerggeneration mit plurilokulären Sporangien kann nur die *Chordaria*-Generation mit unilokulären Sporangien, nicht die eigene, erzeugen. — SUNDENE (1) konnte durch Umpflanzen von Sporophyten der *Laminaria digitata* nachweisen, daß die zerschlitzte Form der Spreite durch die Wasserbewegung hervorgerufen wird. Der Hauptzuwachs bei der kaltstenothermen *f. stenophylla* erfolgt bei 3—5°C (PRINTZ). Bei der zu den *Laminariales* gehörenden *Nereocystis luetkeana* werden Antheridien und Oogonien nur bei Temperaturen unter 10° ausgebildet (KEMP u. COLE). — Von NIZAMUDDIN (3) liegt eine sehr lesenswerte Zusammenfassung über die Einteilung der *Fucales* vor, die in tabellarischer Übersicht die Auffassungen von FRITSCH, PAPENFUSS und NIZAMUDDIN gegenüberstellt. Wichtig ist die Herausnahme von *Notheia* (NIZAMUDDIN u. WOMERSLEY), die in der Gruppe der *Heterogeneratae* wahrscheinlich eine eigene Familie innerhalb der *Chordariales* bilden wird. Die Gattung *Scaberia* hat den ungewöhnlichsten Habitus unter den *Fucales*. Sie ist in dünne, warzen- und schuppenförmige Thallusstücke gegliedert. Von den Fucaceen, zu denen sie früher gestellt wurde, unterscheidet sie sich durch das Vorkommen einer dreischneidigen Scheitelzelle und durch die Keimung der Zygoten mit zwei primären Rhizoiden [NIZAMUDDIN (1)]. Der Bau der Antheridienwand und das Vorkommen von nur einer Eizelle im Oogonium ordnen sie bei den *Cytoseiraceae* ein. Die in Australien endemisch vorkommende *Myriodesma* dürfte auf Grund ihrer Morphologie, der einzigen, dreischneidigen Scheitelzelle, der Entwicklung der bisexuellen Konzeptakel, der einen Eizelle im Oogon, des Teilungsmodus im Embryo und der Bildung von vier primären Rhizoiden ebenfalls zu den *Cytoseiraceae* zu stellen sein [NIZAMUDDIN (2)]. FRIEDMANN (2) hat die Eizellbefruchtung bei *Ascophyllum nodosum* und *Halidrys siliquosa* mit Hilfe der Kinematographie untersucht. Die vordere Geißel des Spermatozoids von *Ascophyllum* führt eine schnelle undulierende Bewegung aus, während die hintere nur langsam schwingt. Wie bei anderen Phaeophyceen beginnt die Befruchtung mit der Berührung und dem Festhaften der vorderen Geißel. Die Rolle der Proboscis konnte nicht geklärt werden. Fest steht, daß sie dem Ei bei der Befruchtung zugekehrt ist. Bei *Halidrys* bildet das Ei einen kleinen kegelförmigen Wulst um die Ansatzstelle der Geißel. Bei *Ascophyllum* verändert sich die Oberfläche der Eizelle nicht. Der Befruchtungsmodus erinnert an die Oogamie von *Prasiola*, die licht- und elektronenmikroskopisch, sowie kinematographisch untersucht wurde [FRIEDMANN (1); MANTON u. FRIEDMANN; vgl. Fortschr. Bot. **23**, 39].

Rodophyceae. Der komplizierte Entwicklungsgang der Bangioidee *Porphyra leucosticta* wurde von KORNMANN (6) im Kulturversuch weitgehend aufgeklärt. Allerdings dürfen die Ergebnisse bei dieser monoezischen Art nicht auf andere dioezische Arten [KORNMANN (2 u. 7)] übertragen werden (zur Systematik vgl. auch Fortschr. Bot. **24**, 60). Bei *P. leucosticta* gehören das *Porphyra*- und das *Conchocelis*-Stadium derselben Kernphase an. Die auf dem flächenförmigen *Porphyra*-Thallus gebildeten Carposporen bilden entweder das dünnfädige Stadium der *Conchocelis*-Phase oder überspringen dieses und bilden gleich die dickfädige *Conchocelis*-Form. Nicht gesichert ist, ob aus den Carposporen auch das flächenförmige *Porphyra*-Stadium entstehen kann. Aus den auf der *Conchocelis*-Phase gebildeten Conchosporen können sich nur *Porphyra*-Pflanzen entwickeln, entweder direkt oder über den Umweg über eine Monosporenerzeugende Zwergpflanze. In seltenen Fällen bilden die Monosporen der Zwergpflanze auch die ungeschlechtlichen *Conchocelis*-Thalli. Unsicher bleibt, ob eine Befruchtung erfolgt und wo dann die Reduktionsteilung zu suchen ist. KRISHNAMURTHY konnte bei *P. umbilicalis* keines von beiden feststellen (vgl. Fortschr. Bot. **17**, 76; **22**, 41). Nach IWASAKI ist bei *Porphyra tenera* die Sporulation von der Tageslänge abhängig. Unter Langtagsbedingungen werden Carposporen auf dem *Phorphyra*-Stadium gebildet, während *Conchocelis* im Kurztag sporuliert. — BUGNON möchte die Florideen nach morphologischen Gesichtspunkten in Formen mit fädigem Bau, pseudo- und euparenchymatischer Struktur einteilen. Beim neuen Begriff der euparenchymatischen Struktur werden die Perizentralen nicht als Abkömmlinge der Zentralzellen, sondern als Homologe gedeutet. Bei *Antithamnion boreale* findet bei Pflanzen aus europäischen Gewässern keine sexuelle Fortpflanzung statt, da die weiblichen Sexualorgane fehlen. Bei einer Rasse aus dem Oslofjord abortieren auch die Tetrasporangien, so daß die Fortpflanzung rein vegetativ durch Fragmentation erfolgt [SUNDENE [(2)]. *Thorea ramosissima* ist mit 2 m Länge die größte Süßwasser-Rotalge. Ihr nur 5 mm hohes *Chantransia*-Stadium kommt auf Wassermoosen vor. Es ist heterotrich (Kriechsohle und aufrechte, verzweigte Fäden) und wird durch Monosporen (vom Jugend- und Altersstadium) verbreitet (SWALE). Auf ihm entsteht die *Thorea*-Pflanze, die sich zum mindesten in den Seitenzweigen monopodial verzweigt (UHERKOVICH). Eine zusätzliche vegetative Vermehrung findet im Frühjahr durch sich ablösende kurze Seitenzweige statt; sexuelle

Fortpflanzung ist bisher nicht bekannt. BALAKRISHNAN (3) schlägt beim Studium der indischen *Cryptonemiales* vor, die Gattung *Corynomorpha* von den Cryptonemiaceen abzutrennen und als eigene Familie zu führen, weil abweichend von den Cryptonemiaceen nicht nur Nemathecien mit Antheridien und Tetrasporangien, sondern auch solche mit Carpogonen und Auxiliarzellen vorkommen, und außerdem die Spermatangien kettenförmig angeordnet sind. — Durch cytologische Untersuchungen ließen sich bei zwei bisher als haplophasisch angesehenen Rotalgen *(Scinaia furcellata* und *Lemanea australis)* im Carposporophyten doppelt soviel Chromosomen wie im Gametophyten feststellen (MAGNE). Die Grenzen der Cytologie bei der taxonomischen Einteilung zeigt HARRIS am Beispiel der Gattung *Callithamnion.* Ein gutes taxonomisches Merkmal ist der Teilungsverlauf in den Karpo- und Tetrasporen (BOILLOT), ein schlechtes die Form der Trichogyne, da sie z. B. bei *Batrachospermum* (POVOA DOS REIS) starken Variationen unterliegt. — Unter Adelphoparasitismus versteht man den Parasitismus von Mutanten auf der Ausgangsform (vgl. Fortschr. Bot. 21, 35; 24, 61). Unter Umständen lassen sich Rückschlüsse auf die taxonomische Stellung der Wirtspflanze ziehen, wenn die Stellung des Adelphoparasiten bekannt ist (FELDMANN u. FELDMANN).

Bryophyta. *Hepaticae.* PROSKAUER (1 u. 2) beschreibt die 1956 in australischen Salzpfannen neu entdeckte monoezische Marchantiale *Carpos (= Monocarpus Carr.).* Sie dürfte zur *Prae-Riccia*-Gruppe in der Reduktionsreihe der *Marchantiales* zu stellen sein. Sie bildet noch Archegonienträger aus, die gestielten Antheridien stehen jedoch meist einzeln in weit offenen Luftkammern des Thallus. Die Archegonienträger tragen 1—2 Rezeptakel mit je 1—6 Archegonien, sind also weniger reduziert. Die Reduktionstendenz zeigt sich in dem kurzen Stiel, dem Fehlen von Schuppen und Rhizoiden und der geringen Zahl der Rezeptakel. Die *Marchantiales* sind übrigens Langtagspflanzen, die im Kurztag rein vegetativ wachsen (BENSON-EVANS). Die unsichere systematische Stellung von *Geothallus tuberosus* veranlaßte W. T. DOYLE zu einer genauen entwicklungsgeschichtlichen Untersuchung. Es zeigt sich, daß *Geothallus* näher mit *Sphaerocarpus* als mit *Fossombronia* und *Petalophyllum (Jungermanniales)* verwandt ist. Wie alle *Marchantiales* und *Spaerocarpales* besitzt *Geothallus* sechs Wandzellen im Querschnitt des Archegonienhalses. Das Archegonium von *Sphaerocarpus* unterscheidet sich nur durch seine starke Krümmung. Die Entwicklung des fadenförmigen Embryos ist bei beiden Arten gleich, nur daß bei *Geothallus* der Fuß stärker ausgebildet ist. Die Sporenform von *Geothallus* findet sich sonst nicht bei Lebermoosen, die gewölbte Außenwand ist glatt, während die inneren Flächen des Tetraeders charakteristische Skulpturen zeigen. Die fünf verschiedenen Schichten der Sporenmutterzelle verschwinden während der Sporenentwicklung. Die fertige Spore weist vier verschiedene, neugebildete Schichten auf.

Musci. Bisher war nur *Schistostega pennata* als Leuchtmoos bekannt. Durch die Untersuchungen von STONE (1) zeigte sich, daß auch *Mittenia plumula* außer dem normalen ein Protonema mit linsenförmigen, stark

lichtreflektierenden Zellen besitzt, das besonders ausgeprägt ist bei
mäßiger Beleuchtung und einseitigem Lichteinfall. Die Kapsel von
Mittenia ist ziemlich klein und weist in der Peristomregion statt der sonst
üblichen sechs Amphitheciumschichten nur drei (an der Basis 4) auf
[STONE (3)]. Das äußere 16zähnige Peristom wird von den beiden inneren
Amphitheciumschichten, das innere Peristom abweichend vom Normaltyp von der äußeren Endotheciumschicht unter Beteiligung der innersten
Amphitheciumschicht gebildet. — Die Jugendblätter von *Polytrichum*
entsprechen im Aufbau und Regenerationsmuster den Blättern anderer
Laubmoose (BOPP). Bei den Altersblättern beschränkt sich die Regenera-
tionsfähigkeit auf die Basis der Lamellen. Solange die Zellteilungen im
Blatt nach einem festgelegten Muster verlaufen, werden die Zellen unterschiedlich differenziert, wobei jeder Differenzierung eine inäquale Zellteilung unmittelbar voraufgeht. Sobald ungeregelte, nicht orientierte
Zellteilungen einsetzen, entstehen Zellen gleicher Differenzierungsart,
z. B. Sklereiden. — Bei den Regenerationsversuchen an abgetrennten
Blättern [v. MALTZAHN (1 u. 2); v. MALTZAHN u. MÜHLETHALER (1 u. 2)]
hat man sich neuerdings cytologischen Problemen (Fortschr. Bot. **24,** 31)
zugewandt und festgestellt, daß mit der Dedifferenzierung der Zelle auch
eine teilweise Dedifferenzierung der Zellorganelle einhergeht. So bilden
sich durch Sprossung aus Chloroplasten Proplastiden und aus Mitochondrien Mitochondrieninitialen, die in diesem Zustand form- und struktur-
gleich zu sein scheinen. Die Regenerationscalli, die aus embryonalen
Sporogonspitzen als Hauptregenerationsform gebildet werden, sind nach
Auffassung von BAUER (1 u. 2) als eine bisher nicht bekannte Wuchsform, gewissermaßen als eine Art Gewebekultur des Sporophyten aufzufassen. Methodisch recht interessant sind die Flüssigkeitskulturen von
Gewebefragmenten (MACHLIS; MACHLIS u. DOYLE) und Gametophyten
(SZWEYKOWSKA u. MACKOWIAK), vor allem auch der Vergleich der Kul-
tur in flüssigem und auf festem Nährboden (NISHIDA u. SAITO; BELKEN-
GREN). — Sehr wertvoll für die Cytotaxonomie der Laubmoose ist das
Sammelreferat von MEHRA u. KHANNA, das die karyologischen Daten
von 650 Arten zusammenstellt.

Pteridophyta. Bei *Botrychium lanuginosum* fehlt im Gegensatz zu
B. obliquum und *japonicum* der Embryosuspensor (vgl. Fortschr. Bot. **19,**
31), die Halskanalzelle wird durch Unterbleiben der Zellteilung zweikernig [RAO (1 u. 3)], die Bauchkanalzelle ließ sich exakt nachweisen.
Der Kontakt zwischen Gameto- und Sporophyt bleibt jahrelang erhalten.

Auf breiter Basis wurde die Sporen- und Gametophytenmorphologie
kleinerer oder größerer systematischer Einheiten der *Filices* mit taxonomischer Zielsetzung untersucht, so der *Polypodiaceae* [NAYAR (1, 3, 7)]
und der Gattungen *Anemia* (ATKINSON; KAUR), *Adiantum* [NAYAR (8)],
Actinopteris [NAYAR (5)], *Blechnum* [NAYAR (7); STONE (2)], *Cheilanthes*
[NAYAR (4)] und *Matteuccia* [NAYAR (2)]. Dabei zeigten sich keine wesentlichen Abweichungen im Bau der Sexualorgane, wohl aber im Wachs-
tumsmodus und in der Morphologie der Prothallien (Form, Vorkommen
oder Fehlen von Mittelrippe und Haaren, Haartyp). Entwicklungsgeschichtlich interessant sind die drei Wachstumsmodi bei den *Polypo-*

diaceae: mit Scheitelzelle und später gebildeter Scheitelkante, nur mit einer Scheitelkante und ohne deutliches Meristem [NAYAR (6)].

ITO hat seine Regenerationsversuche an Farnprothallien (vgl. dazu auch Fortschr. Bot. 24, 32) fortgesetzt und festgestellt, daß ältere Zellen schneller regenerieren, einen längeren fädigen Teil, aber weniger Zellen bilden. Die regenerierten Prothallien reifen schneller als die aus Sporen gezogenen. NÄF war der Ansicht, daß Antheridienbildung auch ohne eine Antheridiensubstanz möglich ist. Nach DÖPP (2) hingegen besitzt der antheridienbildende *Pteridiumfaktor* (vgl. auch Fortschr. Bot. 22, 45; 23, 350 u. 24, 32) Hormoncharakter. Er induziert auf direktem Wege, nicht auf dem Umwege einer Wachstumshemmung auf dem gleichen, isoliert kultivierten Prothallium Antheridienbildung, solange die Konzentration des vom Meristem gebildeten Hemmfaktors dies nicht unterbindet. Die induzierende Wirkung überwiegt immer, wenn die Meristemtätigkeit und damit die Bildung des Hemmstoffes gering sind. Bedingungen, die das Wachstum verlangsamen, fördern also die Antheridienbildung. BELL u. MÜHLETHALER (1) haben die Archegonienentwicklung bei *Pteridium aquilinum* elektronenmikroskopisch untersucht und sind der Auffassung, daß die reifende Eizelle mit einem neuen Satz aus dem Kern entstehender Mitochondrien und Plastiden ausgestattet wird, nachdem die alten Plasmaorganelle degeneriert sind (MÜHLETHALER u. BELL). Damit würde die Kontinuität der Plastiden in Frage gestellt (STUBBE; SCHÖTZ; vgl. auch Fortschr. Bot. 17, 59). Es wird vermutet, daß das Material der degenerierenden Plasmaorganelle zur Bildung einer Eizellmembran [BELL u. MÜHLETHALER (2)] verwendet wird. Die Tatsache, daß der Eikern Ausstülpungen bildet, könnte die früheren Befunde von BELL (1 u. 2) erklären, wonach das Radiogramm bei Markierung mit tritiumhaltigem Thymidin eine gleichmäßige Verteilung der DNS über die ganze reife Eizelle zeigte. Da diese Ergebnisse durch das Auflösungsvermögen des Lichtmikroskopes bedingt und begrenzt sind, könnte evtl. die in den Ausstülpungen des Kerns vorhandene Radioaktivität eine gleichmäßige Verteilung über die ganze Zelle vortäuschen. Da die Kerne der reifen Eizelle im Lichtmikroskop feulgennegativ (vgl. Fortschr. Bot. 19, 32) sind, das Radiogramm aber doppelt soviel Aktivität wie zu erwarten ergibt, bleibt zu klären, woher die zusätzliche Aktivität stammt. BELL (1) möchte sie den degenerierten Halskanalzellen zuschreiben.

Bei der Gattung *Pteris* kommen sexuelle und apogame Fortpflanzung nebeneinander vor (WALKER). Die Gattungen *Pteris, Dryopteris, Pellaea* (Fortschr. Bot. 22, 46), *Adiantum* und *Diplazium* scheinen für Apomixis prädisponiert [MEHRA (1 u. 2)]. Eine wahrscheinlich apogam entstandene diploide Pflanze von *Dryopteris filix-mas* erwies sich als nicht erblich apogam [DÖPP (1)]. Durch Colchicinbehandlung der Blätter ließen sich diploide Sporen und daraus Prothallien mit normalem sexuellen Verhalten erzeugen. Apogamie läßt sich nach WHITTIER durch vermehrte Zuckerzufuhr bei Kultur in vitro induzieren. Morphologische Voraussetzung ist stets die polsterförmige Verdickung der Mittelrippe und ihr Hinauswachsen über den Scheitel des Prothalliums (vgl. Fortschr. Bot. 24, 33). Da die Zygoten bei *Todea barbara* nicht fest der Archegonwand anhaften, lassen sie sich leicht isolieren und in vitro kultivieren (vgl. Fortschr. Bot. **24**, 33). 4—5 Tage alte Zygoten entwickeln sich im Gegensatz zu älteren mehrzelligen Embryonen nicht zu einem vollständigen Sporophyten, sondern nur zu einem thallösen Gebilde [DE MAGGIO u. WETMORE (1 u. 2)]. Wahrscheinlich ist die Zygote in diesem jungen Stadium auf Zufuhr von Substanzen angewiesen, die sie selber noch nicht produzieren kann. Die Archegonwand könnte überdies einen physikalischen Einfluß evtl. durch Orientierung der Teilungsspindel ausüben.

Wie bereits durch die Untersuchungen von GOEBEL bekannt ist, können aus dem Callusgewebe von Farnblättern Gametophyten oder Sporophyten regeneriert werden. BRISTOW hat diese Untersuchungen wieder aufgenommen und gefunden, daß die Zuckerkonzentration im Medium für den Regenerationstyp entscheidend ist. Bei fehlender C-Quelle entstehen nur Gametophyten. TAKAHASHI (1 u. 2) fand, daß alle Zellen des Blattgewebes mit Ausnahme der Schließzellen und der Gefäße apospore Prothallien erzeugen können, die dann auf normalem sexuellen Wege tetraploide Sporophyten bilden. Bei einer apospor entstandenen polyploiden Reihe von *Osmunda cinnamomea* ließen sich photometrisch und direkt durch Induktion von Mitosen endopolyploide Kerne in den Prothallien aller Polyploidiestufen nachweisen (PARTANEN).

Gymnospermae. Erfahrungsgemäß ist es sehr schwer, genügend junges Material für die Makrosporenentwicklung bei den Cycadeen zu bekommen, um so mehr sind die Untersuchungen von RAO (2 u. 4) an *Cycas* und von DE SLOOVER an *Encephalartos* zu begrüßen. Über letztere war bisher nichts bekannt. Das Makroprothallium entwickelt sich bei *Encephalartos* monosporisch aus der unteren Makrospore einer linearen Tetrade. Durch Teilungsstörungen in der oberen Dyade kommt es oft nur zur Ausbildung von drei Zellen. Die Homologie zwischen Mikro- und Makrosporen wird durch die Ausbildung einer später wieder resorbierten Kalloseschicht (vgl. auch ESCHRICH) um die Makrosporen noch besonders betont.

Während die Exine des Coniferenpollens sehr genau durch die Palynologen untersucht ist, ist über die Intine wenig bekannt. Mit ihr beschäftigen sich MARTENS u. WATERKEYN. Zur Zeit der Anthese besteht die Intine bei *Pinus silvestris* aus einer kontinuierlichen inneren, anisotropen Schicht aus Cellulose und Pektin, sowie einer unvollständigen äußeren Kalloseschicht, die im gequollenen Zustand isotrop und im entquollenen anisotrop (SITTE) ist. Eine befriedigende Erklärung für die Anisotropie kann z. Z. noch nicht gegeben werden. Die äußere Intine zeigt intra- und interspezifische Variationen und dürfte in einigen Fällen von taxonomischem Wert sein. Bei *Pinus excelsa* fehlt die innere Cellulose-Pektin-Schicht und bei *Picea glauca* die Kalloseschicht. Bei *Pinus* und *Picea* entstehen die Luftsäcke durch Spaltung von Endexine und Ectomesexine und nicht von Intine und Exine. Eine Perine kommt nur bei den *Taxaceae, Cupressaceae, Taxodiaceae* und bei *Araucaria* vor (UENO).

In der Zentralzelle und der Eizelle treten, vor allem bei *Pinus*-Arten deutlich erkennbar, zwei verschiedene Typen von Einschlußkörpern auf, die in der Literatur unter den verschiedensten Namen beschrieben worden sind. CAMEFORT (4) hat seine elektronenmikroskopischen Untersuchungen an diesen Einschlußkörpern fortgesetzt (vgl. Fortschr. Bot. **24**, 33) und festgestellt, daß die kleinen Granula mit einem Durchmesser von 4—5 μ durch Fusion von endoplasmatischen Vesikeln entstehen. Die großen, als Hofmeistersche Körperchen bekannten Kugeln mit einem Durchmesser von 30—50 μ bilden sich aus hypertrophierten Plastiden, die durch wiederholte Einstülpungen Cytoplasma und Mitochondrien einschließen. Wichtig ist, daß in den Eizellen auch die Mitochondrien degenerieren [CAMEFORT (2)], wobei die Tubuli mehr oder minder verschwinden. Der Stoffaustausch zwischen Eizelle und umgebender Deckschicht wird durch Tüpfel in den Deckzellen erleichtert [KONAR; RAO (2)]. Im syncytialen Proembryo treten vorübergehend zwei neue basophile Inhaltskörper auf, die beide aus überschüssiger Nucleolarsubstanz entstanden sind. Die globulären Körper sind unveränderte Nucleolarsubstanz, während die Fibrillen der früheren Literatur Bündel submikroskopischer Spiralen darstellen, die aus Nucleolarsubstanz durch Umwandlung entstanden sein sollen [CAMEFORT (1 u. 3)]. Beide Strukturen verschwinden bei der weiteren Entwicklung des Embryos.

Mit dem Verhalten überzähliger Spermazellen bei *Chamaecyparis lawsoniana* hat sich GIANORDOLI beschäftigt. In 60% aller beobachteten Fälle dringt eine überzählige Spermazelle in die Eizelle ein. Ob diese von demselben oder einem überzähligen Pollenschlauch stammt, läßt sich nicht entscheiden. In wenigen Fällen (3%) konnte sogar eine Teilung des überzähligen Spermakernes im 16kernigen Proembryo beobachtet werden (vgl. dazu Fortschr. Bot. **21**, 38; **24**, 34). Die vergleichende Betrachtung der Embryoentwicklung bei den Coniferen bereitete bisher Schwierigkeiten, weil gewöhnlich als Ausgangspunkt die gut untersuchte, in ihrem Verhalten aber bereits abgeleitete Gattung *Pinus* gewählt wurde. Es ist richtiger, als ursprüngliche Form die Embryoentwicklung der Podocarpaceen, z. B. von *P. andinus* zu wählen, wie ROY CHOWDHURY in einem sehr lesenswerten Sammelreferat in Übereinstimmung mit J. DOYLE feststellt (vgl. Fortschr. Bot. **17**, 87). Bei *Podocarpus andinus* ordnen sich 32 Kerne in zwei durch eine Wand getrennte Schichten, die offene und die Embryoschicht. In beiden finden Zellteilungen statt. Die offene Schicht wird durch eine Wand in eine obere, meist gegen den Zygotenraum offenbleibende, und in eine Prosuspensorschicht geteilt. Normalerweise findet auch in der Embryoschicht Wandbildung statt, nur bei den Podocarpaceen als einer Ausnahme bleiben die Embryozellen ungeteilt und damit zweikernig. Von dem Normalfall weichen nur die Familien *Araucariaceae* und *Pinaceae* ab. Bei *Pinus* verlängern sich die Prosuspensorzellen nicht und werden zur Rosettenschicht. Als Ersatz wird aus der embryonalen Schicht schon frühzeitig die Schicht der primären Suspensorzellen abgetrennt. Die für dieSuspensorzellen verwendete Nomenklatur ist wenig glücklich. Gut zu unterscheiden sind ihrer Herkunft nach Prosuspensorzellen als Tochterzellen der offenen Schicht und primäre sowie sekundäre Suspensorzellen als Tochterzellen des embryonalen Komplexes. Für die Unterscheidung der primären und sekundären Suspensorzellen werden jedoch die Reihenfolge ihrer Bildung (bei den *Pinaceae*), sowie ihre Zellzahl *(Sciadopitys* und *Biota)* herangezogen.

In der Proembryoentwicklung zeichnen sich zwei Entwicklungstendenzen ab, die Verkürzung der Phase mit freien Kernen und das Auftreten der Spaltungsembryonie. Bei der Verkürzung der Phase mit freien Kernen tritt eine Reduktion in der Zahl der Mitosen von sechs (bei *Agathis*) bis zu zwei (bei *Athrotaxis*) ein. Bei *Sequoia* fehlt die freikernige Phase ganz, schon bei der ersten Mitose wird eine Wand ausgebildet. Die Reduktionstendenz tritt in verschiedenen Familien auf und stellt kein systematisches Merkmal dar, ebensowenig wie das abgeleitete Merkmal der Spaltungspolyembryonie (BERLYN). Ausgehend von der Dikotylie der *Podocarpaceae* kommt DE LAUBENFELS zu der Auffassung, daß der primitive Zustand der Polykotylie sich trotz des positiven Selektionswertes der Dikotylie noch bei den Coniferen erhalten hat, daß aber auch hier schon die Tendenz zur Verminderung der Keimblattzahl durch Verschmelzung und Reduktion sichtbar wird.

Die Gnetaceen-Untersuchungen des Botanischen Institutes Delhi (MAHESHWARI u. VASIL) wurden mit einer Arbeit über *Gnetum gnemon* (SANWAL) fortgesetzt. Auch für diese Art konnte die tetrasporische Entstehung des Embryosackes sichergestellt werden (vgl. Fortschr. Bot. **17**, 88). Tetrasporische Embryosäcke sind außer bei der Gattung *Gnetum* bisher bei keiner anderen Gymnosperme gefunden worden. Im Gegensatz zu *G. ula* (VASIL) sind bei *G. gnemon* die Eizellbezirke nicht durch Zellwände abgegrenzt (vgl. Fortschr. Bot. **24**, 35). Die Membran der Eizelle bildet sich erst nach der Befruchtung. Die Zellbildung im unteren Teil des Makroprothalliums erfolgt unabhängig von der Befruchtung. Die den Zygoten benachbarten freien Kerne im oberen Teil degenerieren; nur in seltenen Fällen findet hier eine Zellbildung statt. Aber auch diese Zellen sterben ab, so daß bei *G. gnemon* das Nährgewebe allein von den unteren Zellen gebildet wird (zur Homologisierung des Endosperms vgl. Fortschr. Bot. **17**, 89).

MARTENS setzt die Reihe seiner Untersuchungen an *Welwitschia* mit einer Arbeit über die Ontogenese des männlichen Zapfens und der männlichen Blüten fort (vgl. dazu auch Fortschr. Bot. **24**, 35). Am Scheitel der männlichen Anlage wird ein rudimentäres Ovulum mit einem sich röhrenförmig verlängernden und sich später in zwei Lappen spaltenden Integument gebildet. In der Region des 17. und 18. fertilen Wirtels treten an der Basis dieses Integumentes zwei seitliche Höcker auf, die als Rudimente eines äußeren Integumentes gedeutet werden.

FAGERLIND regt eine vergleichende Untersuchung der Sporangienentwicklung bei den Pteridophyten, Gymno- und Angiospermen an, wobei als Hypothese eine Beziehung zwischen dem Bau des Sproßvegetationspunktes und dem Typ der Sporangienbildung angenommen wird.

Literatur

ATKINSON, L. R.: Phytomorphology **12**, 264—288 (1962).

BAALEN, CH. V.: Bot. marina (Hamburg) **4**, 129—139 (1962). — BALAKRISHNAN, M. S.: (1) J. Madras Univ. B **31**, 11—35 (1961); — (2) **31**, 183—217 (1961); — (3) Phytomorphology **12**, 77—86 (1962). — BAUDRIMONT, R.: Botaniste **44**, 77—192

1961). — BAUER, L.: (1) Naturwissenschaften 48, 507—508 (1961); — (2) Biol. Zbl. 80, 353—362 (1961). — BELKENGREN, R. O.: Am. J. Botany 49, 567—571 (1962). — BELL, P. R.: (1) Proc. roy. Soc. (Lond.) B. 153, 421—432 (1961); — (2) Nature (Lond.) 191, 91—92 (1961). — BELL, P. R., and K. MÜHLETHALER: (1) J. Ultrastr. Res. 7, 452—466 (1962); — (2) Nature (Lond.) 195, 198 (1962). — BENSON-EVANS, K.: Nature (Lond.) 191, 255—260 (1961). — BERLYN, G. P.: Am. J. Botany 49, 327—333 (1962). — BOILLOT, A.: Rev. gén. Bot. 68, 686—719 (1961). — BOPP, M.: Rev. bryol. et lichén 30, 253—259 (1961). — BRISTOW, J. M.: Develop. Biol. 4, 361—375 (1962). — BUGNON, F.: Bull. soc. botan. France 108, 24—31 (1961). — BUNT, J. S.: Nature (Lond.) 192, 1274—1275 (1961).

CAMEFORT, H.: (1) Compt. rend. 252, 2918—2920 (1961); — (2) 253, 2744—2746 (1961); — (3) C. R. soc. Biol. (Paris) 155, 1864—1871 (1962); — (4) Ann. Sci. nat. Bot. ser. 12, 3, 265—291 (1962). — CARAM, B.: Bot. Tidsskr. 52, 18—36 (1955). — CHRISTIE, A. O., and L. V. EVANS: Nature (Lond.) 193, 193—194 (1962). — COMPS, B.: Botaniste 44, 37—75 (1961).

DALES, R. PH.: J. mar. biol. Ass. U. K. 39, 693—699 (1960). — DELAUBENFELS, J. D.: Phytomorphology 12, 296—300 (1962). — DEMAGGIO, A. E., and R. H. WETMORE: (1) Nature (Lond.) 191, 94—95 (1961); — (2) Am. J. Botany 48, 551—565 (1961). — DESLOOVER, J.-D.: Cellule 62, 103—116 (1961). — DÖPP, W.: (1) Planta 57, 8—12 (1961); — (2) 58, 483—508 (1962). — DOYLE, J.: Advanc. Sci. (Lond.) 54, 1—11 (1957). — DOYLE, W. T.: Univ. California Publ. Botany 33, 185—268 (1962). — DREWS, G., H. PRAUSER u. D. UHLMANN: Arch. Mikrobiol. 39, 101—115 (1961). — DYER, D. L., and R. D. GAFFORD: Science 134, 616—617 (1961).

ESCHRICH, W.: Protoplasma 55, 419—422 (1962).

FAGERLIND, F.: Svensk. Botan. Tidskr. 55, 299—312 (1961). — FAN, K. C.: Bull. Torrey Botan. Club 86, 1—12 (1959). — FELDMANN, J., et G. FELDMANN: Bull. soc. botan. France 108, 18—24 (1961). — FÖYN, B.: Nature (Lond.) 193, 300—301 (1962). — FRANK, H., M. LEFORT u. H. H. MARTIN: Z. Naturforsch. 17 b, 262—268 (1962). — FRIEDMANN, I.: (1) Nova Hedwigia 1, 333—344 (1960); — (2) Bull. Res. Council of Israel, Sect. D Bot. 10 D, 73—83 (1961); — (3) Österr. Botan. Z. 108, 354—367 (1961); — (4) Arch. Mikrobiol. 42, 42—45 (1962). — FRITSCH, E.: The structure and reproduction of the algae 2 (1952).

GAARDER, K. R., and G. R. HASLE: Nytt. Mag. Bot. 9, 145—149 (1962). — GEITLER, L.: Ber. dtsch. bot. Ges. 75, 393—396 (1962). — GIANORDOLI, M.: Compt. rend. 254, 4499—4501 (1962).

HAGEDORN, H.: Z. Naturforsch. 16 b, 825—829 (1961). — HALL, W. T., and G. CLAUS: Protoplasma 54, 355—368 (1962). — HARRIS, R. E.: Botan. Notiser 115, 18—28 (1962). — HOPWOOD, D. A., and A. M. GLAUERT: J. Biophys. Biochem. Cytol. 8, 813—823 (1960).

ITO, M.: Botan. Mag. Tokyo 75, 19—27 (1962). — IWASAKI, I.: Biol. Bull. 121, 173—187 (1961).

JAASUND, E.: (1) Botanica marina (Hamburg) 1, 101—107 (1960); — (2) 2, 174—181 (1960); — (3) 2, 215—222 (1961). — JACOB, FR.: Arch. Protistenk. 105, 345—406 (1961).

KAUR, S.: Sci. and Culture (Calcutta) 27, 347—350 (1961). — KEMP, L., and K. COLE: Can. J. Botany 39, 1711—1724 (1961). — KONAR, R. N.: Phytomorphology 12, 196—201 (1962). — KORNMANN, P.: (1) Helgol. wiss. Meeresunters. 7, 59—71 (1960); — (2) 7, 189—193 (1960); — (3) 7, 195—205 (1961); — (4) 7, 252—259 (1961); — (5) 8, 42—57 (1961); — (6) 8, 167—175 (1961); — (7) 8, 176—192 (1961); — (8) 8, 195—202 (1962); — (9) 8, 219—242 (1962); — (10) 8, 276—279 (1962); — (11) 8, 287—292 (1962); — (12) 8, 293—297 (1962); — (13) Vorträge Gesamtgebiet Botanik. Herausg. Dtsch. Bot. Ges., N. F. 1, 37—39 (1962). — KORNMANN, P., u. P.-H. SAHLING: Helgol. wiss. Meeresunters. 8, 302—320 (1962). — KRISHNAMURTHY, V.: Ann. Botany (London), N. S., 23, 147—176 (1959). — KRISTIANSEN, J.: Bot. Tidsskr. 57, 306—309 (1961).

LEFORT, M.: (1) Compt. rend. 250, 1525—1527 (1960); — (2) 251, 3046—3048 (1960). — LEMASSON, C.: Compt. rend. 254, 540—542 (1962). — LEVCHENKO, L. A.: Mikrobiologija (Mosk.) 31, 863—868 (1962). — LINDAUER, V. W., V. J. CHAPMAN and M. AIKEN: Nova Hedwigia 3, 129—350 (1961).

MACHLIS, L.: Physiol. plantarum (Kbh.) **15**, 354—362 (1962). — MACHLIS, L., and W. T. DOYLE: Physiol. plantarum (Kbh.) **15**, 351—353 (1962). — MAGNE, FR.: Compt. rend. **252**, 4023—4024 (1961). — MAGNE-SIMON, M.-F.: Cah. Biol. Marine **3**, 79—89 (1962). — MAHESHWARI, P., and V. VASIL: Gnetum Botanical monograph Nr. 1. Council of Scientific and Industrial Research, New Delhi 1961. — MALTZAHN, K. E. v.: (1) Nature (Lond.) **192**, 55—56 (1961); — (2) Can. J. Botany **40**, 389—396 (1962). — MALTZAHN, K. v., u. K. MÜHLETHALER: (1) Naturwissenschaften **49**, 308—309 (1962); — (2) Experientia (Basel) **18**, 315 (1962). — MANTON, I., and I. FRIEDMANN: Nova Hedwigia **1**, 443—463 (1960). — MANTON, I., and G. F. LEEDALE: Phycologia **1**, 37—57 (1961). — MARTENS, P.: Cellulle **62**, 7—91 (1961). — MARTENS, P., et L. WATERKEYN: Cellule **62**, 173—222 (1962). — MEHRA, P. N.: (1) Proc. 48th Ind. Sc. Cong. Part II: Presidential address 1—24 (1961); — (2) Res. Bull. of Panjab Univ. (N. S.) **12**, 139—164 (1961). — MEHRA, P. N., and K. R. KHANNA: Res. Bull. of Panjab Univ. (N. S.) **12**, 1—29 (1961). — MÜHLETHALER, K., u. P. R. BELL: Naturwissenschaften **49**, 63—64 (1962).

NÄF, U.: Nature (Lond.) **189**, 900—903 (1961). — NAYAR, B. K.: (1) J.Indian. Botan. Soc. **40**, 164—180 (1961); — (2) **40**, 502—510 (1961); — (3) Sci. and Culture (Calcutta) **27**, 345—347 (1961); — (4) Bull. Nat. Bot. Gardens, Lucknow Nr. **68**, 1—36 (1962); — (5) Nr. **75**, 1—14 (1962); — (6) Botan. Gaz. **123**, 223—232 (1962); — (7) J. Indian Botan. Soc. **41**, 33—44 (1962); — (8) J. Linnean Soc. Lond. Bot. **58**, 185—199 (1962). — NISHIDA, Y., and S. SAITO: Botan. Mag. Tokyo **74**, 91—97 (1961). — NIZAMUDDIN, M.: (1) Ann. Botany (London), N. S., **26**, 117—127 (1962); — (2) Botan. Gaz. **124**, 68—74 (1962); — (3) Botanica marina (Hamburg) **4**, 191—203 (1962). — NIZAMUDDIN, M., and H. B. S. WOMERSLEY: Nature (Lond.) **187**, 673—674 (1960).

PAPENFUSS, G. F.: Classification of the Algae. A century Prog. Nat. Sci. 1853 to **1953**, **1955**, 115—224. Calif. Acad. Sci. San Franzisco. — PARKE, M.: British Phycological Bull. **2**, 47—55 (1961). — PARKE, M., and I. ADAMS. J. mar. biol. Ass. U. K. **39**, 263—274 (1960). — PARKE, M., I. MANTON and B. CLARKE: J. mar. biol. Ass. U. K. **38**, 169—188 (1959). — PARTANEN, C. R.: J. Heredity **52**, 139—144 (1961). — PÓVOA DOS REIS, P. M.: Bol. Soc. broteriana, Sér. 2, **34**, 29—36 (1960). — PRINTZ, H.: Arch. Mikrobiol. **42**, 64—73 (1962). — PROSKAUER, J.: (1) Taxon **10**, 155—156 (1961); — (2) Phytomorphology **11**, 359—378 (1961).

RAO, L. N.: (1) Current. Sci. India **30**, 388—389 (1961); — (2) J. Indian Botan. Soc. **40**, 601—619 (1961); — (3) Proc. Indian. Acad. Sci. **55**, 48—64 (1962); — (4) Current. Sci. India **31**, 50—52 (1962). — RICHTER, G.: Planta **57**, 202—214 (1961). — RIS, H., and R. N. SINGH: J. Biophys. Biochem. Cytol. **9**, 63—80 (1961). — ROY CHOWDHURY, CH.: Phytomorphology **12**, 313—338 (1962).

SANWAL, M.: Phytomorphology **12**, 243—264 (1962). — SCAGEL, R. F.: Can. J. Botany **38**, 969—983 (1960). — SCHÖTZ, F.: Planta **58**, 333—336 (1962). — SCHWABE, G. H.: Vorträge Gesamtgebiet Botanik. Herausg. Dtsch. Bot. Ges., N. F. **1**, 53—60 (1962). — SITTE, P.: Grana palynol. (Stockh.) **2** (2), 16—38 (1960). — STONE, I. G.: (1) Proc. Roy. Soc. Victoria **74**, part 2, 119—124 (1961); — (2) Australian J. Botany **9**, 20—36 (1961); — (3) **9**, 124 to 151 (1961). — STOSCH, H. A. v.: Vorträge Gesamtgebiet Botanik. Herausg. Dtsch. Bot. Ges., N. F. **1**, 43—52 (1962). — STUBBE, W.: Z. Vererb.-Lehre **93**, 175—176 (1962). — SUBRAHMANYAN, R.: Arch. Mikrobiol. **42**, 219—225 (1962). — SUN, C. N.: Bull. Torrey Botan. Club **88**, 106—110 (1961). — SUNDENE, O.: (1) Nytt. Mag. Bot. **9**, 5—24 (1961); — (2) Norske Videnskaps-Akad. Oslo, I. Math.-Naturv. Kl., N. S. Nr. **5**, 3—19 (1962). — SWALE, E. M. F.: Ann. Botany (London), N. S., **26**, 105—116 (1962). — SZWEYKOWSKA, A., and T. MACKOWIAK: Acta Soc. Botan. Polon. **31**, 269—274 (1962).

TAKAHASHI, CH.: (1) Kromosoma (Tokyo) **48**, 1602—1605 (1961); — (2) Cytologia (Tokyo) **27**, 79—96 (1962).

UENO, J.: J. Inst. Polytechn. Osaka City Univ. Ser. D, **11**, 109—136 (1960). — UHERKOVICH, G.: Hydrobiologia (Den Haag) **19**, 243—251 (1962).

VALET, G.: (1) Naturalia Monspeliensia, Sér. Bot. Nr. **12**, 81—88 (1960); — (2) **12**, 89—101 (1960). — VASIL, V.: Phytomorphology **9**, 167—215 (1959). —

VASISHTA, P. C.: (1) Res. Bull. of Panjab Univ. (N. S.) 11, 63—67 (1960); — (2) 11, 93—97 (1960); — (3) 11, 237—244 (1960); — (4) Bombay Nat. Hist. Soc. 58, 307—309 (1961); — (5) J. Indian Botan. Soc. 41, 64—67 (1962); — (6) 41, 99—103 (1962).

WALKER, T. G.: Evolution (Lawrence, Kan.) 16, 27—43 (1962). — WAWRIK, F.: Arch. Protistenk. 104, 541—544 (1960). — WHITTIER, D. P.: Phytomorphology 12, 10—20 (1962).

4. Feinstruktur der Zelle

Von KURT MÜHLETHALER, Zürich

Der Beitrag folgt in Band 26

B. Systemlehre und Pflanzengeographie

5a. Systematik und Phylogenie der Algen

Von Bruno Schussnig, Jena

Allgemeines. Mit Umsicht und didaktischer Einfühlung hat Harder in der neuesten Auflage des Vier-Männer-Lehrbuches die Systematik der *Phycophyta* oder Algen, als dritter Abteilung der niederen Pflanzen, behandelt. Er unterscheidet darin die Organisationsstufe der *Flagellatae*, mit den Ordnungen der *Chrysomonadales, Heterochloridales, Cryptomonadales, Dinoflagellatae, Euglenales, Protochloridales* und *Volvocales*, von den von Flagellaten abgeleiteten Algenreihen. Hier wird zunächst die 1. Unterabteilung der *Chlorophytina* aufgestellt, mit der 1. Klasse der *Chlorophyceae*, die in die Ordnungen der *Chlorococcales, Ulotrichales, Cladophorales, Chaetophorales, Oedogoniales, Siphonales* und *Conjugales* aufgegliedert wird. Die 2. Klasse umfaßt die *Charophyceae*, deren „ausgesprochene Sonderstellung" ... „ohne engere Verwandtschaft mit den übrigen grünen Algen" (Harder) hervorhebt. Eine Auffassung, die gerade in einem Lehrbuch nur zu begrüßen ist.

Die 2. Abteilung der *Chrysophytinae* wird in die 1. Klasse der *Heterokontae (Xanthophyceae)*, zu denen auch *Vaucheria* gerechnet wird; in die 2. Klasse der *Chrysophyceae (Hydrurus, Phaeothamnion)* und in die 3. Klasse der *Diatomeae* gegliedert. Zu der 3. und 4. Unterabteilung werden die *Pyrrophytina* und *Euglenophytina* gezählt, die, wie Harder mit Recht selbst zugibt, noch umstritten sind.

Die 5. Unterabteilung stellt die *Phaeophytina*, mit der einzigen Klasse der *Phaeophyceae*, dar, die in die Ordnungen der *Ectocarpales, Sphacelariales, Tilopteridales, Cutleriales, Dictyotales, Chordariales, Sporochnales, Desmarestiales* und *Dictyosiphonales* — als Heterogeneratae, dem Beispiel Kylins folgend, zusammengruppiert — und schließlich in die *Laminariales* und *Fucales* untergeteilt werden.

Es folgen schließlich als 6. Unterabteilung die *Rhodophytina*, mit der Klasse der *Rhodophyceae*. Die 6 Ordnungen der Florideae, nämlich die *Nemalionales, Gelidiales, Cryptonemiales, Gigartinales, Rhodymeniales* und *Ceramiales*, werden ohne weitere systematische Aufgliederung, bloß aufgezählt. Die wegen ihrer wesentlich einfacheren Fortpflanzungsverhältnisse aufgestellten *Bangioideae* werden am Schluß angeführt. Wesentlich ist es, daß Harder, in richtiger Beurteilung der Sachlage, die phylogenetische Stellung der Rhodophyceen noch als unklar kennzeichnet.

Das Kompromißhafte einer solchen, für ein Lehrbuch bestimmten Darstellung, hebt Harder selber hervor. Das ist unvermeidlich. Jedoch, die Verarbeitung des Tatsachenmaterials zeugt von reifem Können und im

„Kleingedruckten" sind viele Anregungen enthalten, die nicht nur für den Studierenden, sondern auch für den Fachmann wertvoll sind.

Coccolithophoridae. Durch die elektronenmikroskopische Analyse der Feinstruktur der Coccolithen trat in der Systematik der Coccolitophoriden oder Calciomonaden eine Umwälzung ein. So werden in die Gruppe der Holococcolithophoriden jene Formen zusammengefaßt, deren Coccolithen zur Gänze aus Mikrokristallen von einheitlicher kristallographischer Beschaffenheit aufgebaut sind. GAARDER hat neuerdings die Feinstruktur der Coccolithen von *Calyptrosphaera (Syracosphaera) catillifera* (KAMPTNER) n. comb., *C. sphaeroidea* SCHILLER, *Corisphaera arethusae* KPT., *C. gracilis* KPT., *C. hasleana* n. sp., *C. strigilis* n. sp., *Crystallolithus braarudi* n. sp., *Helladosphaera aurisinae* KPT., *H. cornifera* (SCHILL.) KPT., *H. (Anthosphaera) fragaria* (KPT.) n. comb. und *Homozygosphaera (Syracosphaera) quadriperforata* (KPT.) n. comb. untersucht. Alle diese Arten scheinen Coccolithen zu besitzen, die ausschließlich aus Calcit-Rhomboëdern aufgebaut sind. Auch die Coccolithen von *Crystallolithus hyalinus* GAARDER et MARKALI weisen die gleiche einfache Feinstruktur auf. PARKE und ADAMS wiesen allerdings nach, daß die letztgenannte Art das bewegliche Stadium von *Coccolithus pelagicus* (WALLICH) SCHILL. vorstellt.

Für die Zugehörigkeit der Coccolithophoriden zum Formenkreis der Chrysomonadinen erscheint mir die Feststellung von PAASCHE an *Coccolithus huxley* wichtig zu sein, wonach die Coccolithen nicht Ausscheidungsstrukturen des Oberflächenplasmas, wie dies bisher angenommen wurde, sind, sondern daß sie intraplasmatisch angelegt werden und dann erst an die Zelloberfläche gelangen. Von den Cystenhüllen der Chrysomonaden sowie den Kieselskeletten der Silicoflagellaten ist die intraplasmatische Entstehung schon lange bekannt.

Versuche mit Reinkulturen von Coccolithophoriden in der letzten Zeit eröffnen für ihre Systematik ganz neue Aspekte. Schon im Jahre 1948 hatte BERNARD für *Coccolithus fragilis* einen Wechsel zwischen einer beweglichen und einer unbeweglichen (palmelloiden) Phase wahrscheinlich gemacht. Genauer gelang es v. STOSCH (1955) den Entwicklungscyclus von *Syracosphaera* zu verfolgen, bei der er einen Wechsel zwischen einer Flagellatenphase und einem fädig-verzweigten *Heterococcus*-ähnlichem Stadium nachzuweisen vermochte. Die monadoide Phase vermehrt sich durch Schwärmer des *Prymnesium*-Typus, aus denen die *Heterococcus*-Phase hervorgeht. Die Fortpflanzung der letzteren erfolgt durch isokonte Schwärmer, welche offenbar wieder *Syracosphaera*-Individuen liefern. Einen analogen Wechsel zwischen einer monadoiden und einer phycoiden Phase stellten PARKE und ADAM auch für *Crystallolithus hyalinus* GAARDER et MARKALI und *Coccolithus pelagicus* (WALLICH) SCHILLER fest (s. oben).

Nun liegt eine neue Veröffentlichung von VALKANOV über *Hymenomonas coccolithophora* CONRAD — die nach BRAARUD richtig *Syracosphaera carterae* heißen muß — vor, deren Entwicklungscyclus ebenfalls zwei Phasen, eine monadoide und eine algenartige nematoparenchymatische Phase umfaßt. Diese letztere Phase kann entweder Schwärmer erzeugen oder sie kann sich in einen Palmella-Zustand umwandeln. Aus den Schwärmern geht die bekannte Flagellatenform hervor, welche ein selbständiges, solitäres Dasein führt und aus der im Wege der Zweiteilung viele Generationen hervorgehen. Sie kann aber auch Schwärmer oder Tetraden bilden, die zur Entstehung der Algenphase führen. VALKANOV vermutet, daß die monadoide Phase diploid, die Algenphase haploid sein dürfte. Verf. stellt auch die Frage, ob nicht auch *Ochrosphaera* zur Synonymie von *Hymenomonas* bzw. *Syracosphaera* gehören könnte. Dem steht im Augenblick noch die heterokonte Begeißelung von *Ochrosphaera* im Wege. Auch ist die Feinstruktur der Kalkkörper dieser Gattung, meines Wissens, noch nicht analysiert. Da aber bei *Syracosphaera Prymnesium*-ähnliche Schwärmer vorkommen, wäre es denkbar, daß die Begeißelung innerhalb des Formenkreises der Coccolithophoriden — ähnlich wie bei den Chrysomonadinen (s. str.) — nicht einheitlich ist. Freilich müßte auch hier die elektronenmikroskopische Analyse einsetzen, bevor weitere Vermutungen angestellt werden.

Dinoflagellatae. Die Zellkerne der Dinoflagellaten nehmen seit jeher eine Sonderstellung ein, vor allem deswegen, weil hier die Chromosomen während der ganzen Ontogenese in kondensiertem Zustand verharren. Es ist auch verständlich, daß die Anschauungen über die mitotischen Vorgänge etwas kontrovers gewesen sind. In einer neuerlichen Untersuchung stellt DODGE fest, daß die Chromosomen, entgegen früheren Angaben, in der Prophase eine Längsspaltung (und keine Querspaltung) erfahren, womit das typische Verhalten der Chromosomen auch bei diesen Organismen erwiesen ist. Dagegen konnten keine Centromeren und auch keine Spindelbildung festgestellt werden, woraus Mitosen resultieren, die mit jenen der Euglenomonadinen eine weitgehende Ähnlichkeit aufweisen. Dies sei hier vermerkt, weil an eine mögliche phylogenetische Beziehung zwischen den Dinoflagellaten und den Euglenomonaden, namentlich von französischen Autoren, öfters gedacht wurde.

Des bloßen Interesses halber sei hier noch auf die Arbeit von GIESBRECHT hingewiesen. Es handelt sich um eine vergleichende elektronenmikroskopische Untersuchung der Zellkerne von *Amphidinium elegans* und der „Zellkerne" von Bakterien. Die in den Aufnahmen sichtbar werdenden Strukturähnlichkeiten ließen nach Ansicht des Verf. die Möglichkeit zu, die Chromosomentheorie der Vererbung auch auf die Bakterien auszudehnen. „Weitere Parallelen zwischen den Chromosomen beider Organismen deuten darauf hin, daß zwischen diesen beiden Vertretern zweier Formenkreise, des „Protistenreichs" und des „Bakterienreichs", besonders enge Beziehungen bestehen." Wie gesagt, nur des Interesses halber.

Bekanntlich bereitet die Unterscheidung der kleinen *Dinophysis*-Arten in Plankton-Populationen wegen ihrer morphologischen Variabilität dem Systematiker bedeutende Schwierigkeiten. SOLUM hat anhand eines reichen biometrischen Materials aus den Meeresgebieten von Island und von Norwegen versucht, Klarheit zu schaffen. Sie kommt zu folgenden Resultaten. *Dinophysis lachmanni* PAULSEN und *D. borealis* PAULSEN stellen Formen der gleichen Species dar, die als *D. lachmanni* PAULSEN f.

lachmanni n. f. und *Dinophysis lachmanni* PAULSEN f. *borealis* (PAULSEN) n. f. gekennzeichnet werden. Ebenso sind *D. norvegica* und *D. debilior* durch Übergangsformen miteinander verbunden, so daß die Verf.in folgende Nomenklatur vorschlägt: *D. norvegica* CLAP. et LACHM. f. *crassior* (PAULSEN) SOLUM und *D. norvegica* CLAP. et LACHM. f. *debilior* (PAULSEN) SOLUM. Die abgerundete Form, die als *D. norvegica* CLAP. et LACHM. f. *rotundata* SOLUM bezeichnet wurde, wird durch Übergangsformen mit der f. *crassior* verbunden.

Cyanophyceae. Besondere Erwähnung verdient eine umfangreiche Monographie der Cyanophyceen aus Thermen Griechenlands von ANAGNOSTIDIS. 500 Materialproben von insgesamt 20 Thermalquellen wurden dieser um so wichtigeren Untersuchung zu Grunde gelegt, als aus diesem Gebiete bisher nur spärliche Beobachtungen vorlagen. Behandelt sind 21 Gattungen mit 127 Arten. Kritisch setzt sich der Verf. mit der Gattung *Pseudanabaena* auseinander, die er in Übereinstimmung mit SKUJA an den Schluß der *Oscillatoriaceae* stellt. Das Buch ist in neugriechischer Sprache verfaßt, mit einer deutschen Zusammenfassung.

Die von FRIEDMANN neu beschriebene atmophytische Nitratalge *Chroococcidiopsis kashai* sp. n. unterscheidet sich von der Typus-Art *Chr. thermalis* GEITLER dadurch, daß bei der Endosporogenese ein intermediäres Stadium eingeschaltet ist, in Gestalt behäuteter sekundärer Mutterzellen innerhalb der Sporangialzelle. Tertiäre und seltener auch quaternäre Sporenmutterzellen können auch zur Ausbildung gelangen. Phylogenetisch von Interesse ist es, daß bei *Chr. kashai* in Kulturen polarisierte, gestielte und keulenförmige Zellen auftreten, was einen möglichen phyletischen Zusammenhang zwischen den unpolarisierten Dermocarpalen *(Chroococcidiopsidaceae)* und den polarisierten Formen der *Dermocarpaceae* und *Chamaesiphonaceae* vermuten läßt.

Chlorophyceae. Von der an das Leben im Neuston, an der Wasseroberfläche, angepaßten Phytomonade der Gattung *Nautococcus* KORSCHIKOV bringt JAVORNICKÝ eine morphologische und entwicklungsgeschichtliche Beschreibung von *N. pyriformis* KORSCH., aus welcher wohl eindeutig hervorgeht, daß es sich um eine extrem angepaßte Chlamydomonade handelt. KORSCHIKOV stellte die Gattung *Nautococcus* in die Gruppe der *Vacuolatae* und faßte sie als ein Bindeglied zwischen *Volvocales* und *Chlorococcales* auf. ETTL rechnet *Nautococcus* den *Tetrasporineae* zu. Aus vorliegender Untersuchung ist jedoch die Chlamydomonaden-Natur deutlich zu entnehmen. Der metaplastische Kragen am oberen Ende der unbeweglichen Zellen ist eine Anpassung an die neustonische Lebensweise.

In einer vorläufigen Veröffentlichung weist SOEDER darauf hin, daß die *Chlorella*-Arten, die aus Reinkulturen unter standardisierten Kulturbedingungen gewonnen werden, sich zwar zellmorphologisch voneinander unterscheiden lassen, daß aber daneben auch biochemische und wachstumsphysiologische Merkmale zur sicheren Charakterisierung der einzelnen Arten herangezogen werden müssen. Dies leuchtet um so mehr ein, als *Chlorella* keine sexuelle Fortpflanzung besitzt und somit die genetische Kontrolle ausfällt. ,,Bei den Chlorellen sind die zellmorphologischen

Unterschiede für eine gesicherte Klassifizierung ebenso unzureichend wie bei den Bakterien."

Von KORNMANN liegt eine entwicklungsgeschichtliche Untersuchung über *Monostroma grevillei* (THUR.) WITTR., sowie eine Revision der Gattung *Monostroma*, hauptsächlich auf Grund eines vergleichenden Studiums der Helgoländer Arten, vor. Bei den schwach ausgeprägten Unterscheidungsmerkmalen der einzelnen Arten, eine ebenso schwierige wie dankbare Aufgabe. Zugestimmt muß den Worten des Verf. werden: „Die Auswertung des Schrifttums und die Bearbeitung des in den Herbarien gesammelten Materials können . . . keine tragfähige Grundlage für eine taxonomische Gliederung der Gattung bilden. Entscheidend wichtig ist die eingehende Beobachtung der Formen am natürlichen Standort und das Studium ihrer Entwicklung im Kulturversuch. Entwicklungsgeschichtliche Studien lassen neue und wesentliche Merkmale für die Unterscheidung der Arten offenbar werden." Diese Untersuchungsmethode, die jetzt immer häufiger auch bei anderen makroskopischen Meeresalgen zur Anwendung gelangt, ist unentbehrlich, „um die Gattung Monostroma von dem Ballast ihrer synonymen Arten zu befreien." KORNMANN entwirft danach die folgende Gliederung:

A. Diplohaplonten mit heteromorphen Generationen

   a) Sporophyt einzellig-kugelig

      1. *Monostroma grevillei*
      2. *M. angicava* KJELLM.
      3. *M. nitidum* WITTR.?
      4. *M. latissimum*, bei dem SEGI (1956) allerdings keine Basallager feststellen konnte, sondern der einschichtige Thallus sich direkt aus den Zoosporen entwickelt. Einzellige Sporophyten wurden jedoch auch beobachtet. Über *vier*geißelige Planosporen berichten SEGI und GOTO.

Der Entwicklungscyclus dieser 4 Arten entspricht dem von KORNMANN für *Monostroma grevillei* ermittelten, wobei er schon früher auf die Ähnlichkeit mit *Gomontia polyrhiza*, die auch ein einzelliges, kalkbohrendes Sporophytenstadium (als *Codiolum polyrhizum* bekannt) besitzt, hingewiesen. Die Gametophyten sind bei beiden Formen scheibenförmig.

   b) Sporophyt flächig
      Monostroma zostericola.

Eine Geschlechtsgeneration, als kleine, kriechende Scheibe, ist nach SCAGEL (1960) vorhanden, doch fehlen dafür noch experimentelle Unterlagen.

B. Diplonten

   a) Mit heteromorphen Generationen
      (Monostroma undulatum wahrscheinlich identisch mit *M. pulchrum).*

   b) Mit isomorphen Generationen
      +) Zoosporen viergeißelig
        Monostroma leptodermum

Verf. hält es für möglich, daß die flächige Form aus einem fädigen Stadium — unmittelbar vor oder nach der Fertilisierung — im zeitigen Frühjahr hervorgeht.

+ +) Zoosporen zweigeißelig

1. *Monostroma arcticum*

bei dem, ähnlich wie bei der vorhergehenden Art, die warme Jahreszeit durch scheibenförmige, kriechende Stadien überbrückt werden dürfte.

2. *Monostroma wittrockii*

stimmt im Habitus mit *M. arcticum* weitgehend überein, ist aber viel dünnhäutiger und tritt im Spätsommer auf. Aus einem kurzen Faden entsteht durch Längsteilungen der Fadenzellen eine Hohlkugel. Der lappige Thallus geht nach BLIDING aus einem sackförmigen Stadium hervor.

Sehr interessant ist es, daß CHICHARA auch bei *Collinsiella cava*, ebenso wie bei einem unbestimmten *Monostroma* spec., gefunden hat, daß sich die Zygoten und die parthenogenetischen Gameten im Frühjahr in Kalkschalen von Muscheln, in die Röhren von *Serpula* und sogar in Eierschalen einbohren. Die Zygoten nehmen verhältnismäßig rasch an Volumen zu, die Pyrenoide werden vermehrt und die Membran verdickt sich. Gegen den Herbst zu zerfällt ihr Inhalt in eine große Anzahl von Schwärmern. Die beobachteten Schwärmer sind teils vier-, teils zweigeißelig. Sie werden durch einen Schlauch an der Oberfläche der Cystenmembran entleert. Die viergeißeligen Schwärmer dürften die Zoosporen sein, während die zweigeißeligen offenbar von Cysten stammen, die aus parthenogenetischen Gameten hervorgegangen sind. Eine Kopulation zwischen diesen zweigeißeligen Schwärmern wurde jedoch nicht beobachtet. Die kalkbohrenden Zygocysten von *Collinsiella cava* und *Monostroma* spec. weisen, nach Ansicht des Verf., gewisse Ähnlichkeiten mit den sog. „Sporangien" der Gattung *Gomontia* BORNET et FLAHAULT auf, welche ebenfalls als eine kalkbohrende Alge lange bekannt ist. Sollte da ein genetischer Zusammenhang bestehen?

Mit der Entwicklungsgeschichte und der Systematik von *Acrosiphonia* und *Spongomorpha* hat sich KORMANN schon in früheren Veröffentlichungen befaßt (vgl. diese Zeitschr. **24**, S. 58). In der nun vorliegenden Revision der Gattung *Acrosiphonia*, von der er *A. arcta* auch entwicklungsgeschichtlich verfolgt und bei ihr niemals ein *Codiolum*-Stadium nachweisen konnte, nimmt er eine klare Scheidung zwischen *Acrosiphonia* und *Spongomorpha* vor. Während bei letzterer ein heteromorpher Generationswechsel festgestellt ist, weist er in die Gattung *Acrosiphonia* die Formen mit isomorphen Generationsfolgen ein, die aus Zygoten bzw. aus parthenogenetischen Gameten hervorwachsen. Eine Vereinigung der Gattungen *Urospora, Spongomorpha* und *Acrosiphonia* in der Familie der *Acrosiphoniaceae*, wie JONSSONS (1959) vorschlug, entbehrt nach KORNMANN jeder Grundlage. Nach JONSSONS hätte das Merkmal der Familie ein heteromorpher Generationswechsel zwischen fädigen Thallis und einem

Codiolum-Stadium sein sollen, was jedoch bei *Acrophonia* nicht zutrifft. *Urospora* nimmt übrigens auch wegen ihrer geschwänzten Zoosporen eine Sonderstellung ein.

Charophyta. In einer Untersuchung über Bau und Entwicklung von *Lychnothamnus barbatus* (MEVEN) VON LEONH. kommt SUNDARALINGAM zu dem Ergebnis, daß diese Gattung im wesentlichen mit der Gattung *Chara* weitgehend übereinstimmt. Auch bei der Entwicklung der Fortpflanzungsorgane ist eine große Ähnlichkeit mit denen von *Chara* zu erkennen. Sowohl die weiblichen als auch die männlichen Organe entspringen aus peripher gelegenen Knotenzellen und nehmen, im Gegensatz zu den Angaben von MIGULA (1897), die Stelle von Brakteen ein.

In einer weiteren, zusammen mit DESIKACHARY verfaßten Studie, setzen sich die beiden Autoren mit Fragen der verwandtschaftlichen Beziehungen zwischen den einzelnen Gattungen innerhalb der Characeen, wie auch mit der Frage nach der phylogenetischen Herkunft dieser umstrittenen Pflanzengruppe auseinander. Sie unterscheiden zwei Entwicklungslinien, die, von einer hypothetischen Ahnform ausgehend, einerseits zu den corticaten Formen *(Chara, Lychnothamnus, Nitellopsis, Protochara)*, andererseits zu den ecorticaten Formen, wie *Lamprothamnion*, geführt haben. Alle diese Formen als *Charoideae* zusammengefaßt, besitzen 5 Krönchenzellen. Von der hypothetischen Ursprungsform zweigen die Verff. direkt jene Entwicklungslinie ab, die zu den *Nitelloideae*, mit 10 Krönchenzellen *(Nitella, Tolypella)*, führt. Nach Ansicht der Verff. stellt, im Gegensatz zur herkömmlichen Anschauung, das Fehlen der Berindung einen *abgeleiteten* Zustand dar.

Bezüglich der phylogenetischen Herkunft der Characeen versuchen die Verff. zunächst, an Formen, wie die hochentwickelten Chaetophoralen *(Draparnaldiopsis!)*, anzuknüpfen. Dafür bringen sie folgende Kriterien an. Bei den Chaetophoralen begegnet man einer Differenzierung des Thallus in Nodien und Internodien; dem Vorhandensein einer Berindung der Hauptachsen, wobei die Berindungsfäden aus Basalzellen von Seitenachsen entspringen; dem begrenzten Wachstum der Seitenachsen und schließlich der Beschränkung der Fortpflanzungsorgane auf die Achsen höherer Ordnung. Alle diese hier angeführten Konstruktionstendenzen höher entwickelter Thalli trifft man aber auch bei Braun- und Rotalgen an, wo besonders die haptostiche Berindung als mechanisches System gar nicht selten ist. Damit soll bloß angedeutet sein, daß es sich bei den oben angeführten Ähnlichkeiten mit den höher differenzierten Chaetophoralen bloß um Analogien handeln kann, die phylogenetisch nicht auswertbar sind. Und bei der Betrachtung des Characeen-„Antheridiums" stoßen die Verff. auf ein Hindernis, das sie zu der Schlußfolgerung führt, daß ein derartiges Organ bei keiner anderen Gruppe von Algen ein Analogon hat und daß ein Versuch, die Charophyten von anderen Algen abzuleiten, schwierig („difficult") ist. Dabei vergaßen die Verff. auch noch auf den Bau der Spermatozoiden hinzuweisen, die ebenfalls mit keinem Schwärmertypus bei den übrigen Algen übereinstimmen (vgl. SCHUSSNIG, 1962). Der Bau des „Antheridiums" im Sinne GOEBELs schließt eine Homologisierung dieses Organes mit jeglichem männlichen

Gametangium der Algen aus, so daß die Verff. schließlich für die Aufstellung eines selbständigen Phylums der *Charophyta* plädieren. Dieser Anschauung wird man unbedingt beipflichten können.

Xanthophyceae. Eine ausführliche, reich illustrierte und durch Kulturversuche unterbaute monographische Bearbeitung der kritischen Gattung *Heterococcus* liegt von PITSCHMANN vor. Danach lassen sich folgende Arten sicher unterscheiden: *H. chodati* VISCHER, *H. caespitosus* VISCHER, *H. moniliformis* VISCHER, *H. marietanii* VISCHER, *H. fuornensis* VISCHER, *H. brevicellularis* VISCHER, *H. crassilius* VISCHER, *H. protonematoides* VISCHER und *H. polymorphus* (SNOW) VISCHER. Als unsichere bzw. unvollständig beschriebene Arten gelten nach dem Verf. *H. flavicans* (GERNECK) VISCHER (= *Monocilia flavescens* GERNECK) und *H. spec.* (*Monocilia viridis* GERNECK, non *Heterococcus viridis* CHODAT). Was die verwandtschaftliche Stellung von *Heterococcus* anbelangt, so weist PITSCHMANN darauf hin, daß gegenwärtig innerhalb der *Heterotrichales* unverzweigte Gattungen mit zweischaliger Zellmembran (wie *Tribonema, Heterothrix, Bumilleria, Bumilleriopsis*) und solche mit einheitlicher Zellmembran und verzweigten Fadenachsen (wie *Heterococcus* und *Heterodendron*) vereinigt werden. Daraus schließt Verf. mit Recht, daß die Heterotrichalen keine natürliche systematische Einheit darstellen. Der Ursprung der *Heterocloniaceae*, mit *Heterococcus*, müßte unter den *Heterococcalen* mit einheitlicher Zellmembran gesucht werden.

An artreinen Kulturen von *Vaucheria synandra* WORONIN und *V. dichotoma* (L.) AGARDH hat Frl. SAGROMSKY frühere Untersuchungen über die Absorptionsspektren der Assimilationspigmente, und namentlich die Angaben von SOMA (1960) nachgeprüft, der für die Synzoosporen von *Vaucheria sessilis* neben Chlorophyll a noch ein zusätzliches Pigment, als Chlorophyll e, festgestellt haben wollte. Da die Energiden der Synzoosporen zwei gleich lange Geißeln besitzen, während die Spermatozoiden heterokont sind, schloß daraus SOMA, daß die *Vaucheriaceae* weder zu den *Xanthophyceen* noch, wegen der unterschiedlichen Pigmentierung, zu den Chlorophyceen passen. Nach ihm sollten die Vaucheriaceen Abkömmlinge von Vorfahren sein, aus denen sich die Chlorophyceen und die Xanthophyceen entwickelt haben. Daß die Geißeln der Synzoosporen zwar gleich lang, aber heteromorph und heterodynamisch sind, und somit keinesfalls dem Typus der isokonten Chlorophyceen-Schwärmer entsprechen, hat SOMA freilich übersehen.

Die Pigmentbestimmungen sowohl an vegetativen Thallis verschiedener *Vaucheria*-Arten als auch an Oogonien- und Antheridien-tragenden Schläuchen und Synzoosporen von *Vaucheria sessilis* DE CANDOLLE und Aplanosporen von *V. walzi* ROTHERT durch Frl. SAGROMSKY ergaben, daß in keinem dieser Entwicklungszuständen neben Chlorophyll a weder Chlorophyll b noch Chlorophyll e nachgewiesen werden konnte. In den Synzoosporen und besonders in den Aplanosporen war Phaeophytin a in meßbaren Mengen vorhanden, welches die von SOMA festgestellte starke Absorption der Synzoosporen in vivo bei 415 mμ erklären könnte.

Aus diesen Befunden geht neuerdings hervor, daß die Pigmentierung der Vaucheriaceen sich wesentlich von der der Chlorophyceen unterscheidet.

Solange nur die heterokonte Begeißelung der Spermatozoiden nach dem Typus der Xanthophyceen-Schwärmer bekannt war, lag der Gedanke nahe, die Vaucheriaceen in verwandtschaftliche Beziehungen zu den Heterokonten zu setzen. Nach Bekanntwerden der elektronenoptisch ermittelten Feinstruktur der Synzoosporen-Geißelpaare durch Frl. MANTON, was ein Novum ist, wird man m. E. diese Vorstellung einer Revision unterziehen müssen. Die Aufstellung der Ordnung der *Heterosiphonales (Xanthosiphonales)* durch PASCHER war zur damaligen Zeit logisch begründet.Nach dem heutigen Stand der Dinge jedoch muß auch eine nähere Beziehung zwischen dem Typus von *Botrydium* und dem von *Vaucheria* als unsicher empfunden werden. Mir erschiene es als zweckmäßiger, die Vaucheriaceen als ein selbständiges Taxon, etwa wie den Typus der *Oedogoniales* oder der *Derbesiales* unter den Chlorophyceen (s. l.) zu interpretieren.

STAHL hatte seinerzeit in den Entwicklungscyclus von *Vaucheria geminata* ein „*Gongrosira*"-Stadium einbezogen, welches die Akinetenbildende Phase dieser *Vaucheria*-Art vorstellen sollte. Diese Vorstellung wurde bis in die neueste Zeit akzeptiert, obwohl P. DANGEARD schon 1940 Zweifel an der Richtigkeit der STAHLschen Angaben hegte. In einer über 8 Jahre sich erstreckenden Nachuntersuchung, sowohl an artreinem als auch an Standort-Material, hat RIETH die Sachlage endgültig geklärt. Ein „*Gongrosira*"-Stadium gibt es bei *Vaucheria* nicht. Das, was bisher als solches aufgefaßt wurde, entspricht auch nicht der Gattung *Gongrosira* (s. str.), sondern stellt eine selbständige Form dar, für die DANGEARD die Gattung *Asterosiphon* aufgestellt hat. RIETH schließt sich dieser Auffassung an und führt das vermeintliche „*Gongrosira*"-Stadium unter dem Namen von *Asterosiphon dichotomus* (KÜTZ.) DANG. (= *Gongrosira dichotoma* KÜTZ.) an. Diese Alge scheint nach RIETH engere Beziehungen zu den Botrydiaceen zu haben.

Phaeophyceae. Bei der auf *Fucus* epiphytischen *Elachista fucicola*, für die bisher nur unilokuläre Sporangien bekannt waren, gelang es KORNMANN in Kulturen auch interkalare plurilokuläre Sporangien an den Achsen des kriechenden Basallagers nachzuweisen. Dieser Befund berechtigt dazu, vorliegende Art von der ihr ähnlichen *E. lubrica*, welche, außer Haaren, sitzende und gestielte einreihige plurilokuläre Spornagien besitzt, zu trennen. Diese stehen auf dem Basallager junger,myrionemoider Entwicklungsstadien, weshalb JAASUND (1960) diese Art zur Gattung *Myriactula* gestellt hat. Die Beobachtungen dieses Verf. sind an konserviertem Material gemacht, weshalb noch eine Bestätigung durch Studien am lebenden Material aussteht.

Die Feststellung des Entwicklungscyclus anhand von Kulturversuchen ist für die Charakterisierung der so variablen Phaeophyceen unumgänglich. Mit diesem schwierigen Problem hat sich seinerzeit schon SAUVAGEAU viel Mühe gegeben und seine noch etwas tastenden Untersuchungen waren richtungsweisend für die spätere Zeit. Für *Chordaria flagelliformis* hat nun KORNMANN nachgewiesen, daß hier heteromorphe Generationen auftreten, die er auf eine unterschiedliche Entwicklung ihrer Zoosporen zurückführen konnte. Aus den meisten Zoosporen gehen normale *Chordaria*-Pflanzen hervor. Ein geringerer Teil der Schwärmer hingegen liefert eine fädige Zwerggenerationen, auf der plurilokuläre Sporangien erzeugt werden. Aus den Schwärmern dieser Sporgangien wächst wieder nur das *Chordatia*-Stadium hervor.

Der Generationswechsel bei der Gattung *Desmarestia* wurde erstmalig von SCHREIBER (1932) an *D. aculeata* und später von ABE (1938) an *D. viridis* in Japan studiert. Die nochmalige Untersuchung an Hand von Kulturen von *D. viridis* aus Helgoland durch KORNMANN hat einige Abweichungen ergeben, namentlich gegenüber den Befunden von ABE, so daß anzunehmen ist, daß dieser Autorin wahrscheinlich eine andere Art vorlag, oder vielleicht daß sich die japanische Art verschieden verhalten kann. Das kommt bei regional weit voneinander entfernten Arten nicht selten vor. Der Unterschied besteht nach KORNMANN darin, daß der Gametophyt der Helgoländer *D. viridis* monöcisch ist. Außerdem entwickelten sich in seinen Kulturen nur selten die Sporophyten aus freien Oosporen, sondern, das reife Oogonium bleibt im Verbande des Gametophyten, so daß der Sporophyt mit diesem fest verwachsen erscheint.

Rhodophyceae. Die Entwicklung der Cystokarpien bei den Helminthocladiaceen-Gattungen *Cumagloia* SETCHELL et GARDNER und *Dermonema* (GREV.) HARV. wurde schon von KYLIN (1928) und SMITH (1938), bzw. von HEYDRICH (1894) und SVEDELIUS (1939) untersucht. Die Unterschiede im Bau der Cystokarpien zwischen diesen beiden Gattungen und den anderen Helminthocladiaceen veranlaßten SVEDELIUS, sie in die schon von SCHMITZ (1896) vorgeschlagene Unterfamilie der *Dermonemeae* abzusondern. Die neuerliche Untersuchung des Cystokarpien-Baues bei den gleichen Gattungen führt DESIKACHARY zu der Überzeugung, daß eine solche Abtrennung von den übrigen Helminthocladiaceen (s. 1.) nicht notwendig ist. Dadurch erscheinen die Familien der *Nemalionaceae* und *Helminthcladiaceae*, unter Beibehaltung der hier behandelten Gattungen bei der letzteren Familie, als durchaus homogen.

Auf Grund von Kulturversuchen, mit dem Ziel, die Entwicklungsgeschichte und die Generationenfolge bei den Bonnemaisonaceen zu ermitteln, kam CHICHARA zu Ergebnissen, die für die Klärung der Taxonomie dieser Familie entscheidend sind. Aus der Besonderheit ihrer Entwicklungscyclen ergibt sich, daß die bisher unterschiedenen 6 Gattungen, nämlich *Bonnemaisonia hamifera* HARIOT, *Trailliella intricata* BATTERS, *Asparagopsis taxiformis* (DELILE) COLLINS et HERVEY, *Falkenbergia hillebrandii* (BORNET) FALKENBERG, *Delisea fimbriata* (LAMOUROUX) MONTAGNE und *Ptilonia okadai* YAMADA bloß in vier Gattungen und Arten zusammengefaßt werden können, u. zw.: *Bonnemaisonia hamifera* mit *Trailliella intricata*, *Asparagopsis taxiformis* mit *Falkenbergia hillebrandii*, *Delisea fimbriata* und *Ptilonia okadai*.

Das *Trailliella intricata*-Stadium gewann CHICHARA aus den keimenden Karposporen von *Bonnemaisonia hamifera*. Die Beobachtungen von HARDER und KOCH (1949), wonach die Keimpflanzen von *Bonnemaisonia hamifera* aus den Tetrasporen von *Trailliella hervorgehen*, konnte CHICHARA im wesentlichen bestätigen. Der ontogenetische Cyclus von *Bonnemaisonia hamifera* entspricht somit dem *Asparagopsis*-Typus, d. h.

mit drei Phasen: den Geschlechtspflanzen, dem Karposporophyt und dem Tetrasporophyt. *Trailliella intricata* kann somit nicht als selbständige Species aufrechterhalten werden, sondern sie stellt eine Phase, und zwar die Diplophase, im Entwicklungscyclus von *Bonnemaisonia hamifera* dar. In Übereinstimmung mit den Vorschlägen von SILVA für die Benennung mehrphasiger Algen muß *Bonnemaisonia hamifera* HARIOT jetzt *Bonnemaisonia intricata* (C. AGARDH) SILVA heißen. Hier sei noch hinzugefügt, daß von KORNMANN und SAHLING für *Bonnemaisonia hamifera*, die für Helgoland neu ist, den gleichen Entwicklungscyclus, wie von CHICHARA für Japan angegeben, bestätigen konnten.

Analog dazu gehören *Asparagopsis taxiformis* und *Falkenbergia hillebrandii* zusammen. Letztere entwickelt sich im Kulturversuch aus den Karposporen der ersteren, und das stimmt mit dem Befund von J. und G. FELDMANN, wonach sich *Falkenbergia rufolanosa* (HARVEY) SCHMITZ aus den Karposporen von *Asparagopsis armata* HARVEY entwickelt. In beiden Fällen stellt das *Falkenbergia*-Stadium den Tetrasporophyten dar. Allerdings kann sich *Falkenbergia hillebrandii* auch noch durch homologe Generationen vermehren, bevor sie den Gametophyten = *Asparagopsis taxiformis* liefert. Wegen der mitunter regional getrennten Verbreitung der beiden Generationen sei auf das Original verwiesen.

Bei *Delisea fimbriata* stellt Verf. fest, daß aus der keimenden Karpospore zunächst eine Keimscheibe hervorgeht und daß die aus dieser hervorwachsenden orthotropen Sprosse die gleiche Struktur wie die Gametophyten aufweisen. Während aber LEVRING für die australische *Delisea fimbriata* auch Tetrasporophyten, von gleicher Gestalt wie die Gametophyten, gefunden hat, konnte CHICHARA in Japan nur Gametophyten feststellen. Danach würde sich ein bemerkenswerter Unterschied im Entwicklungscyclus zwischen der australischen und der japanischen Art ergeben. Bei ersterer dürfte ein Generationswechsel nach dem *Polysiphonia-*, bei letzterer nach dem *Nemalion*-Typus vorliegen. Die Sache ist noch nicht endgültig geklärt. Die Ähnlichkeit in der Keimungsweise mittels einer Keimscheibe bei *Bonnemaisonia asparagoides* und *Ptilonia okadai* würde für eine nähere Verwandtschaft zwischen dieser Art und den beiden Gattungen *Bonnemaisonia* und *Ptilonia* sprechen.

Die aus den Karposporen heranwachsende monostromatische Basalscheibe von *Ptilonia okadai* zeigt eine auffallende Ähnlichkeit mit dem von BATTERS beschriebenen *Hymenoclonium serpens*. Die aus dieser Basalscheibe entspringenden orthotropen Sprosse entsprechen genau dem Habitus von *Ptilonia okadai*. Die Basalscheibe erzeugt keine Reproduktionsorgane, ebenso wenig gelang es, Tetrasporophyten zu finden. Verf. meint daher, daß die vorliegende Form, ähnlich wie die japanische *Delisea fimbriata*, bloß eine gametophytische und eine karposporophytische Phase, nach dem *Nemalion*-Typus besitzt. Ob es sich dabei um einen primären oder um einen regressiven Zustand handelt, muß noch dahingestellt bleiben. Jedenfalls verdient es hervorgehoben zu werden, daß innerhalb der Familie der Bonnemaisoniaceen drei Entfaltungsphasen des Generations- und Phasenwechsels vorhanden sind:

1. Die triphasische Alternation, mit bedeutend kleinerem und einfacheren Tetrasporophyten *(Asporagopsis armata, A. toxiformis, Bonnemaisonia hamifera)*.

2. Der *Nemalion*-Typus, bei welchem der haploide Gametophyt mit dem hapoliden Karposporophyten alterniert *(Delisea fimbriata*, in Japan, *Delisea elegans* LEVRING, *D. hypneoides* LEVRING, *Ptilonia okadai)*. Und

3. Der triphasische *Polysiphonia*-Typus *(Delisea fimbriata*, in Australien und *Leptophyllis conferta* LEVRING*)*. Dies zeigt einmal mehr, daß der jeweilige Status des Generationswechsels kein Kriterium für die Beurteilung taxonomischer Fragen abgibt.

Es ist bekannt, daß die parasitischen Rhodophyceen meist auf Wirtspflanzen wachsen, die zur gleichen systematischen Ordnung gehören. Von etwa 7 Parasiten, die zu den *Gigartinales* gehören, sind ihre Wirte ebenfalls Vertreter dieser Rhodophyceen-Ordnung. So auch die von TANAKA und NOZAWA neu beschriebene Gattung *Kintokiocolax*, mit der Art *aggregata-cerantha* nov. sp., welche auf *Carpopeltis* parasitiert. Die Verff. haben die ganze Entwicklung, mit Geschlechts- und Tetrasporenpflanzen, dieses neuen Parasiten genau verfolgen können.

Aus zellmorphologischen, physiologischen und ökologischen Untersuchungen, die von RIETH über die Gattung *Porphyridium* sehr sorgfältig durchgeführt wurden, ergibt es sich, daß *P. cruentum* NAEG. von *P. marinum* KYLIN nicht voneinander zu trennen sind. Mit Recht schreibt Verf., „daß ökologisch oder physiologisch begründete Artabspaltungen eines morphologisch einheitlich Materials mit großer Skepsis zu betrachten sind, solange nicht gründliche experimentelle Untersuchungen der Variationsbreite hinsichtlich angeblich unterscheidenden Merkmale vorliegen."

Literatur

ANAGNOSTIDIS, K.: Aus dem Institut für systematische Botanik und Pflanzengeographie der Universität, Thessaloniki 1—239 (1961) (erhalten 1963).

CHICHARA, M.: Sci. Repts. Tokyo Kyôiku Daigaku, Sect. B, No. 161, 27—53 (1962); J. Japan. Bot. 37, 44—45 (1962).

DESIKACHARY, T. V., and V. S. SUNDARALINGAM: Phycologia 2, 9—16 (1962). — DODGE, J. D.: Arch. Protistenk. 106, 442—452 (1962).

FRIEDMANN, I.: Österr. Bot. Z. 108, 354—367 (1961); — Arch. Mikrobiol. 42, 42—45 (1962).

GAARDER, K. R.: Nytt Magazin Botan. 10, 35—50 (1962). — GIESBRECHT, P.: Zentr. Bakteriol etc., I Orig. 187, 452—476 (1962).

HARDER, R.: In Lehrbuch der Botanik, 28. Aufl., 353—404 (1962).

JAVORNICKÝ, P.: Arch. Protistenk. 106, 437—441 (1962).

KORNMANN, P.: Helgoländer Wiss. Meeresunters. 8, 195—202, 219—242, 276—279, 287—292, 293—297, 298—301, 302—320 (1962).

PAASCHE, E.: Nature (Lond.) 193, 1094—1095 (1962). — PITSCHMANN, H.: Nova Hedwigia 5, 487—531 (1962).

RIETH, A.: Monatsber. Dtsch. Akad. Wiss. Berlin 4, 488—492, 519—522 (1962). — Biol.-Zentralbl. 80, 429—438 (1961); — Die Kulturpflanze 10, 168—194 (1962); — Limnologica (Berlin) 1, 197—210 (1962).

SAGROMSKY, H.: Ber. Dtsch. Bot. Ges. 75, 345—348 (1962). — SOEDER, C. J.: Ber. Dtsch. Bot. Ges. 75, 268—270 (1962). — SOLUM, I.: Nytt Magaz. Bot. 10, 5—32 (1962). — SUNDARALINGAM, V. S.: Proc. Indian Acad. Sci. 45, 131—151 (1962).

TANAKA, T., and Y. NOZAWA: Mem. Fish. Kagoshima Univ. 9, 107—112 (1962).

VALKANOV, A.: Rev. Algol., N^{lle} Sêr. 6, 220—226 (1962).

5b. Systematik und Stammesgeschichte der Pilze

Von Heinz Kern, Zürich

Mit 2 Abbildungen

I. Archimyceten und Phycomyceten

Eine eigenartige, trotz ihrer weiten Verbreitung noch schlecht bekannte Pilzgruppe bilden die Eccrinales, die mit einigen verwandten Formen (Amoebidiales u. a.) als Trichomyceten zusammengefaßt werden (Lichtwardt). Alle diese Pilze leben im Inneren oder an der Oberfläche von Arthropoden und erinnern in dieser Hinsicht entfernt an die Laboulbeniales. Der Thallus von *Enterobryus* besteht aus einem unverzweigten, nicht septierten und mehrkernigen Schlauch, der mit einem schleimigen Fuß im Verdauungstrakt des Wirtstieres haftet; der Vegetationskörper anderer Vertreter ist verzweigt und septiert. Bei der sexuellen Fortpflanzung werden z. T. Zygosporen gebildet; auch Kernverschmelzungen innerhalb des vielkernigen Vegetationskörpers wurden beschrieben. Die asexuelle Fortpflanzung erfolgt durch verschiedene Typen von Sporangiosporen; die Sporangien haben offenbar z. T. die Fähigkeit zur Sporenbildung verloren und werden als Konidien verbreitet. Es zeigen diese Pilze somit deutliche Anklänge an die Zygomyceten.

Sahtiyanci stellt das obligat parasitische *Olpidium brassicae* (Wor.) Dang., das ein Umfallen von Kohlkeimlingen verursachen kann, auf Grund der Zahl der Entleerungshälse des Zoosporangiums (1—16) in die Gattung *Pleotrachelus* (vgl. Fortschr. Bot. **23**, 46). Der Pilz konnte von *Brassica oleracea* auf *Capsella bursa pastoris*, *Beta vulgaris*, *Spinacia oleracea* und *Solanum melongena* (aber nicht auf *Lactuca sativa*) übertragen werden; er hat also einen ziemlich weiten, aber begrenzten Wirtskreis. Ein ebenso ausgedehntes Wirtsspektrum hat der neu beschriebene *Pleotrachelus virulentus*, der beim Salat am Zustandekommen einer Aderchlorose (big vein disease) mindestens beteiligt ist. — *Olpidiopsis incrassata* Cornu ist gattungsspezifisch und befällt zahlreiche Arten von *Saprolegnia* und *Isoachlya*, dagegen keine der geprüften Arten von *Achlya*, *Aphanomyces* u. a. (Slifkin).

II. Ascomyceten

Endomycetales. Windisch diskutiert die Bedeutung der für die systematische Gliederung der Hefen verwendbaren Merkmale, vor allem die Ascosporenbildung, die chemischen Leistungen (dazu auch Schäfer u. Seeliger über Oxydasen) und die serologischen Eigenschaften (dazu auch Tsuchiya et al. für *Torulopsis* und Seeliger für humanpathogene Pilze). Die Fähigkeit zur Harnstoffspaltung findet sich in den Gattungen *Schizosaccharomyces*, *Endomycopsis* und bei einigen imperfekten Hefen *(Cryptococcus, Rhodotorula* u. a.), dagegen nicht bei *Saccharomyces* und anderen typischen, ascosporenbildenden und sprossenden Hefen (ABADIÉ). Verschiedene nahe verwandte Hefen (vor allem aus der Gattung *Hansenula*) bilden Polysaccharide aus teilweise phosphorylierten Mannosemolekülen; der Phoshphorylierungsgrad ist weitgehend artspezifisch (WICKERHAM u. BURTON; SLODKI, WICKERHAM u. CADMUS). BOIDIN et al. fassen die Hefen mit nierenförmigen Ascosporen und leicht aufreißenden Asci in der Gattung *Guillermondella* zusammen.

Protomycetaceen. Die Wände der Sproßzellen von *Protomyces inundatus* Dang. bestehen zur Hauptsache aus einem nichtcellulosischen Glucosan und zum kleineren Teil aus einem aus Mannose aufgebauten

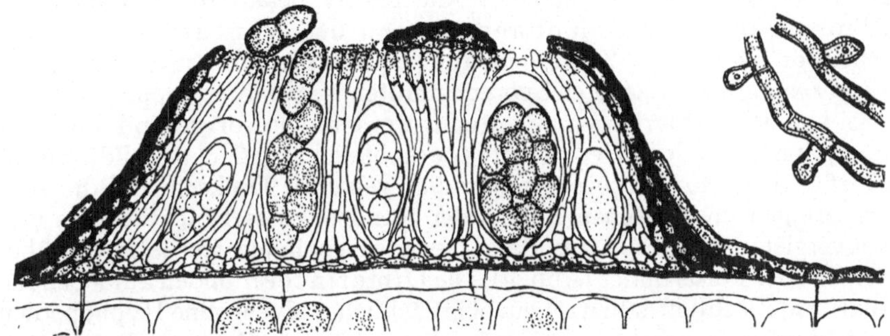

Abb. 3. Schnitt durch einen Fruchtkörper von *Asterina melastomatis* Lév. (Asterinaceae) auf dem Blatt einer Melastomatacee aus Südamerika. Rechts extramatrikale Hyphen mit Hyphopodien. Vergr. 500. (Nach MÜLLER u. v. ARX)

Kohlenhydrat; sie stehen somit den Zellwänden der Hefen nahe (VALADON, MANNERS u. MYERS; vgl. Fortschr. Bot. 22, 61). Der Entwicklungsgang der Protomycetaceen ist immer noch ungenügend bekannt.

Höhere Ascomyceten. Die Formenvielfalt der Pyrenomyceten tritt in dem neuen Buch von MÜLLER u. v. ARX in eindrücklicher Weise zutage. Die Verf. bearbeiten darin — ähnlich wie früher die amerosporen (Fortschr. Bot. 17, 213) — die didymosporen Gattungen, d. h. diejenigen mit zweizelligen, farblosen oder gefärbten Ascosporen. Die Ascoloculares, also die Pilze mit doppelwandigen Asci (Bitunicatae; Fortschr. Bot. 16, 99) werden wie früher in die Myriangiales (mit phragmo- oder dictyosporen Vertretern), die Dothiorales und die Pseudosphaeriales gegliedert. Bei den Dothiorales öffnet sich die Deckschicht des Fruchtkörpers spaltig-rissig oder bröckelt weg, und die Fruchtschicht ist im reifen Zustand discomycetenartig weit entblösst (Abb. 3). Die Schizothyriaceen [z. B. *Schizothyrium pomi* (Mont. ex Fr.) v. Arx auf Äpfeln, aber auch auf Blättern und Stengeln der verschiedensten Pflanzen] wachsen ganz oberflächlich und bilden schild- oder polsterförmige Fruchtkörper. Die Asterinaceen umfassen vor allem Blattparasiten mit einem oberflächlichen Mycel, von dem aus Haustorien in die Epidermiszellen oder intercelluläre, u. U. stromatisch verdichtete Hyphen in das Substrat eindringen. Die Haustorien entspringen häufig aus kurzen Seitenzweigen des extramatrikalen Mycels (Hyphopodien). Die Fruchtkörper sitzen flach-schildförmig der Blattoberfläche auf und haben eine radiär gebaute Deckschicht. Die Fruchtkörper der Parmulariaceen sind ähnlich gebaut, entwickeln sich jedoch ohne oberflächliches Mycel aus einem intramatrikalen Mycel oder Stroma; auch diese Familie umfaßt vor allem Blattparasiten aus den Tropen. Neben einigen kleineren Familien sind zu den Dothiorales schließlich noch die Hysteriaceen mit langgestreckten, sich mit einem Längsspalt öffnenden Fruchtkörpern zu rechnen.

Die Pseudosphaeriales umfassen — entsprechend früher gegebenen Umschreibungen — die ascoloculturen Pyrenomyceten, deren Fruchtkörper sich am Scheitel mit einem rundlichen Porus oder Kanal öffnen. In diese Reihe gehören zunächst die relativ bekannten Familien der Pleosporaceen, Mycosphaerellaceen und Venturiaceen (Fortschr. Bot. 14, 91). Die Sporormiaceen *(Delitschia* mit zweizelligen und *Sporormia* mit mehrzelligen Sporen*)* mußten wegen ihrer doppelwandigen Asci von den Sordariaceen abgetrennt werden. Die vorwiegend auf Blättern parasitierenden Microthyriaceen bilden abgeflacht-schildförmige, oberflächliche Fruchtkörper mit radiär gebauter Deckschicht; die Asci entspringen im typischen Fall in der Randzone des Fruchtkörpers und konvergieren gegen die aus Paraphysoiden gebildete sterile Mitte, über der sich der Porus bildet (Abb. 4). Die Dimeriaceen bilden auf lebenden Blättern, Flechtenthalli u. a. ein oberflächliches Mycel ohne Hyphopodien und kugelige Fruchtkörper. Die hierher gehörende Gattung *Epipolaeum* umfaßt neben tropischen Arten verschiedene europäische Vertreter auf Weiden, Körbchenblütlern u. a.

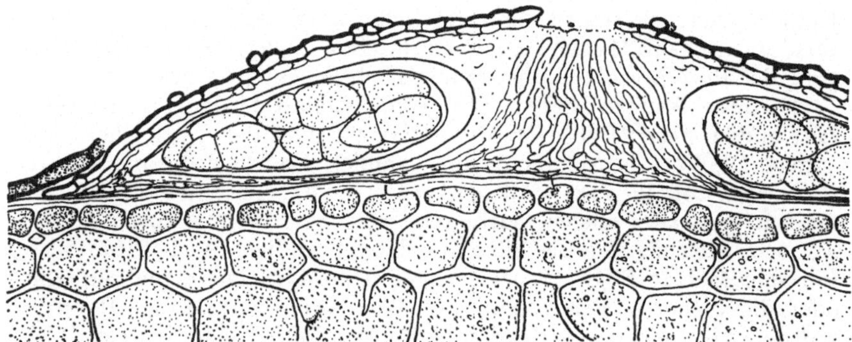

Abb. 4. Schnitt durch einen Teil eines Fruchtkörpers von *Asterinella puiggarii* (Speg. Theiss.) Vergr. 430, (tropisches Amerika; nach Müller u. v. Arx)

Die Reihe der Sphaeriales umfaßt die Großzahl der Ascohymeniales, also der Pilze mit einwandigem Ascus. Bei der Unterteilung der Reihe kommt neben dem Fruchtkörperbau und der Stromaausbildung den Strukturen des Ascusscheitels wesentliche Bedeutung zu. Die Verf. schließen neben den Sphaeriaceen, Diatrypaceen, Xylariaceen, Polystigmataceen, Hypocreaceen, Sordariaceen u. a. auch die früheren Diaporthales und Clavicipitales als Familien hier ein (Boedijn).

Eine eingehende Bearbeitung liegt für die oben bereits erwähnten Hysteriaceen vor (Zogg). Der Verf. gliedert diese Gruppe in die Hysteriaceen s. str. mit walzenförmig-abgeflachten Fruchtkörpern mit eingesenkter Längsspalte *(Hystero-*

graphium, Hysterium, Glonium u. a.*)* und in die Lophiaceen mit schlanken, muschel- bis beilförmig-aufrechten Fruchtkörpern mit deutlichem Kiel am Scheitel und schmaler Längsspalte *(Actidium, Lophium, Glyphium* u. a.*)*. — Eine umfassende Monographie ist auch für die Xylariaceengattung *Hypoxylon* erschienen (MILLER).

Die Melanosporaceen *(Melanospora* mit schnabelförmig verlängerter Fruchtkörpermündung; *Chaetomium* mit kugelig-eiförmigen, borstigen Fruchtkörpern u. a.) stehen am Übergang von den Plectascales zu den Sphaeriales; auf die Sphaeriales weisen die mit einer ausgeprägten Mündung versehenen Fruchtkörper, auf die Plectascales die zarten, bald verschleimenden Asci hin. In den nahe verwandten Gattungen *Chaetomium* und *Ascotricha* bilden die keuligen, meist lang gestielten Asci in der Perithecienhöhlung eine Fruchtschicht; die Entwicklung erfolgt somit typisch ascohymenial. In der sehr ähnlichen Gattung *Lophotrichus* (Fruchtkörper mit verlängerter, borstiger Mündung) entstehen die kugelig-eiförmigen, ungestielten Asci aus zahlreichen ascogenen Zellen zerstreut im pseudoparenchymatischen Zentrum des Fruchtkörpers (WHITESIDE). Die Entwicklung dieses Pilzes erinnert an das ascogene Gewebe, das für Arten von *Ceratocystis* (mit nackten Zellen; s. a. Fortschr. Bor. **22**, 62) und *Myriangium* beschrieben wurde; die Entstehung der ascogenen Zellen von *Lophotrichus* müßte wohl noch genauer verfolgt werden. Es zeigt sich hier erneut die Mannigfaltigkeit der Entwicklungstypen im Bereich der Plectascales.

Lulworthia medusa (ELL. et Ev.) Cr. et Cr. folgt in der Fruchtkörperentwicklung im wesentlichen dem *Diaporthe*-Typ mit einem zentralen, sterilen, pseudoparenchymatischen Hyphengeflecht, das bei der Ascusentwicklung aufgelöst wird (LLOYD u. WILSON; Fortschr. Bot. **22**, 62). *Lulworthia* wird von MÜLLER u. v. ARX zusammen mit anderen Gattungen, deren Vertreter ebenfalls auf toten Pflanzenteilen im Meerwasser wachsen, in der Familie der Halosphaeriaceen untergebracht.

Innerhalb der inoperculaten Discomyceten faßt KORF eine Gruppe von Nadelschütteerregern, die auf lebenden Nadeln einfach gebaute, hervorbrechende Fruchtkörper mit fehlender oder höchstens aus farblosen Hyphen aufgebauter Deckschicht bilden, als Hemiphacidiaceen zusammen. Ein typischer Vertreter ist *Rhabdocline pseudotsugae* Syd., der Erreger der Schottischen Douglasienschütte. Die Phacidiaceen und Hypodermataceen unterscheiden sich durch die dicke, dunkel gefärbte Deckschicht der Fruchtkörper.

Innerhalb der höchstentwickelten operculaten Discomyceten unterscheidet BENEDIX auf Grund der sehr konstanten Sporenmerkmale vier parallele Entwicklungslinien, die alle aus dem Bereich der Becherlinge zu gestielten, morchelartigen Fruchtkörpern führen *(Morchella*-Typ mit Sporen ohne Öltropfen, *Helvella*-Typ mit einem großen Öltropfen u. a.).

III. Basidiomyceten.

SINGERs grundlegendes Werk über die systematische Gliederung der Agaricales ist in zweiter, neu bearbeiteter Auflage erschienen. An die allgemeine Diskussion der methodischen Probleme und der Merkmale von

Fruchtkörpern und Sporen schließt sich wiederum eine eingehende Behandlung der Familien und Gattungen auf Grund des aus allen Teilen der Erde verfügbaren Materials an. Die Hauptgruppen bleiben im wesentlichen dieselben (Tricholomataceen, Agaricaceen, Amanitaceen, Cortinariaceen, Boletaceen u. a.). Die auf Grund der Fruchtkörperstrukturen neu eingefügte Familie der Polyporaceen umfaßt neben *Pleurotus*, *Lentinus* u. a. die Gattung *Polyporus* s. str., d. h. die von den aphyllophoralen „Porlingen" zu trennenden Arten, die auch in der Gliederung von NOBLES auf Grund der Kulturmerkmale (Fortschr. Bot. **22**, 62) eine einheitliche Gruppe bilden (z. B. *Polyporus brumalis* Pers. ex. Fr. oder *P. squamosus* Huds. ex Fr.; s. a. Fortschr. Bot. **21**, 77). Die Gattungsschlüssel (mit Literaturhinweisen auf Artschlüssel) sind auch als Sonderdruck verfügbar.

Gattungsbearbeitungen u. a.: Corticiaceen u. a. (v. a. Merkmale der Reinkulturen; BOIDIN); *Hydnum* (Hyphenstrukturen; MAAS GEESTERANUS); Porlinge (Nordamerika; LOWE u. GILBERTSON); *Schizophyllum* (COOKE); *Lactarius* (SMITH u. HESLER); Übersicht aller Gattungsnamen der Agaricales (DONK); *Hymenogaster* (SOEHNER); THAXTEROGASTER (Fortschr. Bot. **14**, 96; SINGER u. SMITH); *Hydnangium* u. a. (SMITH; SMITH u. REID); *Exidiopsis* (Tremellales; WELLS); Rostpilze von Nordamerika (ARTHUR; Neudruck des Buches von 1934 mit Nachtrag); *Tilletia* (DURAN u. FISCHER).

Literatur

ABADIÉ, F.: C. R. Acad. Sci. (Paris) **252**, 2122—2124 (1961). — ARTHUR, J. C.: Manual of the Rusts in United States and Canada. New York 1962. 438 u. 24 S. (Nachtrag von G. B. CUMMINS).

BENEDIX, E. H.: Z. Pilzkunde **27**, 93—102 (1961). — BOEDIJN, K. B.: Persoonia **2**, 305—320 (1962). — BOIDIN, J.: Rev. Mycol., mém. hors-série Nr. 6, 1—387 (1958). — BOIDIN, J., F. ABADIÉ, J.-L. JACOB et M.-C. PIGNAL: Bull. Soc. myc. France **78**, 155—203 (1962).

COOKE, WM. B.: Mycologia (N. Y.) **53**, 575—599 (1961).

DONK, M. A.: Nova Hedwigia, Beiheft 5, 1—320 (1962). — DURAN, R., and G. W. FISCHER: The Genus *Tilletia*. 138 S. Pullman, Washington: Washington State University 1961.

KORF, R. P.: Mycologia (N. Y.) **54**, 12—33.

LICHTWARDT, R. W.: Mycologia (N. Y.) **52**, 410—428. — LLOYD, L. S., and I. M. WILSON: Trans. Brit. myc. Soc. **45**, 359—372 (1962). — LOWE, J. L., and R. L. GILBERTSON: Mycologia (N. Y.) **53**, 474—511 (1961); — J. El. Mitchell Sci. Soc. **77**, 43—61 (1961).

MAAS GEESTERANUS, R. A.: Persoonia **2**, 377—405 (1962). — MILLER, J. H.: A Monograph of the World Species of *Hypoxylon*. 158 S. Athens, Georgia: University of Georgia Press 1961. — MÜLLER, E., u. J. A. VON ARX: Beiträge Krypt. flora Schweiz **11**, 2, 1—922 (1962).

NOBLES, M. K.: Can. J. Bot. **36**, 883—926 (1958).

SAHTIYANCI, S.: Arch. Mikrobiol. **41**, 187—228 (1962). — SCHÄFER, E., u. H. P. R. SEELIGER: Mycopath. **18**, 93—106 (1962). — SEELIGER, H. P. R.: C. Bakt. I, **184**, 203—228 (1962). — SINGER, R.: The Agaricales in Modern Taxonomy. 2. Aufl. 915 S., Weinheim 1962; — Keys for the Determination of the Agaricales. 64 S. Weinheim 1962. — SINGER, R., and A. H. SMITH: Brittonia **10**, 201—216 (1958); Madroño **17**, 22—26 (1963). — SLIFKIN, M. K.: Mycologia (N. Y.) **53**, 183—193

(1961). — SLODKI, M. E., L. J. WICKERHAM and M. C. CADMUS: J. Bact. 82, 269—274 (1961). — SMITH, A. H.: Mycologia (N. Y.) 54, 626—639 (1962). — SMITH, A. H., and L. R. HESLER: Brittonia 14, 369—440 (1962). — SMITH, A. H., and D. A. REID: Mycologia 54, 98—104 (1962). — SOEHNER, E.: Nova Hedwigia, Beiheft 2, 1—113 (1962).

TSUCHIYA, T., Y. FUKAZAWA and S. KAWAKITA: Sabouraudia 1, 145—153 (1961).

VALADON, L. R. G., J. G. MANNERS and A. MYERS: Trans. Brit. myc. Soc. 45, 573—586 (1962).

WELLS, K.: Mycologia 53, 317—370 (1961). — WHITESIDE, W. C.: Mycologia (N. Y.) 53, 512—523 (1961); 54, 152—159, 611—620 (1962). — WICKERHAM, L. J., and K. A. BURTON: J. Bact. 82, 265—268 (1961). — WINDISCH, S.: C. Bakt. I,184, 228—240 (1962).

ZOGG, H.: Beitr. Krypt. flora Schweiz 11, 3, 1—190 (1962).

5c. Systematik der Flechten

Bericht über die Jahre 1961 und 1962 dazu einige Nachträge

Von Josef Poelt, München

Allgemeiner Teil

Den „Einführungen in die Lichenologie" nach zu schließen, die in der Berichtszeit erschienen sind, muß das allgemeine Interesse an der Flechtenkunde steigen. Hale (1) bringt in seinem "Lichen Handbook" eine gediegene Übersicht über Tatsachen und Probleme; er legt besonderen Wert auf Flechtenchemie, Methoden zur Untersuchung der Flechtenstoffe sowie Arealtypen (der Rindenflechten des östlichen Nordamerika). Follmann (1) versucht Ähnliches in Deutsch; er schließt dabei auch die Soziologie ein. Lambinon schrieb die Parallele in Französisch. Schaede (ed. Meyer) behandelt im Rahmen der pflanzlichen Symbiosen auch die Flechten recht eingehend nach biologischen Gesichtspunkten (nicht ohne einige längst widerlegte Märchen zu zitieren, so Isidien und Sorale seien rein modifikative Bildungen; auch die Angabe, über die Flechtenfarben sei chemisch nichts bekannt, wäre angesichts der vielen aufgeklärten Farbstoffe wie Parietin, Usninsäure, Everniasäure besser weggeblieben).

Während die Systematik der höheren Pflanzen heute diskutiert, welche Rangstufen den verschiedenartigen Sippen zuzuteilen seien, ringt die Lichenologie hinsichtlich der zahlenmäßig überwiegenden Krustenflechten nach wie vor mit dem Problem, wie konstitutionelle und modifikative Eigenschaften, wie Sippen und Modifikanten auseinandergehalten werden können. Einflüsse der Umwelt führen nicht selten zu Formveränderungen, die weit über das Ausmaß durchschnittlicher Artunterschiede hinausgehen; sie können Artgrenzen verwischen und Sippendifferenzen vortäuschen. Weber widmet dem letzten Gesichtspunkt eine größere Studie und betont, daß viele Flechtenarten in ihren weiten Arealen recht verschiedenartigen modifikativen Einflüssen unterworfen sind, deren morphologische Auswirkungen entsprechend geographisch gegliedert sind und deshalb den Eindruck guter Merkmale machen. Er verweist (besonders anhand der Gattung *Acarospora*) hierbei auf Bereifung, Erosion durch Sandschliff in xerischen Gegenden, Einlagerung von Eisenoxydhydrat in Flechtenlager über eisenhaltigem Gestein, erklärt an Beispielen, daß viel zu viele Sippen anhand solcher Eigenschaften kreiert worden seien, die dementsprechend gestrichen werden müssen (Ref. hat allerdings den Eindruck, daß Verf. in manchen Fällen sozusagen das Kind mit dem Bade ausgeschüttet hat. Unter den „Rostflechten" z. B. stehen neben modifikativ oxydierten Formen genotypisch konstante Sippen; ihr Vorkommen hängt sicher vom Vorhandensein entsprechender eisenhaltiger Gesteine ab, die Inkrustation selber und deren Ausmaß sind aber konstant).

Nicht nur bei Krusten, sondern auch im Reich der höheren Flechten können wir die hohe morphologische Variabilität nur teilweise erklären. MOTYKA (1) weist anhand seiner Studie über *Thamnolia* darauf hin, daß die Ursachen dieser Formveränderungen vielfach nicht bekannt sind und daß es nicht angehe, abweichende Typen einfach zu negieren; sie müßten auf jeden Fall beschrieben werden.

Erneut eingehend besprochen wurde die systematische Wertung der chemisch definierten Sippen. Während vor wenigen Jahren noch die Tendenz vorherrschte, chemisch verschiedene, morphologisch aber gleiche Formen als "strains", Stämme, zusammenzuordnen (vgl. Fortschr. Bot. *17*, p. 223), neigt man heute wieder mehr dazu, den Chemospecies, jedenfalls in vielen Fällen, Artrecht zuzubilligen. CULBERSON, der — von einem Saulus zum Paulus geworden — diese Richtung jetzt besonders vertritt, betont, daß die Differenzen dieser Sippen nicht nur statisch in ihren Stoffwechselendprodukten bestehen, sondern auch als Ausdruck andersartiger Stoffwechselvorgänge gesehen werden müssen (1); im übrigen erkenne man schon längst chemisch verschiedene Sippen als Arten an, wenn die Differenz in einer unterschiedlichen Farbe zum Ausdruck kommt, wie etwa bei *Parmeliopsis hyperopta* und *ambigua*. Die Farbe als solche kann aber nicht gut ein Artcharakterium abgeben.

Schwierigkeiten ergeben sich überraschenderweise für die Nomenklatur der Flechten, wenn die „Chemospecies" berücksichtigt werden. Wie CULBERSON (2) und auch HEGNAUER betonen, sind die Flechtenstoffe, die der „chemischen" Taxonomie zugrunde liegen, in vielen Fällen gemeinsames Produkt von Pilz und Alge; sie können also nur der Gemeinschaft: Flechte zugeordnet werden. Der entsprechende Abänderungsvorschlag für die Nomenklaturregeln, von CULBERSON (2), Pilz und Alge nicht als differente Wesen aufzufassen und dementsprechend als Einheit zu benennen, wird allerdings von RIEDL (1) zurückgewiesen, der sonderbarerweise die systematische Brauchbarkeit der Flechtenstoffe bezweifeln möchte. — Der Fortgang der Arbeiten wird weiter führen als theoretische Erörterungen.

HEGNAUER gibt einen allgemeinen Überblick über den Stand der Chemotaxonomie. Als wichtiges Organisationsmerkmal der Flechten betrachtet er deren Fähigkeit, Phenolcarbonsäuren zu Depsiden und Depsidonen zu verknüpfen; freie Phenolcarbonsäuren treten entsprechend in Flechten kaum auf, sondern nur in Reinkulturen der Flechtenpilze.

Einige flechtenchemische Studien werden im systematischen Teil erwähnt. Hier sei nur darauf hingewiesen, daß in der letzten Zeit auch mehrfach Krusten analysiert wurden: HUNECK (1) findet in *Crocynia neglecta* Atranorin, (2) in *Acarospora fuscata* Gyrophorsäure, (3) in *Lecidea confluens* und der verwandten *L. tumida* Confluentinsäure (Olivetorsäure-Dimethyläther). SOLBERG isolierte aus *Haematomma ventosum* Thamnol- und Ventosum-Säure.

Seit Jahren laufen die Diskussionen über die Trennung der Flechten in ascoloculare und ascohymeniale Formenkreise, deren Unterscheidung schon bei den Ascomyceten große Schwierigkeiten macht (vgl. Fortschr. Bot. *22*, p. 62 und *23*, p. 46). Bei den Flechten scheinen nun manche dieser Eigenschaften gewissermaßen verschleiert zu sein, modifiziert infolge der verschiedenen ökologischen Einflüsse. Die Angaben der einzelnen Autoren widersprechen sich demnach oft. Nach LETROUIT-GALINOU (1) entwickeln sich z. B. die Apothecien von *Roccella montagnei* eindeutig nach dem *Ascohymeniales*-Schema; die Paraphysen bilden sich aufsteigend, die Asci zeigen an den Spitzen Ringstrukturen. Gerade aber *Roccella* galt bisher als Muster einer *Ascoloculares*-Gattung.

Zu ähnlichen Schlüssen gelangt die genannte Verfasserin (2) bei *Buellia canescens*. Die Apothecien entstehen aus einem Knäuel ascogonialer Hyphen, die von sterilen Hyphen wahrscheinlich eines rudimentären Ectostroma umgeben werden. Das „Dach" des Knäuels bildet einen vergänglichen Schleier um die junge Frucht, deren Paraphysen ebenfalls aufsteigend wachsen. Die Asci wären unitunicat, die Flechte dementsprechend eine Lecanorale. MÜLLER und v. ARX halten die Asci dagegen für bitunicat und ordnen die Gattung entsprechend bei den ascolocularen *Dothiorales* ein.

GROENHART schreibt seiner neuen Gattung *Aglaothecium* große Ähnlichkeit zu den Lecideaceen zu, von denen sie sich durch ihre dünnwandigen unitunicaten Asci unterscheide; Jodjodkali färbt dementsprechend die Asci nicht, während es die dickwandigen Schläuche der Lecideaceen bläut. Die Lecideaceen galten aber bisher als ascohymenial. Der Autor betont übrigens, daß Dickwandigkeit nicht unbedingt heißen muß: doppelte Wand, sondern daß sie ebenso als ökologische Anpassung der ausdauernden Flechten an extreme Standortansprüche gedeutet werden kann.

Entsprechend diesen zweifelhaften entwicklungsgeschichtlichen Grundlagen ist die Tendenz, neue Flechtensysteme aufzustellen, glücklicherweise nicht sehr groß. MÜLLER und v. ARX gliedern die wenigen von ihnen untersuchten Genera nach folgendem Prinzip in ihr Ascomycetensystem ein:

Dothiorales (Discomyceten-ähnliche *Ascoloculares*):
    Arthoniaceae
    Patellariaceae (mit *Buellia*, *Melaspilea*)
Pseudosphaeriales:
    Einige Flechtengenera in die Nähe der *Chaethothyriaceae*
Sphaeriales:
    hierher z. B. die *Verrucariaceae.*

MAEKAWA stellt die Flechten als zusammengesetzte Organismen an das Ende seines — wenig originellen — Pflanzensystems und gliedert sehr schematisch, unter Berücksichtigung beider Partner zu Ordnungen, die hier näher aufzuführen nicht lohnt. Erstaunlich wirkt die Parallelisierung der lichenisierten *Coniocarpineae* mit den biologisch so spezialisierten *Erysiphales* von völlig anderem Bau.

So viele Systeme bislang auch auf phyletische Spekulationen verschiedenster Art aufgebaut wurden, so wenig untersuchte man kleinere Gruppen, — also Gattungen oder Familien nach solchen Gesichtspunkten, obwohl dies doch die glaubwürdigeren Ergebnisse erzielen sollte. THOMSON (1) ging nun solchen Fragen bei der Gattung *Physcia* nach und kam zu zwar nicht erstmals ausgesprochenen, doch wohl erstmals in dieser Weise zusammengestellten Gesichtspunkten von allgemeinerer Bedeutung. Demnach wären innerhalb einer phyletisch einheitlichen Verwandtschaft, wie es die Gattung *Physcia* sicher ist,

    primitiv: krustige Formen, die über placodioide zu laubigen und strauchigen Typen aufsteigen;

    abgeleitet: der Besitz von Cilien, Fibrillen, Reif,

        das Vorhandensein von Rhizinen,

        das Auftreten von Soralen und Isidien,

        Sorale von definierter Form gegenüber diffusen Soralen,

        paraplektenchymatische Oberrinde gegenüber Oberrinde von anderem Bau; für die phyletisch später entwickelte Unterrinde gilt sinngemäß dasselbe

        gefärbtes Mark gegenüber ungefärbtem.

Formen, die diesen Gesichtspunkten nach als primitiv anzusehen sind, finden sich bei *Physcia* in den Tropen und Subtropen. Die gemäßigten Zonen werden von abgeleiteten Sippen bewohnt. Bei *Physcia ciliata* ist die primitive Normalform in Nordamerika weit verbreitet, die abgeleitete f. *erythrocardia* (mit gefärbtem Mark) auf die Appalachen beschränkt, die Fibrillen tragende f. *fibrillosa* dagegen auf den trockenen Mittelwesten verteilt.

Innerhalb der phyletisch sehr einheitlichen *Teloschistaceae* sieht RUDOLPH ebenfalls deutliche Ableitungen (von denen einige dem Ref. doch sehr zweifelhaft erscheinen).

Während nach diesen Vorstellungen die Phylogenie der Flechten im wesentlichen aufsteigend zu lesen wäre, vertritt CHOISY (2) auch neuerdings wieder seine im einzelnen recht kuriose Reduktionshypothese.

Biologie der Flechten

Einige sehr erfreuliche Arbeiten lassen uns heute die Flechtensymbiose weit besser verstehen als noch vor wenigen Jahren.

AHMADJIAN (1) kultivierte Pilz und Alge von *Acarospora fuscata* gemeinsam auf Nährböden. War dieser Dextrose-haltig, ergaben sich keine symbiontischen Beziehungen, beide Partner wuchsen allein. Dagegen bildete der Pilz auf reinem Agar pseudoparenchymatische Hüllen um die Algen. Rote, vom Pilz synthetisierte Farbstoffe waren nur in der Nähe der Algen stark entwickelt. Die Algen selber blieben im Flechtenverband gesund, außerhalb wurden sie — wohl durch zu hohen Lichtgenuß — ± abgetötet. Es entsteht also kein Zusammenleben, wenn beide Partner unabhängig wachsen können; unter entsprechenden Bedingungen werden bereits eingegangene Bindungen wieder gelöst. Flechtenwachstum kommt nur im Gleichgewicht zwischen beiden Partnern zustande. Die Alge entwickelt sich in Symbiose gleich wie auf Mineralnährböden, wird also durch den Pilz mit Mineralstoffen versorgt. Der Pilz baut alte Algenhüllen ab und erhält von der Alge organische Verbindungen, Vitamine. Die Symbiose wird also auch nach diesen experimentellen Befunden zu Nutzen beider Partner eingegangen — man ist damit nach vielen Um- und Irrwegen wieder zu den ältesten, schon von SCHWENDENER entwickelten Ansichten zurückgekehrt.

Bemerkenswert erscheint uns die Schnelligkeit zu sein, mit der sich Flechtenstrukturen unter günstigen experimentellen Bedingungen bilden können: Thallusscheiben, aus freilebender *Cladonia coniocraea* ausgestochen (ANDERSON u. AHMADJIAN) entwickelten bereits nach 4 Tagen (!) Podetieninitialen, und zwar eindeutig aus der Markschicht.

SMITH (1) untersuchte Algenschicht und Mark von *Peltigera polydactyla* getrennt und stellte in der Algenschicht größeren Stoffumsatz, höheren Stickstoffgehalt, höhere Atmungs- und Absorptionswerte und besonders auch Zuckeraufnahme fest. Das Mark enthält dagegen mehr Wasser und dient offenbar als Wasserreservoir.

Nach FOLLMANN (2) sind die Algenmembranen im Thallusverband durchlässiger, der Stoffaustausch wird also auch von seiten der Alge erleichtert. DE NICOLA und TOMASELLI fanden in lichenisierter *Trebouxia* weniger Gesamtchlorophyll und mehr Carotin als bei freilebender. Nach GORHAM häufen Flechten (und Moose) radioaktive Substanzen in verhältnismäßig größeren Mengen an als Angiospermen.

Flechtenalgen

Nach GEITLER tritt *Myrmecia biatorellae* in Flechten recht verschiedener systematischer Zugehörigkeit als Partner auf; ihr an und für sich etwa topfförmiger Chromatophor wird in der Symbiose in Falten gelegt und mit Leisten versehen und damit kaum mehr kenntlich. Der Pilz von *Biatora berengeriana* bildet an ihr keine Haustorien, im Gegensatz zu den Pilzpartnern aus *Maronella, Dermatocarpon* usw. — Die Chaetophorale *Leptosira thrombii* (SCHIMANN) tritt im Flechtenlager normalerweise in palmelloiden Stadien auf; verschiebt sich aber das Symbiosegleichgewicht zu ihren Gunsten, so entwickelt sie auch fädige Wuchsformen, wie es freilebenden Sippen entspricht.

Ökologie

Einige ökologische Gesichtspunkte sollen hier kurz gestreift werden, weil sie zum Verständnis biologischer und auch systematischer Probleme beitragen. SMITH (2) betrachtet hohe Resorptionsfähigkeit (z. B. für Glucose, Phosphate, Asparagin) als generelle Eigenschaft der Flechten und damit als Anpassung an ihre Standorte, an denen die Konzentration dieser Stoffe gering ist. In gleicher Weise gilt das aber auch für den nur langsamen Abbau der Stoffe, der dem Durchhalten langer Verarmungsperioden dienlich ist. Aus der hohen Aufnahmefähigkeit dürfte sich dann auch die große Empfindlichkeit gegen Luftverunreinigungen erklären, die man doch neuerdings wieder, wenigstens teilweise, für die Entstehung der Flechtenwüsten in den größeren Städten und Industriebezirken verantwortlich macht. MÄGDEFRAU hat hierüber zusammenfassend berichtet.

Nach ANDERSON und AHMADJIAN macht *Cladonia coniocraea* offenbar eine Winterruhe durch. Im Herbst angelegte Podetien entwickeln sich erst nach längerer Ruheperiode weiter, wenn in der Zwischenzeit winterliche Verhältnisse eingetreten sind. — Nach MAQUINAY, LAMB, LAMBINON, RAMAUT hat das borealalpine *Stereocaulon nanodes* seinen einzigen belgischen Fundort auf Zinkboden und häuft im Lager unverhältnismäßig große Zinkmengen an. — An die schönen Untersuchungen von RIED über die Ökologie der Flechten an und in Fließgewässern soll hier nur hingewiesen werden; sie können auch einer schärferen systematischen Fassung der schwierigen Wasserverrucarien dienen, die durch ULLRICH im Harz soziologisch studiert wurden.

Nach POELT (1) ist die schwärzlich-sorediöse Krustenflechte *Lecidea nigroleprosa* in den Alpen Wirt für nicht weniger als 3 parasitische Flechten, von denen *Lecanora latro* ein geordnetes Lager zunächst im Wirt aufbaut, das später frei wird, während bei *Caloplaca magni-filii* nur noch unordentliche Hyphengebilde entstehen. Beide übernehmen offenbar ihr Algen vom Wirt, und scheinen spezialisierte Schmarotzer zu sein.

Zur Geographie der Flechten seien nur wenige Arbeiten herausgegriffen. MITCHELL stellt das euozeanische Element von Südwestirland in vielen Punktkarten dar, das zum Teil pantropischen, teilweise aber auch makaronesischen, mediterran-atlantischen oder unklaren Ursprungs ist. ČERNOHORSKY weist die boreale *Parmelia centrifuga* aus dem Böhmerwald nach und reiht sie den Relikten an. HALE (2) berichtet über Funde der im ozeanischen Europa weit verbreiteten *Lobaria amplissima* im tropischen Zentralamerika; in Nordamerika wird die Species sonderbarerweise durchwegs durch eine nahe Verwandte ersetzt. LAMB beschreibt zwei neue *Stereocaulon*-Arten, die offenbar, z. T. wohl aus ökologischen Gründen, hochdisjunkt verbreitet sind.

Spezieller Teil

B = Beiträge   S = Schlüssel

Obwohl kritische systematische Studien heute oft zu einer Artenreduktion führen, haben Monographien der Berichtszeit die Artenzahlen der betreffenden Gruppen außerordentlich erhöht — was nur im Augenblick erstaunlich wirkt. Während bei den Rentierflechten *(Cladonia* subgen. oder sect. *Cladina)* im vorigen Jahrhundert 1 bzw. 4 Arten, bei ABBAYES (1) 1939 deren 11 geführt wurden, unterscheidet die neue Monographie von AHTI (1) nicht weniger als 38 Arten, dazu eine ganze Reihe guter subspezifischer Einheiten. Die Areale dieser Sippen scheinen sehr natürlich, die früheren sog. kosmopolitischen Arten haben sich als unhaltbare Sammelgruppen erwiesen.

Für *Anaptychia* führt noch ZAHLBRUCKNER 1926 insgesamt 10 Arten an; bei KUROKAWA (1) ist die Zahl auf — allerdings großenteils nur chemisch unterschiedene — 79 Species angewachsen, von denen nicht wenige gesamttropisch verbreitet, viele aber auch lokal endemisch sind.

Zu einer ähnlichen Aufspaltung kommt VERSEGHY (1) bei der merkmalsarmen Krustenflechtengattung *Ochrolechia*. Es zeigt sich allgemein, daß die notwendigen feineren Unterscheidungen, die heute durch bessere Methoden aber auch wegen der leichteren Erreichbarkeit des Materials möglich geworden sind, zu einer Auflösung der weltweit verbreiteten Sammelarten führen und daß sich die Flechten damit viel besser in die von anderen Gruppen bekannten Verbreitungsbilder einfügen. Man hat früher allzuleicht Formen verschiedenster Herkunft mit Namen ähnlicher europäischer Arten bezeichnet.

Eines der größten Hindernisse der Flechtensystematik ist die Schwierigkeit der bildhaften Darstellung der Flechtenformen und auch gewisser anatomischer Eigenheiten. Habituszeichnungen werden nur in sehr wenigen Fällen den Anforderungen gerecht. Lichtbilder haben sich bislang lediglich für dreidimensional wachsende Formen als brauchbar erwiesen. Für die Krustenflechten kann erst die verfeinerte photographische Technik der letzten Zeit, wie sie in erster Linie von ULLRICH u. KLEMENT vorgelegt wurde, wirkliche Hilfe bringen.

Die einzige weitere Mitteilungs- und Vergleichsmöglichkeit scheint uns in der Herausgabe von Exsiccaten zu liegen, die neuerdings wieder mehr in Schwung gekommen ist. Wir betrachten sie als wichtigen Beitrag zur Förderung der Systematik und zitieren die laufenden Reihen:

H. DES ABBAYES: Lichenes Madagascarienses et Borbonici exsiccati.— O. ALMBORN: Lichenes Africani. — R. HAKULINEN: Lichenotheca Fennica. — J. POELT: Lichenes Alpium. — V. SAVICZ: Lichenotheca Rossica. — C. d. N. TAVARES: Lichenes Lusitaniae selecti exsiccati. — Z. TOBOLEWSKI: Lichenotheca Polonica. — A. VĚZDA: Lichenes selecti exsiccati. — W. WEBER: Lichenes exsiccati. — Cryptogamae exsiccatae, herausgegeben vom Naturhistorischen Museum Wien. —

Eine Übersicht über die von V. RÄSÄNEN aufgestellten Flechtentaxa und Neukombinationen findet sich bei HAKULINEN (1).

Mycoporaceae: Definition und Gliederung; S der Gattungen, Revision von *Mycoporellum:* RIEDL (2). — Revision von *Arthopyrenia conoidea* agg.: VĚZDA (1). — *Sporoschizon* nov. gen. auf *Sp. petrakianum*, ähnlich *Arthopyrenia;* Sporen zerfallen in die beiden Teilzellen: RIEDL (3).

Strigulaceae: *Porina* auf den Brit. Inseln, S, Monographie: SWINSCOW (1). — *Gongylia* auf den Brit. Inseln, S: SWINSCOW (2).

Trypetheliaceae von Mississippi: JOHNSON.

Caliciaceae: *Cyphelium* in Bayern, S: SCHMIDT.

Graphidaceae: Die Alge von *Graphis scripta* ist *Trentepohlia annulata:* VERSEGHY (2)

Pyrenopsidaceae: *Gonohymenia* S: LANGE. Die Gattung ist wahrscheinlich polyphyletisch.

Collemataceae: B zu *Collema* in Amerika: DEGELIUS.

Peltigeraceae: B *Peltigera pulverulenta*-Gruppe: LINDAHL; für die Artentrennung anatomischer Merkmale.

Lecideaceae: *Aglaothecium* nov. gen. auf *A. saxicola* aus Java: GROENHART. — Revision der *Lecidea goniophila*-Gruppe in Mitteleuropa: POELT (3); mehrere Taxa mußten als Schneckenfraßformen eingezogen werden. — B *Lecidea* in der Tschechoslowakei: NÁDVORNÍK. — B *Bacidia* und *Toninia:* VĚZDA (2). — *Bacidia citrinella*-Gruppe: POELT (4). — B *Rhizocarpon* in Frankreich: RONDON. — *Rhizocarpon leptolepis:* SCHADE.

Cladoniaceae: Monographie von *Cladonia* subgen. *Cladina* S: AHTI (1); vgl. oben. — *Cladonia* subgen. *Cladina* in Neuseeland: MARTIN. — *Cladonia* in Tennessee, S: MOZINGO. — B *Cladonia* in Venezuela und Nordbrasilien: ABBAYES (2), in der Slowakei: PIŠUT. — *Cladonia delavayi*, morphologisch gleich einer *Cladina*, dem Bau nach zu den *Unciales* gehörig, hat Areale in Westchina und im Himalaja: AHTI (2).

Stereocaulaceae: Die belgischen *St.*-Arten enthalten alle Atranorin, die meisten dazu Lobariasäure, einige Stictin und Norstictin: RAMAUT und SCHUMACKER. — B *Stereocaulon* in Japan: ASAHINA (1—3).

Umbilicariaceae: *Umbilicaria* auf den Brit. Inseln, S.: KERSHAW (1), in Ostfennoskandien: HAKULINEN (2), mit vielen Punktkarten.

Acarosporaceae: Nach WEBER wäre die Artenzahl bei *Acarospora* weitgehend zu reduzieren.

Pertusariaceae: Monographie von Ochrolechia (oft zu *Lecanoraceae* gestellt):
VERSEGHY (1), siehe oben. — Apothecienentwicklung von *Pertusaria pertusa:*
LETROUT-GALINOU (3).

Parmeliaceae: *Parmelia quercina*-Gruppe, S: CULBERSON (4); die Gruppe enthält
sowohl gelbgrüne, usninsäure-haltige wie usninsäure-freie, graue Arten. Als Merkmale dienen Flechtenstoffe, Besitz oder Fehlen von Soralen, Isidien, Läppchen,
Pseudocyphellen. — *Parmelia* von Madagaskar und Reunion: ABBAYES (3). — B
Parmelia in Portugal: TAVARES (1), in Großbritannien: HALE und KUROKAWA, in
Mitteleuropa: POELT (4). — *Parmelia caperata* und andreana werden nur wegen
ihres Usninsäuregehaltes zu einer Subsektion zusammengehalten; sie haben nach
den übrigen Flechtenstoffen nichts miteinander zu tun: RAMAUT u. SCHUMACKER (2).
Ähnliches gilt auch für die Gruppe der *Subglaucescentes*: RAMAUT.

Usneaceae: Zu dieser Familie erschienen vor allem wieder Beiträge des Monographen MOTYKA: *Usneaceae* in „Flora Polska": MOTYKA (2). — B *Alectoria:*
MOTYKA (3) sowie: BYSTREK. — B *Evernia:* MOTYKA (4), Variabilität von *E.
prunastri:* MOTYKA (5). — Übersicht der mittel- und westeuropäischen Ramalina-
Arten; S: MOTYKA (6), B hierzu: MOTYKA (7). — Gruppe von *Ramalina scopulorum*,
S: MOTYKA (8). — *Ramalina* auf den Brit. Inseln: WADE. — B *Usnea* in Ost- und
Südafrika: MOTYKA (9), in Ostafrika: BERTSCH. — Formenkreis von *Thamnolia:*
MOTYKA (1).

Physciaceae: B *Physcia* in Afrika: TAVARES (2). — *Physcia* in Indien und Nepal,
S: AWASTHI (1). — Monographie von *Anaptychia*, S: KUROKAWA (1), dazu B: KURO
KAWA (2, 3, 4). — *Anaptychia* in Indien und Nepal, S: AWASTHI (2). — *Tornabenia*
(auf *Parmelia atlantica* = *Anaptychia intricata*) wird nach thallusmorphologischen
Merkmalen wieder von *Anaptychia* getrennt: KUROKAWA (5).

Basidiolichenes: GAMS konnte es wahrscheinlich machen, daß die nur steril
bekannten Flechten *Coriscium viride* (mit blattförmigem Lager) und *Botrydina* (mit
kugelförmigen Lagerteilchen), beide Rohhumusbewohner, von Blätterpilzen der
Gattung *Omphalina* mit *Coccomyxa*-Algen gebildet werden (was Ref. bestätigen zu
können glaubt). — Die übersehene Clavariolichene *Lentaria mucida* ist offenbar in
alpinen und voralpinen Wäldern in Südbayern nicht allzu selten: POELT (5).

Für sterile, bodenbewohnende Krustenflechten auf den Britischen Inseln gibt
LAUNDON einen S; für die Charakterisierung und Bestimmung der Arten sind
chemische Reaktionen bedeutend.

Floren, Floristik

B = Beiträge   L = Liste

Europa: Bestimmungsschlüssel der höheren Flechten von Europa: POELT (2). —
Jan Mayen, L: SHEARD. — Island, L: KERSHAW (2). — B Finnland: HAKULINEN
(3). — Karelische Landenge, L: TZJAN-CZUNJ.

Insel Wollin, Pommern, L: DZIABASZEWSKI. — Brocken, Harz: SCHUBERT u.
KLEMENT. — Ahrtal, Rheinland: MÜLLER (1). — Kanton Malmedy, Belgien, L:
MÜLLER (2). — S für Großflechten von Belgien: LAMBINON. — Heuscheuergebirge,
Schlesien, L: TOBOLEWSKI (1). — B Westsudeten: VĚZDA (3). — B Altvatergebirge:
VĚZDA (4). — B Mähren: VĚZDA (5). — B Schweizer Mittelland: FREY (1). — B
Urnerland, Schweiz: FREY (2).

Discocarpe Flechten der Brit. Inseln, B: JAMES. — B Irland: MITCHELL (2). —
B Massif Armoricain: MASSE. — Mount Aigual, Frankreich, B: CLAUZADE u. RON
DON. — Geschichte der Lichenologie in Savoyen: CHOISY (2).

Flechten des Hochlandes von Krakow, Czenstochow, Katalog: NOWAK. —
B Westkarpaten: GLANC. — B Karpaten: VĚZDA (6). — B Bulgarien: KLOSS. —
Katalog N-/Euböa, Griechenland: KRAUSE u. KLEMENT.

Asien: S der Strauchflechten des äußersten Nordens der Sowjetunion: SMIR
NOVA. — Flechten von Sajan, L: RASSADINA. — Türkei, L: SZATALA. — Karakorum,
L: POELT (6). — Cho Oyu-Gebiet, Nepal, L: AWASTHI (3). — Laufende B zur Fl.
flora von Japan: ASAHINA in Jap. Bot. — SATO: Catalogus lichenum japonicorum,
bis zu Heterocarpon gediehen. — Fl. der Hiroshima-Praefectur: NAKANISHI u.
OSHIO.

Afrika: Tanganjika, L: KLEMENT (1). — S Afrika, L: VERSEGHY (3).

Amerika: S für die Großflechten des östl. Nordamerika: HALE (1). — B Grönland: KLEMENT (2). L Westgrönland: HANSEN. — N-Saskatschewan, L: THOMSON u. SCOTTER. — Delaware, L: KIX. — IOWA, L: JUHL. — Oklahoma, L: THOMSON (2). — Colorado, L: ANDERSON, — Dorn- und borkenbewohnende Gesellschaften in Chile: FOLLMANN (2, 3).

Antarktis: Rondane Mountains, L: DODGE.

Literatur

ABBAYES, H. DES: (1) Bull. Soc. Sci. Bretagne 16, 1—156 (1939); — (2) Rev. bryol. 30, 117—124 (1961); — (3) Mém. Inst. Sci. Madagascar Sér. B 10, 81—121 (1961). — AHMADJIAN, V.: Am. J. Bot. 49, 277—283 (1962). — AHTI, T.: (1) Ann. Bot. Soc. Vanamo 32, 1—160 (1961); — (2) Mem. Soc. Fauna et Flora Fenn. 37, 256—257 (1962). — ANDERSON, R.: Bryologist 65, 242—261 (1962). — ANDERSON, K., and V. AHMADJIAN: Sv. bot. Tidskr. 56, 501—506 (1962). — ASAHINA, Y.: (1) J. Jap. Bot. 35, 289—295 (1960); — (2) J. Jap. Bot. 36, 46—50 (1961); — (3) J. Jap. Bot. 36, 225—232 (1961). — AWASTHI, D.: (1) J. Ind. Bot. Soc. 39, 1—21 (1960); — (2) J. ind. Bot. Soc. 39, 415—442 (1960); — (3) Proc. Ind. Acad. Sci. 51, 169—180 (1960).

BERTSCH, K.: Stuttgarter Beitr. Naturkunde Nr. 84, 1—6 (1962). — BYSTREK, J.: Fragm. Flor. et Geobot. 8, 191—204 (1962).

ČERNOHORSKY, Z.: Preslia 33, 359—364 (1961). — CHOISY, M.: (1) Bull. Soc. bot. Fr. 107, 331—348 (1960); — (2) 85. Congr. Savant. 1960, 401—418. — CLAUZADE, G., et Y. RONDON: Bull. Soc. d'Horticult. et d'Hist. Nat. de l'Hérault 100, 1, 1—11 (1961); 100, 2, 1—13 (1961). — CULBERSON, W.: (1) Rev. bryolog. 29, 321—325 (1960); — (2) Taxon 10, 161—165 (1961); — (3) Am. J. Bot. 48, 168—174 (1961); — (4) Nova Hedwigia 4, 563—577 (1962).

DEGELIUS, G.: Sv. bot. Tidskr. 56, 145—155 (1962). — DODGE, C.: Bull. Jard. bot. Bruxelles 32, 301—308 (1962). — DIX, W.: Bryologist 64, 371—378 (1961). — DZIABASZEWSKI, B.: Pozn. Towarz. Przyi. Nauk 22, 1—48 (1962).

FOLLMANN, G.: (1) Flechten. Stuttgart 1960; — (2) Naturwiss. 47, 405—406 (1960); — (3) Nova Hedwigia 4, 109—124 (1962); — (4) Ber. dtsch. Bot. Ges. 73, 449—462 (1961). — FREY, E.: (1) Verh. Schweiz. Naturforsch. Ges. 140. Jahresvers. 121—124 (1961); — (2) Ber. geobot. Inst. Rübel 32, 146—167 (1961).

GAMS, H.: Österr. Bot. Z. 109, 376—380 (1962). — GEITLER, L.: Österr. Bot. Z. 109, 41—44 (1962). — GLANC, K.: Fragm. Flor. et Geobot. 6, 601—608 (1960). — GORHAM, E.: Canad. J. Bot. 37, 327 (1959). — GROENHART, P.: Persoonia 2, 349 bis 353 (1962).

HAKULINEN, R.: (1) Kuopion Luonnon Yhdist. julk. Sarja B, 3, 4, 1—31 (1961); — (2) Ann. bot. Soc. Vanamo 32, 1—87 (1962); — (3) Arch. Soc. Vanamo 17, 1, 1—15 (1962). — HALE, M.: (1) Lichen Handbook. A Guide to the Lichens of Eastern North America. Washington 1961; — (2) Lichenologist 1, 266—267 (1961). — HALE, M., and S. KUROKAWA: Lichenologist 2, 1—5 (1962). — HANSEN, K.: Arbejder danske arkt. Stat. Disko Nr. 36 (1962). — HEGNAUER, R.: Chemotaxonomie der Pflanzen. Basel 1962 (Flechten p. 150—171). — HUNECK, S.: Naturwiss. 49, 608—609 (1962); — (2) Naturwiss. 49, 396—397 (1962); — (3) Chem. Ber. 95, 328—332 (1962); — (4) Naturwiss. 49, 374—375 (1962).

JAMES, P.: Lichenologist 2, 86—94 (1962). — JOHNSON, G.: Mycologia 51, 741—750 (1962). — JUHL, K.: Proc. Iowa Ac. Sc. 68, 132—138 (1961).

KERSHAW, K.: (1) Lichenologist 1, 251—265 (1961); — (2) Lichenologist 2, 67—75 (1962). — KLEMENT, O.: (1) Stuttgarter Beitr. z. Naturk. Nr. 85, 1—8 (1962); — (2) Veröff. Überseemus. Bremen A 5, 106—120 (1962). — KLOSS, K.: Feddes Rep. 65, 141—149 (1962). — KRAUSE, W., u. O. KLEMENT: Nova Hedwigia 4, 189—262 (1962). — KUROKAWA, S.: (1) Beih. z. Nova Hedwigia 6, 1—115 (1962); — (2) J. Jap. Bot. 35, 240—243 (1960); — (3) J. Jap. Bot. 35, 353—359 (1960); — (4) J. Jap. Bot. 36, 51—56 (1961); — (5) J. Jap. Bot. 37, 289—294 (1962).

LAMB, M.: Bot. Not. 114, 265—275 (1961). — LAMBINON, J.: Les Lichens. Les Naturalist. Belg. 42, 173—246 (1961). — LANGE, O.: Nova Hedwigia 3, 361—366

(1961). — Laundon, J.: Lichenologist 2, 57—67 (1962). — Letrouit-Galinou, M.: (1) C. r. Acad. Sci. 252, 2585—2587 (1961); — (2) Bull. Soc. bot. Fr. 108, 281—290 (1961); — (3) Rev. bryol. 29, 279—306 (1960). — Lindahl, P.: Sv. bot. Tidskr. 56, 471—476 (1962).

Maekawa, F.: J. Acad. Sci. Tokyo Sect. III 7, 543—569 (1960). — Maquinay, A., M. Lamb, J. Lambinon, J. Ramaut: Physiologia Plant. 14, 284—289 (1961). — Martin, W.: Trans. Roy. Soc. New Zealand 88, 169—175 (1960). — Masse, L.: Bull. Soc. Sci. Bretagne 35, 259—266 (1960). — Mitchell, M.: (1) Revista de Biologia 2, 177—256 (1961); — (2) Bull. Soc. Sci. Bretagne 35, 267—272 (1960). — Motyka, J.: (1) Fragm. flor. et geobot. 6, 627—635 (1960); — (2) Porosty. Flora Polska 5, 3 (1962); — (3) Fragm. flor. et geobot. 6, 441—452 (1961); — (4) Fragm. flor. et Geobot. 6, 453—456 (1960); — (5) Fragm. flor. et geobot. 6, 609—626 (1960); — (6) Fragm. flor. et Geobot. 6, 645—682 (1960); — (7) Fragm. flor. et geobot. 6, 637—644 (1960); — (8) Fragm. flor. et geobot. 6, 683—708 (1960); — (9) Persoonia 1, 415—431 (1961). — Mozingo, H.: Brologist 64, 325—335 (1961). — Müller, E., u. J. v. Arx: Beitr. z. Kryptog. flora der Schweiz 11, 2, 1—922 (1962). — Müller, Th.: (1) Decheniana 114, 125—129 (1962); — (2) Bull. Jard. Bruxelles 32, 107—121 (1962).

Nádvorník, J.: Preslia 33, 308—314 (1961). — Nakanishi, M., and M. Oshio: Hikobia 2, 195—198 (1961); 2, 271—276 (1961); 3, 19—24 (1962); 3, 102—106 (1962). — Nicola, G. de, e R. Tomaselli: Boll. Ist. Bot. Catania 3, 2, 29—34 (1961). — Nowak, J.: (1) Monographiae bot. 11, 1—128 (1961); — (2) Fragm. flor. et geobot. 6, 3, 323—392 (1960).

Pišut, I.: Acta Fac. rer. nat. Un. Comenianae 6, 513—531 (1961). — Poelt, J.: (1) Österr. Bot. Z. 109, 521—528 (1962); — (2) Mitt. bot. Staatssamml. München 4, 301—571 (1962); — (3) Ber. bayer. Bot. Ges. 34, 82—91 (1961); — (4) Mitt. bot. Staatssamml. München 4, 171—197 (1961); — (5) Ber. bayer. Bot. Ges. 35, 87—88 (1962); — (6) Mitt. bot. Staatssamml. München 4, 83—94 (1961).

Ramaut, J.: Rev. bryolog. 30, 131—134 (1961). — Ramaut, J., et J. Lambinon: Lejeunia Nouv. S. 12, 1—11 (1962). — Ramaut, J., et R. Schumacker: (1) Lejeunia Nouv. Ser. 4, 1—7 (1961); — (2) Rev. Bryolog. 30, 125—130 (1961). — Rassadina, K.: Bot. Inst. Komarowa Trudi Ser. 5, 9, 382—390 (1961). — Ried, A.: Flora 148, 612—638 (1960); 149, 345—385 (1960). — Riedl, H.: (1) Taxon 11, 65—68 (1962); — (2) Sydowia 14, 334—336 (1960); — (3) Sydowia 15, 257—287 (1961). — Rondon, Y.: Bull. Soc. bot. Fr. 108, 291—294 (1961). — Rudolph, E.: Proc. 9. Int. bot. Congr. Montreal 2, 336—337 (1959).

Sato, M.: Misc. Bryol. et Lichenol. 2, 27—28; 2, 107—108; 2, 121—124 (1961).— Schade, A.: Nova Hedwigia 3, 55—65 (1961). — Schaede, R.: Die pflanzlichen Symbiosen. 3. Aufl. neu bearb. von Dr. F. Meyer. Stuttgart 1962. — Schimann, H.: Österr. Bot. Z. 108, 1—4 (1961). — Schmidt, A.: Ber. bayer. Bot. Ges. 35, 113—119 (1962). — Schubert, R., u. O. Klement: Arch. Naturschutz u. Landschaftspflege 1, 18—38 (1961). — Smith, D.: (1) Ann. Bot. 24, 186—199 (1960); — (2) Ann. Bot. 24, 172—185 (1960). — Sheard, J.: Lichenologist 2, 76—85 (1962). — Smirnova, S.: Kormowije Lischainiki Krainego sewera SSSR. Leningrad 1962. — Solberg, Y.: Acta chem. scand. 11, 1477—1484 (1957). — Swinscow, T.: (1) Lichenologist 2, 6—56 (1962); — (2) Lichenologist 1, 242—250 (1961). — Szatala, Ö.: Sydowia 14, 312—325 (1960).

Tavares, C. d. N.: Brotéria. Ser. Cienc. Nat. 31, 33—40 (1962); — (2) Portugaliae Acta biol. (B) 7, 37—48 (1961). — Thomson, J.: (1) Rec. Adv. Bot. 267—271 (1961); — (2) Bryologist 64, 255—262 (1961). — Thomson, J., and G. Scotter: Bryologist 64, 240—247 (1961). — Tobolewski, Z.: Bull. Soc. Am. Sci. et Lettr. Poznan D II, 43—63 (1961). — Tzjan-Czunj, V.: Bot. Materiali 14, 6—14 (1961); 15, 8—12 (1962).

Ullrich, H.: Naturhist. Ges. Hannover 106, 49—53 (1962). — Ullrich, H., u. O. Klement: Icones lichenum Hercyniae Fasc. I (1960); II (1961); III (1963).

Verseghy, C.: (1) Beih. zur Nova Hedwigia 1, 1—146 (1962); — (2) Bot. Közlemények 49, 95—99 (1961); — (3) Nova Hedwigia 4, 579—582 (1962). — Vězda, A.: (1) Acta Mus. Siles. A 10, 131—138 (1961); — (2) Acta Mus. Siles. A 10, 103—111 (1961); — (3) Preslia 33, 365—368 (1961); — (4) Prirodovedny Cas. Slez.

4, 447—458 (1961); — (5) Sborn. Klubu Prirodov. Brne **33**, 61—69 (1961); — (6) Acta Mus. Siles. A **10**, 1—18 (1961).

WADE, A.: Lichenologist **1**, 226—241 (1961). — WEBER, W.: Sv. bot. Tidskr. **56**, 293—333 (1962).

ZAHLBRUCKER, A.: Lichenes, **8** in ENGLER, A. u. K. PRANTL: Die nat. Planzenfamilie 2. Aufl. Leipzig 1926.

5d. Systematik der Moose

Von JOSEF POELT, München

Der Beitrag folgt in Band 26

5e. Systematik der Farnpflanzen

Von DIETER MEYER, Berlin

Das Lehrbuch der Farnkunde mit besonderer Berücksichtigung der Systematik von PARIHAR erschien in vierter Auflage. Eine graphische Darstellung des Farnsystems hat ITO ausgearbeitet. Über die Evolution der *Osmundaceae* liegt eine Mitteilung von ENDO vor.

Die Gattung *Jamesonia* hat durch A. TRYON (1) eine mustergültige Monographie gefunden. Welche bizarre Pflanzengestalt in *Jamesonia* vorliegt, vermitteln Vegetationsaufnahmen und ein Habitusbild von *J. canescens*. In subtilen Zeichnungen sind Fiedergestalt und Behaarung der 19 Arten dargestellt. Aus Punktkarten ist die Verbreitung der Arten ersichtlich. Die Standorte liegen fast alle im Kordillerenzug in einer Höhe von mehreren tausend Metern und erreichen sogar 5000 m Höhe! Für *J. bogotensis* konnte die Chromosomenzahl ermittelt werden: $n = 87$. Sie macht einen ziemlich ungewöhnlichen Eindruck. Der stammesgeschichtliche Ursprung der Gattung *Jamesonia* wird bei der Gattung *Eriosorus* vermutet, die wieder Verwandtschaft zu einigen Arten der Gattung *Gymnogramma* zeigt. — In diesem Zusammenhang sei auf Vegetationsbilder mit Vertretern der Gattung *Jamesonia* in einer früheren Arbeit von WEBER hingewiesen (Abb. 38, 39, 40). Die Jamesonien wachsen an ähnlichen Standorten wie die stammbildenden Compositen der Gattung *Espeletia*, denen sie an Seltsamkeit nicht nachstehen.

Mit zur einfachsten Farngestalt gehört die Gattung *Actiniopteris*. Veranschaulichend darf man sagen, sie gleicht einem Coniferenkeimling, einem Stück Besenginster im Winter. Diese Gattung galt als monotypisch, aber PICHI-SERMOLLI (1) gelangte nach dem Studium von vielen hundert Herbarbögen zu der Ansicht, daß fünf Arten vorliegen, die in sehr klaren und eindrucksvollen Abbildungen demonstriert und mit ausführlichen Beschreibungen aller wichtigen Daten versehen werden. Die Familie der *Actiniopteridaceae* wird begründet, die nicht näher mit irgendeiner anderen Familie verwandt ist und wohl eine sehr alte Farngruppe darstellt, die an eine xerophile Lebensweise angepaßt ist.

Der schwierigen systematischen Einteilung der Baumfarne haben HOLTTUM u. SEN anatomische, entwicklungsgeschichtliche und morphologische Untersuchungen gewidmet, mit kritischer Überprüfung früherer und mit neuen Gesichtspunkten. Keinen Bestand haben die ehemaligen Gattungen *Alsophila* („ohne Indusium") und *Hemitelia* („Indusium asymmetrisch"). Diese Arten werden alle zur Gattung *Cyathea* gerechnet. Das Indusium kann sehr variieren. *Cyathea* und *Dicksonia* bilden mit einigen nahestehenden Gattungen eine natürliche Gruppe: die *Cyathe-*

aceae. Von HOLTTUM wurden alle 400 aus der Alten Welt beschriebenen Arten untersucht. Das Ergebnis ist eine neu gewonnene Abgrenzung der Gattungen und Unterteilung der Familie, die in Form eines Bestimmungsschlüssels mitgeteilt wird. — Die vorgenannte Veröffentlichung von HOLTTUM u. SEN ist ein abgezweigtes Ergebnis der Bearbeitung der Baumfarne für die „Flora Malesiana" durch HOLTTUM. Ein weiteres Resultat dieser Tätigkeit ist die Neubeschreibung zahlreicher Baumfarne, vornehmlich aus Neuguinea und den benachbarten Regionen [HOLTTUM (1)].

Für die Arten der in Gärten häufig vertretenen Gattung *Pityrogramma* (einige tragen einen weißen oder gelben Belag auf der Wedelunterseite) hat R. TRYON (1) Beschreibungen und Bestimmungsschlüssel gegeben. Die nahe verwandte Gattung *Anogramma* (mit 6 Arten, darunter *A. leptophylla*) unterscheidet sich von *Pityrogramma* durch dünne, blasse Spreuschuppen; auch lebt der Sporophyt von *Anogramma* nur eine Vegetationsperiode.

Von der Gattung *Todea* (*Osmundaceae*, fast baumartig wachsend, von Südafrika bis Neuseeland) wird angenommen, es sei einer der primitivsten Vertreter der *Filicales*, in einer mittleren Stellung zwischen den eu- und den leptosporangiaten Farnen. Bei keinem anderen Farn liegt bisher eine ähnliche Beobachtung vor: Junge Embryonen von *Todea* lassen sich leicht aus der Prothalliumhöhlung unverletzt herausnehmen. Sie sind also unverwachsen. Die Embryoentwicklung von *Todea* folgt mehr den lepto- als den eusporangiaten Farnen (DEMAGGIO). — MOMOSE untersuchte die Prothallien von 43 Vertretern der Familie der *Aspleniaceae*. Es konnte die Einteilung in 11 Gruppen vorgenommen werden auf Grund folgender Merkmale: Die Prothallien besitzen papillenartige, vielzellige oder spreuschuppenartige Behaarung oder sind kahl. Der Hals des Archegoniums ist dünn oder dick. Die Antheridien entspringen mehr am Grunde oder mehr in der Mittellinie des Prothalliums. Die Gestalt des Antheridiums zeigt sich kugel- oder eiförmig. Die Gruppe um *A. trichomanes* besitzt ein kahles Prothallium, dünne Archegonhälse und runde Antheridien am Grund des Prothalliums. Dicke Archegonhälse hingegen besitzt *A. nidus*. Papillen tragen z. B. die Prothallien von *A. adiantumnigrum*, *A. ruta-muraria*, *A. septentrionale* und *A. fontanum*. Spreuschuppenartige Gebilde und vielzellige Haare am Prothallium besitzt die *Ceterach*-Gruppe. — Sporen und Prothallien mehrerer Arten der Gattung *Blechnum* verglich NAYAR (1) mit denen von Cyatheaceen, Gleicheniaceen und *Onoclea*, die als eventuelle Ausgangspunkte für die Gattung *Blechnum* früher in Betracht gezogen worden sind. Die *Blechnum*-Gametophyten zeigen jedoch mehr Gemeinsamkeiten mit primitiven Vertretern der Aspidiaceen. — In der Familie der *Polypodiaceae* untersuchte NAYAR (2) Sporen und Prothallien in den Gattungen der *Pleopeltis*-Verwandtschaft. Auch die Gametophyten und jungen Sporophyten von *Matteuccia orientalis* beschreibt NAYAR (3). Jedoch darf nicht übersehen werden, daß die Farnprothallien ganz außergewöhnlich labile Organismen sind, die durch äußere Einflüsse großen Veränderungen unterliegen (MOHR u. BARTH). Pilzfreie Prothallien von *Lycopodium complanatum*, *L. selago* und *L. cer-*

nuum konnten mit dem gleichen aus Prothallien von *L. obscurum* isolierten Pilz zum Wachstum gebracht werden (FREEBERG).

Ausführliche morphologische Studien über 24 indische Arten der Gattung *Adiantum* hat NAYAR (4) veröffentlicht. *Adiantum* scheint von alters her eine isoliert stehende Gattung zu sein, gekennzeichnet durch die besonderen Merkmale der Sori. SHINAGAWA beschreibt merkwürdige Knöllchen an den Wurzeln von *Adiantum diaphanum*, die Wasser und Stärke speichern und als Reproduktionsorgane dienen. — Die Nervatur der *Thelypteris*-Gruppe hat IWATSUKI (1) studiert. — Für die Arten der bisherigen Gattung *Lonchitis*, die eine netzförmige Nervatur besitzen, gründete R. TRYON (2) die neue Gattung *Blotiella* (nach M. TARDIEU-BLOT). — Durch das Studium von Jugendstadien von *Pellaea andromedifolia* kommt A. TRYON (2) zur Ansicht, daß die einfach gestalteten Primär- und Folgewedel wohl nicht die Interpretation erlauben, daß hier die ontogenetische Entwicklung die phylogenetische wiederhole. — In Gegenden, wo *Botrychium*-Arten häufig vorkommen, entstehen Probleme durch die große Variabilität dieser Pflanzen. WAGNER (1) untersuchte die Variationsbreite von *B. multifidum* und *B. ternatum* in Michigan (USA). — Die nordamerikanischen Vorkommen von *Isoëtes echinospora* besitzen im allgemeinen Spaltöffnungen, während sie bei europäischen Pflanzen meist fehlen (BOIVIN).

WHITE berichtet über das Auffinden von Tracheen in den Wurzeln von *Marsilea*. Es ist dies nach *Pteridium* die zweite Pteridophytengattung, für die ein Nachweis vorliegt. — MEEUSE neigt zu der Annahme, die *Marsileaceae* als überlebende Vertreter der *Glossopteridales* zu betrachten; z. B. ist die Nervatur von *Marsilea* „glossopteroid". Zu den Farnen im engeren Sinne zeigen die *Marsileaceae* wenig Verwandtschaft. Die *Salviniaceae* könnten als Nachkommen der *Lyginopteridales* betrachtet werden. Megasporangien von *Salvinia* und *Lagenostoma (Lygin.)* ähneln sich außerordentlich. Danach wären *Marsilea* und *Salvinia* lebende Repräsentanten der Pteridospermen. — Zu der schwierigen Nomenklatur der mitteleuropäischen Bärlappe haben LÖVE u. LÖVE (1) Stellung genommen. *Lycopodium chamaecyparissus* ist zur Gattung *Diphasium* gefügt worden. *Lycopodium complanatum* und verwandte Arten hat WILCE bearbeitet. — Über Fragen der Taxonomie und Verbreitung von *Equisetum hyemale*, *E. variegatum*, *E. scirpoides* und *E. ramosissimum* liegen weitere Mitteilungen von HAUKE (1) vor.

Cytologie, Bastardierung

Zerstreute Beobachtungen zu einem interessanten Phänomen hat WAGNER (2) zusammengestellt: Die Gestalt der Pflanzen und insbesondere der Farne ist gewöhnlich geometrisch ausbalanziert. Ein Abweichen von der geometrischen Struktur in Anatomie und Morphologie findet sich häufig bei Individuen, die Bastarde zwischen zwei Farnarten sind. Besonders in denjenigen Bereichen zeigt sich diese Unausgeglichenheit, in denen sich die beiden Elternarten sehr unterscheiden. Bei der Entwicklung eines Organs dominiert in nicht voraussehbarer Weise einmal der eine

Elter, dann wieder der andere Elter. Zahlreiche Beispiele werden in Abbildungen demonstriert. — Der Farn, der in der Alten Welt den Namen *Dryopteris dilatata* trägt, hat in Nordamerika verschiedene Beurteilung gefunden. Eine Klärung können erst weitere cytologische Untersuchungen bringen. Doch muß vor einem zu hoch angesetzten Wert der Paarungsverhältnisse in der Reduktionsteilung der Bastarde zum Ablesen des Verwandtschaftsgrades gewarnt werden. Über die allgemeinen Grundlagen von Paarung und Nichtpaarung der Chromosomen in der Reduktionsteilung ist noch viel zu wenig bekannt. So zeigt doch z. B. das tetraploide *Asplenium trichomanes* in der Reduktionsteilung nur Bivalente; es ist „diploidisiert" (Britton). — Cytologische Vorgänge innerhalb des Farnsporangiums, die bei „sterilen" Pflanzen doch zur Ausbildung von Gametophyten führen können, werden von Morzenti dargestellt, insbesondere unter Berücksichtigung des Bastards *Polystichum acrostichoides × P. braunii*.

Nachdem bereits Chiarugi (1960) die bisher bekannten Chromosomenzahlen aller Farne der ganzen Erde zusammengestellt hatte, finden sich in einem Nachschlagewerk von Löve u. Löve (2) die Chromosomenzahlen der Farne von Mittel- und Nordeuropa. Der große Fortschritt wird deutlich bei einem Vergleich mit dem bekannten Nachschlagewerk von Tischler (1950): Mußten damals bei den Farnen fast nur Striche eingesetzt werden, sind jetzt die Lücken fast gänzlich ausgefüllt. — Die bei Farnen neu festgestellten Chromosomenzahlen erscheinen alljährlich im Index to Plant Chromosome Numbers.

Polypodium. Tetraploides *Polypodium vulgare* in Europa geht auf Vorfahren zurück, die in die Nähe des nordamerikanischen *P. virginianum* gehören, aber zu dem südeuropäischen *P. australe* besteht keine nähere Verwandtschaft. So besitzt das hexaploide *P. interjectum* (aus einer Kreuzung *P. australe × P. vulgare* entstanden) europäische und nordamerikanische Vorfahren (Shivas). — Es sei darauf hingewiesen, daß von Manton in ihrem bekannten Werk (1950, S. 136) für den pentaploiden Bastard *P. interjectum × P. vulgare* Funde in England und Holland genannt werden. — Bei den europäischen *Polypodium*-Arten: *P. vulgare, P. interjectum* und *P. australe* werden morphologische Daten manchmal zu einer zweifelsfreien Determination nicht ausreichen, da die Variation sehr ausgeprägt ist (Lenski). — *Polypodium vulgare* var. *columbianum* in Arizona ist tetraploid (Knobloch).

Dryopteris. Der Wurmfarn, *Dryopteris filix-mas*, ist schon lange als allotetraploide Pflanze erkannt. Eine der beiden mutmaßlichen diploiden Elternarten ist die diploide *D. abbreviata*. Ein reicher Standort wurde jetzt entdeckt und cytologisch kontrolliert: Im Appennino Modenese (Italien). *D. abbreviata* wächst gesellig in Blockhalden und zwischen Felsen. Die Wedel sind starr aufgerichtet und erinnern etwas an *D. villarii*, doch meidet *D. abbreviata* Kalk. Charakteristisch sind für *D. abbreviata* die fast kugelförmigen Sori, der fein gezähnelte Rand der Fiederchen, die mehr oder weniger stark ausgeprägte drüsige Behaarung bei frischen und nicht zu alten Wedeln. Entscheidend ist vor allen Dingen die diploide Chromosomenzahl $2n = 82$ (Reichstein). — Nachdem Walker (1) schon früher die *Dryopteris-spinulosa*-Gruppe in Europa und Nordamerika bearbeitet hatte, liegen jetzt die Untersuchungsergebnisse für eine schwierige Gruppe nordamerikanischer *Dryopteris*-Arten vor. Durch die cytologische Kontrolle von fünf Arten und wild gefundenen oder experimentell hergestellten Bastarden konnten die Verwandtschaftszusammenhänge aufgeklärt werden. *D. celsa* ist allotetraploid und geht auf eine Kreuzung zwischen der diploiden *D. ludoviciana* und der diploiden *D. goldiana* zurück. *D. clintoniana* ist allohexaploid und geht auf eine Kreuzung zwischen der tetraploiden *D. cristata* und der diploiden *D. goldiana* zurück. *D.* ×*australis* ist der Bastard zwischen *D. celsa* und *D. ludoviciana;* er konnte experimentell hergestellt und auch aus der Natur studiert werden. — WAGNER u. HAGENAH untersuchten in einem enger begrenzten Gebiet in Michigan (USA) die Chromosomen aller dort vorgefundenen *Dryopteris*-Arten und -Bastarde. Die auch aus Europa bekannten Arten *D. dilatata*, *D. cristata* und *D. spinulosa* kreuzen sich mit rein nordamerikanischen Arten. Meist stehen Elternarten und Bastarde zusammen, doch kann auch der eine Elter am Standort des Bastards fehlen. „*D. dilatata*" stellte sich im Zuge der Untersuchungen als irrtümlich bestimmt heraus; es ist eine noch unbekannte Pflanze. — *Dryopteris* ×*leedsii* (vermutlich der Bastard *D. goldiana* × *D. marginalis*) konnte vom Originalfundort in Maryland (USA) cytologisch geprüft werden. Merkwürdigerweise lagen diploide, triploide und tetraploide Pflanzen vor [WALKER (2)]. — Die für Farne und seltene Phanerogamen berühmte Laßnitzklause in der Steiermark enthält auch *Dryopteris borreri* und den Bastard *D.* ×*tavelii (D. borreri* × *D. filix-mas)* [MELZER (1)]. — Bisher die östlichsten Fundorte von *D. borreri* und *D.* ×*tavelii* in Deutschland liegen in der Sächsischen Schweiz (BÜTTNER u. HEMPEL). — Über Funde in dem farnreichen Zillertal in Tirol berichtet LAWALRÉE (1): *Dryopteris* ×*doeppii, D.* ×*tavelii, Polystichum* ×*luerssenii* u. a.

Asplenium. In Nordamerika tritt *Asplenium* ×*ebenoides* sowohl steril auf, mit diploider Chromosomenzahl (dann ist es der Bastard *A. platyneuron* × *A. rhizophyllum*), als auch tetraploid (mit verdoppelter Chromosomenzahl), dann ist es eine selbständige Art. Schon 1902 wurde *A. ebenoides* von SLOSSON experimentell hergestellt, und später gelangen WAGNER die Rückkreuzungen mit beiden Eltern. Dadurch, daß diese Zusammenhänge cytologisch und experimentell gesichert sind, bot sich jetzt die Möglichkeit, aus der Reduktionsteilung eines Bastards *A. ebenoides* × *A. pinnatifidum* zu schließen, daß am Entstehen des *A. pinnatifidum* in der Tat *A. rhizophyllum* beteiligt ist, was bisher schon nach morphologischen und geographischen Daten vermutet wurde. Der untersuchte Bastard *A. ebenoides* × *A. pinnatifidum* zeigt in der Reduktionsteilung 36 Bivalente und 72 Univalente. Die Bivalenten gehören demnach zu *A. rhizophyllum*, die Univalenten je zur Hälfte zu *A. platyneuron* und *A. montanum*. *A. pinnatifidum* ist der Bastard *A. montanum* × *A. rhizophyllum* mit verdoppelter Chromosomenzahl (WAGNER u. BOYDSTON). — Ein zentraler Punkt in den Bastardierungszusammenhängen zwischen nordamerikanischen Arten der Gattung *Asplenium* ist der Bastard *A.* ×*kentuckiense (= A. pinnatifidum* × *A. platyneuron)*. Aus Überlegungen und anderweitig gewonnenen cytologischen Daten war zu schließen, daß er triploid sei und je ein Genom von *A. montanum, A. platyneuron* und *A. rhizophyllum* enthalte. Nachdem schon lange Herbarexemplare des *A. × kentuckiense* bekannt waren, konnte endlich eine lebende Pflanze zur Untersuchung gelangen. Es bestätigten sich alle Vermutungen: *A. × kentuckiense* ist triploid und zeigt 108 Univalente in der Reduktionsteilung. Dieser Bastard enthält also je ein Genom aller drei diploiden Ausgangsarten *(A. montanum, A. platyneuron, A. rhizophyllum)* für das dichte Netzwerk nordamerikanischer *Asplenium*-Arten und -Bastarde [SMITH, BRYANT u. TATE (1)]. — Der bereits experimentell hergestellte Bastard *Asplenium ×gravesii (= A. bradleyi × A. pinnatifidum)* konnte in zahlreichen Stöcken in Kentucky (USA) gefunden werden. Die morphologische Variabilität des Bastards ist verständlich, wenn man das Aussehen der daneben wachsenden Eltern kennt [SMITH, BRYANT u. TATE (2)]. — Der Bastard *Asplenium lepidum* × *A. trichomanes* wurde in der Steiermark nachgewiesen: *A. ×stiriacum.* Unter den Farnpflanzen Europas zeigt der neu gefundene Bastard *A. ruta-muraria* × *A. seelosii* eine ungewöhnliche Gestalt. Sie erinnert etwas an den Wedelumriß des *A. trilobum* in Südamerika, das bereits CHRIST mit *A. seelosii* in Beziehung brachte (MEYER). — Einen guten Eindruck von der seltsamen Gestalt des neuen Bastards *A. ruta-muraria* × *A. seelosii* vermittelt eine Photographie am Wuchsplatz von EBERLE. — Zahlreiche interessante Daten über das in Mitteleuropa fast nicht bekannte *Asplenium lepidum* hat MELZER (2) nach Untersuchungen in der Steiermark mitgeteilt. Auch für die Bastarde *A. lepidum* × *A. ruta-muraria (= A. ×javorkae)* und *A. lepidum* × *A. trichomanes* konnten in der Steiermark zahlreiche Standorte festgestellt werden. — *Asplenium obovatum* von Sardinien und Ischia sowie von Hyères (Frankreich) erwies sich stets als diploid. Das tetraploide *A. billotii* kann nicht die Stammform des diploiden *A. obovatum* sein. Hingegen könnte das diploide *A. obovatum* Stammform einer oder mehrerer allotetraploider Arten sein (MANTON u. REICHSTEIN). — Für Fragen der Evolution ist es interessant, daß Farnbastarde nicht nur im Zentrum der Häufigkeit zweier Arten gebildet werden, sondern gerade auch dort, wo die eine Art nur noch ein spärliches Fortkommen findet. Ein weiteres Beispiel hierfür ist der Fund eines Bastards *A. adiantum-nigrum* × *A. ruta-muraria* an einer Mauer bei Eklungen in Holland. Von *A. adiantum-nigrum* ist neben dem Bastard nur ein einziges Exemplar vorhanden (SEGAL). — Im slowenischen Karstgebiet wurde der Bastard zwischen *Asplenium trichomanes* und *Phyllitis scolopendrium (×Asplenophyllitis confluens)* gefunden. Er war bisher wohl nur von den Britischen Inseln bekannt (MAYER).

Andere Gattungen. Die cytologische Untersuchung von *Diplazium japonicum* ergab, daß dieser Farn in seinem Chromosomenbestand von der Grundzahl der Gattung *Diplazium* abweicht und hiernach zur Gattung *Athyrium* gehört (BIR). — Das *Adiantum ×tracyi* ist durch Zerteilen des Rhizoms zu einer verbreiteten, dekorativen Gartenpflanze geworden. Die Sporen sind aber abortiert und die Reduktionsteilung zeigt keinerlei Paarung der Chromosomen. Vermutlich ist das *A. ×tracyi* ein Bastard zwischen dem weitverbreiteten *A. pedatum* und dem in Kalifornien endemischen *A. jordanii* [WAGNER (3)]. — GILLESPIE glaubt, daß in Nordamerika in der *Lycopodium-inundatum*-Gruppe vier gute Arten vorhanden sind, die miteinander bastardieren, wenn sie am gleichen Standort wachsen.

In der Untergattung *Hippochaete* von *Equisetum* sind 6 Bastarde bekannt, deren hybride Natur durch abortierte Sporen, ihre Morphologie und geographische Verbreitung nachgewiesen ist. *E.* ×*trachyodon (= E. hyemale* × *E. variegatum)* zeigt die größte Ausdehnung von Ungarn bis Grönland und Nordamerika [HAUKE (2)]. — Die Arten der Gattung *Psilotum* zählen mit zu den primitivsten lebenden Gefäßpflanzen. Auf Hawaii treffen zwei Arten zusammen und intermediäre Formen können gefunden werden. Da die Sporen abortiert sind, liegen wohl Bastarde vor [WAGNER (4)]. — Induzierbare Apogamie bei *Pteridium* studierte WHITTIER. — *Isoëtes echinospora* von verschiedenen Stellen in Südschweden besaß stets $2n = 22$ Chromosomen. Auch alle anderen untersuchten Vertreter der *I. echinospora*-Gruppe zeigten diese Zahl (LÖVE).

Floristik

Wichtige Quelle für alle mitteleuropäischen Floristen ist der in zweijährigem Abstand erscheinende Farnteil der „Fortschritte in der Systematik und Floristik der Schweizerflora" von BECHERER (1), insbesondere auch für die mitunter schwer zugänglichen Mitteilungen aus dem französischen Sprachgebiet. Zahlreiche floristische Daten und Literatur für Europa finden sich alljährlich in den Zusammenstellungen von KENT.

Adiantum reniforme, das durch seine Gestalt wie durch seine geographische Verbreitung eine Sonderstellung einnimmt, wurde an zwei Stellen in Kenya nachgewiesen. Die weit klaffende Lücke zwischen den Atlantischen Inseln und Madagaskar hat einen Brückenpfeiler gefunden (VERDCOURT). — Die erst 1953 in Kenya entdeckte *Marsilea botryocarpa* besitzt in ungewöhnlicher Weise gebüschelt stehende Sporokarpe (BALLARD).

Cystopteris dickieana (mit warzigen, unbestachelten Sporen) wurde in der Schweiz nachgewiesen (OBERHOLZER, SULGER BÜEL u. REICHSTEIN). Die Standorte von *Cystopteris dickieana* in Großbritannien zeigt eine Karte von PERRING u. WALTERS. — HAGENAH hat etwa tausend Herbarbögen von *Cystopteris* aus Nordamerika auf bestachelte oder unbestachelte Sporen geprüft. Das Verhältnis der genannten Sporenformen beträgt im nördlichen Teil von Nordamerika z. B. 52% : 48%, in den östlichen Vereinigten Staaten 1% : 99%, an der pazifischen Küste (Kalifornien!) 60% : 40%.

Europa. Die wissenschaftlich wertvolle Farnflora von Wales erschien in 4. Auflage: HYDE u. WADE. Ausführliche Standortverzeichnisse für Hessen: LUDWIG; auch wichtige Spezialliteratur wird genannt. *Pilularia* in Hessen: GOTTWALD. *Asplenium billotii* am locus classicus im Elsaß: SCHUMACHER. *Asplenium seelosii:* BECHERER (2). *Asplenium lepidum* in Italien: REICHSTEIN u. HAUSER. Das *Asplenium jahandiezii* der Meeralpen ist morphologisch, ökologisch und geographisch eine Besonderheit der Flora Europas. Es ist nahe verwandt mit dem *A. bourgaei* des östlichen Mittelmeergebietes (MEYER). *A. jahandiezii* bewohnt Überhänge und Höhlungen in der Felsenschlucht des Verdon in Südfrankreich, *Pleurosorus pozoi* steile, heiße Kalkfelswände bei Grazalema in Südspanien. Erstmals werden Photographien am Standort dieser kaum bekannten Seltenheiten publiziert (NIESCHALK). *Ceterach* in Skandinavien: PETTERSON. *Dryopteris abbreviata* auf den Lofoten: SAHLIN. *Matteuccia struthiopteris* in Belgien: LAWALRÉE (2). Die auf Kalk wachsende *Woodsia* der Alpen hat einen neuen Rang erhalten: *W. glabella* ssp. *pulchella*: LÖVE u. LÖVE (1). Slowenien besitzt alle 8 europäischen Bärlappe; insbesondere auch *Diphasium (Lycopodium) issleri* (WRABER).

Asien. *Hymenophyllum tunbrigense* im Kaukasus: BURCHAK-ABRAMOVICH. Farnpflanzen des Irak: HADAC. *Filicinae* von Thailand: HOLTTUM (2). *Elaphoglossum:* BELL. **Indien.** Monographie der indischen Arten der Gattung *Marsilea:* GUPTA. Monographische Bearbeitungen der indischen Arten der folgenden Gattungen durch NAYAR (5): *Drynaria, Microsorium, Hemionites, Cheilanthes, Actiniopteris.* Sowie *Plagiogyria* von NAYAR u. KAZMI. *Ophioglossum:* BALAKRISHNAN, THOTHATHRI u. HENRY. **Japan.** Die Farnflora von Japan enthält nach der neuesten Übersicht 707 Arten und Bastarde: NAMEGATA u. KURATA. Verbreitung, neue Arten, Bastarde in der Gattung *Polystichum:* KURATA (1); in den Gattungen *Byrsopteris* und *Colysis:* (2), *Diplazium:* (3), *Osmunda:* (4). *Athyrium-otophorum*-Gruppe mit Bastarden: KURATA (5). Verbreitung einiger Farne: IWATSUKI (2). *Arachniodes:* OHWI. *Diplazium:* TAGAWA.

Afrika. *Gleicheniaceae* in Abessinien: PICHI-SERMOLLI (2). Es kommt nur *Dicranopteris linearis* vor, aber die ganze Familie wird neu unterteilt und für *Stromatopteris* eine eigene Unterfamilie gebildet. — *Pteris dentata* und verwandte Arten: RUNEMARK. *P. dentata* erreicht das Mittelmeer. — *Davallia* auf Madagaskar: LE THOMAS.

Amerika. Farnflora der USA: PARSONS; des Staates Chihuahua in Mexiko: KNOBLOCH u. CORRELL; der Insel St. Kitts der Kleinen Antillen: PROCTOR. *Oleandra* in Costa Rica: SCAMMAN. **Südamerika.** *Trichomanes:* BOER. (Abbildungen und Karten zu 19 Arten). Eingehende Studien mit ausführlichen Beschreibungen und Abbildungen von *Salvinia*-Arten der Neotropen: DE LA SOTA. Abbildung von *Saffordia induta:* BALLARD. Erster Teil einer Farnflora von Chile mit Abbildungen: LOOSER. **Brasilien.** Farne in Rio Grande do Sul: SEHNEM. Liste der Farnpflanzen von Paraná: ANGELY. *Doryopteris* in Santa Catarina und Rio Grande do Sul: R. TRYON (3). Bestimmungsschlüssel für 15 Arten.

Australien. Mitteilung neuer Standorte: WAKEFIELD. Farne von Neuseeland: ALLAN. — Die antarktischen Inseln besitzen aus der *Polypodium*-Verwandtschaft kleine Farne mit unzerteilten, zungenförmigen Wedeln. Es ist die Gattung *Grammitis* mit 6 Arten (TARDIEU-BLOT).

Geschichte der Farnsystematik

Eine für das Festhalten naturwissenschaftlicher Forschung beispielhafte Studie hat STEARN (Britisches Museum) zur Geschichte der Farnsystematik veröffentlicht. In ein den zeitlichen Ablauf von Jahrzehnt zu

Jahrzehnt anzeigendes Gitter ist die Lebenszeit und die Zeit pteridologischen Wirkens von 19 Farnforschern von 1759 bis zu H. CHRIST eingetragen. Überschneidungsmöglichkeiten in den Ergebnissen wissenschaftlicher Arbeit werden mit einem Blick angezeigt oder ausgeschlossen. Die Farnforscher FÉE (1789—1874) in Straßburg, PRESL (1794—1852) in Prag und JOHN SMITH (1798—1888) in Kew erkannten zur gleichen Zeit den Wert der Nervatur für die systematische Unterteilung der Farne. Sie kamen zugleich zu ähnlichen Untersuchungsergebnissen und schufen aber unabhängig voneinander neue Gattungsnamen, die sich bis heute in den bei Farnen häufigen Namensänderungen auswirken. Ausführlich werden die in komplizierter Folge erschienenen Farnwerke von FÉE besprochen. Das für die Systematik unschätzbare Herbar von FÉE gilt als verschollen. Kaiser DOM PEDRO II. von Brasilien, der von STEARN der gelehrteste Monarch des 19. Jahrhunderts genannt wird, besuchte den Emigranten FÉE in Paris persönlich, um dessen Herbar anzukaufen. Es muß aber wohl auf dem Seeweg nach Brasilien verlorengegangen sein. — Die Geschichte der Kenntnis der britischen Hymenophyllaceen haben EVANS u. JERMY dargestellt.

Literatur

ALLAN, H.: Flora of New Zealand, Vol. I, 1085 p., Wellington 1961. — ANGELY, J.: Inst. Paran. Bot. No. 18 (1961).

BALAKRISHNAN, N., K. THOTHATHRI and A. HENRY: Bull. Bot. Surv. India 2, 335—339 (1961). — BALLARD, F.: HOOK. Icon. plant., 5. ser., Tab. 3599—3600 (1962). — BECHERER, A.: (1) Ber. Schweiz. bot. Ges. 72, 67—117 (1962); — (2) Bauhinia 2, 55—58 (1962). — BELL, P.: Kew Bull. 14, 79—84 (1960). — BIR, S.: Res. Bull. Panjab Univ., n. s., 12, 119—133 (1961). — BOER, J.: Acta bot. neerl. 11, 277—330 (1962). — BOIVIN, B.: Amer. Fern J. 51, 83—85 (1961). — BRITTON, D.: Rhodora 64, 207—212 (1962). — BURCHAK-ABRAMOVICH, N.: Bot. J. Moskau 47, 240—242 (1962). — BÜTTNER, R., u. W. HEMPEL: Ber. Arbeitsgem. sächs. Bot., N. F., 3, 123—127 (1961).

DE LA SOTA, E.: Darwiniana 12, 465—520 (1962). — DEMAGGIO, A.: Phytomorph. 11, 46—79 (1961).

EBERLE, G.: Natur u. Museum 92, 111—114 (1962). — ENDO, S.: Nat. Sc. Mus. Tokyo 28, 10—13 (1961). — EVANS, G., and A. JERMY: Brit. Fern Gaz. 9, 81—84 (1962).

FREEBERG, J.: Amer. J. Bot. 49, 530—535 (1962).

GILLESPIE, J.: Amer. Fern J. 52, 19—26 (1962). — GOTTWALD, N.: Hess. Flor. Briefe 11, 2—3 (1962). — GUPTA, K.: *Marsilea*. Bot. Monograph No. 2, 113 p. New Delhi 1962.

HADAC, E.: Bull. Iraq Nat. Hist. Mus. 1, 1—12 (1961). — HAGENAH, D.: Rhodora 63, 181—193 (1961). — HAUKE, R.: (1) Amer. Fern J. 52, 29—35, 57—63 (1962); — (2) 52, 123—130 (1962). — HOLTTUM, R.: (1) Kew Bull. 16, 51—64 (1962); — (2) Dansk Bot. Ark. 20, 11—35 (1961). — HOLTTUM, R., and U. SEN: Phytomorph. 11, 406—420 (1961).— Hyde, H., and A. WADE: Welsh Ferns. Fourth ed., 122 p., Cardiff 1962.

Index to Plant Chromosome Numbers, Vol. II, Nr. 6, Chapel Hill, N. C., USA, 1961. — ITO, H.: Acta phytotax. geobot. 20, 209—212 (1962). — IWATSUKI, K.: (1) Acta phytotax. geobot. 20, 219—227 (1962); — (2) 19, 45—48 (1961).

KENT, D.: Proc. Bot. Soc. Brit. Isl. 4, 434—468 (1962). — KNOBLOCH, I.: Amer. Fern J. 52, 65—68 (1962). — KNOBLOCH, I., and D. CORRELL: Ferns and Fern Allies of Chihuahua, Mexico. 198 p., Renner (Texas) 1962. — KURATA, S.: (1) J. Geobot. 9, 95—100 (1961); — (2) 10, 34—38 (1961); — (3) 10, 66—70 (1961); — (4) 11, 2—7 (1962); — (5) Sc. Rep. Yokosuka Museum 6, 7—26 (1961).

LAWALRÉE, A.: (1) Bull. Soc. Bot. Belg. **94**, 279—283 (1962); — (2) Bull. Jard. bot. Brux. **32**, 309—323 (1962). — LENSKI, I.: Ber. dtsch. bot. Ges. **75**, 189—192 (1962). — LE THOMAS, A.: Adansonia, n. s., **1**, 347—349 (1961). — LÖVE, A.: Amer. Fern J. **52**, 113—123 (1962). — LÖVE, A., and D. LÖVE: (1) Bot. Not. **114**, 33—56 (1961); — (2) Opera Bot. **5** (1961). — LOOSER, G.: Rev. Univ. Chile **46**, 213—262 (1961). — LUDWIG, W.: Jahrb. Nassauisch. Ver. Naturk. **96**, 6—45 (1962).

MANTON, I., u. T. REICHSTEIN: Bauhinia **2**, 79—91 (1962). — MAYER, E.: Biol. Vestn. (Ljubljana) **10**, 3—5 (1962). — MEEUSE, A.: Acta bot. neerl. **10**, 257—260 (1961). — MELZER, H.: (1) Mitteil. nat. Ver. Steierm. **91**, 87—95 (1961); — (2) **92**, 77—100 (1962). — MEYER, D.: Ber. dtsch. bot. Ges. **75**, 24—34 (1962). — MOHR, H., u. CH. BARTH: Planta (Berl.) **58**, 580—593 (1962). — MOMOSE, S.: J. Jap. Bot. **37**, 169—178 (1962). — MORZENTI, V.: Amer. Fern J. **52**, 69—78 (1962).

NAMEGATA, T., and S. KURATA: An Enumeration of the Japanese Pteridophytes. Tokyo 1961. — NAYAR, B.: (1) J. Indian Bot. Soc. **41**, 33—44 (1962); — (2) Bot. Gaz. **123**, 223—232 (1962); — (3) J. Indian Bot. Soc. **40**, 502—510 (1961); — (4) J. Linn. Soc. **58**, 185—199 (1962); — (5) Bull. Bot. Gard. Lucknow No. 56 (1961); No. 58 (1961); No. 67 (1962); No. 68 (1962); No. 75 (1962). — NAYAR, B., and F. KAZMI: Bull. Bot. Gard. Lucknow No. 64 (1962). — NIESCHALK, A., u. CH. NIESCHALK: Natur u. Museum **92**, 296—298 (1962).

OBERHOLZER, E., E. SULGER BÜEL u. T. REICHSTEIN: Ber. Schweiz. bot. Ges. **72**, 286—289 (1962). — OHWI, J.: J. Jap. Bot. **37**, 75—76 (1962).

PARIHAR, N.: An Introduction to Embryophyta. Vol. 2. Pteridophytes. 4. rev. ed., 302 p., Allahabad 1962. — PARSONS, F.: How to know the Ferns, sec. ed., 215 p., New York 1961. — PERRING, F., and S. WALTERS: Atlas of the British Flora. 432 p., London and Edinburgh 1962. — PETTERSON, B.: Bot. Not. **115**, 237—240 (1962). — PICHI-SERMOLLI, R.: (1) Webbia **17**, 1—32 (1962); — (2) **17**, 33—43 (1962). — PROCTOR, G.: Brit. Fern Gaz. **9**, 71—80 (1962).

REICHSTEIN, T.: Bauhinia **2**, 95—113 (1962). — REICHSTEIN, T., u. E. HAUSER: Bauhinia **2**, 92—94 (1962). — RUNEMARK, H.: Bot. Not. **115**, 177—195 (1962).

SAHLIN, C.: Bot. Not. **115**, 240—241 (1962). — SCAMMAN, E.: Rhodora **63**, 335—340 (1961). — SCHUMACHER, A.: Natur **70**, 182—186 (1962). — SEGAL, S.: Gorteria **1**, 56—59 (1962). — SEHNEM, A.: Pesquisas, Bot. Nr. 13 (1961). — SHINAGAWA, T.: J. Jap. Bot. **37**, 113—117 (1962). — SHIVAS, M.: Brit. Fern Gaz. **9**, 65—70 (1962). — SMITH, D., T. BRYANT and D. TATE: (1) Brittonia **13**, 289—292 (1961); — (2) **13**, 69—72 (1961). — STEARN, W.: Webbia **17**, 207—222 (1962).

TAGAWA, M.: Acta phytotax. geobot. **20**, 213—218 (1962). — TARDIEU-BLOT, M.: Adansonia **2**, 111—116 (1962). — TRYON, A.: (1) Contrib. Gray Herb. **191**, 109—197 (1962); — (2) **187**, 61—68 (1960). — TRYON, R.: (1) Contrib. Gray Herb. **189**, 52—76 (1962); — (2) **191**, 91—107 (1962); — (3) Sellowia Nr. 14, 51—59 (1962).

VERDCOURT, B.: J. East Afr. Nat. Hist. Soc. **24**, 37—40 (1962).

WAGNER, W.: (1) Amer. Fern J. **52**, 1—18 (1962); — (2) Phytomorph. **12**, 87—100 (1962); — (3) Madroño **16**, 158—161 (1962); — (4) Amer. J. Bot. **49**, 680 (1962). — WAGNER, W., and K. BOYDSTON: Brittonia **13**, 286—289 (1961). — WAGNER, W., and D. HAGENAH: Brittonia **14**, 90—100 (1962). — WAKEFIELD, N.: Vict. Nat. **78**, 176—180 (1961). — WALKER, S.: (1) Amer. J. Bot. **49**, 497—503 (1962); — (2) **49**, 971—974 (1962). — WEBER, H.: Abhandl. math.-nat. Kl. Ak. Mainz Nr. 3, 120—194 (1958). — WHITE, R.: Science **133**, 1073—1074 (1961). — WHITTIER, D.: Phytomorph. **12**, 10—20 (1962). — WILCE, J.: Nova Hedwigia **3**, 93—117 (1961). — WRABER, T.: (1) Bull. sc. Acad. Yougosl. **7**, 3 (1962); — (2) Biol. Vestn. (Ljubljana) **10**, 11—25 (1962).

5f. Systematik der Spermatophyta

Bericht über die Jahre 1961 und 1962

Von HERMANN MERXMÜLLER, München

1. Abstammung und Gliederung

Auf diesem Gebiet herrscht eine etwas bedauerliche Konjunktur. Unversöhnbare Theorien stehen sich schroff gegenüber, tatsächliche Befunde werden nach Bedarf interpretiert, neuentdeckte und noch schlecht bekannte Fossilien unbedenklich als Vorfahren angesprochen; und auf diesem nicht sonderlich wissenschaftlichen Unterbau werden dann die differentesten „Systeme" erstellt. Der Ref. würde für diesen Abschnitt den Titel „Fortschritte" lieber durch das Wort „Fortgang" ersetzt haben.

Phyllospore Theorien: Der entschiedenste Vertreter der klassischen Karpell-Auffassung bleibt EAMES. Er betrachtet weiterhin (2) alte eusporangiate Farne, also homospore Formen, als Vorfahren der Angiospermen, da ja bei den letzteren die Mikrospore eher größer als die Megaspore sei; auch Stelärstruktur und Bündelanatomie wiesen eher auf die Farne als auf den Cycadeen-Ast. Die durch die Funde PLUMSTEADs modern gewordenen *Glossopteridales* werden als Vorfahren nicht abgelehnt, stehen für ihn aber sowieso den eusporangiaten Farnen näher als den Pteridospermen. Obwohl er in seinem interessanten Buch (1) nur Wurzel und Sproß, nicht aber das Blatt, als die essentiellen morphologischen Kategorien der Blütenpflanzen betrachtet, verteidigt er erbittert die Blattnatur der fertilen Blütenteile. Zwittrigkeit und Vorhandensein einer Blütenhülle bleiben für ihn Kriterium der Primitivität, wiewohl er jetzt wenigstens *Trochodendron* primitive Apetalie zuzubilligen scheint. Synkarpie mag manchmal bereits vor der (involutiven oder konduplikativen) Schließung der Karpelle aufgetreten sein. Als ursprünglichste Placentation wird die laminale, nicht die submarginale betrachtet.

Zu dieser letzten Frage steuert PURI (1, 2) einen neuen Gesichtspunkt bei; er weist darauf hin, daß das Fruchtblatt ein dreidimensionales Gebilde ist, also neben Rück- und Bauchwand auch Seitenwände besitzt. Auch die Karpelle von *Degeneria* und *Drimys* schließen nur mit ihren stark verdickten Seitenwänden aneinander, ihre Samenanlagen stehen an der durch Seiten- und Bauchwand gebildeten Kante; die klassische Konzeption der Fruchtknotenbildung bleibe daher immer noch brauchbar.

Gegen die Phyllosporie bestimmter Angiospermengruppen kann eingewendet werden, daß sich bei ihnen auch durch peinlichste histologische

Untersuchung keine Beziehung zwischen Fruchtblatt und Placenta finden läßt (PANKOW, ROTH). Wenn man an der klassischen Theorie festhält, ist man gezwungen, Hilfskonstruktionen einzuführen. SATTLER denkt bei der freien Zentralplacenta der *Primulales* an eine Neotenie und sieht das Modell eines Übergangs bei der zentralwinkelständigen Lythracee *Cuphea*, wo die Septen erst nach der Anlage einer zentralen Placenta entstehen. Die grundständige Samenanlage von *Armeria*, bei deren Bildung der axile Vegetationspunkt aufgebraucht wird, die sich dann aber postgenital einem bestimmten Fruchtblatt zuwendet, scheint ROTH einer Art von umgekehrtem biogenetischem Grundgesetz zu folgen; ihre Anlage erfolgt modern, ihre weitere Entwicklung atavistisch.

Phyllospore Systeme: CRONQUIST gliedert in seinem recht problemfreien Lehrbuch in Coniferophyta *(*class *Coniferae: Coniferales, Taxales, Ginkgoales, Cordaitales;* class *Chlamydospermae: Gnetales, Ephedrales, Welwitschiales)*, Cycadophyta *(*class *Cycadae: Cycadales, Cycadofilicales, Caytoniales, Bennettitales)* und Anthophyta *(Dicotyledonae, Monocotyledonae)*, während Soó die „Gymnospermen" in die subphyla Pteridospermophytina *(Pteridospermopsida* mit *Pteridospermales* und *Caytoniales, Cycadopsida* mit *Cycadales, Nilssoniales* und *Pentoxylales)*, Chlamydospermophytina *(Bennettitales, Gnetales, Welwitschiales)* und Coniferophytina *(Ginkgopsida, Cordaitopsida, Coniferopsida, Ephedropsida)* teilt. Die Angiospermen haben nach Soó aus den *Polycarpicae* heraus sechs Hauptrichtungen eingeschlagen, die von den *Rosales* zu den *Araliales*, den *Malvales* zu den *Solanales*, den *Dilleniales* zu den *Rhoeadales* und *Asterales*, den *Caryophyllales* zu *Plumbaginales* und *Casuarinales*, den *Nymphaeales* zu den *Poales* und schließlich von den *Arales* zu den *Pandanales* führen. Weiter in die Vergangenheit zurück greift GAUSSEN, der die zu den Dicotylen führenden *Magnoliales* aus der Linie *Bennettitales* — *Pentoxylales*, die zu den Monocotylen weiterleitenden *Ranales* dagegen durch Neotenien auf dem Weg von *Pecopteris*-artigen Pteridospermen über *Caytoniales* und *Paeonia* erreicht. [Nur anmerkungsweise mag hier berichtet sein, daß dieselben *Caytoniales* von MEEUSE (2) als gymnosperme Verwandte der *Marsileales*, die *Lyginopteridales* als solche der *Salviniales* betrachtet werden, wobei im letzteren Fall das schaumige, aus Tapetumplasma gebildete Perispor mit der Cupula von *Lagenostoma* homologisiert wird.]

Stachyospore Theorien: Auch MEEUSE (3) zieht neuerdings zur Ableitung der Angiospermen (und getrennt davon der *Cycadopsida*) die *Glossopteridales* heran, die er in irgendeine Beziehung zu den *Pentoxylales* bringt. Jedoch ist er davon überzeugt, daß zumindest alle Angiospermen stachyospor seien. Er homologisiert nämlich die äußersten Hüllen der Samenanlagen von *Carnoconites* (ähnlich auch von *Cycadeoidea* oder *Gnetum*) mit dem Ovar von *Pandanus*, hält also monomere bzw. pseudomonomere Fruchtknoten für sproßbürtige, umhüllte Ovula. Mehrsamige Fruchtknoten seien zusammengesetzte Organe: in ihnen sei die einzelne, oft von einem Arillus (äußerste Hülle!) umgebene Samenanlage ein Homologon des *Pandanus*-Ovars. Insgesamt hätten sich die Angiospermen in ganz verschiedenen Linien aus bestimmten Pteridospermengruppen herausentwickelt; so werden die *Magnoliales* von *Bennettitales*-ähnlichen Formen, die *Amentiferae* vielleicht von *Gnetum*-ähnlichen abgeleitet, während die *Helobiales (*und ? *Ranunculales)*, die *Nymphaeales* und *Piperales* eigene Glieder darstellen. Völlig gesichert und auch anatomisch stützbar erscheint ihm schließlich eine Ableitung von den *Pentoxylales* zu den *Pandanales*, vielleicht auch zu *Arecales, Arales, Cyperales* und *Agavales*.

Rein stachyospor ist auch die erneut und ausführlicher dargestellte Gonophylltheorie Melvilles, der den Bündelverlauf der Fruchtknoten mit der Karpelltheorie unvereinbar findet. Als Grundeinheit des Ovars wird daher ein Blatt mit epiphyllem fertilem Zweig (wenn man so will: ein gemischter Telomstand, Ref.) betrachtet. Letzte augenfällige Zeichen der Allgemeinverbreitung solcher Strukturen sieht er in den epipetalen Nektarien und Krönchen mit opponiertem Bündelsystem, in epiphyllen Blüten und schließlich sogar in den Achselknospen, wo in der vegetativen Phase der Angiospermen die Fertilität des oberen Gonophyllteils unterdrückt werde. Durch vier einfache Primärmodifikationen des Gonophylls (fertile Zweige epiphyll, axillär oder axillär gepaart; sterile Spreiten mit blattlosen fertilen alternierend) seien in rapider Explosion die ganzen Angiospermen entstanden, wobei diese vier Veränderungen heute noch aus der Bündelstruktur des Griffels und der Narbe erkennbar seien. Diese Überlegungen basieren immerhin auf soliden Befunden; manche Diagramme und ihre Bündelstrukturen (so von *Thalictrum*, *Berberidopsis* und *Viola*) sehen wirklich überraschend aus und regen zu weiteren Überprüfungen an. Als Ausgangsformen nimmt Melville wiederum Plumsteads bisexuelle Glossopteriden in Anspruch, deren Deutungen freilich Pant wohl nicht zu Unrecht als "largely conjectural" betrachtet.

Gemischte Theorien: Das alternative Auftreten stachyosporer und phyllosporer Gruppen innerhalb der Angiospermen glaubt Pankow histogenetisch untermauern zu können. Von den von ihm untersuchten 23 Familien besitzen nur die *Saururaceae, Ranunculaceae, Fabaceae* und *Geraniaceae* blattbürtige Samenanlagen, während u. a. *Piperaceae, Urticales, Centrospermae, Primulales, Tubiflorae, Cyperales* und *Poales* als stachyospor betrachtet werden. Da als ausschließliches Kriterium der Sproßbürtigkeit der Ort der ersten periklinen Zellteilungen dient (dritte Zellschale bei zweischichtiger Tunica des Blütenvegetationskegels), dürften hier wieder einmal, um mit Leinfellner zu sprechen, die Aussagen der Entwicklungsgeschichte allzu wörtlich genommen sein. Immerhin werden solche Befunde Wasser auf die Mühlen Lams sein, der in seiner jüngsten Arbeit erneut herausstellt, wie logisch und unvermeidbar es sei, die beiden auffallendsten Blütenformen der Angiospermen, das phyllospore Euanthium und das stachyospore Pseudanthium, als direithrisch zu betrachten; Melvilles Theorie hält er infolgedessen für begründet, aber einseitig. Er führt die Angiospermen jetzt auf frühe Pteridospermen zurück, die sowohl phyllospore als auch stachyospore Formen mit vielen Übergängen enthielten; die von ihm entworfenen „Idealbilder" solcher Proangiospermen des sproßbürtigen, blattbürtigen und gemischten Typs vermögen dem Ref. allerdings nicht viel zu sagen. Interessant ist der Versuch, die Blütenquirle von *Gnetum* als System von Gonophyllen ("mixed protective bifurcation units" in Lams Terminologie) zu betrachten und ein gleiches System auch zur Erklärung von Angiospermenblüten mit zentrifugaler Staubblattentwicklung heranzuziehen.

Das klassische Gegenargument gegen eine Di- oder Polyreithrie der Angiospermen bleibt die Ähnlichkeit ihrer embryologischen Struktur.

LAM neigt freilich dazu, nicht nur die Heterosporie, sondern jetzt auch die Entwicklung von Stachyosporie und Phyllosporie und vor allem die doppelte Befruchtung (die an eine plötzliche Reduktion des weiblichen Gametophyten gebunden sei) als "levels", also als Organisationshöhen zu betrachten, die auf mehreren Wegen erreicht wurden. Auch für MEEUSE (3) sind Siphonogamie, doppelte Befruchtung und Ausbildung eines sekundären Endosperms nur notwendige Folge einer (polyrheitrischen) Megasporangien-Umhüllung. Diese Überzeugung findet nun auch Zustimmung von embryologischer Seite (GERASSIMOVA-NAVASHINA). Die Vorgänge bei der Bildung eines Embryosacks oder Pollenschlauchs seien die unausbleibliche Folge einiger genereller cytologischer Prinzipien (Anordnung der Kerne, Abstoßung von Schwesterkernen, Verhältnis zwischen Kern und Plasma usf.), die unter entsprechenden Bedingungen in jedem meristematischen Zellkörper oder Coenocyten auslösbar seien. Auch die doppelte Befruchtung beruhe nur auf der gerichteten Divergenz der beiden Spermakerne bei der Einbringung in das speziell organisierte Cytoplasma der weiblichen Nachbarzellen. Die Zurückführung all dieser ähnlichen Strukturen auf einen „Normaltyp" sei daher völlig unnötig, ebenso Homologisierungsversuche mit Archegonien und Antheridien, die durch Neotenie effektiv ausgefallen seien. Die Strukturähnlichkeiten der Befruchtungsorgane könnten daher keineswegs als Argument für eine strikte Monophylie der Angiospermen gewertet werden, zumal entsprechende Bildungen und Vorgänge bei den Gymnospermen bereits weit verbreitet seien.

Gemischte Systeme: Konsequent nach LAMs Vorstellungen baut MAEKAWA (1) sein System des gesamten Pflanzenreiches auf. Die *Chlorophyta-Tracheophytina* gliedern sich im Bereich der Blütenpflanzen in die Klasse Stelopsida (Unterklassen *Cordaitopsidina; Coniferopsidina; Dicotyledoneae* I: *Casuarinales, Fagales, Urticales, Hamamelidales, Rosales, Cunoniales . . . Rubiales . . . Lamiales; Monocotyledoneae* I: *Butomales, Alismatales, Potamogetonales . . . Commelinales, Bromeliales, Zingiberales, Poales)* und die Klasse Phyllopsida *(Ginkgopsidina; Cycadopsidina; Chlamydopsidina; Dicotyledoneae* II: *Magnoliales . . . Cucurbitales . . . Araliales . . . Oleales . . . Asterales; Monocotyledoneae* II: *Liliales, Arales, Palmales, Orchidales, Cyperales).* Ähnliche Vorstellungen leiten wohl auch CHADEFAUD u. EMBERGER, wenn sie in stärkerer Zersplitterung die Angiospermen in sechs „phyla" gliedern, die zu den *Casuarinales,* den *Proteales,* den *Santalales,* über die *Urticales* bis zu den *Primulales,* über die *Terebinthales* bis zu den *Tubiflorae* und schließlich über die *Polycarpicae* einerseits zu den *Asterales,* andererseits zu den Monokotylen führen. Viel weiter greift in der Aufspaltung GREGUSS zurück, der ZIMMERMANNs „Übergipfelung" ablehnt und bereits an der Basis der *Pteridophyta* eine deutliche Dreiteilung in monopodiale *(Rhynia* und *Psilodendrion),* echt-dichtotome *(Protopteridium)* und verticillate *(Calamophyton)* Formen sieht. Diese Gliederung sei bis in die Spermatophyten hinein verfolgbar, wo *Cycas, Ginkgo* und *Araucaria* Dichotomie, Makrophyllie und polyciliate Spermatozoiden zugeschrieben werden. Als letztes und kuriosestes Beispiel einer Direithrie mag noch CROIZATs Systemversuch aus den „Principia botanica" (deren Prinzipien dem Ref. allerdings völlig unklar geblieben sind) angeführt werden, in dem die Carnivorie als ebenso alt wie die Angiospermie, die Insectivoren als unabhängiger, mit alten, vielleicht noch nicht angiospermen Gruppen zusammenhängender Zweig betrachtet werden; die Abfolge der „normalen" Angiospermen wird von den *Amentiferae* über *Hamamelidaceae* und *Saxifragaceae* zu den "perfect-flowered plants" vorangetrieben.

Einzelnes: Der allgemeinen Ansicht, die Stellung von Organen und Geweben sei phylogenetisch und ontogenetisch fixiert, tritt ZIMMERMANN (2) mit seiner Theorie des „Shiftings" entgegen, wonach die Korrelationen der Gewebe und Organe zeitlich und örtlich durch Änderung des Genotyps umgestaltet werden. So werde die Abwandlung der Protostele zur Meristele durch räumliches, basipetales Shifting der stelären Dichotomie bewirkt; zeitliches Shifting der Reifeteilung führt vom zygotischen Kernphasenwechsel zu Generationswechsel und gametischem Kernphasenwechsel. — DÄNIKER betrachtet in einer nachgelassenen Arbeit die Tendenz zur Pseudanthienbildung als eine generelle Gesetzmäßigkeit, als die „Tendenz des Lebens, sich bezüglich des Formaufwandes einzuschränken und zusammenzuziehen", und verweist in diesem Zusammenhang auf Ähnlichkeiten zwischen der Balanopsidacee *Trilocularia* und der Euphorbiacee *Excoecaria*, auf die kätzchenförmigen Kondensationen der *Hippomaneae* und gewisse, von ihm als primitive Dichasien betrachtete *Nothofagus*-Blüten; zumindest die *Euphorbiales*, *Juglandales* und *Balanopsidales*, vielleicht aber auch die *Fagales*, sollen daher einem alten *Terebinthales*-Stamm entsprungen sein. — Nur kurz verwiesen sei noch auf die gedankenreiche Schrift BREMEKAMPs "The various aspects of Botany" und das schöne Referat ZIMMERMANNs (1) „Über die Ursachenzusammenhänge bei der Evolution".

2. Anatomie und Morphologie

Lehrbücher: Sehr persönlich gefärbt, auf Neues durchaus eingehend, es aber meist ablehnend, stellt EAMES' "Morphology of the Angiosperms" gleichsam einen Abschlußbericht der nordamerikanischen Schule dar; der Leser wird allerdings etwas verblüfft sein, im wesentlichen nur die primitiveren Gruppen, nämlich *Polycarpicae*, *Dilleniales*, *Piperales*, *Casuarinales*, *Helobiae*, *Liliales* und *Arecales* ausführlich behandelt zu finden. Eine sehr nützliche, kurzgefaßte Darstellung bringt CARLQUISTs (4) "Comparative Plant Anatomy", aus deren konzisem Inhalt besonders auf die Kapitel "The Ethics of Comparison" und "Problems in phylogenetic Interpretation" verwiesen sei. Aus dem Standardwerk v. GUTTENBERGs, den „Grundzügen der Histogenese höherer Pflanzen (1, 2), ist hier vor allem die markante histogenetische Sonderstellung der Gymnospermen zu betonen, deren Berücksichtigung bei phylogenetischen Schlüssen empfohlen wird. Bemerkenswert ist die Einheitlichkeit ihrer Wurzelentwicklung, während die Scheitelarchitektur bei *Cycadales*, *Ginkgoales*, *Coniferae* und *Gnetales* verschiedenen Typen folgt, denen freilich wohl ein einziger Grundtyp zugrunde liegen mag. Der Autor findet nur ein einziges Merkmal, das Dicotyle und Monocotyle ausnahmslos unterscheidet: alle Monocotylen besitzen in sämtlichen Wurzeln ein sekundäres Dermatogen. Die *Nymphaeaceae* sollen nach ihrer Histogenese eindeutig zu den Monocotylen gehören; dem widerspricht allerdings K. I. MEYER, der nach Untersuchungen an *Nuphar* die Zugehörigkeit zu den Dicotylen für unzweifelhaft, die monocotylen Anklänge nur für Anzeichen der allgemeinen Verwandtschaft dieser beiden Hauptgruppen hält.

Anatomie der Monocotylen: In zwei recht ähnlichen Grundsatzreferaten (CHEADLE u. TUCKER; METCALFE) wird vor allem die Wichtigkeit der Histologie der Leitelemente des Metaxylems betont. Klar erscheint die Abfolge von langen Gefäßgliedern mit verschmälerten Endwänden und leiterförmigen Platten zu kurzen, gestutzten, mit einer einzigen großen Perforation; sie ist freilich auch in dieser Klasse offensichtlich mehrmals parallel abgelaufen. CHEADLE u. TUCKER sind davon überzeugt, daß bei den Monocotylen die Gefäße erst in den Wurzeln, dann in

Stengel und Inflorescenzachse, zuletzt in den Blättern entstanden seien, und zwar stets zunächst im zuletztgebildeten Metaxylem, dann im früheren, zuletzt im Protoxylem; es gebe keine Anzeichen für eine Reversibilität. METCALFE (2) legt daneben noch besonderen Wert auf die Spaltöffnungsstrukturen, die er in paracytische (mit je einer seitlichen Nebenzelle), tetracytische (zusätzlich mit zwei polaren Nebenzellen) und anomocytische (ohne Nebenzellen) trennt. Demgegenüber sind Haarform, Kristalle, Sekrete, Sklerenchymmuster und Epidermiszellumrisse nur in engeren Verwandtschaftsbereichen taxonomisch verwendbar. Aus beiden Referaten seien noch folgende anatomisch-systematische Einzelfeststellungen herausgegriffen: die starke Verschiedenheit der *Ranunculaceae* und *Alismataceae*, die höhere Organisation der letzteren und der *Butomaceae* gegenüber den übrigen *Helobiae*, die Primitivität der *Agavales*, *Liliaceae* und gewisser *Amaryllidaceae*, die starke Ableitung der sehr ähnlichen *Typhaceae* und *Sparganiaceae*, der *Commelinaceae*, der *Arecales* und der ihnen nicht unähnlichen *Pandanales*. Wenn die Monocotylen wirklich monophyletisch sein sollten, dann müssen viele ihrer Familien seit sehr langer Zeit getrennte Wege gegangen sein. Bemerkenswerte anatomische Strukturen finden sich bei den *Xanthorrhoeaceae* (FAHN), die primitiver als die *Juncaceae* und den *Agavaceae* nahe verwandt erscheinen.

Sproßanatomie der Dicotylen: BAILEY u. SRIVASTAVA finden bei den noch blatttragenden Kakteen der *Pereskioideae* bereits hochentwickelte innenanatomische Spezialisierung, die dem Succulentwerden und damit der Herausbildung von *Opuntioideae* und *Cereoideae* vorausgegangen sei. Nach MITTAL ist die Knotenstruktur multilacunar bei *Araliaceae*, *Apiaceae* und *Centella*, trilacunar bei *Cornaceae* und *Hydrocotyle;* die *Cornaceae* seien auch aus anatomischen Gründen aus den *Umbellales* auszuschließen. Bei den *Asteraceae* eignet sich die Holzanatomie sehr gut zur Abgrenzung der *Inuleae;* sie verweist diese Tribus in die Nähe der *Vernonieae* oder jedenfalls in den Teil der Familie, in den die genannten Triben mit den *Eupatorieae, Mutisieae, Cynareae* (und *Cichoriaceae?*) zusammenzufassen seien [CARLQUIST(1)]. In einigen Familien erweist sich die oft vernachlässigte Borkenanatomie taxonomisch signifikanter als die Holzanatomie, so bei den *Myrtaceae-Leptospermoideae* (BAMBER) und den *Dipterocarpaceae* (WHITMORE), wo sogar Borkenschlüssel und Gliederungsvorschläge gegeben werden können. Bemerkenswert sind die elektronenmikroskopischen Hoftüpfeluntersuchungen von EICKE, wonach *Ephedra* durch den Besitz eines Torus und radialstrahlige Anordnung der Mikrofibrillen (ähnlich den Coniferen) ausgezeichnet ist, während bei *Gnetum* und *Welwitschia* der Torus fehlt und die radialstrahlige Anordnung durch Überkreuzungen im Mittelfeld und am Rand der Kreisfläche gestört erscheint; die Autorin erblickt darin ein weiteres Argument für die Sonderstellung von *Ephedra*.

Blatt: SCHLITTLER weist in einer temperamentvollen Attacke KAUSSMANNs Phyllokladien-Theorie der *Asparageae* zurück und bemüht sich noch einmal um den Nachweis, daß die fraglichen Organe aus rudimentärer Sproßachse und Pseudoterminalblatt gebildet werden und daß sich sogar KAUSSMANNs Befunde eher in dieser Richtung deuten lassen.

Er lehnt wohl mit Recht die alte (auch Pankows Befunden zugrunde-liegende, s. S. 83) Theorie ab, wonach ausschließliche Entstehung aus der Tunica den Blattcharakter, aus Tunica und Corpus den Sproß-charakter eines Organs „beweise" und betont mit Schärfe, daß histolo-gische Befunde stets nur vergleichend, also unter Berücksichtigung der Verhältnisse im ganzen Verwandtschaftsbereich des untersuchten Objekts betrachtet und gewertet werden dürfen.

Die Blattanatomie spielt fortdauernd in der Grassystematik die bedeutendste Rolle, wobei hier Metcalfes erster Band seiner Mono-kotylenanatomie an die Spitze zu stellen ist. Er legt bei den Gräsern vier Haupttypen (panicoid, chloridoid, festucoid und bambusoid) zugrunde; im speziellen Teil wird nur in *Bambuseae* und Nichtbambuseae gegliedert. Die bedeutsamen Einzelergebnisse über die taxonomische Stellung der ganzen Gattungen sind hier nicht referierbar. Brown gliedert etwas stär-ker in sechs Hauptgruppen, von denen die am wenigsten spezialisierte festucoide als primitiv betrachtet wird. Bambusoiden Charakter (dick-wandige Parenchymscheidenzellen mit Chloroplasten) findet er konver-gent auch bei *Stipeae, Danthonieae, Oryzeae* und *Unioleae;* zusätzliche Haupttypen sind der arundoide (große Parenchymscheidenzellen ohne Chloroplasten) und der ebenfalls mit einer Parenchym-, aber nicht mit einer Mestomscheide ausgestattete aristidoide Typ. Weitere wichtige Charaktere findet Prat (2) in der Struktur der Kurzzellen, die wiederum panicoiden, chloridoiden und festucoiden Typ trennt, und in der Vertei-lung der Epidermiselemente auf den Blättern, Internodien und Brakteen, Lommasson in der Gesamtaderlänge pro cm², die bei den *Panicoideae* mehr, bei den *Festucoideae* weniger als 100 cm beträgt. Nach Wu erlaubt die Blattanatomie bei den *Bambuseae* eine weit bessere Umgrenzung der Gattungen, die in anatomischen Schlüsseln niedergelegt wird. Im zweiten Band der "Anatomy of the Monocotyledons" behandelt Tomlinson (1) die Palmen, die er nach Kieselkörpern, Schließzellen, Hypodermis-schichtenzahl, Sklerenchymfasern, Gelenkzellen usf. in zwölf „Unter-gruppen" gliedert, die er gerne als Unterfamilien behandelt sähe. Er schlüsselt blattanatomisch diese bactroiden, cocoiden, chamaedoroiden, iriartoiden, caryotoiden, arecoiden, borassoiden, phoenicoiden, sabaloiden und lepidocaryoiden Gruppen sowie *Nypa* und *Phytelephas;* nur sechs Gattungen bleiben in ihrer Stellung ungeklärt.

Besondere Aufmerksamkeit haben in der Berichtszeit die Spalt-öffnungen gefunden, wie bereits bei der Besprechung von Metcalfe (2) aufgezeigt wurde. Stebbins u. Khush gliedern nach Untersuchung von 49 Monocotylenfamilien noch etwas stärker in einen Typ mit 4—6 gleich-förmig die Schließzellen umgebenden Nebenzellen, der *Commelinales, Arales, Bromeliales* und *Scitamineae* charakterisiert, während der ähn-liche, aber durch zwei wesentlich kleinere polare Nebenzellen ausgezeich-nete Typ bei *Arecales, Pandanaceae* und *Cyclanthaceae* vertreten ist; diese beiden ersten Formen erweisen sich durch ihr Auftreten bei tropi-schen Phanerophyten mit bündelreichen, hypogäischen Cotyledonen als primitiv. Abgeleitet ist der weitverbreitete paracytische und der vor allem auf *Liliales* und *Orchidaceae* beschränkte anomocytische Typ, wobei

der erste zumindest in seinen primitiveren Vertretern hydro- bis helo-
phytische Gruppen mit einem Bündel im epigäischen Cotyledo, der letztere geophytische, epigäische Gruppen mit zwei Bündeln charakterisiert.

Stoma- und Epidermisstrukturen (vor allem Spaltöffnungsmuster) charakterisieren auch die Arten von *Magnolia* (Baranova), der *Epacridaceae* [Watson (1),
wobei die taxonomische Gliederung bestätigt wird] und ihrer Gattung *Acrotriche*
[Paterson (2)], der *Cycadaceae* (A. E. Bobrov: Gruppenbildung: *Bowenia, Stan-
geria, Cycas; Dioon, Microcycas; Encephalartos, Macrozamia, Ceratozamia, Zamia*)
und von *Salix* (Argus: Verteilung auf Blattober- und unterseite, Größe bei Polyploiden). Die Chloroplastenzahl ist in den Schließzellen relativ niedrig, wenig modifizierbar, mit höherem Polypoidiegrad regelmäßig zunehmend; Butterfass betrachtet sie in bestimmten Fällen als art- und sogar rassentypisch. *Bennettitales, Welwitschiales* und *Gnetales* waren bislang unter den Gymnospermen die einzigen Gruppen,
für die syndetocheile Stomabildung angegeben war; Maheshwari u. Vasil (1) finden
jedoch nunmehr bei verschiedenen *Gnetum*-Sippen ausschließlich haplocheile Formen, meist ohne alle Nebenzellen.

Die Haarformen bei *Solanum* werden von Seithe untersucht; ähnlich wie bei
Rhododendron kann jedes Individuum zwei „Haararten" tragen, einerseits drüsenlose oder mit einzellreihigem Drüsenköpfchen versehene, unverzweigte bis verzweigte,
andererseits solche mit mehrzellreihigem Drüsenköpfchen. Dagegen treten Stern-
und Asthaare nie gleichzeitig auf; sie dürften sich unabhängig aus unverzweigten
Haaren herausgebildet haben. Die Verhältnisse erscheinen so fixiert, daß Seithe das
Fehlen oder Vorhandensein echter Sternhaare zur Großgliederung der Gattung benutzt. Haare, Drüsenschuppen und Stieldrüsen sind in der Gattung *Combretum* so
sippenspezifisch gebaut und verteilt, daß Stace (2) diese Merkmale zur taxonomischen Einreihung unsicherer Sippen und zur Schlüsselung verwenden kann.

Blütenstände und Blüten. Eine ausgezeichnete Untersuchung von
Weberling zeigt, daß sich alle Inflorescenzen der *Valerianaceae* auf die
Grundform des Thyrsus oder Pleiothyrsus zurückführen lassen; die einzelnen Gattungen sind durch den Förderungssinn der Ausbildung der
Seitenachsen, Stauchung bestimmter Achsenabschnitte im floralen Bereich, Verdickung der Blütenstandsachse, Blütenzahl in den Wickeln der
Bereicherungstriebe, Auftreten „überzähliger Hochblätter" in den Dichasien u. a. klar geschieden. Nelson bringt in seinem neuen Buch gewichtige
Argumente für eine Rückkehr zu der früher verbreiteten Auffassung, daß
das Labellum der *Orchidaceae* aus einer kongenitalen Verschmelzung
von drei Andrözealgliedern entstanden, also nicht dem (dann in Wirklichkeit ausgefallenen) unpaaren Kronblatt homolog ist. Leinfellner (1)
findet auch bei weiteren *Liliaceae-Melanthioideae* die Perigonblätter einwandfrei peltat, ihre ventralen Spreitenabschnitte ähnlich wie bei den
Nektarblättern von *Ranunculus* in Drüsenwucherungen umgebildet. Bei
Tofieldia (2) werden einzelne Perigonblätter durch verbildete oder normal
gebaute Staubblätter ersetzt. Dem Autor gilt damit als gesichert, daß zumindest in diesen Gruppen die Blütenhüllbätter aus steril gewordenen,
peltat-diplophyllen Staubblättern abzuleiten sind. Die Kronblätter von
Armeria deutet Roth wieder als dorsale Auswüchse der Staubblätter
(Mattfelds Theorie der dorsalen Medianstipeln); die Blüten seien daher
ursprünglich tetracyclisch (mit ausgefallenem innerem Staminalkreis),
monochlamydeisch und normal alternant. Dagegen zeigt Sattler, daß
die bisher oft ähnlich gedeuteten Blüten der *Primulales* grundsätzlich von
pentacyclischen herzuleiten sind, mit denen sie noch Übergänge verbinden *(Clavija, Deherainia)*. Bei den meisten Sippen — und darin dürfte

der Grundcharakter der Ordnung liegen — werden dann jedoch die drei mittleren Kreise aus einem gemeinsamen Primordium gebildet, so daß die Blüte morphologisch tricyclisch erscheint. Der Stamen-Petalum-Höcker gliedert nach innen hin ein neues Primordium ab *(Myrsine, Aegiceras)*, teilt sich an der Spitze *(Ardisia)* oder spaltet nach außen eine neue Anlage ab *(Primulaceae)*. Die Mannigfaltigkeit der Stamen-Petalum-Entwicklung ergibt sich demnach durch Variation des Wachstumsgradienten auf einer Zeitkoordinate; der relative Zeitpunkt, zu dem das Petalum-Primordium an dem gemeinsamen Höcker angelegt wird, entscheidet, ob das Petalum wie ein Blattorgan oder wie die Dorsalstipel eines Blattes erscheint. Die Notwendigkeit, histologische Ergebnisse stets innerhalb eines breiteren systematischen Verwandtschaftsbereichs zu vergleichen, wird auch hier wieder evident.

CARR u. CARR gliedern aus den verwachsenen Fruchtknoten einen pseudo-synkarpen Typ heraus (z. B. *Nigella*), bei dem ähnlich wie bei apokarpen Gynöceen jeder Pollenschlauch nur das Fach erreichen kann, auf dessen Narbe er ausgetrieben hat. Bei den eu-synkarpen Fruchtknoten wird dagegen durch ein „Compitum" (Poren, Gänge, Ventralspalt; manchmal auch bereits im Griffel oder Narbenkopf) eine Verbindung zwischen den Karpellen geschaffen, die es dem Pollenschlauch ermöglicht, von jedem Griffel oder Griffelteil aus mehr als ein Karpell zu erreichen. Hierin dürfte ein klarer Evolutionsvorteil liegen. Einen bisher unberücksichtigten Organabschnitt coenokarper Gynöceen findet HARTL in der Scheitelwand, dem „Apikalseptum", einem Wandkomplex, der das Ovarlumen oberhalb der parakarpen Zone nochmal fächert. Er stellt das kongenitale Verwachsungsprodukt aus der eingesenkten Griffelbasis und den nach oben gewölbten Ovar-Außenwänden eines nicht-akrostylen Pistills dar. Solche Bildungen finden sich bei einigen *Ericales*, *Myrtales* und *Solanaceae*, bei allen untersuchten *Convolvulaceae* (einschl. *Dichondra*) und *Antirrhineae* (Narbenanhängsel von *Erinus!*); die beiden letztgenannten Gruppen werden daher als stärker abgeleitet betrachtet, als das in den bisherigen Systemen angenommen wird. DORMER findet im Parenchym der Fruchtknotenwand von *Centaurea* entweder prismatische oder aber curvilineare Ca-Oxalatkristalle, deren alternatives Auftreten in brauchbarer Übereinstimmung mit der von WAGENITZ gefundenen Verteilung der Pollentypen steht. Die unterschiedliche Karpellform bei den *Ranunculaceae* wird von verschiedenen Autoren zur Zweigliederung, von HUTCHINSON sogar zur Spaltung dieser Familie verwendet. Nach SCHAEPPI u. FRANK liegt jedoch einheitlich ein U-förmiger Placentationstyp zugrunde, der von einer langen lateralen Placenta mit vielen Samenanlagen aus, ohne scharfe Abgrenzung und offensichtlich in mehreren Linien, zu einer medianen uniovulaten abgewandelt wird. *Callianthemum* und *Adonis* stehen etwa in der Mitte und erscheinen auch in dieser Sicht als nahe verwandt.

Zu den Karpelltheorien von PURI (s. S. 81) mag noch ergänzt werden, daß in manchen Fällen die Seiten-Bauchwand-Kante durch starkes einseitiges Wachstum zu einer Trennung der beiden Placententeile führen kann, die dadurch scheinbar auf die Lamina rücken; instruktive Beispiele werden für die *Gentianaceae* gegeben. Auch aus der Anatomie der Samenschale sind taxonomische Schlüsse zu ziehen, so innerhalb der Gattung *Eucalyptus* (GAUBA u. PRYOR) oder bei *Brassica* (BERGGREN), wo erwartungsgemäß die Unterschiede bei den Ausgangsarten deutlicher sind als bei den amphidiploiden Sippen. NARAYANA verweist wieder einmal auf die großen Ähnlichkeiten der Samenstruktur bei *Aizoaceae* und *Cactaceae*. — Anhangsweise mag noch auf die Studien VASSILCZENKOs (2) an *Sophora* und *Glycyrrhiza* verwiesen werden, die vorzuführen versuchen, daß die Sippenbildung oft von definierten morphobiologischen Änderungen im Jugendstadium (z. B. Vereinfachung der Blattform) begleitet ist. MEUSEL führt an *Asteriscus* spezifische und damit taxonomisch verwertbare Wuchsformen vor; bei den ausdauernd-strauchigen Arten breitet sich das Wurzelsystem allmählich und extensiv weithin aus, während bei den einjährigen in kurzer Zeit ein begrenzter Raum intensiv erfaßt wird. Er widerlegt damit, daß „Beobachtungen über Wuchsform und Lebensdauer höchstens geeignet wären, modifikatorische Prozesse zu erkennen", eine dem Ref. zugeschriebene, jedoch von diesem nie verbrochene Kritik.

3. Palynologie und Embryologie

Sowohl ERDTMAN als auch STRAKA sehen in ihren Sammelreferaten den entscheidenden Fortschritt der Palynologie in der stetig gesteigerten Genauigkeit der Sporoderm-Untersuchung, für die jetzt mehr und mehr Phasen- und Elektronenmikroskope verwendet werden. Um zu einer vereinheitlichten und kurzgefaßten Bezeichnung der verschiedenen Typen zu kommen, schlagen die beiden Autoren in einer gemeinsamen Arbeit eine neue „Klassifikation der Sporomorphen" vor; in ihrem NPC-System werden nunmehr die wichtigsten Eigenschaften, nämlich *Nume*rus, *Position* und *Charakter* der Aperturen (die jeweils in Werten von 0—6 bzw. 0—8 ausgedrückt werden) mit einer dreistelligen Zahl bezeichnet. ERDTMAN, BERGLUND u. PRAGLOWSKI geben eine "Introduction to a Scandinavian Pollen Flora", in der die „Pollenarten" gruppenweise innerhalb der Familien aufgeschlüsselt sind. Ein Standardwerk für die Pollenanalyse verspricht BEUGs „Leitfaden" zu werden, dessen erste Lieferung *Ericaceae, Coniferae* und *Poaceae* behandelt; von diesem Autor wird für die Gruppeneinteilung die Terminologie von IVERSEN und TROELS-SMITH verwendet.

Systematische Palynologie: Die Pollenformen der *Coniferae* zeigen gute Korrelationen mit der üblichen taxonomischen Gliederung (UENO); eine Perine ist nur bei den *Taxaceae, Cupressaceae, Taxodiaceae* und *Araucariaceae* ausgebildet. Bei den *Acanthaceae* (BHOJ) sprechen auch palynologische Gründe für die Abgliederung der *Mendonciaceae* und *Thunbergiaceae* und für die Einbeziehung der *Nelsonioideae* in die *Scrophulariaceae*. *Pistacia* besitzt nach KUPRIANOVA so aberranten Pollen, daß die Ausgliederung aus den *Anacardiaceae* empfohlen wird *(„Pistaceae"!);* ein Zusammenhang zwischen *A.* und *Juglandaceae* wird abgelehnt, während der *Juliana*-Pollen etwa zwischen dem von *Pistacia* und *Rhus* steht. Auch bei den *Annonaceae* (CANRIGHT u. PADEN) wird die taxonomische Gliederung bestätigt, während die *Myristicaceae-Monodoroideae* uneinheitlich erscheinen; *Eupomatia* zeigt palynologisch keine Ähnlichkeit mit den *Annonales*. Die *Balsaminaceae* (ERDTMAN) sind nur durch die vermehrte Colpuszahl von den *Tropaeolaceae* (mit verminderter) geschieden. Unter den *Cichoriaceae* zeigt der Pollen der primitivsten Untergattung von *Sonchus* klare Übereinstimmung mit dem von *Launaea* [SAAD (2)], wodurch die morphologischen Schlüsse von BOULOS bekräftigt werden. Die früher den *Olacaceae, Linaceae* und *Celastraceae* genäherten *Ctenolophonaceae* ähneln in ihrem Pollen eindeutig den *Malpighiaceae* [SAAD (3)]. Bei den *Epacridaceae* [RAO (3)] finden sich sehr klare Ableitungen, die von getrennten Pollenkörnern über Tetraden zu Dyaden und zu Monaden führen; die Parallelen zu den verschiedenen Embryosacktypen sind unverkennbar. Die ursprünglicheren Pollenformen finden sich bei den *Epacrideae*, die abgeleiteteren bei den *Styphelieae*, jedoch dürften die einzelnen Typen konvergent erreicht worden sein.

Wesentliche Anhaltspunkte für die schwierige Gliederung der *Euphorbiaceae* liefern die Pollenuntersuchungen PUNTs (s. S. 118). Die Zuteilung der *Lennoaceae* zu den *Polemoniales*, in die Nähe der *Boraginaceae* und *Hydrophyllaceae*, wird palynologisch gestützt (DRUGG). Der Pollen der *Papaveraceae* ist auffallend heterogen, während die *Fumariaceae* Einheitlichkeit zeigen (TARNAVSCHI u. MITROIU); immerhin sind auch in der letzteren Familie nahezu alle Arten von *Dicentra* nach der Oberflächenstruktur des Pollens unterscheidbar, wobei die Ableitungen der Pollenformen (netzig — grubig — warzig; deutliche, zahlenkonstante Aperturen — undeutliche und vermehrte) auffallend gut mit den morphologisch erschlossenen Entwicklungsrichtungen der Gattung übereinstimmen (STERN). Die eingehenden Untersuchungen SPANOWSKYs an den *Primuloideae* finden bei 13 Gattungen nur vier verschiedene Pollentypen *(Auricula, Farinosa, Veris, Androsace)*. Im allgemeinen ist jede Gattung, bei *Primula* jede Sektion oder Subsektion durch einen bestimmten Typ charakterisiert, so daß das Vorkommen mehrerer Pollentypen bei einer Einheit Heterogenität vermuten läßt. Gleichwohl hat auch hier gleichsinnige Ableitung entlang verschiedener Linien stattgefunden, so daß eine Gliederung nur auf Grund der palynologischen Befunde unsinnig wäre. Bei den *Rapateaceae* schließlich findet CARLQUIST (2) Pollenähnlichkeiten mit der Gattung *Xyris*.

Weitere, z. T. sehr umfangreiche und oft mit Pollenschlüsseln ausgestattete Untersuchungen gelten den *Acanthaceae* (RAJ), *Cucurbitaceae* (TARNAVSCHI u. RADULESCU), *Goodeniaceae* (DUIGAN), *Hydrangeaceae* und *Iteaceae* (AGABABIAN), *Juglandaceae* (STACHURSKA), der Gattung *Linum* [SAAD (1)], den *Saxifragaceae* (AGABABIAN) und den chilenischen *Euphorbiaceae, Malpighiaceae* und *Polemoniaceae* (MARTICORENA). Eine schöne Korrelation zwischen Pollenform und Polyploidiegrad wurde bei *Sanguisorba* gefunden (ERDTMAN u. NORDBORG), die sogar die Zuordnung fossilen Materials zu Chromosomenrassen ermöglicht.

Allgemeinere Ausführungen über Embryogenie und Klassifikation bringt SOUÈGES, speziellere P. MAHESHWARI, aus dessen Bericht aber hier nur auf die embryologisch begründete Notwendigkeit einer Trennung von *Loranthaceae* und *Viscaceae* hingewiesen sei. Sehr merkwürdig sind die Ausführungen von LI (1), der sicher zu Recht die geringe Berücksichtigung des Gametophyten bei Theorien über die Angiospermenherkunft beklagt. Er will offenbar die Angiospermen unmittelbar an die Algen anschließen; so gebe es Tripelfusion, Parasitismus, marine und brackige Typen nur bei Angiospermen und Thallophyten, den von ihm als primitiv betrachteten helobialen Endospermtyp bei sehr ursprünglichen aquatischen Angiospermen u. v. m. Wenn dann allerdings noch die unbeweglichen männlichen Gameten der *Rhodophyceae* zum Vergleich herangezogen werden, ist wohl keine Diskussionsgrundlage mehr vorhanden.

Systematische Embryologie: Als charakteristische, wenn auch wieder konvergente Entwicklung in der Embryogenie der *Coniferae* betrachtet CHOWDHURI die Abkürzung der Proembryophase mit freien Zellkernen, die bei *Ginkgo* acht Mitosen umfaßt, bei *Araucaria* sechs, *Sciadopitys* und primitiven *Podocarpaceae* 5, bei *Podocarpus, Taxales* und *Cephalotaxus* vier, bei *Cupressaceae, Taxodiaceae* und *Pinaceae* im allgemeinen drei; bei einzelnen *Taxaceae, Cupressaceae* und *Taxodiaceae* sinkt die Zahl auf zwei, bei *Sequoia sempervirens* auf Null. Auch *Paeonia* besitzt einen coenocytischen Proembryo, ohne daß natürlich hier an eine Verwandtschaft gedacht werden darf (CAVE, ARNOTT u. COOK). Die Embryologie von *Limeum* spricht weit mehr für eine Zugehörigkeit zu den *Phytolaccaceae* als zu den *Aizoaceae* (NARAYANA u. JAIN). Eine ausführliche Studie von PALSER (1) an den *Ericales* sichert die Zugehörigkeit der *Empetraceae* und fordert den Ausschluß der *Lennoaceae* und der restlos verschiedenen *Diapensiaceae;* auch die nicht allzu unähnlichen *Cyrillaceae* sollten besser aus der Ordnung herausgelöst werden. Infragenerisch lassen sich die *Cuscutaceae* nach Form und Größe des Keimlings gliedern (MITROFANOVA), während die embryologischen Untersuchungen AREKALs die Trennung von *Gentianaceae* und *Menyanthaceae*, die von S. C. MAHESHWARI die engen Beziehungen zwischen *Lemnaceae* und *Araceae* bekräftigen.

Auch in diesem Bereich befassen sich besonders eingehende Studien mit den *Poaceae.* Eine klare Übersicht über die verschiedenen Homologisierungsversuche beim Grasembryo geben NEGBI u. KOLLER; nach Wägung der vielfältigen Meinungen und eigenen Befunden neigen sie dazu, in Scutellum, Epiblast und Coleoptile drei aufeinanderfolgende „Embryoblätter" zu sehen (dem Ref. wären in dieser Sicht die Bezeichnungen Keimblatt und Niederblätter sympathischer); die Coleorrhiza wird als „Embryowurzel" gedeutet, während die Primärwurzel bereits einer Seiten- bzw. Adventivwurzel entsprechen soll. REEDER (1) bezeichnet als die vier wichtigsten Charaktere im Grasembryo die Ausbildung oder das Fehlen eines deutlichen Bündelinternodiums zwischen der Abzweigung zu Scutellum und Coleoptile, das Auftreten oder Fehlen eines Epiblasten, den Zusammenhang oder die Trennung des unteren Scutellumteils mit der Coleorrhiza und schließlich Bündelzahl und Ränderüberlappung der ersten Spreite. Hieraus lassen sich, in kurze Formeln gefaßt, wieder sechs klar getrennte Gruppen bilden, die als festucoid, panicoid, chloridoideragrostoid, bambusoid, oryzoid-olyroid und arundinoid-danthonioid bezeichnet werden. In einer späteren Arbeit (2) stellt sich allerdings heraus, daß der oryzoid-olyroide Typ mit dem bambusoiden zusammenfällt; da auch anatomische, cytologische und morphologische Ähnlichkeiten bestehen, wäre es nicht unlogisch, diese Gruppen in eine gemeinsame subfam. *Bambusoideae* zusammenzufassen. Nur durch panicoide Bündelstruktur weichen die sonst ähnlichen Gattungen *Uniola, Centotheca* und Verwandte ab, die nunmehr als „centothecoider" Typ zwischen dem bambusoiden und dem chloridoiden vermitteln. KINGES legt seinen entsprechenden Untersuchungen neben dem Epiblasten die Größenrelation Embryo/ Karyopse, die Form des Hilums und das Vorhandensein eines hypopeltaten Scutellumanhangs zugrunde; er gelangt damit gerade in kleineren

Gruppen zu Ergebnissen, die besser zum neuen System PRATs als zu der Pilgerschen Gliederung passen.

Sehr enge embryologische Beziehungen zu den *Poaceae* zeigen die *Centrolepidaceae* [HAMANN (3)], die sich wohl parallel, aber ungleich weniger erfolgreich, aus dem gemeinsamen *(Restionaceae-)*Grundstock herausentwickelt haben. Auch für die Abgrenzung der *Haemadoraceae* lassen sich mit Vorteil embryologische Merkmale, wie das Auftreten eines amöboiden Tapetums oder die sukzedane bzw. simultane Teilung der Pollenmutterzelle heranziehen. DE VOS findet so viele Ähnlichkeiten zwischen *Haemadoreae*, *Conostyleae* und *Hypoxideae*, daß ihre Zusammenziehung in eine Familie gerechtfertigt erschiene; scharf davon geschieden sind die *Tecophilaeaceae*. — Die Trennung von nucleären und cellulären Endospermtypen bei den tetracyclischen Sympetalen hält COPELAND für polyphyletisch; er betrachtet die *Contortae* im alten, weiten Umfang als natürliche Einheit, aus der sich die *Buddleiaceae* und *Menyanthaceae* (cellulär) unabhängig abgespalten hätten. Wenig Zutrauen erweckt die Behauptung, daß dann die *Oleaceae* abgeleitete *Menyanthaceae* seien. Ein Schema der evolutionären Abfolge der Endospermtypen bei den *Scrophulariaceae* gibt BANERJI.

Sehr wesentlich erscheinen die Untersuchungen HAMANNs (1—4) an den Nährgeweben der sog. Farinosae, die sich als durchaus künstliche, heterogene Gruppe erweisen. Weder wurden bisher analoge Bildungen säuberlich getrennt (Endosperm, Perisperm, Chalazosperm, Ektosperm), noch die Natur der Inhaltsstoffe der „mehligen" oder „fleischigen" Nährgewebe klar bestimmt; auch die Konsistenz des Gewebes und selbst die Dicke der Zellwände müssen berücksichtigt werden. Stärke und Öl bzw. Eiweiß finden sich bei *Philydraceae* und *Xyridaceae*, Stärkeendosperme nicht nur bei typischen „Farinosen", sondern auch bei *Juncaceae*, einigen *Haemadoraceae*, *Velloziaceae* und *Trilliaceae*, helobiale Bildung auch bei *Liliaceae*, *Cyclanthaceae*, *Zingiberaceae*, *Philydraceae*, *Pontederiaceae*, *Bromeliaceae*, *Haemadoraceae* und *Juncaceae*. Besonders die vier letztgenannten Familien vermitteln offensichtlich als isolierte Gruppen zwischen den alten *Liliales* und *Farinosae*, deren Grenzen völlig verwischt erscheinen. Als eigentlich „farinos" bleiben nur die *Commelinales (Commelinineae*, *Eriocaulineae*, *Restionineae* und *Flagellariineae)* bestehen, wobei jedoch auch sie retikulat mit den meisten der übrigen Gruppen verknüpft erscheinen.

4. Vergleichende Phytochemie

Der erste Band von HEGNAUERs „Chemotaxonomie der Pflanzen", die eine Übersicht über die Verbreitung und die systematische Bedeutung der Pflanzenstoffe geben will, behandelt aus dem Spermatophytenbereich nur die Gymnospermen. Das Auftreten von Cycliten, Leucoanthocyanen, Biflavonoiden und Estolidwachsen kennzeichnet übereinstimmend *Cycadopsida*, *Coniferopsida* und *Taxopsida*, während die *Chlamydospermae* durch den Besitz von Pseudoindikanen, Ellag- und Chlorogensäure sowie von Gallussäurederivaten, durch das Fehlen von Leucoanthocyanen und die Chemie ihrer Lignine und Saponine so scharf abweichen, daß sie HEGNAUER am liebsten aus den Gymnospermen ausschließen möchte. In den Giftstoffen vom Typ des Macrozamins besitzen die *Cycadaceae* einen familienspezifischen Charakter. Die *Ginkgoaceae* weichen chemisch nicht allzu stark von den *Coniferae* ab, die ihrerseits durch *Cephalotaxus* und *Torreya* den *Taxaceae* angenähert erscheinen. Weitgehend stimmen die *Podocarpaceae* mit den (heterogenen) *Taxodiaceae* und *Cupressaceae* überein; die *Pinaceae* sind von diesen eher deutlicher getrennt. — Eine kurzgefaßte phytochemische Charakteristik der gymnospermen und monocotylen Familien ist TYLER zu verdanken.

Die Verbreitung der **Flavonoide** im Pflanzenreich bespricht BATE-SMITH (2). Von wesentlicher systematischer Bedeutung scheint ihm die Verteilung trihydroxysubstituierter Glieder zu sein. HÄNSEL findet nur wenige „taxonspezifische" Flavonoide wie die bislang ausschließlich bei vielen Gymnospermen (nicht bei *Pinaceae!*) und, merkwürdigerweise, bei *Casuarina* gefundenen Biflavonoide. Eine gewisse Bedeutung mag dem gemeinsamen Auftreten von Stoffgruppen, etwa dem von Flavonen und Stilbenen bei *Pinus*, beizumessen sein, vielleicht auch verschiedenen Hydroxylierungsmuster-Tendenzen der Flavonglykoside in Blatt und Stamm. Lipophile Flavonoide finden sich in Gruppen mit Exkretionssystemen gehäuft. Während HÄNSEL Quercetin und Myricetin als ubiquitär betrachtet, finden REZNIK u. EGGER die normale chymochrome Pigmentgarnitur der Laubblätter durch das Pentahydroxyflavon Quercetin charakterisiert; nur bei den *Hamamelidales* und *Anacardiaceae* herrscht das Hexaderivat Myricetin vor, kombiniert mit dem strukturhomologen Leuko-Delphinidin und den entsprechenden Gallussäure-Abkömmlingen.

Bei den **Anthocyanen** scheint HARBORNE (1,2) die Möglichkeit einer taxonomischen Auswertung nicht durch die Anthocyanidine, sondern durch die Zuckeranteile gegeben zu sein. Er unterscheidet 17 Klassen von Anthocyanidinglykosiden, unter denen etwa das 5-Glucosid-3-rutinosid des Petunidins und Malvidins auf *Solanaceae* und *Gesneraceae*, die 5-Glucosid-3-rhamnoside der sechs häufigsten Anthocyanidine auf *Lathyrus* und *Pisum*, das 7-Glucosid-3-sophorosid des Pelargonidins konvergent auf *Papaveraceae* und *Iridaceae* beschränkt sind; in acylierten Anthocyanidinen findet sich p-Cumarsäure bei *Lamiaceae, Solanaceae* und verwandten Familien. Viele Gattungen seien so scharf durch ihr Zuckermuster charakterisiert, daß bei Abweichungen taxonomisches Mißtrauen angebracht sei. Ein allgemeineres Referat über die Verbreitung der Anthocyane im Pflanzenreich stammt von LEUCKERT. Bei *Papaver* (ACHESON et al.) bestätigt die papierchromatographische Analyse der Anthocyanidine und unidentifizierter gelber Pigmente die taxonomische Gliederung und legt Beziehungen zwischen den Sektionen *Pilosa* und *Scapiflora* nahe. Daß das Flavonol Azalein bislang nur bei einigen *Ericaceae* und *Plumbaginaceae* auftritt, bei letzteren auch noch das strukturhomologe Anthocyanidin, sollte entgegen der Ansicht HARBORNEs (3) wohl nur auf Konvergenz beruhen.

Ausschließlich auf Centrospermen beschränkt und dort die Anthocyane zu ersetzen scheint eine andere Klasse roter Farbstoffe, die Betacyane, über die DREIDING eingehend berichtet; alle bisher genau untersuchten besitzen das gleiche Aglykon Betanidin (WYLER u. DREIDING). Nachdem der Besitz von Betacyanen neuerdings bereits ein wichtiges Argument für die Annäherung der *Cactaceae* an die Centrospermen geworden ist, können nun RAUH u. REZNIK die morphologisch erschlossene Eingliederung der früher den *Sapindales* zugerechneten *Didiereaceae* in die Centrospermen durch das gleiche Merkmal entscheidend stützen. Sehr auffällig und taxonomisch etwas beunruhigend ist das Fehlen von Betacyanen (und das Auftreten von Anthocyanen) nicht nur bei den *Plumbaginaceae*, sondern auch bei den so „typisch centrospermen" *Silenoideae, Alsinoideae* und *Molluginaceae*, also im ganzen *Caryophyllineae*-Ast (BECK, MERXMÜLLER u. WAGNER).

Eine große Zahl verschiedenartigster Glykoside untersuchte PARIS, wobei sich erwartungsgemäß ganz unspezifische (Rutin), varietätsspezifische (Amygdalin), artspezifische (Raponticin), aber auch familienspezifische (Jalapin: *Convolvulaceae*) finden. Bestimmte Zimtsäure-Zucker-Derivate scheinen zumindest in einigen Familien besonders gehäuft aufzutreten, so die Glucose-Ester bei *Solanaceae* und *Ranunculaceae* (HARBORNE u. CORNER); ein anderes Zimtsäure-Derivat, Syringin, charakterisiert die auch im Hinblick auf viele andere Inhaltsstoffe sehr homogenen *Oleaceae* (STEINEGGER u. STEIGER). Ein Kaffeesäure-Derivat, Labiatensäure, ist der charakteristische „Gerbstoff" der *Lamiaceae* (HERRMANN). Unter den Polyolen und Cycliten, die PLOUVIER bespricht, findet sich ebenfalls eine Reihe taxonomisch signifikanter Stoffe, so das Sequoyitol, das neun Coniferenfamilien charakterisiert und den Angiospermen fehlt. Die Zucker von 889 Angiospermen-Nektaren wurden von PERCIVAL chromatographiert; bei *Brassicaceae, Apiaceae, Euphorbiaceae* und krautigen *Rosaceae* besteht er im Gegensatz zu allen anderen Gruppen zu gleichen Teilen aus Fructose und Glucose. Alkane aus der Cuticula zeigen artspezifische Verteilungsmuster (EGLINTON).

Wenig Klarheit scheint noch über die Verteilung der Fettsäuren zu herrschen, obwohl SHORLAND auch sie zur taxonomischen Gliederung heranziehen zu können glaubt; Erucasäure wurde bisher nur bei *Brassicaceae*, Petroselinsäure nur in *Apiaceae* gefunden. Fettsäuren mit einer Acetylengruppe scheinen die *Santalaceae, Olacaceae, Loranthaceae* und *Opiliaceae* zu charakterisieren (SORENSEN); besonders auffällig ist das Auftreten von Acetylen in allen Gruppen der *Asteraceae* und ihr Fehlen bei den *Cichoriaceae*. Bei den 93 *Pinus*-Arten, deren Terpentin MIROV untersuchte, kennzeichnen etwa *n*-Heptan, β-Phellandren, Cembren sehr klar umrissene morphologisch-geographische Gruppen, so daß die biochemische Analyse hier sogar Aussagen über die Evolution der Gattung erlauben sollte. Die *Poaceae* scheinen sich nach TAIRA in ihrem Aminosäurenmuster gruppenweise zu gliedern; für die *Panicoideae* wird hoher Alanin- und Leucin-, sowie niedriger Lysin- und Arginin-Gehalt angegeben, während die *Pooideae* und *Pharoideae* deutlich im Gehalt an Prolin, Glutamin- und Asparaginsäure differieren. Im generellen Muster ihrer Inhaltsstoffe zeigen die *Aristolochiaceae* nach HEGNAUER (2) Beziehungen zu *Annonaceae (*und *Menispermaceae)*.

Besondere Bedeutung besitzen nach wie vor die Alkaloide, die (gegliedert nach biologischen Aminen, echten Alkaloiden und Pseudo-Alkaloiden) von HEGNAUER (5) ausführlicher besprochen werden. Als systematisch bedeutsam werden u. a. die Colchicine *(Liliaceae, Amaryllidaceae)*, Benzylisochinolin-Alkaloide *(Polycarpicae, Papaveraceae* und *Rutaceae)* sowie die komplexen Indolbasen der *Apocynaceae, Loganiaceae* und *Rubiaceae* betrachtet. Die mit der taxonomischen Abfolge gut übereinstimmende Ausstattung der *Apocynaceae* besprechen ABISCH u. REICHSTEIN, die ihrer Gattung *Aspidosperma* SCHMUTZ, die der *Rutaceae* PRICE. Fast 700 neuseeländische Dicotylen wurden von CAMBIE, CAIN u. LA ROCHE auf ihre Alkaloide (und Saponine) untersucht. Sehr charakteristisch ist die Alkaloidausstattung innerhalb der *Liliaceae-Veratreae*, wo KUPCHAN, ZIMMERMANN u. AFONSO sie für eine klarere Gattungs- und Sektionsgliederung verwenden.

Die neueste Zusammenstellung über die Isothiocyanatglucoside gibt KJAER; neben der allgemeinen Verbreitung bei *Brassicaceae, Capparidaceae, Resedaceae* und *Moringaceae* ist das sporadische Vorkommen bei *Tropaeolaceae, Salvadoraceae, Caricaceae, Limnanthaceae, Plantaginaceae* und *Euphorbiaceae* gesichert. Dieses Merkmal wird zusammen mit den Hauptfettsäuren der Samen und anderen Inhaltsstoffen von HEGNAUER (4) zu einer neuen systematischen Gruppierung der früheren *Rhoeadales* (sensu WETTSTEIN) verwendet: Die engeren *Rhoeadales* (= *Papaverales*) gehören danach unstreitig zu den *Polycarpicae*, während die *Capparidales* zusammen mit den *Parietales* einen eigenständigen Ast bilden, dem allerdings auch noch die *Tropaeolaceae* und *Limnanthaceae* entspringen sollen (?, Ref.). Die Milchsaftröhren der *Papaverales* werden mit ähnlichen Strukturen der *Nymphaeaceae* und *Menispermaceae* verglichen. Die unter den Cormophyten weit verbreiteten Blausäure-Glykoside scheinen weniger zur Aufklärung phylogenetischer Zusammenhänge, jedoch zur Gliederung kleinerer Einheiten herangezogen werden zu können [HEGNAUER (1)]; typische Blausäurefamilien sind u. a. *Araceae, Droseraceae, Passifloraceae, Proteaceae, Rosaceae* und *Turneraceae*. Das gemeinsame Vorkommen von Blausäure bei *Aquilegia, Isopyrum* und *Thalictrum*-Arten stützt nach dem gleichen Autor (3) die Ansicht einer engeren Verwandtschaft dieser Gattungen (,,*Thalictraceae*"). Während die *Flacourtiineae* (sensu ENGLER) fast allgemein Blausäure-Glykoside besitzen, scheinen sie erstaunlicherweise den *Violaceae* zu fehlen (GIBBS).

Nicht völlig überzeugend wirkt eine Reihe von GIBBS angegebener ,,allgemeiner Teste", die sich zu phytochemischer Vergleichung und taxonomischer Charakterisierung verwenden lassen sollen (Zigaretten- und Heißwassertest, HCl/Methanol-Test u. v. a.); hier wird vielfach auf eine eindeutige Identifizierung der fraglichen Stoffe (und damit erst recht auf das Problem ihrer Biogenese) verzichtet. Die *Tubiflorae* (sensu ENGLER) sollen nach diesen Testen phytochemisch so einheitlich sein (?, Ref.), daß HUTCHINSONs Aufteilung in neun Ordnungen in Frage gestellt wird (GIBBS); die *Hamamelidaceae, Platanaceae, Myrothamnaceae* und vielleicht auch *Cunoniaceae* sind nach ihnen den *Rosaceae* völlig unähnlich, aber den *Amentiferae* (ohne *Garryaceae, Leitneriaceae* und *Juglandaceae*) nicht allzu fern (SHAW u. GIBBS). Nichtidentifizierte Phenolderivate sollen bei den *Rosaceae* gruppencharakteristisch sein [BATE-SMITH (1)]. Noch weniger Vertrauen hat Ref. zu den mannigfachen Versuchen, einfach ,,Pflanzensäfte" zu chromatographieren und die unidentifizierten Flecke als ,,biochemische Profile" zu gebrauchen (*Baptisia*-Bastarde: ALSTON u. TURNER; *Iridaceae*-Wurzelspitzen: RILEY u. BRYANT; Blattpreßsäfte von Pappelsorten: BÖRRITZ).

Serologie: Frühere Arbeiten von MORITZ u. ROHN hatten von einer serologischen Einheit der alten ,,*Rhoeadales*" gesprochen. Neuere Untersuchungen der gleichen Schule (FROHNE) stellen klar, daß Seren in gewissem Umfang „asystematische Reaktionen" geben, wobei weitverbreitete Antigenstrukturen zur Abbildung gelangen. Diese werden jetzt durch Vorabsättigung mit solchen verbreiteten Strukturen (z. B. von *Cannabis* oder *Nicotiana*) ausgelöscht. Im speziellen Fall werden durch eine solche Vorabsättigung alle „Gemeinsamkeiten" der *Rhoeadales* getilgt. Auch serologisch erscheinen dann *Capparidales* und *Papaverales* (mit *Papaveraceae* und *Fumariaceae* — und noch erkennbaren Beziehungen zu den *Ranunculaceae*) scharf geschieden. FAIRBROTHERS u. JOHNSON vermögen serologisch unter den *Poaceae* einen *Festuca*-Komplex *(Festuca, Lolium, Dactylis, Briza; Bromus, Melica)* von einen *Eragrostis*-Komplex *(Eragrostis, Tridens, Triplasis, Distichlis; Spartina)* zu trennen.

5. Experimentelle Systematik und Cytotaxonomie

Artbegriff: Einen ausgezeichneten Überblick über historische Entwicklung und Probleme der Cytotaxonomie gibt BÖCHER (2); besonders wohltuend ist dabei die nüchterne Abwägung des Erreichten und Erreichbaren. Abgelehnt wird die generelle Verwendung der Polyploidiegrade zur Artenfabrikation, der Bastardfertilität zur Artenreduktion. Der wesentliche Beitrag der Cytotaxonomie bestehe darin, zu solchen taxonomischen Vorschlägen Stellung zu nehmen, die auf methodisch andersartigen Untersuchungen beruhen, und so bessere Einstufungen zu stützen oder ungerechtfertigten entgegenzutreten. Als eigentliches Forschungsziel dieses Wissenschaftszweiges (3) betrachtet er aber weniger die Unterstützung einer formalen Taxonomie als das Studium der Sippen aus evolutionären und biologischen Gesichtspunkten heraus; Taxonomie, Cytogenetik und Autökologie befassen sich hier im wesentlichen mit dem Studium der Variation (neuer Namensvorschlag: „Poeciliologie").

LÖVE (3) hingegen beharrt auf seinem „biosystematischen Artbegriff" (der "biological species" der angelsächsischen Autoren), für den in immer strengerem Sinn das Kriterium genetischer Isolation verwendet wird. In praktischer Anwendung bedeutet dieses Rezept, daß sich im Bereich der abrupt, durch Veränderung der Chromosomenzahl, gebildeten Sippen in Zukunft die Zahl biologischer Arten noch maßlos erhöhen wird (durch Auffindung neuer Polyploidiestufen, kryptischer Sippen, intersteriler Populationen); dagegen wird die Artenzahl im Bereich gradueller Sippenbildung beträchtlich sinken, wenn immer das Fehlen reproduktiver Isolation zeigt, daß sich die bisherigen Systematiker durch große morphologische und geographisch-ökologische Unterschiede „täuschen ließen". *Platanus orientalis* und *occidentalis*, *Rumex* subg. *Acetosa*, *Xanthium* subg. *Xanthium* bilden in dieser Sicht jeweils nur eine einzige biologische Art.

Solche Thesen können nicht unwidersprochen bleiben. So weist JONES (1) darauf hin, daß Polyploidisierung keineswegs absolute Sterilitätsbarrieren mit sich bringt, sondern daß die beteiligten Sippen über ihre triploiden und pentaploiden Bastarde durchaus am Gen-Fluß beteiligt bleiben; Rückkreuzungen wirken als Stabilisierungsmechanismen. Apomikten könnten bei einer „biologischen" Artdefinition überhaupt nicht als Species gewertet oder einer solchen zugerechnet werden; VALENTINE (1) befürwortet daher biosystematische Kategorien, wie sie durch die deme-Terminologie geboten werden, um apomiktische Kleinsippen ebenso wie karyologische und physiologische abseits der formalen Taxonomie bezeichnen zu können. Recht gemäßigt ist die Behandlung der Polyploiden und Apomikten in der geplanten Flora Europaea (VALENTINE u. HEYWOOD), wo von den Arten morphologische Differenzierung und Konstanz, von den Unterarten geringere Konstanz und geographische Trennung gefordert werden; kryptische Sippen werden in Anmerkungen verwiesen, Apomikten nach orthodoxen Kriterien in Aggregate, Arten oder Unterarten zusammengefaßt. RUNEMARK (1) legt seinem Art- und Unterartbegriff neben genetischer oder externer Isolation die morphologische Trennbarkeit zugrunde, wobei er zwischen "basic characters" (mit dem freien Auge oder durch die Lupe erkennbaren) und "non-basic" (anatomischen, cytologischen, chemischen, experimentellen, statistischen) Merkmalen unterscheidet; Arten sollen durch absolute, Unterarten nur durch $\pm$ strenge hereditäre Diskontinuität in mindestens einem Basal-Merkmal ausgezeichnet sein.

Die genetischen Grundlagen der Kohärenz behandelt NOBS am Beispiel des Rassenkreises von *Potentilla glandulosa*. Die Vererbung der einzelnen Charaktere beruht hier auf dem Zusammenwirken von 3—20 Genpaaren; die Merkmalskombinationen werden durch ein System von „partial linkages" zusammengehalten. So bleiben elternähnliche Typen erheblich häufiger als es der Zufallsverteilung entspricht: es entsteht ein flexibles genetisches System, das breite Variabilität für Umweltsänderungen ermöglicht, dabei aber in semistabiler Form die erprobten, erfolgreichen Kombinationen bewahrt. In solchen Fällen dürfte der Subspeciesbegriff durchaus angebracht sein. Keinerlei Kategorisierung erscheint dagegen innerhalb des Formenkreises von *Tuberaria guttata* möglich, dessen ungemein starke, retikulate Varianz M. C. F. PROCTOR analysiert; gleiches gilt für die „Topoclinen" von *Geranium sanguineum*, wo der Blattschnitt von Ost- nach Westeuropa hin fortlaufend vergröbert wird (BÖCHER u. LEWIS). Bei *Euphrasia* überlappt die infraspezifische Varianz oft die interspezifische Trennung; hier vermag jedoch YEO durch Kultur unter gleichen Bedingungen die Sippenverschiedenheit zu erhärten. — Besonders hingewiesen sei noch auf die schöne Studie von BARKLING über die Biologie von *Poa subcaerulea*, wo durch Populationsanalysen, Verpflanzung, embryologische und cytologische Untersuchungen ein ungemein klares Bild von Konstanz und Varianz gewonnen wird.

Die „naturbedingte Species" LAMPRECHTs (1) besitzt immer Merkmale, die nicht durch Kreuzung in die nächstverwandte Art übergeführt werden können; die den Merkmalen zugrundeliegenden, artspezifischen Gene können bei Kreuzung wohl im Bastard, nicht aber in dessen Nachkommen reproduziert werden. *Pisum fulvum*, dessen als arttrennend betrachtete Merkmale sämtlich in *P. arvense* eingebaut werden können, wird deshalb nur als Ökotyp bezeichnet. Bei einer *Pisum*-Mutante findet LAMPRECHT (2) sogar ein gattungsspezifisches Gen, das die phänische Manifestation von 15 *Pisum*-Genen in Richtung auf *Lathyrus* verändern soll.

Chromosomen-Atlanten: Der überaus dankenswerten Arbeit, sämtliche bisherigen Chromosomenzählungen aus Zentral- und Nordwesteuropa zusammenzustellen, unterzogen sich LÖVE u. LÖVE (1), wobei das umfassende Literaturverzeichnis bald ebenso wichtig erscheint wie das Register selbst. Man vermißt lediglich die Einbeziehung der Schweiz (und eine, natürlich undurchführbare, Trennung vertrauenswürdiger von weniger erfreulichen Angaben). Der Taxonom wird die zahlreichen und in diesem Zusammenhang keineswegs erwarteten Gattungs- und Arterhebungen mit Mißtrauen betrachten, zumindest soweit sie hauptsächlich auf Unterschieden in der Chromosomenzahl begründet sind; leider wurde ihnen allen in einer eigenen Arbeit (2) auch juristische Gültigkeit verschafft. — Kleinere, aber in ihrem Bereich ebenso umfassende Zusammenstellungen geben CARNAHAN u. HILL für die „Futtergräser", JONES, CARROLL u. BORRILL für *Dactylis*, SCHULZ-SCHAEFFER u. JURASITS für *Agropyron* und SHARMA für die *Urticaceae*.

Geobotanische Probleme: Jeder Wechsel im Karyotyp, der die Genkombination oder das genetische Verhalten beeinflußt, bedingt gesteigerte Variabilität und fördert damit die Ausbreitungsfähigkeit [REESE (1, 2)]. Starke karyotypische Umbildung der Sippen kennzeichnet daher jüngere Floren und Pflanzengesellschaften (2). Als die beiden wesentlichsten Mechanismen (1) gelten Strukturheterozygotie (vorgeführt an *Oenothera* subg. *Oenothera* in der Ausbreitung von Kalifornien bis ins östliche Nordamerika; ähnlich *Clarkia* und *Paeonia*) und Polyploidie (Sahara von Altsiedlern bewohnte Reliktzone, Subarktis Neuland). Daß das Problem jedoch mit einfachen Polyploidiespektren nicht ausgelotet ist, zeigt FAVARGER (3). Er trennt Paläopolyploide (mit erhöhter Chromosomenzahl, die Polyploidie vermuten läßt, ohne daß verwandte Diploide bekannt wären), Mesopolyploide (Linneonten, deren diploide Vorfahren unter den rezenten Verwandten zu suchen sind) und Neopolyploide (polyploide Formen oder Rassen eines Linneonten). Die drei Gruppen stammen aus gänzlich verschiedenen Zeiten, so daß aus ihnen ein „Spektrum des relativen Alters" einer Flora abgeleitet werden kann, das signifikantere Merkmale bietet.

Den mäßigen Polyploidenanteil der Alpenflora führt FAVARGER (4) sicher zu Recht auf die vielen alten Arten zurück, die sich in Randmassiven und auf Nunatakkern erhielten und auf ihren kurzen Rückwanderwegen keinen „Anlaß" zur Polyploidisierung fanden. Ähnliche Probleme werden von BÖCHER (1) im Hinblick auf die Evolution der arktisch-montanen Flora, von HARA hinsichtlich der Rassendifferenzierung weitverbreiteter, Japan und Nordamerika besiedelnder Arten behandelt. J. K. MORTON findet bei einem Vergleich der alten, stabilen Flora Ghanas mit der stark gestörten des Kamerungebirges nahezu gleiche Polyploidenanteile etwa der *Asteraceae* und *Lamiaceae*.

Nach biotaxonomischen Kriterien gliedern FAVARGER u. CONTANDRIOPOULOS nunmehr auch die Endemiten. Paläoendemiten sind diploide oder paläopolyploide, taxonomisch völlig isolierte Sippen, nicht notwendigerweise an diesem Ort entstanden, aber deutlich reliktisch *(Berardia, Phyteuma comosum)*; als Patroendemiten gelten autochthone, ebenfalls alte, diploide Sippen, die andernorts durch (meist allo-)polyploide und oft weiterverbreitete Tochterarten substituiert sind *(Minuartia lanceolata* ssp. *clementei)*. Während diese beiden Typen die konservativen Komponenten einer Flora bilden, stellen die beiden anderen aktive Neubildungen dar: die Schizoendemiten, endemische Vikarianten mit gleicher Chromosomenzahl, die sich oft aus einer weitverbreiteten Sippe durch Isolierung abgespalten haben *(Draba § Aizopsis)* — und schließlich die Apoendemiten, bei denen umgekehrt wie bei den Patroendemiten die polyploide Tochtersippe endemisch-eingeschränkt erscheint *(Plantago subulata* ssp. *insularis* und var. *atlantis).* In der wohl besten cytotaxonomischen Gebietsstudie, die bis heute vorgelegt wurde, analysiert Contandriopoulos nach diesen Gesichtspunkten die (zu 32% polyploiden) Alt- und Jungendemiten der Insel Korsika; neben einem Katalog der Chromosomenzahlen wird eine Reihe interessanter Untersuchungen an Einzelgruppen angefügt, so besonders an *Narthecium, Leucoium* (schöne Karyogramme), *Potentilla, Pinguicula* und *Phyteuma.*

Evolutionsmechanismen in einzelnen gut durchgearbeiten Gruppen: Hier mag ein Musterbeispiel „biotaxonomischer" Arbeit vorangestellt sein, nämlich Ravens (3) Monographie von *Oenothera* subg. *Chylismia,* einer Gruppe, die erst 1928 eine ausgezeichnete systematische Darstellung durch Munz erfahren hatte. Wie sehr unsere biologische Sippenkenntnis durch die Einbeziehung von Aut- und Synökologie, Bestäubungsmechanismen und "breeding systems", Cytologie der Individuen und Populationen, intraspezifischer und interspezifischer Bastardierung erweitert wird, bis zu welchem Maß sich dabei unsere Ansichten über Evolutionsmechanismen und Phylogenie erhärten lassen — und wie sehr letzlich die reine Taxonomie davon zu profitieren vermag: das kann aus dieser Arbeit beispielhaft ersehen werden. Wie schon Babcock kommt auch Raven ausschließlich mit den beiden Kategorien der Art und Unterart zurecht; der Zug zur trinären Nomenklatur scheint sich endlich auch in der Botanik mehr und mehr durchzusetzen.

Die folgenden Arbeiten bringen zwar noch keine endgültige systematische Auswertung, dafür aber bereits recht klare Bilder der in den behandelten Gruppen wirksamen Mechanismen und damit des Evolutionsgeschehens. Bei der Gattung *Knautia* (mit etwa vierzig, z. T. sehr polymorphen Arten) findet Ehrendorfer (4) zwei klar verschiedene Evolutionsmuster. Die perenne § *Trichera* besitzt ein „offenes Rekombinationssystem": einheitlichen Blütenbau, schwache chromosomale Strukturdifferenzen, mäßig asymmetrische Chromosomensätze, gleiche Grundzahl, räumliche Isolation und Allopatrie; Rekombination und Hybridisierung sind entscheidend durch Polyploidie gefördert. Das Rekombinationssystem der annuellen §§ *Tricheroides* und *Knautia* ist demgegenüber eingeschränkt: hier herrschen differenzierter Blütenbau, große Strukturdifferenzen, stärkere Asymmetrie, Reduktion der Chromosomenzahlen, genetische und blütenbiologische Isolierung, Sympatrie; Rekombination und Hybridisierung sind stark reduziert, Polyploidie fehlt. In der § *Trichera* lassen sich demgemäß deutlich „Wurzelgruppen" aus Diploiden und nächstverwandten Polyploiden und „Kombinationsgruppen", offenbar hydridogene Polyploide, unterscheiden. Über die Bedeutung dieser Mechanismen im Hinblick auf die Genese der mitteleuropäischen Flora berichtet Ehrendorfer (5) anhand der Gattungen *Knautia, Achillea* und *Galium,* wobei besonders darauf hingewiesen wird, daß die üblichen „Sammelarten" meist sehr heterogene Konglomerate ohne besonderen Aussagewert darstellen, während sich die (richtig gefaßten) Teilsippen als ausgezeichnete chorologisch-ökologische Zeiger bewähren.

Bei der Sippendifferenzierung im *Luzula-campestris*-Komplex (Nordenskiöld) sind echte Polyploidie, endonucleare Polyploidie und durch

Fragmentation bewirkte Aneuploidie beteiligt. Die morphologische Variation hängt weitgehend von der Standortsökologie ab, während die physiologische Differenzierung mit der geographischen Entfernung korreliert zu sein scheint und cytologische Änderungen in bestimmten Arealen vorherrschen. Morphologisch ununterscheidbare Sippen erweisen sich manchmal als physiologisch oder cytologisch scharf getrennt, während umgekehrt sich in diesen beiden Charakteren sehr nahestehende Sippen starke morphologische Differenzierung zeigen; im ersteren Fall haben wir die Komplexität zu akzeptieren, ohne taxonomische Konsequenzen ziehen zu können.

In dem schönen Referat über die Evolution der *Violaceae* weist VALENTINE (4) auf die sehr natürliche Gattungstrennung hin, die offensichtlich durch Adaptation an Bestäubung durch verschiedene Insektengruppen sowie durch verschiedenartige Methoden der Samenverbreitung erreicht wurde. *Viola* selbst, an temperierte Waldlandbedingungen besonders angepaßt, war in ihrer Entwicklung ungemein erfolgreich. Durch cytologische Untersuchungen, Kreuzungsexperimente, Studium der Chromosomenhomologien sind heute Mechanismen und Muster der Evolution innerhalb vieler Gruppen weitgehend geklärt. Beim Aufbau der *Caulescentes*-Gruppe hat starke Allopolyploidie ein retikulates System geschaffen (MOORE u. HARVEY); die Ausgangsarten scheinen *V. reichenbachiana*, *V. stagnina* und einige weitere Diploide zu sein, aus denen *V. riviniana*, *canina*, dann auch *V. lactea* (durch Hypohexaploidie) und andere entstanden sind. Die gleiche § *Nomimium* wird von A. SCHMIDT (1) unter Einbeziehung der *Acaules* eingehend analysiert, wobei die taxonomischen Ergebnisse vor allem in der Zusammenfassung genetisch und morphologisch nur sehr schwach getrennter und in stärkerer Herausstellung bislang vernachlässigter, besser isolierter Sippen liegen. Von besonderem Interesse ist dabei die parallele Untersuchung natürlicher und künstlicher Hybriden. Weitere Arbeiten des gleichen Autors (2, 3) befassen sich mit der § *Melanium*, wo die cytologischen Ergebnisse bei den italienischen Stiefmütterchen falsche taxonomische Einreihungen aufklären; bei einer offensichtlich alten, annuellen Gruppe wurde die bislang niedrigste Grundzahl ($x = 5$) gefunden. Das Evolutionsmuster scheint hier recht anderen Prinzipien zu folgen als sie noch von CLAUSEN postuliert wurden.

Von den *Crassulaceae* sind nach UHL (1) bislang etwa 500 Taxa cytologisch analysiert. Einzelne Gattungen zeigen extrem heterogene Zahlen, so daß keine gemeinsame Basis erkennbar ist, während andere bedeutend homogener sind; dieser Unterschied ist genetisch kontrolliert und spricht für sehr verschiedene Methoden der Sippenbildung innerhalb der Familie. Häufig ist intraspezifische Heteroploidie, nicht immer mit morphologischer Variation gekoppelt; dies wird als Anzeichen einer rapiden Evolution dieser Gruppen gedeutet. Bemerkenswert sind weiterhin einige extrem hohe Chromosomenzahlen, die auf echter Polyploidie beruhen; so besitzen einige mexikanische und südamerikanische Arten $n > 150$.

Besonders ausführliche Studien werden schließlich noch der Gattung *Helianthus* gewidmet, die aus einer diploiden, annuellen oder perenn-pfahlwurzligen und aus einer rhizomatischen Gruppe mit mehreren Polyploidiestufen besteht; eine dritte, strauchige, Gruppe in Südamerika dürfte durch Parallelevolution von *Viguiera* her entstanden sein [HEISER (1)]. Die Polyploiden hybridisieren erwartungsgemäß völlig frei, während sich die diploiden Perennen trotz häufiger Bastardbildung relativ rein erhalten. Jedoch gibt es hier zwei Ausnahmen, den *giganteus-grosseserratus*-Komplex, der heute vor unseren Augen in eine einzige, hochvariable Art zusammenfließt (LONG), während *H. angustifolius* von *H. floridanus* „aufbastardiert" zu werden scheint. Einzelne Beobachtungen sprechen auch für rezente Neubildung von Sippen durch Bastardierung von Diploiden. Im *H. decapetalus*-Komplex sind die Diploiden und Tetraploiden genetisch und ökologisch isoliert, aber ununterscheidbar, während die Tetraploiden mit Verwandten gleicher Stufe wieder frei bastardieren, wo immer sie zusammentreffen (D. M. SMITH). Weitere Erkenntnisse werden aus künstlichen Kreuzungen (HEISER, MARTIN u. SMITH) und durch Populations- und Varianzanalysen [HEISER (2)] gewonnen, wobei für die *canus*-Gruppe ein gut belegter Stammbaum erschlossen wird.

Dysploidie und Aneuploidie: Die Abfolge und der Zusammenhang der Chromosomenzahlen bei *Viburnum* darf durch die schöne Arbeit EGOLFs als geklärt gelten, wobei sich überdies brauchbare Korrelation mit dem Rehderschen System ergibt. Die basale Gruppe (etwa *V. sieboldii*) besitzt $2n = 16$, ist aber auf dieser Grundzahl nur geringfügig zu Tetraploiden und Pentaploiden (32, 40) übergegangen; der entscheidende Prozeß für die Evolution der Gattung lag in dem dysploiden Schritt nach $2n = 18$, aus dem sich die Masse der Arten in diploider Differenzierung gebildet hat (vom primitiven *V. carlesii* bis zum stark abgeleiteten *V. opulus*). Im Bereich etwa von *V. tinus* setzte wieder Polyploidisierung ein (36, 72), nur bei Kulturformen erhielten sich Triploide (27), während schließlich in der *carlesii*-Gruppe weitere Dysploidie die Zahl auf 20 und 22 erhöhte. Sowohl aufsteigende als auch absteigende Dysploidie findet sich bei *Hedyotis* [LEWIS (2)] und *Downingia* [WOOD (2)], beide Male aus der Basis 11, ohne daß Polyploidie bei der weiteren Differenzierung eine bedeutende Rolle spielt.

Bei den Compositen ist derzeit stark umstritten, ob die dort so weit verbreitete Dysploidie allgemein descendent ist, wie dies seinerzeit von STEBBINS für *Crepis* (und wohl allgemein die *Cichoriaceae*) und später von RAVEN für gewisse *Astereae* nachgewiesen wurde. JACKSON (2) hält sie jedenfalls auch für *Haplopappus* für bewiesen (von 12 herab bis 2!); MOORE u. FRANKTON erwägen sie auch für die *Cynareae* (auf der Basis 17), HUZIWARA für *Aster*, wo die euroasiatischen Arten $x = 9$ besitzen, während den im Karyotyp abgeleiteten amerikanischen Sippen $x = 8$ und 5 zugeschrieben wird. TURNER, ELLISON u. KING verweisen dagegen für die *Eupatorieae* und *Astereae*, JOHNSTON u. TURNER für die *Tagetininae* auf das auffallende Fehlen von Zwischenzahlen zwischen $n = 5$ und $n = 9$ (oder zumindest deren Seltenheit). Ihrer Auffassung nach sind diese Verhältnisse viel eher mit Polyploidie und anschließender Aneuploidie in Einklang zu bringen, wobei dann als Grundzahl 5, in manchen Fällen auch 4 anzusetzen wäre (— der Ref. erlaubt sich hier die Anmerkung, daß Rechenkunststücke mit kleineren Zahlen immer leichter durchzuführen sind als mit größeren). Immerhin wird $x = 5$ auch für die *Melampodiinae* als Grundzahl gefordert (TURNER u. KING), wobei dann über 10 die aneuploiden Zahlen 9, 11, 12, 16 und 23 erreicht werden. Bei den *Helenieae* erweisen sich nur einige wenige Gruppen als homogen (RAVEN u. KYHOS), während die heterogenen Zahlen anderer, so vor allem der *Heleniinae*, auch karyologisch für die Uneinheitlichkeit der ja im wesentlichen nur durch negative Merkmale charakterisierten Gruppe sprechen. Die erstaunlichste Zahlenvielfalt herrscht in dem kleinen *Chaenactis-douglasii*-Komplex, wo bislang 12, 13, 14, 15, 15—17, 18, 24, 25, 26, 28 und 36 gezählt wurden; immerhin sind die euploiden Zahlen am häufigsten vertreten (MOORING).

Nahezu durchlaufende Reihen von dysploiden Zahlen finden sich ferner bei den *Crassulaceae*, wo nach den Arbeiten UHLs (2) an den *Sempervivoideae* und ZESIGERs an *Sempervivum* die Gattungen oder bestimmte Artengruppen durch jeweils eine Grundzahl ausgezeichnet sind; während *Aichryson* $n = 15$ besitzt, erstrecken sich die einzelnen *Sempervivum*-Gruppen über 16, 17, 18 und 20 bis 21 und *Jovibarba* füllt die Lücke mit 19. Ähnlich signifikant ist die Zahlenverteilung bei *Arenaria* und *Minuartia* [FAVARGER (5)], die beide dieselbe Serie von 9—15 (und allopolyploid 23) aufweisen; die niedrigsten Zahlen scheinen auch hier den primitivsten Gruppen zuzukommen. *Pseudostellaria* schließt sich der Reihe mit $n = 16$ an [FAVARGER (2)]. Während 95% der altweltlichen *Astragalus*- und *Oxytropis*-Arten die Basis 8 und viele Polyploide besitzen, herrscht bei den neuweltlichen eine Reihe von 11, 12 und 13 vor; ob man mit LEDINGHAM die eurasiatischen Sippen als reduziert betrachten und ihre Abtrennung von den amerikanischen fordern darf, bleibe dahingestellt.

Als weitere Beispiele seien angeschlossen: *Polygala* (mit dys- und aneuploiden Serien, LEWIS u. DAVIS), *Pycnanthemum* (gerade die engstverwandten Arten dysploid: H. L. CHAMBERS), *Phyllantheae* (WEBSTER u. ELLIS), *Indigofera* [zahlreichere und größere Chromosomen ursprünglich, FRAHM-LELIVELD (1)], *Campanula* (häufigste Basiszahl $x = 17$, GADELLA; Seitenlinien mit $x = 16$, MERXMÜLLER u. DAMBOLDT), *Gentianaceae* [*Centaurium* u. a., ZELTNER (1, 2); *Cicendia* und *Microcala*, FAVARGER (1)], *Arisaema* (MALIK), *Paniceae* (CHEN u. HSU). PANIGRAHI hält Aneuploidie im weiteren Sinn für das verbreitetste cytologische Phänomen bei den ganzen Orchideen und MAEKAWA (2) schließlich glaubt, daß sich die gesamten *Polycarpicae* aus der Basis $x = 5$ durch Polyploidie und anschließende Aneuploidie entwickelt hätten.

An besonders günstigen Objekten lassen sich auch Anhaltspunkte für die Mechanismen finden, die zu solchen Änderungen der Chromosomenzahl führen; insgesamt liegen wohl immer Translokationen, Segmentaustausch, peri- und parazentrische Inversionen, Fragmentationen und Fusionen oder schließlich kryptische Strukturhybridität zugrunde. Besonders schön wird dies von KHOSHOO an den (cytogenetisch an sich äußerst stabilen) Gymnospermen vorgeführt, wo außer bei den durch Fragmentation und Fusion dysploiden *Cycadaceae* und *Podocarpaceae* jede Familie durch eine einzige Basiszahl charakterisiert ist. Abnahme von Chromosomenzahl, -größe und -symmetrie scheint hier mit dem phylogenetischen Fortschritt korreliert zu sein. Das autotetraploide *Alisma lanceolatum* hat durch Translokationen zwei Chromosomen weniger als die Mutterart (POGAN). Da bei *Parapholis* und *Monerma* mit der Reihe 14, 26, 38 auf allen drei Stufen nur jeweils ein Chromosomenpaar Satelliten besitzt und zudem auf den höheren Stufen deutlich verlängerte Chromosomen zu finden sind, dürfte auch hier Fusion zugrunde liegen [RUNEMARK (2)]. Ähnliches erhellt aus der mit schönen Karyogrammen versehenen Arbeit v. LAMPRECHTs an *Anemone*, wo sich

A. nemorosa als hypotetraploid erweist, während ohne Fusionen die charakteristischen Längenverhältnisse der elterlichen Chromosomen selbst in alten Amphidiploiden erhalten bleiben (HEIMBURGER). NYGREN (1) endlich vermag zu zeigen, daß akzessorische Chromosomen im *Poa-alpina*-Komplex durch Kreuzung übertragbar sind und stellt die Hypothese auf, daß die aneuploiden Zahlen dort (und wohl auch im *pratensis*-Komplex) durch solche Vorgänge entstehen, wobei die B-Chromosomen durch strukturellen Umbau ununterscheidbar werden können.

Als Grundphänomene der Polyploidie bei den Angiospermen faßt G. W. P. DAWSON in seiner kurzgefaßten, lesenswerten "Introduction to the Cytogenetics of Polyploids" folgendes zusammen: Die meisten polyploiden Wildarten sind allopolyploiden Ursprungs. Es bestehen enge Beziehungen zwischen Polyploidie und perenner Lebensform bzw. vegetativer Reproduktion, wobei die Polyploidie wohl nicht diese Phänomene erzeugt, sondern leichter bei Diploiden auftritt, die diese Fähigkeiten bereits besitzen. Gegenüber den Diploiden steigt bei Polyploiden die Tendenz zu weiterer Verbreitung und zur Besiedlung abweichender Standorte. Ein Stabilisierungssystem finden PAI et al. bei polyploiden *Triticum*-Arten in der Eliminierung von Chromosomenmaterial, die die Sippen zu funktionellen Diploiden konvertiert. Merkwürdige Beziehungen zwischen Polyploidie und Photoperiodismus zeigt R. J. MOORE an *Buddleia*, wo die meisten Diploiden Kurztag-, die meisten Polyploiden Langtagpflanzen sind; trotzdem wird die regionale Abfolge der Sippen nicht von dieser Eigenschaft, sondern von der (unkorrelierten) Frosthärte bestimmt. Eine merkwürdige gegenläufige Ausbreitung zeigen die amerikanischen Verbenen (LEWIS u. OLIVER), deren eine Gruppe ihre primitiven, diploiden Arten in Südamerika besitzt und Nordamerika nur mit Polyploiden erreicht, während die andere diploid in Nordamerika weit verbreitet ist, polyploid dagegen nur Texas und Mexiko besiedelt.

Der Polyploidiegrad der nordamerikanischen Gräser beträgt in den südöstlichen Staaten nur 60% (wohl wegen der großen Zahl diploider *Panicum*-Arten), in Texas 67%, in den südwestlichen Staaten 75%; höchste Anteile zeigen die Gattungen *Eragrostis*, *Setaria*, *Poa*, *Sporobolus* und *Stipa*, niedrigste *Aristida* und *Panicum* (GOULD). Schöne Beispiele polyploider Reihen werden aus folgenden Gruppen vorgeführt: *Aegilops* (CHENNAVEERAIAH), *Festuca-ovina*-Gruppe [mit drei Serien, PATZKE (2)], *Ruppia* [stark asymmetrischer Karyotyp, REESE (3)], *Chenopodium-album*-Komplex (mit klarer morphologischer Trennung zwischen di- und hexaploider Stufe und verwischenden Grenzen auf der hexaploiden, COLE), *Carya* (D. E. STONE), *Celosia* (GRANT), *Salicornia* (jüngst abgespaltene Kleinarten mit differenter Genomzahl, DALBY), *Campanula* § *Heterophyllae* (drei Serien bis hexaploid, eine streng diploid, PODLECH), *Zinnia* (TORRES). LEWIS u. TERRELL finden durch Populationsanalysen bei *Hedyotis* subg. *Edrisia* häufige und sehr auffällige Autopolyploidie, die infraspezifisch gewisse Korrelationen mit Heterostylie, Allogamie und Perennität zeigt.

Allopolyploidie: Als neue Gattung *Hylandra* beschreibt LÖVE (1) die bekannte *Cardaminopsis suecica*, deren Entstehung er nunmehr als hemiallopolyploid betrachtet (aus einer normalen Eizelle von *C. arenosa*, $n = 16$, und einem unreduzierten Pollenkorn von *Arabidopsis*, $2n = 10$, entstanden). Allohexaploidie finden SAMEJIMA u. SAMEJIMA bei den ostasiatischen *Trillium*-Sippen, die sie nach Polyploidiegrad und Genomen schlüsseln. Die alte Vermutung, daß *Iris pumila* (in Europa $2n = 30$)

hypoamphidiploid aus Achtersippen entstanden sei, wird durch die Zählung russischer Pflanzen mit der vollen Chromosomenzahl 32 bekräftigt (RANDOLPH u. MITRA); die Karyotypen russischer Arten sind z. T. ausnehmend primitiv. Für eine bislang meist verkannte, tetraploide *Kohlrauschia*-Sippe machen BALL u. HEYWOOD Amphidiploidie wahrscheinlich, BÖCHER (4) für einige *Pyrola*-Sippen. Bei *Poa* § *Ochlopoa* dürften nicht nur *P. annua*, sondern auch zwei weitere mediterrane Sippen amphidiploid aus *P. infirma* und *supina* entstanden sein (CHRTEK u. JIRASEK). Schließlich liegt Allopolyploidie als Hauptmechanismus auch der Entstehung der extrem polyploiden Serien von *Danthonia* in Australien (BROCK u. BROWN) und den sich ähnlich wie *Leptogalium* verhaltenden polyploiden und aneuploiden Gliedern des nordamerikanischen *Galium-multiflorum*-Komplexes [EHRENDORFER (2)] zugrunde.

Schiffbruch hingegen erleidet mehr und mehr der (sowieso etwas simple) Glaube an eine grundsätzliche morphologische Korrelation der Genommutationen. Bei *Dactylis* findet BÖCHER (3) so starke Ähnlichkeiten zwischen bestimmten diploiden und tetraploiden Kleinsippen (und umgekehrt Differenzen innerhalb der tetraploiden), daß er entgegen STEBBINS u. ZOHARY eine Aufspaltung in beide Stufen umfassende morphologische Einheiten für günstiger hält. Nach GRIGORIYEV spielt Polyploidie überhaupt keine Rolle in der Evolution von *Dactylis;* ihm scheint der Sippenbildung des höchstens vier Einheiten umfassenden Komplexes im wesentlichen ökologische Differenzierung zugrunde zu liegen [— vgl. auch die schönen Arbeiten von BORRILL und JONES (2), nach denen jetzt sogar Hexaploide gefunden wurden]. Während JONES (1) und BORRILL [in VALENTINE (3)] an eine Beteiligung des mediterranen *Anthoxanthum puelii* bei der Entstehung des tetraploiden *A. odoratum* glauben, zieht BÖCHER (3) hierfür drei diploide Kleinarten des *odoratum*-Kreises selbst heran, die sich allerdings nur sehr schwierig von tetraploidem *odoratum* unterscheiden lassen. Konstante Differenzen zwischen diesen Diploiden und Tetraploiden will ROZMUS völlig gesichert haben, während die sehr eingehenden Studien von I. HEDBERG viel zu breite Überlappungen aufzeigen, als daß eine morphologische Unterscheidung (zumindest an Herbarmaterial) möglich wäre.

Einer schönen Arbeit von LÖVKVIST über Ökodeme in Skåne ist zu entnehmen, daß der Polyploidiegrad keineswegs ein spezifisches Trennungsmerkmal zwischen *Galium verum* und *G. wirtgenii* ist, sondern daß eindeutig zu *G. verum* gehörige Segmente tetraploid oder auch diploid sein können; ähnliches gilt für den *G. boreale*-Komplex, wo sich bislang Tetra- und Hexaploide geographisch auszuschließen schienen [RAHN, BÖCHER (2)]. In Australien sind im *Rumex-acetosella*-Komplex morphologische und cytologische Merkmale anders korreliert als bisher in dieser Gruppe fixiert schien (JOHNSON u. BRIGGS). Bei *Ficaria* versagen an breiterem Material alle bislang mit der diploiden bzw. tetraploiden Stufe korreliert erscheinenden Merkmale mit Ausnahme der Brutknöllchen (HEYWOOD u. WALKER), wobei nur zu hoffen ist, daß nicht auch dies letzte Merkmal eines Tages in anderer Verbindung gefunden wird. Daß schließlich auch innerhalb morphologisch und ökologisch durchaus einheitlicher

Sippen recht verschiedene Karyogramme zu finden sind, zeigt SCHOTS-
MAN (3) bei *Callitriche stagnalis* und *C. obtusangula;* auf ein ähnliches
Phänomen wurde schon von CLAUSEN bei *Holocarpha,* von KIHARA u.
YAMAMOTO bei *Rumex,* von BLAKESLEE bei *Datura* hingewiesen.

Immer größere Bedeutung wird künstlichen Kreuzungen zur
Aufhellung der Verwandtschaftsverhältnisse, insbesondere zum Erkennen
von Homologien beigemessen; allerdings warnen in diesem Zusammenhang DE WET et al. *(Bothriochloa-Capillipedium*-Bastarde) vor schein-
baren Genomhomologien, denen in Wirklichkeit Autosyndese zugrunde-
liegt, und GRÖBER vor unspezifischen Paarungstendenzen der Telomeren,
die z. B. bei *Lycopersicon* zu Multivalent-Assoziationen führen. Immerhin
zeigen die interessanten Studien KRUCKEBERGs, daß in gutem Einklang
mit der gängigen Gliederung bei *Silene* klar geschiedene Sippen stets
sterile Bastarde, nahe verwandte dagegen teilweise fertile erzeugen (2)
und daß die Umstellungen von CHOWDHURI, wo etwa verschiedene
Lychnis-Arten zu *Silene* gezogen oder *Melandrium* auf *Silene* und *Lychnis*
verteilt wurden, auch nach dem Kreuzungsverhalten gerechtfertigt sind.
Wenig empfehlenswert sind freilich von taxonomischer Kenntnis unge-
trübte Versuche, so wenn KHOSHOO u. BHATIA einen „intergenerischen" (!)
Bastard zwischen „*Vaccaria grandiflora*" und „*Saponaria vaccaria*" her-
stellen und wegen des regulären Meioseverhaltens von den Systematikern
eine „Neuordnung des Systems" fordern (was prompt in einem Referat
von maßgebender genetischer Seite noch sehr unterstrichen wird).

Das Kreuzungsverhalten der Arten von *Primula* § *Vernales* und der
beiden benachbarten Sektionen zeigt, daß hier eine Zusammenfassung
aller 10—15 Arten in eine gemeinsame Einheit (Untergattung?) gerechtfertigt ist [VALENTINE (2)]; während *P. veris* recht eigenständig ist,
stehen sich *P. vulgaris* und *juliae* im Kreuzungsverhalten ungemein nahe
und ebenso der Rest der Gruppe von *P. elatior* bis *P. lofthousei*, einschließlich der morphologisch stark abweichenden *P. megaseifolia*. Bei
Ribes (KEEP) sind morphologische Ähnlichkeit und Abwesenheit von
Sterilitätsbarrieren gut korreliert (ohne Beziehung zur Chorologie); aus
REHDERs System können die subg. *Berisia, Grossularia* und *Grossularioi-
des* beibehalten werden, während für die *Ribesia*-Sektionen nach ihrem
Kreuzungsverhalten weitere sechs Untergattungen vorgeschlagen werden.
Von *Saccharum, Sclerostachya* und *Miscanthus* wurden jetzt sogar trigene-
rische Hybride erzeugt, die die nahe Verwandtschaft vor allem der beiden
letzteren Gattungen aufzeigen (LI, WENG, SHANG u. YANG). Während
BEUZENBERG aus solchen Gründen bei den *Violaceae* eine Einbeziehung
von *Melicytus* in *Hymenanthera* für gerechtfertigt hält, wollen trotz völlig
fehlender Barrieren CELARIER et al. die neuen Gattungen um *Bothriochloa,*
STACE (1) die nahe verwandten Arten der *Calystegia-sepium*-Gruppe getrennt erhalten. Durch ausnehmend schöne Versuche mit künstlichen
Hybriden und ihren Vergleich mit natürlichen Sippen weist NYGREN (2)
nach, daß Hybridisierung ein dominierender Faktor in der Evolution der
europäischen *Calamagrostis*-Arten war. Die Sippenbildung schreitet hier
auf drei Wegen voran: Stabilisierung von amphimiktischen Hybriden,
fakultative Apomixis durch Chromosomenvermehrung und Diplosporie,

Stabilisierung von Apomikten aus Kreuzungen von apo- mit amphimiktischen Sippen.

Introgression: Der äußerst variable *Quercus-undulata*-Komplex besteht in Wirklichkeit aus „echter" *undulata* und einem Introgressionsgemisch weiterer sechs Arten, das so kohärent ist, daß ein Sammelname dafür vorgeschlagen wird (Tucker); ein ähnliches Konglomerat ist *Ranunculus pseudofluitans*, an dem die Hybriden von vier bis fünf Arten beteiligt sind [Cook (4)]. *Euphorbia esula* geht auf dem hexaploiden Niveau lückenlos in *E. virgata*, auf dem tetraploiden in *E. cyparissias* über (T. Pritchard). *Oxytropis jaquinii* hat regional mit *O. pyrenaica* eine hybridogene Sippe gebildet, während andernorts deutliche Merkmalsintrogression nach *O. pyrenaica* und *amethystea* festzustellen ist (Gutermann u. Merxmüller). Schwarz analysiert eine thüringische Introgressionszone von *Helleborus viridis* und *occidentalis*. Bei *Chamaenerion* fließen Gene über die Hybriden des tetraploiden *angustifolium* zu *C. latifolium* [Böcher (5)]. Ähnlich mögen die Verhältnisse bei *Avenochloa* [Holub (1)] und in der *Juncus-effusus*-Gruppe (Krisa) liegen; von diesen tschechischen Autoren wird für die Übergangssippen die Kategorie „vergent", für ihre Benennung die schreckliche Nachsilbe -oides („compactoides, pratensoides") verwendet. Vorherrschende introgressive Hybridisation finden Clewell bei *Lespedeza*, Kawano bei *Hemerocallis* auf Hokkaido, E. G. Bobrov im Baikalgebiet, wo Dutzende von Sippen derart ineinanderfließen sollen, daß man von einer „Introgression von Pflanzenformationen" sprechen könnte. Jalas (1) sieht den wichtigsten Einfluß des Menschen auf die Sippenentwicklung in der Natur in der Aufhebung räumlicher Isolation, die z. B. in Finnland erst den Gen-Fluß zwischen *Silene maritima* und *vulgaris*, *Melandrium rubrum* und *album*, *Linaria repens* und *vulgaris*, *Centaurea nigra* und *jacea* ermöglichte.

Autogamie bietet Evolutionsvorteile, wenn geeignete Pollenüberträger abwesend sind, bei der Besiedlung weit entfernter oder temporärer Standorte (wenn nur ein einziges oder wenige Individuen ankommen) und schließlich durch die Ausmerzung schädlicher recessiver Gene (Fryxell). Autogame Populationen sind mit Inselsippen zu vergleichen (Baker); der Wechsel von Kreuz- zu Selbstbestäubung ist daher ein wichtiger Mechanismus zur Sippenbildung. Für das Verständnis dieser Vorgänge werden von Baker schöne Beispiele (*Primula-farinosa*-Gruppe mit Wechsel der Polyploidiestufe, *Armeria* ohne solchen) gebracht.

Bei der Agamospermie müssen die drei grundlegenden Mechanismen der Adventivembryonie, der Aposporie und der Diplosporie klar geschieden werden (Heslop-Harrison). Während man bislang Apomixis fast grundsätzlich als strengen Isolationsmechanismus betrachtete, mehren sich die Anzeichen, daß hier in manchen Fällen der Genaustausch eher weiter reicht als in rein sexuellen Gruppen. So ist bei *Bothriochloa* (Harlan u. Celarier) zwischen die sexuelle diploide und die obligat apomiktische hexaploide Stufe eine fakultativ apomiktische tetraploide zwischengeschaltet, die für regen Gen-Fluß sorgt. Selbststerilität, Reste von Sexualität, funktionierende unreduzierte Eizellen und gesicherte genomatische Balance machen diese Gruppen extrem labil. Auch bei *Taraxacum* muß trotz der weitverbreiteten Apomixis in hohem Maß mit Artbastarden gerechnet werden, zumal hier Polyploidie keineswegs generell mit obligater Apomixis gleichgesetzt werden darf (FÜRNKRANZ). Ähnliches muß nach den Befunden von MARKLUND u. ROUSI für den *Ranunculus-auricomus*-Komplex postuliert werden, wenn auch bis heute noch keine künstliche Kreuzung gelungen ist (— über die genetischen Implikationen der Pseudogamie in dieser Gruppe vgl. RUTISHAUSER). MARKLUND kommt im übrigen für Finnland in diesem Komplex mit vier Arten aus, denen er allerdings zahllose Apomikten als Subspecies unterordnet.

Unter den Compositen sind Apomikten vor allem bei den *Cichoriaceae* verbreitet, finden sich aber auch in fünf Tribus der *Asteraceae;* sie besitzen meist viel weitere Verbreitung als ihre sexuellen Verwandten. Merkwürdig bleibt, daß trotz dieser Häufigkeit Apomixis nur bei *Hieracium* und *Taraxacum* zu einem ,,taxonomischen Chaos`` geführt hat (BEAMAN). Stabilisierend wirkt Apogamie bei den zahlreichen Hybriden von *Sorbus* (DÜLL) und bei *Rubus,* wo sich im Südosten Europas die komplexen Typen häufen, während im Nordwesten einfachere Formen vorherrschen (HASKELL). Es mag noch angeführt werden, daß nach NYGREN u. ALMGARD die Viviparie einiger *Poa*-Arten von experimentell kontrollierbaren äußeren Bedingungen abhängig ist.

6. Arbeiten an Kulturpflanzen

Das kurzgefaßte Buch von SIMMONDS über die Evolution der Bananen bietet eine großartige Zusammenstellung über Taxonomie, Cytogenetik und Evolution der Wild- und Kulturarten der Gattung *Musa.* Während sämtliche Wildarten diploid sind, ist mehr als die Hälfte der Kulturformen triploid, einige wenige sind tetraploid. Die triploiden Formen sind hier für den Menschen besonders vorteilhaft, nicht nur wegen ihrer Sterilität, sondern auch wegen ihrer erhöhten Variabilität und Produktivität. Da sich einerseits die beiden alten Linnéschen Namen auf Klone von Bastardtriploiden beziehen, andererseits verschiedene Wildarten (wie *M.* a*cuminata* und b*albisiana*) den Kultursippen zugrunde liegen, wird für diese ein Ersatz der Artnamen durch die Genomkombination vorgeschlagen (z. B. *Musa* group AAB).

Auch bei der Kartoffel scheint jetzt weitgehend Übereinstimmung hinsichtlich ihrer Abstammung und Gliederung zu herrschen (SWAMINATHAN u. MAGOON und besonders DODDS in CORRELL). Hier umfassen die Kultursippen alle Stufen von Diploidie bis Pentaploidie. Die ältesten Kulturformen sind durch die diploide *Stenotomum*- (Zentralperu bis Bolivien) und *Phureja*-Gruppe (Venezuela bis Nordperu) repräsentiert, denen durch Chromosomenverdopplung die von Venezuela bis Argentinien verbreitete *Andigena*-Gruppe entstammt. Die *Tuberosum*-Gruppe Europas und Nordamerikas ($4x$) stellt Selektionen aus dieser *Andigena*-Gruppe dar (vermehrt durch $3x$- und $5x$-Hybriden), während die wieder südamerikanische *Chaucha*-Gruppe ($3x$) Bastardabkömmlinge der *Stenotomum*- und *Andigena*-Gruppe vereint.

Bei den Wild- und Kulturarten der Baumwolle herrscht jetzt zumindest Übereinstimmung hinsichtlich der beteiligten Genome, ihrer Allopolyploidie und ihrer jeweiligen Heimat, während die Ansichten über die Entstehung der Kultursippen bei SAUNDERS und HUTCHINSON noch etwas differieren. Keine hybridogenen Vorgänge waren dagegen bei der Schaffung der immensen Sortenvielfalt der kultivierten Kürbisse beteiligt (WHITAKER); die Variabilität der fünf kultivierten Arten wurde hier ausschließlich durch Mutation bewirkt, wobei die menschliche Auslese die Entstehung von Sterilitätsbarrieren begünstigte. Auch bei der Entstehung des Roggens scheint Bastardierung keine Rolle gespielt zu haben (KHUSH u. STEBBINS); von den vier Wildarten dürfte am ehesten *Secale montanum* durch progressive morphologische und cytologische Differenzierung zu *S. cereale* geführt haben. Über die Herkunft der Kulturgerste aus dem zweireihigen, mit brüchiger Rhachis versehenen *Hordeum spontaneum* berichten STAUDT und D. ZOHARY, über die der Weinrebe aus der durch fehlende genetische Barrieren ausgezeichneten Sektion *Vitis* LEVADOUX, BOUBALS u. RIVES.

Die heute bekannten Sippen der Kirsche dürften alle hybridogen entstanden sein [HRUBY (1)]; *Cerasus avium* ist diploid mit den beiden ähnlichen Genomen A und B, *C. vulgaris* amphidiploid mit BBCC und *C. gonduinii* allotetraploid aus unreduzierter *avium* und reduzierter *vulgaris* (ABBC). Die bekannteste japanische Zierkirsche, *Prunus yedoensis*, deren hybridogener Ursprung schon lange vermutet wurde, hat TAKENAKA jetzt aus den Elternarten synthetisiert. Über die Formen der wurzel- und kernechten Pflaumen in Oberösterreich gibt WERNECK (1) eine sehr detaillierte Übersicht; ihm erscheint es unzweifelhaft, daß im Wärmeoptimum der Nacheiszeit *Prunus cerasifera* in Mitteleuropa heimisch war und hier ebenfalls mit *P. spinosa* allopolyploid eine einheimische *P. domestica* erzeugte, so wie dies für den Kaukasus von RYBIN experimentell nachgewiesen ist. Der gleiche Autor (2) behandelt auch die Wildbirnen Österreichs, die sich im wesentlichen auf *Pyrus pyraster*, *P. nivalis* (im äußersten Osten) und *P. salvifolia* (im äußersten Westen) verteilen, während *P. austriaca* eine Hybridogene der beiden ersten darstellt; in ähnlicher Form gliedert TERPO die Wildbirnen Ungarns auf. Über Wildäpfel Württembergs berichtet BERTSCH.

Als taxonomische Kategorie für Kulturformen ist von den derzeitigen Regeln nur die „convar" sanktioniert. Da hier vielfach stärkere Gliederungsmöglichkeiten gewünscht werden, sucht JIRASEK durch eine dankenswerte Zusammenstellung aller bisher gebrauchten Termini (und ihre teilweise Gleichsetzung) zunächst einmal eine Bereinigung herbeizuführen. Freilich sind Kulturpflanzensysteme, die der Mannigfaltigkeit der Objekte adäquat sein wollen, zur Zeit meist nur auf Einzelmerkmale begründbar, wie DANERT (2) recht überzeugend an *Triticum aestivum* vorführt. Dem gleichen Autor (1) ist eine bereinigte Übersicht der Kulturformen von *Nicotiana tabacum* zu danken, die erstmals eine einwandfreie Benennung erlaubt.

7. Biometrie und numerische Taxonomie

Auf die steigende Bedeutung biometrischer Untersuchungen wurde bereits im letzten Bericht verwiesen; immer mannigfachere algebraische und geometrische Methoden werden zur Berechnung und Darstellung vorgeschlagen. Sehr instruktive Bilder gibt die schon von VOELTER-HEDKE verwendete „Dreieckskoordination", die nunmehr WINKLER zur Populationstrennung im Formenkreis der *Pulsatilla grandis* gebraucht. Die Methode erlaubt die gleichzeitige Betrachtung von drei

Merkmalen, die mit Zahlenwerten versehen werden; die Werte einer
Einzelpflanze werden addiert, ihre Einzelwerte in Prozenten der Summe
ausgedrückt und im Koordinatensystem eingetragen. Der optische Eindruck solcher Diagramme ist gegenüber dem aus einem Vergleich der
ebenfalls zahlreich verwendeten Blockdiagramme gewonnenen bedeutend
faßlicher.

STASZKIEWICZ verwendet ähnliche Methoden für Zapfenmessungen an
Pinus silvestris und zeigt, daß die „*pannonica*"-Populationen Ungarns
dem meridionalen Typ zuzuordnen sind. Statistische Variationsanalysen
an *Sorbus aucuparia*, denen je zehn Populationen mit zwanzig Individuen
zugrunde liegen, lassen in Finnland West- und Ostsippen durch z. T.
brauchbar korrelierte Blattcharaktere unterscheiden (RAATIKAINEN). Die
kalifornischen Bestände von *Pinus ponderosa* und *jeffreyi* werden von
HALLER einer sauberen Bastardanalyse mit Hybridindices unterzogen,
die für ein erstaunlich geringes Ausmaß effektiver Bastardierung spricht.
Sehr exakt biometrisch unterbaut sind auch die Studien ZERTOVAs (1) an
Lotus, N. M. PRITCHARDs an *Gentianella germanica* und V. M. SCHMIDTs an
Odontites (diese auf der Basis einer von SMIRNOV erarbeiteten taxonomischen Analysis). Die biometrischen Studien von ROBERTS an waliser
Dactylorchis-Sippen sichern zwar die statistische Trennbarkeit jeder einzelnen Population; die Beziehungen sind aber derart retikulat, daß
keinerlei taxonomische Gliederung daraus ableitbar ist.

Es ist natürlich verlockend, solche rechnerische Methoden einerseits
zur Klärung größerer Verwandtschaftskreise und andererseits zur
Erfassung höherer Merkmalszahlen zu verwenden. Ein gut durch-
schaubarer Versuch wird von HAMANN (1) an dem heterogenen Verwandtschaftskreis der Englerschen *Farinosae* vorgeführt. Da sein Gradmesser
der Ähnlichkeiten, der „Ähnlichkeitsquotient", auf der einfachen Formel
„Zahl der gemeinsamen Merkmale minus Zahl der verschiedenen, geteilt
durch die Gesamtzahl" beruht, kann er für diesen (jederzeit reproduzierbaren) Vergleich die hohe Zahl von 41 Alternativ-Merkmalen heranziehen, die qualitativ ungewertet bleiben. Die Begrenzungen einer solchen
Methode werden von HAMANN selbst sehr scharf herausgeschält; sie liegen
bei der Frage der Abgrenzung der zu vergleichenden Gruppen, in der Begrenzung der Merkmale, der Formulierung der Gegensatzpaare, dem Ausschluß von mehreren Alternativen, der Vernachlässigung von Koppelun-
gen und charakteristischen Merkmalskombinationen (und, nach Meinung
des Ref., in der fehlenden Erfassung von Entwicklungstendenzen, die ihm
oft wesentlicher erscheinen als statische Charaktere). So ist auch das
Ergebnis etwas zwiespältig: Der Vergleich ergibt ein völlig retikulates
System, bei dem letzlich jede Gruppe mit jeder etwas näher oder etwas
entfernter verwandt erscheint und das den Verfasser zu einer interessanten Diskussion bewegt, ob nicht überhaupt die ganzen *Juncales, Cyperales,
Commelinales, Poales, Typhales* und vielleicht auch *Pandanales* näher
miteinander verwandt seien, als aus den bisherigen Systemen erhellt. Der
Ref. fragt sich jedoch, ob hier nicht weit mehr vergleichbare Organisationshöhen, weniger unmittelbare Verwandtschaftsbeziehungen, ausgedrückt sind.

Im Anschluß hieran mag auf die merkwürdige Arbeit von Lowe verwiesen sein, die die Sporneschen Theorien ("advancement index") auf die Monocotylen anwendet. Man geht dabei von der Vorstellung aus, daß primitive Merkmale nicht zufällig verteilt seien, sondern mit Vorliebe gekoppelt auftreten; vergleicht dann die Koppelung als gesichert primitiv geltender Merkmale mit Merkmalen unbekannter Evolutionshöhe und erschließt daraus auch deren Niveau. Dieser circulus vitiosus, der die gerade bei primitiven Gruppen so ausgeprägte Heterobathmie völlig außer Acht läßt, führt dann zu entsprechend fragwürdigen Ergebnissen. Danach seien bei den Monocotylen unterständige Fruchtknoten primitiv (!); abgeleitet seien fehlender Perianth, Unisexualität, wenige Samenanlagen und nucleäres Endosperm — im genauen Gegensatz zu den Sporneschen Ergebnissen bei den Dicotylen. Daß etwa *Apostasiaceae* und *Thurniaceae*, ja sogar auch die saprophytischen *Corsiaceae* auf der untersten, primitivsten Stufe des Advancement Index sitzen, vermag dann nur mehr mäßig zu erschüttern.

Damit sind wir zur Frage der Prinzipien einer Klassifikation vorgestoßen, über die Gilmour (in Macleod u. Cobley) in einem sehr lesenswerten Referat berichtet. Zu unterstreichen ist vor allem seine Feststellung, daß keine Klassifikation „generell besser" sein kann, sondern stets nur „besser für diesen oder jenen Zweck". Unverkennbar ist eine tiefe Beunruhigung über die ständigen Umwälzungen und ununterbrochenen Veränderungen, die das System im großen und im kleinen derzeit erleidet und die nur zu oft auf voreiligen und ungerechtfertigten Verallgemeinerungen der in den einzelnen Kapiteln dieses Berichtes geschilderten „Fortschritte", Ergebnisse und Hypothesen beruhen. Es besteht zweifellos die Gefahr, daß diese steten Veränderungen die taxonomische und nomenklatorische Stabilität unseres Systems zerstören und dieses dadurch seinen Nutzen für allgemeine Zwecke, als "general reference system", verliert. Walters (2) hält das Streben nach einer Omega-Systematik sowieso für einen Fall unzureichender philosophischer Betrachtung und fordert ebenso kategorisch, daß das gegenwärtige System als zulänglich genug beibehalten wird und daß die Taxonomen ihre Anstrengungen darauf konzentrieren, innerhalb dieses Systems in einer leicht zugänglichen Form die enormen Mengen jetzt schon angehäufter Information greifbar zu machen (1). Für spezielle Zwecke müsse (außerhalb des gebräuchlichen Systems) wenn notwendig mit separaten, speziellen Terminologien gearbeitet werden.

Walters verweist im übrigen in diesen Aufsätzen (1, 2) darauf, daß Begriffsbildung und Grundzüge unserer Systembildung längst prälinnéisch festgelegt waren und daß der Inhalt auch völlig unbestrittener Systembereiche völlig anders aussehen könnte, wenn die Anfänge unserer Systematik nicht in Europa, sondern etwa in Neuseeland lägen. In amüsanter Analogie zu Willis' Age-and-Area-Theorie legt er dar, daß unsere Familien um so gattungsreicher, unsere Gattungen um so artenreicher seien, je länger ihre Aufstellung (!) zurückliegt.

Aus diesem tiefen Unbehagen heraus mag es verständlich sein, wenn eine "objective and repeatable method of classification of organisms leading to a stable taxonomy" (Sokal), die mit elektronischen Rechenmaschinen die „phänetische Affinität" der Sippen festlegt, derzeit großes Aufsehen erregt; es handelt sich um die "Numerical Taxonomy" (Sokal) oder „Taxonometrie" (Rogers u. Tanimoto), die striktest phylogenetische Spekulation von taxonomischem Verfahren trennen soll. Die beste derzeitige Darstellung dieser Methode findet sich bei

SNEATH u. SOKAL; ihr Ziel ist ein auf errechneten (und dadurch bei Verwendung der gleichen Merkmale jederzeit reproduzierbaren) Ähnlichkeiten begründetes und dadurch stabiles System. Grundsätzlich hat jedes Merkmal gleiches Gewicht, wie es einmal schon von ADANSON gefordert wurde (neues Schlagwort: Adansonianismus!); mindestens vierzig bis über sechzig Charaktere (morphologische, physiologische, ökologische, genetische und beliebig andere) müssen einbezogen sein. Über die der Berechnung der Ähnlichkeit zugrundeliegenden Hypothesen und die meist von MICHENER entwickelten Rechenmanipulationen wolle man sich aus der genannten Arbeit informieren. Die verglichenen Einheiten werden in einem Koordinatensystem auf Ordinate und Abszisse angetragen (in Art der bekannten Entfernungstabellen) und der jeweilige Ähnlichkeitskoeffizient im Schnittpunkt angegeben, dann die Einheiten im selben Schema so umgestellt, daß die größten Ähnlichkeiten beisammen liegen („Cluster Analysis"). Hieraus endlich wird ein „Dendrogramm" konstruiert, dessen Zweige jeweils auf den Niveaus gleicher Ähnlichkeit abgehen.

Es kann nicht scharf genug betont werden, daß dieses Dendrogramm bei aller Stammbaumähnlichkeit bewußt und intentionell nichts über Verwandtschaft oder gar Phylogenie aussagen will, sondern ausschließlich Ähnlichkeiten repräsentiert, die aus der gewählten Merkmalszahl errechnet wurden ("phenetic dendrogram"). Es liegt daher gar nicht im Sinn der Erfinder, bestimmte Niveaus dieses Dendrogramms mit den vorbelasteten Termini Art, Gattung, Familie zu belegen; so wird vorgeschlagen, generell jede Einheit als „Phenon" (im Deutschen müßte man wohl „Phänon" schreiben) zu bezeichnen und die Kategorisierung durch Vorschalten des entsprechenden gemeinsamen Ähnlichkeitskoeffizienten auszudrücken (25-Phenon, 70-Phenon).

Bevor auf die Kritiken an dieser neuen Methode eingegangen wird, ist es vielleicht gut, über die (betrüblich wenigen) bislang vorliegenden praktischen Ergebnisse zu berichten. SOKAL u. ROHLF, die auch noch eine mathematische Methode zum objektiven Vergleich phänetischer Dendrogramme mit orthodoxen Verwandtschaftsschemata ausgearbeitet haben, finden bei ihren Probeobjekten, daß „im allgemeinen die numerischen Klassifizierungen nicht allzu verschieden von den konventionellen" sind — und das gleiche erhellt aus den Studien von SORIA u. HEISER an den tropisch-amerikanischen Arten von *Solanum* § *Morella*, oder von B. L. JOHNSON an einer kalifornischen *Stipa*-Gruppe. Der letztgenannte läßt sich im übrigen erst noch von der Maschine einen "weighting factor" (nichtadansonianisch!) errechnen, mit denen er die Merkmale wertet (Methode bei WILLIAMS u. LAMBERT).

Gegen das Verfahren werden sich zunächst fast alle Einwände vorbringen lassen, die bereits von HAMANN in seiner Arbeit besprochen wurden (s. S. 110). Der Ref. darf hier nochmals die ihm so wichtig erscheinenden Entwicklungstendenzen anführen, die in einer numerischen Taxonomie prinzipiell keinen Platz haben, da sie immer einer subjektiven Sicht unterworfen sind; er darf hinzufügen, daß ihm eine Zufallsauswahl (es wird ausdrücklich ein "random sample" gefordert) von 40—60 Merkmalen bei weitem zu gering erscheint, als daß verhütet werden könnte, daß die Unzahl unwesentlicher Charaktere die essentiellen in die Minorität verweist (WAGNER, 1963, will allein an Farnwedeln Hunderte von Merkmalen angeben). Jede sinnvolle Auswahl ist aber subjektiv, also verboten. MUNK bespricht besonders die Probleme, die bei der Ähnlichkeit durch Konvergenz, bei der Unähnlichkeit durch Anpassung an verschiedene Standortsverhältnisse hervorgerufen werden. HESLOP-HARRISON betont in einem sehr lesenswerten Symposiumsbericht [in Taxon *10*, 97—101 (1961)] mäßigend, daß hier wohl nicht das biologische Urteil (Auswahl der Charaktere, Definition der Taxa) ersetzt, sondern nur eine präzisere Basis für solche Urteile gegeben werden kann. VALENTINE (5) hält es freilich für unverantwortbar, wenn der Systematiker auf eine Interpretation seiner Daten in evolutionärem Sinn verzichten wollte und WALTERS (2) fürchtet, daß hier wieder ein neues Ideal einer Omega-Systematik heraufdämmert, das mit riesigem Aufwand eine unerreichbare objektive Realität anstrebt, ohne nach dem Zweck zu fragen. Diesen Zweck sucht auch GILMOUR (in MACLEOD u. COBLEY) und es scheint ihm, daß hier zumindest bislang meist mit Kanonen auf Spatzen geschossen werde; vielleicht möge manchmal die Maschine nützlich sein, um in Einzelproblemen den Streit zweier Systematiker zu schlichten.

So ist man etwas verblüfft, bei EHRLICH über die Zukunft der biologischen Systematik zu lesen, daß in wenigen Jahren der doch eben erst berühmt gewordene „biologische Artbegriff" sein Leben ausgehaucht haben wird, daß Benennungsfragen sinnlos, Monographien und Museen nutzlos geworden sein werden und die wesentlichste Tätigkeit des Taxonomen im Programmieren liegen wird; der Ref. sollte aber bekennen, daß ihm, wohl in Unkenntnis der sprachlichen Feinheiten, nicht klar geworden ist, ob es sich dabei um das Wehklagen eines altmodischen Orthodoxen oder um das Kampfgeschrei eines selbstbewußten Numerikers handelt.

8. Taxonomische Ergebnisse im Familienrahmen

Pinaceae: RUBNER beendet seine interessanten Studien an den westdeutschen Kiefernrassen. — **Taxodiaceae:** Die Familie wird von HIDA (2) in die vier Unterfamilien *Sciadopityoideae*, *Cryptomerioideae*, *Cunninghamioideae* und *Taxodioideae* gegliedert; die Beziehungen zwischen *Metasequoia*, *Sequoia* und *Taxodium* sowie zwischen *Cunninghamia*, *Athrotaxis* und *Taiwania* sind so eng, daß eine Ausgliederung von *Sequoieae*, *Metasequoieae* und *Athrotaxeae* unnötig erscheint. *Metasequoia* steht vor allem in der Zapfenentwicklung *Sequoia* noch erheblich näher als *Taxodium* [HIDA (1)]. — **Cephalotaxaceae:** Wie schon FLORIN findet auch SINGH anatomisch und embryologisch keine näheren Beziehungen zu *Taxaceae* oder *Podocarpaceae;* die Gattung ist als monotypische Familie zu den *Coniferopsida*, nicht zu den *Taxopsida*, zu stellen. — **Gnetaceae:** Nach MAHESHWARI u. VASIL (s. S. 88) besitzt *Gnetum* vierkernige, zellwandlose Coenomakrosporen sowie Pollenkörner mit Prothalliumzelle, generativer Zelle und Schlauchkern; doppelte Befruchtung fehlt. — **Welwitschiaceae:** Da das Tegument der abortierenden Samenanlage in den männlichen Blüten als Ringwall um den Nucellus entsteht, bestreitet MARTENS die u. a. von HAGERUP vertretene foliäre Natur dieses Organs.

Najadaceae: DE WILDE klärt anhand schöner Übergangsbildungen die Homologie der „Spatha" der *Najas*-Blüten mit einem Laubblatt. — **Poaceae:** Die meisten Grasblüten sind nach CLIFFORD vom *Arundinaria*-Typ abzuleiten, besaßen ursprünglich größere, einkreisige Perianthe (Vorspelze gehört nicht zur Blüte!), zwei Staminalkreise und waren entomogam. Alle Folgetypen werden auf den Übergang zur Anemogamie und eine Tendenz zur Staminalreduktion zurückgeführt; Begleiterscheinungen sind Ährchenbildung, vegetative Reproduktion, Kleistogamie und Apomixis. *Ochlandra* ist ebenso wie *Anomochloa* wegen der spiraligen Lodikeln und anderer Bündelinsertion aus den *Poaceae* auszuschließen. — SURKOV betrachtet die Grasblüte als verzweigten Sproß, ihre Stamina als Achselsprosse der Spelzen oder der Lodikeln, ihre Fruchtknoten als unikarpellär. — Die in den letzten Jahren so sehr durcheinandergeschüttelte Grassystematik scheint nunmehr feste Gestalt zu gewinnen. Eine vorzügliche Darstellung ihrer Probleme, die Zusammenstellung aller Merkmalskategorien und ihrer Verteilung, einen Vergleich der bisherigen Systeme und eine systematische Gruppierung aller Gattungen bietet die Arbeit PRATs, deren Studium hier nachdrücklich empfohlen sei. Übersicht: 1. *Festucoideae (Festuceae, Hordeae, Agrostideae, Aveneae, Phalarideae, Stipeae, Monermeae)*; 2. *Panicoideae (Paniceae, Andropogoneae, Maydeae u. a.)*; 3. *Chloridoideae (Chlorideae, Zoysieae, Eragrostideae u. a.)*; 4. *Bambusoideae;* 5. *Pharoideae (Oryzeae, Olyreae u. a.)*; 6. *Phragmitoideae (Arundineae, Danthonieae, Arundinelleae, Aristideae);* fünfzehn Gattungen bleiben uneingereiht. Nur mehr recht mäßig weichen davon die Systeme von STEBBINS u. CRAMPTON (Gattungen Nordamerikas; *Ehrharteae* zu *Oryzoideae, Unioleae* zu *Arundinoideae*), von PARODI (1) (Gattungen Argentiniens; *Olyreae* und *Phareae* zu *Bambusoideae, Ehrharteae* zu *Phragmitoideae*) und von REEDER (1, 2) (Herausstellung einer centothecoiden Gruppe) ab. — ROBERTY (1) gliedert in seinem üblichen „Dreiheitsprinzip" die *Poales* in *Bambusaceae, Zeaceae* und *Poaceae*, diese in *Chlorideae, Pooideae* und *Panicoideae*, wobei ein lustiges Wechselspiel zwischen biogeographischen Tribus, Cohortes und Sectiones und morphologischen Subtribus, Genera und Species getrieben wird. — 54 Gattungen unterscheidet TATEOKA (6) bei den *Festuceae*, obwohl er eine Gattungsaufspaltung bei *Brachypodium* und *Bromus* ablehnt. — TATEOKA (4) verweist aus den *Arundineae Gouinia* zu den *Chloridoideae*, hält aber die übrigen neun Gattungen für einheitlich; diese Meinung wird vom Monographen dieser Gruppe, CONERT (1), nur für die *Arundininae, Crinipedinae* und *Moliniinae*, nicht aber für die *Cortaderiinae* und *Ampelodesminae* geteilt, ohne daß daraus Konsequenzen gezogen würden. — Von in ihrer Stellung noch unklaren südafrikanischen Gattungen will DE WIT *Lintonia, Entoplocamia, Tetrachne* und *Fingerhuthia* den *Eragrostoideae, Lasiochloa, Plagiochloa* und *Urochlaena* den *Danthonieae* zuteilen.

Einzelne Gattungen der Poaceae: Aus karyomorphologischen Befunden leitet CHENNAVEERAIAH seine Gattungsgliederung von *Aegilops* ab; die § *Sitopsis* muß zu *Triticum* gestellt werden, *Amblyopyrum* erscheint zu Recht abgespalten. — Daß trotz der Behauptungen METCALFEs von einer Verwandtschaft zwischen *Aristida* und *Stipa* keine Rede sein kann, wird von REEDER u. DECKER erhärtet. — *Asthenatherum* hält CONERT (2) trotz einiger Bedenken von *Danthonia* getrennt. — Als Gattung „*Avenochloa*" werden unsere Wiesenhafer von den Nachbargruppen *Arrhenatherum, Helictotrichon* und *Thoreochloa* geschieden [HOLUB (2, 3)]. — *Calamagrostis* gliedert V. N. VASSILJEV (1) in die subg. *Calamagrostis, Ankylanthera, Epigeios, Paragrostis* und *Pararctagrostis;* die hybridogene Entstehung der *C. varia* und des *purpurea*-Komplexes ist nach NYGREN (2) gesichert. — JIRASEK u. CHRTEK trennen von *Corynephorus* die annuellen Sippen als *Anachortus* ab (subtrib. *Corynephorinae*). — *Dactyloctenium, Camusia* und *Arachne* werden von LORCH neu abgegrenzt. — *Elytrigia*-Hybriden Dänemarks, auch mit *Elymus* und *Hordeum*, analysiert HANSER (1). — *Eriachne* wird von TATEOKA (3) wegen blattanatomischer Differenzen aus den *Aveneae* ausgeschlossen. — Epidermisstrukturen verwendet UJHELYI (3) mit Vorteil zur Neugliederung einiger *Koeleria*-Gruppen. — Die auffallenden Ähnlichkeiten von *Lepturus* und *Monerma* beruhen auf Konvergenz einer eragrostoiden und einer festucoiden Linie [Karyogramme, Lodikeln, Embryo völlig verschieden: TATEOKA (1)]. — *Phalaris* tendiert zur Ausbildung spezialisierter steriler Blüten und zur Reduktion der Chromosomenzahl; einem primären Entfaltungszentrum im Mittelmeerraum steht ein sekundäres in Amerika gegenüber (D. E. ANDERSON). — Bei *Poa* ist die im temperierten Nordamerika heimische § *Diversipoa* von der im westlichen Mediterrangebiet entstandenen § *Ochlopoa* zu trennen (CHRTEK u. JIRASEK). — Ein bis 12 m hohes heterophylles Klettergras wird von SCHWEICKERDT als eigene Gattung *Prosphytochloa* herausgestellt. — Weitere Zählungen an *Sesleria* bestätigen sehr subtile morphologische Unterscheidungen [UJHELYI (1)]. — Aus *Tridens* wird eine *Munroa* näherstehende Gruppe als *Erioneuron* abgegliedert [TATEOKA (2)].

Cyperaceae: Der basale Seitenast der *Mapanioideae* ist durch seine cymösen Ährchen streng von dem racemösen Hauptast geschieden, der von den *Scirpoideae*

(mit *Cypereae*) über die *Rhynchosporoideae* (mit *Sclerieae*) zu den *Caricoideae* voran-
schreitet. Koyama (1) neigt hier in auffälligem Gegensatz zu den Tendenzen bei den
Poaceae zu immer weiter gefaßten Gattungen; so vereinigt er jetzt *Hemicarpha*,
Fuirena, *Blysmus* und *Eriophorum* mit *Scirpus* (benachbart, in Ablehnung der
Mattfeldschen Interpretation, *Dulichium*), *Bulbostylis* mit *Fimbristylis*, *Lipocarpha*
mit *Cyperus*, *Elyna* und *Schoenoxiphium* mit *Kobresia*, *Uncinia* mit *Carex*. —
Kern (4) umreißt *Gahnia* schärfer durch die Überführung einiger Arten zu *Ma-
chaerina*. — **Arecaceae:** Nicht ganz in Übereinstimmung mit den anatomisch fun-
dierten Vorschlägen Tomlinsons [(1) vgl. S. 87] bringt Satake alle Palmengattun-
gen in zehn Unterfamilien unter; er trennt als „Caterva Palmatae" *Borassoideae*,
Coryphoideae und *Lepidocaryoideae* von den pinnaten *Calamoideae*, *Phoenicoideae*,
Arecoideae, *Caryotoideae*, *Phytelephantoideae*, *Cocosoideae* und *Nypoideae*. —
Araceae: Auf Fruchtknotenbau und Placentation stützt Bunting (2) eine neue
Gattungsabgrenzung der *Monsteroideae;* *Schizocasia* und *Alocasia* werden klar
getrennt (3). — **Lemnaceae:** Einen Überblick über die deskriptive und experimentelle Literatur gibt Hillman. — **Xyridaceae:** *Abolboda* ist anatomisch
scharf von den übrigen *X.* geschieden [Metcalfe (2)]. — **Centrolepidaceae:** Die
„Zwitterblüten" werden von Hamann (3) wieder als Pseudanthien racemöser,
extrem reduzierter männlicher und weiblicher Blüten betrachtet; auch die Gesamt-
inflorescenzen sind rein racemös. Die Embryologie bestätigt den engen Zusammenhang mit *Restionaceae* und *Poaceae*. — **Rapateaceae:** Pollenähnlichkeit mit *Xyris*
vermerkt Carlquist (2). — **Commelinaceae:** Die ausschließlich auf Staminalmerk-
malen beruhende Zweigliederung in *Commelineae* und *Tradescantieae* erscheint
Forman (2) wenig glücklich; er will lieber mit Pichon acht Triben nebeneinander
reihen, denen wohl die *Streptolirion*-Gruppe (mit differenten Staminal-, aber einheitlichen Inflorescenzmerkmalen) als neunte anzuschließen wäre. — *Commelinantia*
ist wieder mit *Tinantia* zu vereinigen (Rohweder); *Leptocalisia* (besser: *Aploleia*)
ist wegen der gepaarten Cincinni den *Tradescantieae* zuzurechnen [Moore (1)]. —
Philydraceae: Die Familie steht mit ihrem öl- und stärkehaltigen Endosperm zwischen den „typischen" *Farinosae* und den *Liliiflorae*, kann aber wohl doch den letzteren zugeschlagen werden [Hamann (4)].

Liliaceae: Nach *Bulbinella* wird nunmehr auch *Trachyandra* wieder aus *Anthericum* ausgegliedert [Obermeyer (2)]. — Feinbrun trennt generisch *Muscari*,
Leopoldia, *Bellevalia* und *Hyacinthella*, wobei die letzte durch Kapselform und persi-
stierendes Perianth geschieden ist. — Die embryologischen Merkmale von *Aletris*
verweisen auf die *Narthecieae* (Browne). — Bei *Medeola* vermutet Berg Beziehungen zu den *Trilliaceae*. — *Asphodelus*-Arten werden von Lardier nach ihren unterirdischen Organen und blattanatomischen Merkmalen geschlüsselt. — **Xanthorrhoeaceae:** Die Familie ist anatomisch bedeutend primitiver als die *Juncaceae* und den
Agavaceae nahe verwandt; es werden vier Gruppen um die Gattungen *Kingia*,
Xanthorrhoea, *Lomandra* und *Dasypogon* unterschieden (Fahn). — **Haemadoraceae:**
Während De Vos sogar auch die *Hypoxideae* (mit *Pauridia*) mit den *Haemadoreae*
und *Conostyleae* in eine Familie zusammenfassen will, verweist J. W. Green die
letztgenannte Tribus strikt zu den *Amaryllidaceae*. — **Iridaceae:** *Tritonia* subg.
Dichone wird von Lewis zu *Ixia* gezogen. — **Musaceae:** Simmonds will die Familie
im engen Sinn auf *Musa* und *Ensete* beschränken (vgl. auch S. 108). — **Cannaceae:**
Bei aller deutlichen Zugehörigkeit zu den *Scitamineae* ist die Familie anatomisch
doch brauchbar von *Musaceae* und *Zingiberaceae* geschieden [Tomlinson (2)]. —
Orchidaceae: Die *Catasetinae* sind den *Cyrtopodiinae* nächstverwandt (Dodson). —
Der Sporn von *Cryptocentrum* ist dem Mentum von *Maxillaria* homolog, so daß die
Gattung (zusammen mit *Trigonidium*) nicht als eigene Subtribus von den *Maxil-
lariinae* getrennt werden sollte [Dressler (2)]. — Der Verwandtschaftskreis von
Encyclia und *Epidendrum* ist nach Dressler (1) in dreißig Gattungen aufzusplit-
tern; die Alternative eines Lumpings in eine einzige Gattung wird als unpraktisch
abgelehnt. *Encyclia* (Mexiko und Antillen) steht in dem schönen Verwandtschaftsschema zunächst *Laelia*, das andine *Epidendrum* dagegen in einem andern Ast nahe
Diothonaea und *Jacquiniella*. — *Ophrys* wird in der prachtvollen Ikonographie
Nelsons auf 7 Sektionen mit 21 Arten reduziert, ihre Subspecies sind in „Rassen-
kreise" zusammengefaßt. Primär sind grüne Sepalen, dreilappiges Labellum und
ausgedehnte Zeichnung; Konvergenzen entstehen durch „homodyname Differen-

8*

zierung" homologer Organe, während Bastardierung hier kaum zur Evolution beizutragen scheint (vgl. auch S. 88). — Ein Verwandtschaftsschema der „chaotischen" *Stanhopeinae* wird von DODSON u. FRYMIRE entworfen, nach dem sich *Stanhopea* in Lippe und Säule an *Sievekingia* anschließt. — Eine vorbildliche Darstellung des Aufbaus der Orchideenblüte bringt DRESSLER (3).

Saururaceae: Die primitivste Gattung ist *Saururus*, die ursprüngliche Placentation laminal; Epigynie entsteht appendikulär durch Verwachsung mit Staminalteilen. Die merkwürdigen „Blüten" von *Houttuynia* und *Anemopsis* sind durch Fusion dreier Einzelblüten entstanden (RAJU). — **Piperaceae:** KANTA leitet aus morphologischen und embryologischen Befunden eine Abfolge *Chloranthaceae, Saururaceae, Peperomia* (hier allerdings nur ein Integument: Seitenlinie?), *Piper* ab; die Entwicklung hätte demnach vom monosporen zum tetrasporen Embryosack, von cellulärem zu nucleärem Endosperm und von parietaler zu basaler Placentation geführt. — **Salicaceae:** In interessanter, etwas unorthodoxer Form korreliert MANG Bastardsippenbildungen bei *Salix* § *Incubacea* mit postglazialen Ereignissen. — **Betulaceae:** Aus der *B.-pendula*-Gruppe gliedert I. VASSILIJEV eine neue, auch in Mitteleuropa vertretene, Series aus. — **Moraceae:** Die Familie läßt sich nach CORNER (2) durch anatrope Samenanlagen und den Besitz von Milchsaft scharf von den *Urticaceae* trennen, wobei dann allerdings die *Conocephaloideae* (mit *Cecropia*) zu den letzteren zu ziehen sind; erst bei stark abgeleiteten *Moraceae* wie *Dorstenia* und *Morus* treten Konvergenzen zu den *Urticaceae* auf. Inflexe Filamente haben sich in verschiedenen *M.*-Gruppen, *Urticaceae* und *Ulmaceae* konvergent ausgebildet; die Trennung *Moroideae/Artocarpoideae* ist daher nicht zu halten. CORNER gliedert in die Triben *Moreae, Artocarpeae, Olmedieae* (mit *Mesogyne* und *Sparattosyce*), *Brosimeae* (mit *Craterogyne*), *Dorstenieae* und *Ficeae*. Bei *Ficus* (CORNER in MACLEOD u. COBLEY) ging die Evolution der Inflorescenzen, Blüten, Früchte und Samen bereits auf dem megaphyllen, pachycaulen Niveau vor sich; die weitere Ausbildung führte entlang fixierter Linien zu vereinfachten Inflorescenzen und vielfältigen Wuchsformen. — *Trophis* und *Clarisia* werden von BURGER (2) zu den *Moroideae* gestellt, dagegen *Acanthinophyllum* bei den *Artocarpoideae* belassen; *Balanostreblus* und *Paraclarisia* gehören zu *Sorocea* [BURGER (1)]. — **Proteaceae:** RAO (1) betrachtet die *Persoonieae* als die primitivste Tribus, *Bellendena* als die ursprünglichste Gattung; dieser Tribus stehen (2) die *Placospermeae* und die *Conospermeae* nahe. — Die Untersuchung der amerikanischen *Grevilleae* und *Embothrieae* bestärkt HABER in der Auffassung, daß die Familie ursprünglich dichlamydeisch war; auch hier werden tetramere Kelche mit epiphyllen Stamina und von vier bis auf zwei reduzierte alternisepale Kronblätter in Form von Schuppen, Disci oder Drüsen gefunden. — **Santalales:** JOHRI u. BHATNAGAR gliedern nach embryologischen Befunden die Ordnung in *Santalinae* mit *Olacaceae* (incl. *Oktoknemataceae*), *Grubbiaceae, Santalaceae* (incl. *Opiliaceae*) und *Myzodendraceae* und in *Loranthinae* mit *Loranthaceae* und *Viscaceae*. — **Olacaceae:** *Eganthus* und *Endusa* sind zu *Minquartia* zu ziehen (STAUFFER). — **Santalaceae:** Bei den sechs Triben JOHRIs erscheint STAUFFER eine Scheidung von *Osyrideae* und *Thesieae* fraglich, da bereits innerhalb *Thesium* entsprechend gemischte Merkmalskombinationen auftreten. — **Aristolochiaceae:** Aus entwicklungsgeschichtlichen Befunden schließt HAGERUP, daß bei *Aristolochia* das Perigon nur einem einzigen Blatt homolog ist, vergleichbar der Spatha vieler *Araceae*. — Der Name *A. durior* für die schon so oft umgetaufte Gartenpflanze gehört nach dem Typus zu einer Bignoniacee (PFEIFER)!

Centrospermae: Diese, bei Ausschluß der *Thelygonaceae* als homogen betrachtete Ordnung stammt nach BUXBAUM (1) unzweifelhaft von den *Illiciaceae* ab, wobei der mehr als gewaltsame biochemische Teil der Beweisführung außer Acht gelassen sei. „Genus primordioides" ist *Phytolacca;* die Entwicklungstendenzen seien durch das „Gesetz der sekundären Ausfüllung von Intervallen am Blütenvegetationskegel", durch die Einbeziehung von Brakteolen in die Blüte sowie durch Förderung des Achsenbechers *(Nyctaginaceae, Tetragoniaceae, Cactaceae)* oder des Achsenkegels *(Aizoaceae, Silenoideae)* gegeben. Primär liege nur ein einziger episepaler (bzw. ursprünglich spiralig an den Tepalenkreis in 2/5-Stellung anschließender) Staminalkreis vor; Obdiplostemonie und stärkere Andröcealbereicherung sollen durch Streckung des unter dem primären Staminalkreis liegenden Teils des Vegetationskegels und alternierende, zentrifugale „Ausfüllung" des dadurch entstandenen

Intervalls mit transversal oder serial abgespaltenen Staubblättern entstehen. Gliederung: *Phytolaccineae, Cactineae (C., Aizoaceae, Portulacaceae), Nyctaginineae (N., Basellaceae), Chenopodiineae (Amaranthaceae, Batidaceae, Ch.), Caryophyllineae*. — **Aizoaceae:** IHLENFELDT u. STRAKA (2) wollen wieder einmal die Mittagsblumen aus Zweckmäßigkeitsgründen als eigene Familie *Mesembryanthemaceae* neben *Molluginaceae, Aizoaceae* (Name jetzt geschützt!) und *Tetragoniaceae* stellen. Sie gliedern die Gruppe in vier Unterfamilien auf (IHLENFELDT, SCHWANTES u. STRAKA), von denen die *Mesembryanthemoideae (= Aptenioideae)* isomere mittelständige Fruchtknoten, Spaltkapseln und koilomorphe Nektarien besitzen, die *Hymenogynoideae* und *Caryotophoroideae* pleio- und oligomere unterständige Gynöceen, koilo- und lophomorphe Nektarien und Bruchfrüchte; diesen drei Einheiten mit zentraler Placentation stehen die *Ruschioideae* mit basalen oder parietalen Placenten, unterständigen, iso- bis pleiomeren Gynöceen und lophomorphen oder fehlenden Nektarien gegenüber *(Ruschieae, Apatesieae, Skiatophyteae, Saphesieae* und *Carpobroteae)*. — *Limeum* soll nach embryologischen Befunden weit eher den *Phytolaccaceae* anzureihen sein (NARAYANA u. JAIN). — **Caryophyllaceae:** Eine glänzende Darstellung der *Stellariinae* und *Sabulininae*, besonders aber des *Arenaria*-Komplexes, ist McNEILL zu danken. *Cherleria, Queria, Greniera, Rhodalsine* und *Hymenella* werden in *Minuartia* einbezogen, *Arenaria* (unter Einschluß von *Gooringia, Gouffeia* und *Moehringella*) recht überzeugend in zehn Untergattungen gegliedert; ähnlich ausführlich sind *Moehringia, Brachystemma, Honkenya, Wilhelmsia* und *Lepyrodiclis* behandelt [vgl. auch cyt. FAVARGER (5)]. BARKOUDAH klärt in seiner Monographie die Grenzen zwischen *Gypsophila, Ankyropetalum* und *Acanthophyllum* und zieht die §§ *Jordania* und *Pseudoacanthophyllum* zu der letzteren Gattung; *Bolanthus* vermittelt zwischen *Gypsophila* und *Saponaria, Phryna* steht ziemlich isoliert. — BOQUET u. BAEHNI beziehen jetzt auch für die Schweizer Flora *Melandrium* und *Heliosperma* in *Silene, Vaccaria* in *Lychnis* ein. — Endgültig den *Centrospermae* einzugliedern sind nunmehr auch die **Didiereaceae,** die bislang von den meisten Autoren den *Sapindales* zugerechnet wurden. Diese in Madagaskar endemische Familie besitzt Betacyane; ihr anatomischer und morphologischer Bau weist zahlreiche Parallelen mit dem der *Cactaceae* (besonders *Decarya : Pereskia*) auf. Daß in den *D.*-Areolen auf die Dornen noch Laubblätter folgen, wird als primitives Merkmal gegenüber den *Cactaceae* betrachtet (RAUH u. REZNIK). Weitere Beweise findet RAUH (1) in der Sämlingsstruktur und in der Pollenähnlichkeit der ebenfalls areolenbürtigen Blüten. *Alluaudiopsis* und *Decarya* rücken durch eine neuentdeckte Art bedenklich nahe zusammen.

Nymphaeaceae: Das in der Anlage typisch oberständige Gynöceum von *Nymphaea* betrachtet MOSELEY als echt synkarp; die Karpellanlage ähnelt der bei älteren *Polycarpicae*. — **Trochodendraceae:** PERVUKHINA u. YOFFE betrachten *Trochodendron* als anatomisch und morphologisch, durch Reduktion und Koaleszenz, stark spezialisiert und sehen wenig Beziehungen zu den *Magnoliales*. — **Ranunculaceae:** FOSTER (1) findet eindeutig dichotome Aderung bei *Kingdonia* und *Circaeastrum;* die manchmal auftretenden Anastomosen werden wie bei *Ginkgo* als Spezialisierung gedeutet. Zur Placentation der *Anemoneae* s. S. 89. — **Magnoliaceae:** Nach Stoma- und Epidermisstruktur stehen *Manglietia* und *Talauma* der (als primitiv betrachteten) Gattung *Magnolia* zunächst (BARANOVA). — **Himantandraceae:** Die einzige Gattung muß den Namen *Galbulimima* führen (VAN ROYEN). — **Lauraceae:** SASTRIs embryologische Befunde sprechen gegen eine Abtrennung von *Cassytha*. — Alle neuweltlichen Arten von *Phoebe* werden von KOSTERMANS (7) zu *Cinnamomum* gezogen. — **Fumariaceae:** Die Familie ist auch durch das Bündelmuster im Rezeptakel und die Morphologie der Sepalen übergangslos von den *Papaveraceae* geschieden; *Pteridophyllum* und *Hypecoum* sind danach eindeutig den *F.* zuzuweisen [ERNST (1)]. Pollenevolution bei *Dicentra* s. S. 91. — **Brassicaceae:** In dem di- und tetraploide Sippen umfassenden Komplex von *Arabis hirsuta* ist das gerne taxonomisch verwendete Merkmal der Schotenlänge an Bastarde mit mangelnder Samenbildung gebunden (NOVOTNA; KLASTERSKY u. NOVOTNA). — **Capparidaceae:** Die afrikanischen Gattungen werden von DE WOLF (3) nach Sporneschen Prinzipien geordnet. Von *Crateva* aus führen verschiedene Linien zu *Thilachium*, über *Euadenia* und *Cladostemon* zu *Cadaba* und über *Ritchiea* und *Maerua* zu *Boscia; Capparis* wird von *Ritchiea* abgeleitet, *Cleome* steht isoliert. *Gynandropsis* ist in *Cleome, Courbonia* in *Maerua* einbezogen. — **Podostemonaceae:** HESS grenzt

Dicraeanthus gegen *Inversodicraea* ab. — **Crassulaceae:** UHL (2) stützt seine Vorschläge zur besseren Umgrenzung von *Aeonium, Aichryson* und *Sedum* auf cytologische Befunde; *Greenovia* sollte vielleicht in *Aeonium* einbezogen werden. — **Saxifragaceae:** SAVILE parallelisiert in interessanter Form Evolution und Verbreitung der *S.* mit der Entwicklungshöhe ihrer Rostpilz-Parasiten. — Heterostylie ist nunmehr auch bei den *S.* und zwar von *Jepsonia* bekannt (ORNDUFF). — **Hamamelidaceae:** SKVORTSOVA verweist auf die Einheitlichkeit der Leitbündelanatomie in den Blattstielen der echten *H.; Altingia* und *Liquidambar* weichen auch in diesem Merkmal völlig ab. — **Rosaceae:** *Sieversia* und *Neosieversia* werden von SOKOLOVSKAYA entgegen der Meinung GAJEWSKIs aus cytologischen, palynologischen und chorologischen Gründen von *Geum* generisch getrennt. — KOVANDA (2) verweist auf die starke morphologische Heterogenität von *Sorbus;* er betrachtet die Gattung als „genus collectivum" und gliedert sie in fünf Untergattungen, die unabhängige Evolutionslinien darstellen sollen. — **Fabaceae:** „Pseudomonadelphische"Andröceen, bei denen das freie Staubblatt sekundär der Staminalröhre eingefügt wird, beschreibt GILLETT bei *Milletia.* — *Afrormosia* wird mit *Pericopsis* vereinigt und diese Gattung gegen *Haplormosia* und *Ormosia* abgegrenzt (KNAAP-VAN MEEUWEN). — VASSILCZENKO (1) verweist auf die phylogenetische Bedeutung der Blattcyclen bei *Astragalus.* — Epidermismerkmale der Blattunterseite werden von UJHELYI (2) zur Unterscheidung von *Lotus*-Kleinarten herangezogen. — Bei *Vicia* erweisen sich Form und Länge des Hilums als artcharakteristisch [Samenschlüssel, ZERTOVA (2)].

    Linaceae: *Hesperolinum* ist von *Linum* durch die am Rand des Filamentbechers entspringenden Petalen und deren basale Anhängsel generisch zu trennen (SHARSMITH). — **Irvingiaceae:** *Cyrillopsis,* bisher zu den *Cyrillaceae* gerechnet, bildet nach *Irvingia, Desbordesia* und *Kleinedoxa* die vierte (und erste haplostemone) Gattung der *I.* (ROBSON u. AIRY SHAW). — **Humiriaceae:** Die schöne Monographie von CUATRECASAS (2) bestätigt die nahe Verwandtschaft zu *Linaceae* und *Erythroxylaceae.* — **Rutaceae:** Auf einer neuen Gattung *Diphasiopsis* wird von MENDONÇA eine eigene Substribus der *Toddalieae* begründet. — Das einfache Perianth von *Zanthoxylum* ist vom doppelten von *Fagara* abgeleitet und mit ihm in Zentralamerika durch Übergangsformen verbunden; *Fagara* wird daher von BRIZICKY (5) als Untergattung zu *Zanthoxylum* gezogen. — **Simaroubaceae:** In den bislang sehr unscharf gegliederten *Simaroubeae* wird von NOOTEBOOM neben *Harisonia* und *Eurycoma* nur *Quassia* aufrechterhalten; in diese Großgattung werden *Hannoa, Odyendyea, Simaba, Pierreodendron, Simarouba* und *Samadera* einbezogen. — Die *Surianoideae* sind nach den gründlichen Untersuchungen GUTZWILLERs auf die *Rigiostachys*-Gruppe einzuschränken; die Typusgattung *Suriana* wird dagegen als eigene, ziemlich primitive und isolierte Familie der *Geraniales* s. lat. betrachtet. Recht ähnliche Merkmalskombinationen findet die Autorin bei den meist den Rosifloren zugerechneten *Connaraceae* und *Chrysobalanaceae,* deren Überführung in die *Geraniales* (= *Gruinales* plus *Terebinthales*) daher erwogen wird; dem Grad der Ableitung folgend wären etwa *Surianaceae, Connaraceae, Sapindaceae, Chrysobalanaceae* aneinanderzureihen. — **Meliaceae:** *Heynea* ist zu *Trichilia* zu ziehen (BENTVELZEN). — **Euphorbiaceae:** *Phyllanthoideae* und *Crotonoideae* sind pollenmorphologisch klar getrennt, unter den ersteren auch die Paxschen Großgruppen, die palynologisch durch den *Antidesma*-Typ, den *Amanoa*-Typ und den *Aristogeitona*-Typ charakterisiert sind (PUNT). Unter den *Crotonoideae* sollten alle Sippen mit typischem *Croton*-Muster in eine einzige, natürliche, Gruppe zusammengefaßt werden; andere Pollentypen zeigen *Plukenetiinae* (mit *Omphalea), Acalypheae (Mallotus*-Typ*), Hippomaneae* (mit *Pachystroma*) plus *Euphorbieae (Hippomane*-Typ*)* und *Dalechampia* (isoliert). — Eine Aufteilung von *Euphorbia* befürwortet weiterhin DRESSLER (5); die neuweltlichen Gattungen werden auf *Chamaesyce* (dichasial), *Agaloma* und *Pedilanthus* (Drüsen mit petaloiden Anhängseln, Involukrum radiär bzw. stark zygomorph), *Tithymalus* (4—5 Drüsen, hierzu auch die meisten europäischen Arten), *Cubanthus* und *Poinsettia* (1—2 Drüsen, weibliche Blüten mit bzw. ohne *Calyculus*) verteilt. Die afrikanischen Succulenten müßten dann den Namen *Medusea* führen. — Nach Blattstielanatomie, Pollenform und Cytologie gehören *Jatropha* (nahe *Aleurites*) und *Cnidosolcus* (nahe *Manihot*) ganz verschiedenen Verwandtschaftsbereichen an; hingegen sind *Curcas, Mozinna* u. a. von *Jatropha* nicht zu trennen (MILLER u.WEBSTER). — *Muricococcum* gehört zu *Cephalomappa* [KOSTERMANS (2)]. — Die Gattungsgrenzen zwischen *Drypetes* und *Lingelsheimia* klärt LEONARD (2).

Anacardiaceae: Pollen s. S. 90. — **Cyrillaceae:** Die bislang zu den *Clethraceae* gerechnete Gattung *Schizocardia* gehört zu *Purdiaea* [THOMAS (2)]. — **Aceraceae:** Die Blüten von *Acer* und *Dipteronia* sind morphologisch und anatomisch so homogen, daß HALL die Zusammenziehung der Gattungen erwägt. — **Rhamnaceae:** Embryologische und anatomische Merkmale stimmen gut mit denen der *Vitaceae* überein (NAIR u. SARMA); mit PRICHARD glauben die Autoren an eine Ableitung von obdiplostemonen Vorfahren, wobei der innere Staminalwirtel und die Perianthbasis in den Diskus umgewandelt sein sollen. — Die Gattungsgrenzen von *Condalia* (mit *Microrhamnus*) und *Condaliopsis* werden von JOHNSTON (2) im Sinne SUESSENGUTHs revidiert. — VENT (2) verwendet von ihm als „subtilanalytisch" bezeichnete Methoden zur Abgrenzung und Gliederung seiner Gattung *Oreoherzogia (Rhamnus-fallax-*Verwandtschaft*)*. Er (1) charakterisiert die Sippenstruktur qualitativ und quantitativ durch Merkmalskomplexe, in denen er morphologische, stoffliche und chorologische Charaktere, Evolutionstendenzen, sowie „biotische und abiotische Umweltfaktoren" vereint, und trennt danach bei *Oreoherzogia* einen campestren, mesophilen Grundstock von dem oreophilen Hauptast und xerophilen Seitenlinien. — **Tiliaceae:** *Pityranthe* ist kongenerisch mit *Diplodiscus* [KOSTERMANS (1)]. — **Sterculiaceae:** *Basiloxylon* gehört zu *Pterygota* [KOSTERMANS (3)]. — **Scytopetalaceae:** *Pseudobrazzeia* und *Erythropyxis* werden von LETOUZEY zu *Brazzeia, Egassea* zu *Oubanguia* gestellt. — **Ochnaceae:** ROBSON gliedert *Ochna* neu und klärt die Grenzen zu *Brackenridgea* und *Ouratea*. — **Hypericaceae:** *Ascyrum* und *Crookea* stellen nur Endpunkte bestimmter Evolutionstendenzen bei *Hypericum* dar und sollten nicht abgetrennt werden (ADAMS u. ROBSON). Dieselbe Meinung vertritt LARSEN (1) aus cytologischen Gründen für *Androsaemum* und *Webbia*. — **Violaceae:** Das bekannte Galmei-Veilchen wird von HEIMANS aus der *lutea*-Gruppe ausgeschlossen und in die *alpestris*-Gruppe verwiesen. — **Flacourtiaceae:** Die merkwürdige neue Gattung *Saboureaea* (LEANDRI) ähnelt morphologisch *Casearia* und *Tisonia*, besitzt aber Polygonaceen-Pollen. — **Rhopalocarpaceae:** Diese in Madagaskar endemische, systematisch schon den verschiedensten Verwandtschaftskreisen zugeteilte Familie wird von CAPURON (2) in die *Malvales* eingereiht; weitere Ähnlichkeiten zu *Bixaceae* und *Cochlospermaceae* führt der Autor auf gewisse Beziehungen auch dieser Familien zu den *Malvales* zurück. *Sphaerosepalum* wird zu *Rhopalocarpus* gezogen, daneben neu eine zweite Gattung, *Dialyceras*, mit freien Fruchtblättern (!) gefunden. — **Peridiscaceae** Diese systematisch ähnlich unklare Familie wird von SANDWITH und METCALFE (3) in die Nähe der *Flacourtiaceae* gestellt; es wird auf die morphologische und anatomische Ähnlichkeit mit der ebenfalls als flacourtioid betrachteten Gattung *Soyauxia* verwiesen, die freilich auch schon bei den *Passifloraceae* und *Medusandraceae* eingemeindet wurde. — **Turneraceae:** STORY klärt die Gattungsgrenzen zwischen *Turnera* und *Loewia*.

Cactaceae: BUXBAUM (3) hält eine klare phylogenetische Abfolge *Illicium* — *Phytolacca* — *Pereskia* für erwiesen (vgl. auch S. 116). In seiner Darstellung der Entwicklungslinien der *Cereoideae-Pachycereae* führt der gleiche Autor (2) eine sehr begrüßenswerte Sippenreduktion durch und beschränkt die Tribus auf 5 Subtriben mit insgesamt 13 Gattungen. — WILLIAMS kehrt bei den Kakteen Guatemalas sogar wieder zu der Konzeption von BRITTON u. ROSE zurück. — *Neogomesia* wird von ANDERSON (2) zu *Ariocarpus* gestellt, *Obregonia* (3) dagegen als eigene Gattung zwischen *Echinocactus* und *Mammillaria* versetzt. — BACKEBERG beendet sein Handbuch mit dem 5. und 6., die *Boreocactinae* und einen Nachtrag umfassenden Band. — **Myrtaceae:** *Eucalyptus* soll nach PILIPENKO durch reduktive Vorgänge aus *Eugenia* entstanden sein; durch Neotenien und Umweltveränderungen (vor allem die Aridisierung der Heimatregion) sollen sich xerophytische sowie meso- und kryophytische Äste entwickelt haben (Stammbaum bis zu den Series). — **Onagraceae:** Die Entwicklungstendenzen führen hier von Sträuchern zu krautigen Annuellen, von radiärtetrameren Blüten zu zygomorph-oligomeren und von den Basiszahlen 10 und 11 zu 7 (LEWIS u. RAVEN). *Zauschneria* wird von *Epilobium*-Gruppen des westlichen Nordamerikas abgeleitet, das als eines der Entfaltungszentren dieser Gattung betrachtet wird. — Nach den Mitosecyclen lassen sich drei Gruppen, nämlich *Fuchsieae, Lopezieae* und *Circaeeae*, dann *Epilobieae* und *Jussiaeeae* sowie die durch Translokationssysteme ausgezeichneten *Onagreae* und *Hauyeae* trennen (KURABAYASHI, LEWIS u. RAVEN). — MIRANDA will im Gegensatz zu MUNZ *Jehlia* als eigene Gattung beibehalten. — **Apiaceae:** TIKHOMIROV will *Hydrocotyle* und *Centella* aus den *A.* zu den

Araliaceae überführen. — Die Begrenzung der merkwürdigen „mulinoiden" Gattungen *Asteriscium, Gymnophyton, Pozoa, Eremocharis* und *Domeykoa* berichtigen MATHIAS und CONSTANCE (2). — *Ligusticum, Seseli* und *Angelica* werden auf nordhemisphärische Sippen beschränkt und die aus Australien und Neuseeland beschriebenen Taxa auf die neu abgegrenzten Gattungen *Gingidium, Anisotome* und *Aciphylla* verteilt (J. W. DAWSON). — MATHIAS u. CONSTANCE (1) ziehen *Triphylleion* zu *Niphogeton*. — *Trinia* und Verwandte, *Ledebouriella, Rumia* und *Saposhnikovia* werden von TAMAMSCHIAN neu umgrenzt.

Ericaceae: Zur Embryologie dieser und verwandter Familien vgl. S. 92. — PALSER (2) glaubt aus morphologischen und bündelanatomischen Gründen eine eigene Familie „*Vacciniaceae*" ausgliedern zu müssen. — Embryologisch passen *Cassiope* und *Enkyanthus* nicht zu den *Andromedeae* [PALSER (1)]. — SLEUMER (2) klärt definitiv, daß der Name „*Azalea*" aus der wissenschaftlichen Nomenklatur auszuscheiden hat und nur als Gartenname verwendet werden kann. — **Epacridaceae:** Blütenmorphologische Studien PATERSONs (1) bestätigen die nahe Verwandtschaft mit den *Ericaceae* und die primitivere Stellung der *Epacrideae* gegenüber den *Styphelieae* (vgl. auch die Pollenstudien RAOs S. 91). — **Primulaceae:** (vgl. auch SATTLER, S. 88, VALENTINE 2, S. 106, und SPANOVSKY, S. 91): Aus den ausgezeichneten Arbeiten WENDELBOs ist hier zunächst die vor allem auf palynologischen Studien basierende Neugliederung der *Primulinae* (3) anzuführen. Basale Seitenzweige des *Primula*-Astes sind *Bryocarpum, Omphalogramma*, vielleicht *Soldanella* und, *Primula* schon stark genähert, *Hottonia;* die übrigen Gattungen werden als Ausgliederungen von *Primula* selbst betrachtet *(Sredinskya* aus subg. *Primula, Cortusa* aus subg. *Auganthus, Dionysia* aus subg. *Sphondylia* und *Dodecatheon* aus subg. *Auriculastrum)*. Der zweite Ast beginnt mit der stark erweiterten Gattung *Androsace* (incl. *Douglasia* und *Vitaliana*) und führt von deren § *Samuelia* zu *Stimpsonia*, von § *Chamaejasme* zu *Pomatosace. Kaufmannia* wird zu *Cortusa* gezogen, *Ardisiandra* aus den *Primulinae* ausgeschlossen. *Primula* selbst (2) wird in die 7 Untergattungen *Sphondylia* (= *Floribundae), Auriculastrum, Primula, Auganthus, Carolinella, Craibia* und *Aleuritia* und insgesamt 35 Sektionen gegliedert; als primitiv werden involute Blätter, blattartige Brakteen, tricolporoidater Pollen, Gliederhaare und Flavonpuder betrachtet *(Sphondylia!). Dionysia* (1), gekennzeichnet durch eine Kombination von Merkmalen, deren jedes einzeln bei *Primula* selten ist, zeigt klare Zusammenhänge mit subg. *Sphondylia* in den isolierten Reliktsippen des Arealrandes. — **Sapotaceae:** Sehr ausführliche Arbeiten AUBREVILLEs (1—3) befassen sich mit den *Pouterieae* und *Chrysophylleae* Südamerikas, wobei nach der Zahl der Blütenteile und Fruchtknotenfächer, Insertion der Stamina und Griffellänge, nach Blattnervatur und Samenstruktur zahlreiche neue Kleingattungen errichtet werden (Gattungsschlüssel!). — **Ebenaceae:** Bei *Diospyros* trennt F. WHITE „diagnostische" Merkmale (mit vollständiger Diskontinuität: Schlüsselmerkmale) und „Differentialmerkmale" (mit Überlappung, zur Arttrennung nur verwertbar, wenn mit anderen kombiniert); Sippen mit kompliziertem, taxonomisch nicht adäquat zu behandelndem Variationsmuster werden als „Ochlospecies" bezeichnet.

Loganiaceae: Die angebliche Epacridacee *Nautophylla* gehört zu *Logania* (LEENHOUTS), *Scyphostrychnos* zu *Strychnos* [LEEUWENBERG (3)]. — **Buddleiaceae:** Eine neu entdeckte Gattung *Sanango* steht nach BUNTING u. DUKE „zwischen *Loganiaceae* und *Scrophulariaceae*" und scheint demnach die B. noch näher an die letzteren heranzuführen. — **Gentianaceae:** Nach den blütenanatomischen Studien von KRISHNA u. PURI ist bei den G. die axile Plazentation als primitiv zu betrachten; die freie Zentralplacenta wird von hier aus über *Cotylanthera*, parietale Plazentation über *Limnanthemum* erreicht. Nur eine Modifizierung der letzteren stellt die scheinbar flächenständige Plazentation von *Gentiana* dar. — *Cicendia* und *Microcala* werden von FAVARGER (1), vor allem aus cytologischen Gründen, als generisch getrennte, alte Überreste einer hygrophilen Tertiärflora tropischer Verwandtschaft betrachtet [vgl. auch cyt. ZELTNER (1, 2)].— *Gentiana* § *Comastoma*, von H. SMITH zu *Gentianella*, von LÖVE u. LÖVE zu *Lomatogonium* gezogen, wird von TOYOKUNI als eigene Gattung herausgestellt. — MARAIS (in VERDOORN) zieht *Exochaenium* zu *Belmontia*. — **Apocynaceae:** CODD (2) klärt die Gattungsgrenzen zwischen *Acokanthera* und *Carissa*. — **Asclepiadaceae:** SAFWAT belegt die äußerst unscharfe Trennung zwischen *A., Periplocaceae* und *Apocynaceae* mit dem genau analysierten Beispiel von

Secamone, die u. a. wegen ihrer Pollinien eindeutig den *A.* und sogar der hochentwickelten subfam. *Cynanchoideae* zugerechnet wird. Hingegen hàt die Gattung in anderen Charakteren (Narbenkopf, Tetradenformation, 4-lokuläre Antheren) noch keineswegs das entsprechende Evolutionsniveau erreicht. Dem Autor scheint es günstiger, sich mit einer einzigen Familie (Gliederung: *Plumerioideae, Echitoideae, Periplocoideae, Secamonoideae, Asclepioideae*) zufrieden zu geben. — Die blattlosen *A.* Madagascars, bisher auf elf, meist endemische, Gattungen zersplittert, werden von Descoings (1) auf *Cynanchum, Sarcostemma* und *Folotsia* verteilt. —
Convolvulaceae: *Dichondra* wird von Tharp u. Johnston nicht einmal als eigene Unterfamilie der *C.* bewertet, sondern den *Dicranostyleae* (nahe *Cressa*) zugeschlagen, da die merkwürdige Fruchtentwicklung nur auf sekundären, innerhalb der Gattung nicht einmal einheitlichen, Veränderungen beruht. Die Griffel stehen auf der Spitze des nicht mit den Loculi mitwachsenden Septums; die Gynobasie im reiferen Fruchtknoten wird hier nur als kleiner ontogenetischer Schritt betrachtet. — **Boraginaceae:** *Onosma* wird von Riedl (3) als Musterbeispiel retikulater Sippenstruktur vorgeführt; die Gattung läßt sich nur provisorisch in § *Protonosma* (mit basalen Filamentschuppen) und § *Onosma* gliedern; in der letzteren führen alle Übergänge von kahlen Tuberkeln über unregelmäßig behaarte zu den mit dicht behaarten Höckern besetzten sog. „Asterotrichen". *Choriantha* (1) bringt in neuer Kombination Merkmale von *Vaupelia, Maharanga* und *Onosma;* die Gattungen scheinen alte Typen eines paläomediterranen Formenkreises zu repräsentieren. *Arnebia* (2) ist mit *Lithospermum* sehr nahe verwandt und mehr durch anders gerichtete Entwicklungstendenzen als durch scharfe Merkmale geschieden. Bei einer Neugliederung von *Cynoglossum* (4) wird *Paracynoglossum* in die Gattung einbezogen. — **Lamiaceae:** Eine neue, stärker detaillierte Gliederung von *Salvia* gibt Hruby (2), wobei *Schraderia, Allagospadonopsis* und *Covola* einbezogen, *Salviastrum* und *Polakia* dagegen generisch getrennt werden. — Die etwa 30 perennen Arten von *Ziziphora* will Hedge (1) zu einer einzigen reduzieren, da alle Ecktypen durch gleitende Übergänge zusammenfließen. — **Solanaceae:** Correll kann *Lycopersicon* nur durch die sterilen Antherenanhängsel von *Solanum* trennen; *Solanum* § *Neolycopersicon* stellt vielleicht ein Zwischenglied dar, weicht aber durch zygomorphe Blüten ab. In seiner klassischen Monographie verteilt der Autor die 178 Arten der § *Tuberarium* auf 32 Series. — Die von russischen Autoren in letzter Zeit stark vermehrte Artenzahl der § *Morella* wird von Wessely für Mitteleuropa auf drei reduziert. — **Scrophulariaceae:** Die *Selagineae* sind durch so klare Übergänge mit den (bereits zur Reduktion der Samenzahl tendierenden) *Manuleae* verbunden, daß ihnen unmöglich Familienwert zuerkannt werden kann (Junell). — Larsen (1) sieht keine cytologischen Gründe, *Isoplexis* von *Digitalis* getrennt zu halten. — Alle Arten von *Linaria* s. str. sind konstant durch hypocotyläre Verzweigungen charakterisiert. Die vergleichende Anatomie spricht für das alte System von Chavannes (Champagnat). — Den *Pawlownieae* rechnet Paclt *Wightia* und eine neue Gattung *Shiuyinghua* zu. — Ein neues System von *Pedicularis* beendet Tsoong und setzt ökologische Aspekte in Beziehung zur Evolution. — Eine zusammenfassende Darstellung der Wulfenien bringt Radomir.
Bignoniaceae: Zwischen *Tecomeae* und *Tourrettieae* stellt Yakovlev die neue Tribus *Incarvilleae (I., Amphicome* und die früher den *Pedaliaceae* zugerechnete *Niedzwedzkia)*, während Griersons Revision diese Gattungen und *Pteroscleris* in *Incarvillea* selbst miteinbezieht. — **Pedaliaceae:** *Uncarina* wird von Ihlenfeldt u. Straka (1) klar von *Harpagophyton* geschieden und nach der Bestachelung der Früchte gegliedert. — **Orobanchaceae:** Tiagi glaubt aus dem Bündelverlauf auf tetramere Gynöceen schließen zu müssen und will die Familie parallel zu den (dimeren)*Rhinanthoideae* aus „noch vier- oder mehrzähligen autotrophen*Scrophulariaceae*" ableiten. — **Gesneriaceae:** Burtt zieht *Isanthera* zu *Rhynchotechum* (2), *Klugia* zu *Rhynchoglossum* (3). — **Lentibulariaceae:** Casper gliedert *Pinguicula* in subg. *Isoloba* (subtropisch, mit offener Rosette überwinternd), subg. *Micranthus* (mit *P. alpina*) und subg. *Pinguicula;* für die dritte Untergattung bildet das europäische Teilareal ein sekundäres Entwicklungszentrum, in dem mehrere, untereinander genetisch nicht eng zusammenhängende Formenkreise unterschiedlichen Alters auseinanderzuhalten sind. — **Acanthaceae:** *Acanthopsis* ist von *Blepharis* stark verschieden und kann nicht von dieser, durch fixierte vierzählige Scheinquirle ausgezeichneten, Gattung abgeleitet werden [P. G. Meyer (2)]. Durch seriale Bei-

sprosse wird bei *Petalidium* § *Pseudobarleria* oft ein dichasialer Bau der Blütenstände vorgetäuscht; dieses Merkmal wird neben der Kelchform von P. G. MEYER (1) zur Trennung der Sektionen verwendet. — HEINE (2) zieht *Asteracantha* und die westafrikanischen *Synnema*-Arten zu *Hygrophila*, BREMEKAMP in Australien alle Ruellien zu *Dipteracanthus*, alle Justicien zu *Rostellularia* und *Sarojusticia*. — Eine erste natürliche Gattungshybride der *A.* beschreiben MEEUSE u. DE WET *(Ruttya* × *Ruspolia)*. — **Rubiaceae:** Eine lesenswerte Studie HALLEs (1) behandelt die afrikanischen Gattungen der teilweise durch merkwürdige Kelchbildungen ausgezeichneten *Mussaendeae*, von denen die *Hedyotideae* als progressiver Seitenzweig abgeleitet werden. Besonders interessant ist die Entwicklung von Heterostylie und Diöcie. Die westafrikanische Gattung *Atractogyne* scheint nicht mit den afrikanischen, sondern mit den amerikanischen *Gardenieae* zusammenzuhängen; sie bildet einen Übergang von den *G.* zu den *Mussaendeae* [HALLE (2)]. — *Grumilea* wird zu *Mapouria* gezogen und neu von *Psychotria* abgegrenzt [BREMEKAMP (1)]. — *Oldenlandia* und *Houstonia* werden für die Neue Welt von LEWIS (1) nur als Untergattungen von *Hedyotis* betrachtet; wollte man sie nach denselben Spielregeln wie die altweltlichen behandeln, müßten in Amerika trotz ¹er weit geringeren Artenzahl vier zusätzliche Gattungen kreiert werden. — *Cruciata* hat keine engeren Beziehungen zu *Galium*, sondern zu der Gattungsgruppe von *Valantia* und *Meionandra*, deren ursprünglichstes Glied sie darstellt. [EHRENDORFER (3)] — *Galium* § *Leptogalium* wird von EHRENDORFER (1) neu umrissen und gegliedert. — **Valerianaceae:** WEBERLING s. S. 88.

Cucurbitaceae: Eine wichtige Neugliederung der *C.* bringt JEFFREY (1), der die Zahl der Stamina und den Grad der Ausgestaltung der Theken als konvergent erreichte Organisationsstufen betrachtet. Unter den eingriffligen *Cucurbitoideae* vereinigt er *Joliffeae, Cucurbiteae, Cyclanthereae, Sicyoeae, Abobreae, Trichosantheae* und *Melothrieae*, während die dreigriffligen *Zanonioideae* nur eine Tribus besitzen. Eine große Zahl früherer Gattungen wird eingezogen und dadurch der Umfang besonders von *Momordica, Coccinia, Lagenaria* und *Kedrostis* bedeutend erweitert. Die *Melothrieae* werden unter Wiederaufnahme der Gattungen *Zehneria, Solena* und *Mukia* neu gegliedert. Recht ähnlich, wenn auch nicht immer so weitgehend verändert, gestaltet sich das System MEEUSEs (5) für die südafrikanischen Gruppen. — Die oft verwechselten Gattungen *Fevillea* und *Siolmatra* sind deutlich verschieden [JEFFREY (2)]. — **Stylidiaceae:** Blütenmorphologische und anatomische Untersuchungen CAROLINs (1) vermögen die systematische Stellung nicht zu klären; selbst die Zugehörigkeit zu den *Campanulales* muß offen bleiben. — **Asteraceae:** BURTT (1) weist darauf hin, daß das Körbchen nicht nur als „Blüte zweiter Ordnung" klassifiziert werden darf, da die Häufung der Blüten zusammen mit der Trennung der Einzelfrüchte ein hochwirksames System zur Erprobung genetischer Rekombinationen darstellt. — Eine Aufteilung der *Helenieae* erscheint RAVEN u. KYHOS noch nicht angebracht, da trotz eingehender cytotaxomischer Studien für verschiedene Gruppen noch keine andere Anschlußmöglichkeit gegeben sei; TURNER, ELLISON u. KING wollen demgegenüber bereits jetzt *Actinospermum, Balduina* und *Helenium* (mit Verwandten) als eigene Subtribus neben die *Heliantheae-Verbesininae* stellen. Die *Galinsoginae* bilden nach diesen Autoren eine völlig unnatürliche Gruppe. — Auch die *Helenieae-Hymenopappinae* werden von TURNER zerrissen: *Hymenopappus* soll den *Anthemideae, Schkuhria, Hymenothrix, Florestina* und *Cephalobembix* den (ziemlich heterogenen) *Helenieae-Bahiinae* zugeschlagen werden. — Die russischen Kamillen werden von POBEDIMOVA auf die Gattungen *Matricaria, Microcephala* und *Tripleurospermum* (mit *Chionogeton*) verteilt. — NORLINDH findet bei *Calendula maderensis* nicht die typisch-ringförmigen, sondern nur (als primitiv betrachtete) sichelförmige innere Achänen; dadurch rücken die Gattungen *Calendula, Gibbaria* und *Osteospermum* noch enger zusammen. — Bei den *Cynareae* ähneln sich die Karyogramme von *Carduus, Cirsium, Cnicus, Onopordon* (und wohl auch *Silybum*) sehr weitgehend, während diejenigen von *Notobasis* und *Chamaepeuce* erkennbar, die von *Echinops* und *Saussurea* stärker differieren (MOORE u. FRANKTON). — Eine Neugliederung von *Cousinia* für Rußland gibt TSCHERNEVA. — Für *Selloa* soll der Name *Gymnosperma* vorgezogen werden [SOLBRIG (1)]. — *Psilactis* ist nach JACKSON (4) von *Machaeranthera* kaum generisch zu trennen. — **Cichoriaceae:** Eine zusammenfassende Darstellung der Evolutionstendenzen in dieser Familie bringt K. L. CHAMBERS.

9. Monographische und cytotaxonomische Arbeiten

Der Ref. sieht sich hier zu einer einleitenden Bemerkung genötigt. Durch die Einreihung dieses Kapitels am Ende des jeweiligen Berichts und die allzu stark geraffte Form einer bloßen Aufzählung mag manchenorts der Eindruck entstanden sein, es handle sich hier um weniger interessante, nur der Vollständigkeit halber zusammengestellte Arbeiten. Dem gegenüber ist mit aller Schärfe zu betonen, daß zumindest in der Auffassung des Ref. in diesen Beiträgen ein sehr beträchtlicher Teil des wirklichen „systematischen Fortschritts" vereinigt ist. Daß so großartige Arbeiten wie etwa CORRELLs Monographie von *Solanum § Tuberarium* hier in der Fülle der Angaben untergehen, darf nicht in Vergessenheit geraten lassen, daß hier eine weit gewichtigere Leistung erzielt wurde als mit der Aufstellung von zwanzig neuen Systemen.

Ein richtiges Lehrbuch für den praktisch arbeitenden Taxonomen, das jedem auf systematischem Gebiet arbeitenden Studenten in die Hand gedrückt werden sollte, ist BENSONs (2) "Plant Taxonomy. Methods and Principles". Es gibt klare und instruktive Anweisungen für die Erfassung einer größtmöglichen Zahl von Daten in Natur, Herbar und Bibliothek (erläutert meist an *Ranunculus*, *Quercus* und *Cactaceae*), geht ausgiebig auf die notwendige Berücksichtigung der ganzen Nachbardisziplinen ein und lehrt so das umfassende Bild schaffen, das jeder taxonomischen Bearbeitung zugrunde liegen sollte. Weitere Kapitel gelten der Methodologie der Systembildung, der Erläuterung der Nomenklaturregeln und Anleitungen für Beschreibung und Dokumentation. An dem konkreten Beispiel einer Monographie von *Canarina*, die er im Rahmen eines Studentenkurses über taxonomische Forschungsmethoden erarbeiten ließ, verfolgt O. HEDBERG denselben Zweck, den wirklichen Umfang gediegener systematischer Arbeit vor Augen zu führen. CORNER betont (in MACLEOD u. COBLEY) wie unglaublich viel Arbeit auch heute noch auf diesem traditionellen Gebiet zu leisten ist; er verweist besonders auf manche noch nie zusammenhängend bearbeitete Riesengattungen *(Vernonia, Senecio, u. v. a.)*, bei denen oft erst die genauere Kenntnis der tropischen Arten Schlüsse auf die Evolution erlauben wird (prachtvolle Beispiele bei *Ficus!*).

Gymnospermae: *Cycadales, Ginkgoales, Coniferae,* Indien: RAIZADA u.SAHNI.— Coniferae: Liste der tropischen Arten: BADER. — Podocarpaceae: *Podocarpus § Polypodiopsis,* Südpazifik: GRAY, N. E.— Pinaceae: Cambodge, Laos und Vietnam: NGOC-SANH. *Cathya:* CHUN u. KUANG. — Cupressaceae: *Widdringtonia:* CHAPMAN.

Pandanaceae: *Pandanus:* ST. JOHN (1). *Sararanga:* STONE, B. C. (1). — Sparganiaceae: *Sparganium,* Bayern: COOK (1). *Sparganium,* Großbritannien: COOK (2). — Ruppiaceae: *Ruppia,* cyt.: REESE (3). — Juncaginaceae: *Triglochin,* Afrika: HORN AF RANTZIEN. — Alismataceae: *Alisma,* Polen, cyt.: POGAN.— Hydrocharitaceae: *Egeria:* ST. JOHN (2). *Elodea,* NW-Amerika: ST. JOHN (3). — Poaceae: Tropisches Afrika, Gattungen: JACQUES-FÉLIX. Malaya: GILLILAND. Mexico, cyt.: TATEOKA (5). Missouri: KUCERA. *Aegilops,* cyt.: CHENNAVEERAIAH. *Agropyron,* Holland: HANSEN (2). *Andropogoneae:* ROBERTY (1). *Andropogoneae,* Westafrika: ROBERTY (2). *Aristida,* Argentinien: CARO (1). *Arundineae:* CONERT (1). *Asthenatherum:* CONERT (2). *Avenochloa,* Tschechoslovakei: HOLUB (1). *Bromus § Bromopsis,* cyt.: HANNA. *Calamagrostis,* USSR: TZVELEV. *Calamagrostis,* Peru: TOVAR. *Calamagrostis,* Schlüssel bis Subsekt.: VASSILJEV (1). *Dactylis,* Polen, cyt.:

DOROSZEWSKA. *Danthonia*, Australien, cyt.: BROCK u. BROWN. *Deschampsia*, USSR: TZVELEV. *Dichanthium*, cyt. u. biol.: DE WET u. HARLAN. *Festuca-ovina*-Gruppe, nördl. Rheingebiet: PATZKE (1). *Festuca-ovina*-Gruppe, Thüringen: RAUSCHERT. *Guaduella:* CLAYTON. *Koeleria* sub§ *Glaucae:* UJHELYI (3). *Microstegium*, USSR: TZVELEV. *Monerma*, Mediterr.: RUNEMARK (2). *Oryza:* SAMPATH. *Ottochloa*, Australien: LAZARIDES. *Paniceae*, cyt.: CHEN u. HSU. *Parapholis*, Mediterr.: RUNEMARK (2). *Phalaris:* ANDERSON, D. E. *Poa*, Mittelasien: PAZIJ, *Poa*, Canada, cyt.: BOWDEN. *Poa* § *Ochlopoa:* CHRTEK u. JIRÁSEK. *Puccinellia*, Canada, cyt.: BOWDEN. *Setaria*, Nordamerika: ROMINGER. *Stipa* subgen. *Pappostipa*, Argentinien und Chile: PARODI (2). — C y p e r a c e a e : Illinois: MOHLENBROCK u. DRAPALIK. Iraq, Schlüssel: HADAC. Japan: KOYAMA (1). Thailand: KERN (2). *Carex-flava*-Gruppe, nördl. Rheingebiet: PATZKE u. PODLECH. *Carex-sachalinensis*-Komplex: KOYAMA (2). *Eleocharis* subgen. *Limnochloa*, Argentinien: PEDERSEN. *Eleocharis-palustris*-Komplex, Fennoskandien: STRANDHEDE. *Rhynchosporoideae*, Indochina u. Thailand: RAYMOND. *Rhynchospora*, Rhodesien: ROBINSON (1). *Scirpus* § *Schoenoplectus*, Holland, cyt.: OTZEN. *Scleria*, Malesien: KERN (1). *Scleria*, Indochina: KERN (3). *Scleria* § *Tessellatae*, Afrika: ROBINSON (2).

A r e c a c e a e : *Allagoptera:* MOORE, H. E. (2). *Copernicia*, Südamerika: DAHLGREN u. GLASSMAN. *Diplothemium:* MOORE, H. E. (2). — A r a c e a e : *Arisaema*, cyt.: MALIK. *Monsteroideae*, cult., Schlüssel veget. Merkm.: BUNTING (2). *Spathiphyllum*, cult.: BUNTING (1). — B r o m e l i a c e a e : *Gravisia*, *Pitcairnia*, Westindien: SMITH, L. B. (2). — P o n t e d e r i a c e a e : *Monochoria*, Afrika: VERDCOURT (1). —J u n c a c e a e : Brasilien (S. Catarina): BARROS. *Juncus-effusus*-Gruppe: KŘÍSA. *Luzula-spicata*-Gruppe: CHRTEK u. KŘÍSA. — L i l i a c e a e : *Aloe*, Ruanda: TROUPIN (1). *Anthericum*, Südafrika: OBERMEYER (2). *Astroloba*, cyt.: RILEY. *Camptorrhiza*, Südafrika: OBERMEYER (1). *Chlorophytum*, Südafrika: OBERMEYER (2). *Chlorophytum*, cult.: DRESS (1). *Gagea:* UPHOF. *Gasteria*, cyt. RILEY. *Hyacinthella:* FEINBRUN. *Iphigenia*, Südafrika: OBERMEYER (1). *Liriope*, cult.: HUME. *Narthecium*, cyt.: CONTANDRIOPOULOS. *Ophiopogon*, cult.: HUME. *Trachyandra*, Südafrika: OBERMEYER (2). — S m i l a c a c e a e : *Smilax*, Mexico: MORTON, C. V. (2). — T r i l l i a c e a e : *Trillium*, Ostasien: SAMEJIMA u. SAMEJIMA. — X a n t h o r r h o e a c e a e : *Lomandra-filiformis*-Komplex: Lee, A. T. — A m a r y l l i d a c e a e : *Allium*, veg., Deutschland: FOERSTER. *Conostylis:* GREEN, J. W. *Leucoium*, cyt.: CONTANDRIOPOULOS. *Sternbergia:* TRAUB. — T e c o p h i l a e a c e a e : *Cyanastrum* u. *Walleria:* CARTER (2). — V e l l o z i a c e a e : Amerika: SMITH, L. B. (1). — D i o s c o r e a c e a e : *Dioscorea*, Taiwan: LIU u. HUANG. — I r i d a c e a e : *Anomalostylus:* FOSTER (3). *Cardenanthus:* FOSTER (3). *Crocus*, cyt.: KARASAWA. *Iris*, USSR, cyt.: RANDOLPH u. MITRA. *Ixia:* LEWIS. *Mastigostyla:* FOSTER (3). — M u s a c e a e : *Heliconia*, Venezuela: ARISTEGUIETA. *Musa:* SIMMONDS. — Z i n g i b e r a c e a e : *Geostachys*, Thailand: LARSEN (2). — O r c h i d a c e a e : Peru, Forts. u. Schluß: SCHWEINFURTH (2). Südafrika, epiphytische Orchid., Besprechung: SCHELPE (1), Tax. u. Schlüssel: SCHELPE (2). Index of Orchid Names 1960 u. 1961: DRESSLER (4), *Colax:* HAWKES (1). *Cymbidium*, Katalog: MENNINGER. *Dactylorhiza-maculata*-Komplex, Ungarn: BORSOS (1). *Diadenium:* SCHWEINFURTH (1). *Ephemerantha*, Enum.: HUNT u. SUMMERHAYES. *Epipactis*, Studien: YOUNG. *Eulophiella:* HAWKES (2). *Meiracyllium* u. *Mesospinidium:* TEUSCHER. *Ophrys:* NELSON. *Orchis*, Ungarn: BORSOS (2). *Renanthera*, cyt.: KAMEMOTO u. SHINDO. *Stanhopea:* DODSON u. FRYMIRE.

S a l i c a c e a e : *Salix*, Mittelasien: SKVORTSOV (4). *Salix-berberidifolia*-Gruppe: SKVORTSOV (2). *Salix* § *Incubacea*, Norddeutschl.: MANG. *Salix-pentandra*-Gruppe: SKVORTSOV (1). *Salix-phylicifolia*-Gruppe, USSR: SKVORTSOV (3). — B e t u l a c e a e : *Betula* § *Verrucosae*, Ostasien u. NW-Amerika: JANSSON. — F a g a c e a e : *Quercus*, mittl. Osten: ZOHARY, M. — M o r a c e a e : *Acanthinophyllum:* BURGER (2). *Clarisia:* BURGER (2). *Ficus*, Asien u. Australien: CORNER (1). *Sorocea:* BURGER (1). *Trophis:* BURGER (2). — U r t i c a c e a e : cyt.: SHARMA. — L o r a n t h a c e a e : Côte d'Ivoire: BALLE u. HALLÉ. Brasilien (S. Catarina): RIZZINI. *Dendrophthora:* KUIJT. — S a n t a l a c e a e : *Acanthosyris, Cervantesia, Colpoon* (Südafrika), *Jodina, Osyridicarpos, Osyris* (Südafrika), *Rhoicarpos* (Südafrika): STAUFFER. *Thesium*, Congo u. Ruanda-Urundi: ROBYNS u. LAWALRÉE. — O l a c a c e a e : *Coula, Minquartia, Ochanostachys:* STAUFFER. — A r i s t o l o c h i a c e a e : *Aristolochia*, Nahost: DAVIS u. KHAN. — P o l y g o n a c e a e : *Coccoloba*, Länderliste Südamerika: HOWARD. *Poly-*

gonum-aviculare-Komplex, England (auch cyt.): STYLES (1,2). *Rumex-acetosa*-Gruppe, Brit. Inseln: RECHINGER (1). *Ruprechtia:* COCUCCI. — Chenopodiaceae: *Bassia-uniflora*-Gruppe: ISING. *Salicornia*, cyt.: DALBY. — Didiereaceae: cyt.: GUERVIN. — Amaranthaceae: *Alternanthera*, Holland: VAN OOSTROOM u. REICHGELT. *Amaranthus*, England: BRENAN. *Celosia*, cyt.: GRANT. *Celosia* u. *Hermbstaedtia*, Südafrika: MEEUSE (1). — Nyctaginaceae: cyt.: SHARMA u. BHATTACHARYYA. — Aizoaceae: *Astridia*, Schlüssel f. Arten: BOLUS (1). *Cephalophyllum*, Schlüssel f. Gruppen: BOLUS (2). *Cheiridopsis*, Schlüssel f. Series: BOLUS (1). *Gisekia*, Südafrika: ADAMSON. *Glinus*, Südafrika: ADAMSON. *Plinthus*, Südafrika: ADAMSON. *Ruschia*, Südwestafrika: FRIEDRICH. *Ruschieae-Delosperminae:* HERRE u. FRIEDRICH. *Sesuvium*, Südafrika: ADAMSON. *Trianthema*, Südafrika: ADAMSON. *Zaleya*, Südafrika: ADAMSON. — Caryophyllaceae: *Ankyropetalum:* BARKOUDAH. *Arenaria*, cyt.: FAVARGER (5). *Bolanthus:* BARKOUDAH. *Drymaria:* DUKE (2). *Gypsophila:* BARKOUDAH. *Lychnis*, cyt.: KRUCKEBERG (1). *Minuartia*, cyt.: FAVARGER (5). *Petrocoptis*, cyt.: KRUCKEBERG (1). *Phryna:* BARKOUDAH. *Sabulininae* u. *Stellariinae*, Rev. bis §§ u. Artenlisten: MC NEILL. *Sagina*, Japan: MIZUSHIMA. *Scleranthus*, Argentinien: NICORA. *Silene*, cyt.: KRUCKEBERG (1). — Ranunculaceae: Indien, Enum.: MUKERJEE (1). *Aconitum*, cyt.: ZHUKOVA. *Anemone*, cyt.: ZHUKOVA. *Aquilegia*, cyt.: ZHUKOVA. *Clematis*, Indien: GUPTA. *Delphinium*, cyt.: ZHUKOVA. *Delphinium*, China: WANG. *Helleborus* § *Helleborus*, Europa: MERXMÜLLER u. PODLECH. *Pulsatilla-grandis*-Gruppe: WINKLER. *Thalictrum*, cyt.: ZHUKOVA. *Trollius*, cyt.: ZHUKOVA. — Berberidaceae: *Berberis:* AHRENDT. *Berberis*, sommergrüne, cult.: LANGE. *Mahonia:* AHRENDT. — Menispermaceae: Afrika: TROUPIN (2). *Cocculus*, Malesien: FORMAN (1). — Magnoliaceae: *Magnolia*, temp. Amerika: FOGG. — Annonaceae: Moçambique: GONÇALVES (2). *Enantia:* LE THOMAS. — Himantandraceae: VAN ROYEN. — Myristicaceae: *Knema:* SINCLAIR. — Monimiaceae: Brasilien (S. Catarina): REITZ (1). — Lauraceae: *Cinnamomum*, Neue Welt, Liste: KOSTERMANS (7). *Persea*, Asien, Liste: KOSTERMANS (8).

Papaveraceae: *Argemone*, Südamerika u. Hawaii: OWNBEY. *Papaver-radicatum*-Komplex, Enum.: LÖVE (2). — Brassicaceae: Moçambique: GONÇALVES (1). *Brassica* spp. („Chinakohle"): HELM. *Cardaminopsis-arenosa*-Komplex: SCHOLZ. *Lepidium*, Canada: MULLIGAN.— Capparidaceae: Moçambique: GONÇALVES (3). *Maerua*, Schlüssel f. Angola: GONÇALVES (4). *Ritchiea*, Afrika: DE WOLF (2). *Thilachium*, Afrika: DE WOLF (1). — Crassulaceae: cyt.: UHL (1, 2). *Sedumtelephium*-Gruppe, cyt.: JALAS u. RÖNKKÖ. *Sempervivum*, cyt.: ZÉSIGER. — Saxifragaceae: *Deutzia* § *Mesodeutzia:* ZAIKONNIKOVA.— Cunoniaceae: *Weinmannia* § *Weinmannia:* BERNARDI. — Rosaceae: *Agrimonia*, Europa: SKALICKY. *Alchemilla*, Erzgebirge: ROTHMALER. *Potentilla* § *Crassinervia*, cyt.: CONTANDRIOPOULOS. *Rosa*, Nord-Kaukasus: GALUSHKO. *Sorbus*, Bayern u. Thüringen: DÜLL. *Sorbus*, Türkei: GABRIELIAN. *Sorbus* subgen. *Aria*, Tschechoslovakei: KOVANDA (1). — Mimosaceae: *Parkia*, Afrika: HAGOS. *Prosopis* § *Algarobia*, Nordamerika: JOHNSTON (1). — Caesalpiniaceae: *Martiodendron:* KOEPPEN u. ILTIS. — Fabaceae: Gargano (Italien): FENAROLI. *Adesmia:* BURKART. *Alysicarpus*, Malesien: VAN MEEUWEN, VAN STEENIS u. STEMMERIK. *Aspalathus*, *nigra*- u. *triquetra*-Komplex: DAHLGREN (2). *Aspalathus* II (mit ericoiden u. pinoiden Blättern): DAHLGREN (1). *Astragalus*, W-Pakistan u. NW-Himalaya: ALI. *Astragalus*, Neue Welt, cyt.: LEDINGHAM. *Ateleia:* MOHLENBROCK (3). *Calophaca*, Schlüssel: BORISSOVA. *Caragana*, cyt.: FRAHM-LELIVELD (2). *Chesneya*, USSR: BORISSOVA. *Christia (= Lourea)*, Malesien: VAN MEEUWEN, VAN STEENIS u. STEMMERIK. *Indigofera*, cyt.: FRAHM-LELIVELD (1). *Lotus*, Tschechoslovakei: ŽERTOVÁ (1). *Medicago*, Spanien: CASELLAS. *Medicago*, cyt.: CLEMENT. *Milletia* § *Berrebera*, Ostafrika: GILLETT. *Moghania*, Malesien: VAN MEEUWEN, NOOTEBOOM u. VAN STEENIS. *Oxytropis* § *Oxytropis*, Europa: GUTERMANN u. MERXMÜLLER. *Oxytropis*, Neue Welt, cyt.: LEDINGHAM. *Pericopsis:* KNAAP-VAN MEEUWEN. *Psoralea*, Malesien: VAN MEEUWEN, VAN STEENIS u. STEMMERIK. *Rhynchosia*, Malesien: VAN MEEUWEN, NOOTEBOOM u. VAN STEENIS. *Riedeliella:* MOHLENBROCK (2). *Smithia*, Malesien: VAN MEEUWEN, NOOTEBOOM u. VAN STEENIS. *Stylosanthes*, Malesien: VAN MEEUWEN, NOOTEBOOM u. VAN STEENIS. *Stylosanthinae*, Zentralamerika u. Mexico: MOHLENBROCK (4). *Trifolium*, Nahost: HOSSAIN. *Trifolium*, Palästina: OPPENHEIMER. *Uraria*, Malesien: VAN

MEEUWEN, NOOTEBOOM u. VAN STEENIS. *Zornia:* MOHLENBROCK (1). — Geraniaceae: *Pelargonium*, Australien: CAROLIN (2). — Linaceae: *Hesperolinum:* SHARSMITH. — Humiriaceae: CUATRECASAS (2). — Rutaceae: *Chloroxylon*, Madagaskar: CAPURON (1). *Correa:* WILSON. *Fagaropsis*, Madagaskar: CAPURON (1). *Platydesma:* STONE, B. C. (2). *Ptelea:* BAILEY. *Xanthoxyleae*, Madagaskar, Schlüssel: CAPURON (1). — Simaroubaceae: *Quassia:* NOOTEBOOM. — Meliaceae: *Cedrela:* SMITH, C. E. *Trichilia*, Indomalesien: BENTVELZEN. — Malpighiaceae: *Sphedamnocarpus*, kontinent. Afrika: LAUNERT. — Polygalaceae: *Polygala*, Indien u. Burma: MUKHERJEE (2). *Polygala*, Nordamerika, cyt.: LEWIS u. DAVIS.

Euphorbiaceae: Mexico, Jalisco: MC VAUGH. *Euphorbieae*, Schlüssel der neuweltl. Gattungen: DRESSLER (5). *Euphorbia*, Bulgarien: KUZMANOV. *Euphorbia*, succ., Klass. u. Liste: MIZUNO. *Euphorbia*, succ., Madagaskar: RAUH (2). *Microdesmia:* LÉONARD (1). *Monadenium:* BALLY. *Phyllanthus*, cyt.: WEBSTER u. ELLIS. *Poinsettia:* DRESSLER (5). — Callitrichaceae: *Callitriche*, Portugal: SCHOTSMAN (1). *Callitriche*, Cant. Neuchâtel, Schlüssel der Wasser- u. Landformen, cyt.: SCHOTSMAN (2). — Empetraceae: *Empetrum:* VASSILJEV, V. N. (2). — Anacardiaceae: *Dracontomelum*, Indochina: TARDIEU-BLOT (1). *Gluta*, Übersicht u. Schlüssel: TARDIEU-BLOT (3). *Loxopterygium:* BARKLEY. *Mangifereae*, Indochina, Schlüssel der Gattungen: TARDIEU-BLOT (3). *Melanorrhoea*, Übersicht u. Schlüssel: TARDIEU-BLOT (3). *Semecarpus*, Indochina, Schlüssel, TARDIEU-BLOT (2). *Swintonia*, Übersicht u. Schlüssel: TARDIEU-BLOT (3). — Sapindaceae: Brasilien (S. Catarina): REITZ (2). *Chytranthus*, Côte d'Ivoire: HALLÉ u. ASSI. *Pometia:* JACOBS.— Rhamnaceae: *Condalia:* JOHNSTON (2). *Oreoherzogia:* VENT (2). — Vitaceae: *Cayratia*, Madagaskar: DESCOINGS (2). — Tiliaceae: *Brownlowia:* KOSTERMANS (5). *Burretiodendron:* KOSTERMANS (6). — Malvaceae: *Hibiscus*, Hawaii: ROE. — Bombacaceae: *Neesia:* SOEPADMO. — Sterculiaceae: *Byttneria, Leptonychia, Scaphopetalum*, Congo: GERMAIN (1). — Scytopetalaceae: LETOUZEY. *Rhaptopetalum*, Congo: GERMAIN (2). — Ochnaceae: *Euthemis*, Cambodge: VIDAL. *Schuurmansia:* KANIS. — Theaceae: *Ternstroemia*, Afrika: KOBUSKI (1). *Ternstroemia*, Philippinen: KOBUSKI (2). — Clusiaceae: *Mammea*, Asien u. Pazifik: KOSTERMANS (4). — Hypericaceae: *Hypericum* § *Myriandra:* ADAMS. *Hypericum*, Rev. der 5 in Europa advent. amerikan. Arten (alle § *Brathys*): HEINE (1). *Vismia*, Südamerika: EWAN. — Fouquieriaceae: cult.: INGRAM (5). — Cistaceae: *Lechea*, südöstl. USA: WILBUR u. DAOUD. — Violaceae: *Viola*, Europa, cyt.: SCHMIDT, A. (1, 2, 3, 4). — Rhopalocarpaceae: CAPURON (2). — Turneraceae: Angola: FERNANDES u. FERNANDES (2). — Begoniaceae: *Begonia* §§ *Augustia* u. *Rostrobegonia*, Afrika: IRMSCHER. — Cactaceae: *Ariocarpus:* ANDERSON, E. F. (1). *Boreocactinae:* BACKEBERG. *Eccremocactus:* KIMNACH. *Gymnocalycium*, Übersicht: YAMANA. *Pediocactus:* BENSON (1). — Thymelaeaceae: *Enkleia:* NEVLING (2). *Linostoma:* NEVLING (1). — Rhizophoraceae: *Anisophyllea*, Vietnam: VIDAL u. SANH. — Myrtaceae: Brasilien (S. Catarina): LEGRAND. *Darwinia*, N. S. Wales: BRIGGS. *Eucalyptus:* PENFOLD u. WILLIS. *Eucalyptus*, Studien: JOHNSON, L. A. S.— Melastomataceae: Brasilien (S. Catarina): WURDACK. *Melastomoideae*, Rhodesien: FERNANDES u. FERNANDES (1). — Onagraceae: *Epilobium*, Türkei: RAVEN (1). *Epilobium*, Himalaya: RAVEN (2). *Lopezieae:* MUNZ. *Oenothera* subgen. *Chylismia:* RAVEN (3). — Apiaceae: *Anisotome:* DAWSON, J. W. *Asteriscium:* MATHIAS u. CONSTANCE (2). *Bupleurum* sub § *Glumacea:* SNOGERUP. *Domeykoa, Eremocharis, Gymnophyton:* MATHIAS u. CONSTANCE (2). *Heracleum*, Polen: GAWLOWSKA. *Heracleum*, Türkei: MANDENOVA. *Niphogeton:* MATHIAS u. CONSTANCE (1). *Pimpinellasaxifraga*-Komplex, Mitteleuropa: WEIDE. *Pozoa:* MATHIAS u. CONSTANCE (2).

Ericaceae: *Dimorphanthera:* SLEUMER (1). *Leucothoe*, cult.: INGRAM (2). *Vaccinium*, Malesien: SLEUMER (3). — Epacridaceae: *Andersonia:* WATSON (2).— Primulaceae: *Anagallis*, Polen: KORNAŚ. *Dionysia:* WENDELBO (1). *Primula* subgen. *Sphondylia:* WENDELBO (2). *Soldanella*, Italien: CRISTOFOLINI u. PIGNATTI. — Plumbaginaceae: *Limonium*, Südafrika: DYER. *Limonium*, Iberische Arten: PIGNATTI. — Sapotaceae: Neukaledonien: AUBRÉVILLE (4). Südafrika, Schlüssel d. veget. Merkm.: MEEUSE (4). *Chrysophylleae*, Südamerika, Gattungsschlüssel: AUBRÉVILLE (1). *Pouterieae*, Südamerika, Gattungsschlüssel: AUBRÉVILLE (2). — Oleaceae: *Jasminum* § *Alternifolia:* GREEN, P. S. (1). *Jasminum*, Neukaledonien: GREEN, P. S. (2). — Loganiaceae: *Anthocleista:* LEEUWENBERG (1). *Gardneria:*

Leenhouts. *Geniostoma*, Pazifische Inseln: Smith u. Stone. *Mitrasacme:* Leenhouts. *Spigelia*, Afrika: Leeuwenberg (2). — Gentianaceae: *Blackstonia*, cyt.: Zeltner (1, 2). *Centaurium*, cyt.: Zeltner (1,2). *Chironia*-Komplexe: Verdoorn. *Cicendia*, cyt.: Favarger (1). *Gentiana-cachemirica*-Gruppe: Smith, H. *Microcala*, cyt.: Favarger (1). — Apocynaceae: *Pachypodium*, Madagaskar: Rauh (2). — Asclepiadaceae: Madagaskar, blattlose Arten: Descoings (1). *Gongronema*, Afrika: Bullock. — Convolvulaceae: *Dichondra*, Nordamerika: Tharp u. Johnston. *Hildebrandtia*, Ostafrika: Verdcourt (2). *Ipomoea*, Studien: Verdcourt (2). — Boraginaceae: cult., Schlüssel der Gattungen: Ingram (1). *Arnebia:* Riedl (2). *Echium*, Studien: Klotz. *Pulmonaria*, Polen: Pawlowski. *Symphytum*, cult.: Ingram (3). — Verbenaceae: *Acantholippia:* Moldenke (2). *Dipyrena:* Moldenke (1). *Lippia*, Paraguay: Troncoso. *Pitraea*, Argentinien: Caro (2). *Verbena:* Moldenke (3). *Verbena*, Nordamerika, cyt.: Lewis u. Oliver. — Lamiaceae: *Ajuga* § *Chamaepitys*, Tschechoslovakei: Smejkal. *Ballota:* Patzak, A. *Coleus*-Gruppen: Codd (1). *Galeopsis ladanum* agg., Großbritannien: Townsend. *Melittis*, Ungarn: Soó u. Borsos. *Nepeta-fissa*-Gruppe: Hedge (2). *Pycnanthemum*, cyt.: Chambers, H. L. *Salvia*, Schlüssel d. supraspez. Taxa: Hrubý (2). *Salvia* § *Audibertia*, cyt.: Epling, Lewis u. Raven. *Satureia*, Südafrika: Killick. *Thorncroftia:* Codd (1). *Thymus*, Mitteleuropa, Schlüssel f. d. wichtigsten infraspez. Taxa: Machule. *Thymus*, Belgien: Staes. *Ziziphora*, perenne Arten: Hedge (1). — Solanaceae: Anatolien: Baytop. Brasilien (Rio Grande do Sul), Liste: Rambo. *Combera:* Ricardi. *Sclerophylax:* Di Fulvio. *Solanum* § *Morella*, Tropisches Amerika: Soria u. Heiser. *Solanum* § *Tuberarium:* Correll. — Scrophulariaceae: *Buchnereae*, Zentralamerika: Thieret. *Centranthera*, China: Li (3). *Linaria*, China: Li (4). *Mimulus* § *Simiolus*, cyt.: Mukherjee u. Vickery. *Pedicularis* § *Elongatae*, Schlüssel: Mayer. *Scrophularia*, westl. Nordamerika, cyt.: Shaw. *Verbascum*, China: Li (2). *Xylocalyx:* Carter (1). — Bignoniaceae: *Incarvillea:* Grierson. *Incarvillea*, cult.: Ingram (4). — Pedaliaceae: *Uncarina*, Madagaskar: Humbert (1). — Gesneraceae: cyt.: Lee, R. E. *Achimenes* § *Dicyrta:* Morton, C. V. (1). *Loxocarpus*, Liste: Burtt (2). *Rhynchoglossum*, Liste: Burtt (3). *Rhynchotechum*, Liste: Burtt (2). — Columellaceae: *Columella:* Brizicky (3). Lentibulariaceae: *Pinguicula:* Ernst, A. *Pinguicula*, Eurasien: Casper. *Pinguicula*, südöstl. USA: Godfrey u. Stripling. *Pinguicula*, cyt.: Contandriopoulos. — Rubiaceae: Nordamerika, cyt.: Lewis (4). *Aidia*, Congo, Schlüssel: Petit. *Atractogyne:* Hallé (2). *Cruciata:* Ehrendorfer (3). *Galium*, cyt.: Kliphuis. *Galium-multiflorum*-Komplex, cyt.: Ehrendorfer (2). *Gleasonia*, Amazonien: Egler. *Hedyotis*, cyt.: Lewis (2). *Morinda*, Congo, Schlüssel: Petit. *Psychotria*, Cuba, Schlüssel: Acuña u. Roig. *Tapiphyllum:* Robyns. — Caprifoliaceae: *Viburnum*, cyt.: Egolf. — Dipsacaceae: *Scabiosa-palaestina*-Gruppe: Patzak, W. — Cucurbitaceae: Südafrika: Meeuse (5). *Kedrostis*, Madagaskar: Keraudren. — Campanulaceae: *Campanula*, cyt.: Gadella; Merxmüller u. Damboldt. *Campanula* § *Heterophyllae*, cyt.: Podlech. *Canarina:* Hedberg, O. *Lightfootia* § *Marginatae* u. *Rupestres:* Lambinon u. Duvigneaud. *Phyteuma*, cyt.: Contandriopoulos. — Lobeliaceae: *Downingia*, cyt: Wood (2) — Asteraceae: Nordamerika, cyt.: Turner, Ellison u. King. Mexico, cyt.: Turner u. Johnston. Mexico u. Guatemala, cyt.: Turner, Beaman u. Rock. Argentinien, Gattungsschlüssel: Cabrera. *Achillea-millefolium*-Komplex, Schlüssel f. Deutschland: Bässler. *Ambrosia*, Canada: Bassett u. Terasmae. *Antennaria*, Europa, Schlüssel: Chrtek u. Pouzar. *Antennaria-carpatica*-Gruppe: Chrtek u. Pouzar. *Artemisia*, cyt.: Arano. *Caesulia:* Ramayya. *Carlina*, Mitteleuropa: Meusel u. Werner. *Carthamus* § *Carthamus:* Hanelt. *Cotula*, Argentinien: Caro (3). *Cynareae* cyt.: Moore u. Frankton. *Dracopsis*, cult.: Dress (2). *Dyssodia*, cyt.: Johnston u. Turner. *Echinaceae*, cult.: Dress (2). *Haplopappus*, cyt.: Jackson (3). *Hymenothrix:* Turner. *Hymenoxys*, Südamerika: Parker. *Iva:* Jackson (1). *Ligularia*, cult.: Dress (2). *Matricaria*, USSR: Pobedimova. *Melampodium*, cyt.: Turner u. King. *Microcephala*, USSR: Pobedimova. *Oligochaeta:* Wagenitz. *Oritrophium:* Cuatrecasas (1). *Pseudoconyza:* Cuatrecasas (1). *Ratibida*, cult.: Dress (2). *Rudbeckia*, cult.: Dress (2). *Schischkinia:* Wagenitz. *Tripleurospermum*, USSR: Pobedimova. *Vernonieae*, Brasilien (S. Catarina): Cabrera u. Vittet. *Xanthocephalum:* Solbrig (2). — Cichoriaceae: *Hieracium*, Orkneys: Sell u. West. *Taraxacum* § *Vulgaria*, Belgien: Van Soest.

10. Floren

Europa: Britische Inseln: CLAPHAM, TUTIN u. WARBURG: Flora of the British Isles, ed. 2. Cambridge 1962. BUTCHER: A New Illustrated British Flora. 2 vol. London 1961. Biological Flora of the British Isles *(Spergularia arvensis, Holcus lanatus, Arabis stricta, Fraxinus excelsior, Epilobium nerteroides, Silene acaulis, Cardaria draba, Hippophae, Sparganium erectum)*, J. Ecol. **49** (1961) u. **50** (1962). — Niederlande: Flora Neerlandica **IV** (1): 1—138 (1961), *Plumbaginaceae — Boraginaceae*. — Belgien: LAWALREE: Flore Générale de Belgique. Spermatophytes **IV** (1): 1—134 (1961), *Fabaceae*. — Deutschland: CHRISTIANSEN: Flora der Nordfriesischen Inseln. Hamburg 1961. OBERDORFER: Pflanzensoziologische Exkursionsflora für Süddeutschland. Stuttgart 1962. BERTSCH: Flora von Südwestdeutschland. Stuttgart 1962. — Spanien: HEYWOOD: Flora der Sierra de Cazorla. Feddes Rep. **64** (1), 28—73 (1961), *Pteridophyta — Hypericaceae*. — Griechenland: RECHINGER: Flora von Euboea. Bot. Jb. **80** (3), 294—382 (1961) u. **88** (4), 383—465 (1961). PHITOS: Phytogeographike Ereyna tes Kentrikes Euboias. Athenai 1960, 1—106. — Estland: ÜKSIP: Eesti NSV Floora **7**, 1—479. Tallinn 1961; *Hieracium*. — Europäisches Rußland: SCHISCHKIN: Flora Leningradskoj Oblasti **III**, 1—266 (1961), *Rosaceae – Apiaceae*. — Rumänien: SĂVULESCU: Flora Republicii Populare Romine **8**, 1—704 (1961), *Lentibulariaceae – Dipsacaceae*.

Asien: USSR: SCHISCHKIN u. BOBROV: Flora SSSR **26**, 1—938 (1961), *Asteraceae: Anthemis – Gundelia;* **27**, 1—757 (1962), *Asteraceae: Echinops – Nikitinia*. — Orient: RECHINGER: Notizen zur Orient-Flora Nr. 1—30. Anz. Math. Nat. Kl. Österr. Akad. Wiss. 1961/62. — Armenien: TAKHTAJAN: Flora Armenii **4** (1962), *Mimosaceae – Juglandaceae*. — Afghanistan: KITAMURA: Flora of Afghanistan, Kyoto Univ. 1960 (Enum.). GILLI: Feddes Rep. **64** (2/3), 204—231 (1962), *Monocotyledoneae*. — Indien: MAHESHWARI, J. K.: Naturalized Flora of India. Proc. Summer School Bot. (New Delhi): 156—170 (1962). — Hinterindien: LARSEN et al.: Studies in the Flora of Thailand 1—13. Dansk Bot. Ark. **20** (1), 1—108 (1961) u. **20** (2), 109—204 (1962). AUBRÉVILLE: Flore du Cambodge, du Vietnam et du Laos. Paris 1961/62; *Sabiaceae, Anacardiaceae, Moringaceae, Connaraceae*. HO u. VAN DUONG: Flore du Vietnam. Saigon 1960. — Java: MONOD DE FROIDEVILLE in BACKER, Beknopte Flora van Java **19**, 1—228 (1960/61), *Poaceae*.

Australien. Westaustralien: SMITH u. MARCHANT: The West Austr. Nat. **8** (1), 5—17 (1961); Wasserpflanzen. — New England: GRAY, M.: Contr. N. S. Wales Nat. Herb. **3** (1), 1—82 (1961). ANDERSON, R. H.: Contr. N. S. Wales Nat. Herb., Flora Series Nos. 1—18 (1961), 21—22 (1962), 101 (1) (1961), 208—211 (1961). — Neu seeland: ALLAN: Flora of New Zealand, vol. 1. Wellington 1961. 1085 S.; Farne, Gymnospermen, Dicotylen.

Afrika: WILD: Harmful aquatic Plants in Africa and Madagascar. Kirkia **2**, 1—67 (1961). — Nordafrika: MAIRE: Flore de l'Afrique du Nord, **7** u. **8**, Paris 1961/62; *Casuarinales – Polygonales, Centrospermales*. NÈGRE: Petite Flore des Régions Arides du Maroc Occidental I. Paris 1961; *Monocotyledoneae – Fabaceae*. QUEZEL u. SANTA: Nouvelle Flore de l'Algérie I. Paris 1962; *Pteridophyta – Caesalpiniaceae*. — Ghana: IRVINE: Woody Plants of Ghana. London 1961. — Nigeria: KEAY, ONOCHIE u. STANFIELD: Nigerian Trees. I. Lagos 1960. — Äthiopien: CUFODONTIS: Enum. Pl. Aethiopiae. Bull. Jard. Bot. Brux. **31**, (4) Suppl. 709—772 (1961) u. **32** (2), Suppl. 773—827 (1962); *Apocynaceae – Lamiaceae*. CUFODONTIS: Süd-Aethiopien, 4. Teil. Senck. biol. **43** (4), 273—300 (1962). — Gabun: AUBRÉVILLE: Flore du Gabon. Paris 1961/62; *Sapotaceae, Sterculiaceae, Irvingiaceae, Simaroubaceae, Burseraceae, Melianthaceae, Balsaminaceae, Rhamnaceae*. — Congo: Flore du Congo et du Rwanda-Burundi. Spermatophytes **8** (1), 1—215 (1962); *Euphorbiaceae*. — Ostafrika: HUBBARD u. MILNE-REDHEAD: Flora of Tropical East Africa, London 1961/62; *Aizoaceae, Taccaceae, Theaceae, Buxaceae, Fumariaceae, Papaveraceae*. DALE u. GREENWAY: Kenya Trees and Shrubs, 1961. — Angola: EXELL u. FERNANDES: Conspectus Florae Angolensis **3** (1), 1—187 (1962), *Fabaceae I*. — Sambesi-Gebiet: EXELL u. WILD: Flora Zambesiaca I, 2. London 1961; *Caryophyllaceae – Sterculiaceae*. — Madagaskar: HUMBERT: Flore de Madagascar. 110. Fam. (1961) u. 189. Fam. (1962); *Dichapetalaceae u. Compositae II*.

Nordamerika: WIGGINS u. THOMAS: A Flora of the Alaskan Arctic Slope. Toronto 1962. HITCHCOCK u. CRONQUIST: Vascular Plants of the Pacific North West. 3. Seattle 1961; *Saxifragaceae – Ericaceae.* WEISHAUPT: Vascular Plants of Ohio. Columbus 1960. 309 S. Biological Generic Flora: J. Arn. Arb. [WOOD 42 (1)], 10—80 (1961), *Ericaceae;* THOMAS: 42 (1), 96—106 (1961), *Cyrillaceae – Clethraceae;* BRIZICKY: 42 (2), 204—218 (1961), *Turneraceae, Passifloraceae;* BRIZICKY: 42 (3), 321—333 (1961), *Violaceae;* BRIZICKY: 43 (1), 1—22 (1962), *Rutaceae;* BRIZICKY: 43 (2), 173—186 (1962), *Simaroubaceae, Burseraceae;* ERNST, W. R.: 43 (2), 315—343 (1962), *Papaveraceae, Fumariaceae;* BRIZICKY: 43 (4), 359—375 (1962), *Anacardiaceae;* NEVLING: 43 (4), 428—434 (1962), *Thymelaeaceae;* CHANNELL u. WOOD: 43 (4), 435—438 (1962), *Leitneriaceae).*

Mittel- u. Südamerika: Guatemala: STANDLEY u. WILLIAMS: Flora of Guatemala 7 (1), Fieldiana Bot. 24, 1—185 (1961) u. 187—281 (1962); *Dilleniaceae – Begoniaceae; Cactaceae – Combretaceae.* — Panama: DUKE: Ann. Miss. Bot. Gard. 47, 323—359 (1960); *Polygonaceae.* WOODSON, SCHERY et al.: Flora of Panama 4 (4). Ann. Miss. Bot. Gard. 48, 1—106 (1961); *Chenopodiaceae – Caryophyllaceae.* — Westindien: SCHULTES: Native Orchids of Trinidad and Tobago. Pergamon Press 1960. — Guayana: MAGUIRE, WURDACK et al.: Botany Guayana Highland 4 (2). Mem. New York Bot. Gard. 10 (4), 1—85 (1961). — Peru: MACBRIDE: Bot. Ser. Field Mus. 13 (5, 2), 539—854 (1960) u. 13 (5 B, 1), 1—267 (1962); *Boraginaceae – Solanaceae.* — Chile: PIZARRO: Sinopsis de la Flora Chilena. Santiago 1959.

Literatur

ABISCH, E., u. T. REICHSTEIN: Helv. chim. Acta 43, 1844—1861 (1960). — ACHESON, R. M. et al.: New Phytol. 61 (3), 256—260 (1962). — ACUÑA, J., and J. T. ROIG: Brittonia 14 (2), 224—229 (1962). — ADAMS, P.: Contr. Gray Herb. 189, 1—51 (1962). — ADAMS, W. P., and N. K. B. ROBSON: Rhodora 63 (745), 10—16 (1961). — ADAMSON, R. S.: J. S. Afr. Bot. 27 (2), 127—140, (3), 147—152 (1961); 28 (3), 243—253 (1962).— AGABABIAN, V. C.: Inform. Acad. Sc. Rep. Arménie, Sc. Biol. 13 (1), 99—102 (1960); 14 (2), 45—61, (11), 17—26 (1961). — AHRENDT, L. W. A.: J. Linn. Soc. Bot. 57, 1—410 (1961). — ALI, S. I.: Biologia (Pakist.) 7, 7—92 (1961). — ALSTON, R. E., and B. L. TURNER: Amer. J. Bot. 48 (6), 544 (1961). — ANDERSON, D. E.: Iowa St. J. Sci. 36 (1), 1—96 (1961). — ANDERSON, E. F.: (1) Kakt. u. a. Sukk. 12 (9), 136—139, (10), 148—153 (1961); (2) Amer. J. Bot. 49 (6), 615—622 (1962); (3) 49 (6), 674 (1962). — ARANO, H.: Bot. Mag. Tokyo 75, 356—367 (1962). — AREKAL, G. D.: Canad. J. Bot. 39, 1001—1006 (1961). — ARGUS, G. W.: Amer. J. Bot. 49 (6), 674 (1962). — ARISTEGUIETA, L.: El género Heliconia en Venezuela. Int. Bot. Caracas (1961). — AUBRÉVILLE, A.: (1) Adansonia 1 (1), 6—92 (1961); (2) 1 (2), 151—191 (1961); (3) 2 (1), 92—98 (1962); (4) 2 (2), 172—199 (1962).

BACKEBERG, C.: Handb. Kakteenkunde 5, 2631—3543 (1961); 6, 3244—3550 (1962). — BADER, F. J. W.: Decheniana 113 (1), 71—97 (1960). — BÄSSLER, M.: Drudea 1 (1), 35—37 (1961). — BAILEY, I. W., and L. M. SRIVASTAVA: J. Arn. Arb. 43 (2), 187—202, (3), 234—278 (1962). — BAILEY, V. L.: Brittonia 14 (1), 1—44 (1962). — BAKER, H. G.: Rec. Adr. Bot. I, 881—885 (1961). — BALL, P. W., and V. H. HEYWOOD: Watsonia 5 (3), 113—116 (1962). — BALLE, S., and N. HALLÉ: Adansonia 1 (2), 208—265 (1961).—BALLY, P. R. O.: The Genus Monadenium. Bern 1961. — BAMBER, R. K.: Austr. J. Bot. 10, 25—54 (1962). — BANERJI, I.: J. Ind. Bot. Soc. 40 (1), 1—11 (1961). — BARANOVA, M. A.: Bot. J. (Moskau) 47 (8), 1108 bis 1115 (1962). — BARKLEY, F. A.: Lloydia 25 (2), 109—122 (1962). — BARKOUDAH, Y. I.: Wentia 9, 1—203 (1962). — BARLING, D. M.: Watsonia 5 (3), 163—173 (1962). — BARROS, M.: Sellowia 14, 9—46 (1962). — BASSETT, I. J., and J. TERASMAE: Canad. J. Bot. 40, 141—150 (1962). — BATE-SMITH, E. C.: (1) J. Linn. Soc. Bot. 58, 39—54 (1961); (2) Int. Symp. Pl. Chem. Tax., Paris 1962. — BAYTOP, A.: Ecz. Bül. 3, 136—151 (1961). — BEAMAN, J. H.: Amer. J. Bot. 48 (6), 544 (1961). — BECK, E., H. MERXMÜLLER u. H. WAGNER: Planta 58, 220—224 (1962). — BENSON, L.: (1) Cact. Succ. J. 33, 49—54 (1961); 34, 17—19, 57—61 (1962); — (2) Plant Taxonomy. Methods and Principles. New York 1962. — BENTVELZEN, P. A. J.: Act. Bot. Neerl. 11, 11—20 (1962). — BERG, R. Y.: Skr. norsk. Vid. Akad. Oslo I. Mat. nat. Kr. 1962 (3), 5—55 (1962). — BERGGREN, G.: Sv. Bot. Tidskr. 56 (1), 65—133 (1962). —

BERNARDI, L.: Candollea 17, 123—189 (1961). — BERTSCH, K.: Jh. Ver. vaterl. Naturk. Württ. 116, 185—194 (1961). — BEUG, H.-J.: Leitfaden der Pollenbestimmung für Mitteleuropa und angrenzende Gebiete. Lief. 1. Stuttgart 1961. — BEUZENBERG, E. J.: N. Z. J. Sci. 4, 337—349 (1961). — BHOJ, R.: Gran. Palyn. 3, 1—108 (1961). — BOBROV, A. E.: Bot. J. (Moskau) 47 (6), 808—820 (1962). — BOBROV, E. G.: Bot. J. (Moskau) 46, 313—327 (1961). — BOCQUET, G., and C. BAEHNI: Candollea 17, 191—202 (1961) — BÖCHER, T. W.: (1) Rec. Adr. Bot. I, 925—928 (1961); (2) in P. J. WANSTALL, A Darwin Centenary; Arbroath 1961, 26—43 (1961); (3) Bot. Tidsskr 56, 314—335 (1961); (4) 57, 28—37 (1961); (5) 58, 1—34 (1962) — BÖCHER, T. W., and M. C. LEWIS: Biol. Skr. Dan. Vid. Selsk. 11 (5), 1—25 (1962). — BÖRRITZ, S.: Züchter 32, 24—33 (1962). — BOLUS, H. M. L.: (1) J. S. Afr. Bot. 27 (3), 169—180 (1961); (2) 28 (1), 9—20 (1962). — BORISSOVA, A.: Not. Syst. Inst. Komarov 21, 243—258 (1961). — BORRILL, M.: J. Linn. Soc. Bot. 56 (368), 431—458 (1961). — BORSOS, O.: (1) Ann. Univ. Sc. Budap. Sect. Biol. 4, 51—82 (1961); 5, 27—62 (1962). — BOWDEN, W. M.: Canad. J. Bot. 39, 123—138 (1961). — BREMEKAMP, C. E. B.: (1) Act. Bot. Neerl. 10 (3), 307—319 (1961); (2) 11 (2), 195—200 (1962); (3) Verh. Kon. Nederl. Akad. Wet. 2. Reihe, 54 (2), 1—199 (1962). — BRENAN, J. P. M.: Watsonia 4 (6), 261—280 (1961). — BRIGGS, B. G.: Contr. N. S. WALES Nat. Herb. 3 (3), 129—150 (1962). — BRIZICKY, G. K.: (3) J. Arn. Arb. 42 (3), 363—372 (1961); (5) 43 (1), 80—93 (1962). — BROCK, R. D., and J. A. M. BROWN: Austr. J. Bot. 9, 62—91 (1961). — BROWN, W. V.: Rec. Adv. Bot. I, 105—108 (1961). — BROWNE, E. T.: Amer. J. Bot. 48, 143—147 (1961). — BULLOCK, A. A.: Kew Bull. 15 (2), 193—206 (1961). — BUNTING, G. S.: (1) Baileya 9, (3), 107—118 (1961); (2) 10 (1), 21—32 (1962); (3) 10 (3), 112—121 (1962). — BUNTING, G. S., and J. A. DUKE: Ann. Miss. Bot. Gard. 48 (3), 269—274 (1961). — BURGER, W. C.: (1) Act. Bot. Neerl. 11 (4), 428—477 (1962); (2) Ann. Miss. Bot. Gard. 49, 1—34 (1962). — BURKART, A.: Darwiniana 12 (3), 309—364 (1962). — BURTT, B. L.: (1) Trans. Bot. Soc. Edinb. 39 (2), 216—232 (1961); (2) Not. Roy. Bot. Gard. Edinb. 24 (1), 35—50 (1962); (3) 34 (2), 167—172 (1962). — BUTTERFASS, T.: Ber. Dtsch. Bot. Ges. 74, (6) 217—218 (1961). — BUXBAUM, F.: (1) Beitr. Biol. Pfl. 36, 3—56 (1961); (2) Bot. Stud. 12, 1—107 (1961); (3) Kakt. u. a. Sukk. 13 (12), 194—197 (1962).

CABRERA, A. L.: Rev. Mus. Argent. „Bernardino Rivadavia", Cienc. Bot. 2 (5), 291—362 (1961). — CABRERA, A. L., and N. VITTET: Sellowia 13, 143—194 (1961). — CAMBIE, R. C., B. F. CAIN and S. LA ROCHE: N. Z. J. Sci. 4 (3), 604—663 (1961). — CANRIGHT, J. E., and M. P. PADEN: Amer. J. Bot. 49, (6) 674 (1962). — CAPURON, R.: (1) Adansonia 1 (1), 65—92 (1961); (2) 2 (2), 228—267 (1962). — CARLQUIST, S.: (1) Aliso 5 (1), 21—37 (1961); (2) 5 (1), 39—66 (1961); (4) Comparative Plant Anatomy. New York 1961. — CARNAHAN, H. L., and H. D. HILL: Bot. Rev. 27, 1—164 (1961). — CARO, J. A.: (1) Kurtziana 1, 123—206 (1961); (2) 1, 271—282 (1961); (3) 1, 289—298 (1961). — CAROLIN, R. C.: (1) Proc. Linn. Soc. N. S. W. 85, 189—196 (1960); (2) 86, 280—294 (1962). — CARR, S. G. M., and D. J. CARR: Phytomorphology 11 (3), 249—256 (1961). — CARTER, S.: (1) Kew Bull. 16 (1), 147—152 (1962); (2) 16 (2), 185—195 (1962). — CASELLAS, J.: Collect. Bot. 6 (1), 183—291 (1962). — CASPER, S. J.: Feddes Rep. 66 (1/2), 1—148 (1962). — CAVE, M. S., H. J. ARNOTT and S. A. COOK: Amer. J. Bot. 48 (5), 397—404 (1961). — CELARIER, R. P. et al.: Cytologia 26, 170—175 (1961). — CHADEFAUD, M., et L. EMBERGER: Traité de Botanique II: Les végétaux vasculaires. Paris 1960. — CHAMBERS, H. L.: Brittonia 13 (1), 116—128 (1961). — CHAMBERS, K. L.: Amer. J. Bot. 48 (6), 545 (1961). — CHAMPAGNAT, M.: Ann. Sc. Nat., 12. Ser., Bot. et Biol. Vég. 2, 1—170 (1961). — CHAPMAN, J. D.: Kirkia 1, 138—154 (1961). — CHEADLE, V. I., and J. M. TUCKER: Rec. Adv. Bot. I, 161—165 (1961). — CHEN, C. C., and C. C. HSU: Bot. Bull. Ac. Sin. 2 (2), 101—110 (1961). — CHENNAVEERAIAH, M. S.: Proc. Summer School Bot. (New Delhi), 43—50 (1962). — CHOWDHURY, C. R.: Phytomorphology 12 (3), 313—338 (1962). — CHRTEK, J., u. V. JIRÁSEK: Preslia 34, 40—68 (1962). — CHRTEK, J., u. B. KŘÍSA: Bot. Not. (Lund) 115 (3), 293—310 (1962). — CHRTEK, J., u. Z. POUZAR: Act. Univ. Carol. Biol. 1962 (2), 105—136 (1962). — CHUN, W. Y., and K. Z. KUANG: Act. Bot. Sin. 10 (3), 245—246 (1962). — CLAYTON, W. D.: Kew Bull. 16 (2), 247—250 (1962). — CLEMENT, W. M.: Crops Sci. 2 (1), 25—28 (1962). — CLEWELL, A. F.: Amer. J. Bot. 48 (6), 545 (1961). — CLIFFORD, H. T.: Evolution 15, 455—460 (1961). — COCUCCI, A. E.: Kurtziana 1, 217—270 (1961). — CODD, L. E.:

(1) Bothalia **7** (3), 429—434 (1961); (2) **7** (3), 447—452 (1961). — Cole, M. J.: Watsonia **5** (2), 47—58 (1961), (3), 117—122 (1962). — Conert, H. J.: (1) Die Systematik und Anatomie der Arundineae. 208 S. Weinheim 1961; (2) Senck. biol. **43** (4), 239—266 (1962). — Contandriopoulos, J.: Recherches sur la flore endémique de la Corse et sur ses origines. Thèse (Montpellier) 1—354 (1962). — Cook, C. D. K.: (1) Ber. Bayer. Bot. Ges. **34**, 7—10 (1961); (2) Watsonia **5** (1), 1—10 (1961); (4) **5** (3), 123—126 (1962). — Copeland, H. F.: Madroño **15** (6), 161—172 (1960). — Corner, E. J. H.: (1) Gard. Bull. Singapore **17** (3), 368—485 (1960); **18** (1), 1—69 (1960); **18** (3), 83—97 (1961); **19** (3), 385—401 (1962); (2) **19** (2), 187—252 (1962). — Correll, D. S.: The Potato and its wild relatives. Renner, Texas 1962. — Cristofolini, G., e S. Pignatti: Webbia **16** (2), 443—475 (1962). — Croizat, L.: Principia Botanica. Lytton Lodge 1961. — Cronquist, A.: Introductory Botany. New York 1961. — Cuatrecasas, J.: (1) Ciencia (Mex.) **21**, 21—32 (1961); (2) Contr. U. S. Nat. Herb. **35** (2), 25—214 (1961).

Däniker, A. U.: Mitt. Bot. Mus. Zürich **214**, 379—389 (1959). — Dahlgren, R.: (1) Op. Bot. **6**, 1—120 (1961); (2) **6** (2), 1—118 (1961). — Dahlgren, B. E., u. S. F. Glassman: Gentes Herb. **9** (1), 1—40 (1961). — Dalby, D. H.: Watsonia **5** (3), 150—162 (1962). — Danert, S.: (1) Kulturpfl. **9**, 287—363 (1961); (2) **10**, 350—358 (1962). — Davis, P. H., u. M. S. Khan: Not. Roy. Bot. Gard. Edinb. **23** (4), 515—546 (1961). — Dawson, G. W. P.: An Introduction to the Cytogenetics of Polyploids. Oxford 1962. — Dawson, J. W.: Univ. Calif. Publ. Bot. **33** (1), 1—98 (1961). — Descoings, B.: (1) Adansonia **1** (2), 299—342 (1961); (2) Bull. Jard. Bot. Brux. **31** (3), 419—428 (1961). — De Vos, M. P.: Rec. Adv. Bot. I, 694—698 (1961). — De Wet, J. M. J.: Rec. Adv. Bot. I, 130—133 (1961). — De Wet, J. M. J., and J. R. Harlan: Amer. J. Bot. **48** (6), 545 (1961). — De Wet, J. M. J. et al.: Cytologia **26**, 268—273 (1961). — De Wilde, W. J. J. O.: Act. Bot. Neerl. **10** (2), 164—170 (1961). — De Wolf, G. P.: (1) Kirkia **2**, 194—199 (1961); (2) **1**, 90—96 (1961); (3) Kew Bull. **16** (1), 75—83 (1962). — Di Fulvio, T. E.: Kurtziana **1**, 9—104 (1961). — Dodson, C. H.: Ann. Miss. Bot. Gard. **49**, 35—56 (1961). — Dodson, C. E., and G. P. Frymire: Ann. Miss. Bot. Gard. **48**, 137—172 (1961). — Dormer, K. J.: New Phytol. **61** (1), 32—35 (1962). — Doroszewska, A.: Act. Soc. Bot. Polon. **30** (4), 775—802 (1961). — Dreiding, A. S.: in Recent development in the chemistry of natural phenolic compounds: Oxford-London-New York-Paris: Pergamon Press 1961. — Dress, W. J.: (1) Baileya **9** (1), 29—50 (1961); (2) **9** (2), 67—83 (1961); **10** (2), 62—88 (1962). — Dressler, R. L.: (1) Brittonia **13** (3), 253—265 (1961); (2) **13** (3), 266—270 (1961); (3) Miss. Bot. Gard. Bull. **49** (4), 60—69 (1961); (4) Ann. Miss. Bot. Gard. **48**, 133—136 (1961), **49**, 131—136 (1962); (5) **48**, 329—341 (1961). — Drugg, W. S.: Amer. J. Bot. **49** (10), 1027—1032 (1962). — Düll, R.: Ber. Bayer. Bot. Ges. **34**, 11—65 (1961). — Duigan, S. L.: Proc. R. Soc. Victoria **74** (2), 87—109 (1961). — Duke, J. A.: (2) Ann. Miss. Bot. Gard. **48** (3), 173—268 (1961). — Dyer, R. A.: Bothalia **7** (3), 488—491 (1961).

Eames, A. J.: (1) Morphology of the Angiosperms. New York 1961; (2) Rec. Adv. Bot. I, 722—726 (1961). — Eglèr, W. A.: Bol. Mus. Paraense E. Goeldi **14**, 1—7 (1961). — Eglinton, G.: Int. Symp. Pl. Chem. Tax. Paris 1962. — Egolf, D. R.: J. Arn. Arb. **43** (2), 132—172 (1962). — Ehrendorfer, F.: (1) Österr. Akad. Wiss. Math.-Nat. Kl. Abt. I, **169** (9/10), 407—421 (1960); — (2) Madroño **16** (4), 109—122 (1961); — (3) Ann. Naturh. Mus. Wien **65**, 11—20 (1962); — (4) Österr. Bot. Z. **109** (3), 274—343 (1962); — (5) Ber. Dtsch. Bot. Ges. **75** (5), 137—152 (1962). — Ehrlich, P. R.: System. Zool. (Los Angeles) **10**, 157—158, 167—176 (1962). — Eicke, R.: Bot. Jb. **81** (3), 252—260 (1962). — Epling, C., H. Lewis u. P. H. Raven: Aliso **5**, 217—221 (1962). — Erdtman, G.: Rec. Adv. Bot. I, 675—678 (1961). — Erdtman, G., B. Berglund and J. Praglowski: Gran. Palyn. **2**, 3—92 (1961). — Erdtman, G., and G. Nordborg: Bot. Not. (Lund) **114** (1), 19—21 (1961). — Erdtman, G., and H. Straka: Geol. Fören. Förh. **83** (1), 66—77 (1961). — Ernst, A.: Bot. Jb. **80** (2), 145—194 (1961). — Ernst, W. R.: (1) Amer. J. Bot. **48** (6), 546 (1961). — Ewan, J.: Contr. U. S. Nat. Herb. **35** (5), 293—377 (1962).

Fahn, A.: Rec. Adv. Bot. I, 155—160 (1961). — Fairbrothers, D. E., and M. A. Johnson: Rec. Adv. Bot. I, 116—120 (1961). — Favarger, C.: (1) Bull. Soc. bot. Fr. **107** (3), 94—98 (1960); — (2) Phyton (Horn) **9** (3/4), 252—256 (1961); — (3) Ber. Geobot. Inst. Rübel **32**, 119—146 (1961); — (4) Mitt. Naturf. Ges. Bern N. F. **19**

(1962); — (5) Bull. Soc. Neuchat. Sc. Nat. 85, 53—81 (1962). — FAVARGER, C., u.
J. CONTANDRIOPOULOS: Ber. Schweiz. Bot. Ges. 71, 384—408 (1961). — FEINBRUN,
N.: Bull. Res. Counc. Israel D 10, 324—347 (1961). — FENAROLI, L.: Ann. Sperim.
Agr. Roma 15 (1), I—LIV (1961). — FERNANDES, A., and R. FERNANDES: (1)
Kirkia 1, 68—78 (1961); — (2) Trab. Centr. Bot. Ultramar 7, 11—16 (1961). —
FOERSTER, E.: Mitt. Flor.-soz. Arb. Gem. N. F. 9, 5—10 (1962). — FOGG, J. M.:
Morris Arbor. Bull. 12, 51—58 (1961). — FORMAN, L. L.: (1) Kew Bull. 15 (3),
479—487 (1962); — (2) Kew Bull. 16 (2), 209—221 (1962). — FOSTER, A. S.: (1) Rec.
Adv. Bot. II, 971—975 (1961); — (2) J. Arn. Arb. 42 (4), 397—415 (1961). —
FOSTER, R. C.: (3) Rhodora 64 (760), 291—313 (1962). — FRAHM-LELIVELD, J. A.:
(1) Act. Bot. Neerl. 11 (2), 201—208 (1962); (2) 11 (2), 209—215 (1962). — FRIED-
RICH, H. C.: Mitt. Bot. München 4, 129—143 (1961). — FROHNE, D.: Pl. Med. 10 (3),
283—297 (1962). — FRYXELL, P. A.: Rec. Adv. Bot. I, 887—891 (1961). — FÜRN-
KRANZ, D.: Österr. Bot. Z. 108 (4/5), 408—415 (1961).

GABRIELIAN, E.: Not. Roy. Bot. Gard. Edinb. 23 (4), 483—496 (1961). —
GADELLA, T. W. J.: Proc. Nederl. Akad. Wiss. C 65 (3), 269—278 (1962). — GA-
LUSHKO, A.: Not. Syst. Inst. Komarov 21, 206—232 (1961). — GAUBA, E., and L. D.
PRYOR: Proc. Linn. Soc. N. S. WALES 86 (1), 96—111 (1961). — GAUSSEN, H.: Rec.
Adv. Bot. I, 87—90 (1961). — GAWLOWSKA, M.: Fragm. flor. geobot. 7, 3—39
(1961). — GERASSIMOVA-NAVASHINA, H.: Phytomorphology 11 (1), 139—146 (1961).
— GERMAIN, R.: (1) Bull. Jard. Bot. Brux. 31 (1), 91—108, (3), 301—306 (1961); —
(2) 32 (4), 489—492 (1962). — GIBBS, R. D.: Rec. Adv. Bot. I, 69—71 (1961). —
GILLETT, J. B.: Kew Bull. 15 (1), 19—40 (1961). — GILLILAND, H. B.: Gard. Bull.
Singap. 19 (1), 147—180 (1962). — GODFREY, R. K., and H. L. STRIOLING: Amer.
Midl. Nat. 66 (2), 395—409 (1961). — GONÇALVES, M. L.: (1) Junta Inv. Ultramar
25, 61—64 (1961); (2) 25, 25—46 (1961); (3) 25, 64—100 (1961); — (4) Trab. Centr.
Bot. Ultramar 9, 19—21 (1962). — GOULD, F. W.: Rec. Adv. Bot. I, 104—105
(1961). — GRANT, W. F.: Canad. J. Bot. 39, 45—50 (1961). — GRAY, N. E.: J. Arn.
Arb. 43 (1), 67—79 (1962). — GREEN, J. W.: Proc. Linn. Soc. Lond. 85, 334—373
(1961). — GREEN, P. S.: (1) Not. Roy. Bot. Gard. Edinb. 23 (3), 355—386 (1961); —
(2) J. Arn. Arb. 43 (2), 109—131 (1962). — GREGUSS, P.: Phytomorphology 11 (3),
243—248 (1961). — GRIERSON, A. J. C.: Not. Roy. Bot. Gard. Edinb. 23 (3),
303—354 (1961). — GRIGORIYEV, Y. S.: Bot. J. (Moskau) 47 (1), 3—16 (1962). —
GRÖBER, K.: Kulturpfl. 9, 146—163 (1961). — GUERVIN, C.: Rev. Cyt. Biol. Vég.
23, 49—86 (1961). — GUPTA, A. L.: Bull. Nat. Bot. Gard. Lucknow 54, (1961). —
GUTERMANN, W., u. H. MERXMÜLLER: Mitt. Bot. München 4, 199—275 (1961). —
GUTTENBERG, H. v.: (1) Grundzüge der Histogenese höherer Pflanzen I. Handb. Pfl.
Anat. 8 (3), Berlin 1960; (2) 8 (4), Berlin 1961. — GUTZWILLER, M.-A.: Bot. Jb. 81
(1/2), 1—49 (1961).

HABER, J. M.: Phytomorphology 11 (1), 1—16 (1961). — HADAC, E.: Bull. Coll.
Sci. Iraq 6, 1—28 (1961). — HÄNSEL, R.: Plant. Med. 10 (4), 361—384 (1962). —
HAGERUP, O.: Bull. Res. Counc. Israel D 10, 348—351 (1961). — HAGOS, T. H.:
Act. Bot. Neerl. 11 (3), 231—265 (1962). — HALL, B. A.: Amer. J. Bot. 48, 918—924
(1961). — HALLÉ, F.: Adansonia 1 (2), 266—298 (1961); 2 (2), 309—321 (1962). —
HALLÉ, N., and L. A. ASSI: Adansonia 2 (2), 290—299 (1962). — HALLER, J. R.:
Univ. Calif. Publ. Bot. 34 (2), 123—167 (1962). — HAMANN, U.: (1) Willdenowia 2
(5), 639—768 (1961); (2) 3 (1), 169—207 (1962); — (3) Ber. Dtsch. Bot. Ges. 75 (5),
153—171 (1962); — (4) Bot. Jb. 81 (4), 397—407 (1962). — HANELT, P.: Kulturpfl.
9, 114—145 (1961). — HANNA, M. R.: Canad. J. Bot. 39, 757—773 (1961). — HAN-
SEN, A.: (1) Bot. Tidsskr. 55, 296—312 (1960); — (2) Act. Bot. Neerl. 10 (4),
394—396 (1961). — HARA, H.: Amer. J. Bot. 49 (6), 647—652 (1962). — HARBORNE,
J. B.: (1) Fortschr. Chem. org. Naturstoffe 20, 165—199 (1962); (2) Int. Symp. Pl.
Chem. Tax. Paris 1962; (3) Arch. Biochem. Biophys. 96, 171—178 (1962). — HAR-
BORNE, J. B., and J. J. CORNER: Biochem. J. 81, 242—250 (1961). — HARLAN, J. R.,
and R. P. CELARIER: Rec. Adv. Bot. I, 706—710 (1961). — HARTL, D.: Beitr. Biol.
Pfl. 37 (2), 241—330 (1962). — HASKELL, G.: Genetica 32, 118—132 (1961). — HAW-
KES, A. D.: (1) Am. Orchid. Soc. Bull. 30, 656—657 (1961); (2) 30, 809—811 (1961).
— HEDBERG, I.: Sv. Bot. Tidskr. 55 (1), 118—128 (1961). — HEDBERG, O.: Sv. Bot.
Tidskr. 55 (1), 17—62 (1961). — HEDGE, I. C.: (1) Not. Roy. Bot. Gard. Edinb. 23
(3), 209—222 (1961); (2) 24 (1), 51—72 (1962). — HEGNAUER, R.: (1) Pharm. Zen-

tralhalle **99** (6), 322—329 (1960); — (2) Pharmazie **15**, 634—642 (1960); — (3) Pharm. Weekbl. **96**, 577—596 (1961); — (4) Planta med. **9** (1), 37—46 (1961); — (5) Int. Symp. Pl. Chem. Tax. Paris 1962; — (6) Chemotaxonomie der Pflanzen, Band I. Basel u. Stuttgart 1962. — HEIMANS, J.: Publ. Nat. Genootsch. Limburg **12**, 55—71 (1961). — HEIMBURGER, M.: Chromosoma **13**, 328—340 (1962). — HEINE, H.: (1) Bauhinia **2** (1), 71—78 (1962); — (2) Kew Bull. **16** (2), 161—183 (1962). — HEISER, C. B.: (1) Amer. J. Bot. **48** (6), 547 (1961); — (2) Evolution **15**, 247—258 (1961); — (3) Rec. Adv. Bot. I, 874—877 (1961). — HEISER, C. B., W. C. MARTIN and D. M. SMITH: Brittonia **14** (2), 137—147 (1962). — HELM, J.: Kulturpfl. **9**, 88—113 (1961). — HERRE, H., u. H. C. FRIEDRICH: Mitt. Bot. München 4, 37—58 (1961). — HERRMANN, K.: Arch. Pharm. **293** (65), 1043—1048 (1960). — HESLOP-HARRISON, J.: Rec. Adv. Bot. I, 891—895 (1961). — HESS, H.: Ber. Geobot. Inst. Rübel **32**, 186—192 (1961). — HEYWOOD, V. H., and S. WALKER: Nature (London) **189** (4764), 604 (1961). — HIDA, M.: (1) Bot. Mag. Tokyo 74, 449—451 (1961); (2) **75**, 316—323 (1962). — HILLMAN, W. S.: Bot. Rev. **27**, 221—287 (1961). — HOLUB, J.: (1) Act. Mus. Nat. Prag. **17**, 189—244 (1961); — (2) Act. Hort. Bot. Prag. **18**, 75—86 (1962); — (3) Act. Univ. Carol. Biol. **1962** (2), 153—188 (1962). — HORN AF RANTZIEN, H.: Sv. Bot. Tidskr. **55** (1), 81—117 (1961). — HOSSAIN, M.: Not. Roy. Bot. Gard. Edinb. **23** (3), 387—481 (1961). — HOWARD, R. A.: J. Arn. Arb. **42** (1), 87—95, 107—109 (1961). — HRUBÝ, K.: (1) Preslia **34**, 85—97 (1962); (2) **34** (4), 368—373 (1962). — HUMBERT, H.: (1) Adansonia **2** (2), 200—215 (1962). — HUME, H. H.: Baileya **9** (4), 134—158 (1961). — HUNT, P. F., u. V. S. SUMMERHAYES: Taxon **10** (4), 101—110 (1961). — HUTCHINSON, J.: Endeavour **21**, 5—15 (1962). — HUZI-WARA, Y.: Bot. Mag. Tokyo **75**, 143—149 (1962).

IHLENFELDT, H. D., G. SCHWANTES u. H. STRAKA: Taxon 11 (2), 52—56 (1962).— IHLENFELDT, H. D., u. H. STRAKA: (1) Z. Bot. **50** (2), 154—168 (1962); — (2) Ber. Dtsch. Bot. Ges. **74** (10), 485—492 (1962). — INGRAM, J.: (1) Baileya **9** (1), 1—12 (1961); (2) **9** (2), 57—66 (1961); (3) **9** (3), 92—100 (1961); (4) **10** (3), 96—105 (1962); (5) **10** (4), 138—145 (1962). — IRMSCHER, E.: Bot. Jb. **81** (1/2), 106—188 (1961). — ISING, E. H.: Trans. Roy. Soc. S. Austr. **84**, 87—98 (1961).

JACKSON, R. C.: (1) Kansas Univ. Sci. Bull. **41**, 793—876 (1960); (2) Amer. J. Bot. **48** (6), 547 (1961); (3) **49** (2), 119—132 (1962); (4) **49** (6), 676 (1962). — JACOBS, M.: Reinwardtia **6** (2), 109—144 (1962). — JACQUES-FÉLIX, H.: I. R. A. T. Paris, Bull. Sc. **8**, 1—345 (1962). — JALAS, J.: (1) Fennia **85**, 58—81 (1961); — (2) Ann. Bot. Soc. ‚Vanamo‘ **34** (1), 1—21 (1962). — JALAS, J., u. M. T. RÖNKKÖ: Arch. Soc. ‚Vanamo‘ **14** (2), 112—116 (1960). — JANSSON, C. A.: Act. Hort. Gotoburg. **25**, 103—156 (1962). — JEFFREY, C.: (1) Kew Bull. **15** (3), 337—371 (1962); (2) **16** (2), 199—202 (1962). — JIRÁSEK, V.: Taxon **10** (2), 34—45 (1961). — JIRÁSEK, V., u. J. CHRTEK: Preslia **34**, 374—386 (1962). — JOHNSON, B. L.: Amer. J. Bot. **49** (3), 253—262 (1962). — JOHNSON, L. A. S.: Contr. N. S. Wales Nat. Herb. 3 (3), 103—129 (1962). — JOHNSON, L. A. S., u. B. G. BRIGGS: Contr. N. S. Wales Nat. Herb. 3 (3), 165—169 (1962). — JOHNSTON, M. C.: (1) Brittonia **14** (1), 72—89 (1962); (2) **14** (4), 332—368 (1962). — JOHNSTON, M. C., u. B. L. TURNER: Rhodora **64** (757), 2—15 (1962). — JOHRI, B. M., and S. P. BHATNAGAR: Proc. Nat. Inst. Sci. India B **26** (Suppl.), 199—220 (1960). — JONES, K.: (1) Rec. Adv. Bot. I, 862—866 (1961); — (2) Genetica **32**, 272—295 (1962). — JONES, K., C. P. CARROLL and M. BORRILL: Cytologia **26**, 333—343 (1961). — JUNELL, S.: Sv. Bot. Tidskr. **55** (1), 168—192 (1961).

KAMEMOTO, H., and K. SHINDO: Amer. J. Bot. **49** (7), 737—748 (1962). — KANIS, A.: Nova Guinea **10** (6), 63—72 (1961). — KANTA, K.: Phytomorphology **12** (3), 207—221 (1962). — KARASAWA, K.: Genetica **32**, 165—169 (1962). — KAWANO, S.: Can. J. Bot. **39**, 667—681 (1961). — KEEP, E.: Genetica **33**, 1—23 (1962). — KERAUDREN, M.: Bull. Soc. Bot. France **108**, 241—242 (1961). — KERN, J. H.: (1) Blumea **9** (1), 140—280 (1961); — (2) Reinwardtia **6** (1), 25—83 (1961); — (3) Adansonia **2** (1), 99—110 (1962); — (4) Act. Bot. Neerl. **11** (2), 216—224 (1962). — KHOSHOO, T. N.: Proc. Summer School Bot. (New Delhi), 119—135 (1962). — KHOSHOO, T. N., and S. K. BHATIA: Curr. Sci. **30**, 327—328 (1961). — KHUSH, G. S., and G. L. STEBBINS: Amer. J. Bot. **48** (8), 723—730 (1961). — KILLICK, D. J. B.: Bothalia **7** (3), 435—437 (1961). — KIMNACH, M.: Cact. Succ. J. **34** (3), 78—82 (1962). — KINGES, H.: Bot. Jb. **81** (1/2), 50—93 (1961). — KJAER, A.: Organic Sulphur

Compounds, Chapt. 34, 409—420. Oxford: Pergamon Press 1961. — KLÁŠTERSKÝ, I., u. I. NOVOTNÁ: Preslia 34, 387—393 (1962). — KLIPHUIS, E.: Proc. Nederl. Akad. Wiss. C 65 (3), 279—285 (1962). — KLOTZ, G.: Wiss. Z. Univ. Halle, Math.-Nat. 11 (2), 293—302, (5), 703—711 (1962). — KNAAP-VAN MEEUWEN, M. S.: Bull. Jard. Bot. Brux. 32 (2), 213—220 (1962). — KOBUSKI, C. E.: (1) J. Arn. Arb. 42 (1), 81—86 (1961); (2) 42 (3), 263—275 (1961). — KOEPPEN, R., and H. H. ILTIS: Brittonia 14 (2), 191—209 (1962). — KORNAŚ, J.: Fragm. Flor. et Geobot. 8 (2), 131—138 (1962). — KOSTERMANS, A. J. G. H.: (1) Reinwardtia 5 (4), 371—373 (1961); (2) 5 (4), 413 (1961); (3) 5 (4), 415—417 (1961); — (4) Pengumuman 72, 1—63 (1961); (5) 73, 1—62 (1961); — (6) Reinwardtia 6 (1), 1—16 (1961); (7) 6 (1), 17—24 (1961); (8) 6 (2), 189—194 (1962). — KOVANDA, M.: (1) Act. Dendr. Čech. 3, 23—70 (1961); — (2) Preslia 33, 1—16 (1961). — KOYAMA, T.: (1) J. Fac. Sc. Univ. Tokyo Bot. 8, 37—148 (1961); — (2) Bot. Mag. Tokyo 74, 321—330 (1961). — KŘÍSA, B.: Preslia 34, 114—126 (1962). — KRISHNA, G. G., u. V. PURI: Bot. Gaz. 124, 42—57 (1962). — KRUCKEBERG, A. R.: (1) Madroño 15, 202—215 (1960); — (2) Brittonia 13 (4), 305—333 (1961); (3) 14 (4), 311—320 (1962). — KUCERA, C. L.: Univ. Miss. Stud. 34 (2), 1—241 (1961). — KUIJT, J.: Wentia 6, 1—145 (1961). — KUPCHAN, S. M., J. H. ZIMMERMAN u. A. AFONSO: Lloydia 24 (1), 1—26 (1961).— KUPRIANOVA, L. A.: Bot. J. (Moskau) 46 (6), 803—814 (1961). — KURABAYASHI, M., H. LEWIS and P. H. RAVEN: Amer. J. Bot. 49 (9), 1003—1026 (1962). — KUZMANOV, B.: Izv. Bot. inst. BAN 8, 145—158 (1962).

LAM, H. J.: Proc. Kon. Nederl. Akad. Wet. Amsterdam C 64 (3), 251—276 (1961). — LAMBINON, J., et P. DUVIGNEAUD: Bull. Soc. Roy. Bot. Belg. 93 (1), 41—54 (1961). — LAMPRECHT, H.: (1) Agr. Hort. Genet. 19, 269—297 (1961); (2) 20, 181—213 (1962). — LAMPRECHT, H. VON: Beitr. Biol. d. Pfl. 37 (1), 107—146 (1962). — LANGE, J.: Lövfaeldende Berberis. Kopenhagen 1961. — LARDIER, R.: Trav. Inst. Sci. Chérif. Bot. 24, 1—38 (1961). — LARSEN, K.: (1) Bot. Not. (Lund) 115 (2), 196—202 (1962); — (2) Bot. Tidsskr. 58, 43—49 (1962). — LAUNERT, E.: Bol. Soc. Brot. 35, 29—49 (1961). — LAZARIDES, M.: Austr. J. Bot. 9, 209—216 (1961). — LÉANDRI, J.: Adansonia 2 (2), 224—227 (1962). — LEDINGHAM, G. F.: Rec. Adv. Bot. I, 870—874 (1961). — LEE, A. T.: Contr. N. S. Wales Nat. Herb. 3 (3), 151—164 (1962). — LEE, R. E.: Baileya 10 (1), 33—45 (1962). — LEENHOUTS, P. W.: Bull. Jard. Bot. Brux. 32 (4), 417—458 (1962). — LEEUWENBERG, A. J. M.: (1) Act. Bot. Neerl. 10 (1), 1—53 (1961); (2) 10 (4), 460—465 (1961); (3) 11 (1), 47—50 (1962). — LEGRAND, C. D.: Sellowia 13, 265—364 (1961). — LEINFELLNER, W.: (1) Österr. Bot. Z. 108 (2), 194—210 (1961), 108 (3), 300—303 (1961); (2) 109 (1/2), 113—124 (1962). — LÉONARD, J.: (1) Bull. Jard. Bot. Brux. 31 (2), 159—197 (1961); (2) 32 (4), 513—516 (1962). — LE THOMAS, A.: Adansonia 2 (2), 300—308 (1962). — LETOUZEY, R.: Adansonia 1 (1), 106—142 (1961). — LEUCKERT, C.: Plant. Med. 10 (4), 398—402 (1962). — LEVADOUX, L., D. BOUBALS et M. RIVES: Ann. Amélior. Plant. 12, 19—44 (1962). — LEWIS, G. J.: J. S. Afr. Bot. 28 (2), 45—195 (1962). — LEWIS, H., and P. H. RAVEN: Rec. Adv. Bot. II, 1466—1469 (1961). — LEWIS, W. H.: (1) Rhodora 63 (752), 217—223 (1961); — (2) Amer. J. Bot. 49 (8), 855—865 (1962); — (4) Brittonia 14 (3), 285—289 (1962). — LEWIS, W. H., and S. A. DAVIS: Rhodora 64 (758), 102—113 (1962). — LEWIS, W. H., and R. L. OLIVER: Amer. J. Bot. 48 (7), 638—643 (1961). — LEWIS, W. H., and E. E. TERRELL: Rhodora 64 (760), 313—324 (1962). — LI, H. L.: (1) Act. Biotheor. 13 (4), 185—202 (1960); — (2) Bot. Bull. Ac. Sin. 2 (1), 11—14 (1961); (3) 2 (2), 73—78 (1961); (4) 3 (2), 205—208 (1962). — LI, H. W., T. S. WENG, K. C. SHANG and P. C. YANG: Bot. Bull. Ac. Sin. 2 (1), 1—10 (1961). — LIU, T. S., and T. C. HUANG: Bot. Bull. Ac. Sin. 3 (2), 133—150 (1962). — LÖVE, A.: (1) Sv. Bot. Tidskr. 55 (1), 211—217 (1961); — (2) Taxon 11 (4), 132—138 (1962); — (3) Preslia 34, 127—139 (1962). — LÖVE, A., u. D. LÖVE: (1) Opera bot. 5, 1—581 (1961); — (2) Bot. Not. (Lund) 114 (1), 33—47; 48—56 (1961). — LÖVKVIST, B.: Bot. Not. (Lund) 115 (3), 261—287 (1962).— LOMMASSON, R. C.: Rec. Adv. Bot. I, 108—111 (1961). — LONG, R. W.: Brittonia 13 (2), 129—140 (1961). — LORCH, J.: Bull. Res. Counc. Israel D 9, 155—160 (1961). — LOWE, J.: New Phytol. 60 (3), 355—387 (1961).

MACHULE, M.: Ber. Bayer. Bot. Ges. 35, 57—72 (1962). — MACLEOD, A. M., and L. S. COBLEY: Contemporary Botanical Thought. Edinburgh and London 1961. — MAC NEILL, J.: Not. Roy. Bot. Gard. Edinb. 24 (2), 79—156 (1962). — MAC VAUGH,

R.: Brittonia 13 (2), 145—204 (1961). — MAEKAWA, F.: (1) J. Fac. Sc. Univ. Tokyo III Bot. 7, 543—569 (1960); — (2) J. Jap. Bot. 36, 385—388 (1961). — MAHESHWARI, P.: Rec. Adv. Bot. I, 679—682 (1962). — MAHESHWARI, P., and V. VASIL: (1) Ann. Bot. N. S. 25, 313—320 (1961); — (2) Bot. Monogr. 1 (New Delhi), 1—142 (1961). — MAHESHWARI, S. C.: Rec. Adv. Bot. I, 689—694 (1962). — MALIK, C. P.: Phyton (B. Aires) 16, 69—76 (1961). — MANDENOVA, I. P.: Not. Roy. Bot. Gard. Edinb. 34 (2), 173—182 (1962). — MANG, F.: Mitt. Arb. Gem. Flor. Schleswig-Holstein u. Hamburg 10, 1—79 (1962). — MARKLUND, G.: Soc. Faun. Flor. Fenn. Flora Fenn. 3, 128 S., Helsinki 1961. — MARKLUND, G., and A. ROUSI: Evolution 15, 510—522 (1961). — MARTENS, P.: Phytomorphology 11 (1), 37—40 (1961). — MARTICORENA, C.: Gayana 2, 5—12 (1961); 5, 3—17 (1962). — MATHIAS, M. E., and L. CONSTANCE: (1) Brittonia 14 (2), 148—155 (1962);(2) Univ. Calif. Publ. Bot. 33 (2), 99—184 (1962). — MAYER, E.: Phyton 9 (3/4), 299—305 (1961). — MEEUSE, A. D. J.: (1) Kirkia 2, 144—171 (1961); — (2) Act. Bot. Neerl. 10, 257—260 (1961); — (3) Proc. Kon. Nederl. Akad. Wet. Amsterdam C 64 (4), 543—559 (1961); — (4) J. S. Afr. Forest. Ass. 38, 19—32 (1961); — (5) Bothalia 8 (1), 1—111 (1962). — MEEUSE, A. D. J., and J. M. J. DE WET: Bothalia 7 (3), 439—441 (1961). — MEEUWEN, M. S. VAN, H. P. NOOTEBOOM and C. G. G. J. VAN STEENIS: Reinwardtia 5 (4), 419—456 (1961). — MEEUWEN, M. S. VAN, C. G. G. J. VAN STEENIS and J. STEMMERIK: Reinwardtia 6 (1), 85—108 (1961). — MELVILLE, R.: Kew Bull. 16 (1), 1—50 (1962). — MENDONÇA, F. A.: Mem. Junt. Inv. Ultram. 28, 79—85 (1961). — MENNINGER, E. D.: Am. Orchid. Soc. Bull. 30, 865—876 (1961). — MERXMÜLLER, H., u. J. DAMBOLDT: Ber. Dtsch. Bot. Ges. 75 (7), 233—236 (1962). — MERXMÜLLER, H., u. D. PODLECH: Feddes Rep. 64 (1), 2—8 (1961). — METCALFE, C. R.: (1) Anatomy of the Monocotyledons. 1. The Gramineae. Oxford 1960; — (2) Rec. Adv. Bot. I, 146—150 (1961); — (3) Kew Bull. 15 (3), 472—475 (1962). — MEUSEL, H.: Flora 150 (2), 441—453 (1961). — MEUSEL, H., u. K. WERNER: Wiss. Z. Univ. Halle, Math.-Nat. 11 (2), 279—292 (1962). — MEYER, K. I.: Bull. Mosk. obšč. Prir., Biol. 65 (6), 48—59 (1960). — MEYER, P. G.: (1) Mitt. Bot. München 4, 59—72 (1961); (2) 4, 145—160 (1961). — MILLER, K. I., and G. L. WEBSTER: Brittonia 14 (2), 174—179 (1962). — MIRANDA, F.: Brittonia 14 (1), 46—47 (1962). — MIROV, N. T.: Rec. Adv. Bot. I, 72—77 (1961). — MITROFANOVA, N. S.: Bot. J. (Moskau) 46 (2), 259—262 (1961). — MITTAL, S. P.: J. Ind. Bot. Soc. 40 (3), 424—443 (1961). — MIZUNO, T.: Succ. Japon. 22, 2—63 (1961). — MIZUSHIMA, M.: J. Jap. Bot. 35, 77—340 (1960). — MOHLENBROCK, R. H.: (1) Webbia 16 (1), 1—141 (1961); (2) 16 (2), 643—648 (1962); (3) 17 (1), 153—186 (1962); (4) Southw. Nat. 7, 29—40 (1962). — MOHLENBROCK, R. H., and D. J. DRAPALIK: Am. Midl. Nat. 67, 398—423 (1962). — MOLDENKE, H. N.: (1) Phytologia 7 (6), 321—325 (1961); (2) 7 (6), 326—337 (1961); (3) 8 (2), 95—104 (1961), 8 (3), 108—152, 8 (4), 175—216, 8 (5), 230—272, 8 (6), 274—322, 8 (7), 8 (8), 395—452 (1962). — MOORE, D. M., and M. J. HARVEY: New Phytol. 60, 85—95 (1961). — MOORE, H. E.: (1) Baileya 9 (1), 13—20 (1961); — (2) Principes 6, 37—39 (1962). — MOORE, R. J.: Evolution 15, 272—278 (1961). — MOORE, R. J., and C. FRANKTON: Canad. J. Bot. 40, 281—293 (1962). — MOORING, J. S.: Amer. J. Bot. 49 (6), 677 (1962). — MORTON, C. V.: (1) Baileya 10 (4), 147—155 (1962); — (2) Brittonia 14 (3), 299—308 (1962). — MORTON, J. K.: Rec. Adv. Bot. I, 900—903 (1961). — MOSELEY, M. F.: Bot. Gaz. 122, 233—259 (1961). — MUKHERJEE, B. B., u. R. K. VICKERY: Madroño 16 (5), 141—154 (1961). — MUKHERJEE, S. K.: (1) Bull. Bot. Surv. India 2, 99—107 (1960), 293—297 (1961); — (2) Bull. Bot. Soc. Bengal. 12, 29—49 (1958/61). — MULLIGAN, G. A.: Madroño 16 (3), 77—90 (1961). — MUNK, A.: Taxon 11 (6), 185—190 (1962). — MUNZ, P. A.: Brittonia 13 (1), 73—90 (1961).

NAIR, N. C., and V. S. SARMA: J. Ind. Bot. Soc. 40 (1), 47—55 (1961). — NARAYANA, H. S.: Proc. Summer School Bot. (New Delhi), 220—230 (1962). — NARAYANA, H. S., and K. JAIN: Lloydia 25 (2), 100—108 (1962). — NEGBI, M., and D. KOLLER: Phytomorphology 12 (3), 289—295 (1962). — NELSON, E.: Gestaltwandel und Artbildung. Chernex-Montreux 1962. — NEVLING, L. I.: (1) J. Arn. Arb. 42 (3), 295—320 (1961); (2) 42 (4) (1961). — NGOC-SANH, B.: Adansonia 2 (2), 329—342 (1962). — NICORA, E. G.: Rev. Argent. Agr. 28, 18—21 (1961). — NOBS, M. A.: Rec. Adv. Bot. I, 849—853 (1961). — NOOTEBOOM, H. P.: Blumea 11 (2), 509—528 (1962). — NORDENSKIÖLD, H.: Rec. Adv. Bot. II, 1469—1473 (1961). — NORLINDH, T.: Bot. Not. (Lund) 115 (4), 437—446 (1962). — NOVOTNÁ, I.: Preslia

34, 249—254 (1962). — NYGREN, A.: (1) Ann. Acad. Reg. Sc. Upsalla 6, 1—29 (1962); — (2) Symb. Bot. Upsalla 17 (3), 1—105 (1962). — NYGREN, A., and G. ALMGÅRD: Ann. Roy. Agric. Coll. Sweden 28, 27—36 (1962).

OBERMEYER, A. A.: (1) Kirkia 1, 84—87 (1961); — (2) Bothalia 7 (4), 669—768 (1962). — OOSTSTROOM, VAN, and T. J. REICHGELT: Gorteria 1 (1), 2—5 (1961). — OPPENHEIMER, H. R.: Bull. Soc. Bot. France 108, 47—71 (1961). — ORNDUFF, R.: Rec. Adv. Bot. I, 885—887 (1961). — OTZEN, D.: Act. Bot. Neerl. 11 (1), 37—46 (1962). — OWNBEY, G. B.: Brittonia 13 (1), 91—109 (1961).

PACLT, J.: J. Arn. Arb. 43 (2), 215—217 (1962). — PAI, R. A. et al.: Chromosoma 12, 398—409 (1961). — PALSER, B. F.: (1) Rec. Adv. Bot. I, 685—689 (1961); — (2) Bot. Gaz. 123, 79—111 (1961). — PANIGRAHI, G.: Proc. Summer School (New Delhi), 249—260 (1962). — PANKOW, H.: Bot. Stud. 13, 1—106 (1962). — PANT, D. D.: Proc. Summer School (New Delhi), 302—319 (1962). — PARIS, R. R.: Int. Symp. Pl. Chem. Tax. Paris 1962. — PARKER, K. F.: Leafl. West. Bot. 9, 197—209 (1962). — PARODI, L. R.: (1) Rec. Adv. Bot. I, 125—130 (1961); — (2) Rev. Argent. Agr. 27, 65—106 (1961). — PATERSON, B. R.: (1) Bot. Gaz. 122, 259—279 (1961); — (2) Austr. J. Bot. 9, 197—208 (1961), 10, 55—64 (1962). — PATZAK, A.: Ann. Nat. Hist. Mus. Wien 64, 42—56 (1960). — PATZAK, W.: Ann. Nat. Hist. Mus. Wien 65, 21—28 (1961). — PATZKE, E.: (1) Decheniana 113 (2), 275—283 (1960); — (2) Österr. Bot. Z. 108 (4/5), 505—507 (1961). — PATZKE, E., u. D. PODLECH: Decheniana 113 (2), 265—273 (1960). — PAWLOWSKI, B.: Act. Soc. Bot. Polon. 31 (2), 229—238 (1962). — PAZIJ, V. K.: Not. Syst. Herb. Uzbek. 17, 18—42 (1962). — PEDERSEN, T. M.: Darwiniana 12 (2), 241—246 (1961). — PENFOLD, A. R., and J. L. WILLIS: The Eucalypts. London 1961. — PERCIVAL, M. S.: New Phytol. 60, 235—281 (1961). — PERVUKHINA, N. V., and M. D. YOFFE: Bot. J. (Moskau) 47 (12), 1709—1730 (1962). — PETIT, E.: Bull. Jard. Bot. Brux. 32 (2), 173—198 (1962). — PFEIFER, H. W.: Baileya 10 (1), 4—7 (1962). — PIGNATTI, S.: Collect. Bot. 6 (1/2), 293—330 (1962). — PILIPENKO, F. S.: Bot. J. (Moskau) 47 (2), 188—201 (1962). — PLOUVIER, V.: Int. Symp. Pl. Chem. Tax. Paris 1962. — POBEDIMOVA, E.: Not. Syst. Inst. Komarov 21, 343—358 (1961). — PODLECH, D.: Ber. Dtsch. Bot. Ges. 75 (7), 237—244 (1962). — POGAN, E.: Act. Soc. Bot. Polon. 30 (4), 667—754 (1961). — PRAT, H.: (1) Bull. Soc. Bot. France 107, 32—79 (1960); (2) Rec. Adv. Bot. I, 99—102 (1961). — PRICE, J. R.: Int. Symp. Pl. Chem. Tax., Paris 1962. — PRITCHARD, N. M.: Watsonia 4 (6), 290—303 (1961). — PRITCHARD, T.: Rec. Adv. Bot. I, 866—870 (1961). — PROCTOR, M. C. F.: Watsonia 5 (4), 236—250 (1962). — PUNT, W.: Wentia 7, 1—116 (1962). — PURI, V.: (1) J. Ind. Bot. Soc. 40 (4), 511—524 (1961); — (2) Proc. Summer School (New Delhi), 326—333 (1962).

RAATIKAINEN, R.: Arch. Soc. ‚Vanamo' 15 (1/2), 64—82 (1962). — RADOMIR, L.: Godišnjak (Sarajevu) 13 (1), 21—40 (1960). — RAHN, K.: Bot. Tidsskr. 56, 351—354 (1961). — RAIZADA, M. B., and K. C. SAHNI: Ind. For. Rec. 5 (2), 73—150 (1960). — RAJ, B.: Grana palyn. 3 (1), 3—108 (1961). — RAJU, M. V. S.: Ann. Miss. Bot. Gard. 48 (2), 107—124 (1961). — RAMAYYA, N.: Curr. Sci. 31, 24—25 (1962). — RAMBO, B.: Pesquisas Bot. 11, 1—67 (1961). — RANDOLPH, L. F., and J. MITRA: Amer. J. Bot. 48 (10). 862—870 (1961). — RAO, C. V.: (1) Proc. Nat. Inst. Sci. India B 26, 300—337 (1960); (2) 27, 126—151 (1961); — (3) J. Ind. Bot. Soc. 40 (3), 409—423 (1961). — RAUH, W.: (1) Sitzber. Heidelb. Akad. Wiss. Math.-Nat. Kl. 1960/61 (7), 185—300 (1961); — (2) Kakt. u. a. Sukk. 12 ff. (1961) u. 13 ff. (1962). — RAUH, W., u. H. REZNIK: Bot. Jb. 81 (1), 94—105 (1961). — RAUSCHERT, S.: Feddes Rep. 63 (3), 251—283 (1960). — RAVEN, P. H.: (1) Not. Roy. Bot. Gard. Edinb. 34 (2), 183—203 (1962); — (2) Bull. Brit. Mus. Bot. 2 (12), 327—382 (1962); — (3) Univ. Calif. Publ. Bot. 34 (1), 1—122 (1962). — RAVEN, P. H., and D. W. KYHOS: Amer. J. Bot. 48 (9), 842—850 (1961). — RAYMOND, M.: Nat. Canad. 88, 8—24 (1961). — RECHINGER, K. H.: Watsonia 5 (2), 64—66 (1961). — REEDER, J. R.: (1) Rec. Adv. Bot. I, 91—96 (1961); — (2) Amer. J. Bot. 49 (6), 639—641 (1962). — REEDER, J. R., and H. F. DECKER: Amer. J. Bot. 48 (6), 549 (1961). — REESE, G.: (1) Naturw. Rundsch. 14 (4), 140—145 (1961); — (2) Rec. Adv. Bot. I, 895—900 (1961); — (3) Z. Bot. 50 (3), 237—264 (1962). — REITZ, P. R.: (1) Sellowia 13, 117—132 (1961); (2) 14, 67—98 (1962). — REZNIK, H., u. K. EGGER: Z. Naturforsch. 15 b (4), 247 bis 250 (1960). — RICARDI, M.: Gayana 4, 3—13 (1962). — RIEDL, H.: (1) Österr. Bot.

Z. 108 (4/5), 399—407 (1961); (2) 109 (1/2), 45—80 (1962); (3) 109 (3), 213—249 (1962); (4) 109, 385—394 (1962). — Riley, H. P.: J. S. Afr. Bot. 27 (1), 65—71 (1961). — Riley, H. P., and T. R. Bryant: Amer. J. Bot. 48 (2), 133—137 (1961). — Rizzini, C. T.: Sellowia 13, 195—202 (1961). — Roberts, R. H.: Watsonia 5 (1), 23—36, 37—42 (1961). — Roberty, G.: (1) Boissiera 9, 1—455 (1960); — (2) Bull. I. F. A. N. 23, 638—702 (1961). — Robinson, E. A.: (1) Kirkia 1, 32—43 (1961); (2) 2, 172—193 (1961). — Robson, N.: Bol. Soc. Brot. 36, 5—39 (1962). — Robson, N. K. B., and H. K. Airy Shaw: Kew Bull. 15 (3), 387—388 (1962). — Robyns, W.: Bull. Jard. Bot. Brux. 32 (2), 133—154 (1962). — Robyns, W., and A. Lawalrée: Bull. Jard. Bot. Brux. 31 (4), 511—528 (1961). — Roe, M. J.: Pacific Sci. 15, 3—32 (1961). — Rogers, D. J., and T. T. Tanimoto: Science 132, 1115—1118 (1960). — Rohweder, O.: Ber. Dtsch. Bot. Ges. 75 (2), 51—56 (1962). — Rominger, J. M.: Ill. Biol. Monogr. 29, 1—132 (1962). — Roth, I.: Österr. Bot. Z. 109, 18—40 (1962). — Rothmaler, W.: Drudea 1 (3), 33—42 (1961). — Royen, P. van: Nova Guinea 10 (9), 127—135 (1962). — Rozmus, M.: Act. biol. cracov. Bot. 3, 81—90 (1961). — Rubner, K.: Forstarchiv 33 (7), 138—151 (1962). — Runemark, H.: (1) Bot. Not. (Lund) 114 (1), 22—32 (1962); (2) 115 (1), 1—17 (1962). — Rutishauser, A.: Rec. Adv. Bot. I, 699—702 (1961).

Saad, S. I.: (1) Gran. Palyn. 3 (1), 109—129 (1961); — (2) Pollen et Spores 3, 247—260 (1961); — (3) Bot. Not. Lund 115 (1), 49—57 (1962). — Safwat, F. M.: Ann. Miss. Bot. Gard. 49, 95—129 (1962). — St. John, H.: (1) Pacific Sc. 15, 180 to 185, 324—346, 563—590 (1961), 16, 70—125, 218—237, 291—346 (1962); — (2) Darwiniana 12, 293—307 (1961); — (3) Res. Stud. 30 (2), 19—44 (1962). — Samejima, J., and K. Samejima: Act. Hort. Gotoburg. 25, 157—259 (1962). — Sampath, S.: Bot. Mag. Tokyo 74, 269—270 (1961). — Sandwith, N. Y.: Kew Bull. 15 (3), 467—471 (1962). — Sastri, R. L. N.: Bot. Gaz. 123, 197—206 (1962). — Satake, T.: Hikobia 3 (2), 112—133 (1962). — Sattler, R.: Bot. Jb. 81 (4), 358—396 (1962). — Saunders, J. H.: The wild species of Gossypium and their evolutionary history. Oxford Univ. Press 1961. — Savile, D. B. O.: Rec. Adv. Bot. I, 169—172 (1961). — Schaeppi, H., u. K. Frank: Bot. Jb. 81 (4), 337—357 (1962). — Schelpe, E. A. C. L. E.: (1) J. Bot. Soc. S. Afr., Part 47 (1961), Part 48 (1962); — (2) J. S. Afr. Bot. 28 (4), 279—286 (1962). — Schlittler, J.: Bot. Jb. 79 (4), 428—446 (1960). — Schmidt, A.: (1) Österr. Bot. Z. 108, 20—88 (1961); — (2) Ber. Bayer. Bot. Ges. 34, 93—95 (1961); (3) Ber. Dtsch. Bot. Ges. 75 (3), 78—84 (1962). — Schmidt, V. M.: Bot. J. (Moskau) 47 (11), 1648—1653 (1962). — Schmutz, J.: Pharm. Act. Helv. 36, 103—118 (1961). — Scholz, H.: Willdenowia 3 (1), 137—149 (1962). — Schotsman, H. D.: (1) Bot. Soc. Brot. 25, 95—127 (1961); — (2) Bull. Soc. Neuchat. Sci. Nat. 84, 89—101 (1961); — (3) Ber. Schweiz. Bot. Ges. 71, 5—17 (1961). — Schulz-Schaeffer, J., and P. Jurasits: Amer. J. Bot. 49 (9), 940—953 (1962). — Schwarz, O.: Drudea 1 (3), 25—32 (1961). — Schweickerdt, H. G.: Der Züchter 31 (4), 192—195 (1961). — Schweinfurth, C.: (1) Amer. Orchid. Soc. Bull. 29, 762—764 (1960); — (2) Fieldiana Bot. 30 (4), 787—1005 (1961). — Seithe, A.: Bot. Jb. 81 (3), 261—336 (1962). — Sell, P. D., and C. West: Watsonia 5 (4), 215—223 (1962). — Sharma, A. K., and U. Bhattacharyya: Indian Agric. 5, 9—28 (1961). — Sharma, B. R.: J. Ind. Bot. Soc. 40 (3), 355—364 (1961). — Sharsmith, H. K.: Univ. Calif. Publ. Bot. 32 (4), 235—314 (1961). — Shaw, E., and R. D. Gibbs: Nature (Lond.) 190, 463—464 (1961). — Shaw, R. J.: Aliso 5, 147—178 (1962). — Shorland, F. B.: Int. Symp. Pl. Chem. Tax. Paris 1962. — Simmonds, N. W.: The Evolution of the Bananas. Frome and London 1962. — Sinclair, J.: Gard. Bull. Singap. 18 (3), 102—327 (1961). — Singh, H.: Phytomorphology 11 (1), 153—197 (1961). — Skalický, V.: Act. Hort. Bot. Prag. 1962, 87—108 (1962). — Skvortsov, A. K.: (1) Trans. Moscow Soc. Nat. 3, 247—262 (1960); — (2) Not. Syst. Inst. Komarov 21, 83—92 (1961); — (3) Bull. Mosk. Obsch. Isp. Prip. Biol. 64 (4), 26—37 (1961); — (4) Not. Syst. Herb. Uzbek. 17, 43—74 (1962). — Skvortsova, N. T.: Dokl. Akad. Nauk SSSR 133, 125—128 (1961). — Sleumer, H.: (1) Nova Guinea 10 (7), 73—102 (1961); — (2) Rhododendron-Jb. 1961, 82—88 (1961); — (3) Blumea 11 (1), 9—112 (1961). — Smejkal, M.: Preslia 33, 386—398 (1961). — Smith, A. C., and B. C. Stone: Contr. U. S. Nat. Herb. 37 (1), 1—41 (1962). — Smith, C. E.: Fieldiana Bot. 29, 295—341 (1960). — Smith, D. M.: Rec. Adv. Bot. I, 878—881 (1961). — Smith, H.: Kew Bull. 15 (1), 43—55 (1961). — Smith, L. B.: (1) Contr. U. S. Nat. Herb. 35 (4), 251—292

(1962); — (2) Phytologia **8** (5), 217—229 (1962). — SNEATH, P. H. A., and R. S.
SOKAL: Nature (London) **193**, 855—860 (1962). — SNOGERUP, S.: Bot. Not. (Lund)
115 (4), 357—375 (1962). — SOEPADMO: Reinwardtia **5** (4), 481—508 (1961). —
SOEST, J. L. VAN: Bull. Jard. Bot. Brux. **31** (3), 319—390 (1961). — SOKAL, R. R.:
Amer. J. Bot. **49** (6), 678 (1962). — SOKAL, R. R., and F. J. ROHLF: Taxon **11** (2),
33—40 (1962). — SOKOLOVSKAYA, A. P.: Bot. J. (Moskau) **46**, 234—235 (1961). —
SOLBRIG, O. T.: (1) Leafl. West. Bot. **9**, 147—150 (1961); — (2) Rhodora **63** (750),
151—164 (1961). — Soó, R.: Ann. Univ. Sc. Budap. Sect. Biol. **4**, 167—178 (1961).—
Soó, R., and O. BORSOS: Act. Bot. Acad. Sc. Hung. **8** (1), 205—212 (1962). — SOREN-
SEN, N. A.: Int. Symp. Pl. Chem. Tax. Paris 1962. — SORIA, J. V., and C. B. HEISER:
Econ. Bot. **15**, 245—255 (1961). — SOUÈGES, R.: Compt. rend. Acad. Sci. (Paris)
253, 351—356 (1961). — SPANOWSKY, W.: Feddes Rep. **65** (3), 149—213 (1962). —
STACE, C. A.: (1) Watsonia **5** (2), 88—105 (1961); — (2) Mitt. Bot. München **4**, 9—19
(1961). — STACHURSKA, A.: Monogr. Bot. **12**, 121—143 (1961). — STAES, J.: Bull.
Jard. Bot. Brux. **31** (4), 443—480 (1961). — STASZKIEWICZ, J.: Act. Bot. Acad.
Hung. **7** (3), 451—466 (1961). — STAUDT, G.: Econ. Bot. **15**, 205—212 (1961). —
STAUFFER, H. V.: Vjschr. Natf. Ges. Zürich **106**, 387—418 (1961). — STEBBINS, G.
L., and B. CRAMPTON: Rec. Adv. Bot. I, 133—145 (1961). — STEBBINS, G. L., and
G. S. KHUSH: Amer. J. Bot. **48** (1), 51—59 (1961). — STEINEGGER, E., u. K. E.
STEIGER: Pharm. Act. Helv. **34**, 521—542 (1959). — STERN, K. R.: Amer. J. Bot.
49 (4), 362—368 (1962). — STERN, W. L., and G. K. BRIZICKY: Amer. J. Bot. **49** (6),
679 (1962). — STONE, B. C.: (1) Brittonia **13** (2), 212—224 (1961); — (2) J. Arn. Arb.
43 (4), 410—427 (1962). — STONE, D. E.: Brittonia **13** (3), 293—302 (1961). —
STORY, R.: Bothalia **7** (3), 493—496 (1961). — STRAKA, H.: Geol. Rdschau **51**,
517—530 (1961). — STRANDHEDE, S.: Bot. Not. (Lund) **114** (4), 417—434 (1961). —
STYLES, B. T.: (1) in Harper, The Biology of Weeds, 48—54 (1960); — (2) Watsonia
5 (4), 177—214 (1962). — SURKOV, V. A.: Bot. J. (Moskau) **46**, 1134—1143 (1961). —
SWAMINATHAN, M. S., and M. L. MAGOON: Adv. in Genet. **10**, 217—256 (1961).
    TAIRA, H.: Bot. Mag. Tokyo **75**, 80—81, 242—243 (1962). — TAKENAKA, Y.:
Bot. Mag. Tokyo **75**, 278—287 (1962). — TAMAMSCHIAN, S. G.: Taxon **10** (7),
221—225 (1961). — TARDIEU-BLOT, M.-L.: (1) Adansonia **1** (1), 55—58 (1961); (2)
1 (2), 198—207 (1961); (3) **1** (2), 192—197 (1961). — TARNAVSCHI, I. T., and N.
MITROIU: Stud. si cerc. biol. B. veg. **4**, 404-420 (1960). — TARNAVSCHI, I. T., u. D.
RĂDULESCU: Stud. si cerc. biol. B. veg. **5**, 29—44 (1961). — TATEOKA, T.: (1) Rec.
Adv. Bot. I, 102—104 (1961); — (2) Amer. J. Bot. **48** (7), 565—573 (1961); — (3)Bull.
Torr. Bot. Cl. **88** (1), 11—20 (1961); (4) **88** (3), 143—152 (1961); (5) **89** (2), 77—82
(1962); — (6) Bot. Mag. Tokyo **75**, 336—343 (1962). — TERPÓ, A.: Ann. Acad. Hort.
Viticult. **6** (2), 1—258 (1960). — TEUSCHER, H.: Am. Orchid. Soc. Bull. **30**, 877—878,
969—973 (1961). — THARP, B. C., and M. C. JOHNSTON: Brittonia **13** (4), 346—360
(1961). — THIERET, J. W.: Ceiba **8**, 92—101 (1961). — THOMAS, J. L.: (2) J. Arn.
Arb. **42** (1), 110—111 (1961). — TIAGI, Y. D.: Vestn. Mosk. Univ. Ser. 6, 2, 29—52
(1962). — TIKHOMIROV, V. N.: Bot. J. (Moskau) **46** (4), 584—586 (1961). — TOMLIN-
SON, P. B.: (1) Anatomy of the Monocotyledons. II. Palmae. Oxford 1961; — (2)
J. Linn. Soc. Bot. **56** (368), 467—474 (1961). — TORRES, A. M.: Amer. J. Bot. **48** (6),
549 (1961). — TOVAR, O.: Mem. Hist. Nat. „Javier Prado" **11**, 3—88 (1960). —
TOWNSEND, C. C.: Watsonia **5** (3), 143—149 (1962). — TOYOKUNI, H.: Bot. Mag.
Tokyo **74**, 198 (1961). — TRAUB, H. P.: Plant Life **17** (1), 59 (1961). — TRONCOSO,
N. S.: Darwiniana **12** (2), 256—292 (1961). — TROUPIN, G.: (1) Bull. Jard. Bot.
Brux. **31** (3), 407—412 (1961); — (2) Acad. Roy. Sc. d'Outre-Mer, Mém. **13** (2),
1—310 (1962). — TSCHERNEVA, O. V.: Not. Syst. Herb. Uzbek. **17**, 77—108 (1962).—
TSOONG, P. C.: Act. Bot. Sin. **9** (3), 252—274 (1961). — TUCKER, J. M.: Amer. J.
Bot. **48** (3), 202—208 (1961). — TURNER, B. L.: Brittonia **14** (1), 101—119 (1962).
— TURNER, B. L., and M. C. JOHNSTON: Brittonia **13** (1), 64—69 (1961). — TURNER,
B. L., and R. M. KING: Amer. J. Bot. **49** (3), 263—269 (1962). — TURNER, B. L.,
J. H. BEAMAN and H. F. ROCK: Rhodora **63** (749), 121—130 (1961). — TURNER, B.
L., W. L. ELLISON and R. M. KING: Amer. J. Bot. **48** (3), 216—223 (1961). —
TYLER, V. E.: Lloydia **24** (2), 57—64 (1961). — TZVELEV, N.: Not. Syst. Inst.
Komarov **21**, 20—50 (1961).
    UHL, C. H.: (1) Evolution **15**, 375—377 (1961); — (2) Amer. J. Bot. **48** (2),
114—123 (1961). — UJHELYI, J.: (1) Bot. Közlemények **48** (3/4), 278—280 (1960); —

(2) Ann. Hist. Nat. Mus. Hung. **52**, 185—200 (1960); (3) **53**, 207—224 (1961). — UPHOF, J. C.: Plant Life **16** (1), 163—176 (1960).

VALENTINE, D. H.: (1) Rec. Adv. Bot. I, 845—848 (1961); (2) in P. J. WANSTALL, A Darwin Centenary, Arbroath 1961, 71—87 (1961); — (3) Nature (London) **190** (4780), 968—969 (1961); — (4) Preslia **34**, 190—206 (1962); — (5) Taxon **11** (3), 71—74 (1962). — VALENTINE, D. H., and V. H. HEYWOOD: Rec. Adv. Bot. I, 944—947 (1961). — VASSILCZENKO, I. T.: (1) Bot. J. (Moskau) **46** (7), 1040—1044 (1961); (2) **46** (12), 1734—1739 (1961). — VASSILIJEV, I.: Not. Syst. Inst. Komarov **21**, 93—103 (1961). — VASSILJEV, V. N.: (1) Feddes Rep. **63** (3), 229—251 (1961); — (2) Empetrum (Moskau) 1961. — VENO, J.: J. Inst. Polytechn. Osaka Univ. D **11**, 109—136 (1960). — VENT, W.: (1) Wiss. Z. Humboldt-Univ. Berlin, Math.-Nat. R. **10** (5), 575—578 (1961); — (2) Feddes Rep. **65** (1/2), 3—132 (1962). — VERDCOURT, B.: (1) Kirkia **1**, 80—83 (1961); — (2) Kew Bull. **15** (1), 1—18 (1961). — VERDOORN, I. C.: Bothalia **7** (1), 458—464 (1961). — VIDAL, J. E.: Adansonia **1** (1), 58—59 (1961). — VIDAL, J. E., and B. N. SANH: Adansonia **1** (1), 61—64 (1961).

WAGENITZ, G.: Veröff. Geobot. Inst. Rübel (Zürich) **37**, 315—329 (1962). — WALTERS, S. M.: (1) The New Phyt. **60**, 74—84 (1961); — (2) Preslia **34**, 207—226 (1962). — WANG, W. T.: Act. Bot. Sin. **10** (1), 87—89, (2), 137—165 (1962). — WATSON, L.: (1) The New Phyt. **61** (1), 36—40 (1962); — (2) Kew Bull. **16** (1), 85—127 (1962). — WEBERLING, F.: Abh. Akad. Wiss. Lit. Mainz, Math.-Nat. Kl. 1961 (5), 155—281 (1961). — WEBSTER, G. L., and J. R. ELLIS: Amer. J. Bot. **49** (1), 14—18 (1961). — WEIDE, H.: Feddes Rep. **64** (2), 240—268 (1962). — WENDELBO, P.: (1) Arb. Univ. Bergen **1961** (3), 1—89 (1961); (2) **1961** (11), 1—49 (1961); (3) **1961** (19), 1—31 (1961). — WERNECK, H. L.: (1) Naturkdl. Jb. Linz **1961**, 7—129 (1961), **1962**, 265—274 (1962); (2) **1962**, 85—238 (1962). — WESSELY, I.: Feddes Rep. **63** (3), 290—321 (1961). — WHITAKER, T. W.: Rec. Adv. Bot. I, 858—862 (1962). — WHITE, F.: Syst. Ass. Publ. **4**, 71—103 (1962). — WHITMORE, T. C.: Gard. Bull. Singap. **19** (2), 321—371 (1962). — WILBUR, R. L., and H. S. DAOUD: Rhodora **63** (748), 103—118 (1961). — WILLIAMS, L. O.: Fieldiana Bot. **29** (7), 375—389 (1962). — WILLIAMS, W. T., and J. M. LAMBERT: Taxon **10** (7), 205—211 (1961). — WILSON, P. G.: Trans. R. Soc. S. Austr. **85**, 21—53 (1961). — WINKLER, S.: Bot. Jb. **81** (3), 213—251 (1962). — WOOD, C. E.: (2) J. Arn. Arb. **42** (2), 219—262 (1961). — WU, M. C. Y.: Bot. Bull. Ac. Sin. **3** (1), 83—108 (1962). — WURDACK, J. J.: Sellowia **14**, 109—218 (1962). — WYLER, H., u. A. S. DREIDING: Experientia **17** (1), 23—25 (1961).

YAKOVLEV, G.: Not. Syst. Inst. Komarov **21**, 328—337 (1961). — YAMANA, R.: Succ. Japon. **23**, 11—19 (1961). — YEO, P. F.: Watsonia **5** (4), 224—235 (1962). — YOUNG, D. P.: Watsonia **5** (3), 127—142 (1962).

ZAIKONNIKOVA, G. I.: Bot. J. (Moskau) **47** (2), 202—212 (1962). — ZELTNER, L.: (1) Ber. Schweiz. Bot. Ges. **71**, 18—24 (1961); — (2) Bull. Soc. Neuchat. Sci. Nat. **85**, 83—95 (1962). — ŽERTOVÁ, A.: (1) Preslia **33**, 17—35 (1961); (2) Act. Mus. Nat. Pragae **17** (3/4), 159—185 (1961); — (3) Act. Hort. Prag. **1962**, 113—118 (1962). — ZÉSIGER, F.: Ber. Schweiz. Bot. Ges. **71**, 113—117 (1961). — ZHUKOVA, P. G.: Bot. J. (Moskau) **46** (3), 421—428 (1961). — ZIMMERMANN, W.: (1) Ber. Oberhess. Ges. Nat.- u. Heilk. Gießen **31**, 5—28 (1961); — (2) Can. J. Bot. **39**, 1547—1553 (1961). — ZOHARY, D.: Bull. Res. Counc. Israel **9**, 21—42 (1960). — ZOHARY, M.: Bull. Res. Counc. Israel **9**, 161—186 (1961).

6. Paläobotanik

Bericht über die Jahre 1961 und 1962

Von KARL MÄGDEFRAU, Tübingen

Mit 2 Abbildungen

Ebenso wie im vorigen Bericht werden auch diesmal nur solche Veröffentlichungen referiert, die zu einer Vertiefung unserer Kenntnis geführt haben; dies sind rund 230 von insgesamt etwa 1200 in den beiden Berichtsjahren erschienenen Publikationen. Insbesondere blieben Veröffentlichungen über Sporen und Pollenformen, soweit sie weder botanische noch pflanzengeographische Ergebnisse erkennen lassen, unberücksichtigt [vgl. HARRIS (3)]. Eine vollständige Literaturzusammenstellung für die Jahre 1960—1961 bringt BOUREAUS "World report on palaeobotany". Ferner sei auf die fast durchweg von R. KRÄUSEL verfaßten Referate im ,,Zentralblatt für Geologie und Paläontologie" und diejenigen in den "Biological Abstracts" (Sect. D), bezüglich der fossilen Pollenkörner und Sporen (Sporomorphen) auf die Bibliographie von CAMPO u. PLANCHAIS verwiesen.

I. Allgemeines

Von den neuen Lehrbüchern der Paläobotanik verdienen die vom botanischen Standpunkt aus geschriebenen "Studies in Paleobotany" von ANDREWS wegen ihrer klaren Darstellung und vorzüglichen Bebilderung besonders hervorgehoben zu werden. Eine wesentlich kürzere Übersicht über die fossilen Pflanzen hat DELEVORYAS geschrieben. Das polnische Paläobotanik-Lehrbuch von SZAFER und KOSTYNIUK ist in zweiter Auflage erschienen. Erfreulicherweise sind die "Studies in fossil Botany" von D. H. SCOTT, ein klassisches Werk der paläobotanischen Literatur, durch einen Neudruck wieder zugänglich gemacht worden. WESLEY gibt eine gute Darstellung der wichtigsten paläobotanischen Entdeckungen der beiden letzten Jahrzehnte.

Die Abteilung ,,Filicales, Pteridospermales, Cycadales" des ,,Fossilium Catalogus" von JONGMANS und DIJKSTRA wurde mit acht Lieferungen, umfassend die Gattungen *Mariopteris* bis *Pecopteris*, fortgesetzt.

Die mit der Paläobotanik eng verbundenen Probleme der Paläoklimatologie fand durch den von NAIRN herausgegebenen Sammelband eine anregende Darstellung. — Die neue geochronologische Skala von SCHTSCHERBAKOW weicht von der amerikanischen Chronologie in den fossilführenden Formationen nicht wesentlich ab, doch gelang eine Aufgliederung des Präkambriums, das den Zeitraum von 600—3500 Millionen Jahren vor der Gegenwart umfaßt.

Seiner ,,Synopsis der Sporae dispersae" hat POTONIÉ jetzt eine ,,Synopsis der Sporae in situ", d. h. aller in Fruktifikationen gefundenen

Sporen folgen lassen. — Wie leicht Mikrofossilien, besonders Sporomorphen, in ältere Gesteine eingeweht oder eingeschwemmt werden können, zeigt HARRIS (1) am Beispiel der Juragesteine von Yorkshire. —
ERDTMAN gibt eine Übersicht über den heutigen Stand der Pollen- und
Sporenforschung, während STRAKA über einige neuere Fortschritte auf
diesem Gebiet berichtet.

II. Fossile Pflanzensippen und Stammesgeschichte

Die Dichotomie, ihre verschiedenen Ausprägungen, ihre Bedeutung
für die Formbildung und für die Evolution der Pflanzen und Tiere behandelt BOCK (2) in einer umfangreichen Abhandlung. — Die „Neue Systematik" und „Neue Morphologie" haben, wie SCHINDEWOLF auseinandersetzt, „keine grundsätzlich neuen Elemente eingeführt und bedeuten
daher keineswegs einen radikalen Umbruch in der bisherigen Denkweise
und Methodik".

1. **Thallophyta.** JOHNSON u. HØEG geben eine mit vielen Abbildungen
und vollständiger Bibliographie versehene Übersicht über die Algen des
Ordoviciums. ENDO (2) befaßt sich eingehend mit den phylogenetischen
Beziehungen der fossilen Kalkalgen unter Beigabe der Diagnosen aller
fossilen Gattungen, jedoch unter Verzicht auf die postkretazischen Taxa.

a) Peridineae. In einer Übersicht über die fossilen Peridineen-Gat-
tungen, deren meiste in vorzüglichen Mikrophotos dargestellt sind, beschäftigt sich EISENACK (1) auch eingehend mit dem Bau der Zellhüllen
und der Bildung der Hörner und Leisten. COOKSON u. EISENACK (1)—(7)
machen aus der Kreide Australiens zahlreiche Peridineen, z. T. in vorzüglicher Erhaltung bekannt, desgleichen GÓRKA aus der Oberkreide Polens,
GERLACH aus dem Tertiär Nordwestdeutschlands und ALBERTI aus meso-
zoischen und alttertiären Schichten Nord- und Mitteldeutschlands.
EISENACK (2) gibt eine kritische Übersicht unseres Wissens über die
rezent noch nicht bekannten Hystrichosphären (vgl. Fortschr. Bot. **14**,
104); er hält sie für eine einheitliche Ordnung einzelliger Algen, die eine
widerstandsfähige Hülle abschieden, aus der der Protoplast ausschlüpfen
konnte (Schlupflöcher!); nach EISENACK „hat es den Anschein, als wenn
die Dinoflagellaten sich von den Hystrichosphären abzweigten". Zu
einem ähnlichen Ergebnis kommt auch EVITT auf Grund der Untersuchung eines umfangreichen Materials. — Durch ihr hohes Alter bemerkenswert sind die von DOWNIE aus dem Ordovicium (Tremadoc) von
Yorkshire beschriebenen Hystrichosphären. — Eigentümliche Planktonten mit Flügelsaum fand DÖRING in den Jura/Kreide-Grenzschichten von
Mecklenburg.

b) Coccolithineae. Die Untersuchungen von MARTINI (1) über das
Nannoplankton aus Tertiär und oberster Kreide von SW-Frankreich
zeigen in zunehmendem Maße (vgl. Fortschr. Bot. **23**, 108) die Horizont-
beständigkeit der Braarudosphaeriden und Discoasteriden, von denen
eine Anzahl neuer Formen beschrieben werden. Zum gleichen Ergebnis
führten die sorgfältige Bearbeitung der Discoasteriden des österreichischen
Tertiärs durch STRADNER u. PAPP sowie die Studien von BRAMLETTE u.

SULLIVAN im Alttertiär Californiens. — GÓRKA beschreibt verschiedene Coccolithineen aus der obersten Kreide von Polen. — MARTINI (2) bringt eine Karte der fossilen und rezenten Funde von Braarudosphaera.

c) Dasycladaceae. ENDO (1, 3, 4, 5, 6) hat sich eingehend mit den jungpaläozoischen Kalkalgen von Japan beschäftigt und hier einen erstaunlichen Reichtum von Dasycladaceen festgestellt. Wie vor allem aus der stratigraphisch-regionalen Verbreitungstabelle der Arten [ENDO (6)] ersichtlich ist, sind zwar manche Gattungen, wie *Mizzia, Epimastopora* u. a. auf Perm bzw. Obercarbon und Perm beschränkt, doch lebten auffällig viele, für die alpine Trias Europas kennzeichnende Gattungen in Ostasien bereits im Perm, z. B. *Macroporella, Gyroporella, Teutloporella, Oligoporella, Physoporella.* Wie die Untersuchungen von KOCHANSKY u. HERAK sowie von KOCHANSKY-DEVIDÉ u. MILANOVIĆ zeigen, trifft dies für das Perm von Jugoslawien und Montenegro nur in viel geringerem Maße zu. — In der Trias des Slovakischen Karsts (südlich der Hohen Tatra) wies BYSTRICKY einen großen Reichtum an Dasycladaceen (12 Arten) nach. — Bei *Diplopora annulata,* einer in der ladinischen Stufe häufigen Art, findet man sowohl Exemplare mit haarförmig wie solche mit blasenförmig endigenden Arten. PIA hielt dies für den Ausdruck eines sexuellen Dimorphismus; HERAK zeigt, daß diese Deutung höchst unwahrscheinlich ist, und rangiert die beiden Typen als Subspecies ein. — BOCK beschreibt aus obertriadischen Süßwassersedimenten von Pennsylvania unter dem Namen *Diploporundus* ein nur als Abdruck vorliegendes Fossil, das er den Dasycladaceen zuordnet. Dies wäre der erste Fall eines limnischen Vertreters dieser Algenfamilie. Referent hält das Fossil eher für eine Lebensspur.

d) Codiaceae. HERAK u. KOCHANSKY beschreiben aus dem unteren und oberen Perm von Jugoslawien mehrere Arten der Gattungen *Gymnocodium* und *Permocalculus.*

e) Charophyceae. GRAMBAST (4) (1) stellt die neue Gattung *Stomochara* (Trias) auf und beschreibt aus dem Eocän der Sahara zwei neue Gyrogonite der Gattungen *Raskyella* und *Maedleriella.* HORN AF RANTZIEN u. GRAMBAST weisen *Tolypella* erstmals in fossiler Erhaltung aus dem Tertiär nach und zeigen, daß *Maedlerisphaera* synonym ist mit *Sphaerochara,* desgleichen *Brachychara* und *Brevichara* mit *Gyrogona.*

f) Rhodophyceae. Sehr verdienstvoll ist JOHNSONs Zusammenstellung aller fossilen Arten der Gattung *Lithothamnium* von der Kreide bis zum Pleistocän mit genauen Angaben der Zellgröße des Hypothallus und des Perithallus, des Durchmessers und der Höhe der Konzeptakeln, der Wuchsform, des Fundortes und des Literaturzitates. Ökologisch wichtig sind auch Tabellen über das Tiefenvorkommen der rezenten *Lithothamnium*-Arten (Maximum: 110 m). — FLÜGEL entdeckte *Solenopora* in den oberladinischen Cassianer Schichten in Südtirol.

g) Algae incertae sedis. Auf den faziellen Zusammenhang der Stromatolith- und Oolithbildung ist schon mehrfach hingewiesen worden (vgl. MÄGDEFRAU, Paläobiologie d. Pfl., 3. Aufl., S. 16). WAGENBRETH bildet sogar einen Stromatolith ab, dessen ganzer Kern aus Oolith besteht. Die

Stromatolithen des Ordoviciums von Sibirien hat MASLOV eingehend untersucht. Nur an wenigen Stücken lassen sich Andeutungen organischer Strukturen erkennen; bemerkenswert ist der große Reichtum an Wuchsformen dieser als Algenlager angesehenen Gebilde. — Von *Sporocarpon*, *Mycocarpon* und *Dubiocarpon* fanden DAVIS u. LEISMAN im Obercarbon Pennsylvania neue Arten in vorzüglicher Strukturerhaltung. Trotzdem bleibt die systematische Stellung dieser Gebilde noch unklar (vgl. Fortschr. Bot. 19, 111). — *Microcodium* wird von KAMPTNER für eine tierische Skeletbildung gehalten.

2. **Bryophyta.** Das bisher älteste Lebermoos, das HUEBER (1) aus dem untersten Oberdevon von New York beschrieben hat, stellt einen dichotomen Thallus mit deutlicher Mittelrippe dar. Unter den heutigen Lebermoosen läßt es sich am ehesten mit *Moerckia (Pallavicinia)* vergleichen.

3. **Pteridophyta.** *a) Psilophytinae.* Während MERKER (s. a. Fortschr. Bot. 23, 111) die kriechenden Achsen von *Rhynia* als deren Gametophyten betrachtet, geht PANT nach Revision aller Original-Schliffe der "Kidston-Collection" noch weiter, indem er bei *Rhynia Gwynne-Vaughani* (vgl. Abb. 53 in MÄGDEFRAU, Paläobiologie der Pfl., 3. Aufl.) die mit Warzen und Adventivsprossen besetzten Achsen für den Gametophyten und die Warzen sowie die kleinen (bisher als vegetative Vermehrungsorgane angesehenen) Seitensprosse für Sporophyten hält; er weist darauf hin, daß das Prothallium des heutigen *Psilotum* ein mehrere Zentimeter langes, zylindrisches, verzweigtes Gebilde darstellt, das sogar von einem Leitbündel durchzogen wird. — Das von DAWSON 1859 als „*Psilophyton robustius*" aus dem Unterdevon von Gaspé (Canada) beschriebene Fossil weicht von der Gattung *Psilophyton* durch die Art der Verzweigung ab und wurde von HOPPING in die neue Gattung *Trimerophyton* gestellt (Fortschr. Bot. 19, 112). Das von DAWSON 1883 ebenfalls als Psilophyton robustius bezeichnete Material von Campbellton (Canada) ist von den Gaspé-Funden deutlich verschieden und wird von KRÄUSEL u. WEYLAND der neuen Gattung *Loganophyton* zugeordnet. — An *Zosterophyllum myretonianum* aus dem unteren Old Red Sandstone haben LELE u. WALTON Tracheiden, Cuticula und Spaltöffnungen nachgewiesen; es ist somit eine der ältesten bekannten Landpflanzen. — HUEBER (2) entdeckte im Oberdevon von New York eine neue Psilophytenform, *Serrulacaulis furcatus*, dessen dichotome Sprosse sich aus rhizoiden-bedeckten Rhizomen erheben und mit kegelförmigen Emergenzen bedeckt sind.

b) Lycopodiinae. Die ontogenetische Entwicklung der baumartigen Lycopodiinen, wie *Lepidodendron* und *Lepidophloios*, hat man früher (z. B. WILLIAMSON) aus dem Vergleich verschieden starker Achsenquerschnitte erschlossen. EGGERT (1) hat nun die Querschnitte einzelner größerer Achsen in verschiedenen Höhen miteinander verglichen und kommt zu folgender Vorstellung von der Entwicklung eines *Lepidodendron*-Baumes: Zunächst wächst der unverzweigte Stamm heran, der dann die rein dichotome Krone ausbildet. Der Stamm besitzt eine Siphonostele, deren Markquerschnitt von unten nach oben zunimmt. Das Sekundärxylom ist ziemlich schwach und nimmt an Dicke von unten nach oben ab. Das Dickerwerden des Stammes wird in erster Linie durch verschiedene sekundäre Parenchyme (Periderm) bewirkt (Epidogenesis). Bei der dichotomen Verzweigung der Krone werden nicht nur die Zweige von Gabelung zu Gabelung schwächer, sondern auch das Mark, so daß in den letzten Auszweigungen die Siphonostele zur Protostele wird und das Sekundärxylem mehr oder weniger verschwindet (Apoxogenesis). Ergänzende Angaben zur Histologie einiger *Lepidophloios*- und *Lepidodendron*-Arten bringt SMITH (2).

PANT u. WALTON führen unter dem Namen *Lycostachys protostelicus* einen neuen heterosporen Lycopodiinenzapfen aus dem Untercarbon von Arran in Schottland vor, der wohl zur Gattung *Levicaulis* (Fortschr. Bot. 21, 135) gehört. — Anläßlich der Beschreibung eines *Spencerites*-Fragments aus dem Obercarbon von Kansas, wohl zu *Lepidodendron Moorei* gehörig, vermutet LEISMAN (3), daß es sich bei *Spencerites* nicht um apikale Zapfen, sondern um fertile Sproßabschnitte handelt. — Einen besonders gut erhaltenen *Lepidocarpon*-Zapfen fanden LEISMAN u. SPOHN im Obercarbon von Kansas, der nur in wenigen Punkten von SCOTTs *Lepidocarpon Lomaxi* abweicht; von den vier Megasporen der im Sporangium enthaltenen Tetrade entwickelt sich nur eine weiter, die eine Länge von 14 mm und einen Durchmesser von 5 mm erreicht. Vermutlich gehört *Lepidocarpon* zu *Lepidophloios*.

Die Spitze eines *Lepidocarpon*-Zapfens aus dem Obercarbon von Illinois (BALBACH) läßt erkennen, daß das „Integument-Indusium" sich vom Stiel des Megasporangiums her entwickelt und dieses allmählich einhüllt.

An einem *Selaginellites*-Sporophyllstand aus dem Obercarbon von Kansas stellte LEISMAN (1) fest, daß die Achse eine exarche Protostele besitzt, die in einem großen Intercellularkanal an endodermalen Trabeculae gleichsam aufgehängt ist; die Sporangien stehen zu vier in alternierenden Quirlen.

Ein früher als Graminee beschriebenes Fossil aus der oberen Trias von Pennsylvania erkannte BOCK (3) als *Isoetes*.

c) Equisetinae. Den im paläobotanischen Schrifttum recht vernachlässigten Wurzeln der Calamitaceen hat LEISTIKOW eine sorgfältige, mit vorzüglichen Abbildungen versehene Studie gewidmet, der u. a. das umfangreiche Material der Schliffsammlungen von WILLIAMSON, SCOTT und KIDSTON zugrunde liegt. Die strukturbietenden Wurzeln werden gegliedert in die Organgattungen *Astromyelon* (Markquerschnitt sternförmig), *Myriophylloides* (Markquerschnitt nicht sternförmig), *Asthenomyelon* (markarm oder marklos) und *Zimmermannioxylon* (marklos und — im Gegensatz zu den drei genannten Genera — ohne Sekundärxylem). Bei allen Wurzeln ist die mittlere Rindenschicht durch radiale Trabekeln gekammert. Ferner werden vier habituell bzw. morphologisch verschiedene Typen nichtstrukturbietender Calamitenwurzeln belegt und im Hinblick auf verschiedene Art der Insertion, den Fragmentationsgrad und ihre Beziehungen zu den Stämmen besprochen.

In ähnlicher Weise wie die *Lepidodendron*-Stämme hat EGGERT (2) auch die carbonischen Calamiten untersucht. Die Zahl der Leitbündel in

Stämmen und Wurzeln steht in Beziehung zum Durchmesser des primären
Bündelsystems; mit dem Durchmesser wächst die Zahl der Bündel. Die
von den unterirdischen Achsen abgehenden Sprosse sind an ihrer Basis
ziemlich dünn, wachsen aber rasch in die Dicke. Aus diesem als Epidogenesis bezeichneten Wachstumsprozeß ergeben sich die mächtigen Cala-
miten-Stämme mit ihren vielen Leitbündeln. Die Zahl der letzteren ist
im unteren Teil der primären Luftsprosse am größten und nimmt gegen die
Spitze der Sprosse allmählich ab; die gleiche Erscheinung zeigen die Wurzeln. In den Zweigen vermindert sich von einer Ordnung zur anderen die
Zahl der Bündel und der Durchmesser des Marks („Apoxogenesis"), so
daß wir schließlich in den letzten Auszweigungen nur noch ein oder
wenige Bündel und kein Mark mehr antreffen. Die Zahl der Blätter entspricht im allgemeinen der Zahl der Leitbündel. Wie bei *Lepidodendron*
nimmt auch bei *Calamites* die Größe der Blätter mit dem Durchmesser
der Zweige ab.

Einige *Calamites*-Achsen mit erhaltenem Rindengewebe (ANDREWS
und MAHABALE), wahrscheinlich Rhizome, lassen keinerlei Phloem erkennen; den gleichen Befund hatte kürzlich ARNOLD (Fortschr. Bot. **23**,113)
bei *Lepidodendron* festgestellt.

In einer gründlichen Studie der nordamerikanischen Arten von
Asterophyllites, *Annularia* und *Sphenophyllum* stellt ABBOT fest, daß bei
der letztgenannten Gattung die übereinanderfolgenden Blattquirle nicht
alternieren, sondern superponiert sind, und daß stets nur eine Ader in die
Basis des Blättchens eintritt, um sich dann erst ein- bis mehrmals gabelig
zu teilen.

Die von R. u. W. REMY (3) aus dem Rotliegenden von Crock (Thüringer Wald) beschriebene *Tristachya crockensis* unterscheidet sich nur
unwesentlich von *Tr. Raciborskii* (vgl. Fortschr. Bot. **10**, 70).

d) Filicinae. Ein umfangreiches Material (über 500 Stücke) von
Pseudosporochnus aus dem Mitteldevon von Belgien, sowohl als Ab-
drücke als auch in strukturbietenden Resten vorliegend, wurde von
LECLERCQ und BANKS als *Ps. nodosus* beschrieben. Die Stämmchen, über
deren Bewurzelung wenig Sicheres bekannt ist, tragen eine aus drei
Dichotomie-Folgen aufgebaute Krone; die Zweige erster Ordnung sind an
ihrer Basis etwas angeschwollen. Die Blätter, die in schraubiger Anordnung den Zweigen entspringen, gliedern sich in eine Rhachis und daran
ansitzende Fiedern, die dreimal gegabelt sind. Bei den fertilen Fiedern
stehen anstelle der letzten Gabelungen längliche Sporangien mit Längs-
dehiszenz. Die Gesamthöhe der Pflanze wird auf mindestens 2—3 m
geschätzt. Die Stele zeigt den charakteristischen Cladoxylales-Bau, so
daß *Pseudosporochnus* nicht mehr zu den Psilophytinen gerechnet werden
darf, obgleich gewisse Psilophyten-Merkmale erhaltengeblieben sind.

BANKS u. HUEBER haben *Cladoxylon* in mehreren Arten im Oberdevon
von New York nachgewiesen, zusammen mit der wohl auch zu den Clado-
xyleen gehörigen Gattung *Schizopodium*. Offenbar waren die Cladoxylales
vom Mitteldevon bis ins Untercarbon eine weitverbreitete Gruppe.

BECK, der die Zusammengehörigkeit von *Archaeopteris* und *Callixylon*
nachgewiesen hat (Fortschr. Bot. **23**, 115), hat eine Rekonstruktion dieser

Charakterpflanze des Oberdevons entworfen und kommt nach sorgfälti-
gem Vergleich der Merkmale zu dem Ergebnis, daß *Archaeopteris* weder
ein Farn noch ein Farn-Vorfahr gewesen ist, sondern eine primitive
Gymnosperme.

Die als *Anachoropteris* bekannten Blattstiele fand HALL an einem Stamm
vom Tubicaulis-Typ ansitzend, wobei die Blattspuren zunächst massiv
und C-förmig sind und erst in einiger Entfernung nach ihrem Abgang die
charakteristische Einrollung zeigen. — SNIGIREWSKAJA beschreibt die
verschiedenen Bündelquerschnitte von *Botryopteris* in ihrer Beziehung
zur wiederholt gabeligen Verzweigung (vgl. auch HOLDEN).

Anhand der Pteridophylle der Shansi-Flora (Obercarbon) Ostasiens
zeigt ASAMA die morphogenetischen Möglichkeiten auf, die von einem
mehrfach gefiederten Blatt zu einem einfachen, ungeteilten führen, wobei
die morphologische Reihenfolge der Glieder dieser Reihen auch der
historisch-stratigraphischen Aufeinanderfolge entspricht (Abb. 5). In
diesem Zusammenhang sei an die entsprechenden Entwicklungsreihen
von *Sphenophyllum* und *Ginkyo* erinnert (MÄGDEFRAU, Paläobiologie d.
Pfl., 3. Aufl., Abb. 148 und 259).

EWART beschreibt zwei neue *Scolecopteris*-Arten aus dem Obercarbon
von Illinois, von denen eine, *Sc. monothrix*, dadurch auffällt, daß jedes
Sporangium apikal ein mehrzelliges Haar trägt, das etwa doppelt so lang
ist wie das Sporangium, welches etwa 9000 monolete, glattwandige

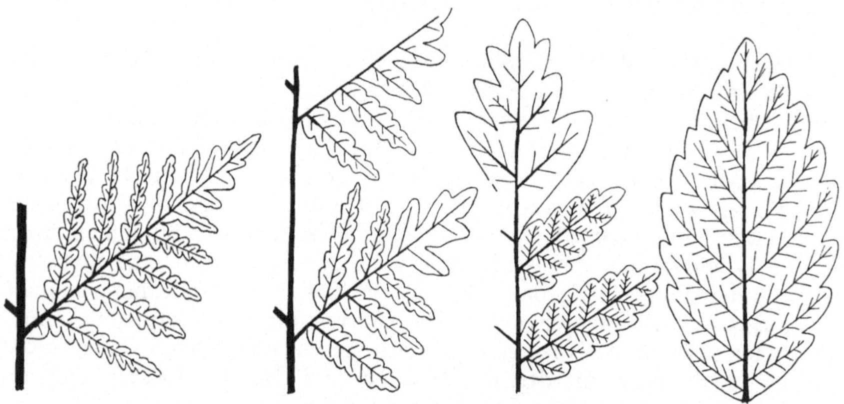

Abb. 5. Morphogenie des Blattes der Emplectopteriden in aufeinanderfolgenden Schichten der Shihhotse-
Serie (Obercarbon) von China. Aus ASAMA 1962

Sporen enthält. — Eine sorgfältige Studie über die vergleichende Morphologie der rezenten Osmundaceen von HEWITSON ist für die Deutung der
fossilen Stämme dieser Familie bedeutsam.

Die Gattung *Onychiopsis* aus dem Wealden (Unter-Kreide), die als
eine der ältesten Polypodiaceen angesehen wird, ist in Einzelheiten noch
wenig bekannt. Die von TATTERSALL an englischem Material gefundenen
Sporen zeigen eine dreistrahlige Marke und besitzen eine glatte Oberfläche.

4. Gymnospermae. Die von 1949—1960 erschienene Literatur über fossile Gymnospermen-Hölzer sowie die gesamte Literatur über die Gattung *Dadoxylon (Araucarioxylon)* hat SCHULTZE-MOTEL (3, 4) zusammengestellt.

a) Pteridospermales. Die Epidermisstruktur von 42 obercarbonischen und unterpermischen Pteridospermen hat BARTHEL (1, 2) beschrieben, abgebildet und in einer synoptischen Tabelle zusammengefaßt. Die Spaltöffnungsapparate der Pteridospermen gehören durchweg dem haplocheilen Typus an, werden von einem Nebenzellring umschlossen und liegen meist nur auf der Unterseite des Blattes. Die Epidermisstruktur ist zur Kennzeichnung von Gattung geeignet, meist aber nicht ausreichend zur Charakterisierung von Arten. Die Formgattungen *Callipteris*, *Mariopteris* und *Linopteris* entsprechen, nach dem Epidermisbau zu urteilen, natürlichen Gattungen, während *Sphenopteris* offenbar eine Sammelgattung ist. Die meisten Pteridospermen-Blätter machen durch eingesenkte Stomata, papillöse Nebenzellen oder Behaarung einen xeromorphen Eindruck, doch ist die Kutinisierung offenbar nur schwach, so daß BARTHEL bezüglich ökologischer Folgerungen zur Vorsicht mahnt.

Die Kenntnis der Fortpflanzungsorgane der Sphenopteriden wurde durch F. ZIMMERMANN anhand von Funden aus dem niederschlesischen Obercarbon erweitert. An *Sphenopteris adiantoides* wurden Samen vom *Lagenostoma*-Typ festgestellt. Die Endfiedern sind zu Klimmhaken umgebildet. Bei *Sphenopteris divaricata* wurden an metamorphosierten Wedeln einerseits Sporangienbüschel, andererseits *Calymmatotheca*-Kupulen gefunden. *Sphenopteris bermudensiformis* besaß kräftige Stämme und stattliche Wedel, mit denen zusammen Sporangienbüschel beobachtet wurden. Leider sind alle Abbildungen so schlecht wiedergegeben, daß sich keinerlei Einzelheiten erkennen lassen.

Callipteris Scheibei aus dem Unterperm (Thüringer Wald, Mähren, Saargebiet) wird von ROSELT (1) sorgfältig beschrieben und auf Grund von Stammfunden als niedriger Baumfarn in einer Rekonstruktion dargestellt. Er entdeckte auch die erste durch organischen Zusammenhang erwiesene männliche, an *Telangium* erinnernde *Callipteris*-Fruktifikation (meist fünf Mikrosynangien in einer Gruppe beisammen stehend). W. u. R. REMY unterscheiden von *Callipteris Scheibei* zwei durch den Grad der Behaarung differierende Varietäten.

Die Mikrosporen von *Alcicornopteris* zeigen nach SMITH (1) beträchtliche Unterschiede in Größe und Struktur, was vielleicht als verschiedene ontogenetische Stadien erklärt werden kann.

Das sonderbare *Colpoxylon aeduense*, ein verkieselter Stamm aus dem Perm von Autun, den SCOTT (II, 194) für einen aberranten Vertreter von Medullosa ansah, hält GRAMBAST (6) eher für einen Typ, der von den Medullosen zu den Cycadeen hinüberleitet.

Bei *Neuropteris semireticulata* aus dem rheinisch-westfälischen Obercarbon [JOSTEN (2)] tritt eine so starke Flexuosität der Nerven auf, daß es vereinzelt zu Anastomosen kommen kann. Somit steht diese Art — auch stratigraphisch — als Bindeglied zwischen *Neuropteris obliqua* und *Reticulopteris (Linopteris) Muensteri.* — Die sog. Zwischennerven bei

Alethopteris und *Lonchopteris* gehen nach BOCHENSKI nicht, wie meist angenommen, von der Rachis, sondern stets vom Mittelnerv der Fiedern ab; gewisse Unterschiede in der Nervatur ermöglichen eine sichere Unterscheidung der Arten.

Aus dem Obercarbon (Westphal A) von Belgien beschreiben STOCKMANS u. WILLIÈRE (1) über dreißig verschiedene Samenformen von Pteridospermen, darunter mehrere neue Genera, ein eindrucksvoller Hinweis auf die Formenfülle dieser Ordnung. Auch aus dem Untercarbon von Berwickshire wurden zahlreiche neue Pteridospermensamen bekannt, jedoch nicht in Zusammenhang mit dem Laub (A. G. LONG). STOCKMANS u. WILLIÈRE (2) diskutieren die Frage, inwieweit es berechtigt ist, die Verbreitungskörper der Pteridospermen „Samen" zu nennen und setzen sich mit den „Präphanerogamen" EMBERGERs auseinander, wobei sie sich der Auffassung von MARTENS anschließen (vgl. Fortschr. Bot. 14, 128).

TOWNROW (1) gab eine Übersicht unserer Kenntnis der Peltaspermaceen, deren wichtigster Vertreter *Lepidopteris* (mit Antevsia und Peltaspermum) darstellt; auch *Callipteris Martinsi* aus dem Kupferschiefer gehört dazu. Ferner verdanken wir TOWNROW (2) eine eingehende Darstellung von *Pteruchus*, dem Mikrosporophyll der Corystospermaceen.

b) Cycadales. Für Cycadeen, die auf Grund ihrer Fortpflanzungsorgane eindeutig als solche erwiesen sind, gibt es nach HARRIS (5) nur wenige Beispiele: *Palaeocycas* (♀) mit *Bjuvia* (Blatt); *Androstrobus prisma* (♂) mit *Pseudoctenis Lanei* (Blatt); *Androstrobus* (♂) und *Beania* (♀) mit *Nilssonia tenuinervis* (Blatt). Vom letztgenannten Beispiel gibt HARRIS auch eine Rekonstruktion. Dagegen wird die Zugehörigkeit von *Cycadospadix* und *Dioonitocarpidium* zu den Cycadeen nicht als erwiesen angesehen.

Die als *Carnoconites* bezeichneten weiblichen Blüten der Pentoxyleen, bisher nur aus dem Jura von Indien bekannt (vgl. ANDREWS S. 349), fanden sich in den Jura/Kreide-Grenzschichten auf der Nordinsel von Neuseeland [HARRIS (6)]. — Trotz mancher histologischer Ähnlichkeit mit *Pentoxylon* stehen die als *Rhexoxylon* aus den obersten Gondwanaschichten (Trias) von Argentinien, Antarctica und Südafrika bekannten Stämme in ihrer systematischen Stellung ganz isoliert (ARCHANGELSKY u. BRETT; vgl. auch ANDREWS S. 357). Einen *Rhexoxylon*-ähnlichen Stamm von 11 Fuß Länge fand ARNOLD im Oberjura von Utah.

Ctenozamites (Unterer Jura) besitzt nach HARRIS (4) eine gegabelte Rhachis, ähnlich wie *Ptilozamites* und *Odontopteris*.

c) Cordaitales. Die vergleichende Betrachtung der bisher bekannten strukturbietenden *Cordaites*-Blätter (HARMS u. LEISMAN) zeigt beträchtliche Unterschiede im Querschnittsbild (Abb. 6). Im Abdruck prägen sich die Leitbündel als kräftige, die hypodermalen Baststränge als dünnere Linien aus; dementsprechend ist bei *Cordaites principalis* der Abdruck der Ober- und Unterseite verschieden. *Cordaites principalis* und *C. crassus* wurden von den genannten Autoren eingehender untersucht. Bei beiden Arten ist die Blattoberseite fast frei von Spaltöffnungen, während sie auf der Unterseite zwischen zwei Leitbündeln in jeweils zwei, durch den hypodermalen Baststrang getrennten Streifen zu je 2—3 Reihen angeordnet und tief eingesenkt sind. Die Mesophyllzellen sind in Platten angeordnet, die senkrecht zur Oberfläche und zur Längsrichtung des Blattes verlaufen und durch Intercellularräume getrennt sind. — Aus dem Obercarbon von Kansas beschreibt LEISMAN (2) einen *Cardiocarpus* mit einer verhältnismäßig dünnen Sklerotesta. — Die Pilze in den *Cordaites*-Würzelchen (vgl. MÄGDEFRAU, Paläobiologie, 3. Aufl. Abb. 130) hält CRIDLAND eher für parasitisch oder saprophytisch als für Mykorrhiza-

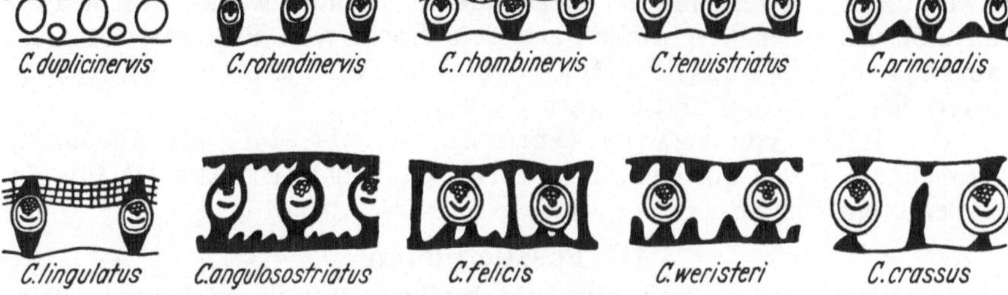

Abb. 6. Schematisierte Blatt-Querschnitte verschiedener obercarbonischer Cordaites-Arten. Schwarz: Sclerenchym. Aus HARMS u. LEISMAN 1961

Pilze. — REYMANOWNA fand im Obercarbon von Süd-Polen ein Holz, dessen Mark in der Längsrichtung von Sekretkanälen durchzogen wird, und benennt es *Dadoxylon Schrollianum;* doch dürfte es sich hierbei nicht nur um eine neue Art, sondern sogar um ein neues Genus handeln.

d) Ginkyoales. Ginkyo-Hölzer sind im Vergleich zu den häufigen Blättern äußerst selten. Anläßlich der Beschreibung eines solchen aus dem Eocän von Oregon äußern SCOTT, BARGHOORN u. PRAKASH die Vermutung, daß die Seltenheit der *Ginkyo*-Hölzer durch die im Vergleich zum Coniferenholz geringere chemische Widerstandsfähigkeit bedingt ist. — Ein Holz aus dem ungarischen Perm deutet GREGUSS (2) als Ginkyoaceenholz *(,,Baieroxylon")* und rechnet auch einige der früher von G. ZIMMERMANN aus dem südwestdeutschen Keuper beschriebenen *Dadoxylon*-Arten zu den Ginkyoaceen. Die Begründung hierfür erscheint jedoch nicht ausreichend.

e) Coniferales. GRAMBAST (3) erörtert die Evolution der Holzstruktur, insbesondere der Tüpfelung, bei den Coniferen im Sinne von JEFFREY. UENO gibt eine vergleichende Morphologie (einschl. Bestimmungsschlüssel) der Pollenkörner der Coniferen.

DOROFEEV u. SVESHNIKOVA stellten *Sciadopitys* in der Oberkreide des Urals fest. Eine Karte aller Funde aus Mesozoicum und Tertiär zeigt, daß diese Gattung von Westgrönland, Spitzbergen, West- und Mitteleuropa bis Ostasien verbreitet war.

5. Angiospermae. AXELROD (1), dessen Theorie über das ,,plötzliche" Auftreten der Angiospermen in der mittleren Kreide bereits früher (Fortschr. Bot. **15**, 97 und **23**, 118) referiert wurde, wendet sich gegen die von SCOTT, BARGHOORN u. LEOPOLD geäußerte Meinung, die Angiospermen hätten sich in relativ kurzer Zeit in den Tieflandsgebieten entwickelt.

Wir können, sagt Axelrod mit Recht, aus der Unsicherheit der prä-
kretazischen Angiospermenfunde nicht schließen, daß im Mesozoicum
noch keine Angiospermen gelebt hätten. — Leppik legt dar, daß die
Richtung der Blütenentwicklung bei den Bennettiteen im gleichen Sinne
verläuft wie bei den Angiospermen. — Lam wendet sich gegen die von
Melville vorgetragene Theorie der Angiospermenblüte (vgl. Fortschr.
Bot. **23**, 111).

Um eine systematische Anatomie der Palmenstämme bzw. des Genus
Palmoxylon bemühen sich Mababalé auf Grund des Gefäßbündelbaues,
Kaul unter Verwendung der Merkmale des Grundgewebes. Fossile Pal-
menhölzer werden beschrieben aus dem Eocän von Protugiesisch Ostafrika [Lacey (3)], aus dem Miocän von Ulm (W. Zimmermann), Nieder-
österreich (Thenius) und Ungarn [Greguss (1)].

Das früher von Chaney (Fortschr. Bot. **14**, 140) als *Eoopuntia*
bezeichnete Fossil aus dem Eocän von Utah hält Becker (1) für ein
Cyperaceen-Rhizom.

III. Fossile Floren

1. Paläozoicum. *a) Gotlandium.* Die berühmte australische *Baragwanathia*-
Flora gehört nach einer Revision der begleitenden Graptolithenfauna durch Jaeger
(1, 2) nicht, wie bisher angenommen, ins Gotlandium (Unt. Ludlow), sondern in das
Unterdevon (Gedinne- bis Siegen-Stufe). Damit findet die Auffassung des Referenten
(1942), daß die *Baragwanathia*-Flora denselben Grundcharakter hat wie unsere
Unterdevon-Flora, ihre Bestätigung. Die Alaunschiefer von Oelsnitz (Sachsen), aus
denen Roselt (2) dichotome, mit nadelähnlichen Blättchen besetzte Sprosse
(Saxonia microphylla) beschreibt, sind nach Jaeger (1) ebenfalls in das Unterdevon
zu stellen. — Als Landpflanze gotlandischen Alters bliebe somit nur ein dichotomes
Gewächs mit Endknoten (Sporangien?) übrig, das Obrhel (3) in Böhmen gefunden
hat und dessen Lager nach Jaeger (1) dem Downtonian, also dem obersten Gotlandium zuzurechnen ist. Eine Zusammenstellung aller im Altpaläozoicum von Amerika,
Europa und Asien gefundenen Sporen von Obrhel (1) verdient erwähnt zu werden.

b) Devon. Eine Übersicht über die stratigraphische Verbreitung der Devon-
Pflanzen (Banks) zeigt, daß manche Gattungen recht langlebig waren, z. B. *Aneuro-
phyton* (Beginn des Mitteldevons bis unteres Oberdevon), *Colpodexylon* (ebenso),
Hyenia (ebenso), *Callixylon* (oberes Mitteldevon bis unteres Untercarbon). Die
Mitteldevon-Flora hatte bereits eine hohe Entwicklungsstufe erreicht; die große
Fülle farnartiger Gewächse dürfte die Basis sowohl für höhere eusporangiate Farne
als auch für niedere Gymnospermentypen gewesen sein.

Hueber u. Gierson stellten *Psilophyton princeps*, bisher aus dem Unter- und
Mitteldevon bekannt, auch im älteren Oberdevon von New York fest, diese Pflanze
gehört demnach ebenfalls zu den langlebigen Typen. — Die mitteldevonische Flora
von Böhmen weicht nach Obrhel (2) in ihrem Artenbestand deutlich von der nieder-
rheinisch-belgischen Flora ab.

In der Oberdevon-Vegetation unterscheiden R. u. W. Remy (1) zwei „Asso-
ziationen": Die zur Flözbildung neigende *Sphenopteris-Archaeopteris*-Assoziation,
die zur Flözbildnergesellschaft des Untercarbons (z. B. Borna, Doberlugk) überleitet,
und die *Archaeopteris-Cyclostigma*-Assoziation, welche die genannten Autoren mit
der *Cardiopteris-Lepidodendron*-Assoziation des Untercarbons in Beziehung setzen.
Diese Vergleiche mit den Untercarbonfloren stehen jedoch im Widerspruch zu der
umfassenden Bearbeitung der Untercarbonflora von Doberlugk durch Daber
(Fortschr. Bot. **23**, 119). — Balme u. Hassel beschreiben eine artenreiche Sporen-
flora aus dem Oberdevon von Westaustralien und bringen eine Übersicht derjenigen
Devonpflanzen, deren Sporen bekannt sind.

c) Untercarbon (Mississippian). Die Flora von Clwyd (Nord-Wales), welche nach
Lacey (4) *Archaeocalamites, Lepidodendron, Lepidodendropsis, Rhacopteris* u. a. enthält, gehört der Visé-Stufe an. Wohl gleichen Alters, jedoch ökologisch-floristisch

recht verschieden, ist die von LELE u. WALTON beschriebene Flora des „Drybrook Sandstone" in Gloucestershire, der auch eine reiche Sporengesellschaft führt. — Im Carbon (Visé und Namur) der Ostsudeten ergibt sich nach HARTUNG u. PATTEISKY eine deutliche floristische Verschiedenheit der durch Goniatiten festgelegten Zonen.

d) Obercarbon (Pennsylvanian). Die „Papierkohle" in den oberen Pottsville-Schichten (= Westfal B) von Rockville (Indiana) besteht nach NEAVEL u. GUENNEL vorwiegend aus Kutikeln von *Sphenopteris Bradfordii*, während die ähnliche russische Papierkohle aus Kutikeln von Bärlappbäumen aufgebaut ist; außerdem führt die amerikanische Papierkohle ein Mikrofossil, *Torispora*, dessen Natur noch nicht geklärt ist (GUENNEL u. NEAVEL). — In Nodamerika wie in Europa lassen sich nach BHARADWAJ die einzelnen Schichtgruppen durch bestimmte Sporen und Sporengesellschaften ebenso kennzeichnen wie durch die pflanzlichen Großfossilien.

STOCKMANS u. WILLIÈRE (1) haben die Samenformen, Inflorescenzen und Synangien des belgischen Westfal A bearbeitet und in guten Abbildungen dargestellt, insgesamt 55 Species.

Die Calamitaceen der Westfal-Schichten des Ruhrgebietes haben LEGGEWIE u. SCHONEFELD einer Neubearbeitung unterzogen, nachdem erst zwei Jahre vorher GOTHAN die gleiche Arbeit geleistet hatte (Fortschr. Bot. 23, 120). — Bei Bohrungen im Ruhrcarbon stellte JOSTEN fest, daß manche Pflanzen in Schichtpaketen von wenigen Metern Mächtigkeit in auffallender Wiederholung auftreten und dabei infolge ihrer guten Erhaltung nicht weit transportiert sein können; daraus kann auf ein Massenvorkommen der betreffenden Arten z. Z. der Schichtablagerung geschlossen werden.

Aus dem Obercarbon des Saargebietes wurden von REMY zwei neue *Sphenophyllum*-Arten und von W. u. R. REMY (2) eine mit Drüsen besetzte *Odontopteris* beschrieben.

Im unteren Namur Oberschlesiens läßt sich nach HAVLENA eine flöznahe Flora aus Lycopodiinen, Equisetinen und Pteridospermen von einer flözfernen, nur in Form eingeschwemmter Bruchstücke vorkommenden Flora unterscheiden; letztere mit *Asterocalamites radiatus*, *Rhodea*- und *Sphenopteridium*-Arten erinnert stark an die ältere Visé-Flora.

PIÉRART berichtet über die Megasporen und IMGRUND über die Sporae dispersae des Kaipingbeckens in China.

Die Untersuchung der Sporengesellschaften im Carbon NW-Australiens durch BALME führte zu dem Ergebnis, daß die untercarbonische Mikroflora Beziehungen sowohl zu Nordamerika wie zu Kazakstan aufweist, während die obercarbonische völlig eigenständig erscheint.

e) Perm. Die Mikroflora der westkanadischen Belloy-Formation (mittleres Perm) besteht nach den Untersuchungen von JANSONIUS aus Pollen älterer Gymnospermen und aus Peridineen, während in der älteren Trias bisakkate Pollenformen vorherrschen.

In Mitteldeutschland ist die Trennung obercarbonischer und permischer Sedimente infolge des raschen Facieswechsels auf engem Raum sehr schwierig (vgl. HOYNINGEN-HUENE). REMY (W. REMY u. HALVENA; W. REMY, R. REMY u. KAMPE) schlägt vor, die Grenze Carbon/Perm da zu legen, wo *Callipteris conferta* erstmals auftritt. Da *Walchia piniformis* vielerorts bereits etwas tiefer einsetzt, würden auch in Deutschland die ältesten Walchia-Funde in das obere Stefan zu liegen kommen. Der Vorschlag, den Begriff „Rotliegendes" durch „Autunien i. w. S." zu ersetzen, dürfte zur Verwirrung führen, da bisher „Autunien" nur mit dem unteren Rotliegenden gleichgesetzt wurde. Die weiterhin vorgeschlagene (REMY u. HAVLENA) Bezeichnung „Moravien" ist überflüssig, da sie dem alten Begriff „Rotliegendes" genau entspricht (vgl. Fortschr. Bot. 17, 276). — Bei Elmshorn in Holstein fand MÄDLER *Ullmannia* und *Walchia* in derselben Schicht beisammen; bisher war die erstere nur aus dem Zechstein, die letztere nur aus dem Stefan-Rotliegenden bekannt.

f) Gondwana-Formation. KRÄUSEL (1) weist auf den Gegensatz der permo-carbonischen Floren der Nord- und Südhalbkugel einerseits und auf die engen Beziehungen der Gondwana-Teilfloren andererseits hin, was durch WEGENERs Theorie der Kontinentverschiebung „leichter als auf jedem anderen Wege verständlich wird". Dieselbe Auffassung wird auch von PLUMSTEAD vertreten.

Auf Grund südamerikanischen Materials stellt Kräusel (3) *Lycopodiophloios* als neue Gattung auf (mit querrhombischen Blattpolstern sowie einfacher Blatt- und Bündelnarbe) und vertritt die Auffassung, daß *Cyclodendron Leslii* einen vom Formenkreis des *Lycopodiopsis pedroanus* abzutrennenden Typus darstellt (vgl. Fortschr. Bot. 17, 279). — Aus Argentinien beschreibt Menendez (4, 5) Fruktifikationen von *Ottokaria* sowie *Glossopteris* und schlägt vor, die im Zusammenhang mit Blättern gefundenen Fortpflanzungsorgane von *Glossopteris* mit dem Speciesnamen der betr. Blattform zu versehen.

Lacey (2) gibt eine kurze Einführung in die Stratigraphie und fossile Flora der Karrooformation von Rhodesia und Nyasaland unter Beigabe der Pflanzenfossil-Listen von 80 Fundpunkten. Aus demselben Gebiet macht Lacey (1) *Glossopteris*-Fruktifikationen bekannt. — Anläßlich der Beschreibung eines neuen fossilen Holzes aus Belgisch-Kongo gibt Grambast (2) eine Zusammenstellung aller bisher aus dem gesamten Gondwanagebiet bekannten *Dadoxylon*-Species. — Der nach dem zweiten Weltkrieg entdeckte „Versteinerte Wald" von Welwitschia (SW-Afrika), in dem sich verkieselte Stämme bis zu 30 m Länge finden, gehört nach Kräusel (2) nicht, wie bisher angenommen, einer einzigen Holzart an, sondern mehreren. — Pant u. Srivastava (1, 2) beschreiben Megasporen aus den Unteren Gondwanaschichten von Brasilien, Tanganyika und Indien; die Sporen wurden sowohl im trockenen sowie im feuchten Zustand untersucht, wobei sich beträchtliche Unterschiede im Aussehen zeigen.

Die Gondwanaformation von Antarctica ist neuerdings auch in den Bereich genauer Untersuchung gerückt. Die *Glossopteris*-führenden Schichten erreichen nach Long eine Mächtigkeit von rund 600 m. Schopf gibt eine erste Übersicht über die Fossilfunde *(Glossopteris,* Hölzer mit Jahresringen, Sporen, Samen) und über die Kohlenvorkommen.

2. Mesozoicum. *a) Trias.* In der artenreichen Keuperflora von Neuewelt bei Basel gehören die Equisetaceen zu den häufigsten Fossilien (Kräusel u. Leschik), die in drei sicheren Arten vorliegen: *Equisetites arenaceus, Equ. platyodon* (unnötigerweise in *Equ. conicus* umbenannt) und *Neo-Calamites Meriani.* — Klaus beschreibt sporae dispersae aus der carnischen Stufe der alpinen Trias, Reinhardt solche aus dem Rhät vom Seeberg bei Gotha (Thüringen).

b) Jura. Schulz und Sierotin geben an, Rhät- und Lias-Sedimente nach dem Sporeninhalt scharf trennen zu können, doch erscheint dies noch ungenügend begründet. — Rogalska hat die Mikrosporen der polnischen Juraschichten untersucht. — Schultze-Motel (1) gibt *Protophyllocladoxylon* erstmals aus dem Jura an; damit ist diese Holzgattung aus allen Formationen vom Obercarbon bis zur Kreide bekannt, stellt aber wohl eine ähnlich uneinheitliche Gattung dar wie *Dadoxylon.* — Aus dem Lias von Württemberg beschreibt Khan mehrere *Araucariopitys*-Hölzer. — Aus dem Lias α und ζ im Untergrund Nordostdeutschlands erschloß Daber eine aus zwanzig Arten bestehende Flora. — Von der artenreichen Juraflora von Yorkshire, die vor allem von Harris und seinen Schülern erforscht worden ist, beginnt jetzt eine Gesamtdarstellung zu erscheinen, deren erster Teil die Thallophyten, Bryophyten und Pteridophyten umfaßt [Harris (2)].

Aus den Jura/Kreide-Grenzschichten West-Canadas macht Pocock eine ungewöhnlich reichhaltige Mikrosporenflora bekannt *(Sphagnum,* Lycopodiaceen, Osmundaceen, Gleicheniaceen und andere Filicales, Caytoniaceen, Coniferen u. a.). Dem gleichen Zeitabschnitt gehört eine von Simoncsics u. Kedves von Urkut (Ungarn) untersuchte Sporomorphengesellschaft an. — Die Jura-Flora des Amurgebietes (Vachrameev u. Doludenko) und im Bereich der mittleren Lena (Vachrameev) unterscheidet sich von den europäischen vor allem durch ihren Reichtum an *Cladophlebis*-Arten, ähnlich wie die japanische (Fortschr. Bot. 23, 122).

c) Kreide: Unsere Kenntnis der nordwestdeutschen Wealden-Flora, die bisher fast ausschließlich auf den Funden aus den Hangend- und Liegendschichten des Hauptflözes beruhte, ist durch die sorgfältigen Kutikularanalysen der übrigen Wealdensedimente von Benda (1, 2, 3) beträchtlich erweitert worden, insbesondere bei den Ginkyoales und Bennettitales, deren Artenzahl mehr als verdoppelt wurde (vgl. Daber, Fortschr. Bot. 23, 122), auch wurden die ersten sicheren Cycadeen nachgewiesen. Die „Blätterkohle" besteht fast ausschließlich aus den zusammengeschwemmten Nadeln von *Abietites Linki*, deren systematische Stellung immer noch unklar ist.

In der Unterkreide (Hauterive) von Nord-Kalifornien fand sich in einer Schicht mit Invertebraten eine eingeschwemmte Icacinaceen-Frucht (CHANDLER u. AXEL-ROD), die einen der ältesten sicher bestimmten Angiospermenreste darstellt.

In der Oberkreide von Quedlinburg fand SCHULTZE-MOTEL (2) pechkohlig erhaltene Hölzer vom *Dadoxylon*-Typ, die wahrscheinlich zu der in diesen Schichten häufigen Taxodiacee *Geinitzia* gehören, und gibt hierbei eine Zusammenstellung aller bisher aus der Kreide beschriebenen Dadoxyla (Araucarioxyla). — In der Oberkreide (Campan/Maastricht) von Oebisfelde bei Braunschweig wies KRUTZSCH (4) *Schizaea* mittels Sporen nach.

Die früher von HEER und von NATHORST untersuchte Kreideflora von Sachalin, die neben Farnen, wenigen Nilssonien und Ginkyoceen vor allem Dicotylen-Blätter enthält, haben KRYSTOFOVICH u. BAIKOVSKAJA einer Revision unterzogen.

3. Känozoicum *(Tertiär)*. Westeuropa. Zu der umfangreichen "London Clay Flora" von REID u. CHANDLER (Fortschr. Bot. **4**, 95 ff.) gibt CHANDLER (1) einen mit vorzüglichen Abbildungen versehenen Ergänzungsband heraus, wiederum vorwiegend Früchte und Samen enthaltend. Auch bei der Bearbeitung alttertiärer Floren von Südengland (Insel Wight, Hampshire, Selsey-Halbinsel) durch CHANDLER (2, 3, 3) berücksichtigt er in erster Linie Früchte und Samen. Die Sorgfalt in der Beschreibung und die Vorsicht bei der Bestimmung der Fossilien sind vorbildlich.

Im Eocän von Belgien fand P. GRAMBAST ein Euphorbiaceenholz, das sich mit demjenigen der rezenten Gattung *Piranhea* vergleichen läßt.

Die oberoligocäne Flora von Montmorency im Pariser Becken besteht aus Abdrücken, Hölzern und Rhizomen von Wasser-, Sumpf- und Landpflanzen [L. GRAMBAST (7)]. Zur stratigraphischen Einordnung von Tertiärsedimenten des Pariser Becken erwiesen sich auch Characeen-Gyrogonite als brauchbar [L. GRAMBAST (5)].

Nordeuropa. Die Pollenflora der Tertiärschichten von Spitzbergen hat durch MANUM eine Bearbeitung erfahren.

Mitteleuropa. In einem von KRUTZSCH (6) herausgegebenen Atlas werden alle mittel- und jungtertiären dispersen Sporen und Pollenformen sowie Planktonten des nördlichen Mitteleuropas beschrieben und abgebildet; von dem auf 16 Lieferungen geplanten Werk ist bisher Lieferung 1 erschienen, welche die laevigaten und toriaten trileten Sporen umfaßt. — Eine Revision der Funde fossilen *Ephedra*-Pollens durch KRUTZSCH (5) hat ergeben, daß nur die Angaben von KIRCHHEIMER zu Recht bestehen (Fortschr. Bot. **14**, 148); zwanzig weitere Fundpunkte im mitteleuropäischen Oligocän und Unter-Miocän mit insgesamt 9 Form-Arten wurden nachgewiesen. — Eine auffällige Pollenform, *Thomsonipollis magnificus*, bisher nur aus dem Unter-Eocän Europas bekannt, wurde von KRUTZSCH (3) auch aus gleichalterigen Schichten von Texas nachgewiesen. Sicher finden sich unter den vielen in Nordamerika bzw. Europa beschriebenen Pollen-Species gar manche, die bei genauer Nachprüfung sich als Synonyme erweisen werden. — Die Untersuchung einer Tiliaceen-Blüte (Miocän, Wiesa bei Kamenz), der sich noch Pollen entnehmen ließ, veranlaßt MAI zu einer Revision des tilioiden Pollens des deutschen Tertiärs. Es ergaben sich zehn Arten; die Gattung *Tilia* selbst tritt erst im Pliocän auf.

Eingehende Untersuchungen der Holz- und Rinden-Histologie (SCHUBERT) haben ergeben, daß *Pinus succinifera* den einzigen Bernstein-Lieferanten darstellt, während man früher auch an *Picea*-Arten gedacht hat. Die Bernsteinkiefer ist gekennzeichnet durch schwaches Dickenwachstum (Spätholz oft nur eine einzige Zellenschicht), dünne Tracheiden-Membranen, sehr großen Durchmesser der Harzkanäle und starke Peridermbildung. Die Bernsteinwälder waren Kiefern-Palmen-Savannenwälder; die abnorme Hartproduktion wird gedeutet als Reaktion auf die Klimaänderung infolge des von Nordwesten heranrückenden Tertiärmeeres. — Sporenpaläontologische Vergleiche führten KRUTZSCH (2) zu der Auffassung, daß in Mitteldeutschland die Mastixioideen zwei Verbreitungsphasen aufweisen, im Paläocän-Eocän und im Miocän mit tropisch-subtropischem Klima, während im Oligocän ein mehr mediterranes Klima geherrscht hat (auch im nordamerikanischen Tertiär zeichnen sich Temperaturanstiege im Eocän und Miocän ab; vgl. Fortschr. Bot. **19**, 122).

Die miocäne Braunkohle von Bornhausen am Harz ist nach Teichmüller (1) und Rein aus See-, Riedmoor- und Bruchmoorablagerungen aufgebaut. — Im Pliocän von Willershausen wurden von Frantz durch Pollen nachgewiesen: *Sciado-pitys*, *Ilex* und Chenopodiaceen. Straus fand ebenda verschiedene Microthyriaceen. — Im Untergrund des nördlichen Mitteldeutschlands wurde mit Hilfe der Sporomorphen an mehreren Stellen Paläocän nachgewiesen (Lenk; Krutzsch, Pchalek u. Spiegler). — In Geiseltal-Braunkohle kommt nach Krutzsch (7) in elf Formspecies die Pollengattung *Pentapollenites* vor, die im morphologischen Pollensystem völlig isoliert steht (vielleicht Elaeagnacee oder Simarubacee?). — Der Farn *Schizaea* wird von Krutzsch (1) erstmals im Pliocän nachgewiesen. — Schwab u. Frantz bemühen sich um eine Aufklärung der Faciesverhältnisse des Unterflözes der Niederlausitzer Braunkohle. — Ein *Sequoia*-Stamm im Unter-Miocän von Mecklenburg hat nach Greguss u. Heerdt ein Alter von mindestens 1500 Jahren erreicht.

Die oligocäne Süßwassermolasse Südbayerns ist nach Wolf arm an Sporomorphen, doch lassen sich mit deren Hilfe gleichartige Gesteine verschiedener Horizonte unterscheiden.

Südeuropa. Die durch den Fund von Oreopithecus bekannt gewordene Braunkohle von Baccinello (Toscana) ist nach Teichmüller (2) subaquatischer Entstehung; der Kalkreichtum des Moores hat eine Konservierung der Knochen ermöglicht. — Die pflanzlichen Großfossilien und Sporomorphen der pliocänen Braunkohle von Megapolis (Peloponnes) wurden von Weyland u. Pflug untersucht, wodurch in Verbindung mit früheren Forschungen eine Fundpunkt-Reihe über 11 Breitengrade verglichen werden kann. Von Süden nach Norden nimmt ab der Pollen von insektenblütigen Pflanzen, dagegen nimmt zu der Pollen von Betulaceen, Ulmaceen, Juglandaceen und Coniferen.

Osteuropa. Eine vorwiegend aus Früchten und Samen (133 Gattungen) bestehende obermiocäne Flora von Gleiwitz (Schlesien) wurde von Szafer in vorbildlicher Weise untersucht. Die Flora hat insgesamt vorwiegend mediterranen Charakter, zeigt jedoch innerhalb des Profils gewisse auch pollenanalytisch erfaßte Abwandlungen, die offenbar durch Klimaänderungen bedingt sind.

Aus Ungarn beschreiben Kovacs (1, 2) einige Eocänpflanzen sowie die Quercus-Blattabdrücke des Sarmat und Rasky eocäne und oligocäne Pflanzenreste. — Durch Sporomorphen-Analyse erschließt Simoncsics die Aufeinanderfolge der Pflanzengemeinschaften in der Braunkohle von Katalinbanya.

Aus Bulgarien machen Kitanov u. Palmarev eine alttertiäre Flora aus dem Rhodope-Gebirge, Palmarev eine Oligocänflora von Samokov und Hadziew u. Mädel pliocäne *Quercus*-Hölzer bekannt.

Semaka gibt eine Zusammenstellung der von 1945—1959 aus Rumänien beschriebenen fossilen Pflanzenreste, deren weitaus meiste dem Tertiär entstammen. Givulescu behandelt eine Blätter-Flora aus dem Pliocän von Crisana.

Aus dem Raum von Rostov faßt Dorofeev (1) elf tertiäre Lokalfloren zusammen, die in Anbetracht der wenigen Holzgewächse wohl eine Savannenvegetation repräsentieren. Ferner beschreibt Dorofeev (2, 3, 4, 5) vorwiegend aus Samen und Früchten bestehende Tertiärfloren aus Westsibirien, Bashkiria und von Kazakhstan bei Uralsk.

Asien. In einer umfangreichen Abhandlung mit Beschreibung und Abbildung aller Arten stellt Tanai die jungtertiären Floren Japans von Hokkaido bis Kyushu dar. Es ergibt sich eine allmähliche Temperaturabnahme seit dem Obermiocän. Tanai u. Onoe beschreiben einige kleinere Tertiärfloren (Mio-Pliocän) aus dem Raum zwischen Tottori und Okayama. Miki (1) behandelt die tertiären Nymphaeaceen von Japan (darunter die neue Gattung *Eoeuryale*), aus denen sich auch Hinweise auf die Stammesgeschichte ergeben. In einer weiteren Arbeit beschäftigt sich Miki (2) mit den Funden von Wasserpflanzen im Pliocän von Japan. Kokawa (1, 2) stellt die fossilen *Menyanthes*-Funde zusammen. Die Abhandlungen von Miki und Kokawa enthalten zahlreiche Fundkarten.

Nordamerika. Die paläocäne Flora der Rocky Mountains und der Great Plains hat Brown in einer umfangreichen Abhandlung dargestellt. Untersuchung der Oligocänflora des oberen Ruby-Beckens durch Becker (2) ergab eine große Zahl von Arten, die sowohl dem arktotertiären wie dem madrotertiären Element an gehören. McGINITIE beschreibt eine aus Blättern, Früchten und Sporomorphen bestehende Miocänflora von Nord-Nebraska. CHANEY u. AXELROD haben die Miocänfloren des Columbia-Plateaus einer eingehenden Neubearbeitung unterzogen. SMILEY fand erstmals *Pawlonia* im nordamerikanischen Tertiär (Mio-Pliocän von Washington). Aus dem Obermiocän von Süd-Montana beschreiben PRAKASH, BARGHOORN u. SCOTT vorzüglich erhaltene Hölzer von *Robinia* und *Gleditsia*, die beide in diesem Gebiet heute nicht mehr vorkommen. Ein altpliocäner *Sequoiadendron*-Wald mit zahlreichen Begleithölzern in West-Nevada [AXELROD (2)] zeigt, daß im Fundgebiet damals der Sommer kühler und etwas feuchter, der Winter wärmer war als heutzutage. — Verschiedene pflanzenführende Fundschichten in Nordamerika, die bisher in Eo-, Oligo- und Miocän eingestuft wurden, erwiesen sich nach der Kalium-Argondatierung von ROUSE u. MATHEWS als gleichalterig (45—49 Millionen Jahre).

Südamerika. Aus dem Tertiär von Argentinien beschreibt MENENDEZ (1, 2, 3) eine Frucht der Polygonacee *Ruprechtia*, einen gut erhaltenen Cyatheaceen-Stamm und ein *Acacia*-Holz.

Literatur

ABBOT, M. L.: Bull. amer. Paleontol. **38**, 289—390 (1958). — ALBERTI, G.: Palaeontographica (Stuttgart) A **116**, 1—58 (1961). — ANDREWS, H. N.,jr.: Stud. Paleobotany, New York—London 1961. — ANDREWS, H. N., and T. S. MAHABALE: S. P. Agharkar Commem. Vol., 88—96 (1961). — ARCHANGELSKY, S., and D. W. BRETT: Phil. Trans. B, **244**, 1—19 (1961). — ARNOLD, CH. A.: Amer. J. Bot. **49**, 883—886 (1962). — ASAMA, K.: Sci. Rep. Tohoku Univ. Sendai, Sec. Ser., Spec. vol., **5** 247—273 (1962). — AXELROD, D. J.: (1) Amer. J. Sci. **259**, 447—459 (1961); — (2) Univ. Californ. Publ. geol. Sci. **39**, 195—268 (1962).

BALBACH, M. K.: Amer. J. Bot. **49**, 984—989 (1962). — BALME, B. E.: C. R. 4 e Congr. avancem. stratigraph. géol. Carbonif. I, 25—31 (1960). — BALME, B. E., and C. W. HASSEL: Micropaleontology **8**, 1—28 (1962). — BANKS, H. P.: Rec. Advanc. Botany, Toronto 1961, 963—968 (1961). — BANKS, H. P., and F. M. HUEBER: Amer. J. Bot. **48**, 539—540 (1961). — BARTHEL, M.: (1) Geologie **10**, 828—849 (1961); — (2) Geologie Beiheft **33** (1962). — BECKER, H. F.: (1) Cact. Succul. Soc. America **32**, 28—29 (1960); — (2) Mem. geol. Soc. America **82** (1961). — BENDA, L.: (1) Geol. Jb. **78**, 621—652 (1961); — (2) Geol. Jb. **79**, 737—782 (1962); — (3) Geol. Jb. **80**, 239—246 (1962). — BHARADWAJ, D. C.: C. R. 4. Congr. avancem. stratigraph. géol. Carbonif. I, 33—39 (1960). — BOCHENSKI, T.: Inst. Geol. Prace **20**, 1—42. Warschau 1960. — BOCK, W.: (1) Proc. Pennsylvania Acad. Sci. **35**, 77—81 (1961); — (2) Geol. Center North Wales Research Ser., **2** (1962); — (3) J. Paleontol. **36**, 53—59 (1962). — BOUREAU, E.: World Rep. palaeobot. IV. Regn. veget. **24**, Utrecht 1962. — BRAMLETTE, M. N., and F. R. SULLIVAN: Micropaleontology **7**, 129—188 (1961). — BROWN, R.: Geol. Surv. Washington prof. Pap. **375** (1962). — BYSTRICKÝ, J.: Geol. Sbornik **8**, 226—241 (1957).

CAMPO, M. VAN, et N. PLANCHAIS: Pollen et Spores **4** und **5** (1961/1962). — CHANDLER, M. E. J.: (1) The lower floras of Southern England, I. London 1961; — (2) Bull. Brit. Mus. (Nat. Hist.) Geol. **5**, 15—41 (1961); — (3) Bull. Brit. Mus. (Nat. Hist.) Geol. **5**, 91—158 (1961); — (4) Bull. Brit. Mus. (Nat. Hist.) Geol. **6**, 323—383 (1963). — CHANDLER, M. E. J., and D. J. AXELROD: Amer. J. Sci. **259**, 441—446 (1961). — CHANEY, R. W., and D. J. AXELROD: Publ. Carnegie Inst. Washington **617** (1961). — COOKSON, J. C., and A. EISENACK: (1) Palaeontology **2**, 243—261 (1960); — (2) Micropaleontology **6**, 1—18 (1960); — (3) Proc. Roy. Soc. Victoria **72, I**, 1—11 (1960); — (4) Proc. Roy. Soc. Victoria **74, I**, 69—76 (1960); — (5) J. Roy. Soc. west. Australia **44 II**, 39—47 (1961); — (6) Proc. Roy. Soc. Victoria **75 II**, 269—273 (1962); — (7) Micropaleontology **8**, 485—507 (1962). — CRIDLAND, A. A.: Mycologia (New York) **54**, 230—234 (1962).

DABER, R.: Paläontol. Abh. (Berlin) **1**, 125—138 (1962). — DAVIS, B., and G. A. LEISMAN: Bull. Torrey bot. Club **89**, 97—109 (1962). — DELEVORYAS, TH.: Morphology and evolution of fossil plants. New York u. London 1962. — DÖRING, H.: Geologie, Beih. **32**, 110—121 (1961). — DOROFEEV, P. J.: (1) Probl. Bot. (Moskau) **4**,

143—189 (1959); — (2) Dokl. Akad. Nauk SSSR 137, 923—926 (1961); — (3) Dokl. Akad. Nauk SSSR 145, 381—383 (1962); — (4) Bot. J. Akad. Nauk SSSR 47, 787—801 (1962); — (5) Bot. J. Akad. Nauk SSSR 48, 171—181 (1963). — Dorofeev, P. J., u. J. N. Sveshnikova: Dokl. Acad. Nauk SSSR 128, 1276—1278 (1959). — Downie, C.: Proc. Yorkshire geol. Soc. 31, 331—350 (1958)

Eggert, D. A.: (1) Palaeontographica (Stuttgart) B 108, 43—92 (1961); — (2) Palaeontographica (Stuttgart) B 110, 99—127 (1962). — Eisenack, A.: (1) N. Jb. Geol. Paläontol., Abh. 112, 281—324 (1961); — (2) Biol. Rev. 38, 107—139 (1963). — Endo, R.: (1) Sci. Rep. Saitama Univ., Ser. B. 3 (2) 177—207 (1959); — (2) Sci. Rep. Saitama Univ., Ser. B., Commem. Vol. to R. Endo, 1—52 (1961); — (3) Sci. Rep. Saitama Univ., Ser. B., Commem. Vol. to R. Endo, 55—75 (1961); — (4) Sci. Rep. Saitama Univ., Ser. B., Commem. Vol. to R. Endo, 76—118 (1961); — (5) Sci. Rep. Saitama Univ., Ser. B., Commem. Vol. to R. Endo, 119—142 (1961); — (6) Spec. Rep. Makiyama's Commem. vol., 265—269 (1961). — Endo, R., and W. Hashimoto: Bull. geol. Soc. Japan 62, 241—243 (1956). — Erdtman, G.: Advances bot. Research 1, 149—208 (1963). — Evitt, W. R.: Micropaleontology 7, 385—420 (1961). — Ewart, R. B.: Ann. Missouri bot. Garden 48, 275—289 (1961).

Flügel, E.: N. Jb. Geol. Paläont., Mh., 339—345 (1961). — Frantz, U.: Monatsber. dtsch. Akad. Wiss. Berlin 3, 426—435 (1961).

Gerlach, E.: N. Jb. Geol. Paläont., Abh., 112, 143—228 (1961). — Givulescu, R.: Palaeontographica (Stuttgart) B 110, 128—187 (1962). — Górka, H.: Polska acad. Nauk, Zaktad Paleozool. 8, 3—90 (1963). — Grambast, L.: (1) Rev. Micropaléontol. 2, 192—198 (1960); — (2) Ann. Musée roy. Congo belge, Sér. in 8°, Sci. géol., 30, 1—22 (1960); — (3) Bull. Soc. bot. France 107, 30—41 (1960); — (4) Compt. rend. Soc. géol. France 1961, 200—201 (1961); — (5) Compt. rend. soc. géol. France 1962, 208—208 (1962); — (6) Bull. Soc. Hist. nat. Autun 21, 9—13 (1962); — (7) Ann. Paléontol. 48, 85—162 (1962). — Grambast, N.: Bull. Inst. roy. Sci. nat. Belg. 37, Nr. 12, 1—12 (1961). — Greguss, P.: (1) Palaeobotanist 8, 19—21 (1961); — (2) Palaeontographica (Stuttgart) B 109, 131—146 (1961). — Greguss, P., u. S. Heerdt: Geologie 11, 700—715 (1962). — Guennel, G. K., and R. C. Neavel: Micropaleontology 7, 207—210 (1961).

Hadziew, P., u. E. Mädel: Paläontol. Abh. (Berlin) 1, 105—122 (1962). — Hall, J. W.: Amer. J. Bot. 48, 731—737 (1961). — Harms, V. L., and G. A. Leisman: J. Paleontol. 35, 1041—1064 (1961). — Harris, T. M.: (1) J. paleontol. Soc. India 3, 145—148 (1958); — (2) The Yorkshire Jurassic flora I. London 1961; — (3) Trans. bot. Soc. Edinburgh 39 II, 171—180 (1961); — (4) Bull. Brit. Mus. (Nat. Hist.) Geol. 5, 161—173 (1961); — (5) Paleontology 4, 313—323 (1961); — (6) Trans. Roy. Soc. New Zealand, Geol. 1, 17—27 (1962). — Hartung, W., et K. Patteisky: Compt. rend. 4e Congr. avancem. stratigraph. géol. Carbonif. 1, 247—262 (1960). — Havlena, V.: Palaeontographica (Stuttgart) B 108, 22—38 (1961). — Herak, M.: Micropaleontology 3, 49—52 (1957). — Herak, M., u. V. Kochansky: Geol. Vjesn. Zagreb 13, 185—195 (1960). — Hewitson, W.: Ann. Missouri bot. Garden 49, 57—93 (1962). — Holden, H. S.: Bull. Brit. Mus. (Nat. Hist.) Geol. 5, 359—380 (1961). — Horn af Rantzien, H., and L. Grambast: Stockholm Contrib. Geology 9, 135—144 (1962). — Hoyningen-Huene v., E.: Freiberger Forschungsh. C 93, Berlin 1960. — Hueber, F. M.: (1) Ann. Missouri bot. Garden 48, 125—132 (1961); — (2) Amer. J. Bot. 48, 541 (1961). — Hueber, F. M., and J. D. Grierson: Amer. J. Bot. 48, 473—479 (1961).

Imgrund, R.: Geol. Jb. 77, 143—204 (1960).

Jaeger, H.: (1) Sympos. 2. internat. Arbeitstag. Silur/Devon-Grenze (1960) 108—135 (1962); — (2) Paläontol. Z. 36, 7 (1962). — Jansonius, J.: Palaeontographica (Stuttgart) B 110, 35—98 (1962). — Johnson, J. H.: Quart. Colorado School Mines 57, No. 1 (1962). — Johnson, J. H., and O. A. Høeg: Quart. Colorado School Mines, 56, No. 2 (1961). — Jongmans, W., u. S. J. Dijkstra: Fossilium Catalogus II, Plantae, Pars 45—53. s'Gravenhage 1961—1963. — Josten, K.-H.: (1) Palaeontographica (Stuttgart) B 108, 39—42 (1961); — (2) Paläontol. Z. 36, 33—45 (1962).

Kaul, K. N.: Bull. nation. bot. Garden Lucknow , 51, 1—52 (1960). — Khaan, K.: Palaeontographica (Stuttgart) B 109, 109—130 (1961). — Kitanov, B., u. E. Palmarev: Ann. Univ. Sofia, Fac. Biol., Géol., Géogr. 54/55, 1—16 (1962). —

KLAUS, W.: Jb. geol. Bundesanst. Wien 1960, 107—183 (1960). — KNOBLOCH, E.: Sborn. Ustř. úst. geol. 26, 241—315 (1961). — KOCHANSKY, V., u. M. HERAK: Geološki Vjesnik Zagreb 13, 65—96 (1959). — KOCHANSKY-DEVIDÉ, V., u. M. MILANOVIĆ: Geol. Vjesnik Zagreb 15, 195—228 (1962). — KOKAWA, SH.: (1) J. Inst. Polytechn., Osaka City Univ. Ser. D, 11, 79—89 (1960); — (2) J. Biol., Osaka City Univ. 12, 123—151 (1961). — KOVÁCS, É: (1) Ann. Univ. Sci. budapest., Sect. biol. 2, 135—140 (1959); — (2) Acta bot. Acad. Scient. Hungar. 8, 283—302 (1962).— KRÄUSEL, R.: (1) Ber. dtsch. bot. Ges. 73, 289—295 (1960); — (2) J. SW-Afr. sci. Soc. 14, 47—54 (1960); — (3) Palaeontographica (Stuttgart) B 109, 62—92 (1961). — KRÄUSEL, R., u. G. LESCHIK: Schweiz. paläontol. Abh. 77, 1—19 (1959). — KRÄUSEL, R., u. H. WEYLAND: Palaeontographica (Stuttgart) B 108, 11—21 (1961). — KRUTZSCH, W.: (1) Arch. Freunde Naturgesch. Mecklenburg 5, 36—55 (1959); — (2) Paläontol. Z. 34, 15—16 (1960); — (3) Freiberger Forschungsh. C 86, 54—65 (1960); — (4) Geologie, Beih. 32, 104—109 (1961); — (5) Geologie, Beih. 32, 15—53 (1961); — (6) Atlas der mittel- und jungtertiären dispersen Sporen- und Pollen- sowie der Mikroplanktonformen des nördl. Mitteleuropas, 1. Lief. Berlin 1962; — (7) Paläontol. Abh. (Berlin) 1, 71—103 (1962). — KRUTZSCH, W., J. PCHALEK u. D. SPIEGLER: Intern. Geol. Congr., XXI. Session, Norden, 1960, 6, 135—143 (1960). — KRYSTOFOVICH, A. N., u. T. N. BAIKOVSKAJA: Die Kreideflora von Sachalin. Leningrad 1960.

LACEY, W. S.: (1) Nature 184, 1592—1593 (1959); — (2) Proc. Trans. Rhodesia sci. Assoc. 49, 26—53 (1961); — (3) Bot. Serv. Geol. Min. Moçambique 27, 5—14 (1961); — (4) Palaeontographica (Stuttgart) B 111, 126—160 (1962). — LAM, H. J.: Proc. Koninkl. Ned. Akad. Wetenschap., Ser. C, 64, 251—276 (1961). — LECLERCQ, S., u. H. BANKS: Palaeontographica (Stuttgart) B 110, 1—34 (1962). — LEGGEWIE, W., u. W. SCHONEFELD: Palaeontographica (Stuttgart) B 109, 1—44 (1961). — LEISMAN, G. A.: (1) Amer. J. Bot. 48, 224—229 (1961); — (2) Trans. Kans. Acad. Sci. 64, 117—122 (1961); — (3) Amer. Midl. Naturalist 68, 347—356 (1962). — LEISMAN, G., u. P. SPOHN: Palaeontographica (Stuttgart) B 111, 113—125 (1962). — LEISTIKOW, KL. U.: Die Wurzeln der Calamitaceae. Dissertation Univ. Tübingen 1962. — LELE, K. M., and J. WALTON: (1) Trans. Roy. Soc. Edinburgh 64, 469—475 (1961); — (2) Bull. brit. Museum (nat. Hist.), Geol. 7, 137—152 (1962). — LENK, G.: Geologie, Beih. 32, 97—103 (1961). — LEPPIK, E. E.: Lloydia 23, 72—92 (1960). — LONG, A. G.: Trans. Roy. Soc. Edinburgh 64, 29—44, 201—215, 261—280, 281—295, 401—419 (1960—1961). — LONG, W. E.: Science 136, 319—321 (1962).

MABABALÉ, T. S.: Palaeobotanist 7, 76—84 (1959). — MÄDLER, K.: Paläontol. Z. 36, 12 (1962). — MAI, D.: Geologie, Beih. 32, 54—93 (1961). — MANUM, S.: Publ. Norw. Polar Inst. No. 125, (1962). — MARTINI, E.: (1) Senckenberg. leth. 42, 1—41 (1961); — (2) Natur Volk 91, 335—339 (1961). — MASLOV, V. P.: Trudy geol. Inst. Akad. Wiss. USSR 41, 1—188 (1960). — McGINITIE, H. D.: Univ. Calif. Publ. geol. Sci. 35, 67—158 (1962). — MENENDEZ, C. A.: (1) Acta geol. lilloana 3, 15—19 (1960); — (2) Bol. Soc. argent. Bot. 9, 331—358 (1961); — (3) Ameghiniana 2, 121—130 (1962); — (4) Rev. Ass. geol. argent. 17, 5—9 (1962); — (5) Ameghiniana 2, 175—182 (1962). — MERKER, H.: Botan. Notiser 114, 88—102 (1961). — MIKI, SH.: (1) J. Inst. Polytechn., Osaka City Univ., Ser. D, 11, 63—78 (1960); — (2) J. Biol., Osaka City Univ. 12, 91—121 (1961).

NAIRN, A. E. M.: Descriptive Palaeoclimatology. New York 1961. — NEAVEL, R., and G. K. GUENNEL: J. Sediment. Petrol. 30, 241—248 (1960).

OBRHEL, J.: (1) Geologie 7, 969—983 (1958); — (2) Sborn. ústřed. úst. geol. 26, 7—46 (1961); — (3) Geologie 11, 83—97 (1962).

PALAMAREV, E.: Bulg. Akad. Nauk, Isvest. bot. Inst., 8, 175—208 (1961). — PANT, D. D.: Proc. Summer School Bot. Darjeeling 1960, 276—301 (1962). — PANT, D. D., and G. K. SRIVASTAVA: (1) Palaeontographica (Stuttgart) B, 109, 45—61 (1961); — (2) Palaeontographica (Stuttgart) B, 111, 96—111 (1962). — PANT, D. D., and J. WALTON: Palaeontographica (Stuttgart) B, 108, 1—10 (1961). — PIÉRART, P.: Mededel. geol. Sticht. N. S. 13, 39—44 (1961). — PLUMSTEAD, E. P.: South Afr. J. Sci. 57, 173—181 (1961). — POCOCK, ST.: Palaeontographica (Stuttgart) B, 111, 1—95 (1962). — POTONIÉ, R.: Beih. geol. Jb. H. 52 (1962). — PRAKASH, U., E. S. BARGHOORN and R. A. SCOTT: Amer. J. Bot. 49, 692—696 (1962).

RÁSKY, K.: Ann. Hist.-Nat. Musei Natl. Hung. mineral. palaeontol. **54**, 31—55 (1962). — REIN, U.: Geol. Jb. **79**, 677—684 (1962). — REINHARDT, P.: Monntsber. dtsch. Akad. Wiss. Berlin **3**, 704—711 (1961). — REMY, W.: Monatsber. dtsch. Akad. Wiss. Berlin **4**, 235—246 (1962). — REMY, W., u. V. HAVLENA: Fortschr. Geol. Rheinland Westf. **3** II, 735—752 (1962). — REMY, W., u. R. REMY: (1) Monatsber. dtsch. Akad. Wiss. Berlin **2**, 235—240 (1960); — (2) Jahresber. Mitt. oberrhein. geol. Ver. N. F. **43**, 1—5 (1961); — (3) Monatsber. dtsch. Akad. Wiss. Berlin **3**, 213—225 (1961). — REMY, W., R. REMY u. A. KAMPE: Monatsber. dtsch. Akad. Wiss. Berlin **3**, 111—120 (1961). — REYMANÓWNA, M.: Polska Acad. Nauk, Acta palaeobot. **3**, 3—20 (1962). — ROGALSKA, M.: Inst. geol. Warszawa Prace **30**, 495—524 (1962). — ROSELT, G.: (1) Freiberger Forschungsh. C, **131**, 1—81 (1962); — (2) Geologie **11**, 320—333 (1962). — ROUSE, GL. E., and W. H. MATHEWS: Science **133**, 1079—1080 (1961).

SCHINDEWOLF, O. H.: Paläontol. Z. **36**, 59—78 (1962). — SCHOPF, J. M.: Inst. Polar Stud., Ohio State Univ., Rep. 2 (1961). — SCHTSCHERBAKOW, D. J.: Sitz.ber. dtsch. Akad. Wiss. Berlin, Kl. Bergb., Hüttenw. Montangeol. Nr. 1 (1961). — SCHUBERT, K.: Beih. geolog. Jb., Heft **45**, 1961. — SCHULZ, E.: Geologie **11**, 308—319 (1962). — SCHULTZE-MOTEL, J.: (1) Monatsber. dtsch. Akad. Wiss. Berlin **3**, 418—426 (1961); — (2) Geologie **11**, 461—487 (1962); — (3) Geologie **11**, 604—619 (1962); — (4) Geologie **11**, 716—731 (1962). — SCHWAB, G., u. U. FRANTZ: Monatsber. dtsch. Akad. Wiss. Berlin **4**, 729—739 (1962). — SCOTT, D. H.: Studies in fossil Botany. vol. I—II. 3. Ed. (1920—1923) (1962). — SCOTT, R. A., E. S. BARGHOORN and E. B. LEOPOLD: Amer. J. Sci. **258** A, Bradley-Vol., 284—299 (1960). — SCOTT, R. A., E. S. BARGHOORN and U. PRAKASH: Amer. J. Bot. **49**, 1095—1101 (1962). — SEMAKA, A.: Palaeontographica (Stuttgart) B, **109**, 147—161 (1961). — SIEROTIN, TH.: Sporae dispersae im Rhät und Lias von Großbellhofen (Mittelfranken). Diss.Fr. Univ. Berlin (1961). — SIMONCSICS, P.: Acta Univ. szeg., Acta biol., N. S. **6**, 99—106 (1960). — SIMONCSICS, P., and M. KEDVES: Acta Univ. szeg. mineral.-petrogr. **14**, 27—57 (1961). — SMILEY, CH. J.: Amer. J. Bot. **48**, 175—179 (1961). — SMITH, D. L.: (1) Ann. Bot., N. S. **26**, 267—278 (1962); — (2) Ann. Bot., N. S. **26**, 533—550 (1962). — SNIGIREWSKAJY, N. S.: Akad. Nauk SSSR, Bot. J. **46**, 1329—1335 (1961). — STOCKMANS, F., and Y. WILLIÈRE: (1) Publ. Centr. nat. Géol. houill. 4 (1961); — (2) Naturaliste belg. **42**, 363—376 (1961). — STRADNER, H., u. A. PAPP: Jb. geol. Bundesanst. Wien, Sonderbd. 7 (1961). — STRAKA, H.: Geol. Rundschau **51**, 517—530 (1961). — STRAUS, A.: Z. Pilzkunde **27**, 88—90 (1961). — SZAFER, W.: Inst. Geol. prace **33**, 1—205 (1961). — SZAFER, W., u. KOSTYNIUK: Zarys paleobotaniki. 2. Aufl. Warschau 1962.

TANAI, T.: J. Fac. Sci. Hokkaido Univ., Sci. IV, **11**, 119—398 (1961). — TANAI, T., u. T. ONOE: Geol. Surv. Jap., Rep. 187 (1961). — TATTERSALL, J.: Ann. Mag. nat. Hist., Ser. 13, **4**, 349—352 (1961). — TEICHMÜLLER, M.: (1) Geol. Jb. **79**, 685—706 (1962); — (2) Geol. Jb. **80**, 69—100 (1962). — THENIUS, E.: N. Jb. Paläont., Monatsh., 1961, 177—182 (1961). — TOWNROW, J. A.: (1) Palaeontology (Lond.) **3**, 333—361 (1960); — (2) Bull. brit. Mus. (nat. Hist.) Geol. **6**, 289—320 (1962).

UENO, J.: J. Inst. Polytechn., Osaka City Univ., Ser. D, **11**, 109—136 (1960).

VACHRAMEEV, V. A.: Reg. Stratigr. USSR 3. (Geol. Inst. Akad. Wiss.) Moskau 1958. — VACHRAMEEV, V. A., u. M. P. DOLUDENKO: Arb. geol. Inst. Akad. USSR **54**, 1—136 (1961).

WAGENBRETH, O.: Geologie **11**, 26—40 (1962). — WESLEY, A.: Advances in bot. Research, ed. R. D. PRESTON. 1, 1—72 (1963).— WEYLAND, H., u. H. D. PFLUG: Palaeontographica (Stuttgart) B **108**, 93—120 (1961). — WOLF, M.: Geolog. bavar. **46**, 53—92 (1961).

ZIMMERMANN, F.: Z Badan Geol. dolon. slasku (Warschau) **8**, 71—127 (1960). — ZIMMERMANN, W.: Natur **70**, 1—4 (1962).

7. Systematische und genetische Pflanzengeographie
a) Areal- und Florenkunde

Von Helmut Gams, Innsbruck

1. Allgemeine Arealkunde und Biogeographie

Hier sind zunächst 3 deutsche Lehrbücher zu nennen. Schmithüsen hat, zuerst auf Anregung Leo Waibels († 1951) eine „Allgemeine Vegetationsgeographie" verfaßt, die als 4. Band des von E. Obst mit Blüthgen, Bobek, Louis u. a. herausgegebenen, das von Supan-Obst ersetzenden Lehrbuchs der allgemeinen Geographie 1959 erschienen ist und den großen Stoff in vielfach von der herkömmlichen abweichender Weise gliedert. Schon die Einleitung über Aufgaben und Geschichte der „Vegetationsgeographie" und besonders der 1. Teil über die „Bestandteile der Vegetation", namentlich die Abschnitte über Sippenareale und die floristische Gliederung der Erde (mit 16 Karten von Art-, Gattungs- und Familienarealen) enthalten viel Arealkundliches, ebenso die folgenden Abschnitte über die „Vegetationseinheiten in der Landschaft" und die „räumliche Gliederung der Vegetation" (dabei u. a. Karten über die Ausbreitung von Kulturpflanzen). Im übrigen sei auf die kritische Besprechung von C. Troll verwiesen, der dem Buch mit Recht „mehr Ökologie, Anschaulichkeit und Verständlichkeit an Stelle von Gesellschaftssystematik" wünscht.

Dieser Vorwurf kann gewiß nicht der „Vegetation der Erde" von Heinrich Walter gemacht werden, die ursprünglich als Neubearbeitung von Schimpers Pflanzengeographie geplant war, aber ein ganz neues, reich illustriertes Werk geworden ist, das sich unmittelbar an Walters „Einführung in die Phytologie" anschließt. Der I. Band über die tropische und subtropische Vegetation behandelt in 3 Kapiteln die Tropenwälder, in 1 die Savannen und in 8 die Wüsten mit vielen, z. T. farbigen Vegetationsbildern, Vegetationsprofilen, Vegetations- und Klimakarten, aber ohne Arealkarten.

Solche enthält in größerer Zahl (leider einige fehlerhafte und 4 vertauschte) die „Einführung in die Biogeographie von Mitteleuropa unter besonderer Berücksichtigung von Deutschland" von Helmut Freitag (früher in Potsdam, jetzt bei Walter in Stuttgart-Hohenheim), die in einer kleinen Auflage 1961 in Potsdam gedruckt, aber aus dem Verkehr gezogen und 1962 in Stuttgart mit einem Geleitwort H. Walters neu gedruckt worden ist. Im Gegensatz zu den beiden vorgenannten Büchern umfaßt dieses auch die Zoogeographie und besonders auch die Ergebnisse der Paläontologie für die Entwicklung der Flora und Fauna seit dem

Tertiär. Der 2. Hauptteil behandelt die „Geoelemente der Flora und Fauna", der 3. die Biozönosen von Mitteleuropa einschließlich der in den beiden vorigen Büchern etwas vernachlässigten Gewässer. Manche störende, aber durch die Entstehung des Buches unter schwierigen Verhältnissen entschuldbare Lücken, Versehen und Druckfehler können bei einer Neuauflage leicht beseitigt werden.

Neben diesen Lehrbüchern und den großen Arealkartensammlungen, die z. Z. in Halle (MEUSEL), Posen (SZWEYKOWSKI), Stockholm (HULTÉN), Oslo, Kopenhagen, Cambridge (PERRING u. WALTERS) und Paris im Erscheinen sind und der Arealkunde von größtem Nutzen sein werden, sind hier vor allem Arbeiten zu nennen, die sich mit der Verbreitung und Geschichte einzelner Florenelemente befassen. So läßt HULTÉN seinen großen Atlanten, wie dem der amphiatlantischen Gefäßpflanzen von 1958 (s. Fortschr. 21, S. 151) in gleicher Ausstattung einen noch umfangreicheren der circumpolaren Gefäßpflanzen folgen, dessen 1. Band 228 Karten von Pteridophyten, Coniferen (nur *Juniperus*) und Monokotylen enthält, die wie die amphiatlantischen Arten nicht systematisch, sondern nach Arealformen angeordnet sind (spontan-circumpolare: nicht küstengebundne und küstengebundne in mehreren Gruppen, anthropochorcircumpolare in weitestem Sinn). Von dem wie HULTÉN im Stockholmer Reichsmuseum tätigen H. TRALAU (s. Fortschr. 21, 161; 22, 86; 24, 97 u. 100) liegen u. a. weitere Arbeiten über europäisch-montan-boreale Gefäßpflanzen mit Karten der heutigen und früheren Verbreitung vor; von O. GJAEREVOLL (früher Drontheim, jetzt Sozialminister in Oslo) ein mit 17 Areal- und einigen paläogeographischen Karten illustrierter Bericht über den heutigen Stand der „Überwinterungstheorie", wobei er sich besonders mit den Anschauungen seiner Landsleute NORDHAGEN und DAHL auseinandersetzt. Er kommt zum Ergebnis, daß mehrere Pflanzen weniger an der Küste als auf Nunatakkern im Landesinnern mindestens die letzte Eiszeit überdauert haben. Für die „lusitanischen" (d. h. westmediterran-südatlantischen) Elemente der britischen Flora und Fauna, für die FORBES u. a. ein Überdauern mindestens in Irland angenommen haben, ist das, wie CORBET ausführt, im Gegensatz zu mikro- und eurythermen Arten, sehr unwahrscheinlich. Die thermophilen Arten (u. a. mehrere Schnecken und Arthropoden) können die britischen Inseln wohl nur postglazial auf dem Land- oder (wahrscheinlicher) Seeweg, größenteils anthropochor besiedelt haben.

Mehrere Autoren befassen sich mit der atlantischen Flora, besonders gründlich M. E. MITCHELL mit den euatlantischen Flechten Irlands und P. DUPONT mit den europäisch-atlantischen Gefäßpflanzen, namentlich denen des ibero-atlantischen Sektors mit 67 Karten, wobei er mindestens 119 sicher euatlantische Arten in 6 Gruppen, 106 subatlantische und mehrere seiner Ansicht nach zu Unrecht als atlantisch oder subatlantisch bezeichnete Arten unterscheidet (unter diesen z. B. *Hymenophyllum, Pilularia* und *Anagallis tenella*). In ähnlicher Weise gliedert RALLET die mediterranen Gefäßpflanzen Westfrankreichs in eumediterrane, eurymediterrane, mediterran-atlantische, pseudomediterrane und submediterrane, welch letztere GUILLAUME weiter in Übereinstimmung mit

GAUSSEN in propemediterrane, semimediterrane und latemediterrane anhand mehrerer Urk gliedert, wobei z. B. *Quercus ilex* und *Arbutus unedo* zu den latemediterranen gestellt werden (s. Fortschr. **23**, 134). Eine Gliederung der ostmediterranen Elemente Syriens gibt NAHAL.

H. MEUSEL, dessen Chorologie der mitteleuropäischen Flora im Druck ist, erörtert in einem in der Deutschen Botanischen Gesellschaft gehaltenen Vortrag anhand mehrerer Karten die Stellung der mitteleuropäischen Florenregion und ihr Verhältnis zur mediterranen und circumpolaren, zwischen denen sie, wie schon ENGLER und neuerdings besonders LAVRENKO ausgeführt haben, eine relativ selbständige Zwischenstellung einnimmt.

Mit der raschen Veränderung der Flora und Fauna einerseits durch Verdrängung oder Ausrottung anthropophober Elemente und andrerseits durch oft erstaunlich rasch fortschreitende Invasionen hauptsächlich anthropochorer Arten befassen sich u. a. ELTON in einem schon 1958 in London erschienenen Buch, ANTONINA LENKOWA in einem polnisch 1961 in Krakau herausgegebenen Buch über „die skalpierte Erde" und ein Sonderheft der Amsterdamer Zeitschrift „Natura" 1961 über die „Nivellierung von Flora und Fauna" mit Beiträgen VAN LEEUWENs, WESTHOFFs, BARKMANs u. a.

2. Floren, Ikonographien und Bibliographien

Als 6. Band der russischen Kryptogamenflora (Fl. sporov. rast.) sind die von NIKOLAJEVNA bearbeiteten Hydnaceen erschienen. Über die **Flechtenflora** hauptsächlich von Europa liegen folgende umfassendere Werke vor: Von V. GRUMMANN ein „Catalogus Lichenum Germaniae" mit ausführlicher Bibliographie, Statistiken und summarischen Verbreitungsangaben (nach 39 Landschaftseinheiten) für alle aus Deutschland und den nächsten Nachbargebieten bekannt gewordenen Flechten einschließlich ihrer Varietäten, doch ohne Schlüssel und Diagnosen. Dafür gibt J. POELT für die höheren Flechten (einschließlich die „effigurierten Krusten") von ganz Europa gute Bestimmungsschlüssel der Arten (nicht der nur alphabetisch angeordneten Gattungen), ebenfalls ohne Abbildungen. Ein illustrierter russischer Schlüssel der arktischen, hauptsächlich als Renfutter wichtigen Blatt- und Strauchflechten liegt von SMIRNOVA vor, ein Atlas von Bildern britischer Flechten, als Ergänzung einer früher erschienenen Einführung ins Flechtenstudium, von URSULA DUNCAN.

Für die Monographieen einzelner Gattungen von Flechten, anderen Thallophyten und Archegoniaten verweise ich auf den 3. Abschnitt.

Vor den Gefäßpflanzenfloren seien 4 **Dendrologieen** genannt: Das zweibändige, reich illustrierte Handbuch der Laubholzkunde von GERD KRÜSSMANN behandelt die auch im extramediterranen Europa mehr oder weniger winterharten Laubhölzer in ähnlicher Weise wie die Nadelhölzer in der 1961 in 2. Auflage erschienenen Nadelholzkunde. Von dem 1942/43 veröffentlichten Werk BÄRNERs über die Nutzhölzer der Erde (3 Textbände mit 2272 Seiten, Registerband mit 1169 Seiten) ist 1962 ein Neudruck erschienen. Mit dem 6. Band ist die von S. SOKOLOV mit 20 Mitarbeitern verfaßte russische Dendrologie abgeschlossen, die auf insgesamt 3846 Seiten 3169 Arten aus 568 Gattungen und 120 Familien behandelt. Der 2. Band der von GULISASCHWILI (Tbilisi) redigierten Dendroflora des Kaukasus (s. Fortschr. **23**, 132) enthält die Casuarinaceen bis Ulmaceen.

Gefäßpflanzenfloren von Europa. Ein freudiges Ereignis ist die Fertigstellung des 1. Bandes der von HEYWOOD in Liverpool redigierten, in Cambridge erscheinenden Flora europaea, der nach ENGLERs System von den Pteridophyten bis zu den Platanaceen reicht. Über die Flora europaea-Tagung von Genua 1961 liegt ein kurzer Bericht HEYWOODs in Nature vor, ein ausführlicher erscheint in Webbia mit einem Verzeichnis aller in Europa seit 1945 erschienenen Floren, auf das daher besonders hinzuweisen ist.

Der Druck der Neubearbeitung mehrerer Bände von HEGIs Illustrierter Flora von Mitteleuropa schreitet langsam fort. Von Band III 2 sind die von H. CH. FRIEDRICH bearbeiteten Caryophyllaceen, von IV 2, nachdem IV 1 mit den Cruciferen abgeschlossen ist, die von H. HUBER bearbeiteten Saxifragales nahe der Fertigstellung. Von den Bänden IV 3 und V 1—4 ist ein nur durch Nachträge ergänzter Neudruck vorgesehen; dagegen werden die letzten Bände, zunächst die Scrophulariales, von mehreren Autoren gänzlich neu und ähnlich wie Bd. III 1 bearbeitet. Für Südwestdeutschland liegen Neuauflagen zweier Bestimmungsbücher vor: der Pflanzensoziologischen Exkursionsflora von OBERDORFER und der in den beiden ersten Auflagen auf Württemberg beschränkten, in der 3. auf ganz Südwestdeutschland ausgedehnten Flora von K. BERTSCH; aus Norddeutschland eine kleine Flora der Nordfriesischen Inseln (504 urwüchsige und 159 eingebürgerte Gefäßpflanzen).

Aus Großbritannien sind außer dem im 1. und 4. Abschnitt genannten Kartenatlas eine erweiterte und im Format veränderte Neuauflage der Flora von CLAPHAM, TUTIN und WARBURG, Lief. 17 der Ikonographie von ROSS-CRAIG (die 3. der Compositen) und eine Flora von West-Norfolk von PETCH und SWANN anzuzeigen; aus Frankreich neben den im 1. Abschnitt genannten vorwiegend arealkundlichen Untersuchungen eine erst 20 Jahre nach dem Tode des Autors JEANJEAN erschienene Flora der Gironde, aus Oberitalien eine unter anderem um einen Atlas erweiterte Neuauflage der erstmals 1926 erschienenen Flora des Trentino von DALLA FIOR.

Aus Griechenland hat K. H. RECHINGER (jetzt Direktor des Wiener Naturhistorischen Museums) in Fortsetzung seiner Arbeiten über die Flora der Aegaeis (1929—1950) eine Flora der Insel Euboea (Evia) mit 3 Kartenskizzen veröffentlicht.

Von KOMAROVs großer Flora der USSR stehen, nachdem von den 6 Compositenbänden bereits 4 (XXV—XXVII und XXX) erschienen sind, nur noch 2 aus mit dem Rest der Cynareen und dem Großteil der Ligulifloren, die wie Bd. XXVI und XXVII von SCHISCHKIN († 2./3. 1963) und BOBROV redigiert werden. In Bd. XXVII nehmen besonders die großen Gattungen *Cousinia*, *Saussurea* und *Jurinea* viel Raum ein. Von den Bänden I—XIII hat der Verlag für wissenschaftliche Neudrucke in Wiesbaden Neudrucke hergestellt. — Die 7. Lief. der neuen Illustrierten

Flora von Estland enthält die von Üxip auch für Komarovs Flora bearbeitete Gattung *Hieracium.* Eine Lokalflora mit 10 Puk gibt Rebassoo für die estnische Ostseeinsel Dagö oder Hiinumaa.

Von Tachtadshjans Flora von Armenien liegt Bd. IV mit den Leguminosen bis Juglandaceen vor. Von Rechinger u. Mitarb. beginnt eine mehrbändige Flora iranica zu erscheinen, deren 1. Lief. die Convolvulaceen und Araceen enthält. Japans Kaiser Hirohito hat eine illustrierte Flora des Nasu-Gebiets mit einem Nachwort von Sukamasa Irie verfaßt.

Eine neue illustrierte Flora von Algerien von Quezel und Santa hat das Pariser Centre de la recherche scientifique in ähnlicher Ausstattung wie 1958 die Sahara-Flora von Ozenda herausgebracht.

Von den Floren des tropischen Afrika sind auch wieder weitere Lieferungen erschienen, so von der Flora von Tropisch-Ostafrika die von Verdcourt bearbeiteten Buxaceen und Theaceen, die von G. Lucas bearbeiteten Papaveraceen und Fumariaceen und die Taccaceen von S. Carter, von der Flora Zambesiaca von Exell und Wild (s. Fortschr. **23**, 132) eine 2. Lief. mit den Caryophyllaceae bis Sterculiaceae, von der Flora des Congo und Ruanda-Urundi Lief. VIII 1 mit dem 1. Teil der Euphorbiaceae von Leonard, vom Conspectus Florae Angolensis Lief. III 1 mit einem Teil der Papilionaceen von Torre und De Sousa und schließlich die ersten Lieferungen einer neuen Flora des Gabon von Aubréville mit den von ihm bearbeiteten Sapotaceen und den von Halle bearbeiteten Sterculiaceen.

An Stelle der 3-bändigen, von Britton und Brown begründeten Flora der nordöstlichen Vereinigten Staaten und des angrenzenden Canada ist eine Neubearbeitung von Gleason u. Mitarb. getreten.

Der I. Band einer neuen Flora von Neuseeland, von dem am 29. Oktober 1957 verstorbenen H. H. Allan, mit Ergänzungen seiner Mitarbeiterin Lucy B. Moore, enthält die Pteridophyten (Farne nach Copeland), Gymnospermen und Dikotylen (nach Hutchinson) und läßt gegenüber der Flora von Cheeseman (1906, 2. Aufl. 1925) wesentliche Fortschritte erkennen.

3. Arealkunde im Dienst der Systematik und Karten einzelner Gattungen und Arten

Thallophyten. In dem von der Posner Naturforschenden Gesellschaft vorbereiteten großen Arealatlas der Sporenpflanzen Polens bearbeiten T. Dambska die Algen, M. Lisiewska die Pilze, Z. Tobolewski die Flechten. Eine Puk der Braunalge *Sphacelaria plumigera* im holländischen Deltagebiet gibt Den Hartog. Für 19 euozeanische Flechten in Westeuropa und im besonderen in Irland diskutiert Mitchell ihre Ausbreitung anhand sorgfältiger Puk und kommt zum Schluß, daß ihre Ostgrenze im allgemeinen mit der Winterisotherme von 5,5° zusammenfällt. Die Verbreitung von 5 *Cyphelium*-Arten in Bayern stellt A. Schmidt (2) in Puk dar, die von 3 amerikanischen *Parmelia*-Arten *(P. subpraesignis* und *appalachensis* mit Puk, *frondifera* mit Flk)* Culberson. Die Monographie der nordamerikanischen *Physcia*-Arten von Thomson enthält

36 Karten. Den prozentuellen Anteil der nur chemisch von *Thamnolia vermicularis* verschiedenen *Th. subvermicularis* am Thamnolienbestand verschiedenster Länder hat M. SATO zu bestimmen und darzustellen versucht mit dem Ergebnis, daß in der eigentlichen Arktis fast nur *subvermicularis* vorzukommen scheint, wogegen ihr Anteil in den subarktischen Gebieten meist 90—80, in den südlicheren unter 50% ausmacht.

Bryophyten. Auch hier ist an erster Stelle das polnische Atlaswerk hervorzuheben, das die Bryologen SZWEYKOWSKI (Hepaticae), CZUBINSKI und LISOWSKI (Musci) bearbeiten, wobei sie nicht nur Puk 1 : 3 Mill. für Polen und Nachbarländer, sondern für jede Art auch Urk des Gesamtareals in Europa und auf der ganzen Erde geben. Von den 246 Lebermooskarten SZWEYKOWSKIs enthält die erste Lief. 3 von Marchantialen (eine weitere, *Grimaldia pilosa*, in der Moosflora der Pieniny 1961) und 7 von Jungermanialen (dazu eine von 1960 für die arktische, für Mitteleuropa neue *Orthocaulis binsteadii*). Nach dem Tod des im März 1962 in Montreal verstorbenen ukrainischen Bryologen KUCYNIAK sind von seinen Puk aus Quebec und dem übrigen Nordostamerika noch solche für 3 *Anthoceros*-Arten und *Asterella (Fimbriaria)tenella* veröffentlicht worden. Die Monographie der Jungermanialen-Gattung *Leptoscyphus* von GROLLE (Jena), der sie nach Abtrennung der seiner Ansicht nach zu Unrecht mit ihr vereinigten Gattung *Mylia* zu den Lophocoleaceen stellt, enthält für ihre 19 vorwiegend südhemisphärischen Arten, von denen nur *L. cuneifolius* bis Nordamerika und ins atlantische Europa ausstrahlt, schematische Verbreitungskarten.

Von neuen Laubmooskarten verdienen besondere Beachtung die zweier bisher trotz weiter Verbreitung auch in Nordeuropa bisher verkannter Dicranalen: des im Gegensatz zu dem verwandten *Dicranum bonjeanii* Hochmoore bewohnenden *D. leioneuron* von AHTI und ISOVIITA und des vorwiegend felsbewohnenden *Leucobryum juniperoideum* von PILOUS; ferner eine Puk der in der Antarktis endemischen, aber dort weit verbreiteten Trichostomacee *Sarconeurum glaciale* von L. SAVICZ-LJUBICKAJA und SMIRNOVA, von denselben Karten des weiter verbreiteten *Bryoerythrophyllum recurvirostre (= Didymodon rubellus)* und seiner antarktischen Varietät, von KARCZMARZ eine Puk des nordischen *Calliergon megalophyllum* in Polen, von RUUHIJÄRVI eine Puk von *Drepanocladus lapponicus* in Ost-Fennoskandien und von OCHI Puk von 14 Bartramiaceen (davon 8 *Philonotis*) in Japan.

Pteridophyten (s. auch die unter 1. und 4. genannten Atlanten). Die Verbreitung der 88 Pteridophyten Makaronesiens bespricht DANSEREAU, doch nur mit einer schematischen Urk der 11 unterschiedenen Elemente, von denen das endemisch-makaronesische 17 Arten (je 3 auf den Azoren und auf Madeira, 4 nur auf den Kanaren) enthält. RUNEMARKs Revision des vorwiegend afrikanischen Formenkreises der *Pteris dentata* hat ergeben, wie auch in Puk gezeigt wird, daß *P. dentata* s. str. bis in die Aegaeis (Ikaria) ausstrahlt, die verwandten Arten *P. arguta* und *tremula* bis in die Estremadura. PIROLA gibt eine Urk für *Scolopendrium hemionitis* in Italien. Die Verbreitung der amerikanischen Sektion *Didymoglossum* und *Microgonium* von *Trichomanes* zeigt WESSELS BOLS in 20 Puk.

Übrige Gefäßpflanzen, besonders **Angiospermen:** Zu dem neuen großen Atlas HULTÉNs mit den Gesamtarealen der circumpolaren Pteridophyten, Gymnospermen und Monokotylen (s. S. 160) kommt noch seine Bearbeitung des amphiarktisch-alpinen Formenkreises von *Trisetum spicatum* und als weitere Aveneenbearbeitung mit Puk und Flk die des Wüstenhafers *Helictotrichon desertorum* von HOLUB. GRIGORJEV und PAUSNER geben in ihrer Untersuchung über die Oekologie der Triticeen-Gattung *Aegilops* für 11 Arten gegenüber den Karten von EIG 1936 verbesserte Urk. MAZARAKI stellt die Verbreitung von *Epipactis microphylla* in Polen mit Puk, für Europa mit Urk dar. Coniferenkarten geben NAHAL (für *Pinus brutia, Cedrus libani* und *Abies cilicica*) und POLONOVA (Nordgrenze von *Larix dahurica* an der Lena, dort auch die von *Alnus fruticosa*). Die Verbreitung seltener Birken in Polen zeigen HRYNKIEWICZ-SUDNIK *(Betula obscura* und *atrata)* und POLAKOWSKI *(B. nana* und *humilis,* dazu auch *Salix lapponum* und *myrtilloides).* Für die Arten der süd- und mittelamerikanischen Moraceengattung *Sorocea* gibt W. C. BURGER 23 Puk. Puk mehrerer innerasiatischer Chenopodiaceen und anderer Wüstenpflanzen bei LAVRENKO und MUSSAJEW; Urk von Caryophyllaceen, besonders Alsineen, von MEUSEL in FRIEDRICHs Neubearbeitung des Bandes III 2 der Hegi-Flora, Karten von *Silene acaulis* auf den Britischen Inseln und in ganz Europa von JONES und RICHARDS im Rahmen der Britischen biologischen Flora. Für *Corrigiola litoralis* in England gibt COKER eine Puk. Die Revision der Gattungen *Berberis* und *Mahonia* von AHRENDT enthält 51 Karten.

In Fortführung der Arbeiten W. ZIMMERMANNs und seiner Schüler über *Pulsatilla* untersucht S. WINKLER die 3 Unterarten der *P. grandis* mit einigen Puk. Eine Puk der von der Beringstraße durch Nordamerika bis West-Grönland reichenden *Anemone richardsonii* gibt BÖCHER. Die Gesamtverbreitung der Gattung oder Untergattung *Batrachium* stellt COOK in einer schematischen Urk dar, aus der sich ergibt, daß Westeuropa die meisten Arten (9) besitzt. HUBERs Neubearbeitung der Saxifragaceen für HEGIs Flora enthält mehrere z. T. neue Karten von *Saxifraga*-Arten. PACKERs Revision der nordamerikanischen Verwandten von *Chrysosplenium alternifolium* (3 z. T. neue Arten) Karten dieser. Die Verbreitung der europäischen *Agrimonia*-Arten zeigt SKALICKY mit Urk für Europa und Puk für ČSR. Von *Sorbus domestica* gibt W. HOFMANN eine Puk für das Maingebiet und eine Urk für Süddeutschland, von *Astragalus arenarius* GAUCKLER eine Puk für Franken und eine Flk für Europa.

Die Verbreitung von *Hippophae rhamnoides* auf den Britischen Inseln zeigen PEARSON und ROGERS, die rasche Ausbreitung daselbst von *Cardaria (Lepidium)draba* SCURFIELD mit 3 Karten für verschiedene Jahrzehnte. In ähnlicher Weise sind für das in Ausbreitung begriffene amerikanische *Epilobium adenocaulon,* das in Nordeuropa anscheinend zuerst 1902 gefunden worden ist, Karten für Nordeuropa von HULTÉN 1950 und für Westeuropa von LAWALRÉE und REICHLING 1960 gegeben worden. RAVEN gibt Puk für *Circaea lutetiana, alpina* und *intermedia* auf den Britischen Inseln. BADER läßt seinen Arbeiten über vorwiegend südhemisphärische Waldbäume eine Darstellung der ähnlich verbreiteten Gattung *Gunnera* mit Urk aller Arten folgen.

Aus dem Krakauer Botanischen Institut gibt sein jetziger Direktor PAWLOWSKI eine Karte für die von ihm aus den Ostkarpaten neu beschriebene *Armeria pocutica* und ihre Verwandten *A. maritima* und *canescens*, sein Mitarbeiter J. KORNAS Puk für die vielfach verwechselten *Anagallis arvensis* f. *azurea* und *A. femina* in Polen. CRISTOFOLINI und PIGNATTI haben die *Soldanella*-Arten Italiens revidiert und geben Puk für *S. alpina*, *pusilla* und *minima*. Die *Pinguicula*-Monographie von CASPERS enthält Karten der europäischen Arten. Für *Calluna vulgaris* gibt GORTSCHAKOVSKY, der auch die Vorkommnisse an der nordamerikanischen Ostküste für spontan hält, eine Urk des Gesamtareals und eine Puk für die Ostgrenze in West-Sibirien. Die isolierten Vorposten von *Erica tetralix* im östlichen Süddeutschland, besonders Franken, hat GAUCKLER kartiert; die vereinzelten Fundorte von *Pirola uniflora* und *Cornus suecica* in Nordholland BARKMAN (2).

Viele Karten von Scrophulariaceen erscheinen in HEGIs Flora, Karten der raschen Ausbreitung von *Veronica filiformis* auch auf den Britischen Inseln BANGERTER und KENT. Die Verbreitung von *Odontites verna* subsp. *pumila* in Holland stellt PEDERSEN in Puk dar.

Die große Kartoffel-Monographie von GORRELL behandelt nicht nur *Solanum tuberosum* und seine Wildformen, sondern 178 amerikanische *Solanum*-Arten, viele auch mit Karten.

Auf Grund ihrer Revision der Inuleen-Gattungen *Filago* und *Evax* gliedern CHRTEK und HOLUB diese neu in 4 Gattungen, von denen, wie Urk zeigen, *Filago* s. str. (= *Evax*) und *Gifolaria* auf das Mittelmeergebiet beschränkt, *Gifola* und *Oglifa* weiter verbreitet sind.

4. Arealkarten im Dienst der regionalen Pflanzengeographie und Vegetationskunde

Hier sind vor allem nochmals die regionalen Arealkarten-Sammlungen zu nennen, die besonders in Nord- und Mitteleuropa planmäßig weitergeführt werden. Der von PERRING und WALTERS im Auftrag der Botanischen Gesellschaft für die Britischen Inseln redigierte Atlas der Britischen Flora enthält 464 S. Text und 1648 Arealkarten von einheimischen und eingebürgerten Gefäßpflanzen, deren Verbreitung vor und nach 1930 durch verschiedene Kreiszeichen nicht, wie bei früheren britischen Arealkarten, nach Grafschaften, sondern wie bei den niederländischen Karten in einem engmaschigen Quadratnetz eingetragen ist. Durch diese Unterscheidung wird der Rückgang vieler Arten infolge der fortschreitenden Kultivierung deutlich. Ähnliche Darstellungen über die fortschreitende Verarmung und Nivellierung der Flora und Fauna in den Niederlanden geben VAN LEEUWEN und WESTHOFF (für die Gefäßpflanzen), BARKMAN (für die Kryptogamen, besonders die epiphytischen, mit Karte der größeren „Epiphytenwüsten"), LEENTVAR (für die süßen Gewässer) und andere in einem Sonderheft der „Natura". — Die sorgfältige Kartierung der dänischen Flora setzen HANSEN und PEDERSEN fort, besonders mit Sympetalenkarten. Besonders detaillierte Puk für ein kleines Gebiet von Bohuslän an der schwedischen Westküste gibt R. IVARSSON.

Die Vegetationsmonographie der inneralpinen Trockenregion von der Provence bis zur Steiermark von BRAUN-BLANQUET enthält Flk einiger Gehölze und Puk mehrerer Steppenpflanzen.

Die 2. Auflage der Monographie des polnischen Tatra-Nationalparks von SZAFER u. Mitarb. ist gegenüber der 1955 erschienen 1. um 352 Seiten, 107 Abbildungen (auch Karten) und mehrere neue Beiträge vermehrt. Aus Polen sei auch neben dem unter 3. angeführten Atlas und Einzelkarten eine Zusammenstellung selten gewordener Moorpflanzen in Pommern mit 8 Puk von POLAKOWSKI genannt.

Einen besonders großzügigen Überblick über die Wüsten Eurasiens und Nordafrikas gibt LAVRENKO in einem im Dezember 1960 bei einer Komarov-Feier in Leningrad gehaltenen, erweitert mit 17 Karten (darunter 7 Arealkarten) gedruckten Vortrag. Eine Karte zeigt die Gliederung des Wüstengebiets in den zentralasiatischen, irano-turanischen und saharo-sindischen Sektor und die Umgrenzung des anschließenden Steppen- und Mediterrangebiets. Eingehend wird die Verbreitung von *Ephedra* und von für das Wüstengebiet bezeichnenden Liliaceen, Chenopodiaceen, Zygophyllaceen und Tamaricaceen behandelt. Die Nordgrenze der turanischen Wüstenflora stellt MUSSAJEW mit Puk für 2 Artemisien, 6 Chenopodiaceen, 2 Polygonaceen und 1 *Frankenia* dar. Eine Festschrift der Jakutischen Abteilung der Wissenschaftsakademie zum 80. Geburtstag SUKATSCHEWs enthält u. a. sehr detaillierte Untersuchungen über die arktische Tundra im Bereich des Kältepols mit Kartenausschnitten von VERA ALEXANDROVA, über die Renfutterpflanzen des Werchojan-Gebirges von KUBAJEW und SAMARIN und über die nördlichsten Lärchen und Erlen am Lena-Delta von POLONOVA. Weitere Karten von Tundrapflanzen gibt auch TICHOMIROV in seiner Schrift über die waldlosen Tundren.

Aus Vorderasien sind das zusammenfassende Werk von M. ZOHARY über das Pflanzenleben Palästinas und eine Vegetationsmonographie der syrischen Berge Baer, Bassit und Alauit von dem Forstingenieur NAHAL zu nennen, der besonders ausführlich die Verbreitung und Vergesellschaftung der dortigen Nadel- und Laubhölzer behandelt; aus Vorderindien und Ceylon 2 Kartenwerke des französischen Instituts in Pondicherry: als erstes Blatt der von H. GAUSSEN redigierten internationalen Vegetations- und Wirtschaftskarte der Erde 1 : 1 Million das Blatt Kap Comorin mit Ausscheidung von 42 Vegetationseinheiten, die GAUSSENs Mitarbeiter LEGRIN und VIART ausführlich beschreiben, dazu von diesen eine Karte der Bioklimate von Südindien und Ceylon $1:2^{1}/_{2}$ Mill. mit Ausscheidung von 34 Bioklimaten, beide Hauptkarten mit kleineren, ebenfalls mehrfarbigen Nebenkarten. In Fortführung seiner Arbeiten über die malesische Flora berichtet VAN STEENIS über die Zusammensetzung, Verbreitung und Geschichte der dortigen Gebirgsfloren (u. a. mit Puk für *Haloragis micrantha* und *Primula prolifera*).

Schließlich sei noch die umfangreiche Pariser Dissertation von R. VIROT über die vorwiegend aus immergrünen Gehölzen bestehende

„Kanakische Vegetation" von Neu-Caledonien und ihre ausführliche Besprechung durch AYMONIN genannt.

5. Arealgeschichte auf paläogeographischer und paläontologischer Grundlage

Nach dem ausführlichen Bericht von B. FRENZEL in Fortschr. 24 mögen hier wenige Hinweise genügen. Die im 23. Bericht erwähnte Angabe, daß im französischen Jungpleistocän *Sequoia*-Holz gefunden worden sei, ist nach M. VAN CAMPO sicher irrtümlich und beruht wohl auf Verwechslung mit *Juniperus*. TRALAU setzt seine Untersuchungen über die heutige und frühere Verbreitung disjunkter Gefäßpflanzen mit weiteren Karten borealer und arktisch-montaner Arten *(Selaginella selaginoides* und 10 Dikotylen)*, ferner (2) von *Najas tenuissima* vom Pliocän bis heute und (3) von aus Europa seit dem Tertiär verschwundenen, in Asien erhaltenen Arten und Gattungen (darunter *Zelcova, Phellodendron* und *Actinidia*) mit Karten der heutigen Verbreitung und der Fossilfundorte fort. SZAFER führt den Nachweis, daß die im europäischen und sibirischen Tertiär, wie eine Karte zeigt, weit verbreiteten, von HARTZ als *Carpolithes Rosenkjaeri* beschriebenen Früchte von 3 Arten einer als *Hartziella* neu beschriebenen Onagraceengattung stammen, und gibt auch Karten der früheren Verbreitung von *Decodon, Diclidocarya* und *Proserpinaca*, die ebenfalls seit dem Jungtertiär aus Eurasien verschwunden sind. LANG behandelt *Armeria alpina* und die auf Grund von Fossilfunden mit Sicherheit als Spätglazialrelikt zu deutende *A. purpurea* im Rheingebiet. — Mit der Paläogeographie und Florengeschichte Makaronesiens befaßt sich CIFERRI in einem reich bebilderten Aufsatz, mit derjenigen Siziliens und der übrigen Tyrrhenis sein früherer, jetzt in Catania tätiger Mitarbeiter TOMASELLI, der u. a. 4 paläogeographische Karten von A. PASA bringt. Besonders sei auf die im zitierten Vortrag LAVRENKOs wiedergegebenen 4 Karten von STRACHOV 1960 über die Ausbreitung der Trockenwüsten auf der ganzen Erde in der unteren und oberen Kreide, im Alttertiär und im Neogen aufmerksam gemacht. Schließlich sei auch nochmals auf GJAEREVOLLs ausführlichen Bericht über das Überdauerungsproblem und die im vorigen Abschnitt genannten Arbeiten von VAN STEENIS und VIROT hingewiesen.

6. Arealgeschichte auf cytogenetischer Grundlage

Auch hier mögen wenige Ergänzungen zu den ausführlichen Berichten RÖBBELENs in den letzten „Fortschritten" und zu den Referaten über Cytotaxonomie in den Excerpta botanica A (z. B. in **4**, 312—351 und **5**, 100—116) genügen. Die Einreihung der Cytogenetik unter „Physiologie des Organwechsels" hält der Referent für ebenso unangebracht wie ihre Umbenennung in „Biosystematik", wie sie im Namen einer gewiß sehr verdienstvollen internationalen Organisation und ihres im Oktober 1962 abgehaltenen Symposiums ausgedrückt ist, dessen 10 Vorträge HEYWOOD und LÖVE in einem Sonderheft von „Taxon" herausgegeben haben. Besonders aufmerksam gemacht sei auf die Vorträge MERXMÜLLERs (München), der auf die „Incompatibilität" zwischen der „formalen" und der

„biosystematischen", d. h. experimentellen und besonders karyologischen Taxonomie hinweist („Biosystematik" nach dem Wortlaut sind doch beide!) und W. H. WAGNERs (Ann-Arbor) über biosystematische Untersuchungen an Pteridophyten mit dem „Modell eines Dendrogramms von Ähnlichkeitskoeffizienten".

Neuartige Verwandtschaftsdiagramme auf cytotaxonomischer Grundlage gibt EHRENDORFER für die Gattung *Knautia* (1) und bespricht außerdem (2), wie auch REESE (deutsch und englisch) und PIGNATTI (deutsch und italienisch) die Bedeutung der Cytotaxonomie für die Geobotanik, besonders die Florengeschichte von Mitteleuropa. NYGREN setzt seine cytotaxonomischen Untersuchungen an Gramineen mit einer Arbeit über den Formenkreis der wahrscheinlich hybridogenen *Poa alpina* fort, zu deren Vorfahren u. a. *Poa badensis* und *concinna* gehören dürften.

Schließlich sei noch auf die cytotaxonomischen Untersuchungen aus dem Münchner Botanischen Institut über Formenkreise hauptsächlich aus den südeuropäischen Reliktgebieten hingewiesen, die aufs neue bestätigen, daß die meisten der endemischen Reliktpflanzen diploid sind, wie A. SCHMIDT (1) für *Viola*-Arten, KRESS für die Sektion *Auricula* von *Primula*, MERXMÜLLER und DAMBOLDT für *Campanula*-Arten gefunden haben.

Literatur

AHRENDT, L. W. A.: J. Linn. Soc. London **57**, 410 (1961). — AHTI, T., and P. ISOVIITA: Arch. Soc. fenn. Vanamo **17**, 68—79 (1962). — ALEXANDROVA, V., W. KUBAJEW u. a.: Mat. z. Veget. Jakutiens 295 S. Leningrad 1961. — ALLAN, H. H.: Flora of New Zeeland 1, 1085 p. (1961). — AUBREVILLE, A.: Flore du Gabon 1, 162 p.; 2, 150 p. Paris 1962. — AYMONIN, G.: Ann. biol. (Paris) **65**, 393—411 (1961).

BADER, FR.: Bot. Jb. **80**, 281—293 (1961). — BAERNER, J.: Nutzhölzer d. Welt, 3468 S. Neudruck. Weinheim 1962. — BANGERTER, E. B., and D. H. KENT: Proc. Bot. Soc. Brit. Isles **4**, 384—397 (1962). — BARKMAN, J. (1): Nature (Amst.) **58**, 141—151 (1961); — (2) Gorteria 1, 100—105, 109—110 (1963). — BERTSCH, K.: Flora v. Südwest-Deutschland 3. Aufl. 471 S. (1962). — BÖCHER, T. W.: Tidskr. Grönland 130—136 (1962). — BRAUN-BLANQUET, J.: Geobot. selecta 1, 273 (1961). — BURGER, W. C. Acta Bot. Neerl. **11**, 428—477 (1962).

CASPERS, J.: Feddes Repert ... (1963). — CHRISTIANSEN, W.: Abh. Nat. Ver. Hamburg N. F. **4**, Suppl. 1—127 (1961). — CHRTEK, J., u. J. HOLUB: Preslia **35**, 1—17 (1963). — COKER, P. D.: J. Ecol. **50**, 833—840 (1962). — COOK, C. D.: Watsonia **5**, 294—303 (1963). — CLAPHAM, A. R., T. G. TUTIN and E. F. WARBURG: Fl. of the Brit. Isles 2. ed. 1269 p. (1962). — CORBET, G. B.: Sci. Progr. **50**, 177—191 (1962). — GORRELL, D. S.: The potato, 610 p. Texas (1962). — CRISTOFOLINI, G., and S. PIGNATTI: Webbia **6**, 443—475 (1962). — CULBERSON, W. L.: N. Hedwigia **4**, 563—577 (1962).

DALLA FIOR, G.: La nostra Flora ed. 2., 975 S., Trento 1962. — DEN HARTOG, C.: Gorteria 1, 81—84 (1962). — DUNCAN, U. K.: Lichen illustr., 152 p. Arbroath 1962. — DUPONT, P.: Docum. p. l. cartes vég. Toulouse 1, 414 p. (1962).

EHRENDORFER, F. (1): Ber. Deutsch. Bot. Ges. **75**, 137—152 (1962); — (2) Oesterr. Bot. Z. **109**, 276—343 (1962). — ELTON, C. S.: Ecology of Invasions 181 p. London 1958. — EXELL, A. W., et H. WILD: Flora Zambes. I. 2, 245 p. Paris 1961.

FRIEDRICH, H. CH.: Hegis Ill. Fl. III 2, 2. Aufl. 852 ff. (1962—1963). — FUCHS, H. P.: Hegis ill. Fl. VI (1963—1964).

GAUCKLER, K.: (1) Ber. Naturf. Ges. Bamberg **37**, 53—58 (1960); — (2) Ber. Bay. Bot. Ges. **35**, 39—42 (1963). — GAUSSEN, H., P. LEGRIN et M. VIART: Trav. Sect. sc. Inst. franç. Pondicherry 1, 1—108 (1961). — GJAEREVOLL, O.: Norsk. Vid. Selk. Forh. **32**, 1—36 (1959). — GLEASON, H. A., and Collab.: Ill. Flora of Northeast. U.S. 3 Vol. (1962). — GORTSCHAKOVSKY, P. L.: Bot. J. **47**, 1244—1257

(1962). — GROLLE, R.: N. Acta Leopold. N. F. 25, 1—141 (1962). — GRIGORJEV, J. S., and L. E. PAUSNER: Bot. J. 48, 640—660 (1963). — GRUMMANN, V.: Catal. Lichenum Germ. 208 S. Stuttgart 1963. — GULISASCHWILI: Dendroflora Kavkaza 2, 334 S. (1961).

HANSEN, A., u. A. PEDERSEN: Flora u. Fauna 67, 129—144 (1961). — HEGI, G. s. FRIEDRICH, und HUBER. — HEYWOOD, V. H. (1) mit A. LÖVE: Regn. Veget. 27, 1—72 (1963); — (2) Nature 191, 446—449 (1961); — (3) Flora europaea, Cambridge (1963 ff.) — HIROHITO: Flora Nasuensis, Tokyo (1962). — HOFMANN, W.: Forstw. Cbl. 81, 148—155 (1962). — HOLUB, J.: Acta Univ. Carol Biol. Prag 4, 153—188 (1962). — HRYNKIEWICZ-SUDNIK, J.: Chronm. przyr. ojc. 18, 12—22 (1962). — HUBER, H.: Hegis Ill. Fl. IV 2, 126—224 (1963). — HULTÉN, E.: (1) Sv. Bot. Tidskr. 53, 203—228 (1959); — (2) K. Sv. Vet. Ak. Handl. IV 8, 275 S., 228 Karten (1962).

IVARSSON, R.: Acta Phytogeogr. Suec. 46, 197 S. (1962). — JEANJEAN, A. F.: Act. Soc. Linn. Bordeaux 99, 332 p. (1961). — JONES, V., and P. W. RICHARDS: J. Ecol. 50, 475—481 (1962).

KOMAROV, V. L.: Flora SSSR 1—13 (1935—1948, Neudruck 1963), 27 red. SCHISCHKIN i BOBROV 758 S. (1962). — KORNAS, J.: Fragm. flor. et geob. 8, 131—138 (1962). — KRESS, A.: Oesterr. Bot. Z. 110, 53—102 (1962). — KRÜSSMANN, G.: Handb. d. Laubholzk. 1120 S. (1962). — KUCYNIAK, J.: Mém. Jard. bot. Montréal 56, 17—45 (1962).

LANG, G.: Ber. deutsch. bot. Ges. 75, 366—377 (1963). — LAVRENKO, E. M.: KOMAROV-Vortr. 15, 168 S. Leningrad 1962. — VAN LEEUWEN, C. G., and V. WESTHOFF: Natura (Amsterdam) 58, 132—140 (1961). — LEGRIS, P., et M. VIART: Trav. Sec. sc. Inst. franç. Pondicherry III 2, 165—178 (1961). — LENKOWA, A.: Oskalpowana ziemia, 263 S. Kraków 1961. — LEONARD: Fl. du Congo et Ruanda-Urundi 8, 214 p. (1962).

MAZARAKI, M.: Chronm. przyr. ojc. 19, 11—17 (1963). — MERXMÜLLER, H.: Regn. veget. 27, 57—62 (1963). — MERXMÜLLER, H., u. J. DAMBOLDT: Ber. Deutsch. Bot. Ges. 75, 233—236 (1962). — MEUSEL, H. (1): Ber. Bot. Ges. 75, 107—118 (1962); — (2) Vergl. Chorol (1963). — MITCHELL, M. E.: Rev. Biol. Lisboa 2, 177—256 (1961). — MUSSAJEV, I. F.: Bot. J. 48, 157—170 (1963).

NAHAL, I.: Webbia 16, 477—641 (1962). — NIKOLAJEVA, T.: Fl. sporov. rast. 6, 432 S. (1961). — NYGREN, A.: Ann. Ac. sc. Upsala 6, 1—29 (1962).

OBERDORFER, E.: Pflanzensoz. Exkursionsfl. f. Süddeutschl. 2. Aufl. 987 S. 1962. — OCHI, H.: N. Hedwigia 5, 91—116 (1963).

PACKER, J. G.: Canad. J. Bot. 41, 85—103 (1963). — PAWLOWSKI, B.: Fragm. flor. et geobot. 8, 399—403 (1962). — PEDERSEN, A.: Gorteria 1, 128—131 (1963). — PERRING, F. H., and S. M. WALTERS: Atlas of the Brit. Flora 464 p., 1648 maps (1962). — PEARSON, M. C., and J. A. ROGERS: J. Ecol. 50, 501—513 (1962). — PETCH, C. P., and E. L. SWANN: Supp. Proc. Bot. Soc. Brit. Isl. 4, 89 p. (1962). — PIGNATTI, S.: (1) Arch. Bot. e Biogeogr. 37, 1—3 (1961); — (2) Mitt. ostalp.-dinar. Arbeitsgem. 1, 57—62 (1961). — PILOUS, Z.: Preslia 34, 159—178 (1962). — PIROLA, A.: Arch. bot. e biogeogr. it. 38, 1—3 (1962). — POELT, J.: Mitt. Bot. Staatssamml. München 4, 301—571 (1963). — POLAKOWSKI, B.: Ochrona Przyr. 28, 137—157 (1962). — POLONOVA, T.: Mat. Veg. Jakut. 291—294 (1961).

QUEZEL, P., et S. SANTA: Nouv. Fl. de l'Algérie, Paris, 565 S. (1963).

RALLET, L.: Bull. Soc. bot. Fr. 107, 20—76 (1962). — RAVEN, P. H.: Watsonia 5, 262—272 (1963). — REBASSOO, H. E.: Flor. Märkmed 1, 204—252 (1962). — RECHINGER, K. H.: Bot. Jahrb. 80, 294—465 (1961). — RECHINGER, K. H.: Flora iranica, ca. 2500 S. (1963—1970). — REESE, G.: (1) Naturw. Rundschau 14, 140—145 (1961); — (2) Biosystematics in Rec. Advances in Bot. 1, 895—900 (1961). — ROSS-CRAIG, S.: Draw. of Brit. Plants 17, 36 p. (1962). — RUNEMARK, H.: Bot. Notiser 115, 177—195 (1962). — RUUHIJÄRVI, R.: Arch. Soc. Fenn. Vanamo 17, 218—227 (1962).

SATO, M.: N. Hedwigia 5, 149—155 (1963). — SAVICZ-LJUBICKAJA, L., and Z. SMIRNOVA: (1) Explor. Faun. of the Seas 19, 295—309 (1962); — (2) Bot. J. 48, 350—361 (1963). — SCHMIDT, A.: (1) Ber. Bay. Bot. Ges. 34, 93—95 (1961); — (2) Ber. Bay. Bot. Ges. 35, 113—119 (1963). — SCHMITHÜSEN, J.: Allgem. Vegetationsgeogr. in Lehrb. d. allg. Geogr. 4, 261 S. (1959, 2. Aufl. 1961). — SCURFIELD, G.:

J. Ecol. **50**, 489—499 (1962). — Smirnova, Z.: Kormov. lisch. kr. Severa 71 S. Leningrad 1962. — Sokolov, S. J.: Dendr. SSSR 1—6, 3846 S. (1949—1962). — Van Steenis, C. G. G. J.: (1) Proc. Ac. sc. Amsterd. C **64**, 435 (1961); — (2) Endeavour **21**, 183—194 (1962). — Szafer, W. L., and Collab.: Tatrz. Park Narod. ed. 2, 675 S. (1963). — Szafer, W.: Acta palaeobot. **4**, 1—35 (1963). — Szwey-kowski, J.: (1) Fragm. flor. et geob. **6**, 399—405 (1960); — (2) Prace Komb. Biol. Poznan **24**, 1—39 (1961); — (3) Atlas of distrib. of spore-pl. in Poland **IV** (1963 ff.).

Tachtadshjan, A.: Flora Armen. **4**, 433 S. (1962). — Thomson, J. W.: Beih. 7, z. Nov. Hedwigia, 212 S. (1963). — Tichomirov, B. A.: Beslesn. Tundry. 90 S. Moskau-Leningr. (1962). — Tralau, H.: (1) Ber. Schweiz. Bot. Ges. **72**, 202—235 (1962); — (2) Bot. Notiser **115**, 421—428 (1962); — (3) Ark. Bot. 2. Ser. **5**, 533—582 (1963); — (4) K. Svensk. Vet. Ak. Handl. Ser. 4, **9**, 1—87 (1963). — Tomaselli, R.: Arch. bot. **37**, 208—225 (1961). — Torre, A. R., and E. P. de Sousa: Consp. Flor. Angol. **3**, 187 p. (1962). — Troll, C.: Die Erde **93**, 235—239 (1962).

Üxip, A.: Eesti Flora **7**, 479 S. Tallinn 1961.

Verdcourt, Lucas and Carter: Flora of Trop. East Africa, 22 p. (1962).

Wagner, W. H.: Regn. veget. **27**, 63—71 (1963). — Walter, H.: Veget. d. Erde in ökol. Betracht **1**, 538 S. (1962). — Wessels Boer, J. G.: Acta Bot. Neerl. **11**, 277—330 (1962). — Winkler, S.: Bot. Jahrb. **81**, 213—251 (1962).

Zohary, M.: Plant Life in Palestine 262 p. (1962).

b) Floren- und Vegetationsgeschichte seit dem Ende des Tertiärs

Bericht über die Jahre 1961 und 1962

Von Burkhard Frenzel, Weihenstephan b. Freising/Obb.

1. Zusammenfassende Darstellungen und allgemeine vegetationsgeschichtliche Probleme

Die Frage nach der Gliederung des Pleistozäns griff Woldstedt (2) erneut auf. Hiernach sollte im „Altpleistozän" der Abschnitt vom Beginn des Villafranchien (Kalabrien) bis zum Ende der Günz-Eiszeit zusammengefaßt werden; vom Beginn des Cromer-Interglazials bis zum Ende der Riß-Eiszeit reichte das „Mittelpleistozän"; und als „Jungpleistozän" gelten das Letzte Interglazial und die Letzte Eiszeit. Die sich aus den europäischen Verhältnissen ergebende Forderung, die Elster- und Saale-Eiszeit in je zwei selbständige Eiszeiten aufzuteilen, wird in außereuropäischen Gebieten allerdings noch große Schwierigkeiten bereiten. Nach Woldstedts Ansicht hat das bislang so lebhaft umstrittene „Göttweig-Interstadial" der Letzten Eiszeit (vgl. Fortschritte **24**, S. 111) niemals existiert, sondern die entsprechenden Böden Niederösterreichs sollen während des Letzten Interglazials und während der Wärmeschwankungen des Amersfoort und des Brørup gebildet worden sein.

Tichomirov und Markov gaben Überblicke über die quartäre Vegetationsentwicklung Nord-Eurasiens, bzw. über schwierige Probleme der Synchronisierung bestimmter geologischer Horizonte in verschiedenen Gebieten der Erde. Hierbei verfocht Markov erneut die Ansicht, die Vereisungen Mittel- und Ostsibiriens seien während der europäischen Interglaziale erfolgt. — Überblick über den Stand der russischen Palynologie, mit besonderer Berücksichtigung der Phylogenie: Nejštadt. — Nachschlagewerke: Katalog fossiler Floren und Faunen in Jakutien: Naletov; „Regionale Stratigraphie Chinas". — Geschichte des für das Pflanzenleben so wichtigen Dauerfrostbodens: Fedorovič.

2. Methodik und Nachbargebiete

a) Pollenanalyse. Allgemeines: Auf Schwierigkeiten in der Interpretation des pollenanalytischen Befundes fossiler Insektennester wies Faegri hin: *Bombus lucorum* sammelt bevorzugt Pollen von *Erica tetralix, Trifolium repens* und *Narthecium ossifragum* ein, meidet aber in stärkerem Maße *Anchusa officinalis, Compositae, Umbelliferae* und *Calluna*. — Fälschungen der Pollenspektren durch Verwehung aus botanischen Gärten: Königsson. — Zur Bestimmung der absoluten Pollendichte fossiler Proben empfahl Benninghoff Zusatz einer bekannten Menge exotischer Pollenkörner (PK). — Braun-Blanquet verdanken wir eine Studie über die baltische Steppenvegetation (Helianthemo-Globularion), die zum Verständnis der spätglazialen *Helianthemum*-Gesellschaften beitragen kann. — Pollen und Sporen als Erreger von Allergien: Beug, Dorn, Strunz, Thiergart, Franz und Windisch. — Tjuremnov (2) hob die (scheinbar?) stärkere Zersetzung der Pollen breitblättriger

Holzarten im Flachmoortorf gegenüber den Verhältnissen im Hochmoortorf hervor. — Bibliographien: NEJŠTADT; VAN CAMPO und PLANCHAIS (1, 2). — Ein sehr nützliches (aber nicht ganz vollständiges) Verzeichnis der Abbildungen und Beschreibungen der in nordeurasiatischen Sedimenten gefundenen Sporomorphen lieferte SLADKOV. — Allgemeine Erörterungen: ERDTMAN; ERDTMAN, PRAGLOWSKI und TAKEOKA; STRAKA. — Präparationsmethodik: Aufbereitung stark detritushaltiger mineralischer Sedimente: DUMAIT (1, 2). Elektronenmikroskopie: LEWIS und LARSON. Erhöhung der Kontraste für die Mikrophotographie durch Suspension der PK in aqua dest.: BERGLUND, ERDTMAN und PRAGLOWSKI. — Membran- und Porenbau: VAN CAMPO; LARSON, SKVARLA und LEWIS.

Pollenmorphologie: Schwedische Bäume und Sträucher: PRAGLOWSKI; Pflanzen des „Cerrado": SALGADO-LABOURIAU und BARTH; DE CAMPOS und SALGADO-LABOURIAU; Honigpflanzen: MAURIZIO; MAURIZIO und LOUVEAUX; *Osmunda*: POPOV und PROCHOROVA; einige *Polypodiaceae*: NAYAR; *Schizaeaceae*: BOLCHOVITINA; *Pinus* im Ostteil Nordamerikas: WHITEHEAD; *Pinus roxburghii*: SVIVASTAVA; *Pinus silvestris* und *P. uncinata*: AYTUG; japanische Gymnospermen: YAMAZAKI und TAKEOKA; Mais, Teosinte, *Tripsacum*: IRWIN und BARGHOORN; *Goodeniaceae*: DUIGAN; *Cactaceae*: KURTZ; *Coffea* und andere *Rubiaceae*: MOENS; *Ctenolophon (Malpighiaceae ?)*: SAAD (3); *Commelinantia (Commelinaceae)*: ROWLEY und DAHL; *Acanthaceae*: RAJ; *Euphorbiaceae*: PUNT; mediterrane Eichen: PLANCHAIS; *Ambrosieae*: PAYNE; *Cousinia*: SCHTEPA; *Primulaceae-Primuloideae*: SPANOWSKY; indische *Leguminosae*: VISHNU-MITTRE und SHARMA; *Cucurbita moschata, C. pepo*: AWASTHI; *Plantaginaceae* der Provence: AUBERT, CHARPIN, CHARPIN und HEYDACKER; *Anonaceae*: CANRIGHT; *Betula*: CLAUSEN; *Tilia platyphyllos, T. europaea*: CHAMBERS und GODWIN; mediterrane *Umbelliferae*: CERCEAU-LARRIVAL; *Linaceae*: SAAD (2); *Linum*: SAAD (1); *Reinwardtia indica (Linaceae)*: SHARMA; *Hippocrateaceae*: VAN CAMPO und HALLÉ. — Phylogenie: *Labiatae*: BORZOVA; *Myricaceae*: GLADKOVA.

Pollentransport: LUBLINER-MIANOWSKA studierte die recht komplizierten Vorgänge, die sich beim Transport der Sporomorphen auf das Meer hinaus abspielen: Beim Lufttransport werden die Baumpollen (BP) gegenüber den Nichtbaumpollen (NBP) und Sporen bevorzugt; im Wasser hängt die Verbreitung aber von der Schwimmfähigkeit und den Meeresströmungen ab. — Zusammenhänge zwischen dem Pollenniederschlag aus der Luft und der rezenten Vegetation: TEUNISSEN (Niederlande), LAKHANPAL und NAIR (Indien). GREGORY: Transportweiten in Abhängigkeit von der Sinkgeschwindigkeit der Pollen. — Gehalt der Luft an Pilzsporen in Kansas: PADY, KRAMER und PATHAK. — Pollenanalyse mineralischer Böden: Aus den Arbeiten von WELTEN und DIMBLEBY (1, 2) geht hervor, daß trotz aller Veränderungen des ursprünglichen Pollenauftrages, mit denen sich WELTEN gründlich auseinandersetzte, der Pollengehalt mineralischer Böden meist ein (lückenhaftes und verzerrtes) Abbild der Bestandesgeschichte an der betreffenden Lokalität widerspiegelt, wobei allerdings die morphographische Lage der Probeentnahmestelle im Gelände eine große Rolle spielt.

b) Andere Fossilien. Früchte und Samen: Angesichts der großen Variabilität der im fossilen Zustand „diagnostisch wichtigen" Merkmale bei rezenten Samen von *Euryale* ist es nach VILLARET-VON ROCHOW nicht möglich, neben *Euryale ferox* andere fossile Arten abzugliedern (vgl. jedoch KAC und KAC; MIKI). — KOKAWA lieferte einen Überblick über die fossilen Vorkommen von *Menyanthes* (einschließlich der Begleitfloren) in Japan. — CHURCHILL und SARJEANT beschrieben Dinoflagellaten und bemerkenswerterweise auch Hystrichosphaeren aus postglazialen lakustrinen Sedimenten West-Australiens.

c) Sedimente. GROSSE-BRAUCKMANN beschrieb Torfe und torfbildende Pflanzengesellschaften Mitteleuropas. Die Arbeit wird ergänzt durch die Untersuchung VLASTOVAS über die Pflanzengesellschaften, Torftypen und Zersetzungsgrade der Torfe Sachalins.

d) Datierung. GODWIN (2) gab die neu ermittelte Halbwertszeit des C^{14} zu 5730 ± 40 Jahren an und schlug vor, das Jahr 1950 allgemein als „Nulljahr" anzunehmen. — C^{14}-Datierungen der verschiedensten Proben verdankt man GODWIN und WILLIS; STUIVER, DEEVEY und GRALENSKI; TAUBER. Über die Verwendung von Humus zur C^{14}-Datierung (Grotte Romanelli): BLANC und BLANC.

3. Das Quartär in Amerika

a) Nord- und Mittelamerika. Das Quartär bis zur Letzten Eiszeit:
Nach CLISBY ist in den San Augustin Plains, New Mexico, die Plio-
Pleistozängrenze nicht scharf faßbar. Vielmehr scheinen dort die warm-
trockenen Abschnitte der Klima- und Vegetationsgeschichte mit zunehmendem Alter gegenüber den kühl-feuchten Intervallen (Kaltzeiten)
an Ausdehnung zuzunehmen, so daß der Eindruck entsteht, schon am
Ende des Pliozäns sei es zu bedeutenden Gebirgsvergletscherungen gekommen. — KNOX beschrieb eine wahrscheinlich letztinterglaziale (San-
gamon) Makro- und Mikrofossilienflora bei Washington: 1. Nadelwaldphase mit *Picea, Abies, Pinus, Larix* und *Betula;* 2. *Pinus*phase, bei
gleichzeitigem Erlöschen von *Picea* und *Abies;* 3. Einwanderung und
starke Ausbreitung von *Taxodium, Quercus, Carya, Fagus, Nyssa,
Liquidambar;* 4. Nadelwaldphase aus *Picea, Abies* und *Tsuga.* Sie leitete
in die Letzte Eiszeit über.

Das Quartär seit der Letzten Eiszeit: DREIMANIS (2) beschäftigte
sich erneut mit dem Port Talbot-Interstadial, dessen Ende nach DE
VRIES und DREIMANIS in die Zeit um 47500—44200 v. h. fiel. Daß es sich
hierbei aber tatsächlich um das „Göttweig-Interstadial" handelt [zur
Vegetationsgeschichte: DREIMANIS (1)], erscheint angesichts dessen Frag-
würdigkeit [WOLDSTEDT (2)] wenig gesichert.

COLINVAUX, sowie HOPKINS, MACNEIL und LEOPOLD erwähnten
Tundrentypen, die zwischen 22000 und 13000 v. h. in Südwest- und
West-Alaska gediehen. Nach HEUSSERs (1) sehr gründlichen und außerordentlich lesenswerten Untersuchungen der spätpleistozänen Vegetationsgeschichte im Nordwestteil Amerikas scheinen aber *Picea sitchensis,
Tsuga mertensiana, Salix, Betula, Alnus, Nuphar, Drosera, Sanguisorba*
u. a. die Letzte Eiszeit auf der Kenai-Halbinsel in Südwest-Alaska überdauert zu haben. Von diesem Refugium breitete sich die Waldvegetation
im Spät- und Postglazial wieder aus, anscheinend besonders begünstigt
durch eine recht warme Klimaphase zwischen 9—10000 und 8—9000 v. h.,
die von einem Klimarückschlag abgelöst wurde (HOPKINS, MACNEIL und
LEOPOLD). Ein vergleichbarer Ablauf der Vegetationsgeschichte ist aus
Nova Scotia nicht bekannt. Dort dehnten sich zum letztenmal um
10200 v. h. offene, tundrenähnliche Vegetationstypen aus (Makrofossi-
lienanalyse der Sedimente des Gillis Lake: SCHOFIELD und ROBINSON). —
Zur Archäologie des Bering-Meer-Gebietes: GIDDINGS. — Spätquartäre
Klimageschichte Kanadas: TERASMAË.

Bei pollenanalytischen Untersuchungen fossiler Moore und Seen
Minnesotas zeigte es sich, daß die Ältere und Älteste Tundrenzeit (Man-
kato) zunächst durch eine offene Vegetation charakterisiert wurden, die
später in eine durch *Picea* und *Salix* gekennzeichnete Parklandschaft,
mit *Elaeagnus commutata, Shepherdia canadensis, Juniperus, Thalictrum,
Saxifraga oppositifolia* u. a. überleitete [JELGERSMA; WINTER (1, 2)]. Das
Alleröd (Two Creeks-Interstadial; Kritik an dieser Parallelisierung:
ANTEVS) fällt durch die Vorherrschaft der BP auf, so daß eine Waldvegetation aus *Picea glauca* und *P. mariana,* sowie verbreitete Moore mit

Larix laricina (tamarack) angenommen werden müssen. Sehr bemerkenswert ist für diese Zeit in allen untersuchten Profilen der starke Pollenanteil von *Quercus* und *Fraxinus* [JELGERSMA; WINTER (1, 2); FRIES, WRIGHT und MEYER RUBIN], der an einzelne Laubwaldinseln denken läßt (FRIES, WRIGHT und MEYER RUBIN). Entgegen der Ansicht JELGERSMAs dürfte die Jüngere Tundrenzeit (Valders-Readvance) in dem betrachteten Gebiet einen erneuten Vorstoß der "woodland-prairie-tundra" mit viel *Artemisia* und *Ambrosia*, sowie mit *Betula nana* var. *exilis*, gebracht haben [FRIES (2); WINTER (1, 2)]. Nach einer schnellen Ausbreitung anspruchsvoller Holzarten dehnte sich schließlich zwischen etwa 7200 und 5500 v. h. erneut, allerdings relativ schwach, das Areal der Prärie aus [FRIES (2); WINTER (1, 2)]. — Zur vorkolumbianischen Besiedlungsgeschichte in Illinois: SCHOENWETTER. — In Nord-Arizona hatte die Letzte Eiszeit auf etwa 2700 m hohen Bergen zu einer starken Ausdehnung subalpiner *Picea*- und *Pinus*-Waldtypen und Artemisiengeschellschaften geführt (BENT und WRIGHT; vgl. auch HEVLY). Gleichzeitig waren in New Mexico die Southern High Plains von Kiefernwäldern und verschiedenen Gesträuchern bedeckt (HAFSTEN). Nach HAFSTEN läßt sich die letzteiszeitliche Vegetationsgeschichte der Southern High Plains in eine ältere, schwächer ausgeprägte Waldphase (Zone E, Ende etwa 33500 v. h.), eine relativ trockene und warme Steppenzeit, die aber kühler und feuchter als heute war (Zone D, 33500—22500 v. h.; angeblich „Aurignacien-Interstadial") und eine jünste Kiefernwaldzeit mit recht feuchtkaltem Klima (Zone C, von 22500—14000 v. h.) einteilen. Über den Zeitpunkt, zu dem sich die heutige Vegetation eingestellt hat, gehen die Ansichten auseinander: Ab 14000 v. h. in den Southern High Plains (HAFSTEN; dortige postglaziale Diatomeenflora: HOHN und HELLERMANN) und ab 7300 v. h. in Nord-Arizona (HEVLY). — Pleistozäne Vergletscherung des Iztaccihuatl, Mexico: WHITE; Nachweis für bisher ältesten Maisanbau in Guatemala (älter als 2880 v. h.), sowie Abriß der guatemaltekischen spätpostglazialen Vegetationsgeschichte: TSUKADA und DEEVEY.

b) Südamerika. Nach VAN DER HAMMEN war in Britisch Guaiana die Savannenvegetation während der Letzten Eiszeit bis an die heutige Meeresküste vorgestoßen. Sie wurde im ersten Teil des Postglazials durch die erneut einwandernden Wälder und die Mangrove verdrängt. Die jüngste Tendenz der Savannen, ihr Areal zu vergrößern, scheint durch die Tätigkeit des Menschen gefördert worden zu sein. Auf die Begünstigung der Trockenvegetation durch den Menschen deuten ebenfalls die Untersuchungen ELLENBERGs in Argentinien hin, denen zufolge die argentinische Pampa durch die mehr als 5000 Jahre währenden Eingriffe des Menschen aus einem lichten *Celtis-Parkinsonia-Prosopis*-Waldland hervorgegangen sein soll. — Sehr merkwürdige postglaziale Vegetationsveränderungen teilte HEUSSER (2) aus Südchile (Laguna de San Rafael) mit: Um 6850 v. h. herrschte dort im Waldland *Nothofagus* vor; sie wurde gegen 6000 durch *Weinmannia trichosperma* weitgehend verdrängt. Von ungefähr 4000 trat *Weinmannia* ihre führende Position an *Podocarpus* ab, die ihrerseits in den letzten 2—3000 Jahren *Tepoualia* mehr Platz einräumen mußte.

4. Das Quartär in Asien

Früher (Fortschritte **23**, S. 141) sind die Grundzüge der quartären Vegetationsgeschichte Asiens erläutert worden. Daher seien hier einige besonders interessante Fragen eingehender behandelt; auf Ergänzungen des bisherigen Bildes kann nur kurz verwiesen werden.

Übergang Tertiär/Quartär. Kaukasien: Aus dem Kujal'nic-Horizont, der sehr wahrscheinlich die Tertiär-Quartärgrenze enthält, erwähnte ŠATILOVA (2) aus West-Grusinien neben reichen Makrofossilienfloren einen markanten Wechsel in der Pollenflora (PF): 1. Nadelwaldphase *(Picea* mehr als 60%, *Abies* und *Pinus);* 2. Phase sehr artenreicher Laubwälder *(Quercus, Ulmus, Zelkova, Corylus, Carpinus, Fagus, Juglans, Pterocarya, Carya, Celtis, Ficus, Tilia, Engelhardtia).* Der Anteil der Thermophilenpollen machte mehr als 50% aus. 3. Erneut *Abies-Picea-Pinus*-Phase mit bis zu 30% *Tsuga.* Die zweite Hälfte des Kujal'nic entspricht möglicherweise dem altquartären Akčagyl, das ALI-ZADE und MKRTČJAN allerdings noch, zusammen mit dem anschließenden Apšeron, in das Pliozän stellen. Während des Akčagyl scheint aber nach ALI-ZADE schon eine sehr deutliche Vegetationszonierung im Bereich zwischen dem Südteil des Kaspischen Meeres und der Umgebung des heutigen Kujbyšev an der Wolga ausgebildet gewesen zu sein: Am Westabhang des Kopet dagh und auf der Halbinsel Čeleken gediehen *Cinnamomum polymorpha* und *Juniperus kalizkyi;* in Grusinien stockte die rezente kolchische Laubwaldvegetation, allerdings noch mit *Sequoia langsdorfii;* bei Kujbyšev hatte sich aber die Nadelwaldtaiga *(Abies* cf. *sibirica, Picea* cf. *excelsa, Pinus Cembra, P. silvestris)* ausgebreitet. Jünger als das Kujal'nic sind die čaudinsker Sedimente, in deren PF sich in West-Grusinien ein für das Alt-Quartär typischer Vegetationswandel abzeichnet: 1. *Pinus-Betula-Alnus*-Phase; 2. *Tsuga*- und *Taxodiaceae*phase, mit *Abies* und breitblättrigen Arten; 3. Phase der Vorherrschaft von *Fagus, Tsuga* und *Juglans* in der Waldvegetation [ŠATILOVA (1)]. Die geschilderten Veränderungen in der Vegetation sind offenbar derart einschneidend gewesen, daß es berechtigt erscheint, die čaudinsker Schichten und den oben erwähnten Teil des Kujal'nic-Horizontes zum Pleistozän zu rechnen. — Altquartäre Säugerfaunen in Armenien: AVAKJAN.

Mittelasien: Im Westteil des Tien schan gedeihen gegenwärtig Fichtenwälder und edele Laubgehölze. Der Zeitpunkt ihrer Isolierung von den nördlichen Waldtypen ist unklar. In dieser Beziehung kommt neueren Arbeiten, in denen die Vegetationsgeschichte Mittelasiens an der Plio-Pleistozängrenze behandelt wird, hohe Bedeutung zu. Die zentralen Teile des Altai (im Nordwesten des Sajljugem) waren damals die Domäne der Nadelwaldtaiga *(Picea, Abies, Pinus, Tsuga:* zum erstenmal *Larix:* „Kyzylgir"- und „Beken"-Serie: LUNGERSGAUZEN und RAKOVEC). Aber schon im Irtyschtal südlich von Semipalatinsk (NIKITJUK), im Nordwesten des Rudnyj Altai, in dessen Gebirgswäldern noch *Carya, Quercus, Castanea, Juglandaceae, Liquidambar* und *Rhus* vorkamen (Villafranchien: ČUMAKOV), am Oberlauf des Ob bei Barnaul (Oberpliozän: NIKITIN), sowie im Kazakischen Bergland östlich der Turgai-Senke (Faunen:

KOSTENKO; KOSTENKO und BAŽANOV; KURDJUKOV; RJASINA) herrschte die *Chenopodiaceae-Artemisia*-Steppe, die auch in extremer Form seit damals das Tschu-Ili-Bergland und die Tschu-Senke bis heute bedeckt (Pollenfloren: NIKIFOROVA; ELISEEV). Hieraus folgt, daß das erwähnte Waldland im Westteil des Tien schan sicher schon seit dem Ende des Tertiärs von der Waldentwicklung im Norden getrennt gewesen sein dürfte. Nach MAL'GINA (1, 2) waren aber wahrscheinlich schon während der ersten pleistozänen Kalt-Pluvialzeit in den südturkestanischen Gebirgen verschiedene Waldtypen recht weit verbreitet (neben der vorherrschenden *Pinus* nach *Tsuga, Betula, Alnus, Carpinus, Ilex, Pterocarya, Juglans, Fagus, Liquidambar* und *Corylus*), so daß längs dieses Berglandes eine lockere Verbindung der Waldvegetation Kaukasiens und des Ostteiles Mittelasiens während der ersten pleistozänen Kaltzeit nicht ausgeschlossen erscheint.

Ferner Osten: Im Westteil Kamtschatkas ist der in seiner genauen Altersstellung unklare Ermanov-Horizont verbreitet, der wegen seiner reichhaltigen Makro- und Mikrofossilienflora hohes Interesse verdient: Zunächst herrschten Wälder aus *Picea jezoensis, Pinus* cf. *monophylla, Pterocarya*, zwei *Juglans-* und *Carya*-Arten, vier *Quercus*-Arten, *Alnus, Corylus americana, Amelanchier, Robinia, Rhus* u. a. Sie wurden von einer echten Taigavegetation verdrängt: *Larix, Abies, Picea* (Sect. *Omorica, Eupicea*), *Pinus pumila, P.* Sect. *Cembra, Betula* (Sect. *Albae, Costatae*), *Alnus fruticosa, Lycopodium alpinum, L. pungens, Selaginella selaginoides, S. sibirica,* u. a. Offenbar infolge einer Klimabesserung stellten sich anschließend neben den bereits erwähnten Holzarten der Taiga *Tsuga, Taxodiaceae, Cupressus, Sciadopitys, Carya, Pterocarya, Juglans, Ostrya, Ulmus, Cornus, Ilex, Corylus, Myrica* u. a. wieder ein, zusammen mit *Maclura aurantiaca, Liquidambar, Acer saccharum, A. saccharinum, Fagus* cf. *Sieboldii, Quercus* u. a. Diese Holzarten wichen schließlich einem Weidengebüsch, in dem *Salix glauca* vorkam (GEPTNER; vgl. auch MARKIN). Angesichts dieses starken Florenwandels dürften die Ermanov-Schichten zu Beginn des Quartärs gebildet worden sein. — Pliozäne und altquartäre Taigavegetation des Korjakengebirges: DEGTJARENKO. — In der Amur-Zeja-Senke scheint sich die Tertiär/Quartärgrenze in dem Erlöschen von *Tsuga* und dem starken Rückgang der edlen Laubbäume, wie auch durch die Ausbreitung der *Artemisia*-Steppen abzuzeichnen (sehr reiche PF: MJAČINA). Die Einwanderung der Pinaceen-Taiga, die die edleren Laubholz- und *Tsuga*-Taxodiaceen-Waldtypen verdrängte [anscheinend beides im Suifun-Horizont: GANEŠIN (2)], dürfte im Uferbereich des Japanischen Meeres ebenfalls an der erwähnten Zeitenwende stattgefunden haben, die allerdings in Ostasien wenig deutlich ausgeprägt zu sein scheint [GANEŠIN (2); ČEMEKOV; BERSENEV; BERSENEV, MOROZOVA, SALUN, SOKOLOVA und SOCHIN]. — Damalige Orographie: KARASEV.

Ergänzungen: Kalabrische Chenopodiaceensteppen und *Pinus halepensis*-Wälder in Israel: ROSSIGNOL. — *Pinus*-Wälder mit *Podocarpus, Cedrus, Myrica, Carpinus, Liquidambar, Engelhardtia, Abies, Tsuga* u. a. aus dem Villafranchien (Apšeron) im Mittleren Ural: BORISEVIČ. *Pinus* Sect. *Strobus* an der Tertiär-Quartärgrenze längs der Steinigen Tunguska in Mittelsibirien: Zubakov. — Moore und Wälder aus *Picea, Pinus, Betula, Salix, Alnus, Tsuga, Corylus, Acer, Quercus, Ulmaceae* im beginnenden Pleistozän an der Unteren Tunguska: Cejtlin (1, 2). — Pliozäne Waldflora aus dem Nordostteil von Franz Joseph-Land: Dibner (2). — Spättertiäre und frühpleistozäne Wälder *(Picea* Sect. *Eupicea, Omorica; Pinus* Sect. *Pseudostrobus, Diploxylon; P. pumila, Abies, Larix, Tsuga, Corylus)* aber keine Tundren: an der Mündung der Lena: Gusev; am Unterlauf der Indigirka: Lavrušin und Giterman; am Oberlauf der Kolyma: Kašmenskaja. — Sehr reiche Pollen- und Makrofossilienfloren einer (heute nordwestamerikanischen) Nadelwald-taiga mit edelen Laubholzarten am Mittellauf des Wiljuij: Alekseev (1, 2); am Mittellauf der Lena und am Unterlauf des Aldan: Vangengejm; Solov'ev; Choreva und Giterman; Čebotareva, Kuprina und Choreva; Mirčink. — Südlich des Baikal-Sees und in Transbaikalien war an der Tertiär/Quartärgrenze in Abhängigkeit vom Relief ein Mosaik verschiedener Vegetationstypen ausgebildet: Wald aus *Pinus sibirica, Tsuga, Pinus* Sect. *Strobus,* vereinzelt *Tilia, Ulmus, Corylus* in der Tunka-Senke: Golubeva und Ravskij; Steppen und Waldsteppen im westlichen Transbaikalien: Gerbova und Ravskij; Golubeva und Ravskij. Evolution eines spätter-tiären *Picea-Pinus-Tsuga-Abies*-Waldes mit wenig *Quercus, Ulmus* und *Corylus* über eine *Betula-Pinus silvestris-Alnus*-Phase mit edelen Laubhölzern in die wahr-scheinlich frühquartäre *Pinus silvestris-Betula-Artemisia*-Waldsteppe und die quar-tären Steppen im östlichen Transbaikalien an der Nerča: Zorin, Malaeva und Sudakova. — Möglicherweise altpleistozäne *Cryptomeria-Picea-Abies*-Wälder auf der Boso-Halbinsel bei Tokio (Japan): Sohma (3).

Das Quartär bis zum Beginn der maximalen Vereisung (Saale). Bei umfangreichen geologischen Arbeiten hatte sich während der letzten Jahre die folgende (nicht ganz unwidersprochene) stratigraphische Glie-derung des Pleistozäns in der Westsibirischen Tiefebene herausgeschält (Tab. 1, Spalten 1 und 2):

Tabelle 1

Mittel- und Osteuropa 1	Westsibirische Tiefebene 2	Westsibirische Tiefebene nach Gričuk 3
Weichsel-Waldai-Eiszeit	Sartan-Vereisung Karginsker-Warmzeit Zyrjanka-Vereisung	Sartan-Vereisung Karginsker-Warmzeit Zyrjanka-Vereisung
Eem-Mikulino-Interglazial	Kazancev-Interglazial	Kazancev-Interglazial
Warthe-Moskau-Eiszeit	Taz-Jenissej-Vereisung	Taz-Jenisseij-Vereisung
Treene-Odincov-Warmzeit	Messov-Širtin-Salemal- Warmzeit	Messov-Širtin-Salemal- Warmzeit
Drenthe-Dneprovsk-Eiszeit	Samarov-Eiszeit	Samarov-Eiszeit
Holstein-Lichvin-Warmz.	Tobol-Interglazial	Voronov-Interglazial
Elster-Beresina-Eiszeit	Jarska-Eiszeit	Prävoronov-Eiszeit
Cromer-Borisov-Interglazial	?	Postjarska-Interglazial
Weybourne-Oka-Eiszeit	?	Jarska-Eiszeit
Waal-Warmzeit	?	?
Eburon-Kaltzeit	?	?
Tegelen-Warmzeit	?	?
Brüggen-Kaltzeit	?	?

Gričuk (1, 2) glaubt nun, pollenanalytisch noch ein weiteres Inter-glazial und eine bislang älteste Eiszeit (Tab. 1, Spalte 3) nachgewiesen zu haben, wobei allerdings für zwei verschieden alte Abschnitte des Plei-stozäns dieselbe Bezeichnung, nämlich Jarska-Eiszeit (Tab. 1, Spalten 2 und 3) verwandt wird. Während der Jarska-Eiszeit (sensu Gričuk) gedieh im Mündungsbereich des Tom eine Tundra-Waldsteppe mit Fichten-hainen. Sie wurde dort während des Postjarska-Interglazials zunächst von Fichtenwäldern mit Steppeninseln, dann aber durch *Betula-* und *Pinus*-Wälder mit breitblättrigen Arten abgelöst, auf die als besonderes Charakteristikum dieses Interglazials eine *Abies-Picea*-Taiga folgte [GRIČUK (1, 2)]. Die anschließende Prävoronov-Eiszeit (= Jarska-Eiszeit im alten Sinne, = Demjansk-Eiszeit: ZUBAKOV) brachte im Mündungs-bereich des Tom wieder die Vorherrschaft von *Betula*-Hainen in der Steppe [GRIČUK (1); Diatomeenflora im Nordosten der Westsibirischen Tiefebene: ALEŠINSKAJA]. Die Realität der von verschiedenen Autoren beschriebenen Moränen dieser Eiszeit wurde von ARCHIPOV, KORENEVA und LAVRUŠIN erneut angezweifelt. Das Voronov-(= Tobol-) Interglazial, dem die berühmte Flora der diagonalgeschichteten Sande bei Demjansk und z. T. wohl auch die der „blauen Tone" entspricht, wies im Mündungs-bereich des Tom abermals eine Dreigliederung der Vegetationsgeschichte auf: Phase 1: *Chenopodiaceae-Artemisia*-Steppe mit Hainen aus *Picea* und *Pinus sibirica;* Phase 2: *Betula-Pinus silvestris-Pinus sibirica*-Wald-steppe, in deren Steppenassoziationen Gramineen vorherrschten; Phase 3: Nahezu geschlossenes Waldland aus *Picea* (bis 60%), *Pinus sibirica*, weniger *P. silvestris* und ganz wenig *Abies* [GRIČUK (1)]. In welchen Ab-schnitt dieses Interglazials die bis nach 60° n. Br. vorgestoßene Trans-gression des nördlichen Eismeeres (PANOVA) einzuordnen ist, bleibt vor-läufig unklar. — Weitere Angaben zur Makro- und Mikrofossilienflora dieses Interglazials: *Pinus sibirica*-Taiga am Unterlauf des Ob: LAZUKOV und SOKOLOVA; *Picea*-Taiga mit *Quercus, Ulmus, Corylus, Fraxinus, Myrica*(?) und Grassteppeninseln im Mittleren Ural: BORISEVIČ; Fichten-taiga mit zeitweise *Pinus sibirica* bzw. *Abies* am Unterlauf der Steinigen Tunguska: ZUBAKOV; Gliederung der Waldgeschichte am Ob zwischen der Mündung des Ket' und des Tym: BOGDAŠEV, DIDRICHS, DOMNIKOVA, KOSTICINA, MIZEROV und STRIŽEVA; Makrofossilien einer Waldtundra vom Ende dieses Interglazials am Jugan: ZEMCOV und ŠACKIJ.

Ergänzungen: Mehrmaliger Wechsel zwischen extrem ariden Chenopodiaceen-Salzsümpfen und anschließender humiderer Grassteppen-Vegetation an der Küste Israels von der kalabrischen Stufe bis zur zweiten tyrrhenischen Transgression: ROSSIGNOL. Wahrscheinlich altpleistozäne *Chenopodiaceae-Artemisia*-Steppen am Demawend/Iran: v. d. BRELIE. — In West-Turkestan zeichnet sich in der Umgebung des Balchan-Gebirges die folgende altpleistozäne Vegetationsgeschichte ab [MAL'-GINA (1)]: 1. Bis 65% BP, meist *Pinus;* daneben *Betula, Alnus, Carpinus.* Unter den NBP überwogen die xerophytischen Pflanzen. 2. BP etwa 5%; NBP fast ausnahms-los xerophile Kräuter und Sträucher. 3. Weit überwiegend BP, darunter 40—80% *Pinus;* neben *Betula* und *Alnus* noch *Carpinus, Ostrya, Pterocarya, Juglans, Ulmus, Zelkova, Rhus, Ilex, Tsuga, Liquidambar, Taxodiaceae;* cf. *Arctostaphylos, Rhododen-dron; Selaginella selaginoides.* 4. Sehr wenig BP. Unter den NBP bis zu 80% Xero-phyten. — Altquartäre Lößbildung und Faunen kalter Steppen im Kazakischen Bergland: KOSTENKO und BAŽANOV. — Frühquartäre Steppen bei Krasnojarsk und Waldhöhenstufen (noch mit *Corylus, Quercus, Tilia, Ulmus, Fagus* und *Carpinus*) am Westabhang der Sajane: GORŠKOV und RYBAKOVA. *Artemisia*-Chenopodiaceen-steppen am Rudnyj Altai (ČUMAKOV) und am Oberlauf des Irtysch südlich von Semipalatinsk: NIKITJUK. — Vermutlich altpleistozäne Vegetationsgeschichte im Flußgebiet der Angara (leider ohne stratigraphische Hinweise): BOJARSKAJA. Lang-sames Einwandern der *Artemisia-Chenopodiaceae*-Steppen, sowie gleichzeitig hiermit Verarmen der *Pinus sibirica*-Taiga an tertiären Elementen in der Tunka-Senke südlich des Baikalsees: GOLUBEVA und RAVSKIJ. Frühpleistozäne Kamel- und Yak-Funde in Ost-Transbaikalien: VANGENGEJM und GERBOVA. — Geschichte der kalt-zeitlichen Kältewüsten und Lößsteppen sowie der warmzeitlichen Waldtypen am Mittellauf der Lena und am Unterlauf des Aldan und Wiljuij: ČEBOTAREVA, KUP-RINA und CHOREVA; ALEKSEEV (1); SOLOV'EV; VANGENGEJM. — Am Oberlauf der Kolyma war anscheinend während des gesamten Altpleistozäns trotz einer mög-licherweise in diesen Abschnitt des Quartärs fallenden Gebirgsvergletscherung die Waldtundra aus *Picea, Larix dahurica, Pinus pumila* und *Ericaceae* vorhanden: KAŠMENSKAJA.

Wahrscheinlich aus dem Holstein-Interglazial Süd-Sachalins datiert eine PF, in der zunächst die Pollen der Kiefern- und Laubmischwälder überwogen (recht viel *Quercus, Ulmus, Carpinus, Corylus, Juglans;* wenig *Fagus* und *Ilex*). Anschließend: Phase der *Abies-Picea*-Wälder mit wenig *Larix, Salix, Myrica, Tilia, Taxaceae* u. a. [GRIČUK (2); vgl. auch GANEŠIN (1)]. Die fortschreitende Verarmung der Waldflora des Sichota Alin und des Küstenbereiches des Japanischen Meeres, sowie die Aus-breitung der Steppengesellschaften in der Ussuri-Senke gehen gut aus den pollenanalytischen Arbeiten von BERSENEV, sowie BERSENEV, MORO-ZOVA, SALUN, SOKOLOVA und SOCHIN hervor.

Über eine altquartäre Vergletscherung des Pribrežnyj Chrebet dieses Gebietes: ČEMEKOV. — Nach KURTÉN und VASARI lebte der Peking-Mensch (Lokalität 1 von Chou kou tien) am Ende der Elster-Eiszeit in einer von Steppeninseln durchsetzten Nadelwaldvegetation, in der *Pinus, Betula, Alnus* und *Picea* vorherrschten.

Das Quartär vom Beginn der maximalen Eiszeit bis zum Beginn der Letzten Eiszeit. Besonderes Interesse verdient die Frage, ob zwischen der Taz-Jenisseij-Vereisung einerseits und der maximalen Ausdehnung der Samarov-Vereisung andererseits (vgl. Tab. 1) ein Interstadial oder ein Interglazial vermittelt hat (vgl. Fortschritte **23**, S. 143; **24**, S. 107). Der bisherigen Auffassung entsprechend sehen LAZUKOV und SOKOLOVA die Taz-Jenisseij-Vereisung nur als ein bedeutendes Rückzugsstadium der Samarov-Eiszeit an, und LIDER, sowie ARCHIPOV, KORENEVA und LAVRUŠIN schildern die Vegetation der diese beiden Vereisungen tren-nenden Warmzeit als Tundra (Trans-Uralgebiet an der Severnaja Sos'va: LIDER) bzw. als offenes Pflanzenkleid mit *Alnus-* und *Betula-*Hainen (Mittellauf des Jenisseij: ARCHIPOV, KORENEVA und LAVRUŠIN). Daß hiermit aber das Klimaoptimum erfaßt sei, kann nicht bewiesen werden. In zunehmendem Maße mehren sich hingegen die Hinweise dar-auf, daß die Vegetation West-Sibiriens während der Messov-Samburg-Warmzeit der gegenwärtigen natürlichen Vegetation weitgehend glich: Unterlauf des Ob: PANOVA; besonders klar: MALINOVSKIJ; Unterlauf des Jenisseij bei Surguticha: LAVRUŠIN (2); für die dortigen „Chachalevsker" und „Oplyvninsker" Schichten, die zeitlich allerdings dem Moustier ent-sprechen sollen: ZUBAKOV; Nordostteil der Westsibirischen Tiefebene an der Karal'ka und an der Pokol'ka: ZEMCOV und ŠACKIJ; Unterlauf des Irtysch, dort sogar mit *Quercus* und *Acer:* KAPLJANSKA und TARNO-GRADSKIJ. Wahrscheinlich entspricht dieser Warmzeit, die als Inter-glazial bezeichnet werden muß, falls die geschilderten Befunde zutreffen sollten, das sog. „erste oberpleistozäne Interglazial" im Fernen Osten (ČEMEKOV), das eine weite Ausdehnung des Areals der dunklen Nadel-waldtaiga und in Süd-Sachalin auch der Eichen-Ulmen-Wälder mit

Tsuga und verschiedenen *Juglandaceae* gebracht haben soll (Pollen- und Diatomeenflora der Bodensedimente des Ochotskischen, des Japanischen und des Bering-Meeres: Žuze).

Ergänzungen: Samarov-Eiszeit: Mittellauf des Ob nördlich von Novosibirsk *Picea-Alnus fruticosa*-Waldtundra mit *Betula nana, Scheuchzeria palustris, Oxycoccus quadripetalus, Larix* und verschiedenen Moosen: Tjuremnov (1); Bogdašev, Didrichs, Domnikova, Kosticina, Mizerov und Striževa (ebenso an der Steinigen Tunguska: Zubakov). Dort und am Unterlauf des Irtysch außerhalb der Täler Lößsteppen: Gričuk (1); Kapljanska und Tarnogradskij. Am Irtysch südlich von Semipalatinsk *Betula-Picea-Pinus*-Wald; Moore, jedoch keine Steppe mehr: Nikitjuk. In zentralen Beckenlandschaften des Altai westlich des Sajljugem Lößsteppen: Čumakov. In West-Turkestan am Balchan-Gebirge wiederum kaltzeitliche (Samarov und Taz ?) schwache *Pinus*-Waldphasen mit *Betula, Alnus, Ulmus, Corylus* und *Juglans* und dazwischengeschaltete warmzeitliche Steppenphase: Mal'gina (1). — Unterlauf der Indigirka: Zwergstrauchtundra mit vorherrschenden Zwergbirken, *Alnus*-Gesträuch und Cyperaceen und anscheinend erstem Auftreten der *Artemisia-Chenopodiaceae*-Steppen in der jakutischen Tundra: Lavrušin und Giterman. Karte der Periglaziallandschaften Mittelsibiriens: Ravskij. Den Baikal-See säumten damals im Nordwesten Steppen, im Nordosten Tundren und im Südosten die Waldtundra: Lamakin (1—3). Tundra und Waldtundra kennzeichneten auch das Flußgebiet der unteren Selenga (Gerbova und Ravskij), sowie das Tunka-Becken südlich des Baikal-Sees: Golubeva und Ravskij. — Ausdehnung der Vergletscherung im Fernen Osten: Čemekov; Nikol'skaja und Čičagov. In der mandschurischen Ebene gedieh (bei Charbin ?) die Taiga aus *Betula, Larix dahurica, Abies* cf. *nephrolepis, Picea* cf. *obovata, P.* cf. *jezoensis:* Ganešin (2). Für den Sichota Alin: Bersenev; Bersenev, Morozova, Salun, Sokolova und Sochin. Waldtundra auf Sachalin mit viel *Betula* Sect. *nanae* und *Alnus-Alnaster:* Gričuk (2). — Taz-Jenisseij-Vereisung: Verknüpfung der glazigen-terrestrischen mit den glazimarinen Sedimenten am Unterlauf des Jenisseij: Archipov und Alešinskaja. Tundra mit viel Mooren und Steppeninseln am Unterlauf der Indigirka: Lavrušin und Giterman [Hier, sowie bei Lavrušin (1), Angaben über älteste Funde des ehemaligen Dauerfrostgebietes].

Letztes Interglazial: Die für die richtige Parallelisierung gleichalter Horizonte Nordeuropas und Nordasiens so wichtigen aber auch leider so unklaren Verhältnisse im Nordteil der Westsibirischen Tiefebene untersuchte erneut Volkova. Hiernach leitete die während der Taz-Vereisung stattfindende Sančugov-Transgression ohne Unterbrechung in die letztinterglaziale Kazancev-Transgression des Nördlichen Eismeeres über. — Fossile Moore mit autochthonem Holz von *Betula, Salix* und Coniferen im Lenadelta: Gusev. Am Unterlauf der Indigirka war gleichzeitig die Waldtundra ausgebildet: Lavrušin und Giterman. Im Korjakengebirge herrschte eine sumpfreiche Zwergstrauchtundra. Stellenweise waren aber Wälder vorhanden, und zwar zunächst aus *Pinus (silvestris, sibirica)* und *Populus* (ob nicht *Chosenia?*), gefolgt von *Betula:* Degtjarenko. Die Grundzüge der Vegetationsgeschichte Süd-Sachalins sind durch die Arbeiten Gričuks (2) recht gut bekannt: 1. Phase: *Abies-Picea*-Wälder mit wenig *Larix*, aber viel *Quercus* und *Ulmus*. 2. Phase: Eichen-Ulmen- und *Betula*-Wald, in dem *Picea* und *Abies* nur noch sehr wenig vertreten waren; *Larix* fehlte ganz. 3. Phase: Rückkehr der *Abies-* und *Picea*-Wälder (vielfach ohne *Pinus*); viel *Salix* und *Myrica*. Die *Polypodiaceae* erreichten ihr Maximum. Dieser Abschnitt der Waldgeschichte leitete über in die auf Sachalin während der Letzten Eiszeit herrschende Waldtundra. Sichota Alin: Čemekov, sowie Bersenev, Morozova, Salun,

Sokolova und Sochin. — Aus den südöstlichen Pamiren (Sasyk kul, Oberlauf des Gunt) legte Pachomov einen ersten Bericht über ein Interglazial vor: In Horizonten mit z. T. vorherrschenden BP bestimmen *Cedrus, Pinus Picea* und *Alnus,* vereinzelt auch *Quercus* und *Abies* das Pollenspektrum. Das Alter dieser Schichten ist unklar.

Das Quartär vom Beginn der Letzten Eiszeit bis zur Gegenwart. Schon früher (Fortschritte **23**, S. 144) wurde die „Karginsker Warmzeit" erwähnt, die die Letzte Eiszeit in Nordasien gegliedert haben soll. Nach Panova (Nordteil der Westsibirischen Tiefebene), Kapljanska und Tarnogradskij (Unterlauf des Irtysch), Bogdašev, Didrichs, Domnikova, Kosticina, Mizerov und Striževa (Mittellauf des Ob zwischen den Flüssen Ket' und Tym), sowie Mokrousov und Sadovskij (Zentrale Senke Kamtschatkas) soll die damalige Vegetation der heutigen weitgehend geglichen haben. In den erwähnten Arbeiten wird wiederholt auf eine gleichzeitige Akkumulation von Flußterrassen, sowie auf eine Transgression des Nördlichen Eismeeres verwiesen (Severnaja Zemlja, 30—40 m-Terrasse: Egiazarov; Franz Joseph-Land: 44—77 m-Terrasse, C^{14}-Alter nach Blake: 36000—39000 v. h.: Dibner (1); über das postglaziale Alter der tieferen Terrassen auch: Grosvald, Devirc und Dobkina), so daß dieser Warmzeit auch in anderen Gebieten der Erde größere Beachtung geschenkt werden sollte, falls die stratigraphische Position des „Karginsker-Horizontes" tatsächlich so klar sein sollte, wie die erwähnten Autoren meinen. — Ergänzungen: Einen sehr interessanten Vegetationswandel von möglicherweise spät- und frühpost-glazialen Steppen zu dem um 3500 v. Chr. einwandernden *Quercus-Pistacia*-Wald teilte van Zeist unter allen Vorbehalten vom Merivan-See mit (Zagros-Gebirge, Südwest-Iran). Im Gegensatz hierzu soll aber am Westrande der südlichen Lut gerade die Letzte Eiszeit und etwa die erste Hälfte des Postglazials ein wesentlich feuchteres Klima als gegenwärtig aufgewiesen haben (Faunenanalysen: Huckriede; hier auch Angaben über möglicherweise bereits mesolithischen Getreideanbau, ergänzt durch van Zeists Beobachtung von *Triticum*- und *Hordeum*pollen in allen untersuchten Profilen des Merivan-Sees).

Letzteiszeitliche Vergletscherung Kurdistans und der pontischen Ketten der Türkei: Wright; Planhol und Bilgin. — Wahrscheinlich letzteiszeitliche Steppenfaunen (mit dem Yak) im Westteil des Altai: Rudenko. Spät- und postglaziale *Artemisia-Chenopodiaceae-Ephedra*-Steppen in den östlichen Pamiren: Pachomov. Stadien des Gletscherrückzuges im Altai: Popov; im Dzungarischen Alatau: Maksimov. — Letzteiszeitliche Waldtundra, in der neben *Pinus, Picea* und *Alnus Betula* und *Ericaceae* vorherrschten, vom Oberlauf des Tjung, Nordwestteil Mittelsibiriens: Leonov, Gogina und Galabala. Gleichzeitige *Artemisia-Chenopodiaceae-Ephedra*-Steppen mit kleinen *Betula-Alnus-Larix*-Hainen südlich des Baikal-Sees in der Tunka-Senke: Golubeva und Ravskij. Ähnliche Steppen waren auch in Transbaikalien verbreitet (Vipper), wo die damalige Lößbildung allerdings durch eine oberpaläolithische und neolithische Bodenbildungsphase unterbrochen wurde: Gerbova und Ravskij. Diese Lößakkumulation erstreckte sich bis in die Ebenen und Vorberge des Primorskij Kraj (im wesentlichen Sichota Alin): Ganešin (2). — In Nord-Japan (70 km nördlich von Sendai) enthalten die Hanaizumi-Schichten (C^{14}:16000 bis 35000 v. h.: bisher als spätpliozän angesehen!) sehr viele Makroreste von *Pinus koraiensis, Picea Koyamai,* cf. *Picea Glehni, Larix* sp. und sehr wenig *Quercus serrata.* Die Vegetation entspricht der heutigen subalpinen Waldvegetation dieses

Gebietes [KANTO LOAM RESEARCH GROUP (1, 2)]. — Über frühpostglaziale Vergletscherungen im Nord-Ural und im Norden der Westsibirischen Tiefebene berichteten wenig überzeugend VARSANOF'EVA und P'JAVČENKO. Die in „Fortschritten" 23, S. 143 hypothetisch in das Saale-Warthe-Interstadial gestellte PF einer *Picea-Pinus sibirica*-Taiga bei Surguticha am Jenisseij ist nach den Untersuchungen LAVRUŠINs (2) ein Abbild der postglazialen Waldflora. KRYLOV legte Karten des Areals der verschiedenen Ökotypen und Subspecies der westsibirischen Waldbäume vor, die bei einer Rekonstruktion der Waldgeschichte dieses Raumes berücksichtigt werden müssen. — Nach KORŽUEV und FEDOROVA folgte an der Lena (175 km südlich von deren Delta) auf eine Wiesensteppenphase mit viel *Artemisia* und nur einzelnen Hainen aus *Pinus*, *Alnus* und *Larix* (im Wasser *Nymphaeaceae* und *Sparganiaceae*) im Postglazial eine Periode ausgedehnter *Sphagnum*-Moore und *Ericaceae-Betula exilis*-Zwergstrauchheiden mit Gehölzen aus *Larix* und *Alnus*. Anschließend wich der Wald abermals zurück, und es stellte sich die heutige Waldtundra ein. — Wenig überzeugende Pollendiagramme „postglazialer" Moore am Mittel- und Unterlauf des Olenek: PUMINOV. — Ausführliche Angaben zur zeitlichen und räumlichen Gliederung der postglazialen Waldgeschichte am Unterlauf des Amur und im Küstenbereich des Ochotskischen und Japanischen Meeres teilten mit: KAC, KAC und ČEMEKOV; ČEMEKOV; GANEŠIN (1); BERSENEV, MOROZOVA, SALUN, SOKOLOVA und SOCHIN. Berichte über die postglaziale Waldgeschichte Japans verdankt man JIMBÔ (Übersichtsreferat); SOHMA (4); SAKAGUSHI. In ihrem Alter unklare pleistozäne Floren Japans behandelten SOHMA (1, 2); TSUKADA.

Sehr willkommen sind Angaben von SINGH über die postglaziale Vegetationsgeschichte des Kaschmir-Tales im Himalaya: 1. Phase: Offene Vegetation mit Wäldern aus *Pinus wallichiana* und *Cedrus deodara*. 2. Phase: Einwanderung von *Quercus*, *Alnus*, *Betula alnoides* (diese drei fehlen heute im Kaschmir-Tal!), *Ulmus*, *Juglans*, *Acer* und *Rhus*. 3. Phase: Kulmination der breitblättrigen Arten. 4. Phase: *Pinus wallichiana* und *Abies* werden im Waldbild erneut wichtig. Bemerkenswert ist auch der Hinweis auf einen postglazialen Maisanbau im Kaschmir-Tal.

Allgemeine Angaben zum Pleistozän Asiens: Klimageschichte: WEISCHET; LAZUKOV. Fossile Vergletscherung der Sajane und des östlichen Altais: EFIMCEV (1, 2). Lößakkumulation und -auswehung im Balchaš-See-Gebiet und am Trans-Ili-Alatau: LOMONOVIČ.

5. Das Quartär in Afrika

Letzteiszeitliche Sedimente zwischen Gabès und Gafsa in Süd-Tunesien enthalten nach VAN CAMPO und COQUE die PF einer artenreichen *Artemisia-Chenopodiaceae-Gramineae-Ephedra*-Steppe. Ein nennenswerter Vorstoß der mediterranen Hartlaubvegetation in die Zentral- und Süd-Sahara, wie ihn anhand der PF gleichalter Sedimente im Adrar Bous (100 km nordnordöstlich vom Greboun-Massiv) und im nördlichen Tschad-See-Gebiet QUÉZEL und MARTINEZ erneut beschrieben (fossile Diatomeenflora einer „feuchten Episode" des Hoggarmassivs: MANGUIN), ist in diesen PF nicht zu erkennen, wenn auch unter dem damals offenbar etwas regelmäßiger feuchten Klima an der Stelle der heutigen *Stipa tenacissima*-Steppe ein Wald aus *Pinus halepensis*, an Stelle des *Juniperus phoenicea*-„Waldes" aber der Cedernwald stockte (VAN CAMPO und COQUE). — Die jungquartäre Vegetationsgeschichte Nordost-Angolas ging aus von einem trockenen Abschnitt der Letzten Eiszeit (Gamblian Stage). Damals herrschte dort ein den heutigen Verhältnissen gleichendes trockenes, offenes *Brachystegia*-Waldland. Während des Höhepunktes des „Gamblian" wanderten montane Wälder und *Brachystegia*-Wälder

größerer Höhen ein. Das Klima war feuchter und kälter als gegenwärtig.
Mit dem Übergang zum Postglazial stellten sich in der "Makalian wet
phase" Galeriewälder und ein *Brachystegia*-Waldtyp wärmerer und
feuchter Klimate ein, der schließlich von der gegenwärtigen Vegetation
abgelöst wurde (VAN ZINDEREN-BAKKER und CLARK). Einen vergleichbaren Vegetationswandel beschrieb VAN ZINDEREN-BAKKER (4) vom
Westrand des ostafrikanischen Grabenbruches (1° n. Br.). Hier hatte sich
die alpine Graslandregion bei einer letzteiszeitlichen Temperaturerniedrigung um mindestens 3–4°C bis in die gegenwärige montane Coniferenregion hinabgesenkt. Während der spätglazialen Klimabesserung stiegen
alle Vegetationshöhenstufen an, so daß der *Ericaceae*-Gürtel die heutige
montane Coniferenregion um 12600 v. h. passierte (C^{14}). Ein post-
glaziales Klimaoptimum zeichnet sich auch in diesen ostafrikanischen
Gebieten ab. Der Wechsel von den kaltfeuchten Pluvialen Südafrikas
(Eiszeiten im Norden) zu den warm-trockenen Interpluvialen (Warm-
zeiten im Norden) wurde ausführlich von VAN ZINDEREN-BAKKER (1, 2)
und MAARLEVELD studiert. Hiernach breiteten sich die Regenwälder in
den Pluvialen sehr stark aus und bedeckten die Abhänge des ostafrikanischen Grabenbruches, des afrikanischen Plateaus und die höheren Wasser-
scheiden Angolas und Rhodesiens. Die Karroo und die Wüste verschoben
sich aber unter Verkleinerung nach Südwesten. Die entgegengesetzte Bewegung kennzeichnete die Nichtpluviale. – Allgemeine Überblicke über
das Quartär Afrikas vermittelten: KRIGER, CLARK; BUTZER. Bibliographie: VAN ZINDEREN-BAKKER (3).

6. Das Quartär im Pazifischen und im Atlantischen Ozean

Nach WOLDSTEDTs (1) und SUGGATEs (1, 2) Angaben lassen sich die
6–7 Kaltzeiten Neuseelands mit den Eiszeiten der Nordhalbkugel paral-
lelisieren. Während der frühquartären Hautawan-Kaltzeit (= Brüggen?)
wurde auf der Nordinsel Neuseelands der oberpliozäne *Nothofagus*-Wald
(*N. matauraensis, N. cranwellae, N. fusca-, N. brassii*-Gruppe) von
Metrosideros und *Podocarpus*, sowie von den heute in den höheren Lagen
der Gebirge verbreiteten Arten *Nothofagus Menziesii, N. cliffortioides* und
Dacrydium cupressinum abgelöst. Gleichzeitig hatten sich auf der Süd-
insel *Nothofagus Menziesii,* Vertreter der *N. fusca*-Gruppe und *Phyllo-*
cladus beträchtlich ausgedehnt. In der anschließenden Marahuan-Warm-
zeit (= Tegelen?) traten an die Stelle des geschilderten Waldtyps auf der
Nordinsel Wälder aus viel *Podocarpus, Phyllocladus* und *Nothofagus*
fusca (COUPER und HARRIS). – Postglazial: Zwischen 2000 und 3000 v. h.
war *Dacrydium biforme* in der Ruakine-Kette auf der Nordinsel Neuseelands mindestens 500 ft. über die heutige Waldgrenze vorgestoßen-
Gleichzeitig hatte sich die Bedeutung des *Podocarpus*waldes, dessen Entwicklungsgeschichte ROBBINS studierte, verringert und die des*Nothofagus-*
waldes stieg langsam an (MOAR).

Sehr detaillierte Angaben über die postglaziale Vegetationgeschichte
Islands verdanken wir EINARSSON (1, 2.). *Betula pubescens* hatte im Nordostteil dieser Insel die Letzte Eiszeit überdauert und begann im Präboreal

sich im Norden und Osten auszubreiten, erreichte den bis dahin über-
fluteten Südwesten aber erst zu Beginn des Boreals. Vor etwa 6000 Jahren
gebot eine klimatisch bedingte sehr starke Vermoorung der weiteren Ausbreitung der Birke Einhalt, und der Mensch vernichtete in der Zeit von
870—1500 n. Chr. den Birkenwald nahezu vollständig. Pollenanalytisch
lassen sich der für die Herstellung von Arzeneien notwendige Anbau von
Myrica Gale und *Artemisia*, sowie der mittelalterliche Getreidebau nachweisen.

7. Paläobotanische Untersuchungen über Kulturpflanzen

In Kulturschichten von Navdatoli-Maheshwar (Nordwest-Indien, an
der Nabada), die aus der Zeit von 1500—1000 v. Chr. datieren, fanden sich
Reste von *Triticum vulgare-compactum, Oryza sativa* (wahrscheinlich damals
erst eingeführt), *Lens culinaris* (bisher ältester Linsenfund Indiens), *Phaseolus mungo, Ph. radiatus, Lathyrus sativus, Linum usitatissimum* und *Zizyphus
jujuba.* Als Unkräuter konnten wahrscheinlich gemacht werden: *Pisum
arvense, Vicia sativa, V. tetrasperma, Lathyrus sphaericus.* Das Fehlen von
*Hordeum, Avena, Pennisetum typhoides, Andropogon sorghum, Cicer
arietinum* und *Pisum sativum* läßt sich nach VISHNU-MITTRE nur durch
eine noch später erfolgte Einfuhr erklären.

GODWIN (1) skizzierte die Geschichte der englischen Unkrautpflanzen, und zwar
besonders derjenigen, die aus den offenen eiszeitlichen Vegetationstypen stammen
(einige Arten sind schon aus dem Ende der Riß-Eiszeit in England bekannt). — Ein-
korn und Emmer aus bandkeramischen Schichten bei Jülich: HOPF (2). Kulturpflanzenreste aus einem eisenzeitlichen Urnenfriedhof bei Lauenburg a. d. Elbe:
REINBACHER. Neolithische und eisenzeitliche Funde bei Göttingen: MEYER und
WILLERDING. Römerzeitlicher Getreideanbau in England: MORRISON. Aus derselben Zeit stammende Wild- und Kulturpflanzenreste, einschließlich Hinweisen auf
damaligen Pflaumen- und Pfirsichanbau bei Pforzheim: FIETZ. — Formen der Wildäpfel und der wurzel- und kernechten Stammformen der Pflaumen in der einheimischen Flora: BERTSCH, bzw. WERNECK. — Im Neolithikum wurden in Bosnien und
in der Hercegowina bereits *Triticum monococcum, Tr. dicoccum,* sowie Nackt- und
Spelzgerste angebaut: HOPF (1). — Kulturpflanzenreste aus der präkeramischen bis
mittel-thessalischen Zeit in Thessalien: HOPF (4). Hiernach wurde möglicherweise in
der präkeramischen Zeit mehr Weizen als Gerste angebaut. Außerdem scheint man
dort, wie auch auf dem Peloponnes bei Nauplia, die Früchte von *Onopordon acanthium*
gesammelt und gegessen zu haben. Die Untersuchungen von HOPF (3) lassen darauf
schließen, daß bei Nauplia zunächst Hackbau auf Leguminosen betrieben worden
ist, daß aber schon vom Neolithikum an Gerstenanbau verbreitet war, ohne die orts-
ständigen Leguminosen ganz zu verdrängen. Erst in der frühhelladischen Zeit trat
der aus Vorderasien eingeführte Spelzweizen hinzu. — Kulturgeschichte der Baumwolle: HUTCHINSON. — In den Südalpen ist der Maisanbau bereits seit 1542 urkund-
lich nachweisbar: HUBER. — Anbau von Nackt- und Spelzgerste in Norwegen durch
die Träger der Streitaxtkultur: HJELMQUIST. — Frühmittelalterlicher Roggenanbau
in Västergötland: FRIES (1).

Literatur

Abkürzungen: Vgl. „Fortschritte" 24, S. 116. Außerdem: Rešenija = Rešenija i
trudy mežvedomstvennogo soveščanija po dorabotke i utočneniju unificirovannoj i
korreljacionnoj stratigrafičeskich schem zapadno-sibirskoj nizmennosti. Leningrad,
1961; — Trudy G. I. = Trudy Geologičeskogo Instituta, Akad. Nauk SSSR; —
Trudy Kom. = Trudy Komissii po izučeniju četvertičnogo perioda; — Unific.
schem = Materialy soveščanija po razrabotke unificirovannych schem Sachalina,

Kamčatki, Kuril'skich i Komandorskich Ostrovov. Moskau, 1961; — Veröff. d. Geobot. Inst. = Veröffentlichungen des Geobotanischen Institutes der Eidgenössischen Technischen Hochschule, Stiftung Rübel, in Zürich.

ALEKSEEV, M. N.: (1) Trudy G. I. 51, 118 S. (1961); — (2) Materialy 3, 181—185 (1961). — ALEŠINSKAJA, Z. V.: Paleogeografija 150—159 (1961). — ALI-ZADE, A. A.: Akčagyl Turkmenistana 1, 300 S. (1961). — ANTEVS, E.: J. Geol. 70, 194—205 (1962). — ARCHIPOV, S. A., i Z. V. ALEŠINSKAJA: DAN 133, 901—904 (1960). — ARCHIPOV, S. A., E. V. KORENEVA i JU. A. LAVRUŠIN: Materialy 3, 151—156 (1961). — AUBERT, I., H. CHARPIN, I. CHARPIN et FR. HEYDACKER: PS 4, 273—282 (1962). — AVAKJAN, L. A.: Materialy 1, 388—396 (1961). — AWASTHI, P.: PS 4, 263—268 (1962). — AYTUG, B.: PS 4, 283—296 (1962).

BENNINGHOFF, W. S.: PS 4, 332—333 (1962). — BENT, A. M., and H. E. WRIGHT, jun.: PS 4, 333 (1962). — BERGLUND, B., G. ERDTMAN och I. PRAGLOWSKI: Svensk bot. Tidskr. 53, 462—468 (1959). — BERSENEV, I. I.: Materialy 3, 318—320 (1961). — BERSENEV, I. I., V. F. MOROZOVA, S. A. SALUN, P. N. SOKOLOVA, V. K. SOCHIN: Sovetskaja Geolog. 1962, H. 9, 78—86 (1962). — BERTSCH, K.: Jh. Ver. vaterl. Naturkde. Württemberg 116, 185—194 (1961). — BEUG, H. J., H. DORN, H. STRUNZ, F. THIERGART, U. FRANZ u. S. WINDISCH: Z. Haut- und Geschlechtskrankh. 29, 267—282 (1960). — BLANC, G. A., et A. C. BLANC: Quaternaria (Roma) 5, 75—85 (1958—1961). — BOGDAŠEV, V. A., E. A. DIDRICHS, E. I. DOMNIKOVA, N. M. KOSTICINA, B. V. MIZEROV i A. I. STRIŽEVA: Rešenija 376—388 (1961). — BOJARSKAJA, T. D.: Paleogeografija 160—173 (1961). — BOLCHOVITINA, N. A.: Trudy G. I. 40, 176 S. (1961). — BORISEVIČ, D. V.: Materialy 3, 24—28 (1961). — BORZOVA, I. A.: PS 4, 336 (1962). — BRAUN-BLANQUET, J.: Veröff. d. Geobot. Inst. 37, 27—38 (1962). — BRELIE, G. V. D.: PS 3, 77—84 (1961). — BUTZER, K. W.: In: L. D. STAMP (Herausgeber): History of Land Use in Aride Lands, UNESCO. Paris 1961.

CAMPO, M. V.: PS 4, 386 (1962). — CAMPO, M. V., et R. COQUE: PS 2, 275—284 (1960). — CAMPO, M. V., et N. HALLÉ: Bull. de L'Inst. Français d'Afrique Noire 21, série A, Nr. 3, 807—899 (1959). — CAMPO, M. V., et N. PLANCHAIS: (1) PS 4, 197—215 (1962); — (2) PS 4, 395—414 (1962). — CAMPOS, S. M. DE, and M. L. SALGADO LABOURIAU: Anais da Academia Brasileira de Ciências 34, Nr. 1, 101—110 (1962). — CANRIGHT, J. E.: PS 4, 338—339 (1962). — ČEBOTAREVA, N. S., N. P. KUPRINA i I. M. CHOREVA: Materialy 3, 220—228 (1961). — CEJTLIN, S. M.: (1) DAN 133, 1183—1186 (1960); — (2) DAN 138, 920—923 (1961). — ČEMEKOV, JU. F.: Materialy 3, 293—304 (1961). — CERCEAU-LARRIVAL, M.-TH.: PS 4, 95—104 (1962). — CHAMBERS, T. C., and H. GODWIN: New Phytolog. 60, 393—399 (1961). — CHOREVA, I. M., i R. E. GITERMAN: DAN 138, 659—662 (1961). — CHURCHILL, D. M., and W. A. S. SARJEANT: Nature (Lond.) 194, 1094 (1962). — CLARK, J. D.: Current Anthropol. 1, 307—324 (1960). — CLAUSEN, K. E.: PS 4, 169—174 (1962). — CLISBY, K. H.: PS 4, 339 (1962). — COLINVAUX, P. A.: PS 4, 340 (1962). — COUPER, R. A., and W. F. HARRIS: New Zealand J. Geol. Geophys. 3, 1, 15—21 (1960). — ČUMAKOV, I. S.: Materialy 3, 110—116 (1961).

DEGTJARENKO, JU. P.: Unific. schem. 271—284 (1961). — DIBNER, V. D.: (1) DAN 138, 893—894 (1961); — (2) DAN 138, 1163—1165 (1961). — DIMBLEBY, G. W.: (1) J. Soil Sci. 12, 1—11 (1961); — (2) J. Soil Sci. 12, 12—22 (1961). — DREIMANIS, A.: (1) Ohio J. Sci. 58, Nr. 2, 65—84 (1958); — (2) Abh. dtsch. Akad. Wiss., Berlin, Kl. III, H. 1, 196—205 (1960). — DUIGAN, S. L.: Proc. Roy. Soc. Victoria 74, Pt. 2, 87—109 (1961). — DUMAIT, P.: (1) PS 4, 311—316 (1962); — (2) C. R. Acad. Sci. (Paris) 255, 1637—1639 (1962).

EFIMCEV, N. A.: (1) Voprosy 175—187 (1961); — (2) Trudy G. I. 61, 165 S. (1961). — EGIAZAROV, B. CH.: Trudy naučno-issled. instituta geolog. Arktiki, Ministerstva geolog. i ochrany nedr SSSR, Leningrad, 94, 139 S. (1959). — EINARSSON, TH.: (1) Sonderveröff. d. Geol. Inst. d. Univ. Köln 6, 52 S. (1961); — (2) PS 4, 343 (1962). — ELISEEV, V. I.: Trudy G. I. 56, 191 S. (1961). — ELLENBERG, H.: Veröff. d. Geobot. Inst. 37, 39—56 (1962). — ERDTMAN, G.: Svensk Naturventenskap 15, 219—227 (1962?). — ERDTMAN, G., J. PRAGLOWSKI, M. TAKEOKA: Veröff. d. Geobot. Inst. 37, 57—59 (1962).

FAEGRI, K.: Veröff. d. Geobot. Inst. 37, 60—67 (1962). — FEDOROVIČ, B. A.: Trudy Kom. 19, 70—100 (1962). — FIETZ, A.: Beiträge z. naturkundl. Forschung in

Südwest-Deutschl. **20**, 23—29 (1961). — Fries, M.: (1) Annales Academ. Regiae Scient. Upsal. **4**, 39—52 (1960); — (2) Ecology **43**, 295—308 (1962). — Fries, M., H. E. Wright and Meyer Rubin: Amer. J. Sci. **259**, 679—693 (1961).

Ganešin, G. S.: (1) Unific. schem 249—257 (1961); — (2) Materialy 3, 311—317 (1961). — Geptner, A. R.: DAN **141**, 1171—1174 (1961). — Gerbova, V. G., i E. I. Ravskij: Materialy **3**, 283—292 (1961). — Giddings, J. L.: Current Anthropol. **1**, 121—138 (1960). — Gladkova, A. N.: PS **4**, 345 (1962). — Godwin, H.: (1) The Biology of Weeds, First Sympos. of the Brit. Ecolog. Soc., 10 S. Oxford 1960; — (2) Nature (Lond.) **195**, 984 (1962). — Godwin, H., and E. H. Willis: Radiocarbon **4**, 57—70 (1962). — Golubeva, L. V., i E. I. Ravskij: Trudy Kom. **19**, 240—259 (1962). — Gorškov, S. P., i N. O. Rybakova: DAN **141**, 683—686 (1961). — Gregory, P. H.: PS **4**, 348—349 (1962). — Gričuk, M. P.: (1) Materialy 3, 44—57 (1961); — (2) Paleogeografija 189—206 (1961). — Grosse-Brauckmann, G.: Z. Kulturtechnik **3**, H. 4, 205—225 (1962). — Grosvald, M. G., A. L. Devirc i F. I. Dobkina: DAN **141**, 1175—1178 (1961). — Gusev, A. I.: Materialy 3, 119—127 (1961).

Hafsten, U.: In: Wendorf, F.: Paleoecology of the Llano Estacado, Museum of New Mexico, 59—91. Santa Fé 1961. — Hammen, Th. v. d.: Ann. N. Y. Acad. Sci. **95**, Art. 1, 676—683 (1961). — Hevly, R. H.: PS **4**, 351 (1962). — Heusser, C. J.: (1) Late-Pleistocene Environments of North Pacific North America. Amer. Geogr. Soc., Special Publ. **35**, 308 S. New York 1960; — (2) PS **4**, 350—351 (1962). — Hjelmqvist, H.: Acta Archaeol. Lundensis Nr. 2, 911—912 (1962). — Hohn, M. H., and J. Hellermann: In: Wendorf, F.: Paleoecology of the Llano Estacado, Museum of New Mexico, 98—104. Santa Fé 1961. — Hopf, M.: (1) Glasnik Zemaljskoj Muzeja 97—103, Sarajevo (1958); — (2) Bonner Jahrb. d. Rhein. Landesmus. in Bonn u. d. Vereins von Altertumsfreunden im Rheinlande **160**, 281—284 (1960); — (3) Der Züchter **31**, 239—247 (1961); — (4) Die deutschen Ausgrabungen auf der Argissa-Magula in Thessalien. I, 101—110, Bonn 1962. — Hopkins, D. M., F. S. Macneil and E. B. Leopold: Rep. of the Internat. Geol. Congr., XXI Sess., Part IV, 46—57 (1960). — Huckriede, R.: Eiszeitalter u. Gegenwart **12**, 25—42 (1962). — Huber, B.: Veröff. Geobot. Inst. **37**, 120—128 (1962). — Hutchinson, J.: Endeavour, dtsch. Ausgabe **21**, Nr. 81, 5—15 (1962).

Irwin, H. T., and E. S. Barghoorn: PS **4**, 352—353 (1962).

Jelgersma, S.: Amer. J. Sci. **260**, 522—529 (1962). — Jimbô, T.: Ecological Rev. **15**, Nr. 4, 183—211 (1962).

Kac, N. Ja., i S. V. Kac: DAN **136**, 206—208 (1961). — Kac, N. Ja., S. V. Kac i Ju. F. Čemekov: Geologija i Geofizika **1961**, 96—105, Novosibirsk (1961). — Kanto Loam Research Group: (1) Earth Science **53**, 28—31 (1961); — (2) Earth Science **54**, 32—39 (1961). — Kapljanska, F. A., i V. D. Tarnogradskij: Rešenija 400—411 (1961). — Karasev, M. S.: DAN **144**, 1119—1122 (1962). — Kašmenskaja, O. V.: Materialy 3, 144—146 (1961). — Knox, A. S.: PS **4**, 357—358 (1962). — Königsson, L. K.: Svensk bot. Tidskr. **55**, 618—619 (1961). — Kokawa, Sh.: J. Biology, Osaka City Univ. **12**, 123—151 (1961). — Koržuev, S. S., i R. V. Fedorova: DAN **143**, 181—183 (1962). — Kostenko, N. N.: Trudy Kom. **20**, 132—136 (1962). — Kostenko, N. N., i V. S. Bažanov: Materialy 3, 389—394 (1961). — Kriger, N. I.: Četvertičnye otloženija Afriki i Perednej Azii, 143 S. Moskva 1962. — Krylov, G. V.: Lesa Zapadnoj Sibiri, 255 S. Moskva 1961. — Kurdjukov, K. V.: Trudy Kom. **20**, 126—131 (1962). — Kurtén, B., and Y. Vasari: Soc. Scient. Fenn., Commentationes Biolog. **23**, Nr. 7, 10 S. (1960). — Kurtz, E. B. jr.: PS **4**, 359—360 (1962).

Lakhanpal, R. N., and P. K. K. Nair: J. Scient. and Industr. Research **19c**, Nr. 2, 51—53 (1960). — Lamakin, V. V.: (1) Materialy 3, 263—270 (1961); — (2) Voprosy 152—165 (1961); — (3) DAN **145**, 906—909 (1962). — Larson, D. A., J. J. Skvarla and C. W. Lewis jr.: PS **4**, 233—246 (1962). — Lavrušin, Ju. A.: (1) Bjulleten' **25**, 95—98 (1961); — (2) Trudy G. I. **47**, 95 S. (1961). — Lavrušin, Ju. A., i R. E. Giterman: DAN **139**, 681—684 (1961). — Lazukov, G. I.: Paleogeografija 139—149 (1961). — Lazukov, G. I., i N. S. Sokolova: Materialy 3, 67—74 (1961). — Leonov, B. N., N. I. Gogina, R. O. Galabala: Materialy 3, 195—202 (1961). — Lewis, C. W., and D. A. Larson: PS **4**, 361 (1962). — Lider, V. A.: Materialy 3, 75—76 (1961). — Lomonovič, M. I.: Materialy 3, 367—373 (1961). — Lubliner-

MIANOWSKA, K.: Acta Soc. Botan. Polon. 31, 305—312 (1962). — LUNGERSGAUZEN, G. F., i O. A. RAKOVEC: Materialy 3, 229—237 (1961).

MAARLEVELD, G. C.: Erdkunde 14, 35—46 (1960). — MAKSIMOV, E. V.: DAN 136, 175—178 (1961). — MAL'GINA, E. A.: (1) Materialy 1, 296—303 (1961); — (2) DAN 145, 883—884 (1962). — MALINOVSKIJ, V. JU.: Bjulleten' 25, 92—95 (1961). — MANGUIN, P.: In: Missions Berliet Ténéré, Tchad, 271—276. Paris 1962.— MARKIN, N. M.: Unific. schem 136—150 (1961). — MARKOV, K. K.: Trudy Kom. 19, 3—41 (1962). — MAURIZIO, A.: Annales de l'Abeille, Nr. 2, 145—158 (1959). — MAURIZIO, A., et J. LOUVEAUX: PS 4, 247—262 (1962). — MEYER, B., u. U. WILLERDING: Göttinger Jahrbuch 21—38 (1961). — MIKI, SH.: J. Inst. Polytechnics, Osaka City Univ., Ser. D, 11, 63—78 (1960). — MIRČINK, S. G.: Materialy 3, 256—262 (1961). — MJAČINA, A. I.: Materialy 3, 305—310 (1961). — MKRTČJAN, S. S.: Geologija Armjanskoj SSR, Tom 1, Geomorfologija, 586 S. Erevan 1962. — MOAR, N. T.: New Zealand J. Sci. 4, Nr. 2, 350—359 (1961). — MOENS, P.: PS 4, 47—64 (1962). — MOKROUSOV, V. P., i N. D. SADOVSKIJ: Unific. schem. 258—270 (1961). — MORRISON, M. E. S.: Oxoniensia 24, 13—21 (1959).

NALETOV, P. I.: Katalog mestonachoždenij iskopaemych fauny, flory, pyl'cy i spor central'noj časti Burjatskoj ASSR, 64 S. Moskva 1961. — NAYAR, B. K.: Botan. Gaz. 123, 223—232 (1962). — NEJŠTADT, M. I.: Palinologija v SSSR. Istorija i bibliografija (1952—1957), 272 S. Moskva 1960. — NIKIFOROVA, K. V.: Trudy G. I. 45, 255 S. (1960). — NIKITIN, V. P.: Rešenija 315—320 (1961). — NIKITJUK, L. A.: Materialy 3, 100—109 (1961). — NIKOL'SKAJA, V. V., i V. P. ČIČAGOV: Trudy Kom. 19, 260—267 (1962).

PACHOMOV, M. M.: DAN 141, 1191—1193 (1961). — PADY, S. M., C. L. KRAMER and V. K. PATHAK: PS 4, 369 (1962). — PANOVA, L. A.: Materialy 3, 60—61 (1961). — PAYNE, W. W.: PS 4, 369—370 (1962). — P'JAVČENKO, N. I.: Materialy 3, 62—66 (1961). — PLANCHAIS, N.: PS 4, 87—93 (1962). — PLANHOL, X. DE, et T. BILGIN: C. R. Acad. Sci. (Paris) 254, 1659—1661 (1962). — POPOV, P. A., i K. V. PROCHOROVA: DAN 137, 957—960 (1961). — POPOV, V. E.: DAN 142, 431—434 (1962). — PRAGLOWSKI, J. R.: Grana Palynologica 3, Nr. 2, 45—65 (1962). — PUMINOV, A. P.: Trudy naučno-issledov. insta. geologii Arktiki 102, Sbornik statej po geolog. Arktiki 10, 138—151, Leningrad 1959. — PUNT, W.: Diss. Utrecht, 116 S. Amsterdam 1962.

QUÉZEL, P., et CL. MARTINEZ: In: Missions Berliet Ténéré, Tchad. 313—327. Paris 1962.

RAJ, BH.: Grana Palynologica 3, 1, 3—108 (1961). — RAVSKIJ, E. I.: Voprosy 141—151 (1961). — REGIONAL'NAJA STRATIGRAFIJA KITAJA: 659 S. Moskva 1960. — REINBACHER, E.: Prähist. Z. 40, 60—204 (1962). — RJASINA, V. E.: DAN 142, 1153—1154 (1962). — ROBBINS, R. G.: Transact. Roy. Soc. New Zealand, Botany 1, Nr. 5, 33—75 (1962). — ROSSIGNOL, M.: PS 4, 121—148 (1962). — ROWLEY, J. R., and A. O. DAHL: PS 4, 221—232 (1962). — RUDENKO, S. I.: Materialy i issledovanija po archeologii SSSR 79, Paleolit i neolit SSSR 4, 104—125, Moskva-Leningrad (1960).

SAAD, SH. I.: (1) Grana Palynologica 3, 1, 109—129 (1961); — (2) PS 4, 65—82 (1962); — (3) Botaniska Notiser 115, 1, 49—57 (1962). — SAKAGUCHI, Y.: J. Fac. Sci., Univ. Tokyo, Sect. II, 12, Pt. 3, 421—513 (1961). — SALGADO-LABOURIAU, M. L., and O. M. BARTH: Anais Academ. Brasileira Ciências 34, Nr. 1, 89—100 (1962). — ŠATILOVA, I. I.: (1) DAN 139, 1194—1196 (1961); — (2) DAN 145, 895—898 (1962). — SCHOENWETTER, J.: PS 4, 376 (1962). — SCHOFIELD, W. B., and H. ROBINSON: Amer. J. Sci. 258, 518—523 (1960). — SCHTEPA, I. S.: PS 4, 375 (1962). — SHARMA, M.: PS 4, 269—272 (1962). — SINGH, G.: PS 4, 376—377 (1962). — SLADKOV, A. N.: Morfologija pyl'cy i spor sovremennych rastenij v SSSR v svjazi s metodami jejo praktičeskogo primenenija, 256 S. Moskva 1962. — SOHMA, K.: (1) Ecological Rev. 15, Fasc. 2, 67—70 (1959); — (2) Ecological Rev. 15, Fasc. 3, 119—121 (1961); — (3) Ecological Rev. 15, Fasc. 3, 123—126 (1961); — (4) Ecological Rev. 15, Fasc. 3, 127—130 (1961). — SOLOV'EV, P. A.: Materialy 3, 186—194 (1961). — SPANOWSKY, W.: Feddes Repert. spec. nov. regni veget. 65, 3, 149—213 (1962). — STRAKA, H.: Geol. Rundschau 51, 517—530 (1961). — STUIVER, M., E. S. DEEVEY and L. J. GRALENSKI: Amer. J. Sci., Radiocarbon Suppl. 2, 49—61 (1960). — SUGGATE, R. P.: (1) Quaternaria 5, 5—17 (1958—1961); — (2) Transact. Roy.

Soc. New Zealand, Geology 1, 4, 11—16 (1961). — SVIVASTAVA, S. K.: Grana Palynologica 3, 1, 130—132 (1961).
TAUBER, H.: Radiocarbon 4, 27—34 (1962). — TERASMAË, J.: Ann. N. Y. Acad. Sci. 95, Art. 1, 658—675 (1961). — TEUNISSEN, D.: Acta Bot. Neerl. 11, 266—276 (1962). — TICHOMIROV, B. A.: Bjullet. Moskovsk. Obščestva Ispyt. Prirody, Otdel Biologič. 1962, 1, 34—58 (1962). — TJUREMNOV, S. N.: (1) Materialy 1, 309—316 (1961).; — (2) PS 4, 384 (1962). — TSUKADA, M.: J. Inst. Polytechnics, Osaka City Univ., Ser. D 11, 91—99 (1960). — TSUKADA, M., and E. S. DEEVEY: PS 4, 385 (1962).
VANGENGEJM, E. A.: Trudy G. I. 48, 183 S. (1961). — VANGENGEJM, E. A., i V. G. GERBOVA: Trudy Kom. 19, 268—274 (1962). — VARSANOF'EVA, V. A.: Materialy 3, 7—16 (1961). — VILLÁRET-VON ROCHOW, M.: Veröff. Geobot. Inst. 37, 303—314 (1962). — VIPPER, P. B.: DAN 145, 871—874 (1962). — VISHNU-MITTRE: Separat ohne Herkunftsangabe, 13—52 (1962). — VISHNU-MITTRE, and B. D. SHARMA: PS 4, 5—45 (1962). — VLASTOVA, N. V.: Torfjanye bolota Sachalina, 166 S. Moskva-Leningrad 1960. — VOLKOVA, V. S.: Materialy 3, 167—170 (1961). — VRIES, H. DE, and A. DREIMANIS: Science 131, 1738—1739 (1960).
WEISCHET, W.: Eiszeitalter und Gegenwart 11, 77—87 (1960). — WELTEN, M.: Veröff. Geobot. Inst. 37, 330—345 (1962). — WERNECK, H. L.: Naturkundl. Jahrb. d. Stadt Linz, 7—129 (1961). — WHITE, S. F.: Bull. Geol. Soc. Amer. 73, 935—958 (1962). — WHITEHEAD, D. R.: PS 4, 387—388 (1962). — WINTER, TH. C.: (1) Science 138, 526—528 (1962); — (2) PS 4, 388 (1962). — WOLDSTEDT, P.: (1) Eiszeitalter und Gegenwart 12, 18—24 (1962); — (2) Eiszeitalter und Gegenwart 13, 115—124 (1962). — WRIGHT, H. E.: Eiszeitalter und Gegenwart 12, 131—164 (1962).
YAMAZAKI, T., and M. TAKEOKA: Grana Palynologica 3, Nr. 2, 3—12 (1962).
ZEIST, W. VAN: Hektographierter Bericht, 5 S. (1961). — ZEMCOV, A. A., i S. B. ŠACKIJ: Materialy 3, 32—38 (1961). — ZINDEREN-BAKKER, E. M. VAN (1) Symposium Zool. Soc. of Southern Africa (Port Elizabeth, July 1961), hektographiert, 25 S. (1961); — (2) In: D. H. S. DAVIS: Ecology in Southern Africa, Amsterdam 1961; — (3) Palynology in Africa. Seventh Report, covering the Years 1960 and 1961, Bloemfontain, 78 S. (1962); — (4) Nature (Lond.) 194, 201—203 (1962). — ZINDEREN-BAKKER, E. M. VAN, and J. D. CLARK: Nature (Lond.) 196, 639—642 (1962). — ZORIN, L. V., E. M. MALAEVA, N. G. SUDAKOVA: Paleogeografija 174—188 (1961). — ZUBAKOV, V. A.: Materialy 3, 157—166 (1961). — ŽUZE, A. P.: Stratigrafičeskie i paleogeografičeskie issledovanija v severo-zapadnoj časti Tichogo Okeana, 259 S. Moskva 1962.

8. Ökologische Pflanzengeographie

Von HEINZ ELLENBERG, Zürich

Der Beitrag folgt in Band 26

9. Ökologie

Von Theodor Schmucker, Göttingen

Manche kleineren, zusammenfassenden Arbeiten sind hier in erster Linie auf geführt wegen ihrer Literaturverzeichnisse aus neuester Zeit. Über manche, auch ökologisch interessante, Probleme entsteht allmählich eine reiche, zunächst vorwiegend physiologisch orientierte Literatur. Sie werden hier gar nicht berücksichtigt oder nur durch wenige Beispiele illustriert. (Zum Beispiel Wurzelausscheidungen, Rhizosphaere, Knöllchenbakterien, Selbststerilität, aber auch Vorgänge wie die Bewegungen des *Cuscuta*-Keimlings usw.)

Hingewiesen sei auf das Buch von Walter, das infolge seiner Zielsetzung, soweit derzeit möglich eine kausal begründete Pflanzengeographie zu bieten, eine reiche Fülle ökologischer Probleme und Daten enthält. Man erkennt, wie vieles noch unbekannt oder nur mangelhaft bekannt ist, wie groß aber doch der Fortschritt ist seit A. F. W. Schimpers „Pflanzengeographie auf physiologischer Grundlage" (1898), aber auch seit deren Neubearbeitung durch Faber (1935). Ebenso sei nur kurz hingewiesen auf die umfassenden Werke von Fedorow (biologische N-Bindung), Elster (Stoffkreislauf in Binnengewässern), Johnson und Sparrow (Pilze im Ozean und Ästuarien) und schließlich auf den ersten Band der neuen Zeitschrift "Advances in Ecological Research".

Blütenbiologie

Die Riesenblüten des Balsabaumes *Ochroma lagopus* (20 cm lang, bis 10 cm breit) öffnen sich nach Jaeger langsam während einer Nacht und entfalten sich im Laufe des folgenden Tages. Sie strömen einen unangenehmen Geruch aus und erzeugen sehr reichlich Nektar. Sie werden folgeweise von Bienen, dann in der Dämmerung von *Sphingiden*, in der Nacht von Fledermäusen besucht, wohl den eigentlichen Bestäubern, worauf am nächsten Morgen das Abblühen beginnt. Ganz anders geht es bei den massigen Riesenblüten von *Stanhopea (Orchideae)* nach Dodson und Frymire zu. *St. tricornis* riecht sehr stark (ganz ähnlich dem „Diorissimo" d. Chr. Dior Comp. Paris), zieht jedoch nur männliche Exemplare der Bienen *Eulaema meriana* an, aber keine verwandten Arten *(E. tropica, cingulata* usw.*)*, die am gleichen Ort ähnliche *Orchideen*-blüten besuchen. *E. meriana* dringt aufs Geratewohl in den Blütengrund, das Zentrum der Geruchserzeugung, vor und macht sich dann, ohne etwas zu finden (keine Nektarien o. dgl.), rückschreitend wieder davon, nicht ohne dabei auf der Oberseite des Metathorax die Pollinien mitzunehmen; worauf in der nächsten Blüte die Bestäubung erfolgt. Bei der ganz anders duftenden *St. bucephala* fliegen die Bestäuber *(E. bomboides)* in den breiteren Blüteneingang ein, versuchen sich festzuhalten, was wegen der glatten Wachsoberflächen nicht gelingt, stürzen ab und nehmen die Pollinien mit. Ganz ähnlich verhalten sich die Besucher von *Gongora* (Allen). Die beiden *Stanhopea*-Arten haben also, bedingt allein durch den Geruch, ganz spezifische Besucher. Vielleicht infolge der Massenproduktion von Geruchsstoff dauert die Anthese dieser sehr aufwendigen Blüten, in denen die Besucher nichts zum Fressen finden, nur wenige Tage. Aufnahmebereite Blüten sind oft recht diffus verteilt (Geruch!). Den Bau der bizarr gestalteten Kesselfallenblüten von *Ceropegia* hat VOGEL (1) sehr klar beschrieben und eingehend die komplizierte Gestaltung (Morphologie und Anatomie) bestäubungsbiologisch gedeutet. Besuche erfolgen nur durch eine eng begrenzte Gruppe von kleinen Fliegen auf Grund des spezifischen Duftes. Also keineswegs primitive Fliegenblumen (mit Aasgeruch)! Die Besucher gelangen in den starr aufrecht gestellten Blüten durch Sturz oder Zuhilfenahme von „Fenstern" in den Kessel. Zuweilen lenkt noch eine zweite Anlockung (Saftmale, Fenstereffekte) die Besucher zum Gymnostemium hin. Reusenhaare sind vorhanden. Durch deren Schrumpfen bzw. durch Senkung der Blütenspitze (Geoepinastie) können die Besucher schließlich entweichen und zwar behaftet mit den ventral am *Dipteren*-Rüssel angehefteten Pollinien. Innerhalb der Gattung sind verschiedene Entwicklungsreihen deutlich. Die Entwicklung zu Ganzheiten erfordert nach dem Verfasser die Annahme eines lenkenden Prinzips.

In seiner Arbeit über Osmophore hat VOGEL (2) eine bisher kaum bekannte Organkategorie erforscht. Es handelt sich um die Bildungs- und Ausströmungsstellen der Blütengerüche, die dann nicht einfach diffus aus den Oberflächen der Blütenorgane entweichen, sondern aus ganz spezifisch gebauten, scharf begrenzten Oberflächenepithelien, die zuweilen an Blütenfortsätzen usw. stehen. Es sind phylogenetisch hochentwickelte Organe, die direkt wirkende Lockstoffe für Fernwirkung erzeugen, während die schon bekannten „Duftmale" sozusagen lediglich Stellen konzentrierter Abgabe von allgemeinen Blütenduftstoffen sind, und zwar von Signalstoffen, die indirekt durch Korrelation mit Futterquellen usw. wirken. Die Produkte der Osmophoren können nicht als sekundär ausgenutzte Stoffwechselendprodukte gedeutet werden. Sie sind Sekrete und keine Exkrete. Die Arbeit enthält auch eine Menge von physiologischen Feststellungen und Deutungsversuchen.

Nach PONOMAREV ist die Protandrie mancher *Umbelliferen*blüten so stark, daß auch im Gesamtblütensystem Geitonogamie ausgeschlossen ist. Bei *Peucedanum Lubimenkoanum* aber wird das gleiche erreicht, durch gleichzeitiges Aufblühen aller Blüten sämtlicher Partialdolden. Einer männlichen Gesamtphase folgt eine weibliche. Bei *Bauhinia acuminata* gibt es auf der gleichen Pflanze im Sinne der Heterostylie dimorphe Blüten. Die bekannten Unterschiede der Befruchtungsmöglichkeit fehlen; doch sind die meisten kurzgriffligen Blüten weiblich steril (DRONAMRAJU). Bastarde zwischen *Betula verrucosa* und *pubescens* sind nach Untersuchungen von STERN selten. Die Unterschiede der Blütezeit und des ökologischen Verhaltens sowie die Lebensschwäche von Hybriden mögen dabei beteiligt sein. Entscheidend sind aber innere Ursachen. Bei *Medicago sativa* kann nach STEUCKARDT Windbestäubung beträchtlich sein. Bienenbesuch ist oft spärlich, besonders, wenn konkurrierende Blüten (z. B. *Trifolium*, *Sinapis* u. dgl.) in hinreichender Menge in der Nähe sind.

KUGLER wies nach, daß bei vielen Blüten nur bestimmte Stellen UV reflektieren, so daß UV-Strich- und Fleckenmale entstehen, die der Mensch nicht sieht, wohl aber Bienen und Hummeln. Der Prozentsatz von Blüten, die nur derartige „Zeichnungen" aufweisen, ist z. T. erheblich. Im Ausbau der großartigen Ergebnisse von FRISCH ist gefunden worden, daß die Benachrichtigung der Stockgenossen über die Entfernung von Trachtobjekten während der Schwänzelphase des Schwänzeltanzes durch unglaublich fein abgestimmte intermittierende Vibrationsstöße (etwa 30 je sec) von etwa 200 Hz erfolgt. (ESCH; WENNER). FRISCH und KRATKY untersuchten die Beziehungen zwischen Flugweite und Tanztempo und versuchten, sie auch mathematisch verständlich zu machen.

PERCIVAL untersuchte bei fast 1000 *Phanerogamen*arten das Verhältnis der Zuckerarten im Nektar. Er fand es weitgehend artspezifisch. Drei Typen heben sich heraus. Beim ersten, der vor allem bei primitiven Gruppen vorkommt, ist ganz überwiegend Saccharose vorhanden, beim zweiten, der vor allem stärker abgeleitete Typen umfaßt, treten Saccharose, Glucose und Fructose ungefähr im gleichen Verhältnis auf, der dritte, mit überwiegend Glucose und Fructose, ist auf einzelne Verwandtschaftskreise beschränkt (z. B. *Cruciferen*, *Umbelliferen*, krautige *Rosaceen*).

Von LINSKENS und HEINEN wurde nachgewiesen, daß manche keimende Pollenkörner eine Cutinase bilden, wodurch die Schranke der Narbenoberfläche durchbrochen werden kann.

Nach BALDEV ist die Blütenbildung bei *Cuscuta reflexa* im Gegensatz zu anderen Arten unabhängig von der Blühbereitschaft der Wirtspflanze. Der Parasit ist eine Kurztagspflanze, die auch in völliger Dunkelheit zum Blühen kommt.

Ausbreitung

Epilobium adenocaulon, heimisch in Nordamerika, wurde auf dem Gebiet des Altreichs erstmals 1931 von STEFFEN in Ostpreußen festgestellt, war aber schon 1918 bei Libau und Riga in großer Menge vorhanden. Es hat sich rasch über Nordeuropa ausgebreitet, war aber schon 1927 vielerorts auch im Rheinland verbreitet. Neuerdings hat es LUDWIG auch an vielen Orten in Hessen festgestellt. *Hypericum perforatum*, eine europäisch-westasiatische Art, die in Ostasien, aber auch in Australien, Neuseeland und Südamerika stellenweise eingebürgert ist, wurde im NW der USA und im SW von Canada ein sehr lästiges, schwer zu bekämpfendes Unkraut. Die biologische Bekämpfung durch Einfuhr tierischer Schädlinge (z. B. der Blattkäfer *Chrysomela* oder *Chrysolina*) hat in klimatisch geeigneten Gegenden zu guten Erfolgen geführt. Nach NELSON, der die Ökologie von *Hypericum*-Schädlingen in Mitteleuropa untersuchte, dürften noch weitere *Chrysomela*-Arten in Betracht kommen, ferner die *Torticide Semaria hypericana*. *Spartium junceum*, ursprünglich mediterran, heute fast weltweit verbreitet, fühlt sich in Zentralperu auf erosionsanfälligen oder auch bereits stark erodierten Hängen so wohl, daß es, zuweilen in ausgedehnten, dichten Buschbeständen, als Pionierpflanze erscheint und mit bestem Erfolg als Erosionsschutz verwendet werden kann (KUNKEL).

An der Westküste von Norwegen kann man nach Untersuchungen von PRINTZ in den Beständen der Riesenbraunalge *Laminaria digitata* das Alter der einzelnen Exemplare nach Art einer „Phykochronologie" an den Jahrringen der Stipites feststellen. Pflanzen von sechs Jahren Alter sind bereits sehr selten, so daß eine rege Erneuerung stattfinden muß. Größere Mengen dieser kalt-stenothermen Art finden sich aber nur in kühlen Jahren (z. B. 1958) und dann in Menge, fehlen aber in warmen (z. B. 1955) fast ganz. Synchron verläuft das Ausmaß des Jahreszuwachses.

Stachys silvatica kann sich nach PFIRSCH durch ihre Stolonen in drei Jahren acht Meter weit ausbreiten (Ref. beobachtete bei einer sehr aktiven Rasse von *Rorippa silvestris* — einem u. U. sehr gefährlichen Unkraut — eine Ausbreitung von über 6 m in $3^1/_2$ Sommermonaten).

Die Schleuderweite von Askosporen nimmt mit dem Gewicht zu. INGOLD, der nur wenige Arten untersuchte, fand ein Maximum von 32 cm. PADY und KRAMER stellten in Kansas in der Luft beträchtliche Mengen von Pilzhyphenfragmenten, insbesondere von *Imperfekten*, fest, von denen bis zu 82% noch lebendig waren.

Mycorrhiza; Rhizosphaere

Fraxinus excelsior galt als ein wenig mycotropher Baum. KUBIKOVA fand aber weit verbreitet Myc. vom endotrophen, vesicular-arbuskularen Typ, sowohl auf trockenem Kalkboden wie auf feuchten Standorten über Granit. Stets war ein Außenmycel vorhanden, das zuweilen auch Chlamydosporen erzeugte. Anscheinend handelt es sich um eine *Endogone*-Art. Eine ähnliche Myc. mit zahlreichen extramatrikalen Chlamydosporen fand GERDEMANN bei *Zea*. Der gleiche Pilz bildet Myc. auch bei *Fragaria*, *Allium*, *Trifolium* und *Soja*.

MORRISON (1) zeigte, daß bei *Pinus radiata* durch die Myc. die Aufnahme von leicht zugänglichem P aus dem Boden gefördert wird. Die mancherlei komplizierten Erscheinungen bei der Aufnahme von P werden verständlich, wenn man annimmt, daß der Durchgang durch die Myc.-Hülle kein einfaches Durchgangsphänomen ist. Er zeigte weiter (2), daß die Förderung der Aufnahme von SO_4 nur unter bestimmten Bedingungen von Bedeutung ist und als gewöhnlicher Leitungsvorgang erscheint.

SCHMUCKER (1) fand in einem dichten, schwachwüchsigen Fichtenwald einen „Hexenring" von etwa 14 m Durchmesser, bestehend aus *Monotropa*. Die Breite des z. gr. T. sehr dicht von Fruchtständen besetzten und meist scharf begrenzten Ringes betrug höchstens wenige Dezimeter. Der jährliche Durchmesserzuwachs erreichte ungefähr 15—20 cm. Innerhalb und außerhalb des Ringes fand sich Monotropa nur äußerst spärlich.

Die Zahl der Arbeiten über die Rhizosphaeren und ähnliches ist so groß geworden, daß hier nur einige kurz zur Illustration angeführt seien. SCHEFFER, KICKUTH und VISSER fanden in den Wurzelausscheidungen von *Eragrostis*, *Trifolium pratense* und *Medicago sativa* geringe Mengen von Glucose (bei *Trifolium* auch Xylose), außerdem verschiedene Aminosäuren, Apfelsäure und auch andere organische Säuren. Der Nachweis für die Artkonstanz der Ausscheidungen wird erbracht und damit „eine stoffliche Basis für die Deutung spezifischer ökologischer Eigenarten von Kulturpflanzen geschaffen". ROVIRA und HARRIS stellten in den Wurzelausscheidungen von zehn verschiedenen Pflanzen beträchtliche Mengen von Biotin fest, in kleinen Mengen auch von Pantothenat und Niacin. Der Vitamingehalt der Wurzelausscheidungen variiert qualitativ und quantitativ innerhalb einer Familie, zuweilen auch einer Gattung, beträchtlich, während mancherlei Außenfaktoren nur von geringer Bedeutung sind. VAGNEROVA und VANCURA vermuten, daß die Ausscheidung von Aminosäuren durch eine Anzahl Bakterienarten der Rhizosphaere, neben der Ausscheidung solcher Säuren durch die Wurzeln selbst, von Bedeutung für die Ökologie der Rhizosphaerenassoziation sein könnte.

HENDERSON und KATZNELSON fanden verschiedene pathogene *Nematoden* fast ausschließlich in der Rhizosphaere (Getreide, Leguminosen). DOBEREINER stellte in der Rhizosphaere von Zuckerrohr reichlich *Beijerinckia (Azotobacter indicum)* fest, die im freien Boden fehlte. Für andere pflanzliche Mikroben gilt das Umgekehrte. Ursache soll in beiden Fällen die Zuckerausscheidung der Wurzeln sein. Nach RANGASWAMI und VASANTHARAJAN finden sich in der Rhizosphaere junger *Citrus*-bäume 40—90 mal soviel Bakterien, 2—6 mal soviel Actinomyceten und 3—6 mal soviel Pilze als im freien Boden. KATZNELSON, ROUATT und PETERSON fanden, daß mycotrophe Wurzeln von *Betula lenta* das Wachstum vor allem solcher Bakterien stimulieren, die „Zusatzstoffe" benötigen. Außerdem sind die Actinomyceten angereichert. Raschwachsende Pilzmyzelien *(Penicillium* usw.*)* sind reichlich vorhanden, während *Pythium* und *Fusarium* fehlen. Gerade diese letzteren überwiegen aber bei nichtmykotrophen Wurzeln.

Man erkennt aus diesen wenigen Beispielen, wie mannigfaltig und komplex solche vielleicht auch physiologisch-ökologisch wichtigen, noch vor kurzem wenig beachteten Erscheinungen sind.

Symbiosen i. w. S.

Die Intensität der N-Bindung verschiedener Stämme von *Rhizobium trifolii* bei *Trifolium subterraneum* als Wirt wies nach GIBSON erhebliche Unterschiede auf, bedingt sowohl durch die Rassen des Symbionten wie jener des Wirts. Die oft behauptete starke Abnahme mit steigender Temperatur konnte in solchem Ausmaß nicht bestätigt werden. Auch HOFFMANN fand die Leistung verschiedener Stämme bei *Robinia* recht verschieden groß. Junge Kulturen banden je ha etwa ebensoviel N (100—300 kg) als landwirtschaftlich verwendete *Leguminosen.* Nach GERSHON können *Rhizobium*-Stämme von *Lotus corniculatus* ($2\,n = 24$) bei dem nah verwandten *L. uliginosus* ($2\,n = 12$) keine Knöllchen hervorrufen und umgekehrt. Bastarde zwischen *L. corniculatus* und künstlich tetraploid gemachten *L. uliginosus* ergaben Knöllchen nur mit dem *uliginosus*-Symbionten. Anscheinend beruht die Infektionsfähigkeit auf einer Anzahl von Genen, die z. T. auf verschiedenen Chromosomen lokalisiert sind.

Rhizobium meliloti war, trocken bei Zimmertemperatur aufbewahrt, noch nach 45 Jahren lebens- und voll infektionsfähig (JENSEN). Das Wachstum verschiedener *Rhiz.*-Arten wird durch Zugabe von Cobalt gesteigert, zuweilen sehr stark (LOWE u. EVANS).

Durch BOND ist jetzt einwandfrei erwiesen worden, daß auch die Knöllchen von *Coriaria* N assimilieren. Nach NIEWIAROWSKA ist der Symbiont von *Hippophae* ein *Actinomycet (Nocardia hippophae).* Die Symbiose zwischen *Alnus* und seinen Symbionten entwickelt sich bei hinreichender Anwesenheit eines ungewöhnlichen Elements (Mo) weit besser (BECKING). *Pseudotsuga*-Bestände zeigten beim Zwischenpflanzen von *Alnus rubra* erheblich bessere Leistung; der N-Gehalt sowohl der Nadeln wie des Bodens war erhöht (TARRANT).

Die Behauptung, durch Hemmstoffe von seiten des Unkrauts *Camelina* würde die erhebliche Beeinträchtigung der Leinpflanzen bewirkt, konnte von BALSCHUN und JAKOB nicht bestätigt werden. Es handelt sich um Konkurrenzerscheinungen. Doch produzieren viele höhere Pflanzen Antibiotica. Es sind nach KORZYBSKI und KURYLOWICZ bereits etwa 800 antibiotisch wirkende Substanzen bekannt (76 von *Bakterien*, über 300 von *Streptomyceten*, 40 von höheren Pilzen, 86 von Imperfekten, 6 von sonstigen Thallophyten, 100 von höheren Pflanzen).

Auf sauren, basenarmen Hochlandweideböden fehlte im Bestand fleckenweise *Trifolium repens.* SNAYDON zeigte durch eine engmaschig angelegte Bodenuntersuchung, daß sich dort der Boden deutlich von den anderen Flächen unterschied (pH; weniger Ca und P; mehr austauschbare H-Ionen). Die Verteilung ist also doch nicht zufällig.

Parasitismus höherer Pflanzen

Die Frage, ob *Viscum* aus dem Wirt in erheblichem Ausmaß auch Assimilate aufnimmt, muß nach Sälägenu und Galan-Fabian verneint werden. Der Assimilataustausch kann höchstens ganz geringfügig sein. Bei dem (schuppenblättrigen) *Arceuthobium americanum* hingegen wurde von Rediske und Shea unter Anwendung der C^{14}-Methode erheblicher Assimilattransport in beiden Richtungen festgestellt. Von Interesse ist der Anlaß zu dieser Untersuchung, nämlich die Frage der Anwendungsmöglichkeit von systemischen Herbiziden zur Bekämpfung. Denn der zuweilen stark verbreitete Parasit schädigt durch Induktion eines Gürtels, der den Assimilatabfluß aus dem befallenen Ast in den Stamm usw. hemmt, wodurch vor allem die Versorgung der Wurzeln leidet. Bei vielen Coniferen wird nach Srivastava und Esau der von *Arceuthobium* befallene Bezirk im Holz im Sinne sog. „fremddienlicher Zweckmäßigkeit" ausgestaltet: Die Markstrahlen werden vermehrt und verschmelzen vielfach zu großen, zusammengesetzten Markstrahlen; die Zahl der Anschlußzellen wird vergrößert, ebenso die der Harzkanäle. Bei *Tsuga* fehlen solche normal im Holz, bilden sich aber unter dem Einfluß des parasitären Befalls. Nach Thoday ist die Verbindungsweise zwischen Wirt und Parasit bei *Loranthaceen* verschiedenartig. Aber fast überall dringt das Haustorium in das Cambium ein; erst die folgende Ausgestaltung ist verschieden. Die Verschiedenheiten laufen der systematischen Anordnung nur wenig parallel.

Die *Striga*-Arten *(Scrophulariaceae)* sind meist Hydroparasiten auf *Gramineen*. Aber z. B. *St. senegalensis* lebt zunächst auf *Sorghum* unterirdisch als Holoparasit (die wenigen Arten zweier verwandter Gattungen Südafrikas tun das dauernd) und erscheint erst später als nun stärker schädigender, ergrünender Halbparasit oberirdisch (Williams). Bei der holoparasitischen *Rafflesiacee Pilostyles berterii*, die von Nordchile bis Patagonien (!) auf *Adesmia bedwelli*, einem bis 2 m hohen Leguminosen-Dornstrauch vorkommt, bedecken die dicht gehäuften, extramatrikalen Blüten, Äste des Wirtes mit einer fast kontinuierlichen Schicht, wobei anscheinend stets nur das eine Geschlecht auf einer Wirtspflanze vorhanden ist (nur 1 Infektion?). Die Infektion erfolgt anscheinend durch die Wurzel (die meisten *Rafflesiaceen* sind überhaupt Wurzelparasiten). Es scheint, daß die Blütenknospen das sehr harte Rindengewebe vermittels Enzymausscheidung durchbrechen können. Auf einer Wirtspflanze können bis 10000 Früchte mit mehr als einer Million Samen entstehen (Kummerow).

Extreme Standorte

In kleinen, lückenlos von einer Decke aus *Lemnaceen* oder der Grünalge *Pitophora* überzogenen Teichen kann solcher Mangel an Sauerstoff bzw. Anreicherung an CO_2 entstehen, daß Tiere unter starkem Sauerstoffmangel leiden (Lewis und Bender). In einer fast 500 m langen, völlig dunklen Höhle fand *Claus* noch eine Menge Algen, besonders Blaualgen. Sie sollen frisch und teilungsfähig, aber nicht heterotroph sein. In den bekannten Zisternen von *Bromeliaceen* („Phytothelmen") sind die Aciditäswerte meist hoch, schwanken aber nach Besonnung, Tageszeit und Vorhandensein oder Fehlen hereingefallener und sich zersetzender Blätter. Ebenso ist die Tension von O_2 bzw. CO_2 zeitlich recht ungleich. Algen überwiegen in besonnten Zisternen, Tiere in Menge und großer Artenzahl in beschatteten (Protozoen bis Kaulquappen). Sie ernähren sich von „Detritus" (LAESSLE).

Die *Cyperacee Trilepis pilosa* erträgt auf Granitbergen Westafrikas unter Vergilben fast vollkommenes Austrocknen (Blätter 8% Wasser). Nach Wasseraufnahme ergrünen die Blätter bereits nach 1 Tag. Bei Temperaturen um 20° und 45° rel. F. bleiben die eingetrockneten, sehr weitgehend kälte- und hitzeresistenten Pflanzen mindestens 1 Jahr am Leben (HAMBLER). Die *Didiereaceen* (eine kleine, in Trockengebieten Madagaskars endemische Familie aus der Reihe der *Sapindales*) haben verwandtschaftlich weder mit *Cactaceen* noch *Euphorbiaceen* etwas zu tun. Aber die gestaltliche Konvergenz zu sproßsucculenten *Cacteen* und besonders *Euphorbien* ist außerordentlich. RAUH hat sie morphologisch eingehend untersucht.

An extrem kalten Orten werden in der Vegetation die Flechten tonangebend. LANGE untersuchte Flechten solcher Orte und fand außerordentlich hohe Kälterestistenz (−75° werden in vollgesättigtem Zustand tagelang ertragen), ferner niedrige Lage des Assimilationsoptimums unter 10° (oberhalb 20° keine positive Stoffbilanz) und rasche Überwindung der Schädigung durch extrem niedrige Temperaturen. Bei *Letharia* betrug die photosynthetische Leistung bei −5° trotz Eisbildung im Mark noch etwa die Hälfte der optimalen. Noch bei −20° ließ sich bei einigen Arten erhebliche Aufnahme von CO_2 nachweisen (Assimilation?). All das sind spezielle Eigenheiten gerade der Flechten kalter Standorte.

BORNKAMM untersuchte die Vegetation und Vegetationsentwicklung auf ganz extremen Standorten, nämlich auf flachen, kiesbedeckten Hausdächern in Göttingen. Sie sind in nassen Jahren besonders feucht, in Trockenjahren besonders trocken, z. T. sogar exzessiv trocken.

RUINEN gab eine eingehende Darstellung der epiphyllen Epiphyten (Epiphyten auf Blättern, besonders in den Tropen). Ihre Gesamtheit bezeichnet er als „Phyllosphaere". Stickstoffbindende Bakterien scheinen dort eine erhebliche Rolle zu spielen.

SASSON fand, daß in marokkanischen Trockenböden *Azotobacter* völlig fehlt, andere N-bindende Mikroben nur in bedeutungsloser Menge vorhanden sind. Neben dem Klima scheint P-Mangel dabei von Bedeutung zu sein. Rhizosphaeren höherer Pflanzen weisen ein erheblich gesteigertes Mikrobenleben auf. Cellulosezersetzer sind vorhanden und nehmen mit Anwachsen der Bodenfeuchte zu.

Tiere und Pflanzen

Aus dem Riesengebiet der Virusforschung hier nur zwei Anmerkungen. Wenn auch die Virusübertragung bei vielen Blattläusen durch verschiedene Entwicklungsstadien derselben gleich gut erfolgt, so doch nicht immer. Bei der Kreuzdornlaus *(Aphidula nasturtii)* kann das Y-Virus der Kartoffel nur durch die Sommerform, nicht z. B. durch die Fundatrices, übertragen werden (ORLOB). Von vier Rassen der Zwergzikade *Agallia constricta* überträgt (nach Untersuchung mit zwei nichtverwandten Viren) nur eine beide Viren, eine keines, die beiden übrigen nur je eines (Nagaraj u. Black).

Eine Zusammenfassung über ein erst in letzter Zeit stärker beachtetes Gebiet, Einflußnahme auf die Waldschädlinge durch Düngung, findet man bei Büttner.

Der Gletscherfloh *(Isotoma saltans)* lebt von dem dunklen Belag auf der Gletscheroberfläche (z. gr. T. Detitrus) und bevorzugt als Nahrung die in ihm enthaltenen, oft von weither herangewehten Pollenkörner (An der Lan).

Die Reinkultur der hochinteressanten Bakteriensymbionten von Tieren ist meist schwierig oder bislang unmöglich. Köhler und Schwartz gelang es aber neuerdings, durch eine raffiniert ersonnene Kulturtechnik auch den Symbionten von *Pseudococcus citri (Sporozoa)* zu züchten. Es handelt sich um ein *Corynebacterium*, das auxoautotroph ist und vielleicht auch N assimilieren kann.

Verschiedenes

Es ist nicht zufällig, daß gerade in der Forstwirtschaft biologisch-ökologische Probleme seit langem und heute in steigendem Ausmaß Beachtung finden, nicht nur aus Liebe zur Wissenschaft. Denn die Forsten von heute und morgen sollen nicht rein künstliche Gebilde sein, sondern aus wirtschaftlichen Gründen unter Beachtung der aus natürlichen Wäldern zu gewinnenden Lehren aufgebaut werden. (Wie schwer das ist, zeigt eine Arbeit von Plochmann, der die Wald- bzw. Forstgeschichte eines großen Areals im Bayrisch-böhmischen Wald der letzten 150 Jahre schildert. Bei aller Tendenz, den natürlichen Wald tunlichst zu erhalten, und bei starker Berücksichtigung der ökologischen Zusammenhänge im Dienste der Zukunftsgestaltung konnte das vorschwebende Ziel nicht ganz erreicht werden.) Aus solchen Forschungen nur einige wenige Beispiele!

Köstler schildert in einer kurzen, inhaltsreichen Übersicht, langjährige Arbeiten des Münchener Waldbauinstituts zusammenfassend, die Wandelbarkeit der Waldbaumwurzeln. Darüber weiß man, vor allem der schlechten Zugänglichkeit wegen, auch für praktische Zwecke noch viel zu wenig. Zur innerlichen (genotypisch gesteuerten) Bedingtheit der Gestaltung in den verschiedenen Altersphasen des Baumes kommen mit stärkstem Einfluß die Standortfaktoren, besonders solche des Bodens (mechanische Widerstände, Staunässe, Trockenheit, chemische Wirkungen wie O_2-Mangel u. a.). Es ist natürlich bei der Baumartenauswahl praktisch wichtig, die Entwicklungsweise auf einem gegebenen Boden voraussehen zu können. Ebenso wichtig ist es zu wissen, wie sich der Einfluß verschiedener Baumarten auf den jeweiligen Bodenzustand auswirken wird, worüber Wittich berichtet. Auf die Rassenunterschiede bei Baumarten wird immer mehr geachtet. Leibundgut zeigte, wie im Langtag zwar bei allen untersuchten jungen Lärchen (verschiedene Alpenherkünfte, sibirische Lärchen) das Längenwachstum gefördert wird, aber in recht verschiedenem Betrag; am stärksten bei Herkünften aus dem Engadin und Sibirien. Anschließend wies Dafis nach, daß auch bei sibirischen Lärchen verschiedener geographischer Herkunft diesbezüglich recht erhebliche Unterschiede bestehen. SCHMUCKER (2) untersuchte mehrere Jahresgänge des osmotischen Wertes in den Nadeln von *Pseudotsuga taxifolia* bei 12 Herkünften. Die Unterschiede waren geringfügig, aber vom Herbst bis zum Frühjahr deutlich. Sie lagen derart, daß *Ps. glauca* die höchsten, *Ps. viridis* die niedrigsten Werte aufwies und *Ps. caesia* in der Mitte stand. Grüne Varianten von *glauca* hatten die hohen Werte der blauen usw. Gleichsinnige erhebliche Unterschiede wurden an Sämlingen festgestellt. Ähnliches hatte bereits ANDERS gefunden. Bei *Larix* (verschiedenste Alpenherkünfte) fanden sich unerwarteterweise solche Unterschiede nicht, und selbst die japanische und koreanische Lärche wichen nur wenig ab [ANDERS, SCHMUCKER (2)]. Die eigenartigen Verhältnisse bei der jahreszeitlichen Verschiedenheit der Frosthärte von Nadelbäumen legten WEISE und POLSTER für verschieden frostharte Typen von *Pseudotsuga* dar, auch für die Fichte (vgl. WEISE), die auch danach frosthärter erscheint. Wie eng gestaltliche Unterschiede, wie sie die Taxonomie überwiegend benutzt, verbunden sind mit physiologischen und damit wohl auch mit ökologischen, wiesen HILLIS und ORMAN für *Nothofagus*arten, besonders eingehend für fünf Arten aus Neuseeland, nach. Die Arten unterscheiden sich deutlich auch durch die Chemie der methanolischen Kernholzextrakte. Charakteristische und sehr förderliche Arbeiten, z. gr. T. eigene, über das wichtige Thema der Kausalanalyse des Wettbewerbs ökologisch verschiedener Holzarten faßte TRANQUILLINI zusammen (insbesondere Eichenarten, Zirben und Lärchen).

Erstaunliche Befunde erhob NYE in einem artenreichen Sekundärwald an der Grenze des tropischen Regenwaldes in Ghana. Die Blätter (Streu) fallen kontinuierlich während des ganzen Jahres ab, sind reicher an N als in der gemäßigten Zone und zersetzen sich sehr rasch (1,6% je Tag). Vom Regen (jährlich 1830 mm; 84% erreichen den Boden) werden erhebliche Mengen von Mineralstoffen aus den Blättern ausgewaschen, etwa 250 kg je Jahr und Hektar (in kg: K 200, Ca 27, Mg 17, N 12, P 4).

Die früher weit verbreitete Furcht, in den Waldboden als einer harmonischen Ganzheit einzugreifen, ist bei der Anwendung von chemischen Unkrautbekämpfungsmitteln (Herbiziden) nicht selten ebenso gewichen wie bei der Vergiftung des Bodens zur Engerlingbekämpfung; vielleicht zuweilen zu sehr mit Rücksicht auf Nebenwirkungen und schließliche' Folgen (vgl. Anwendung physiologisch starkwirkender Mittel in der Humanmedizin). Die Anwendung von Herbiziden ist aber durch die Wirtschaftsverhältnisse geboten (UHLIG). Manchmal treten eigenartige Erfolge auf. Nach Bodenentseuchung erschienen auf Baumschulflächen als ungewolltes „Unkraut" (aus angeflogenem Samen) massenhaft und bestens Sämlinge von *Populus tremula*, weit besser als in der Regel auf unbehandelten Saatbeeten. Offenbar waren durch antifungale Wirkung die sonst oft recht unliebsam in Erscheinung tretenden pilzlichen Sämlingsschädlinge vernichtet worden (VOLGER).

Zum Schluß einige unzusammenhängende Bemerkungen von Interesse. In den Hochanden Westperus nimmt der Anteil polyploider Formen mit der Meereshöhe zu, nicht nur im ganzen, sondern auch innerhalb der einzelnen Lebensformen (DIERS). In einem für Pilzwachstum besonders günstigen Jahr konnten bei umfassender

Untersuchung in Arizona und New Mexico keine neuen Arten von baumbewohnenden Pilzen gefunden werden, ein Zeichen, wie weit diesbezüglich die Erforschung schon fortgeschritten ist (Eslyn). Die Verwendung von Algenmassenkulturen für die menschliche Ernährung ist doch noch mit allerlei Problemen behaftet (Krauss).

Literatur

Advances in Ecological Research. Vol. 1. Edited by J. B. Cragy. London u. New York: Academie Press 1962. — Allen, P. A.: Amer. Orch. Soc. Bull. **24**, 230 (1956). — An der Lan: Umschau **63**, 49—52 (1963). — Anders, O.: Dissertation Univ. Göttingen. 71 S. 1959.

Baldev, B.: Ann. Bot. (Lond.) N. S. **26**, 173—180 (1962). — Balschun, H., u. F. Jakob: Flora (Jena) **151**, 572—606 (1961). — Becking, J. H.: Plant and Soil **15**, 217—227 (1961). — Bond, G.: Nature (Lond.) **193**, 1103—1104 (1962). — Bornkamm, R.: Vegetatio X, 1—24 (1961). — Büttner, H.: Der Einfluß von Düngestoffen auf Mortalität und Entwicklung forstlicher Schadinsekten über deren Wirtspflanzen. Schriftenreihe der Landesforstverwaltung Baden-Württemberg. Bd. 11, 69 S. 1961.

Claus, G.: Hydrobiologia (Den Haag) **19**, 192—222 (1962).

Dafis, Sp.: Schweiz. Z. Forstwesen **1962** Nr. 6, 333—337. — Diers, L.: Z. Bot. **49**, 437—488 (1961). — Dobereiner, J.: Plant and Soil **15**, 211—216 (1961). — Dodson, C. H., and G. P. Frymire: Ann. Missouri Bot. Gard. **48**, 137—172 (1961). — Dronamraju, K. R.: J. Genet. (Lond.) **57**, 299—311 (1961).

Elster, H. J.: Naturwissenschaften **49**, 49—55 (1962). — Esch, H.: Z. vergl. Physiol. **45**, 1—11 (1961). — Eslyn, W. E.: Mycologia (N. Y.) **52**, 381—387 (1961).

Fedorow, M. W.: Biologische Bindung des atmosphärischen Stickstoffs. Übersetzung aus dem Russischen. 594 S. Jena: VEB Gustav Fischer 1960. — Frisch, K. v., u. O. Kratky: Naturwissenschaften **49**, 409—417 (1962).

Gerdemann, J. W.: Mycologia (N. Y.) **53**, 254—261 (1962). — Gershon, D.: Canad. J. Microbiol. **7**, 961—963 (1961). — Gibson, A. H.: Nature (Lond.) **191**, 1080—1081 (1961).

Hambler, D. J.: Nature (Lond.) **191**, 1415—1416 (1961). — Henderson, V. E., and H. Katznelson: Canad. J. Microbiol. **7**, 163—167 (1961). — Hillis, W. E., and H. R. Orman: J. Linnean Soc. Lond. Bot. **58**, 175—184 (1962). — Hoffmann, G.: Arch. Forstwesen **10**, 627—632 (1961).

Ingold, C. T.: New Phytol. **60**, 143—149 (1961).

Jaeger, P.: C. R. Acad. Sci. (Paris) **253**, 3041—3043 (1961). — Jensen, H. L.: Nature (Lond.) **192**, 682—683 (1961). — Johnson, T. W., u. F. K. Sparrow, jr.: Fungi in Oceans and Estnaries. 668 S. Weinheim: J. Cramer 1961.

Katznelson, H., J. W. Rouatt and E. A. Peterson: Canad. J. Bot. **40**, 377—382 (1962). — Köhler, M., u. W. Schwartz: Z. allg. Mikrobiol. **2**, 10—31 (1962). — Köstler, J. N.: Allg. Forstz. **1962** Nr. 28, 413—417. — Korzybski, T., u. W. Kurylowicz: Antibiotica. 1105 S. VEB. Jena: G. Fischer 1961. — Krauss, R. W.: Amer. J. Bot. **49**, 425—435 (1962). — Kubíková, J.: Česká Mykol. **15**, 161—164 (1961). — Kugler, H.: Ber. Dtsch. Bot. Ges. **75**, (49)—(53) (1962). — Kummerow, J.: Z. Bot. **50**, 321—337 (1962). — Kunkel, G.: Biol. Zbl. **81**, 327—333 (1962).

Laessle, A. M.: Ecology **42**, 499—517 (1961). — Lange, O. L.: Ber. Dtsch. Bot. Ges. **75**, 351—352 (1962). — Leibundgut, U.: Schweiz. Z. Forstwesen **1962** Nr. 6, 332—333. — Lewis, W. M., and M. Bender: Ecology **42**, 602—603 (1961). — Linskens, H. F., u. W. Heinen: Z. Bot. **50**, 338—347 (1962). — Lowe, R. H., and H. J. Evans: J. Bact. **83**, 210—211 (1962). — Ludwig, W.: Hess. Floristische Briefe **11**, 29—32 (1962).

Morrison, T. M.: (1) New Phytol. **61**, 10—20 (1962); — (2) New Phytol. **61**, 21—27 (1962).

Nagaraj, A. N., and L. M. Black: Virology **16**, 152—162 (1962). — Nelson, H. S.: Z. angew. Entomologie **50**, 290—327 (1962). — Niewiarowska, J.: Acta microbiol. pol. **10**, 271—286 (1961). — Nye, P. H.: Plant and Soil **13**, 333—346 (1961).

Orlob, G. B.: Virology **16**, 301—304 (1962).

Pady, S. M., and C. L. Kramer: Mycologia (N. Y.) **52**, 681—687 (1960). — Percival, M. S.: New Phytol. **60**, 235—281 (1961). — Pfirsch, E.: C. R. Acad. Sci.

(Paris) **254**, 724—726 (1962). — PLOCHMANN, R.: Forstwiss. Forschungen. 130 S. Berlin: Paul Parey 1961. — PONOMAREV, A. N.: Dokl. Akad. Nauk SSSR **135**, 750—752 (1960). — PRINTZ, H.: Arch. Mikrobiol. **42**, 64—73 (1962).

RANGASWAMI, G., and V. N. VASANTHARAJAN: Canad. J. Microbiol. **8**, 473—477, 479—484, 485—489 (1962). — RAUH, W.: Sitzber. Heidelberger Akad. Wiss. Math. nat. Kl. Nr. 7. Jahrg. 1960/61. 118 S. — REDISKE, J. H., and K. R. SHEA: Amer. J. Bot. **48**, 447—452 (1961). — ROVIRA, A. D., and J. R. HARRIS: Plant and Soil **14**, 199—214 (1961). — RUINEN, J.: Plant and Soil **15**, 81—109 (1961).

SÄLÄGENU, N., u. D. GALAN-FABIAN: Fiziol. Rastenij **8**, 547—554 (1961). — SASSON, A.: Bull. Soc. Sci. natur. phys. Maroc. **40**, 97—120 (1960). — SCHEFFER, F., R. KICKUTH u. J. H. VISSER: Z. Pflanzenernähr. **97**, 26—40 (1962). — SCHMUCKER, TH.: (1) Planta (Berl.) **57**, 665—668 (1962); — (2) Flora **152**, 480—508 (1962). — SNAYDON, R. W.: J. Ecol. (Oxford) **50**, 113—143 (1962). — SRIVASTAVA, L. M., and K. ESAU: Amer. J. Bot. **48**, 209—215 (1961). — STERN, K.: Dtsch. Baumschule **15**, 1—10 (1963). — STEUCKARDT, R.: Z. Pflanzenzüchtung **47**, 15—50 (1962).

TARRANT, R. F.: Forest Sci. **7**, 238—246 (1961). — THODAY, D.: Proc. roy. Soc. (Lond.), B, **155**, 1—25 (1961). — TRANQUILLINI, W.: Ber. Dtsch. Bot. Ges. **75**, 353—364 (1962).

UHLIG, S.: Nachr.-Bl. dtsch. Pflanzenschutzdienst (Berl.) N. F., **16**, 21—25 (1962).

VÀGNEROVÀ, K., u. V. VANČURA: Folia microbiol. (Praha) **7**, 55—60 (1962). — VOGEL, ST.: (1) Beitr. Biol. Pflanzen **36**, 159—237 (1961); — (2) Abhandl. Math.-Naturwiss. Kl. Akad. Wiss. u. Literatur Mainz **1962**. Nr. 10, 1—65. — VOLGER, C.: Meded. Landbouwhogeschool Gent **26**, 1385—1393 (1961).

WALTER, H.: Die Vegetation der Erde in ökologischer Betrachtung. Bd. I: Die tropischen und subtropischen Zonen. X, 538 S. VEB. Jena: G. Fischer 1962. — WEISE, G.: Biol. Zbl. **80**, 137—166 (1961). —WEISE, G., u. H. POLSTER: Biol. Zbl. **81**, 129—143 (1962). — WENNER, A. M.: Anim. Behav. **10**, 79—95 (1962). — WILLIAMS, C. N.: Plant and Soil **15**, 1—12 (1961). — WITTICH, W.: Allg. Forstz. **1961** Nr. 2, 41—45.

C. Physiologie des Stoffwechsels

10. Physikalische und chemische Grundlagen der Lebensprozesse (Strahlenbiologie)

Bericht über die Jahre 1960—1962

Von RIKLEF KANDELER, Würzburg

I. Wirkungen ionisierender Strahlen
II. Wirkungen ultravioletter Strahlung

Die Besprechung der Abschnitte I. und II. wurde in diesem Jahr zurückgestellt und erfolgt im nächsten Band.

III. Lichtwirkungen

Im folgenden wird die Photophysiologie der Pflanzen unter Ausschluß der Photosynthese behandelt. Das Gebiet umfaßt alle Lichtsteuerungsvorgänge in der Pflanze, die zu Änderungen des Stoffwechsels, der Bewegungs- und Entwicklungsprozesse führen. Der in letzter Zeit oft benutzte Terminus Photomorphogenese ist also für die Kennzeichnung des Gesamtgebietes zu eng und sollte auch nur im strengen Wortsinn benutzt werden.

1. Zusammenfassende Darstellungen

Die letzten 12 Jahre haben eine starke Änderung unserer Vorstellungen von den Wirkungsmöglichkeiten und Wirkungsweisen des Lichtes auf die Pflanze gebracht. Es ist daher nicht verwunderlich, daß in der Berichtszeit (1960—1962) eine besonders große Zahl von Artikeln erschienen ist, die das auf bestimmten Gebieten Erreichte zusammenfassen und die älteren Ergebnisse unter neuen Gesichtspunkten verarbeiten. Die ausführlicheren unter diesen Arbeiten sowie eine Reihe von Artikeln aus dem im Erscheinen begriffenen Handbuch der Pflanzenphysiologie seien im folgenden genannt: Wirkung des Lichtes auf die Atmung (ROSENSTOCK und RIED), Phototaxis [BENDIX (1) und (2)], Phototropismus (THIMANN und CURRY), Lichtsteuerung der endogenen Tagesrhythmik (BÜNNING), Lichtinduktion der Polarität [HAUPT (4)], Photomorphogenese [BORTHWICK und HENDRICKS; HENDRICKS (1) und (2); HILLMAN (2); LIVERMAN; MOHR (3)], Wirkungen kurzwelligen Lichtes [MOHR (1) und (2)], Photoperiodismus [BÜNNING; LOCKHART (5); NAYLOR; SALISBURY]. Für das Thema Photoperiodismus sei außerdem noch auf den schon 1959 erschienenen, von WITHROW herausgegebenen Symposiums-Band hingewiesen.

Einen recht umfassenden Überblick über die verschiedenen aktiv bearbeiteten Teilgebiete der Photobiologie geben drei sich gegenseitig ergänzende Symposiums- bzw. Kongreßberichte. Während in den von ALLEN (Comparative Biochemistry of Photoreactive Systems) und McELROY und GLASS (Light and Life) herausgegebenen Bänden vor allem die Photosynthese-Forschung zu Wort kommt, enthält der von CHRISTENSEN und BUCHMANN redigierte Band (Progress in Photobiology) gerade vornehmlich die übrigen Teilgebiete, und zwar sowohl auf botanischem, als auch zoologischem und humanphysiologischem Gebiet. In fast 150 Originalabhandlungen werden das Strahlungsklima und seine Messung, biologische Wirkungsspektren, Photoreceptoren im Wasser lebender Organismen, Lupus vulgaris, die bei Röntgen- und UV-Bestrahlung auftretenden Initialprozesse, Photoreaktivierung, Phototherapie, Photobiologie der Pflanzen und Tiere, Photosynthese, die Reaktion der Haut auf Bestrahlung, Photobiochemie und Photochemie behandelt.

Eine Übersicht über typische photochemische Reaktionen ausgewählter Naturstoffe hat SCHENCK (2) zusammengestellt. Gleichzeitig wird in diesem und in einem weiteren Aufsatz [SCHENCK (1)] die photochemische Terminologie erläutert und ergänzt. Die eigentlich photochemischen Reaktionssequenzen werden unterteilt in die photochemische Initiation, die die Radikalbildung und die Thermalisierung umfaßt, die Propagation, bei der neue Radikale auf Kosten verschwindender Radikale entstehen, und die Termination, bei der es zum Verschwinden der photochemisch erzeugten Radikalelektronen kommt. Von den gebildeten Photoprodukten können dann nichtradikalische Nachreaktionen ausgehen. — Grundsätzliche Fragen der Photochemie werden auch in dem von HEIDT, LIVINGSTON, RABINOWITCH und DANIELS herausgegebenen Symposiums-Band (Photochemistry in the Liquid and Solid States) behandelt.

Zusammenfassungen für ein wichtiges Gebiet der angewandten Photobiologie werden in den Büchern von KLESCHNIN (Die Pflanze und das Licht) und von NUERNBERGK (Kunstlicht und Pflanzenkultur) gegeben. Neben der Behandlung der physiologischen Grundlagen der Lichtwirkungen und der Technik der künstlichen Beleuchtung wird in diesen Büchern vor allem über die Praxis der Pflanzenkultur mit Hilfe von Kunstlicht berichtet (mit jeweils einer wertvollen Zusammenstellung der weit verstreuten Spezialliteratur über die Erfahrungen an einzelnen Pflanzen).

2. Das reversible Hellrot-Dunkelrot-Reaktionssystem (Phytochrom)

Die Aufklärung des reversiblen Hellrot-Dunkelrot-Reaktionssystems steht auch weiter im Vordergrund des Interesses. Die von BUTLER, NORRIS, SIEGELMAN und HENDRICKS in Gang gebrachten Arbeiten (Fortschr. Bot. **22**, 142) zur Isolierung des Photoreceptors, jetzt Phytochrom genannt, sind inzwischen von mehreren Seiten weitergeführt worden. Bei Präparaten aus Mais- und Gerste-Keimlingen konnte von SIEGELMAN, FIRER, BUTLER und HENDRICKS die Reinigung bis zu einer klaren blauen Lösung vorangebracht werden, die bei Bestrahlung mit sichtbaren Farbänderungen reagiert. Wenn auch die Identifizierung des Phytochroms bisher noch nicht gelungen ist, so haben die Arbeiten an den teilgereinigten Präparaten doch schon wichtige Aufschlüsse über die Eigenschaften dieses Photoreceptors erbracht. Insbesondere hat sich ergeben, daß die durch Hellrot bzw. Dunkelrot bewirkten Umwandlungsreaktionen der beiden Pigmentformen ineinander in ihrer Reaktionskinetik Reaktionen erster Ordnung sind (BUTLER). Auch werden die Reaktionen weder durch längere Dialyse zur Abtrennung etwaiger Cofaktoren [HENDRICKS (3)] noch durch Zusatz milder oxydierender oder reduzierender Agentien [BONNER (1)] beeinflußt. Das bedeutet, daß die Umwandlungsreaktionen offensichtlich monomolekularer Natur sind. Die früher benutzte Reaktionsgleichung (Fortschr. Bot. **22**, 143) muß daher durch folgende Formulierung ersetzt werden:

$$P_{660} \underset{\text{Dunkelrot}}{\overset{\text{Hellrot}}{\rightleftharpoons}} P_{730}$$

$$\begin{pmatrix} \text{Chromoproteid} \\ \text{mit } \varepsilon_{max}\text{: 660 m}\mu \end{pmatrix} \qquad \begin{pmatrix} \text{Chromoproteid} \\ \text{mit } \varepsilon_{max}\text{: 730 m}\mu \end{pmatrix}$$

Nicht eingetragen in die vorliegende Reaktionsgleichung ist das Verhalten der Pigmentformen in Dunkelheit. Bisher war auf Grund der physiologischen Befunde allgemein angenommen worden, daß im Dunkeln eine langsame Umwandlung von P_{730} in P_{660} erfolgt. BONNER (3) erhielt nun an gereinigten Phytochrom-Präparaten aus Erbsen im Dunkeln einen Übergang von P_{730} in ein Pigment, das dem P_{660} zwar ähnlich, aber nicht mit ihm identisch ist (Absorptionsmaximum 665 mμ). Behandlung des Dunkelproduktes mit Hellrot ergibt P_{730}, Behandlung mit Dunkelrot P_{660}.

Die Eiweißnatur der Pigmentformen hat sich auch weiterhin bestätigt. Daß die Photoreaktionen nur bei intakter Proteinkomponente ablaufen, konnte BONNER (2) unter anderem durch Blockierung der Reaktionen mit Harnstoff wahrscheinlich machen. BONNER (2) führte ferner Bestimmungen über die Absorption der Pigmentformen im Blaubereich durch. Dabei ergab sich, daß P_{730} bei 415 mμ stärker absorbiert als P_{660}. Dementsprechend war es möglich, die Reaktion $P_{730} \to P_{660}$ auch mit Hilfe von Blaulicht (410 mμ) ablaufen zu lassen.

BUTLER, NORRIS, SIEGELMAN und HENDRICKS hatten das Phytochrom bei der Fraktionierung der Zellbestandteile nur in der löslichen Eiweißfraktion des Cytoplasmas gefunden (Fortschr. Bot. **22**, 144). Daß dieses Ergebnis jedoch nicht schon ohne weiteres die Lokalisation des Phytochroms in der lebenden Zelle angibt, zeigt eine Arbeit von GORDON. Er erhielt eine stark abweichende Verteilung, wenn bei der Aufarbeitung mit Puffern $p_H < 7$ gearbeitet wurde. Das Phytochrom war dann vor allem in den Mitochondrien und nur in geringerem Maße im löslichen Cytoplasmaprotein zu finden (Konzentrationsverhältnis etwa 2 : 1). Zur Deutung der sich widersprechenden Ergebnisse wäre es notwendig zu wissen, wie weit in nichtalkalischem Milieu etwa eine sekundäre Assoziierung des Phytochroms an die Mitochondrien erfolgt, bzw. umgekehrt unter alkalischen Bedingungen das Phytochrom-Protein aus seiner Bindung in den Mitochondrien gelöst wird. Da die zweite Möglichkeit für andere Fälle belegt ist und die an Mitochondrien gebundene Phosphorylierung durch Phytochrom gesteuert werden kann (s. u.), spricht immerhin einiges für die Lokalisation des Phytochroms in den Mitochondrien.

Die Ergebnisse lassen darüber hinaus an die Möglichkeit denken, daß das Phytochrom in der Zelle vielleicht in mehreren, biochemisch relativ selbständigen „Kompartimenten" vorkommt und wirksam ist. Diese Frage sollte auf jeden Fall genauer geprüft werden. Eine positive Beantwortung würde nicht nur ein neues Licht auf die Vielseitigkeit der vom Phytochrom gesteuerten Prozesse werfen, sondern wahrscheinlich auch geeignet sein, zur Klärung der verschiedenen Komplikationen beizutragen, die in den letzten Jahren bei der Untersuchung des Photoperiodismus aufgetreten sind. [BORTHWICK, NAKAYAMA und HENDRICKS; CUMMING; ENGELMANN; KANDELER; KASPERBAUER, BORTHWICK und HENDRICKS; DE LINT (1) und (2); MEIJER und VAN DER VEEN (1) und (2); NAKAYAMA, BORTHWICK und HENDRICKS; PURVES; TAKIMOTO und IKEDA (1) und (2); zur Deutung vergleiche man auch HENDRICKS (1)]. Die eben genannten Arbeiten enthalten Angaben oder Hinweise für die Tatsache, daß sowohl bei Kurztag- als auch bei Langtagpflanzen neben der bekannten Hellrot-Störlichtwirkung (mit Maximum der Wirksamkeit etwa in der Mitte der Dunkelphase) eine gleichsinnige Dunkelrot-Störlichtwirkung (mit Maximum der Wirksamkeit zu Beginn der Dunkelphase) vorhanden sein kann. Beide Wirkungen zeigen breite zeitliche Überlappung, so daß sie nicht einfach durch circadian-rhythmische Änderungen des Richtungssinnes der Phytochromwirkung bedingt sein können. Dementsprechend ist in diesen Fällen die Reversibilität der Reaktion nur zu Beginn der Dunkelphase (außerhalb des Überlappungsbereiches) vorhanden.

Auf einem ganz anderen Wege sind HAUPT u. Mitarb. bei ihren Arbeiten an *Mougeotia* zu dem Schluß gekommen, daß das Phytochrom im Cytoplasma zumindest teilweise in streng geordneter Form vorliegen muß. Die Autoren untersuchten die durch Phytochrom gesteuerte „positive" Phototaxis des Chloroplasten mit Hilfe von linear polarisiertem Licht und Punktlichtbestrahlung. Sie stellten zunächst fest, daß polarisiertes Hellrot nur dann die Reaktion (Übergang von der Kantenstellung in die Flächenstellung) induzierte, wenn die Schwingungsebene des Lichtes quer zur Längsrichtung der Zellen eingestellt war. Parallel zur Längsausdehnung der Zellen einwirkendes Hellrot hatte dagegen, ganz entsprechend der Wirkung von quer- oder längsschwingendem Dunkelrot, induktionslöschende Wirkung. Diese und weitere Befunde ließen sich deuten, wenn angenommen wurde, daß 1. es bei der Induktion auf die Schaffung eines (tetrapolaren oder bipolaren) Gefälles von P_{730} ankommt, 2. das Phytochrom im Cytoplasmamantel lokalisiert ist und 3. die Phytochrommoleküle mit ihren Übergangsmomenten nur parallel (nicht dagegen senkrecht) zur Oberfläche der Zelle orientiert sind. Bei diesen Voraussetzungen würde quer zum Zellcylinder schwingendes Licht auf den Flanken nicht absorbiert werden können und damit einen Gradienten von P_{730} von der Vorder- (und Rück-)seite zu den Flanken der Zelle hin schaffen. Längs zur Zelle schwingendes Licht würde dagegen rings um den Zellcylinder gleichmäßig absorbiert und also die Steilheit des Gradienten abschwächen [HAUPT, KÖHLER und MÜLLER; HAUPT (2) und (3)]. In den nächsten Arbeiten [BOCK und HAUPT; HAUPT (5)] unterzogen die Autoren die Annahmen 1. und 2. durch Anwendung von Punktlichtbestrahlung einer experimentellen Prüfung. Bei ausschließlicher Bestrahlung des Mittelteils der Zelle (Region des zunächst in Kantenstellung stehenden Chloroplasten) löste sowohl quer- als auch längsschwingendes Hellrot die Reaktion aus. Bei Bestrahlung des ganzen Zellquerschnittes trat gegenüber der Mittelteilbestrahlung bei querschwingendem Licht eine wesentliche Verstärkung, bei längsschwingendem Licht aber eine Minderung der Reaktion ein. Diese Versuche bestätigten die Annahme der Gefälle-Bedingung. Partielle Bestrahlung eines seitlich gelegenen chloroplastenfreien Teils der Zelle ergab mit querschwingendem Hellrot Induktion. Damit war (nach Berücksichtigung möglicher Fehlerquellen) auch der Sitz des wirksamen Photoreceptors im Cytoplasma erwiesen und gleichzeitig die verbleibende Annahme, 3. — die oberflächenparallele Orientierung der Phytochrom-Moleküle — zwingend geworden. In ihrer letzten Arbeit brachten HAUPT und BOCK darüber hinaus Hinweise dafür bei, daß die Übergangsmomente der Moleküle innerhalb der genannten Fläche alle in einem Winkel von etwa 45° zur Längsachse der Zelle liegen, also wie eine Spirale um die Zelle herumlaufen.

Auf der Suche nach den vom Phytochrom gesteuerten biochemischen Folgeprozessen wurden eine ganze Reihe von Stoffwechselbeeinflussungen durch reversible Hellrot-Behandlung festgestellt: Steigerung der Atmung in gequollenen Samen von *Pinus silvestris* (NYMAN), Bildung einer TPN-spezifischen Triosephosphatdehydrogenase in etiolierten Bohnenblättern (MARCUS), Bildung von (die IES-Oxydaseaktivität kontrollierendem) Kämpferol-3-(triglukosyl-p-cumarat) in etiolierten Erbsenblättern (FURUYA und THOMAS), Förderung der Eiweißbildung in Keimlingen von *Sinapis alba* (LANDGRAF), Förderung der Eiweiß- und Lipoidbildung in den Proplastiden von etiolierten Bohnenblättern (MEGO und JAGENDORF), Aufhebung der Latenzperiode vor Beginn der Chlorophyllbildung (PRICE und KLEIN; SISLER, KLEIN und GETTENS; VIRGIN). Die schon früher von GORDON und SURREY gefundene Phytochrom-Steuerung der oxydativen Phosphorylierung (Fortschr. Bot. **21**, 221; s. auch GORDON und SURREY 1960) wurde von SISLER und KLEIN weiter untersucht. Die Autoren konnten weder an *Avena*-Koleoptilen und -Mesokotylen noch Hypokotylabschnitten („Haken") von Bohnenkeimlingen eine Beeinflussung des ATP-Spiegels nach Hellrot- bzw. Dunkelrot-Bestrahlung finden. Hierbei ist allerdings zu bedenken, daß eine Änderung des Phosphat-Umsatzes sich nicht immer auch in der Konzentration des Primärproduktes der Phosphorylierung auszudrücken braucht. Es bedeutet deshalb keinen unbedingten Widerspruch, wenn SURREY und GORDON ihre positiven Befunde auch weiterhin — jetzt an *Lactuca*-Achänen — bestätigt fanden. Sowohl das aufgenommene Wirkungsspektrum als auch die mehrfache vollständige Umkehrbarkeit der Reaktion mit Hellrot und Dunkelrot ergaben einwandfrei, daß Aufnahme und Veresterung von radioaktiv markiertem Phosphat mit der Phytochrom-„Umschaltung" gekoppelt sind.

Vor mehreren Jahren waren hier einige Arbeiten referiert worden (Fortschr. Bot. **21**, 226), aus denen hervorging, daß weder Gibberellin noch Kinetin zu den Folgeprodukten der Hellrot-Bestrahlung gehören können. Eine unverhältnismäßig große Zahl von Bearbeitern hat sich jedoch weiterhin mit den möglichen Wechselbeziehungen zwischen Licht- und Gibberellin- bzw. Kinetin-Wirkungen beschäftigt [DOWNS und CATHEY; GORTER; HABER und LUIPPOLD; HILLMAN (1); KAHN; KAUFMAN und KATZ; KLEIN; LOCKHART (1)—(4) und (6); LOCKHART und DEAL; LOCKHART und GOTTSCHALL; MOHR und APPUHN; NAGAO, ESASHI,

Tanaka, Kumagai und Fukumoto; Ogawa; Powell und Griffith; Rombach; Sale und Vince; Simpson und Wain; Toole und Cathey). Ohne die Arbeiten hier im einzelnen zu referieren, sei zusammenfassend festgestellt, daß sich aus den Ergebnissen der meisten Autoren wiederum ergibt, daß Phytochrom und Gibberellin bzw. Kinetin unabhängig voneinander die verschiedenen Entwicklungsprozesse beeinflussen. Gegen einen engen Zusammenhang von Phytochrom und Gibberellin spricht schon die Tatsache, daß Hellrot und Gibberellin entweder gleichsinnig (z. B. bei Samenkeimung und Blattwachstum) oder gegensinnig (z. B. bei der Hypokotylstreckung) wirken können. Auch Lockhart hat seine gegenteiligen Anschauungen über die Wechselwirkung von Phytochrom und Gibberellin-Spiegel neuerdings stark modifiziert [Lockhart (6)]. Er kommt jetzt auch zu dem Schluß, daß die Synthese des Gibberellins vom Hellrot-Dunkelrot-Reaktionssystem nicht beeinflußt sein kann; er nimmt aber an, daß entweder eine Phytochrom-Steuerung des Gibberellin-Abbaues oder der Produktion eines Antigibberellins vorliegt. Dazu sei bemerkt, daß in allen bisherigen Versuchen (Fütterungsversuchen) zwischen einer etwaigen Steuerung des Abbaues und einer mehr oder weniger unabhängigen Wirkung beider Faktoren nicht entschieden werden kann. Wenn nämlich der mit Gibberellin gleichsinnig wirkende Lichtfaktor (im Falle der Hypokotylstreckung z. B. Dunkelrot) nicht etwa die Gibberellinsynthese ermöglicht, sondern den vorher vorhandenen Gibberellin-Abbau drosselt, dann ist ohne diesen Lichtfaktor eine echte Saturierung mit Gibberellin nicht unbedingt möglich. Dann kann also eine verstärkte Wirkung bei kombinierter Gabe beider Faktoren ebenso gut auf Blockierung des Abbaues wie auf unabhängiger Wirkung der Faktoren beruhen. Hier würde erst eine Analyse des endogenen Gibberellin-Spiegels unter den verschiedenen Lichtbedingungen weiterhelfen. Ein erster Schritt in diese Richtung ist von Wheeler unternommen worden. Zusätzlich zu Leuchtstofflampen gegebenes Glühlicht (also Erhöhung des Dunkelrot-Gehaltes) bewirkte eine Erhöhung der Internodienlänge und des Gehaltes an gibberellin- und indolylessigsäureartigen Substanzen bei Zwergbohnen. Die Frage des phytochromgesteuerten Gibberellin-Abbaues erscheint also der weiteren Untersuchung wert.

Einen ersten Hinweis dafür, daß ein dem Phytochrom zumindest ähnliches System auch in Pilzen vorkommen kann, liefert eine Arbeit von Klein und Klein. Bei *Neurospora* wurde die durch Röntgenstrahlen hervorgerufene genetische Schädigung durch Dunkelrot-Behandlung verstärkt und durch Hellrot gemildert. Auch konnte Hellrot den Dunkelroteffekt aufheben. Abweichend von dem sonst für Phytochromwirkungen Bekannten lag nur der Energiebedarf dieser Lichtreaktionen (etwa um 3 Zehnerpotenzen höher).

3. Das Blau-Dunkelrot-Reaktionssystem

Vor allem durch die Arbeiten von Mohr u. Mitarb. sind wieder eine Reihe von Lichtreaktionen bekannt geworden, bei denen das reversible Hellrot-Dunkelrot-Reaktionssystem nicht ausschließlich für die Gesamtwirkung des Lichtes verantwortlich zu sein scheint. Neben der Wirksamkeit des Phytochrom-Systems tritt ein Lichteffekt auf, der durch relativ hohen Energiebedarf und Wirkungsmaxima im Dunkelrot und Blau ausgezeichnet ist; so etwa bei der Keimung, der Öffnung des Plumula-Hakens und dem Hypokotylwachstum von *Lactuca sativa* [MOHR (4); MOHR und NOBLE; MOHR und WEHRUNG], ferner der Eiweißbildung, der Beeinflussung der geotropischen Reaktionsfähigkeit und der Bildung der Blattprimordien von *Sinapis alba* (LANDGRAF; MOHR und PICHLER; MOHR und PINNIG). HENDRICKS u. Mitarb. hatten den Versuch unternommen, alle derartigen Lichtwirkungen mit einer Sensibilisator-Wirkung der beiden im Gleichgewicht stehenden Phytochrom-Formen zu erklären (Fortschr. Bot. **22**, 145). Diese Deutung mußte jedoch fallen gelassen werden, als sich ergab, daß die Umwandlungsreaktionen $P_{660} \rightleftharpoons P_{730}$ monomolekularer Natur sind. Auf diese Weise fehlt nämlich die für die Hypothese entscheidende Möglichkeit, daß das Gleichgewicht der Reaktion durch weitere Reaktionspartner festgelegt sein kann. Weitere Gründe, die gegen die Hendrickssche Hypothese sprechen, wurden von MOHR und WEHRUNG zusammengetragen. Genannt sei hier nur das Argument, daß mehrere Fälle existieren, bei denen zwar die Wirksamkeit des Blau-Dunkelrot-Reaktionssystems, nicht aber die des Phytochrom-Systems nachgewiesen werden konnte. Trotzdem muß die Frage, ob das Blau-Dunkelrot-Reaktionssystem ein eigenes, vom Phytochrom unabhängiges Photoreaktionssystem ist, oder doch auf irgend einem anderen Wege auf bestimmte Eigenschaften des Phytochroms zurückgeführt werden kann, als unentschieden angesehen werden. Sowohl die Existenz besonderer Dunkelformen des Phytochroms (s. o.) als auch die Möglichkeit der Lokalisation in mehreren „Kompartimenten" (s. o.) eröffnen ein Feld für neue Hypothesen. (Ein diskutabler Vorschlag in dieser Richtung ist bereits von LANDGRAF geäußert worden.)

4. Die Blau-Reaktionssysteme

Lichtwirkungen, die nur vom kurzwelligen Teil des sichtbaren Lichtes ausgehen, wurden in der Berichtszeit wieder in großer Zahl beschrieben. Genannt sei hier die Beeinflussung folgender Prozesse: Wachstum von *Staphylococcus aureus* und anderen Bakterien (JØRGENSEN und STEEMANN NIELSEN), Ammoniak-Oxydation durch *Nitrosomonas europaea* und Nitrit-Oxydation durch *Nitrobacter winogradskyi* (SCHÖN und ENGEL; MÜLLER-NEUGLÜCK und ENGEL), Weiterverarbeitung der Photosynthese-Produkte in *Chlorella* und *Nicotiana*-Blättern (HAUSCHILD, NELSON und KROTKOV; TREGUNNA, KROTKOV und NELSON), Ribonucleinsäure- und Proteinsynthese von *Chlorella* (PIRSON und KOWALLIK; KOWALLIK), Teilungshemmung ausgewachsener *Chlorella*-Zellen (PIRSON und RUPPEL), „negative" Phototaxis der Chloroplasten von *Mougeotia* und *Vaucheria* (HAUPT und SCHÖNBOHM; HAUPT und SCHÖNFELD), Hutbildung von *Acetabularia mediterranea* und *crenulata* (RICHTER), Keimlingspolarität bei *Codium fragile* (WEBER), Tetrasporangien-Entleerung bei *Nitophyllum punctatum* [SAGROMSKY (1) und (2)], Pigmentbildung von *Cochliobolus sativus* (TINLINE und SAMBORSKI), Fruchtkörperbildung von *Collybia velutipes* (ASCHAN-ÅBERG), Konidiophorenwachstum und Zonierungsrhythmik von *Monilia fructicola* (JEREBZOFF), Entwicklung zwei- bis dreidimensionaler Prothallien von *Dryopteris filix mas* und *Alsophila australis* (MOHR und OHLENROTH; MOHR und BARTH), Protein-Synthese von *Dryopteris* (OHLENROTH und MOHR), Anthocyanbildung in *Sorghum*-Keimlingen (DOWNS; DOWNS und SIEGELMAN), Protoplasma-Verteilung in der Epidermis von *Aponogeton distachyus* (MOURAVIEFF), Schwachlicht- und Starklicht-Bewegungen der Chloroplasten von *Lemna trisulca* (ZURZYCKI).

Daß die mannigfaltigen Blaulicht-Reaktionen nicht etwa alle einem einzigen Photoreceptor-System zugeschrieben werden dürfen, geht z. B. aus einer Arbeit von HAUPT und MEYER ZU BENTRUP hervor [vgl. auch HAUPT (1) und (4)]. Die Autoren stellten für die Lichtinduktion der Polarität von *Fucus*-Zygoten und *Equisetum*-Sporen fest, daß mit steigender Bestrahlungsdauer zunächst ein Anstieg der Wirkung, dann ein Abfall und schließlich ein zweiter Anstieg erfolgt. Das Wirkungsspektrum des zweiten Anstieges ist nicht identisch mit dem des ersten. Es muß daher angenommen werden, daß in diesem Fall bereits für ein und dieselbe Reaktion zwei durch ihren Energiebedarf trennbare Blau-Reaktionssysteme verantwortlich sind. Die Frage nach der chemischen Natur der Photoreceptoren kann also für die Blaulicht-Wirkungen nicht generell, sondern nur von Fall zu Fall entschieden werden. Für den Phototropismus (vor allem von *Avena* und *Phycomyces*) werden nach wie vor Carotinoide und Flavine bzw. Flavoproteide diskutiert [vgl. z. B. CARLILE; HILLMAN (2); MOHR (2); THIMANN und CURRY], bei den Blaulicht-Effekten bei Bakterien ist vielleicht an Cytochrome zu denken (SCHÖN und ENGEL). In einigen Fällen ist erneut eine Lichtwirkung auch (oder sogar gerade) bei Carotinoidfreiheit der Objekte festgestellt worden (ASCHAN-ÅBERG; MATHEWS und SISTROM; SCHÖN und ENGEL).

Ein weiteres Argument für die Uneinheitlichkeit der Blaulicht-Wirkungen kann man evtl. aus den Untersuchungen über die Orientierung der Receptor-Moleküle entnehmen. JAFFE [(1) und (2)], BÜNNING und ETZOLD sowie JAFFE u. Mitarb. [(1) und (2)] haben neben anderen Vorgängen die durch Blaulicht verursachte Induktion der Polarität bei verschiedenen Objekten mit Hilfe von polarisiertem Licht untersucht und kommen zu dem Schluß, daß die Photoreceptoren mit den Achsen größter Energieabsorption bei *Fucus*- und *Pelvetia*-Zygoten sowie *Osmunda*-Sporen in Zellwandnähe periklin, bei *Botrytis*-Sporen aber antiklin ausgerichtet sind.

Die Lichtreaktionen der *Phycomyces*-Sporangiophoren sind durch DELBRÜCK und seine Mitarbeiter einer eingehenden Analyse unterzogen worden, deren Ergebnisse von DELBRÜCK und auch von REICHARDT zusammenfassend dargestellt worden sind. Aus der Vielzahl der behandelten Fragen seien hier nur diejenigen referiert, die das vermutliche Absorptionsspektrum, die Konzentration und die Lokalisation des Photoreceptors betreffen. DELBRÜCK und SHROPSHIRE untersuchten die Wirkungsspektren sowohl der Lichtwachstumsreaktion als auch der phototropischen Reaktion und stellten fest, daß beide im sichtbaren und im langwelligen UV-Gebiet praktisch identisch sind. Daraus ließ sich zunächst der Schluß ziehen, daß bei diesem Objekt „innere" Schirmpigmente die Wirkungsspektren nicht beeinflussen, denn diese müßten bei den beiden Reaktionen gegensätzliche Wirkung ausüben (Verminderung der Lichtwachstumsreaktion, Verstärkung der phototropischen Reaktion durch Erhöhung des Intensitätsunterschiedes zwischen Vorder- und Rückseite). Aber auch „äußere", d. h. zwischen den Photoreceptoren und der Zelloberfläche liegende Schirmpigmente scheinen nur in relativ geringem Maße vorhanden zu sein, wie die Analyse des Transmissionsspektrums ganzer Sporangiophoren ergab. So können also die Wirkungsspektren, die Maxima bei 385, 455 und 485 mμ besitzen, in diesem Fall als mehr oder weniger getreues Abbild des Absorptionsspektrums des Photoreceptors angesehen und zur Suche des Pigmentes in Extrakten benutzt werden. (Für das Zwischenminimum bei 460 mμ ist allerdings nicht sicher, ob es nicht doch durch ein Schirmpigment, z. B. β-Carotin, bedingt ist.) Aus dem Transmissionsspektrum der Sporangiophoren kann ferner geschlossen werden, daß die Konzentration des Photoreceptors sehr niedrig liegen muß (die Abschätzungen ergaben $< 10^{-4}$ M), da keine den Wirkungsspektren entsprechenden Maxima der optischen Dichte gefunden wurden. Die Absorption der Zellwand im sichtbaren Spektralgebiet wurde nach Auspressen des Zellinhaltes auf unterhalb 1% liegend bestimmt.Der Photoreceptor ist daher wahrscheinlich nicht in der Zellwand, sondern im Plasma lokalisiert.

Die durch Blaulicht in Gang gesetzten Folgereaktionen sind weiterhin vor allem an *Blastocladiella* untersucht worden. Bei jungen farblos-dünnwandigen Zellen dieses Pilzes werden durch Licht die Kernteilungen und das Wachstum beschleunigt (TURIAN und CANTINO). In einem späteren Entwicklungsstadium wird durch Licht die Generationsdauer verlängert. Als ein weiteres Glied in der Reaktionskette zwischen der Lichtreception und den genannten Entwicklungsvorgängen konnte das Glycin erkannt werden (CANTINO und TURIAN; McCURDY und CANTINO). Die Reaktionskette führt also über die Carboxylierung von Ketoglutarat zu Isocitrat, anschließende Bildung von Glyoxylat und darauf Glycin bis zur Erhöhung des relativen Anteils der Desoxyribonucleinsäuren am Gesamtnucleinsäuregehalt (TURIAN und CANTINO).

Literatur

ALLEN, M. B. (Edit.): Comparative Biochemistry of Photoreactive Systems. New York: Academic Press 1960. — ASCHAN-ÅBERG, K.: Physiol. Plantarum **13**, 276—279 (1960).

BENDIX, S.: (1) In: M. B. ALLEN (Edit.), Comparative Biochemistry of Photoreactive Systems, pp. 107—127. New York: Academic Press 1960; — (2) Bot. Rev. **26**, 146—208 (1960). — BOCK, G., u. W. HAUPT: Planta **57**, 518—530 (1961). — BONNER, B. A.: (1) Plant Physiol. **35**, XXXII (Suppl.) (1960); — (2) Plant Physiol. **36**, XLIII (Suppl.) (1961); — (3) Plant Physiol. **37**, XXVII (Suppl.) (1962). — BORTHWICK, H. A., and S. B. HENDRICKS: In: W. RUHLAND (Edit.), Handb. Pflanzenphys. XVI, pp. 299—330. Berlin-Göttingen-Heidelberg: Springer 1961. — BORTHWICK, H. A., S. NAKAYAMA and S. B. HENDRICKS: In: B. CHR. CHRISTENSEN and B. BUCHMANN (Edit.), Progress in Photobiology, pp. 394—398. Amsterdam: Elsevier 1961. — BÜNNING, E.: Die physiologische Uhr. 2. verbess. u. erweit. Aufl. Berlin-Göttingen-Heidelberg: Springer 1963. — BÜNNING, E., u. H. ETZOLD: Ber. dtsch. bot. Ges. **71**, 304—306 (1958). — BUTLER, W. L.: In: B. CHR. CHRISTENSEN and B. BUCHMANN (Edit.), Progress in Photobiology, pp. 569—571. Amsterdam: Elsevier 1961.

CANTINO, E. C., and G. TURIAN: Arch. Mikrobiol. **38**, 272—282 (1961). — CARLILE, M. J.: In: B. CHR. CHRISTENSEN and B. BUCHMANN (Edit.), Progress in Photobiology, p. 566. Amsterdam: Elsevier 1961. — CHRISTENSEN, B. CHR., and B. BUCHMANN (Edit.): Progress in Photobiology. Amsterdam: Elsevier 1961. — CUMMING, B.: Plant Physiol. **37**, XXVII—XXVIII (Suppl.) (1962).

DELBRÜCK, M.: Ber. dtsch. bot. Ges. **75**, 411—430 (1962). — DELBRÜCK, M., and W. SHROPSHIRE: Plant Physiol. **35**, 194—204 (1960). — DOWNS, R. J.: Plant Physiol. **36**, XLII (Suppl.) (1961). — DOWNS, R. J., and H. M. CATHEY: Bot. Gaz. **121**, 133—237 (1960). — DOWNS, R. J., and H. W. SIEGELMAN: Plant Physiol. **38**, 25—30 (2963).

ENGELMANN, W.: Planta **55**, 496—511 (1960).

FURUYA, M., and R. G. THOMAS: Plant Physiol. **37**, XXVIII (Suppl.) (1962).

GORDON, S. A.: In: B. CHR. CHRISTENSEN and B. BUCHMANN (Edit.), Progress in Photobiology, pp. 441—443. Amsterdam: Elsevier 1961. — GORDON, S. A., and K. SURREY: Radiation Res. **12**, 325—339 (1960). — GORTER, C. J.: Physiol. Plantarum **14**, 332—343 (1961).

HABER, A. H., and H. J. LUIPPOLD: Plant Physiol. **35**, 486—494 (1960). — HAUPT, W.: (1) Planta **51**, 74—83 (1958); — (2) Planta **55**, 465—479 (1960); — (3) In: B. CHR. CHRISTENSEN and B. BUCHMANN (Edit.), Progress in Photobiology, pp. 363—365. Amsterdam: Elsevier 1961; — (4) Ergebn. Biol. **25**, 1—32 (1962). — (5) In: Beiträge zur Physiologie und Morphologie der Algen, pp. 116—122. Stuttgart: G. Fischer 1962. — HAUPT, W., u. G. BOCK: Planta **59**, 38—48 (1962). — HAUPT, W., G. KÖHLER u. D. MÜLLER: Naturwiss. **47**, 113 (1960). — HAUPT, W., u. F.-W. MEYER ZU BENTRUP: Naturwiss. **48**, 723 (1961). — HAUPT, W., u. E. SCHÖNBOHM: Naturwiss. **49**, 42 (1962). — HAUPT, W., u. I. SCHÖNFELD: Ber. dtsch. bot. Ges. **75**, 14—23 (1962). — HAUSCHILD, A. H. W., C. D. NELSON and G. KROTKOV: Canad. J. Bot. **40**, 179—189 (1962). — HEIDT, L. J., R. S. LIVINGSTON, E. RABINOWITCH and F. DANIELS (Edit.): Photochemistry in the Liquid and Solid States. New York: J. Wiley & Sons 1960. — HENDRICKS, S. B.: (1) In: M. BURTON, J. S. KIRBY-SMITH and J. L. MAGEE (Edit.), Comparative Effects of Radiation, pp. 22—48. New York: J. Wiley & Sons 1960; — (2) In: M. B. ALLEN (Edit.), Comparat. Biochem. Photoreact. Systems, pp. 303—321. New York: Academic Press 1960; — (3) Cold Spring Harbor Symposia Quant. Biol. **25**, 245—248 (1960). — HILLMAN, W. S.: (1) In: R. B. WITHROW (Edit.), Photoperiodism and Related Phenomena in Plants and Animals, pp. 181—196. Washington: Amer. Assoc. for the Advancement of Science 1959; — (2) In: D. M. BONNER (Edit.), Control Mechanisms in Cellular Processes, pp. 213—226. Ronald Press Comp. 1961.

JAFFE, L.: (1) Science **123**, 1081—1082 (1956); — (2) Exp. Cell. Res. **15**, 282—299 (1958). — JAFFE, L., H. ETZOLD and S. McKINLEY: (1) In: B. CHR. CHRISTENSEN and B. BUCHMANN (Edit.), Progress in Photobiology, pp. 365—367. Amsterdam: Elsevier 1961; — (2) J. Cell. Biol. **13**, 13—31 (1962). — JEREBZOFF, S.: C. R. Acad. Sci. (Paris) **250**, 1549—1551 (1960). — JØRGENSEN, E. G., and E. STEEMANN NIELSEN: Physiol. Plantarum **13**, 534—538 (1960).

KAHN, A.: Plant Physiol. **35**, 333—339 (1960). — KANDELER, R.: Ber. dtsch. bot. Ges. **75**, 431—442 (1962). — KASPERBAUER, M. J., H. A. BORTHWICK and S. B. HENDRICKS: Plant Physiol. **37**, XXVIII (Suppl.) (1962). — KAUFMAN, P. B., and J. M. KATZ: Plant Physiol. **36**, XLI (Suppl.) (1961). — KLEIN, R. M., and D. T. KLEIN: Amer. J. Bot. **49**, 870—874 (1962). — KLEIN, W. H.: In: R. B. WITHROW (Edit.), Photoperiodism and Related Phenomena in Plants and Animals, pp. 207 to 216. Washington: Amer. Assoc. for the Advancement of Science 1959. — KLESCHNIN, A. F.: Die Pflanze und das Licht. Berlin: Akademie Verlag 1960. — KOWALLIK, W.: Planta **58**, 337—365 (1962).

LANDGRAF, J. E.: Planta **57**, 543—556 (1961). — DE LINT, P. J. A. L.: (1) Mededel. Landbouwhogesch. Wageningen **58**, (10) 1—5 (1958); — (2) Nature **184**, 731—732 (1959). — LIVERMAN, J. L.: Radiation Res. Suppl. **2**, 133—156 (1960). — LOCKHART, J. A.: (1) Plant Physiol. **34**, 457—460 (1959); — (2) Amer. J. Bot. **48**, 387—392 (1961); — (3) Amer. J. Bot. **48**, 516—525 (1961); — (4) In: B. CHR. CHRISTENSEN and B. BUCHMANN (Edit.), Progress in Photobiology, pp. 401—402. Amsterdam: Elsevier 1961; — (5) In: W. RUHLAND (Edit.), Handb. Pflanzenphys. XVI, pp. 390—438. Berlin-Göttingen-Heidelberg: Springer 1961; — (6) Plant Physiol. **37**, XXXVII (Suppl.) (1962). — LOCKHART, J. A., and P. H. DEAL: Naturwiss. **47**, 141—142 (1960). — LOCKHART, J. A., and V. GOTTSCHALL: Plant Physiol. **34**, 460—465 (1959).

MARCUS, A.: Plant Physiol. **35**, 126—128 (1960). — MATHEWS, M. M., and W. R. SISTROM: Arch. Mikrobiol. **35**, 139—146 (1960). — McCURDY, H. D., and E. C. CANTINO: Plant Physiol. **35**, 463—476 (1960). — McELROY, W. D., and B. GLASS (Edit.): A Symposium on Light and Life. Baltimore: J. Hopkins Press 1961. — MEGO, J. L., and A. T. JAGENDORF: Biochim. Biophys. Acta **53**, 237—254 (1961). — MEIJER, G., and R. VAN DER VEEN: (1) Acta Bot. Neerl. **9**, 220—223 (1960); — (2) In: B. CHR. CHRISTENSEN and B. BUCHMANN (Edit.), Progress in Photobiology, pp. 387—388. Amsterdam: Elsevier 1961. — MOHR, H.: (1) Ergebn. Biol. 23, 47—93 (1960); — (2) In: W. RUHLAND (Edit.), Handb. Pflanzenphys. XVI, pp. 439—531. Berlin-Göttingen-Heidelberg: Springer 1961; — (3) Ann. Rev. Plant Physiol. 13, 465—488 (1962); — (4) Naturwiss. Rundschau 16, 1—9 (1963). — MOHR, H., u. U. APPUHN: Planta 59, 49—67 (1962). — MOHR, H., u. CHR. BARTH: Planta 58, 580—593 (1962). — MOHR, H., u. A. NOBLÉ: Planta 55, 327—342 (1960). — MOHR, H., u. K. OHLENROTH: Planta 57, 656—664 (1962). — MOHR, H., u. I. PICHLER: Planta 55, 57—66 (1960). — MOHR, H., u. E. PINNIG: Planta 58, 569—579 (1962). — MOHR, H., u. M. WEHRUNG: Planta 55, 438—450 (1960). — MOURAVIEFF, I.: C. R. Acad. Sci. (Paris) 250, 1104—1105 (1960). — MÜLLER-NEUGLÜCK, M., u. H. ENGEL: Arch. Mikrobiol. 39, 130—138 (1961).

NAGAO, M., Y. ESASHI, T. TANAKA, T. KUMAGAI and S. FUKUMOTO: Plant Cell. Physiol. 1, 39—47 (1959). — NAKAYAMA, S., H. A. BORTHWICK and S. B. HENDRICKS: Bot. Gaz. 121, 237—243 (1960). — NAYLOR, A. W.: In: W. RUHLAND (Edit.), Handb. Pflanzenphys. XVI, pp. 331—389. Berlin-Göttingen-Heidelberg: Springer 1961. — NUERNBERGK, E. L.: Kunstlicht und Pflanzenkultur. München: BLV Verlagsgesellschaft 1961. — NYMAN, B.: Nature 191, 1219—1220 (1961).

OGAWA, Y.: Plant Cell. Physiol. 2, 343—359 (1961). — OHLENROTH, K., u. H. MOHR: Planta 59, 427—441 (1963).

PIRSON, A., u. W. KOWALLIK: Naturwiss. 47, 476—477 (1960). — PIRSON, A., u. H. G. RUPPEL: Arch. Mikrobiol. 42, 299—309 (1962). — POWELL, R. D., and M. M. GRIFFITH: Plant Physiol. 35, 273—275 (1960). — PRICE, L., and W. H. KLEIN: Plant Physiol. 36, 733—735 (1961). — PURVES, W. K.: Planta 56, 684—690 (1961).

REICHARDT, W.: Naturwiss. 48, 192—207 (1961). — RICHTER, G.: Naturwiss. 49, 238 (1962). — ROMBACH, J.: In: B. CHR. CHRISTENSEN and B. BUCHMANN (Edit.), Progress in Photobiology, pp. 379—380. Amsterdam: Elsevier 1961. — ROSENSTOCK, G., u. A. RIED: In: W. RUHLAND (Edit.), Handb. Pflanzenphys. XII, 2, pp. 259—333. Berlin-Göttingen-Heidelberg: Springer 1960.

SAGROMSKY, H.: (1) Naturwiss. 47, 141 (1960); — (2) Pubbl. Stazione zool. Napoli 32, 29—40 (1961). — SALE, P. J. M., and D. VINCE: Physiol. Plantarum 13, 664—673 (1960). — SALISBURY, F. B.: Ann. Rev. Plant Physiol. 12, 293—326 (1961). — SCHENCK, O. G.: (1) Z. Elektrochemie 64, 997—1011 (1960); — (2) Strahlentherapie 115, 497—521 (1961). — SCHÖN, G. H., u. H. ENGEL: Arch. Mikrobiol. 42, 415—428 (1962). — SIEGELMAN, H. W., E. M. FIRER, W. L. BUTLER and S. B. HENDRICKS: Plant Physiol. 37, XXVII (Suppl.) (1962). — SIMPSON, G. M., and R. L. WAIN: J. Exp. Bot. 12, 207—216 (1961). — SISLER, E. C., and W. H. KLEIN: Physiol. Plantarum 14, 115—123 (1961). — SISLER, E. C., W. H. KLEIN and R. GETTENS: Plant Physiol. 36, XLII (Suppl.) (1961). — SURREY, K., and S. A. GORDON: Plant Physiol. 37, 327—332 (1962).

TAKIMOTO, A., and K. IKEDA: (1) Bot. Mag. Tokyo 73, 37—43 (1960); — (2) Bot. Mag. Tokyo 73, 341—347 (1960). — THIMANN, K. V., and G. M. CURRY: In: W. D. McELROY and B. GLASS (Edit.), Sympos. Light and Life, pp. 646—672. Baltimore: J. Hopkins Press 1961. — TINLINE, R. D., and D. J. SAMBORSKI: Mycologia 51, 77—88 (1959). — TOOLE, V. K., and H. M. CATHEY: Plant Physiol. 36, 663—671 (1961). — TREGUNNA, E. B., G. KROTKOV and C. D. NELSON: Canad. J. Bot. 40, 317—326 (1962). — TURIAN, G., and E. C. CANTINO: J. Gen. Microbiol. 21, 721—735 (1959).

VIRGIN, H. I.: Physiol. Plantarum 14, 439—452 (1961).

WEBER, W.: Naturwiss. 48, 461—462 (1961). — WHEELER, A. W.: J. Exp. Bot. 12, 217—225 (1961). — WITHROW, R. B. (Edit.): Photoperiodism and Related Phenomena in Plants and Animals. Washington: Amer. Assoc. for the Advancement of Science 1959.

ZURZYCKI, J.: Acta Soc. Bot. Poloniae 31, 489—538 (1962).

11. Zellphysiologie und Protoplasmatik

Von HANS JOACHIM BOGEN, Braunschweig

Der Beitrag folgt in Band 26

12. Wasserumsatz und Stoffbewegungen

Von Hubert Ziegler, Darmstadt

In der Berichtszeit finden sich zusammenfassende Übersichten über Ergebnisse und Probleme des Wasserumsatzes und Stofftransportes bei Barner („Die Wechselwirkungen von Wald und Wasser im Lichte amerikanischer Forschungen"), Dainty ("Water relations in plant cells") Ladefoged („Über den Wasserhaushalt der Waldbäume"), Slatyer (1) ("Internal water relations of higher plants"), Walter („Zur Klärung des spezifischen Wasserzustandes im Plasma und in der Zellwand der höheren Pflanze und seine Bestimmung"), Kursanov (1) ("Le transport des substances et les transporteurs cellulaires"), (2) ("Metabolism and the transport of organic substances in the phloem"), Nelson ("The translocation of organic compounds in plants"), Weatherley ("The mechanism of sieve tube translocation: Observation, experiment and theory") und Ziegler („Der Ferntransport der Assimilate in der Pflanze"). Eine Reihe von lesenswerten Referaten findet sich in dem Bericht der UNESCO über das Madrider Symposium "Plant-Water Relationships in Arid and Semi-arid Conditions"; auf einige der darin enthaltenen Gedanken wird noch eingegangen werden. Ein weiteres Symposium befaßte sich mit den Methoden der pflanzlichen „Ökophysiologie" (Montpellier 1962).

I. Der Wasserhaushalt der Pflanze

1. Der Wasserhaushalt der Zelle

Die für die Charakterisierung der Wasserverhältnisse einer vacuolisierten Zelle übliche Gleichung der osmotischen Zustandsgrößen ($S = W - P$; Saugspannung = Osmotischer Wert − Turgordruck) hält eine Reihe von Autoren für nicht mehr befriedigend. Das liegt einmal daran, daß der englische Ausdruck für die Größe S "diffusion pressure deficit" (DPD) ganz unglücklich ist (vgl. auch Fortschr. **23**, 191), weil es sich hierbei weder um eine Differenz zweier meßbarer Größen handelt (Walter), noch auch die osmotische Wasserverschiebung durch Diffusion (vielmehr durch eine Massenströmung hydrodynamischer Natur; Dainty) bewerkstelligt wird. Zum andern erscheint es ihnen an der Zeit, die botanische Terminologie an die der Physik, speziell der Thermodynamik, anzugleichen, wie sie z. B. in der modernen Bodenkunde, Kolloidchemie und Meteorologie zumeist verwendet wird. Taylor u. Slatyer betrachten als thermodynamisch korrekte Größe für die Erfassung des Wasserzustandes das „Wasserpotential", das der spezifischen freien Energie (nach Gibbs) des Wassers entspricht und nicht wie die osmotischen Zustandsgrößen in Atmosphären, sondern in erg · g⁻¹ ausgedrückt wird.

Walter bezweifelt in seiner Stellungnahme, daß „die thermodynamische Betrachtung besondere Vorteile gegenüber der bisherigen aufweist und ein besseres Verständnis der Änderungen im Plasma und in der Zellwand von turgescenten und nichtturgescenten Zellen erlaubt". Soweit der Zustand des Wassergleichgewichtes betrachtet wird, scheint sie tatsächlich wenig mehr zu geben als das Gefühl, sich modern und physikalisch korrekt ausgedrückt zu haben. So unterscheidet sich die von TAYLOR u. SLATYER mathematisch abgeleitete „thermodynamische Zustandsgleichung":

$$\psi_w \quad = \quad w \quad + \quad \tau \quad + \quad \pi$$

Wasserpotential   osmotisches Potential   "matric potential"   Druckpotential

von der Gleichung der osmotischen Zustandsgrößen, abgesehen von der Dimension, nur durch die neu formulierte Größe τ, das "matric potential". (Es ist dabei zu berücksichtigen, daß alle Größen der obigen Gleichung negativ sind, nur π normalerweise — bei Turgordrucken über einer Atmosphäre — positiv.) Das "matric potential" soll alle physikalischen Bindungskräfte zwischen dem wasserführenden System (Boden, Plasma) und dem Wasser zusammenfassen (z. B. Absorptions-, Capillaritäts- und Hydratationskräfte), es ist also zumindest für die Zelle ein etwas verschwommener Faktor. Selbst im Boden, wo es zunächst besser definiert erscheint, ist es zweifelhaft, ob sich diese Größe mit dem osmotischen Potential zum Gesamtwasserpotential summieren läßt (COLLIS-GEORGE u. SANDS).

Für das Verständnis von Wasserverschiebungen innerhalb der Zelle, zwischen den Zellen und dem umgebenden Medium und im Medium selbst ist der konsequente Einsatz der Gesetze der irreversiblen Thermodynamik aber fraglos von großem Wert (vgl. DAINTY, MARSHALL).

Dies läßt auch der Versuch von GARDNER erkennen, auf ähnlicher Grundlage — anhand einer allgemeinen Gleichung für den Wasserfluß in nichtwassergesättigten (aber homogenen und isothermen) Böden — die Dynamik der Wechselbeziehungen im Wasserhaushalt von Boden und Pflanze quantitativ zu erfassen. Die Erniedrigung des Energiepotentials des Bodenwassers (unter dem Einfluß der Bodenteilchen) gegenüber dem des freien Wassers wird als Bodensog ("soil suction") bezeichnet und in bar (0,987 atm) ausgedrückt. Wasserverschiebungen im Boden werden durch Differenzen in diesem Potential verursacht, und ihr Ausmaß ist proportional dem Potentialgradienten. — Die Gleichung GARDNERs erlaubt die Bestimmung des Wassergehaltes, des Bodensoges und des Ausmaßes und der Richtung des Wasserflusses.

Für die Analyse spezieller Fragestellungen ist die thermodynamische Betrachtungsweise demnach bereits jetzt ein wichtiges Handwerkszeug, und es besteht wenig Zweifel, daß sie sich letzlich auch in der Botanik durchsetzen wird. Bevor sich ihr jedoch alle oder auch nur die Mehrzahl der mit Wasserhaushaltsfragen befaßten Botaniker zuwenden werden oder diese Begriffe gar mit Vorteil im Unterricht verwendet werden können, ist wohl noch eine weitere Abklärung der komplizierten mathematischen Grundlagen und eine Ergänzung der physikochemischen Grundwerte notwendig. Beispielhaft ist hierfür z. B. die Bestimmung der Wasserdurchlässigkeit der Zellwände von *Nitella* durch KAMIYA, TAZAWA u. TAKATA.

Die zitierte Arbeit von WALTER enthält noch einige erwähnenswerte
Hinweise. So kommt er anhand eines Modelles zu dem Schluß, daß der
Quellungszustand des Plasmas nur vom osmotischen Wert und nicht vom
Turgordruck abhängt. Die — methodisch besonders einfache — Bestimmung des osmotischen Wertes wird deshalb von ihm nach wie vor als das
geeignetste Verfahren zur Messung der Hydratur des Plasmas angesehen,
wenn diese Größe auch für andere Fragestellungen, etwa für die Wasserverschiebungen, nicht maßgebend ist.

Die Methode wurde in der Berichtszeit wieder mehrfach für ökologische Fragestellungen eingesetzt: STEUBING fand, daß der Windwirkung ausgesetzte Pflanzen
höhere osmotische Werte aufweisen und langsamer wachsen als die Kontrollen;
SCHEUMANN u. FRITZSCHE untersuchten den Einfluß verschiedener Düngung auf das
Wachstum von Pappelklonen und stellten fest, daß abnehmende Zellsaftkonzen-
tration mit zunehmendem Wachstum korreliert war; SCHMUCKER fand zwar nicht
große, aber deutliche Unterschiede im osmotischen Wert zwischen den drei „Rassen"
(viridis, caesia und glauca) von *Pseudotsuga taxifolia;* KREEB schließlich weist auf
die Brauchbarkeit der mit der Refraktometermethode gewonnenen Werte (die nur
unter bestimmten Voraussetzungen den osmotischen Werten parallel gehen) für die
Überwachung der Hydratur bewässerter, immergrüner Kulturpflanzen in ariden
Gebieten hin.

Ein anderer, neuerdings häufig verwendeter Begriff für die Feststellung des Wasserzustandes pflanzlicher Gewebe ist der relative Wassergehalt, d. h. das Verhältnis des aktuellen Wassergehaltes zu dem bei
Wassersättigung (in Prozent), die „relative turgidity", wie diese Größe
von den Angelsachsen unzweckmäßigerweise (vgl. WALTER) genannt
wird. Die Fehlerquellen bei der Ermittlung dieses Wertes und ihre Ver-
meidung werden von BARRS u. WEATHERLEY diskutiert, während
WEATHERLEY u. SLATYER die Beziehungen der "relative turgidity" zur
Saugspannung untersuchten.

Eine weitere interessante Feststellung WALTERs besagt, daß die Zellwände eines Pflanzengewebes in normalem (nicht plasmolysiertem) Zustand nie maximal gequollen sind: Im wassergesättigten Zustand nicht,
weil sie durch den Turgordruck gedehnt werden, im welken Zustand auch
nicht, weil dann das Wasser in ihnen unter Kohäsionsspannung steht.
WALTER hält aus diesem Grund mit Recht Angaben von GAFF u. CARR
über den Anteil des Zellwandwassers am Gesamtwassergehalt der Blätter
(von *Eucalyptus globulus*) für unrichtig; die Autoren hatten den Wassergehalt möglichst plasmafreien Zellwandmaterials bei maximaler Quellung
ermittelt und geschlossen, daß 40% des Gesamtwassers im Blatt sich in
den Zellwänden befänden und diese daher eine wesentliche Funktion als
Wasserspeicher hätten. (Diese letzte Annahme ist schon alt; vgl. z. B.
GOEBEL 1926, RENNER 1933.)

Es mehren sich die Indizien dafür, daß alles Wasser in der Zelle in
gleicher Weise einem Austausch zur Verfügung steht und keine Unterscheidung zwischen freiem und gebundenem Wasser möglich ist (vgl.
Fortschr. **23**, 193; **24**, 152). So wurde in Versuchen von SAMUILOV u.
EFREMOV (mit D_2O) das ganze Wasser im Maisblatt rasch ausgetauscht,
nur 12mal langsamer, als einer freien Diffusion entsprochen hätte (vgl.
auch VARTAPETIAN u. KURSANOV, GUSYEV).

DAINTY weist darauf hin, daß in den meisten Permeationsversuchen stillschweigend vorausgesetzt wird, daß die Konzentrationsverhältnisse an den Grenzschichten dieselben seien wie in den Lösungen selbst. Dies ist aber nur der Fall, wenn die Durchmischung so vollständig ist, daß sich keine ruhenden Schichten ("unstirred layers") an den Membranen ausbilden können. In den meisten Versuchen ist dies keineswegs der Fall, und es muß dann der (sehr komplexe) Einfluß der "unstirred layers" auf das osmotische Geschehen berücksichtigt werden.

Einige methodische Angaben sind erwähnenswert: EHLIG bestimmte mittels eines Thermonadel-Psychrometers die Luftfeuchtigkeit im Gasraum einer Kammer, der sich mit einer eingebrachten Blattprobe ins Gleichgewicht gesetzt hatte. Aus den Werten läßt sich die Saugspannung berechnen. Erfolgt dieselbe Bestimmung nach Abtöten der Blattproben, so ist der osmotische Wert zu ermitteln. Auf demselben Meßprinzip fußt eine von KLUTE u. RICHARDS angegebene Methode zur Messung der relativen Wasserdampfspannung in Böden. — RUDOLPH u. HORN beschreiben eine einfache Versuchsanordnung zur Demonstration hoher (bis zu 25 atm) osmotischer Drucke. — Als nichtpermeierende, physiologisch indifferente Plasmolytica werden neuerdings zunehmend synthetische Kunststoffe eingesetzt (WALTER, JACKSON). Auch die herkömmliche Substanz für osmotische Versuche, der Mannit, erwies aber in Versuchen von SLATYER (2) erneut seine Brauchbarkeit. — WARTENBERG berichtete von einer Methode zur Ermittlung des Grenzerschlaffungswertes von Zwiebelschuppenepidermen. Dieser Wert liegt stets bei einer niedrigeren Konzentration des Osmoticums als der für die Grenzplasmolyse; die Differenz ist aber bei den einzelnen Schuppen verschieden groß. Das Ablösen des Protoplasten von der Zellwand erfordert also einen stärkeren Wasserentzug, als er zum Schwinden des Turgors notwendig ist.

2. Das Wasser im Boden und die Wasseraufnahme

Die Möglichkeit zur Bestimmung der Bodenfeuchtigkeit mittels radioaktiver Strahlung fand weitere Aufmerksamkeit: TWERSKY u. HILLSMAN geben eine Gleichung zum Errechnen der Bodensaugspannung aus der Dämpfung einer Neutronenstrahlung, und FERGUSON u. GARDNER weisen auf die Eignung von ^{37}Caesium für die Bodenwasserbestimmung hin; die γ-Strahlen dieses Isotops haben hierfür einen optimalen Energiegehalt.

Wie für die Blutung (vgl. Fortschr. **24**, 155), so ist auch für die Guttation nicht das ganze Bodenwasser zwischen dem permanenten Welkepunkt und der Feldkapazität verwendbar (GRAČANIN). Ähnliches gilt für die Abhängigkeit der hydroaktiven Komponente der Spaltöffnungsbewegungen beim Kakao vom Bodenwassergehalt. Sie wurde merklich bei einer Verringerung des Bodenwassers unter 50—60% der gesamten Menge zwischen Feldkapazität und Welkepunkt [ALVIM (1)]. — Zur Bestimmung des Welkepunktes zieht DUPERREX *Coleus blumei* den üblichen Testpflanzen (Sonnenblume, Tomate) vor, weil er anspruchslos und leicht vegetativ zu vermehren ist.

Die Wasseraufnahme und Keimung von Fichtensamen erfolgt schneller, wenn sie sich mit dem Teil, der die Kotyledonen birgt, im Keimbett befinden, als wenn der Teil mit der Radicula nach unten zeigt; es ist hier — am Mikropylarende — eine besondere Schicht in der Samenschale ausgebildet, die für Wasser schwer durchlässig ist (ZENTSCH). Plastische Bilder (die einem Film entstammen) charakteristischer Quellungsphasen von Erbsen finden sich bei SPURNY.

VAADIA u. WAISEL prüften mit Hilfe von schwerem Wasser (THO) die Wasseraufnahme durch die Blätter von Sonnenblumen und die Nadeln

von *Pinus halepensis*, wenn das Wasser in Dampf- oder flüssiger Form
geboten wurde. Eine Wasseraufnahme ist in jedem Falle festzustellen,
wenn sie auch nur sehr langsam erfolgt. Stärkere Cutinisierung *(Pinus-
nadel)* und ein angespannter Wasserhaushalt verringerten die Absorption
noch mehr; sie wurde gefördert, wenn das markierte Wasser in flüssiger
Form geboten wurde. Der Rücktransport des Wassers aus dem auf-
nehmenden Blatt in die übrigen Pflanzenteile war ganz unbedeutend.

3. Die Wasserabgabe

Eine sehr nützliche Analyse der thermodynamischen Eigenschaften des Piche-
Evaporimeters verdanken wir ROTH. Es ist möglich, die Verdunstung und die
Mitteltemperatur des Filtrierpapierblättchens zu errechnen, wenn die maßgeblichen Parameter (Lufttemperatur, Windgeschwindigkeit, Strahlungsbilanz, relative
Luftfeuchtigkeit) bekannt sind. Es ergab sich eine vorzügliche Übereinstimmung
der berechneten mit den gemessenen Verdunstungswerten: Das Piche-Evaporimeter
gibt demnach physikalisch keine Rätsel mehr auf.

Als methodischer Fortschritt kann ein Elektrolythygrometer (mit einer feuchtig-
keitsempfindlichen Schicht aus Polyvinylacetat und Natriumdichromat) zur Messung der Feuchtigkeitsschwankungen in kleinen Gewebshöhlungen betrachtet werden (vgl. ähnliche Bestrebungen von MAYR, Fortschr. **23**, 194). KHOLODOVA konnte
damit die Variation der relativen Luftfeuchtigkeit in der Mohnkapsel studieren.

Eine der empfindlichsten Lücken in den Methoden zum Studium des
pflanzlichen Wasserhaushaltes war bisher das Fehlen eines einfachen, zu-
verlässigen, möglichst registrierenden Bestimmungsverfahrens zur Messung der Spaltöffnungsweite. Zwar gibt auch die Infiltrationsmethode bei
entsprechend kritischer Anwendung (DALE; OPPENHEIMER u. ENGEL-
BERG) brauchbare Ergebnisse, doch erlaubt sie keine kontinuierliche
Messung. Auf zwei Wegen scheint nun eine Lösung des Problems möglich
zu sein: HEATH u. MANSFIELD bauten das Widerstandsporometer nach
GREGORY u. PEARSE in der Weise aus, daß sie die Recipienten nur während der Messung (3 min während jeder halben Stunde) an die stomata-
tragende Blattoberfläche anschlossen, in der übrigen Zeit aber das Blatt
der normalen Luftbewegung aussetzten [ähnlich wie dies LANGE (1) in
seiner „Klappcuvette" für die CO_2-Messung tut]. Es können dabei mit
demselben Porometer verschiedene Blätter „in Serie" gemessen werden.
Die mit dieser Methode durchgeführten ersten Bestimmungen sind ermu-
tigend. — Nicht eigentlich registrierend, der Kürze der Meßzeit wegen
aber von ähnlichem Wirkungsgrad und zudem zu Messungen im Freiland
geeignet ist ein Verfahren von ALVIM (2), das dem eben geschilderten im
Prinzip recht nahe kommt.

Die zweite Methode (ELKINS u. WILLIAMS) versucht die Auflicht-
mikroskopie registrierend zu gestalten. Naturgemäß ist dieses photographische Verfahren aufwendiger und auf Objekte beschränkt, bei
denen sich das Spiel der Spaltöffnungen tatsächlich an der Blattoberfläche beobachten läßt.

Der Mechanismus der Spaltöffnungsbewegung ist trotz vieler Bemühungen noch nicht völlig klar (vgl. dazu das Kapitel „Bewegungen").
Wichtig sind die Befunde von BRUN, wonach die photoaktive Stomata-
öffnung bei Bananenblättern weniger von der Intensität des die Öffnung

auslösenden Lichtes als von der Dauer der vorhergegangenen Dunkelperiode (z. T. auch von der hier herrschenden Temperatur) abhängt. Bei hoher Temperatur (29°C) löste das Verdunkeln auch einen circadischen Rhythmus aus, der sich — unabhängig von den früheren photoperiodischen Verhältnissen — in einer gesetzmäßigen Schwankung in der Bereitschaft zur photoaktiven Öffnungsbewegung äußerte.

Nicht bei allen Pflanzen ruft eine Dunkelperiode ähnliche Wirkungen hervor; so hatte sie in Versuchen von DUGGER u. Mitarb. mit *Phaseolus* und *Petunia* wenig Einfluß auf die Stomatabewegung. Dagegen scheint die Schadwirkung durch photochemische Oxydantien (z. B. Ozon oder Peroxyacetylnitrat) bei diesen Arten sehr stark von der Verdunkelungsdauer abzuhängen. Ozon vermindert auch die Transpiration (TODD u. PROBST), ähnlich wie Atrazin (SMITH u. BUCHHOLZ). Interessanter wären Substanzen, die diese Wirkung ohne nachteilige Folgen hätten (vgl. Fortschr. **24**, 155). Es genügt dabei natürlich nicht, die Stomata zum Schließen zu bringen, wie man dies z. B. durch Einbringen der Wurzeln in 8-Hydroxychinolinsulfat zuwege bringen kann (STODDARD u. MILLER); es darf die Stoffproduktion dabei nicht beeinträchtigt werden. Ermutigende Ergebnisse hatte ROBERTS mit der Beimischung von höheren Alkoholen (z. B. Hexadecanol) zu Böden. Maispflanzen verbrauchten unter diesen Bedingungen bis zu 40% weniger Wasser als die Kontrollen. Mit ^{14}C-markiertem Hexadecanol wurde gezeigt, daß die Verbindung von der Pflanze aufgenommen und bis in die Blätter verfrachtet wird; hier setzt sie vermutlich an den transpirierenden Oberflächen die Verdunstung herab.

Die sehr empfindlichen Verfahren zur Messung von Blattemperaturen [vgl. LANGE (2)] ermöglichen eine eingehende Analyse der Verknüpfung mit der Transpirationsintensität und der Abhängigkeit von Außenfaktoren (vgl. z. B. B. GORYSHINA). Eine erhebliche Abhängigkeit der Verdunstung von der Blattemperatur und ihren Schwankungen ist nur bei offenen Stomata festzustellen (RUFELT, JARVIS u. JARVIS). Wie bei der Wasserabgabe des Piche-Evaporimeters (s. o.) ist auch bei der Blatttemperatur der Einfluß der verschiedenen bestimmenden Faktoren so vollständig, auch quantitativ, bekannt, daß die berechneten Temperaturwerte mit den gemessenen weitgehend übereinstimmen (TURRELL, AUSTIN u. PERRY).

Die Evapotranspiration eines Ausschnittes eines Tamariskenbestandes bestimmten DECKER, GAYLOR u. COLE, indem sie durch ein bedeckendes Plastikzelt einen Luftstrom leiteten, dessen Feuchtigkeitsdifferenz zwischen der Ein- und Austrittsstelle sie mit dem URAS ermittelten. Auch die Evapotranspiration läßt sich übrigens bei Kenntnis der entscheidenden Parameter (relative Feuchte, Lufttemperatur, Bewindung und Nettoeinstrahlung) berechnen, wobei die Übereinstimmung mit den Messungen vorläufig aber nur für langfristige Voraussagen befriedigend ist (VAN BAVEL u. HARRIS).

Eine vorherige Kältebehandlung (6—8°C) hat entgegen früheren Angaben keinen Einfluß auf die Transpirationsintensität von Hafer nach

Überführung in höhere (15–25°C) Temperatur (Korovin u. Novitskaya). — Die Transpirationsintensitäten verschiedener Baumsämlinge
hängen stark vom Bodenwasserpotential ab [Jarvis u. Jarvis (1)];
Kiefer reagierte am empfindlichsten auf eine Verringerung dieses Poten-
tials, Birke und Espe schwächer und die Fichte am trägsten. Bemerkenswerterweise transpirierten Pflanzen, die bei geringen Bodenwasser-
gehalten angezogen worden waren, bei nachheriger guter Wasserversorgung weniger als solche, die immer reichlich Wasser zur Verfügung gehabt
hatten. — Verschiedene Provenienzen von *Larix decidua* zeigen in ihrer
Transpirationsrate und bezüglich der Einschränkung der Wasserabgabe
bei erschwerter Wasserversorgung so große Unterschiede, daß wohl
physiologische Rassen vorliegen (Kral). — Die Fichte transpiriert sowohl
mit den zweijährigen wie mit den diesjährigen Nadeln besonders intensiv,
wenn die jungen Triebe sich eben entwickelt haben; während dieser begrenzten Zeit ist deshalb ihre Dürreempfindlichkeit besonders groß
(Oksbjerg). — Einen Vorstoß in ein vernachlässigtes Gebiet unternahm
Schütte (1). Er prüfte die Transpiration von Champignon-Fruchtkör-
pern und fand, daß $^2/_3$ der Gesamtwasserabgabe des Pilzes auf die Lamellen entfallen.

Die Guttation erwies sich auch bei den Pflanzen der ukrainischen Steppe als sehr
verbreitete Erscheinung; unter natürlichen Bedingungen zeigten von 308 untersuchten Arten 208 eine deutliche Wasserabscheidung (Hrodzinskyi u. Osychnyik).

Die Frostrisse der Baumstämme kommen nach Mayer-Wegelin, Kübler u.
Traber nicht durch Temperaturdifferenzen zwischen den äußeren und inneren
Geweben zustande, sondern durch den Wasseraustritt in die Intercellularen beim
Gefrieren, der eine Schwindungs-Anisotropie zur Folge hat (tangential ist der
Schwund etwa doppelt so groß wie radial). Es handelt sich also um einen Spezialfall
von Trockenrissen.

4. Physiologische und ökologische Auswirkungen der Hydraturverhältnisse

Einen vorzüglichen Überblick über unsere Kenntnisse von den
Trockenheitsanpassungen der Xerophyten verdanken wir Oppenheimer.
Nach Antipov gibt es auch unter den Hygrophyten xerophytische Anpassungen: So haben *Phragmites communis* und *Scirpus lacustris* eine
geringe Transpirationsintensität, hohe Hitzeresistenz, einen geringen Ge-
webswassergehalt und zahlreiche Stomata. Diese „xerophytischen" Merkmale werden auf die schwache Entwicklung der Wasserleitsysteme zurückgeführt, welche die relativ hohen Sprosse nicht allzu üppig mit
Wasser versorgen. Am natürlichen Standort zeigen auch andere Sumpf-
pflanzen niedrigere Verdunstungswerte als manche mesophytischen Wie-
senpflanzen; dies beruht darauf, daß über den bewachsenen Wasser-
flächen die relative Luftfeuchte höher, die Lufttemperatur niedriger und
die Windgeschwindigkeit geringer ist als über Wiesenflächen.

Eingehendere Untersuchungen über den Einfluß verschiedener Wind-
geschwindigkeiten auf die Organbildung und Substanzproduktion (bei
Sonnenblumenkeimlingen) führte Whitehead im Windkanal durch. Bei
stärkerer Bewindung (31,6 bzw. 53,1 km/Std) wurden die Blattflächen
und die Internodienlänge stark reduziert, auch das Trockengewicht der
Sprosse nahm ab, während sich das Wurzelgewicht wenig veränderte.

Die kleiner gebliebenen Pflanzen ließen ihren xeromorphen Charakter auch durch geringere Flächentranspiration erkennen, während die Photosyntheserate offensichtlich nicht beeinflußt war.

Eine neue Hypothese zur Erklärung des Zustandekommens der Sklerophyllie gibt LOVELESS. Er weist darauf hin, daß sich Hartlaubigkeit vor allem bei Pflanzen auf phosphatarmen Böden findet und daß der Grad der Sklerophyllie (als Maß dient das Faser/Protein-Verhältnis) steigt, wenn der Phosphorgehalt der Böden sinkt. Er nimmt an, daß bei sklerophyllen Pflanzen das Mangel an Phosphat (der evtl. durch Stickstoffmangel unterstützt sein kann) die Proteinsynthese beschränkt und die überschüssigen Assimilate deshalb bevorzugt zur Polysaccharidbildung verwendet werden.

Auch der Wassermangel selbst soll sich spezifisch auf die Proteinsynthese auswirken. Nach ZHOLKEVICH hat eine Dürrebelastung bei Mesophyten zunächst eine Störung der Phosphorylierungen (u. a. auch der ATP-Bildung) zur Folge, die über eine Verringerung des RNS-Gehaltes die Eiweißbildung beeinflussen soll (vgl. Fortschr. 22, 168). WEST stellte in Maiskeimlingen bei angespannter Wasserversorgung keine Verringerung der Menge, sondern eine Veränderung im Basengehalt der RNS fest, und zwar stieg das Verhältnis GMP + UMP : AMP + CMP an. Es erscheint durchaus denkbar, daß diese veränderte RNS die Proteinsynthese nicht in der gleichen Weise steuert wie die normale.

Am häufigsten untersucht wurden bisher die Auswirkungen der Hydratur auf den Gaswechsel und den Ertrag der Pflanzen. Auch in der Berichtszeit sind wieder einige erwähnenswerte Arbeiten erschienen. BRIX fand, daß bei *Pinus taeda* die Photosynthese bei Saugspannungen der Nadeln von 4 atm beeinträchtigt und von 11 atm vollständig verhindert war; für Tomaten betrugen die entsprechenden Werte 7 und 14 atm. Da die Transpiration in ähnlicher Weise beeinflußt wurde, wirkt sich der Wassermangel offenbar vornehmlich über die Spaltenregulation aus. Es ist nicht gleichgültig, in welchem Entwicklungszustand eine Pflanze einer Dürrebelastung ausgesetzt wird; beim Weizen wurde der Kornertrag nur dann erheblich vermindert, wenn der Wassermangel spät in der Vegetationsperiode einsetzte (LEHANE u. STAPLE).

Für die meisten Pflanzen ist auch ein übermäßig hoher Bodenwassergehalt schädlich, was z. T. auf eine gestörte Wurzelaktivität, z.T. auf die schwächere Entwicklung des Wurzelwerkes zurückgehen kann. Besonders empfindlich ist unter unseren Waldbäumen in dieser Hinsicht die Fichte [JARVIS u. JARVIS (2)]. Diejenigen Baumarten, die auf nassen Standorten zu gedeihen vermögen, zeigen verschiedenartige Anpassungen (HOSNER u. BOYCE): Die einen haben Wurzeln, die in den schlechtdurchlüfteten Böden zu gedeihen vermögen; die zweiten können Adventivwurzeln an den Stämmen bilden, und bei den dritten sind einfach die Sprosse dürreresistent. — Eine Steigerung der Empfindlichkeit gegen überschüssiges Wasser bei der Keimung der Gerste kann durch IES-Zufuhr erzielt werden (JANSSON). — Interessante Anpassungen an das extreme Biotop — die tropischen Wasserfälle — finden sich bei Podostemonaceen: Ihre

Samen entwickeln bei Benetzung in Sekundenschnelle eine Haftscheibe,
die sie auf der Unterlage verankert (GESSNER u. HAMMER).

Einige spezielle Auswirkungen eines Wassermangels sind erwähnenswert: Der
Kaffeestrauch muß eine Trockenperiode durchmachen, um zum Blühen zu kommen
[ALVIM (3)]. — Nach HAMMOUDA u. LANGE erhöhen bei verschiedenen Pflanzen
nichtschädigende Wasserdefizite die Hitzeresistenz. — Angespannter Wasserhaushalt setzt bei Kiefern den Druck in den Harzkanälen herab; hält der niedrige Druck
länger an, ist die Gefahr des Befalls mit Borkenkäfern wesentlich gesteigert (VITÉ). —
Bei *Pinus resinosa* ließ sich durch eine Trockenperiode während der Zeit der Früh-
holzbildung eine Ausbildung von Spätholz und somit ein „falscher Jahrring" induzieren [LARSON (1)].

Nicht überraschen wird die Feststellung von BERTOSSI u. CIFERRI, daß „fervori-
siertes" Wasser (Wasser, das bei 135—137°C autoklaviert worden war) gegenüber
normalem keinerlei besondere biologische Wirkungen hat, die nicht auf den veränderten Keim-, Gas- und Salzgehalt zurückzuführen wären.

II. Der Stofftransport

1. Cytologische und anatomische Grundlagen

a) Xylem. Außer IES [vgl. z. B. LARSON (2)] und Gibberellinen hat
auch Kinetin einen merklichen Einfluß auf die Differenzierung der
Cambiumderivate. In Segmenten aus Erbseninternodien bildet das
Cambium bei Einwirkung von IES hauptsächlich Wurzelprimordien, von
2,4-D einen Callus, während Kinetin allein oder in Verbindung mit Wuchsstoff eine recht „normale" Xylembildung induziert (SOROKIN, MATHUR u.
THIMANN). Es sind aber nicht nur hormonale Faktoren, die die Cambium-
differenzierung steuern; wie BROWN u. SAX in origineller Weise zeigen
konnten, ist ihr normaler Ablauf auch wesentlich von dem Druck abhängig, den die Rindengewebe auf das Cambium ausüben.

Es ist aber keineswegs so, daß wir über die „normale" Entwicklung der Cambi-
umabkömmlinge in allen oder auch nur in vielen Fällen ausreichend unterrichtet
wären. Es ist deshalb zu begrüßen, daß BANNAN nun nach eingehenden Untersuchungen an *Thuja* auch *Pinus strobus* bearbeitet. Er stellte fest, daß im allgemeinen
die Xylemelemente um so kürzer sind, je weiter der Jahrring ist. Die Häufigkeit der
antiklinalen Teilungen im Cambium war etwa gleich groß bei Bäumen mit Jahrring-
weiten zwischen 1,5 und 5 mm und stieg rasch bei Weiten unter 1,3 mm. — Ähnliche Untersuchungen wurden an *Ginkgo biloba* von SRIVASTANA durchgeführt.

b) Phloem. Die leitenden Zellen des Phloems haben im ganzen Pflanzenreich bemerkenswerte Gemeinsamkeiten: Sie sind im funktionsfähigen Zustand kernlos (neuerdings bestätigt für die Siebzellen des
sekundären Phloems von *Isoetes* — BHAMBIE — und die Siebelemente der
Blattnerven von Dikotylen — DE MORRETES) und besitzen die typischen
Calloseauskleidungen der Siebporen. Selbst bei der Phaeophycee *Macro-
cystis pyrifera* stimmt die Callose in ihrem chemischen und physikalischen Verhalten mit der von höheren Pflanzen überein, und es finden
sich hier Siebporen von ganz ähnlichen Aussehen wie bei den Blütenpflanzen [ZIEGLER (2)].

Die Untersuchungen der Feinstruktur der Siebelemente wurden intensiv fortgeführt. Alle untersuchten Objekte verhalten sich in der Hinsicht
gleichartig, daß die entwickelten Siebelemente ein auffallend organellen-
armes Plasma enthalten, in dem nicht nur der Kern verschwunden ist,

sondern auch die Mitochondrien spärlich sind und strukturelle Veränderungen erfahren haben (ESAU u. CHEADLE), der Tonoplast gewöhnlich nicht mehr nachweisbar ist (DULOY, MERCER u. RATHGEBER, ESCHRICH) und auch das Endoplasma-Reticulum erhebliche Umwandlungen durchmacht [KOLLMANN u. SCHUMACHER (1)], sofern es überhaupt noch nachweisbar ist. Die Hauptdiskussionspunkte sind zur Zeit a) die Natur der Siebporenfüllungen; b) die Rolle der Callose; c) die Bedeutung des Schleimes in den Siebelementen.

α) *Die Natur der Siebporenfüllungen.* Es ist keineswegs leicht zu entscheiden, ob die Substanzen, die in den Elektronenaufnahmen die Siebporen erfüllen, als Plasma (wie neuerdings wieder MEHTA u. SPANNER für *Nymphoides peltatum* annehmen) oder als Schleim zu bezeichnen sind, zumal der Schleim auch aus Protein bestehen soll (DULOY u. Mitarb.). Es scheint bisher auch nur für die Gymnosperme *Metasequoia sempervirens* eindeutig sichergestellt, daß die dargestellten Strukturen in den Siebporen tatsächlich Elemente des Endoplasma-Reticulums sind [KOLLMANN u. SCHUMACHER (2)]. Bei den Angiospermen sind vielleicht gar keine Röhren-, sondern Fibrillensysteme ausgebildet (ENGLEMAN für *Impatiens sultani*), sofern die Bilder nicht sogar eine offene Vacuolenverbindung benachbarter Siebröhrenglieder anzeigen (ESAU, CHEADLE u. RISLEY für *Cucurbita*).

β) *Die Rolle der Callose.* ESAU, CHEADLE u. RISLEY finden bei jungen Siebelementen von *Robinia* und *Cucurbita* eine auffallende Beziehung zwischen der Lage der zukünftigen Siebporen und den ersten scheibchenförmigen Calloseauflagerungen zu beiden Seiten der Siebplatte. Die zunächst naheliegende Annahme, daß diese Callosebeläge mit der Erweiterung der Plasmodesmen zu Siebporen zu tun haben könnten, ist durch die Befunde von ESCHRICH unwahrscheinlich geworden, der bei entsprechender Fixierung bei *Cucurbita* Siebporen antraf, die keine Spur von Callose enthielten. Callose scheint deswegen weder für die Ausbildung der Siebporen noch auch für den Transport unumgänglich notwendig zu sein; sie erscheint aber bei normaler Aufarbeitung auch in Siebröhren, die nachweislich zu Leitung befähigt sind [ULLRICH(1)]. Da sie bei tiefgehenden Eingriffen verstärkt gebildet wird (vgl. ESCHRICH), war daran zu denken, daß eine Calloseverstopfung der Siebporen für die Hemmung des Stofftransportes durch Cyanid verantwortlich sein könnte; es soll dies aber nach ULLRICH (2) nicht der Fall sein.

Es ist aber wohl kaum zweifelhaft, daß die Callose auch in leitenden Siebelementen in situ in vielen Fällen vorhanden ist und hier nicht nur ein zufälliges Produkt eines gestörten Stoffwechsels ist, sondern Funktionen ausübt. Es ist z. B. daran zu denken, daß die Callosebildung eine der Möglichkeiten ist, die der Pflanze zur Regulierung der Saftstromgeschwindigkeit (die ja nach den bisherigen Erfahrungen bemerkenswert einheitlich ist) zur Verfügung stehen. Im Falle einer Massenströmung wird diese Geschwindigkeit ja im wesentlichen durch das osmotische Gefälle, die Viscosität der strömenden Lösung und die Reibungswiderstände bestimmt, und es ist zweifellos die letzte Größe, die in den Leitbahnen selbst am feinsten und leichtesten zu regulieren ist. Hier könnte auch *γ) die Bedeutung des Schleimes in den Siebelementen* liegen, dessen netzartige Struktur je nach der Dichte einen verschieden großen Widerstand gegen die Strömung bietet. Es ist vielleicht kein Zufall, daß die Schleimbildung gerade bei Arten mit besonders weiten Poren (z. B. den Cucurbitaceen) besonders ausgeprägt ist. Es läge auf der Linie der biologischen Regelungen, wenn eine Koppelung in der Weise bestünde, daß die Dichte des Schleimes (und damit der Reibungswiderstand) mit der Strömungsgeschwindigkeit zunähme.

2. Der Wasser- und Stofftransport im Xylem

a) Wurzeldruck und Blutungssaft. In einer vielseitigen Arbeit untersuchten REUTHER u. REICHARDT die Abhängigkeit der Blutung bei Reben von verschiedenen Außenbedingungen. Bei stärkerer Blutung, wie sie bei Bodentemperaturen über 12°C auftritt, ist die Konzentration und Menge von Glucose und Fructose im Blutungssaft geringer als bei niedrigeren Temperaturen (es handelt sich dabei nicht nur um einen Verdünnungseffekt!). Eine autonome Rhythmik des Blutens ist bei den Reben nicht zu erkennen, die auftretenden Schwankungen sind temperaturbedingt. — Bei krautigen Pflanzen scheint auch die Hydratur einen Einfluß auf die Zusammensetzung des Blutungssaftes zu haben: Bei Kürbiswurzeln enthielt er nur nach einer Dürreperiode Zucker (ZHOLKEVICH).

HAQ u. ADAMS, die im Ahornblutungssaft als Zucker überwiegend Saccharose und daneben (in geringer Menge) Oligosaccharide festgestellt hatten, die durch Transferasereaktionen aus Rohrzucker entstanden sein dürften (Fortschr. **24**, 160), analysierten nun den Birkenblutungssaft. Die Hauptzucker sind Glucose und Fructose in etwa gleicher Menge (vermutlich durch Hydrolyse von Saccharose entstanden), daneben finden sich ein Polysaccharid vom Arabogalaktantyp und sieben Oligosaccharide. Diese letzteren gehören drei Gruppen an, die ihrer Entstehung nach wohl nichts miteinander zu tun haben: Die erste umfaßt Saccharose und ihre Transferaseprodukte, die zweite besteht aus Gentiobiose, und die dritte enthält Melibiose, Manninotriose und Verbascotetraose, die aus Raffinose, Stachyose und Verbascose (die nach LINDBERG u. SELLEBY im winterlichen Birkenholz neben dem Hauptzucker Saccharose vorliegen) durch die Abspaltung des Fructoserestes entstanden sein dürften. Vermutlich ist in parenchymatischen Zellen des Xylems eine β-Fructofuranosidase aktiv. — Von den Substanzen, die IVANKO im Blutungssaft von Kürbis, Mais und Tomate nachwies, sind die organischen Säuren erwähnenswert; es fanden sich Fumar-, Bernstein-, Brenztrauben-, Oxal- und Weinsäure. — Bemerkenswert ist, daß der Blutungssaft von *Nicotiana rustica* bei den abgeschnittenen Blättern dieser Pflanze den bekannten Motheschen Kinetineffekt (Hemmung des Protein- und Chlorophyllabbaues) hervorruft (KULAYEVA). Auch geringe Mengen von Nucleinsäuren werden für den Blutungssaft von Tomatenwurzeln angegeben (TARASENKO u. KOVALENKO). — Abgeschnittene Palmenwurzeln zeigen einen relativ hohen Wurzeldruck (bis 1250 cm Wasser, d. h. > 1 atm; DAVIS).

Ein Modellsystem für einen Wassertransport gegen ein Gefälle der Wasserkonzentration, der durch einen aktiven Transport gelöster Substanzen bewirkt wird und das insofern auch auf den Wurzeldruck prinzipiell anwendbar ist, geben CURRAN u. MacINTOSH (für die Darmwand).

b) Der Transpirationsstrom. Zahlreiche Arbeiten beschäftigen sich in der Berichtszeit mit der Abhängigkeit der Ionenaufnahme durch die Wurzeln und des Ioneneintrittes in das Xylem vom Transpirationssog einerseits und von aktiven „Ionenpumpen" andererseits, sowie mit der mikroautoradiographischen Erfassung des Wanderweges von Isotopen in der Wurzel von der Rhizodermis bzw. den Wurzelhaaren bis zu den Leitbahnen. Einzelheiten finden sich im Kapitel „Mineralstoffwechsel".

Während sich der Stickstoff im Transpirationsstrom vorwiegend in organischer Form vorfindet (bei *Pinus taeda* z. B. als Glutamin; BARNES), werden von außen der *(Beta-)*Wurzel zugeführte (^{14}C-markierte) proteinogene Aminosäuren bei schwacher Transpiration offenbar vorwiegend im Phloem akropetal transportiert (JOY); bei stärkerer Transpiration treten sie aber auch ins Xylem über. — Eisen wandert im Xylem wohl vorwiegend als Chelat (es wäre bei den dortigen p_H-Bedingungen und Begleitionen sonst nicht löslich). Bietet man es den Wurzeln in Bindung an synthetische (^{14}C-markierte)Komplexbildner (z. B. EDTA), so kann auch der gesamte Komplex im Xylem transportiert werden, wobei ein teilweiser Abbau des Chelatpartners erfolgen kann (HALE u. WALLACE; JEFFREYS, HALE u. WALLACE).

Während für die Markierung der vom Transpirationsstrom durchflossenen Bahnen nach wie vor Farbstoffe mit Nutzen eingesetzt werden können (GEORGESCU), ist dies Verfahren bekanntlich für Geschwindigkeitsbestimmungen ungeeignet. Hierfür bewährte sich erneut die thermoelektrische Methode HUBERs; KLEMM fand mit ihrer Hilfe, daß durch abnehmenden Bodenwassergehalt die Transpirationsstromgeschwindigkeit bei Pappeln verringert wurde; ihre Erhöhung nach Wiederbefeuchten war um so größer, je besser die Pflanzen der Dürre angepaßt waren.

Mit dem Wasserhaushalt von Pfropfreisern befaßte sich BRAUN. In der ersten Phase der Verwachsung ist das Reis auf seine Wasserreserven angewiesen; es treten dabei in ihm Wasserverschiebungen von innen nach außen und von unten nach oben auf, so daß der untere Holzkörper des Reises besonders gefährdet ist auszutrocknen. Nach Bildung der Parenchymbrücken zwischen Reis und Unterlage übernehmen zunächst diese Gewebe die Wasserzuleitung, bis schließlich der Xylemanschluß hergestellt ist.

Es ist damit zu rechnen, daß in wasserdurchflossenen, verholzten Geweben Strömungspotentiale (in der Größenordnung einiger mV) auftreten, wie andererseits durch ein angelegtes Potential elektroosmotische Strömungen ausgelöst werden können (FENSOM). Ob diesen Erscheinungen eine biologische Bedeutung zukommt, ist unklar.

Einen merkwürdigen Einfluß scheint die Richtung des Transpirationsstromes auf das Schicksal der Seitenwurzelanlagen in den Luftwurzeln von *Callisia martensiana* zu haben. Die experimentelle Umkehr (von akropetal zu basipetal) bedingt ein Auswachsen der Initialen (BOPP, JÄPPELT u. HANKE).

3. Der Parenchymtransport

Die geringe Leistungsfähigkeit des Parenchymtransportes gegenüber dem in den Leitbündeln zeigte sich wieder in Versuchen von JONES u.

EAGLES: Wird ein Teil eines Tabakblattes während der Photosynthese in $^{14}CO_2$ lichtdicht abgedeckt, so wandern die markierten Verbindungen in den Intercostalfeldern nicht über die Grenze der belichteten Zone.

Die Analyse des vergilbungsverhindernden Effektes des Kinetins wurde weitergeführt (ENGELBRECHT u. CONRAD). Mit Kinetin besprühte Blattabschnitte hatten einen höheren Auxingehalt als die Kontrollen und nahmen auch durch den Sproß zugeführte IES verstärkt auf. Aus ^{14}C-markierter IES wird dabei ein Prinzip mit ähnlicher Wirkung wie das Kinetin gebildet. Es besteht aus peptidartigen Verbindungen der IES. Es ist noch unklar, ob dieser Komplex selbst wirksam ist oder aber als Auxindepot mit Dauerwirkung anzusehen ist. Ob Kinetin immer über Auxin seinen Einfluß ausübt, ist noch nicht zu entscheiden.

Der Auxintransport im Parenchym ist ein komplexer Vorgang. Mit Hilfe von ^{14}C-markierter IES zeigten GOLDSMITH u. THIMANN, daß der Wuchsstoff in *Avena*koleoptilen z. T. als unverändertes Molekül polar verlagert, z. T. enzymatisch abgebaut und z. T. in nicht mehr transportfähiger Form festgelegt wird. Es gibt auch Anzeichen dafür, daß die Fähigkeit des Parenchyms zum Auxintransport durch den Wuchsstoff selbst gefördert wird (LEOPOLD u. LAM). Auch ATP ist bekanntlich in dieser Weise wirksam (Fortschr. **24**, 163); da aber auch alle anderen geprüften Adeninderivate (Adenin, Adenosin, AMP) ähnliche Effekte haben, halten LIBBERT, KENTZER u. STEYER die Adeninwirkung für das Entscheidende. Es ist aber auch daran zu denken, daß die letztgenannten Verbindungen über eine Verstärkung der ATP-Produktion zur Geltung kommen.

Das Zuckerrohr bildet wegen seines hohen Zuckerumsatzes ein beliebtes Objekt für das Studium der Zuckerverschiebungen im Parenchym. BIELESKI fand, daß Saccharose, Glucose und Fructose wahrscheinlich in Bindung an einen Carrier in die Zellen unreifen Zuckerrohrmarkes aufgenommen werden. Die Umwandlung der übrigen Zucker in den Depotzucker Saccharose erfolgt offenbar vor der Freisetzung der Zucker von dem Trägersystem. Die Leitbündel erwiesen sich dabei als wesentlich stärkere Akkumulationsgewebe für die Zucker als das Parenchym. — Nach GLASZIOU finden sich in den Vacuolen der jungen Speicherzellen neben Saccharose auch Glucose und Fructose, die vermutlich durch eine Invertase aus dem Rohrzucker freigesetzt wurden; im älteren Gewebe soll diese Invertase inaktiv werden und die Saccharose deshalb unangegriffen bleiben.

Wird Baumrinden ^{32}P zugeführt und über der Fütterungsstelle geringelt, so kann das Isotop über den Holzkörper die Ringelungsstelle umgehen; es muß also ein radialer Transport eingetreten sein (KISELEV).

4. Der Transport im Phloem

a) Die transportierten Stoffe. v. DEHN konnte durch eine Weiterentwicklung der Aphidenmethode auch bei vier krautigen Pflanzen *(Campanula rapunculoides, Centaurea scabiosa, Cirsium arvense* und *Rumex crispus)* reinen Siebröhrensaft über die abgeschnittenen Läuserüssel gewinnen. Bis zu 10 Tage trat der Saft in unveränderter Tagesmenge

(2,0—4,5 mm³) und Zusammensetzung hervor. Der Zuckergehalt betrug 10—15%, neben dem weit überwiegenden Rohrzucker fanden sich in Spuren zwei noch nicht identifizierte Zucker. Die Stickstofffraktion wird fast ausschließlich aus freien Aminosäuren (17—18) gebildet. Im Honigtau der Läuse wird bei höherer Temperatur eine größere Zahl von Zuckern ausgeschieden als bei niedriger, sein Gesamtgehalt an Aminosäuren ist wesentlich geringer als der des Siebröhrensaftes.

Saccharose erwies sich als Hauptwanderzucker auch bei *Pisum sativum* (LINCK u. SUDIA) und bei *Phaseolus multiflorus* [BACHOFEN (1)]; bei letzterem spielt wahrscheinlich auch Raffinose eine Rolle. — Die Tomate enthält vorwiegend Saccharose, nicht nur im Phloem, sondern auch im sekundären Xylem (VAN DIE). — Beim Apfelbaum findet sich im Siebröhrensaft neben viel Saccharose, wenig Raffinose und Spuren von Stachyose auch Sorbit in ansehnlichen Mengen; er scheint hier als Transportsubstanz bedeutsam zu sein (WEBB u. BURLEY). FIFE, PRICE u. FIFE analysierten ein Exsudat von Zuckerrübenwurzeln, das sich vom Xylemsaft und vom Preßsaft der Wurzel deutlich unterscheidet und das sie für Siebröhrensaft halten. Auffallend ist vor allem der hohe Elektrolytgehalt dieses Exsudates (21% der gesamten gelösten Stoffe). — Die Synthese sekundärer Pflanzenstoffe nimmt wahrscheinlich in der Regel von den Wanderzuckern ihren Ausgang; im Splintholz von *Eucalyptus sieberiana* können die Polyphenole jedenfalls aus Zuckern gebildet werden (HILLIS u. HASEGAWA).

Im Blattparenchym und in den Leitbündeln der Zuckerrübe ließen sich 3—4mal soviel säurelösliche Nucleotide nachweisen als im Blattstielparenchym. Das Verhältnis Adenosinphosphate : Uridinphosphate betrug dabei im Blattparenchym 0,94, in den Leitbündeln 0,44 und im Blattstielparenchym 0,22 (PAVLINOVA u. AFANAS'EVA). Die verschiedenen physiologischen Aktivitäten spiegeln sich hier deutlich wider.

Das phloemimmobile Calcium wandert bei *Vigna sesquipedalis* auch aus den Kotyledonen während der Keimung nicht aus, im Gegensatz z. B. zum Kalium, das zu 90% in den Embryo verschoben wurde (OKAMOTO).

Es wird angenommen, daß die Knollenbildung bei der Kartoffel durch einen im Kurztag gebildeten Faktor gefördert, durch Gibberelline, die vor allem im Langtag entstehen sollen, dagegen gehemmt wird. Da man die Knollenbildung an gegabelten Kartoffelpflanzen verzögern kann, wenn man den im Kurztag gehaltenen Gabelsproß ringelt, dagegen beschleunigen, wenn die Langtagshälfte geringelt wird, scheinen beide Wirkstoffe im Phloem transportiert zu werden (OKAZAWA u. CHAPMAN). — Die Wanderung des Blühimpulses bei *Xanthium* ist unabhängig vom Licht (SEARLE).

Die für die Praxis bedeutsamen Versuche zur Klärung der Wanderung und des Umsatzes von Herbiciden und Fungiciden in höheren Pflanzen bestätigen die früheren Erfahrungen, daß die einzelnen Stoffe in sehr verschiedenem Ausmaß abgebaut werden können, verschieden schnell wandern und z. T. im Phloem, z. T. im Transpirationsstrom, teilweise auch in beiden Bahnen transportiert werden [FOY (1), (2), DONOHO, MITCHELL u. BUKOVAC, LEONARD u. WEAVER, CURRY, ELIASSON]. Streptomycin wandert in *Coleus*-Pflanzen vom gefütterten Blatt in die Wurzel und gelangt offenbar auch ins Medium, wo es den Anteil der gramnegativen Bakterien an der Rhizosphärenpopulation stark vermindert (DAVEY u. PAPAVICAS).

b) Die Bahnen und die Richtung des Transportes. Für die bekannte Tatsache, daß der Assimilattransport nach den Orten des Assimilatbedarfes gerichtet ist und von dort gesteuert wird, wurde ein Fülle von weiteren Belegen beigebracht [THROWER; ERMOLAEVA, FILIPPOVICH u. SHILOVA; SOMOS, FERENCZ u. KATONA; LINCK u. SUDIA; SCHOPMEYER; THAINE, OVENDEN u. TURNER; BURR u. Mitarb., HILL (1)]. Bemerkenswerterweise wirkt von außen zugeführter Wuchsstoff ähnlich wie wachsendes Gewebe, und zwar wahrscheinlich schon zu einer Zeit, wo er das Wachstum noch nicht angekurbelt haben kann (BOOTH u. Mitarb., POVLOTSKAYA, RAKITIN u. KHODANSKAYA).

BACHOFEN u. WANNER (1) finden nach Verabreichung von $^{14}CO_2$ an Blätter oder Früchte von *Phaseolus* auf ihren Radioautographien die Aktivität hauptsächlich in den Zellen des noch unverholzten sekundären Xylems, des Cambiums und des jüngsten Phloems. Ihr Schluß, daß damit die wesentlichen Transportbahnen erfaßt seien, ist vermutlich nicht berechtigt: Es ist klar, daß Zellen mit lebhaftem Stoffwechsel und umfangreichen Syntheseleistungen stark mit Assimilaten versorgt sein müssen, auch wenn sie nicht selbst die Leitbahnen darstellen.

c) Die Geschwindigkeit des Transportes. CANNY (1) hatte die Geschwindigkeit der Isotopenwanderung in Weidenstecklingen verfolgt, deren Blätter in $^{14}CO_2$-Atmosphäre assimiliert hatten. Er war zu dem Schluß gekommen, daß die Aktivitätswelle sich mit einer Geschwindigkeit von 0,2–2 cm pro Stunde vorwärts bewegt (vgl. auch Fortschr. 24, 164). Der Annahme, daß hiermit die tatsächliche Transportgeschwindigkeit der Assimilate im Phloem erfaßt sei, tritt SPANNER mit Recht entgegen; es muß hierbei der „Verdünnungseffekt", d. h. das seitliche Austreten der markierten Assimilate aus den Siebröhren während der Wanderung berücksichtigt werden. Mit verbesserter Methodik ergaben auch die Bestimmungen der Isotopenwanderung im Phloem „normale" Werte von einigen Dezimetern bis etwas über 1 m pro Stunde [BACHOFEN u. WANNER (2), BURR u. Mitarb., PEEL u. WEATHERLEY (1)]. Eine eingehende Analyse der Radioaktivitätsverteilung im Sproß nach Fütterung mit Isotopen läßt vermuten, daß entweder die Strömungsgeschwindigkeit im Phloem nicht in allen Pflanzenteilen gleichmäßig oder aber die Austrittsrate der Stoffe aus den Siebröhren verschieden ist [SPANNER u. PREBBLE, BACHOFEN (1)]. Eindeutigere Vorstellungen erfordern umfangreicheres und detaillierteres experimentelles Material. Dabei ist auch zu berücksichtigen, daß die Geschwindigkeit der Verteilung stark durch die Art der Isotopenapplikation beeinflußt wird [BACHOFEN (2)].

d) Der Mechanismus des Transportes. THAINE hat seine Vorstellungen über transcelluläre Plasmaströmungen in den Siebröhren (vgl. Fortschr. 24, 165) eingehend dargelegt. Sie wurden von ESAU, ENGLEMANN u. BISALPUTRA einer scharfen Kritik unterzogen. Ihrer Meinung nach sind die „transcellular strands" von THAINE auf Lichtbrechungserscheinungen zurückzuführende Artefakte, die Plasmaströmung auf die Phloemparenchymzellen beschränkt und nur irrtümlich in die Siebröhren projiziert. Der Film von THAINE, den auch der Referent ansehen konnte, ist keineswegs geeignet, die Hypothesen des Autors zu bekräftigen. Es dürfte zwecklos sein, sie weiter in der Diskussion zu berücksichtigen, zumal die Plasmaströmung auch in ihrer Geschwindigkeit und in ihrem Energiebedarf (SPANNER) mit den tatsächlichen Anforderungen nicht übereinstimmt. Es ist deshalb auch müßig, auf der Grundlage der Thaineschen Vorstellungen neue Transportmechanismen zu konstruieren, wie dies CANNY (2) versucht.

Für eine Druckströmung im Münchschen Sinne sprechen Befunde von PEEL u. WEATHERLY (1), (2), wonach eine Änderung der Saugspannung im Xylem von Weidenstecklingen sich in einer Schwankung in der Menge des aus gekappten Aphidenrüsseln austretenden Exsudates bemerkbar macht. Auch der von MÜNCH auf Grund der Massenströmungstheorie geforderte Rückfluß von überschüssigem Wasser im Xylem von Fruchtstielen konnte wahrscheinlich gemacht werden: Das im Phloem nicht wanderfähige [45]Calcium wird im Fruchtstiel von *Cucurbita maxima* mit einer Geschwindigkeit abtransportiert, die weit über der einerDiffusion liegt [ZIEGLER (3)].

Interessant ist, daß sich der Assimilattransport im Phloem von *Phaseolus*-Blattstielen auch durch sehr hohe Dosen ionisierender Strahlung nicht beeinflussen läßt (WEBB u. HODGSON). Die Autoren bringen dies mit dem Umstand in Verbindung, daß die funktionsfähigen Siebröhren wegen ihrer Kernlosigkeit eine hohe Strahlenresistenz haben.

e) Der Eintritt der Assimilate in das Phloem. Die Leitbündel von Zuckerrüben- und *Heracleum*pflanzen zeigten eine 4—7mal stärkere Aufnahme ^{14}C-markierter Saccharose als das Parenchym, während Glykokoll und Glucose von beiden Geweben mit gleicher Geschwindigkeit absorbiert wurden; dieser Aufnahmeprozeß ließ sich durch Atmungsgifte um 40—60% hemmen (TURKINA). — Als Quellen für die Siebröhrenzucker können erwartungsgemäß Kohlenhydrate aus Stammreserven in gleicher Weise dienen wie im Blatt entstandene bzw. mobilisierte [HILL (2), PEEL u. WEATHERLEY (1)].

f) Die Abhängigkeit des Transportes von Außenfaktoren. Das Ausmaß der Stoffverschiebung wird durch das Konzentrationsgefälle der Assimilate zwischen den Orten der Bildung und des Verbrauches bestimmt. Alle Faktoren, welche die Photosynthese in den Blättern fördern (z. B. Lichtoptimum) und die Atmung in den Wurzeln steigern (entsprechende Temperatur- und p_H-Verhältnisse), beschleunigen infolgedessen den Transport [FUJIWARA u. SUZUKI (1), (2)]. — Durch die Luftfeuchtigkeit kann bei Zufuhr von Isotopen über die Blätter nicht nur die Geschwindigkeit, sondern auch die Bahn der Stoffleitung beeinflußt werden: Bei hohen Wasserdampfgehalten der Atmosphäre traten ^{14}C-markierte 2,4-D und die aus appliziertem Harnstoff entsthende Saccharose auch in das Xylem über (CLOR, CRAFTS u. YAMAGUCHI). — ZIMMERMANN prüfte die Ergiebigkeit des Saftaustrittes aus zwei vertikal übereinander liegenden Einschnitten bei *Fraxinus americana*, und zwar in normaler und inverser Lage; die Methode war aber nicht empfindlich genug, um einen evtl. Einfluß der Schwerkraft erkennen zu lassen.

5. Die Gasbewegung in der Pflanze

Eine innere Versorgung der Wurzeln mit Sauerstoff vom Sproß her und eine Zufuhr von Wurzel-CO_2 in Gasform zum Sproß (wie sie neuerdings z. B. für *Equisetum limosum* angegeben wird; BARBER), setzt eine ununterbrochene Intercellularenverbindung voraus. Dies ist tatsächlich bei einer Reihe von Pflanzen der Fall, zu denen bezeichnenderweise u. a. *Salix*, *Populus* und *Iris* gehören. Bei anderen Arten (z. B. *Pinus*, *Picea* und *Thuja*) dagegen ist das Intercellularensystem offenbar in einzelne, nicht kommunizierende Bezirke getrennt (REDIES).

6. Sonderfälle des Stofftransportes

Die Tatsache, daß in dichten Beständen sehr häufig Wurzelverwachsungen zwischen den einzelnen Bäumen auftreten (vgl. neuerdings KOZLOWSKI u. COOLEY) hat eine ganze Reihe von interessanten und praktisch wichtigen Konsequenzen, die dringend einer weiteren Klärung bedürfen. So zeigen nach BORMANN Stümpfe gefällter Bäume eine Cambiumaktivität nur dann, wenn sie mit stehenden Stämmen in Verbindung stehen, in diesem Falle aber z. T. über viele Jahre hinweg. Vermutlich werden sie von den intakten Bäumen mit Wuchs- und Nährstoffen versorgt, wie sie ihrerseits diese gelegentlich mit Nährstoffen (aus ihren Reserven) und Wasser beliefern könnten. Es ist nicht ausgeschlossen, daß derartige hormonale Beeinflussungen auch zwischen intakten Stämmen vorkommen, deren Wurzeln untereinander verwachsen sind, und daß auf diese Weise komplizierte Interferenzen zwischen eigenen und fremden Wuchsstoffwirkungen (etwa auf die Cambiumaktivität) auftreten. Auch für die Ausbreitung von parasitischen Pilzen sind die Wurzelverwachsungen sicher von großer Bedeutung.

Auch ohne direkte Verwachsung können Stoffübertritte zwischen benachbarten Individuen erfolgen, wenn Substanzen von dem einen Partner in das Medium abgegeben und vom anderen aufgenommen werden. So trat ^{35}S, der (in Methionin) in Wasserkulturen zu Pflanzen zugeführt worden war, von den gefütterten in die übrigen Pflanzen desselben Behälters über und wurde auch von Algen im Medium aufgenommen (UZORIN). GABET u. HELLER untersuchten derartige Ausscheidungsvorgänge, die sie „Exsorption" nennen, näher.

SCHÜTTE (2) hatte früher gefunden, daß einige Pilze in ein Mangelmedium hineinzuwachsen vermögen, wenn sie von ihrem Ausgangspunkt her mit Nährstoffen versorgt werden, andere dagegen dabei Schwierigkeiten haben; er hatte deshalb „transportierende" und „nicht transportierende" Pilze unterschieden. Dieser Schluß läßt sich in der strengen Form nicht halten, da auch die zweite Gruppe in auswachsende Hyphen ^{14}C-Glucose vom Startplatz her einwandern läßt (THROWER u. THROWER). — Mit ^{32}P markierte Myxomycetenplasmodien tauschten ihren Phosphor zwar mit Algen *(Chlorella xanthella)* aus (ZABKA u. LAZO), nicht dagegen mit Plasmodien anderer Myxomycetenarten, auch wenn sie mit diesen in enger Verbindung standen (ZABKA, LAZO u. ALEXOPOULOS).

III. Die Stoffabscheidung

LÜTTGE (1), (2) setzte seine Untersuchungen über die Nektarsekretion ort. Die Nektariengewebe hatten ein relativ hohes Mg/Ca-Verhältnis, was mit der spezifischen Wirkung dieser Ionen (fördernd bzw. hemmend) auf die Zuckerumsetzungen (vor allem die Phosphorylierungen) zusammenhängen dürfte. Entgegen den Erwartungen wurden verschiedene Stoffgruppen im Nektar (geprüft wurden ^{14}C-Saccharose, $^{35}SO_4^{--}$ und $^{32}PO_4^{---}$) in demselben Ausmaß vom Drüsengewebe rückresorbiert [LÜTTGE (2)]. — Die Salzabscheidung durch die Blattdrüsen von *Tamarix pentandra* erwies sich als unabhängig vom Wurzeldruck (DECKER). — An den Epidermisoberflächen verschiedener wachsabscheidender Blätter und von Apfelschalen ließen sich elektronenoptisch Poren mit einem mittleren Durchmesser von 6–7 mμ nachweisen, die vielleicht mit dem Austritt der Wachsvorstufen zu tun haben (HALL u. DONALDSON). — PANNIER fand ein stoffwechselaktives, drüsenartiges Gewebe an der Oberfläche der Kotyledonen und an der Innenseite des Integumentes von *Rhizophora*-Früchten, das er für das Zustandekommen der bekannten eigenartigen osmotischen Gradienten zwischen dem Fruchtgewebe und dem Embryo verantwortlich machen möchte. — In den Wasserkelchen der Bignoniacee *Spathodea campanulata* kommen auch Nährstoffe vor, die von den sich entwickelnden Blüten ausgenützt werden können (FRAINO).

IV. Verschiedenes

Die Physiologie und Ökologie der phloemsaugenden Aphiden wurde in verschiedener Richtung weiter untersucht [vgl. KENNEDY, DAY u. EASTOP; KLOFT; KLOFT u. EHRHARDT, MITTLER (1), MITTLER u. SYLVESTER]. Besonders hervorzuheben ist die Tatsache, daß es nunmehr erstmals gelungen ist, eine phloemsaugende Aphide *(Myzus persicae)* auf einem vollsynthetischen Medium zu züchten [MITTLER (2)]. Es enthielt 18% Saccharose, Salze, Aminosäuren, wasserlösliche Vitamine und Cholesterin, glich also dem Siebröhrensaft weitgehend.

Herrn Prof. Dr. B. HUBER, München, danke ich wieder für seine freundliche Hilfe bei der Literaturbeschaffung.

Literatur

ALVIM, P. DE T.: (1) Phyton (Argent.) **15**, 79—89 (1960); — (2) Internat. Sympos. on the Methodology of Plant Eco-Physiology. Montpellier 1962 (Abstracts); — (3) Science **132**, 354 (1960). — ANTIPOV, N. I.: Fiziol. Rastenij (Transl.) **8**, 222—228 (1961). — Arid Zone Research. Vol. XVI. Plant-Water Relationships in Arid and Semi-arid Conditions. A Symposium. Unesco. New York: Columbia University Press 1961.

BACHOFEN, R.: (1) Vierteljahresschr. naturforsch. Ges. Zürich **107**, 41—47 (1962); — (2) Vierteljahresschr. naturforsch. Ges. Zürich **107**, 31—39 (1962). — BACHOFEN, R., u. H. WANNER: (1) Planta (Berl.) **58**, 225—236 (1962); — (2) Planta (Berl.) **58**, 610—618 (1962). — BANNAN, M. W.: Canad. J. Bot. **40**, 1057—1062 (1962). — BARBER, D. A.: J. exp. Bot. **12**, 243—251 (1961). — BARNER, J.: Mitt. d. Arbeitskreises „Wald u. Wasser". Koblenz: Selbstverlag 1961. — BARNES, R. L.: Plant Physiol. **37**, 323—326 (1962). — BARRS, H. D., and P. E. WEATHERLEY: Austr. J. Biol. Sci. **15**, 413—428 (1962). — BAVEL, C. H. VAN, and D. G. HARRIS: Agron. J. **54**, 319—322 (1962). — BERTOSSI, F., and R. CIFERRI: Atti Ist. Bot. Univ. Lab. Crittogam. Pavia Ser. 5, **15**, 1—9 (1958). — BHAMBIE, S.: Proc. Indian Acad. Sci. Sect. B. **56**, 56—76 (1962). — BIELESKI, R. L.: Austr. J. Biol. Sci. **15**, 429—444 (1962). — BOOTH, A., J. MOORBY, C. R. DAVIES, H. JONES and P. F. WAREING: Nature (Lond.) **194**, 204—205 (1962). — BOPP, M., W. JÄPPELT u. J. HANKE: Naturwiss. **50**, 48/49 (1963). — BORMANN, F. H.: Forest Sci. **7**, 247—256 (1961). — BRAUN, H. J.: Z. Bot. **50**, 389—404 (1962). — BRIX, H.: Physiol. Plant **15**, 10—20 (1962). — BROWN, C. L., and K. SAX: Amer. J. Bot. **49**, 683—691 (1962). — BRUN, W. A.: Physiol. Plant. **15**, 623—630 (1962).— BURR, G. O., C. E. HARTT, T. TANIMOTO, D. TAKAHASHI and H. W. BRODIE: Internat. Conference on Radioisotopes in Scientific Res. Unesco. London: Pergamon Press.

CANNY, M. J.: (1) Ann. Bot. (Lond.), N. S. **26**, 181—196 (1962); — (2) Ann. Bot. (Lond.), N. S. **26**, 603—617 (1962). — CLOR, M. A., A. S. CRAFTS and S. YAMAGUCHI: Plant Physiol. **37**, 609—617 (1962). — COLLIS-GEORGE, N., and J. E. SANDS: Austr. J. agric. Res. **13**, 575—584 (1962). — CURRAN, P. F., and J. R. MACINTOSH: Nature (Lond.) **193**, 347—348 (1962). — CURRY, A. N.: J. agric. Food Chem. **10**, 13—17 (1962).

DAINTY, J.: Adv. in Bot. Res. **1**, 279—326 (1963). — DALE, J. E.: Ann. Bot. (Lond.), N. S., **25**, 94—103 (1961). — DAVEY, C. B., and G. C. PAPAVIZAS: Science

134, 1368—1369 (1961). — DAVIS, T. A.: Nature (Lond.) **192**, 277—278 (1961). — DECKER, J. P.: Forest Sci. **7**, 214—217 (1961). — DECKER, J. P., W. G. GAYLOR and F. D. COLE: Plant Physiol. **37**, 393—397 (1962). — DEHN, M. V.: Z. vergl. Physiol. **45**, 88—108 (1961). — DIE, J. VAN: Acta Botan. Neerl. **11**, 418—424 (1962). — DONOHO, C. W. jr., A. E. MITCHELL and M. J. BUKOVAC: Proc. Amer. Soc. horticult. Sci. **78**, 96—103 (1961). — DUGGER, W. M. jr., O. C. TAYLOR, E. CARDIFF and C. R. THOMPSON: Plant Physiol. **37**, 487—491 (1962). — DULOY, M., F. V. MERCER and N. RATHGEBER: Austr. J. Biol. Sci. **15**, 459—467 (1962). — DUPERREX, A.: Compt. rend. **254**, 1481—1482 (1962).

EHLIG, C. F.: Plant Physiol. **37**, 288—290 (1962). — ELIASSON, L.: Physiol. Plant. **16**, 201—214 (1963). — ELKINS, C. B. jr., and G. G. WILLIAMS: Crop. Sci. **2**, 164—166 (1962). — ENGELBRECHT, L., u. K. CONRAD: Ber. dtsch. bot. Ges. **74**, 42—46 (1961). — ENGLEMAN, E. M.: Planta (Berl.) **59**, 420—426 (1963). — ERMOLAEVA, E. Y. A., N. FILIPPOVICH and M. A. SHILOVA: Trudy Bot. Inst. Akad. Nauk SSSR **4**, 73—88 (1960). — ESAU, K., and V. I. CHEADLE: Bot. Gaz. **124**, 79—85 (1962). — ESAU, K., V. I. CHEADLE and E. B. RISLEY: Bot. Gaz. **123**, 233—243 (1962). — ESAU, K., E. M. ENGLEMAN and T. BISALPUTRA: Planta (Berl.) **59**, 617—623 (1963). — ESCHRICH, W.: Planta (Berl.) **59**, 243—261 (1963).

FENSOM, D. S.: Canad. J. Bot. **40**, 405—413 (1962). — FERGUSON, H., and W. H. GARDNER: Proc. Soil Sci. Soc. Amer. **26**, 11—14 (1962). — FIFE, J. M., CH. PRICE and D. C. FIFE: Plant Physiol. **37**, 791—792 (1962). — FOY, C. L.: (1) Plant Physiol. **36**, 688—697 (1961); — (2) Plant Physiol. **36**, 698—709 (1961). — FRAINO, R.: Acta Cient. Venezolana **13**, 19—28 (1962). — FUJIWARA, A., and M. SUZUKI: (1) Tohoku J. Agric. Res. **12**, 363—367 (1961); — (2) Tohoku J. Agric. Res. **12**, 369—373 (1961).

GABET, C., et R. HELLER: Compt. rend. **254**, 156—158 (1962). — GAFF, D. F. and D. J. CARR: Austr. J. Biol. Sci. **14**, 299—311 (1961). — GARDNER, W. R.: Meded. Landbouwhogeschool Gent **26**, 647—657 (1961). — GEORGESCU, C. C.: Studii si cercetari die Biologie, Seria Biol. vegetala **4**, 475—495 (1960) (rumänisch m. frz. Zus. fassg.) — GESSNER, F., u. L. HAMMER: Int. Rev. ges. Hydrobiol. **47**, 497—541 (1962). — GLASZIOU, K. T.: Nature (Lond.) **193**, 1100 (1962). — GOEBEL, K.: Ber. dtsch. bot. Ges. **44**, 158—161 (1926). — GOLDSMITH, M. H. M., and K. V. THIMANN: Plant Physiol. **37**, 492—505 (1962). — GORYSHINA, T. K.: Vestnik Leningrad Univ. **3**, 90—98 (1960) (russ. m. engl. Zus.fassg.). — GRAČANIN, M.: Ber. dtsch. bot. Ges. **75**, 465—473 (1962). — GREGORY, F. G., and H. L. PEARSE: Proc. Roy. Soc. B. **114**, 477—493 (1934). — GUSYEV, N. A.: Fiziol. Rastenji **9**, 432—437 (1962) (russ. m. engl. Zus.fassg.).

HALE, V. Q., and A. WALLACE: Proc. Amer. Soc. horticult. Sci. **78**, 597—604 (1961). — HALL, D. M., and L. A. DONALDSON: Nature (Lond.) **194**, 1196 (1962). — HAMMOUDA, M., u. O. L. LANGE: Naturwiss. **49**, 500 (1962). — HAQ, S., and G. A. ADAMS: Canad. J. Biochem. and Physiol. **40**, 989—997 (1962). — HEATH, O. V. S., and T. A. MANSFIELD: Proc. Roy. Soc. B. **156**, 1—13 (1962). — HILL, G. P.: (1) J. exp. Bot. **13**, 144—151 (1962); — (2) Ann. Bot. (Lond.), N. S. **27**, 79—87 (1963). — HILLIS, W., E., and M. HASEGAWA: Phytochem. **2**, 195—199 (1963). — HOSNER, J. F., and S. G. BOYCE: Forest Sci. **8**, 180—186 (1962). — HRODZINSKYI, A. M., and V. V. OSYCHNYIK: Ukrain. Bot. Zhur. **19**, 15—22 (1962) (ukrainisch m. engl. Zus.fassg.).

International Symposium on the Methodology of Plant Eco-Physiology. Montpellier 1962 (Abstracts). — IVANKO, S.: Biológia (Bratislava) **17**, 727—737 (1962) (slowakisch m. dtsch. Zus.fassg.).

JACKSON, W. T.: Plant Physiol. **37**, 513—519 (1962). — JANSSON, G.: Ark. Kemi **19**, 149—159 (1962).— JARVIS, P. G., and M. S. JARVIS: (1) Physiol. Plant. **16**, 236—253 (1963); — (2) Physiol. Plant. **16**, 215—235 (1963). — JEFFREYS, R. A., V. Q. HALE and A. WALLACE: Soil Sci. **92**, 268—273 (1961). — JONES, H., and J. E. EAGLES: Ann. Bot. (Lond.), N. S. **26**, 505—510 (1962). — JOY, K. W.: Nature (Lond.) **195**, 618—619 (1962).

KAMIYA, N., M. TAZAWA and T. TAKATA: Plant and Cell Physiol **3**, 285—292 (1962). — KENNEDY, J. S., M. F. DAY and V. F. EASTOP: A conspectus of aphids as vectors of plant viruses. Commonwealth Inst. of Entomology: London 1962. — KHOLODOVA, V. P.: Fiziol. Rastenji (Transl.) **8**, 405—408 (1962). — KISELEV, N. N.:

Fiziol. Rastenji **9**, 142—148 (1962) (russ. m. engl. Zus.fassg.). — KLEMM, M.: Flora **152**, 580—589 (1962). — KLOFT, W.: Deutsche Bienenwirtsch. (Schels-Festschrift), 240—244 (1962). — KLOFT, W., u. P. EHRHARDT: Radioisotopes and Radiation in Entomology, 181—190. International Atomic Energy Agency: Wien 1962. — KLUTE, A., and L. A. RICHARDS: Soil Sci. **93**, 391—396 (1962). — KOLLMANN, R., u. W. SCHUMACHER: (1) Planta (Berl.) **59**, 195—221 (1962); — (2) Planta (Berl.) **58**, 366—386 (1962). — KOROVIN, A. I., and Y. E. NOVITSKAYA: Fiziol. Rastenji 9, 193—198 (1962) (russ. m. engl. Zus.fassg.). — KOZLOWSKI, T. T., and J. H. COOLEY: J. Forestry **59**, 105—107 (1961). — KRAL, F.: Centr. ges. Forstw. **79**, 222—238 (1962). — KREEB, K.: Planta (Berl.) **59**, 442—458 (1963). — KULAYEVA, O. N.: Fiziol. Rastenji **9**, 229—239 (1962) (russ. m. engl. Zus.fassg.). — KURSANOV, A. L.: (1) Agrochimica (Pisa) **6**, 205—230 (1962).— (2) Adv. in Bot. Res. **1**, 209—278(1963).

LADEFOGED, K.: Forstl. Mitt. **16/17**, 271—280 (1962). — LANGE, O. L.: (1) Ber. dtsch. bot. Ges. **75**, 41—50 (1962); — (2) Internat. Sympos. on the Methodology of Plant Eco-Physiology. Montpellier 1962 (Abstracts).— LARSON, P. R. (1) Forest Sci. **9**, 52—62 (1963); — (2) Forest Sci. **6**, 110—122 (1960). — LEHANE, J. J., and W. J. STAPLE: Canad. J. Soil Sci. **42**, 180—188 (1962).—LEONARD, O. A., and R. J. WEAVER: Hilgardia (Berkeley, Cal.) **31**, 327—368 (1961). — LEOPOLD, A. C., and S. L. LAM: Physiol. Plant. **15**, 631—638 (1962). — LIBBERT, E., T. KENTZER u. B. STEYER: Flora **151**, 663—669 (1961). — LINCK, A. J., and T. W. SUDIA: Experientia (Basel) **18**, 69—70 (1962). — LINDBERG, B., and L. SELLEBY: Acta chem. Scand. **12**, 1512—1515 (1958). — LOVELESS, A. R.: Ann. Bot. (Lond.), N. S. **26**, 551—561 (1962). — LÜTTGE, U.: (1) Planta (Berl.) **59**, 108—114 (1962); — (2) Planta (Berl.) **59**, 175—194 (1962).

MARSHALL, D. C.: Austr. J. Biol. Sci. **14**, 368—390 (1961). — MAYER-WEGELIN, H., H. KÜBLER u. H. TRABER: Forstwiss. Cbl. **81**, 129—137 (1962). — MEHTA, A. S., and D. C. SPANNER: Ann. Bot. (Lond.), N. S. **26**, 291—299 (1962).— MITTLER, T. E.: (1) Verhandl. XI. Internat. Kongreß f. Entomologie, Bd. 2, 540/41. Wien 1962; — (2) Nature (Lond.) **195**. 404 (1962). — MITTLER, T. E., and E. S. SYLVESTER: J. Econ. Entomol. **54**, 617—622 (1961). — MORRETES, B. L. DE: Amer. J. Bot. **49**, 560—567 (1962).

NELSON, C. D.: Canad. J. Bot. **40**, 757—770 (1962).

OKAMOTO, H.: Plant and Cell Physiol. **3**, 83—94 (1962). — OKAZAWA, Y., and H. W. CHAPMAN: Physiol. Plant. **15**, 413—419 (1962). — OKSBJERG, E.: Svensk. bot. T. **55**, 397—415 (1961). — OPPENHEIMER, H. R.: Arid Zone Research. Vol. XVI. Plant-Water Relationships in Arid- and Semi-arid Conditions. A Symposium. Unesco (S. 115—153). New York: Columbia University Press 1961. — OPPENHEIMER, H. R., et N. ENGELBERG: Internat. Sympos. on the Methodology of Plant Eco-Physiology. Montpellier 1962 (Abstracts).

PANNIER, F.: Acta Cient. Venezolana **13**, 184—197 (1962). — PAVLINOVA, O. A., and T. P. AFANAS'EVA: Fiziol. Rastenji **9**, 133—141 (1962) (russ. m. engl. Zus.fassg.). — PEEL, A. J., and P. E. WEATHERLEY: (1) Ann. Bot. (Lond.), N. S. **26**, 633—646 (1962); — (2) Ann. Bot. (Lond.), N. S. **27**, 197—211 (1963). — POVLOTSKAYA, K. L., Y. V. RAKITIN i I. V. KHOVANSKAYA: Fiziol. Rastenji **9**, 303—308 (1962) (russ. m. engl. Zus.fassg.)

REDIES, H.: Beitr. Biol. Pfl. **37**, 411—445 (1962). — RENNER, O.: Planta (Berl.) **18**, 215—287 (1933). — REUTHER, G., u. A. REICHARDT: Planta (Berl.) **59**, 391—410 (1963). — ROBERTS, W. J.: J. Geophys. Res. **66**, 3309—3312 (1961). — ROTH, R.: Arch. Meteorol., Geophys. u. Bioklimatol. **11**, 108—125 (1962). — RUDOLPH, H., u. G. HORN: Praxis Naturwiss. **11**, 70—74 (1962). — RUFELT, H., P. G. JARVIS and M. S. JARVIS: Physiol. Plant. **16**, 177—185 (1963).

SAMUILOV, F. D., and Y. Y. EFREMOV: Fiziol. Rastenji **9**, 438—445 (1962) (russ. m. engl. Zus.fassg.). — SCHEUMANN, W., u. K. FRITZSCHE: Züchter **32**, 179—184 (1962). — SCHMUCKER, TH.: Flora **152**, 480—508 (1962). — SCHOPMEYER, C. S.: Forest Sci. **7**, 330—336 (1961).—SCHÜTTE, K. H.: (1) Phyton (Argent.) **17**, 167—171 (1961); — (2) New Phytologist **55**, 164—182 (1956). — SEARLE, N. E.: Plant Physiol. **36**, 656—662 (1961). — SLATYER, R. O.: (1) Ann. Rev. Plant Physiol. **13**, 351—378 (1962); — (2) Austr. J. Biol. Sci. **14**, 519—540 (1961). — SMITH, D., and K. P. BUCHHOLTZ: Science **136**, 263—264 (1962). — SOMOS, A., V. FERENCZ i M. KANTONA: Acta agron. Acad. Sci. hung. **11**, 151—161 (1961) (russ. m. engl. u. dtsch.

Zus.fassg.). — SOROKIN, H. P., S. N. MATHUR and K. V. THIMANN: Amer. J. Bot.
49, 444—454 (1962). — SPANNER, D. C.: Ann. Bot. (Lond.), N. S. **26**, 511—516
(1962). — SPANNER, D. C., and J. N. PREBBLE: J. exp. Bot. **13**, 294—306 (1962). —
SPURNY, M.: Research Film **4**, 41—47 (1961). — SRIVASTAVA, L. M.: J. Arnold
Arboretum **44**, 165—188 (1963). — STEUBING, L.: Biol. Zbl. **81**, 585—596 (1962). —
STODDARD, E. M., and P. M. MILLER: Science **137**, 224—225 (1962).

TARASENKO, N. D., i S. P. KOVALENKO: Fiziol. Rastenji **9**, 245—247 (1962)
(russ.). — TAYLOR, S. A., and R. O. SLATYER: Arid Zone Res., Vol. XV, Unesco,
Paris 1960. — THAINE, R.: J. exp. Bot. **13**, 152—160 (1962). — THAINE, R., S. L.
OVENDEN and J. S. TURNER: Austr. J. Biol. Sci. **12**, 349—372 (1959). — THROWER,
S. L.: Austr. J. Biol. Sci. **15**, 629—649 (1962). — THROWER, S. L., and L. B. THRO-
WER: Nature (Lond.) **190**, 823—824 (1961). — TODD, G. W., and B. PROBST: Physiol.
Plant. **16**, 57—65 (1963). — TURKINA, M. V.: Fiziol. Rastenji **8**, 649—657 (1961)
(russ. m. engl. Zus.fassg.). — TURRELL, F. M., S. W. AUSTIN and R. L. PERRY:
Amer. J. Bot. **49**, 97—109 (1962). — TWERSKY, M., and G. HILLSMAN: Proc. Soil
Sci. Soc. Amer. **25**, 13—14 (1961).

ULLRICH, W.: (1) Planta (Berl.) **59**, 239—242 (1962); — (2) Planta (Berl.) **59**,
387—390 (1963). — UZORIN, E. K.: Bot. Zhur. **46**, 731—733 (1961).

VAADIA, Y., and Y. WAISEL: Physiol. Plant. **16**, 44—51 (1963). — VARTAPETIAN,
B. B., i A. L. KURSANOV: Fiziol. Rastenji **8**, 569—575 (1961) (russ. m. engl. Zus.-
fassg.). — VITÉ, J. P.: Contr. Boyce Thompson Inst. **21**, 37—66 (1961).

WALTER, H.: Ber. dtsch. bot. Ges. **76**, 40—71 (1963). — WARTENBERG, A.: Ber.
dtsch. bot. Ges. **75**, 179—186 (1962). — WEATHERLEY, P. E.: Advanc. Sci. **18**,
571—577 (1962). — WEATHERLEY, P. E., and R. O. SLATYER: Nature (Lond.) **179**,
1085—1086 (1957). — WEBB, K. L., and J. W. A. BURLEY: Science **137**, 766 (1962).
— WEBB, K. L., and R. H. HODGSON: Science **132**, 1762—1763 (1960). — WEST,
S. H.: Plant Physiol. **37**, 565—571 (1962). — WHITEHEAD, F. H.: New Phytol. **61**,
59—62 (1962).

ZABKA, G. G., and W. R. LAZO: Amer. J. Bot. **49**, 146—148 (1962). — ZABKA,
G. G., W. R. LAZO and C. J. ALEXOPOULOS: Mycopath. Mycol. appl. (Den Haag) **16**,
262—270 (1962). — ZENTSCH, W.: Flora **152**, 227—235 (1962). — ZHOLKEVICH, V.
N.: In: The water balance of plants in the arid regions of the USSR. USSR Academy
of Sci.: Moscow 1961. — ZIEGLER, H.: (1) Naturwiss. **50**, 177—186 (1963); — (2)
Protoplasma **57**, 786—799 (1963); — (3) Planta (Berl.) **60**, 41—45 (1963). — ZIM-
MERMANN, M. H.: Plant Physiol. **37**, 527—530 (1962).

13. Mineralstoffwechsel

Von Hans Burström, Lund (Schweden)

Mechanismus der Salzaufnahme

Die meisten Untersuchungen hierüber werden z. Z. in kurzfristigen Versuchen mit radioaktiven Isotopen ausgeführt. Theoretische Berechnungen haben dargetan, daß durch Austausch ein Fehler entstehen kann, dessen Größe nicht ohne weiteres zu vernachlässigen ist (Nims).

Bei sehr langen Versuchszeiten erweist sich die Aufnahme als von der Außenkonzentration unabhängig, was Williams bestätigt hat.

Unter den Arbeiten zur *Lokalisierung der Salzaufnahme* verdienen insbesondere die von Lüttge und Weigl erwähnt zu werden. Lüttge und Weigl haben Maiswurzeln aktives Ca, P und S geboten, und mikroradioautographisch die Verteilung der Stoffe in Längs- und Querschnitten ermittelt. Im Meristem wandert S in Zellwänden und an Grenzflächen bis zum Procambium; dieser Transport ist nach Weigl und Lüttge passiv, und entspricht wohl der Verbreitung im freien Raume. Ca wird als Kation gleichmäßiger über die Zelle verteilt, was auch mit analytischen Ergebnissen im Einklang steht. Erst 1—2 mm hinter der Spitze gelangen die Ionen in die Stele hinein. Hier ist die Endodermis voll ausgebildet; dieser Transport wird von Azid gehemmt und ist somit metabolisch. Am meisten auffallend ist, daß entgegen den cytologischen Erwartungen der Quertransport an der Endodermis halten bleibt, bevor diese differenziert ist.

Die Aufnahme von P in Längszonen von mycorrhizafreien *Pinus*-Wurzeln hat nach Lundeberg ihr Maximum 5—10 mm von der Spitze entfernt. Die longitudinale Verteilung der Salzaufnahme ist auch von Scott und Martin in einer Reihe von Arbeiten über Oberflächenpotentiale erörtert worden. Die Spitze ist am stärksten negativ und hat den höchsten Gehalt an K; er ist 8—10 mm von der Spitze entfernt niedrig; Na verhält sich unter Umständen umgekehrt. Auch in anderer Hinsicht verhalten sich Kalium- und Natriumaufnahme verschieden. MacRobbie hat die Theorie zweier getrennter Mechanismen, durch Bestimmung des Eintritts von K und Austritts von Na — die sog. Na-Pumpe — in *Nitella*-Internodien, weiter entwickelt. Aus Bestimmungen der Ionenkonzentrationen in Vacuolen und Cytoplasma wird auch geschlossen, daß die Kationenaufnahme am Plasmalemma, die Anionenaufnahme am Tonoplast vor sich gehen. — In Zuckerrübenscheiben liegt eine „lag"-Phase der Nettoaufnahme von K vor; es wird dabei K mit gleicher Geschwindigkeit aufgenommen und abgegeben (van Steveninck). Auf die Dauer steigt der Eintritt und nimmt der Austritt ab; letzteres wird einer

Permeabilitätsänderung zugeschrieben und entspricht deshalb einer passiven Abgabe.

Der Zusammenhang zwischen Zuwachs und Ionenaufnahme ist unklar. Beiträge hierüber sind die von ILAN über die Einwirkung von IES auf Wachstum und Kationenaufnahme durch Segmente von *Helianthus*-Hypokotylen, von HIGINBOTHAM, PRATT und FOSTER mit Erbsenepikotylen, und von STENLID über die Einwirkung von Anthocyanidinen auf Ionenaufnahme und Wachstum.

Die passiven Komponenten. Eine unspezifische Ionenadsorption an geladenen Oberflächen dürfte vorkommen und unter Umständen kann die Ionenaufnahme oder eine Komponente derselben als Donnangleichgewicht veranschaulicht werden. MENGEL (1) hat experimentell diesen Austausch von der davon unabhängigen aktiven Phase getrennt [vgl. auch ELGABALY (1—2)]. KIMITZUKA und KOKETZU haben an natürlichen und künstlichen Lipoidfilmen Adsorption von und Austausch zwischen Ca, K und Na nachgewiesen und meinen, daß dies auch in der Zelle vorkommt. — Die Adsorption wird quantitativ als Austauschkapazität ermittelt, zumeist an mehr oder weniger denaturierten Wurzeln. ASHER aber hat den Basenaustausch in unbeschädigten Wurzeln gemessen und in Übereinstimmung mit anderen Erfahrungen hohe Werte bei Leguminosen und niedrige bei Gräsern gefunden. Insbesondere soll eine Literaturübersicht von CROOKE und KNIGHT hervorgehoben werden; sie zeigt eine gute Übereinstimmung zwischen Kationenaustauschkapazität der Wurzeln und Kationengehalt der Sprosse, was besagt, daß die passive Phase die Gesamtaufnahme begrenzen kann. ELGABALY (4) hat dasselbe für Cl ermittelt. Derselbe Autor (3) hat auch gezeigt, daß die Cl-Aufnahme aus den Oberflächenladungen und Adsorption an Resinen und .Wurzeln erklärt werden kann. Es führt dies zur Kontakttheorie von JENNY, die er weiter entwickelt hat. Er stellt sich die Fe-Aufnahme so vor, daß zwei Arten von Poren in der Zellwand vorliegen: weite Poren mit geringer Oberflächenladung, wo Ionenpaare unschwer passieren können, und engere, von etwa 0,5 nm Durchmesser, wo die Oberflächenladung einen Anionentransport verhindert, Kationen aber durch Austausch passieren können. Dabei muß bemerkt werden, daß alle Bestimmungen des freien Raumes eindeutig eine schnelle Diffusion von sowohl An- wie Kationen dargelegt haben, und daß deshalb die quantitative Bedeutung des Porensystems unentschieden ist. ELGABALY und WIKLANDER haben im Prinzip in Anlehnung an JENNY gefunden, daß Cl schneller aus einem Resin als aus seiner Gleichgewichtslösung aufgenommen wird, was damit erklärt wird, daß Wurzel und Resin einander gegenseitig entladen. — MILLER und RUSSEL berichten über p_H und Phosphataufnahme. Ein Sammelreferat über den freien Raum stammt von MARSCHNER und MENGEL.

Aktive Speicherung. Es häufen sich immer mehr die Angaben, daß die aktive Salzspeicherung eher mit der Phosphorylierung als mit dem Cytochromsystem zusammenhängt. MENGEL (3) berichtet über die Einwirkung von Glucose und DNP auf Aufnahme und Verteilung von K. Glucose erhöht die Speicherung in der Wurzel unter Abnahme des Transportes zum Sproß. DNP setzt die Speicherung herab, welche deshalb an Energiephosphate gebunden sein müßte. Dasselbe wird von STENLID verfochten, weil Anthocyanidine ebenso wie andere Flavanoide (vgl. Fort-schr. **23**, S. 173) Cl- und NO_3-Aufnahme hemmen, wahrscheinlich unter Ausschaltung der Phosphorylierung.

Von besonderem Interesse ist die Angabe von GLINKA und REINHOLD, daß CO_2 die passive Wasserpermeabilität herabsetzt und O_2 dieselbe erhöht. Insofern eine passive Membrandurchlässigkeit auf Eintritt, oder wahrscheinlicher Austritt einwirken, muß eine Abhängigkeit von der Atmung nicht notwendigerweise einen metabolischen Transport an-deuten. HANDLEY und OVERSTREET, die die Respiration in Wurzelspitzen gemessen haben, verneinen eine Anionenatmung, weil die Atmung der Speicherung nicht folgt; diese wird aber nicht ermittelt. Zugunsten einer anioneninduzierten Atmung sprechen Ergebnisse von SCHWANTES, der gezeigt hat, daß basische Farbstoffe von Atmungsgiften unbeeinflußt bleiben; saure werden aber entweder durch As, Cu und Monojodessig-säure (MJE) oder durch CN, MJE und DNP gehemmt, was auf zwei aktive Aufnahmemechanismen hindeutet. Bestimmungen der Tempera-turempfindlichkeit der Nitrataufnahme (WILLIAMS und VLAMIS) und die Hemmung der K- und Ca-Aufnahme bei Kohlenhydratmangel [MEN-GEL (2)] sollten auch im Zusammenhang mit der metabolischen Aufnahme berücksichtigt werden.

Der *Trägerbegriff* hat während des Berichtjahres kaum an Klarheit gewonnen. Nur zwei Arbeiten behandeln die Natur der Träger. JACOBY und SUTCLIFFE haben gezeigt, daß in Mohrrübenscheiben Cl-Amphenicol, ein Hemmstoff der Proteinsynthese, auch die K-Aufnahme hemmt, und daß Nitrat die K-Aufnahme und zugleich die Proteinsynthese erhöht. Die Schlußfolgerung, daß Proteine als Träger dienen, ist jedoch kaum zwin-gend; die Ergebnisse können auch in Zusammenhang mit der oben-erwähnten unklaren Beziehung zwischen Salzaufnahme und Wachstum stehen. TULLIN hat Weizenkeimlinge durch das Endosperm mit ver-schiedenen Stoffen injiziert und z. T. andere Wachstumsausschläge als bei Zufuhr von außen her durch die Wurzeln erhalten. Injektion von Peptiden — deren chelierende Wirkung dabei beachtet werden muß — stützen die Annahme, daß sie den Transport zweiwertiger Kationen erleichtern. Nichts aber besagt, daß eben diese Stoffe die natürlichen Träger bei der Aufnahme darstellen.

Weitere kinetische Berechnungen der Ionenaufnahme unter der An-nahme, daß sie durch die Bindung an Träger begrenzt wird (Fortschritte **24**, S. 170), haben ULRICH und KAUFMANN für P und BANGE ausgeführt. BANGEs Arbeit ist eine theoretische Ausführung über die Kinetik bei Bildung und Abbau eines Trägerkomplexes, unter der Annahme, daß verschiedene Komplexe um ein gemeinsames Abbauenzym konkurrieren. Die Theorien haben auf diesem Gebiet der experimentellen Unterlage einen Vorsprung abgewonnen. Übrigens dreht sich die Diskussion haupt-sächlich um die Spezifität der Träger, d. h. inwieweit die Ionen mit-einander gegenseitig konkurrieren. Es muß dabei von der obenerwähnten unspezifischen Oberflächenadsorption abgesehen werden. EPSTEIN (2) hat dieses Thema zusammengefaßt und insbesondere die gemeinsamen Bin-dungsstätten für Cl + Br, S + Se, K + Rb bzw. Ca + Sr hervorgehoben.

Dies deckt jedoch bei weitem nicht die wechselnden Ergebnisse (vgl. frühere Jahrg. d. Fortschritte, auch LÄUCHLI). BANGE und VAN VLIET unterscheiden in Anlehnung an ältere Erfahrungen zwischen einem für K spezifischen Träger und einem für K und Na gemeinsamen Aufnahmemechanismus. TROMP hat eingehend die gegenseitigen Verhältnisse zwischen NH_4, K und Na erörtert. Ein neuer Gesichtspunkt enthält, daß nicht die Konzentrationen der Ionen, sondern die Geschwindigkeit ihrer Aufnahme die Stärke des Antagonismus bestimmt, was kinetisch dargestellt wird. WAISEL (1) zeigt, daß Ca die Aufnahme von Li sowohl in einem passiven Austausch als auch in einem metabolischen Trägermechanismus beeinflußt; es wird, jedoch ohne zwingenden Grund, angenommen, daß es sich um die Regulation einer Diffusionsbarriere handelt. WAISEL (2) hat auch die Einwirkung von Ca auf Rb und Na-Aufnahme bei niedriger Temperatur und Anaerobiose behandelt. Diese Calciumwirkungen müssen wahrscheinlich im Zusammenhang mit der im nächsten Kapitel behandelten strukturbildenden Wirkung von Ca betrachtet werden. — Das Wechselspiel bei der Aufnahme von Halogenen behandeln BÖSZÖRMÉNYI und CSEH.

Salztransport

Der *Salztransport* wird hauptsächlich im Zusammenhang mit dem Wassertransport behandelt, insbesondere die Frage ob ein passiver Transport mit dem Transpirationsstrom vorkommt. Die Frage ist nicht endgültig beantwortet worden und ein Überblick über das Problem wird dadurch erschwert, daß die gewählten Arbeitsmethoden sehr verschieden sind und die Schlußfolgerungen nicht immer überzeugend begründet sind. In kurzfristigen Versuchen mit Gerste haben ALLERUP und NIELSEN bestätigt, daß der Phosphortransport zu den Blättern recht gut der Transpiration folgt. EMMERT hat seine Arbeiten über P-Transport weitergeführt und die Konzentrationen im Xylem und extraxylär gesondert berechnet. Letztere Fraktion soll teils metabolisch, teils nichtmetabolisch sein; die Konzentration der Xylemlösung ist immer niedriger als die der Außenlösung.

Bemerkenswerte Ergebnisse über die Salzverhältnisse in der Mangrove sind von SCHOLANDER u. Mitarb. ermittelt worden. Sie besagen, daß in den nicht-salzabscheidenden *Rhizophora* und *Sonneratia* der Transpirationsstrom fast salzfrei ist, in *Avicennia* und *Aegialitis* ist er mit der Außenlösung fast isotonisch. Die Ausscheidung ist hier ein aktiver Mechanismus. Der Ref. meint, daß diese Extremfälle schlagend die Schwierigkeiten und Mängel vieler Arbeiten auf diesem Gebiet veranschaulichen. Ein rein passiver Salztransport mit dem Transpirationsstrom kommt höchst wahrscheinlich vor. Anderseits kommt auch irgendwo im Wurzelsystem eine mehr oder weniger wirksame Salzsperre vor, die nur eine aktive Passage zuläßt. Diese beiden Eigenschaften sind z. T. artspezifisch, aber inwieweit sie von den jeweiligen Bedingungen modifizierbar sind, entzieht sich dem Urteil. Demzufolge können keine Ergebnisse verallgemeinert werden, und Versuche, vereinfachte Bilder des Transportsystems zu zeichnen, sind im voraus vergebens.

Jackson und Weatherley (1) haben den Saftstrom in abgeschnittenen Wurzelsystemen durch Auflegen von 2 Atm. Überdruck auf die Nährlösung geändert; der Eintritt von K steigt dabei auf das Vierfache, was auf eine durch den erhöhten hydrostatischen Druck geänderte Membranpermeabilität zurückgeführt wird. Hemmstoffe und niedrige Temperatur setzen die Menge des Saftes, aber nicht seine Konzentration herab. Jackson und Weatherley meinen, daß sowohl Massenströmung wie aktiver Ionentransport vorkommen. Ihre Schlußfolgerungen werden vorbildlich vorsichtig formuliert. Der Druck mobilisiert gespeichertes K, aber nicht Na [Jackson und Weatherley (2)]; verschiedene Transportmechanismen für Na und Ca werden gefunden. Jackson und Weatherley erörtern die Möglichkeit, daß in der Stele Salze aktiv in den freien Raum exudiert werden und davon passiv in die trachealen Elemente diffundieren.

Jensen (1) hat gezeigt, daß Dekapitierung von Tomatenpflanzen eine augenblickliche Abnahme der Nitrataufnahme herbeiführt. Wenn ein Unterdruck auf die Schnittoberfläche gelegt wird (2), so wird die Außenlösung fast unverändert durch das Wurzelsystem gesaugt bis zu einem Unterdruck von etwa 600 mm. Bei noch höheren und wahrscheinlich unphysiologischen Bedingungen treten abweichende Verhältnisse ein. Branton und Jacobson haben den Zusammenhang zwischen Transpiration und Fe-Transport mittels einer neuen, interessanten Methode zur Entrindung von Erbsenwurzeln studiert. Der Gedanke war, daß bei Entrindung der passive Transport mit der Transpiration erhöht werden sollte, was angeblich nicht bestätigt werden konnte. Ref. kann diesem Gedankengang nicht folgen. Zwar wurde dieses Ergebnis in $FeCl_3$-Lösung erhalten; in diesem Falle war aber laut Angaben von Branton und Jacobson die Aufnahme durch Ausfällung von Fe beeinträchtigt worden. Mit Fe-Versenat und normalen Löslichkeitsverhältnissen wurden die folgenden signifikanten Werte für die Fe-Aufnahme im Sproß erhalten:

Transpiration	DNP	Normal-Pflanzen	mit entrindeten Wurzeln
hoch	—	286	773
niedrig . . .	—	73	72
hoch	+	73	808
niedrig . . .	+	12	(fehlt)

Diese Ergebnisse scheinen eher zugunsten eines passiven Stromes in der Stele und eines Widerstandes in der Rinde zu sprechen. Lundeberg hat dagegen angenommen, daß in *Pinus* ein Widerstand gegen den P-Transport in der Übergangszone zwischen Wurzel und Sproß vorliegt.

Unter einzelnen Beobachtungen über Salztransport können folgende erwähnt werden. Okamoto hat in *Vigna* den Kationentransport von Kotyledonen aus zum Keimling studiert, Mengel (2) den Transport in Kohlenhydratmangelpflanzen und Paribok und Shkolnik die Temperaturabhängigkeit des Bortransports.

Die Bedeutung der einzelnen Mineralstoffe

Arbeiten die mehrere Stoffe betreffen. Änderungen in der Zusammensetzung synthetischer Nährmedien bieten selten etwas von Interesse dar, zwei Neuheiten verdienen aber erwähnt zu werden. Für die in der Wachstumsphysiologie viel benutzten Calluskulturen haben MURASHIGE und SKOOG ein optimales Medium ausgearbeitet, das einen 7—10mal erhöhten Zuwachs ergibt, und zwar durch Erhöhung des N-Gehaltes auf 60 mM und K auf 20 mM, etwa zehnmal mehr als in üblichen Medien. MACHLIS' neues Medium für das Lebermoos *Sphaerocarpus* enthält 15 mM KNO_3, ebenfalls 10—20mal mehr als gebräuchlich. Das starke Übergewicht von K und N in den sonst sehr verschiedenen Medien soll hervorgehoben werden und erweckt den Eindruck, als ob nur bewurzelte Pflanzen ein niedriges Verhältnis zwischen ein- und zweiwertigen Kationen verlangen.

Mangelerscheinungen und Bedarf an Mikronährstoffen sind von KARIM und VLAMIS beschrieben worden und diejenigen der Hauptnährstoffe für *Pinus* von WILL, und von INGESTAD für *Pinus*, *Picea* und *Betula*, im letzterwähnten Fall an mycorrhizafreien Pflanzen in Wasserkultur.

BOWEN, CAWSE und THICK haben aus Tomatenpflanzen radioaktives Ca, Co, Cu, Fe, Mg, Mn, Mo, K, Na, Zn und Wo fraktioniert und die Äthanol-, Aceton- und Perchlorsäurelöslichkeit der natürlichen Metallverbindungen ermittelt. Die Wasserlöslichkeit des plastidgebundenen K, Ca und Mg haben STOCKING und ONGUN bestimmt.

Über die Einwirkung von B, Zn, Mo und Mg auf Oxidoreduktion, Proteingehalt und Aktivität gewisser Atmungsenzyme berichten MAKAROVA, STEKLOVA und SHKOLNIK. Die Phosphorylierung in *Spinacia*-Plastiden wird nach JAGENDORF und SMITH von EDTA und anderen chelatbildenden Stoffen gehemmt und durch alle M^{2+}-Metalle von Ni bis Mg in 10^{-4} M wiederhergestellt; ohne Kenntnis der Konzentrationsabhängigkeit kann aber das nativ wirksame nicht identifiziert werden. Die Wachstumswirkung injizierter Mengen Ca, Mg, Co und Zn in Weizenkeimlingen werden von TULLIN beschrieben. Kurzfristige Vorbehandlung von Maiskörnern mit Mn, Co, Zn, Al oder Mo (aber nicht B) erhöht nach SHKOLNIK, ABDURASHITOV und BOZHENKO die Kältehärte und Keimung bei niedriger Temperatur. Inwieweit dies eine Metallwirkung ist, verdient nachgeprüft zu werden.

Kalium. SMITH und RICHARDS haben bestätigt, daß Kalimangelpflanzen Putrescin bilden, und daneben auch das Guanidinderivat davon Agmatin. In Tomatenpflanzen ergibt nach JONES (2) K-Mangel Abnahme der Gehalte an Äpfel- und Brenztraubensäure nebst Erhöhung der Gehalte an Citronensäure, α-Ketoglutarsäure und Glyoxylsäure. Weil An- und Kationenaufnahme angeblich durch P ausbalanciert werden, dürfte es sich nicht um die bekannte Regulation der Bilanz durch organische Säuren handeln, sondern eher um eine spezifische K-Wirkung auf den Pyruvatumsatz. KLINGENSMITH hat dargetan, daß in isolierten Wurzeln Benzimidazol die K-Aufnahme, wahrscheinlich unspezifisch, erhöht. BUSSLER (3) hat über makro- und mikroskopische Kalimangelerscheinungen an 37 Kulturpflanzen berichtet; die Gleichförmigkeit der Symptome wird insbesondere hervorgehoben.

Natrium. Baumeister und Schmidt haben gezeigt, daß *Salicornia herbacea* und *Aster tripolium* sich am besten bei 0,5—2,5% NaCl-Gehalt entwickeln, obwohl kein absoluter Bedarf vorliegen soll; *Atriplex* reagiert nicht auf NaCl. Treggi hat eine günstige Einwirkung von Na auf die Ausbildung der Perizykelfasern bei *Cannabis* nachgewiesen.

Calcium. Ein ungemein reiches Material liegt für Ca vor. *Azotobacter vinelandii* verlangt nach Jakobsons u. Mitarb. unbedingt Ca sowohl mit als auch ohne N-Bindung, weil nach Okuda *Hansenula* für Sporenbildung entweder Ca oder Mg verlangt. Obwohl nach Bussler (1) bei *Helianthus* natürlich ein absoluter Ca-Bedarf vorliegt, ist dieser von der Ionenbilanz abhängig; unabhängig vom absoluten Ca-Gehalt treten Ca-Mangelerscheinungen auf, wenn Ca weniger als 20% der Gesamtkationensumme ausmacht. Die histologischen Mangelerscheinungen werden auch von Bussler (2) beschrieben; das cytologische Bild deutet Autolyse an. Eine ultramikroskopische Arbeit von Marinos hat eine Calciumwirkung klar gemacht. Bei Calciummangel wird das endoplasmatischeDoppelmembransystem aufgelöst. Laut neueren cytologischen Ansichten macht es das für Cytoplasmamembranen, Gologikörper, Mitochondrien und Kernmembrane gemeinsame Grundelement aus. Nach Marinos werden diese bei Ca-Mangel desorganisiert. Diese Beobachtung scheint von größtem Gewicht zu sein, und dürfte eine der hypothetischen Ca-Wirkungen erklären können, und zwar diejenige die mit Plasmastruktur und Membranpermeabilität verbunden ist. Auch in der neuesten Literatur über Salzaufnahme werden solche Membraneffekte, obwohl nur in wenig präziser Weise, erörtert [z. B. Waisel (2)]. Es ist auch eine altbekannte Erfahrung, daß Ca unter gewissen Bedingungen die Salzaufnahme beschleunigt (vgl. Tanada), was in der amerikanischen Literatur als Viets-Effekt bezeichnet wird, und früher von Florell (Fortschritte 19, S. 229) mit einer nachgewiesenen Vermehrung des für Ionenaufnahme und Atmung notwendigen Mitochondriensystems erklärt wurde. Dies scheint durch die direkten Beobachtungen von Marinos bestätigt zu werden, und es ist nicht ausgeschlossen, daß in Anlehnung an Marinos eine einheitliche Erklärung für die regulierende Wirkung von Ca auf die Ionenaufnahme einerseits und die Permeabilität andererseits gegeben werden könnte. Unter neueren Arbeiten, die unter dieser Rubrik eingeordnet werden können, sollen nur drei erwähnt werden. Epstein (1) hat gezeigt, daß für die gewöhnliche Dominanz der K-Aufnahme Ca erforderlich ist, und daß K und Na ohne Ca einander reziprok beeinflussen. Über ähnliche Ergebnisse berichten Jacobson u. Mitarb. Mertz hat die Bindung von Ca an die Mitochondrienfraktion nachgewiesen.

Die andere Wirkung, die Ca zugeschrieben wird, ist, ein verfestigendes Element der Zellwandpektine auszumachen. Dies ist nach O'Kelley und Herndon die Ursache dafür, daß Algen Ca verlangen und erklärt die Rolle des Ca bei der Zoosporenbildung bei *Protosiphon*. Ebenso ist es nach Matchett und Nance die Erklärung dafür, daß Ca der Bildung von C-Tumoren bei *Pisum* entgegenwirkt. Nach Lipetz verursacht Ca-Mangel Verholzung von Tumoren und auch von normalem Parenchym. Bor vermag nach Neales und Hinde Ca in der Zellwand nicht zu ersetzen (vgl. Fortschritte 24, S. 176).

Eisen wurde ausführlich in Bd. **24** der Fortschritte behandelt; nur zwei Arbeiten über seine Komplexbindung sollen erwähnt werden. SIMONS u. Mitarb. haben über die Fe-Aufnahme in *Glycine* berichtet. Aus Chelaten wird Fe unabhängig vom Ligand aufgenommen, wenn $K = 10^{25}$ oder weniger, aus Komplexen mit $K > 10^{28}$ nicht. Die natürlichen Komplexe, die bei der Aufnahme gebildet werden, dürften deshalb eine Komplexkonstante von $10^{25}-10^{28}$ haben. Gewisse natürliche Stoffe, die Fe^{3+} binden, werden als Siderochrome bezeichnet. ZÄHNER u. Mitarb. behandeln wachstumsregulierende Siderochrome mehrerer Mikroorganismen, Sideramine genannt; besonders hervorzuheben sind die Ferrioxamine, die Hydroxamsäuregruppen enthalten und die aus Peptiden aufgebauten Ferrichrome.

Mangan. SPENCER und POSSINGHAM (1, 2) (auch POSSINGHAM und SPENCER) haben versucht, in einer Reihe von Arbeiten die Wirkung von Mn bei der Photosynthese festzustellen. Mn-Mangel hemmt sowohl die durch FMN vermittelte Photophosphorylierung als auch die Hillreaktion. In isolierten Chloroplasten verläuft die Hillreaktion parallel mit dem Mn-Gehalt; Mn ist fest gebunden und kann nur durch komplexbildende Stoffe herausgelöst werden. Nach RICHTER ergibt Mn-Mangel Abnahme des Quotienten O_2/Chlorophyll. Mit C^{14} wurde dargetan, daß dabei der Einbau von C in z. B. Glutaminsäure, Äpfelsäure und Alanin abnimmt, in Asparaginsäure aber ansteigt. Es wird angenommen, daß Mn auch an der reduktiven Phase der Photosynthese teilnimmt. — Mn ist auch in Verbindung mit der IES-Oxydation gebracht worden, aber die Wirkungsweise ist kontrovers. ABRAMOVITCH und AHMED haben dargetan, daß IES durch Mn^{3+}-Versenat oxydiert wird und haben die Abbauprodukte isoliert. MER und DIXON meinen, daß dies eine in vitro-Reaktion darstellt und in keinem Zusammenhang mit der lichtinduzierten Oxydation von IES steht. Mn wirkt auf die Lichtempfindlichkeit von Mesokotylen und Koleoptilen in vivo ein. — STEWARD und MARGOLIS (1) haben bestätigt, daß Mn nicht direkt auf die N-Assimilation, wohl aber mittels des Krebscyclus auf die Bildung löslicher Aminoverbindungen einwirkt (vgl. Mo unten).

Kupfer. Die algicide Wirkung von Dialkyldithiocarbamylen erklärt LINDAHL in Anlehnung an ältere Annahmen mit verschiedener Toxicität der 1: 1 und 1: 2-Komplexe mit Cu und die Instabilität der Ligande, was Hemmung innerhalb zwei scharf getrennter Konzentrationsgebiete ergibt.

Zink. KLEIN, CAPUTO und WITTERHOLT bestätigen auf Grund von Versuchen mit Wurzelhalsgallen, daß Zn für die Tryptophansynthese unentbehrlich ist. COUEY und SMITH haben die Zn-Wirkung auf das Keimmycel von *Puccinia coronata* und PRICE und MILLAR Zn-Mangel bei *Euglena* studiert. NAIK und ASANA berichten über Zinkwirkung auf die Ribonukleaseaktivität in langfristigen Versuchen. Eine typische Galmei-Flechte, *Stereocaulon nanodes* f. vermag nach MAQUINAY u. Mitarb. Zn in der außergewöhnlichen Konzentration von 3,3 g pro kg ohne Stoffwechselschädigungen zu speichern.

Molybdän. Seine Bedeutung für die N-Assimilation wird in mehreren Arbeiten behandelt. So haben HEWITT und BOND mitgeteilt, daß *Alnus* (vgl. auch BECKING) und *Casuarina* sowohl stickstoffbindend als auch mit Nitraternährung Mo erfordern. *Myrica*-Knollen verlangen nach BOND und HEWITT ebenso Mo für N-Bindung und speichern ungewöhnlich große Mengen Mo. STEWARD und MARGOLIS (2) haben hervorgehoben, daß in höheren Pflanzen Mo ausschließlich auf die Nitratreduktion und nicht auf den weiteren Stickstoffwechsel einwirkt. PETERSON und PURVIS haben eine Methode angegeben, Mo-Mangel hervorzurufen; sie beschreiben Mangelerscheinungen in verschiedenen Kulturpflanzen. RUDA berichtet über Mo-Speicherung in *Taraxacum* und *Tilia* aus einem Mo-reichen Standort.

Kobalt. Daß Co für die N-Bindung in Rhizobium unentbehrlich ist, wird von mehreren Seiten bestätigt. DELWICH u. Mitarb. geben an, daß in okulierter *Medicago* für N-Bindung $2 \cdot 10^{-8} M$ Co erforderlich ist. SHAUKAT-AHMED und EVANS haben einen absoluten Co-Bedarf bei inokulierter *Glycine* gefunden; $0,1-1 \mu g$ Co erhöht den Chlorophyllgehalt und den Gehalt an B_{12} in den Knöllchen (vgl. auch KLIEWER und EVANS). Dagegen geben NICHOLAS u. Mitarb. an, daß Co in *Rhizobium* Nitratreduktase aktiviert, ohne im Enzym einzugehen. DANILOVA und DAVYDODA haben über Co-Bedarf in Phaseolus und anderen Pflanzen berichtet. In Wachstumstesten wirkt Co regulierend ein; in Wurzeln nach BURSTRÖM nur weil es physiologisch aktives Eisen verdrängt.

Aluminium wirkt nur als Hemmstoff ein. JONES (1) hat hervorgehoben, daß Al durch Chelatbildung mit organischen Säuren aufgenommen wird und daß Al-vertragende Pflanzen Puffersysteme aus organischen Säuren besitzen. REES und SIDRAK behandeln die Beziehung zwischen Al und Mn bei Vergiftung von *Atriplex, Spinacia* und *Hordeum* und geben Vergiftungserscheinungen an.

Über **Schwefel** liegt eine Literaturübersicht von FRENEY u. Mitarb. vor. Aufnahme und Vorkommen von *Selen* in Se-speichernder *Neptunia* und Normalpflanzen haben PETERSON und BUTLER verglichen. Kolloidaler Kiesel und Kieselsäure hemmen nach UMEMURA u. Mitarb. saure Phosphatase.

Halogene. Durch Fluor verursachte Chlorose beruht nach McNULTY und NEWMAN auf Hemmung eines frühen Stadiums der Chlorophyllsynthese. Überwiegend günstige Wirkungen von KJ und KJO_3 auf 12 Kulturpflanzen werden von BORST PAUWELS beschrieben. Eine spezifische Jod-Wirkung auf Abtrennung von Blättern bei *Phaseolus* (HERRETT u. Mitarb.) scheint prämortal zu sein.

Bor. Über die Wirkung des Bors auf die Zellwand (Fortschritte **24**, S. 176) liegt nur die obenerwähnte negative Angabe von NEALES und HINDE vor. Dagegen haben SHKOLNIK u. Mitarb. einen Zusammenhang zwischen Bor und RNS verfochten. SHKOLNIK und MAYEVSKAYA ermitteln, daß Bormangelpflanzen einen niedrigen RNS-Gehalt besitzen, und Mangelerscheinungen verschwinden bei RNS-Zusatz. Es wird dies in einer Arbeit von SHKOLNIK und SOLOVIYOVA-TROITZKAYA bestätigt und bedeutet eine neue Idee in der Borforschung. Über die Beweglichkeit des Bors liegen widersprechende Angaben vor (OERTLI, STARCK).

Ökologische Probleme

Salztoleranz beruht bekanntlich teils auf der Fähigkeit der Zellen, einen hohen inneren (NaCl) Gehalt zu vertragen, teils auf eine Selektivität der Aufnahme oder des Transports (vgl. SCHOLANDER u. Mitarb.) GREENWAY (1, 2) hat über interessante Ergebnisse mit einer toleranten Rasse von *Hordeum* berichtet, die eine Sperre gegen Aufnahme von Na und Cl besitzt. Der zeitliche Verlauf der Salzaufnahme während der Entwicklung der Keimlinge eines echten Halophyten *(Suaeda macrocarpa)* ist von BINET untersucht worden. Zuerst wird Na schnell gespeichert; später tritt aber eine Änderung des Stoffwechsels ein, und das Verhältnis Na: K nimmt ab. MONK und WIEBE haben die Salztoleranz bei 28 Arten plasmolytisch und mittels der Tetrazoliummethode bestimmt. LAGERWERFF und EAGLE haben bei *Phaseolus* unter salinen Verhältnissen Salzgehalte und Wasserdurchgang verglichen, ohne einen Zusammenhang zu finden.

Über das *Mycorrhiza*-Problem hat MORRISON (1, 2) berichtet; eine schnelle anfängliche Aufnahme vom Pilz begünstigt die P-Versorgung; hinsichtlich Schwefel liegt kein Unterschied zwischen verpilzten und pilzfreien *Pinus radiata* vor.

Artkonkurrenz ist von VAN DEN BERGH und ELBERSE in Mischkulturen von *Lolium* (mit hohem Nährstoffanspruch) und *Anthoxanthum* (anspruchslos) untersucht worden. SHAIN und NIKOLAEV haben gezeigt, daß Maiswurzeln Nährstoffe abgeben, die anderen Pflanzen zugute kommen.

Ökologischer *Sauerstoffmangel* und CO_2-*Überschuß* verursachen nach WALLIHAN u. Mitarb. in *Citrus* eine unerklärte Chlorose. Hier soll auf die Angabe von GLINKA und REINHOLD über Permeabilitätsabnahme unter diesen Verhältnissen verwiesen werden, nebst dem Zusammenhang zwischen CO_2 und Kalkchlorose (Fortschritte **23**, S. 219).

LOVELESS hat die chemische Zusammensetzung von 19 sklerophyllen Arten mit der von 31 Mesophyllen verglichen. Die Sklerophyllen sind durch niedrigen P-Gehalt gekennzeichnet.

Literatur

ABRAMOVITCH, R. A., and K. S. AHMED: Nature (Lond.) **192**, 259—260 (1961). — ALLERUP, S., and J. NIELSEN: Physiol. Plant. **15**, 172—176 (1962). — ASHER, C. J.: Austral. J. Agric. Res. **12**, 755—766 (1961).

BANGE, G. G. J.: Acta Bot. Néerl. **11**, 139—146 (1962). — BANGE, G. G. J., and E. VAN VLIET: Plant and Soil **15**, 312—328 (1962). — BAUMEISTER, W., u. L. SCHMIDT: Flora **152**, 24—56 (1962). — BECKING, J. H.: Plant and Soil **15**, 217—227 (1962). — VAN DEN BERGH, J. P., and W. T. ELBERSE: J. Ecol. **50**, 87—95 (1962). — BINET, P.: Physiol. Plant. **15**, 428—436 (1962). — BÖSZÖRMÉNYI, Z., and E. CSEH: Physiol. Plant. **14**, 242—252 (1961). — BOND, G., and E. J. HEWITT: Nature (Lond.) **190**, 1033—1034 (1961). — BORST PAUWELS, G. W. F. H.: Plant and Soil **14**, 377—392 (1961). — BOWEN, H. J. M., P. A. CAWSE and J. THICK: J. exp. Bot. **13**, 257—267 (1962). — BRANTON, D., and L. JACOBSON: Plant Physiol. **37**, 539—545 (1962). — BURSTRÖM, H.: Physiol. Plant. **14**, 354—377 (1961). — BUSSLER, W.: (1) Z. Pflanzenernähr. Düng. Bodenk. **99**, 207—215 (1962); — (2) Z. Pflanzenernähr. Düng. Bodenk. **99**, 216—222 (1962); — (3) Vergleichende Untersuchungen an Kalimangelpflanzen. 92 pp. Weinheim: Verl. Chemie 1962.

COUEY, H. M., and F. SMITH: Plant Physiol. **36**, 14—19 (1961). — CROOKE, W. M., and A. H. KNIGHT: Soil Sci. **93**, 365—373 (1962).

DANILOVA, T. A., and E. N. DAVYDODA: Dokl. Akad. Nauk SSSR **137**, engl. translation p. 91—93 (1961). — DELWICHE, C. C., C. M. JOHNSON and H. M. REISENAUER: Plant Physiol. **36**, 73—78 (1961).

ELGABALY, M. M.: (1) Plant and Soil **16**, 148—156 (1962); — (2) Plant and Soil **16**, 157—164 (1962); — (3) Plant and Soil **16**, 165—170 (1962); — (4) Soil Sci. **93**, 350—352 (1962). — ELGABALY, M. M., and L. WIKLANDER: Soil Sci. **93**, 281—285

(1962). — Emmert, F. H.: Physiol. Plant. 15, 293—303 (1962). — Epstein, E.: (1) Plant Physiol. 36, 437—444 (1961); — (2) Agrochimica 6, 293—322 (1962).

Freney, J. R., N. J. Barrow and K. Spencer: Plant and Soil 17, 295—308 (1962).

Glinka, Z., and L. Reinhold: Plant Physiol. 37, 481—486 (1962). — Greenway, H.: (1) Austr. J. Biol. Sci. 15, 16—38 (1962); — (2) Austr. J. Biol. Sci. 15, 39—57 (1962).

Handley, R., and R. Overstreet: Science 135, 731—732 (1962). — Herrett, R. A., H. H. Hatfield, D. G. Crosby and A. J. Vlitos: Plant Physiol. 37, 358—363 (1962). — Hewitt, E. J., and G. Bond: Plant and Soil 14, 159—175 (1961). — Higinbotham, N., M. J. Pratt and R. J. Foster: Plant Physiol. 37, 203—213 (1962).

Ilan, I.: Nature (Lond.) 194, 203—204 (1962). — Ingestad, T.: Medd. Stat. Skogsforskn. inst. (Stockholm) 51, 1—150 (1962).

Jackson, J. E., and P. E. Weatherley: (1) J. Exp. Bot. 37, 128—143 (1962); — (2) J. Exp. Bot. 13, 404—413 (1962). — Jacobson, L., R. J. Hannapel, D. P. Moore and M. Schaedle: Plant Physiol. 36, 58—61 (1961). — Jacoby, B., and J. F. Sutcliffe: Nature (Lond.) 195, 1014 (1962). — Jagendorf, A. T., and M. Smith: Plant Physiol. 37, 135—141 (1962). — Jakobsons, A., E. A. Zell and P. W. Wilson: Arch. Mikrobiol. 41, 1—10 (1962). — Jenny, H.: Agrochimica 5, 281—289 (1961). — Jensen, G.: (1) Physiol. Plant. 15, 363—368 (1962); — (2) Physiol. Plant. 15, 791—803 (1962). — Jones, L. H.: (1) Plant and Soil 13, 297—310 (1961); — (2) Canad. J. Bot. 39, 593—606 (1961).

Karim, A. Q. M. B., and J. Vlamis: Plant and Soil 16, 347—360 (1962). — Kimizuka, H., and K. Koketsu: Nature (Lond.) 196, 995—996 (1962). — Klein, R. M., E. M. Caputo and B. A. Witterholt: Amer. J. Bot. 49, 323—327 (1962). — Kliewer, M., and H. J. Evans: Arch. Biochem. Biophys. 97, 427—428 (1962). — Klingensmith, M. J.: Amer. J. Bot. 48, 711—716 (1961).

Läuchli, A.: Ber. Schweiz. bot. Ges. 72, 147—197 (1962). — Lagerwerff, J. V., and H. E. Eagle: Soil Sci. 93, 420—430 (1962). — Lindahl, P. E. B.: Physiol. Plant. 15, 607—622 (1962). — Lipetz, J.: Amer. J. Bot. 49, 460—464 (1962). — Loveless, A. R.: Ann. Bot. 25, 168—184 (1961). — Lundeberg, G.: Skogshögskolans Skrifter (Stockholm) 38, 1—26 (1961). — Lüttge, U., u. J. Weigl: Planta (Berlin) 58, 113—126 (1962).

Machlis, L.: Physiol. Plant. 15, 354—362 (1962). — MacRobbie, E. A.: J. gener. Physiol. 45, 861—878 (1962). — Makarova, N. A., M. M. Steklova and M. J. Shkolnik: Eksp. Botanika (Leningrad) 15, 158—192 (1962). — Maquinay, A., I. M. Lamb, J. Lambinon et J. L. Ramaut: Physiol. Plant. 14, 284—289 (1961). — Marinos, N. G.: Amer. J. Bot. 49, 834—841 (1962). — Marschner, H., u. K. Mengel: Z. Pflanzenern. Düng. Bodenk. 98, 30—44 (1962). — Matchett, W. H., and J. F. Nance: Amer. J. Bot. 49, 311—319 (1962). — McNulty, I. B., and D. W. Newman: Plant Physiol. 36, 385—388 (1961). — Mengel, K.: (1) Z. Pflanzenernähr. Düng. Bodenk. 95, 240—253 (1962); — (2) Z. Pflanzenernähr. Düng. Bodenk. 98, 44—54 (1962); — (3) Z. Pflanzenernähr. Düng. Bodenk. 98, 58—63 (1962). — Mer, C. L., and P. F. Dixon: Ann. Bot. 26, 1—11 (1962). — Mertz, D.: Physiol. Plant. 14, 844—850 (1961). — Miller, G. W., and S. A. Russell: Soil Sci. 94, 146—150 (1962). — Monk, R. W., and H. H. Wiebe: Plant Physiol. 36, 478—482 (1961). — Morrison, T. M.: (1) New Phytol. 61, 10—20 (1962); — (2) New Phytol. 61, 21—27 (1962). — Murashige, T., and F. Skoog: Physiol. Plant. 15, 473—497 (1962).

Naik, M. S., and R. D. Asana: Indian J. Plant Physiol. 4, 103—111 (1962). — Neales, T. F., and R. W. Hinde: Physiol. Plant. 15, 217—228 (1962). — Nicholas, D. J. D., Y. Maruyama and D. J. Fisher: Biochim. biophys. Acta 56, 623—626 (1962). — Nims, L. F.: Science 137, 130—132 (1962).

Oertli, J. J.: Soil Sci. 94, 214—219 (1962). — Okamoto, H.: Plant Cell Physiol. 3, 84—94 (1962). — O'Kelley, J. C., and W. R. Herndon: Amer. J. Bot. 48, 796—802 (1961). — Okuda, S.: Plant Cell Physiol. 2, 371—392 (1962).

Paribok, T. A., and M. J. Shkolnik: Eksperim. Botanika (Leningrad) 15, 193—203 (1962). — Peterson, N. K., and E. R. Purvis: Soil Sci. Soc. Amer. Proc. 25, 111—117 (1961). — Peterson, P. J., and G. W. Butler: Austr. J. Biol. Sci. 15,

126—146 (1962). — POSSINGHAM, J. V., and D. SPENCER: Austr. J. Biol. Sci. **15**, 58—68 (1962). — PRICE, C. A., and E. MILLAR: Plant Physiol. **37**, 423—427 (1962).

REES, W. J., and G. H. SIDRAK: Plant and Soil **14**, 101—117 (1961). — RICHTER, G.: Planta **57**, 202—214 (1961). — RUDA, E.: Z. Pflanzenernähr. Düng. Bodenk. **92**, 32—35 (1961).

SCHOLANDER, P. F., H. THAMMEL, E. HEMMINGSEN and W. GAREY: Plant Physiol. **37**, 722—729 (1962). — SCHWANTES, H. O.: Ber. dtsch. Bot. Ges. **74**, 418—423 (1962). — SCOTT, B. I. H., and D. W. MARTIN: Austr. J. Biol. Sci. **15**, 83—100 (1962). — SHAIN, S. S., and G. V. NIKOLAEV: Kukuruza **1**, 43—45 (1962). — SHAUKAT-AHMED and H. J. EVANS: Proc. Nat. Acad. Sci. **47**, 24—36 (1961). — SHKOLNIK, M. J., S. A. ABDURASHITOV and V. P. BOZHENKO: Fiz. Rast. **7**, engl. transl. 469—473 (1961). — SHKOLNIK, M. J., and A. N. MAYEVSKAYA: Fiz. Rast. **9**, 270—278 (1962). — SHKOLNIK, M. J., and E. A. SOLOVIYOVA-TROITZKAYA: Bot. J. (Moskva) **47**, 626—635 (1962). — SIMONS, J. N., R. SWINDLER and H. M. BENEDICT: Plant Physiol. **37**, 460—466 (1962). — SMITH, T. A., and F. J. RICHARDS: Biochem. J. **84**, 292—294 (1962). — SPENCER, D., and J. V. POSSINGHAM: (1) Austr. J. Biol. Sci. **13**, 441—455 (1960); — (2) Biochem. Biophys. **52**, 379—381 (1961). — STARCK, J. R.: Acta Soc. Bot. Pol. **31**, 357—378 (1962). — STENLID, G.: Physiol. Plant. **15**, 598—605 (1962). — VAN STEVENINCK, R. F. M.: Physiol. Plant. **15**, 211—215 (1962). — STEWARD, F. C., and D. MARGOLIS: (1) Contr. Boyce Thomps. Inst. **21**, 393—409 (1962); — (2) Contr. Boyce Thomps. Inst. **21**, 411—421 (1962). — STOCKING, C. R., and A. ONGUN: Amer. J. Bot. **49**, 284—289 (1962).

TANADA, T.: Amer. J. Bot. **49**, 1068—1072 (1962). — TREGGI, G.: Plant and Soil **15**, 291—294 (1962). — TROMP, J.: Acta Bot. Néerl. **11**, 147—192 (1962). — TULLIN, V.: Physiol. Plant. **15**, 315—340 (1962).

ULRICH, B., and H. J. KAUFMANN: Plant and Soil **16**, 71—93 (1962). — UMEMURA, Y., J. NISHIDA, T. AKAZAWA and I. URITANI: Arch. Biochem. Biophys. **92**, 392—398 (1961).

WAISEL, Y.: (1) Acta Bot. Néerl. **11**, 56—68 (1962); — (2) Physiol. Plant. **15**, 709—724 (1962). — WALLIHAN, E. F., M. J. GARBER, R. G. SHARPLESS and W. L. PRINTY: Plant Physiol. **36**, 425—428 (1961). — WEIGL, J., u. U. LÜTTGE: Planta (Berlin) **49**, 15—28 (1962). — WILL, G. M.: New Zealand J. Agric. Res. **4**, 309—327 (1961). — WILLIAMS, D. E.: Plant and Soil **15**, 387—399 (1962). — WILLIAMS, D. E., and J. VLAMIS: Plant Physiol. **37**, 198—202 (1962).

ZÄHNER, H., E. BACHMANN, R. HÜTTER u. J. NÜESCH: Patholog. Mikrobiologie **25**, 708—736 (1962).

14. Stoffwechsel organischer Verbindungen I (Photosynthese)

Teilbericht über das Jahr 1962

Von HELMUT METZNER, Tübingen

Die Vielfalt der Probleme, die heute in der Photosynthese-Forschung bearbeitet werden, verbietet es, in jedem Jahresbericht alle Aspekte dieses Gebietes darzustellen. Zwar dürfte es von Jahr zu Jahr zunehmend schwieriger werden, klare Grenzen zwischen den mehr biophysikalischen und den überwiegend biochemisch orientierten Fragestellungen zu ziehen, doch scheint es — wenigstens vorläufig noch — möglich, die photochemischen Vorgänge an den Chromatophorenpigmenten sowie deren Synthese und Lokalisation von den übrigen Prozessen getrennt zu behandeln. Es ist daher beabsichtigt, in den folgenden Jahren jeweils abwechselnd diesen Problemkomplex und die mit der Wasserphotolyse, dem CO_2-Einbau und der Photophosphorylierung zusammenhängenden Fragen zu referieren. Diesen Berichten sollen in unregelmäßiger Folge Besprechungen rein methodischer Arbeiten zur Anzucht der Versuchsobjekte und zur Meßtechnik sowie Betrachtungen über die Photosynthese unter natürlichen Bedingungen angefügt werden.

Im vorliegenden Bericht, der — abgesehen von einigen älteren russischen Publikationen[1] — nur Veröffentlichungen des Jahres 1962 berücksichtigt, sollen alle wichtigen Untersuchungen besprochen werden, die Fragen der Chemie und Biosynthese, der Lokalisation und der Photochemie der Chromatophorenpigmente behandeln. Die Entdeckung des Emerson-Effekts hat das Interesse der Photosynthese-Forscher ganz besonders auf diesen Problemkreis gelenkt und eine solche Fülle von Veröffentlichungen angeregt, daß sich deren monographisch vollständige Erwähnung verbietet. Der Ref. hat eine große Zahl von Publikationen unberücksichtigt gelassen; dies sind vor allem jene Arbeiten, die lediglich auf die Bestätigung gut gesicherter Tatsachen hinauslaufen, und solche, die mit zweifelhafter Methodik oder allzu kühner Spekulation zu Ergebnissen gelangen, die einer ernsthaften Kritik nicht standhalten dürften.

Wiederum sind etliche Sammelreferate erschienen [CLAYTON (1); FRENCH; GODNEV u. SHLYK; JAGENDORF; PARK; STILES; WOLKEN], die mehr oder weniger große Teilgebiete der Photosynthese-Forschung behandeln. Unter ihnen verdient vor allem der von JAGENDORF geschriebene Bericht hervorgehoben zu werden. In ihm werden nicht allein die Fortschritte der vergangenen Jahre kritisch gewürdigt, ebenso wertvoll sind die vielen Hinweise auf Widersprüche und Lücken, die uns die so rasch vordringende Arbeit der verschiedenen Forschergruppen hinterlassen hat.

I. Chemie und Biosynthese der Chromatophorenpigmente

Trotz intensiver Bemühungen verschiedener Arbeitskreise ist es auch heute noch schwierig, größere Mengen reinster Chromatophorenpigmente, insbesondere der Chlorophylle, zu gewinnen. Die für analytische Zwecke

---

[1] Russische Veröffentlichungen des Jahres 1962 konnten nur insoweit berücksichtigt werden, als sie bis zum Abschluß des Manuskripts in englischer Übersetzung vorlagen. In mehreren Fällen mußten russische Publikationen des Vorjahres (1961) nachgetragen werden.

so wertvolle Papierchromatographie (HOLDEN) und die durch ihre
hohe Trennschärfe ausgezeichnete Dünnschichtchromatographie
(EGGER; HAGER und BERTENRATH) liefern nur sehr wenig Material. Für
präparative Aufgaben stehen beide hinter der klassischen Säulen-
chromatographie zurück. Gelingt es, die Pflanzen so schonend zu
extrahieren, daß die Pigmente nicht schon vor der eigentlichen Fraktionierung verändert werden (METZNER und SENGER), so kommt dieser
Trennmethode — insbesondere bei Beachtung der von PERKINS und
ROBERTS, ANDERSON und CALVIN sowie KUTIURIN, ULUBEKOVA und
ARTAMKINA ausgearbeiteten Vorschriften — noch immer die größte Bedeutung zu. Allerdings ist sie nur auf kleine Moleküle anwendbar. Sollen
Protein-Pigment-Komplexe getrennt werden, so bieten sich die Zonenelektrophorese [BOARDMAN (1)] und die Gelfiltration an: NULTSCH
konnte an einer Sephadex-Säule einen aus der *Cyanophycee Phormidium
autumnale* gewonnenen Extrakt in eine Phycocyanin- und zwei Phyco-
erythrin-Fraktionen auftrennen.

WICKLIFF und ARONOFF haben die Verfahren für die quantitative Chloro-
phyll-Bestimmung um eine weitere Variante bereichert, die vor allem dann von
Wert sein dürfte, wenn die Extrakte nicht sofort photometriert werden können: Sie
überführen die Chlorophylle in die Phaeophytine, deren Extinktion dann spektro-
photometrisch gemessen wird.

In $^{14}CO_2$-haltiger Atmosphäre herangezogene junge Gerstenpflanzen,
die nach kurzer Belichtung einer 24stündigen Dunkelzeit ausgesetzt
wurden, enthalten auf je 100 Chlorophyll-Moleküle ein Molekül Protochlorophyllid, dessen spezifische Aktivität die der beiden Chlorophylle erheblich übertrifft. Schon eine kurze Belichtung läßt diese markierte Substanz praktisch vollständig verschwinden; gleichzeitig steigen
die Gesamtaktivität und die spezifische Aktivität des Chlorophyll a an
(SHLYK, KALER und PODCHUFAROVA). Wir dürfen demnach das Protochlorophyllid als Chlorophyll-Vorstufe betrachten; es wird bei Belichtung
ständig nachgebildet. MADSEN (2) konnte zeigen, daß eine Folge kurzer
Lichtblitze diese Neubildung wirksamer zu fördern vermag als Dauer-
beleuchtung.

Das Protochlorophyll ist an einen Eiweißkörper gebunden, dessen
Bildung mit der Protochlorophyllid-Synthese zumindest zeitlich korreliert zu sein scheint (KUPKE). In der Ultrazentrifuge erweist sich das
Protein als einheitlich; sein Molekulargewicht liegt bei 600000 [BOARD-
MAN (1)]; die Makromoleküle ließen sich im Elektronenmikroskop als
annähernd sphärische Partikel abbilden. Da sich vorläufig noch nicht ausschließen läßt, daß die gewonnene Proteinfraktion nicht noch durch
weitere Eiweiße (Carboxydismutase?) verunreinigt ist, läßt sich für den
Pigmentgehalt der einzelnen Partikel zunächst nur ein Minimalwert angeben. BOARDMAN (1) glaubt, daß jedes Proteinmolekül nur mit einem
einzigen Protochlorophyll-Molekül verknüpft ist, KUPKE dagegen gibt
ein Pigment:Eiweiß-Verhältnis von 2:1 an. Eine derart große Differenz
in den Mengenverhältnissen dürfte kaum allein auf eine Beimengung
fremder Proteine zurückgehen; entweder liegt gar kein stöchiometrisches

Verhältnis vor, oder aber es existieren verschiedene Komplexe. Für die zweite Alternative sprechen weitere Untersuchungen von BOARDMAN (1), in denen es dem Autor gelang, durch Anwendung der Zonenelektrophorese zwei verschiedene Protochlorophyll-Eiweiß-Komplexe voneinander zu trennen, bei deren Pigmentanteilen es sich möglicherweise in einem Fall um die phytylierte, im anderen um die nichtphytylierte Form des Protochlorophylls handelt. MADSENs (2) Angabe, daß sich diese beiden Pigmente durch eine große Abweichung in der Lage ihres langwelligen Absorptionsmaximums unterscheiden lassen, bedarf angesichts der Erfahrung, daß die entsprechenden Chlorophyll-Formen ein praktisch identisches Absorptionsspektrum aufweisen (CAPON und BOGORAD), der Nachprüfung. Jedenfalls aber differieren die Aktivierungsenergien, die den beiden Komplexen zur Umwandlung in die entsprechenden Chlorophyll-Formen zugeführt werden müssen, recht beträchtlich. Es scheint so zu sein, daß praktisch allein die nichtveresterte Protochlorophyll-Form in Chlorophyllid umgewandelt wird. Dieses wird dann erst sekundär phytyliert, wobei diese Umwandlung u. U. mehrere Minuten in Anspruch nehmen kann [MADSEN (2)].

Bei der Phytol-Bildung dürfte es sich um eine lichtabhängige Synthese handeln (vgl. aber Fortschr. Bot. 24, 185); als Vorstufe konnte die Mevalonsäure (FISCHER, MÄRKL, HÖNEL und RÜDIGER) nachgewiesen werden. ^{14}C-markierte Essigsäure wird verhältnismäßig langsam — jedenfalls bedeutend schwächer als in den Chlorophyllid-Anteil des Pigments — eingebaut. Dagegen erhielten MERCER und GOODWIN bei Maiskeimlingen einen sehr schnellen Einbau von $^{14}CO_2$ in die Phytol-Seitenkette.

Kinetische Untersuchungen am isolierten Protein-Pigment-Komplex führten BOARDMAN (2) zu der Ansicht, daß das Protochlorophyllid und der für die Umwandlung zum Chlorophyllid erforderliche Wasserstoff- bzw. Elektronendonator an das gleiche Eiweißmolekül gebunden sein müssen. Einerseits konnte kein dialysierbarer Faktor nachgewiesen werden, der den Prozeß beeinflussen kann; zum anderen erwies sich die Umwandlungsgeschwindigkeit zwischen −55 und +25°C als unabhängig von der Viscosität des Lösungsmittels. Dennoch kann die Protochlorophyllid-Chlorophyllid-Umwandlung kein rein photochemischer Vorgang sein, da sich ein deutlich von 1 verschiedener Temperaturkoeffizient messen läßt. Die einzigen Hemmstoffe, die diesen Prozeß zu unterbinden vermögen, sind protein-denaturierende Agentien. Die Umwandlung erfolgt auch im trockenen Blatt [MADSEN (1)].

Während der Belichtung eines etiolierten Blattes steigt nicht allein der Farbstoffgehalt, es ändern sich auch die Verhältnisse Chlorophyll: Carotinoide [GIBBS (2)] und Pigment:Protein beträchtlich. Zwar gibt es eine Gleichzeitigkeit von Protein- und Pigmentsynthese, aber die Pigmentmenge pro Eiweißmolekül nimmt beträchtlich zu. Bei Buschbohnen erhielt KUPKE unter seinen Versuchsbedingungen 72—81 Chlorophyllmoleküle pro Eiweißmolekül. Exakte Werte lassen sich wahrscheinlich gar nicht angeben; die Zahl der Chlorophyllmoleküle pro Proteinmolekül dürfte eine Funktion der Beleuchtungsintensität sein. Möglicherweise liegt hier ein komplizierter Regelmechanismus vor, der eine weitere Untersuchung verdient [SISTROM (2)].

Auch weiterhin läßt sich die Frage nach der Biosynthese des Chlorophyll b nicht beantworten. FISCHER u. Mitarb. betrachten das Chlorophyll a, auf Kosten dessen im Dunkeln Chlorophyll b gebildet werden kann (SHLYK und STANISHEVSKAIA), als Vorläufer und stimmen darin mit den meisten anderen Autoren überein (vgl. Fortschr. Bot. **24**, 186). Schwer verständlich bleiben nun aber die Ergebnisse kinetischer Untersuchungen in $^{14}CO_2$-haltiger Atmosphäre: SHLYK und FRADKIN stellten fest, daß dabei die spezifische Aktivität des Chlorophyll b stets hinter der des Chlorophyll a zurückbleibt. Nach Ansicht der russischen Biochemiker schließt dies eine Umwandlung des Chlorophyll a in das Chlorophyll b aus. Wenn man nicht annehmen will, daß die kinetischen Messungen dadurch verfälscht wurden, daß nur eine der nebeneinander vorhandenen Chlorophyll a-Formen als Chlorophyll b-Vorstufe fungiert, so liegt der Gedanke an die Existenz einer gemeinsamen Vorstufe beider Pigmente am nächsten.

Bereits seit längerer Zeit ist bekannt, daß sich bei sehr verschiedenen Pflanzen die Pigmentsynthese durch Behandlung mit Streptomycin stören läßt. Nicht alle Pflanzen reagieren auf dieses Antibioticum mit einem vollständigen Chlorophyllverlust; bei *Chlorella pyrenoidosa* z. B. läßt sich mit nicht-letaler Dosis nur eine teilweise Ausbleichung erzielen (METZNER und SENGER). Bei den *Euglena*-Stämmen, die nach einer Streptomycin-Behandlung absolut chlorophyllfrei sind, kann die Schädigung offenbar an sehr verschiedener Stelle angreifen. Neben Stämmen, die noch zur Synthese von Porphyrinen befähigt sind, findet man solche, die unter dem Einfluß des Antibioticums überhaupt nicht mehr oder aber erst nach Zusatz von δ-Aminolävulinsäure Porphyrine zu bilden vermögen [GIBOR und GRANICK (2)]. Bis heute ist der Wirkungsmechanismus dieses Stoffwechselgiftes rätselhaft geblieben. Vielleicht spielt die Komplexbildung mit Nucleinsäuren eine entscheidende Rolle. Die Unterbrechung der Chlorophyll-Synthese ist aber auch durch Zugabe etlicher anderer Antibiotica und Antihistaminica zu erreichen (ZAHALSKY, HUTNER, KEANE und BURGER), die nahezu alle in ihren Molekülen ungewöhnliche Zucker enthalten. Man hat daher daran gedacht, sie könnten den Ribose- oder Desoxyribose-Stoffwechsel stören und dadurch die Strukturierung der Plastiden unterbinden (ZAHALSKY, HUTNER, KEANE und BURGER; EBRINGER). Jedenfalls bleibt vorläufig der Befund von KIRK, wonach sich bei *Euglena* die Streptomycin-Hemmung durch Behandlung der Zellsuspensionen mit einer $MnCl_2$-Lösung aufheben läßt, ebenso schwer zu deuten wie der Effekt der Antibiotica selbst.

Störungen der Pigmentsynthese, die in ihrem mikroskopischen Erscheinungsbild den Streptomycinschäden sehr ähneln können, werden nach Behandlung höherer Pflanzen mit unnatürlichen Pyrimidinen, etwa dem 2-Thiouracil, beschrieben (HESLOP-HARRISON). Damit vergleichbar ist die Störung der Bacteriochlorophyll-Synthese durch das 5-Bromuracil und das Purin-Analoge 8-Azaguanin [GIBSON, NEUBERGER und TAIT (1)]. An ganz anderer Stelle greift offenbar die Hemmung durch p-Fluorphenylalanin, Threonin und Äthionin ein [GIBSON, NEUBERGER und TAIT (2)]; sie dürfte auf einer Störung des Methionin-Einbaus beruhen [GIB-

SON, NEUBERGER und TAIT (3)]. Im allgemeinen sind die Schädigungen durch die beschriebenen Hemmstoffe völlig reversibel; gelegentlich jedoch treten sowohl nach Streptomycin- als auch nach Thiouracil-Behandlung Mutationen auf (HESLOP-HARRISON; SAGER und TSUBO). Eine Störung der Chlorophyllsynthese bei gleichzeitiger Vermehrung des Carotinoidgehalts wurde bei *Vicia faba* nach Zugabe von Gibberellinsäure beobachtet (MILLET, TAVANT, PERNEY und MANGE). Schon häufiger sind Strahlenschäden der Chromatophoren bzw. der Chromatophorenpigmente beschrieben worden. Unter dem Einfluß von UV-Bestrahlung treten bei *Rhodopseudomonas spheroides* Mutanten auf, die statt des Bacteriochlorophylls Porphyrine veränderten Oxydationszustands enthalten (GRIFFITHS). Farbstoffmangel-Mutanten lassen sich auch bei Algen erzielen; nach UV-Behandlung wurden sie von BENDIX und ALLEN für *Chlorella*, von GILLHAM und LEVINE für *Chlamydomonas* beschrieben. Röntgenbestrahlung setzt die Chlorophyllsynthese herab, ohne vorhandenes Protochlorophyllid anzugreifen (PRICE und KLEIN). Bei *Arabidopsis* soll Röntgenbestrahlung nach Untersuchungen von RÖBBELEN die Häufigkeit von Plastommutationen erhöhen [vgl. aber MICHAELIS (1)]. Ließe sich dieser interessante Befund bestätigen, so läge hierin ein erster Hinweis auf strahlenbedingte Erhöhung der Mutationsrate extrachromosomaler Erbstrukturen.

Bei spektroskopischen Messungen am intakten Gewebe sind wiederholt Absorptionsbanden jenseits 700 mμ entdeckt worden (vgl. Fortschr. Bot. **24**, 184, 195). ALLEN, BENDIX und MURCHIO fanden in einer durch UV-Bestrahlung erzeugten *Chlorella*-Mutante (G 48-1) ein Absorptionsband bei ~ 710 mμ. Zusatz von Natriumdithionit führte zu dessen Ausbleichen; dagegen erwies sich dieses Pigment — im Gegensatz zu dem von KOK u. Mitarb. früher beschriebenen „Pigment 700" (vgl. Fortschr. Bot. **24**, 184) — als durch Fe^{+++} bzw. Fe^{++} nicht reversibel oxydier- und reduzierbar. LIPPINCOTT, AGHION, PORCILE und BERTSCH beschreiben die Isolierung eines langwellige Rotstrahlung absorbierenden Farbstoffs. Homogenisiert man Laubblätter nach vorhergehender Extraktion mit siedendem Methanol, so erhält man bei allen bisher untersuchten Pflanzen — mit Ausnahme der *Gymnospermen!* — eine Absorptionsbande bei ~ 740 mμ. Bekanntlich absorbiert hier das kristalline Chlorophyll a (ANDERSON und CALVIN). Zwar lassen sich z. B. im Benzol Chlorophyll-Dimere nachweisen (ARONOFF); es erscheint aber doch sehr fraglich, ob es sich bei dem von LIPPINCOTT u. Mitarb. extrahierten Pigment um eine Form aggregierten Chlorophylls handelt. Es könnte sich lohnen, hier nach einem reduzierten Porphyrin zu suchen, nachdem MAUZERALL hat zeigen können, daß die Absorptionsbanden derartiger Verbindungen bei ~ 735 mμ liegen.

Ein anderes Pigment dürfte bei der *Cyanophycee Synechococcus cedrorum* vorliegen. Hier zeigen Extrakte eine deutliche Absorption bei ~ 730 mμ (GASSNER), der vermutlich die an intakten Zellen zu messende Bande ~ 750 mμ entspricht. Dieser vorerst noch nicht identifizierte Farbstoff ähnelt in seinen spektralen Eigenschaften dem Bacteriophaeophytin.

Es gelang JEFFREY, aus *Sargassum flavicans* reines Chlorophyll c zu gewinnen und aus wäßrigem Methanol in Form hexagonaler Plättchen abzuscheiden. In acetonischer Lösung liegen dessen Absorptionsbanden bei 442, 580 und 628 mμ. Das Molekulargewicht errechnet sich nach dem Magnesiumgehalt zu $\sim$ 1020. (Das des Chlorophyll a beträgt $\sim$ 893.)

Vermutlich gibt es mehr als nur — wie zunächst angenommen — zwei Chlorobium-Chlorophylle; jedenfalls scheint das *Chlorobium*-Chlorophyll Chl_{650} nicht einheitlich zu sein (HUGHES, HOLT und BESSERER). Bei den bisher isolierten Formen soll es sich um Derivate des δ-Methyl-2-desvinyl-2-α-hydroxyäthylpyrophaeophorbid a handeln (HOLT, HUGHES, KENDE und PURDIE). Möglicherweise kommt diesen Chlorophyllen aber allein die Rolle eines akzessorischen Pigments zu, das die Anregungsenergie an einen Sensibilisator mit noch längerwelliger Absorption weiterleitet. Einen derartigen Farbstoff konnten J. M. OLSON und ROMANO aus verschiedenen photosynthetisch tätigen Bakterien *(Chlorobium thiosulfatophilum, Chlorobium limicola, Chloropseudomonas ethylicum)* isolieren. Diese Organismen absorbieren in vivo zwischen 800 und 810 mμ. In ätherischen und methanolischen Extrakten läßt sich eine Absorptionsbande bei 770 mμ nachweisen. Ob dieses vorläufig als Chlorophyll Chl_{770} bezeichnete Pigment mit dem Bacteriochlorophyll identisch ist, bedarf einer weitergehenden Untersuchung.

Der Lichteinfluß auf die Carotinoidsynthese wurde von RILLING bei einer *Mycobacterium*-Kultur näher studiert. Hier folgt auf die reine, vor allem durch Blaulicht auszulösende, Lichtinduktion (Q_{10}= 1) eine etwa 2 Std andauernde Phase der Proteinsynthese, in die z. B. Chloramphenicol hemmend eingreifen kann. Die eigentliche (temperaturabhängige) Pigmentsynthese beginnt erst nach einer Anlaufzeit von 1 bis 1,5 Std; sie dauert dann etwa 12 Std; offensichtlich setzt sie das Vorhandensein von Fermenten voraus, die in der zweiten Phase bereitgestellt (aktiviert?) werden. Wie CLAES an Röntgenmutanten von *Chlorella* zeigen konnte, vermag diese Alge acyclische C_{40}-Polyene auch im Dunkeln zu bilden; die Cyclisierung jedoch verläuft ausschließlich im Licht. Als Vorstufen der Carotinoide wurden Mevalonsäure (FISCHER, MÄRKL, HÖNEL und RÜDIGER; YOKOYAMA, NAKAYAMA und CHICHESTER) und Leucin (EHRENBERG und DÁNIEL) nachgewiesen. Offenbar vermag das Chlorophyll die lichtbedingte cis-trans-Isomerisierung von Carotinoiden zu sensibilisieren. Die bereits seit langem bekannte Hemmung der Carotinoidsynthese durch Diphenylamin beeinflußt bei *Chromatium* nicht den Bacteriochlorophyll-Spiegel (WASSINK und KRONENBERG); bei *Chlorella* hingegen setzt das Diphenylamin stets auch die Chlorophyllbildung herab (METZNER und SENGER).

Besonderes Interesse wurde in letzter Zeit wieder den sauerstoffhaltigen Polyenen entgegengebracht. Verschiedentlich wurde die Vermutung geäußert, diese Verbindungen könnten in den Sauerstofftransport bei der Photosynthese eingeschaltet sein. Inzwischen haben aber mehrere Untersuchungen mit dem schweren Sauerstoffisotop ^{18}O mit einiger Sicherheit ausschließen können, daß der Sauerstoff der Xanthophylle aus photolytisch gespaltenen H_2O-Molekülen stammt [SHNEOUR;

SHNEOUR und CALVIN; YAMAMOTO, CHICHESTER und NAKAYAMA (1)]. Bis auch hier definitives Zahlenmaterial vorliegt, verbleibt nur mehr die Möglichkeit, den Sauerstoff der Carotinoid-Epoxyde mit der Wasserspaltung in Verbindung zu bringen [YAMAMOTO, CHICHESTER und NAKAYAMA (2)]

ZIEGLER konnte zeigen, daß Algen neben konjugierten allgemein auch unkonjugierte Pterine enthalten (vgl. auch ZIEGLER, ZIEGLER und SCHMIDT), deren Seitenketten mindestens zwei cis-ständige Hydroxylgruppen besitzen. Über eine mögliche Rolle dieser Substanzen in der Photosynthese wissen wir noch immer nichts.

Wenig Neues ist auch über die Cytochrome der Chloroplasten bekanntgeworden. Obwohl ihre Beteiligung am lichtbedingten Elektronentransport innerhalb der Chloroplasten intensiv diskutiert (s. u.) und in diesem Zusammenhang vielfach dem Cytochrom c eine besondere Rolle zugeschrieben wird, ist bis heute nur für die Cytochrome b_3, b_6 und f gesichert, daß sie im Chloroplasten vorkommen (LUNDE-GÅRDH).

Über das kürzlich entdeckte Plastocyanin (vgl. Fortschr. Bot. 24, 189) haben KATOH, SHIRATORI und TAKAMIYA eine weitere Untersuchung veröffentlicht. Demnach liegen die Absorptionsbanden dieses Pigments, für das ein Molekulargewicht von $\sim$ 21 000 ermittelt wurde, bei 597, $\sim$ 770 (breit) und 460 mμ (wenig ausgeprägt). Das reduzierte Plastocyanin reagiert nicht mit molekularem Sauerstoff; das Normalpotential wird mit $E_0' = +$ 370 mV angegeben.

Von FUJITA und HATTORI (2) wurde die im Zusammenhang mit der sog. chromatischen Adaptation bedeutsame reversible photochemische Umlagerung einer Phycocyanin-Vorstufe in die Vorstufe des Phycoerythrins weiter studiert. Auch die Gruppe der Phycobiline scheint heterogener zu sein, als bisher angenommen wurde. In den nächsten Jahren werden sicherlich neue Vertreter dieser Stoffklasse beschrieben werden. FUJITA und HATTORI (1) gewannen aus den *Cyanophyceen Tolypothrix tenuis* und *Anabaena cylindrica* ein Phycobilin, das in seinem Spektralverhalten dem Biliverdin ähnelt (vgl. auch NULTSCH).

II. Lokalisation der Chromatophorenpigmente

BOARDMAN und WILDMAN ist es gelungen, Proplastiden zu isolieren und in einem Glucose-Gradienten zu reinigen. Die fluorescenzmikroskopische Untersuchung ließ in ihrem Innern einzelne fluorescierende Punkte erkennen; sie dürften Chlorophyll-Vorstufen enthalten (s. u.).

MENKE hat versucht, die Ergebnisse seiner Röntgenkleinwinkelmessungen an Proplastiden zusammenzufassen und ein Modell der Heitz-Leyonschen Kristalle zu entwerfen. Bei *Chlorophytum comosum* scheint der Prolamellarkörper aus schraubig gewundenen Tubuli zu bestehen, die in einer Matrix eingebettet liegen. Dabei dürfte der Windungssinn benachbarter Schrauben gegensinnig, ihre Anordnung hexagonal sein. Nimmt man als Durchmesser der Tubuli 160 Å, als Durchmesser der Schraubenwindungen 450 Å und einen Steigungswinkel von 32° an, so erhält man ein — von MENKE aus Trovidur nachgebildetes — räumliches Modell, dessen verschiedene Schnittebenen gut mit den bisher erhaltenen elektronenmikroskopischen Aufnahmen der Heitz-Leyonschen Kristalle übereinstimmen. Leider wurden diese vermuteten Schrauben bis heute nie senkrecht getroffen; der endgültige Beweis für die Richtigkeit des vorgeschlagenen Raummodells steht daher vorläufig noch aus.

Ungeklärt bleibt die Weiterentwicklung dieses Komplexes schraubig gewundener Tubuli zu den Stapeln der parallel gelagerten Thylacoide des erwachsenen Chloroplasten. Offensichtlich ist dieser Übergang nur möglich, wenn auch eine ungestörte Pigmentsynthese ablaufen kann

[SISTROM (1); LEFORT]. Jedenfalls ist Belichtung eine wesentliche Vorbedingung für die Ausbildung normaler Chloroplasten; sie kann nicht durch Zugabe von Kohlenhydraten ersetzt werden (EILAM und KLEIN). Welcher der beiden zeitlich bisher nicht zu trennenden Prozesse Ursache und welcher Folge ist, bleibt weiter kontrovers. Jedenfalls haben alle erbbedingten und durch Außeneinflüsse erzwungenen Hemmungen der Pigmentbildung stets auch eine Störung der Strukturentwicklung zur Folge gehabt. Möglich ist, daß bei einzelnen Mutanten schon der Prolamellarkörper unregelmäßig ausgebildet wird [vgl. MURAKAMI (1, 2)]; die meisten Abweichungen treten aber wohl erst bei späteren Stadien der Strukturentwicklung in Erscheinung. Bei der engen Korrelation von Lamellierung und Chlorophyll-Synthese ist es nicht verwunderlich, daß die Ausbildung normaler Chloroplasten sich sowohl durch eine Beeinflussung der Thylacoid-Bausteine als auch durch eine Hemmung der Farbstoffbildung verhindern läßt. Nicht immer wird sich entscheiden lassen, wo der primäre Angriffspunkt einer Schädigung zu suchen ist. Dies gilt sowohl für die Antibiotica — Streptomycin vermag Nucleinsäure auszufällen (s. o.) — als auch für den Mangel an einzelnen Ionen. Es ist nicht erstaunlich, daß sich der Ausfall der verschiedenen Mineralsalze morphologisch ganz unterschiedlich ausprägen kann (THOMSON und WEIER); MERCER, NITTIM und POSSINGHAM beobachteten, daß bei Manganmangel zunächst die Stromalamellen geschädigt werden.

Schon vor einigen Jahren konnte für *Euglena* gezeigt werden, daß hier die Entwicklung der Plastiden durch ein besonderes Duplikantensystem gesteuert wird (Fortschr. Bot. **24**, 193). Werden dessen Elemente, etwa durch erhöhte Temperaturen, durch UV-Bestrahlung oder durch chemische Agentien (Streptomycin) geschädigt, so bleibt die Plastidenentwicklung stecken. GIBOR und GRANICK (1) haben nun durch Mikrostrahlstichversuche zeigen können, daß diese Duplikanten außerhalb des Zellkerns lokalisiert sind. Schon frühere Versuche machten es wahrscheinlich, daß jeder Zelle eine größere Zahl dieser Elemente zukommt; nun entdeckten GIBOR und GRANICK (2) in Dunkelzellen von *Euglena* 30—40 rot fluorescierende Partikel, die sich innerhalb der Proplastiden befinden; es bleibt zu untersuchen, ob die die Plastidenentwicklung steuernden Zentren mit diesen Partikeln identisch sind.

Wenn auch die Thylacoid-Struktur, von den photosynthetisch tätigen Bakterien abgesehen, allgemein verbreitet sein dürfte, so scheint dennoch im feineren Aufbau der Plastiden eine recht große Mannigfaltigkeit zu herrschen. Dies zeigten vor allem die Untersuchungen von UEDA sowie von GIBBS (3), die beide die Plastidenstruktur innerhalb verschiedener Algenklassen studierten (vgl. auch STRUGGER und PEVELING). Recht primitive — oder abgeleitete? — Verhältnisse liegen bei der *Rhodymeniale Lomentaria beilayana* vor; hier konnte BOUCK nur ein einzelnes scheibenförmiges Thylacoid finden; bei anderen Algen dagegen — offensichtlich aber nicht bei *Chlorophyceen* und *Rhodophyceen* — scheinen die Chromatophoren noch von einer zusätzlichen Hülle umschlossen zu sein, die GIBBS (1) als Teil der äußeren Kernmembran deuten möchte. Trotz aller Verschiedenheiten dürfte aber wenigstens in der Dicke der Lamellen eine große Einheitlichkeit herrschen; für die verschiedenen Algenklassen wird sie mit 60—100 Å angegeben (UEDA); sie liegt damit in der gleichen Größenordnung wie bei den Blütenpflanzen (ABEL). Auch bei den *Angiospermen* scheint noch eine gewisse Variabilität zu bestehen. Teilweise handelt es sich vielleicht um eine Besonderheit des betreffenden Objekts: So finden WEHRMEYER und PERNER, daß beim Spinat ungewöhnlich viele nichtdurchgehende Stromalamellen zu beobachten sind, die hier weit mehr am Aufbau der Grana teilhaben, als das bei anderen Pflanzen der Fall ist. Bei *Nicotiana rustica* wiederum scheinen die Stromalamellen netzartig durchbrochen zu sein, so daß das Bild kanalartiger Verbindungsbrücken zwischen den einzelnen Grana zustande kommt (WEIER und THOMSON). Offenbar ist die Plastidenstruktur auch weit stärker von Außenbedingungen abhängig, als man bisher annahm (vgl. SHAKHOV, GOLUBKOVA und KISLYAKOVA): Bei *Euglena* sehen die Chloroplasten völlig verändert aus, wenn man die Zellen statt unter Dauerlichtbedingungen in einem 12:12stündigen Licht-Dunkel-Rhythmus heranzieht [GIBOR und GRANICK (2)]. Der Chloroplast von *Nicotiana rustica* soll napfförmig werden können, wenn man die Pflanzen geringer Beleuchtungsintensität aussetzt (WEIER und STOCKING).

WILDMAN, HONGLADAROM und HONDA beobachteten bei Filmaufnahmen (mit Phasenkontrast-Optik) an Palisadenparenchymzellen des Spinats, daß aus den granafreien Grenzschichten der Chloroplasten gelegentlich „Protuberanzen" hervortreten, deren Enden sich von den Plastiden abschnüren. Andererseits soll es auch zu einer Vereinigung von Mitochondrien mit der Plastidengrenzschicht kommen können. Die Deutung dieser Bilder bleibt abzuwarten.

Noch deutlicher als deren Feinstruktur dürfte die Zahl der Plastiden von Außenbedingungen abhängen. Bei einigen Objekten scheint ein sehr enger Zusammenhang zwischen Zell- und Plastidenteilung zu bestehen; so beobachtete SCHRÖDER im Vegetationskegel von *Oenothera albilaeta* eine unmittelbar vor der Zellteilung liegende Phase erhöhter Plastidenteilungen. Da sich aber während der anschließenden Blattentwicklung in den einzelnen Geweben die Chloroplasten unterschiedlich vermehren, ist mit festen Zahlenverhältnissen wohl nur im Meristem zu rechnen [vgl. dazu die Literaturzusammenstellung bei MICHAELIS (2)]. Auch können, z. B. bei *Antirrhinum* (ABEL), mit zunehmender Beleuchtungsintensität sowohl die Plastidengröße als auch deren Grana- und Lamellenzahl ansteigen. Umgekehrt können Mangelkulturen weniger Chloroplasten pro Zelle enthalten (MERCER, NITTIM und POSSINGHAM).

Unter den photosynthetisch tätigen Bakterien weisen die ungewöhnlich großen Zellen von *Rhodospirillum molischianum* eine sonst nirgends beobachtete Chromatophoren-Struktur auf (vgl. LASCELLES). Nach den Beobachtungen von GIESBRECHT und DREWS scheinen diese Organellen durch Invagination aus der Cytoplasmawand entstehen zu können; mit dieser Grenzschicht bleiben sie u. U. dauernd in Verbindung. Vorläufig bleibt es fraglich, ob eine solche de novo-Entstehung auch für Chloroplasten anzunehmen ist. MÜHLETHALER und BELL wollen sie bei den Eizellen von *Pteridium aquilinum* beobachtet haben. Bei diesem Objekt sollen die Plastiden aus der Kernmembran abgeschnürt werden. Den Genetikern erscheint eine solche Annahme, der sonst nur noch BADENHUIZEN zuneigt, mit all ihren Erfahrungen über die Plastidenvererbung völlig unvereinbar (SCHÖTZ; STUBBE; SCHÖTZ u. STUBBE). Sie würde uns, sollte sie sich tatsächlich bestätigen lassen, in der Tat zur Revision unserer Auffassungen über die extranucleäre Vererbung zwingen (vgl. HAUSTEIN).

Seit einigen Jahren ist von MENKE u. Mitarb. versucht worden, durch den Einsatz indirekter optischer Methoden zu weiteren Aufschlüssen über die Feinstruktur der Chloroplasten zu gelangen. Die Anwendung der Röntgenkleinwinkelstreuung hat nun mittlerweile so viele Daten geliefert, daß es KREUTZ und MENKE möglich war, ein Modell der Thylacoidstapel zu entwerfen. Die Auswertung der Streukurven spricht für eine Zweischichtigkeit der Thylacoidwandung, wobei die Autoren an die Aneinanderlagerung einer Proteid- und einer Lipoidschicht denken. Streukurven lassen prinzipiell keine Angaben über die Form der einzelnen Membranelemente zu; vorerst läßt sich nur sagen, daß die Makromoleküle der Proteidschicht Kugeln mit einem Durchmesser von 36 Å „streuäquivalent" sind. Die Lipoidschicht dürfte nur eine Dicke von maximal 35 Å haben; sie ist daher wohl als ein monomolekularer Film anzusprechen. Es bleibt abzuwarten, ob die Proteide dieser Doppelschicht mit jenem „lamellaren Strukturproteid" gleichgesetzt werden dürfen, das nach Behandlung isolierter Chloroplasten mit Methanol, NaCl- undNaOH-Lösungen verschiedener Konzentration sowie 65°C warmer wäßriger Phenollösung (vgl. WEBER) übrig bleibt.

Von der Calvin-Schule wird die Ansicht vertreten, daß die Granamembranen aus ellipsoidischen Elementen, sog. „Quantasomen", aufgebaut sind, deren große Achse ~ 200 Å, deren kleine dagegen ~ 100 Å mißt. Ihrer Größe nach könnten sie etwa 200—300 Chlorophyllmoleküle enthalten und das seit langem gesuchte morphologische Äquivalent der Chlorophylleinheit sein. Leider lassen sich die durch Ultraschallbehandlung von Granafraktionen zu gewinnenden Quantasomen bisher noch nicht in monodisperser Suspension erhalten [BIGGINS und PARK (2)]. Nach den angegebenen Maßen können sie nicht mit den von KREUTZ und MENKE aus ihren Streukurven errechneten Elementen identisch sein; bis heute fehlt noch jeder elektronenmikroskopische Hinweis auf Grana-Untereinheiten der von CALVIN u. Mitarb. postulierten Dimensionen. Quantasomen sollen zur Hill-Reaktion [SAUER und CALVIN (1)], nicht aber zur Photophosphorylierung (PREVOST) befähigt sein. In ihren optischen Eigenschaften sind sie mittlerweile gut untersucht worden [SAUER (2, 4, 5)].

Etliche Autoren sind davon überzeugt, daß im Innern der Chloroplasten Ribosomen bzw. Ribosomen-Äquivalente vorliegen. BRAWERMAN beobachtete bei *Euglena*, daß zuvor im Dunkeln gehaltene Zellen bei Belichtung eine zusätzliche RNS bilden, deren Nucleotidzusammensetzung der der Chloroplasten entspricht. GIBBS (2) konnte in elektronenmikroskopischen Aufnahmen der Chromatophoren von *Ochromonas* Partikel mit einem Durchmesser von 90—120 Å nachweisen. MIKULSKA, ODINZOVA und SISSAKIAN erkannten innerhalb der Chloroplasten von *Chenopodium album* und *Clivia miniata* offenbar ähnliche, jedoch etwas größere (Durchmesser von 100—300 Å) Partikel, die an bestimmten Punkten der Plastiden konzentriert waren. Auch bei *Chlamydomonas* sollen derartige Ribosomen-Äquivalente vorliegen (RIS und PLAUT). Inzwischen haben mehrere Autoren diese Partikelfraktion auch isolieren können: MIKULSKA u. Mitarb. beschreiben die fraglichen Elemente als Teilchen von 100—180 Å Durchmesser, die zu 40—45% aus RNS und zu 55—60% aus Protein bestehen. Sehr ähnliche „Ribosomen" (RNS-Gehalt 45%) gewann offenbar LYTTLETON aus Spinat-Chloroplasten. Sicherlich sind die beschriebenen Partikel, wenn sich deren

Existenz bestätigen läßt, von den — nach BIGGINS und PARK (1) völlig nucleinsäurefreien — Quantasomen verschieden. Sie dürften Bausteine des Stromas sein, für das BIGGINS und PARK (1) einen Nucleinsäuregehalt von ~ 5 mg/g Protein angeben. RIS und PLAUT wollen bei *Chlamydomonas*-Zellen in der Nähe des Pyrenoids fibrilläre Strukturen nachgewiesen haben, bei denen es sich um DNS handeln soll.

Leider können auch röntgenographische Messungen keine Anhaltspunkte über die Einlagerung der Pigmente in die Plastidenstruktur erbringen. Hier scheinen nun aber fluorescenzoptische Verfahren weitere Aufschlüsse zu liefern (R. A. OLSON, BUTLER und JENNINGS): *Euglena*-Chromatophoren zeigen bei Belichtung zwei Fluorescenzbanden, die vermutlich von zwei verschiedenen Chlorophyll-Formen emittiert werden (vgl. LAVOREL). Während die kürzerwellige Strahlung (685 mμ) unpolarisiert ist, zeigt das bei größeren Wellenlängen (700 bis 740 mμ) emittierte Fluorescenzlicht eine deutliche Polarisation. Offenbar geht die langwellige Emission auf eine Chlorophyll-Form zurück, deren Absorptionsmaximum bei ~ 695 mμ liegt. Strahlt man in diese Bande ein, so läßt sich ein dichroitischer Koeffizient von > 4 messen; dabei erhält man die maximale Absorption dann, wenn der elektrische Vektor parallel zu den Lamellen schwingt. Bei kürzeren Wellenlängen tritt kein Dichroismus auf. Der gleiche Effekt läßt sich auch an Quantasomen des Spinats beobachten [SAUER (1); SAUER und CALVIN (2)]. Daraus darf wohl gefolgert werden, daß nur ein Teil (wenige Prozent) des Chlorophylls gerichtet in die Lamellarstruktur eingebaut wird. Bei diesem Anteil müssen dann — wie der Dichroismus zeigt — die Porphinköpfe in der Lamellenebene liegen. Da die Intensität des langwelligen Fluorescenzlichts unabhängig von der Schwingungsrichtung des Anregerlichts (436 mμ) ist (R. A. OLSON, BUTLER und JENNINGS), muß eine Energieübertragung auf die langwellig absorbierende Chlorophyll-Form vorliegen. Das nichtphytylierte — zunächst aus dem Protochlorophyllid entstehende (s. o.) — Chlorophyllid besitzt keinen Dipolcharakter; die gerichtete Einlagerung wird daher vermutlich erst nach der Phytylierung des Pigments erfolgen können (vgl. CAPON und BOGORAD; KLEIN). Bei der Deutung dieser optischen Phänomene darf nicht außer acht gelassen werden, daß das Chlorophyll a — und schwächer auch das Chlorophyll b — auch in vitro eine frequenzabhängige Fluorescenz-Polarisation erkennen läßt. Auch hier ist der größte Polarisationsgrad im langwelligen Bereich zu beobachten (GOUTERMAN und STRYER).

III. Photochemie der Chromatophorenpigmente

a) Absorptionsspektren der Chromatophorenpigmente

Spektralphotometrische Messungen an intakten Zellen und an isolierten Zellorganellen setzen besondere Vorsichtsmaßnahmen voraus, sollen die gemessenen Absorptionsspektren nicht durch den „Siebeffekt" und die frequenzabhängige Streuung (vgl. HELLER, BHATNAGAR und NAKAGAKI) bis zur Unkenntlichkeit verzerrt werden (vgl. TAGEEVA, BRANDT und KOSHUNOVA). Nur bei sehr kleinen Partikeln, etwa den „Quantasomen" (s. o.), kann es u. U. möglich sein, im langwelligen Bereich auch ohne besondere Vorkehrungen zu auswertbaren Spektren zu gelangen [SAUER und CALVIN (1)]. Theoretisch lassen sich diese Störungen nur näherungsweise berechnen, zumal die Theorie der Lichtstreuung durch suspendierte Ellipsoide (Quantasomen, Grana) noch nicht bekannt ist [vgl. SAUER (5)], und da zudem der Brechungsindex der Zellen infolge deren Eigenfarbe eine komplizierte Frequenzabhängigkeit zeigt [SAUER (3)]. Das Ausmaß der Spektrenverfälschung ist nicht allein eine Frage des jeweils gemessenen Wellenlängenbereichs, es hängt außerdem vom Abstand des Meßobjekts vom Empfänger und somit vom verwendeten Photometer ab (MURCHIO und ALLEN). Allerdings kann man sich diesen Effekt zunutze machen, indem man das Spektrum bei zwei verschiedenen Objekt-Empfänger-Abständen aufnimmt und dann den durch Streuung bedingten Fehler rechnerisch eliminiert (LATIMER und EUBANKS). In der Laboratoriumspraxis wird man sich aber eine derartig aufwendige Rechenarbeit versagen müssen, die überdies nicht ohne eine elektronische Rechenanlage möglich ist. Nach einer Angabe von PACKER soll das Ausmaß der Lichtstreuung durch suspendierte Zellen von deren Stoffwechsel beeinflußt werden können.

Schon vor einigen Jahren berichtete FRENCH über ein neues Spektralphotometer, das statt der Extinktion deren Ableitung gegen die Wellenlänge, d. h. die Größe $dE/d\lambda$, schreibt. Mit diesem Instrument ließ sich die Auflösung komplexer Spektren wesentlich steigern. Eine weitere Verbesserung dieser „Differentialspektren" (vgl. Fortschr. Bot. **22**, 208) erzielt man, wenn man sie bei sehr tiefen Temperaturen schreibt. Bettet man die Objekte in glasartig erstarrenden Lösungsmitteln ein (FREI), so tritt in den Absorptionsspektren von *Porphyridium cruentum, Phormidium persicinum* und von Salatblättern (bei −180°C) eine zusätzliche Schulter bei ∼ 650 mµ auf. Zu den wichtigsten Ergebnissen, die wir den in vivo-Messungen an grünen Zellen verdanken, zählt die Entdeckung mehrerer Rotlicht absorbierender Chromatophorenpigmente. THOMAS konnte bei isolierten *Aspidistra*-Chloroplasten unter Anwendung der Opalglasmethode SHIBATAs (vgl. Fortschr. Bot. **22**, 205) eine Auflösung der langwelligen Chlorophyll-Absorptionsbande erreichen, die auf mindestens 6 verschiedene Gipfel hindeutet. Noch läßt sich nicht entscheiden, ob alle diese Absorptionsbanden auf Chlorophyll-Formen zurückgehen oder ob in diesem Wellenlängenbereich auch noch andere Pigmente absorbieren. Auch jenseits dieser verhältnismäßig breiten Absorptionszone lassen sich — zumindest bei einigen Objekten — noch vereinzelte Banden bzw. Schultern nachweisen (ALLEN, BENDIX und MURCHIO). In diesem Zusammenhang verdienen die Untersuchungen von LOVE erwähnt zu werden: Er konnte feststellen, daß kolloide Chlorophyll-Lösungen in wasserhaltigem Diäthylenglykol-monomethyläther oder -butyläther je nach den Herstellungsbedingungen der Sole Absorptionsbanden bei 672, 685, 690 oder 695 mµ aufweisen; dabei scheint dem „672 mµ-Kolloid" eine besonders hohe Stabilität zuzukommen. Kolloides Chlorophyll zeigt darüber hinaus ein Fluorescenzspektrum, das dem bakterieller Chromatophoren ähnelt (KRASNOVSKII, EROKHIN und KHUN). Große experimentelle Schwierigkeiten stehen der Messung dünner Chlorophyll-Filme entgegen; die geringe Extinktion monomolekularer Schichten reicht nicht zur Aufnahme eines Absorptionsspektrums aus (MONTGOMERY und YEUNG). COLMANO gelang es jedoch, diese Schwierigkeiten durch eine geschickte Versuchsanordnung zu überwinden und Spektren von Chlorophyll a-Chlorophyll b-β-Carotin-Mischfilmen aufzunehmen, die in ihrem Aussehen den in vivo-Spektren der *Chlorella*-Zellen ähneln.

b) Chlorophyll-Fluorescenz

Messungen von Fluorescenzanstiegs- und -abklingzeit erlauben es, für die einzelnen Chromatophorenpigmente die Lebensdauer des angeregten Zustands sowie Werte für Zeitbedarf und Wahrscheinlichkeit für die Energieübertragung auf ein Nachbarmolekül zu messen. In der Literatur sind derartige Daten schon mehrfach vorgelegt worden (vgl. Fortschr. Bot. **22**, 194); die neuen von TOMITA und RABINOWITCH gegebenen Zahlen stimmen mit den zuverlässigsten dieser älteren Werte gut überein. So bestimmten TOMITA und RABINOWITCH die Lebensdauer des 1. angeregten Singulett-Zustands für das Chlorophyll b zu $4,0 \cdot 10^{-9}$, für das Phycoerythrin zu $7,1 \cdot 10^{-9}$ und für das Phycocyanin zu $1,8 \cdot 10^{-9}$ sec. Tab. 1 gibt die Daten für den Zeitbedarf und die Wahrscheinlichkeit der Energieübertragung auf ein fremdes Nachbarmolekül (sog. heterogene Energieübertragung) wieder.

Tabelle 1. *Wahrscheinlichkeit und Zeitbedarf für verschiedene heterogene Energie-übertragungen* (nach TOMITA und RABINOWITCH)

Organismus	Energieübertragung	Übertragungszeit in sec	Übergangswahr-scheinlichkeit %
Porphyridium	Phycoerythrin $\rightarrow$ Phycocyanin	$0,3 \cdot 10^{-9}$	96 ± 3
	Phycocyanin $\rightarrow$ Chlorophyll a	$0,5 \cdot 10^{-9}$	78 ± 8
Anacystis	Phycocyanin $\rightarrow$ Chlorophyll a	$0,3 \cdot 10^{-9}$	86 ± 8
Chlorella	Chlorophyll b $\rightarrow$ Chlorophyll a	[1]	100

[1] Übertragungszeit kleiner, als mit der verwendeten Apparatur meßbar.

Scheinen diese Zahlen gut reproduzierbar zu sein, so gilt dies keinesfalls für die Fluorescenzausbeute. Hier differieren die Daten beträchtlich. Dies hängt sicherlich einmal damit zusammen, daß die Wahrscheinlichkeit der Energieübertragung und damit die Fluorescenzrate von der Lage und dem gegenseitigen Abstand der einzelnen Pigmentmoleküle und somit von der Plastidenstruktur abhängig ist; diese Wahrscheinlichkeit nimmt z. B. während des Ergrünens einer Pflanze ständig zu (TUMERMAN, BORISOVA und RUBIN). Weiterhin steigt die Fluorescenzausbeute auch dann an, wenn man den Zellen einen Hemmstoff zusetzt, der die Hill-Reaktion blockiert, vorausgesetzt nur, daß dieses Agens nicht erst — wie etwa der Harnstoff — nach der eigentlichen Lichtreaktion eingreift.

Das Fluorescenzlicht grüner Zellen läßt zwei Emissionsmaxima erkennen, denen die Absorption durch zwei verschiedene Chlorophyll-Formen entsprechen dürfte (LAVOREL). Nach TEALE soll es zur langwelligen Fluorescenzstrahlung kommen, wenn das Anregerlicht unmittelbar vom Chlorophyll a absorbiert wird; vom Chlorophyll b (und einem noch unbekannten Pigment mit einer Bande bei $\sim 670\ m\mu$) absorbierte Strahlung soll die kurzwellige Emission zur Folge haben. Je tiefer die Temperatur gewählt wird, um so mehr verschiebt sich das Maximum der Emission — in vitro und in vivo — zu längeren Wellenlängen hin. S. S. BRODY und M. BRODY möchten die Emissionsbande bei $685\ m\mu$ monomerem, die bei $720\ m\mu$ aggregiertem Chlorophyll zuordnen. Nur für die kürzerwellig emittierende Form gilt die von TOMITA und RABINOWITCH sowie von etlichen anderen Autoren bestimmte Lebensdauer; für die langwellig emittierende Form, deren Fluorescenzausbeute bei tiefen Temperaturen ($77°\,K$) Werte von $\sim 0,8$ erreicht, soll die Lebenszeit des abstrahlenden Moleküls bzw. Molekülkomplexes bei etwa 10^{-4} sec liegen. Diese hohe Lebensdauer legt die Vermutung nahe, daß es sich bei der fraglichen Chlorophyll-Form um einen Triplett-Zustand handelt (s. u.).

S. S. BRODY und M. BRODY errechnen aus dem Intensitätsverhältnis der kurz- und langwelligen Emissionsbande des angeregten Chlorophyll a — unter Übertragung der in vitro gemessenen Konzentrationsabhängigkeit dieses Quotienten auf die Verhältnisse in der lebenden Zelle — die Chlorophyll-Konzentration auf den Thylacoidmembranen. Für drei verschiedene Organismen erhalten sie sowohl untereinander als auch mit den Ergebnissen photometrischer Messungen an Pigmentextrakten bekannter Zellmengen (vgl. Fortschr. Bot. **22**, 201) gut übereinstimmende Werte *(Porphyridium* $7,2 \cdot 10^{-2}$, *Chlorella* $3,5 \cdot 10^{-2}$, *Muriella* $1,4 \cdot 10^{-2}$ mol/l). Ob die Ausbildung der Thylacoidstapel und die Pigmentsynthese so streng korreliert sind, daß diese Daten bei unterschiedlichen Beleuchtungsintensitäten trotz schwankender Chlorophyllmengen pro Zelle (STEEMANN NIELSEN, HANSEN und JØRGENSEN) wenigstens annähernd konstant bleiben, muß noch näher untersucht werden.

TAKEYAMA verwendet diese Daten jedenfalls, um aus ihnen und der bekannten Lebensdauer des 1. angeregten Singulett-Zustands des Chlorophyll a auszurechnen, wie viele Energieübertragungen innerhalb der Lebensdauer des angeregten Zustands möglich sind. Er faßt dabei die Energieleitung als Excitonenleitung auf und behandelt sie nach dem gleichen Schema wie die Brownsche Molekularbewegung. Dabei gelangt er zu dem Ergebnis, daß 60—80 Übergänge möglich sind, was einer Leitung der Anregungsenergie über Strecken von 200—400 Å entspräche. Das aber würde bedeuten, daß ein irgendwo im Quantasom absorbiertes Photon über den Gesamtbereich dieses Organells hinweg geleitet werden könnte.

Setzt man einem in methanolischer Lösung durch Fe^{+++}-Ionen oxydierten Chlorophyll-Präparat Ferro-Ionen zu, so kommt es zu einer Luminescenzerscheinung (GOEDHEER und VEGT); die emittierte Frequenz entspricht der Fluorescenzbande des verwendeten Chlorophylls (Chlorophyll a oder Bacteriochlorophyll).

Wiederholt wurden Fluorescenzmessungen im Zusammenhang mit dem Studium der sog. Induktionserscheinungen durchgeführt. Unmittelbar nach einer Änderung der Beleuchtungsintensität — im Extremfall beim Übergang von Dunkelheit zu Licht oder umgekehrt — beobachtet man nicht allein charakteristische Veränderungen des Gasaustausches, es ändern sich auch die Lebensdauer der Fluorescenz und deren Quantenausbeute (TUMERMAN, BORISOVA und RUBIN). Wir haben hier zu unterscheiden zwischen der stationären Fluorescenz und einer variablen Zusatzemission; beide weisen eine verschiedene Spektralzusammensetzung auf (LAVOREL). Bei *Chlorella* scheint die stationäre Fluorescenz — jedenfalls deren (bei 20°C) zu messender kurzwelliger (685 mμ) Anteil — vom Entwicklungszustand der Zellen abzuhängen (DÖHLER). Besonders einfach und übersichtlich verlaufen die Induktionserscheinungen bei isolierten Chloroplasten (vgl. DE KOUCHKOVSKY). Setzt man deren Suspensionsmedium aber Ascorbinsäure zu, so klingt die Fluorescenz schneller ab, während Vitamin K_3 deren Ausgangsintensität herabsetzt. Eine weitere Zugabe von AMP (oder ADP) und Mg^{++}-Ionen verändert den Verlauf der Induktion so beträchtlich, daß die für die Fluorescenzstrahlung gemessenen Kurven nahezu denen ganzer Zellen entsprechen (THOMAS, VOSKUIL, OLSMAN und DE BOOIS). Bestrahlt man schwach beleuchtete Algensuspensionen vorübergehend mit intensivem hellrotem Licht, so ist in der anschließenden Schwachlichtphase die Fluorescenzrate deutlich erhöht. Dieser Hellrot-Einfluß läßt sich durch längerwellige Strahlung unterdrücken. Die Lage des Wirkungsspektrums — das Maximum befindet sich bei $\sim$ 705 mμ — spricht gegen eine Beteiligung des Phytochroms. Man könnte daran denken, daß Hell- und Dunkelrotbestrahlung die Wirksamkeit der Energieübertragung vom Chlorophyll a auf ein bei 705 mμ absorbierendes Pigment gegensinnig beeinflussen (BUTLER).

c) Lichtbedingte Absorptionsänderungen

Die Aufklärung der primären Reaktionen am Sensibilisator zwingt zum Einsatz von Meß- und Registrierverfahren, die sehr schnell verlaufende Vorgänge zu erfassen vermögen, liegt doch die Lebensdauer der angeregten Zustände in der Größenordnung von 10^{-9} sec (s. o.). Als in dieser Beziehung besonders leistungsfähig hat sich bereits seit Jahren die Blitzlichtspektroskopie — meist in der vereinfachten Form einer Blitzlichtphotometrie eingesetzt (vgl. Fortschr. Bot. **22**, 194) — erwiesen. Auch weiterhin hat sie wertvolle Daten geliefert; dies gilt nicht nur für ganze Algenzellen, isolierte Chloroplasten und Plastiden-Bruchstücke, wie sie von WITT und seiner Schule studiert werden, sondern auch für Bakterien-Chromatophoren [CLAYTON (2—4)]. Schwieriger noch als die Aufnahme der Differenzspektren erweist sich deren Deutung. Noch herrscht keine Klarheit über die verschiedenen „Typen" von Extinktionsänderungen, die im Laufe der letzten Jahre beschrieben wurden. Die lichtbedingte Extinktionszunahme bei 520 mμ z. B. sieht RABINOWITCH als Folge einer Strahlungsabsorption innerhalb der Wellenlängenregion von 680—690 mμ an. Da diese Änderung nur bei Grünalgen und höheren

Pflanzen beobachtet wurde, ist es sehr unwahrscheinlich, daß sie auf das Chlorophyll selbst zurückgeht. Eher könnte man sie schon auf die Veränderung eines spezifischen Carotinoids (RABINOWITCH) oder eines Cytochroms [SAUER und CALVIN (2)] zurückführen. Hoffentlich erleichtert es die Ausdehnung des Meßbereichs in den ultravioletten Spektralbereich hinein (KLINGENBERG, MÜLLER, SCHMIDT-MENDE und WITT, s. u.), derartige Streitfragen zu schlichten.

Langsamere Reaktionen lassen sich auch durch eine Beobachtung im gekreuzten Strahlengang messen (Fortschr. Bot. **22**, 194)[1]. MATHAI und RABINOWITCH benutzten eine derartige Versuchsanordnung zum Studium der chlorophyll-sensibilisierten Photoreduktion des Thionins (in wäßrigem Pyridin) durch Ascorbinsäure. Hier muß man nach Ansicht der Autoren eine vorübergehende Bindung der Ascorbinsäure an den Sensibilisator annehmen; es bleibt offen, ob diese vor oder nach der Anregung des Chlorophylls erfolgt. Eine durchaus vergleichbare Reaktion — die Photoreduktion des Methylrots durch Ascorbinsäure — vermag das Chlorophyll auch dann zu sensibilisieren, wenn es in wäßrigem Medium an die Granula des Eidotters gebunden (EVSTIGNEEV und GAVRILOVA) oder als Teil eines Eiweiß-Lipoid-Coacervats (SEREBROVSKAIA, EVSTIGNEEV, GAVRILOVA und OPARIN) vorliegt. Einige wenige Arbeiten befaßten sich wiederum mit der Photoreduktion des Chlorophylls durch Ascorbinsäure, der sog. Krasnovskii-Reaktion. Dieser Redoxprozeß wird durch Verbindungen mit mehreren konjugierten Doppelbindungen gehemmt (KRASNOVSKII und DROSDOVA). Sowohl bei ketten- als auch bei ringförmigen Verbindungen nimmt dieser Effekt mit steigender Zahl der Doppelbindungen zu. Dabei sind stabile Reaktionsprodukte anscheinend nur dann faßbar, wenn die zugesetzten Verbindungen Heteroatome (Sauerstoff oder Stickstoff) enthalten. Zu diesen wirksamen Hemmstoffen gehören u. a. die Carotinoide (CLAES) sowie das NAD^+ [2], das in einer Konzentration von 10^{-3} mol/l die Krasnovskii-Reaktion deutlich verlangsamt, ohne daß es allerdings BANNISTER und BERNARDINI möglich gewesen wäre, eine Anreicherung von NADH nachzuweisen. Der Hemmeffekt der ungesättigten Verbindungen dürfte sich durch die Annahme einer Elektronenübertragung auf das konjugierte System deuten lassen.

Ein Ladungs- und vielleicht auch Wasserstoffaustausch kann nicht nur zwischen dem Chlorophyll und der Ascorbinsäure (oder anderen Reduktionsmitteln wie dem Phenylhydrazin) erfolgen; er scheint auch zwischen dem Chlorophyll und den Molekülen bestimmter Lösungsmittel möglich zu sein. So dürfte sich die reversible Lichtbleichung von gelöstem Chlorophyll erklären, die LIVINGSTON und STOCKMAN in

---

[1] Wahrscheinlich wird man in naher Zukunft auch im gekreuzten Strahlengang sehr viel schnellere Reaktionen messen können, als das bei den gegenwärtigen Apparaturen möglich ist. Nach den Angaben von KUNTZ steht zu erwarten, daß sich Vorgänge bis herab zu einer Dauer von 1 Mikrosekunde werden verfolgen lassen.

[2] In Zukunft sollen die chemisch inkorrekten Bezeichnungen der Pyridinnucleotide aufgegeben werden. Es wird daher nicht mehr vom Di- und Triphosphopyridinnucleotid (DPN^+ und TPN^+) und deren Reduktionsprodukten gesprochen, sondern statt dessen vom Nicotinamid-adenin-dinucleotid (NAD^+) und vom Nicotinamid-adenin-dinucleotid-phosphat ($NADP^+$).

anaerobem Äthylacetat, Methanol, Pyridin, Cyclohexanol und Rizinusöl beobachteten. Nur zwischen 0,3 und 0,65 % der Farbstoffmoleküle werden reduziert, wobei das Ausmaß der Bleichung — unabhängig von der Viscosität des Lösungsmittels — mit der Wurzel aus der eingestrahlten Beleuchtungsintensität zunimmt. Das Spektrum der reduzierten Chlorophyll-Form erwies sich dabei von dem des Krasnovskii-Produkts verschieden, wenn es diesem auch sehr ähnelt. Da diese Lichtbleichung durch Sauerstoff gehemmt wird, nehmen LIVINGSTON und STOCKMAN die Beteiligung eines Chlorophyll-Tripletts an.

Mancherlei Befunde sprechen dafür, daß der Triplett-Zustand des Chlorophyll a bei den photochemischen Reaktionen des Pigments eine wichtige Rolle spielt. MATHAI und RABINOWITCH halten es für wahrscheinlich, daß ein derartiger metastabiler Anregungszustand bei der chlorophyllsensibilisierten Thioninreduktion durch Ascorbinsäure (s. o.) beteiligt ist. BERENDS und POSTHUMA konnten am Beispiel der durch Riboflavin sensibilisierten Photozersetzung des Fungicids Pimaricin zeigen, daß sich diese Reaktion durch paramagnetische, nicht aber durch diamagnetische Ionen hemmen läßt. Auch bei cis-trans-Umlagerungen von Stilbenderivaten sollen Triplett-Triplett-Übergänge beteiligt sein (vgl. auch SMALLER). Allerdings darf nicht übersehen werden, daß die blitzlichtspektroskopischen Untersuchungen von WITT u. Mitarb. bisher keine Hinweise dafür erbrachten, daß im normalen Chloroplasten Chlorophyll-Tripletts auftreten.

Die reversible Lichtbleichung der Chromatophorenpigmente wurde von SAUER und CALVIN (1) an Quantasomen-Suspensionen studiert; hier werden im Licht die Carotinoide vor den Chlorophyllen a und b verändert. Die verschiedenen Chlorophyll-Formen sollen in der Reihenfolge 694 > 683 > 673 ausgebleicht werden [SAUER (2)]. Durch diesen Photoprozeß können kurzkettige Abbauprodukte der Carotinoide entstehen, die eine erhöhte Absorption im UV-Bereich bedingen. SINHA konnte zeigen, daß bei der Bestrahlung von β-Carotin mit langwelligem ultraviolettem Licht farbige Produkte gebildet werden, die sich mit Hilfe der Dünnschichtchromatographie, z. B. an Kieselgel-Platten, fraktionieren lassen. Ob sich die von YENTSCH und REICHERT bei Meeresalgen beobachtete — zeitlich mit dem Verschwinden von Chromatophorenpigmenten korrelierte — Produktion UV-absorbierender Substanzen ähnlich erklären läßt, bleibt abzuwarten.

d) Elektronenspin-Resonanz[1]

Einer ähnlichen Situation wie bei der Blitzlichtspektroskopie sieht man sich auch beim Studium der Elektronenspin-Resonanz gegenüber: Es bleibt nach wie vor sehr schwierig, die beobachteten Signale (Fortschr. Bot. **24**, 201) bestimmten Radikalen zuzuordnen. Sicherlich geht ein Teil der auftretenden Signale auf die Anwesenheit paramagnetischer Ionen zurück, unter denen das Fe^{++}-Ion eine breite, das Mn^{++}-Ion eine mehrgipflige Resonanzkurve liefern sollen (TREHARNE und EYSTER). Andererseits kann man diese Ionen nicht aus dem Nährmedium der Zellen entfernen, da *Chlorella*, unter Ausschluß von Mangan gezüchtet, überhaupt keine Spin-Signale mehr erkennen läßt (WEAVER). Normal kultivierte Zellen zeigen sowohl bei *Chlorella* (HEISE) als auch bei *Chlamydomonas* (SINGLETON und ANDROES) zwei Signale, die sich durch die sog. g-Werte, durch ihre Hyperfeinstruktur, ihre Abhängigkeit von Temperatur und Beleuchtungsintensität sowie durch die Kinetik ihrer

---

[1] Zusammenfassende Darstellung: ANDROES und CALVIN.

Bildung und ihres Zerfalls voneinander unterscheiden lassen. Die Relation der beiden Signale zueinander hängt wiederum von Außenfaktoren, insbesondere von der Beleuchtungsintensität, ab. Mit der primären Elektronenverschiebung dürfte allein das Signal I zusammenhängen; das Signal II, das noch nach stundenlanger Verdunkelung nachweisbar bleibt, dürfte auf eine Folgereaktion zurückgehen, die sich durch Zusatz von Flavinen, $NADP^+$, Chinonen sowie durch CO_2 (HEISE) hemmen läßt. Offenbar hängt diese Folgereaktion mit dem Wasserstofftransport zusammen, da das entsprechende Signal bei Zugabe von D_2O zum Medium deutlich verändert wird (HEISE). Dieses zweite Signal fehlt auch nach Ultrabeschallung (TREHARNE und VERNON). Zur Aufklärung der Natur des zunächst entstehenden Radikals (Signal I) hat man mit einigem Erfolg mutierte *Chlamydomonas*-Stämme eingesetzt. Zellen, die nicht mehr zur Hill-Reaktion befähigt sind, zeigen auch kein Signal I (LEVINE und PIETTE). ALLEN, PIETTE und MURCHIO wollen die beiden Signale den Chlorophyllen a und b zuschreiben; dieser Deutungsversuch ist allein schon deshalb fragwürdig, weil die durch Ultrabeschallung inaktivierten Partikel sicherlich noch Chlorophyll b besitzen. Eher kann man schon das langlebige Signal auf das Semichinon des Plastochinons zurückführen (WEAVER). Jedenfalls kommt es bei Belichtung eines Chlorophyll-p-Benzochinon-Gemisches in vitro zum Auftreten eines Spin-Signals, das sich nicht dem $Chlorophyll^+$ zuordnen läßt. TOLLIN und GREEN postulieren den Elektronenübergang

$$\text{Chlorophyll} + \text{Chinon} \rightarrow \text{Chlorophyll}^+ + \text{Chinon}^-.$$

Dabei entspricht das Wirkungsspektrum dem Absorptionsspektrum des Chlorophylls. Ähnlich wie das p-Benzochinon soll sich auch das mit dem Plastochinon verwandte Coenzym Q_6 verhalten; dagegen sind o- und p-Chloranil so stark ausgeprägte Elektronenacceptoren, daß sie im Gemisch mit Chlorophyll bereits in Dunkelheit Signale hervorrufen. BEINERT, KOK und HOCH möchten die von ihnen gemessene Spin-Resonanz auf einen Elektronenübergang an dem von KOK beschriebenen „Pigment 700" zurückführen; bei den lichtinduzierten Signalen erweist sich die Konzentration der ungepaarten Elektronen als vergleichbar der Menge des fraglichen Pigments; sie liegt damit in der gleichen Größenordnung wie die Zahl der „Chlorophylleinheiten" (vgl. KOK und BEINERT).

e) Emerson-Effekt

Sehr wesentliche Impulse verdankt die Photosyntheseforschung der Entdeckung des Emerson-Effekts. Nicht bei allen Pflanzen läßt er sich gleich gut feststellen; *Chlorella* scheint ein weit besser geeignetes Objekt zu sein als etwa *Scenedesmus* und *Ankistrodesmus*. Heute neigen die meisten Autoren zu der Ansicht, daß bei der Photosynthese zwei lichtabhängige Prozesse hintereinandergeschaltet sind. Die Argumente, die für diese Annahme sprechen, leiten sich aus sehr verschiedenen Untersuchungen her. Noch weichen die Schemata, die die verschiedenen Autoren zur Veranschaulichung ihrer Zweipigment-Hypothesen entworfen haben, in etlichen Einzelheiten voneinander ab; sie haben sich aber in den letzten Jahren immer mehr aneinander angeglichen. Das bis in die feinsten Details ausgearbeitete Schema veröffentlichte WITT (MÜLLER, RUMBERG und WITT; RUMBERG, MÜLLER und WITT). Er versucht darin, die verschiedenen von ihm aus blitzlichtspektroskopischen Untersuchungen abgeleiteten Elektronenverschiebungen in eine zeitliche und auf Grund der Normalpotentiale plausible Aufeinanderfolge zu bringen.

Die Notwendigkeit, zur Reduktion eines Pyridinnucleotids unter gleichzeitiger Wasserspaltung einen Mehrquantenprozeß postulieren zu müssen, führte zum Vorschlag mehrerer Modelle zur gleichzeitigen Nutzung zweier Lichtquanten. Ihre Diskussion verdanken wir TOLLIN, nach dessen Vorstellungen das angeregte Chlorophyll ein Elektron an einen primären Elektronenenacceptor abgibt. Das dabei entstehende hypothetische Produkt A^- soll oberhalb von 680 mμ eine Absorptionsbande aufweisen und durch Energieleitung vom Chlorophyll angeregt werden. Nach den Vorstellungen von TAGAWA und ARNON könnte dieser primäre Elektronenacceptor A, der sicherlich nicht mit den Pyridinnucleotiden identisch ist, mit dem Ferredoxin gleichzusetzen sein, das durch sein extremes Normalpotential (-432 mV bei p$_\mathrm{H}$ 7,55) dazu in der Lage ist, das NADP$^+$ ($E_0' = -324$ mV) zu reduzieren.

WITT u. Mitarb. nehmen an, daß die im Chlorophyll a absorbierte Quantenenergie zur Elektronenübertragung von einem Cytochrom auf einen Elektronenacceptor genutzt wird. Die zweite Lichtreaktion soll durch eine andere Elektronenverschiebung

$$X + Y \rightarrow X^- + Y^+$$

einen weiteren Reduktor (X^-) schaffen, der sein unpaares Elektron über einen intermediären Überträger E an das oxydierte Cytochrom zurückleitet. Bei dieser „Regeneration" des Cytochroms dürfte es sich um einen chemischen Prozeß handeln, der die Wanderung eines Elektronendonators einschließt [SAUER und CALVIN (2)]. Zu ganz ähnlichen Ansichten gelangt DUYSENS, der, von seinen spektroskopischen Messungen ausgehend, ebenfalls annimmt, daß letztlich Pyridinnucleotide reduziert und ein Cytochrom vom f- oder c-Typ oxydiert wird. Unter Übernahme eines Elektrons aus dem Wasser soll dieses oxydierte Cytochrom dann rückreduziert werden (DUYSENS und AMESZ; vgl. AMESZ und DUYSENS). Die Schwierigkeit dieser Vorstellung liegt vor allem darin, daß ein Cytochrom, soll es dem Wasser ein Elektron entreißen können, ein Normalpotential von etwa $+$ 0,8 V besitzen müßte; die bekannten Cytochrome haben aber nur Potentiale zwischen 0,0 und $+$ 0,4 V (RABINOWITCH). Es bleibt jedoch zu bedenken, daß die Elektronenübernahme unter geringerem Energieaufwand auch aus einem Komplex A[H$_2$O] erfolgen könnte (Ref.). WITT und DUYSENS stimmen auch darin überein, daß sie zwei Pigmentsysteme (I und II) annehmen. Während das erste für die Reduktion der Pyridinnucleotide verantwortlich gemacht wird, soll das zweite die Oxydation des Wassers sensibilisieren. Zu einem durchaus vergleichbaren

Schema gelangen auch CALVIN und ANDROES, die diesen Elektronentransport noch zusätzlich mit den von CALVIN wiederholt vorgetragenen
Auffassungen über eine Excitonenleitung der Quantenenergie verknüpfen.

Als Bindeglied zwischen den beiden hintereinandergeschalteten
Systemen nehmen nahezu alle Autoren (vgl. auch WESSELS sowie BISHOP
und GAFFRON) das Plastochinon an. KLINGENBERG, MÜLLER, SCHMIDT-
MENDE und WITT deuten eine bei Lichteinstrahlung zu beobachtende
Extinktionsabnahme bei ~ 260 mμ als Folge einer Plastochinon-Reduk-
tion (vgl. auch FRIEND und REDFEARN). Die Lage ihres Normalpoten-
tials und ihre vom Studium der Atmungsvorgänge her bekannte Eignung
als Elektronenüberträger hat den Chinonen in letzter Zeit eine sehr starke
Beachtung eingetragen. Es wurden geeignete Trennmethoden entwickelt,
deren Anwendung uns weitere Aufschlüsse über die Chinone der
Plastiden verspricht [LICHTENTHALER (2)]. Jedenfalls liegen in den
Chloroplasten mehrere Plastochinone vor, die sich durch die Beträge
ihrer R_f-Werte voneinander unterscheiden (KEGEL, HENNINGER und
CRANE). Daneben konnten auch noch das Vitamin K_1, das α-Tocopheryl-
chinon und α,α-Tocopherol nachgewiesen werden; dagegen soll das in
Blattextrakten ebenfalls auftretende Coenzym Q_{10} (Ubichinon) nicht den
Plastiden entstammen [LICHTENTHALER (1)].

Auch andere Beobachtungen über eine Beteiligung von zwei Pigment-
systemen fügen sich gut in das oben gezeichnete Bild ein. Hier sind vor
allem zwei neuere Untersuchungen über das Nachleuchten der Chloroplasten, die sog. "delayed light emission", anzuführen. Nach den
Arbeiten von GOEDHEER scheint sich die Luminescenz-Erscheinung durch
Einstrahlung in ein Pigmentsystem „P" auslösen, durch Belichtung des
Pigments „Q" löschen zu lassen. Der Autor postuliert nun, daß Belichtung von „P" zur Oxydation von Wasser und zur Reduktion eines Cytochroms führt. Die Luminescenz wird von ihm als Folge einer gewissen
Rekombination der entstandenen Radikale angesehen. Das Pigmentsystem „Q" soll für die Weiterleitung des unpaaren Elektrons vom reduzierten Cytochrom an ein Pyridinnucleotid verantwortlich sein. Durch
die Einschränkung der Rekombinationsmöglichkeiten würde die Bestrahlung von „Q" zu einem Rückgang der Chloroplasten-Luminescenz
führen müssen, d. h. aber: Entzieht man dem System „P" Elektronen,
so kommt es zu einem Abklingen der Lichtemission. Ein solcher Elek-
tronenentzug sollte nun auch durch künstlich zugesetzte Elektronenacceptoren erfolgen können. Tatsächlich vermögen geeignete Acceptoren
(Hill-Reagentien) die Luminescenz zu löschen. GOEDHEER nimmt an, daß
das „normale" Chlorophyll a im Zusammenwirken mit den akzessorischen
Pigmenten die Oxydation des Wassers bewirkt, während der zweite
Lichtprozeß (Reduktion der Pyridinnucleotide) durch eine längerwellig
absorbierende Form des Chlorophylls sensibilisiert wird. BERTSCH entwickelte eine sinnreich konstruierte Apparatur, die es ihm gestattet, die
Abklingkurven der Chlorophyll-Luminescenz aufzunehmen. Er fand sie
abhängig von der Frequenz des zuvor eingestrahlten Lichts. Wechselt
man von einer Anregungswellenlänge (650 mμ) zur anderen (> 700 mμ)
über, so spielen sich Übergangserscheinungen ("transients") ab, die auf

eine Beteiligung enzymatischer Prozesse schließen lassen. Demnach liegt bei der Emission kein reiner Halbleitereffekt (vgl. Fortschr. Bot. **22,** 209) vor. Die Beobachtungen lassen sich auch hier am zwanglosesten durch die Annahme zweier durch zwei verschiedene Sensibilisatoren bedingter Lichtreaktionen deuten.

Eine etwas abweichende Formulierung der Zweipigment-Hypothese verdanken wir BEINERT, KOK und HOCH, die annehmen, daß die belichteten Chlorophyll-Moleküle ihre Anregungsenergie an das „Pigment 700" weiterleiten. Dieses soll dann eines seiner Elektronen an einen noch unbekannten Acceptor abgeben. Durch eine zweite Lichtreaktion soll dem oxydierten „Pigment 700" ein Elektron zurückgegeben werden. Hier wird angenommen, daß der für die primäre Lichtreaktion verantwortliche Sensibilisator oxydiert wird (vgl. auch TOLLIN), während die übrigen Autoren den Sensibilisator nur als einen Überträger auffassen (WITT; DUYSENS u. a.) oder aber dessen Reduktion postulieren (CALVIN und ANDROES).

Nicht alle inzwischen beschriebenen Effekte lassen sich heute schon zwanglos durch die beschriebenen Zweipigment-Schemata erklären (vgl. AMESZ und DUYSENS). Als Arbeitshypothesen sind die vorgeschlagenen Möglichkeiten aber von großem Wert, da sie zu zahlreichen Konsequenzen führen, die einer experimentellen Nachprüfung zugänglich sind. Zu prüfen bleibt vor allem, ob tatsächlich alle postulierten Elektronenüberträger am Ladungstransport beteiligt sind. Dies gilt nicht zuletzt auch für die verschiedenen Cytochrome (vgl. HARTREE).

Wiederholt ist diskutiert worden, ob das Chlorophyll allein Elektronen oder ob es Wasserstoffatome überträgt. KATZ, THOMAS und STRAIN lieferten zu dieser alten Frage einen neuen Beitrag: Durch die Aufnahme von Kernresonanz-Spektren des Chlorophyll a konnten sie nachweisen, daß der Wasserstoff jener Methinbrücke, die die beiden Pyrrolringe I und IV miteinander verknüpft, leicht austauschbar ist. Noch bleibt unverständlich, was gerade dieses Proton vor allen übrigen auszeichnet. Vielleicht führen weitere Untersuchungen mit einem eigens für das Studium des Chlorophyll-Moleküls konstruierten Analogrechner zu einem besseren Verständnis; bisher konnten CORWIN, WALTER und SINGH mittels dieses Gerätes demonstrieren, welche Verzerrungen das Molekül durch die Knüpfung des Cyclopentanonrings erfährt.

IV. Quantenbedarf der Photosynthese

Abschließend sei noch kurz zur Frage des Quantenbedarfs der Photosynthese Stellung genommen. Die am natürlichen Standort der Pflanze gemessenen Werte differieren oft beträchtlich; für den Theoretiker aber ist allein der Optimalwert interessant. Diesen zu messen, setzt zunächst einmal voraus, daß man das betreffende Versuchsobjekt unter den günstigsten Lichtbedingungen studiert. Auf jeden Fall muß eine zu starke Lichteinstrahlung vermieden werden. GOLUEKE findet für einen Hochtemperatur-Stamm von *Chlorella pyrenoidosa* bei einer Einstrahlung von 4—5 cal/l · min eine Energieausnutzung von 17—18%, bei einer zehnmal stärkeren Belichtung aber nur mehr von 5—6%.

Es sei offengelassen, ob thermodynamische Berechnungen (DUYSENS) den Schluß rechtfertigen, daß die Energieumwandlung bei der Photosynthese einen Wirkungsgrad von ~ 70% prinzipiell nicht überschreiten kann. Tatsächlich werden — sieht man von den Messungen der Warburg-Schule ab — kaum jemals so hohe Werte erhalten. Wenn die

Schemata der Zweipigment-Hypothese wenigstens im Prinzip richtig sind, so fordern sie für jedes freigesetzte O_2-Molekül die Einstrahlung von 8 Quanten; das entspräche (für Rotlicht) einer Energieausnutzung von ~ 33%. Tatsächlich werden Wirkungsgrade von 30—35% immer wieder gemessen (YIN u. Mitarb.; J. M. OLSON). Gibt es zwei unterschiedliche Lichtreaktionen, so kann natürlich der Quantenbedarf beider Prozesse — gleich welcher Art die Vorgänge im einzelnen auch sein mögen — beträchtlich voneinander abweichen. In Übereinstimmung mit dieser Erwägung finden AMESZ und DUYSENS für die Oxydation des Wassermoleküls einen höheren Quantenbedarf als für die Reduktion der Pyridinnucleotide. Wenn diese beiden Prozesse durch verschiedene Pigmente sensibilisiert werden, so ist auch zu erwarten, daß von der bei verschiedenen Frequenzen eingestrahlten Quantenenergie sehr verschiedene Anteile genutzt werden können. Tatsächlich fanden M. BRODY und S. S. BRODY bei *Porphyridium cruentum*, daß der Quantenbedarf bei 644 mμ weitgehend unabhängig von der eingestrahlten Beleuchtungsintensität ist, während sich bei 546 mμ eine deutliche Intensitätsabhängigkeit messen läßt.

Es ist bereits seit langem bekannt, daß die Chlorophylle a und b UV-Strahlung zwischen 250 und 350 mμ absorbieren. Dabei soll bis herab zu 290 mμ keine Zellschädigung eintreten. McLEOD und KANWISHER zeigten nun, daß diese Frequenzen auch noch für die Photosynthese genutzt werden können, wenn auch — wie bei dem hohen Energieinhalt der Quanten nicht anders zu erwarten — mit einem schlechten Wirkungsgrad. Für die *Diatomee Phaeodactylum tricornutum* und den Flagellaten *Dunaliella tertecolata* lag die Energieausnutzung bei 6,5%. Dieser ungewöhnlich starke Rückgang mag zu einem Teil darauf zurückgehen, daß im UV-Bereich andere Zellinhaltsstoffe „schattierend" wirken.

Nachdem wir wissen, daß sich die Quantenausnutzung nicht allein durch die Messung der entwickelten Sauerstoffmenge abschätzen läßt, sondern daß wir auch die im gebildeten ATP festgelegte Energie berücksichtigen müssen, erhebt sich die Frage, ob nicht die meisten älteren Messungen — vor allem die manometrischen Bestimmungen — zweifelhaft geworden sind. Sie wären dies natürlich, würde die Photophosphorylierung einen geringen Quantenbedarf haben. Dies scheint aber nicht der Fall zu sein: Nach Angaben von BLACK, TURNER, GIBBS, KROGMANN und GORDON erfordert die Bereitstellung eines ATP-Moleküls 15 Quanten roten (675 mμ) Lichtes. Auch YIN, SHEN, SHEN, YANG und CHIU finden den sehr schlechten Wirkungsgrad von nur 5%. Sollten sich diese Angaben bestätigen lassen, so würde das bedeuten, daß die älteren energetischen Messungen zum Problem des Quantenbedarfs der Photosynthese ihren Wert behalten.

Literatur

ABEL, B.: Z. Botan. **50**, 60—93 (1962). — ALLEN, M. B., S. A. BENDIX and J. C. MURCHIO: Arch. Mikrobiol. **42**, 36—39 (1962). — ALLEN, M. B., L. R. PIETTE and J. C. MURCHIO: Biochim. et Biophys. Acta **60**, 539—547 (1962). — AMESZ, J., and L. N. M. DUYSENS: Biochim. et Biophys. Acta **64**, 261—278 (1962). — ANDERSON, A. F. H., and M. CALVIN: Nature (Lond.) **194**, 285—286 (1962). — ANDROES, G. M., and M. CALVIN: Biophys. J. **2**, 217—258 (1962). — ARONOFF, S.: Arch. Biochem. Biophys. **98**, 344—346 (1962).

BADENHUIZEN, N. P.: Canad. J. Bot. **40**, 861—867 (1962). — BANNISTER, T. T., and J. E. BERNARDINI: Biochim. et Biophys. Acta **59**, 188—201 (1962). — BEINERT, H., B. KOK and G. HOCH: Biochim. Biophys. Res. Comm. **7**, 209—212 (1962). — BENDIX, S., and M. B. ALLEN: Arch. Mikrobiol. **41**, 115—141 (1962). — BERENDS, W., and J. POSTHUMA: J. Phys. Chem. **66**, 2547—2550 (1962). — BERTSCH, W. F.: Proc. Nat. Acad. Sci. (Wash.) **48**, 2000—2004 (1962). — BIGGINS, J., and R. B. PARK: (1) Univ. of Calif. Bio-Organ. Chem. Quarterly Rep. UCRL-10156, 48—53 (1962); (2) Univ. of Calif. Bio-Organ. Chem. Quarterly Rep. UCRL-10634, 13—22 (1962). — BISHOP, N. I., and H. GAFFRON: Biochim. Biophys. Res. Comm. **8**, 471—476 (1962). — BLACK, C. C., J. F. TURNER, M. GIBBS, D. W. KROGMANN and S. A. GORDON: J. biol. Chem. **237**, 580—583 (1962). — BOARDMAN, N. K.: (1) Biochim. et Biophys. Acta **62**, 63—79 (1962); (2) Biochim. et Biophys. Acta **64**, 279—293 (1962). — BOARDMAN, N. K., and S. G. WILDMAN: Biochim. et Biophys. Acta **59**, 222—224 (1962). — BOUCK, G. B.: J. Cell Biol. **12**, 553—569 (1962). — BRAWERMAN, G.: Biochim. et Biophys. Acta **61**, 313—315 (1962). — BRODY, M., and S. S. BRODY: Arch. Biochem. Biophys. **96**, 354—359 (1962). — BRODY, S. S., and M. BRODY: Trans. Faraday Soc. **58**, 416—428 (1962). — BUTLER, W. L.: Biochim. et Biophys. Acta **64**, 309—317 (1962).

CALVIN, M., and G. M. ANDROES: Science **138**, 867—873 (1962). — CAPON, B., and L. BOGORAD: Bot. Gaz. **123**, 285—291 (1962). — CLAES, H.: Vortr. Gesamtgeb. Bot., N. F. **1**, 109—115 (1962). — CLAYTON, R. K.: (1) Bact. Rev. **26**, 151—164 (1962); (2) Photochem. Photobiol. **1**, 201—210 (1962); (3) Photochem. Photobiol. **1**, 305—311 (1962); (4) Photochem. Photobiol. **1**, 313—323 (1962). — COLMANO, G.: Nature (Lond.) **193**, 1287—1288 (1962). — CORWIN, A. H., J. A. WALTER and R. SINGH: J. Organ. Chem. **27**, 4280—4285 (1962).

DÖHLER, G.: Vortr. Gesamtgeb. Bot. N. F. **1**, 201—204 (1962). — DUYSENS, L. N. M.: Plant Physiol. **37**, 407—408 (1962). — DUYSENS, L. N. M., and J. AMESZ: Biochim. et Biophys. Acta **64**, 243—260 (1962).

EBRINGER, L.: Naturwiss. **49**, 334—335 (1962). — EGGER, K.: Planta **58**, 664—667 (1962). — EHRENBERG, L., and A. F. DÁNIEL: Acta Chem. Scand. **16**, 1523—1526 (1962). — EILAM, Y., and S. KLEIN: J. Cell Biol. **14**, 169—182 (1962). — EVSTIGNEEV, V. B. i V. A. GAVRILOVA: Biofizika **6**, 563—571 (1961).

FISCHER, F. G., G. MÄRKL, H. HÖNEL u. W. RÜDIGER: Ann. Chem. **657**, 199—212 (1962). — FREI, Y. F.: Biochim. et Biophys. Acta **57**, 82—87 (1962). — FRENCH, C. S. in JOHNSON, W. H., and W. C. STEERE: This is life, pp. 3—38, New York 1962. — FRIEND, J., and E. R. REDFEARN: Biochem. J. **82**, 13 P (1962). — FUJITA, Y., and A. HATTORI: (1) J. Biochem. (Tokyo) **51**, 89—91 (1962); (2) Plant and Cell Physiol. **3**, 209—220 (1962).

GASSNER, E. B.: Plant Physiol. **37**, 637—639 (1962). — GIBBS, S. P.: (1) J. Cell Biol. **14**, 433—444 (1962); (2) J. Cell Biol. **15**, 343—361 (1962); (3) J. Ultrastruct. Res. **7**, 418—435 (1962). — GIBOR, A., and S. GRANICK: (1) J. Cell Biol. **15**, 599—603 (1962); (2) J. Protozool. **9**, 327—334 (1962). — GIBSON, K. D., A. NEUBERGER and G. H. TAIT: (1) Biochem. J. **83**, 539—549 (1962); (2) Biochem. J. **83**, 550—559 (1962); (3) Biochem. J. **84**, 483—490 (1962). — GIESBRECHT, P., u. G. DREWS: Arch. Mikrobiol. **43**, 152—161 (1962). — GILLHAM, N. W., and R. P. LEVINE: Nature (Lond.) **194**, 1165—1166 (1962). — GODNEV, T. N., and A. A. SHLYK: Vestn. Akad. Nauk SSSR. **32**, 54—59 (1962). — GOEDHEER, J. C.: Biochim. et Biophys. Acta **64**, 294—308 (1962). — GOEDHEER, J. C., and G. R. VEGT: Nature (Lond.) **193**, 875—876 (1962). — GOLUEKE, C. G.: Physiol. Plantarum **15**, 1—9 (1962). — GOUTERMAN, M., and L. STRYER: J. Chem. Phys. **37**, 2260—2266 (1962). — GRIFFITHS, M.: J. gen. Microbiol. **27**, 427—435 (1962).

HAGER, A., u. T. BERTENRATH: Planta **58**, 564—568 (1962). — HARTREE, E. F.: Biochem. J. **85**, 1 P—2 P (1962). — HAUSTEIN, E.: Z. Vererbungsl. **93**, 531—533 (1962). — HEISE, J. J.: Diss. Washington Univ. 1962. — HELLER, W., H. L. BHATNAGAR and M. NAKAGAKI: J. Chem. Phys. **36**, 1163—1170 (1962). — HESLOP-HARRISON, J.: Planta **58**, 237—256 (1962). — HOLDEN, M.: Biochim. et Biophys. Acta **56**, 378—379 (1962). — HOLT, A. S., D. W. HUGHES, H. J. KENDE and J. W. PURDIE: J. Amer. Chem. Soc. **84**, 2835—2836 (1962). — HUGHES, D. W., A. S. HOLT and G. BESSERER: Canad. J. Chem. **40**, 171—176 (1962).

JAGENDORF, A. T.: Surv. biol. progr. **4**, 181—344 (1962). — JEFFREY, S. W.: Nature (Lond.) **194**, 600 (1962).

KATOH, S., I. SHIRATORI and A. TAKAMIYA: J. Biochem. (Tokyo) **51**, 32—40 (1962). — KATZ, J. J., M. R. THOMAS and H. H. STRAIN: J. Amer. Chem. Soc. **84**, 3587 (1962). — KEGEL, L. P., M. D. HENNINGER and F. L. CRANE: Biochim. Biophys. Res. Comm. **8**, 294—298 (1962). — KIRK, J. T. O.: Biochim. et Biophys. Acta **56**, 139—151 (1962). — KLEIN, S.: Nature (Lond.) **196**, 992—993 (1962). — KLINGENBERG, M., A. MÜLLER, P. SCHMIDT-MENDE and H. T. WITT: Nature (Lond.) **194**, 379—380 (1962). — KOK, B., and H. BEINERT: Biochim. Biophys. Res. Comm. **9**, 349—354 (1962). — KOUCHKOVSKY, Y. DE: Biochim. et Biophys. Acta **59**, 247—249 (1962). — KRASNOVSKII, A. A., i N. N. DROSDOVA: Biochimija **26**, 859—871 (1961). — KRASNOVSKII, A. A., J. E. EROKHIN i IUI-ZUN KHUN: Dokl. Akad. Nauk SSSR. **143**, 456—459 (1962). — KREUTZ, W., u. W. MENKE: Z. Naturforsch. **17b**, 675—683 (1962). — KUNTZ, I. D. jr.: Univ. of Calif. Bio-Organ. Chem. Quarterly Rep. UCRL-10634, 56—68 (1962). — KUPKE, D. W.: J. biol. Chem. **237**, 3287—3291 (1962). — KUTIURIN, V. M., M. V. ULUBEKOVA i. I. Y. ARTAMKINA: Fiziol. Rastenij **9**, 115—120 (1962).

LASCELLES, J.: J. gen. Microbiol. **29**, 47—52 (1962). — LATIMER, P., and C. A. H. EUBANKS: Arch. Biochem. Biophys. **98**, 274—285 (1962). — LAVOREL, J.: Biochim. et Biophys. Acta **60**, 510—523 (1962). — LEFORT, M.: Compt. rend. **254**,2414—2416 (1962). — LEVINE, R. P., and L. H. PIETTE: Biophys. J. **2**, 369—379 (1962). — LICHTENTHALER, H. K.: (1) Univ. of Calif. Bio-Organ. Chem. Quarterly Rep. UCRL-10479, 37—39 (1962); (2) Univ. of Calif. Bio-Organ. Chem. Quarterly Rep. UCRL-10479, 44—48 (1962). — LIPPINCOTT, J. A., J. AGHION, E. PORCILE and W. F. BERTSCH: Arch. Biochem. Biophys. **98**, 17—27 (1962). — LIVINGSTON, R., and D. STOCKMAN: J. Phys. Chem. **66**, 2533—2537 (1962). — LOVE, B. B.: Biochim. et Biophys. Acta **64**, 318—323 (1962). — LUNDEGÅRDH, H.: Physiol. Plantarum **15**, 390—398 (1962). — LYTTLETON, J. W.: Exper. Cell Res. **26**, 312—317 (1962).

MADSEN, A.: (1) Physiol. Plantarum **15**, 593—597 (1962); (2) Physiol. Plantarum **15**, 815—820 (1962). — MATHAI, K. G., and E. RABINOWITCH: J. Phys. Chem. **66**, 954—955 (1962). — MAUZERALL, D.: J. Amer. Chem. Soc. **84**, 2437—2445 (1962). — McLEOD, G. C., and J. KANWISHER: Physiol. Plantarum **15**, 581—586 (1962). — MENKE, W.: Z. Naturforsch. **17b**, 188—190 (1962). — MERCER, E. I., and T. W. GOODWIN: Biochem. J. **85**, 13P (1962). — MERCER, F. V., M. NITTIM and J. V. POSSINGHAM: J. Cell Biol. **15**, 379—381 (1962). — METZNER, H., u. H. SENGER: Vortr. Gesamtgeb. Bot., N. F. **1**, 217—223 (1962). — MICHAELIS, P.: (1) Biol. Zbl. **81**, 91—128 (1962); (2) Protoplasma **55**, 177—231 (1962). — MIKULSKA, E., M. S. ODINZOVA and N. M. SISSAKIAN: Naturwiss. **49**, 549 (1962). — MILLET, B., H. TAVANT, J.-P. PERNEY et M. MANGE: Compt. rend. **255**, 2650—2652 (1962). — MONTGOMERY, D. J., and K. F. YEUNG: J. Chem. Phys. **37**, 1056—1061 (1962). — MÜHLETHALER, K., u. P. R. BELL: Naturwiss. **49**, 63—64 (1962). — MÜLLER, A., B. RUMBERG u. H. T. WITT: Angew. Chem. **74**, 330—331 (1962). — MURAKAMI, S.: (1) Cytologia **27**, 49—59 (1962); (2) Cytologia **27**, 140—150 (1962). — MURCHIO, J. C., and M. B. ALLEN: Photochem. Photobiol. **1**, 259—266 (1962).

NULTSCH, W.: Biochim. et Biophys. Acta **59**, 213—215 (1962).

OLSON, J. M.: Science **135**, 101—102 (1962). — OLSON, J. M., and C. A. ROMANO: Biochim. et Biophys. Acta **59**, 726—728 (1962). — OLSON, R. A., W. L. BUTLER and W. H. JENNINGS: Biochim. et Biophys. Acta **58**, 144—146 (1962)

PACKER, L.: Biochim. Biophys. Res. Comm. **9**, 355—360 (1962). — PARK, R. B.: J. Chem. Educ. **39**, 424—429 (1962). — PERKINS, H. J., and D. W. A. ROBERTS: Biochim. et Biophys. Acta **58**, 486—498 (1962). — PREVOST, C.: Univ. of Calif. Bio-Organ. Chem. Quarterly Rep. UCRL-10479, 32—36 (1962). — PRICE, L., and W. H. KLEIN: Radiation Bot. **1**, 269—275 (1962).

RABINOWITCH, E.: J. Phys. Chem. **66**, 2537—2542 (1962). — RILLING, H. C.: Biochim. et Biophys. Acta **60**, 548—556 (1962). — RIS, H., and W. PLAUT: J. Cell Biol. **13**, 383—391 (1962). — RÖBBELEN, G.: Z. Vererbungsl. **93**, 25—34 (1962). — RUMBERG, B., A. MÜLLER and H. T. WITT: Nature (Lond.) **194**, 854—856 (1962).

SAGER, R., and Y. TSUBO: Arch. Mikrobiol. **42**, 159—175 (1962). — SAUER, K.: (1) Univ. of Calif. Bio-Organ. Chem. Quarterly Rep. UCRL-10032, 1—31 (1962); (2) Univ. of Calif. Bio-Organ. Chem. Quarterly Rep. UCRL-10156, 54—68 (1962):

(3) Univ. of Calif. Bio-Organ. Chem. Quarterly Rep. UCRL-10479, 21—25 (1962);
(4) Univ. of Calif. Bio-Organ. Chem. Quarterly Rep. UCRL-10479, 26—31 (1962);
(5) Univ. of Calif. Bio-Organ. Chem. Quarterly Rep. UCRL-10634, 23—41 (1962). —
SAUER, K., and M. CALVIN: (1) Biochim. et Biophys. Acta 64, 324—339 (1962);
(2) J. mol. Biol. 4, 451—466 (1962), — SCHÖTZ, F.: Planta 58, 333—336 (1962). —
SCHÖTZ, F., u. W. STUBBE: Naturwiss. 49, 211 (1962). — SCHRÖDER, K. H.: Z.
Botan. 50, 348—367 (1962). — SEREBROSKAIA, K. B., V. B. EVSTIGNEEV, V. A.
GAVRILOVA i. A. I. OPARIN: Biofizika 7, 34—41 (1962). — SHAKHOV, A. A., B. M.
GOLUBKOVA i T. E. KISLYAKOVA: Dokl. Akad. Nauk SSSR. 141 1246—1249 (1961).
— SHLYK, A. A., i L. I. FRADKIN: Biofizika 6, 424—435 (1961). — SHLYK, A. A.,
V. L. KALER i G. M. PODCHUFAROVA: Biochimija 26, 259—265 (1961). — SHLYK,
A. A., i E. M. STANISHEVSKAIA: Dokl. Akad. Nauk SSSR. 144, 226—229 (1962). —
SHNEOUR, E. A.: Biochim. et Biophys. Acta 65, 510—511 (1962). — SHNEOUR, E. A.,
and M. CALVIN: Nature (Lond.) 196, 439—441 (1962). — SINGLETON, M. F., and G.
M. ANDROES: Univ. of Calif. Bio-Organ. Chem. Quarterly Rep. UCRL-10156,
69—70 (1962). — SINHA, S. P.: Helv. Physiol. Acta 20, C84—C87 (1962). — SISTROM,
W. R.: (1) J. gen. Microbiol. 28, 599—605 (1962); (2) J. gen. Microbiol. 28, 607—616
(1962). — SMALLER, B.: Nature (Lond.) 195, 593—594 (1962). — STEEMANN NIEL-
SEN, E., V. K. HANSEN and E. G. JØRGENSEN: Physiol. Plantarum 15, 505—517
(1962). — STILES, W.: Science Progr. 50, 450—462 (1962). — STRUGGER, S., u. E.
PEVELING: Protoplasma 54, 254—262 (1962). — STUBBE, W.: Z. Vererbungsl. 93,
175—176 (1962).

TAGAWA, K., and D. I. ARNON: Nature (Lond.) 195, 537—543 (1962). —TAGEEVA,
S. V., A. B. BRANDT i V. S. KORSHUNOVA: Biofizika 6, 572—581 (1961). —TAKEYA-
MA:,N.: Experientia 18, 289—291 (1962). — TEALE, F. W. J.: Biochem. J. 85, 14 P
(1962). — THOMAS, J. B.: Biochim. et Biophys. Acta 59, 202—210 (1962). —
THOMAS, J. B., W. VOSKUIL, H. OLSMAN and H. M. DE BOOIS: Biochim. et Biophys.
Acta 59, 224—226 (1962). — THOMSON, W. W., and T. E. WEIER: Amer. J. Bot. 49,
1047—1055 (1962). — TOLLIN, G.: J. theor. Biol. 2, 105—116 (1962). — TOLLIN, G.,
and G. GREEN: Biochim. et Biophys. Acta 60, 524—538 (1962). — TOMITA, G., and
E. RABINOWITCH: Biophys. J. 2, 483—499 (1962). — TREHARNE, R. W., and H. C.
EYSTER: Biochim. Biophys. Res. Comm. 8, 477—480 (1962). — TREHARNE, R. W.,
and L. P. VERNON: Biochim. Biophys. Res. Comm. 8, 481—485 (1962). — TUMER-
MAN, L. A., O. F. BORISOVA i A. B. RUBIN: Biofizika 6, 645—649 (1961).

UEDA, K.: Cytologia 26, 344—358 (1961).

WASSINK, E. C., and G. H. M. KRONENBERG: Nature (Lond.) 194, 553—554
(1962). — WEAVER, E. C.: Arch. Biochem. Biophys. 99, 193—196 (1962). — WEBER,
P.: Z. Naturforsch. 17b, 683—688 (1962). — WEHRMEYER, W., u. E. PERNER:
Protoplasma 54, 573—593 (1962). — WEIER, T. E., and C. R. STOCKING: Amer. J.
Bot. 49, 24—32 (1962). — WEIER, T. E., and W. W. THOMSON: J. Cell Biol. 13,
89—108 (1962). — WESSELS, J. S. C.: Biochim. et Biophys. Acta 65, 561—564
(1962). — WICKLIFF, J. L., and S. ARONOFF: Plant Physiol. 37, 584—589 (1962). —
WILDMAN, S. G., T. HONGLADAROM and S. I. HONDA: Science 138, 434—436 (1962).
— WOLKEN, J. J.: J. theor. Biol. 3, 192—208 (1962).

YAMAMOTO, H. Y., C. O. CHICHESTER and T. O. M. NAKAYAMA: (1) Photochem. Photobiol. 1, 53—57 (1962); (2) Arch. Biochem. Biophys. 96, 645—649
(1962). — YENTSCH, C. S., and C. A. REICHERT: Botan. Marina 3, 65—74 (1962). —
YIN, H. C., Y. K. SHEN, G. M. SHEN, S. Y. YANG and K. S. CHIU: Scientia Sinica 10,
976—984 (1961). — YOKOYAMA, H., T. O. M. NAKAYAMA and C. O. CHICHESTER:
J. biol. Chem. 237, 681—686 (1962).

ZAHALSKY, A. C., S. H. HUTNER, M. KEANE and R. M. BURGER: Arch. Mikrobiol. 42, 46—55 (1962). — ZIEGLER, I.: Vortr. Gesamtgeb. Bot., N. F. 1, 123—128
(1962). — ZIEGLER, I., H. ZIEGLER u. H. SCHMIDT: Arch. Mikrobiol. 42, 80—89
(1962).

15. Stoffwechsel organischer Verbindungen II

a) Kohlenhydrat- und Säurestoffwechsel

Von HANS REZNIK, Münster/Westf.

Der Bericht folgt in Band 26

b) Sekundäre Pflanzenstoffe

Bericht über die Jahre 1961 und 1962

Von HANS-BOTHO SCHRÖTER, Halle a. d. Saale

Die folgende Darstellung knüpft an einen einleitenden Bericht über sekundäre Pflanzenstoffe an, in welchem generelle Probleme des Gebietes behandelt werden (Fortschr. Bot. 23, 223). Es ist erwiesen, daß viele der von früheren Autoren als „sekundär" bezeichneten Substanzen nicht in Form von Exkreten endgültig aus dem pflanzlichen Metabolismus ausscheiden, sondern daß sie unter bestimmten physiologischen Bedingungen erneut in den Stoffwechsel einbezogen werden können. Versuche einer exakten Definierung des Sammelbegriffes und die Zuordnung der „sekundären Pflanzenstoffe" zum „Grundstoffwechsel" stoßen daher auf beträchtliche Schwierigkeiten (SPRECHER 1961a, b, 1962, RENNER 1962, MORITZ 1962).

Übersichtsreferate über einzelne Gruppen sekundärer Pflanzenstoffe sind wiederum in größerer Zahl erschienen (Zitate in den jeweiligen Abschnitten). Die folgenden Zusammenstellungen umfassen chemisch sehr verschiedenartige Verbindungen:

WALLEN, STODOLA und JACKSON: Type reactions in fermentation chemistry (1959). MILLER: The PFIZER handbook of microbial metabolites (1961). SHIBATA, NATORI und UDAGAWA: List of fungal products (1961). BU'LOCK: Intermediary metabolism and antibiotic synthesis (1961). BENTLEY: Biochemistry of fungi (1962). TAMM: Umwandlung von Naturstoffen durch mikrobielle Enzyme (1962). VIRTANEN: Organische Schwefelverbindungen in Gemüse- und Futterpflanzen (1962). T. ROBINSON: The organic constituents of higher plants (their chemistry and interrelationships) (1963).

HEGNAUER (1962) legt mit dem ersten Band seiner „Chemotaxonomie der Pflanzen" ein nahezu lückenloses Verzeichnis der in der Literatur beschriebenen Inhaltsstoffe von Thallophyten, Bryophyten, Pteridophyten und Gymnospermen vor und erörtert dabei — wie auch in seinen bisher publizierten chemotaxonomischen Betrachtungen über Angiospermen — den Wert chemischer Merkmale für die Klassifizierung der Pflanzen. In derselben Richtung bewegen sich die Diskussionen von

Bate-Smith (1959) und anderen Autoren (vgl. dazu Merxmüller: Fortschr. Bot. 23, 77) sowie die Beiträge in Swains "Chemical plant taxonomy" (1963).

Unsere Kenntnisse über die natürliche Verbreitung sekundärer Pflanzenstoffe werden durch die chemische Untersuchung von Pflanzen mit auffälliger pharmakologischer und toxischer Wirkung und durch die Analyse in der Volksmedizin gebräuchlicher Drogen erheblich erweitert:

Webb: Some new records of medicinal plants used by the aborigines of tropical Queensland and New Guinea (1959). Schultes: Tapping our heritage of ethnobotanical lore (1960a). Jungle search for new drug plants in the Amazon; Native narcotics of the New World; Botany attacks the hallucinogens (1960b). The role of the ethnobotanist in the search for new medicinal plants (1962). Raffauf: Plants as sources of new drugs (1960). Mass screening of plants for alkaloids (1962). Oliver: Medicinal plants in Nigeria (1960). Hofmann und Cerletti: Die Wirkstoffe der dritten aztekischen Zauberdroge (1961). Stopp: Medicinal plants of the Mt. Hagen people (Mbowamb) in New Guinea (1963).

Sekundäre Pflanzenstoffe sind häufig auf ihre allelopathische Wirksamkeit hin geprüft worden. Neuere Arbeiten zu diesem Thema, soweit sie sich auf die gegenseitige Beeinflussung höherer Pflanzen beziehen, stammen u. a. von Winter (1960: Aufnahme von Alkaloiden durch die Wurzel), Frenzel (1961: Abgabe von Aminoverbindungen durch die Wurzeln höherer Pflanzen), Webb et al., Cannon et al. (1961: Beobachtungen an Pflanzengemeinschaften in Australien), Balschun und Jacob (1961: Beeinflussung des Leinertrages durch *Camelina*-Arten), Schwär (1962: Wirkung von Inhaltsstoffen des Wermuts), Helfrich (1962: allelopathische Wirksamkeit ätherischer Öle), Tschiersch (1963: Canavanin als Ursache der Inkompatibilität von *Canavalia*-Pfropfungen).

Für die Erforschung der Naturstoff-Biosynthese sind neben der Fülle experimenteller Einzelarbeiten die vergleichenden biochemischen Betrachtungen (zusammengefaßt z. B. von Florkin und Mason: Comparative biochemistry 1960, 1962, 1963) und die Erkennung allgemein gültiger Regeln (Isoprenregel, Polyacetatregel) von größter Bedeutung.

1. Stickstoff-freie sekundäre Pflanzenstoffe

a) Terpene und Terpenoide. Die Terpenoid-Biosynthese läßt sich zwanglos in zwei Teilreaktionen gliedern: die Entstehung der monomeren „Isopren"-Einheit und die Verknüpfung von C_5-Bausteinen zu Oligo- und Polyterpenoiden. Die Bildung der Mevalonsäure und die Umwandlung dieser C_6-Verbindung in das „aktive Isopren", Isopentenylpyrophosphat, (Reaktionsfolge: Lindberg, Yuan, de Waard und Bloch 1962) sind von Reznik behandelt worden (Fortschr. Bot. 22, 245). In das angegebene Schema ist das inzwischen nachgewiesene Dimethylallylpyrophosphat einzufügen, das durch Verlagerung der Doppelbindung unter dem Einfluß einer Isopentenylpyrophosphat-Isomerase entsteht (Lynen, Agranoff, Eggerer, Henning und Möslein 1959). Isopentenylpyrophosphat (I) und Dimethylallylpyrophosphat (II) liefern in Gegenwart einer Synthetase zunächst Geranylpyrophosphat (III), dessen Kohlenstoffkette durch Verknüpfung mit weiteren C_5-Bausteinen über Farnesylpyrophosphat

(IV) zum Geranylgeranylpyrophosphat (V) verlängert wird. Spiegelbildliche Kondensation zweier C_{20}-Moleküle führt dann zu einem C_{40}-Kohlenwasserstoff (vgl. dazu GROB 1960):

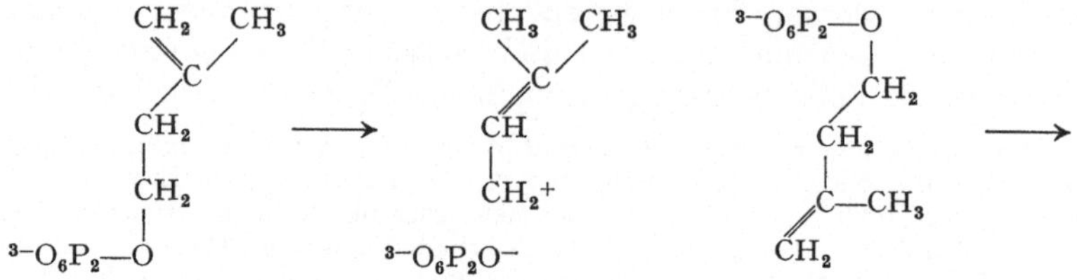

I

II

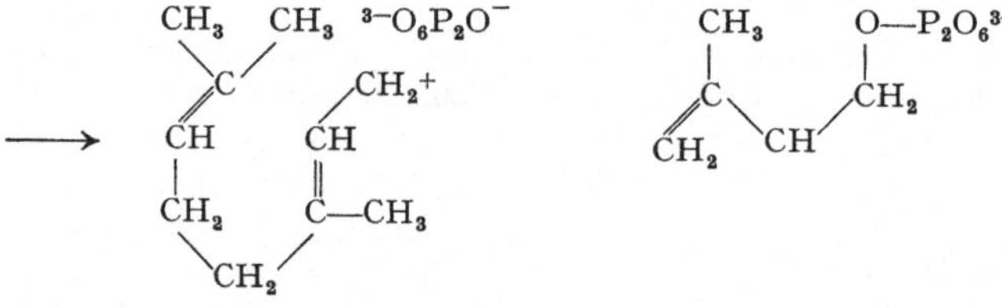

III

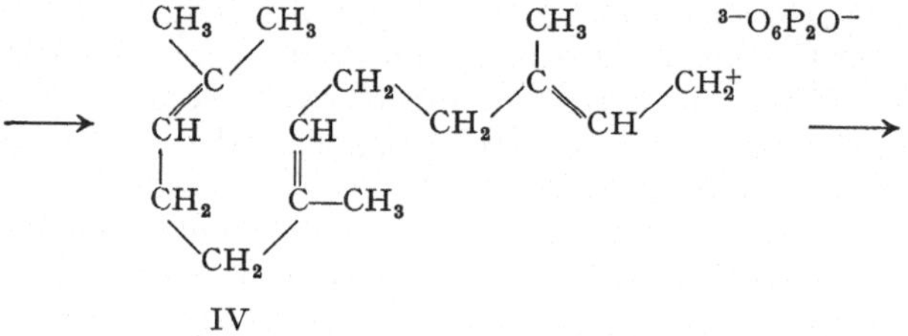

IV

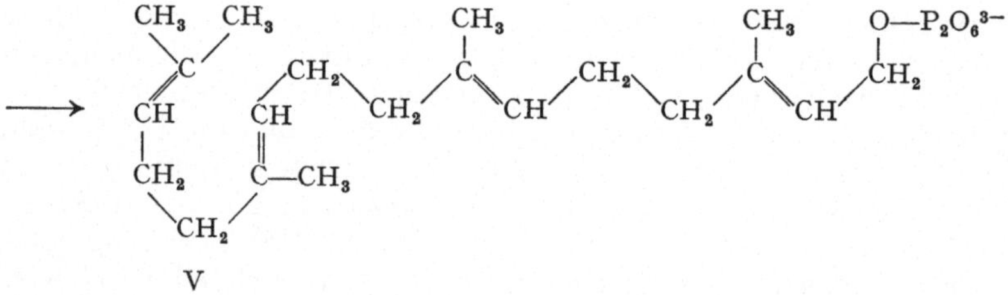

V

Das folgende Schema über die Biosynthese isoprenoider Naturstoffe (nach LYNEN u. Mitarb. 1959, LYNEN 1960, CORNFORTH 1961, SANDERMANN 1962a) steht derzeit wohl am besten mit den experimentellen Befunden im Einklang. Einzelne Reaktionsschritte bedürfen noch einer eingehenden Prüfung (vgl. dazu auch die Übersicht von WRIGHT 1961).

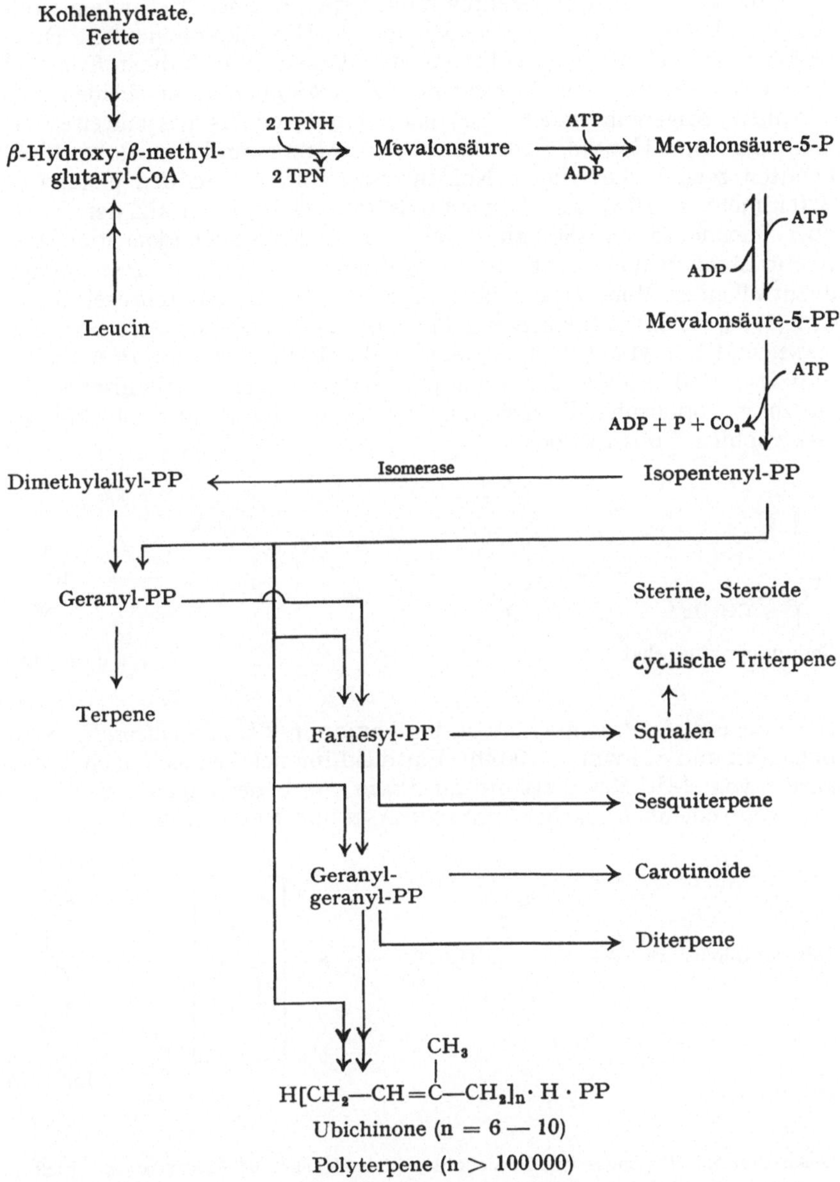

Eine tabellarische Übersicht über die chemische Struktur und die natürliche Verbreitung der Terpenoide stammt von SANDERMANN (1962b).

Isoprenoide C₅-Alkohole (2-Methyl-3-buten-2-ol im Lavendelöl und
Dimethylallylalkohol im Himbeeröl) wurden von STADLER, ESCHEN-
MOSER, SUNDT, WINTER und STOLL (1960) nachgewiesen. Im ätherischen
Öl des Ascomyceten *Ceratocystis coerulescens* finden sich neben dem

erstmalig bei Pilzen festgestellten Monoterpen Ocimen Methylheptenyl-
keton und das entsprechende Carbinol als Hauptkomponenten. Diese
Verbindungen stammen offenbar aus dem Leucin- und Valinstoffwechsel
(SPRECHER 1962). *Pinus Jeffreyi* und *P. sabiniana* unterscheiden sich
von allen übrigen untersuchten *Pinus*-Arten durch das massenweise Vorkommen von n-Heptan. SANDERMANN, SCHWEERS und BEINHOFF (1960)
konnten zeigen, daß dieser Kohlenwasserstoff, der in den genannten
Arten mehr als 90% des „Terpentinöls" ausmacht, nicht auf dem Wege
über Mevalonsäure, sondern durch Kopf-Schwanz-Kondensation von
Acetat-Molekülen entsteht. Die Biosynthese der in anderen *Pinus*-Arten
anzutreffenden Monoterpene fällt dagegen unter die Isoprenregel. STAN-
LEY (1958) erhielt radioaktives α-Pinen aus 2-^{14}C-Mevalonsäure, SANDER-
MANN und SCHWEERS (1962a) klärten durch Versuche an *Pinus nigra
austriaca* und Abbau des isolierten α-Pinens den Mechanismus der
Geranylpyrophosphat-Zyklisierung im Sinne einer intramolekularen
elektrophilen Substitution:

Geranylpyrophosphat   α-Pinen

Nach demselben Prinzip entsteht das Thujon in *Thuja occidentalis* (SAN-
DERMANN und SCHWEERS 1962b). Für das Limonen ließ sich nach Applikation von 2-^{14}C-Mevalonsäure an *Pinus pinea* der folgende Bildungs-
weg wahrscheinlich machen (SANDERMANN und BRUNS 1962a):

2-^{14}C-Mevalonsäure   Limonen

● = ^{14}C-Atom

Diskussion der Biogenese von Terpenoiden in Kiefernarten: SANDERMANN (1962c).

Mit dem Einfluß physiologischer Bedingungen auf die Bildung und
Zusammensetzung ätherischer Öle haben sich mehrere Laboratorien
beschäftigt: BURMEISTER und V. GUTTENBERG (1960) fanden eine vermehrte Ölproduktion bei weitgehender Anaerobiose. Das ätherische Öl
von *Mentha piperita* wird vorwiegend in den jüngsten Blättern synthetisiert (LOOMIS und BATTAILE 1960, REITSEMA, CRAMER, SCHULLY und
CHORNEY 1961). Die in Form einer ^{14}CO_2$-Atmosphäre angebotene Radio-

aktivität erscheint bereits in weniger als 30 min in den Monoterpenen, die dann in älteren Blättern mannigfachen Umwandlungen (Hydrierungen, Oxydationen) unterliegen (BATTAILE und LOOMIS 1961). Nach HEFEN-DEHL (1962) nimmt im Laufe der Vegetationsperiode der Anteil ungesättigter Verbindungen im primär sezernierten Öl zu. Der Einfluß der Wurzel auf die Bildung ätherischer Öle ist offenbar seit KLOHR-MEINHARDT (1958a, b) noch nicht wieder untersucht worden.

Der C_{15}-Kohlenwasserstoff Longifolen ist in Coniferen sehr verbreitet. SANDERMANN nnd BRUNS (1962b) postulieren auf Grund von Versuchen mit Acetat-1-^{14}C an *Pinus longifolia* eine Revision der bisher gebräuchlichen Strukturformel und einen Biosyntheseweg, der innermolekulare Umlagerung einschließt.

Mevalonsäure wurde als Baustein für die isoprenoiden Seitenketten der Ubichinone nachgewiesen (GLOOR, SCHINDLER und WISS 1960). Das Diterpen Sclareol, welches nach Infiltration von *Salvia sclarea*-Sprossen mit Mevalonsäure-2-^{14}C isoliert wurde, erwies sich als inaktiv; eine befriedigende Erklärung für diesen überraschenden Befund steht noch aus (NICHOLAS 1962a). Mevalonsäure ist indessen ohne Zweifel eine Vorstufe für die von Pflanzen gebildeten Sterine und Triterpene, wobei wahrscheinlich wie bei der Cholesterin-Synthese in tierischen Organismen das Squalen als Zwischenstufe durchlaufen wird (NICHOLAS 1961: *Salvia officinalis.* BENNETT, HEFTMANN, PURCELL und J. BONNER 1961: Tomate. NICHOLAS 1962a: *Salvia sclarea,* 1962b: *Salvia officinalis,* 1962c: *Ocimum basilicum.* BAISTED, CAPSTACK und NES 1962: *Pisum sativum*).

Die von RAMSTAD und BEAL (1960) begonnenen Studien über die Rolle der Mevalonsäure für die natürliche Synthese des Digitoxigenins wurden von GROS und LEETE (1963) an den Blättern von *Digitalis purpurea* fortgesetzt. $^1/_3$ der in das Aglykon aufgenommenen Aktivität befand sich im C-Atom 15 (Mevalonsäure-2-^{14}C als Precursor), woraus zu schließen ist, daß die Zyklisierung ebenso wie beim Cholesterin *via* Squalen erfolgt.

Digitoxigenin

Zahlreiche Untersuchungen beziehen sich auf die Biogenese der Carotinoide in niederen und höheren Pflanzen (Zusammenfassungen: GROB 1960, GOODWIN 1961, PORTER und ANDERSON 1962). Mevalonsäure, Acetat und dem Isopren äquivalente C_5-Verbindungen erwiesen sich in nahezu allen Experimenten (auch in solchen mit zellfreien Extrakten oder mit isolierten Plastiden) als effektive Vorstufen der Tetraterpene.

GROB, KIRSCHNER und LYNEN (1961) gelang die enzymatische Verdoppelung des Geranylgeranylpyrophosphates zu Lycopersen, einem farblosen C_{40}-Kohlenwasserstoff mit acht Doppelbindungen, der in *Neurospora crassa* nachgewiesen wurde (GROB und BOSCHETTI 1962). GOODWIN u. Mitarb. konnten diesen Befund allerdings weder für *Neurospora* noch für höhere Pflanzen bestätigen, sie betrachten das Phytoen als den zuerst synthetisierten Vertreter der C_{40}-Reihe (MERCER, DAVIES und GOODWIN 1963. DAVIES, JONES und GOODWIN 1963).

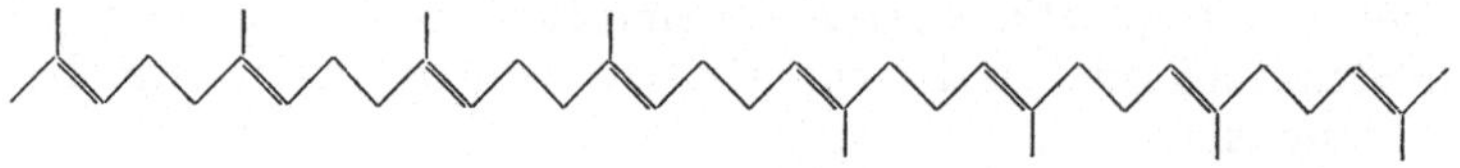

Lycopersen

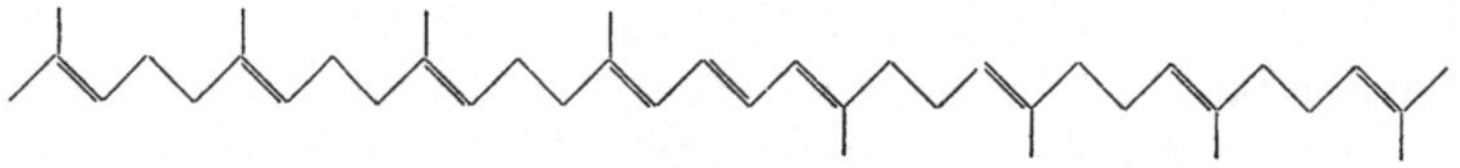

Phytoen

Die ursprünglich von PORTER und LINCOLN (1950) vorgeschlagene Reaktionsfolge — stufenweise fermentative Dehydrierung der stärker gesättigten Polyene zu den gefärbten Carotinoiden — besitzt allgemeine Bedeutung. Artspezifische Unterschiede bestehen bei der Einführung von Sauerstoff-Funktionen und der Bildung der Ionon-Ringe. Vergleichende Studien über die Carotinoide in grünen und im Herbst sich färbenden Blättern *(Acer platanoides)* wurden von EICHENBERGER und GROB (1962) begonnen. Weitere Literatur-Hinweise zum Carotin-Problem finden sich bei METZNER (Fortschr. Bot. **24**, 187). ZECHMEISTERs Buch über die Carotinoide behandelt in erster Linie chemische und sterische Aspekte (1962).

Frisch gewonnener Latex aus *Hevea brasiliensis* enthält die komplette Fermentgarnitur für die Synthese des Kautschuks aus niedermolekularen Bausteinen (HARRIS und KEKWICH 1961; vgl. dazu auch die Zusammenfassung von ARREGUIN, 1958, mit einer Darstellung der Arbeiten von J. BONNER). Die Vorstellungen über den Vorgang der Polymerisation selbst sind im Augenblick kaum mehr als reine Spekulationen. Milchsäfte aus verschiedenen Species interessieren in anderem Zusammenhang wegen ihrer beachtlichen Stoffwechselaktivität (KLEINSCHMIDT und MOTHES 1959) und wegen ihrer oft eigentümlichen Inhaltsstoffe (LISS 1961: 3,4-Dioxyphenylalanin in *Euphorbia lathyris*. LISS 1962: N-Acetyldiaminobuttersäure in *Euphorbia pulcherrima*. SCHENK und SCHÜTTE 1961: 4-Aminopipecolinsäure in *Strophanthus scandens*). — Polyisoprene wurden aus *Lactarius*-Arten isoliert (ANDERSON, BAKER, JAYKO und BENEDICT 1961).

b) Acetylen-Verbindungen. Die natürlich vorkommenden Polyine zeigen in ihrer Struktur eine überraschende Mannigfaltigkeit (Übersichten: JONES 1960; SOERENSEN 1961; BOHLMANN und SUCROW 1963). Die durchweg geringen Gesamtmengen der Acetylen-Verbindungen pro

Pflanze (bei höheren Pflanzen unter optimalen Bedingungen $0,1-1^0/_{00}$ des Trockengewichtes) sowie die zuweilen recht schwierige Handhabung der Verbindungen machen es verständlich, daß Experimente über den Metabolismus der Polyine bisher kaum vorliegen. Nemotinsäure entsteht nach Bu'Lock und Gregory (1959) in Pilzen durch Verknüpfung von 6 Acetat-Einheiten unter Verlust der terminalen CH_3-Gruppe:

$$6 \text{ Mole Acetat} \longrightarrow HC \equiv C—C \equiv C—CH = C = CH—CH—CH_2—CH_2—COOH$$
$$\underset{\displaystyle OH}{|}$$

Nemotinsäure

Die Herkunft der Polyin-Polyen-Kohlenstoffkette aus dem Fettsäure-Metabolismus ist danach kaum zweifelhaft. Die meisten natürlichen Acetylene enthalten Sauerstoff, einige auch Schwefel oder Stickstoff.

c) Die Polyacetatregel erklärt die Biosynthese einer großen Zahl von Naturstoffen durch „Kopf-Schwanz"-Kondensation von Acetat-Einheiten:

$$R—COOH + n \cdot CH_3COOH \rightarrow R—CO—CH_2—CO—CH_2 \ldots CO—CH_2COOH$$

$R-COOH$ symbolisiert dabei *jede* in der Natur vorkommende organische Säure; kurzkettige Fettsäuren, Zimtsäure und einige andere Säuren treten jedoch besonders häufig als Reaktionspartner auf.

Theoretische Betrachtungen und Zusammenfassungen der experimentellen Befunde: R. Robinson 1955. Woodward 1957. Birch 1960, 1962. Ehrensvärd und Gatenbeck 1960. Lynen und Tada 1961. Ollis 1961: Recent developments in the chemistry of natural phenolic compounds. Reznik (Fortschr. Bot. **24**, 244): Fettsäure-Synthese und Bedeutung des Malonyl-Coenzyms A.

Die durch Acetat-Kondensation entstehenden Polyketomethylen-Zwischenprodukte können in mannigfacher Weise zyklisieren. Es gibt demnach im pflanzlichen Stoffwechsel mindestens drei voneinander verschiedene Wege, die zu aromatischen Verbindungen führen:

1. Den Shikimisäure-Weg, der von Davis, Sprinson und anderen an Mikroorganismen-Mutanten aufgeklärt worden ist (neuere Zusammenfassungen: Davis 1958, Sprinson 1960):

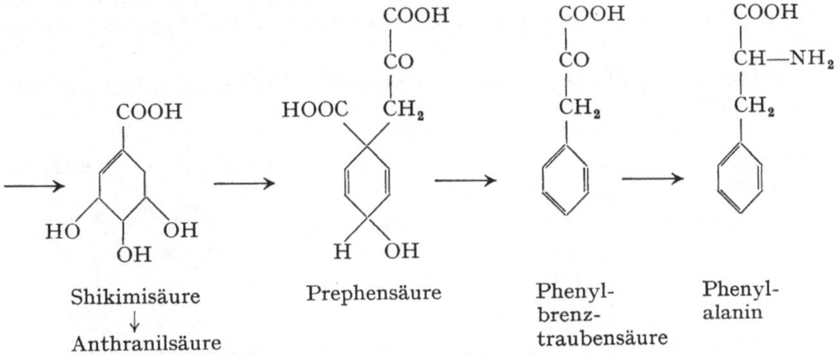

Shikimisäure   Prephensäure   Phenyl-brenz-traubensäure   Phenyl-alanin

Shikimisäure
↓
Anthranilsäure
Indol-Derivate
p-Aminobenzoesäure

2. Die Aromatisierung zyklischer Terpenoide.
3. Den Ringschluß von Polyketomethylen-Verbindungen.

Nach EHRENSVÄRD und GATENBECK (1960) läßt sich die Bildung von
C_8-Phenolcarbonsäuren aus Essigsäure folgendermaßen darstellen:

4 Acetat-Einheiten   ($\bullet$ = Carboxyl-^{14}C)

CH$_3$ COOH	CH$_3$ COOH	COOH COOH
—OH	—OH	—OH
OH		
Orsellinsäure	6-Methylsalicylsäure	3-Hydroxy-
(MOSBACH, 1960)	(BIRCH, 1955)	phthalsäure
		(GATENBECK, 1958)

Experimentelle Stützen für diese Anschauung sind Versuche mit Acetat-1-
^{14}C (BIRCH, MASSY-WESTROPP und MOYE 1955: 6-Methylsalicylsäure,
Penicillium griseofulvum. MOSBACH 1960: Orsellinsäure, *Chaetomium
cochliodes*. GATENBECK 1958: 3-Hydroxy-phthalsäure, *Penicillium islan-
dicum*). Daß es sich wirklich um eine Kondensation von Acetat-
Einheiten handelt (und nicht um eine sukzessive β-Oxydation einer C_8-
Fettsäure), beweisen die Experimente von GATENBECK und MOSBACH
(1959) mit doppelt markiertem Acetat, CH$_3$^{14}CO^{18}O Na. LYNEN und
TADA (1961) untersuchten die Biosynthese der 6-Methylsalicylsäure
mit Enzympräparationen aus *Penicillium patulum* und erkannten die
Bedeutung des Malonyl-Coenzyms A auch für die Bildung aromatischer
Ringstrukturen (siehe Schema auf Seite 279).

Auch kompliziertere Aromaten entstehen durch Verknüpfung von
Acetat-Bausteinen, wie durch Tracer-Experimente sichergestellt worden
ist.

Griseofulvin (*Penicillium griseofulvum;* Diskussion und Literatur:
BIRCH 1962):

7 Acetat-Einheiten

Die Methoxylgruppen stammen aus dem C_1-Stoffwechsel, unsicher ist
einstweilen noch, wann die Chlorierung erfolgt.

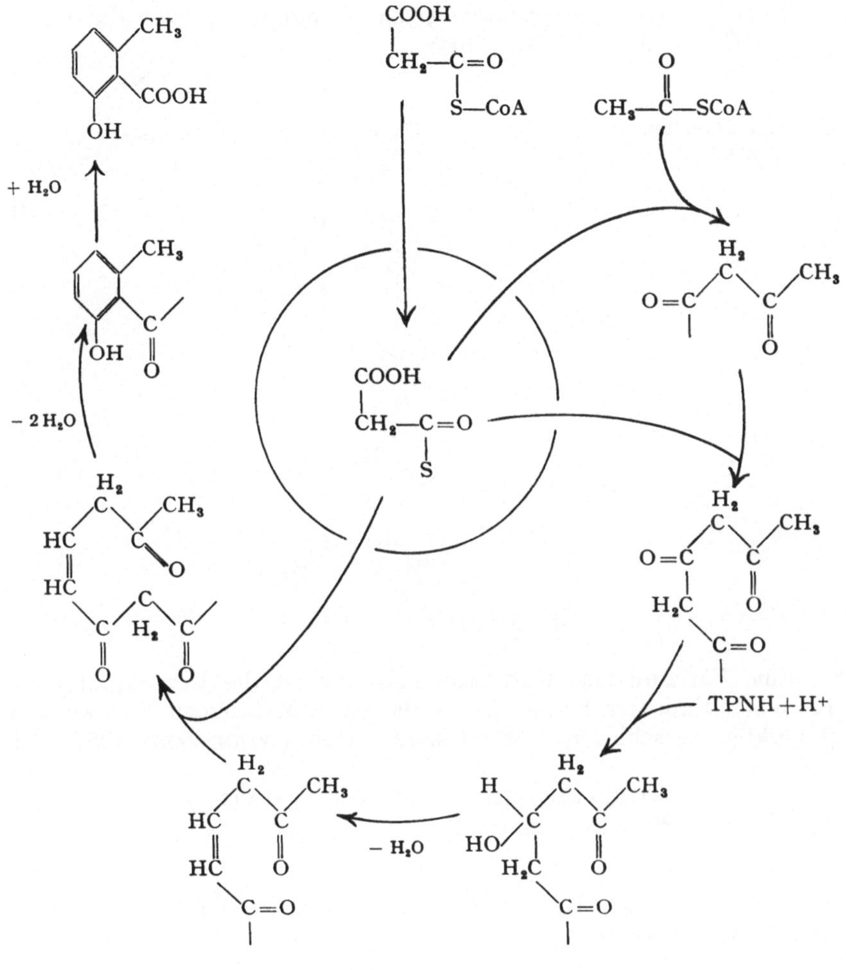

Anthrachinone *(Penicillium islandicum):*

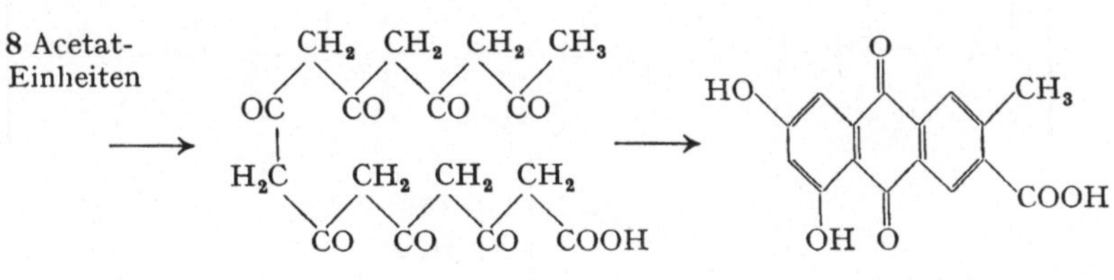

Endocrocin

Tetracycline *(Streptomyces*-Arten; zusammenfassende Darstellungen bei OLLIS 1961, MILLER 1961):

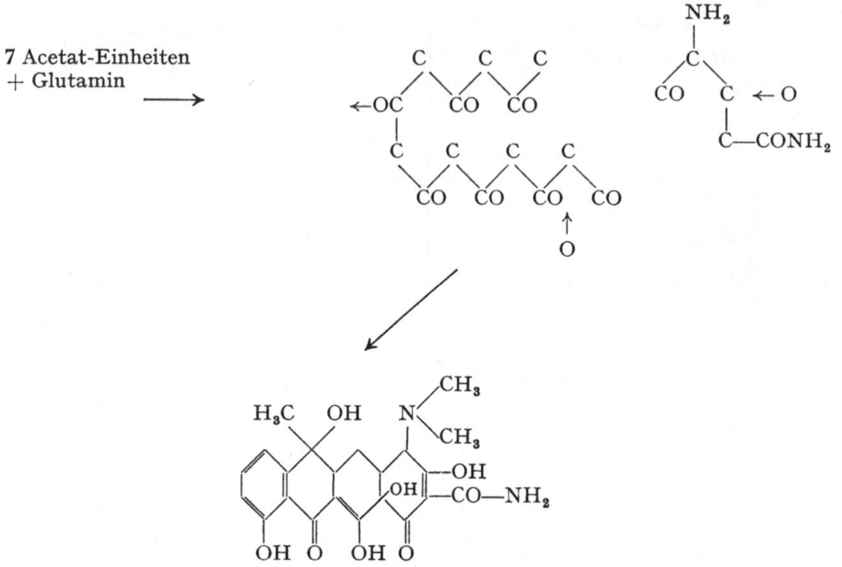

Eine Variante der Acetat-Kondensation ist die Verknüpfung von Propionat-Einheiten bei der Biosynthese von Makroliden, Stoffwechselprodukten verschiedener *Streptomyces*-Arten (WOODWARD 1957). Die

$$6\ CH_3—CH_2—CO—SCoA + 6\ CO_2 + 6\ ATP \rightarrow$$
Propionyl-Coenzym A

$$\rightarrow 6\ CH_3—CH—CO—SCoA + 6\ ADP + 6\ P$$
Methylmalonyl-Coenzym A

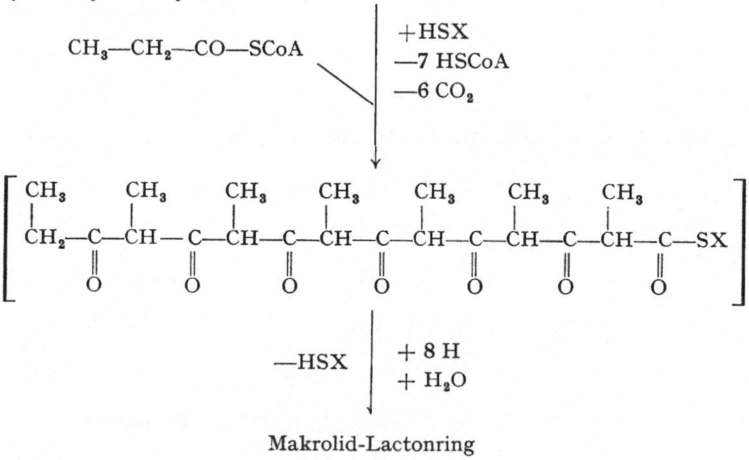

Makrolid-Lactonring

Propionsäure wird dabei über die Zwischenstufe Methylmalonyl-Coenzym A aktiviert; die Kondensation der aktivierten Propionsäure zu Polypropionaten macht für viele Naturstoffe die C-Methylverzweigung verständlich. Indessen können auch „biologisch labile" C_1-Gruppen direkt, z. B. durch Transmethylierung, auf Kohlenstoff-Atome übertragen werden (vgl. dazu SCHRÖTER 1958, BIRCH, CAMERON, HOLLOWAY und RICKARDS 1960).

Versuche, welche eine derartige Verknüpfung der Propionat-Bausteine beweisen (Doppelmarkierungen mit ^{14}C und ^3H) liegen u. a. für das Erythromycin (GRISEBACH, ACHENBACH und HOFHEINZ 1960, CORCORAN, KANEDA und BUTTE 1960) und für das Magnamycin vor (GRISEBACH und ACHENBACH 1962, GILNER und SRINIVASAN 1962).

d) Phenylpropan-Derivate und verwandte Verbindungen. Die biogenetischen Beziehungen innerhalb dieser großen Gruppe von sekundären Pflanzenstoffen sind aus dem folgenden Schema zu erkennen (nach GRISEBACH 1962). Platzmangel zwingt jedoch, eine ins einzelne gehende Betrachtung für den nächsten Bericht zurückzustellen.

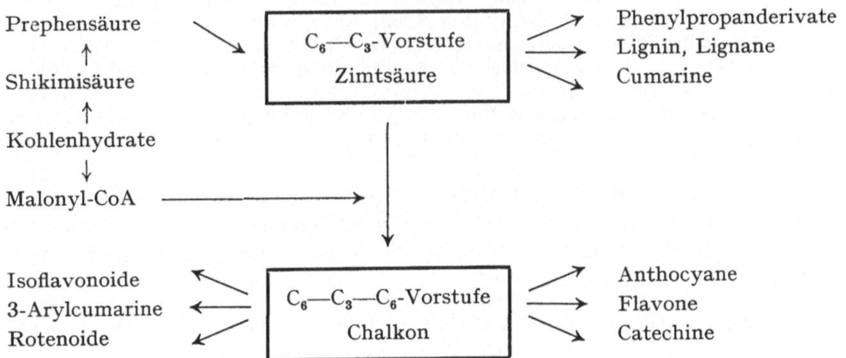

Auswahl zusammenfassender Darstellungen (vgl. dazu Fortschr. Bot. **23**, 223):

FEENSTRA: The genetics of flavonoid formation (1962). GEISSMAN: The chemistry of flavonoid compounds (1962). GRISEBACH: Die Biosynthese der Flavonoide (1962). GRISEBACH und OLLIS: Biogenetic relationship between coumarins. flavonoids, isoflavonoids, and rotenoids (1961). GORE, JOSHI, SUNTHANKAR und TILAK: Recent progress in the chemistry of natural and synthetic colouring matters and related fields (1962). HÄNSEL: Flavonoide: Endausgestaltung und Verteilung über das Pflanzensystem (1962). HARBORNE: Anthocyanins and their sugar components (1962). LEUCKERT: Die Verbreitung der Anthocyane (1962). REZNIK und NEUHÄUSEL: Farblose Anthocyanine bei submersen Wasserpflanzen (1960). SWAIN und BATE-SMITH: Flavonoid compounds (1962).

BRAUNS und BRAUNS: The chemistry of lignin (1960). BROWN: Chemistry of lignification (1961). FREUDENBERG: Forschungen am Lignin (1962). FREUDENBERG und LEHMANN: Aldehydische Zwischenprodukte der Ligninbildung (1960). KRATZL und FAIGLE: Zur Biogenese der Phenylpropan-Einheit des Fichtenlignins (1960). NEISH: Formation of m- and p-coumaric acids by enzymatic deamination of the corresponding isomers of tyrosine (1961). NORD und SCHUBERT: The biogenesis of lignin (1962). REZNIK: Vergleichende Biochemie der Phenylpropane (1960a). Beiträge zur Physiologie der Verholzung (1960b). SCHENK: Die Biosynthese des Lignins (1961).

FREUDENBERG: Catechine und Hydroxy-flavandiole als Gerbstoffbildner (1960). FREUDENBERG und WEINGES: Systematik und Nomenklatur der Flavonoide (1960).

e) Halogenhaltige sekundäre Pflanzenstoffe. Eine Übersicht über Halogen, zumeist Chlor, enthaltende Stoffwechselprodukte von Mikroorganismen hat PETTY (1961) publiziert. Umfassender noch ist die Zusammenstellung von ROCHE, FONTAINE und LELOUP (1963). In höheren Pflanzen sind halogenhaltige organische Metabolite offenbar außerordentlich selten. Nach PETERS, WALL, WARD und SHEPPARD (1960) enthalten verschiedene *Dichapetalum*- und *Acacia*-Arten Fluor-substituierte Fettsäuren, und DEAR und PATTISON (1963) konnten durch Synthese für eine Substanz aus den Samen von *Dichapetalum toxicarium* die Struktur einer ω-Fluorölsäure beweisen:

$$F-(CH_2)_8-CH=CH-(CH_2)_7-COOH \text{ (cis)}$$

2. Stickstoffhaltige sekundäre Pflanzenstoffe

BIRKINSHAW und STICKINGS: Nitrogen-containing metabolites of fungi (1962).

a) Aminosäuren und biogene Amine. Aus der Fülle neuerer Zusammenfassungen seien hier genannt: ADAMS: Amino acid metabolism (1962). UMBARGER und DAVIS: Pathways of amino acid biosynthesis (1962). TSCHIERSCH und MOTHES: Amino acids: structure and distribution (1963). ACKERMANN: Biogene Amine (1962).

b) Alkaloide. BOIT: Ergebnisse der Alkaloid-Chemie bis 1960 (1961). WILLAMAN und SCHUBERT: Alkaloid-bearing plants and their contained alkaloids (1961). Symposiums-Berichte: BATTERSBY: New developments in alkaloid chemistry (1961 a). SCHREIBER: Chemie und Biochemie der *Solanum*-Alkaloide (1961). MOTHES und SCHRÖTER: 2. Internationale Arbeitstagung „Biochemie und Physiologie der Alkaloide" (1963).

Eines der wesentlichen Probleme auf dem Gebiete der Alkaloid-Biosynthese ist die natürliche Entstehung N-haltiger Heterocyclen (vgl. dazu SCHRÖTER 1958). Diamine werden durch tierische und pflanzliche Diaminoxydasen oxydativ desaminiert:

$$NH_2-(CH_2)n-CH_2-NH_2 + O_2 + H_2O \rightarrow NH_2-(CH_2)_n-CHO + NH_3 + H_2O_2$$

Bei n = 3,4 oder 5 cyclisieren die entstehenden Aminoaldehyde spontan zu den entsprechenden Iminen. Acetylierung einer Aminogruppe verhindert den intramolekularen Ringschluß, partiell acetylierte Diamine sind indessen ebenfalls Substrate für Diaminoxydasen. HASSE und SCHÜHRER (1962) erhielten aus Monoacetylputrescin den N-Acetyl-γ-butyraldehyd:

$$\begin{array}{ccc}
CH_2-CH_2-CH_2-CH_2 & & CH_2-CH_2-CH_2-CHO \\
| \qquad\qquad\quad | & \longrightarrow & | \\
NH-COCH_3 \quad\quad NH_2 & & NH-COCH_3
\end{array}$$

und aus Monoacetylcadaverin den N-Acetyl-δ-valeraldehyd:

$$\begin{array}{ccc}
CH_2-CH_2-CH_2-CH_2-CH_2 & & CH_2-CH_2-CH_2-CH_2-CHO \\
| \qquad\qquad\qquad\quad | & \longrightarrow & | \\
NH-COCH_3 \quad\quad\quad NH_2 & & NH-COCH_3
\end{array}$$

Sehr verbreitet im Pflanzenreich sind offenbar Fermente, die eine — in manchen Fällen umkehrbare — Transaminierung zwischen Aminen und α-Ketosäuren (bevorzugt α-Ketoglutarsäure, Brenztraubensäure) katalysieren (HASSE und SCHMID 1963):

$$R—CH_2—NH_2 + HOOC—CO—CH_2—CH_2—COOH \rightleftharpoons R—CHO +$$

$$+ HOOC—\underset{\underset{NH_2}{|}}{CH}—CH_2—CH_2—COOH$$

Die gebildeten Aldehyde sind mit jenen identisch, welche nach Einwirkung von Diaminoxydasen auf Diamine entstehen:

$$NH_2—CH_2—CH_2—CH_2—CH_2—NH_2 \underset{+\ \text{L-Glutaminsäure}}{\overset{+\ \alpha\text{-Ketoglutarsäure}}{\rightleftharpoons}} NH_2—CH_2—CH_2—CH_2—CHO$$

Putrescin

$$-H_2O \;\big\updownarrow\; +H_2O$$

Pyrrolin

Cadaverin liefert in analoger Weise Piperidein und Hexamethylendiamin das Δ^1-Aza-cyclohepten mit einem siebengliedrigen Heteroring.

Stachydrin entsteht in fruchtenden, 6 Monate alten *Medicago sativa*-Pflanzen aus Ornithin-(2-^{14}C) oder aus Prolin-(^{14}COOH) (ESSERY, Mc-CALDIN und MARION 1962):

Ornithin → Prolin → Hygrinsäure → Stachydrin

Etwa 3 Wochen alte Pflanzen synthetisieren hingegen kein Stachydrin — ein überzeugendes Beispiel für die Abhängigkeit der Alkaloidbildung von physiologischen Faktoren, wie sie MOTHES und SCHRÖTER (1961) auch an Reisern von *Nicotiana glauca*, die auf Tomatenwurzeln gepfropft waren, beobachteten: lebhaft wachsende Sprosse synthetisieren — gleichgültig, ob Putrescin als Vorstufe des Nicotin-Pyrrolidinringes zugeführt wird oder nicht — ausschließlich Anabasin. Erst die Hemmung des Wachstums und die Verhinderung der Blütenbildung im Kurztag bewirkt eine zusätzliche Bildung von Nicotin und Nornicotin (Versuche mit Putrescin-1,4-^{14}C).

Mit großer Intensität wird nach wie vor die Nicotinsäure untersucht, deren Entstehung aus Tryptophan auf dem Wege über Kynurenin und 3-Hydroxy-anthranilsäure seit längerem bekannt ist (Zusammenfassung: SCHRÖTER 1958). Versuche mit markierten Vorstufen an Bakterien und an Tabak (zusammenfassende Darstellung und Diskussion der Resultate: MOTHES und SCHÜTTE 1963) schaffen Gewißheit über einen zweiten Weg der Pyridinring-Synthese: die Verknüpfung eines C_3-Bausteines (Glycerin

oder eine damit verwandte Verbindung) mit einer C_4-Säure (Bernsteinsäure, Asparaginsäure). GROSS, SCHÜTTE, HÜBNER und MOTHES (1963)
ließen *Mycobacterium tuberculosis* in Gegenwart doppelt markierter
Asparaginsäure-(1,4-^{14}C,^{15}N) wachsen. Die nach 10 Tagen isolierte
Nicotinsäure war ausschließlich in der Carboxylgruppe radioaktiv, und
das Isotopenverhältnis ^{14}C : ^{15}N stimmte mit der Annahme überein, daß
ein Molekül Asparaginsäure unter Beibehaltung der Aminogruppe und
Abspaltung der α-ständigen COOH-Gruppe in ein Molekül Nicotinsäure
inkorporiert wird:

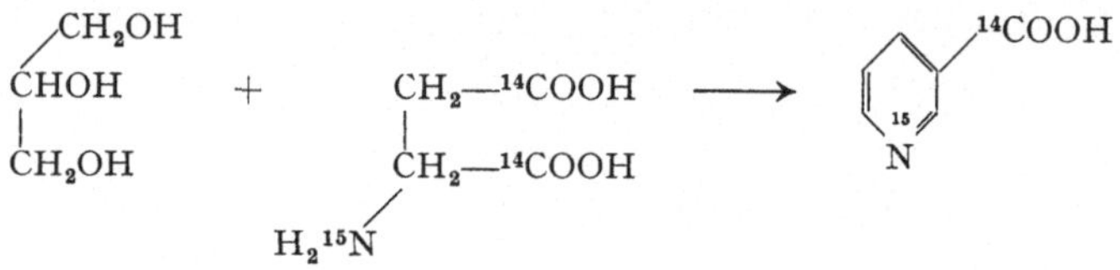

$$
\begin{array}{c}
CH_2OH \\
CHOH \\
CH_2OH
\end{array}
\quad + \quad
\begin{array}{c}
CH_2-{}^{14}COOH \\
CH_2-{}^{14}COOH \\
H_2{}^{15}N
\end{array}
\quad \longrightarrow \quad
\text{(Pyridinring mit } {}^{14}COOH, N^{15})
$$

                         Asparaginsäure   Nicotinsäure

Auf demselben, zumindest aber auf einem sehr ähnlichen Wege entsteht in *Ricinus communis* der Pyridonring des Ricinins:

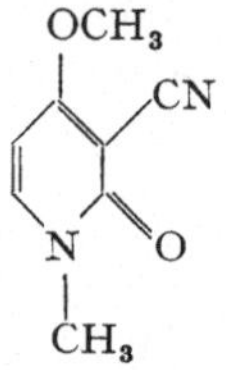

$$
\text{(Pyridonring: } OCH_3,\ CN,\ N-CH_3,\ =O)
$$

Diskussion der Fütterungsexperimente und Literaturangaben: SCHIEDT
und BOECKH-BEHRENS 1962, JUBY und MARION 1963, ESSERY, JUBY,
MARION und TRUMBULL 1963, MOTHES und SCHÜTTE 1963.

Vorstufe für den Piperidinring im Coniin ist das Lysin (SCHIEDT und
HÖSS 1962):

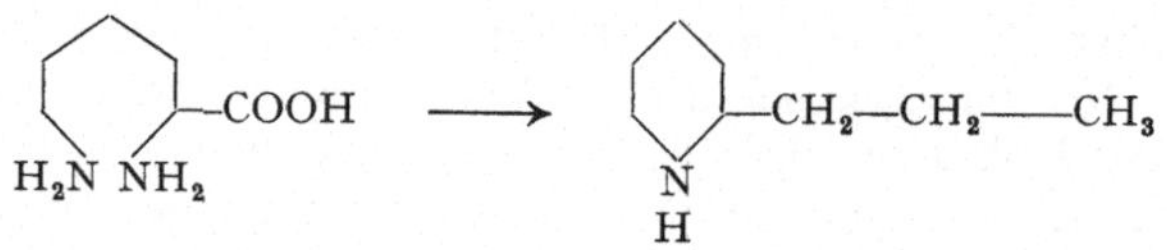

$$
\text{(Cyclohexanring mit } H_2N,\ NH_2,\ -COOH)
\quad \longrightarrow \quad
\text{(Piperidinring } N-H,\ -CH_2-CH_2-CH_3)
$$

Auf eine intermolekulare Cyclisierung ist der Piperazinring im
L-Phenylalaninanhydrid zurückzuführen, welches BIRKINSHAW und
MOHAMMED (1962) aus dem Mycel von *Penicillium nigricans* isolierten:

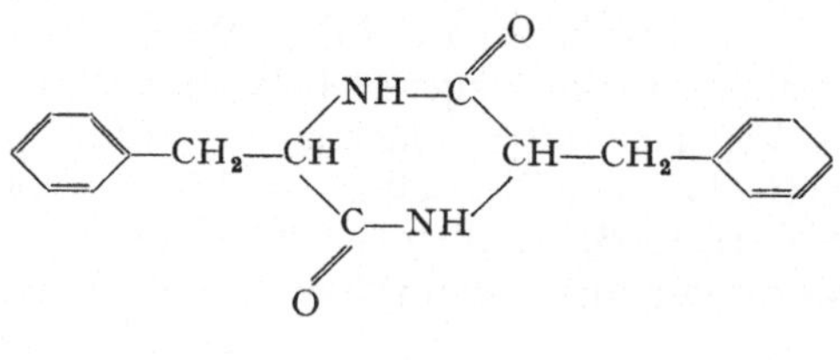

$$
\text{(Diketopiperazin-Struktur mit zwei } CH_2-\text{Phenyl-Gruppen, } NH-C=O)
$$

Phenylalanin und Anthranilsäure werden von *Penicillium viridicatum* für die Synthese des Chinolin-Derivates Viridicatin verwertet. LUCKNER und MOTHES (1963) interpretieren die Biosynthese des Alkaloids auf Grund von Tracer-Experimenten folgendermaßen:

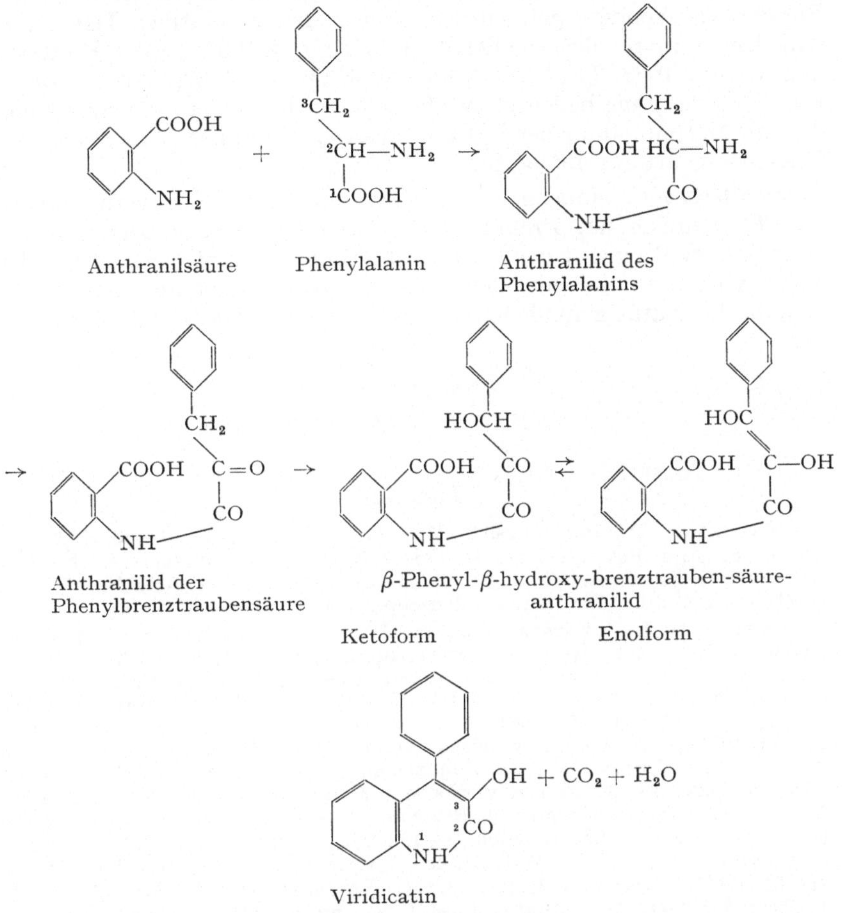

Anthranilsäure   Phenylalanin   Anthranilid des Phenylalanins

Anthranilid der Phenylbrenztraubensäure β-Phenyl-β-hydroxy-brenztrauben-säure-anthranilid

Ketoform   Enolform

$OH + CO_2 + H_2O$

Viridicatin

Aus einer größeren Zahl von Zusammenfassungen, die sich mit Problemen der Alkaloid-Biogenese beschäftigen, seien genannt: BATTERSBY: Alkaloid biosynthesis (1961b). TYLER: Biosynthesis of ergot alkaloids (1961). PFEIFER: Mohn — Arzneipflanze seit mehr als zweitausend Jahren (1962). WINKLER und GRÖGER: Neuere Arbeiten zur Biosynthese der Mutterkornalkaloide (1962). LUCKNER: Die Bildung von Verbindungen mit Chinolinringsystem (1963). MOTHES und SCHÜTTE: Die Biosynthese von Alkaloiden (1963).

Ergolin-Alkaloide, deren Vorkommen bisher nur für Pilze, vor allem für *Claviceps*-Arten, bekannt war, wurden zum ersten Male auch aus höheren Pflanzen isoliert (HOFMANN und TSCHERTER 1960, HOFMANN 1961, HOFMANN und CERLETTI 1961). Die aztekische Zauberdroge

„Ololiuqui" (Samen der Convolvulaceen *Rivea corymbosa* und *Ipomoea violacea*) enthält in einer Gesamtmenge von 0,01—0,05% Lysergsäureamid, Isolysergsäureamid, Chanoclavin, Elymoclavin und Lysergol. Die Alkaloide (einige weitere wurden inzwischen zusätzlich als bereits bekannte Mutterkorn-Alkaloide identifiziert) kommen nicht allein im Embryo vor, sondern gelegentlich auch in den vegetativen Teilen verschiedener Convolvulaceen (TABER und HEACOCK 1962, TABER, HEACOCK und MAHON 1963, TABER, VINING und HEACOCK 1963, GRÖGER 1963). Eine Überraschung bedeutet zweifellos auch die Isolierung von Alkaloiden mit Morphin-ähnlicher Struktur aus *Croton linearis (Euphorbiaceae)* (HAYNES u. STUART 1963a, b).

c) Nitrosoverbindungen. Über die Verbreitung von Nitroverbindungen im Pflanzenreich hat PAILER (1960) zusammenfassend berichtet. Bei Oberflächenkultur gibt der Duft-Trichterling *(Clitocybe suaveolens)* den 4-Methylnitrosamino-benzaldehyd an die Nährlösung ab; dies ist die erste in der Natur gefundene Nitrosoverbindung (HERRMANN 1961):

$$O=N\diagdown N-\!\!\left\langle\bigcirc\right\rangle\!\!-C\diagup^{O}_{H}$$

$$H_3C\diagup$$

Literatur

ACKERMANN, D.: Ber. Physikal.-Med. Ges. Würzburg **70**, 1—63 (1962). — ADAMS, E.: Ann. Rev. Biochem. **31**, 173—212 (1962). — ANDERSON, R. F., T. I. BAKER, L. G. JAYKO and R. G. BENEDICT: Biochim. Biophys. Acta **50**, 374—375 (1961). — ARREGUIN, B.: Handb. Pflanzenphysiol. **10**, 223—248 (1958).

BAISTED, D. J., E. CAPSTACK, JR. and W. R. NES: Biochemistry **1**, 538—541 (1962). — BALSCHUN, H., u. F. JACOB: Flora (Jena) **151**, 572—606 (1961). — BATE-SMITH, E. C.: Vistas in Botany (herausgegeben von W. B. TURRILL), 100—123. London: Pergamon Press 1959. — BATTAILE, J., and W. D. LOOMIS: Biochim. Biophys. Acta **51**, 545—552 (1961). — BATTERSBY, A. R.: Tetrahedron (London) **14**, 1—149 (1961a); — Quart. Rev. (chem. Soc. London), 259—286 (1961b). — BENNETT, R. D., E. HEFTMANN, A. E. PURCELL and J. BONNER: Science **134**, 671—672 (1961). — BENTLEY, R.: Ann. Rev. Biochem. **31**, 589—624 (1962). — BIRCH, A. J.: XVII. Internationaler Kongreß für Reine und Angewandte Chemie. Bd. II, 73—84 (1960); — Proc. chem. Soc. (London), 3—13 (1962). — BIRCH, A. J., D. W. CAMERON, P. W. HOLLOWAY and R. W. RICKARDS: Tetrahedron Letters (London) No. 25, 26—31 (1960). — BIRCH, A. J., R. A. MASSY-WESTROPP and C. J. MOYE: Australian J. Chem. **8**, 539 (1955). — BIRKINSHAW, J. H., and Y. S. MOHAMMED: Biochem. J. **85**, 523—527 (1962). — BIRKINSHAW, J. H., and C. E. STICKINGS: Fortschr. Chem. org. Naturstoffe **20**, 1—40 (1962).— BOHLMANN, F., u. W. SUCROW: Moderne Methoden der Pflanzenanalyse (herausgegeben von H. F. LINSKENS und M. V. TRACEY). Bd. **6**, 81—108. Berlin-Göttingen-Heidelberg: Springer 1963. — BOIT, H.-G.: Ergebnisse der Alkaloid-Chemie bis 1960. Berlin: Akademie-Verlag 1961. — BRAUNS, F. E., and D. A. BRAUNS: The chemistry of lignin. New York: Academic Press 1960. — BROWN, S. A.: Science **134**, 305—313 (1961). — BU'LOCK, J. D.: Advances appl. Microbiol. **3**, 293—342 (1961). — BU'LOCK, J. D., and H. GREGORY: Biochem. J. **72**, 322—327 (1959). — BURMEISTER, J., u. H. v. GUTTENBERG: Planta Med. **8**, 1—33 (1960).

CANNON, J. R., N. H. CORBETT, K. P. HAYDOCK, J. G. TRACEY and L. J. WEBB: Nature (London) **190**, 189 (1961). — CORCORAN, J. W., T. KANEDA and J. C. BUTTE: J. Biol. Chem. **235**, PC 29 (1960). — CORNFORTH, J. W.: Pure appl. Chem. **2**, 607—630 (1961).

DAVIES, B. H., D. JONES and T. W. GOODWIN: Biochem. J. 87, 326—329 (1963). — DAVIS, B. D.: Arch. Biochem. Biophys. 78, 497—512 (1958). — DEAR, R. E. A., and F. L. M. PATTISON: J. Am. Chem. Soc. 85, 622—626 (1963). EHRENSVÄRD, G., u. S. GATENBECK: XVII. Internationaler Kongreß für Reine und Angewandte Chemie. Bd. II, 99—111 (1960). — EICHENBERGER, W., u. E. C. GROB: Helv. Chim. Acta 45, 974—981 (1962). — ESSERY, J. M., D. J. McCALDIN and L. MARION: Phytochemistry 1, 209—213 (1962). — ESSERY, J. M., P. F. JUBY, L. MARION and E. TRUMBULL: Canad. J. Chem. 41, 1142—1150 (1963).

FEENSTRA, W. J.: Planta Med. 10, 412—420 (1962). — FLORKIN, M., and H. S. MASON: Comparative Biochemistry. Bd. 1, 2 (1960), Bd. 3, 4 (1962), Bd. 5 (1963). New York: Academic Press. — FRENZEL, B., Planta 57, 444—454 (1961). — FREUDENBERG, K.: Experientia (Basel) 16, 85—100 (1960); — Fortschr. Chem. org. Naturstoffe 20, 41—72 (1962). — FREUDENBERG, K., u. B. LEHMANN: Chem. Ber. 93, 1354—1366 (1960). — FREUDENBERG, K., u. K. WEINGES: Tetrahedron (London) 8, 336—349 (1960).

GATENBECK, S.: Acta Chem. Scand. 12, 1985 (1958). — GATENBECK, S., and K. MOSBACH: Acta Chem. Scand. 13, 1561 (1959). — GEISSMAN, T. A.: The chemistry of flavonoid compounds. London: Pergamon Press 1962. — GILNER, D., and P. R. SRINIVASAN: Biochem. biophys. Res. Commun. 8, 299—304 (1962). — GLOOR, U., O. SCHINDLER u. O. WISS: Helv. Chim. Acta 43, 2089—2095 (1960). — GOODWIN. T. W.: Ann. Rev. Plant Physiol. 12, 219—244 (1961). — GORE, T. S., B. S. JOSHI, S. V. SUNTHANKAR and B. D. TILAK: Recent progress in the chemistry of natural and synthetic colouring matters and related fields. New York: Academic Press 1962. — GRISEBACH, H.: Planta Med. 10, 385—397 (1962). — GRISEBACH, H., u. H. ACHENBACH: Z. Naturforsch. 17 b, 63—64 (1962). — GRISEBACH, H., H. ACHENBACH u. W. HOFHEINZ: Z. Naturforsch. 15 b, 560—568 (1960). — GRISEBACH, H., and W. D. OLLIS: Experientia (Basel) 17, 4—12 (1961). — GROB, E. C.: XVII. Internationaler Kongreß für Reine und Angewandte Chemie. Bd. II, 52—72 (1960). — GROB, E. C., u. A. BOSCHETTI: Chimia (Switz.) 16, 15—16 (1962). — GROB, E. C., K. KIRSCHNER u. F. LYNEN: Chimia (Switz.) 15, 308—310 (1961). — GRÖGER, D.: Flora (Jena) 153, 373—382 (1963). — GROS, E. G., and E. LEETE: Chem. & Ind. (London) 1963, 698. — GROSS, D., H. R. SCHÜTTE, G. HÜBNER and K. MOTHES: Tetrahedron Letters (London) No. 9, 541—544 (1963).

HÄNSEL, R.: Planta Med. 10, 361—384 (1962). — HARBORNE, J. B.: Fortschr. Chem. org. Naturstoffe 20, 165—199 (1962). — HARRIS, R. V., and R. G. O. KEKWICH: Biochem. J. 80, 10 P (1961). — HASSE, K., u. G. SCHMID: Biochem. Z. 337, 69—79 (1963). — HASSE, K., u. K. SCHÜHRER: Biochem. Z. 336, 20—34 (1962). — HAYNES, L. J., and K. L. STUART: J. chem. Soc. (London), 1784—1788 (1963a); — 1789—1793 (1963b). — HEFENDEHL, F. W.: Planta Med. 10, 241—266 (1962). — HEGNAUER, R.: Chemotaxonomie der Pflanzen. Basel und Stuttgart: Birkhäuser Verlag 1962. — HELFRICH, O.: Dtsch. Apotheker-Ztg. 102, 1280—1282 (1962). — HERRMANN, H.: Hoppe-Seyler's Z. physiol. Chem. 326, 13—16 (1961). — HOFMANN, A.: Planta Med. 9, 354—367 (1961). — HOFMANN, A., u. A. CERLETTI: Dtsch. med. Wschr. 86, 885—888 (1961). — HOFMANN, A., u. H. TSCHERTER: Experientia (Basel) 16, 414 (1960).

JONES, E. R. H.: Proc. chem. Soc. (London) 199 (1960). — JUBY, P. F., and L. MARION: Canad. J. Chem. 41, 117—122 (1963).

KLEINSCHMIDT, G., u. K. MOTHES: Z. Naturforsch. 14b, 52—56 (1959). — KLOHR-MEINHARDT, R.: Planta Med. 6, 203—207 (1958a); — 208—214 (1958b). — KRATZL, K., u. H. FAIGLE: Z. Naturforsch. 15 b, 4—11 (1960).

LEUCKERT, C.: Planta Med. 10, 398—402 (1962). — LINDBERG, M., C. YUAN, A. DE WAARD and K. BLOCH: Biochemistry 1, 182—188 (1962). — LISS, I.: Flora (Jena) 151, 351—367 (1961); — Phytochemistry 1, 87—88 (1962). — LOOMIS, W. D., and J. BATTAILE: Plant Physiol. 35, Suppl. XV (1960). — LUCKNER, M.: Pharmazie 18, 93—107 (1963). — LUCKNER, M., u. K. MOTHES: Arch. Pharmaz. 296, 18—33 (1963). — LYNEN, F.: Chem. Weekbl. 56, 581—591 (1960). — LYNEN, F., B. W. AGRANOFF, H. EGGERER, U. HENNING u. E. M. MÖSLEIN: Angew. Chem. 71, 657—663 (1959). — LYNEN, F., u. M. TADA: Angew. Chem. 73, 513—519 (1961).

MERCER, E. I., B. H. DAVIES and T. W. GOODWIN: Biochem. J. 87, 317—325 (1963). — MILLER, M. W.: The PFIZER handbook of microbial metabolites. New

York-Toronto-London: McGraw-Hill Book Comp. 1961. — Moritz, O.: Einführung in die allgemeine Pharmakognosie. 3. Aufl. Jena: Fischer 1962. — Mosbach, K.: Acta Chem. Scand. 14, 457 (1960). — Mothes, K., u. H.-B. Schröter: Arch. Pharmaz. 294, 99—102 (1961); — 2. Internationale Arbeitstagung „Biochemie und Physiologie der Alkaloide". Berlin: Akademie-Verlag 1963. — Mothes, K., u. H. R. Schütte: Angew. Chem. 75, 265—281; 357—374 (1963).

Neish, A. C.: Phytochemistry 1, 1—24 (1961). — Nicholas, H. J.: J. pharmaceut. Sci. 50, 623—625 (1961); — J. Biol. Chem. 237, 1481—1484 (1962a); 1476 bis 1480 (1962b); 1485—1488 (1962c). — Nord, F. F., and W. J. Schubert: Comparative Biochemistry (herausgegeben von M. Florkin und H. S. Mason). Bd. 4, 65—106. New York: Academic Press 1962.

Oliver, B.: Medicinal plants in Nigeria. Private edition by the Nigerian College of Arts, Science and Technology, 1960. — Ollis, W. D.: Recent developments in the chemistry of natural phenolic compounds. London: Pergamon Press 1961.

Pailer, M.: Fortschr. Chem. org. Naturstoffe 18, 55—82 (1960). — Peters, R. A., R. J. Wall, P. F. V. Ward and N. Sheppard: Biochem. J. 77, 17—23 (1960). — Petty, M. A.: Bacteriol. Rev. 25, 111—130 (1961). — Pfeifer, S.: Pharmazie 17, 467—479; 536—554 (1962). — Porter, J. W., and D. G. Anderson: Arch. Biochem. Biophys. 97, 520—528 (1962). — Porter, J. W., and R. E. Lincoln: Arch. Biochem. 27, 390—399 (1950).

Raffauf, R. F.: Econ. Botany 14, 276—279 (1960); — Lloydia 25, 255—256 (1962). — Ramstad, E., and J. L. Beal: J. Pharmacy Pharmacol. 12, 552—556 (1960). — Reitsema, R. H., F. J. Cramer, N. J. Scully and W. Chorney: J. pharmaceut. Sci. 50, 18—21 (1961). — Renner, W.: Pharmazie 17, 763—776 (1962). — Reznik, H.: Ergeb. Biol. 23, 14—46 (1960a); — Planta 54, 333—364 (1960b). — Reznik, H., u. R. Neuhäusel: Z. Botan. 47, 471—489 (1960). — Robinson, R.: The structural relations of natural products. Oxford: Clarendon Press 1955. — Robinson, T.: The organic constituents of higher plants (their chemistry and interrelationships). Minneapolis: Burgess Publishing Comp. 1963. — Roche, J., M. Fontaine and J. Leloup: Comparative Biochemistry (herausgegeben von M. Florkin und H. S. Mason). Bd. 5, 493—547. New York: Academic Press 1963.

Sandermann, W.: Comparative Biochemistry (herausgegeben von M. Florkin und H. S. Mason). Bd. 3, 591—630 (1962a); 503—590 (1962b). New York: Academic Press; — Holzforschung 16, 65—74 (1962c). — Sandermann, W., u. K. Bruns: Naturwissenschaften 49, 258 (1962a); — Chem. Ber. 95, 1863—1865 (1962b). — Sandermann, W., u. W. Schweers: Tetrahedron Letters (London) No. 7, 257—258 (1962a); 259—260 (1962b). — Sandermann, W., W. Schweers u. O. Beinhoff: Chem. Ber. 93, 2266—2271 (1960). — Schenk, W.: Pharmazie 16, 585—594 (1961). — Schenk, W., u. H. R. Schütte: Naturwissenschaften 48, 223 (1961). — Schiedt, U., u. G. Boeckh-Behrens: Hoppe-Seyler's Z. physiol. Chem. 330, 58—73 (1962). — Schiedt, U., u. H. G. Höss: Hoppe-Seyler's Z. physiol. Chem. 330, 74—83 (1962). — Schreiber, K.: Chemie und Biochemie der Solanum-Alkaloide. Berlin: Deutsche Akademie der Landwirtschaftswissenschaften, Tagungsbericht Nr. 27 (1961). — Schröter, H.-B.: Handb. Pflanzenphysiol. 8, 844—888 (1958). — Schultes, R. E.: Econ. Botany 14, 257—262 (1960a); — Pharmaceut. Sciences, 3. Lecture Series 138—185 (1960b); — Lloydia 25, 257—266 (1962). — Schwär, C.: Flora (Jena) 152, 509—515 (1962). — Shibata, S., S. Natori and S. Udagawa: List of fungal products. Tokyo 1961. — Soerensen, N. A.: Pure appl. Chem. 2, 569—586 (1961). — Sprecher, E.: Arch. Mikrobiol. 38, 114—155 (1961a); 299—325 (1961b); — Ber. dtsch. bot. Ges. 75, Sondernummer, 19—28 (1962). — Sprinson, D. B.: Advances Carbohydrate Chem. 15, 235—270 (1960). — Stadler, P. A., A. Eschenmoser, E. Sundt, M. Winter u. M. Stoll: Experientia (Basel) 16, 283—284 (1960). — Stanley, R. G.: Nature (London) 182, 738—739 (1958). — Stopp, K.: Econ. Botany 17, 16—22 (1963). — Swain, T.: Chemical plant taxonomy. New York: Academic Press 1963. — Swain, T., and E. C. Bate-Smith: Comparative Biochemistry (herausgegeben von M. Florkin und H. S. Mason). Bd. 3, 755—809. New York: Academic Press 1962.

Taber, W. A., and R. A. Heacock: Canad. J. Microbiol. 8, 137—143 (1962). — Taber, W. A., R. A. Heacock and M. E. Mahon: Phytochemistry 2, 99—101

(1963). — TABER, W. A., L. C. VINING and R. A. HEACOCK: Phytochemistry **2**, 65—70 (1963). — TAMM, C.: Angew. Chem. **74**, 225—243 (1962). — TSCHIERSCH, B.: Flora (Jena) **153**, 73—86 (1963). — TSCHIERSCH, B., and K. MOTHES: Comparative Biochemistry (herausgegeben von M. FLORKIN und H. S. MASON). Bd. **5**, 1—90. New York: Academic Press 1963. — TYLER, V. E., JR.: J. pharmaceut. Sci. **50**, 629—640 (1961).

UMBARGER, E., and B. D. DAVIS: The bacteria. Bd. **3**, 167—243. New York: Academic Press 1962.

VIRTANEN, A. I.: Angew. Chem. **74**, 374—382 (1962).

WALLEN, L. L., F. H. STODOLA and R. W. JACKSON: Type reactions in fermentation chemistry. U.S. Department of Agriculture 1959. — WEBB, L. J.: Proc. Roy. Soc. Queensland **71**, 103—110 (1959). — WEBB, L. J., J. G. TRACEY and K. P. HAYDOCK: Australian J. Sci. **24**, 244—245 (1961). — WILLAMAN, J. J., and B. G. SCHUBERT: Alkaloid-bearing plants and their contained alkaloids. Washington: U. S. Department of Agriculture, Technical Bulletin No. 1234, 1961. — WINKLER, K., u. D. GRÖGER: Pharmazie **17**, 658—670 (1962). — WINTER, A. G.: Ber. dtsch. bot. Ges. **73**, 365—379 (1960). — WOODWARD, R. B.: Angew. Chem. **69**, 50—58 (1957). — WRIGHT, L. D.: Ann. Rev. Biochem. **30**, 525—548 (1961).

ZECHMEISTER, L.: Cis-trans isomeric carotenoids, vitamins A and arylpolyenes. Wien: Springer 1962.

16. N-Stoffwechsel*

II. Organischer N-Stoffwechsel

Von Horst Kating, Bonn

Mit 6 Abbildungen

Zusammenfassende Darstellungen. Im 3. Band der von Gunsalus u. Stanier herausgegebenen Reihe "The Bacteria" werden behandelt: Anorganische Stickstoff-Assimilation und Ammonium-Incorporation (Mortenson); Stoffwechselwege der Aminosäure-Biosynthese (Umbarger u. Davis); Biosynthese von Purin- und Pyrimidin-Nucleotiden (Maganasik), Biosynthese homopolymerer Peptide (House-wright); Biosynthese der Bakterienzellwände (Strominger); Synthese von Proteinen und Nucleinsäuren (Gale) und Synthese von Enzymen (Pardee). Von McKee ist ein Buch über den N-Stoffwechsel in Pflanzen erschienen, das durch eine klare Darstellung ausgezeichnet ist und ein 214 Seiten (!) langes Verzeichnis der wichtigsten Literatur enthält. Eine Zusammenfassung der Arbeiten über den Aminosäurepool in *Escherichia coli* stammt von Britten u. McClure. Ausführlich werden am Beispiel dieses Organismus die Probleme der pool-Bildung und seiner Erhaltung, sowie der dabei wirksamen Mechanismen (Permease- und Carrier-Modell usw.) diskutiert.

1. Aminosäuren

Neue Aminosäuren. Über die stoffwechselphysiologische Rolle der Nichteiweiß-Aminosäuren können z. Z., sofern es sich nicht um Bausteine von Antibiotica oder, wie im Falle von Acetidin-2-Carbonsäure, um eine N-Speicherform in Liliaceen handelt (Fortschr. Bot. **22**, 258), nur Vermutungen angestellt werden. Milchsaft verschiedener *Euphorbia*-Arten ist z. B. durch das Vorkommen seltener Aminosäuren in ungewöhnlich hohen Konzentrationen bemerkenswert. Liss hat aus dem Milchsaft von *Euphorbia pulcherrima* N-Acetyl-diaminobuttersäure isoliert. Hier müßte geprüft werden, ob diese acetylierte Aminosäure nicht eine Entgiftungs-form der stark basischen α, γ-Diaminobuttersäure ist. Letztere wurde bisher zwar selten gefunden, ist aber im Milchsaft die Hauptaminosäure. — Bell meldet ihr Vorkommen neben Homoarginin in verschiedenen *Lathyrus*-Arten. — Auch in Mimosen sind eine Reihe von selteneren Nicht-eiweißaminosäuren vorhanden. Zwei derselben, die mit der bei Mimosaceen weit verbreiteten Djenkolsäure in biogenetischer Beziehung stehen, sind von Gmelin und Gmelin u. Mitarb. in ihrer Struktur aufgeklärt worden: N-Acetyl-L-djenkolsäure (I) aus *Acacia farnesiana* und Dichrostachin-säure (II) [= S-(β-Hydroxy-β-carboxy-äthansulfonyl)-L-cystein] aus dem Endosperm des Samens von *Dichrostachys glomerata* (3% des Trocken-gewichts). Letztere ist die erste bekannte natürlich vorkommende Amino-

---

* I. Anorganischer N-Stoffwechsel, von Erich Kessler, Marburg a. d. Lahn, folgt im nächsten Bericht.

säure mit einer Sulfongruppe. — GRAY u. FOWDEN (1) isolierten aus *Litchi sinensis* α-(Methylencyclopropyl)-glycin (III), ein Cyclopropanderivat, das die niedere homologe Verbindung zu Hypoglycin A [= β-Methylencyclopropyl)-alanin] ist. Hypoglycin A ist aus den Früchten von

$$CH_3$$
$$|$$
$$C=O$$
$$|$$
$$NH_2 \qquad\qquad H$$
$$| \qquad\qquad\qquad |$$
$$HOOC-C-CH_2-S-CH_2-S-CH_2-C-COOH$$
$$| \qquad\qquad\qquad |$$
$$H \qquad\qquad\qquad NH_2$$

(I) N-Acetyl-L-djenkolsäure

$$H$$
$$|$$
$$HOOC-CHOH-CH_2-SO_2-CH_2-S-CH_2-C-COOH$$
$$|$$
$$NH_2$$

(II) Dichrostachinsäure

$$H \qquad\qquad\qquad\qquad H_2C=C-CH_2$$
$$| \qquad\qquad\qquad\qquad\quad | \quad |$$
$$H_2C=C-C-C-COOH \qquad H_2C \quad C\!\!<^H_{COOH}$$
$$\backslash C/ \quad NH_2 \qquad\qquad\qquad \backslash N/$$
$$| \qquad\qquad\qquad\qquad\qquad\quad |$$
$$H_2 \qquad\qquad\qquad\qquad\qquad\quad H$$

(III) α-(Methylencyclopropyl)-glycin   (IV) 4-Methylenprolin

$$CH_2-NH-CH-COOH$$
$$| \qquad\qquad\quad |$$
$$(CH_2)_3 \qquad CH_2$$
$$| \qquad\qquad\quad |$$
$$CH-NH_2 \quad CH_2-COOH$$
$$|$$
$$COOH$$

(V) Saccharopin

Blighia sapida bekannt. — Vermutliches Intermediärprodukt bei der Umwandlung von 4-Methylprolin in 4-Hydroxymethylprolin (beide Verbindungen kommen im Samen von Rosaceen vor) ist die von GRAY u. FOWDEN (2) im Samen von *Eriobotrya japonica* gefundene neue Iminosäure 4-Methylenprolin (IV). — Aus Bäcker- und Bierhefe wurde als ein Lysinderivat Saccharopin (V) [N_ε-(Glutaryl)-lysin] isoliert (DARLING u. LARSEN und KJAER u. LARSEN). Außerdem fanden LARSEN u. KJAER in Extrakten aus *Reseda*-Samen, sowie in *Lunaria annua* und *L. rediviva* m-Carboxy-L-tyrosin.

Differente und multiple Formen von Enzymen. WIELAND u. PFLEIDERER haben in einem Sammelreferat die Forschungen über dieses Gebiet zusammengefaßt. Enzyme gleichartiger Wirkung, die aber verschiedenen Ursprungs sind und sich chemisch und physikalisch voneinander unterscheiden, werden von ihnen „different" genannt (Beispiele: Hefe-Aldolase und tierische Aldolase, Alkoholdehydrogenase aus Hefe und aus Pferdeleber). Als „multiple" Formen werden solche Enzyme bezeichnet, die gleiche Wirkung ausüben, aus verschiedenen Molekülsorten bestehen, aber einheitlichen Ursprungs sind (MARKERT u. MØLLER schlagen hierfür den Namen „Isozyme" vor).

Beobachtungen der jüngsten Zeit zeigen, daß multiple Formen von Enzymen spezifisch in Stoffwechselabläufe eingreifen. Hierfür

$$HOOC—CH(NH_2)—CH_2—COOH$$
Asparaginsäure

↓ ATP (Aspartokinasen)

$$HOOC—CH(NH_2)—CH_2—COO \cdot PO_3H_2$$
β-Aspartylphosphat

↓ TPNH

$$HOOC—CH(NH_2)—CH_2—CHO→ → → Lysin$$
β-Asparaginsäure-semialdehyd

↓ TPN

$$HOOC—CH(NH_2)—CH_2—CH_2OH→ → → Threonin$$
Homoserin

↓

↓

↓

$$HOOC—CH(NH)_2—CH_2—CH_2—S—CH_3$$
Methionin

Abb. 7. Aspartokinasewirkung bei der Biosynthese von Lysin, Threonin und Methionin

einige Beispiele aus dem N-Stoffwechsel: STADTMAN u. Mitarb. haben bei *Escherichia coli* und *Saccharomyces cerevisiae* die Aspartokinase entdeckt, die Asparaginsäure mit Hilfe von ATP[1] in der β-Carboxylgruppe phosphoryliert. Durch Ammoniumsulfatfällung konnten zwei Aspartokinasen getrennt werden. Beide werden für die Biosynthese von Lysin, Threonin und Methionin gebraucht (Abb. 7). Die Synthese dieser Aminosäuren läuft über zwei gemeinsame Schritte und verzweigt sich dann. Eine der beiden isolierten Aspartokinasen wird spezifisch durch L-Lysin, die andere durch L-Threonin gehemmt. Es liegen also zwei Isozyme vor. — Die biologische Bedeutung dieser multiplen Formen von Enzymen dürfte darin liegen, daß die spezifische Hemmung durch das Endprodukt die Überproduktion eben dieser Verbindung verhindert (= feedback-Steuerung) (s. auch YUGARI u. GILVARG, die die Untersuchungen von STADTMAN u. Mitarb. bestätigen und ergänzen).

Bei einigen Stämmen von *Neurospora crassa* haben SANWAL u. LATA die Formen der DPN- und der TPN-abhängigen Glutaminsäure-dehydrogenase untersucht. Die pH-Optima für die DPN- und TPN-spezifischen

---

[1] Folgende Abkürzungen werden gebraucht: ADP, ATP = Adenosindi- bzw. -triphosphat; CDP, CTP = Cytidindi- bzw. -triphosphat; DNS = Desoxyribonucleinsäure; DPN = Disphosphopyridinnucleotid; DPT = Diphosphothiamin; GNAc = N-Acetylglucosamin; RNS = Ribonucleinsäure; TDP, TTP =Thymidindi-, bzw. -triphosphat; TPN, TPNH = Triphosphopyridinnucleotid bzw. reduzierte Form; UDP, UTP = Uridindi- bzw. -triphosphat.

Enzyme liegen bei 8,3 bzw. 7,5. Das „DPN-Enzym" hat eine größere Affinität zu L-Glutamat als das „TPN-Enzym". Das Vorkommen dieser beiden verschiedenen Enzyme für die gleiche Reaktion wird auf eine mehr katabolische Wirkung des DPN-spezifischen Enzyms und eine biosynthetische Funktion des TPN-spezifischen Enzyms zurückgeführt. — Hierbei muß man sich jedoch die Frage vorlegen, ob diese beiden Enzyme noch als echte multiple Formen anzusprechen sind, da sie in ihrem Cofaktoren-Bedarf verschieden sind.

Als ein weiteres Beispiel seien noch die Untersuchungen von WELLNER u. MEISTER über die L-Aminosäureoxydase aus Schlangengift *(Crotalus adamanteus)* erwähnt. Die kristallisierte L-Aminosäure-oxydase besteht aus zwei Komponenten gleicher Sedimentationsgeschwindigkeit und gleicher spezifischer Aktivität, die elektrophoretisch voneinander getrennt werden können. Bei Verarbeitung eines Sammelgiftes trat noch eine dritte Komponente gleicher Wirkung auf.

Aminierung und Transaminierung. COCKING u. YEMM haben mit ^{15}N-markiertem Ammonium die Synthése der freien Aminosäuren und des Proteins in jungen Gerstenwurzeln untersucht. Bei den freien N-Verbindungen haben Glutaminsäure und Glutamin den höchsten Atom-%-Anteil an ^{15}N. Offenbar ist bei Gerstenwurzeln die Aminierung von α-Ketoglutarsäure die Haupteintrittspforte für die Ammoniumassimilation. Von der Glutaminsäure aus werden dann die anderen Aminosäuren vornehmlich durch Transaminierung gebildet.

Die zentrale Rolle der Glutaminsäure im Stoffwechsel der freien N-Verbindungen wird ständig durch neu gefundene Reaktionen bestätigt. So ist interessanterweise bei *Escherichia coli* der erste Schritt bei der Umwandlung des Amins Putrescin zu γ-Aminobutyraldehyd nicht die Desaminierung durch eine Diaminooxydase, sondern die Übertragung der NH_2-Gruppe durch die Putrescin-α-Ketoglutarsäure-Transaminase (KIM u. TCHEN). — Ein Enzym aus *Phaseolus radiatus*, welches die Reaktion: L-Glutaminsäure + Glyoxylsäure → Glycin + α-Ketoglutarsäure katalysiert, wurde von SASTRY u. RAMAKRISHNAN 250fach angereichert. — Bei Abwesenheit einer Transaminase kann Glycin auch mittels der von GOLDMAN u. WAGNER bei Mycobakterien gefundenen Glycin-dehydrogenase nach folgender reversibler Reaktion synthetisiert werden: Glycin + DPN^+ + $H_2O \rightleftharpoons$ Glyoxylsäure + DPNH + NH_4^+ + H.

Biosynthese und Abbau einzelner Aminosäuren. Der Stoffwechsel der D-Aminosäuren rückt wegen der Bedeutung dieser Verbindungen für die Synthese der Bakterienzellwand (s. S. 300ff.) und der Antibiotica immer mehr in das Blickfeld des Interesses. KURAMITSU u. SNOKE haben die Bildung von D-Aminosäuren bei *Bacillus licheniformis* untersucht. In zellfreien Extrakten sind zwei Mechanismen wirksam: a) Bildung von D-Alanin aus L-Alanin mittels einer Alanin-racemase und b) Transaminierung zwischen D-Aminosäuren und α-Ketosäuren. Zu b) werden folgende Transaminierungsreaktionen beschrieben: D-Alanin mit den entsprechenden α-Ketosäuren zu D-Glutaminsäure, D-Asparaginsäure und D-Ornithin; D-Glutaminsäure mit α-Ketosäuren zu D-Ornithin, D-Asparaginsäure und D-Phenylalanin.

In diesem Zusammenhang sind auch der Abbau und die Synthese von α-Methylserin (Bausteine des Antibioticums Amicetin) und α-Hydroxymethylserin durch *Pseudomonas* zu nennen. *Pseudomonas*-Arten nutzen α-Methylserin als alleinige C- und N-Quelle. Von WILSON u. SNELL (1, 2, 3) werden hierbei folgende neuen reversiblen Reaktionen beschrieben, die zu D-Alanin und D-Serin führen:
a) $+\alpha$-Methylserin $+$ Tetrahydrofolat $\rightleftharpoons$ 5,10-Methylentetrahydrofolat $+$ D-Alanin
b) α-Hydroxymethylserin $+$ Tetrahydrofolat $\rightleftharpoons$ 5,10-Methylentetrahydrofolat

$+$ D-Serin.

Daß die Valin- und Isoleucin-Biosynthese durch die gleichen Enzyme gesteuert wird, ist durch die Arbeitsgruppen von WIXOM u. Mitarb. (1, 2) sowie UMBARGER u. Mitarb. (und andere) geklärt worden (s. Fortschr. Bot. 24, 264). FREUNDLICH u. Mitarb. und GROSS u. Mitarb. beziehen Leucin in diese Synthesekette ein. Entscheidend hierfür sind zwei Befunde: 1. In *Escherichia coli* und *Salmonella typhimurium* hemmen Valin, Isoleucin und Leucin die Bildung der Enzyme der Valin- und Isoleucin-Synthese ("multivalent repression"). Im Gegensatz hierzu wird die Leucin-Biosynthese nur durch Leucin selbst gestoppt. 2. Als neues Zwischenprodukt bei der Leucin-Synthese wurde α-Hydroxy-β-carboxyisocarpronsäure gefunden. Diese kann durch ein Enzym aus Extrakten von *Salmonella*- und *Neurospora*-Arten rasch in α-Ketoisocapronsäure überführt werden. — Die Autoren kommen auf Grund dieser Befunde zu dem in Abb. 8 wiedergegebenen Schema des Biosyntheseweges von Valin, Isoleucin und Leucin.

Der Reaktionsweg zu Valin und Isoleucin geht bekanntlich von Brenztraubensäure bzw. α-Ketobuttersäure aus. Die nächsten Schritte werden — bis zu den Endprodukten Valin und Isoleucin — durch die gleichen

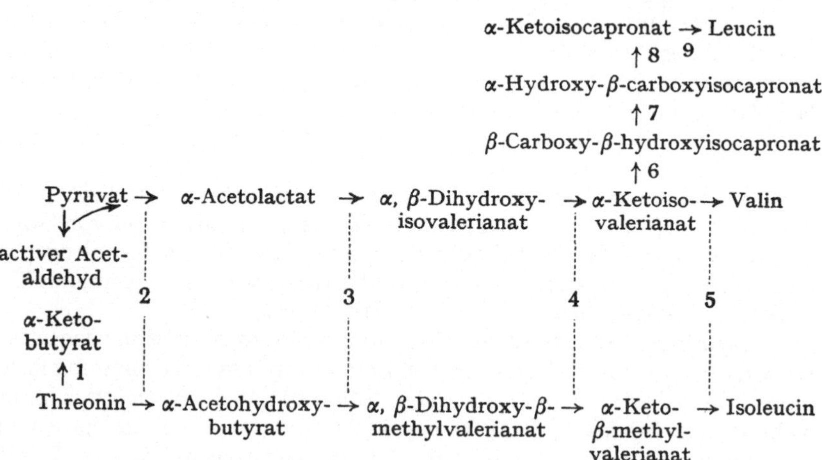

Abb. 8. Die Biosynthese von Valin, Isoleucin und Leucin

Enzyme katalysiert (angedeutet durch die gestrichelten Linien 2—5). Von der α-Ketoisovaleriansäure zweigt der Biosyntheseweg zum Leucin ab. Er führt über das neu gefundene Intermediärprodukt α-Hydroxy-β-carboxy-isocapronsäure. Diese Verbindung ist auch von STRASSMAN u. CECI (bei Hefen) und von CALVO u. Mitarb. (bei *Neurospora crassa*) als

Zwischenprodukt bei der Leucin-Synthese gefunden worden. Sie kann durch *Echerichia coli* aus Valin gebildet werden [CALVO u. Mitarb.; s. zu dem Problemkreis dieser Synthesekette noch ABRAMSKY u. Mitarb. (1, 2); HAYASHIBE u. WATANABE und MYERS].

Aus dem Tryptophan-Stoffwechsel bei *Escherichia coli* sind folgende vier Reaktionen bekannt:

1. L-Tryptophan + H_2O $\xrightarrow{\text{Tryptophanase}}$ Indol + Brenztraubensäure + NH_3

2. Indol + L-Serin $\xrightarrow{\text{Tryptophan-synthetase}}$ L-Tryptophan + H_2O

3. Indolglycerin-phosphat + L-Serin → L-Tryptophan + Glycerinaldehyd-3-phosphat

4. Indolglycerin-phosphat + H_2O → Indol + Glycerinaldehyd-2-phosphat.

Bisher hatte man noch keine Enzympräparate erhalten, die nur eine Reaktion katalysieren. NEWTON u. SNELL haben nun aus Mutanten von *Escherichia coli* eine Fraktion mit einer Tryptophan-synthetase gewonnen, die aus Indol + Serin Tryptophan bildet (Reaktion 2), aber nicht Reaktion 3 katalysiert. Auch Indolglycerin-phosphat (4) wird durch diese Enzym-Fraktion nicht hydrolysiert. — Für die Reaktionen 2 und 3 wird Pyridoxal-5-phosphat als Cofaktor benötigt, nicht aber für Reaktion 4 (CARSIOTIS u. SUSKIND an *Neurospora*-Mutanten; s. auch DEMOSS).

Der erste Schritt beim oxydativen Abbau von D-Tryptophan durch ein *Flavobakterium spec.* ist die Überführung in das L-Isomere. Hierfür spricht u. a. auch der Befund, daß von diesem Organismus nur L-Kynurenin, nicht aber D-Kynurenin abgebaut wird (MARTIN u. DURHAM).

Bei der Biosynthese von S-haltigen Aminosäuren interessieren die Reaktionen, die zum Einbau des Schwefels führen. 1957 fanden SCHLOSSMANN u. LYNEN in Hefe ein Ferment, das die Cystein-Synthese aus Serin + H_2S bewirkt (s. Fortschr. Bot. 22, 260). BRÜGGEMANN u. Mitarb. (s. auch SCHLOSSMANN u. Mitarb.) haben jetzt diese Reaktion, die Pyridoxalphosphat benötigt, in verschiedenen Bakterien, im Rohextrakt

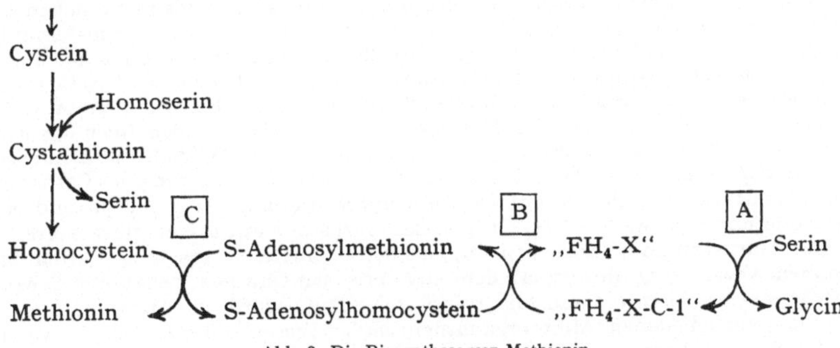

Abb. 9. Die Biosynthese von Methionin

aus Spinat, sowie in Leberhomogenaten von Ratten und Hühnern nachgewiesen. Die weite Verbreitung der L-Serin-hydro-lyase (Trivialname: Cystein-synthetase) unterstützt die Vermutung, daß die Assimilation des anorganischen Schwefels in der Natur auf reduktivem Wege über das Sulfid verläuft.

Cystein und Serin sind die Ausgangssubstanzen für die Biosynthese von Methionin. PIGG u. Mitarb. haben das in Abb. 9 wiedergegebene

Schema der Methionin-Synthese in Hefen aufgestellt. Die Autoren sowie
Duerre u. Schlenk konnten nachweisen, daß durch das β-C-Atom des
Serins, mit Hilfe des Tetrahydrofolsäure-Systems (s. Fortschr. Bot. **24**,
263 und Guest u. Woods), S-Adenosyl-homocystein zu S-Adenosyl-
methionin methyliert wird (Enzyme: Serin-hydroxymethylase und S-
Adenosyl-homocystein-methylase; s. Reaktionen A und B von rechts
nach links). Die Endreaktion bei der Methionin-Biosynthese ist dann die
Transmethylierung von Homocystein durch S-Adenosyl-methionin
(Enzym: S-Adenosyl-methionin-homocystein-transmethylase; Reaktion
C). Reaktion C beschreibt auch Shapiro (1, 2) bei *Aerobacter aerogenes*.

2. Harnstoff und Ureide

Die **Harnstoff-Synthese** über den Ornithin-Cyclus ist im Tierreich weit
verbreitet. Sie dient hier der Entgiftung des aus dem Eiweißabbau anfallenden Ammoniaks. Mit Hilfe von ^{14}C-markiertem Bicarbonat hat
Kating (1, 3) den vollständigen Ablauf des Ornithin-Cyclus bei pflanzlichen Organismen *(Torulopsis utilis, Endomycopsis vernalis* und jungen
Gerstenwurzeln) nachweisen können, insbesondere die Citrullin- und
Argininsynthese und die Harnstoffabspaltung durch Arginase. Auch Reinbothe u. Tschiersch haben den Cyclus durch Anwendung der gleichen
Methode bei *Agaricus bisporus* und *Lycoperdon perlatum* gefunden. Baldy
u. Guiltow konnten das Vorkommen von Arginase in *Filicales*, aber nicht
in *Lycopodiales* und *Equisetales* nachweisen.

Es muß noch geklärt werden, welche Funktion der Ornithin-Cyclus im Stick-
stoff-Metabolismus der pflanzlichen Organismen hat. Eine Ammoniakentgiftung in
Analogie zur Rolle im Tierreich scheidet mit großer Wahrscheinlichkeit aus. In den
oben angeführten Fällen erfolgt nämlich die Harnstoff-Synthese aus exogenem
Ammoniak und Kohlendioxyd. Der Ornithin-Cyclus scheint vielmehr neben der
direkten Aminierung von α-Ketosäuren ein zweiter Weg der Ammonium-Assimila-
tion zu sein. Einzelne Glieder des Cyclus (Citrullin und Arginin) stehen nämlich über
die Transaminierung mit α-Ketoglutarsäure mit dem allgemeinen Aminosäure-
Stoffwechsel in Verbindung (Kleczkowski u. Kretovich). Es ist außerdem wahrscheinlich, daß die Nutzung des Harnstoffs nicht in allen Fällen über die Freisetzung von Ammoniak durch Urase geht (s. Fortschr. Bot. 24, 265). Für die urease-
freie *Torulopsis utilis* vermutet Kating (2) eine direkte Übertragung des Carbamyl-
restes des Harnstoffmoleküls auf Ornithin unter Bildung von Citrullin und eine
Transferierung der zweiten NH_2-Gruppe des Harnstoffs auf α-Ketoglutarsäure.
Der Harnstoff in pflanzlichen Organismen kann auch aus dem Purinabbau
stammen. Dieser Weg, der gemäß dem aus tierischen Geweben bekannten Schema
über Oxypurine, Allantoin und Allantoinsäure verläuft, wurde mit Hilfe von Adenin-
8-^{14}C bei verschiedenen Mikroorganismen und höheren Pflanzen nachgewiesen
(Reinbothe; Reinbothe u. Tschiersch und Barnes).

Neue weiterführende Erkenntnisse über den **Allantoin-Abbau** bringen
die Untersuchungen von Valentin u. Mitarb. bei *Streptococcus allantoicus*
(Abb. 10). Dabei nimmt Glyoxylharnstoff, ein neu gefundenes Intermediärprodukt, eine Schlüsselstellung ein. Diese Verbindung wird
über Carbamyloxamidsäure in Carbamylphosphat und Oxamidsäure
gespalten. Carbamylphosphat zerfällt in CO_2 und NH_3. Oxamidsäure ist ein Endprodukt in diesem Stoffwechselweg (s. auch Vogels).
— Vom Glyoxylharnstoff aus geht ein zweiter Abbauweg über die

Spaltung in Glyoxylsäure und Harnstoff (die Reaktion ist reversibel) zu Tartronsäuresemialdehyd und weiter zu Glycerinsäure. — Der in Abb. 10

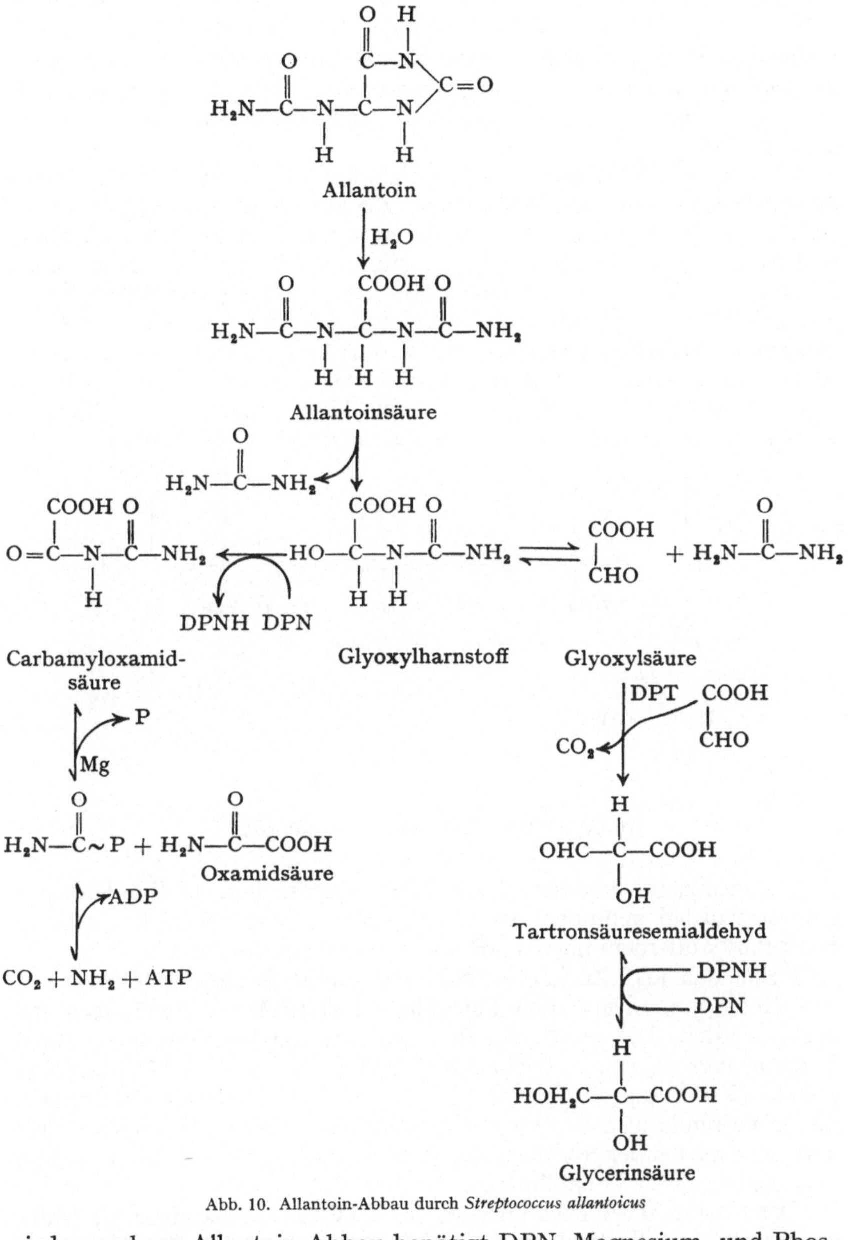

Abb. 10. Allantoin-Abbau durch *Streptococcus allantoicus*

wiedergegebene Allantoin-Abbau benötigt DPN, Magnesium- und Phosphat- oder Arsenationen als Cofaktoren. Bei der Bildung des Tartronsäuresemialdehyds wirkt DPT mit.

3. Stoffwechsel der Purin- und Pyrimidinkörper

Nucleotide spielen im Stoffwechsel nicht nur als Vorstufen der Nucleinsäuren eine Rolle. In Pflanzen sind z. B. die Pentose-Derivate UDP-xylose und UDP-arabinose Vorstufen der Xylane und Arabane. Acetylaminozucker, die Bausteine der Bakterienzellwand sind (s. Fortschr. Bot. 22, 268 und weiter unten S. 300), werden durch Uridin-nucleotide aktiviert [Zusammenfassung über die Rolle der Nucleotide bei Biosynthesen: STROMINGER (1)].

In jüngster Zeit sind in verschiedenen Mikroorganismen auch **Thymidin-nucleotide mit ungewöhnlichen Zuckerresten** entdeckt worden. OKAZAKI und OKAZAKI u. Mitarb. (1) haben in *Lactobacillus acidophilus* und *Escherichia coli* TDP-rhamnose gefunden. Weitere Untersuchungen führten zum Nachweis der enzymatischen Synthese von TDP-glucose aus α-D-Glucose-1-phophat und TTP und der Umwandlung von TDP-glucose in TDP-rhamnose [PAZUR u. SHUEY in *Streptococcus faecalis* und KORNFELD u. GLASER (1, 2) in *Pseudomonas aeruginosa*]. Als ein Intermediärprodukt bei der Biosynthese von TDP-L-rhamnose aus TDP-D-glucose haben OKAZAKI u. Mitarb. (2) TDP-4-keto-6-desoxy-D-glucose

(VI) TDP-4-keto-6-desoxy-D-glucose

(VI) identifizieren können. Auch TDP-D-fucose und TDP-6-desoxy-D-glucose wurden gefunden. In *Streptomyces aureus* haben BLUMSON u. BADDILEY außerdem noch TDP-mannose nachgewiesen.

Neben den TDP-Zuckerverbindungen sind in den letzten Jahren auch eine Reihe von **Uridin- und Thymidin-Aminozucker-Verbindungen** entdeckt worden. Die Synthesen der Aminozucker-Verbindungen, die in *Pseudomonas aeruginosa* beobachtet wurden, sind in Abb. 11 zusammengestellt (KORNBERG u. GLASER [3]). — Über die Stoffwechselfunktionen dieser Verbindungen bestehen, wenn man von der Rolle der N-Acetylaminozucker bei der Synthese der Bakterienzellwand absieht (s. S. 300), noch keine klaren Vorstellungen.

Das Enzym, das die **Aminierung von UTP** zu CTP katalysiert (Uridin-triphosphat-cytidin-triphosphat-aminase) wurde von HURLBERT aus *Escherichia coli* isoliert. Glutamin ist der Aminogruppen-Donator. — In Extrakten aus *Bacillus subtilis, Propionibacterium shermannii, Chlorella*

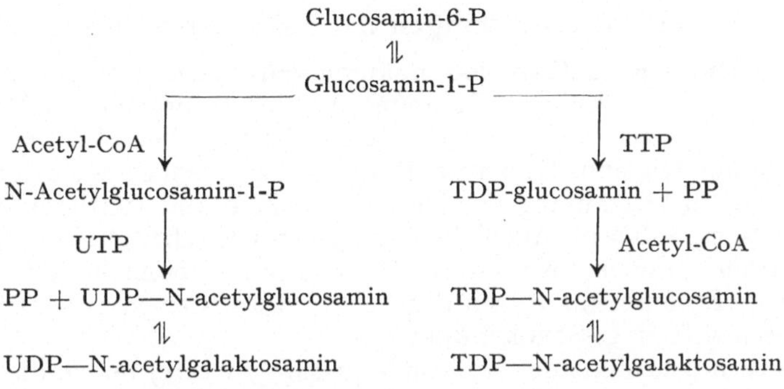

Abb. 11. Stoffwechsel der Aminozucker-Verbindungen in *Pseudomonas aeruginosa*

vulgaris, *Lactobacillus arabinosus* und *Streptomyces aureus* hat SHOW zwei neue Enzyme (Cytidindiphosphat-glycerin-pyrophosphorylase undCytidindiphosphat-ribit-pyrophosphorylase) nachgewiesen. Sie katalysieren folgende reversiblen Reaktionen:

1. Cytidintriphosphat + L-Glycerinphosphat ⇌ Cytidin-diphosphat-glycerin + Pyrophosphat.

2. Cytidintriphosphat + D-Ribit-5-phosphat ⇌ Cytidin-diphosphat-ribit + Pyrophosphat.

Purinnucleotid-pyrophosphorylasen vermitteln die Synthese von Nucleotid-5-phosphaten aus Purinen und 5-Phosphoribosyl-1-pyrophosphat. KALLE u. GOTS haben die Existenz von 3 (oder 4) spezifischen Purinnucleotid-pyrophosphorylasen in *Salmonella* nachweisen können. Sie isolierten Mutanten, die gegen Purin-Analoge resistent sind. Die Reistenz gegen 8-Azaguanin ist von einem Verlust der Inosin-pyrophosphorylase begleitet. Ein Teil der gegen 2,6-Diaminopurin widerstandsfähigen Mutanten enthält keine Adenin-pyrophosphorylase mehr. Von den gegen 6-Mercaptopurin resistenten Organismen kann ein Teil keine Inosin-, ein anderer Teil keine Inosin- und Guanosin-pyrophosphorylase mehr bilden. — Die Befunde stützen einen von anderen Autoren vorgeschlagenen Mechanismus der Resistenzbildung. Es wird angenommen, daß die Bakterien gegen die Purinanaloge resistent sind, weil diese nicht mehr in die stoffwechselaktiven Nucleotide umgewandelt und in Nucleinsäuren eingebaut werden können.

4. Nucleinsäuren und Proteinsynthese

Die Untersuchungen über die Synthese der RNS und DNS, sowie über ihre Rolle bei der Übertragung der genetischen Information und der Biosynthese der Proteine sind ein Schwerpunkt der biochemischen Forschung der letzten Jahre (s. Fortschr. Bot. **22**, 266ff.; **24**, 266ff.). Über dieses Forschungsgebiet sind sechs zusammenfassende Darstellungen in leicht zugänglichen deutschen Zeitschriften erschienen: Die NOBEL-Vorträge von CRICK, Über den genetischen Code; WILKINS, Konfiguration der Nucleinsäuren und WATSON, Beteiligung der Ribonucleinsäure an der Proteinsynthese, sowie die Aufsätze von WITTMANN, Übertragung der genetischen Information (177 Literaturangaben, bis einschließlich 1962); DELBRÜCK, Die Vererbungschemie und SCHRAMM, Biochemische Grundlagen des Lebens. Es sei ausdrücklich auf diese Darstellungen hingewiesen. Ein Bericht in diesem Band der „Fortschritte der Botanik" erübrigt sich damit. Es ist geplant, im nächsten Bericht die Nucleinsäuren und die Probleme des Eiweißstoffwechsels im größeren Zusammenhang zu besprechen.

5. Die N-Verbindungen der Bakterienzellwand

Der chemische Aufbau von Bakterienzellwänden erregt nicht nur wegen seiner ungewöhnlichen Zusammensetzung der organischen Molekülkomplexe Interesse, sondern auch wegen der biologischen Phänomene, die damit verbunden sind. Es wird z. B. die toxische Wirkung einiger Antibiotica auf die Hemmung der bakteriellen Zellwand-Synthese zurückgeführt (s. u. S. 302f.). Auch die Reaktionen tierischer Organismen auf Bakterieninfektionen, sowie die Zerstörung von Bakterien durch Lysozym werden im Zusammenhang mit den Zellwand-Bausteinen dieser Organismen gesehen [s. u. a. STROMINGER (2)].

Die Grundsubstanz der Zellwände (basic structure) bilden die Mucopeptide (Struktur eines Mucopeptides s. Fortschr. Bot. 22, 267). Ihre Zusammensetzung schwankt von Art zu Art nur geringfügig. Die Ergebnisse von MANDELSTAM (1, 2) bei der sauren Hydrolyse von 5 *Escherichia coli*-Stämmen mögen als Beispiel für das molare Verhältnis der Bausteine eines Mucopeptids dienen: Glutaminsäure (1,0), Alanin (1,5), Serin (0,15), Lysin (0,20), α, γ-Diaminopimelinsäure (0,70), Glucosamin (0,70 bis 1,0) und Muraminsäure (0,40—0,60). Das isolierte Mucopeptid war Lysozym-sensitiv (s. hierzu auch WEIDEL u. Mitarb.; PELZER und SCHOCHER u. Mitarb.; weitere Analysen über die chemische Zusammensetzung der Mucopeptide von *Escherichia coli* stammen von STROMINGER u. Mitarb.; ITO u. STROMINGER und COMB u. Mitarb.).

Die Untersuchungen über die **Vorstufen der Mucopeptide** gingen von der Beobachtung aus, daß durch Penicillin gehemmte Zellen von *Streptococcus aureus* Uridinnucleotide mit ungewöhnlichen Zuckerbausteinen anhäufen (über die Rolle der Nucleotide bei Biosynthesen s. S. 298). STROMINGER (2) hat auf Grund der bei *Streptococcus aureus* gefundenen Uridin-Derivate folgende Reaktionsschritte für die Synthese der Mucopeptide dieses Organismus ermittelt (in guter Übereinstimmung hiermit stehen auch die Ergebnisse von COMB u. Mitarb.; RICHMOND u. PERKINS und OKABAYASHI; Legende der Abkürzungen s. S. 292 bzw. Text):

1. $\qquad\qquad\qquad$ UDP + ATP $\leftrightarrows$ UTP + ADP
2. $\qquad\qquad$ UTP + GNAc-1-P $\leftrightarrows$ UDP-GNAc + PP
3. $\qquad$ UDP-GNAc + P-Pyruvat $\rightarrow$ UDP-GNAc-pyruvat + P
4. $\qquad\qquad$ UDP-GNAc-pyruvat $\rightarrow$ UDP-GNAc-lactat
5. UDP-GNAc-lactat + L-Alanin $\xrightarrow[\text{Mn}^{++}]{\text{ATP}}$ UDP-GNAc-lactyl-L-alanin

Mit den ersten zwei Reaktionen wird aus Uridinphosphat und N-Acetylglucosamin-phosphat (über UTP) Uridinphospho-acetylglucosamin synthetisiert. Beim dritten Schritt resultiert aus der Übertragung von Pyruvat auf UDP-N-acetylglucosamin der Pyruvat-enol-äther des UDP-acetylglucosamins. Dieser wird dann entsprechend Gleichung 4 zu UDP-N-acetylglucosamin-lactyläther reduziert. Am Lactyl-Baustein werden dann die Aminosäuren zur Bildung der Peptidkette unter Mitwirkung von ATP und Mn^{++} nacheinander angefügt (Beispiel Gleichung 5)

Für die Vorstellungen über die Synthese der Peptidkette ist es von Bedeutung, daß der Nachweis eines D-Alanin aktivierenden Enzyms in

Lactobacillus arabinosus, Bacillus substilis und *Staphylococcus aureus* gelungen ist (BADDILEY u. NEUHAUS). Da D-Alanin vor allem ein Bestandteil der Zellwand dieser Organismen ist, kann der bei der Aktivierung gebildete Enzym-AMP-D-Alanin-Komplex als der erste Schritt beim Einbau dieser Aminosäure in die Zellwand-Fraktion angesehen werden.

Für einen Einblick in den Mechanismus der Zellwandsynthese scheint die Hemmung durch D-Methionin von Bedeutung zu sein (LARK u. LARK bei *Alcaligenes faecalis*). Methionin wird an Stelle einer anderen D- oder L-Aminosäure in die Zellwand eingebaut. An diesen Orten werden dadurch weitere Synthesen verhindert. Die geringen Mengen D-Methionin, die von der Zellwand aufgenommen werden, deuten auf eine relativ kleine Zahl solcher Syntheseorte in der Basalstruktur hin. Das würde in Einklang mit einer „primer"-Hypothese für die Zellwandsynthese stehen.

Es sei auch auf den Nachweis eines Enzymsystems aus Zellmembran-Präparaten von Staphylococcus faecalis hingewiesen, das den für eine Polynucleotid-Phosphorylase typischen Reaktionsablauf zeigt (ABRAMS u. McNAMARA). Es wurden Polyadenylsäure und Polyuridylsäure aus Adenosindiphosphat bzw. Uridindiphosphat synthetisiert. Die Membranen enthalten eine kleine Menge von Ribonucleinsäure, die als „primer" fungieren könnte.

Neben den Mucopeptid-Bausteinen sind die **Teichoinsäuren** (teichoicacid) Bestandteile der Bakterienzellwand (s. Fortschr. Bot. 22, 268). Sie sind Polymere, die je nach der Art der Mikroorganismen, über Phosphodiester verbundene Glycerin- oder Ribit-Reste haben, die wiederum verschiedene Zucker und D-Alanin tragen. Die Formelbilder VII oder VIII

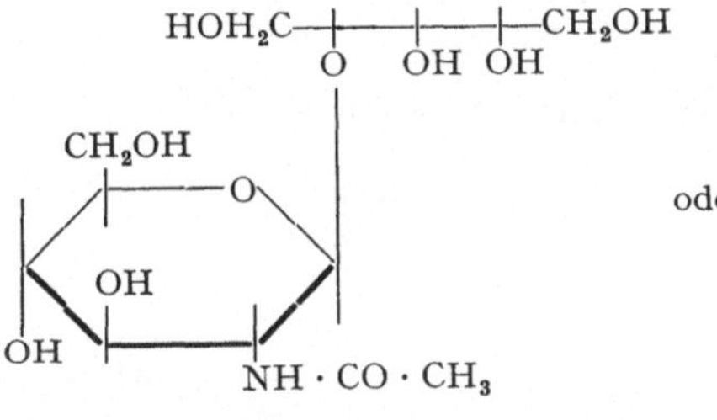

(VII)   oder   (VIII)

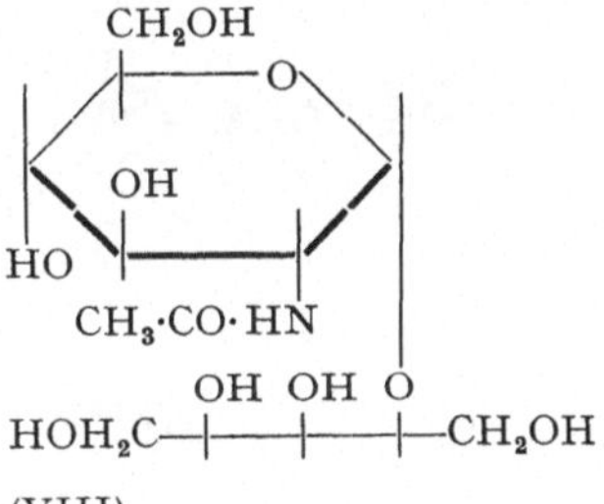

geben die Struktur von N-Acetylglucosamin-ribit wieder, das nach alkalischer Hydrolyse und Phosphatase-Wirkung aus der Ribit-teichoinsäure von *Streptococcus aureus* gewonnen wurde [BADDILEY u. Mitarb (1, 2)]. N-Acetylglucosamin besetzt hier die 4-Position im D-Ribit. — Im Polymer der Ribit-teichoinsäure von *Bacillus substilis* sind neun β-D-Glucosylribit-phosphat Einheiten über Phosphodiester-Bindungen(1- und 5-Positionen des Ribits) miteinander verbunden. Die meisten Einheiten der Kette haben ein D-Alanin-Molekül in Esterbindung entweder mit Hydroxylgruppen der Glucose oder des Ribits [ARMSTRONG u. Mitarb. (1, 2)].

Das Formelbild IX gibt einen Ausschnitt aus der Glycerin-teichoinsäure aus *Lactobacillus arabinosus* und *L. casei* wieder (CRITCHLEY u. Mitarb.; BADDILEY und v. KELEMEN u. BADDILEY): 18 Glycerinphosphat-Reste sind durch 1,3-Bindung vereinigt. α-D-Glucopyranosyl-Einheiten kommen an Position 2 zweier Glycerin-Bausteine vor. Fast alle anderen Glyceringlieder haben in 2-Position einen D-Alanin-Rest. Die Glycerinteichoinsäure ist auch im Zellplasma gefunden worden.

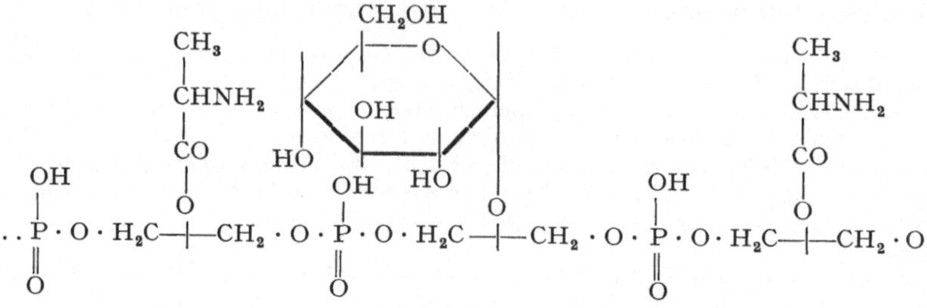

$$\text{(IX)}$$

JANCZURA u. Mitarb. haben aus Zellwandpräparaten von *Bacillus subtilis* ein Mucopolysaccharid isoliert, das sie „Teichuronsäure" nennen. Es wird angenommen, daß sie aus Glucuronsäure und N-Acetylgalactosamin besteht, die durch 1,3-Bindung miteinander verknüpft sind.

GHUYSEN hat in *Bacillus megaterium* einen **Teichoinsäure-Mucopeptid-Komplex** nachgewiesen. Es herrscht aber noch keine Klarheit darüber, in welcher Weise die beiden Polymeren in der Zellwand miteinander verbunden sind. Welche Vorstellungen man sich z. Z. von dem Grundaufbau der Bakterien-Zellwand macht, soll in

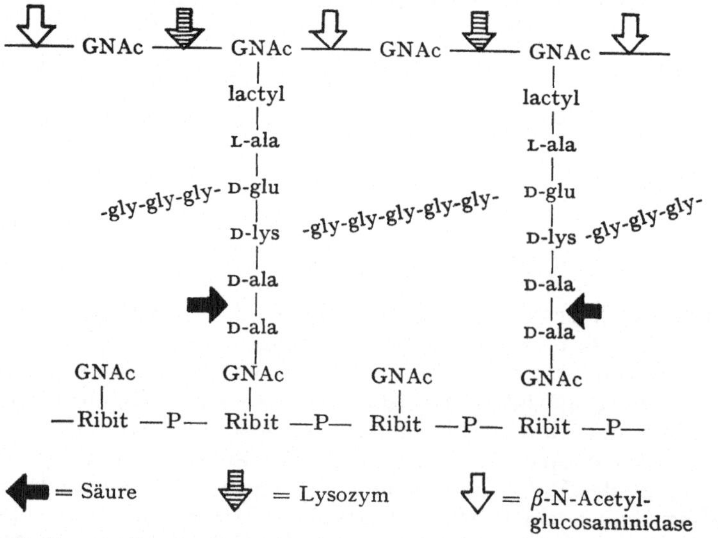

Abb. 12. Die vermutliche Basalstruktur der Zellwand von *Streptococcus aureus* (nach STROMINGER)

Abb. 12 an dem Beispiel *Streptococcus aureus* [nach STROMINGER (2)] gezeigt werden [s. auch über die Zellwandstruktur: PRIMOSIGH u. Mitarb. und WORK bei *Escherichia coli;* GHUYSEN u. Mitarb. (1, 2) bei *Bacillus megaterium*]. Das Glycopeptid (Polymeres von N-Acetylglucosamin und N-Acetylglucosamin-lactyl-peptid) wird durch Polyglycin-Einheiten verknüpft. Das Ribitphosphat-Polymere (Teichoinsäure-Ein-

heit) ist mit dem Glycopeptid durch die Peptidkette verbunden. — Die verschieden
gezeichneten Pfeile geben die Bruchstellen bei der Behandlung mit Säure, Lysozym
und β-N-Acetylglucosaminidase wieder.

Im Zellwandaufbau ist die Position der Teichoinsäure von besonderem Interesse.
BADDILEY u. DAVISON und BADDILE u. Mitarb. (2) weisen darauf hin, daß die durch
die Zellwand von *Streptococcus aureus* bewirkten serologischen Reaktionen auf die
N-Acetylglucosamin-Einheit in der Teichoinsäure zurückzuführen sind. HAUKENES
u. Mitarb. konnten zeigen, daß die gruppenspezifischen Antigene von *Streptococcus
aureus* und *S. albus*, die Polysaccharide A und B, mit der Teichoinsäure der Zellwand identisch sind.

Literatur

ABRAMS, A., and D. McNAMARA: J. biol. Chem. 237, 170—175 (1962). —
ABRAMSKY, T., L. P. ROWLAND and D. SHEMIN: (1) J. biol. Chem. 237, PC 265—PC
266 (1962); — (2) Fed. Proc. 21, 10 (1962). — ARMSTRONG, J. J., J. BADDILEY and
J. G. BUCHANAN: (1) Biochem. J. 76, 610—621 (1960); — (2) Biochem. J. 80,
254—261 (1961).

BADDILEY, J.: Fed. Proc. 21, 1084—1088 (1962). — BADDILEY, J., and A. L.
DAVISON: J. gen. Microbiol. 24, 259—299 (1961). — BADDILEY, J., J. G. BUCHANAN.
F. E. HARDY, R. v. MARTIN, V. L. RAJBHANDARY and A. R. SANDERSON: (1) Biochim.
biophys. Acta (Amst.) 52, 406—407 (1961). — BADDILEY, J., J. G. BUCHANAN, V. L.
RAJBHANDARY and A. R. SANDERSON: (2) Biochem. J. 82, 439—448 (1962). —
BADDILEY, J., and F. C. NEUHAUS: Biochem. J. 75, 579—587 (1960). — BALDY, P.,
et Y. GUILTON: C. R. Acad. Sci. (Paris) 254, 911—913 (1962).— BARNES, R. L.: Bot.
Gaz. 123, 141—143 (1961). — BELL, E. A.: Nature (Lond.) 193, 1078—1079 (1962).—
BLUMSON, N. L., and J. BADDILEY: Biochem. J. 81, 114—124 (1961). — BRITTEN,
R. J., and F. T. McCLURE: Bact. Rev. 26, 292—335 (1962). — BRÜGGEMANN, J.,
K. SCHLOSSMANN, M. MERKENSCHLAGER u. M. WALDSCHMIDT: Biochem. Z. 335,
392—399 (1962).

CALVO, J. M., M. G. KALYANPUR and C. M. STEVENS: Biochemistry 1, 1157bis
1161 (1962). — CARSIOTIS, M., and S. R. SUSKIND: Fed. Proc. 21, 241 (1962). —
COCKING, E. C., and E. W. YEMM: New Phytologist 60, 103—116 (1961). — COMB,
D. G., W. CHIN and S. ROSEMAN: Biochim. biophys. Acta (Amst.) 46, 394—397
(1961). — CRICK, F. H.: Angew. Chem. 75, 425—429 (1963). — CRITCHLEY, P.,
A. R. ARCHIBALD and J. BADDILEY: Biochem. J. 85, 420—431 (1962).

DARLING, S., and P. V. LARSEN: Acta chem. scand. 15, 743—749 (1961). —
DELBRÜCK, M.: Naturwiss. Rundschau 16, 85—89 (1963). — DEMOSS, J. A.: Biochim.
biophys. Acta 62, 279—293 (1962). — DUERRE, J. A., u. F. SCHLENK: Arch. Biochem. 96, 575—579 (1962).

FREUNDLICH, M., R. V. BURNS and H. E. UMBARGER: Proc. nat. Acad. Sci.
(Wash.) 48, 1804—1808 (1962).

GALE, E. F.: In: I. C. GUNSALUS and R. Y. STANIER: The Bacteria, Bd. 3,
471—576. New York u. London 1962. — GHUYSEN, J. M.: Biochim. biophys. Acta
(Amst.) 50, 413—429 (1961). — GHUYSEN, J. M., M. LEYH-BOUILLE u. L. DIERICKX:
(1) Biochim. biophys. Acta (Amst.) 63, 286—296 (1962); — (2) Biochim. biophys.
Acta (Amst.) 63, 297—307 (1962). — GMELIN, R.: Hoppe-Seylers Z. physiol. Chem.
327, 186—194 (1962). — GMELIN, R., A. KJAER and P. O. LARSEN: Phytochemistry
1, 233—236 (1962). — GOLDMAN, D. S., and M. J. WAGNER: Biochim. biophys. Acta
(Amst.) 65, 297—306 (1962). — GRAY, D. O., and L. FOWDEN: (1) Biochem. J. 82,
385—389 (1962); — (2) Nature (Lond.) 193, 1285—1286 (1962). — GROSS, S. R.,
C. JUNGWIRTH and E. UMBARGER: Biochem. biophys. Res. Commun. 7, 5—9
(1962). — GUEST, J. R., and D. D. WOODS: Biochem. J. 82, 26—35 (1962). —
GUNSALUS, I. C., and R. Y. STANIER: The Bacteria, Bd. 3, Biosynthesis. New York
u. London 1962.

HAYASHIBE, M., and T. WATANABE: Agric. biol. Chem. (Tokyo) 26, 82—88
(1962). — HAUKENES, G., D. C. ELLWOOD, J. BADDILEY and P. OEDING: Biochim.

biophys. Acta (Amst.) **53**, 425—426 (1961). — Housewright, R. D.: In: I. C. Gunsalus and R. Y. Stanier: The Bacteria, Bd. **3**, 389—412. New York u. London 1962. — Hurlbert, R. B.: Fed. Proc. **21**, 383 (1962).

Ito, E., and J. L. Strominger: J. biol. Chem. **235**, PC 5—7 (1960).

Janczura, E., H. R. Perkins u. H. J. Rogers: Vortr. V. Internat. Kongr. Biochemie. Moskau 10.—16. Aug. 1961. Ref.: Angew. Chem **74**, 40 (1962).

Kalle, G. P., and J. S. Gots: Biochim. biophys. Acta (Amst.) **53**, 166—173 (1961). — Kating, H.: (1) Biochem. Z. **335**, 351—365 (1962); — (2) Biochem. Z. **335**, 366—381 (1962); — (3) Biochem. Z. **336**, 489—494 (1963). — Kelemen, M. v., and J. Baddiley: Biochem. J. **80**, 246—254 (1961). — Kim, K., and T. T. Tchen: Biochem. biophys. Res. Commun. **9**, 99—102 (1962). — Kjaer, A., and P. O. Larsen: Acta chem. scand. **15**, 750—759 (1961). — Kleczkowski, K., i. W. L. Kretovich: Biokhimiya **25**, 164—167 (1960). — Kornfeld, S., and L. Glaser: (1) Fed. Proc. **20**, 84 (1961); — (2) biol. Chem. **236**, 1791—1799 (1961); — (3) J. biol. Chem. **237**, 3052—3059 (1962). — Kuramitsu, H. R., and J. E. Snoke: Biochem. biophys. Acta (Amst.) **62**, 114—121 (1962).

Lark, C., and K. G. Lark: Biochim. biophys. Acta (Amst.) **49**, 308—322 (1961). — Larsen, D. O., u. A. Kjaer: Acta chem. scand. **16**, 142—148 (1962). — Liss, I.: Phytochemistry **1**, 87—88 (1962).

Maganasik, B.: In: I. C. Gunsalus and R. Y. Stanier: The Bacteria, Bd. **3**, 295—334. New York u. Lond. 1962. — Mandelstam, J.: (1) Nature (Lond.) **189**, 855—856 (1961); — (2) Biochem. J. **84**, 294—299 (1962). — Markert, C. L., and F. Møller: Proc. nat. Acad. Sci. (Wash.) **45**, 753 (1959). — Martin, J. R., and N. N. Durham: Arch. Biochem. **96**, 190—191 (1962). — McKee, H. S.: Nitrogen Metabolism in Plants, Oxford 1962. — Mortensen, L. E.: In: I. C. Gunsalus and R. Y. Stanier: The Bacteria **3**, 119—166. New York u. London 1962. — Myers, J. W.: J. biol. Chem. **236**, 1414—1418 (1961).

Newton, W. A., and E. E. Snell: Proc. nat. Acad. Sci. (Wash.) **48**, 1431—1439 (1962).

Okabayashi, T.: J. Bact. **84**, 1—8 (1962). — Okazaki, R.: Biochim. biophys. Acta (Amst.) **44**, 478—490 (1960). — Okazaki, R., T. Okazaki and Y. Kuriki: (1) Biochim. biophys. Acta (Amst.) **58**, 384—386 (1961). — Okazaki, R., T. Okazaki, J. L. Strominger and A. M. Michelson: (2) J. biol. Chem. **237**, 3014—3026 (1962).

Pardee, A. B.: In: J. C. Gunsalus u. R. Y. Stanier: The Bacteria, Bd. **3**, 577—630 New York u. London 1962. — Pazur, J. H., and E. W. Shuey: J. biol. Chem. **236**, 1780—1785 (1961). — Pelzer, H.: Biochim. biophys. Acta (Amst.) **63**, 229—234 (1962). — Pigg, C. J., K. D. Spence and L. W. Parks: Arch. Biochem. **97**, 491—496 (1962). — Primosigh, J., H. Pelzer, D. Mass u. W. Weidel: Biochim. biophys. Acta (Amst.) **46**, 68—80 (1961).

Reinbothe, H.: Flora (Jena) **151**, 315—328 (1961). — Reinbothe, H., u. B. Tschiersch: Flora (Jena) **152**, 423—446 (1962). — Richmond, M. H., and H. R. Perkins: Biochem. J. **76**, 1 P (1960).

Sanwal, B. D., and M. Lata: Canad. J. Microbiol. **7**, 319—339 (1961). — Sastry, L. V. S., and T. Ramakrishnan: J. Sci. Indust. Res., C. **20**, 277—283 (1961). — Shapiro, S. K.: (1) Fed. Proc. **21**, 10 (1962); — (2) J. Bact. **83**, 169—174 (1962). — Show, D. R. D.: Biochem. J. **82**, 297—312 (1962). — Schlossmann, K., J. Brüggemann u. F. Lynen: Biochem. Z. **336**, 258—273 (1962). — Schlossmann, K., u. F. Lynen: Angew. Chem. **69**, 179 (1957). — Schocher, A. J., S. T. Bayley and R. W. Watson: Canad. J. Microbiol. **8**, 89—98 (1962). — Schramm, G.: Naturwiss. Rundschau **16**, 89—96 (1963). — Stadtman, E. R., G. N. Cohen, G. Lebras and H. de Robichon-Szulmajster: J. biol. Chem. **236**, 2033—2038 (1961). — Strassman, M., and L. N. Ceci: Fed. Proc. **21**, 10 (1962). — Strominger, J. L.: (1) Angew. Chem. **74**, 194—202 (1962); — (2) Fed. Proc. **21**, 134—143 (1962); — In: I. C. Gunsalus and R. Y. Stanier: The Bacteria. Bd. **3**, 413—420. New York u. London 1962. — Strominger, J. L., S. S. Scott and R. H. Trenn: Fed. Proc. **18**, 1323 (1959).

UMBARGER, H. E., B. BROWN, and E. J. EYRING: J. biol. Chem. 235, 1425—1432 (1960). — UMBARGER, E., and B. D. DAVIS: In: I. C. GUNSALUS u. R. Y. STANIER: The Bacteria. Bd. 3, 167—252. New York u. London 1962.

VALENTIN, R. C., R. BOJANOWSKI, E. GAUDY, and R. S. WOLFE: J. biol. Chem. 237, 2271—2277 (1962). — VOGELS, G. D.: Biochem. Z. 334, 457—461 (1961).

WATSON, J. D.: Angew. Chem. 75, 439—449 (1963). — WEIDEL, W., H. FRANK u. H. H. MARTIN: J. gen. Mikrobiol. 22, 158—160 (1960). — WELLNER, D., and A. MEISTER: J. biol. Chem. 235, 2013—2018 (1960). — WIELAND, T. u. G. PFLEIDERER: Angew. Chem. 74, 261—270 (1962). — WILKINS, M. H. F.: Angew. Chem. 75, 429—439 (1963).— WILSON, E. M., and E. E. SNELL: (1) Biochem. J. 83, 1P—2P (1962). — (2) J. biol. Chem. 137, 3171—3179 (1962); — (3) J. biol. Chem. 237, 3180—3184 (1962).— WIXOM, R. L., J. B. SHATTON, and M. STRASSMAN: (1) J. biol. Chem. 235, 128—131 (1960). — WIXOM, R. L., J. H. WIKMAN, and G. B. HOWELL: (2) J. biol. Chem. 236, 3257—3262 (1961). — WITTMANN, H. G.: Naturwissenschaften 50, 76—88 (1963). — WORK, E.: J. gen. Mikrobiol. 25, 167—189 (1961).

YUGARI, Y., and C. GILVARG: Biochim. biophys. Acta (Amst.) 62, 612—614 (1962).

17. Viren und Phagen

a) Phytopathogene Viren

Bericht über die Jahre 1961 und 1962

Von Heinz-Günter Wittmann, Tübingen

Virusstruktur

1. Nucleinsäure

a) Isolierung: Die von Schuster, Schramm und Zillig ausgearbeitete und von Gierer und Schramm zum Nachweis der Infektiosität von TMV-RNS angewandte Phenolmethode ist in den letzten Jahren zur Standardmethode für die Isolierung von RNS, nicht nur aus Viren, geworden. RNS-Präparate, die durch Hitzebehandlung des Virus gewonnen werden, besitzen eine höhere Proteinverunreinigung (etwa 0,5%) als solche nach der Phenolmethode gewonnene. Der Gehalt an Proteinverunreinigungen in einer Lösung von TMV-RNS, die nach der Phenolmethode hergestellt wurde, konnte durch eine sehr empfindliche polarographische Methode zu 0,045% festgestellt werden (Ruttgay-Nedecky und Spanik). Trotz dieser sehr geringen Verunreinigung sind in der RNS-Lösung genügend Nucleasen enthalten, um die Infektiosität innerhalb relativ kurzer Zeit meßbar absinken zu lassen. Die Nucleasen lassen sich durch Zusatz von Bentonit weitgehend entfernen, und auf diese Weise wird die Infektiosität der RNS wirksam stabilisiert (Fraenkel-Conrat et al.). Eine weitere Steigerung der Infektiosität ist durch Inoculation der TMV-RNS in schwach alkalischen Puffern (pH 9) möglich (Sarkar).

b) Struktur: Nach Röntgenstrukturuntersuchungen (Spencer et al.) ergibt sich für die TMV-RNS unter den betreffenden Versuchsbedingungen ein Helix-Bereich von 88% (Ribosomen-RNS: 77%). Die TMV-RNS liegt als ein durchgehender Strang vor, der durch Rückfaltung an sich selbst Doppel-Helix-Strukturen mit antiparalleler Strangstruktur bildet. Aus den Röntgendaten ergeben sich wenig Anhaltspunkte dafür, daß die Helix-Regionen in der TMV-RNS und in Ribosomen-RNS weniger regelmäßig als die in Transfer-RNS sind. Drei Möglichkeiten für die TMV-Struktur stehen zur Diskussion: 1. Es wechseln Helix-Bereiche mit vollständiger Basenpaarung und Nicht-Helix-Bereiche ab. 2. In den Helix-Regionen sind außer vollständig gepaarten Basen auch solche enthalten, bei denen Unregelmäßigkeiten durch unvollständige Basenpaarung (nur *eine* Wasserstoffbrücke) vorkommen. 3. Zwischen den vollständig gepaarten Helix-Regionen sind schleifenförmige Ausstülpungen des RNS-Stranges vorhanden. Zur Zeit kann zwischen diesen verschiedenen Möglichkeiten nicht entschieden werden.

Beide Enden des TMV-RNS-Stranges sind frei von Phosphatgruppen; an einem Ende steht ein Adenosin, das in 5' gebunden ist und in 2' und 3' freie OH-Gruppen hat (SUGIYAMA und FRAENKEL-CONRAT). Aus neueren Sedimentations- und Viscositätswerten wird errechnet, daß die mittlere Länge des TMV-RNS-Moleküls in Puffern niedriger Ionenstärke bei etwa 1500 Å liegt (HORN et al.). Einen ausgeprägten Effekt auf die RNS-Sekundärstruktur und die Infektiosität der TMV-RNS hat die Zugabe von Metallionen, z. B. Silber- oder Quecksilbersalze (SINGER und FRAEN-KEL-CONRAT; YAMANE und DAVIDSON). Die Wirkung von Quecksilber läßt sich durch Cystein zu einem beträchtlichen Teil wieder aufheben (KATZ und SANTILLI). Die heterocyclischen Basen in freier TMV-RNS sind bei Raumtemperatur überwiegend parallel und bei höheren Temperaturen senkrecht zur Längsachse des RNS-Moleküls gerichtet, wie aus Messungen des elektrischen Dichroismus hervorgeht (DVORKIN u. SPIRIN).

Die RNS setzt sich aus den vier üblichen Basen zusammen; bisher sind noch keine anomalen Basen, wie sie etwa in der Transfer-RNS vorkommen, in einer Virus-RNS nachgewiesen worden. Das Basenverhältnis ist für jede Virusgruppe ein charakteristischer und konstanter Wert. So besitzt die RNS bei den Viren der TMV-Gruppe einen Cytosingehalt von etwa 18%, während dieser Wert für die mit dem *turnip yellow mosaic virus* verwandten Viren, wozu auch das *wild cucumber mosaic virus* gehört, um 40% beträgt (SYMONS et al.; YAMAZAKI und KAESBERG). Auffallend hoch (36%) ist der Uracil-Gehalt beim *alfalfa mosaic virus* (FRISCH-NIGGEMEYER und STEERE).

Außer Ca, Mg, Fe, Cu, Mn und anderen Kationen, die von LORING u. Mitarb. im TMV und vor allem seiner RNS nachgewiesen wurden, sind in der RNS-Fraktion verschiedener Viren Polyamine, v. a. Bis(3-amino-propyl)-amin, vorhanden (JOHNSON und MARKHAM). Kugelförmige Viren enthalten wesentlich mehr Polyamine als stäbchenförmige, was dadurch erklärt werden kann, daß bei ihnen für die Neutralisation der ionisierten Phosphatgruppen in dem kompakten RNS-Knäuel im Innern der Kugel mehr positive Gruppen nötig sind als etwa beim TMV-Stäbchen, bei dem die Neutralisation zum großen Teil bereits von den die lockere RNS-Spirale umgebenden Proteinuntereinheiten geschieht.

Das Molekulargewicht der RNS aus den bisher untersuchten Pflanzenviren beträgt etwa $2 \cdot 10^6$ ($\pm 10\%$); in der letzten Zeit sind einige Viren gefunden worden, die extrem klein sind, und deren RNS-Molekulargewicht wesentlich kleiner als die lange Zeit als Standardwert angesehene Größe von $2 \cdot 10^6$ ist. So beträgt das Molekulargewicht der RNS aus dem *brome grass mosaic virus* $1,0 \cdot 10^6$ (BOCKSTAHLER und KAESBERG), und die RNS aus dem *broad bean mottle virus* ist nur wenig größer (PAUL; YAMA-ZAKI et al.). Die kleinste bisher bekannte Virus-RNS mit einem Molekulargewicht von etwa $0,4 \cdot 10^6$ hat eine bestimmte Variante des Tabaknekrose-virus (KASSANIS). Dieses kleine Virus kommt in der Pflanze nie allein, sondern immer mit einem größeren Virus vor und kann sich nicht vermehren, wenn man es von dem größeren Virus trennt. Eine Vermehrung des kleinen Virus tritt nur bei gleichzeitiger Anwesenheit des größeren Virus ein.

c) Spaltung: Nach enzymatischer Spaltung der TMV-RNS mit Mikrokokken-Nuclease wurden die entstandenen Spaltprodukte durch zweidimensionale Papierelektrophorese und -chromatographie in vier Mono- und 31 Oligonucleotide getrennt, deren Zusammensetzung bestimmt wurde (RUSHIZKY et al.). Das Enzym spaltet bevorzugt Bindungen, an denen Adenyl- oder Uridylsäure beteiligt sind, besonders wenn diese Nucleotide an einer Stelle gehäuft vorkommen. Die Hydrolyse der RNS von drei TMV-Stämmen mit der guaninspezifischen RNase T1 und die Auftrennung eines Teils der Oligonucleotide ergab zwischen zwei Stämmen keinen feststellbaren Unterschied, während zwischen dem dritten und den beiden anderen deutliche quantitative Unterschiede gefunden wurden (RUSHIZKY et al.; KNIGHT et al.). Die Behandlung eines Gemisches von TMV und seiner RNS mit Pankreas-RNase zerstört nicht nur die RNS, sondern hemmt bekanntlich in bestimmten Konzentrationsbereichen durch Adsorption an die TMV-Stäbchen die Infektiosität des Virus, was bei Infektiositätstesten sehr störend ist. Diesen Nachteil kann man durch Anwendung von Schlangengift-Phosphodiesterase statt Pankreas-RNase vermeiden (DIENER).

Während enzymatische Spaltungen zu Bruchstücken von nur wenigen Nucleotiden führen, ergibt die Erwärmung von TMV-RNS auf 90° nach etwa 20 min relativ große RNS-Stücke mit etwa 6—7 S; dieser Sedimentationskoeffizient bleibt erhalten, auch wenn die Wärmebehandlung bis zu 120 min fortgesetzt wird (MIURA et al.). Bereits vor Jahren wurde beobachtet, daß die TMV-RNS bei längerem Stehen bei Raumtemperatur in größere Stücke zerfällt. Es ist sehr zweifelhaft, ob aus diesen Versuchen auf das Vorhandensein von bestimmten Untereinheiten in der TMV-RNS geschlossen werden kann. In gründlichen Untersuchungen zur Prüfung der Frage nach Untereinheiten in TMV- und Ribosomen-RNS konnten keine Anhaltspunkte dafür gefunden werden, wenn die Wirkung von RNase ausgeschaltet wird (BOEDTKER et al.).

Entgegen früheren Versuchen, nach denen die Kinetik der Hitze-Inaktivierung von TMV-RNS und Polio-RNS und demnach auch die chemische Struktur der RNS beider Viren recht verschieden sein sollte, verhält sich die RNS aus beiden Viren bei Erwärmung sehr ähnlich (GORDON et al.). Durch die Hitzebehandlung werden Phosphodiesterbindungen gespalten, und das Molekulargewicht der TMV-RNS sinkt (EIGNER et al.; GORDON und HUFF). Die Spaltung der TMV-RNS in Abhängigkeit von der UV-Bestrahlung und die Quantenausbeute für einen Bruch in der RNS wurde bei verschiedenen Temperaturen (—196°; —70° und 20°C) gemessen, und die beteiligten Reaktionsmechanismen werden diskutiert (COAHRAN et al.).

Zusatz von Versen (Äthylendiaminotetraessigsäure) bzw. Mg^{++} hat einen starken Einfluß auf die Sedimentation der RNS des *turnip yellow mosaic virus*. Wird diese RNS, die ein Molekulargewicht von $2,3 \cdot 10^6$ und einen Sedimentationskoeffizienten von 21,5 S hat (HIRTH et al., HASELKORN), mit Alkohol gefällt und in Gegenwart von Versen resuspendiert, so sinkt s_{20} unter Zunahme der Polydispersität auf 9—13,6 ab, während die Diffusion zunimmt (HORN et al.; STRAZIELL et al.). Erfolgt die Resuspension in Mg^{++}-Lösungen, so steigt s_{20} auf 28—40. Die Infektiosität aller RNS-Präparate ist etwa gleich. TMV-RNS verhält sich in Parallelversuchen anders: Es tritt zwar ebenfalls die s_{20}-Zunahme bei Anwesenheit von Mg^{++} auf über 40 S ein, die Infektiosität nimmt dabei jedoch ab. Außerdem ist keine Verminderung von s_{20} durch Zugabe von Versen zu beobachten. Daraus wird auf Unterschiede in der RNS-Struktur beider Viren und auf die Möglichkeit des Vorhandenseins von Untereinheiten in der RNS des *turnip yellow mosaic virus* geschlossen.

d) Mutation: Wegen der großen Bedeutung für Fragen der genetischen Informationsübertragung ist das Auffinden von spezifisch wirkenden mutagenen Substanzen von großem Interesse. Sowohl Hydroxylamin (SCHUSTER und WITTMANN) als auch Fluoruracil (KRAMER, WITTMANN und SCHUSTER) wirken bei der TMV-RNS mutagen. Hydroxylamin reagiert bei pH 6 vor allem mit Cytosin und bei pH 9 mit Uracil (SCHUSTER). Fluoruracil wird in die TMV-RNS anstelle von Uracil eingebaut und wahrscheinlich in seltenen Fällen bei der Basenpaarung als Cytosin gelesen.

Von einer Anzahl von Alkylierungsmitteln hat nach Untersuchungen von FRAENKEL-CONRAT nur Dimethylsulfat eine mutagene Wirkung auf die TMV-RNS. Substanzen mit einem 3-Ring (Epoxyde, Senfgase) reagieren bevorzugt mit Guanin. Die Reaktionsfähigkeit gegenüber RNS nimmt in folgender Reihe ab: Senfgase, Dimethylsulfat, Epoxyde, Jodacetat. Die Alkylierung geschieht an den Ringstickstoffen 1 und 3 der Aminopyrimidine und -purine. Beim Guanin ist der erste Schritt der Alkylierung eine Quaternisierung in Stellung 7. Für den Verlust der Infektiosität genügt die Reaktion von 1—2 Molekülen pro RNS-Strang. Ein schwaches Mutagen für die TMV-RNS scheint auch eine cancerogene Substanz, 4-Nitrochinolin-N-oxyd, zu sein. Über den Wirkungsmechanismus auf die RNS ist allerdings bisher nichts bekannt (ENDO et al.).

2. Protein

a) Aminosäuresequenz: Die Ermittlung der Aminosäuresequenz im Protein des TMV-Wildstamms wird als weitgehend beendet angesehen, obgleich die in Tübingen (ANDERER et al.; ANDERER) und Berkeley (TSUGITA et al.) erhaltenen Ergebnisse nicht in allen Positionen übereinstimmen. — Die Aminosäurezusammensetzung der für drei TMV-Stämme charakteristischen Proteinkomponenten bleibt unbeeinflußt davon, in welcher Wirtspflanze die Vermehrung stattfindet. Dasselbe gilt für die elektrophoretische Beweglichkeit der Virusstämme (AACH).

Die Proteinuntersuchungen an über 130 chemisch induzierten und spontanen Mutanten des TMV (WITTMANN) haben zusammen mit Untersuchungen an anderenSystemen einen Einblick in wichtige Eigenschaften des genetischen Codes gebracht. Danach ist der Code ein nicht-überlappender, degenerierter und wahrscheinlich universaler Triplett-Code; die eine bestimmte Aminosäure determinierenden Tripletts stellen nicht eine zufällige Auswahl aus den 64 möglichen Tripletts dar. Bei etwa 30 Mutanten, die Aminosäureaustausche gegenüber dem Ausgangsstamm aufweisen, wurde die Aminosäureposition, an der der Austausch erfolgt ist,

genau lokalisiert (Wittmann-Liebold; Tsugita). Darüber hinaus ist die
vollständige Aminosäuresequenz eines TMV-Stamms, der sich an 30 Ami-
nosäurepositionen von dem TMV-Wildstamm unterscheidet, aufgeklärt
(Wittmann-Liebold und Wittmann). Von zwei anderen TMV-Stämmen sind Brutto-Aminosäureanalysen (Knight et al.) und von drei
Stämmen einige Teilsequenzen (Tsugita) ermittelt. Bei der Verteilung
der Aminosäureunterschiede entlang der Proteinkette fällt auf, daß ein
bestimmtes Stück der Proteinkette, das reich an basischen Aminosäuren
ist, in fast allen Fällen unverändert bleibt.

Tryptische Peptide von TMV-Mutanten wurden papierchromatographisch und
-elektrophoretisch getrennt (Siegel). In Rekonstitutionsversuchen zwischen der
RNS von verschiedenen TMV-Mutanten und dem Protein des Wildstamms verhiel-
ten sich die Mutanten ähnlich wie der Wildstamm (Holoubek). Sie unterschieden
sich jedoch von ihm in der spezifischen Infektiosität (Valdee und Fraenkel-
Conrat). Außer den genannten Arbeiten, die sehr eingehende Kenntnisse über die
Proteinstruktur von Mutanten und Stämmen des TMV erbrachten, ist die Brutto-
Aminosäurezusammensetzung von Stämmen zweier anderer Viren, nämlich des
Kartoffel-X-Virus (Shaw und Larson; Shaw et al.) und des *turnip yellow mosaic
virus* (Symons et al.) untersucht worden. In beiden Fällen wurden wie beim TMV
Unterschiede in der Aminosäurezusammensetzung gefunden.

b) Räumliche Struktur: So gut man, zumindestens beim TMV und
seinen Stämmen, über die primäre Struktur der Proteinkette unterrichtet
ist, so wenig weiß man über die räumliche Struktur der Proteinuntereinheiten des Virus. So ist die Frage, welche Kräfte die Proteinunterenhei-
ten zusammenhalten, und ob sie bei allen Untereinheiten identisch sind,
unbeantwortet. Gegen die letztere Annahme ergeben sich Argumente aus
dem Virusabbau in schwach alkalischer Lösung, ferner, wie neuerdings
gezeigt wurde, in Harnstoff (Buzzell) und bei TMV-Methylenblau-
Komplexen, die mit Detergentien behandelt wurden (Welsh et al.). —
Chromatographie von gereinigten TMV-Präparaten an Chitin-Säulen
ergab zwei Fraktionen mit unterschiedlicher spezifischer Infektiosität
(Townsley).

Es ist bekannt, daß ungespaltenes TMV außer durch Carboxypeptidase von anderen proteolytischen Enzymen nicht angegriffen wird;
das gilt auch für RNS-freie Stäbchen, die durch Aggregation von A-Pro-
teinen gebildet wurden (Kleczkowski und v. Kammen). Carboxypeptidase spaltet nur eine und zwar die letzte Aminosäure ab. Das so
modifizierte Virus läßt sich mit einer kombinierten Antikörper-Infektiosi-
tätsmethode nicht von der unbehandelten Kontrolle unterscheiden. Die
Infektiosität beider Präparate ist zwar gleich, doch ist ein Unterschied in
der Zeit bis zu dem Erscheinen der Nekrosen und in der UV-Empfindlichkeit in der ersten Zeit nach der Inoculation vorhanden (Giveon und
Wildman). Serologische Untersuchungen mit der Gelpräcipitationstech-
nik an intakten TMV-Stäbchen, A-Protein und reaggregiertem Virusprotein führte Kleczkowski und serologische Kreuzreaktionen zwischen
zwei TMV-Stämmen Rappaport durch. Der letztere Autor kam zu dem
Ergebnis, daß das Vorhandensein nur einer, bei den TMV-Stämmen leicht
unterschiedlichen Antigenkomponente wahrscheinlicher ist als der Fall,
daß in jedem Virusstamm außer den gemeinsamen auch noch stamm-

spezifische Antigenkomponenten vorhanden sind. Komplementbindungs-reaktionen wurden mit zwölf Stämmen des Kartoffel-X-Virus durch-geführt (WRIGHT und HARDY).

3. Intaktes Virus

Das heute gültige TMV-Modell ist vor allem auf Grund von älteren Röntgenstrukturanalysen entwickelt worden. Inzwischen ist die Auf-lösungsgrenze so weit verbessert, daß es möglich ist, mit besonderen Präparationstechniken elektronenmikroskopische Feinstruktur-Aufnah-men des TMV zu machen (HART; HORNE und WILDY; NIKIFOROVA; MATTERN). Die Deutung dieser Aufnahmen ist in Einzelheiten schwer und nur unter gewissen Annahmen mit dem aus den Röntgendaten errechneten Modell zu vereinbaren (MATTERN). Die aus elektronenmikro-skopischen Aufnahmen für die Länge und den Durchmesser des TMV-Stäbchens gemessenen Daten wurden durch physikalische Methoden (Sedimentation, Diffusion) bestätigt (TRIEBEL et al.). Mit Hilfe einer polarographischen Methode lassen sich die Verunreinigungen in TMV-Präparaten sehr genau bestimmen (RUTTGAY-NEDECKY und SPANIK). Sie betragen in Präparaten, die durch mehrmalige hoch- und nieder-tourige Zentrifugation gereinigt sind, etwa 0,1%.

Neben den Untersuchungen am TMV als klassischem Modell wendet sich das Interesse der Isolierung und Struktur andere phytopathogener Viren zu, vor allem in wachsendem Maße den kugelförmigen Viren. Die Ultrazentrifuge in ihrer ständig verbesserten Ausführung findet immer stärkere Verwendung in der Erforschung auch der phytopathogenen Viren (MARKHAM; HEARST und VINOGRAD; HEXNER et al.; POLSON und v. REGENMORTEL). Für die Isolierung, Reinigung und Untersuchung der Viren finden neben den älteren in steigendem Maße folgende Methoden Verwendung: 1. Hochtourige Zentrifugation vor allem als Dichtegradien-ten-Verfahren, wobei die Technik verbessert (THOMSON) und die physika-lischen Gesetzmäßigkeiten (BRAKKE; HEARST et al.) untersucht wurden. 2. Die Elektrophorese als Agargel-Elektrophorese (WEINTRAUB et al.; CECH), als Dichtegradienten-Elektrophorese (CRAMER und SVENSSON) und als Zonelektrophorese (v. REGENMORTEL). 3. Säulenchromato-graphie (TREMAINE; TANIGUCHI; VENEKAMP und MOSCH; ATABEKOV und NOVIKOV; ATABEKOV; RAWLINS) und Ultrafiltration in Agarsäulen (v. REGENMORTEL et al.; STEERE et al.).

Die störende Aggregation und Verfilzung der Partikel des Kartoffel-X-Virus während der Reinigung kann durch Zusatz von Aktivkohle verhin-dert werden. Die isolierten Partikel haben eine einheitliche Länge von 513 mμ (CORBETT). Eine andere Isolierungsmethode besteht in der Chro-matographie an Cellulose-Säulen mit Polyäthylenglykol (VENEKAMP und MOSCH). Durch Zusatz von p-Chlormercuribenzoat (pCMB) zu dem Kar-toffel-X-Virus zerfallen die Virusstäbchen in die Proteinuntereinheiten, wahrscheinlich dadurch, daß nach Substitution der SH-Gruppen durch große Radikale (pCMB) nicht aber durch kleine Reste (z. B. Jodacetat) die Bindungen gelöst werden. Einen Zerfall der Proteinhülle und auch des Nucleoproteids bei Zusatz von pCMB beobachten auch KAPER und

HOUWING beim *turnip yellow mosaic virus* (TYMV). Bei vorsichtiger Dosierung des pCMB reagiert ein beträchtlicher Teil der SH-Gruppen mit dem pCMB, bevor die Hüllenstruktur zerstört wird. Bei beginnenden Strukturveränderungen werden maskierte SH-Gruppen freigelegt; sie können erst dann mit dem pCMB reagieren. Der mit der pCMB-Methode bestimmte Gehalt an Cystein stimmt gut mit den Werten aus Aminosäurenanalysen überein.

Eine Verwandtschaft zwischen dem *turnip yellow mosaic virus* und dem *wild cucumber mosaic virus* lag auf Grund der sehr ähnlichen physikalischen und chemischen Struktur nahe. In beiden Viruspräparaten kommen RNS enthaltende Viruspartikel und RNS-freie Proteinhüllen vor; das Sedimentationsverhalten und die sonstigen physikalischen Eigenschaften sind sehr ähnlich wenn nicht gar identisch (YAMAZAKI und KAESBERG; ANDEREGG et al.). Dasselbe gilt für die chemische Struktur; der Nucleinsäuregehalt liegt bei 35%, das Basenverhältnis, bei dem der außergewöhnliche hohe Cytosingehalt von 40% charakteristisch ist, hat in beiden Fällen fast denselben Wert. Auch die Größe der Proteinuntereinheiten (etwa 21500 Molekulargewicht) stimmt überein. Interferenzversuche können nicht ausgeführt werden, da trotz der ähnlichen physikalischen und chemischen Struktur der Viren bisher keine gemeinsame Wirtspflanze bekannt ist. MACLEOD und MARKHAM konnten eine schwache serologische Kreuzreaktion zwischen beiden Viren nachweisen und schließen daran Betrachtungen über die Bewertung der Kriterien an, die für die Virussystematik herangezogen werden. Auch BERCKS diskutiert anhand von Untersuchungen, die mit sehr hochtitrigen Seren eine schwache serologische Verwandtschaft zwischen sich in ihrer Länge unterscheidenden Viren nachweisen, Fragen der Virus-Nomenklatur, vor allem die Beziehung zwischen Morphologie und serologischer Verwandtschaft von Viren. Ein anderes Kriterium, nämlich die Interferenz zwischen Stämmen eines Virus, wird von BRCAK et al. als Kriterium für die Entscheidung darüber herangezogen, ob Gurkenmosaikvirus 3 und 4 als Stämme des TMV anzusehen sind; die Verwandtschaft wird verneint. — Nomenklaturprobleme erörtert PIRIE auf Grund der neueren Erkenntnisse, die sich aus der Virusforschung ergeben.

Die beiden in der Liste des Review of Applied Mycology als Synonyme angegebenen Viren, das echte Ackerbohnenmosaikvirus und das *broad bean mottle virus*, sind, wie frühere Untersuchungen der Braunschweiger Arbeitsgruppe gezeigt haben, sowohl in dem Wirtsbereich als auch in den serologischen Eigenschaften sehr verschieden; dasselbe gilt auch für Aminosäurezusammensetzung (WITTMANN und PAUL), für Sedimentationskoeffizienten, Nucleinsäuregehalt und Molekulargewicht (PAUL). Das *broad bean mottle virus* gehört mit einem Molekulargewicht von $5,5 \cdot 10^6$ für das intakte Virus und $1,2 \cdot 10^6$ für die RNS zu den kleinsten Viren überhaupt (PAUL; YAMAZAKI et al.). Elektrophoretisch einheitliche Präparate ergeben in der analytischen Ultrazentrifuge bei Gleichgewichtsläufen in CsCl, nicht aber bei normalen Geschwindigkeitsläufen zwei Komponenten (ARONSON und BANCROFT). Die beiden Komponenten unterscheiden sich darin, daß die Nucleinsäure der einen etwa 250 Nucleotide weniger enthält als die der anderen, ein Phänomen, das in ähnlicher Weise auch bei dem *turnip yellow mosaic virus* (MATTHEWS) und dem *alfalfa mosaic virus* (BANCROFT) beobachtet wurde. Demnach scheint es so zu sein, daß bei der Synthese von kugelförmigen Viren auch unvollständige Nucleinsäurestränge in die Proteinhüllen eingeschlossen werden.

Brome mosaic virus mit einem Molekulargewicht von $4,6 \cdot 10^6$ für das Virus und von $1,0 \cdot 10^6$ für die RNS, eines der kleinsten Viren (BOCKSTAHLER und KAESBERG), ist im Gegensatz zu vielen anderen phytopathogenen Viren unstabil und zerfällt bereits unter relativ milden Bedingungen (HAMILTON). Die Stabilität kann durch Zusatz von Mg^{++}, Ca^{++}-Ionen oder Pflanzenextrakten erhöht werden (BRAKKE); dasselbe gilt für das *barley-stripe-mosaic virus* (BRAKKE). Während die Stabilität der genannten Viren in ungereinigten Pflanzenextrakten am größten ist und die Infektiosität in gereinigten Präparaten sehr stark abfällt, ist es bei anderen Viren, z. B. dem *sour cherry necrotic ringspot* und dem *prune dwarf virus*, gerade umgekehrt (HAMPTON und FULTON). Diese Viren sind in gereinigter Form sehr stabil, nicht dagegen in den Pflanzenextrakten.

Die Isolierung, Reinigung und Charakterisierung ist für eine ganze Reihe von faden- und kugelförmigen Viren gelungen. Es würde die Grenzen dieses Berichts überschreiten, darauf im einzelnen einzugehen; die Arbeiten können hier leider nur stichwortartig aufgezählt werden: Der Erreger einer Virose der Fichte, der bisher einzigen bekannten Viruskrankheit der Coniferen, konnte isoliert und elektronenmikroskopisch vermessen werden (CECH et al.). Die Isolierung des Kartoffelblattrollvirus aus seinem Insektenüberträger (STEGWEE und PETERS) nicht dagegen aus infizierten Pflanzen ist gelungen. Folgende weitere phytopathogene Viren sind während der Berichtsperiode isoliert und z. T. in ihren physikalischen, chemischen und serologischen Eigenschaften untersucht worden (um Verwechslungen zu vermeiden, werden die von den Autoren benutzten Originalnamen angegeben): *carnation latent virus* (WETTER und PAUL), *squash mosaic virus* (MAZZONE et al.), *alfalfa mosaic virus* (FRISCH-NIGGEMEYER und STEERE; BANCROFT), *tobacco ringspot virus* (CORBETT und ROBERTS), *cauliflower mosaic virus* (PIRONE et al), *bean pod mottle virus* (BANCROFT), *water melon mosaic virus* (V. REGENMORTEL et al.), Rotkleeadernmosaikvirus und Erbsenstrichelvirus (WETTER et al.), *wound tumor virus* (BILS und HALL; BLACK), *clover yellow mosaic virus* (AGRAWAL et al.), *rice dwarf virus* (FUKUSHI et al.), *lettuce mosaic virus* (TOMLINSON), *bottle gourd mosaic virus* (ANAUD), Zwiebelgelbstreifigkeitsvirus (SPANIK et al.), *wheat mosaic virus* (SAITO et al.), *Tulare apple mosaic virus* (MINK und BANCROFT), *peach yellow* und *ringspot virus* (WILLISON et al.), *citrus psorosis virus* (DESJARDINS und WALLACE). Serologische Verwandtschaften zwischen Viren, die sich in ihrer Länge unterscheiden, wurden in mehreren Fällen nachgewiesen (u. a. BERCKS; BERCKS und BRANDES).

Virus in der Pflanze

1. Infektion

Inoculation mit C^{14}-markiertem TMV und autoradiographische Untersuchungen führten zu folgenden Vorstellungen über den Inoculationsvorgang (KONTAXIS und SCHLEGEL): Wenn das Haar durch den mechanischen Inoculationsvorgang beschädigt wird, bleibt Virus an dem Basalseptum hängen, das mit Resten des Haar-Cytoplasmas bedeckt ist. Dieses Cytoplasma steht durch Plasmodesmen in direkter Verbindung mit dem Cytoplasma der lebenden Basalzelle, so daß dort die Infektion beginnen kann. Auch an den abgebrochenen Haaren von solchen Pflanzen, die vom TMV nicht infiziert werden können, sammelt sich Virus in ähnlicher Weise an. Dies zeigt, daß der Unterschied in der Empfindlichkeit verschiedener Pflanzen auf anderen Faktoren beruhen muß (HERRIDGE und

SCHLEGEL). Vergleichende Inoculationsversuche an Blättern mit haariger bzw. glatter Oberfläche führen zu dem Ergebnis, daß Haare zwar die Infektion erleichtern, doch nicht eine unbedingte Voraussetzung dafür sind (YARWOOD).

Über die Ausbreitung der Infektion geben Versuche Aufschluß, in denen die Epidermis zu verschiedenen Zeitpunkten nach der Inoculation (p.i.) entfernt wurde (DIJKSTRA). Wurde dies bis zu etwa 8 Std p.i. getan, so entstanden in dem verbleibenden Blattgewebe keine Nekrosen; ein späteres Entfernen der Epidermis verhinderte das Erscheinen nicht mehr. (Längere Zeiten werden von KONTAXIS angegeben.) Wurde die Inoculation mit freier RNS statt mit intaktem Virus durchgeführt, so war kein Unterschied in den Zeiten festzustellen. In einer anderen Versuchsreihe wurde die Infektiosität abgetrennter und zerriebener Epidermis nach der Inoculation bestimmt. Ein deutlicher Anstieg war nach 14—16 Std p.i. bei Inoculation mit Virus und etwa 11—14 Std p.i. bei RNS-Inoculation zu beobachten. Diese Zeitdifferenz von etwa 2 Std war bereits in früheren Arbeiten, u. a. mit UV-Bestrahlung, gefunden worden. Durch Kombination der geschilderten Versuchsanordnung mit einer UV-Behandlung konnte die ältere Ansicht von BAWDEN und HARRISON widerlegt werden, daß die zu beobachtende Zunahme der UV-Resistenz darauf zurückzuführen sei, daß das neu gebildete Virus aus der Epidermis in die tieferen Blattschichten wandert (DIJKSTRA).

Über den Prozeß, der nach dem Eintritt des Virus in die Zelle dazu führt, daß die Proteinhülle entfernt und die RNS freigesetzt wird, ist sehr wenig bekannt. Aus UV-Versuchen mit einem Rotkleevirus kann geschlossen werden, daß dieser Prozeß in dem speziellen Fall bei Temperaturen oberhalb $32°$ nicht mehr funktioniert. Die Zeitdifferenz von etwa 2 Std zwischen dem Erscheinen der Nekrosen bei Inoculation mit freier RNS bzw. mit intaktem Virus wurde von früheren Autoren darauf zurückgeführt, daß das Abwickeln der Proteinuntereinheiten etwa diese Zeit benötigt. Diese Annahme ist durch andere Versuche (BAWDEN und KLECZKOWSKI; KASSANIS) allerdings fraglich geworden.

GORDON und SMITH hatten berichtet, daß die Infektion von *Rhoe discolor* nur mit freier TMV-RNS, nicht aber durch intaktes Virus möglich sei. Das würde bedeuten, daß in dieser Pflanze zwar die TMV-Vermehrung, nicht aber die Abtrennung der Proteinhülle des infizierenden TMV-Partikels vor sich gehen kann. BAWDEN hat die Versuche wiederholt und gefunden, daß bei höheren Lichtintensitäten als bei den von GORDON und SMITH verwendeten sowohl RNS als auch intaktes Virus infizieren konnten. Dieser Befund wurde dann auch von GORDON und SMITH bestätigt.

Die freie RNS ist in der Zelle sehr labil und verliert im Gegensatz zum intakten Virus die Infektiosität schnell, wenn unter bestimmten Bedingungen der Infektionsprozeß hinausgeschoben wird. Durch Zusatz von Virusprotein oder auch von anderem Protein zu dem RNS-Inokulum bleibt die Infektiosität länger erhalten; dies wird auf eine spezifische (bei Virusprotein) bzw. eine unspezifische Anlagerung an die RNS zurückgeführt (SANTILLI et al.). Hinzufügen von kleinen Mengen Virusproteins oder Serumalbumins zu intakten Virusstäbchen ergibt eine er-

höhte Infektiosität und ein späteres Erscheinen der Nekrosen gegenüber der Kontrolle ohne Zusatz von Protein. Auch dieser Effekt wird
durch die erwähnte Stabilisierung der in der Zelle ausgepackten RNS
durch zusätzliches Protein erklärt. Ein ähnlicher Effekt ist bei zwei Obst-
baum-Viren beobachtet worden (FULTON): Zugabe eines serologisch verwandten Stammes oder von UV-inaktiviertem Virusmaterial desselben
Stammes erhöhte die Infektiosität eines Kirschenvirus. Diese und andere
Befunde führten FULTON zu der Meinung, daß bei den untersuchten
Viren die Anwesenheit von mehr als einem Partikel pro Infektionsort zur
Einleitung der Infektion notwendig sei, und daß ein Teil der infektiösen
Partikel durch nicht-infektiöse gleicher oder ähnlicher Struktur ersetzt
werden können.

Auf Grund von Photoreaktivierungsversuchen schließt GOODCHILD,
daß bis zu etwa drei Stunden p.i. keine freie TMV-RNS in der Zelle vorliegt, da sonst Photoreaktivierung eintreten müßte. — Die Abhängigkeit
der sog. Latenzperiode, d. h. der Zeit von der Inoculation bis zum Nachweis
von neuem infektiösen Virusmaterial, wurde von KÖHLER untersucht.
Der Anfangsverlauf der Infektiositätskurve ist stark temperaturabhängig. Er zeigt bei TMV-Inoculation auf *Nicotiana glutinosa* ein „Vor-
maximum"; dieses Phänomen wird auf eine anfängliche, z. T. reversible
„Inaktivierung" des Impfvirus, die in den ersten Stunden wieder rück-
gängig gemacht wird, zurückgeführt. Dann erst erfolgt die eigentliche
„Inaktivierung" des Impfvirus, woran sich als nächste Phase die Synthese
des neuen Virus anschließt.

Aus Veränderungen im Infrarotspektrum von Epidermiszellen, die mit intaktem
oder rekonstituiertem Virus bzw. freier RNS infiziert wurden, ziehen COCHRAN et al.
Schlüsse über den Infektionsmechanismus und heben dabei die angebliche Bedeutung
der Proteinuntereinheiten für die Infektion hervor.

2. Biosynthese

Über die Prozesse, die im Anschluß an das Zustandekommen der
Infektion in der Zelle ablaufen und zu der Biosynthese von Virusprotein
und -nucleinsäure führen, ist in den letzten Jahren intensiv gearbeitet
worden. Diese Untersuchungen haben zu großen Fortschritten in unseren
Kenntnissen über die Virussynthese geführt. Eine zusammenfassende
Darstellung des heutigen Wissens über Biosynthese von Proteinen und
Nucleinsäuren, nicht nur bei phytopathogenen Viren, erfolgte anderswo
(WITTMANN).

Nach Eintritt der TMV-RNS in die Zelle und dem Zustandekommen
der Infektion bewirkt der infizierende Original-RNS-Strang oder ein bei
der RNS-Vermehrung entstandener RNS-Strang als messenger-RNS an
den Ribosomen die Synthese von TMV-Hüllenprotein (WITTMANN). Dies
geht auch aus folgendem Experiment hervor: Man stellt ein protein-
synthetisierendes zellfreies System aus Bakterien mit den notwendigen
Komponenten her (Ribosomen, Transfer-RNS, ATP und ATP-regene-
rierendes System, aminosäureaktivierende Enzyme, C^{14}-Aminosäuren
u. a.) und gibt dazu TMV-RNS (TSUGITA et al.) oder RNS aus *turnip
yellow virus* (OFENGAND und HASELKORN). Die Virus-RNS wirkt dann als

messenger-RNS und Matrize für den (wenn vorläufig auch noch schwachen) *in vitro*-Einbau von C^{14}-Aminosäuren in ein oder mehrere Proteine. Diese *in vitro*-Versuche haben experimentell den großen Vorteil, daß man durch Variation der Versuchsbedingungen den Synthesemechanismus stärker beeinflussen und in seinem Ablauf untersuchen kann, als man es in der Zelle könnte.

Die Menge (oder Aktivität?) der aminosäureaktivierenden Enzyme ist in infizierten Tabakpflanzen um 50% höher als in gesunden Kontrollen. Die ersten Schritte der Synthese des Virusproteins gehen im Plasma und nicht in den Chloroplasten oder im Kern vor sich (HAYASHI).

Man sollte erwarten, daß man an den Ribosomen befindliche Virus-RNS aus der Zelle isolieren kann. Dies ist durch vorsichtige Isolierung der Ribosomen und anschließende Phenol-Extraktion in der Tat gelungen (V. KAMMEN). In früheren Versuchen konnte zwar der Nachweis erbracht werden, daß RNase empfindliche Vorstufen des TMV in der Zelle vorkommen, die Isolierung von freier TMV-RNS aus der Pflanze gelang aber erst vor kurzem (DIENER).

Für die Synthese des TMV-Hüllenproteins sind nur etwa 500 Nucleotide der TMV-RNS (mit 6500 Nucleotiden) notwendig; nur dann, wenn eines oder mehrere dieser 500 Nucleotide etwa durch mutagene Agentien verändert werden, kann die Nucleotidänderung sich in einem Aminosäureaustausch bei der Synthese des Hüllenproteins auswirken. Eine Änderung von Nucleotiden außerhalb dieses Virusprotein-Cistrons kann zu einer Variation der Symptome führen, hat jedoch keinen Einfluß auf das Virusprotein (WITTMANN). Die Nucleotidänderung im Cistron für das Virusprotein kann in seltenen Fällen sogar dazu führen, daß die synthetisierten Virusproteinuntereinheiten wahrscheinlich durch Austausch bestimmter Aminosäuren an wichtigen Positionen der Sequenz nicht mehr in der Lage sind, in spezifischer Weise zu aggregieren und mit der TMV-RNS die TMV-Stäbchen zu bilden. In diesem Fall oder dann, wenn nur sehr wenig ober überhaupt kein Hüllenprotein gebildet wird, würde man das Vorhandensein von freier TMV-RNS in der Pflanze erwarten. Diese Annahme ist auf Grund von Nitritversuchen am TMV wahrscheinlich geworden (SIEGEL et al.). Versuche am Tabak-Rattle-Virus (SÄNGER und BRANDENBURG; CADMAN) und Tabaknekrosevirus (BOBOS und KASSANIS) bestätigen die Hypothese, daß bestimmte Viren, deren mechanische Übertragung und Isolierung bisher nicht gelungen ist, nur als freie Nucleinsäure, nicht aber als Nucleoproteide vorliegen.

Von vier Arbeitsgruppen wurde 1962 über die *in vitro*-Synthese von infektiöser TMV-RNS berichtet (KIM und WILDMAN; KARASEK und SCHRAMM; COCHRAN et al.; CORNUET und ASTIER-MANIFACIER). Notwendig ist außer der Gegenwart von TMV-RNS als Matrize ein Zusatz aller vier Nucleotidtriphosphate, von Mg^{++}, SH-Verbindungen (Cystein, Mercaptoäthanol u. a.) und eines mehr oder weniger stark gereinigten Tabakpflanzen-Extrakts, der die für eine RNS-Synthese notwendigen Polymerasen enthalten soll. Die Herkunft dieser Enzyme ist bei den einzelnen Arbeitsgruppen sehr verschieden: a) Extrakte aus isolierten Zellkernen, b) Überstand nach hochtouriger Zentrifugation, c) niedertouriges Sediment. Die Synthese von TMV-RNS wurde in Infektionstesten untersucht.

Die bisher mitgeteilten Experimente sind zu vorläufig und die gefundenen Effekte zu gering, um daraus mit Sicherheit den Schluß ziehen zu können, daß der beobachtete kleine Anstieg der Infektiosität wirklich auf eine *de novo*-Synthese von TMV-RNS *in vitro* und nicht auf andere Faktoren (teilweise Hemmung von RNasen u. a.), die bisher nicht untersucht oder beobachtet wurden, zurückzuführen ist. Es sei hier nur an die sehr intensiven und bisher vergeblichen Bemühungen der Gruppe um KORNBERG erinnert, mit ungleich viel saubereren Enzympräparaten eine Synthese von biologisch aktiver DNS zu erreichen. Zur endgültigen Klärung der außerordentlich interessanten und wichtigen Frage der *in vitro*-Synthese von infektiöser RNS müssen weitere Experimente abgewartet werden. Es werden z. Z. zwei mögliche Wege der Virus-RNS-Synthese diskutiert. 1. Die RNS wird im Kern unter Beteiligung der DNS vermehrt. 2. Die RNS-Synthese läuft ohne Beteiligung der DNS über komplementäre RNS-Doppelstränge ab. Es gibt augenblicklich Argumente für und gegen diese und weitere Hypothesen; die Beantwortung der angeschnittenen Fragen muß bis zu einwandfreien Experimenten offenbleiben.

Im Unterschied zu den genannten und heute vorherrschend diskutierten Hypothesen vertritt COMMONER eine völlig andere Auffassung über die Biosynthese des TMV. Er stützt sich dabei auf Untersuchungen seiner Arbeitsgruppe über TMV-Partikel verschiedener Länge. (SYMINGTON et al.; COMMONER et al.; COMMONER und SYMINGTON; COMMONER und SHEARER). Nach COMMONERs Modell einer linearen Biosynthese des TMV-Stäbchens wächst das TMV-Stäbchen stückweise, indem an einem Ende gleichzeitig Nucleinsäurespirale und Proteinhülle Schritt für Schritt durch Anfügen der entsprechenden Bausteine (Proteinuntereinheiten und Nucleotide) verlängert werden, so daß der Nucleinsäurestrang auch während des Wachstumsvorganges immer von Proteineinheiten umgeben ist. Teile des Proteinmantels und des RNS-Stranges, die im gleichen Teilabschnitt des Stäbchens liegen, sind nach dieser Vorstellung auch zur gleichen Zeit synthetisiert worden.

Bereits die experimentellen Befunde, auf denen dieses Modell aufgebaut ist, stehen zu einem beträchtlichen Teil in Widerspruch mit Resultaten anderer Arbeitsgruppen (z. B. ALTMANN und STEHLIK); außerdem führt COMMONERs Hypothese zu Folgerungen, die völlig unvereinbar mit unseren heutigen Kenntnissen über Protein- und Nucleinsäuresynthese sind.

3. Stoffwechsel

Niedermolekulare Verbindungen: Eine Erhöhung von Asparagin als Folge einer Virusinfektion ist bereits in etwa 10 Fällen beobachtet worden, so auch bei einem Verzwergungsvirus des Mais (HARPAZ und APPLEBAUM) und einem die Tomatenwelke bedingenden Virus (SELMAN et al.). Der Gehalt an Amiden bei infizierten Pflanzen erhöhte sich wesentlich stärker als der von nicht amidierten Aminosäuren, deren Menge wiederum gegenüber der nicht-infizierten Kontrolle deutlich erhöht war. Eine Steigerung der freien Aminosäuren in infizierten gegenüber gesunden

Pflanzen ist jedoch nicht in allen Fällen zu beobachten; so ist z. B. bei blattrollkranken Kartoffelpflanzen zwar das Spektrum der freien Aminosäuren stark verändert, einzelne Aminosäuren (z. B. Serin) sind gegenüber der Kontrolle jedoch in wesentlich geringerer Konzentration vorhanden (PERDRIZET und MARTIN). Stärke, Saccharose und reduzierende Zucker sind bei blattrollkranken Pflanzen stark gehäuft. — Infektion von abgeschnittenen Tabakblättern mit dem Kartoffel-X-Virus erhöht den Gehalt an freiem Amino-Stickstoff; Zusatz von Cystein ergibt einen beträchtlichen Anstieg von löslichem Stickstoff durch gesteigerte Aktivität der proteolytischen Enzyme (KOZLOWSKA). In X-Virus-infizierten abgeschnittenen Tabakblättern und bei Zusatz von Cystein tritt eine Verminderung von Wirtsprotein ein. — Der Gehalt an organischen Säuren in TMV-infizierten Blättern und der Unterschied gegenüber der Kontrolle ist von verschiedenen Faktoren abhängig (TANIGUCHI). — Bei einer Reihe von Virus-Wirts-Kombinationen ist der Auxingehalt der Wirtspflanzen vermindert (DYSON und CHESSIN). — Die Zellwände der unmittelbar an Lokalläsionen angrenzenden Zellen enthalten wesentlich mehr Calciumpektinat als die von gesunden Zellen (WEINTRAUB und RAGETLI).

Der Einfluß einer Virusinfektion auf die Ausscheidung von K, Na, Ca und organischen Substanzen aus Blättern wurde von SCHUSTER an verschiedenen Wirts-Virus-Kombinationen untersucht, und es wurden z. T. sehr ausgeprägte Unterschiede nachgewiesen; so war z. B. die K-Abgabe gegenüber der Kontrolle bei viruskranken Blättern sechsfach erhöht. Die Unterschiede werden vor allem auf Permeabilitätsänderungen der Plasmagrenzschichten als Folge der Virusinfektion zurückgeführt. Der Gehalt an Kationen in TMV-infizierten Blättern ist je nach der Art des Kations entweder höher bzw. niedriger als oder etwa gleich hoch wie in vergleichbaren gesunden Blättern (BERGMANN und BOYLE).

Enzyme: Die RNase-Aktivität nimmt nicht nur in TMV-infizierten Blättern, sondern auch schon durch Reiben der Blätter besonders bei Zusatz von Carborund oder Zn^{++} bzw. Cu^{++} stark zu. Der Aktivitätsanstieg beginnt nach etwa zwei Stunden, nimmt bis zu einem Maximalwert nach etwa einem Tag zu und bleibt bei diesem Wert für mehrere Tage konstant (DIENER). Die durch das Reiben bedingte Aktivitätserhöhung ist nicht nur auf die Epidermis beschränkt, sondern erstreckt sich auf auf Palisaden- und Mesophyllgewebe. Auf Grund dieser und weiterer Befunde kommt DIENER zu dem Schluß, daß die von REDDI postulierte wichtige Rolle der RNase bei der Virussynthese nicht aufrechterhalten werden kann; vielmehr begrenzt entweder ein anderer Faktor als RNase die Virussynthese, oder RNase ist überhaupt nicht an der Virussynthese beteiligt. Auch SANTILLI et al., welche die Beziehung zwischen RNase-Aktivität und Virusinfektion untersuchten, betrachteten sie als indirekt, etwa in der Weise, daß eine Steigerung der RNase-Aktivität zu einer größeren Menge freier Nucleotide und damit zu einer erhöhten Empfindlichkeit und Virusproduktion führt.

Im Unterschied zu diesen, vor allem nach TMV-Infektion durchgeführten Untersuchungen ist die RNase- und Phosphatase-Aktivität bei Gurkenkotyledonen, die mit dem Virus der Stecklenberger bzw. Pfeffinger Krankheit infiziert sind, bis zu zwei Wochen nach der Inoculation nicht oder nur gering von den Kontrollen verschieden (OPEL et al.). Dagegen war sowohl die Polyphenoloxydase als auch die Peroxydase-Aktivität, sehr wahrscheinlich als sekundäre Folge der Infektion, stark erhöht.

Der Befund, daß in TMV-infizierten Blättern von *Nicotiana glutinosa* um die entstandenen Nekrosen herum die Glucose-6-phosphat-Dehydrogenase-Aktivität etwa dreimal größer ist als in vergleichbar gesunden Geweben, führte zu der Hypothese, daß die verstärkte TPNH-Synthese durch die Dehydrogenase zu einer Erhöhung des Phenol/Chinon-Verhältnisses führt, wodurch das weitere Nekrosenwachstum verhindert wird (SOLYMOSY und FARKAS).

In virusinduzierten Tumoren von *Rumex* ist die Aktivität der verschiedenen Phosphatasen und als Folge davon der Gehalt an anorganischem Phosphat stark erhöht. Der Unterschied in dem Gehalt an DNS, RNS und Protein zwischen Tumorgewebe und gesundem Gewebe kann je nach dem betreffenden Tumor u. U. sehr beträchtlich sein (PORTER und WEINSTEIN). Es lassen sich keine allgemeingültigen Regeln für alle untersuchten Tumoren aufstellen.

4. Histologie

Die früheren Untersuchungen von ZECH über die cytologischen Veränderungen in TMV-infizierten Haaren wurden fortgesetzt (ZECH; v. WETTSTEIN und ZECH). Danach ergibt sich folgendes Bild: Der erste feststellbare cytologische Effekt kurz nach der Inoculation (30′ −2 h) ist eine starke Zunahme der Kernmasse und der Nucleinsäure im Kern. Es treten starke Veränderungen der Kernstruktur auf. Der Kern vergrößert sich und wird von Cytoplasmakanälen durchzogen, die typische cytoplasmatische Plasmabestandteile (Mitochondrien, Golgi-Apparate u. a.) enthalten. Er sieht in seiner Organisation und Erscheinung Prophase-Kernen ähnlich. Etwa 7−9 Std nach der Inoculation tritt stark UV-absorbierendes Nucleoproteidmaterial um den Kern auf, und die Gesamtmenge an Cytoplasma wächst. Anschließend (7−9 h p.i.) nimmt die Nucleinsäuremenge im Kern ab, und die Vacuole wird durch Cytoplasmastränge durchzogen. Während dieses Stadiums sind die strukturellen Eigenschaften des Cytoplasmas etwa so wie in wachsenden Zellen mit einem lebhaften Stoffwechsel. Während Kern- und Cytoplasmamenge weiter zunehmen (9−25 h), wird TMV-Protein im Cytoplasma gebildet. Nach etwa 24 Std treten TMV-Kristalle auf.

Lichtmikroskopische Untersuchungen an TMV-infizierten Haarzellen in späten Infektionsstadien zeigten folgende Unterschiede gegenüber gesunden Kontrollen (SOLBERG und BALD; BALD und SOLBERG). In der Nähe des Zellkerns entstehen Blasen, und es treten feine Ausstülpungen, die sich an der Kernoberfläche ausbreiten, von den Chloroplasten zu dem Kern auf. Cytologische Untersuchungen mit RNS bzw. DNS färbenden Farbstoffen wurden an infizierten Zellen durchgeführt, um die Wirkung der Virusinfektion auf Veränderungen von Zellkern, Nucleoli und Einschlußkörper zu beobachten (TAKAHASHI).

Bei Behandlung von nach Pektinase-Einwirkung isolierten Blattzellen mit fluorescierenden Antikörpern reagiert das gesamte Plasma, nicht aber die Chloroplasten (NAGARAJ), was bedeutet, daß die Antikörper entweder nicht in die Chloroplasten eindringen, oder aber in den Chloroplasten kein spezifisches Virusantigen enthalten ist. Mit derselben Technik wurde festgestellt, daß das Antigen des Wundtumor-Virus vor allem im Pseudophloem der Wurzel- und Stammtumoren sowie in einzelnen

Xylemzellen, nicht dagegen in andern Geweben lokalisiert ist, die Virus-vermehrung also vorwiegend im Phloem vor sich geht (NAGARAJ und BLACK).

Elektronenmikroskopische Untersuchungen (HRSEL) an Gurken-blättern, die mit dem Gurkenvirus 4 infiziert waren, ergaben deutliche Veränderungen gegenüber gesunden Kontrollen im Ergastoplasma (An-ordnung der Palade-Granula), Hypertrophie des Golgi-Apparates, all-mähliches Verschwinden des Lamellarsystems und Bildung osmiophiler Globuli. An Mitochondrien konnten nur geringe Unterschiede in der Vacuolisierung gefunden werden, die Veränderungen an Chloroplasten (Stromaabnahme) werden als Sekundärerscheinung betrachtet. — Die ersten cytologischen Unterschiede zwischen gesunden und mit dem Erd-beernekrosevirus infizierten Blattzellen sind färbbare Tröpfchen im Cytoplasma, die nach starker Zunahme ihrer Zahl zu Vacuolen ver-schmelzen. Die Zahl der Drüsenhaare im unteren Blattstielbereich ist bei infizierten Pflanzen stark vermehrt (SCHÖNIGER). — Tomatenpflanzen, die entweder mit *curly top virus* oder *aster yellow virus* infiziert sind, lassen sich symptomatisch nur schwer unterscheiden. Zur sicheren Differen-zierung stellten RASA und ESAU eine Reihe von cytologischen Unter-schieden, vor allem in den Siebelementen und Wurzeln (Einschlüsse), fest, so daß eine eindeutige Diagnostizierung beider Viren gelingt.

Als Folge einer Virusinfektion treten bei vielen Pflanzen Einschlußkörper (oft in Form von Kristallen) auf. In der Berichtsperiode sind sie in folgenden Fällen unter-sucht worden: Bei *Chlorophytum* (KENDA), *Fritillaria* (THALER), *Hesperis* (KEL-BITSCH), *Nitophyllum* (ZIEGLER), Nelken (REITER), Gurken (BRCAK und HRSEL), Kartoffel (KIKUMOTO und MATSUI), *Petunia* (RUBIO-HUERTOS), *Chenopodium* und *Nicotiana*-Arten (MILICIC), Bohnen (RESCONICH).

Es ist eine lange bekannte Tatsache, daß die Virusübertragung durch die Samen nur bei manchen Wirt-Virus-Kombinationen vor sich geht; so findet eine Samenübertragung durch das TMV nicht statt. Das Virus ist aber bis in die Blüte hinein in großer Konzentration nachzuweisen. Es erhebt sich die Frage, ob im Samen und, wenn ja, in welchen Teilen infek-tiöses Virus vorhanden ist. In entsprechenden Untersuchungen an TMV-infizierten Tomaten- und Tabakpflanzen konnte gezeigt werden (TAYLOR et al., TAYLOR), daß die größte Menge an nachweisbarem Virus an der Oberfläche und in der Samenschale sowie der Rest in dem experimentell nur unvollständig trennbaren Komplex Endosperm/Embryo sich be-findet. Aus der Tatsache, daß die Pflanzen der nächsten Generation virusfrei sind, wird geschlossen, daß der Embryo kein Virus enthält und die Grenze zwischen virushaltigem und -freiem Gewebe zwischen Endo-sperm und Embryo liegt. Eine Samenübertragung findet vor allem bei Hülsenfrüchte infizierenden Viren statt. Dabei ist keine Korrelation zwi-schen der Virusinfektion der Samen einerseits und der Lage und Zahl der Samen in der Hülse und dem Insertionspunkt der Hülse an der Pflanze andererseits vorhanden. Welche Samen infiziert sind, scheint zufällig zu sein (ATHOW und LAVIOLETTE).

Es gibt einige ältere Hypothesen über die Gründe, weshalb das Virus nicht in den Embryo eindringen kann. Diesen wurde nun eine neue hin-zugefügt (CALDWELL), nach der die Konkurrenz um das ATP und andere energiereiche Phosphatverbindungen der Grund für die Virusfreiheit von Embryonen und apikalen Sproßmeristemen sein soll. In den embryonalen Geweben ist die Synthese normaler Zellbestandteile besonders intensiv, so daß für die Virusbiosynthese nicht genügend ATP zur Verfügung steht.

5. Interferenz

Die zwischen verwandten Stämmen eines Virus auftretende Interferenz ist bei den Stämmen U 1, U 2 und VM am besten untersucht. Wenn eine Mischung von U 1 und VM auf *Nicotiana glutinosa* inoculiert wird, so ist die Zahl der von einer konstanten U 1-Konzentration erzeugten Nekrosen um so geringer, je mehr VM in der Mischung anwesend ist. Die Interferenz tritt auch ein, wenn einer der beiden Stämme von vornherein gar nicht in der Lage ist, die betreffende Wirtspflanze zu infizieren. Das ist z. B. bei der Inoculation einer Mischung von U 1 und U 2 auf Pinto-Bohnen der Fall. Auf diesen Pflanzen erzeugt nur U 1 Läsionen, während U 2 sich nicht vermehren kann. Trotzdem hat der Zusatz von U 2 zu U 1 eine Abnahme der durch U 1 erzeugten Läsionen zur Folge. Die Hemmwirkung durch U 2 kann durch UV-Bestrahlung von U 2 teilweise wieder aufgehoben werden, und zwar ist der verbleibende Hemmeffekt proportional der Restinfektiosität von U 2, die auf *Nicotiana glutinosa* bestimmt wird. Diese Versuche führen zu der Hypothese, daß die Interferenz darauf zurückzuführen ist, daß U 1 und U 2 um dieselben Infektionsorte konkurrieren (WU und RAPPAPORT). Allerdings fanden HELMS und MC INTRYRE, daß U 2 zwar keine mit dem bloßen Auge sichtbaren Läsionen macht, unter dem Binokular sind jedoch winzige Läsionen zu sehen; die genannten Versuche von WU und RAPPAPORT gehen von einer falschen Voraussetzung aus, falls es sich wirklich in beiden Fällen um denselben Stamm handelt.

Bei Inoculation einer Mischung von RNS (U 1) und intaktem Virus (U 2 oder VM) wird die Zahl der durch die RNS verursachten Läsionen nur sehr wenig durch die Anwesenheit von intaktem Virus beeinflußt, was dadurch erklärt werden kann, daß die RNS einen entschiedenen zeitlichen Vorteil in der Einleitung einer Infektion im Vergleich zu dem intakten Virus hat (WU und RAPPAPORT). Wird nicht-infektiöses Virusmaterial, etwa durch UV-inaktiviertes Virus oder Virusprotein, zusammen mit intaktem Virus inoculiert, so ist von dem nicht-infektiösen Material die etwa 100—1000fache Menge nötig als von infektiösem Virus, um denselben Grad der Interferenz zu erreichen (WU et al.). Es wird versucht, die Interferenzwirkung zwischen verschiedenen TMV-Stämmen durch eine mathematische Gleichung und ein schematisiertes Bild zu beschreiben (RAPPAPORT und WU).

Die Bildung einer „Schutzsubstanz" in der Pflanze in Analogie zu dem bei Infektion mit tierpathogenen Viren auftretenden Interferon wird aus folgenden Untersuchungen geschlossen (LOEBENSTEIN): *Nicotiana glutinosa*-Blätter werden mit TMV-Protein eingerieben und nach einigen Tagen mit TMV inoculiert. Beträgt dieser Zeitraum bis zu 24 Std, so wird die gleiche Zahl an Nekrosen gebildet wie in unbehandelten Kontrollen; bei längeren Zeiten tritt jedoch eine deutliche Abnahme der Nekrosenzahl ein. Diese Wirkung erstreckt sich nicht nur auf die inoculierten unteren Blätter, sondern geht auch auf die jungen nicht-inoculierten Blätter über. Nach Inoculation mit S^{35}-markiertem Virusprotein ergeben sich keine Anhaltspunkte für einen Transport von S^{35} in die oberen Blätter. Die durch TMV-Protein induzierte Wirkung richtet sich nicht nur gegen TMV sondern auch gegen das Kartoffel-X-Virus, nicht aber gegen das Gurkenmosaikvirus.

Ähnliche Beobachtungen wurden auch von Ross gemacht: Inoculiert man nur Teile von solchen Tabakblättern, auf denen TMV Nekrosen erzeugt, mit TMV, und später (2–20 Tage) die nicht-inoculierten virusfreien Blatteile, so ist die Zahl der durch die spätere Inoculation verursachten Nekrosen bedeutend geringer als bei Kontrollen; dieser Hemmeffekt war auch zwischen Blättern verschiedener Insertion vorhanden. Bei kurzen Zeiten (2–4 Tage) zwischen den Inoculationen war er gering, nach etwa einer Woche maximal und dauerte mehrere Wochen. Er richtete sich nicht nur gegen das TMV sondern auch gegen andere Viren. Es bleibt fraglich, wieweit diese „Schutzwirkung" gegen das zweitinfizierte Virus auf den durch die Virusinfektion geänderten Stoffwechsel der Pflanze statt auf eine spezifische Abwehrreaktion zurückzuführen ist. In diesem Zusammenhang sind Untersuchungen (Yarwood et al.) interessant, in denen als Folge einer lokalen Beeinflussung (Einreiben, Wärme- und Phosphateinwirkung) nicht nur die behandelten Blatteile bzw. Blätter, sondern auch andere Teile derselben Pflanze eine Veränderung der Empfindlichkeit gegenüber Virusinoculation aufweisen. Es wird angenommen, daß als Folge der lokalen Schädigung gebildete Wundhormone bei dem Zustandekommen des beobachteten Effekts eine Rolle spielen.

Eine Wechselwirkung kann auch zwischen Viren auftreten, die nicht miteinander verwandt sind. Diese Befunde mahnen zur Vorsicht bei der Beurteilung der Interferenz für die Frage der Verwandtschaft von Viren. Die Art der Wechselwirkung kann dabei unterschiedlich sein: Einmal ähnlich wie bei verschiedenen Stämmen desselben Virus, z. B. des TMV, d. h. daß das zweitinfizierte Virus durch die vorhergehende Inoculation mehr oder weniger stark gehemmt wird; zum andern kann das zweitinfizierte Virus aber auch durch die Anwesenheit von anderen Viren in der Vermehrung gefördert werden. Beispiele für den ersten Fall sind: TMV und Gurkenmosaikvirus (Nitzany und Sela; Brcak), TMV und einige andere Tabakviren (Ross) sowie zwei nicht verwandte Nelkenviren (Kemp und Heald), Beispiele für den letzten Fall: Kartoffel-X-Virus und TMV bzw. Kartoffel-Y-Virus. Werden z. B. Tabakpflanzen zunächst mit dem Y-Virus oder TMV und dann mit dem X-Virus infiziert, so ist die Zahl der durch das X-Virus verursachten Läsionen größer als bei Inoculation mit dem X-Virus allein. Der gleiche Effekt ist auch bei gleichzeitiger Inoculation beider Viren zu beobachten (Thomson). Die fördernde Wirkung des Y-Virus auf das X-Virus ist in ihrer Stärke von einer Reihe von Faktoren (Blattalter u. a.) abhängig (Stouffer und Ross; Ford und Ross). — Die Zahl der Mischherde in Abhängigkeit von dem Mischungsverhältnis zwischen TMV und X-Virus wurde von Köhler untersucht.

Eine sehr interessante Beeinflussung zwischen zwei Viren findet sich beim Tabaknekrosevirus (KASSANIS und NIXON; KASSANIS). Präparate der Rothemsted-Kultur des Tabaknekrosevirus enthalten große und kleine Teilchen, die serologisch, elektrophoretisch und in der Größe sehr verschieden sind. Isoliert man die kleinen und die großen Teilchen für sich und führt damit getrennt Infektionsversuche durch, so ergeben die großen Teilchen große Nekrosen, in denen fast nur große Teilchen vorkommen. Infektionsversuche mit kleinen Teilchen verlaufen negativ; die kleinen sind nur in Mischung mit großen infektiös. Inoculation mit der Mischung beider Teilchen ergibt große und kleine Nekrosen. In den großen Nekrosen sind nur große Teilchen, in den kleinen Nekrosen wieder große und kleine Teilchen vorhanden. Für das Angehen der kleinen Teilchen ist es nicht nötig, daß diese *gleichzeitig* mit den großen Teilchen inokuliert werden; selbst wenn die Inoculation der großen Teilchen fünf Tage vor der kleinen erfolgt, können die kleinen Teilchen sich anschließend noch vermehren. Die Aktivierung ließ sich durch kein anderes von mehreren geprüften Viren erreichen. Es wurde bereits erwähnt, daß die kleinen Teilchen mit einem Molekulargewicht von $1{,}9 \cdot 10^6$ das kleinste bisher bekannte Virus darstellen.

Mischinfektionen zwischen verschiedenen Stämmen eines Virus zur Prüfung der Frage, ob bei phytopathogenen Viren Prozesse vorkommen, die der Rekombination von Bakteriophagen vergleichbar sind, wurden beim *spotted wilt virus* der Tomaten (BEST), beim Kartoffel-X-Virus (THOMSON) und beim TMV (AACH) durchgeführt. In keinem Fall konnte eine Rekombination einwandfrei nachgewiesen werden.

6. Hemmstoffe

Unter den zahlreichen Substanzen, die während der Berichtsperiode auf einen virushemmenden Effekt geprüft wurden, sind nur wenige genauer in ihrer Wirkung auf den Stoffwechsel der Wirtspflanze untersucht worden. Dies gilt vor allem für die Wirkung von 2-Thiouracil (TU) auf die Synthese von TMV und *turnip yellow mosaic virus* (TYMV). TU bewirkt eine deutliche Hemmung der TMV-Vermehrung, wenn es kurz nach der Inoculation zugegeben wird. Zugabe zu einem späteren Zeitpunkt, wenn bereits größere Mengen Virus vorhanden sind, hat eine nur geringe Wirkung. Gleichzeitige Uracil-Gabe hebt die Wirkung von TU nur zu einem kleinen Teil auf. Das in TU-Gegenwart synthetisierte Virus zeigt eine geringere Infektiosität als das Virus aus der Kontrolle. Die Infektionseinbuße kann bis zu 80% betragen; sie ist bei ungereinigtem Virus im Pflanzensaft etwa 2—3mal größer als bei gereinigten Viruspräparaten. Der Grund für diesen unerwarteten Befund ist nicht klar (FRANCKI). Das TU wird in die TMV-RNS eingebaut und ersetzt dort zu etwa 10% das Uracil. Im Gegensatz zu älteren Arbeiten wurde bei der Basenanalyse nur 2-Thiouridylsäure gefunden. In der analytischen Ultrazentrifuge wurde kein Unterschied zwischen dem TU-enthaltenden und dem Kontrollvirus gefunden. Es bestehen sichere Korrelationen zwischen der Abnahme an synthetisiertem Virus, dem TU-Gehalt in der RNS und der Infektionseinbuße (FRANCKI und MATTHEWS).

21*

Vermehrung von TYMV in Gegenwart von TU führt zu einer deutlichen Hemmung der Virussynthese. Gleichzeitig wird bei TU-Zugabe in einer bestimmten Periode (5—10d p. i.) die Menge an Virus-Hüllenprotein gegenüber der Kontrolle ohne TU stark vermehrt. Uracil-Zugabe vermindert die TU-Wirkung nicht, sondern verstärkt sie sogar. Im Gegensatz zum TMV wird TU nicht in feststellbarer Menge in das TYMV eingebaut, und die Infektiosität des synthetisierten Virus ist nicht wie beim TMV reduziert. Die Gesamtmenge an Virusprotein kann höher sein als in infizierten Kontrollpflanzen ohne TU. Es ist jedoch keine Anhäufung von freier RNS in einer Menge vorhanden, welche der des Hüllenproteins entspricht (FRANCKI und MATTHEWS). Versuche mit P^{32} und S^{35} zur Beantwortung der Frage, ob die bei TYMV-Infektion in großer Menge auftretenden leeren Virus-Proteinhüllen ein Bei- oder Vorprodukt der Synthese von intaktem Virus ist, lieferten bisher noch keine eindeutigen Resultate (MATTHEWS et al.).

Ein Virus-Hemmstoff aus Nelken ist in seiner Struktur und Wirkung in den letzten Jahren gründlich untersucht worden (v. KAMMEN et al.; WEINTRAUB und KEMP; RAGETLI und WEINTRAUB). Preßsaft aus Nelken enthält einen Stoff, der die Infektion von 14 untersuchten Viren auf etwa 20 verschiedenen Pflanzen stark reduziert oder sogar verhindert. Es konnte gezeigt werden, daß die Wirkung dieses Hemmstoffes nicht in einer direkten Reaktion mit dem Virus, sondern in einer Reaktion auf ein Frühstadium der Infektion (Receptor?) in der Wirtspflanze beruht.

Isolierungsversuche führten zu einer etwa 15000fachen Anreicherung des Hemmstoffs, der noch in einer Verdünnung von $6{,}6 \cdot 10^{-7}$ g/ml die Bildung von Nekrosen auf *Nicotiana glutinosa* nach Inoculation mit $6 \cdot 10^{-4}$ g/ml TMV vollständig verhinderte. Es konnte gezeigt werden, daß es sich um ein Protein, in dem 14 verschiedene Aminosäuren vorkommen, mit einem Molekulargewicht von etwa 10000 handelt. Die Behandlung mit vier proteolytischen Enzymen (Aminopeptidase, Carboxypeptidase, Papain, Trypsin) und anderen Reagentien (p-Chlormercuribenzoat, Perameisensäure, Versen u. a.) zerstörten die Aktivität des Hemmstoffs nicht. Dagegen ging die Aktivität sehr stark oder vollständig bei Reaktion mit Fluordinitrobenzol, salpetriger Säure und Benzoylchlorid zurück, desgleichen durch Elektrodialyse. Es wird geschlossen (RAGETLI und WEINTRAUB), daß freie Aminogruppen, wahrscheinlich die ε-Gruppe des Lysins, für die biologische Aktivität des Hemmstoffs wichtig sind, und daß er durch diese freien NH_2-Gruppen in Konkurrenz tritt mit ähnlichen Gruppen in den allerdings noch hypothetischen Receptoren.

Es sind in den letzten beiden Jahren etwa 30 Arbeiten über die virushemmende Wirkung von verschiedenen Substanzen und von Extrakten aus einer Anzahl von Organismen erschienen. Es würde den Rahmen dieses Berichtes überschreiten, wollte man sie alle hier auch nur stichwortartig aufführen.

Literatur

AACH, H. G.: Biol. Zlbl. **80**, 453 (1961); — Arch. Mikrobiol. **39**, 253 (1961); — Ber. dtsch. bot. Ges. **74**, 433 (1962). — AGRAWAL, H., M. CHESSIN and L. Bos: Nature (Lond.) **194**, 408 (1962). — ALTMANN, H., u. G. STEHLIK: Monatsh. Chem. **93**,

1196 (1962). — ANAUD, G. P. S.: Indian Phythopathol. 13, 55 (1960). — ANDEREGG, J. W., P. H. GEIL, W. W. BEEMAN and P. KAESBERG: Biophys. J. 1, 657 (1961). — ANDERER, F. A.: Z. Naturf. 17b, 526 (1962); 17b, 530 (1962). — ANDERER, F. A., u. D. HANDSCHUH: Z. Naturf. 17b, 536 (1962). — ANDERER, F. A., H. UHLIG, E. WEBER and G. SCHRAMM: Nature (Lond.) 186, 922 (1960). — ARONSON, A. J., and BANCROFT, J. B.: Virology 18, 570 (1962). — ATABEKOV, J. G.: Voprosy Virusologii 6, 669 (1961). — ATABEKOV, J. G., and V. K. NOVIKOV: Voprosy Virusologii 6, 673 (1961). — ATHOW, K. L., and F. A. LAVIOLETTE: Phytopathology 52, 714 (1962).

BABOS, P., and B. KASSANIS: Virology 18, 206 (1962). — BALD, J. G., and SOLBERG, R. A.: Nature (Lond.) 190, 651 (1961). — BANCROFT, J. B.: Virology 14, 296 (1961); 16, 419 (1962). — BAWDEN, F. C.: J. biol. Chem. 236, 2760 (1961). — BAWDEN, F. C., and A. KLECZKOWSKI: Virology 10, 163 (1960). — BAWDEN, F. C., and R. C. SINGHA: Virology 14, 198 (1961). — BERCKS, R.: Phytopath. Z. 40, 357 (1961). — BERCKS, R., u. J. BRANDES: Phytopathol. Z. 42, 45 (1961). — BERGMANN, E. L., and J. S. BOYLE: Phytopathology 52, 956 (1962). — BEST, R. J.: Virology 15, 327 (1961). — BILS, R. F., and C. E. HALL: Virology 17, 123 (1962). — BLACK, L. M.: Handb. Pflanzenphysiol. XV/2, 236, Berlin-Göttingen-Heidelberg: Springer 1963. — BOCKSTAHLER, L. E., and P. KAESBERG: Nature (Lond.) 190, 192 (1961); — Biophys. J. 2, 1 (1962). — BOEDTKER, H., W. MÖLLER and E. KLEMPERER: Nature (Lond.) 194, 444 (1962). — BRAKKE, M. K.: Arch. Biochem. Biophys. 93, 214 (1961); — Virology 17, 131 (1962); 19, 367 (1963). — Anal. Biochem. 5, 271 (1963). — BRCAK, J.: Biol. plant. 4, 176 (1962). — BRCAK, J., and J. HRSEL: Biol. plant. 3, 132 (1961). — BRCAK, J., M. ULRGEHOVA and M. CECH: Virology 16, 105 (1962). — BUZZELL, A.: Biophys. J. 2, 223 (1962).

CADMAN, C. H.: Nature (Lond.) 193, 49 (1962). — CALDWELL, J.: Nature (Lond.) 193, 457 (1962). — CECH, M.: Virology 18, 487 (1962). — CECH, M., O. KRALIK and C. BLATTNY: Phytopathology 51, 183 (1961). — COAHRAN, D. R., A. BUZZELL and M. A. LAUFFER: Biochim. Biophys. Acta 55, 755 (1962). — COCHRAN, G. W., A. S. DHALIWAL, G. W. WELKIE, J. L. CHIDESTER, M. H. LEE and B. K. CHANDRA-SEKHAR: Science 138, 46 (1962). — COCHRAN, G. W., G. W. WELKIE, J. L. CHIDE-STER, B. K. CHANDRASEKHAR and M. H. LEE: Nature (Lond.) 193, 544 (1962). — COMMONER, B.: Proc. Nat. Acad. Sci. 48, 2076 (1962). — COMMONER, B., and G. B. SHEARER: Nature (Lond.) 196, 457 (1962). — COMMONER, B., G. B. SHEARER and M. YAMADA: Proc. Nat. Acad. Sci. 48, 1788 (1962). — COMMONER, B., and J. SYMING-TON: Proc. Nat. Acad. Sci. 48, 1984 (1962). — CORBETT, M. K.: Virology 15, 8 (1961). — CORBETT, M. K., and D. A. ROBERTS: Phytopathology 52, 902 (1962). — CORNUET, P., et S. ASTIER-MANIFACIER: C. R. Acad. Sci. 255, 3076 (1961). — CRAMER, R., and H. SVENSSON: Experientia 17, 49 (1961).

DESJARDINS, P. R., and J. M. WALLACE: Virology 16, 99 (1961). — DIENER, T. O.: Nature (Lond.) 189, 687 (1961). — Virology 14, 177 (1961); 16, 140 (1962). — DIJKSTRA, J.: Virology 18, 142 (1962). — DVORKIN, G. A., and A. S. SPIRIN: Dokl. Acad. Nauk. USSR 135, 987 (1962). — DYSON, J. G., and M. CHESSIN: Phyto-pathology 51, 195 (1961).

EIGNER, J., H. BOEDTKER and G. MICHAELIS: Biochim. Biophys. Acta 51, 165 (1961). — ENDO, H., A. WADA, K. MIURA, Z. HIKADA and C. HIRUKI: Nature (Lond.) 190, 833 (1961).

FORD, R. E., and A. F. ROSS: Phytopathology 52, 226 (1962). — FRAENKEL-CONRAT, H.: Biochim. Biophys. Acta 49, 169 (1961). — FRAENKEL-CONRAT, H., B. SINGER and A. TSUGITA: Virology 14, 54 (1961). — FRANCKI, R. J. B.: Virology 17, 1 (1962); 17, 9 (1962). — FRANCKI, R. J. B., and MATTHEWS, R. E. F.: Virology 17, 367 (1962); 17, 22 (1962). — Nature (Lond.) 191, 1078 (1961). — FRISCH-NIGGEMEYER, W., and R. L. STEERE: Virology 14, 83 (1961). — FUKUSHI, T.: E. SHIKATA and J. KIMURA: Virology 18, 192 (1962). — FULTON, R. W.: Virology 18, 477 (1962).

GIERER, A., u. G. SCHRAMM: Z. Naturf. 11b, 138 (1956). — GIVEON, T., and S. G. WILDMAN: Biochim. Biophys. Acta 55, 990 (1962). — GOODCHILD, D. J.: Nature (Lond.) 192, 289 (1961). — GORDON, M. P., and J. W. HUFF: Biochemistry 1, 481 (1962). — GORDON, M. P., J. W. HUFF and J. J. HOLLAND: Virology 19, 416

(1963). — GORDON, M. P., and C. SMITH: J. biol. Chem. **235**, 28 (1960); **236**, 2762 (1961).

HAMILTON, R. J.: Virology **15**, 452 (1961). — HARPAZ, J., and S. W. APPLE-BAUM: Nature (Lond.) **192**, 780 (1961). — HART, R. G.: J. mol. Biol. **3**, 702 (1961). — HASELKORN, R.: J. mol. Biol. **4**, 357 (1962). — HAYASHI, Y.: Virology **18**, 140 (1962). — HEARST, J. E., J. B. IFFT and J. VINOGRAD: Proc. Nat. Acad. Sci. **47**, 1015 (1961). — HEARST, J. E., and J. VINOGRAD: Arch. Biochem. **92**, 206 (1961). — HELMS, K., and G. A. MC INTRYRE: Virology **18**, 535 (1962). — HERRIDGE, E. A., and D. E. SCHLEGEL: Phytopathology **52**, 735 (1962). — HEXNER, P. E., D. W. KUPKE, H. G. KIM, F. N. WEBER, R. F. BUNTING and J. W. BEAMS: J. Am. Chem. Soc. **84**, 2457 (1962). — HIRTH, L., P. HORN et C. RICHARD: C. R. Acad. Sci. (Paris) **253**, 1500 (1961). — HIRTH, L., P. HORN et C. STRAZIELLE: C. R. Acad. Sci. (Paris) **255**, 212 (1962). — HOLOUBEK, V.: Virology **18**, 401 (1962); — J. mol. Biol. **6**, 164 (1963). — HORN, P., L. HIRTH et G. SCHEIBLING: C. R. Acad. Sci. (Paris) **252**, 2625 (1961). — HORNE, R. W., and P. WILDY: Virology **15**, 348 (1961). — HRSEL, J.: Biol. plant. (Praha) **4**, 232 (1962).

JOHNSON, M. W., and R. MARKHAM: Virology **17**, 276 (1962).

v. KAMMEN, A.: Biochem. Biophys. Acta **53**, 230 (1961). — v. KAMMEN, A., D. NOORDAM and T. H. THUNG: Virology **14**, 100 (1961). — KAPER, J. M., and C. HOUW-ING: Arch. Biochim. Biophys. **96**, 125 (1962); **97**, 449 (1962). — KARASEK, M., and G. SCHRAMM: Biochim. biophys. Res. Commun. **9**, 63 (1962). — KASSANIS, B.: Virology **10**, 353 (1960); — J. gen. Microbiol. **27**, 477 (1962). — KASSANIS, B., and H. L. NIXON: J. gen. Microbiol. **25**, 459 (1961). — KATZ, S., and V. SANTILLI: Biochim. Biophys. Acta **55**, 621 (1962). — KELBITSCH, H.: Protopl. **53**, 205 (1961). — KEMP, W. G., and D. P. HEALD: Canad. J. Bot. **40**, 901 (1962). — KENDA, G.: Protopl. **53**, 305 (1961). — KIKUMOTO, T., and C. MATSUI: Virology **13**, 294 (1961). — KIM, Y. T., and S. G. WILDMAN: Biochem. biophys. Res. Commun. **8**, 394 (1962). — KLECZKOWSKI, A.: Immunology **4**, 130 (1961). — KLECZKOWSKI, A., and A. v. KAM-MEN: Biochim. Biophys. Acta **53**, 181 (1961). — KNIGHT, C. A., D. M. SILVA, D. DAHL and A. TSUGITA: Virology **16**, 236 (1962). — KÖHLER, E.: Z. Pfl. Krank-heiten **68**, 258 (1961); — Phytopath. Z. **46**, 230 (1963). — KONTAXIS, D. G.: Nature (Lond.) **192**, 581 (1961). — KONTAXIS, D. G., and D. E. SCHLEGEL: Virology **16**, 244 (1962). — KOZLOWSKA, A.: Acta biol. cracoviensia IV, 121 (1961). — KRAMER, G., H. G. WITTMANN u. H. SCHUSTER: Z. Naturf. im Druck.

LIPPINCOTT, J. A.: Virology **13**, 348 (1961). — LOEBENSTEIN, G.: Virology **17**, 574 (1962). — LORING, H. S., Y. FUJIMOTO and A. T. TU: Virology **16**, 30 (1962).

MACLEOD, R., and R. MARKHAM: Virology **19**, 190 (1963). — MARKHAM, R.: Adv. Vir. Res. **9**, 241 (1962). — MATTERN, C. F. T.: Virology **17**, 76 (1962). — MATTHEWS, R. E. F., E. T. BOLTON and H. R. THOMPSON: Virology **19**, 179 (1963). — MAYOR, H. D., and A. R. DIWAN: Virology **14**, 74 (1961). — MAZZONE, H. M., N. L, INCARDONA and P. KAESBERG: Biochem. Biophys. Acta **55**, 164 (1962). — MILICIC. D.: Phytopath. Z. **44**, 282 (1962). — MINK, G. I., and J. B. BANCROFT: Nature (Lond.) **194**, 214 (1962). — MIURA, K. J., T. MIURA, C. HIRUKI, Z. HIKADA and I. WATANABE: Virology **19**, 140 (1963).

NAGARAJ, A. N.: Virology **18**, 329 (1962). — NAGARAJ, A. N., and L. M. BLACK: Virology **15**, 289 (1961). — NIKIFOROVA, G. S.: Dokl. Akad. Nauk U.S.S.R. **138**, 458 (1961). — NITZANY, F. E., and J. SELA: Virology **17**, 549 (1962).

OFENGAND, J., and R. HASELKORN: Biochem. biophys. Res. Commun. **6**, 469 (1962). — OPEL, H., H. WOLFGANG u. H. KEGLER: Phytopath. Z. **42**, 62 (1961).

PAUL, H. L.: Z. Naturf. **16b**, 786 (1961). — Phytopath. Z. **43**, 315 (1962). — PERDRIZET, E., et C. MARTIN: C. R. Acad. Sci. (Paris) **252**, 2288 (1961); **252**, 2756 (1961). — PIRIE, N. W.: Perspect. Biol. Med. **5**, 446 (1962). — PIRONE, T. P., G. S. POUND and R. J. SHEPHERD: Phytopathology **51**, 541 (1961). — POLSON, A., and M. H. V. v. REGENMORTEL: Virology **15**, 397 (1961).

RAGETLI, H. W. J., and M. WEINTRAUB: Virology **18**, 232 (1962); **18**, 241 (1962). — RAPPAPORT, I.: Nature (Lond.) **189**, 986 (1961). — RAPPAPORT, I., and J. H. WU: Virology **17**, 411 (1962). — RASA, E. A., and K. ESAU: Hilgardia **30**, 469 (1961). —

Rawlins, T. E.: Plant Dis. Rep. **45**, 598 (1961). — Reddi, K. K.: Biochim. Biophys. Acta **33**, 164 (1959). — v. Regenmortel, M. H. V.: Virology **15**, 221 (1961). — v. Regenmortel, M. H. V., J. Brandes u. R. Bercks: Phytopath. Z. **45**, 205 (1962). — Reichmann, M. E., and D. L. Hatt: Biochim. Biophys. Acta **49**, 153 (1961). — Reiter, L.: Protopl. **53**, 149 (1961). — Resconich, E. C.: Virology **15**, 16 (1961). — Ross, A. F.: Virology **14**, 329 (1961); **14**, 340 (1961). — Rubio-Huertos, M.: Virology **18**, 337 (1962). — Rushizky, G. W., C. A. Knight, W. K. Roberts and C. A. Dekker: Biochim. Biophys. Acta **55**, 674 (1962). — Rushizky, G. W., H. A. Sober and C. A. Knight: Biochim. Biophys. Acta **61**, 56 (1962). — Ruttgay-Nedecky, G., and V. Spanik: Nature (Lond.) **195**, 735 (1962). — Acta virologica **7**, 67 (1963).

Sänger, H. L., u. E. Brandenburg: Naturwissenschaften **48**, 391 (1961). — Saito, Y., K. Takanashi and Y. Iwata: Ann. phytopath. Soc. Jap. **26**, 16 (1961). — Santilli, V., C. M. Nepokroeff and N. C. Gagliardi: Nature (Lond.) **193**, 656 (1962). — Sarkar, S.: Virology **20**, 145 (1963). — Schöniger, G.: Phytopathol. Z. **41**, 27 (1961). — Schuster, G.: Phytopath. Z. **43**, 307 (1962). — Schuster, H., G. Schramm u. W. Zillig: Z. Naturf. **11**b, 339 (1956). — Schuster, H., u. H. G. Wittmann: Virology **19**, 421 (1963). — Selman, I. W., M. R. Brierley, G. F. Pegg and T. A. Hill: Ann. appl. Biol. **49**, 601 (1961). — Shalla, T. A.: Virology **13**, 383 (1961). — Shaw, J. G., and R. H. Larson: Phytopathology **52**, 170 (1962). — Shaw, J. G., M. E. Reichman and D. L. Hatt: Virology **18**, 79 (1962). — Siegel, A.: Virology **15**, 212 (1961). — Siegel, A.: Genetics **47**, 984 (1962). — Siegel, A., M. Zaitlin and O. P. Sehgal: Proc. Nat. Acad. Sci. **48**, 1845 (1962). — Singer, B., and H. Fraenkel-Conrat: Virology **14**, 59 (1961). — Fed. Proc. **21**, 462 (1962). — Solberg, R. A., and J. G. Bald: Am. J. Bot. **49**, 149 (1962). — Solymosy, F., and G. L. Farkas: Nature (Lond.) **195**, 835 (1962). — Spanik, V.: Biologia **16**, 615 (1961). — Spencer, M., W. Fuller, M. H. F. Wilkins and G. L. Brown: Nature (Lond.) **194**, 1014 (1962). — Steere, R. L., and G. K. Ackers: Nature (Lond.) **194**, 114 (1962). — Stegwee, D., and D. Peters: Virology **15**, 202 (1961). — Stouffer, R. F., and A. F. Ross: Phytopathology **51**, 740 (1961). — Strazielle, C., P. Horn et L. Hirth: C. R. Acad. Sci. (Paris) **255**, 418 (1962). — Sugiyama, T., and H. Fraenkel-Conrat: Proc. Nat. Acad. Sci. **47**, 1393 (1961). — Symington, J., B. Commoner and M. Yamada: Proc. Nat. Acad. Sci. **48**, 1675 (1962). — Symons, R. H., M. W. Rees and R. Markham: Biochem. J. **84**, 37 (1962). — Symons, R. H., M. W. Rees, M. N. Short and R. Markham: J. mol. Biol. **6**, 1 (1963).

Takahashi, W. N.: Phytopathology **52**, 29 (1962). — Taniguchi, T.: Virology **17**, 40 (1962); **18**, 646 (1962). — Taylor, R. H.: Austr. J. exp. Agric. Anim. Husbandry **2**, 86 (1962). — Taylor, R. H., R. C. Grogau and K. A. Kimble: Phytopathology **51**, 837 (1961). — Thaler, J.: Protopl. **53**, 294 (1961). — Thomson, A. D.: Virology **13**, 262 (1961); **13**, 507 (1961). — Thomsen, A. D.: Anal. Bioch. **4**, 46 (1962). — Thornberry, H. H., and B. B. Nagaich: J. Bact. **83**, 1322 (1962). — Tomlinson, J. A.: Nature (Lond.) **193**, 299 (1962). — Townsley, P. W.: Nature (Lond.) **191**, 626 (1961). — Tremaine, J. H.: Canad. J. Bot. **39**, 1705 (1961). — Triebel, H., H. Venner u. W. Kayser: Z. Naturf. **16**b, 368 (1961). — Tsugita, A.: J. mol. Biol. **5**, 284 (1962); **5**, 293 (1962). — Tsugita, A., and Fraenkel-Conrat, H.: J. mol. Biol. **4**, 73 (1962). — Tsugita, A., H. Fraenkel-Conrat. M. W. Nirenberg and H. J. Matthaei: Proc. Nat. Acad. Sci. **48**, 846 (1962). — Tsugita, A., D. T. Gish, J. Young, H. Fraenkel-Conrat, C. A. Knight and M. W. Stanley: Proc. Nat. Acad. Sci. **46**, 1463 (1960).

Veldee, S., and H. Fraenkel-Conrat: Virology **18**, 56 (1962). — Venekamp, J. H., and W. H. M. Mosch: Virology **19**, 316 (1963).

Weintraub, M., and W. G. Kemp: Virology **13**, 256 (1961). — Weintraub, M., and H. W. J. Ragetli: Phytopathology **51**, 215 (1961). — Weintraub, M., H. W. J. Ragetli and P. W. Townsley: Virology **17**, 196 (1962). — Welsh, R. S., A. Brakenstiel, N. Cornell and J. Habener: Virology **16**, 213 (1962). — Wetter, C., u. H. L. Paul: Phytopath. Z. **43**, 207 (1961). — v. Wettstein, D., u. H. Zech: Z. Naturf. **17**b, 376 (1962). — Willison, R. S., J. H. Tremaine and M. Weintraub:

Canad. J. Bot. **39**, 1447 (1961). — WITTMANN, H. G.: Naturwissenschaften **48**, 729 (1961). — Z. Vererbungsl. **93**, 591 (1962). — Naturwissenschaften **50**, 76 (1963). — WITTMANN, H. G., u. H. L. PAUL: Phytopathol. Z. **41**, 74 (1961). — WITTMANN-LIEBOLD, B., u. H. G. WITTMANN: Z. Vererbungsl., im Druck. — WRIGHT, N. S., and M. HARDY: Virology **13**, 414 (1961). — WU, J. H., W. HUDSON and S. G. WILDMAN: Phytopathology **52**, 1264 (1962). — WU, J. H., and I. RAPPAPORT: Virology **14**, 259 (1961). — Nature (Lond.) **193**, 908 (1962).

YAMANE, T., and N. DAVIDSON: Biochim. Biophys. Acta **55**, 780 (1962). — YAMAZAKI, H., J. BANCROFT and P. KAESBERG: Proc. Nat. Acad. Sci. **47**, 979 (1961). — YAMAZAKI, H., and P. KAESBERG: Nature (Lond.) **191**, 96 (1961); — Biochim. Biophys. Acta **51**, 9 (1961); **53**, 173 (1961). — YARWOOD, C. E.: Plant Dis. Rep. **46**, 317 (1962). — YARWOOD, C. E., E. C. RESCONICH and C. J. KADO: Virology **16**, 414 (1962).

ZECH, H.: Z. Naturf. **16**b, 520 (1961). — ZIEGLER, A.: Protopl. **53**, 298 (1961).

b) Bakteriophagen

Von WALTER HARM, Köln

Die Aufgabe, die während eines Jahres auf dem Gebiet der Phagenforschung erzielten Fortschritte in einem kurzen Bericht wie dem folgenden wiederzugeben, gestattet es kaum, selbst auf die wesentlichsten Ergebnisse so weit einzugehen, wie es mancher Leser vielleicht wünschen würde. Es sei deshalb auf das kürzlich erschienene umfangreiche Übersichtsreferat von LURIA (1962) hingewiesen, das vorwiegend die Ergebnisse der letzten 5 Jahre, soweit sie die Phagen-*Genetik* betreffen, in detaillierterer Form darstellt. Wegen des beschränkten Raumes wurden im diesjährigen Bericht auch die Abschnitte „Lysogenie" und „Phagen als transduzierende Partikel" fortgelassen und sollen im nächsten Jahr ausführlicher behandelt werden.

Allgemeines

Die Veröffentlichungen der letzten Jahre über Bakteriophagen spiegeln deren zunehmende Bedeutung als Modellobjekte der molekularen Genetik wider. Ihr großer Vorteil besteht in der relativ einfachen Struktur und der guten quantitativ-experimentellen Zugänglichkeit. Im Mittelpunkt des Interesses steht das Phagen-Erbmaterial: in den meisten Fällen „normale" Desoxy-Ribonucleinsäure (DNA), wie sie bei vielen anderen niederen und höheren Organismen vorkommt, gelegentlich DNA mit andersartigen Basen oder mit nur einer Nucleotidkette, selten auch Ribonucleinsäure (RNA). Die Erbsubstanz macht im allgemeinen zwischen einem Viertel und der Hälfte der Gesamtmasse eines Phagen aus; sie läßt sich leicht von den anderen Komponenten trennen, und es gelingt neuerdings auch unter gewissen Bedingungen, Bakterienzellen mit reiner Phagen-DNA zu infizieren und somit zur Produktion spezifischer infektiöser Phagen-Partikel zu veranlassen („Phagen-Transformation").

Das zentrale Problem der Erforschung der molekularen Struktur und der biologisch-funktionellen Differenzierung des Erbmaterials, seiner Replikation, Mutabilität und Rekombination, sowie des Mechanismus der Informationsabgabe an die Zelle, bedingt das ebenfalls große Interesse an den nur mittelbar damit zusammenhängenden Fragen. Es sind dies insbesondere der morphologische und biochemische Aufbau der Phagenhülle, der Adsorptionsvorgang und die DNA-Injektion, der zeitliche Ablauf und die Koordination intracellulärer phagen-spezifischer Prozesse, sowie die Reaktion der Phagen auf schädigende Einwirkungen. Die fortschreitende Klärung dieser Phänomene und ihre mögliche Zuordnung zu den funktionellen Einheiten des Erbmaterials gibt Anlaß zu der Hoffnung, daß es hier der künftigen Forschung am ehesten gelingen wird, ein einfaches genetisches System in Aufbau, Funktion und Wandelbarkeit bis ins einzelne zu verstehen.

Morphologische und biochemische Struktur

Die äußere Form eines Bakteriophagen scheint im allgemeinen ein ziemlich konstantes Merkmal zu sein, denn es gibt bisher sehr wenige Beispiele für eine Beeinflussung der Morphologie durch Mutationen oder durch physiologische Veränderungen des Milieus. Eine schon seit einigen Jahren beim Phagen T2 bekannte milieubedingte alternative Variabilität der Kopfform (langer oder kurzer Kopf) wurde von CUMMINGS u. KOZLOFF (1962) näher untersucht. Der jeweilige morphologische Zustand wird u. a. vom pH-Wert und der Temperatur des Suspensionsmediums bestimmt. Es ließ sich zeigen, daß — obwohl beide Formen grundsätzlich infektiös sind — zur Infektion zunächst die langköpfige Form in die kurzköpfige umgewandelt werden muß. Diese Umwandlung scheint regelmäßig nach der Adsorption durch eine stoffliche Komponente der Bakterienzelle ausgelöst zu werden, da unter den üblichen Adsorptionsbedingungen (37°C, pH = 7) die Phagen in der langköpfigen Form vorliegen. Die Kopfverkürzung ist anscheinend eine notwendige, aber nicht alleinige Voraussetzung für die Injektion der Phagen-DNA ins Zellinnere.

Bei der DNA-Injektion der Phagen T2, T4 und T6 spielen offenbar die im Phagenschwanz enthaltenen Nucleosid-Triphosphate eine wichtige Rolle. Nach Untersuchungen von WAHL u. KOZLOFF (1962) sind etwa 42 Moleküle Adenosin-Triphosphat (ATP) vorhanden, ferner 90—100 Moleküle anderer Triphosphate wie Desoxy-ATP, und wahrscheinlich Uridin- und Guanosin-TP. Die Gesamtzahl der Triphosphat-Moleküle entspricht etwa der Anzahl der Untereinheiten des contractilen Proteins, so daß vermutlich jeweils ein Protein-Element mit einem Triphosphat-Molekül strukturgebunden ist. Der kurzschwänzige Phage T7 und die Phagen mit langen *dünnen* Schwänzen wie T1, T3C, T5 und λ besitzen keine nachweisbaren Mengen Nucleosid-Triphosphate, so daß ihr Schwanz vermutlich nicht so contractil ist, wie der der geradzahligen T-Phagen.

Eine bisher bei Phagen unbekannte Morphologie weist ein von MARVIN u. HOFFMANN-BERLING (1963) beschriebener Phage fd auf: Er hat die Form einer dünnen Fibrille, die mit 700 mμ etwa halb so lang ist wie das darin eingeschlossene einsträngige DNA-Molekül (Mol.-Gew. 1,3 $\times$ 10⁶) Entsprechend der ungewöhnlichen Form ist der Anteil der Nucleinsäure an der Gesamtmasse des Phagen gering (11,6%), ähnlich wie man es von stabförmigen Pflanzenviren her kennt.

Wesentliche Fortschritte sind auf dem Gebiet der elektronenoptischen Darstellung und der strukturellen Charakterisierung der Phagen-DNA erzielt worden. Mit einer neuen Präparationstechnik gelang es KLEINSCHMIDT et al. (1962) die DNA einzelner T2-Partikel einwandfrei abzubilden; in Übereinstimmung mit neueren physikochemischen und genetischen Befunden zeigte sich, daß die gesamte DNA in Form eines einzigen unverzweigten Moleküls vorliegt, dessen Länge 49 $\pm$ 4 μ beträgt. Dieser Wert ist in guter Übereinstimmung mit autoradiographischen Messungen von CAIRNS (1961), die etwa 52 μ ergaben, und entspricht auch etwa der nach dem Molekulargewicht erwarteten Länge. Die elektronenmikroskopisch bestimmte Länge der T3-DNA beträgt nach BENDET et al. (1962)

14,0 $\pm$ 0,6 μ. Bisher ist kein Fall bekannt geworden, wo das Erbmaterial eines Phagen in mehr als einem einzigen DNA-Molekül vorliegt, welches als das Phagen-„Chromosom" angesehen werden kann. Dies gilt auch für den Phagen T5, dessen Mol.-Gew. von BURGI u. HERSHEY (1962) zu 80 $\times$ 10^6 bestimmt wurde, für T7 (DAVISON u. FREIFELDER, 1962) mit einem Mol.-Gew. von etwa 19 $\times$ 10^6 und für den kleinen Phagen ΦX 174, dessen DNA einsträngig ist. Elektronenoptische Aufnahmen von McLEAN u. HALL (1962) zeigten, daß sich die ΦX-DNA nicht frei im Phagen-Innern befindet, sondern in Form eines Nucleoprotein-Fadens von etwa 4 mμ Dicke. Etwa 80% des Phagen-Proteins ist auf diese Weise gebunden, nur die restlichen 20% bilden die Untereinheiten der Proteinhülle, die zu je 5 in Form von 12 „Knöpfen" an den Eckpunkten eines Ikosaeders angeordnet sind. Das Nucleoprotein kann durch verschiedene Behandlungsmethoden zum Heraustreten aus der Phagenhülle veranlaßt werden, wobei der Faden am Ende zu einer charakteristischen „Öse" umgebogen ist.

Experimentelle Untersuchungen von FIERS u. SINSHEIMER (1962) zeigten, daß die infektiöse DNA von ΦX 174 offensichtlich Ringstruktur besitzt: Sie hat weder ein freies 3′OH-Ende noch ein freies 5′OH-Ende. Bei einmaliger Spaltung durch Nuklease oder Hitze bleibt das Molekulargewicht erhalten, die DNA ändert jedoch ihre Sedimentations-Eigenschaften und wird für den Abbau durch Coli-Phosphodiesterase zugänglich. Erst eine weitere Spaltung führt zu beliebig großen Bruchstücken. Es zeigte sich, daß die durch die erste Spaltung entstehende Kette eine Diskontinuität aufweist (vermutlich die Stelle des ursprünglichen Ringschlusses), über die der sequentielle Abbau durch Phosphodiesterase nicht hinweggehen kann.

Die genetische Spezifität der DNA wird durch die Aufeinanderfolge der Nucleotidbasen bestimmt. Obwohl eine Analyse längerer Sequenzen bisher noch nicht möglich ist, kann auf Grund des „Hybridisierungs"-Verhaltens der durch Hitze-Denaturierung erzeugten Einzelstränge verschiedener DNA-Species auf bestehende Ähnlichkeiten oder Unähnlichkeiten in der Nucleotidfolge geschlossen werden. SCHILDKRAUT et al. (1962) fanden bei Renaturierung der DNA durch langsames Abkühlen Hybridisierung zwischen den DNA-Strängen der verschiedenen geradzahligen T-Phagen, sowie zwischen den DNA-Strängen von T3 und T7. Die Homologie zwischen den letzteren läßt vermuten, daß diese beiden Phagen auch miteinander kreuzbar sind, obwohl seitens der Kreuzungsgenetik derartiges noch nicht beschrieben wurde. Dagegen ist eine Hybridisierung von DNA-Einzelsträngen geradzahliger T-Phagen mit denen ungeradzahliger T-Phagen nicht möglich.

Ein bisher unbekannter Typ von DNA wurde von KALLEN et al. (1962) bei dem Phagen SP8 von *Bacillus subtilis* gefunden; sie enthält anstelle von Thymin 5-Hydroxymethyl-Uracil. Die Entdeckung dieser DNA geschah nicht zufällig, sondern mit Hilfe einer Testmethode, wonach abartige DNA auf Grund ihrer Abweichung von der normalen Korrelation zwischen Dichte und „Schmelzpunkt" erkannt werden kann. Die Charakterisierung der DNA einer Reihe anderer Phagen, die unter einer großen

Anzahl untersuchter Phagen als ebenfalls abweichend gefunden wurden, steht noch aus.

Infektion und DNA-Replikation

Der erste Schritt der Phagen-Infektion ist die Adsorption an die Bakterienoberfläche. Man weiß seit langer Zeit, daß manche Stämme von T4 und T6 hierzu L-Tryptophan als Cofaktor benötigen. Über den vermutlichen Mechanismus dieser Cofaktorwirkung wird in einer Arbeit von BRENNER et al. (1962) berichtet. Danach sind die für die Adsorption erforderlichen Schwanzfaserenden des Phagen bei diesen Stämmen an die Schwanzscheide adsorbiert und werden nur in Gegenwart von L-Tryptophan frei. Mutationen zur Cofaktor-Unabhängigkeit bewirken vermutlich eine Veränderung des Schwanzscheiden-Proteins, so daß die Adsorption daran nicht mehr eintritt. Die ebenfalls seit langem bekannte Hemmung der Adsorption des Phagen T2H durch Indol wird auf den entgegengesetzten Effekt zurückgeführt, d. h. auf eine erzwungene Adsorption der Schwanzfaserenden an die Schwanzscheide.

In den letzten Jahren ist mehrfach über Infektionen von Bakterienzellen mit reiner Phagen-DNA berichtet worden („Phagen-Transformation"). Hierzu ist notwendig, daß die gleiche Zelle von einem intakten Phagen ("helper phage") infiziert wird, wie beim Phagen λ, oder daß die zu infizierenden Zellen in einem für die Transformation geeigneten Zustand („kompetente" Zellen) oder als Sphäroplasten (d. s. Zellen, denen die starre Zellwandkomponente fehlt) vorliegen. KAISER (1962) konnte nun beim Phagen λ zeigen, daß auch DNA-Fragmente noch infektiös für Coli-Zellen sind, d. h. daß die darauf befindlichen genetischen Markierungen in der Nachkommenschaft des helper-Phagen wiedererscheinen. Die durch kontrollierte Scherkräfte etwa in der Mitte der DNA-Moleküle ausgelösten Brüche trennen auch die auf der linken und rechten Hälfte des Phagen-„Chromosoms" befindliche genetische Information. Dabei zeigte sich, daß stets nur die Markierungsgene einer bestimmten Hälfte übertragen wurden, was auf eine Polarität des „Chromosoms" bezüglich des Eindringens in die Zelle hinweist. Auch Zellen von *Bacillus subtilis* können mit reiner DNA des Phagen SP3 infiziert und damit zur Produktion dieser Phagen veranlaßt werden (ROMIG, 1962). Dabei zeigt sich eine strenge Parallele zur Transformation mit Bakterien-DNA, insofern als nur die in bestimmter Weise vorbehandelten Zellen („kompetente" Zellen) infizierbar sind. In Sphäroplasten von *E. coli* kann mit Hilfe von gereinigter $T4r^+$ DNA die Produktion von $T4r^+$-Nachkommenschaft ausgelöst werden, wenn die Sphäroplasten gleichzeitig von Harnstoffdenaturierten T4r-Phagen infiziert werden (VELDHUISEN et al., 1962). Offenbar findet nur eine bruchstückweise Infektion der $T4r^+$ DNA statt, so daß genetische Rekombination mit einem gleichzeitig in der Zelle befindlichen T4r-Genom für die Erzeugung der $T4r^+$-Nachkommenschaft erforderlich ist. Dies folgt u. a. aus Versuchen, in denen ohne merkliche Einbuße an Infektiosität die $T4r^+$ DNA durch Scherkräfte oder DNase bis auf etwa $^1/_{100}$ ihres ursprünglichen Molekulargewichtes zerstückelt wurde.

Bei der Infektion von Zellen mit dem Phagen ΦX 174 ist am bemerkenswertesten, daß die einsträngige DNA intracellulär in eine zweisträngige, „replikative Form" (RF) übergeht (SINSHEIMER et al., 1962). Diese ist, ebenso wie die einsträngige Form, infektiös für Sphäroplasten, und wird auch als solche vermehrt. Während die Infektion und der Übergang von einsträngiger DNA zur RF offenbar keine Proteinsynthese benötigt, scheint der für die Reifung der Nachkommenschafts-Partikel notwendige Übergang von RF zur einsträngigen Form Proteinsynthese zu erfordern, denn er wird durch Chloramphenicol gehemmt. Bereits 8 min nach Infektion sind die ersten reifen ΦX-Partikel in der Zelle nachweisbar. Vermutlich dient die RF als Matrize zur Herstellung einsträngiger DNA für die reifenden Partikel, denn es findet keine Übertragung von elterlichem DNA-Material auf die Tochterpartikeln statt.

Sehr aufschlußreich sind auch Untersuchungen über die Infektion und Vermehrung von RNA-Phagen. COOPER u. ZINDER (1962) zeigten, daß für die Vermehrung des RNA-Phagen f2 keine DNA-Zwischenstufe erforderlich ist, was mit den Befunden an RNA-haltigen Tier- und Pflanzenviren übereinstimmt. f2 kann somit vermutlich als brauchbares Modellobjekt für RNA-Viren angesehen werden. Bei dem RNA-Phagen MS-2 fand BROCK (1962), daß die Vermehrung in einem frühen intracellulären Stadium durch Streptomycin unterbunden werden kann. Streptomycin wirkt dagegen nicht auf den freien Phagen oder auf spätere intracelluläre Stadien. Analoges gilt für die Wirkung von RNase. Daß die Phagen-RNA unmittelbar als Informationsquelle für die Protein-Synthese fungiert, wird auch durch Untersuchungen von NATHANS et al. (1962) über Proteinsynthese mit f2-RNA in einem zellfreien System bestätigt.

Man kennt bei einigen Phagen-Wirtszell-Systemen schon seit etwa 10 Jahren das Phänomen der *wirtsspezifischen Modifikation*. Ein aus einem Bakterienstamm A hervorgegangener Phage erzeugt durch Infektion eines Stammes B eine Phagen-Nachkommenschaft, die sich auf dem Stamm A nicht mehr vermehren kann. Diese Erscheinung wurde jetzt von ARBER u. DUSSOIX (1962) beim Phagen λ und den Wirtsstämmen *E. coli* K 12 und K 12 *(P 1)* d. i. ein K 12-Stamm, der P 1 als Prophagen trägt, sehr eingehend untersucht. Auf K 12 (P 1) gewachsene Phagen infizieren beide Stämme mit voller Wirksamkeit, auf K 12 gewachsene Phagen infizieren K 12 (P 1) aber nur noch mit einer Wirksamkeit von 2×10^{-5}. Es zeigte sich, daß die Wirtsspezifität ihren Sitz in der Phagen-DNA hat und offensichtlich sehr fest mit ihr verbunden bleibt. Bei Infektion von K 12 mit Phagen, die auf K 12 (P 1) gewachsen sind, ergab sich nämlich, daß nur die neusynthestisierte DNA die Wirtsspezifität für K 12 hat, während die elterliche DNA ihre ursprüngliche Wirtsspezifität beibehält. Es genügt hierfür, wenn 1 Strang der DNA des Nachkommenschaftspartikels vom infizierten Elter stammt.

DUSSOIX und ARBER (1962) fanden weiter, daß Phagen-DNA mit der Wirtsspezifität für K 12 bei Infektion von K 12 (P 1)-Zellen sehr schnell abgebaut wird, daß aber ein "Rescue" von genetischen Markern dieses Phagen durch Rekombination möglich ist, wenn ein Phage mit der Wirtsspezifität für K 12 (P 1) die gleiche Zeit infiziert. Analoge Verhältnisse wie bei dem Colisystem-K 12 und -K 12 (P 1) fand CHRISTENSEN (1962) bei *Shigella dysenteriae* für das System T 1-Sh und T 1-Sh (P 1). Auch hier war in Gegenwart eines auf dem Stamm Sh (P 1) vermehrungsfähigen Phagen Marker-Rescue eines restriktiven T 1 möglich; ohne Rescue war jedoch — von wenigen Ausnahme-Komplexen abgesehen — weder eine Vermehrung noch eine Funktionsausübung von Genen des restriktiven T 1-Phagen möglich.

Genphysiologie und Mutationsforschung

Die DNA enthält ihre genetische Information in Form eines Codes, dessen variable Elemente die Nucleotidbasen sind. Mehrere Basen (vermutlich 3) bilden jeweils eine Code-Einheit, mit der eine Aminosäure bestimmt wird. Auf dem Wege über Messenger-RNA (m-RNA), mit deren Bildung die DNA-Spezifität kopiert wird, werden schließlich spezifische Polypeptide (Strukturproteine, Enzyme usw.) hergestellt. Diese heute allgemein akzeptierte Vorstellung von der primären Genwirkung wurde durch Experimente an Phagen weiterhin bestätigt und vertieft. Sie stellt ebenso die Grundlage für das Verständnis des Mutationsgeschehens dar.

BAUTZ u. HALL (1962) gelang es, aus der Gesamt-RNA T 4-infizierter Coli-Zellen T 4-spezifische m-RNA zu isolieren. Die Methode beruht auf der spezifischen Bindung der m-RNA mit hitzedenaturierter T 4-DNA. Durch nachfolgende Verwendung von hitzedenaturierter DNS eines T 4-Stammes mit einer großen Defizienz im rII-A- und rII-B-Cistron konnte spezifische m-RNA der rII-Region von T 4 gewonnen werden. Es ließ sich weiter zeigen (BAUTZ, 1962), daß bei Zugabe der T 4-spezifischen m-RNA — verglichen mit der restlichen RNA T 4-infizierter Zellen — die Rate der Proteinsynthese in einem zellfreien System um ein Vielfaches gesteigert wird. Dies entspricht bereits länger bekannten Befunden, daß nach Infektion von Coli-Zellen mit geradzahligen T-Phagen *nur* noch phagen-spezifische m-RNA gebildet wird, jedoch keine bakterien-spezifische m-RNA und keine niedermolekulare RNA. Die Unterdrückung der bakterien-spezifischen RNA-Synthese erfolgt nach Arbeiten von OKAMOTO et al. (1962) und NOMURA et al. (1962) auch in Gegenwart von Chloramphenicol oder Streptomycin, so daß weder die Synthese phagenspezifischen Proteins, noch der Abbau des Bakterien-Genoms der Grund für die Unterdrückung sein kann. Wie durch Bakterienkreuzung wahrscheinlich gemacht werden konnte, ist unter diesen Bedingungen die Bakterien-DNA durchaus noch funktionsfähig, wenn sie in eine andere, nicht phagen-infizierte Zelle gelangt. Man darf wohl annehmen, daß ebenso wie bei Zelltötung durch leere Phagen-Hüllen ("ghosts") das Phagenprotein für den Effekt verantwortlich ist.

CHAMPE u. BENZER (1962) beschrieben beim Phagen T 4 Deletionen, die in der rII-Region gleichzeitig Teile des A-Cistrons und des B-Cistrons betreffen, und dadurch die Funktionsausübung beider Cistren verhindern. Eine dieser Deletionen (r1589) verhielt sich jedoch unerwartet: Obwohl sie sich über etwa $^1/_5$ des B-Cistrons erstreckt, verhindert sie nicht dessen Funktion. Es wird deshalb angenommen, daß der betroffene Teil des B-Cistrons für die Funktion unwesentlich ist, und daß die Länge der Deletion gerade derart ist, daß die Information im Rest des Cistrons richtig abgelesen werden kann. In einer Erweiterung dieser Arbeit (BENZER u. CHAMPE, 1962) wird plausibel gemacht, daß gewisse Punkt-Mutationen Code-Einheiten so verändern können, daß sie überhaupt keinen Aminosäuren entsprechen, wodurch die Polypetid-Kette an dieser Stelle abgebrochen wird („Nonsense-Mutationen"). Da die Deletion r 1589 die Grenze zwischen Cistron A und B einschließt, so daß beide Cistren zusammen sich wie ein einziges verhalten, kann eine Nonsense-Mutation in der A-Hälfte dieses gemeinsamen Cistrons die B-Funktion zum Verschwinden bringen, was beim Vorhandensein der Cistron-Grenze nicht möglich wäre. Dies wurde tatsächlich für verschiedene Punkt-Mutationen gefunden. Durch „Missense-Mutationen" (d. s. solche, bei denen die veränderte Code-Einheit eine veränderte Aminosäure bestimmt) bleibt dagegen die Funktion des B-Cistrons erhalten.

Soweit sich diese Deutungen in Zukunft als zutreffend erweisen, sagen sie wesentliches über den genetischen Code aus: Das Auftreten von Nonsense-Mutationen bedeutet, daß der Code nicht völlig degeneriert sein kann. Weiterhin besagt die Tatsache, daß eine Mutation sich in einem Bakterienstamm als Nonsense, aber in einem anderen als Missense auswirken kann, daß der Code unter der Kontrolle des Organismus selbst steht und mutativ verändert werden kann. Es würde hier zu weit führen, dies im einzelnen zu erläutern, doch sei angeführt, daß auf diese Weise manche bisher unverständlichen Suppressorwirkungen erklärt werden können.

Die Entdeckung zweier neuer Gruppen von Phagen-Mutationen verspricht für die Zukunft erhebliche Fortschritte in der genphysiologischen Forschung. Es sind einmal die Temperatur-Empfindlichkeits-Mutationen (*ts*) bei λ (CAMPBELL, 1961) und bei T4 (R. S. EDGAR, unveröff., zitiert bei LURIA, 1962), sowie die „amber"-Mutationen (*am*) (R. H. EPSTEIN, unveröff., zitiert bei LURIA, 1962). Die *ts*-Mutanten sind im Unterschied zum Wildtyp bei gewissen Temperaturen nicht mehr vermehrungsfähig. Die *am*-Mutationen sind dadurch charakterisiert, daß sie auf bestimmten Stämmen von *E. coli* K12 wachsen können, nicht aber auf *E. coli B*. Beiden Gruppen von Mutationen ist gemeinsam, daß sie über das ganze Genom verstreut liegen, also die verschiedensten Gene betreffen können. Dies beruht vermutlich darauf, daß das von der Mutante produzierte, genspezifische Protein thermolabil ist (im Falle der *ts*-Mutationen), oder daß bestimmte Veränderungen in der Nucleotid-Sequenz, entsprechend den Vorstellungen von BENZER u. CHAMPE (1962) sich in einem Bakterienstamm letal auswirken, aber in anderen nicht (im Falle der *am*-Mutationen). Wegen der Verbreitung dieser Mutantengruppen im gesamten Genombereich sind sie ein ausgezeichnetes Hilfsmittel, um die Funktion der davon betroffenen Gene (Cistren) zu studieren und ein möglichst lückenloses Bild von der Sequenz der Cistren im Gesamtgenom zu erhalten. Eine von EDGAR (s. LURIA, 1962) entworfene vorläufige Genomkarte von T4, die in Bestätigung früherer Befunde (STREISINGER, EDGAR u. HARRAR; persönl. Mitteilung) ringförmig ist, zeigt bereits, daß die Gene für bestimmte Phagen-Komponenten und die damit in Zusammenhang stehenden Funktionen jeweils geordnet zusammenliegen, was genphysiologisch sicherlich zweckmäßig, vielleicht sogar notwendig ist.

WIBERG et al. (1962) konnten mit Hilfe verschiedener *am*-Mutanten wahrscheinlich machen, daß die Produktion der für die DNA-Synthese notwendigen phagenspezifischen Enzyme von der synthestisierten DNA selbst geregelt wird. Bei Anwesenheit entsprechender, die DNA-Synthese beeinträchtigender Mutationen steigt die Syntheserate der Enzyme weit über das normale Maß hinaus an, ebenso wie es nach UV-Bestrahlung der Fall ist. STREISINGER et al. (1961) isolierten bei T4 Mutanten (mit „*e*" bezeichnet), deren Lysozym thermolabiler ist als das vom Wildtyp produzierte; dies trifft in gesteigertem Maße für Doppelmutanten zu. Sieben näher untersuchte Mutationen dieser Art lagen in einem gemeinsamen Cistron, welches offenbar die Proteinstruktur des Lysozyms determiniert.

Phagen-spezifische Funktionen werden in der Zelle nicht nur von der DNA der infizierenden Partikeln ausgelöst, sondern auch von den replizierten DNA-Molekülen, bevor sie in die Tochterpartikeln eingebaut werden. Dies folgt einwandfrei aus Experimenten von SECHAUD u. STREISINGER (1962), in denen Zellen mit zwei unterschiedlichen T2h$^+$-Phagen mischinfiziert wurden. Die im intracellulären DNA-pool durch genetische Rekombination gebildete DNA des Genotyps *h* ist ihrerseits schon in der Lage, die Bildung spezifischen *h*-Proteins zu veranlassen.

Auch aus dem Gebiet der *Mutationsforschung* sind einige interessante Befunde zu nennen. Entgegen der sehr verbreiteten Meinung, daß HNO_2 nur Punktmutationen auslöst, fand TESSMAN (1962), daß etwa 8% der mit HNO_2 erzeugten rII-Mutationen bei T4 *Deletionen* waren, die sich — im Unterschied zu den spontan auftretenden — meist über mehr als die Hälfte der *r*II-Region erstrecken, und für die es präferentielle Endpunkte gibt, analog den "hot spots" für Punktmutationen. Solche "hot spots" wurden auch für UV-ausgelöste Punktmutationen in der *r*II-Region gefunden (FOLSOME, 1962). In einer Arbeit von TERZAGHI et al. (1962) wurde die Hypothese geprüft, ob die Mutationsauslösung durch Substitution von Thymin durch 5-Bromouracil (5-BU) bei T4 auf einer gesteigerten Wahrscheinlichkeit für eine Tautomerisierung (und damit für den Einbau einer „falschen" Base bei der Replikation) beruht. Im zutreffenden Falle sollte die Mutationsrate auch dann erhöht sein, wenn sich die 5-BU-DNA in Abwesenheit von 5-BU repliziert. Die Ergebnisse zeigen, daß die Hypothese zumindest keine allgemeine Gültigkeit besitzen kann, denn von 6 untersuchten *e*-Mutantenstämmen waren nur 2 unter den genannten Bedingungen stark revertierbar. FERMI u. STENT (1962) fanden außerdem, daß eine für den Mutationsort spezifische Beeinflussung der Rate 5-BU-induzierter Mutationen durch Chloramphenicol stattfindet, und daß bei Einzel-Infektion mehr Mutationen erzeugt werden als bei Mehrfach-Infektionen.

Genetische Rekombination

Ein einheitliches Bild über den Ablauf des Rekombinationsvorganges bei Phagen und über das Zustandekommen der damit zusammenhängenden Phänomene, wie Heterozygotenbildung und starke negative Interferenz, existiert bislang noch nicht. Eine ausführliche Diskussion älterer und neuerer (bis April 1962) Ergebnisse findet sich in der Übersicht von LURIA (1962). Es sei deshalb hier nur auf einige neueste Arbeiten hingewiesen. BRESCH (1962) diskutiert im Lichte experimenteller Befunde der letzten Jahre erneut die Frage, ob das Rekombinationsgeschehen nach den Vorstellungen der "Partial-Replica"-Hypothese oder der "Mating"-Hypothese verläuft. Im ersteren Falle wird eine bruchstückweise DNA-Replikation postuliert, wobei die Rekombination auf einer Zusammenlagerung von partial-replicas verschiedener Elternphagen beruhen soll; im letzteren Falle sollen bei der DNA-Replikation stets ganze Genome zusammenbleiben und die Rekombination im Zuge eines speziellen Paarungsprozesses erfolgen. BRESCH kommt zu dem Schluß, daß für die geradzahligen T-Phagen und T1 die Partial-Replika-Hypothese zumindest ebenso plausibel ist, wie die Mating-Vorstellung. Er schlägt ein molekulares Modell vor, das auf der Basis der Partial-Replica-Hypothese das Replikationsgeschehen zwanglos auf Grund plausibler Annahmen über den Replikationsmechanismus der DNA erklärt, und das mit den meisten experimentellen Befunden in Einklang steht.

Bezüglich Rekombination und Heterozygotenbildung beim Phagen λ liegen Untersuchungen von KELLENBERGER et al. (1962) vor. Im Unterschied zu den T-Phagen sind hier Heterozygoten (Hets) seltener als 10^{-4}; nach starker UV-Bestrahlung der Wirtszellen (durch die auch die Rekombinationsrate der Phagen erheblich gesteigert wird) beträgt die Häufigkeit von c/c^+ Hets jedoch bis zu 2%. Da unter diesen abnormen Bedingungen nur sehr geringe DNA-Replikation stattfindet, kann leichter auf den Mechanismus der Heterozygoten-Bildung geschlossen werden, als wenn weitere Replikationsschritte erfolgt wären. Die heterozygote Region umfaßt im Durchschnitt etwa $^1/_{10}$ der Gesamtlänge des Genoms, und die betr. Individuen sind — ebenso wie die Hets der T-Phagen — im allgemeinen rekombinant für die Außenmarker. Die Ergebnisse werden so gedeutet, daß bei Infektion UV-bestrahlter Zellen die Rekombinantenbildung auf dem Wege über ein Het-Stadium erfolgt, wie es früher von LEVINTHAL für T2 postuliert wurde. Bei normaler Infektion erscheint jedoch die Heterozygotenbildung für die Erklärung der Rekombinantenprozentsätze zu gering, wenn man nicht zusätzliche Annahmen machen will. Dichtegradienten-Zentrifugierung ergab, daß die Hets nicht mehr DNA besitzen als die normalen Phagen-Partikel. Danach ist es wahrscheinlich, daß die genetische Differenz der beiden Einzelstränge der DNA betrifft („Heteroduplex"); anderenfalls sollte die Het-Region viersträngig sein, und die Phagen müßten eine größere Dichte besitzen.

Beim Phagen T4 fand SYMONDS (1962), daß die Rekombinationsrate unabhängig von der Größe des DNA-pools und von der Replikationsgeschwindigkeit der DNA ist. Die schon früher beschriebene Steigerung der Rekombinationsrate bei T1 mit zunehmender Infektions-Multiplizität der Elternphagen (TRAUTNER, 1960) wurde kürzlich auch bei T4 gefunden (MOSIG, 1962). Während TRAUTNER den Effekt auf eine erhöhte Wahrscheinlichkeit einer für die Rekombination geeigneten räumlichen Lage der unterschiedlichen Genome zurückführte („Topographie"), vertritt

Mosig die Auffassung, daß es bevorzugte Rekombinationsstellen im Phagengenom gibt, so daß bei höherer Multiplizität die Chance größer ist, daß zwei genotypisch unterschiedliche Phagen je eine bevorzugte Rekombinationsstelle in der Region zwischen den untersuchten genetischen Markern haben.

Untersuchungen von Pfeifer (1961) an dem einsträngigen DNA-Phagen ΦX 174 hatten zu zwar geringen, aber einwandfrei meßbaren Gen-Rekombinationsraten (Größenordnung 10^{-3} bis 10^{-5}) geführt. Experimentelle Ergebnisse von Böhm (1962), die zunächst mit denen Pfeifers nicht in Einklang zu bringen waren, führten zu der Entdeckung eines mutablen Faktors, der die genetische Rekombination bei ΦX 174 erst ermöglicht oder in den Bereich der Nachweisbarkeit rückt. Dieser Faktor ist im Wildtyp-Phagen nicht vorhanden und tritt erst im Zusammenhang mit einer Wirtsbereichs-Mutation auf. Bei (einsträngigen) RNA-Phagen konnte bisher noch keinerlei genetische Rekombination nachgewiesen werden, obwohl in verschiedenen Laboratorien danach gesucht wird.

Inaktivierung und Reaktivierung

Die meisten Untersuchungen über Phagen-Inaktivierung werden mit UV-Strahlung der Wellenlänge 254 mμ durchgeführt. Sie liegt nahe dem Maximum der DNA-Adsorption; die dadurch ausgelösten Effekte beruhen fast ausschließlich auf photochemischen Veränderungen der Nucleotidbasen. Dies gilt nicht in gleichem Maße für andere UV-Wellenlängen: Winkler et al. (1962) zeigten, daß z. B. 235 mμ auch elektronenmikroskopisch sichtbare Veränderungen der Proteinhülle hervorruft, die sich den DNA-Schäden überlagern. Unter anderem wurden leere Phagenköpfe und verschiedenartige Veränderungen der Schwanzstruktur beobachtet, die eine Infektion unmöglich machen. Offenbar ist die von den üblicherweise benutzten Quecksilber-Niederdrucklampen vorwiegend emittierte Wellenlänge 254 mμ besonders gut für die Erforschung der UV-Schäden an der Phagen-DNA geeignet.

Auf Grund von photochemischen und photobiologischen Untersuchungen an Bakterien-DNA konnte sehr wahrscheinlich gemacht werden, daß bei der UV-Inaktivierung von Phagen die Dimerisierung von Thymin eine wesentliche Rolle spielt. Wulff u. Rupert (1962) zeigten an Coli-DNA, daß Thymin-Dimere unter Photo-Reaktivierungsbedingungen fast vollständig wieder monomerisiert wurden. Setlow u. Setlow (1962) fanden nach Inaktivierung von Transformations-DNA von *Hämophilus influenzae* mit 280 mμ eine gewisse Reaktivierung durch Nachbestrahlung mit 239 mμ, wie es auf Grund der photochemischen Eigenschaften des Dimers erwartet werden konnte.

Die Natur der sog. *Wirtszell-Reaktivierung* (HCR) vieler Phagen (z. B. T1, T3, T7, λ, P22 usw.) konnte in ihrem Mechanismus weiter aufgeklärt werden. Sauerbier (1962a, b) gelangte auf Grund verschiedenartiger Argumente zu dem Schluß, daß es sich dabei um einen enzymatischen Vorgang handeln muß, der von der Bakterienzelle her kontrolliert wird. Diese Vorstellung wurde bestätigt durch das Auftreten nicht-wirtsreaktivierender Bakterien-Mutanten, die selbst eine erhebliche gesteigerte UV-Empfindlichkeit besitzen (RÖRSCH et al., 1962; HOWARD-FLANDERS et al., 1962; HARM, 1962). Offenbar werden UV-Schäden in Phagen- und Bakterien-DNA durch das gleiche HCR-Enzym reaktiviert. Zu ähnlichen Schlußfolgerungen gelangte auf indirektere Weise auch PRELL (1962) auf Grund von Experimenten mit *Salmonella typhimurium* und dem Phagen P22. Eng korreliert mit der HCR ist die sog. *UV-Reaktivierung* (UVR) bei λ, T3, u. a. m., die darin besteht, daß das UV-Überleben derPhagen durch vorherige schwache Bestrahlung der Wirtszellen gesteigert wird. Es konnte wahrscheinlich gemacht werden, daß die UVR kein selbständiger Reaktivierungsvorgang ist, sondern eine Steigerung der Wirtszell-Reaktivierung darstellt (HARM, 1963 b).

Bei T4 konnten Mutationen isoliert werden, die die UV-Empfindlichkeit dieses Phagen beeinflussen (HARM, 1963 a). Sie betreffen das *v*-Cistron, das bei T4 den Ablauf eines intracellulären Reaktivierungsvorgangs („*v-Gen-Reaktivierung*") ermöglicht, sowie ein Cistron *x*, dessen Funktion noch unklar ist. Die empfindlichkeits-steigernden Wirkungen beider Mutationen sind additiv. Weiterhin ließ sich mit einer nicht-photoreaktivierbaren Mutante *E. coli B phr⁻* (HARM u. HILLEBRANDT, 1962) zeigen, daß weder die *v*-Gen-Reaktivierung noch die Wirtszell-Reaktivierung des Photo-Reaktivierungs-Enzyms bedürfen, sondern offensichtlich durch selbständige Enzyme hervorgebracht werden.

Für das Verständnis der UV-Strahlenbiologie von Phagen erscheint die infektiöse DNA des Phagen ΦX 174 als sehr geeignetes Objekt, da sie in der einsträngigen Form und in der zweisträngigen Form (replikative Form) vorkommt. SINSHEIMER et al. (1962) fanden, daß die zweisträngige DNA etwa die zehnfache UV-Resistenz der einsträngigen besitzt.

Literatur

ARBER, W., and D. DUSSOIX: J. Mol. Biol. **5**, 18—36 (1962)

BAUTZ, E. K. F.: Biochem. Biophys. Res. Comm. **9**, 192—197 (1962). — BAUTZ, E. K. F., and B. D. HALL: Proc. Nat. Acad. Sci. U.S. **48**, 400—408 (1962). — BENDET, I., E. SCHACHTER and M. A. LAUFFER: J. Mol. Biol. **5**, 76—79 (1962). — BENZER, S., and S. P. CHAMPE: Proc. Nat. Acad. Sci. U.S. **48**, 1114—1121 (1962). — BÖHM, R.: Doktor-Dissertation, Universität Köln (1962). — BRENNER, S., S. P. CHAMPE, G. STREISINGER and L. BARNETT: Virology **17**, 30—39 (1962). — BRESCH, C.: Z. Vererbungslehre **93**, 476—490 (1962). — BROCK, T. D.: Biochem. Biophys. Res. Comm. **9**, 184—187 (1962). — BURGI, E., and A. D. HERSHEY: J. Mol. Biol. **4**, 313—315 (1962).

CAIRNS, J.: J. Mol. Biol. **3**, 756—761 (1961). — CAMPBELL, A.: Virology **14**, 22—32 (1961). — CHAMPE, S. P., and S. BENZER: J. Mol. Biol. **4**, 288—292 (1962). — CHRISTENSEN, J. R.: Virology **16**, 133—139 (1962). — COOPER, S., and N. D. ZINDER: Virology **18**, 405—411 (1962). — CUMMINGS, D. J., and L. M. KOZLOFF: J. Mol. Biol. **5**, 50—62 (1962).

DAVISON, P. F., and D. FREIFELDER: J. Mol. Biol. **5**, 635—642 (1962). — DUSSOIX, D., and W. ARBER: J. Mol. Biol. **5**, 37—49 (1962).

FERMI, G., and G. S. STENT: Z. Vererbungslehre **93**, 177—187 (1962). — FIERS, W., and R. L. SINSHEIMER: J. Mol. Biol. **5**, 408—419, 420—423, 424—434 (1962). — FOLSOME, C. E.: Genetics **47**, 611—622 (1962).

HARM, W.: In: Symposium on "Repair from genetic radiation damage and differential radiosensitivity in germ cells." F. Sobels ed., Oxford: Pergamon Press (1962) im Druck; — Virology **19**, 66—71 (1963a); — Z. Vererbungslehre, **94**, 67—79

(1963b). — HARM, W., and B. HILLEBRANDT: Photochem. and Photobiol. 1, 271 to 272 (1962). — HOWARD-FLANDERS, P., R. P. BOYCE, E. SIMSON and L. THERIOT: Proc. Nat. Acad. Sci. U.S. 48, 2109—2115 (1962).

KAISER, A. D.: J. Mol. Biol. 4, 275—287 (1962). — KALLEN, R. G., M. SIMON and J. MARMUR: J. Mol. Biol. 5, 248—250 (1962). — KELLENBERGER, G., M. L. ZICHICHI and H. T. EPSTEIN: Virology 17, 44—55 (1962). — KLEINSCHMIDT, A. K., D. LANG, D. JACHERTS u. R. K. ZAHN: Biochem. Biophys. Acta 61, 857—864 (1962).

LURIA, S. E.: Ann. Rev. Microbiol. 16, 205—240 (1962).

MARVIN, D. A., and H. HOFFMANN-BERLING: Nature (London) im Druck (1963). — MACLEAN, E. C., and C. E. HALL: J. Mol. Biol. 4, 173—178 (1962). — MOSIG, G.: Z. Vererbungslehre 93, 280—286 (1962).

NATHANS, D., G. NOTANI, J. H. SCHWARTZ and N. D. ZINDER: Proc. Nat. Acad. Sci. U.S. 48, 1424—1431 (1962). — NOMURA, M., MATSUBARA, K. OKAMOTO and R. FUJIMURA: J. Mol. Biol. 5, 535—549 (1962).

OKAMOTO, K., Y. SUGINO and M. NOMURA: J. Mol. Biol. 5, 527—534 (1962).

PFEIFER, D.: Z. Vererbungslehre 92, 317—329 (1961). — PRELL, H. H.: Arch. Mikrobiol. 43, 308—315 (1962).

RÖRSCH, A., A. EDELMAN and J. A. COHEN: Biochem. Biophys. Acta (im Druck). — ROMIG, W. R.: Virology 16, 452—459 (1962).

SAUERBIER, W.: Virology 16, 398—404 (1962a); — Z. Vererbungslehre 93, 220—228 (1962b). — SCHILDKRAUT, C. L., K. L. WIERZCHOWSKI, J. MARMUR, D. M. GREEN and P. DOTY: Virology 18, 43—55 (1962). — SECHAUD, J., and G. STREISINGER: Virology 17, 387—393 (1962). — SETLOW, R. B., and J. K. SETLOW: Proc. Nat. Acad. Sci. U.S. 48, 1250—1257 (1962). — SINSHEIMER, R. L., B. STARMAN, C. NAGLER and S. GUTHRIE: J. Mol. Biol. 4, 142—160 (1962). — STREISINGER, G., F. MUKAI, W. J. DREYER, B. MILLER and S. HORIUCHI: Cold Spring Harbor Symp. Quant. Biol. 26, 25—30 (1961). — SYMONDS, N.: Virology 18, 334—336 (1962).

TERZAGHI, B. E., G. STREISINGER and F. W. STAHL: Proc. Nat. Acad. Sci. U.S. 48, 1519—1524 (1962). — TESSMAN, I.: J. Mol. Biol. 5, 442—445 (1962). — TRAUTNER, T. W.: Z. Vererbungslehre 91, 259—265 (1960).

VELDHUISEN, G., H. S. JANSZ, J. B. T. ATEN, P. H. POUWELS, R. A. OSTERBAAN and J. A. COHEN: Biochim. Biophys. Acta. 61, 630—632 (1962).

WAHL, R., and L. M. KOZLOFF: J. Biol. Chem. 237, 1953—1960 (1962). — WIBERG, J. S., M. L. DIRKSEN, R. H. EPSTEIN, S. E. LURIA and J. M. BUCHANAN: Proc. Nat. Acad. Sci. U.S. 48, 293—302 (1962). — WINKLER, U., H. E. JOHNS and E. KELLENBERGER: Virology 18, 343—358 (1962). — WULFF, D. L., and C. S. RUPERT: Biochem. Biophys. Res. Comm. 7, 237—240 (1962).

D. Physiologie der Organbildung

18. Vererbung

a) Genetik der Mikroorganismen: Phänogenetik

Von Ulrich Winkler und Reinhard W. Kaplan, Frankfurt/Main

Mit 3 Abbildungen

Die Erbsubstanz ist zu den folgenden, das Leben erst ermöglichenden Grundprozessen befähigt: 1. Zur Reproduktion, die auch als *autokatalytische Funktion* der Gene bezeichnet wird, da sie die Bildung neuer, gleicher Gene steuert; 2. zur phänogenetischen Expression, die auch *heterokatalytische Funktion* genannt wird, da sie die Bildung anderer Zellkomponenten steuert; 3. zur *Mutation*, die in der „sprunghaften", vorbildlosen Änderung der Gen-Spezifität besteht; 4. zur *Rekombination*, die den Austausch oder die „Abbildung" von Teilen einer Erbsubstanzregion (Gen, Gengruppe, Chromosom) gegen Teile einer anderen, homologen in derselben Zelle bedeutet.

Bei der Mutation und Rekombination wirkt sich die mikrophysikalische Gesetzlichkeit in einem statistischen, zufällig-sprunghaften Auftreten dieser Vorgänge aus. Durch sie wird die Erbsubstanz verändert; sie sorgen also für die Evolution. Die beiden ersten Genfunktionen dagegen, die katalytischen, garantieren die Erhaltung und Vermehrung des Lebens und treten deshalb mit makrophysikalischer Sicherheit in bestimmten Zellzuständen ein, was auf ihrer hohen Reaktionsgeschwindigkeit beruht. Die dabei entfaltete Steuerung der Vorgänge besteht in der Abgabe von „Signalen", von „Informationen", welche die Spezifität der verschiedenen Produkte bestimmen, also die des neuen Gens oder des Phänotyps; diese Information ist durch die spezifische Anordnung der Bausteine im steuernden Gen gegeben und wird von anderen Zellkomponenten „abgelesen" (Abschn. III).

In den letzten Jahren wurden die vier eingangs aufgeführten Genfunktionen auf molekularer Ebene so überaus erfolgreich erforscht, daß die Erkenntnis der „Grundrätsel" des Lebens in nahe Reichweite gerückt ist, ja in wesentlichen Teilen schon gelang. Dies ist vor allem der Zusammenarbeit von Genetik, Biochemie und Biophysik zu verdanken, und man spricht heute oft von „Molekularbiologie".

Nachdem in vorangegangenen Fortschritts-Berichten die Reproduktion, Mutation und Rekombination behandelt wurden, bringt dieser Aufsatz neue Ergebnisse der Phänogenetik. Besonders die Literatur der beiden letzten Jahre wurde berücksichtigt, weil während dieser Zeit entscheidende Entdeckungen gemacht wurden.

Wenn auch die Arbeit noch in vollem Flusse ist, so zeichnen sich doch schon grundlegende Einsichten in die phänogenetische Wirkungsweise der Gene ab, die auch künftig gültig bleiben werden. Sie sollen vorwiegend dargestellt werden. Für weitere Einzelheiten sei auf die Übersichtsreferate am Anfang der Schriftenliste verwiesen. in denen auch die Originalliteratur zu finden ist, die in diesem Bericht nicht ausdrücklich zitiert wurde.

Abkürzungen: DNS = Desoxyribonucleinsäure; RNS = Ribonucleinsäure; AS = Aminosäure; mRNS = Boten-(messenger) oder Informations-RNS; rRNS = Ribosomen-RNS; sRNS = Lösliche (soluble) oder AS-Acceptor oder AS-transfer RNS; A = Adenin; G = Guanin; T = Thymin; C = Cytosin; U = Uracil; BU = 5 Bromuracil; FU = 5 Fluoruracil; AG = 8 Azaguanin; AP = 2 Aminopurin; ATP = Adenosintriphosphat; Ala = Alanin; Arg = Arginin; Asp = Asparagin; Cys = Cystein; Glu = Glutaminsäure; Gly = Glycin; His = Histidin; Ileu = Isoleucin; Leu = Leucin; Lys = Lysin; Met = Methionin; Phe = Phenylalanin; Prol = Prolin; Ser = Serin; Try = Tryptophan; Tyr = Tyrosin; Val = Valin.

I. DNS-gesteuerte Proteinsynthese

Die erste nachweisbare Auswirkung einer Gen-Mutation besteht meistens in der Bildung eines vom Normaltyp abweichenden Proteins, z. B. Enzyms (Fortschr. Bot. **20,** 210). Auf dieser und noch anderen Beobachtungen basiert die 1945 aufgestellte Ein-Gen-ein-Enzym-Hypothese, die sich auch weiterhin bestätigen ließ. Es wurde nun gesichert, daß RNS als Vermittler zwischen die DNS des Gens und das Protein eingeschaltet ist.

Entscheidende Fortschritte wurden in der Phänogenetik dadurch erzielt, daß es gelang, die DNS-Reproduktion, die RNS-Synthese unter DNS-Steuerung und die Proteinsynthese unter RNS-Steuerung unter kontrollierten in-vitro-Bedingungen, also außerhalb der Zelle, ablaufen zu lassen. Darüber wurde z. T. schon in früheren Bänden berichtet (Fortschr. Bot. **24,** 266, 269; **22,** 266). Hier soll nur das für die Genetik Wichtigste kurz zusammengestellt werden.

1. DNS-Reproduktion. KORNBERG u. Mitarb. gewannen als erste aus Zellen ein Enzym (DNS-Polymerase), welches aus den 4 Desoxyribonucleosidtriphosphaten (mit A, G, C T) in Gegenwart von Mg^{++} neue DNS unter Steuerung durch kopierfähige DNS als „primer" (Starter, Muster) aufbaut. Die Basenhäufigkeit und -anordnung in der neugebildeten DNS entspricht derjenigen im vorgegebenen Muster, z. B. ist das Verhältnis (A + T) : (G + C) und die Häufigkeit der 16 möglichen Nachbarschaftsgruppierungen (AA, AT, AG etc.) in beiden gleich. Die „alte" DNS hat also ihre „Information" auf die neue übertragen. Die neue DNS besteht aus einem alten und einem neuen Nucleotidstrang; die Replikation ist also semikonservativ, wie es auch in intakten Bakterienzellen gefunden wurde (Fortschr. Bot. **22,** 308).

Fehlt bei der in-vitro-DNS-Synthese der primer, so werden nach längerer Latenzzeit biologisch wahrscheinlich „unsinnige" Doppelstränge gebildet, die z. B. aus einer alternierenden Reihenfolge von A und T bestehen (SCHACHMAN u. Mitarb.).

Näheres z. B. bei ABRAMS (1961) und WITTMANN (1963).

2. DNS-gesteuerte RNS-Synthese. WEISS u. GLADSTONE entdeckten ein Enzym (RNS-Polymerase), welches aus den vier Ribonucleosidtriphosphaten (mit A, G, C, U) in Gegenwart von primer-DNS, Mg^{++} und

SH-Verbindungen RNS bildet. Besetzt man den primer mit dem Antibioticum Actinomycin, das sich an dessen G bindet, so ist die Information nicht mehr ablesbar und mit der Polymerase kann keine RNS mehr gebildet werden (GOLDBERG u. Mitarb.).

Durch die Polymerase neugebildete einsträngige RNS läßt sich unter geeigneten Versuchsbedingungen (s. Methodik I) mit Einzelsträngen der primer-DNS durch Wasserstoff-(H)-Brücken paaren (GEIDUSCHEK u. Mitarb.) Diese sog. RNS-DNS-Hybridisierung machte eine Komplementarität des Basenmusters in beiden Nucleinsäuren sehr wahrscheinlich. Durch chemische Analysen wurde sie bestätigt; es wurde also die Information aus der DNS in die RNS übertragen, wobei sich statt T in der DNS nun U in der RNS befindet. Auch intracellulär, z. B. bei Neurospora, ließ sich die Synthese einer DNS-komplementären RNS nachweisen, die zur Informationsübertragung befähigt ist (SCHULMAN u. BONNER; WAINWRIGHT u. McFARLANE).

Methodik I (Denaturierung und Renaturierung von Nucleinsäure; Übersicht bei MARMUR u. Mitarb.). Erhitzt man eine Lösung doppelsträngiger Nucleinsäure, so lösen sich bei einer bestimmten Temperatur („Schmelzpunkt") die H-Brücken; die zwei Stränge trennen sich, und infolgedessen steigt die UV-Absorption der Lösung fast stufenartig auf einen höheren Wert (Hyperchromie infolge Denaturierung). Je größer der CG-Anteil in der Nucleinsäure ist, um so höher liegt der Schmelzpunkt. Bei schneller Abkühlung der Lösung bleiben die Stränge getrennt und die UV-Absorption bleibt hoch. Bei sehr langsamer Abkühlung paaren sich aber wieder viele Stränge und die Absorption sinkt. Da nur Einzelstränge bzw. Abschnitte von diesen mit komplementär zueinander passendem Basenmuster gepaart werden können, ist die Wiedervereinigung (Renaturierung) eine gute indirekte Methode zum Nachweis der Homologie von Nucleinsäuren. Einsträngige Nucleinsäure läßt sich von zweisträngiger durch Ultrazentrifugation im CsCl-Dichtegradienten abtrennen und bestimmen.

Eine Modifikation der Methode besteht darin, daß man an eine Säule acetylierter Phosphocellulose eine einsträngige DNS bekannter Herkunft koppelt. Gibt man auf eine solche Säule nun ein heterogenes RNS-Gemisch, so läuft nur diejenige RNS-Fraktion hindurch, für die keine komplementäre DNS zur Paarung vorhanden ist (BAUTZ u. HALL).

3. RNS-gesteuerte Proteinsynthese (Abb. 13). Man unterscheidet 3 Sorten von RNS, nämlich die messenger-, die Ribosomen- und die „lösliche" RNS, die verschiedene Aufgaben bei der Proteinsynthese erfüllen. Die Bildung aller drei ist wohl DNS-abhängig (REICH u. Mitarb.; SPIEGELMAN).

Die *messenger-RNS* (mRNS) verdankt den Namen ihrer Boten-Funktion, nämlich die Informationen von der DNS zu den Orten der Proteinsynthese, den Ribosomen, zu übertragen. Durch sie wird also die AS-Sequenz der Peptidketten, entsprechend dem Basenmuster der Gene, festgelegt. Schon 1956 wurde sie in phageninfizierten Zellen auf Grund ihres schnellen Auf- und Abbaues (turnover) und ihrer großen Ähnlichkeit mit der Phagen-DNS entdeckt (VOLKIN u. ASTRACHAN). Aber erst vier Jahre später wurde ihre fundamentale Bedeutung für den Haushalt der Zellen erkannt (JACOB u. MONOD). Da die mRNS nur wenige Prozente der Gesamt-RNS in den Zellen ausmacht, wurde sie in nicht phageninfizierten Bakterien erst spät mit der "step down" Technik (s. Methodik II) auf direkt-chemischem Wege nachgewiesen (HAYASHI u. SPIEGEL-

MAN). Ihre wesentlichsten Kriterien sind die kurze mittlere Lebensdauer (etwa 2 min) und ihre Komplementarität zur abgelesenen DNS.

In welcher Weise die mRNS die Proteinsynthese steuert, wurde von NIRENBERG u. MATTHAEI (1961) sowie Mitarb. (1963) aufgeklärt. Sie konnten in einem zellfreien Extrakt aus *E. coli*, der u. a. Ribosomen, aktivierte Aminosäuren (sRNS-AS) und eine synthetische RNS mit nur Uracil (Poly-U) enthielt, den Aufbau eines säurelöslichen Polypeptids nachweisen, das nur aus Phenylalanin besteht (Poly-Phe). Poly-C ergab dagegen ein

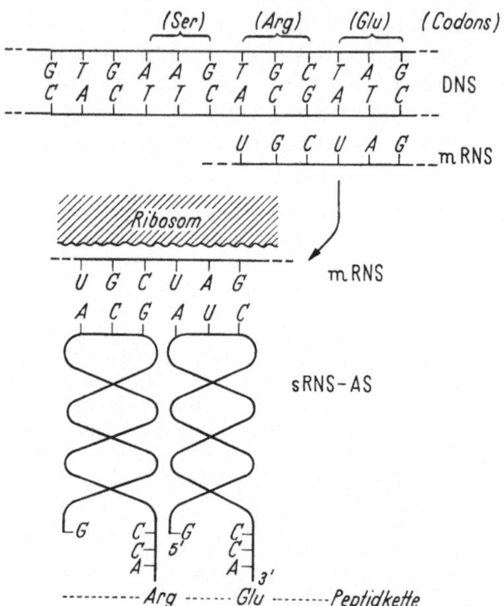

Abb. 13. *Schema der Proteinsynthese unter Steuerung durch die* DNS *mit* RNS *als Informationsvermittler.* Oben DNS-Doppelstrang, rechts an einem der Stränge mRNS-Bildung. Mitte ein Stück Ribosom mit anliegendem Stück mRNS. Daran nach unten 2 sRNS-AS-Molekel, die oben die zu den Codons der mRNS komplementären Basentripletts, unten die Aminosäuren Arginin bzw. Glutamin tragen. *A* = Adenin, *G* = Guanin, *C* = Cytosin, *T* = Thymin, *U* = Uracil. (Codons nach HENNING u. YANOFSKY)

Poly-Prolin; Poly-(U + A) stimulierte den Aufbau eines aus Tyrosin und Isoleucin zusammengesetzten Polypeptides. Andere Polynucleotide, die alle mit einer Polynucleotidphosphorylase hergestellt werden (GRUNBERG-MANAGO u. OCHOA),hatten noch andere Spezifitäten (Übersichten bei OCHOA, 1963 und NIRENBERG u. Mitarb., 1963).

Auch natürliche RNS stimuliert in solchen in-vitro-Systemen die Proteinsynthese (KAMEYAMA u. NOVELLI).

Methodik II. Der *"step down"* besteht in einer plötzlichen Übertragung von Bakterien aus nährstoffreicher in synthetische, nährstoffarme Kulturlösung. Die Wachstumsrate sinkt daraufhin um den Faktor 2 und die rRNS-Synthese stoppt zeitweilig, während die mRNS-Synthese noch eine zeitlang unvermindert weiterläuft. Somit wird die mRNS bis zur chemischen Nachweisbarkeit (s. Methodik I) relativ angereichert.

Die Ribosomen-RNS (rRNS) macht etwa 85% der Zell-RNS aus. Verbunden mit Protein ergibt sie Partikel mehrerer, auf Grund ihrer

Sedimentationskonstanten gut unterscheidbarer Größenklassen (30s, 50s, 70s oder 80s, 100s). Die Basenzusammensetzung der rRNS, die AS-Zusammensetzung des Ribosomen-Proteins und das Verhältnis von rRNS zu Protein ist in allen Größenklassen annähernd gleich (SPAHR u. TISSIERES). Dies stimmt mit dem Befund gut überein, daß die vier s-Komponenten durch Zerfall bzw. Aggregation ineinander übergehen können. Diese Übergänge werden einerseits durch die Mg^{++}-Konzentration, andererseits durch das Fehlen oder Vorhandensein von mRNS gesteuert. Zugabe von Poly-U „polymerisiert" z. B. mehrere 80s-Partikel [= Monomere) zu schneller sedimentierenden Aggregaten, an deren Oberfläche vermutlich die eigentliche Proteinsynthese stattfindet (GIERER). Wahrscheinlich hat die rRNS nur eine mehr oder weniger passive Trägerrolle für die mRNS (Brenner u. a.). Strangpaarungs-Versuche zeigen, daß nur eine sehr kleine Region in der DNS der rRNS homolog ist (YANKOFSKY u. SPIEGELMAN).

Die lösliche RNS (sRNS) wird wegen ihrer Gewinnung aus Zentrifugationsüberständen so genannt (s = soluble). Eine andere Bezeichnung ist „transfer" RNS, weil sie die AS zu den mRNS beladenen Ribosomen überträgt. Dort ordnet sie die AS entsprechend dem Basenmuster der mRNS im neu zu bildenden Protein an. Jede der 20 AS hat mindestens eine nur für sie spezifische sRNS; für einige, z. B. Leucin, kennt man schon zwei verschiedene sRNS-Sorten (WEISBLUM u. Mitarb.). Obwohl die sRNS-Moleküle unter allen RNS-Sorten die weitaus kleinsten sind (70—80 Nucleotide), ist auch ihre Basensequenz noch immer weitgehend unbekannt. Sie sind zumindest streckenweise in sich geschlossene Doppelschrauben. An dem einen, stets durch dieselbe Basensequenz —C—C—A abgeschlossenen Molekülende befindet sich die für den betreffenden sRNS-Typ zugehörige AS. An einem anderen Molekülabschnitt liegt eine H-Brücken-freie Basengruppe, mit der die sRNS sich wahrscheinlich an die mRNS anlegen kann, und von der man glaubt, das sie die AS-Spezifität der sRNS bestimmt. Haben sich viele verschiedene sRNS-Moleküle nebeneinandergelegt — alle mit der einen Seite an der mRNS haftend —, so entsteht an der anderen Seite ein AS-Muster, welches das Basenmuster der mRNS und damit auch der DNS widerspiegelt. Nach dieser Aufreihung werden die Peptidbindungen zwischen benachbarten AS geknüpft und schließlich das Protein abgelöst, wahrscheinlich durch ein Enzym. Das Anhängen einer AS an die zuständige sRNS vollzieht sich unter ATP-Verbrauch mit Hilfe von AS-aktivierenden Enzymen. Für jede AS bzw. sRNS ist ein spezielles Aktivierungsenzym nötig.

Daß die charakteristische Gruppe an der sRNS, welche ihre Anlagerung an die zuständige Stelle der mRNS-Matrize bestimmt, nicht die AS selber ist, wurde durch CHAMPE u. BENZER gezeigt: An Cystein-spezifische sRNS koppelten sie Cystein, das anschließend chemisch zu Alanin reduziert wurde. Bei Zugabe dieser Ala tragenden sRNS zu verschiedenen synthetischen Polynucleotiden wurde ein Polypeptid aus Ala mit Hilfe von Poly-(U + G) gebildet. Poly-(U + G) ist eine mRNS, die normalerweise den Einbau von Cys steuert; d. h. jene sRNS wurde vom Poly-(U + G) für die Cys-tragende gehalten, weil sie noch die für Cys charakteristische Nucleotidgruppe trug.

II. Genetischer Code

Das Muster der Nucleotide in der DNS determiniert das Muster der AS im Protein. Damit ist das Problem der Zuordnung der 4 Nucleotide zu den 20 AS gegeben. Dies ist analog einem Übersetzungsproblem aus einer Sprache mit 4 Buchstaben in eine andere mit 20 Buchstaben. Die Zuordnungsvorschrift wird meist als „genetischer Code" bezeichnet. Dieser ist durch die sRNS gegeben, da diese Molekel an der einen Seite eine bestimmte AS, am anderen Ende eine bestimmte Nucleotidgruppe tragen. Zwischenträger der genetischen Information zwischen DNS und sRNS ist die mRNS. Daher ist das Basenmuster der mRNS komplementär sowohl zur DNS wie auch zur AS-spezifischen Nucleotidgruppe der sRNS. Zum Beispiel steht für ein A in der DNS ein U in der mRNS und wiederum ein A in der sRNS (Abb. 13).

Die Aufklärung des Codes, also die Zuordnung von Nucleotiden zu den AS, ist z. Z. auf zwei Wegen im Gange: 1. durch Studium an dem in-vitro-System der Proteinsynthese mit Hilfe künstlicher mRNS bekannter Basenzusammensetzung; 2. durch Untersuchung der Auswirkung von Mutationen auf die AS-Sequenz von Proteinen. Da 4 Nucleotid-„Buchstaben" (A, T, G, C) 20 AS-„Buchstaben" gegenüberstehen, ist es sicher, daß eine AS nicht nur durch ein einziges Nucleotid, sondern durch eine Nucleotidgruppe determiniert wird. Eine solche Gruppe wird Coding-Einheit oder *Codon* genannt. Würde ein Codon aus nur zwei Nucleotiden bestehen, dann können $4^2 = 16$ AS-Sorten determiniert werden. Da es aber mindestens 20 natürliche AS gibt, müssen mindestens 3 Nucleotide ein Codon bilden. Von diesen „Tripletts" sind $4^3 = 64$ Sorten denkbar, also viel mehr als für 20 AS nötig sind. Untersuchungen an Proflavin-induzierten Mutanten des Phagen T4 deuten an, daß wohl tatsächlich die Codons Tripletts sind (CRICK u. Mitarb., s. Fortschr. Bot. 24, 282).

Auch die Art der Veränderungen am Protein vom Tabakmosaikvirus (TMV) infolge Nitrit-induzierter Mutationen machen dies wahrscheinlich [WITTMANN (1961)].

Eine wichtige Frage ist, ob die Codons sich überlappen, also ein Nucleotid zwei benachbarten Codons angehören kann, oder ob die Codons unabhängig nebeneinander liegen. Die Nichtüberlappung ist dadurch erwiesen, daß Mutationen z. B. durch Nitrit, BU oder AP, die im allgemeinen nur ein Basenpaar ändern, am zugehörigen gen-gesteuerten Protein nur den Austausch einer einzigen AS verursachen. Wenn nämlich ein Basenpaar mehreren Codons zugleich zugehören würde, dann müßten bei seiner mutativen Änderung mehrere AS beeinflußt werden. Dies ist aber nicht der Fall. Ein Nichtüberlappen des Codes wurde u. a. beim TMV [WITTMANN (1961, 1963)], bei E. coli anhand der Tryptophansynthetase [YANOFSKY (1960); YANOFSKY u. Mitarb., HENNING u. YANOFSKY] und bei einigen Säugern anhand des Hämoglobins (INGRAM) nachgewiesen. Eine andere Frage ist, ob die Codons voneinander getrennt sind durch andere Nucleotide, also durch „Komas", oder ob sie „komafrei" aneinanderstoßen. Die obenerwähnten Untersuchungen an Proflavin-induzierten Phagen-Mutanten sprechen für Komafreiheit.

Wie dargelegt wurde, stehen zur Festlegung von 20 AS 64 Nucleotid-tripletts zur Verfügung. Es könnten also einerseits manche Tripletts gar keine AS determinieren, also „Unsinn bedeuten", oder andererseits manche (oder alle) AS nicht nur durch ein, sondern durch mehrere Tripletts plaziert werden. Das Vorkommen letzterer „synonymen" Tripletts für eine AS nennt man etwas unglücklich „Degeneration" des Codes. Ob Unsinntripletts existieren, ist noch ungeklärt, die Degeneriertheit ist jedoch erwiesen. Es gelang z. B. WEISBLUM u. Mitarb. zwei Arten von Leucin-spezifischer sRNS mit der Gegenstromverteilung zu trennen. Während die eine Art Poly-Leucin vorwiegend unter Steuerung durch Poly-UC aufbaute, arbeitete die andere fast nur unter Verwendung von Poly-UG. Auch sonstige Befunde beim AS-Einbau in vitro zeigen, daß eine AS durch mehrere Codonarten bestimmt wird. Zum Beispiel wird Lysin durch Poly-A, Poly-AC, Poly-AG sowie Poly-AU eingebaut, Prolin durch Poly-C, -UC, -CA, -CG und Serin durch Poly-UCG und -UC (JONES u. NIRENBERG; NIRENBERG, 1962; GARDNER u. Mitarb.). Bei den meisten Mischpolymeren weiß man, ob ein Triplett im Mittel z. B. 2 U und 1 A oder das umgekehrte Basenverhältnis enthält. Unbekannt ist aber meistens noch die Basenreihenfolge in den Tripletts (z. B. UUA oder UAU). Das liegt u. a. daran, daß die zur künstlichen mRNS-Synthese verwandte Phosphorylase ohne primer arbeitet und somit die Basen zufällig aneinanderreiht. Ansätze zur Aufklärung der Sequenz von Tripletts ergeben sich aus Befunden über AS-Austausche in Mutanten betreffend das TMV-Protein (WITTMAN, 1961, 1963) oder die Tryptophansynthetase von *E. coli* (YANOFSKY u. Mitarb.).

Interessant für das Code-Problem sind Bestimmungen der AS-Häufigkeiten im Gesamtprotein von 11 Bakterienarten mit sehr verschiedenem GC-Anteil in der DNS (35—72%) (SUEOKA). Sie ergaben für Ala, Arg, Gly und Prol eine positive Korrelation zum GC-Gehalt der DNS, d. h. die Codons in der DNS von Bakterien mit vorwiegend solchen AS müssen reich an G und C sein; für Lys, Asp, Glu, Tyr, Phe und Ileu war die Korrelation negativ, für die übrigen AS bestand keine solche. Da deutliche Korrelationen überhaupt vorhanden sind, kann der Anteil „unsinniger" Codons nur gering und muß die „Degeneriertheit" erheblich sein. Außerdem geht aus den Ergebnissen hervor, daß der Code für diese 11 Bakterienarten gleich oder zumindest sehr ähnlich ist, weil sonst ja gar keine Korrelationen entstehen könnten. Weitere Anzeichen für die Universalität des Codes im Organismenreich sind die folgenden: 1. Die durch Mutantenanalysen am TMV (WITTMANN, 1961, 1963) erhaltenen Triplett-AS-Beziehungen passen zu denen, die in den in-vitro-Systemen mit E. coli-Extrakten gefunden wurden. 2. RNS aus dem RNS-haltigen Phagen f2 veranlaßt im in-vitro-E. coli-System die Bildung von f2-Kopfprotein (ZINDER). 3. Aktiviertes Arginin kann sowohl mit Enzymen aus *E. coli* als auch aus Kaninchenleber an die sRNS von *E. coli* gekoppelt werden (BENZER u. WEISSBLUM). Das Code-Wort für arg muß also wohl in beiden Organismen gleich sein. 4. Mit AS-beladener sRNS aus *E. coli* kann an Kaninchen-Reticulocyten-Ribosomen Hämoglobin gebildet werden (LIPMAN u. v. EHRENSTEIN).

Die Degeneration des Codes macht seine Universalität möglich, obwohl der GC-Anteil in der DNS verschiedener Organismen von etwa 35—75% reicht. Besonders die Codons derjenigen AS werden wahrscheinlich viele Synonyme besitzen, die mit dem GC-Gehalt der DNS nicht korreliert sind (SUEOKA). Die verschiedenen Synonyme für dieselbe AS würden dann in verschiedenen Organismen unterschiedlich häufig sein.

III. Ablauf der mRNS-Synthese an der DNS

Über die Art des „Lesens" des Codes wurden erste Anhaltspunkte an phageninfizierten Bakterien gewonnen (KANO-SUEOKA u. SPIEGELMAN). Die in den Zellen während der 3.—5. min nach der Phageninfektion gebildete, radioaktiv markierte mRNS ist säulenchromatographisch deutlich von derjenigen zu unterscheiden, die erst während der 13.—15. min gebildet wird. In diesen beiden Zeitspannen werden also verschiedene Genom-Abschnitte abgelesen; vielleicht läuft die mRNS-Bildung sukzessive und gerichtet entlang der DNS. Diese Annahme wird u. a. auch durch folgenden Versuch gestützt (OCHOA, 1962): Wird an den Anfang einer Poly-U-Kette A angehängt und diese künstliche mRNS zur in-vitro-Synthese eines Polypeptides verwendet, so findet man an dessen NH_2-Ende Phenylalanin und am COOH-Ende Tyrosin. Da Phen dem Codon UUU und Tyr dem Codon UUA entspricht und da die Proteinsynthese vom NH_2- zum COOH-Ende verläuft, beginnt also das Lesen mit dem U-Ende, an dem die 3'OH-Gruppe des RNS-Stranges sitzt. Zugleich ist damit klar, daß die richtige Reihenfolge im Tyr-Codon UUA und nicht UAU oder AUU ist.

Eine weitere Frage ist, ob beide Stränge der DNS oder nur einer, und dann welcher zur mRNS-Synthese dienen. CHAMBERLAIN u. BERG konnten in zellfreien *E. coli*-Extrakten sowohl von einsträngiger DNS (vom Phagen Φ X 174) als auch von zweisträngiger eine das DNS-Basenmuster wiedergebende mRNS synthetisieren; also können in vitro beide Stränge als primer wirken. Allerdings funktionierte die in-vitro-Proteinsynthese nur mit der an Doppelstrang-DNS gewonnenen mRNS (WOOD u. BERG).

In vivo sind wahrscheinlich beide DNS-Stränge zur Phänausprägung einer Mutation notwendig. Bei einer auxotrophen Mutante von E. coli (met_2), an deren Mutationsort in der DNS ein AT-Paar steht, wurde gefunden, daß nach Einbau von Bromuracil (BU) anstelle von T oder Aminopurin (AP) anstelle von A erst nach der 3. Zellteilung Prototrophierückmutanten durch sog. Replikationsfehler (Fortschr. Bot. **24**, **297**) erschienen; also war die Veränderung bei der DNS-Stränge (= GC) die Voraussetzung für die Ausprägung des Prototrophiephäns. Wenn schon die Änderung eines der beiden Stränge ausgereicht hätte (= $G \cdot$ BU oder AP $\cdot$ C), um Mutanten-mRNS zu bilden, so hätten zwei Replikationen genügt.

ZUBAY entwarf eine Hypothese, nach der die mRNS an Doppelstrang-DNS gebildet wird, so daß also deren Entschraubung unnötig wäre.

IV. Änderungen am Protein durch Mutation oder RNS-Beeinflussung

Die schon früher bei Bakterien und Pilzen (Fortschr. Bot. **20**, 215) gefundenen Fälle von qualitativen Veränderungen an Enzymen infolge von Mutationen zur Auxotrophie sind erheblich vermehrt und eingehender analysiert worden (YANOFSKY u. LAWRENCE; LEVINTHAL u. DAVISON). Verschiedenste Enzymeigenschaften werden geändert, so z. B. bei der Tyrosinase von *Neurospora crassa* die Thermolabilität und die Inaktivierbarkeit durch Harnstoff oder Formamid; dabei bleibt aber die Spezifität für etwa 30 verschiedene Substrate dieselbe (SUSSMAN). Daß die Enzyme von Rückmutanten ehemals Auxotropher mit den entsprechenden vom Wildtyp oft nicht identisch sind, bestätigt sich immer wieder; so fand man mindestens drei verschiedene Arten von Tryptophansynthetase in prototrophen Rückmutanten von *Neurospora* td2 (ESSER u. Mitarb.). Dieses Enzym wurde vor allem von YANOFSKY u. Mitarb. bei *Neurospora* und *E. coli* genetisch und biochemisch intensiv studiert. Es katalysiert drei verschiedene Reaktionen der Tryptophanbildung, und zwar aus Indol und Serin oder Glycerinaldehydphosphat. Das aktive Enzym (genannt AB) ist ein Aggregat der beiden Proteine A und B. Während AB alle drei Reaktionen stark katalysiert, kann mit Hilfe von A nur die eine und mit B nur die andere schwach ablaufen (1—3%). Die beiden Gene für A und B liegen nebeneinander. Manche try-Auxotrophiemutanten erweisen sich nur in A, andere nur in B geändert; wenn beide Proteine fehlen, liegen in der Regel beide Gene betreffende Deletionen vor. Einige B-Mutanten bilden ein Protein (CRM = cross reacting material), das mit Antikörpern präcipitierbar ist, die durch Kaninchen-Immunisierung mit B-Enzym gewonnen worden sind; viele A-Mutanten enthalten ein entsprechendes A-CRM. Aggregate aus A-Protein plus B-CRM bzw. B-Protein plus A-CRM können gelegentlich noch eine der obigen drei Reaktionen katalysieren. In einigen A-Mutanten ist das A-Protein hitzelabil, in anderen ist es säurelabil. Wie durch Transduktion gefunden wurde, liegen die Mutationsorte der ersten Gruppe zumeist am linken Ende des A-Gens, die der anderen Gruppe am rechten Ende (MALING u. YANOFSKY). Offenbar sind die Proteinänderungen, die zu den verschiedenartigen Labilitäten führen, durch verschieden gelegene Nucleotidgruppen im Gen und also AS-Gruppen im Protein bestimmt.

Das relativ kleine Molekulargewicht des A-Proteins von etwa 29500 und seine erhebliche Menge in der Zelle (1—3% des gesamten löslichen Proteins) erlaubten die ersten Schritte zur Feinanalyse seiner AS-Komposition (HENNING u. YANOFSKY). Nach UV-Mutation zur try-Auxotrophie war in der AS-Position Nr. 8 eines bestimmten Teilpeptides des A-Proteins das Gly durch ein Glu ersetzt; in einer anderen isolokalen Mutante war es gegen Arg ausgetauscht. Prototrophe Rückmutanten dieser beiden Stämme zeigten entweder AS-Änderungen in der Position Nr. 8 oder aber einer ganz anderen Stelle im A-Protein. Der letztere Mutantentyp ist infolge intragenischer Suppressormutation entstanden; dabei wurde an dieser anderen Mutationsstelle z. B. Tyr gegen Cys ausgetauscht.

Intragenische Suppressormutationen beweisen, daß die Wildtypaktivität eines Genes bzw. Enzyms nicht nur durch eine einzige, ganz bestimmte Nucleotid- bzw. AS-Reihenfolge verursacht wird, sondern daß mehrere verschiedene AS-Sequenzen ein aktives Enzym darstellen können. Auch in der AS-Position Nr. 8 kann Gly vollwertig durch Ala oder Ser vertreten werden; tritt aber Val an dieselbe Stelle, so hat das A-Protein nur noch schwache enzymatische Aktivität.

Wenn heute gesichert ist, daß Änderungen einzelner Nucleotide im Gen Änderungen einzelner AS im zugehörigen Protein bewirken, so sollte man auch durch Basenänderungen in der mRNS, wegen ihrer Mittlerrolle, die Zusammensetzung von Proteinen beeinflussen können. Solche Agenzien, die also den ersten phänogenetischen Schritt in der Kausalkette vom Gen zum fertigen Protein treffen, sind u. a. die Basenanaloga 5 Fluoruracil (FU) und 8 Azaguanin (AG). Sie werden nicht in die DNS, sondern in der Regel nur in die mRNS eingebaut, meistens anstelle von U bzw. G. Die Folge davon ist, daß die sRNS das so geänderte Codon „falsch liest" und Proteine mit einem AS-Muster aufgebaut werden, das gar nicht dem Informationsinhalt der DNS entspricht. Ein solches Protein bewirkt u. U. ein mutiertes Phän (Phänokopie).

Infolge Einbaus von FU in die mRNS von *E. coli* wurde z. B. die alkalische Phosphatase hitzelabil, und anstelle von β-Galaktosidase wurde nur das ihr entsprechende inaktive CRM gebildet; auch war das Gesamtprotein Prol- und Tyr-ärmer, jedoch reicher an Arg (GROS u. NAONO). Bei *Neurospora* wuchsen 27 von 48 Nitrit-induzierten Adenin-auxotrophen Mutanten (ad-3-Typ) durch Zugabe von FU oder AG in Minimalmedium; die Information in der mRNS wurde durch die Basenanaloga also so geändert, daß aktives ad-Enzym gebildet, d. h. das Phän der Prototrophie nachgeahmt wurde (BARNETT u. BROCKMAN).

Der Übersetzungsmechanismus kann aber nicht nur rhodifikativ, z. B. durch Basenanaloga, sondern auch mutativ geändert werden. Solche Mutationen können die Bildung der aktivierenden Enzyme oder die der sRNS betreffen (s. LURIA, p. 213). Zum Beispiel wurden Bakterienmutationen gefunden, die die Wirkung mehrerer Phagenmutationstypen zugleich suppressieren (CAMPBELL). Wahrscheinlich wurde durch sie sRNS verändert. Dies würde einen neuen Weg zum Verständnis der Wirkung solcher extragenischer Suppressoren eröffnen, die sich auf verschiedene mutierte Gene auswirken. Früher bekannt gewordene solche Mechanismen waren die Beseitigung von Inhibitoren oder Eröffnung von Umwegreaktionen (Fortschr. Bot. 20, 213).

Die große Allelspezifität vieler intragenischer Suppressoren erklärt man u. a. folgendermaßen (ANFINSEN): Wird in einem Enzym durch Mutation z. B. Cys gegen eine andere AS ausgetauscht, so wird dadurch nicht allein die AS-Sequenz verändert; denn gleichzeitig wird auch eine Disulfidbrücke geöffnet und infolgedessen ändert sich die für die Enzymaktivität so wichtige Faltung der Peptidkette. Daß eine solche, die Tertiärstruktur störende Mutation nur durch sehr spezifische Änderungen an wenigen anderen Stellen, also Suppressor-Mutationen, funktionell wieder ausgeglichen werden kann, ist offensichtlich.

Die Allelspezifität extragenischer Suppressoren ist jedoch noch immer dunkel, insbesondere wenn sie die Wiederherstellung der Enzymaktivität aus dem inaktivmutierten Zustand bewirkt. Allerdings ist dieses Enzym oft weniger aktiv oder sonst anders als das normale, wie Studien am try-System von *E. coli* zeigen (YANOFSKY, 1960). Wahrscheinlich wird die Suppressorwirkung klarer, wenn AS-Analysen dieser Enzyme vorliegen.

Die Ein-Gen-ein-Enzym-Hypothese schreibt die Information über das AS-Muster eines Proteins ausschließlich einem Gen zu. Neuere Befunde an Serratia ließen aber Zweifel daran aufkommen (KAPLAN): Unter vielen Monoauxotrophen mit üblicher Rückmutabilität wurden auch einige „Sprung-Mutanten" gefunden, welche zwischen zwei Auxotrophien ohne prototrophes Zwischenstadium hin- und hermutieren (z. B. leu $\leftrightarrows$ ad; prol $\leftrightarrows$ his; arg $\leftrightarrows$ his). Anscheinend wird die Wirkung des einen mutierten Gens (ad$^-$) durch die Mutation des anderen Gens (zu leu$^-$) so ergänzt, daß die zum 1. Gen gehörige Wildtypfunktion (Adeninunabhängigkeit) wieder zustande kommt.

Ein weiteres Problem in der Gen-Enzym-Beziehung wurde durch die Entdeckung der sog. Isoenzyme aufgeworfen (WIELAND u. PFLEIDERER) Darunter versteht man Enzyme aus einem Zelltyp oder Organ, die dennoch aus mehreren sehr ähnlichen Proteinen bestehen. Diese lassen sich z. B. elektrophoretisch von einander trennen und haben alle dieselbe katalytische Aktivität, d. h. besitzen wohl dieselbe prosthetische Gruppe (z. B. Enolase, Lactatdehydrogenase). Damit stellt sich die Frage, welche Beziehungen zwischen diesen verschiedenartigen Molekelsorten „eines" Enzyms zu dem „zugehörigen" Gen oder Genen bestehen. Zu deren Beantwortung müssen genetisch günstige Objekte, wie Mikroben, herangezogen werden.

V. Komplementierung

Phängleiche (isophäne) Mutationen können sich je nach ihrer Lage im Chromosom entweder an einem einzigen Protein oder an mehreren auswirken. Im ersteren Falle nennt man sie pseudoallel, weil sie alle in demselben Funktionsgen (= Cistron; Fortschr. Bot. **20**, 218) liegen; im zweiten Falle sind sie in verschiedenen Cistren lokalisiert, d. h. sie sind nicht allel.

Gelangen zwei homologe Genome oder Genomfragmente in dieselbe Zelle und tragen sie zwei nicht allele recessive Mutationen in trans-Stellung, so kommen in diesen Heterozygoten oder Heterokaryen die mutationsbedingten Defekte (z. B. Auxotrophien) phänisch nicht oder kaum zur Geltung; denn von jedem mutierten Cistron existiert in den Zellen auch das zugehörige dominante Allel (meist Wildtyp). Zwischen diesen findet die sog. intergenische Komplementierung statt, die in der Ausprägung des dominanten Phäns besteht. Das besagt aber nicht, daß das mutierte Gen überhaupt kein Protein mehr bildet. Nicht selten findet man nämlich in Heterozygoten neben einem bestimmten aktiven Protein auch sein inaktives oder nur schwach wirksames Homologon. So fand man z. B. in Heterozygoten von *E. coli* zwei Sorten von β-Galaktosidase (PERRIN u. Mitarb.) und in Heterokaryen von *Neurospora* zwei Sorten von Tyrosinase (HOROWITZ u. Mitarb.). In Heterokaryen mit zwei Allelen für unterschiedliche Enzymaktivitäten entsprach die Aktivität etwa der Summe beider (FINCHAM).

Der intergenischen stellt man die im Folgenden beschriebene intragenische oder **interallele Komplementierung** gegenüber. Man versteht darunter, daß mutativ unterschiedlich geänderte, homologe Cistren innerhalb einer Zelle so kooperieren, daß das Phän wildtypähnlich wird. Es komplementieren sich dabei nicht (wie bei intergenischer Komplementierung) strukturell völlig verschiedene Proteine, die unterschiedlichen Cistren zugehören, sondern strukturell homologe, die von demselben Cistron gesteuert werden.

Die Aktivität der durch interallele Komplementierung gewonnenen Enzyme ist oft nicht höher als 25 % derjenigen des entsprechenden Wildtypenzyms.

Interallele Komplementierung (CATCHESIDE; CRICK u. ORGEL; YANOFSKY u. LAWRENCE) ist bei der Synthese vieler Enzyme und bei vielen Organismen anzutreffen, so z. B. bei der Tryptophansynthetase von E. coli (YANOFSKY), der IGP-Dehydrase von Salmonella (AMES u. HARTMAN), der Glutamindehydrase von Neurospora (FINCHAM) und dem ad6-Enzym von Schizosaccharomyces (LEUPOLD). Während bei vielen Genen nur etwa ein Drittel der Mutanten komplementierfähig ist, gibt es auch andere Gene mit ausschließlich nichtkomplementierfähigen Mutanten. Die Annahme, daß letztere Mutanten sich so verhalten, weil sie vielleicht überlappende Deletionen besitzen, ließ sich wegen ihrer meist normalen Rückmutabilität und auf Grund von Kreuzungsversuchen nicht halten.

Komplementierende pseudoallele Mutationen sind oft über die ganze Länge der Koppelungskarte eines Gens verteilt. Sie bilden Gruppen, innerhalb derer keine Komplementierung geschieht, jedoch zwischen ihnen. In einigen Genen kennt man bis zu zwölf solche Gruppen. Kreuzungsanalysen zeigen, daß mit wenigen Ausnahmen eine Kolinearität zwischen Komplementierungs- und Kopplungskarten besteht.

Vermutlich synthesisieren alle komplementierfähigen Mutanten ein dem Wildtyp-Enzym entsprechendes CRM; es gibt aber auch CRM-bildende Mutanten, die dennoch komplementierungsunfähig sind. Daß das CRM für die Komplementierung von ausschlaggebender Bedeutung ist, geht u. a. aus folgendem in-vitro-Versuch hervor: In einem Gemisch von Extrakten aus den Neurospora-Mutanten td3 und td104 nimmt die Enzymaktivität bei konstanter td3-CRM-Menge linear mit der Menge des td104-CRMs zu, bis ein Verhältnis von 1 : 6 erreicht ist (SUYAMA).

Interallele in-vitro-Komplementierung durch Vermischen proteinhaltiger Zellextrakte, wie sie auch bei der Synthese von Neurospora-Adenylsuccinase (WOODWARD) und von *Salmonella*-IGP-Dehydrase (LOPER) gelang, deutet darauf hin, daß die Kooperation nicht während der Proteinsynthese stattfindet, sondern ausschließlich zwischen „fertigen" Proteinmolekülen.

Man versucht die interallele Komplementierung heute folgendermaßen zu erklären (CRICK u. ORGEL): Viele Enzyme bestehen aus Aggregaten von mehreren gleichen Untereinheiten (= Monomere). Sind diese mutativ geschädigt, so wird ihre normale Peptidketten-Faltung oft verzerrt sein, was die katalytische Aktivität des Enzyms beeinträchtigt. Kommen nun bei Heterozygotie oder Heterokaryose Monomere zusammen, deren Peptidketten in „passender Weise" verschiedenartig verzerrt sind, so können sich die Ketten gegenseitig stützen, wodurch das Ausmaß der Verzerrungen verringert wird und ein aktives Enzymaggregat entsteht.

Zu dieser Hypothese paßt auch, daß es zahlreiche Gene mit ausschließlich nicht komplementierfähigen Mutanten gibt; die von diesen Genen gebildeten Enzyme würden dann nicht aus Aggregaten bestehen. Weiterhin paßt dazu, daß die Aktivität von durch Komplementierung gewonnenen Enzymen meistens weit unter derjenigen der entsprechenden Wildtypenzyme liegt.

VI. Regulation der Genwirkung

Viele Enzyme sind nicht immer in den zu ihrer Bildung befähigten Zellen vorhanden, sondern werden erst bei „Bedarf" erzeugt. So kennt man z. B. Stämme von *E. coli*, die zwar die volle genetische Information für die AS-Sequenz einer biologisch aktiven β-Galaktosidase enthalten, und dennoch dieses Enzym erst dann bilden, wenn den Zellen das Enzymsubstrat Lactose oder andere Induktoren dargeboten werden (Fortschr. Bot. **22**, 311). Die Ursache für dieses Verhalten liegt darin, daß die Zellen zusätzlich zu dem die β-Galaktosidase-Struktur bestimmenden „Strukturgen" z^+ noch ein sog. Regulationsgen i^+ enthalten. Dieses i-Gen kontrolliert außer der Tätigkeit des Genes z noch die eines weiteren, nämlich des Strukturgens y für die Galaktosid-Permease. Auf die Struktur der eben genannten Enzyme hat i aber keinen Einfluß. Alle drei Gene (i, z, y) liegen im Chromosom von *E. coli* eng gekoppelt nebeneinander.

Aus Kreuzungsversuchen (PARDEE u. Mitarb.) geht hervor, daß das Allel i^+ die Bildung einer Repressorsubstanz bewirkt, weshalb man es auch Repressorgen nennt. Diese chemisch noch unbekannte Repressorsubstanz verhindert die Synthese von β-Galaktosidase und gleichzeitig von Permease. Gibt man aber zu $i^+z^+y^+$-Zellen Lactose oder einen ähnlichen Induktor, so wird dadurch der zu i^+ gehörige Repressor inaktiviert und die Gene z^+ und y^+ können die entsprechenden Enzymsynthesen anlassen. Es hat also eine Derepression stattgefunden. Mutiert das i^+-Gen nach i^-, wird kein Repressor gebildet, und die Gene z^+ und y^+ bilden Enzyme unabhängig vom Darbieten eines Induktors; man nennt daher die Enzymsynthese in i^--Zellen konstitutiv zum Unterschied zur induzierbaren in i^+-Zellen.

In Heterozygoten i^+/i^- erwies sich die Induzierbarkeit (i^+) dominant über die Konstitutivität (i^-). Es gibt aber auch Mutationen zur dominanten Konstitutivität. Diese finden jedoch nicht im Regulationsgen i, sondern im sog. Operator-Gen o statt (JACOB u. Mitarb.; JACOB u. MONOD). Es liegt im *E. coli*-Chromosom zwischen den Genen i und z. Über

seine Funktion hat man heute folgende hypothetische Vorstellungen:
Das o^+-Gen ist jene Stelle am Anfang einer Kette biologisch zusammen-
wirkender Strukturgene (z. B. z und y), von der aus die Bildung der
Strukturgen-spezifischen mRNS startet. Diese Annahme wird dadurch
gestützt, daß o^+ einerseits pleiotrop auf die β-Galaktosidase und zugleich
Permease wirkt und andererseits nur im Chromosom neben ihm liegende
Gene (= cis-Stellung) zur Enzymsynthese stimuliert. Ferner ist das o^+-Gen
der Wirkungsort des vom Regulationsgen i^+ gebildeten Repressors. Dieser Schluß wurde u. a. daraus gezogen, daß man sog. o^c-Mutanten isolieren konnte, die bei Anwesenheit von i^+ und Fehlen eines geeigneten
Induktors dennoch sowohl β-Galaktosidase als auch Permease bilden
konnten. Durch die Mutation o^+ nach o^c ist das Gen wahrscheinlich so
verändert worden, daß es zwar noch als Startpunkt der mRNS dienen
kann, nicht aber mehr als Acceptor der Repressorwirkung. Diese Wirkung
besteht vielleicht in einer blockierenden Bindung des Repressors an das
Operatorgen.

Durch eine andere Mutation im Operatorgen (nach o^0) kann die betroffene z^+y^+-Zelle weder β-Galaktosidase noch Permease bilden, unabhängig von der Anwesenheit eines Induktors oder vom Zustand des
Regulatorgens. Wahrscheinlich ist das Operatorgen nun so abgeändert,
daß es weder Repressor binden noch der mRNS-Synthese als Startpunkt
dienen kann.

Die funktionelle Einheit von Operator-, Regulations- und zugehörigen
Strukturgenen nennt man Operon (JACOB u. MONOD). Inzwischen
wurden solche Operone noch in anderen Genomregionen von *E. coli*
und auch in anderen Bakterienarten nachgewiesen. Bei *Salmonella*
wurde u. a. das die Histidin-Biosynthese steuernde Operon besonders
studiert. Man fand dabei, daß ein einziger Operator über mindestens
fünf gekoppelte Strukturgene entscheidet, ob sie die ihnen entsprechenden Enzyme bilden oder nicht (AMES u. HARTMAN). Von den
fünf in Serie bei der Histidinsynthese arbeitenden Enzymen ist
keines in den Zellen vorhanden, wenn entweder der Operator mutiert ist oder aber das Endprodukt der Biosynthesekette, also Histidin, in genügend großer Menge im Kulturmedium vorhanden ist.
Dieses Phänomen, bei dem also Histidin als Repressor oder wahrscheinlicher als dessen Aktivator (= Corepressor) fungiert, ist ein sehr
sinnvoller regulatorischer Mechanismus, weil er nämlich die Zellen von
der Bildung unbenötigter Enzyme entlastet. Am β-Galaktosidase-System
wurde diese „negative Rückkoppelung" nicht nachgewiesen; wahrscheinlich fehlt sie hier, weil ja dieses Enzym im Gegensatz zu den obenerwähnten Enzymen der Histidin-Synthese zur Verwertung eines Nähr-
stoffes im Milieu dient, nicht aber zum Aufbau eines lebenswichtigen Bau-
steins in der Zelle.

Histidin kann aber nicht nur als Repressor oder Corepressor seine
eigene Biosynthese regulieren, sondern auch durch die sog. feedback-
inhibition. Darunter versteht man, daß ein Metabolit die Aktivität einzelner, an seiner Bildung beteiligter Enzyme hemmt, nicht aber die Synthese aller. Es handelt sich also nicht um einen in die primäre Genwirkung

eingreifenden Regulationsmechanismus. Im allgemeinen wird bei der feedback-inhibition die Aktivität des ersten Enzyms einer Biosynthesekette vermindert. Die biologische Bedeutung dieses Mechanismus liegt in der schnellen und kontinuierlichen Feinregelung der intracellulären Konzentration des Metaboliten auf das lebensgünstigste Niveau.

Durch die geschilderte Hypothese über Operator- und Repressorwirkung auf die Strukturgene wird es verständlich, warum die zu einer

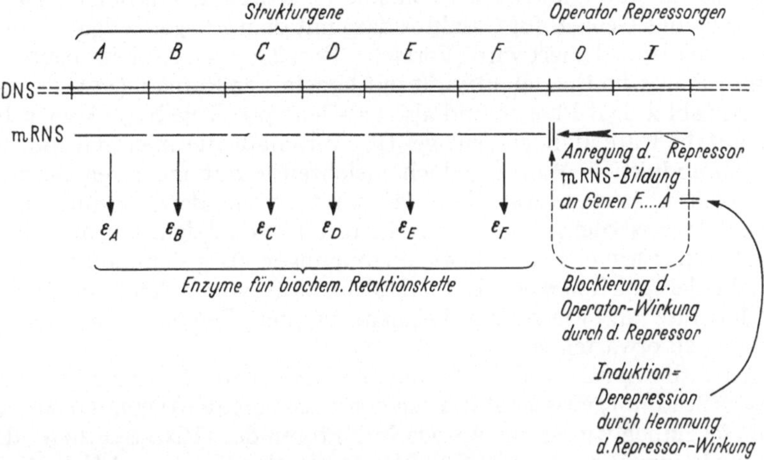

Abb. 14. *Schema eines Operons und der Wirkung der Induktion der Enzymsynthese.* Oben die Strukturgenkette *A* bis *F*, anschließend Operator *O* und Repressorgen *I*. Darunter die mRNS-Molekel, von denen jedes die Synthese eines Enzyms (E_A bis E_F) für die metabolische Reaktionsfolge steuert. Der Operator *O* regt die mRNS-Bildung als Startpunkt an (dicker Pfeil), jedoch wird seine Wirkung vom Repressor (RNS?, vom Gen I gebildet) blockiert (Doppelstrich). Erst wenn die Wirkung des Repressors (→) gehemmt wird vom Induktor (→) geschieht Derepression (Doppelstrich im gestrichelten Pfeil) und der mRNS- und somit Enzymsynthese

biochemischen Reaktionskette gehörenden Gene bei Bakterien oft gekoppelt in Serie liegen (Fortschr. Bot. **19**, 297 u. **20**, 217). Sie würden dann durch den Start der mRNS-Bildung im anschließenden Operator gleichzeitig zur Bildung ihrer Enzyme eingeschaltet. Allerdings sind die Gene in ihrer chromosomalen Lage keineswegs immer parallel den zeitlichen Reaktionsschritten angeordnet. Zum Beispiel greift das Enzym des Gens G, das in der Koppelungskarte am Ende der Reihe der 8 Histidin-Gene liegt, in den ersten Histidinbildungsschritt ein (AMES u. HARTMAN). Ob es etwas bedeutet, daß eng bei diesem Gen G der Operator liegt (oder mit ihm identisch ist), bleibt zu klären.

Eine schwer zu der Vorstellung des „Operons" passende Ausnahme von dieser bei Bakterien häufigen Seriierung ist die Argininsynthesekette. Ihre Gene sind über das ganze Chromosom von *E. coli* verstreut, unterstehen aber derselben Repression durch Arginin (GORINI, MAAS). Bei *Neurospora*, Hefe und anderen Nichtbakterien sind die Gene einer Synthesefolge ebenfalls meist nicht gekoppelt. Hier ist weitere Klärung nötig. Auf jeden Fall ist die Konzeption der Regulationseinheit „Operon" aus Struktur-, Operator- und Repressorgenen von großem Wert für das Verständnis und die Erforschung der intergenischen Regulation. In der Abb. 14 ist ein Schema der Arbeitsweise eines Operons dargestellt.

Die Rate der Enzymbildung ist nicht allein von Regulationsgenen abhängig, sondern auch von Strukturgenen. PARDEE u. BECKWITH fanden nämlich bei *E. coli* Mutanten zur Konstitutivität der β-Galaktosidase, die sehr verschiedenes Enzymbildungsvermögen besaßen; sie erweisen sich als im z-Gen mutiert.

Die Kinetik der Enzymbildung nach Induktion (= Derepression) ist für verschiedene Enzyme unterschiedlich, wahrscheinlich weil einige Repressoren stabil, andere instabil sind (s. RILEY u. PARDEE, S. 19).

Wenn das Gen gal für Galaktosidase mit dem Phagen λ dgal in Zellen von *E. coli* transduziert wird (Fortschr. Bot. **22**, 304), so steigt nach etwa 12 min Pause die Enzymaktivität mit konstanter Rate an (STARLINGER). Die Anzahl λ dgal-Phagen und also gal-Gene pro Zelle hatte keinen Einfluß auf die Rate, d. h. ein einziges Gen veranlaßt die maximal mögliche Enzymproduktion. Wurde jedoch gleichzeitig mit mehreren normalen λ-Phagen infiziert, so war die Syntheserate vermindert, vermutlich weil dann die mRNS der λ-Phagen mit der mRNS von λ dgal um die Ribosomen konkurrierten. Unter diesen Bedingungen stieg dann auch mit der Anzahl der gal-Gene pro Zelle (Multiplizität von λ dgal) die Enzymsyntheserate an, wie es bei Vermehrung der Gendosis für die Genwirkung zu erwarten ist.

Auch die Synthese der ribosomalen RNS wird von Genen gesteuert, wie das Studium gewisser Mutanten von *E. coli* ergab (ALFÖLDI u. Mitarb.) Wahrscheinlich wirken die AS wie Induktoren der rRNS-Synthese; denn erstens ist die Rate der rRNS-Synthese von der Menge und Vollständigkeit des AS-Pools in den Zellen abhängig und zweitens sinkt sie auf den Wert Null, wenn AS-Auxotrophe in ein AS-freies Medium gebracht werden. Es wurden jedoch Mutanten (RC[rel]) isoliert, die nach AS-Aushungerung die rRNS-Synthese lange Zeit mit fast normaler Rate fortsetzen. Das Gen RC konnte durch Kreuzung im Genom lokalisiert werden. Die Mutation „rel" (= relaxed) muß wohl die Abhängigkeit der rRNS-Synthese von der AS-Anwesenheit gelöst haben; sie hat die rRNS-Synthese gewissermaßen konstitutiv gemacht. Das RC-Gen ist also wohl ein Regulationsgen, welches die rRNS-Synthese an die AS-Verfügbarkeit bindet, was eine zweckmäßige Regulation bedeutet, da rRNS nur gebraucht wird, wenn Protein aus AS gebildet werden kann. Auf welche Strukturgene RC einwirkt, ist unbekannt.

Anhang

Die Ordnung der molekularen Lebensgrundvorgänge und die Lebensentwicklung

Von R. W. KAPLAN

Die geschilderten heutigen Einsichten in die Ursachen der phänogenetischen Genwirkung und deren Regelung, weiterhin der Genreplikation und der Mutation (Fortschr. Bot. **24**, 286), machen es möglich, ein Ordnungsschema von molekularen, also chemischen Vorgängen zu entwerfen, welche eine Erklärung der allgemeinen Grunderscheinungen des

Lebens der Zelle ermöglichen. Die Organismen, von den Einzellern bis zum Menschen, sind von den anorganischen Dingen unterschieden durch 3 Gruppen von Prozessen:

1. Stoffwechsel, Bewegungen und Regulationen, die zusammen die Lebenserhaltung bewirken.

2. Wachstum, Reproduktion und Gesellung, die die Erweiterung und Vermehrung der Lebewesen hervorrufen.

3. Ontogenese und phylogenetischer Erbwandel, die Entwicklungen, Neubildungen, ergeben (KAPLAN 1951, 1959, 1963).

Von diesen allgemein vorkommenden Lebensprozessen nehmen die Reproduktion und der Erbwandel eine Schlüsselstellung ein. Denn materielle Gebilde, die diese beiden Eigenschaften besitzen, werden automatisch an Zahl zunehmen, sich ausbreiten und sich durch Erbvariation und Auswahl der besser sich vermehrenden Typen an verschiedenste Milieus anpassen können. Sie werden damit also ein Reich zunehmend vielfältiger und komplizierter werdender Organismentypen in einer phylogenetischen Evolution entwickeln, sofern genügend Zeit und Nahrung verfügbar ist. Die bisherigen Organismen haben sich wahrscheinlich in einem Zeitraum von einigen Jahrmilliarden entwickelt. Während für Stoffwechsel und Bewegungen schon seit längerem Erklärungen auf physikochemischer Grundlage zur Verfügung stehen, sind für die intracellulären Regulationen, die Reproduktion unter den steuernden Wirkungen der Gene beim Aufbau von Tochterzellen sowie für den Erbwandel durch Mutation und Rekombination erst in den letzten Jahren befriedigende Erklärungen gefunden worden. Auch für diese Schlüsselprozesse liegen nun also Modelle im molekularen Bereich vor, die sie als kausale Wirkungen atomarer Strukturen verständlich machen und wenigstens in den grundsätzlichen Zügen eine hohe Wahrscheinlichkeit ihrer Richtigkeit besitzen. Aber nicht nur der Ablauf dieser Einzelvorgänge ist nun verständlich geworden, sondern auch ihre gegenseitigen Beziehungen haben sich in den letzten Jahren geklärt. So ist es nun möglich, ein Ordnungsschema der intracellulären Schlüsselvorgänge des Lebens zu entwerfen.

Einen Versuch dazu zeigt die Abb. 15. Wir sehen darin, wie im unteren Bereich, der Synthese kleinmolekularer Bausteine, in einem vielfältigen Netz von enzymatischen Reaktionsketten aus Nahrung und unter Ausscheidung von Exkreten vor allem Nucleosidtriphosphate (NTP, dNTP) sowie Aminosäuren (AS) erzeugt werden. Dabei finden die Regelungen durch die erwähnten Rückkoppelungsmechanismen statt (Beispiel rechts). Die im Stoffwechsel erzeugten AS werden dann an sRNS unter ATP-Verbrauch gekoppelt. Aus den so entstandenen „aktivierten", d. h. mit Energie und Codewort versehenen AS-sRNS werden dann Proteine, insbesondere Enzyme, aufgebaut. Dabei übermittelt mRNS die Information über die spezifische AS-Sequenz. Diese Informations-RNS (RNS_i = mRNS), ferner wohl auch s- und rRNS, wird selbst in einer enzymatischen Reaktion (Enzym E_2) aus Nucleosidtriphosphaten (NTP) unter steuerndem Eingriff der Gen-DNS gebildet. Sie ist in ihrer Nucleotidsequenz der DNS komplementär, hat also die in dieser enthaltenen Information (DNS_i) übernommen. Auch die DNS wird in einer enzymatischen Reaktion (Enzym E_1) aus Desoxy-Nucleosidtriphosphaten (dNTP) synthetisiert, wobei die vorhandene DNS die Information auf die neugebildete DNS überträgt. Die unter Steuerung von DNS und RNS gebildeten Enzyme katalysieren die vielen Reaktionen der Bausteinsynthesen, außerdem die Synthesen der DNS und der RNS sowie ihre eigene Synthese (die Enzymbeteiligung ist hier noch nicht ganz geklärt) unter RNS-Steuerung.

Somit bildet dieses Prozeß-System ein geordnetes, sich selbst regelndes und seine Reproduktion selbst steuerndes Ganzes. Die Einregelung auf einen bestimmten, lebensgünstigen Zustand geschieht durch negative Rückkoppelung (Hemmung der Reaktionskette durch das Endprodukt). Die Reproduktion des Ganzen beruht dagegen auf positiver Rückkoppelung; denn die Endprodukte, z. B. Proteine oder DNS, fördern ihre eigene Wiederbildung. Durch diese beiden Rückkoppelungen erhält sich das lebende System und baut neue gleichartige Systeme auf.

Ein Gebilde mit diesen Prozessen allein würde sich jedoch nicht weiterentwickeln und vervollkommnen. Diese Entwicklung bewirken die noch hinzukommenden Mutationen (oben rechts) und, zusätzlich beschleunigend, die genetischen Rekombinationen (nicht dargestellt). Die Mutationen bestehen in der gelegentlichen,

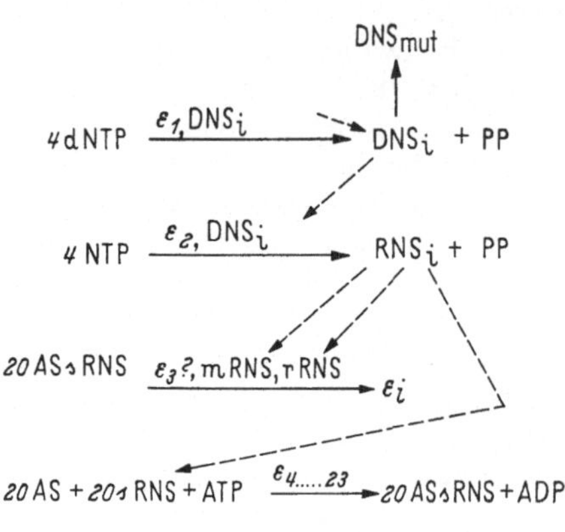

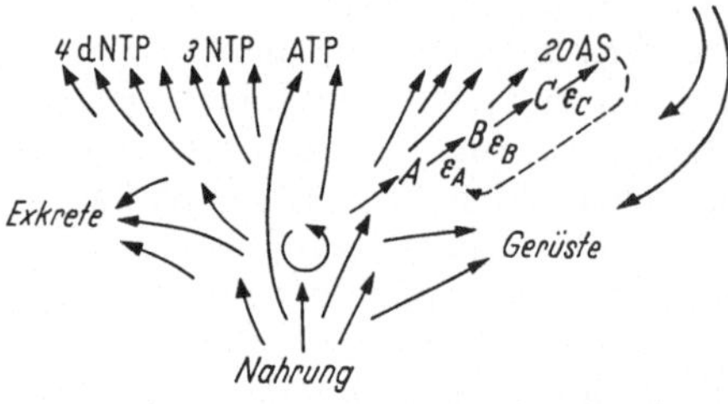

Abb. 15. *Ordnungsschema der Lebensgrundprozesse.* (Stoffwechselndes, geregeltes, reproduzierendes und mutierendes System.) Pfeile: Reaktionen oder Reaktionsfolgen; gestrichelt: Übertragung der genetischen Information; gepunktet: Regelung durch Rückkoppelung. $E_{1,2} \ldots E_A \ldots$: Enzyme, AS = Aminosäuren, NTP und dNTP = Nucleosid- bzw. Desoxynucleosidtriphosphate, PP = Pyrophosphat. A, B, C, D = Metabolische Zwischenprodukte. 1. Zeile: DNS-Reproduktion; 2. Zeile: RNS-Synthese unter DNS-Steuerung; 3. Zeile Proteinsynthese; 4. Zeile: AS-Aktivierung durch sRNS. Unten: Synthesen von Bausteinen, Gerüsten und Exkreten unter Rückkoppelungsregelung (Beispiel rechts)

„zufälligen", Änderung einzelner Buchstaben (oder -Gruppen) in der Nucleotidschrift durch physikalische oder chemische Einwirkungen auf die DNS. Somit ergeben sich die vitalen Schlüsselfunktionen als logische und damit kausale Folgen der geschilderten Ordnung dieses materiellen Systems. Die Annahme zusätzlicher, „transmaterieller" Lebenskräfte (Entelechien) ist überflüssig.

Aus dieser Klärung der vitalen Grundfunktionen erhebt sich die Frage nach der Entstehung eines solchen reproduzierenden und mutierenden Systems (Übersichten bei Horowitz u. Miller; Calvin). Eine heutige Zelle, z. B. ein Bacterium, ist höchst kompliziert im Vergleich mit dem Schema. Dies liegt vor allem an der Vielzahl von chemischen Umsetzungen und damit Enzymen zur Synthese von Bausteinen aus den üblichen Nährstoffen, die zusätzlich auch noch Reaktionen zum Aufbau von Energiestoffen, wie ATP oder DPN, erfordert. Auch die nötigen Gerüste für Reaktionsräume, ferner Bewegungsproteine usw. müssen aufgebaut werden. Dazu sind einige tausend Enzyme und daher entsprechend viele Gene nötig. Das Schema müßte im oberen Teil entsprechend vervielfacht werden. Man darf annehmen, daß das System der Bausteinsynthesereaktionen sich in der Evolution schrittweise aufgebaut hat, und es ist bei den Organismentypen nicht völlig gleich, wie z. B. die verschiedenen bekannten Wege der Energiegewinnung deutlich machen.

Würden die fertigen Bausteine, also AS- und Nucleosidtriphosphate, im Milieu dargeboten, so würde das ganze komplizierte „untere Stockwerk" an Reaktionen wegfallen können. Dann wären nur einige wenige Enzyme zur Synthese der DNS, RNS und Stützsubstanz, vielleicht auch des Proteins selber sowie etwa 20 Enzyme für die AS-Aktivierung nötig und damit nur die entsprechende Zahl, etwa 2 Dutzend, Gene. Dies könnte also ein viel einfacherer Primitivorganismus als unsere heutigen Zellen sein; er hätte allerdings sehr spezielle und damit selten realisierte Nährstoffansprüche. Inwieweit solche Stoffe in früheren Erdepochen vorhanden waren, ist z. Z. nur unsicher zu beurteilen (KREJCI-GRAF). Die AS-Bildung in einer (anaeroben) „Uratmosphäre" durch elektrische Entladungen ist experimentell gezeigt worden (MILLER). Es muß bedacht werden, daß der frühere Urozean sehr wahrscheinlich eine organochemisch sehr viel reichere „Suppe" war, zumindest stellenweise, als das heutige von Organismen armgefressene Meer. Möglichkeiten über die nichtorganische Herkunft auch komplizierterer organischer Verbindungen sind denkbar und werden experimentell geprüft (z. B. HOROWITZ u. MILLER; CALVIN; LEDERBERG).

Die genetische Evolution eines solchen wenig-genigen Primitivorganismus durch Mutantenselektion würde natürlich dahin gehen, häufigere und also leichter verfügbare Stoffe zu jenen Bausteinen umzubauen. In einem solchen Gebilde dürfte die Ploidie der Gene größer als haploid und vor allem variabel sein, weil ein Apparat zur geregelten Verteilung (Mitose) fehlt. Es stünden daher überzählige Gene zur Verfügung, die so mutieren könnten, daß geänderte Enzyme entstehen, welche die Ausnutzung verbreiteterer Stoffe ermöglichen. Dadurch würde jenes „untere Stockwerk" des Stoffwechsels allmählich aufgebaut.

Der Primitivorganismus mit etwa 2 Dutzend Genen ist noch weiter vereinfachbar. Wahrscheinlich ist darin die Differenzierung in mRNS und DNS nicht unbedingt nötig. Sie dient ja dazu, daß die DNS nicht unmittelbar in die Enzymsynthese eingreifen muß und daß zu dieser Synthese viele Exemplare von Informationsträgern gleichzeitig zur Verfügung stehen. Die Ribosomen scheinen lediglich zur Stützung der mRNS bei der Proteinsynthese zu dienen, wären also wohl auch entbehrlich. Das Fehlen der m- und rRNS würde wegen des dann nötigen Eingriffs der nur in je einem Exemplar vorhandenen DNS-Molekel die Enzymsynthese sehr verzögern. Jedoch würde ein langsameres Leben, also Vermehrung und Mutation, wohl noch immer möglich sein.

Vereinfachen wir weiter und lassen auch noch das (die) Enzym(e) und Gen(e) zur Bildung von Gerüststoff weg, der das Gebilde zusammenhält, so wird der Organismus „flüssig"; eine Abgrenzung zu Individuen, zu Zellen, würde gänzlich fehlen. Aber auch in dieser Stufe wäre immer noch Vermehrung und Mutation möglich. Dieses Leben geschähe somit in einer ungeformten Lösung von Proteinen, DNS, sRNS und Baustoffen, in denen die lebenerzeugenden Molekel sich nur gelegentlich und zufällig treffen und in der die Lebensprozesse daher noch langsamer ablaufen als bisher. Die mutative Erfindung einer Gerüstsubstanz, die die 3 lebenswichtigen Makromolekelsorten DNS, sRNS und Enzymprotein räumlich eng beieinander konzentriert hält, würde also ein sehr großer Fortschritt bedeuten. Denn er verschafft den so erstmalig individualisierten Organismen eine weit schnellere Vermehrung gegenüber den flüssigen Lebensystemen. Ein Weg zu solcher Abgrenzung von zellähnlichen Individuen ist wohl die Coacervation, d. h. die Tröpfchenbildung in heterogenen Kolloiden durch Oberflächenkräfte (OPARIN). Erst von da an würden Klone, also getrennt evolvierende Abstammungsverwandtschaften aus Individuen, auftreten und sich mutativ differenzieren können. Selektion zwischen Molekeln geschieht schon in der flüssigen Stufe des Lebens.

Sehr wichtig für das celluläre wie auch flüssige Leben ist die gegenseitige Koppelung von Protein- und Nucleinsäuresynthese. Die Steuerung der Proteinsynthese durch Nucleinsäure ist eine Folge der Bindung der AS an sRNS, die zugleich den „genetischen Code" als Koppelungsvorschrift festlegt. Man könnte unser obiges System mit 2 Dutzend Genen sehr vereinfachen, wenn die 20 sRNS-AS als Nährstoffe schon vorliegen würden. Dann wären nur noch 3 Enzyme (obere 3 Zeilen der Abb. 15) und also 3 Gene nötig. Im Labor mag ein solcher „Organismus" herstellbar und funktionsfähig sein; jedoch ist es unwahrscheinlich, daß er je im Freien existiert hat. Denn die Bildung des Systems der heute üblichen 20 sRNS-AS dürfte kaum ohne Mitwirkung schon einer Koppelung der Proteinsynthese an Nucleinsäure geschehen sein. Sicherlich ist die jetzige Methode der Determination der AS-Sequenz im Protein durch die Nucleotidsequenz in der D- bzw. RNS mit Hilfe der sRNS das Ergebnis langen mutativen Probierens in der frühen Evolution. Man könnte daran denken, daß in der „Ursuppe" bestimmte AS bevorzugt an bestimmte kurzkettige Polynucleotide spontan angelagert wurden, und daß sie eine schnellere Synthese von Polypeptiden bewirkten, wenn sie sich so an vorhandene Polynucleotide aufreihten, als wenn diese Synthese ohne solche Hilfe geschah. Jedoch ist dies alles noch völlig unklar, und eine experimentelle Klärung dieses sehr entscheidenden Problems ist vorerst kaum begonnen.

Durch SCHRAMM u. WISSMANN sowie Fox wurde Bildung von Polypeptiden aus AS unter speziellen „präbiologischen" Bedingungen (Trockenheit, Polyphosphat-Gegenwart) beobachtet. Andererseits wurde auf diese Weise von SCHRAMM, GRÖTSCH u. POLLMANN Nucleinsäure aus Nucleotiden ohne Enzyme synthetisiert. Die Bildung eines Nucleinsäurestranges aus Uridylsäure wurde dabei durch Gegenwart von Poly-Adenylsäure, also des komplementären Strangs, stark stimuliert. Dies deutet eine Möglichkeit zur nichtenzymatischen Reproduktion von Nucleinsäure unter Steuerung eines primers an. Daß Proteine oder Polypeptide in diese Reproduktion fördernd eingreifen können, wird durch die ebenfalls in den Versuchen beobachtete Stimulierung der Poly-U-Synthese durch Poly-Arginin angezeigt.

Nach diesen Versuchen erscheint also eine abiotische Bildung von Nucleinsäure unter speziellen primitiven Bedingungen möglich. Adsorption der Baustein- und Hilfsstoffmolekel an Mineraloberflächen könnte vielleicht durch Konzentrierung und günstige Orientierung erhebliche Hilfe leisten. Da eine Steuerung der Basensequenz der neuen durch alte Nucleinsäure für diese nichtenzymatische Reaktion durch die obigen Versuche angezeigt ist, wäre dies schon ein ganz einfaches sich identisch vermehrendes System. Eine Mutabilität ist durch spontane Basenänderungen (z. B. durch Wärmeschwingungen) mitgegeben. Somit würde also eine Nucleotidkette in entsprechend günstigem Milieu mit Bausteinen usw. das einfachste z. Z. denkbare Gebilde mit den Schlüsselprozessen des Lebens darstellen, also den einfachsten Organismus.

Eine Beschleunigung dieses sicher sehr langsamen Lebens ergäbe sich, wenn Polypeptide diese Nucleinsäuresynthese katalysieren; dies erscheint nach SCHRAMMs Befunden möglich. Durch Nucleotidmutationen könnte die spontane DNS (oder RNS) sich allmählich schrittweise so ändern, daß die höchste Reproduktionsrate durch Katalyse eines der gerade im Milieu verfügbaren Proteine erreicht wird.

Wenn einem der zunächst nur autokatalytisch aktiven Nucleinsäuremolekel es mutativ gelänge, selber einen beschleunigenden Einfluß auf die Spontansynthese eines solchen katalytisch wirksamen, also polymeraseartigen Proteins zu erlangen, wäre die Koppelung zwischen R- oder DNS und der Proteinsynthese geschehen und ein großer evolutiver Fortschritt errungen. Erstmalig beruhte das Leben dann nicht nur auf „Genotyp", sondern es wäre zu diesem die heterokatalytische Wirkung und damit ein „Phänotyp" in Form jenes Proteins getreten. Damit könnte dann der evolutive Aufbau über Verbesserungen der Koppelung und des genetischen Codes, über Gerüstbildung und celluläre Individualisierung, Abgliederung von mRNS und rRNS usw. weitergehen zu immer größerer Unabhängigkeit von seltenen Nährstoffen und anderen Milieufaktoren. Der Weg, auf dem diese entscheidende Koppelung und damit die Entwicklung von sRNS und genetischem Code verlaufen ist, ist vorerst noch sehr dunkel und seine Erhellung eine wichtige Aufgabe der künftigen Forschung.

Literatur

1. Übersichtsarbeiten

ABRAMS, R.: (DNS, RNS) Ann. Rev. Biochem. 30, 165—188 (1961).
BROWEN, G. L.: (RNS) Brit. med. Bull. 18, 1—13 (1962).
CAVALLIERI, L. F., and B. H. ROSENBERG: (DNS) Ann. Rev. Biochem. 31, 247—270 (1963). — CRICK, F. H. C.: (Code) Science 139, 461—464 (1963) u. Sci. Amer. 207, 66—74 (1962).

DELBRÜCK, M.: (Vererbungschemie) Naturwiss. Rdsch. 16, 85—89 (1963).
FINCHAM, J. R. S.: (Gene u. Enzyme) Brit. med. Bull. 18, 14—18 (1962). —
FISHER, K. W.: (Regulation) Brit. med. Bull. 18, 19—23 (1962).
HOROWITZ, N. H., u. S. L. MILLER: (Lebensentstehung) Fortschr. Chem. org.
Naturst. 20, 423 (1962).
JAKOB, F., u. I. MONOD: (Regulation) J. Mol. Biol. 3, 318—356 (1961).
LEVINTHAL, C., u. P. F. DAVIDSON: (Biochemie genetischer Faktoren) Ann. Rev.
Biochem. 30, 641—668 (1961). — LURIA, S. E.: (Bakteriophagen) Ann. Rev. Micro-
biol. 16, 205—240 (1962).
NOVELLI, G. D.: (Protein Synthese) Ann. Rev. Microbiol. 14, 65—82 (1960).
PAIGEN, K.: (Regulation) J. theor. Biol. 3, 268—282 (1962).
RILEY, M., and A. B. PARDEE: (Genwirkung) Ann. Rev. Microbiol. 16, 1—34
(1962).
SPIEGELMANN, S.: (mRNS) Fed. Proc. 22, 36—54 (1963). — STARLINGER, P.:
(Regulation) Angew. Chem. 75, 71—77 (1963).
WITTMANN, H. G.: (Code) Naturwissenschaften 48, 729—734 (1961); 50, 76—88
(1963).
YANOFSKY, C., and P. ST. LAWRENCE: (Genwirkung) Ann. Rev. Microbiol. 14,
311—340 (1960); — Cellular Regulatory Mechanisms. Cold Spr. Harb. Symp. quant.
Biol. 26, 408 (1961); — Molecular Genetics. Part 1, 544. New York: I. H. Taylor,
Acad. Press 1963.

2. Einzelarbeiten

ALFÖLDI, L., G. S. STENT and R. C. CLOWES: J. Mol. Biol. 5, 348 (1962). —
AMES, B. N., and P. E. HARTMAN: In: The Molecular Basis of Neoplasma. 322. The
University of Texas Press, Austin 1962. — ANFINSEN, C. B.: Comp. Biochem.
Physiol. 4, 229 (1962).
BARNETT, W. E., and H. E. BROCKMAN: Biochem. biophys. Res. Commun. 7,
199 (1962). — BAUTZ, E. K. F., and B. D. HALL: Proc. nat. Acad. Sci. (Wash.) 48,
400 (1962). — BECKWTH, J., and A. B. PARDEE: Fed. Proc. 21, 236 (1961). — BEN-
ZER, S., and B. WEISBLUM: Proc. nat. Acad. Sci. (Wash.) 47, 1149 (1961). — BREN-
NER, S., F. JACOB and M. MESELSON: Nature (Lond.) 190, 576 (1961).
CALVIN, M.: Perspect. Biol. Med. 4, 399 (1962). — CATCHESIDE, D. G.: In:
Microbiol Genetics 181 Cambridge: Univ. Press 1960. — CHAMBERLAIN, M., and
P. BERG: Proc. nat. Acad. Sci. (Wash.) 48, 81 (1962). — CHAMPE, S. P., and S. BEN-
ZER: Science 138, 912 (1962). — CRICK, F. H. C., u. L. E. ORGEL: Unveröff. Entwurf,
1960, Lab. Biol. — CRICK, F. H. C., L. BARNETT, S. BRENNER and R. J. WATTS-
TOBIN: Nature (Lond.) 192, 1227 (1961).
ESSER, K., J. A. DE MOSS u. D. M. BONNER: Z. Vererbungsl. 91, 291 (1960). —
FINCHAM, J. R. S.: J. Mol. Biol. 4, 257 (1962). — FOX, S. W.: Science 132, 200
(1960).
GAREN, A., and H. ECHOLS: J. Bact. 83, 297 (1962) u. Proc. nat. Acad. Sci.
(Wash.) 48, 1398 (1962). — GARDNER, R. S., A. J. WAHBA, C. BASILIO, R. S. MILLER,
P. LENGYEL u. J. F. SPEYER: Proc. nat. Acad. Sci. (Wash.) 48, 2087 (1962). —
GEIDUSCHEK, E. P., T. NAKAMOTO and S. B. WEISS: Proc. nat. Acad. Sci. (Wash.)
47, 1405 (1961). — GIERER, A.: J. Mol. Biol. 6, 148 (1963). — GOLDBERG, I. N.,
M. RABINOWITZ and E. REICH: Proc. nat. Acad. Sci. (Wash.) 48, 2094 (1962). —
GORINI, L.: Cold Spr. Harb. Symp. quant. Biol. 26, 173 (1961). — GROS, E.:
Science 138, 912 (1962). — GROS, F., and S. NAONO: In: Protein Biosynthesis, 195.
New York: Acad. Press 1961. — GRUNBERG-MANAGO, M., and S. OCHOA: J. Amer.
chem. Soc. 77, 3165 (1955).
HARTMAN, P. E., Z. HARTMAN and D. SHERMAN: J. gen. Microbiol. 22, 354
(1960). — HAYASHI, M., and S. SPIEGELMAN: Proc. nat. Acad. Sci. (Wash.) 47, 1564
(1961). — HENNING, U., and C. YANOFSKY: Proc. nat. Acad. Sci. (Wash.) 48, 1497
(1962). — HOROWITZ, N. H., M. FLING, H. MACLEOD and N. SUEOKA: Genetics 46,
1015 (1961).
INGRAM, V. M.: Brit. med. Bull. 15, 27 (1959).
JACOB, F., and J. MONOD: Cold Spr. Harb. Symp. quant. Biol. 26, 193 (1961). —
JACOB, F., D. PERRIN, C. SANCHEZ et J. MONOD: C. R. Acad. Sci. (Paris) 250, 1727
(1960). — JONES, O. W., and M. W. NIRENBERG: Proc. nat. Acad. Sci. (Wash.) 48,
2115 (1962). — JUKES, T. H.: Proc. nat. Acad. Sci. (Wash.) 48, 1809 (1962).

Kameyama, T., and G. D. Novelli: Proc. nat. Acad. Sci. (Wash.) 48, 659 (1962). — Kano-Sueoka, T., and S. Spiegelman: Proc. nat. Acad. Sci. (Wash.) 48, 1942 (1962). — Kaplan, R. W.: Universitas 18, 15 (1963); — Naturwiss. Rdsch.1959, 258; 1951, 149; — Z. Vererbungsl. 92, 21 (1961). — Kornberg, A.: Angew. Chem. 72, 231 (1960).

Lederberg, J.: Naturwiss. Rdsch. 1960, 340. — Leupold, U.: Arch. J. Klaus-Stiftg. 36, 89 (1961). — Lengyel, P., J. F. Speyer, C. Basilio and S. Ochoa: Proc. nat. Acad. Sci. (Wash.) 48, 63, 282, 441, 613 (1962). — Lipman, F., and von Ehren-stein: Science 138, 912 (1962). — Loper, J. C.: Proc. nat. Acad. Sci. (Wash.) 47, 1440 (1961).

Maas, W. K., Cold Spr. Harb. Symp. quant. Biol. 26, 183 (1961). — Maling, B. D., and C. Yanofsky: Proc. nat. Acad. Sci. (Wash.) 47, 551 (1961). — Markert, C. L.: Genetics 35, 60 (1950). — Marmur, J., R. Rownd and C. L. Schildkraut: In: Progress in Nucleic Acid Research, Vol. 1, New York: Acad. Press im Druck. — Miller, S. L.: N. Y. Acad. Sci. 69, 260 (1957).

Nirenberg, M. W.: Science 138, 912 (1962). — Nirenberg, M. W., and J. H. Matthaei: Proc. nat. Acad. Sci. (Wash.) 47, 1588 (1961). — Nirenberg, M. W., J. H. Matthaei, O. W. Jones, R. G. Martin and S. H. Barondes: Fed. Proc. 22, 55 (1963).

Ochoa, S.: Science 138, 912 (1962); — Fed. Proc. 22, 62 (1963). — Oparin, A. J.: The Origin of Life on Earth, London: Oliver and Boyd 1957.

Pardee, A. B., F. Jacob and J. Monod: J. Mol. Biol. 1, 165 (1959). — Pardee, A. B., and J. R. Beckwith: Science 138, 912 (1962). — Perrin, D., A. Bussard et J. Monod, C. R. Ac. Sci. (Paris) 249, 778 (1959).

Reich, E., G. Acs, B. F. Mach and E. L. Tatum: Science 138, 912 (1962).

Schachman, H. K., J. Adler, C. M. Radding, I. R. Lehman and A. Kornberg: J. biol. Chem. 235, 3242 (1960). — Schramm, G.: Naturwiss. Rdsch. 1963, 89. — Schramm, G., H. Grötsch u. W. Pollmann: Angew. Chemie 74, 53 (1962). — Schramm, G., u. H. Wissmann: Chem. Ber. 91, 1073 (1958). — Schulman, H. M., and D. M. Bonner: Proc. nat. Acad. Sci. (Wash.) 48, 53 (1962). — Spahr, P. F., and A. Tissieres: J. Mol. Biol. 1, 237 (1959). — Spiegelman, S.: Science 138, 912 (1962). — Starlinger, P.: J. Mol. Biol. 6, 128 (1963). — Strelzoff, E., and F. J. Ryan: Biophys. Biochem. Res. Com. 7, 417 (1962). — Sueoka, N.: Cold Spr. Harb. Symp. quant. Biol. 26, 35 (1961). — Suskind, S. R., and L. I. Kurek: Proc. nat. Acad. Sci. (Wash.) 45, 193 (1959). — Sussman, A. S.: Arch. Biochem. 95, 407 (1961). — Suyama, Y.: Biophys. Biochem. Res. Com. 10, 144 (1963).

Vogel, H. J.: Proc. nat. Acad. Sci. (Wash.) 43, 491 (1957); — Cold Spr. Harb. Symp. quant. Biol. 26, 103 (1961). — Volkin, E., and L. Astrachan: Virology 2, 146 (1956).

Wainwright, S. D., and E. S. McFarlane: Biophys. Biochem. Res. Com. 9, 529 (1962). — Weisblum, B., S. Benzer and R. W. Holley: Proc. nat. Acad. Sci. (Wash.) 48, 1449 (1962). — Weiss, S. B., and L. Gladstone: J. Amer. chem. Soc. 81, 4118 (1959). — Wieland, T., u. G. Pfleiderer: Angew. Chemie 74, 261 (1962). — Wood, W. B., and P. Berg: Proc. nat. Acad. Sci. (Wash.) 48, 94 (1962). — Woodward, D. O.: Proc. nat. Acad. Sci. (Wash.) 45, 846 (1959).

Yanofsky, C.: Bact. Rev. 24, 221 (1960). — Yanofsky, C., U. Henning, D. Helinski and B. Carlton: Fed. Proc. 22, 75 (1963). — Yankofsky, S. A., and S. Spiegelmann: Proc. nat. Acad. Sci. (Wash.) 48, 1466 (1962).

Zinder, N.: Science 138, 912 (1962). — Zubay, G.: Proc. nat. Acad. Sci. (Wash.) 48, 456 (1962).

b) Genetik der Samenpflanzen

Von Cornelia Harte, Köln

A. Allgemeines

Wie in den Vorjahren, ist auch diesmal wieder ein allgemeiner Überblick über die Entwicklung der Forschung aus den vorgelegten Arbeitsberichten großer genetischer Institute zu erhalten: National Institute of Genetics/Japan, John Innes Institute/Großbritannien, Scottish Horticultural Research Institute (Abschnitt Genetik: Haskell) und Institut für Geschichte der Kulturpflanzenforschung. Beiträge zur Geschichte der Genetik liefern die Lebensberichte verdienter Forscher, so die Nachrufe für O. Renner (Stubbe), Reginald Ruggles-Gates (Bell, Gates) und die Laudationes zum 90. Geburtstag für Erich v. Tschermak-Seyssenegg (Heinisch u. Rudorf), zum 80. Geburtstag für Elisabeth Schiemann [Kuckuck (1)] und zum 70. Geburtstag für H. Kappert [Kuckuck (2)] und W. Rudorf [Hoffmann (1)] und für M. J. Sirks (Rümke).

B. Genanalysen und Genwirkung qualitativer Merkmale

I. Morphologische Merkmale

Die Untersuchungen zur Genetik der Gestaltsmerkmale lassen sich in zwei Gruppen gliedern. Neben Arbeiten, in denen versucht wird, den Erbgang und auch die Koppelungsbeziehungen zu klären, stehen andere, die sich mit den wechselseitigen Beziehungen zwischen morphologischen und physiologischen Merkmalen und ihren genetischen Grundlagen befassen. Dabei wird einerseits versucht, die Differenzen zwischen genetisch verschiedenen Formen auf Unterschiede im Stoffwechsel zurückzuführen, andererseits aber auch die Möglichkeit in Betracht gezogen, Differenzen der Inhaltsstoffe von den unterschiedlichen morphologischen Gegebenheiten her zu interpretieren. In beiden Fällen ist die Aufklärung der Genwirkungskette das Ziel der Untersuchung.

Besonders ausführlich wird die Wirkung eines Gens für Schmalblättrigkeit, *Lanceolate*, bei der Tomate beschrieben. Die homozygoten Embryonen der Mutanten sind mehr oder weniger reduziert und oft letal, die Heterozygoten zeigen den Phänotyp schmalblättrig. Die pleiotrope Wirkung auf verschiedene Merkmale läßt sich auf Veränderungen des Vegetationskegels zurückführen, in welchem die Meristemzellen größer, aber in geringerer Anzahl vorhanden sind als bei der Normalform. Die Veränderungen, die nach Zufuhr von Tyrosin und Gibberellinsäure bei Normalen und Mutanten beobachtet wurden, lassen vermuten, daß beide Stoffe nur indirekt mit der Genwirkungskette des *Lanceolate*-Gens verbunden sind, indem sie in Folgereaktionen eingreifen (Mathan u. Jenkins). Unterschiede der Wuchsform (aufrecht oder niederliegend) sind bei *Trifolium fragiferum* durch ein Gen bedingt, mit Recessivität des aufrechten Wuchses. Die Untersuchung der Reaktion beider Wuchstypen auf Gibberellinsäure, Wuchsstoff und TIBA ergab, daß bei den niederliegenden Pflanzen unter der Einwirkung des dominanten Allels ein Auxininhibitor entsteht, der die negativ geotropische Reaktion des Sprosses verhindert und seinerseits durch Gibberellinsäure zeitweise inaktiviert werden kann (BENDIXEN, STANFORD u. PETERSON; BENDIXEN u. PETERSON).

Bei *Gossypium hirsutum* sind in der Subepidermis der ganzen Pflanze Pigmentdrüsen vorhanden, die neben Anthocyan auch Gossypol enthalten. Das Fehlen der Drüsen in der Samenschale, das eine starke Verminderung des Gehalts an Gossypol zur Folge hat, wird durch zwei recessive, komplementäre Gene bedingt. Die Doppelt-heterozygoten können allerdings durch genauere Untersuchungen an der geringen Häufigkeit der Drüsen erkannt werden (MIRAVALLE u. HYER; MIRAVALLE). Neue Kreuzungsserien, bei denen nicht nur die Samen, sondern vor allem die vegetativen Organe beobachtet wurden, beweisen die Anwesenheit von vier Loci, deren Allele qualitativ gleichartig wirken, aber sehr starke quantitative Unterschiede der Merkmalsausbildung bedingen. Es ergaben sich weiter Hinweise darauf, daß die Entwicklung der Drüsen schrittweise vom Blattrand her erfolgt, und daß unter der Einwirkung der Allele für Drüsenlosigkeit diese Entwicklung auf verschiedenen Stadien gestoppt wird, so daß im Extremfall völlig drüsenlose Pflanzen entstehen, denen das Gossypol fehlt (LEE).

Weitere Untersuchungen an *Gossypium* betreffen verschiedene Merkmale. Die Behaarung der Pflanzen ist durch zwei Gene bedingt. Die unterschiedliche Wirkung spricht jedoch dagegen, daß es sich um Duplikationen handelt, die an sich bei dieser polyploiden Form zu erwarten wären (RAMEY). Eine bei *G. hirsutum* neu aufgetretene Form *"ragged leaf"*, ist durch ein monogenes System bedingt, das nicht allel ist zu den bereits bekannten Genen, die phänotypisch ähnliche Merkmale hervorrufen (KOHEL u. LEWIS). Kreuzungen zwischen *G. hirsutum* und *tomentosum* zeigen, daß das Fehlen der extrafloralen Nektarien bei der letzten Art durch zwei recessive, komplementäre Gene bedingt ist (MEYER u. MEYER).

Eine Zusammenfassung der Literatur über die Vererbung von Holzeigenschaften bei Coniferen zeigt, wie wenig hierüber bisher bekannt ist, aber auch, wo die Probleme liegen, die bei einer weiteren Bearbeitung dieser Fragen zu berücksichtigen sind (ZOBEL). In der Gattung *Populus* ist die Differenz in der Länge der Holzfasern zwischen den Sektionen *Aigeiros* und *Tacamahaca* vorwiegend genetisch bestimmt. Wahrscheinlich liegt ein komplizierter Erbgang vor, mit Dominanz der Gene der erstgenannten Sektion (MEYER-UHLENRIED). Die Benetzungsfähigkeit der Blätter bei Mais hängt von der Wachsausscheidung ab, die in der Hauptsache durch die Gene *glossi* (gl) und *corngrass* (Cg) beeinflußt wird. Elektronenoptische Untersuchungen der Ultrastruktur der Blattoberfläche ergaben näheren Aufschluß über Unterschiede der Wirkungsweise der verschiedenen gl-Allele (BIANCHI u. MARCHESI). Eine umfangreiche Untersuchung der Großblumigkeit der Petunien ergab eine monogene Grundlage. Die Klärung des Vererbungsmodus wird jedoch kompliziert durch die Koppelung mit einem gametischen Letalfaktor und die Subletalität der GG-Homozygoten infolge eines Chlorophylldefektes [REIMANN-PHILIPP (1)]. Bei Tetraploiden sind die GG-Pollen funktionsuntüchtig, wodurch eine Reinzucht unmöglich wird. Die Kelchblattgröße (Breite und Länge) und der Blütendurchmesser zeigen eine gesicherte Korrelation zwischen der Anzahl der G-Allele und den Meßwerten, die für die Blütenlänge fehlt. Die verschiedenen Genotypen können daher durch Kelchblatt-Messungen unterschieden werden, am deutlichsten durch die Kelchblattbreite (SEIDEL).

Genalysen liegen für eine Anzahl verschiedener Gattungen vor. Eine Nachprüfung der bereits von DE VRIES untersuchten Polyphyllie bei *Trifolium pratense* ergab, daß der normale dreiblättrige Zustand durch zwei komplementäre dominante Gene bedingt ist (SIMON). Die *glabra*-Pflanzen von *Pulsatilla* unterscheiden sich durch zwei recessive, komplementäre Gene von der Normalform (WAGNER). Die Blattform bei *Nicotiana* wird durch zwei Gene beeinflußt, von denen eines, Pt, pleiotrop auf eine Reihe von Blattmerkmalen einwirkt und das andere, Br, vorwiegend die Blattbreite verändert (VAN DER VEEN u. BINK). Die Liste der bekannten Gene für *Solanum lycopersicum* wird fortgeführt, so daß jetzt insgesamt 282 Gene beschrieben sind (CLAYBERG, BUTLER, RICK u. YOUNG). Eine Liste der Mutanten der Wildtomate *Lycopersicon pimpinellifolium* mit Beschreibung der Phänotypen liegt ebenfalls vor (STUBBE). Das Platzen der Früchte bei Tomaten wird durch ein System von vier Genen, zwei schwachen und zwei stark wirkenden, bestimmt (PRASHAR u. LAMBETH). Eine ausführliche Zusammenstellung der Literatur ergibt einen Überblick über die Genetik der Gattung *Coffea* (SYBENGA). Für die Gene anormalis und anomala, die auf die Blattform einwirken, wurde der erste Fall einer Koppelung bei dieser Gattung gefunden (CARVALHO). Für *Pisum* wird eine Reihe neuer Mutanten beschrieben, in Koppelungsgruppen lokalisiert und mit bereits bekannten Genen verglichen (Panaschierung, Längenwachstum, Blattzähnung, Form der Samen Form und Symmetrieverhältnisse der Stipeln); [LAMPRECHT (1, 3, 4, 5, 7)]. Bei *Sesam* wurden für Struktur der Fruchtwand (papershell), Zahl der Früchte je Blattachsel und Färbung der Pflanzen einfache Erbgänge nachgewiesen (CULP). Kreuzungen in der Gattung *Lolium (perenne* und *multiflorum)* ergaben für die Merkmale *branched culm* und *rudimentary spikelet*, daß sie durch ein recessives Gen bedingt werden (NYQUIST u. SCHULKE). Bei der Gerste werden weitere morphologische Mutanten beschrieben (SCHOLZ u. LEHMANN). Für einige neu aufgetretene Mutanten wurde neben der Beschreibung des Phänotyps auch eine Lokalisation in den Koppelungsgruppen durchgeführt (KASHA u. WALKER). Für die Spindellänge wurde ein intermediär wirkendes Gen gefunden [HOFFMANN (2)], und für die Fertilität der Seitenblüten sowie für eine Reihe anderer Merkmale wurde in den Kreuzungen von *Hordeum vulgare* mit *H. distichon* und *H. deficiens* ein relativ einfacher Erbgang festgestellt (MURTY u. JAIN). In der Weizensorte Loro wird die Behaarung der Spelzen durch ein semidominantes Gen hervorgerufen, das durch Monosomenanalyse der Koppelungsgruppe XIV zugewiesen werden konnte (ANDERSON u. MCGINNIS). Das recessive Merkmal *loose pericarp* wird bei Mais durch drei major-Gene beeinflußt. Daneben müssen aber Modifikatoren vorhanden sein (LEBEDEFF).

II. Physiologische Merkmale

a) Anthocyane und verwandte Stoffe. Die Genwirkungsketten für die Bildung der Farbstoffe konnten durch eine Anzahl interessanter Untersuchungen weiter geklärt werden. Die Färbung der Hochblätter bei *Euphorbia pulcherima* Willd. (rot/weiß) wird durch ein Gen bestimmt (STEWART). Die Formen mit rosa Hochblättern sind Periclinalchimären mit genetisch farbloser Epidermis über normalem Innengewebe. Bei diesen läßt sich eine zwischenzellige Genwirkung feststellen, da die Epidermiszellen der genetischen Konstitution wh/wh (weiß), wenn sie über genetisch roter Hypodermis liegen, doch geringe Mengen an Farbstoffen ausbilden. Die Untersuchung der Farbstoffbildung führt zu der Hypothese, daß mit der Mutation von Wh zu wh die Fähigkeit zur Bildung einer Redoxase verlorengegangen ist und damit der letzte Schritt der Anthocyanbildung nicht mehr durchgeführt werden kann. Die Störung soll nur die Bildung eines diffusiblen Cofermentes betreffen, das in den Hypodermiszellen der Konstitution Wh gebildet werden kann und nach Diffusion in die Epidermiszellen mit dem Allel wh dort sich mit den entsprechenden Eiweißkörpern verbinden und die Farbstoffbildung auslösen kann, zu der diese Zellen allein nicht mehr fähig sind [Bergann (1, 2)]. Die Untersuchung der Biosynthese der Blütenfarbstoffe bei *Antirrhinum majus* mit Hilfe von Mutanten und unter Zufuhr von zwei ^{14}C-Phenylalanin ergab, daß alle Hydroxy-Zimtsäuren als Farbstoffvorstufen enthalten. Die Mutante *nivea*, die völlig farbstoffrei ist, enthält davon gegenüber den farbigen Mutanten die zehnfache Menge. Außerdem läßt sich bei ihr eine deutlich geringere Polyphenoloxydase-Aktivität nachweisen. Auch die Wirkungsweise der Gene *eosina, eluta* und *sulfurea* konnte näher charakterisiert werden (Schmidt).

Mit Hilfe einer anderen Methode konnte die Genwirkungssequenz bei der Anthocyanbildung im Aleuron bei Mais geklärt werden. Die dominanten Allele der Gene A_1, A_2, C_1, C_2 und R sind für die Anthocyanbildung erforderlich, während Bz_1, Bz_2, pr und in die Intensität und Zusammensetzung dieser Farbstoffe verändern. Durch parabiotische Vereinigung von Gewebestücken aus der Aleuronschicht von Körnern, die für je einen dieser Loci homozygot recessiv waren, konnte festgestellt werden, daß sich jeweils einer der Partner ausfärbte. Dieser mußte also vom anderen Partner einen diffusiblen Stoff erhalten haben, der von den in diesem Gewebe wirkenden Genen zum Farbstoff verarbeitet werden konnte. Einige Unklarheiten konnten durch die Verwendung von Doppeltrecessiven geklärt werden [Reddy u. Coe (1, 2, 3)]. Die nähere Untersuchung der Serie C^I (dominant Farbstofffrei), C (gefärbt)/c (recessiv Farbstofffrei) ergab in diesem Zusammenhang, daß es sich hier mit großer Wahrscheinlichkeit nicht um einen zusammengesetzten Locus handelt, sondern um ein Gen, dessen Allele eine unterschiedliche Funktion bei der Farbstoffbildung ausüben (Coe).

Die Genetik der Inhaltsstoffe wurde an einer Reihe von Arten untersucht. Soweit es sich dabei um Farbstoffe handelt, wurde fast immer ein relativ einfacher Erbgang festgestellt. Die Farbmuster bei *Hibiscus sabdariffa* Linn. wurde auf Grund neuer Kreuzungen durch ein einfaches System von zwei Loci, wobei einer vier Allele enthält, interpretiert, anstelle des früher angenommenen komplizierten Systems von 18 Faktoren (Sanyal, Ghosh u. Kundu). Eine Analyse der Farbtypen von Frucht, Samen und vegetativen Teilen und einigen morphologischen Merkmalen bei *Vigna sinensis* führte zur Aufklärung der genetischen Konstitution der verschiedenen Phänotypen und zu Einsichten in die Wechselwirkungen bei der Ausbildung der Farbmuster (Sen u. Bhowal). Neue Gene für die Farbmuster und Färbungen der Blüten von *Pisum sativum* werden beschrieben und den Koppelungsgruppen zugeordnet [Lamprecht (2, 6)].

Bei *Impatiens balsamina* wird die blasse Blütenfärbung bei Anwesenheit der entsprechenden Farbgene durch drei recessive, eng gekoppelte und additiv wirkende Verdünnungsfaktoren hervorgerufen (Weijer). Bei Sojabohnen hängen die verschiedenen Schattierungen der Blütenfarbe von weiß bis dunkelpurpur von drei Majorgenen ab (Hartwig u. Hinson). Auch die Blütenfärbung bei *Capsicum annuum* L. [Odland (1)] und ebenso die verschiedenen Blütenfarben beim Raps, *Brassica napus* L. var. *oleifera* Metzger werden durch das Zusammenwirken von drei Genen bestimmt (Morice). Die ausführliche genetische Untersuchung der Blütenfärbung bei *Primula malacoides* Franchet ergab den Nachweis der monogenen, tetrasomen Vererbung einer Reihe von Farbmerkmalen [Seyffert (2)]. Bei *Medicago* wird auf Grund von Spaltungen in der Nachkommenschaft des Bastards *sativa* × *falcata* festgestellt, daß die Blütenfarbe durch zwei Majorgene bedingt wird, von denen die dominanten Allele die Bildung der Anthocyane bzw. der gelben Pigmente kontrollieren (Buker u. Davis). Die gelbe Samenfärbung der Samenschale beim Flachs entsteht, wenn eines von drei Majorgenen homozygot recessiv vorhanden ist. Zwei davon wirken pleiotrop auch auf die Blütenfärbung. Außer diesen Hauptfaktoren sind mehrere Nebengene beteiligt, die die Farbintensität beeinflussen (BARNES, CULBERTSON u. LAMBERT).

b) Plastidenpigmente. Die Untersuchung des genetisch bedingten Chlorophyllmangels ergab nicht nur Hinweise auf die Biosynthese der Plastidenpigmente, sondern auch neue Einsichten in Einzelvorgänge der Photosynthese. Die *albino*-Mutanten bei Mais sind Gegenstand einer Reihe von Untersuchungen, die Aufschluß über die physiologische Pleiotropie dieser Mutanten geben. Bei Mais bedingen die *albino*-Gene verschiedener Loci ein Fehlen oder eine starke Verminderung von Carotinoiden in Endosperm und Embryo und völliges Fehlen des Chlorophylls im Sämling. Durch Supressor-Gene kann die Wirkung dieser *albino*-Allele im Sämling unterdrückt werden, während der Phänotyp des Endosperms unverändert bleibt. Ein ähnlicher Phänotyp (weißes Endosperm mit grünem Sämling) entsteht auch unter der Einwirkung von weiteren Allelen der *albino*-Loci. Als Erklärung bieten sich zwei verschiedene Hypothesen an, zwischen denen bisher nicht entschieden werden konnte: Entweder bestehen diese Loci aus zwei Teilen, die unabhängig voneinander auf Endosperm bzw. Embryo einwirken und sich auch in bezug auf Mutation und Reaktion auf Supressor-Gene selbständig verhalten, oder die *albino*-Allele haben eine unterschiedliche Wirksamkeit in den verschiedenen Geweben [ROBERTSON (2)]. Bei Albinos (w_3-Locus) bestehen gegenüber den normalgrünen Maisblättern erhebliche Differenzen im Atmungssystem. Die Albinos bilden Brenztraubensäure hauptsächlich aus dem Tricarbonsäurecyclus, während in normalen Blättern auch andere Vorgänge bei der Produktion dieses Stoffes eine Rolle spielen [FALUDI u. FALUDI-DANIEL (2)]. Die weitere Untersuchung ergab, daß bei den Albinos die Funktion des Tricarbonsäurecyclus abnorm ist (FALUDI-DANIEL). Der Vergleich der Plastiden-Pigmente und der CO_2-Assimilation in Albinos und normalen Pflanzen bei verschiedenen Lichtintensitäten zeigte, daß die ersteren eine erhöhte Lichtempfindlichkeit und einen verstärkten Chlorophyllabbau im Licht aufweisen. Dies lenkte die Aufmerksamkeit auf die abnorme Carotinoidzusammensetzung der Albinos, in der wahrscheinlich die Ursache für den abnormen Chlorophyllabbau gesucht werden muß [FALUDI, GYURJÁN u. FALUDI-DANIEI (2); FALUDI, FALUDI-DANIEL u. KELEMEN; FALUDI, FALUDI-DANIEL u. GYURJÁN]. Die Untersuchung der Carotinoidbildung bei normalem und *albino*-Mais ergab, daß die qualitativen Differenzen in der Zusammensetzung der Carotinoide der Caryopsen vom ersten Tage der Entwicklung an deutlich sind. Die quantitativen Unterschiede in der Syntheserate der Carotinoide prägen sich im Laufe der Entwicklung der Caryopsen immer deutlicher aus [FALUDI u. FALUDI-DANIEL (1)]. Der unterschiedliche Einbau von Phosphor in Albinos und Normale ist als Folge der verschiedenartigen Plastidenstruktur anzusehen [FALUDI, GYURJÁN u. FALUDI-DANIEL (1)].

Die Mutante *venosa* von *Lycopersicon esculentum* bildet grünweiß gescheckte Blätter, wenn sie unter günstigen Bedingungen kultiviert wird. Bei Licht- oder Nährstoffmangel entstehen normal grüne Blätter. Durch das mutierte Allel wird in einer kurzen sensiblen Phase zu Beginn der

Blattentwicklung bei reichlicher Nährstoff- oder Kohlenhydratzufuhr eine Reduktion der bereits gebildeten Plastiden bewirkt (SAGROMSKY). Eine andere Mutante, *chloronerva*, läßt sich durch Pfropfverbindung mit der Normalform oder durch Aufsprühen von Extrakten aus grünen Pflanzen völlig normalisieren. Unter dem Einfluß des mutierten Allels muß also die Synthese eines alkohollöslichen, hitzestabilen Stoffes gestört sein, der mit den Extrakten zugeführt wird und durch die Blattoberfläche aufgenommen werden kann oder auf dem Wege des normalen Stoffaustausches über Pfropfstellen transportiert werden kann. Demnach kann es sich nur um ein niedermolekulares organisches Stoffwechselprodukt handeln (SCHOLZ u. BÖHME).

Für zwei Gene, *viridis* und *xantha* 1, von *Medicago sativa* wurde tetrasome Vererbung nachgewiesen. Die Untersuchung des Chlorophyllgehaltes der Blätter und der histologischen Struktur ergab für *viridis* eine Normalisierung bei herabgesetzter Lichtintensität, die an das Verhalten der beschriebenen Tomaten-Mutante erinnert. In der Untersuchung wird gleichzeitig auf die Bedeutung der Populationsgröße für die sichere Unterscheidung zwischen disomer und tetrasomer Vererbungsweise hingewiesen (CHILDERS; CHILDERS u. McLENNAN). Beim Reis wurden zwei neue nicht-allele Mutanten des Zebratyps gefunden (KADAM u. D'CRUZ). Flachs enthält zwei recessive, komplementäre Gene für letalen Chlorophyllmangel (KNOWELS). Bei *Lotus corniculatus* wurde für den Chlorophyllgehalt der Blätter eine tetrasome Vererbung gefunden, mit Dominanz von dunkelgrün (POOSTCHI u. MacDONALD).

c) Sekundäre Stoffe. Der genetische Einfluß bei der Biosynthese verschiedener Inhaltsstoffe wurde an einer Reihe von Arten untersucht. Eine besonders interessante Untersuchungsserie am Mais erweitert erheblich die Kenntnisse über den Mechanismus der Genwirkung. Die Analyse der Proteinkomponenten in unreifen Maiskörnern ergab, daß das Gen Sh_1 ein Protein bildet, das in recessiven sh_1-Körnern vollständig fehlt. Die Inaktivierung des Allels Sh_1 durch den extragenischen Faktor Ds bewirkt ebenfalls das Fehlen dieses Proteins. Die Aktivierung durch Ac läßt es wieder auftreten [SCHWARTZ (2)]. Im Gegensatz dazu zeigt das Gen E, dessen drei Allele die Esteraseaktivität verändern, daß in den Heterozygoten eine Mischung entsteht, die den jeweils vorhandenen Allelen entspricht [SCHWARTZ (1, 3)]. Die zeitliche Verteilung der Wirksamkeit des Gens E wird dabei kontrolliert durch ein genetisches Element das entweder am E-locus selbst oder sehr nahe daran liegt. Im Endosperm, aber nicht im Embryo, wird die Aktivität der mutierten Allele vorzeitig abgebremst, wobei in den Heterozygoten die Allele sich autonom verhalten und auf verschiedenen Entwicklungsstadien ihre Wirkung einstellen [SCHWARTZ (4)]. Der Vergleich der Aktivität der Nitratreduktase in verschiedenen Maisbastarden zeigt deutliche und in verschiedenen Jahren reproduzierbare Unterschiede nicht nur im durchschnittlichen Niveau dieses Enzyms, sondern auch in den jahreszeitlichen Schwankungen. Es ist von besonderem Interesse, daß hier ein Enzym unter der Kontrolle eines polygenen Systems steht (ZIESERL u. HAGEMANN).

Für die Cumarinbildung in *Melilotus albus* ergaben sich neben den Untersuchungen über die die genetische Grundlage [MICKE (1, 2)] Hinweise dafür, daß das freie Cumarin durch die Einwirkung von β-Glucosidase auf gebundenes Cumarin entsteht, und daß dieses Enzym durch das Gen b kontrolliert wird (SCHAEFFER, HASKINS u. GORZ). Eine thiaminbedürftige Mutante der Tomate zeigt eine Störung in der Synthese dieses Stoffes, die entweder in der Methylierung des C-Atoms in

Zweistellung oder in der Aktivierung des C^5-Atoms des Pyrimidinrings liegt (LANG-RIDGE u. BROCK). Bei *Phaseolus lunatus* ließen sich Linien mit starker und schwacher Aktivität eines Anti-A_1-hämaglutinins nachweisen (SCHERTZ, JURGELSKY u. BOYD). Bei *Lupinus albus* kann Alkaloidarmut durch eine große Anzahl von Genen hervorgerufen werden (HACKBARTH). Bei *Papaver somniferum* L. sind die Variationen des Alkaloidgehalts ebenfalls genetisch bedingt (ZOSCHKE). Der Nicotingehalt des Tabaks wird durch zwei additiv wirkende Gene bestimmt, die auf die Geschwindigkeit des Nicotinabbaues einwirken, mit Dominanz der stärker wirksamen Allele [KOELLE (1)]. Das Merkmal *waxless* bei *Triticum aestivum* wird durch einen dominanten Inhibitor hervorgerufen. Das Allel stammt ursprünglich aus *Triticum dicoccoides* (JENSEN u. DISCROLL).

d) Sonstige physiologische Merkmale. Für die Oenotheren der Raimannia-Gruppe wurde der Einfluß der genetischen Konstitution auf den Keimungsverlauf, die Lichtabhängigkeit der Keimung und die altersbedingte Veränderung der Keimungsreaktionen untersucht. Es ergaben sich sehr eindeutige genetische Beeinflussungen dieser Vorgänge, die aber sehr komplizierte Wechselwirkungen zeigen [SCHWEMMLE (1—6); SCHWEMMLE u. GROSS].

Die Dauer des Wachstums bei *Sorghum vulgare* wird durch ein System von mehreren Genen bestimmt. Die späten Sorten enthalten dominante Inhibitoren für die Blütenbildung. In den frühen Sorten, die durch Mutation aus diesen entstanden sind, sind Inaktivierungsgene für diese Inhibitoren vorhanden, wodurch die ursprünlichen Wildgene für frühe Blütenbildung wieder zur Wirkung kommen können (QUINBY u. KARPER). Das Kältebedürfnis für die Erreichung der Blühreife wird bei *Arabidopsis thaliana* von wenigstens vier, möglicherweise aber mehr als fünf Genen bestimmt (NAPP-ZINN). Für dieselbe Art werden drei neue Mutanten beschrieben, die eine veränderte Entwicklungsdauer zeigen. Mit dem verlängerten Rosettenstadium geht eine verstärkte vegetative Entwicklung und erhöhte Samenproduktion parallel, wodurch die Mutanten einen bedeutenden Selektionsvorteil erhalten [REDEI (1)]. Bei der Vererbung der Frühreife der Sandbirke *(Betula verrucosa)* sind für den Ansatz männlicher und weiblicher Blüten verschiedene Sätze von Genen maßgebend. Es handelt sich um Schwellenmerkmale, bei denen die genetische Analyse dadurch erschwert wird, daß die der Merkmalsausprägung zugrunde liegende genetische Skala nicht direkt beobachtet werden kann. Im Vergleich mit der additiven Genwirkung ist die nicht-additive Komponente sehr gering, während erhebliche Wechselwirkungen zwischen Genotyp und Umwelt bestehen [STERN (1)]. Innerhalb einer taxonomischen Rasse von *Gossypium hirsutum (latifolium)* können Stämme mit sehr verschiedenartiger photoperiodischer Reaktion vorliegen. Der Unterschied zwischen Tagneutral- und Kurztagreaktion ist vorwiegend genetisch bedingt (WADDLE, LEWIS u. RICHMOND). Die Blühreaktion wird als quantitatives Merkmal vererbt, mit teilweiser Dominanz von tagneutral. Die Faktoren, von denen die photoperiodische Reaktion abhängt, sind nicht identisch mit anderen, die über frühe oder späte Blüte entscheiden (KOHEL u. RICHMOND).

Bei Mais wurde in Chromosom 5 ein gametophytisch wirksamer Faktor gefunden, der nur durch seine Koppelung mit phänotypisch wirkenden Genen nachgewiesen werden kann und eine Störung des Pollenschlauchwachstums hervorruft, die umweltvariabel ist (LONGLEY). Der schon erwähnte gametische Letalfaktor bei *Petunia* wirkt wahrscheinlich im Pollenschlauch als Subletalfaktor [REIMANN-PHILIPP (1)].

e) Resistenz. Zur Frage der genetischen Grundlagen der Krankheitsresistenz sind zunächst die Untersuchungen zu nennen, bei denen die komplementären Gensysteme von Wirt und Parasit gemeinsam berücksichtigt werden. Es zeigt sich immer mehr, daß nur auf dieser Basis ein tieferer Einblick gewonnen werden kann. Eine Darstellung der Theorie der genetischen Wirt-Parasit-Beziehungen unter besonderer Berücksichtigung der gegenseitigen Abstimmung der beiden betroffenen genetischen Systeme führt zu einer Definition dieses Gen-für-Gen-Systems, das weiteren Untersuchungen zugrunde gelegt werden kann (PERSON, SAMBORSKI u. ROHRINGER).

In Inzuchtlinien bei Mais wurden am rp-Locus sechs dominante Resistenzallele gegen *Puccinia sorghi* gefunden, die sich quantitativ unterscheiden im Ausmaß der Resistenz gegen einzelne Stämme des Pilzes. In bezug auf jeden Stamm ist der größere Grad der Resistenz dominant über geringere Ausprägung dieser Eigenschaft. Hierdurch entstehen interallele Wechselwirkungen, die es ermöglichen, Bastarde mit Resistenzheterosis zu erzielen, die die Resistenzeigenschaften beider Eltern miteinander vereinigen. Diese Verhältnisse zeigen einige Ähnlichkeit mit dem genetischen System der Wirt-Parasit Beziehungen zwischen *Linum* und *Melampsora lini*. Durch die Unterschiede im ökologischen Verhalten ist es jedoch möglich, daß die Evolution der genetischen Wirt-Parasit-Beziehung bei Mais in anderer Richtung erfolgt als bei Linum (HOOKER u. RUSSELL). In Fortführung dieser Untersuchungen ließ sich noch ein weiteres dominantes Resistenzgen Rp$_3$ finden, das mit den bisher beschriebenen nicht allel ist [HOOKER (1)]. In einigen Maisstämmen ist die Resistenz gegen *Puccinia sorghi* dagegen durch die Kombination von drei recessiven Allelen bedingt. Die dominanten Allele zeigen in bezug auf den Grad der Empfindlichkeit komplizierte Wechselwirkungen. Der Vergleich der Resistenzsysteme gegen Rostpilze bei Mais und Flachs zeigt, daß die genetisch bedingten Wirt-Parasit-Beziehungen bei beiden Arten wahrscheinlich unterschiedlich sind. Es ergeben sich weiter Hinweise darauf, daß die Physiologie der Wirtsreaktion, d. h. die Genwirkung auf Seiten des Wirtes, unterschiedlich ist bei den dominanten und recessiven Typen der Resistenz (MALM u. HOOKER). In Fortsetzung dieser Versuche mit Translokationsstämmen als Tester konnten Resistenzgene auf 12 Chromosomenarmen lokalisiert werden (JENKINS u. ROBERT). Mit Hilfe weiterer Translokationsstämme konnten einige dieser Resistenzgene noch näher lokalisiert und charakterisiert werden (RUSSELL u. HOOKER).

Ein komplementäres Gensystem für Resistenz des Wirtes und Infektiosität des Parasiten wurde bei Gerste am Locus Ml$_a$ und *Erysiphe graminis* gefunden [MOSEMAN u. SCHALLER (1, 2)]. Bei *Sorghum* wird die Resistenz gegen drei physiologische Rassen von *Sphacelotheca sorghi* durch je ein Gen bedingt. Resistenz ist unvollständig dominant; die drei Loci sind miteinander gekoppelt [CASADY (1)].

Kartoffelrassen mit identischen Immunitätsgenen gegen *Phytophthora infestans* können doch in bezug auf die Feldresistenz gegen diesen Pilz sehr unterschiedliche Reaktionen zeigen. Entsprechend verhalten sich auch frisch isolierte *Phytophthora*-Stämme, die immunologisch zu derselben physiologischen Rasse gehören, sehr unterschiedlich, wenn ihre Aggressivität gegenüber Resistenzfaktoren geprüft wird. Sowohl auf Seiten des Wirtes wie auf Seiten des Parasiten sind also verschiedene genetische Systeme für die Immunitäts- bzw. Resistenzreaktion vorhanden (JEFFREY, JINKS u. GRINDLE). Bei *Solanum stoloniferum* wurden neue Gene gefunden, die in komplementärer Wirkung völlige Resistenz gegen *Phythophtora* hervorrufen (SCHICK u. SCHICK).

· In anderer Richtung liegen die Untersuchungen, die nur das genetische System der Resistenz des Wirtes berücksichtigen. Zum Teil fand sich dabei ein kompiziertes Wechselspiel zwischen Majorgenen, Modifikatoren und polygenen Systemen. Mit Hilfe von Stämmen mit jeweils mehreren dominanten oder recessiven Markierungsgenen wurden die Resistenzfaktoren gegen *Helminthosporium turcicum* bei Mais lokalisiert. Es ließ sich nachweisen, daß in mehreren Koppelungsgruppen derartige Resistenzgene vorhanden sind. Die Deutung der Befunde wurde erschwert durch die Heterozygotie der Ausgangsformen für diese Resistenzgene und die störenden Wechselwirkungen zwischen Wirt, Parasit und Umwelt, durch die die Wirkung der einzelnen Gene sehr stark beeinflußt wird (FINDLEY u. LEFFEL). Die genetischen

Grundlagen der unterschiedlichen Rostempfindlichkeit der *Mentha*-Arten vereinigen mehrere der bisher bekannten Möglichkeiten: Ein dominantes Gen, das in verschiedenen Arten enthalten ist, bedingt Immunität gegen den Befall mit *Puccinia menthae*. Ein recessives Gen aus *Mentha longifolia* erzeugt homozygot hochgradige Resistenz, und ein System von polygenen Faktoren beeinflußt den Grad der Resistenz in den genetisch empfindlichen Formen (MURRAY). Die Resistenz gegen die Blattfleckenkrankheit durch *Pseudopeziza medicaginis* (Lib.) Sacc. wird durch ein polygenes System hervorgerufen, das in einem Versuch mit den Mitteln der quantitativen Genetik analysiert werden konnte (CARNAHAN, GRAHAM u. NEWTON). Das gleiche gilt für die Toleranz von Hafer gegen eine Virus-Infektion (barley yellow dwarf virus) (BROWN u. POEHLMAN). Eine ähnliche Untersuchung über die Resistenz von *Medicago sativa* gegen *Phoma herbarum* var. *medicaginis* ergab eine komplizierte genetische Grundlage. Die Resistenzallele sind in geringer Häufigkeit in den untersuchten Populationen vorhanden. Empfindlichkeit ist im allgemeinen völlig dominant gegenüber Resistenz, aber Epistasie und weitere Komplikationen, vor allem der Dominanzverhältnisse, sind vorhanden (RUMBAUGH, SEMENIUK u. GEISE). Bei derselben Art fanden sich für die Resistenz gegen den Befall mit der Nematodenart *Ditylenchus dipsaci* (Kühn) Filipjev ebenfalls sehr verschiedenartige genetische Systeme. Ein Majorgen mit tetrasomer Vererbung ist in nordamerikanischen Sorten enthalten, während eine argentinische Herkunft ein polygenes System als Ursache der Resistenz erkennen ließ (GRUNDBACHER u. STANFORD).

Bei *Lotus corniculatus* beruht die Resistenz gegen Wurzelfäule, die durch eine Kombination verschiedener Erregerpilze verursacht wird, auf einem polygenen System. Die Koeffizienten für die Erblichkeit sind relativ hoch, aber es sind erhebliche Genotyp-Umwelt-Wechselwirkungen vorhanden (HENSON). Die Reaktion der Gerste gegen *Ustilago nuda* (Jens.) Rostr. hat in verschiedenen Sorten eine unterschiedliche genetische Grundlage. Entweder ist ein dominantes Gen vorhanden, oder zwei komplementär wirkende dominante Gene sind für die Resistenz verantwortlich (LARTER u. ENNS; LARTER). Bei Hafer kann die Resistenz gegen *Puccinia graminis* Pers. f. sp. *avenae* Erikss. u. Henn. durch mehrere Majorgene hervorgerufen werden (WELSH, GREEN u. MCKENZIE). Die Reaktion gegen eine Infektion mit *Septoria avenae* Frank beim Hafer ist dagegen quantitativer Natur und wird durch ein polygenes System gesteuert [HOOKER (2)].

In einer Reihe weiterer Fälle ergab sich eine einfache genetische Grundlage. Die Resistenz von *Lupinus angustifolius* gegen Anthracnose [*Glomerella cingulata* (Ston.) Spauld u. Schrenk] ist durch ein einziges dominantes Gen bedingt (FORBES u. WELLS), diejenige gegen den Erreger der grauen Blattfleckenkrankheit, *Stemphylium solani* Weber, durch ein recessives Gen. Beide sind nicht mit den im gleichen Material untersuchten Genen für Anthocyanfreiheit und Alkaloidfreiheit *(iuc)* gekoppelt (FORBES, WELLS, EDWARDSON u. OSTAZESKI). Bei Gerste ist die Resistenz gegen den Befall durch *Toxoptera graminum* Rondani durch ein dominantes Gen bedingt (GARDENHIRE u. CHADA). Weiter konnte gezeigt werden, daß in vier untersuchten Sorten dasselbe Gen enthalten ist (SMITH u. SCHLEHUBER). In der Gerstensorte *Franger* ist ein unvollständig dominantes Gen für die Resistenz gegen Rost *(Puccinia hordei* Otth.) und ein vollständig dominantes Gen für die Resistenz gegen Mehltau, *Erysiphe graminis* DC., enthalten. Beide Gene sind miteinander gekoppelt (MOSEMAN u. REID). In einer anderen Untersuchung wurde eine Allelserie mit einem dominanten und einem teilweise dominanten Allel für die Resistenz gegen *Erysiphe graminis* gefunden (SHIH, VEATCH u. ELLIOTT). In sieben kanadischen Weizenvarietäten wurde die Resistenz gegen Blattrost, *Puccinia recondita* Rob. ex Desm., untersucht. Die Sämlingsresistenz wird durch zwei Majorgene bestimmt (ANDERSON). Die Resistenz der Sojabohne gegen die Nematode *Heterodera Glycines* Ichinohe wird durch drei unabhängig voneinander wirkende Gene bedingt (CALDWELL, BRIM u. Ross). Die Resistenz verschiedener Gurkenstämme *(Cucumis sativus)* gegen das Gurkenmosaikvirus ist durch ein Gen bedingt, mit Dominanz von Resistenz. Die Reaktion der empfindlichen Pflanzen kann aber in einigen Kreuzungen durch modifizierende Gene verändert werden (WASUWAT u. WALKER). Bei der Tabaksorte Virgin A wurde eine monogene Mutante gefunden, die gegen Infektion mit y-Virus resistent ist [KOELLE (2)]. Der Grad der Resistenz wird bestimmt durch eine Wechselwirkung zwischen der Anzahl der Resistenzallele und den Umweltbedingungen.

Die resistenten Pflanzen sind gleichzeitig besonders anfällig für *Peronospora*-Befall [KOELLE (2, 3)].

f) Selbststerilität. Bei der Untersuchung der genetischen Grundlagen der Selbst- und Kreuzungsinkompatibilität wurde an relativ wenigen Objekten gearbeitet, die aber weitere Einsichten in die Struktur der verschiedenen Gensysteme brachten.

Die Gattung *Solanum* zeigt in bezug auf diese Probleme sehr verschiedenartige Verhältnisse. Im allgemeinen ist der Pollen selbstfertiler *Solanum*-Arten nicht fähig, in den Griffeln selbststeriler Arten zu wachsen. Es gibt jedoch einige Ausnahmen von dieser Regel, die mit selbststerilen Formen in beiden Richtungen kreuzbar sind, so *S. verrucosum*. Diese Arten kommen aber nur außerhalb des Areals der Selbststerilen vor. Das Fehlen der einseitigen Kreuzungsisolation wird zurückgeführt auf einen Verlust der Gene, die bei den anderen Arten die Kreuzungsinkompatibilität hervorrufen (GRUN u. RADLOW). In verschiedenen knollenbildenden *Solanum*-Arten wurde ein gamophytisches Einlocus-System der Inkompatibilität nachgewiesen, das auch in Kreuzungen zwischen den Arten zu finden ist. Drei Arten der Sektion *Megistacroloba* enthalten ein gemeinsames Inkompatibilitätssystem, während in anderen Bastarden Unregelmäßigkeiten in der Ausbildung der Selbst- und Kreuzungssterilität beobachtet wurden, die nicht auf einen einfachen genetischen Mechanismus zurückgeführt werden können [PANDEY (2)]. Bei *Solanum pinnatisectum* ist das Inkompatibilitätssystem verschieden von dem anderer *Solanum*-Arten, indem zwei unabhängige Loci nachgewiesen werden konnten, die in unterschiedlicher Weise auf das Wachstum der Pollenschläuche und die Inkompatibilitätsreaktion einwirken. Die Wachstumsreaktion wird sporophytisch determiniert, die Spezifitätsreaktion gametophytisch. Dies ist der erste Fall, bei dem derart verschieden wirkende Systeme in einer Art nachgewiesen wurden (PANDEY (1)]. Die Selbstinkompatibilität von *Lycopersicon chilense* im Vergleich mit der Selbstfertilität von *L. esculentum*, die an den F_1-Bastarden und ihren Nachkommen untersucht wurde, ist durch zwei oder mehr dominante Majorgene bedingt. Ein polygenes System überlagert diese Reaktion und beeinflußt die Stärke der Unverträglichkeit. Durch crossing-over-Untersuchungen konnte die Koppelungsbeziehung eines der Majorgene festgestellt und dieses in der Gruppe 2 lokalisiert werden (MARTIN).

In den α-Komplexen einer *Oenothera*-Rasse der Gruppe *biennis* 2 und in zwei Rassen der *strigosa*-Gruppe konnten Inkompatibilitätsallele nachgewiesen werden. In der Gruppe *biennis* 1 wird die Anwesenheit dieser Allele durch Pollenletalfaktoren maskiert. Die α-Komplexe verschiedener anderer *Oenotherarassen* enthalten ebenfalls Pollenletalfaktoren, die die Entwicklung der Pollenschläuche verhindern und die Wirkung der Inkompatibilitätsgene überlagern. In einigen Verbindungen tritt eine Kreuzungsinkompatibilität auf, die nicht durch Identität der S_I-Allele zu erklären ist. Auf Grund einer großen Anzahl von Kreuzungen kann aber die Hypothese aufgestellt werden, daß hier Pollenletalfaktoren vorhanden sind, die erst in Wechselwirkung mit der genetischen Konstitution des Griffels, auf dem sich der Pollen befindet, zur Wirkung gelangen [STEINER

(1, 2)]. Die weitere Untersuchung der Selbstungs- und Kreuzungsinkompatibilität der α-α-Kombination zeigt, daß in den α-Komplexen ein gametophytisches System mit zwei Inkompatibilitätsloci, S und T, vorhanden ist (SCHULTZ).

Das System der Selbst- und Kreuzungsinkompatibilität der Gräser weicht von den bei den Dikotylen bisher gefundenen Verhältnissen dadurch ab, daß zwei Loci gametophytisch zusammenwirken. Nach Ausarbeitung einer einfachen Technik, um in Polycross-Versuchen die Inkompatibilitätsbeziehungen zu prüfen [LUNDQUIST (2)], ergab eine Untersuchung an *Festuca pratensis*, daß das dort vorhandene System von dem bisher beim Roggen bekannten insofern abweicht, als die Loci S und Z nicht unabhängig voneinander wirken. Die aufgefundenen Beziehungen lassen sich erklären durch die Annahme, daß beide ein gemeinsames Reaktionsprodukt bilden, das für die Inkompatibilitätserscheinungen verantwortlich ist [LUNDQUIST (1)]. Bei diploiden *Hordeum bulbosum* finden sich die gleichen Beziehungen [LUNDQUIST (3)]. Weitere Untersuchungen an verschiedenen Gräsern führen zu der Hypothese, daß das Zweiloci-System durch eine Duplikation entstanden ist [LUNDQUIST (4)]. Die Anzahl der Allele an den beiden Loci ist aber so groß, daß nicht angenommen werden kann, die Duplikation sei erst in einem Spätstadium der Evolution erfolgt, mit Übernahme der Allele des einen Locus auf den anderen. Es ist wahrscheinlicher, daß bereits der ursprüngliche Locus verdoppelt wurde und dann durch Mutation an beiden Loci die heute vorhandenen multiplen Allele entstanden sind [LUNDQUIST (5)]. Bei *Sorghum Halepense* ist Selbststerilität recessiv gegen Selbstfertilität [CASADY (2)].

Bei *Petunia* läßt sich für Loci, die mit S gekoppelt sind, eine Verschiebung der Spaltungszahlen feststellen, als Folge des Ausfalls von Pollenschläuchen bestimmter genetischer Konstitution auf Grund der Inkompatibilitätsreaktion. Diese Verschiebung und das Ausmaß der Selbstfertilität ist in einzelnen Stämmen so unterschiedlich, daß die Wirkung einer großen Anzahl von Modifikatoren angenommen werden muß, die die Inkompatibilitätsreaktion abschwächen und dadurch eine Verbesserung der Selbstfertilität bedingen [BIANCHI (1, 2); BIANCHI u. DIJKHUIZEN]. In der Nachkommenschaft triploider selbststeriler Petunien fanden sich wiederholt in einem hohen Prozentsatz selbstfertile Pflanzen. Die Untersuchung ihrer Nachkommenschaften führt zu der Vermutung, daß für die Selbstfertilität eine Duplikation am S-Locus verantwortlich ist (BREUER).

Die mangelnde Fertilität der Kreuzungen zwischen *Corchorus olitorius* und *capsularis* läßt sich auf mehrere Ursachen zurückführen. Das Pollenschlauchwachstum auf dem artfremden Griffel ist gehemmt, die Teilung der Zygote stark verzögert und die Entwicklung des Endosperms gestört (BANERJEE u. DATTA). Durch Besprühen mit Naphthylessigsäure konnte keine Verbesserung der Fertilität dieser Kreuzung herbeigeführt werden (SEN u. DATTA). Die Inkompatibilität bei *Brassica oleracea* (broccoli) kann durch ein sporophytisches System mit einem Locus mit multiplen Allelen erklärt werden. Die Aktivität der Allele ist mit den Dominanzverhältnissen korreliert [ODLAND (2)]. Die Selbststerilität kann dabei für die Züchtung und Erzeugung von Hybridsaatgut ausgenutzt werden [ODLAND u. NOLL (2)].

g) Geschlechtsvererbung und Sterilität. Bei den Arbeiten zur Geschlechtsvererbung sind zwei Probleme zu unterscheiden. Eingeschlechtliche Pflanzen können dadurch entstehen, daß infolge der Wirkung bestimmter Erbanlagen die Organe eines Geschlechts überhaupt nicht oder nur rudimentär ausgebildet werden. Daneben können aber auch bei der Anlage nach völlig normalen Geschlechtsorganen funktionelle Weibchen·

entstehen durch Degeneration der Pollenkörner. Die Gene, die diesen Zustand herbeiführen, haben keine Beziehung zu den Geschlechtsrealisatoren, sondern sind als Sterilitätsgene zu bezeichnen. Für beide Gruppen ist auffallend, daß besonders häufig eine Wechselwirkung zwischen Genom und Plasmon bei der Realisation des Merkmals nachgewiesen werden kann. Nur in wenigen Fällen wurde eine Vererbung der Geschlechtsausbildung und der Sterilität ausschließlich durch Kerngene gefunden. Aus der Familie der Cucurbitaceen, die in bezug auf die Geschlechtsvererbung besonders vielfältige Verhältnisse aufweisen, wird die Art *Cucumis sativus* erneut untersucht. Es sind zwei Majorgene vorhanden, die zusammen mit einem polygenen Komplex, der die Stellung der ersten weiblichen Blüte an der Pflanze verändert, in Wechselwirkung mit den Umweltbedingungen die Geschlechtsausbildung beeinflussen. Die Befunde geben Hinweise für ein hypothetisches Modell der Evolution der Diöcie bei höheren Pflanzen (GALUN). Beim Hanf wird die Ausbildung des Geschlechts durch die Wechselwirkung zwischen den genetischen Geschlechtsrealisatoren und Außenbedingungen, insbesondere der Tageslänge, beeinflußt (KÖHLER). Bei *Pennisetum ciliare* (L.) Link ist die Apomixis genetisch bedingt, recessiv gegenüber sexueller Fortpflanzungsweise und wahrscheinlich durch mehr als ein Gen verursacht (BASHAW).

Eine ausführliche Diskussion der verschiedenen Formen der Sterilität bei Pflanzen und der zugrunde liegenden genetischen Mechanismen wird von NIELSEN gegeben. Für *Pisum* wird eine neue sterile Mutante beschrieben. Zugleich wird eine Übersicht über die bisher bekannte genetisch bedingte Teil- und Ganzsterilität der Erbse gegeben [LAMPRECHT (8)]. Die Pollensterilität bei *Medicago sativa* wird durch drei verschiedene recessive Gene mit disomer Vererbungsweise hervorgerufen. Plasmatische Faktoren sind nicht beteiligt (CHILDERS u. McLENNAN). Bei Wild- und Kulturformen von Äpfeln und verschiedenen Rebensorten wurden Pollenletalfaktoren gefunden, die eine Degeneration des Pollens vor der Anthese oder eine mangelnde Keimfähigkeit bewirken (LINDER). Bei *Gossypium hirsutum* wird Pollensterilität durch ein recessives Gen bedingt, das aber keine Wechselwirkung mit dem Cytoplasma erkennen läßt (RICHMOND u. KOHEL). Die Teilsterilität des Pollens wird durch ein Gen mit nur geringer Umweltvariabilität hervorgerufen (JUSTUS u. LEINWEBER).

Vollständige Sterilität durch das Fehlen der Blütenorgane ist bei *Sorghum vulgare var. sudanense* Hitchc. monogen bedingt. Teilfertilität, die an diesen sterilen Pflanzen beobachtet wurde, wird durch recessive mutable Gene kontrolliert. Eine andere Form der Teilsterilität ist durch Mißbildungen des Griffels charakterisiert und ebenfalls genetisch bedingt. Es müssen aber Modifikatoren wirksam sein, deren Natur nicht näher bestimmt werden konnte [TOWNSEND (1, 2)]. Sterilität der Samenanlagen bei *Sorghum* wird ohne Beteiligung plasmatischer Faktoren hervorgerufen durch Heterozygotie für zwei dominante komplementäre Faktoren. Pflanzen, die für einen der Loci homozygot sind, sind Zwerge ohne Ähre; die doppelthomozygot Dominanten wurden noch nicht gefunden (CASADY, HEYNE u. WEIBEL).

Die ausführliche genetische Analyse der Plasmon-Genom-Wechselwirkung bei der Geschlechtsbestimmung liegt für die Gattung *Streptocarpus* vor. Hier ließ sich der Nachweis führen, daß einmal die Arten u. a. durch ihr Plasmon differenziert sind, und daß andererseits das Plasmon aus verschiedenen Einheiten zusammengesetzt ist. Der Einfluß auf die Geschlechtsbestimmung (das Fehlen der Antheren in bestimmten F_1-Bastarden) ist deutlich unterschieden vom Einfluß auf die Pollensterilität. Als Grundlage findet sich in den einzelnen Arten ein ausgewogenes Verhältnis zwischen männlichen und weiblichen Tendenzen in Kern und Plasmon, wodurch die Zwittrigkeit bestimmt wird. Durch Kreuzung kann dieses Verhältnis gestört werden, so daß dann Abweichungen in männlicher oder weiblicher Richtung zustande kommen. Daneben ist in den Antheren der männlichen und zwittrigen Formen die normale Ausbildung der Pollenkörner ebenfalls von der Wechselwirkung zwischen einer großen Anzahl von Genen und den entsprechenden plasmatischen Einheiten abhängig (OEHLKERS u. EBELL). Differenzen in dieser Richtung finden sich gerade innerhalb der Gruppe von Arten, die in bezug auf die Geschlechtsbestimmung ein ähnliches Plasmon besitzen. Die Arten lassen sich nach der Intensität, mit der sie auf das Plasmon von *Streptocarpus wendlandii* reagieren, anordnen. Das plasmafremde Genom entscheidet also darüber, wie die Reaktion auf die Neukombination erfolgt (OEHLKERS).

In der Gattung *Solanum* sind vier verschiedene sensitive Plasmoneinheiten nachgewiesen, die im Zusammenwirken mit den entsprechenden Genen Deformationen der Blüten bis zu völliger Pollensterilität herbeiführen. In den entsprechenden resistenten Plasmonen verursachen diese Gene keine Änderung der normalen fertilen Blüten. In der Gattung *Solanum* ist die Differenzierung der Plasmone ein wichtiger Schritt bei der Ausbildung der Barrieren für den Genaustausch zwischen den Arten (GRUN, AUBERTIN u. RADLOW).

Für eine ganze Reihe von Pflanzen wurde in den letzten Jahren Pollensterilität gefunden, die durch die Wechselwirkung zwischen einem bestimmten Plasmon und den Kerngenen zustande kommt. Das Pollensterilitätsgen kann dominant oder recessiv sein. Diese Fälle entsprechen dem *Cirsium*-Beispiel, das von CORRENS untersucht wurde, und unterscheiden sich nur dadurch von diesem klassischen Fall, daß durch die genetische Variabilität des Materials die Grundlagen genauer analysiert werden können.

Bei Castor-Bohnen bestehen Plasmonunterschiede zwischen verschiedenen Sorten, die im Zusammenwirken mit mindestens einem Majorgen die Ausbildung von Antheren beeinflussen. Weibliche Pflanzen entstehen durch das Zusammentreffen eines dominanten Gens mit einem bestimmten Plasmon, während dasselbe Gen in anderen Sorten unwirksam ist (PARKEY). Die phänotypischeA usprägung der plasmatisch bedingten Pollensterilität von *Allium Cepa* wird außer durch das weitverbreitete Gen ms wesentlich durch andere Gene und durch die Wechselwirkung mit Umweltbedingungen beeinflußt (LICHTER u. MÜNDLER). In vorwiegend selbstbefruchtenden Populationen, in denen die Heterozygoten bevorzugt sind, kann die plasmatisch bedingte Pollensterilität einen Selektionsvorteil bedeuten [JAIN (1)].

Nachdem bei Gramineen das Vorkommen plasmatisch bedingter Pollensterilität bekannt geworden war, finden sich immer mehr Beispiele hierfür. Bei *Sorghum vulgare* var. *sudanense* ist die vollständige Pollensterilität je nach der Kreuzung durch ein oder zwei komplementäre recessive Gene bedingt. Teilweise Fertilität wird durch ein oder mehrere Majorgene mit anderen Modifikatoren bestimmt. Vollständige Fertilität ist polygen bedingt, mit einer Anzahl von Modifikatoren. In jedem Fall entsteht die Sterilität jedoch nur durch eine Wechselwirkung zwischen Cytoplasma und Kernfaktoren [CRAIGMILES (1)]. Bei *Sorghum vulgare*

Pers. wird die Pollensterilität durch die Wechselwirkung zwischen dem Plasmon und einem recessiven Sterilitätsgen hervorgerufen. Im normalen Plasmon ist dieses Gen unwirksam (MAUNDER u. PICKETT). Diese Wechselwirkung zwischen dem Sterilitätsplasma ms und dem Gen für die Wiederherstellung der Pollenfertilität Rf wurde beim Mais näher untersucht (BUCHERT).

In weiteren Versuchen wurde für verschiedene Rassen von *Sorghum* das Vorkommen von Pollensterilitätsgenen geklärt, die in Zusammenwirken mit dem männlich-sterilen Plasma pollensterile Pflanzen ergeben (PI u. WUU). Die Art *Sorghum arundinaceum* enthält Gene, die zusammen mit dem Plasma der Sorte *Day Milo* von *Sorghum vulgare* pollensterile Pflanzen ergeben. Für die Pollensterilität ist hier die Wechselwirkung eines polygenen Systems mit dem Plasma verantwortlich [CRAIGMILES (2)]. Entsprechende Untersuchungen mit *Sorghum virgatum* ergaben, daß hier ein anderes genetisches System für die Wiederherstellung der Pollenfertilität vorhanden ist als in *S. arundinaceum* (HADLEY u. SINGH).

Die Untersuchung der Antherenentwicklung bei plasmatisch bedingten pollensterilen Formen von *Sorghum* ergab, daß das Tapetum wesentliche Unterschiede zu dem der fertilen Pflanzen aufweist. Die Degeneration der Pollenkörner ist wahrscheinlich durch eine Störung der Ernährungsfunktion des Tapetums bedingt (SINGH u. HADLEY). Bei dem Versuch, die Wechselwirkungen zwischen Genen und Plasmon bei der Ausbildung der plasmatisch bedingten Pollensterilität von *Sorghum* näher zu erfassen, wurden in isogenischen Linien die Unterschiede zwischen fertilen und pollensterilen Pflanzen untersucht. Die Antheren unterscheiden sich durch ihre Größe und ihre Wachstumsrate. Außerdem konnte ein hoher Gehalt von Glycin, bezogen auf das Trockengewicht, bei den Sterilen in einem frühen Entwicklungsstadium festgestellt werden. Für fünf weitere Aminosäuren waren keine Differenzen zu finden (BROOKS).

Bei pollensterilen Weizen, die aus mehrfachen Artkreuzungen stammen, aber das Plasma von *Aegilops ovata* enthalten, kommt die vollständige Wiederherstellung der Fertilität nur durch das Zusammenwirken vieler Gene zustande. Von 124 untersuchten *Triticum aestivum*-Sorten enthielt keine alle notwendigen Faktoren [WILSON u. ROSS (1)]. Das cytoplasmatisch bedingte Pollensterilitätssystem des Winterweizens kann für Kreuzungen verwendet werden [WILSON u. ROSS (2)]. In einem Mais-Sortiment aus Oklahoma wird das Vorkommen von Genen, die im Zusammenwirken mit dem Texas-Plasma pollenfertile Pflanzen ergeben, untersucht. Es ergaben sich erhebliche Unterschiede in der Häufigkeit der Fertilitätsgene bei den einzelnen Sorten (BROOKS). Durch entsprechende Testkreuzungen konnte das Gen Rf_1, das die Wiederherstellung der plasmatisch bedingten Pollensterilität hervorruft, am proximalen Ende des langen Armes des Chromosoms 3 lokalisiert werden (DUVICK, SNYDER u. ANDERSON). Eine Untersuchung verschiedener Merkmale, u. a. Ertrag, bei Mais ergab, daß das Pollensterilitätsplasma keinen Einfluß auf diese Merkmale hat (JOSEPHSON u. KINCER). Bei *Nicotiana* ist dagegen mit der durch das Plasma von *N. megalosiphon* im Zusammenwirken mit dem Genom von *N. tabacum* bedingten Pollensterilität eine wesentliche Verminderung der Wachstumsgeschwindigkeit verbunden (MANN, JONES u. MATZINGER).

Einige Versuche, deren Ergebnisse jedoch noch nicht ganz eindeutig interpretiert werden können, sollen Aufschluß über die Natur des plasmatischen Faktors der Pollensterilität geben. Pfropfversuche mit *Petunia* werden so ausgelegt, daß die plasmatisch bedingte Pollensterilität trotz der Autonomie des Phänotyps der Pfropfpartner über die Pfropfstelle hinweg auf die Gameten des fertilen Partners übertragen werden kann. Unterschiede im Auftreten der Pollensterilen in der Nachkommenschaft verschiedener Pflanzen werden dahingehend gedeutet, daß die Übertragung durch den Genotyp des fertilen Partners kontrolliert sei (FRANKEL). Der Gehalt an freien Aminosäuren ist bei den pollensterilen Nachkommen der behandelten Pflanzen derselbe wie bei den pollensterilen Ausgangspflanzen. Es wird also eher an einen Transport des plasmatischen Faktors über die Pfropfstelle hinweg als an eine Induktion gedacht. Dieses Verhalten stimmt so weit mit dem einer Virusinfektion überein, daß die plasmatisch bedingte Pollensterilität bei *Petunia* auch auf der Basis einer Viruserkrankung erklärt werden könnte (Edwardson u. Corbett). Ähnliche Versuche bei *Nicotiana* ergaben jedoch vollständige Autonomie von Reis und Unterlage in bezug auf die plasmatische Pollensterilität. Auch fehlte jeder Hinweis auf eine Übertragung des plasmatischen Faktors über die Pfropfstelle hinweg auf die Nachkommen (S. A. Sand).

C. Mathematische Genetik

I. Koppelung und crossing-over

Hier sind sowohl Untersuchungen zu nennen, die sich mit der mathematischen Theorie des crossing-over befassen, als auch Arbeiten, bei denen die Lokalisation bestimmter Loci in den Koppelungsgruppen angestrebt wird. Die durchschnittliche Rekombination je Chromosom und die Abhängigkeit dieser Größe von verschiedenen Faktoren läßt sich theoretisch berechnen. Bei wenigstens 10 Loci je genetische Einheit kann die lokale Gendichte vernachlässigt werden. Die durchschnittliche Rekombination hängt dann wesentlich ab von der genetischen Entfernung zwischen den terminalen Loci und dem Paarungssystem (Hanson). Während bei fast allen Untersuchungen über Polygene nur ihre Gesamtwirkung untersucht wird, besteht durchaus die Möglichkeit, sie mit Hilfe einer relativ einfachen genetischen Methode einzeln zu erfassen und wenigstens näherungsweise in den Koppelungsgruppen zu lokalisieren (Thoday). An Maispflanzen, die für die Allele wx^{90}/wx^{Coe} und für einige Markierungsgene derselben Koppelungsgruppe heterozygot waren, wurde die Rekombination innerhalb des wx-Locus am Auftreten von Wx-Pollen untersucht. Weitere Testkreuzungen zeigten, daß die Rekombinationsrate wesentlich vom übrigen Genom beeinflußt wird. Diese Untersuchungen sind besonders bemerkenswert, weil hier eine intragenische Rekombination bei höheren Pflanzen nachgewiesen wurde (Nelson).

Mit besonderen Komplikationen muß bei Koppelungsuntersuchungen an Polyploiden gerechnet werden. Um die Untersuchungsmethoden zu verfeinern, wird die bereits bekannte Koppelungsgruppe des Chromosoms 2 bei Mais an Autotetraploiden untersucht. Es werden Formeln für die Berechnung der crossover-Werte abgeleitet und auf den vorliegenden Fall angewendet, wobei ihre Anwendung und die mit ihrer Hilfe gefundenen Ergebnisse kritisch diskutiert werden (Welch). In Bastarden mit *Gossypium hirsutum* werden in Rückkreuzungen ganze Genblöcke übertragen. Durch Verwendung besonderer Kreuzungsfolgen konnten nachgewiesen werden, daß diese Blöcke aufgebrochen werden können, wenn durch strukturelle Eigentümlichkeiten, so die Einlagerung eines Genblocks von *Gossypium raimondii* in die dritte Koppelungsgruppe, das crossing-over erhöht wird (Rhyne).

Durch Analyse der Nachkommenschaft aus Pollentetraden bei *Salpiglossis variabilis* wurde der Austausch gegenüber dem Centromer für drei Loci bestimmt [Reimann-Philipp (2)]. 13 Mutanten vom Mais, die Veränderungen der Plastidenfarbstoffe hervorrufen, wurden durch eingehende Koppelungsuntersuchungen auf den Chromosomen lokalisiert [Robertson (1)].

II. Vererbung quantitativer Merkmale

a) Theorie der Genetik quantitativer Merkmale und mathematische Modelle. Als allgemeines Ergebnis der im folgenden zu besprechenden Untersuchungen läßt sich feststellen, daß die Möglichkeit der Erfassung der genetischen Komponenten quantitativer Merkmale weitgehend von der Versuchsplanung abhängt, die ihrerseits wieder von dem mathematischen Modell der Genwirkung bestimmt wird, das der Untersuchung zugrunde gelegt wird. Eine Anzahl von Arbeiten befaßt sich dementsprechend mit der Aufstellung dieser Modelle und mit Überlegungen darüber, welche Aufschlüsse von entsprechend geplanten Versuchen erwartet werden können.

Für die wichtige Frage der zur Entscheidung zwischen ähnlichen Hypothesen notwendigen Nachkommenschaftsgröße wird eine allgemeine Lösung gegeben [SEYFFERT (1)]. Für die Aufteilung der genetischen Varianz in additive Wirkung, Dominanz und Epistasie sind verschiedene Methoden bekannt, die aber alle, jeweils aus verschiedenen Gründen, nur eine begrenzte Anwendungsmöglichkeit haben. Über die Veränderungen, die die Varianzkomponenten infolge Inzucht durchmachen, ist nur sehr wenig bekannt, besonders die Berücksichtigung der Epistasie stört dabei. Für den einfacheren Fall, daß keine Epistasie, sondern nur additive und Dominanzeffekte vorliegen, aber mit Ausweitung auf eine unbegrenzte Anzahl von Allelen an jedem Locus, werden neue Formeln gegeben [LAGERVALL (1)]. Die Berechnung der genetischen Covarianzen und ihre Beziehung zum Inzuchtkoeffizienten führt noch einen Schritt weiter, wobei auch die Unterschiede zwischen autosomalen und geschlechtsgekoppelten Genen berücksichtigt werden. Diese Berechnungen basieren nicht mehr auf der Annahme, daß homozygote Inzuchtpopulationen als Ausgangsmaterial vorliegen, sondern gehen von einer Population mit Zufallspaarung aus [LAGERVALL (2)]. In Fortführung dieser Berechnungen wird eine Methode zur Abschätzung des durchschnittlichen Dominanzgrades gegeben, wobei alle beteiligten Loci und alle Allele an jedem Locus berücksichtigt werden, unter besonderer Beachtung der möglichen Fehlerquellen. In allen diesen Untersuchungen werden die diskutierten Fälle durch Diagramme anschaulich belegt [LAGERVALL (3)]. Weil die Ergebnisse der Untersuchung der Komponenten der genetischen Varianz quantitativer Merkmale weitgehend von der Versuchsplanung und den Auswertungsmethoden abhängen, müssen unter Umständen verschiedene statistische Modelle der Auswertung zugrunde gelegt werden, um alle Informationen zu erhalten, die das Material hergeben kann. Ein gutes Beispiel hierfür sind die Untersuchungen an Sojabohnen von LEFFEL u. HANSON. Für die Tragweite der Ergebnisse ist bei Versuchen über die Aufteilung der genetischen Varianzen der zugrunde liegende Versuchsaufbau von entscheidender Bedeutung. Versuche mit der Internodienlänge von *Mimulus guttatus*, bei denen die Ergebnisse eines Klonversuchs mit denen eines Versuchs mit einer konventionelleren Technik durch Bestimmung der Elternnachkommenregression und einem Selektionsversuch verglichen wurden, ergaben eine bessere Übereinstimmung des Selektionsversuchs mit dem Klonversuch, so daß eine Diskussion Aufschluß über die Relationen zwischen den einzelnen Versuchsplänen und ihre Bedeutung für die Schlußfolgerungen gibt (LIBBY).

Auf Grund theoretischer Überlegungen ist zu erwarten, daß um so mehr Informationen über die Vererbung und Genwirkung quantitativer Merkmale erhalten werden, je größer die Genhäufigkeit der recessiven Allele im verwendeten Teststamm ist. Mit der Untersuchung der Frage, inwieweit die Testlinien einen Einfluß auf das Ergebnis bei der Untersuchung quantitativer Merkmale haben, wird in einem statistischen Modell und in einem praktischen Beispiel bei Mais ein Anfang gemacht. Es werden die Probleme aufgezeigt, die bei Versuchen zur Lösung dieser Frage zu beachten sind (RAWLINGS u. THOMPSON). In einer auf breiter Basis mit mehreren Teststämmen durchgeführten Untersuchung an Mais, in die Inzuchtstämme, Einfach- und Doppelkreuzungen einbezogen wurden, wird eine grundsätzliche Diskussion über die Möglichkeiten der Erfassung der epistatischen Genwirkung gegeben. Es zeigt sich, daß die Erfassung der Epistasie auch in einem geeigneten Versuchsplan von verschiedenen Faktoren beeinflußt wird. So hängt es weitgehend von den verwendeten Teststämmen ab, ob Epistasie gefunden werden kann. Es lassen sich in top-cross-Serien gesicherte Wechselwirkungen zwischen Epistasie, Teststämmen und Umwelt feststellen, die die Schlußfolgerungen beeinflussen können. Hieraus ergibt sich alle für anderen Versuche, daß grundsätzlich zwar die positive Aussage über das Vorhandensein von Epistasie möglich ist, aber nicht die entsprechende negative Feststellung über ihre Fehlen getroffen werden kann (GORSLINE). Eine Untersuchung an *Linum ussitatissimum* führte zu der Schlußfolgerung, daß Epistasie bei quantitativen Merkmalen nicht eine Eigenschaft der Gene selber ist, sondern das Ergebnis eines Systems von Wechselwirkungen zwischen nicht-allelen Genen und den Umweltbedingungen (YERMANOS u. ALLARD).

Für die Erfassung der additiven Genwirkung ist die Regression der Nachkommen in bezug auf den mittleren Wert der Eltern in einer Population mit Zufallspaarung ein oft verwendetes Maß. In kleinen Populationen, wie sie im Experiment oft gegeben sind, wird die Varianz der Elternmittelwerte aber so klein, daß die Aussagekraft des Versuchs zu gering wird. Es läßt sich mathematisch nachweisen, daß in solchen Fällen eine Versuchsanordnung mit Vorzugspaarung gleichartiger Eltern unter besonderer Berücksichtigung der Extremwerte der Elternpopulation eine bessere Schätzung des Erblichkeitsanteils und der additiven Genwirkung ermöglicht (REEVE). Die Analyse von Populationen aus Doppelbastarden kann besondere Aufschlüsse geben über die Bedeutung der einzelnen genetischen Varianzen, wenn entsprechende Auswertungsmethoden für die Zerlegung der Varianzen und Covarianzen angewendet werden [RAWLINGS u. COCKERHAM (2)]. Für die quantitative Genwirkung kann ein Kurvenmodell aufgestellt werden, das aber, wie die Anwendung auf die Mais-Daten von GIESBRECHT zeigt, nicht für alle Fälle verallgemeinert werden kann. Die meist verwendeten Scaling-Teste garantieren keine Additivität der Genwirkung, sondern geben nur einen Bereich an, in dem die Additivität eine von mehreren Denkmöglichkeiten ist (GILBERT [1, 2]). Besondere Komplikationen treten auf, wenn quantitative Merkmale untersucht werden sollen, die eine Korrelation mit der Blütezeit aufweisen, da dann die Voraussetzung vieler Versuchspläne, nämlich Zufallspaarung zwischen den Individuen einer Population, durch die Variabilität der Blütezeit nicht mehr erfüllt ist (LINDSEY, LONNQUIST u. GARDNER).

Die Methode der diallelen Kreuzungen wird am Beispiel der Gerste ausführlich dargestellt und erläutert [AKSEL u. JOHNSON (1)]. Eine Serie trialleler Kreuzungen umfaßt alle möglichen Doppelhybriden der Form A (BC) aus einer Serie verschiedener Stämme. Die Theorie dieser triallelen Kreuzungen und ihre Verwendung für die Untersuchung der genetischen Varianzkomponenten führt zur Aufstellung eines statistischen Modells für die varianz-analytische Auswertung derartiger Versuche, das zugleich gestattet, die Versuchsergebnisse mit verschiedenen genetischen Modellen zu vergleichen und so eine optimale Erfassung der genetischen Information des Versuchs zu erreichen (RAWLINGS u. COCKERHAM). Bei Selbstfertilen liegt meist Homozygotie vor, so daß hierdurch für die Untersuchung quantitativer Merkmale eine besondere Situation geschaffen ist. Diese Verhältnisse erfordern eine andere Versuchsplanung als bei Pflanzen mit vorwiegender oder obligatorischer Fremdbefruchtung und die Ausarbeitung eines der Planung zugrunde liegenden statistischen und genetischen Modells, das es erlaubt, die genetische Variabilität der einzelnen Generationen und Linien zu erfassen. Am Beispiel von acht quantitativen Merkmalen der Sojabohnen, die nach Kreuzung von zwei Linien und nachfolgender Selbstung bis zur F_7 beobachtet wurden, lassen sich Schätzwerte für die Erblichkeit dieser Merkmale bestimmen und der Einfluß der Dominanz und Epistasie erfassen.Die Bearbeitung wird auch am Beispiel des Ölgehalts von Sojabohnen demonstriert, und wahrscheinlich ist in diesem Fall die Epistasie ein wesentlicher Faktor der genetischen Variabilität [HANSON u. WEBER (1, 2)].

Das Problem der Genwirkung bei Polygenen kann jedoch auch in grundsätzlich anderer Weise angegangen werden. Die gesamte genetische Varianz kann in verschiedener Weise in ihre Komponenten zerlegt werden. Das komplementäre Problem dazu ist, aus einer gegebenen Modellsituation mit bekanntem Paarungssystem und konstanter Allelenhäufigkeit die genetische Varianz zu berechnen. Eine allgemeine Lösung wird zunächst für den Fall eines einzigen Locus mit zwei Allelen gegeben und im Zusammenhang mit dem biologischen Hintergrund des Modells diskutiert (BINET u. MORRIS). Während meist die genetische Variabilität im Vordergrund der Untersuchungen steht, zeigt eine Untersuchung über die Umweltvariabilität in Inzuchtlinien und Bastarden bei Mais, daß auch auf diesem Wege wichtige Einsichten in den Mechanismus der Genwirkung erhalten werden können (SHANK u. ADAMS). Die Methode der Pfadkoeffizienten wurde mehrfach angewendet zur Feststellung der genetischen und phänotypischen Korrelation zwischen verschiedenen Merkmalen. Das Ausgangsmaterial besteht dabei aus Klonen verschiedener Herkunft (Anwendungsbeispiel: *Humulus lupulus;* BROOKS).

b) Genwirkung in polygenen Systemen. Die Anwendung der Theorie der quantitativen Genetik führt zu Methoden, die eine Analyse der Genwirkung bei Polygenie erlauben. Für die Untersuchung der Epistasie ergeben sich wegen der komplexen Situation oft erhebliche Schwierigkeiten. Diese können überspielt werden, wenn zunächst eine vereinfachte Modellsituation geschaffen wird. Hierzu wurden fast isogene Linien der Gerste hergestellt, die sich nur in zwei kleinen Chromosomenabschnitten voneinander unterschieden, welche Gene für sieben verschiedene quantitative Merkmale enthielten. Die Analyse der Bastarde und ihrer Nachkommen zeigte, daß hier neben der additiven die epistatische Genwirkung einen auffallend großen Anteil an der gesamten genetischen Varianz stellt, während die Dominanz nur einen verschwindend kleinen Beitrag leistet (FASOULAS u. ALLARD).

Eine Anzahl von Untersuchungen befaßt sich mit *Medicago sativa*. Für eine Reihe von Merkmalen wurden Schätzwerte für die Erblichkeit im weiteren Sinne, definiert als das Verhältnis der gesamten genetischen Varianz zur beobachteten phänotypischen Varianz, durch den Vergleich von Klonen verschiedener Herkunft erhalten. Die Untersuchung der Nachkommenschaften aus diallelen Kreuzungen von vier Elternklonen ergab, daß sich der Faktor „Ertrag" in mehrere Komponenten zerlegen läßt. Für Wuchshöhe und größte Länge der Stengel ist die additive Genwirkung, die sich als allgemeine Kombinationseignung messen läßt, von Bedeutung, während für Breitenentwicklung, Zahl der Stengel je Pflanze die nicht-additiven Genwirkungen im Vordergrund stehen [FRAKES, DAVIES u. PATTERSON (1, 2, 3)]. Die Kälteresistenz verschiedener Stämme hat einen relativ hohen Koeffizienten für die Erblichkeit im weiteren Sinne. Die Untersuchung der Nachkommen gibt keine Hinweise auf nicht-additive Genwirkungen (DADAY u. GREENHAM). Eine diallele Kreuzungsserie zwischen sechs Klonen zeigte, daß für zwei der untersuchten Merkmale, u. a. Herbstwuchs, die additive Genwirkung wichtiger ist als die nicht-additive, für zwei andere, darunter Frühjahrswuchs, dagegen die Differenzen durch die nicht-additive Genwirkung bestimmt werden. Interessant ist dabei, daß die Wuchsform in den verschiedenen Jahreszeiten anscheinend durch sehr verschiedenartige genetische Systeme bedingt wird (KEHR). An der Ausbildung von Wurzelschößlingen sind sowohl additive wie nicht-additive Genwirkungen beteiligt (DADAY). Der Vergleich der beiden Komponenten Pflanzenhöhe und Ertrag mit Gen-Modellen, die disome und tetrasome Vererbung annehmen, ergab eine bessere Übereinstimmung der Varianzkomponenten mit dem tetrasomen Modell. Für die Pflanzenhöhe ergab sich auch bei dieser Auswertung, daß die additiven Effekte den größten Beitrag zur genetischen Varianz liefern, während bei dem Ertrag vorwiegend die nicht-additiven Dominanzeffekte sich auswirken (PERGAMENT u. DAVIES).

Beim Weizen zeigte sich, daß für Ertrag, Proteingehalt und Härte der Körner die Schätzwerte für die Erblichkeit je nach den verwendeten Elternsorten sehr stark schwanken, ebenso wie die genetischen Korrelationen zwischen diesen Merkmalen (DAVIES, MIDDLETON u. HEBERT). Für Reifezeit und Wassergehalt der Körner bei der Reife wurden bei Mais die Komponenten der genetischen Varianzen berechnet. Es fand sich, daß wesentliche Abweichungen von einer nur additiven Genwirkung bestehen und den Dominanz- und Epistasieeffekten eine erhebliche Bedeutung zukommt (HAILAUER u. RUSSELL). In gleicher Weise wurden aus dem Vergleich verschiedener Linien von *Dactylis glomerata* Schätzwerte für die Erblichkeit im weiteren Sinne für verschiedene Merkmale erhalten (CARLSON u. MOLL). Bei *Nicotiana tabacum* ergab die Untersuchung von Bastarden zwischen acht Varietäten, daß sich praktisch die gesamte genetische Varianz aus additiven Effekten zusammensetzt, während Heterosis, soweit sie überhaupt vorkommt, und Inzuchtdepression sehr gering sind (MATZINGER, MANN u. COCKERHAM). Bei Sojabohnen wurde mit Hilfe eines diallelen Kreuzungsschemas für zehn Sorten an einer Reihe von Merkmalen durch verschiedene Teste festgestellt, welchen Anteil Dominanz, Epistasie und additive Genwirkung für den Phänotyp der Folgegenerationen haben. Es zeigte sich, daß in diesem Fall den Dominanzeffekten die größte Rolle zuzuschreiben ist, so daß bei den untersuchten quantitativen Merkmalen der Phänotyp der Eltern weitgehende Rückschlüsse auf die Eignung als Kreuzungspartner zuläßt (LEFFEL u. HANSON). In einer anderen Untersuchung an Sojabohnen ergab sich ebenfalls, daß die additiven Effekte den größten Beitrag zur genetischen Varianz liefern (BREM u. COCKERHAM). In einer Serie von Arbeiten wird die Genetik einer Reihe quantitativer Merkmale der Kokosnuß untersucht (LIYANAGE; LIYANAGE u. SAKAI; LIYANAGE u. ABEYWARDANE). Die Untersuchung von quantitativen Merkmalen in Rückkreuzungsgenerationen bei Hafer zeigte, daß für den Schoßtermin und Ertrag epistatische Genwirkungen vorwiegen, während Volumengewicht und Pflanzenhöhe im wesentlichen durch dominante und additive Genwirkung bestimmt werden (LEININGER u. FREY).

Die Methode der Untersuchung von Einzelpflanzen aus einer Population zur Schätzung der Erblichkeit einzelner morphologischer und chemischer Eigenschaften wurde bei *Lespedeza cuniata* (Leguminosen) angewendet (COPE).

c) Heterosis. Die Untersuchung der Heterosis stellt einen Sonderfall der Genetik quantitativer Merkmale dar. Eine Zusammenstellung der verschiedenen Hypothesen über die Heterosis mit besonderer Berücksichtigung von Fragen der Terminologie und der genetischen Modelle gibt SCHNELL (2). Einige Gesichtspunkte, die sich bei der Bearbeitung der Probleme der Heterosis ergeben, werden auch von BERNINGER zusammengestellt.

Eine Anzahl von Untersuchern befaßt sich mit der Frage, welche der möglichen Ursachen für das Auftreten der Heterosis verantwortlich sind. Zwei sichere Fälle von Überdominanz wurden bei *Arabidopsis* gefunden [RÉDEI (2)]. Die Ergebnisse sind auf den ersten Blick vielfach widersprechend, aber die genauere Betrachtung zeigt, daß einmal für verschiedene Merkmale, auch beim gleichen Objekt, anscheinend sehr verschiedene Situationen gegeben sein können, und daß zum anderen die Untersuchungsmethodik und das der Auswertung zugrunde liegende theoretische Modell weitgehend die Ergebnisse bestimmen.

Ein neues statistisches Modell für die Schätzung der Epistasie, das auf dem Vergleich der Populationsmittel aufbaut, wird entwickelt und am Beispiel des Kornertrags bei Mais angewendet. Wenn auch eine Verallgemeinerung auf Grund dieser einen Untersuchung noch nicht möglich ist, so zeigt sich doch mit Sicherheit, daß bei den sechs untersuchten Sorten die Epistasie für das Zustandekommen der Heterosis eine besondere Rolle spielt (SPRAGUE, RUSSELL, PENNY, HORNER u. HANSON). In einem recurrent selection-Programm bei Mais wurde festgestellt, daß die Heterosis in Kreuzungen mit auf hohen Ertrag selektionierten Linien im untersuchten Material fast ausschließlich durch additive Genwirkung und teilweise oder vollständige Dominanz zustandekommt. Die Hinzuziehung der Selektionslinien auf geringen Ertrag zeigt aber, daß insgesamt auch mit Überdominanz zu rechnen ist (PENNY, RUSSEL u. SPRAGUE). Für den Kornertrag bei Mais fand sich, daß für das Zustandekommen der Heterosis die additiven Effekte wesentlich größeren Einfluß haben als die nichtadditiven, wie es bei sehr heterogenen Eltern erwartet werden kann (LONNQUIST u. GARDNER). In einer Untersuchung über Heterosis und Inzuchtdepression für den Ertrag und die Ansatzhöhe des Kolbens bei Mais kommen ROBINSON u. COCKERHAM zu der Auffassung, daß epistatische Geneffekte hier keine Rolle spielen. Es wird dabei ein statistisches Modell aufgebaut, das eine strenge Trennung der Epistasie von den Dominanzeffekten gestattet. Die Untersuchung der Heterosis mit Hilfe eines Systems von zwei balancierten Letalfaktoren im Chromosom 4 ergibt, daß in der untersuchten Chromosomenregion keine einfachen heterotischen Effekte zu finden sind, so daß die Annahme gestützt wird, daß die Heterosis beim Mais vorwiegend auf einfacher Dominanz beruht (BIANCHI u. MORANDI). In einer weiteren Untersuchung, für die ein besonderes statistisches Modell ausgearbeitet wurde, ergibt sich, daß für eine Reihe quantitativer Merkmale beim Mais die Dominanzeffekte am wichtigsten sind. Die Epistasie ist relativ wichtiger als die additiven Genwirkungen, aber beide treten hinter den Dominanzeffekten zurück. Eine weitere Untersuchung zeigt aber, daß die Wechselwirkungen zwischen den Genen ebenfalls einen bedeutenden Einfluß haben [GAMBLE (1, 2)].

Die folgenden Untersuchungen lassen erkennen, daß auch Faktoren, deren Bedeutung nicht von vornherein vermutet werden kann, einen Einfluß auf die Heterosis haben können. Versuche an *Arabidopsis* zeigen, daß die Temperatur ein wesentlicher Faktor bei der Ausprägung der Heterosis ist. Die genetische Basis hierfür liegt im Vorkommen von temperaturempfindlichen Allelen in den Populationen, die infolge der hohen Mutationsrate relativ unempfindlich gegen die natürliche Selektion sind [LANGRIDGE (2)]. Ausführlich werden auch in einem entwicklungsgeschichtlichen Vergleich zwischen Eltern und Bastarden beim Mais die Vorgänge, die zur Heterosis führen, analysiert (RODEHORST). In einer Untersuchung bei Mais ließ sich zeigen, daß auch für die Heterosis das Mitcherlichsche Ertragsgesetz gilt, indem der Mehrertrag der Bastarde geringer wird, je besser die Leistung der Elternsorten war

(GREBENSČIKOV). In Kreuzungen zwischen Maissorten verschiedener Herkunft aus den Vereinigten Staaten und Puerto Rico wurde festgestellt, daß das Ausmaß der Heterosis steigt mit der Größe der genetischen Differenz zwischen den Eltern (MOLL, SALHUANA u. ROBINSON).

Die häufig diskutierte Frage, ob bei Untersuchungen zur Heterosis komplexe Merkmale als Ganzes untersucht werden sollen, oder ob eine Zerlegung in ihre morphologischen Komponenten zu besseren Resultaten führt, wird am Beispiel der Ansatzhöhe der Kolben beim Mais bearbeitet. Dieses Merkmal läßt sich in zwei Komponenten zerlegen: Internodienzahl und Länge der Internodien, die durch zwei bzw. vier Gene kontrolliert werden. Die Untersuchung der Erblichkeit und der Varianzkomponenten ergab, daß bei Berücksichtigung der Einzelmerkmale eine exaktere Analyse möglich ist als bei Verwendung der komplexen Einheit (GIESBRECHT). Dasselbe Problem wird auch von anderer Seite angeschnitten, im Hinblick darauf, ob bei den Untersuchungen das Merkmal „Ertrag" verwendet werden darf, oder ob es in seine getrennt zu untersuchenden Komponenten zerlegt werden muß. Es wird dahingehend beantwortet, daß es sich in jedem Fall um die Untersuchung komplexer sekundärer Genwirkungen handelt. Eine Überdominanz kann nicht durch multiplikative Wirkungen der einzelnen Faktoren vorgetäuscht werden, sondern kann für das komplexe Merkmal nur dann gefunden werden, wenn bei wenigstens einem der beteiligten Gene echte Überdominanz vorliegt (MOLL, KOJIMA u. ROBINSON).

Neben den Untersuchungen, die zum Ziel haben, die Grundlagen der Heterosis zu klären, stehen eine Reihe anderer Arbeiten, die, ohne auf die grundlegenden Probleme tiefer einzugehen, die vorliegenden Kenntnisse verwenden, um die allgemeine und spezifische Kombinationseignung verschiedener Stämme zu prüfen und die Grundlagen für die praktische Heterosiszüchtung zu schaffen (Winterroggen: PLARRE u. VETTEL; Mais: VETTEL; Sonnenblumen: SCHULZE). Die Methode ist hier meist eine Kombination des top-cross-Verfahrens und der diallelen Kreuzungen. In manchen Fällen stimmen die Ergebnisse beider Methoden nicht genau überein. Es wird aber gezeigt, daß diese Diskrepanzen vermieden werden können, wenn jedesmal die in der Methode liegenden Begrenzungen der Aussagemöglichkeiten beachtet werden. Bei *Solanum melongena* wurde eine deutliche Heterosis für mehrere Merkmale festgestellt, die zusammen eine bedeutende Ertragssteigerung der Bastarde gegenüber den Eltern bedingen [ODLAND u. NOLL (1)]. Bei *Medicago sativa* wurde eine sehr starke Inzuchtdepression nach Selbstung festgestellt, die sich in einer Verminderung des Ertrages um 50% in der zweiten und dritten Selbstungsgeneration und in einer Herabsetzung der Selbstfertilität bereits in der F_1-Generation anzeigt (KOFFMAN u. WILSIE). Einige Versuche an *Larix leptolepis* ergaben eine deutliche Inzuchtdepression nach Kreuzung verwandter Eltern, im Vergleich mit Pflanzen aus Kreuzungen nicht verwandter Eltern (LANGNER).

III. Populationsgenetik und theoretische Evolutionsforschung

a) Allgemeine Populationsuntersuchung. In der Populationsgenetik werden z. Z. verschiedene Probleme bearbeitet, die aber so eng miteinander verflochten sind, daß sie nur im Zusammenhang besprochen werden können. In erster Linie handelt es sich um die Dynamik einer Population unter dem Einfluß verschiedener Faktoren, von denen das Paarungssystem und der Selektionswert der Genotypen besonders berücksichtigt werden. Damit verknüpft sind die Fragen der Theorie der Evolution und des genetischen Polymorphismus.

Besonders hervorzuheben ist eine Untersuchung über die Anreicherung der genetischen Information während einer auf Anpassung gerichteten Evolution. Die Entwicklung komplizierterOrganismen aus einfacher gebauten setzt voraus, daß die im Zellkern enthaltenen Informationen im Laufe der Evolution komplexer geworden sind. Der Zuwachs an genetischer Information je Generation läßt sich mathematisch erfassen. Die

Probleme, die mit der Speicherung und Transformation der so angehäuften genetischen Informationen verbunden sind, werden dabei ausführlich diskutiert [KIMURA (1)]. Dieselben Probleme werden in allgemeinerer Form und ohne mathematische Formulierungen von W. A. SAND besprochen.

Eine allgemein zusammenfassende Darstellung der mathematischen Theorie der Evolution unter Berücksichtigung der Theorie der Genwirkungen und der Wechselwirkungen der Gene im Individuum sowie der Wechselwirkung zwischen Genotypen innerhalb der Population zeigt, daß es im Zusammenwirken dieser Faktoren jeweils mehrere Möglichkeiten der Anpassung einer Population an die gegebene Umwelt gibt. Die Population wird einer Selektion unterworfen, die aber nicht unbedingt zum höchstmöglichen Grad der Anpassung führen muß, wohl aber eine Unterteilung der Population in teilweise isolierte Gruppen zur Folge haben kann (WRIGHT). Aus Überlegungen über die Reaktion von Populationen verschiedener Größe und Paarungstyps auf teilweise Isolierung einzelner Gruppen ergibt sich, daß die Differenzierung abweichender Randpopulationen eher eine rezente Entwicklung repräsentiert als Reliktvorkommen (COOK).

Die Fixierung eines neuen Gens in einer Population kann als stochastischer Prozeß behandelt werden. Die Wahrscheinlichkeit dafür, daß die Fixierung erfolgt, ist eine Funktion der Anfangshäufigkeit des Gens in Beziehung zu Mittelwert und Varianz des Wechsels der Genhäufigkeit je Generation. Die allgemeine Formel läßt sich auch auf spezielle Fälle anwenden, wenn die Selektionsintensität zwischen den Generationen variiert, und zeigt ebenfalls die Umstände auf, unter denen ein vorteilhaftes Gen sogar in großen Populationen verlorengehen kann [KIMURA (2)]. Die Ausbreitung eines Gens in einer Population von diöcischen Organismen hängt vom Paarungssystem und vom Selektionswert ab und läßt sich in entsprechenden Formeln beschreiben [JAMES (1, 2)]. Der Anfangserfolg in der Ausbreitung in der Population für neue Gene, die entweder geschlechtsgekoppelt sind oder eine Vitalitätsdifferenz zwischen den Geschlechtern aufweisen, läßt sich allgemein behandeln in einer Form, die Voraussagen darüber zuläßt, unter welchen Bedingungen ein positiver Selektionswert des neuen Gens zustande kommt (PARSONS). Die Dynamik des genetischen Polymorphismus wird für den Fall von zwei Loci theoretisch bearbeitet, unter Berücksichtigung des Einflusses von Epistasie und Koppelung auf das Erreichen des Gleichgewichtszustandes der Population (LEWONTIN u. KOJIMA). Die Belastung einer Population, ausgedrückt in der Anzahl Todesfälle, die nötig sind, um im Laufe der Generationen ein weniger geeignetes Gen durch Selektion auszumerzen, wurde bisher nur für Sonderfälle berechnet. Eine allgemeine Formel ermöglicht es, diesen Preis, der für die Evolution gezahlt werden muß, in Abhängigkeit vom relativen Selektionswert der beteiligten Allele zu berechnen [HALDANE (1)].

Zur allgemeinen Frage nach den genetischen Grundlagen der Anpassung an verschiedene klimatische Verhältnisse liegen nicht viele Untersuchungen vor, und eine allgemeine theoretische Bearbeitung fehlt noch.

Eine Zusammenfassung der vorliegenden Ergebnisse führt zu der Erkenntnis, daß jedes Anpassungsmerkmal gesondert untersucht werden muß, weil sehr verschiedene genetische und entwicklungsphysiologische Mechanismen möglich sind. Die Extreme sind hierbei einerseits Unabhängigkeit des Phänotyps von Umwelteinwirkungen und andererseits die Entwicklung einer genetischen Variabilität, die für die jeweilige Umwelt entsprechend angepaßte Genotypen bereitstellt [LANGRIDGE (1)]. Ein oft nicht berücksichtigter Gesichtspunkt der Selektion in natürlichen Umgebungen ist dieser, daß die genetische Eignung des Individuums nicht unbedingt zusammenfällt mit der genetischen Eignung der Population. Auf die Schwierigkeiten, die sich hierdurch für das Verständnis der Populationsdynamik und den Einfluß der natürlichen Selektion ergeben, weist McArthur hin.

Die Bedeutung des Paarungssystems für die Zusammensetzung der Population kann in verschiedener Weise behandelt werden. Die Berechnung der Zusammensetzung einer Population, die aus spaltenden Generationen eines Selbstbestäubers besteht, nach ihrem Anteil an Homo- und Heterozygoten stellt besondere rechnerische Probleme, für die eine allgemeine Formulierung gegeben wird. Anhand einer Weizenkreuzung wird die Anwendung der Formel demonstriert [AKSEL u. JOHNSON (2)]. Der Einfluß, den das Paarungssystem auf den Anteil der Heterozygoten in einer Population hat, ist bisher nur wenig bearbeitet. Die theoretische Berechnung der Häufigkeit der Allele und Genotypen in einer Population wird für vier verschiedene Paarungssysteme durchgeführt und zeigt, daß unter Umständen bis zu $^2/_3$ der Individuen für ein bestimmtes Gen heterozygot werden können (NAYLOR). Der Inzuchtkoeffizient von WRIGHT kann verallgemeinert werden als Inzuchtfunktion. Diese wird definiert als die Wahrscheinlichkeit dafür, daß die zwei Gameten, aus denen ein Individuum entsteht, in bezug auf eine bestimmte Anzahl von Loci durch gemeinsame Abstammung übereinstimmen. In ähnlicher Weise wird eine panmiktische Funktion definiert. Beide können wiederum als Sonderfälle einer allgemeineren Funktion angesehen werden [SCHNELL (1)]. Der Inzuchtkoeffizient für den Fall der wiederholten Geschwisterkreuzung läßt sich ebenfalls formelmäßig erfassen (BINET u. LESLIE). In Arten mit vorwiegender Fremdbefruchtung sind die meisten Individuen heterozygot und enthalten ein großes Potential an genetischer Variabilität, dessen Ausmaß abhängt von der Selektion, der die Populationen bereits unterworfen wurden, und von der Eignung der einzelnen Phänotypen. Anhand einer Analyse der Populationsstruktur von *Lolium perenne* in bezug auf eine Reihe quantitativer Merkmale werden diese Beziehungen näher erläutert (COOPER). Die bisher bekannten Tatsachen über das Auftreten der Überdominanz zeigen, daß diese durch die Evolution bedingt ist in Organismen mit vorwiegender Selbstbefruchtung, bei denen neue Gene vorwiegend in heterozygotem Zustand in der Population vorhanden sind. Das Paarungssystem erweist sich damit als ein Faktor, der wesentlich die genetische Struktur einer Art bestimmt (PARSONS u. BODMER).

Einige Untersuchungen liegen vor über die Struktur natürlicher Populationen. Bei *Justicia simplex* wurde in verschiedenen Populationen eine gesichert unterschiedliche Genhäufigkeit für die Allele eines Blütenfarbgens gefunden. Diese teilweise isolierten panmiktischen Populationen entsprechen der Modellsituation für den Beginn einer Differenzierung in geographische Rassen (JAIN u. JOSHI). In einigen Populationen von diploiden *Dactylis glomerata* enthält ein großer Teil der Pflanzen albino-Gene. Die Beziehungen zwischen Standort und Anteil an Heterozygoten läßt vermuten, daß diese unter bestimmten Umweltbedingungen einen positiven Selektionswert haben, und dadurch die Letalfaktoren in der Population erhalten bleiben (APIRION u. ZOHARY). In der Gattung *Dactylis* liegen sehr viele genetisch differenzierte Populationen vor. Die starke Reduktion der Fertilität in den Bastarden ergibt ein wesentliches Hindernis für den Genaustausch, so daß eine Introgression von Genen einer Population in andere sehr erschwert ist [BORRILL (1, 2)]. Innerhalb der Art *Festuca ovina* L. besteht ein genetischer Polymorphismus in bezug auf die Reaktion gegenüber Calcium (SNAYDON u. BRADSHAW).

b) Selektion. Die Theorie des Selektionsvorgangs erweist diesen als einen Sonderfall der Populationsgenetik. Dementsprechend könnten die meisten der hier zusammengefaßten Untersuchungen ebenso im vorhergehenden Abschnitt erwähnt werden. Die Gemeinsamkeit des bearbeiteten Problems läßt es jedoch als günstig erscheinen, sie im Zusammenhang zu besprechen. Die Betrachtung der Veränderungen der Genhäufigkeit unter dem Einfluß der Selektion als stochastischer Prozeß führt zur Aufstellung von multidimensionalen Beziehungen zwischen Nachwuchs- und Sterberate, die als Verallgemeinerung der klassischen eindimensionalen Beziehung angesehen werden und auf die Populationsgenetik angewendet werden können (MODE). Das statistische Modell der Selektion muß entsprechend variiert werden, wenn eine Wechselwirkung Genotyp-Umwelt besteht und auf Eignung unter möglichst vielen verschiedenen Umweltbedingungen selektioniert werden soll [JAMES (3)]. Ein einfaches Modell für die Wirkung künstlicher Selektion bei einem Gen mit zwei Allelen zeigt, daß der Schätzwert der Erblichkeit nicht unabhängig ist von der Intensität der Selektion [HALDANE (2)]. Der Effekt der Selektion für zwei korrelierte Merkmale mit unterschiedlichem Auslesewert läßt sich formelmäßig erfassen. Graphische Darstellungen erleichtern dabei die Bestimmung der optimalen Kombination der Selektion für beide Merkmale (YOUNG u. WEILER).

Die Zunahme der Homozygotie nach Selbstung kann durch einen Selektionsvorteil der Heterozygoten weitgehend verändert werden, besonders wenn dabei mehrere Loci und Koppelungserscheinungen beteiligt sind. Für die Berechnung des Homozygotiegrades in der n-ten Generation entstehen dabei komplizierte Formeln. Für den Fall, daß zwei Loci vorhanden sind, zeigt die kurvenmäßige Darstellung des Verlusts an Heterozygotie in den ersten fünf Selbstungsgenerationen bereits den großen Einfluß des Selektionsvorteils [JAIN (2)]. Besondere Verhältnisse liegen vor, wenn die Selektion zugunsten der Heterozygoten in sehr kleinen Populationen stattfindet. Es bestehen Wechselwirkungen zwischen Selektionsvorteil der Heterozygoten und der Genhäufigkeit im Gleichgewichtszustand der Population einerseits und der Populationsgröße andererseits, die von der Art sind, daß in sehr kleinen Populationen ein Selektionsvorteil der Heterozygoten unter Umständen zu einer schnelleren Fixierung eines Allels führen kann (A. ROBERTSON).

Die Kenntnis der Genetik der quantitativen Merkmale und insbesondere der Varianzkomponenten und der Theorie der Selektion führt zu der wichtigen Frage,

25*

wie diese für eine theoretische Grundlage der Züchtung angewendet werden kann. Die Aufstellung statistischer Modelle für die zu erwartenden Genotypen und Phänotypen aus verschiedenen Kreuzungsfolgen und ihre Anwendung auf verschiedene genetische Modelle mit unterschiedlicher Beteiligung von Dominanz und Epistasie an der Merkmalsausprägung führt zur Aufstellung einer allgemeinen Theorie, die es gestattet, die zu erwartenden Zuchterfolge bei verschiedener Züchtungsmethodik gegeneinander abzuwägen (COCKERHAM). Besonders ausführlich werden die theoretischen Grundlagen und die Anwendung an Beispielen von Gerste und Reis dargestellt (NEI). Neue Methoden, die auf den statistischen Verfahren der Heterosisforschung aufbauen, werden auch von [SCHNELL (3, 4, 5)] vorgelegt. Besondere Probleme ergeben sich bei der Anwendung auf langlebige Pflanzen mit langer Generationsdauer, insbesondere Waldbäume [HINKELMANN u. STERN; STERN (2)]. Für die Bestimmung des relativen Nutzens verschiedener Selektionsmethoden werden Formeln abgeleitet und interpretiert (YOUNG). Eine Studie über das Verhalten von Kreuzungsnachkommenschaften von Selbstbestäubern zeigt, daß bei polyfaktoriellen Merkmalen eine Auslese in der F_3 zu einem besseren Selektionserfolg führt als in der F_2 (KOPETZ). Dieselbe Frage wird in noch allgemeinerer Form behandelt für den Fall, daß sowohl monogen bedingte Merkmale wie ein polygener Komplex an der Auslese beteiligt sind (HÄNSEL).

Die Analyse von zunächst unbefriedigend verlaufenen Selektionsversuchen bei Mais für Öl- und Proteingehalt zeigte, daß in den Linien mit hohem Ölanteil in Wirklichkeit auf Größe des Keimes, in denen mit niedrigem Ölanteil dagegen auf Ölgehalt des Keimes selektioniert war. Hieraus ergibt sich ebenfalls, daß vor Untersuchungen an komplexen Merkmalen eine morphologisch-entwicklungsgeschichtliche Analyse nötig ist, um die einzelnen Komponenten und ihre Bedeutung für das zu selektionierende Material zu erkennen [LENG (1)]. Die Weiterführung dieser Experimente ergab einen über viele Generationen anhaltenden Selektionserfolg, für den als wichtigste Ursache eine fortgesetzte Entfaltung der genetischen Variabilität durch Rekombination angesehen werden kann. Zur Erreichung des maximalen Ausprägungsgrades in Selektionsversuchen müssen daher Methoden angestrebt werden, die möglichst lange die Heterozygotie erhalten und dadurch fortgesetzt Rekombinationen während vieler Generationen erlauben [LENG (2)].

In vergleichenden Untersuchungen über den Selektionswert neu aufgetretener Mutanten ergab sich, daß auf Grund der Fertilitätsverhältnisse 2% dieser Mutanten einen positiven Selektionswert gegenüber der Ausgangsform besitzen, während bei einer Mutante die Fertilität umweltvariabel ist, so daß sie nur unter extrem trockenen Bedingungen besser angepaßt ist (GOTTSCHALK).

Literatur

AKSEL, R., and L. P. V. JOHNSON: (1) Advanc. Frontiers Plant Sci. 2, 37—53 (1960); — (2) Canad. J. Genet. Cytol. 3, 341—350 (1961). — ANDERSON, R. G.: Canad. J. Plant Sci. 41, 342—359 (1961). — ANDERSON, R. G., and R. C. McGINNIS: Canad. J. Genet. Cytol. 2, 331—335 (1960). — APIRION, D., and D. ZOHARY: Genetics 46, 399 (1961).

BANERJEE, S. P., and R. M. DATTA: Indian Agricult. 4, 5—18 (1960). — BARNES, D. K., J. O. CULBERTSON and J. W. LAMBERT: Agronomy J. 52, 456—459 (1960). — BASHAW, E. C.: Crop Sci. 2, 412—415 (1962). — BELL, R. P.: Mount Allison Record 44, 12—16 (1962). — BENDIXEN, L. E., and M. L. PETERSON: Plant Physiology 37, 245—250 (1962). — BENDIXEN, L. E., E. H. STANFORD and M. L. PETERSON: Agronomy J. 52, 447—449 (1960).—BERGANN, F.: (1) Ber. dtsch. bot. Ges. 73, (40)—(41) (1961); — (2) Biol. Zbl. 81, 471—503 (1962). — BERNINGER, E.: Ann. Améliorat. Plantes 10, 345—350 (1960). — BIANCHI, A., e G. MARCHESI: Atti A. G. I. 6, 395—404 (1961). — BIANCHI, A., and A. MORANDI: Heredity 17, 409—414 (1962). — BIANCHI, F.: (1) Genen en Phaenen 6, 21—25 (1961); — (2) Genen en Phaenen 6, 53—65 (1961). — BIANCHI, F., e L. DIJKHUIZEN: Genen en Phaenen 6, 1—14 (1961). — BINET, F. E., and R. T. LESLIE: J. Genet. 57, 127—130 (1960). — BINET, F. E., and J. A. MORRIS: J. Genet. 58, 108—121 (1962). — BORRILL, M.: (1) Genetica 32,

94—117 (1961); — (2) J. Linn. Soc. Bot. 58, 87—93 (1962). — Breuer, K.: Z. Vererbungsl. 92, 252—260 (1961). — Brim, C. A., and C. C. Cockerham: Crop Sci. 1, 187—190 (1961). — Brooks, J. S.: Crop Sci. 1, 224—226 (1961). — Brooks, M. H.: Genetics 47, 1629—1638 (1962). — Brooks, S. N.: Crop Sci. 2, 192—196 (1962). — Brown, G. E., and J. M. Poehlman: Crop Sci. 2, 259—262 (1962). — Buchert, J. G.: Proc. nat. Acad. Sci. (Wash.) 47, 1436—1440 (1961). — Buker, R. J., and R. L. Davis: Crop Sci. 1, 437—440 (1961).

Caldwell, B. E., C. A. Brim and J. P. Ross: Agronomy J. 52, 635—636 (1960). — Carlson, I. T., and R. H. Moll: Crop Sci. 2, 281—286 (1962). — Carnahan, H. L., J. H. Graham and R. C. Newton: Crop Sci. 2, 237—240 (1962). — Carvalho, A.: Nature (Lond.) 189, 685—686 (1961). — Casady, A. J.: (1) Crop Sci. 1, 63—68 (1961); — (2) Crop Sci. 1, 154 (1961). — Casady, A. J., E. G. Heyne and D. E. Weibel: J. Hered. 51, 35—38 (1960). — Childers, W. R.: Canad. J. Bot. 40, 89—93 (1962). — Childers, W. R., and H. A. McLennan: (1) Canad. J. Bot. 39, 847—853 (1961); — (2) Canad. J. Genet. Cytol. 2, 57—65 (1960). — Clayberg, C. D., L. Butler, C. M. Rick and P. A. Young: J. Hered. 51, 167—174 (1960). — Cockerham, C. C.: Crop Sci. 1, 47—52 (1961). — Coe, E. H.: Genetics 46, 859 (1961). — Cook, L. M.: Amer. Naturalist 95, 295—307 (1961). — Cooper, J. P.: Heredity 16, 435—454 (1961). — Cope, W. A.: Crop Sci. 2, 10—12 (1962). — Craigmiles, J. P.: (1) Crop Sci. 2, 203—205 (1962); — (2) Crop Sci. 1, 150—152 (1961). — Culp, T. W.: J. Hered. 51, 146—148 (1960).

Daday, H.: Aust. J. Agricult. Res. 13, 813—820 (1962). — Daday, H., and C. G. Greenham: J. Hered. 51, 249—255 (1960). — Davis, W. H., G. K. Middleton and T. T. Hebert: Crop Sci. 1, 235—238 (1961). — Duvick, D. N., R. J. Sniyder and E. G. Anderson: Genetics 46, 1245—1252 (1961).

Edwardson, J. R., and M. K. Corbett: Proc. nat. Acad. Sci. (Wash.) 47, 390—396 (1961).

Faludi, B., és A. Faludi-Daniel: (1) Biol. Közl. 9, 129—134 (1961); — (2) Naturwissenschaften 45, 1—3 (1958). — Faludi, B., A. Faludi-Daniel és I. Gyurján: Acta biol. Acad. Sci. hung. 9, 285—293 (1960). — Faludi, B., A. Faludi-Daniel and G. Kelemen: Physiol. Plantarum 13, 227—236 (1960). — Faludi, B., I. Gyurján és A. Faludi-Daniel: (1) Biol. Közl. 8, 25—31 (1960); — (2) Biol. Közl. 8, 133—138 (1960). — Faludi-Daniel, A.: Biol. Közl. 6, 23—29 (1958). — Fasoulas, A. C., and R. W. Allard: Genetics 47, 899—907 (1962). — Findley, W. R., and R. C. Leffel: Crop Sci. 2, 337—340 (1962). — Forbes, J., and H. D. Wells: Crop Sci. 1, 139—141 (1961). — Forbes, J. jr., H. D. Wells, J. R. Edwardson and S. A. Ostazeski: Crop Sci. 1, 184—186 (1961). — Frakes, R. V., R. L. Davis and F. L. Patterson: Crop Sci. 1, I. 205—207, II. 207—209, III. 210—212 (1961). — Frankel, R.: Genetics 47, 641—646 (1962).

Galun, E.: Genetica 32, 134—163 (1961). — Gamble, E. E.: (1) Canad. J. Plant Sci. 42, 339—348 (1962). — (2) Canad. J. Plant Sci. 42, 349—358 (1962). — Gardenhire, J. H., and H. L. Chada: Crop Sci. 1, 349—352 (1961). — Gates, R. R.: Curriculum Vitae, Edinburgh 1962. — Giesbrecht, J.: Canad. J. Genet. Cytol. 3, 26—33 (1961). — Gilbert, N.: (1) Genet. Res. 2, 96—105 (1961); — (2) Genet. Res. 2, 456—460 (1961). — Gorsline, G. W.: Crop Sci. 1, 55—58 (1961). — Gottschalk, W.: Z. Vererbungsl. 93, 188—202 (1962). — Grebenscikov, I.: Z. Pflanzenzücht. 47, 388—397 (1962). — Grun, P., M. Aubertin and A. Radlow: Genetics 47, 1321—1333 (1962). — Grun, P., and A. Radlow: Heredity 16, 137—143 (1961). — Grundbacher, F. J., and E. H. Stanford: Crop Sci. 2, 211—217 (1962).

Hackbarth, J.: Z. Pflanzenzücht. 45, 334—344 (1961). — Hadley, H. H., and S. P. Singh: Crop Sci. 1, 457—458 (1961). — Hänsel, H.: Z. Pflanzenzücht. 46, 265—284 (1961). — Haldane, J. B. S.: (1) J. Genet. 57, 351—360 (1960); — (2) J. Genet. 57, 345—350 (1960). — Hallauer, A. R., and W. A. Russel: Crop Sci. 2, 289—294 (1962). — Hanson, W. D.: Genetics 47, 407—415 (1962). — Hanson, W. D., and C. R. Weber: (1) Crop Sci. 2, 63—67 (1962); — (2) Genetics 46, 1425—1434 (1961). — Hartwig, E. E., and K. Hinson: Crop Sci. 2, 152—153 (1962). — Haskell, G.: Annual Report Scottish Horticultural Research Institute Mylnefield. 1961/62. — Henson, P. R.: Crop Sci. 2, 429—432 (1962). — Heinisch, O., u. W. Rudorf: Z. Pflanzenzücht. 46, 217—221 (1961). — Hinkelmann, K., u. K. Stern: Silvae Genetica 9, 121—148 (1960). — Hoffmann, W.: (1) Z.

Pflanzenzücht. **45**, 205—211 (1961); — (2) Z. Pflanzenzücht. **46**, 285—291 (1961). — Hooker, A. L.: (1) Phytopathology **53**, 221—223 (1963); — (2) Agronomy J. **52**, 139—143 (1960). — Hooker, A. L., and A. W. Russell: Phytopathology **52**, 122—128 (1962).

Institut für Kulturpflanzenforschung der Deutschen Akademie der Wissenschaften zu Berlin. Gatersleben: Jahresbericht 1960 und 1961.

Jain, S. K.: (1) Genetics **46**, 1237—1240 (1961); — (2) Genetica **32**, 89—93 (1961). — Jain, S. K., and B. C. Joshi: Genetics **47**, 789—791 (1962). — James, J. W.: (1) Genet. Res. 1961; — (2) XIIth World's Poultry Congress Section Papers, 14—16 (1960); — (3) Heredity **16**, 145—152 (1961). — Jeffrey, S. I. B., J. L. Jinks en M. Grindle: Genetica **32**, 323—338 (1962). — Jenkins, M. T., and A. L. Robert: Crop Sci. **1**, 450—455 (1961). — Jensen, N. F., and C. J. Driscoll: Crop Sci. **2**, 504—505 (1962). — *John Innes Institute*, Bayfordbury/Hertford, 53. Annual Report 1962. — Josephson, L. M., and H. C. Kincer: Crop Sci. **2**, 41—43 (1962). — Justus, N., and C. L. Leinweber: J. Hered. **51**, 191—192 (1960).

Kadam, B. S., and R. D'Cruz: Sci. and Culture (Calcutta) **25**, 532—533 (1960). — Kasha, K. J., and G. W. R. Walker: Canad. J. Genet. Cytol. **2**, 397—415 (1960). — Kehr, W. R.: Crop Sci. **1**, 53—55 (1961). — Knowels, P. F.: Crop Sci. **2**, 270 (1962). — Köhler, D.: Planta **56**, 150—173 (1961). — Koelle, G.: (1) Züchter **31**, 346—351 (1961); — (2) Züchter **31**, 71—72 (1961); — (3) Züchter **31**, 90—93 (1961). — Koffman, H. J., and C. P. Wilsie: Crop Sci. **1**, 239—240 (1961). — Kohel, R. J., and C. F. Lewis: Crop Sci. **2**, 61—62 (1962). — Kohel, R. J., and T. R. Richmond: Genetics **47**, 1535—1542 (1962). — Kimura, M.: (1) Genet. Res. **2**, 127—140 (1961); — (2) Genetics **47**, 713—719 (1962). — Kopetz, L. M.: Z. Pflanzenzücht. **46**, 292—296 (1961). — Kuckuck, H.: (1) Züchter **31**, 117—118 (1961); — (2) Z. Pflanzenzücht. **44**, 1—3 (1960).

Lagervall, P. M.: (1) Hereditas (Lund) **47**, 111—130 (1961); — (2) Hereditas (Lund) **47**, 131—159 (1961); — (3) Hereditas (Lund) **47**, 197—202 (1961). — Lamprecht, H.: (1) Agr. Hort. genet. **20**, 1—10 (1962); — (2) Agr. Hort. genet. **20**, 11—16 (1962); — (3) Agr. Hort. genet. **20**, 23—62 (1962); — (4) Agr. Hort. genet. **20**, 63—74 (1962); — (5) Agr. Hort. genet. **20**, 137—155 (1962); — (6) Agr. Hort. genet. **20**, 156—166 (1962); — (7) Agr. Hort. genet. **20**, 214—219 (1962); — (8) Züchter **31**, 155—162 (1961). — Langner, W.: Inst. Forstgenetik u. Forstpflanzenzüchtg. Schmalenbeck 1961. — Langridge, J.: (1) Environmental Control of Plant Growth, Symp. Pap. 20 (1961); — (2) Amer. Naturalist **96**, 5—28 (1962). — Langridge, J., and R. D. Brock: Aust. J. biol. Sci. **14**, 66—69 (1961). — Larter, E. N.: Canad. J. Plant Sci. **42**, 707—710 (1962). — Larter, E. N., and H. Enns: Canad. J. Plant Sci. **42**, 69—77 (1962). — Lebedeff, G. A.: J. Hered. **51**, 15—18 (1960). — Lee, J. A.: Genetics **47**, 131—142 (1962). — Leffel, R. C., and W. D. Hanson: Crop Sci. **1**, 169—174 (1961). — Leininger, L. N., and K. J. Frey: Crop Sci. **2**, 15—21 (1962). — Leng, E. R.: (1) Euphytica (Wageningen) **10**, 368—378 (1961); — (2) Z. Pflanzenzücht. **47**, 67—91 (1962). — Lewontin, R. C., and K. I. Kojima: Evolution (Lancaster, Pa.) **14**, 458—472 (1960). — Libby, W. J.: Genetics **47**, 769—777 (1962). — Lichter, R., u. M. Mündler: Z. Pflanzenzücht. **45**, 393—405 (1961). — Linder, R.: Z. Vererbungsl. **92**, 1—7 (1961). — Lindsey, M. F., J. H. Lonnquist and C. O. Gardner: Crop Sci. **2**, 105—108 (1962). — Liyanage, D. V.: Ceylon Coconut Quart. **12**, 121—124 (1961). — Liyanage, D. V., and V. Abeywardane: Trop. Agr. (Lond.) **113**, 1—16 (1957). — Liyanage, D. V., and K. I. Sakai: J. Genet. **57**, 245—252 (1960). — Longley, A. E.: Genetics **46**, 641—647 (1961). — Lonnquist, J. H., and C. O. Gardner: Crop Sci. **1**, 179—183 (1961). — Lundquist, A.: (1) Hereditas **47**, 542—562 (1961); — (2) Hereditas **47**, 705—707 (1961); — (3) Hereditas **48**, 138 bis 152 (1962); — (4) Hereditas **48**, 153—168 (1962); — (5) Hereditas **48**, 169 (1962).

Malm, N. R., and A. L. Hooker: Crop Sci. **2**, 145—147 (1962). — Mann, T. J., G. L. Jones and D. F. Matzinger: Crop Sci. **2**, 407—410 (1962). — Martin, F. W.: Genetics **46**, 1443—1454 (1961). — Mathan, D. S., and J. A. Jenkins: Amer. Botany **49**, 504—514 (1962). — Matzinger, D. F., T. J. Mann and C. C. Cockerham: Crop Sci. **2**, 383—386 (1962). — Maunder, A. B., and R. C. Pickett: Agronomy J. **51**, 47—49 (1959). — McArthur, R. H.: Amer. Naturalist **95**, 195—199 (1961). — Meyer, J. R., u. V. G. Meyer: Crop Sci. **1**, 167—169 (1961). — Meyer-Uhlenried, K. H.: Züchter **29**, 117—123 (1959). — Micke, A.: (1) Z. Pflanzenzücht. **48**, 1—13

(1962); — (2) Naturwissenschaften **49**, 332 (1962). — MIRAVALLE, R. J.: Crop Sci. **2**, 447 (1962). — MIRAVALLE, R. J., and A. H. HYER: Crop Sci. **2**, 395—397 (1962).— MODE, C. J.: Biometrics **18**, 543—567 (1962). — MOLL, R. H., K. KOJIMA and H. F. ROBINSON: Crop Sci. **2**, 78—79 (1962). — MOLL, R. H., W. S. SALHUANA and H. F. ROBINSON: Crop Sci. **2**, 197—198 (1962). — MORICE, J.: Ann. Améliorat. Plantes **1960 II**, 155—168. — MOSEMAN, J. G., and D. A. REID: Crop Sci. **1**, 425—427 (1961). — MOSEMAN, J. G., and C. W. SCHALLER: (1) Phytopathology **50**, 736—741 (1960); — (2) Phytopathology **52**, 529—533 (1962). — MURRAY, M. J.: Crop Sci. **1**, 175—179 (1961). — MURTY, G. S., and K. B. L. JAIN: J. Indian Bot. Soc. **39**, 281—308 (1960).

NAPP-ZINN, K.: Z. Vererbungsl. **93**, 154—163 (1962). — *National Institute of Genetics*, Japan, Annual Report 12 (1961). — NAYLOR, A. F.: Amer. Naturalist **96**, 51—60 (1962). — NEI, M.: Memoirs College Agriculture Kyoto University, Plant Breeding No. 1. 1—100 (1960). — NELSON, O. E.: Genetics **47**, 737—742 (1962). — NIELSEN, E. L.: Crop Sci. **2**, 181—185 (1962). — NYQUIST, W. E., and J. D. SCHULKE: Crop Sci. **1**, 441—445 (1961).

ODLAND, M. L.: (1) Proc. Amer. Soc. Hort. Sci. **76**, 475—481 (1960); — (2) Proc. Amer. Soc. Hort. Sci. **80**, 387—400 (1962). — ODLAND, M. L., and C. J. NOLL: (1) Proc. Amer. Soc. Hort. Sci. **51**, 417—422 (1948); — (2) Proc. Amer. Soc. Hort. Sci. **55**, 391—402 (1950). — OEHLKERS, F.: Z. Vererbungsl. **92**, 445—456 (1961). — OEHLKERS, F., u. U. EBELL: Z. Vererbungsl. **89**, 559—586 (1958).

PANDEY, K. K.: (1) Z. Vererbungsl. **93**, 378—388 (1962); — (2) Genetica **33**, 24—30 (1962). — PARKEY, W.: Agronomy J. **49**, 427—428 (1957). — PARSONS, P. A.: Heredity (Lond.) **16**, 103—107 (1961). — PARSONS, P. A., and W. F. BODMER: Nature (Lond.) **190**, 7—12 (1961). — PENNY, L. H., W. A. RUSSELL and G. F. SPRAGUE: Crop Sci. **2**, 341—344 (1962). — PERGAMENT, E., and R. L. DAVIS: Crop Sci. **1**, 221—224 (1961). — PERSON, C., D. J. SAMBORSKI and R. ROHRINGER: Nature (Lond.) **194**, 561—562 (1962). — PI, C. P., and K. D. WUU: Bot. Bull. Academia Sinica **IV**, 15—22 (1963). — PLARRE, W., u. F. VETTEL: Z. Pflanzenzücht. **46**, 125—154 (1961). — PRASHAR, D. P., and V. N. LAMBETH: Proc. Amer. Soc. Hort. Sci. **76**, 530—537 (1960).

QUINBY, J. R., and R. E. KARPER: Crop Sci. **1**, 8—10 (1961).

RAMEY, H. H.: Crop Sci. **2**, 269 (1962). — RAWLINGS, J. O., and C. C. COCKERHAM: (1) Crop Sci. **2**, 228—231 (1962); — (2) Biometrics **18**, 229—244 (1962). — RAWLINGS, J. O., and D. L. THOMPSON: Crop Sci. **2**, 217—220 (1962). — REDDY, G. M., and E. H. COE: (1) Genetics **46**, 892 (1961); — (2) Sci. **138**, 149—150 (1962); — (3) Genetics **47**, 978 (1962). — RÉDEI, G. P.: (1) Genetics **47**, 443—460 (1962); — (2) Z. Vererbungsl. **93**, 164—170 (1962). — REEVE, E. C. R.: Genet. Res. **2**, 195—203 (1961). — REIMANN-PHILIPP, R.: (1) Z. Pflanzenzüchtung **48**, 143—176 (1962); — (2) Z. Vererbungsl. **93**, 203—214 (1962). — RHYNE, C. L.: Genetics **47**, 61—69 (1962). — RICHMOND, T. R., and R. J. KOHEL: Crop Sci. **1**, 397—401 (1961). — ROBERTSON, A.: Genetics **47**, 1291—1300 (1962). — ROBERTSON, D. S.: (1) Genetics **46**, 649—662 (1961); — (2) Genetics **47**, 980—981 (1962). — ROBINSON, H. F., and C. C. COCKERHAM: Crop Sci. **1**, 68—71 (1961). — RODEHORST, W.: Diss. Bonn 1962. — RÜMKE, C. L.: Genetica **33**, I—IV (1962). — RUMBAUGH, M. D., G. SEMENIUK and H. A. GEISE: Crop Sci. **2**, 13—15 (1962). — RUSSELL, W. A., and A. L. HOOKER: Crop Sci. **2**, 477—480 (1962).

SAGROMSKY, H.: Kulturpflanze **9**, 273—286 (1961). — SAND, S. A.: Science **131**, 665 (1960). — SAND, W. A.: Amer. Naturalist **95**, 235—243 (1961). — SANYAL, P., K. GHOSH and B. C. KUNDU: J. Genet. **57**, 313—326 (1960). — SCHAEFFER, G. W., F. A. HASKINS and H. J. GORZ: Biochem. biophys. Res. Commun. **3**, 268—271 (1960).— SCHERTZ, K. F., W. JURGELSKY jr., and W. C. BOYD: Proc. nat. Acad. Sci. (Wash.) **46**, 529—532 (1960). — SCHICK, R., u. E. SCHICK: Züchter **31**, 180—183 (1961). — SCHMIDT, H.: Biol. Zbl. **81**, 213—226 (1962). — SCHNELL, F. W.: (1) Genetics **46**, 947—957 (1961); — (2) Schriftenreihe MPI f. Tierzucht und Tierernährung, Sonderband 1961; — (3) Z. Pflanzenzücht. **46**, 1—12 (1961); — (4) Vorträge für Pflanzenzüchter 6/1960. Frankfurt 1962; — (5) Euphytica (Wageningen) **10**, 24—30 (1961).— SCHOLZ, G., u. H. BÖHME: Kulturpflanze **9**, 181—191 (1961). — SCHOLZ, G., u. C. O. LEHMANN: Kulturpflanze **9**, 230—272 (1961). — SCHULTZ, M. E.: Genetics **47**, 819—838 (1962). — SCHULZE, J.: Z. Pflanzenzücht. **44**, 135—156 (1961). — SCHWARTZ

D.: (1) Proc. nat. Acad. Sci. (Wash.) **46**, 1210—1215 (1960); — (2) Genetics **45**, 1419—1427 (1960); — (3) Proc. nat. Acad. Sci. (Wash.) **48**, 750—756 (1962); — (4) Genetics **47**, 1609—1615 (1962). — SCHWEMMLE, J.: (1) Z. Vererbungsl. **91**, 277—290 (1960); — (2) Flora **150**, 274—293 (1960); — (3) Planta **54**, 294—313 (1960); — (4) Planta **56**, 348—356 (1961); — (5) Planta **56**, 357—376 (1961); — (6) Züchter **31**, 146—155 (1961). — SCHWEMMLE, J., u. H. GROSS: Planta **56**, 377—387 (1961). — SEIDEL, H.: Z. Pflanzenzücht. **48**, 327—359 (1962). — SEN, N. K., en J. G. BHOWAL: Genetica **32**, 247—266 (1961). — SEN, S. K., and R. M. DATTA: Professor S. P. Agharkar Commemoration 1961, 59—60. — SEYFFERT, W.: (1) Z. Vererbungsl. **93**, 171—174 (1962); — (2) Züchter **31**, 135—146 (1961). — SHANK, D. B., and M. W. ADAMS: J. Genet. **57**, 119—126 (1960). — SHIH, S. C., C. VEATCH and E. S. ELLIOTT: Crop Sci. **2**, 453—455 (1962). — SIMON, U.: Crop Sci. **2**, 258 (1962). — SINGH, S. P., and H. H. HADLEY: Crop Sci. **1**, 430—432 (1961). — SMITH, O. D., A. M. SCHLEHUBER and B. C. CURTIS: Crop Sci. **2**, 489—491 (1962). — SNAYDON, R. W., and A. D. BRADSHAW: New Phytologist **60**, 219—234 (1961). — SPRAGHUE, G. F., W. A. RUSSELL, L. H. PENNY, T. W. HORNER and W. D. HANSON: Crop Sci. **2**, 205—208 (1962). — SYBENGA, J.: Turrialba **10**, 82—137 (1960). — STEINER, E.: (1) Z. Vererbungsl. **92**, 205—212 (1961); — (2) Genetics **46**, 301—315 (1961). — STERN, K.: (1) Silvae Genetica **12**, 1—40 (1963); — (2) Cbl. ges. Forstwesen **78**, 197—216 (1961). — STEWART, R. N.: J. Hered. **51**, 175—177 (1960). — STUBBE, H.: Jahrb. Dt. Akad. Wiss. 882—886. Berlin 1961.

THODAY, J. M.: Nature (Lond.) **191**, 368—370 (1961). — TOWNSEND, C. E.: (1) Agronomy J. **52**, 153—155 (1960); — (2) Agronomy J. **52**, 639—642 (1960).

VAN DER VEEN, J. H., en J. P. M. BINK: Genetica **32**, 33—50 (1961). — VETTEL, F. K.: Z. Pflanzenzücht. **46**, 353—388 (1961).

WADDLE, B. M., C. F. LEWIS and T. R. RICHMOND: Genetics **46**, 427—437 (1961). — WAGNER, C.: Züchter **31**, 268—270 (1961). — WASUWAT, S. L., and J. C. WALKER: Phytopathology **51**, 423—428 (1961). — WEIJER, J.: Canad. J. Genet. Cytol. **2**, 175—183 (1960). — WELCH, J. E.: Genetics **47**, 367—396 (1962). — WELSH, J. N., G. J. GREEN and R. I. H. McKENZIE: Canad. J. Bot. **39**, 513—518 (1961). — WILSON, J. A., and W. M. Ross: (1) Crop Sci. **1**, 191—193 (1961); — (2) Crop Sci. **2**, 415—417 (1962). — WRIGHT, S.: Evolution after Darwin (Chicago) **I**, 429—475 (1960).

YERMANOS, D. M., and R. W. ALLARD: Crop Sci. **1**, 307—310 (1961). — YOUNG, S. S. Y.: Genet. Res. **2**, 106—121 (1961). — YOUNG, S. S. Y., and H. WEILER: J. Genet. **57**, 329—338 (1960).

ZIESERL, J. F. jr., u. R. H. HAGEMANN: Crop Sci. **2**, 512—515 (1962). — ZOBEL, B.: Silvae Genetica **10**, 65—96 (1961). — ZOSCHKE, M.: Angew. Botan. **36**, 185—192 (1962).

19. Cytogenetik

Von GERHARD RÖBBELEN, Göttingen

Da die taxonomischen Aspekte der Cytogenetik im letztjährigen Bericht ausführlicher dargestellt wurden, schließt das folgende Referat an den Beitrag in Fortschr. Bot. **22**, 316—346 an und behandelt vor allem die wichtigsten Fortschritte auf dem Gebiet der chromosomalen Mutagenese.

A. Chromosomen-Mutationen

Einen Einblick in den Stand der diesbezüglichen Arbeiten gewährten im Berichtszeitraum (1960 bis 1962) mehrere Symposien. Genannt seien die Erwin Baur-Gedächtnisvorlesungen in Gatersleben über „Strahleninduzierte Mutagenese" (Juni 1961; anschließend an „Chemische Mutagenese", Juli 1959), das Brookhaven Symposium (Juni 1961) über "Fundamental aspects of radiosensitivity", der IAEA/FAO-Kongreß in Karlsruhe (August 1960) über "Effects of ionizing radiations on seeds" und das "Symposium on mutation and plant breeding" an der Cornell University, Ithaca (Nov./Dez. 1960). Mehrere lesenswerte Darstellungen kennzeichnen speziell die intensiven Bemühungen um das Geschehen bei Chromosomenbruch und -reunion: SHARMA u. SHARMA (1): "Spontaneous and chemically induced chromosome breaks", EVANS (3): "Chromosome aberrations induced by ionizing radiations", RIEGER u. MICHAELIS (9): „Die Auslösung von Chromosomenaberrationen bei Vicia faba durch chemische Agentien", KIHLMAN (7): "Biochemical aspects of chromosome breakage", WOLFF (4, 7) "Chromosome aberrations", DAVIDSON (1): "Protection and recovery from ionizing radiation: Mechanisms in seeds and roots" und BREWBAKER u. EMERY: "Pollen radiobotany".

1. Spontane Aberrationen und Chiasmen

Aus direkten Beobachtungen oder vergleichenden Karyotypanalysen ergab sich im letztjährigen Bericht (Fortschr. Bot. **24**, 314 ff.) ein ungemein mannigfaltiges Bild des spontanen Mutationsgeschehens auf chromosomaler Ebene. Die Vielzahl möglicher Ursachen und Folgereaktionen aber macht diese Vorgänge im einzelnen zumeist schwer durchschaubar. Der von MITRA u. STEWARD vorgeschlagene Weg, die biochemischen Bedingungen für die zahlreichen chromosomalen Aberrationen in Zellkulturen *(Haplopappus gracilis)* experimentell zu analysieren, verdient daher besondere Aufmerksamkeit.

Von den Einzelfaktoren, die bisher zu erkennen waren, wurden im Berichtszeitraum vor allem einige endogene Ursachen der spontanen Aberrationsentstehung näher untersucht. In einer ingezüchteten Roggen-Linie ließ sich eine auffällige Steigerung der Bruchhäufigkeit in der frühen meiotischen Prophase vor der Chromosomenspaltung einerseits auf genotypische Faktoren zurückführen, deren Penetranz jedoch andererseits durch entwicklungsphysiologische Einflüsse stark modifiziert wurde; denn in dem früher sich teilenden basalen Abschnitt einer Anthere war die Bruchhäufigkeit regelmäßig geringer als in den später sich teilenden distalen Regionen, während am gleichen Ort jeweils die zuerst sich teilenden Zellen gegenüber den späteren bis zu dreifach höhere Bruchraten aufwiesen (Rees). Drei weitere Arbeiten befaßten sich mit der Entstehung von Translokationen als Folge von Paarung und Chiasmabildung zwischen (vielleicht kurzen homologen Segmenten von) nicht-homologen Chromosomen, wie sie bei trisomen *(Oenothera:* Arnold) tetraploiden *(Lilium:* Emsweller u. Uhring; vgl. auch *Oenothera:* Linnert) oder polyhaploiden Individuen *(Triticum:* Okamoto u. Sears) häufiger vorkommen. Während Okamoto u. Sears beim Weizen durch Kreuzung mit Monosomen die an solchen Translokationen beteiligten Chromosomen identifizierten, um daraus auf ihre Zugehörigkeit zur gleichen homoeologen Gruppe zurückzuschließen, hebt Arnold die Tatsache besonders hervor, daß es sich hier um eine Art „gerichteter Mutagenese" handelt, da vornehmlich die Translokationsrate zwischen bestimmten (den partiell homologen) Chromosomen erhöht ist.

Trotz einer weit größeren Anzahl von Publikationen konnten die Kenntnisse von den kausalen Zusammenhängen bei der Chromosomenpaarung und Chiasmabildung seit langem nur wenig erweitert werden. Erneut wurden Beispiele für Asynapsis *(Lycopersicon:* Kalia) oder Desynapsis [*Pennisetum:* Patil u. Vohra; *Hordeum:* Enns u. Larter (1), Tsuchiya (2)] beschrieben und im letzteren Falle die zu erwartende Erniedrigung der Austauschhäufigkeit zwischen einzelnen gekoppelten Genen nachgewiesen [Enns u. Larter (1)]. Des weiteren zeigte sich die genetische Kontrolle der Chiasmafrequenz im Verlauf der Inzucht von Mais-Linien, bei denen die Chiasmahäufigkeit mit steigendem Homozygotiegrad zunehmend abfällt (Zecevic). Kempanna u. Riley führten die Monosomenanalyse der meiotischen Chromosomenpaarung beim hexaploiden Kulturweizen (vgl. Fortschr. Bot. **22**, 316f., **24**, 341) dadurch weiter, daß sie für die kombinierte Wirkung der beiden bekannten Gensysteme auf Chromosom III (3B) für De- oder Asynapsis und V (5B) für die Unterdrückung homoeologer Paarungen in entsprechenden doppelt nullisomen Bastarden nahezu Additivität feststellten. Ein ähnlicher Mechanismus wie im Chromosom V des Weizens verhindert nach Kimber in der amphidiploiden Baumwolle die Quadrivalentbildung, die auf Grund einer bevorzugten Paarung der homoeologen Chromosomen in den beiden Genomen A und D in Polyhaploiden oder anorthoploiden Bastarden zu erwarten wäre. Endrizzi jedoch stellt dem entgegen, daß die Größenunterschiede zwischen den Chromosomen des A- (längere) und D-Genoms (kürzere Chromosomen) auf einer verschiedenen Kontraktionsgeschwindigkeit beruhen (vgl. Brown, Fortschr. Bot. **22**, 334) und diese rein cytologischen Differenzen über eine geringere Paarungsaffinität und Chiasmabildung zwischen den Homoeologen das diploidartige Chromosomenverhalten bei *Gossypium* ebenso gut erklären können. Durch zweifellos cytologische Einflüsse steigert die Anwesenheit eines abnormen Chromosoms 10 mit seinem heterochromatischen „knob" die Chiasmafrequenz entsprechender Mais-Linien (Dempsey u. Rhoades).

Zur exogenen Beeinflussung der Chiasmabildung werden immer wieder, wie in den ersten Stadler'schen Mais-Versuchen, ionisierende Strahlen verwendet. Der Wunsch, die Austauschhäufigkeit zwischen gekoppelten Genen auf diesem Wege merklich zu erhöhen [NILAN (2)], wurde aber bisher in keinem Falle erfüllt; im Gegenteil wurde mehrfach eine geringe Verminderung der Chiasma- bzw. Crossing-over-Frequenz beobachtet (BIANCHI u. CONTIN; SYBENGA). Zu demselben Ergebnis kam LAWRENCE (1, 2) bei *Lilium longiflorum* und *Tradescantia paludosa*, wenn prämeiotische Pollenmutterzellen 30 rad γ-Strahlen ausgesetzt wurden; wurden jedoch in den gleichen Antheren die Zellen analysiert, die im Prophasestadium bestrahlt worden waren, so ergab sich anhand der folgenden Metaphase I-Konfigurationen eine deutliche Erhöhung der Chiasmabildung. Der erste Befund wurde im Zusammenhang mit einer Schädigung der DNS-Synthese, der letztere als Folge einer direkten Einwirkung auf den Mechanismus der Chiasmabildung (bei Pachytänzellen) bzw. der Terminalisation (bei Bestrahlung im späten Diplotän) gedeutet. Allerdings soll beim gleichen Objekt *(Lilium)* durch autoradiographische Aufnahmen und enzymatische Studien eine gewisse DNS-Synthese auch noch in den späteren Prophasestadien „als Folge des Crossing-overs" festzustellen sein (PRENSKY).

2. Strahleninduzierte Aberrationen

Den zahlreichen Arbeiten, die sich mit einer experimentellen Auslösung von chromosomalen Aberrationen durch ionisierende Strahlen befassen oder auf diese beziehen, lassen sich einige grundlegende Fortschritte gegenüber dem Wissensstand des vorigen Berichtes (Fortschr. Bot. **22**, 325 ff) entnehmen. Zum eingehenderen Studium der im folgenden kurz skizzierten Zusammenhänge sei darum nochmals auf das vorzügliche Referat von EVANS (3) aufmerksam gemacht.

In vielen Versuchen mit züchterischen Zielsetzungen (vgl. das S. 393 zitierte Symposium: "Mutation and plant breeding") war die Art und Menge der induzierten Aberrationen lediglich als erster Test auf die insgesamt verursachten genetischen Änderungen oder als unerwünschte Begleiterscheinung bei der Auslösung von Genmutationen (vgl. NILAN u. KONZAK; HEINER, KONZAK, NILAN u. LEGAULT u. a.) von Interesse. Daher wurden vielfach zur weiteren Vereinfachung die chromosomalen Schäden auch ihrerseits nur noch indirekt durch Ermittlung der Wachstumsreduktion der behandelten Organe (Mitosehemmung) bestimmt (vgl. CALDECOTT). Beispielsweise verursachte eine Röntgenstrahlendosis von 160—180 r, die bei *Vicia faba*-Wurzeln die gleiche Wachstumshemmung wie eine einstündige Behandlung mit 100 μmol Triäthylmelamin bedingt, einen in beiden Fällen fast genau übereinstimmenden Chromosomenschaden (READ (3); WAKONIG-VAARTAJA u. READ; vgl. auch EVANS u. SPARROW u. a.]; entsprechendes gilt bei der Gerste [GAUL (1)], bei der zudem nachgewiesen wurde, daß der Index der Anzahl chromosomaler Aberrationen je 10% Wachstumshemmung im Sproß stets viermal höher als in den Wurzeln liegt [AVANZI (1)]. Im Grunde ist das Zustandekommen dieser summarischen Übereinstimmung allerdings schwer verständlich, kann doch die Mitoserate nach einer mutagenen Behandlung in recht verschiedenem Ausmaße zunächst abfallen und hernach wieder oft über die Norm ansteigen (JAMES u. MÜLLER). Nach Röntgenbestrahlung kann eine solche Mitosehemmung durch eine nachfolgende Behandlung mit Rotlicht verstärkt werden, der zufolge sich die ermittelten Chromatidenaberrationen dann erheblich anhäufen (WOLFF u. LUIPPOLD). Zudem werden, wie DAVIDSON (1, 2, 4) bei Wurzelspitzen von *Vicia faba* erneut verfolgen konnte, Zellen mit chromosomalen Aberrationen je nach ihrer Lage im Meristem mehr oder weniger schnell aus diesem verdrängt [vgl. auch GAUL (2, 3); SWAMINATHAN]. Nach einer statistischen Analyse der Verteilung induzierter Aberrationen in Pollenmutterzellen von *Lilium* muß man annehmen, daß innerhalb eines Gewebes der Teilungsablauf in Zellen mit chromosomalen Veränderungen stärker verlangsamt sein kann als in den Zellen ohne sichtbaren Schaden (PERSHAD, KRANE, BOWEN u. DAVID). Aus alledem ergibt sich, daß quantitativen Bestimmungen der induzierten Aberrationen z. T.

gewichtige Unsicherheitsfaktoren anhaften können (vgl. REVELL). Aus diesem Grunde versuchen VAN'T HOF, WILSON u. COLON durch eine kurzfristige (30 min) Colchicin-Behandlung junger Keimwurzeln der Erbse diejenigen Zellen, die gerade die Prometaphase durchlaufen, tetraploid zu machen, um in den folgenden Mutationsversuchen nur die so markierte Zellpopulation zu verfolgen, deren Teilungscyclus über etwa 3 Zellgenerationen hinweg ausreichend synchron bleibt. Mit der gebotenen Vorsicht darf man aber wohl auch aus der Fülle der übrigen Beobachtungen des Berichtszeitaumes die folgenden Daten über die Strahlenempfindlichkeit des Chromosomensystems als allgemeiner gültig herausstellen [vgl. auch KONZAK, NILAN, HARLE u. HEINER; NILAN (1); READ; RIEGER u. BÖHME].

Zunächst sei darauf hingewiesen, daß immer wieder versucht wird, erkennbare Unterschiede der Strahlenempfindlichkeit auf die Wirkung einzelner Gene zurückzuführen. So soll die höhere Aberrationsfrequenz je Einheit Chromosomenlänge im hexaploiden *Triticum aestivum* gegenüber seinen 2x- und 4x-Verwandten auf Faktoren im D-Genom beruhen (PAI u. SWAMINATHAN), während die entsprechenden Differenzen zwischen den drei verschiedenen hexaploiden Weizenarten durch die artdifferenzierenden Gene *Q* auf Chromosom IX (5A), *S* auf XVI (3D) bzw. *C* auf XX (2D) zustande kämen. Solange jedoch in derartigen Versuchen nicht mit isogenischen Linien gearbeitet oder der Restgenotyp auf andere Weise berücksichtigt wird, sind die postulierten Beziehungen genetisch kaum genauer gekennzeichnet als in jenen Fällen, wo eine Zunahme der Strahlenempfindlichkeit mit abnehmendem Verwandtschaftsgrad bzw. mit zunehmender Heterozygotie konstatiert wird [MEISELMAN, SPARROW u. GUNCKEL; PERSHAD u. BOWEN; TSUCHIYA (2)].

Im Gegensatz zu den meisten früheren Angaben, nach denen strahleninduzierte Aberrationen zufallsgemäß über die Metaphasechromosomen verteilt sind [vgl. WOLFF (7)], zeigen erneut EVANS (2) und EVANS u. BIGGER, daß Chromatidentranslokationen nach γ-Bestrahlung von *Vicia*-Wurzelspitzen in nicht-zufallsgemäßer Verteilung zwischen den unterscheidbaren L- und S-Chromosomen entstehen. Der Grad einer solchen lokalisierten Aberrationsauslösung liegt allerdings auch in anderen Versuchen (MARTINOLI) nach Bestrahlung stets niedriger als nach Anwendung von radiomimetischen Chemikalien (vgl. S. 402f). Außer einer erhöhten Bruchneigung von achromatischen (RILEY u. HOFF) oder heterochromatischen Segmenten [EVANS (2) u. a.], die in diesem Zusammenhang diskutiert wird, wird die Abhängigkeit der strahleninduzierten Aberrationsentstehung von weiteren karyologischen Faktoren durch neue Beispiele belegt, so für das Teilungsstadium [REVELL; SPARROW u. WOODWELL; WOLFF (6)] bzw. den Kontraktionsgrad der Chromosomen (RÖBBELEN), die Chromosomenzahl (Polyploidiegrad) [BHASKARAN u. SWAMINATHAN (1, 2); EVANS u. BIGGER; SPARROW u. EVANS; SPARROW, SCHAIRER u. MIKSCHE] und die Chromosomengröße (Kernvolumen) [EVANS u. SPARROW; GODWARD; READ (2); SHARMA u. CHATTERJI; SHARMA u. TALUKDAR; SHAVER u. SPARROW; SPARROW, CUANY, MIKSCHE u. SCHAIRER (1, 2); SPARROW u. EVANS; SPARROW u. MIKSCHE; SPARROW, MIKSCHE u. EVANS]. Fast ausschließlich wird zur Deutung der verschiedenen Aberrationsfrequenzen entweder auf Unterschiede in der jeweils vorhandenen Chromatinmenge oder in der Rekombinationswahrscheinlichkeit hingewiesen. So fand EVANS (2) in *Vicia*-

Wurzelspitzen, in denen nach Colchicin-Behandlung (vgl. Fortschr. Bot. 22, 325) $2n$- und $4n$-Kerne gleichzeitig untersucht werden konnten, die Anzahl der Eintreffer-Aberrationen in den $4n$- gegenüber den $2n$-Zellen verdoppelt; aber auch die Zweitreffer-Aberrationen erreichten in den $4n$-Kernen nur einen zweifachen und nicht den erwarteten vierfachen Wert, da die Rekombination in den etwa doppelt so großen $4n$-Kernen wegen des größeren Abstandes zwischen den einzelnen Bruchflächen drastisch herabgesetzt war. Denn nach WOLFF (1,6) dürfen, wie schon erwähnt (Fortschr. Bot. 22, 329), zwei Bruchflächen zur Rekombination nicht weiter als etwa 0,2 μ voneinander entfernt liegen.

Beim Mais steigt die Anzahl chromosomaler Aberrationen nach 1 kr Röntgen- oder γ-Strahlen im Verlauf der Mikrosporogenese vom 15. bis zum 5. Tage vor der Pollination um etwa das 50fache an, um hernach beim reifen Pollen wieder auf das 5fache des erstgenannten Wertes abzufallen (CASPAR u. SINGLETON). Auch mit dem Samenalter wird sowohl die Häufigkeit spontaner Aberrationen *(Triticum:* NUTI-RONCHI u. MARTINI) als auch die Empfindlichkeit gegenüber einer γ-Bestrahlung bis zu 50% erhöht *(Allium:* SAX u. SAX*)*. Solche physiologischen Einflüsse können die Aberrationsfrequenz so weitgehend verändern, daß der Versuch von SPARROW u. Mitarb. (vgl. die oben zit. Arbeiten), die Strahlenempfindlichkeit einer Species anhand von karyologischen Daten, wie Kernvolumen und DNS-Gehalt, vorauszusagen, wohl nur begrenzten Erfolg verspricht. Denn beispielsweise entstehen bei *Haplopappus gracilis* trotz niedriger Chromosomenzahl, trotz langer, symmetrischer Chromosomengestalt und großer Interphasekerne auch bei höheren Röntgendosen nur relativ wenige Aberrationen, was im Zusammenhang mit dem hohen Ölgehalt dieser Samen diskutiert wird [KAMRA u. KAMRA (1, 2); vgl. auch BOWEN u. THICK].

Von der Seite des physikalischen Agens — z. B. durch Variation der Dosisrate und Ionisationsdichte (NEARY, SAVAGE u. EVANS), der Härte der verwendeten Strahlung (MÜLLER u. LÖBBECKE; JAMIESON u. READ) oder der Dosisverteilung im Gewebe (LARSSON u. KIHLMAN) — wurde die Analyse des chromosomalen Aberrationsgeschehens in den vergangenen Jahren immer seltener angegangen. Ohne Zweifel trug dazu die Einsicht wesentlich bei, daß der größere Teil der z. Z. analysierbaren Strahlenwirkungen indirekt ist. Dementsprechend nehmen die Bemühungen, die Folgen der modifizierenden exogenen Begleitfaktoren einer Bestrahlung experimentell zu erfassen, einen zunehmend breiteren Raum ein. Im Vordergrund des Interesses standen wiederum der Wassergehalt, die Temperatur sowie vor allem der Sauerstoffgehalt des bestrahlten Gewebes.

In Versuchen mit variierendem Wassergehalt kann eine starke Trocknung (unter 9%) der zu bestrahlenden Samen zu einer Wachstumshemmung führen, die mit den induzierten chromosomalen Aberrationen nicht in dem gewohnten Zusammenhang (vgl. S. 395) steht [KLINGMÜLLER u. LANE; KLINGMÜLLER (1)] und daher bei einer Auswertung von Bestrahlungsversuchen anhand der Keimlingsgrößen berücksichtigt werden muß (WOLFF u. SICARD). Im Zusammenhang mit der Frage, inwieweit der Wassergehalt als solcher die Strahlenempfindlichkeit eines Samens beeinflußt, bestimmten KAMRA, KAMRA, NILAN u. KONZAK (1, 2) die Substanzen, die während der Einquellung aus den Samen in das umgebende Wasser austreten (Aminosäuren, organ. Phosphate u. a. m.); da

die verschieden lange vorgequollenen Samen nach Rücktrocknung auf
einen gleichen Wassergehalt ihre erhöhte Strahlenempfindlichkeit bei-
behielten, wird angenommen, daß einige der ausgelaugten Substanzen in
situ Schutzeffekte ausüben.

Werden Gerste-Samen unmittelbar nach der Bestrahlung auf $-78°$C
eingefroren und 48 Std in diesem Zustand gelagert, so ändert sich die
Höhe des induzierten Röntgenstrahlenschadens nicht (KONZAK, CURTIS,
DELIHAS u. NILAN), während bei *Trillium* bereits eine 6stündige Nach-
behandlung mit 0 bis $+2°$C die Anzahl von Translokationen und Iso-
chromatidbrüchen erheblich vermehrt (MATSUURA, TANIFUJI, SAHO,
IWABUCHI u. TAKIZAWA). Durch Hitze (bis $80°$C) wurde bei Gerste die
Aberrationsfrequenz bei Vorbehandlung vermindert, bei Nachbehandlung
hingegen erhöht. Ein kurzdauernder Hitzeschock (60 sec $60°$C) nach der
Behandlung aber setzte die beobachtete Bruchhäufigkeit merklich herab
(KONZAK, NILAN, LEGAULT u. HEINER; CALDECOTT). Zwischen den verschiedenen Deutungen solcher Temperatureffekte läßt sich auch im
einzelnen Falle bislang kaum entscheiden [LACHANCE (4)]; diskutiert
wird die Möglichkeit, daß sich bei niederen Temperaturen die Sauerstoffkonzentration im Zellkern steigert, die Restitutionszeit für die Bruchflächen verlängert (vgl. SAVAGE, NEARY u. EVANS) bzw. deren Beweglichkeit erhöht oder schließlich die gebildeten aktiven Wasserradikale länger
wirksam erhalten (vgl. POWERS, WEBB u. EHRET).

Die dominierende Bedeutung der Sauerstoffspannung in der Zelle
bei einer Anwendung von Strahlen mit geringer Ionisationsdichte wurde
erneut (vgl. Fortschr. Bot. **22**, 326) unter verschiedenen Gesichtspunkten
analysiert [DAVIES u. WALL; NILAN, KONZAK, FROESE-GERTZEN u. RAO;
vgl. KIHLMAN (7); CONGER; EHRENBERG]. Durch Variation der Lage-
rungsbedingungen von Samen wurde ein solcher „Sauerstoffeffekt" auch
noch nach der Bestrahlung beobachtet (NUJDIN u. DOZORZEVA), wobei
allerdings der Wassergehalt der Samen eine wesentliche Rolle spielt
(NILAN, KONZAK, LEGAULT u. HARLE).

Häufig muß angenommen werden, daß sich Sauerstoffeffekte in Bestrahlungs-
versuchen auch hinter der Wirkung anderer Begleitfaktoren verbergen. Bereits eine
Vorbehandlung mit CO_2 reicht aus, um die Aberrationsfrequenz in *Tradescantia*-
Mikrosporen zu erhöhen [LACHANCE (1, 2)]; der Effekt nimmt mit zunehmender
Ionisationsdichte ab und fehlt bei Neutronenbestrahlung gänzlich (LACHANCE u.
STEFFENSEN). Als Deutung wurde zunächst angenommen, daß durch die CO_2-Be-
handlung über eine herabgesetzte Viscosität des Nucleoplasmas die Beweglichkeit
der Bruchenden erhöht wird. Die Tatsache jedoch, daß CO_2 in Abwesenheit von
Sauerstoff unwirksam ist [LACHANCE (3)], obwohl die Beeinflussung der Viscosität
bleibt, sowie die genannte Abhängigkeit von der Ionisationsdichte, weisen mehr dar-
auf hin, daß die erhöhte Aberrationsausbeute in CO_2 und Luft durch eine über die
Norm gesteigerte intercelluläre Sauerstoffspannung auf Grund einer herabgesetzten
Atmung zustande kommt.

Bei niedrigem Sauerstoffgehalt (um 1%) können Atmungsgifte
durch Ausschaltung der Konkurrenz um den Sauerstoff die Aberrationsfrequenz erhöhen. Die eine Deutung dieser Erscheinung besteht darin,
daß sich der so verfügbare Sauerstoff unmittelbar auf die Häufigkeit der
strahleninduzierten Brüche auswirkt [KIHLMAN (4)]. So weist KIHLMAN

(6) in weiteren Versuchen mit Cupferron und funktionsähnlichen Substanzen nach, daß Nachbehandlungen mit solchen Agentien keinen Einfluß auf die Mutationsausbeute haben. Er sieht daher die Wirkung dieser Atmungsgifte in einer Aufhebung des Sauerstoffgradienten, der sich bei Sauerstoffarmut in einer atmenden Wurzel ausbildet (ODMARK u. KIHLMAN). Demgegenüber finden BEATTY u. BEATTY (1) nicht nur eine deutliche Erhöhung der Anzahl von Zweibruch-Aberrationen durch eine Nachbehandlung mit CO in den ersten 10 min nach der Bestrahlung; sie können bei *Tradescantia* auch zeigen, daß nach derselben Nachbehandlung die Zellen mit chromosomalen Brüchen gleichmäßig über den ganzen Querschnitt einer Anthere verteilt liegen [BEATTY u. BEATTY (4); BEATTY, BEATTY u. MOORE]. Demnach wäre der Aberrationsgradient, der in einem Organ bei niedrigem Sauerstoffgehalt der umgebenden Atmosphäre beobachtet wird, nicht auf einen O_2-Gradienten im Gewebe, nicht auf differentiellen Bruch, sondern auf einen Stoffwechselgradienten, auf eine Störung der Energieübertragung beim Rekombinationsvorgang zurückzuführen. Dafür spricht weiterhin, daß nach Bestrahlung von *Tradescantia*-Inflorescenzen in Helium-Atmosphäre eine Vor- oder Nachbehandlung mit ATP, Kaliumgluconat oder 6-Phosphogluconat die Anzahl von dicentrischen und ringförmigen Chromosomen von 0,24 auf 0,12—1,14 je Zelle herabsetzt, offenbar weil die Zeit für Reunionen unter diesen Bedingungen verkürzt ist [BEATTY u. BEATTY (2, 3)]. Gleichlautende Ergebnisse erhielten MATSUURA, SAHO, TANIFUJI u. IWABUCHI. In demselben Sinne läßt sich deuten, daß Cupferron und 2,4-Dinitrophenol bei Bestrahlung mit niedrigen Dosisraten (6,4 r/min) in reiner Sauerstoffatmosphäre die Häufigkeit strahleninduzierter Translokationen in *Vicia*-Wurzelspitzen erhöhen (KIHLMAN u. ODMARK), da sie die Bildung energiereichen Phosphats zur raschen Restitution des Chromosomenschadens hemmen.

Möglicherweise erfolgt die Verbindung zwischen zwei Bruchflächen über Proteinbrücken. Denn wenn auf *Vicia*-Wurzeln zwischen zwei aufeinanderfolgenden Röntgenbestrahlungen Chloramphenicol einwirkt, können die durch die erste Dosis induzierten Brüche nicht mit jenen aus der zweiten Bestrahlung rekombinieren [WOLFF (2)]. Übereinstimmende Resultate an meiotischen Zellen von *Trillium* teilen MATSUURA u. TANIFUJI mit. Dementsprechend ist die primäre Wirkung ionisierender Strahlen in Gestalt langlebiger Radikale in Messungen der Elektronenspinresonanz in der Protein- und nicht in der Nucleinsäurekomponente der Chromosomen zu erkennen [KIRBY-SMITH u. RANDOLPH; ähnliche Untersuchungen bei CONGER; KLINGMÜLLER (2); SINGH et al. u. a.]. Nach UV-Bestrahlung allerdings mißt man im vergleichbaren Versuch die höheren Resonanzsignale in den Nucleinsäuren, deren selektive Beeinflussung durch UV neuerdings auch durch Bestrahlung von Chromosomen mit einem Mikrostrahl [BLOOM (1, 2); vgl. auch AMENTA] im elektronenmikroskopischen Bild veranschaulicht werden konnte.

Da Chloramphenicol die Aufnahme von ^{32}P in die DNS der Wurzeln von *Vicia faba* nicht hinderte [WOLFF (2)], schien bislang eine DNS-Synthese zur Rekombination nicht erforderlich zu sein [vgl. WOLFF (3)].

Schon in vergleichenden Bestrahlungsversuchen mit verschiedenen Weizen-Arten aber ergab sich, daß die hohe Bruchempfindlichkeit des hexaploiden Weizens mit einer besonders starken Verminderung der DNS-Synthese nach einer Bestrahlung einhergeht [BHASKARAN u. SWAMINATHAN (1)]. Bei *Trillium* reduzierte eine Zugabe von DNS vor und nach der Bestrahlung die Aberrationsrate (MATSUURA, SAHO, TANIFUJI u. IWABUCHI). Mitomycin C, das die Nucleinsäurepolymerisation hemmt, erhöhte die relative Bruchhäufigkeit in den hetero- gegenüber den euchromatischen Zonen (MATSUURA, TANIFUJI u. IWABUCHI) und steigerte zugleich die Ausbeute an Zweitreffer-Aberrationen, was MATSUURA, TANIFUJI, SAHO u. IWABUCHI auf Grund einer Verlängerung der Zeitspanne deuten, während der Rekombinationen möglich sind. In die gleiche Richtung weisen die strahleninduzierten Aberrationsraten bei UV-Vor- bzw. Nachbehandlung von *Tradescantia*-Pollen [KIRBY-SMITH, NICOLETTI u. GWYN (1, 2)]. Nach TAYLOR, HAUT u. TUNG ruft Fluordesoxyuridin, ein spezifischer Hemmstoff der Thymidylatsynthetase (HARTMANN u. HEIDELBERGER) Chromosomenläsionen hervor, die zu Fragmentationen führen können, während Zugabe und Einbau von Thymidin oder Bromdesoxyuridin in die DNS spätestens 1 Std vor der Anaphase die Wirkung des Fluordesoxyuridin aufheben. In Kombination mit Röntgenbestrahlung war festzustellen, daß Thymidin oder Bromdesoxyuridin in Thymidylat-Mangelzellen die strahleninduzierte Translokationshäufigkeit erhöhen, während in Anwesenheit von Fluordesoxyuridin nur die Anzahl der Fragmente auf Kosten der Brückenfrequenz anstieg. Zur Wiedervereinigung gebrochener Chromosomenstücke ist demnach Thymidylat- bzw. DNS-Synthese notwendig, die hier offenbar noch in einem sehr späten Stadium der Interphase möglich ist (vgl. WOODARD, RASCH u. SWIFT). Diese Befunde, die KIHLMAN (8, 9) vollauf bestätigt, sprechen u. a. auch für die Vorstellung, daß DNS am Aufbau der „Chromosomenachse" beteiligt ist (vgl. das letzte Referat über „Chromosome reproduction" von TAYLOR).

In ähnlicher Weise werden strahleninduzierte Aberrationen von mehreren Autoren zu chromosomenmorphologischen Studien herangezogen. Von besonderem Interesse sind hier subchromatidale Strukturumbauten, wie sie WILSON u. SPARROW nach meiotischer und mitotischer Prophasebestrahlung von *Trillium erectum* in Hinsicht auf ihre genetischen und evolutionistischen Potenzen (u. a. Entstehung von Triplikationen ohne Deficienzen) untersuchen. Im Zusammenhang mit der Taylorschen Reduplikationshypothese bestrahlt CROUSE *Lilium*-Pollenmutterzellen in Diakinese und Metaphase I und II und beobachtet 2 Std später in der folgenden Anaphase I bzw. II in linearer Dosisabhängigkeit nur Halbchromatidenaberrationen (als "2-side-arm-bridges"); dabei werden acentrische Fragmente und chromatidale Brücken als Folge eines Bruchs beider Schwesterhalbchromatiden nach M I-Bestrahlung erst in A II gefunden (wenn sie nicht mehr von einer gemeinsamen Matrix zusammengehalten werden ?). PEACOCK beschreibt die gleichen Subchromatidenrekombinationen auch nach Prometaphase-Bestrahlung von *Vicia*-Wurzelspitzen und schließt aus der Art der beobachteten Konfigurationen, daß nach der verwendeten Röntgenbestrahlung das Bruchgeschehen zumeist das ganze Chromosom betrifft, während die Reunion eine Funktion der Halbchromatiden sei. In gleichartigen Versuchen mit *Trillium kamtschaticum* sehen MATSUURA, TANIFUJI, IWABUCHI u. KANAZAWA in der rel. großen Häufigkeit solcher Halbchromatidenbrücken eine Bestätigung von MATSUURAs Neo-two-plane-Theorie des meiotischen Austausches. Die genannten Aberrationen sind um so seltener, je früher in der meiotischen Prophase die Bestrahlung erfolgt. PERSHAD u. BOWEN vergleichen die Dosis-Effekt-Kurven nach einer 20, 40 und 60 r ^{60}Co-Bestrahlung von Diakinese bzw. Pachytän. Da die extrapolierte Linie für die Diakinese-Daten durch den Nullpunkt führt, die entsprechende Linie für das Pachytän aber nicht, nehmen sie an, daß infolge der Chromosomenkontraktion in der späten meiotischen Prophase ein Wechsel von einer Zweitreffer- zu einer Eintreffer-Reaktion stattfindet.

An Mitosen von *Vicia*-Wurzeln wird erneut konstatiert, daß in der frühen Interphase bestrahlte Chromosomen nur chromosomale Aberrationen und erst in der späten Interphase bestrahlte auch chromatidale Umbauten aufweisen können (REVELL). Diesen Übergang versucht WOLFF (5) mit der Taylorschen Isotopentechnik genauer zu datieren. Entgegen der Erwartung, daß bei ^{3}H-Thymidin-Markierung vor einer 150 r Röntgenbestrahlung die ersten markierten Chromosomen in der folgenden Metaphase nur chromosomale Aberrationen enthalten, stellt er bereits von Anfang an chromatidale Umbauten fest. Das Chromosom kann demnach auch schon bei einer Bestrahlung vor der DNS-Reduplikation funktionell doppelt reagieren!

Erwähnt seien schließlich die interessanten Beobachtungen von EVANS (2), der aus der Art der nach einer ^{60}Co-Bestrahlung von *Vicia*-Wurzeln auftretenden chromatidalen Rekombinationen auf die (offenbar ziemlich statische) Orientierung der Chromosomen während der Interphase zurückschließt.

3. Chemisch induzierte Aberrationen

Mehr noch als im vorstehenden Kapitel rückten naturgemäß auf dem Gebiete der chemischen Aberrationsauslösung biochemische Arbeitsweisen an die Stelle von rein deskriptiv cytologischen Untersuchungen. Das bezeugen nachdrücklich die vorzüglichen neueren Zusammenfassungen von KIHLMAN (7) und RIEGER u. MICHAELIS (9), auf die hier zum Studium weiterer Einzelheiten verwiesen sei. Es erübrigt sich daher an dieser Stelle eine Aufzählung der beinahe zahllosen bekannten und neuen sog. Radiomimetica, deren Wirkung im Mutationsversuch zwar nachgewiesen wurde, aber in ihrem molekularen Ablauf noch vollständig unbekannt blieb. Selbst für die eingehender untersuchten Substanzen sind bisher trotz rascher Fortschritte von den zumeist sehr komplexen Wirkungsmechanismen nur kurze Ausschnitte bekannt, die allerdings mancherlei Ansatzpunkte zu weiteren experimentellen Prüfungen aufzeigen können.

Bei der Anwendung mutagener Chemikalien muß — anders als bei Röntgen- oder γ-Bestrahlungen — beachtet werden, daß die Wirksamkeit hier wesentlich durch die Penetrationsgeschwindigkeit begrenzt sein kann (vgl. Studien über die Aufnahme von ^{3}H-markiertem 8-Äthoxycoffein: FREDGA u. NYMAN). Dadurch erhalten KIHLMAN u. ERIKSSON nach Einwirkung von funktionell völlig verschiedenen Substanzen auf die Wurzeln von *Vicia faba* gegenüber einer Normalverteilung stets einen Überschuß an Zellkernen mit zwei und mehr Isolocusbrüchen und

Chromatidentranslokationen. Im gleichen Sinne kann sich eine Temperaturänderung bemerkbar machen, da die Permeation mit steigender Temperatur größer wird [MICHAELIS u. RIEGER (1)]. Weiterhin kann eine Rolle spielen, daß z. B. 8-Äthoxycoffein in *Vicia*-Wurzelspitzen nur während einer relativ kurzen Periode der Interphase (3—5 Std vor der Metaphase) maximal wirksam ist; da die einzelnen Zellen einer Wurzelspitze — vermutlich durch die Behandlung verstärkt — verschiedene Mitoseraten besitzen, enthält eine 5 Std nach der Behandlung fixierte Wurzel eine in bezug auf das Entwicklungsstadium zur Zeit der Behandlung ziemlich heterogene Population von Zellen. Andere Substanzen, wie die Nitrosamine, sind nicht als solche, sondern erst nach enzymatischem Umbau (hier Dealkylierung) in der Zelle wirksam. In solchen Fällen müssen sich Unterschiede im stoffwechselphysiologischen Zustand der Zellen geltend machen, wie sie z. B. RIEGER u. MICHAELIS (6) zur Deutung einer spezifischen Sensibilitätsabnahme in wachsenden *Vicia*-Wurzeln gegenüber verschiedenen chemischen Mutagenen heranziehen. Divergierende Befunde verschiedener Autoren über die mutagene Wirkung derselben Substanz im gleichen Test lassen sich, vor allem wenn verschiedene Objekte benutzt wurden, sicherlich häufig durch solche und ähnliche schwer kontrollierbare Sekundärfaktoren deuten [MICHAELIS u. RIEGER (1, 3)].

Mit besonderer Vorsicht sind daher insbesondere alle jenen Versuche zu werten, in denen aus einer mehr oder weniger auffälligen Wirksamkeit von körpereigenen Substanzen (z. B. pflanzlichen Ölen: THOMAS) oder Extrakten aus „Giftpflanzen" [OHNO; OHNO u. TANIHUZI (1, 2)] oder unreifen Samen (KATO) bei Applikation von außen in z. T. artfremde Gewebe auf einen Zusammenhang mit dem spontanen Mutationsgeschehen geschlossen wird [vgl. SHARMA u. SHARMA (1)]. Naheliegend ist, daß eine in der abgeschnittenen Inflorescenz aufsteigende Lösung von NaCl, KCl oder $CaCl_2$ durch Verschiebung des Ionenpotentials in einer Zelle Aberrationen auslösen kann [MATSUURA u. IWABUCHI (1, 2)]. Inwieweit aber eine Zugabe von Aminosäuren zur Nährlösung in *Allium*-Wurzelspitzen chromosomalen Bruch auf dem Wege über eine Syntheseförderung cytoplasmatischer Nucleoproteine und demzufolge einen Verbrauch der Nucleinsäure-Vorstufen hervorruft, vermag ein derartiger Versuch [SHARMA u. SHARMA (2)] wohl kaum zu entscheiden. Demgegenüber versuchten RIEGER u. MICHAELIS (3, 4, 5, 7) die ähnlich komplexe radiomimetische Wirkung des Äthylalkohols (vgl. Fortschr. Bot. 22, 330) in weiteren Untersuchungen genauer zu charakterisieren. So war hier die Mutagenität nur bei einem normalen ATP-Spiegel in der Zelle und einer Temperatur über 18° C gegeben und von einer mutagenen Wirkung des Acetaldehyds, der unter den gleichen Bedingungen einer alkoholischen Gärung als Intermediärprodukt (allerdings auch wohl in zu geringer Konzentration) entsteht, anhand dieser Temperaturabhängigkeit sicher abzugrenzen.

Auf Grund einer großen Anzahl von Untersuchungen darf für die durch chemische Agentien induzierten Chromatidenaberrationen als charakteristisch gelten, daß sie über die Metaphasechromosomen nicht zufällig verteilt sind [z. B. bei Äthylenimin: OCKEY, 8-Äthoxy-coffein: KIHLMAN (7), Mitomycin C: MERZ, Dipyridin: COHN (1, 2); vgl. MOUTSCHEN (5)]. Nur die durch hohen Sauerstoffdruck induzierten Aberrationen scheinen in dieser Hinsicht eine Ausnahme zu machen (MOUTSCHEN u. MOUTSCHEN-DAHMEN). Im übrigen reagiert auf fast alle Radiomimetica das Heterochromatin empfindlicher als das Euchromatin oder wird wie bei 8-Äthoxycoffein vorwiegend die SAT-Zone des Nucleolenchromosoms gebrochen [KIHLMAN (7)]. Diese selektive Beteiligung des Heterochromatins veranlaßte Versuche mit radioaktiv markierten Substanzen. Solche Autoradiogramme zeigten einerseits anhand einer unterschiedlichen Markierung von Mikronuclei eine ungleichmäßige Verteilung von ^{3}H-Myleran über den Chromosomensatz von *Vicia faba* (MOUTSCHEN-DAHMEN, VERLY u. KOCH; MOUTSCHEN-DAHMEN u. VERLY), ließen jedoch andererseits die erwartete spezifische Lokalisation von ^{14}C-Maleinsäurehydrazid im Heterochromatin nicht erkennen (CALLAGHAN u. GRUN). Dennoch erscheint die Methode für weitere Versuche durchaus geeignet. Allerdings ist zu berücksichtigen, daß z. B. bei Behandlung von *Vicia*-Wurzelspitzen mit höher konzentrierten ^{3}H-Thymidin-Lösungen die spezifische Aktivität des Thymidins einen bestimmten Grenzwert (um 45 μmol) nicht überschreiten darf, da andernfalls durch die innere β-Strahlung einer solchen Substanz zusätzlich Chromosomenbruch und Mitosehemmung hervorgerufen werden können (NATARAJAN). Bei der Deutung derart entstandener Aberrationen aber, wie sie auch nach ^{32}P- oder ^{35}S-Anwendung untersucht wurden (MOHANTY; OEHLKERS u. BERG-FELD-GÄRTNER), ist es bisher nicht möglich, zwischen physikalischer Strahlenwirkung und chemischer Veränderung zu unterscheiden.

Die Wirkungsmechanismen chemischer Agentien, die zur Auslösung von Chromosomenaberrationen führen, sind noch weitgehend unbekannt. Einzelne Hinweise in dieser Richtung ergeben sich jedoch in Mutationsversuchen, in denen gleichzeitig der Stoffwechsel der Zelle in spezifischer Weise variiert wird. RIEGER u. MICHAELIS (9) nennen eine Reihe instruktiver neuerer Beispiele, unter denen neben pH- oder Temperatureinflüssen wiederum dem Sauerstoff besondere Bedeutung zukommt. KIHLMAN (7) teilt daher die Radiomimetica nach ihrer Sauerstoffabhängigkeit ein, und es ergibt sich aus dieser Zusammenstellung, daß z. B. die große Gruppe der hochreaktiven alkylierenden Agentien unabhängig davon ist, ob zur Zeit der Einwirkung Sauerstoff zugegen ist oder nicht. Dementsprechend werden diese Substanzen in ihrer Wirkung auch nicht durch eine experimentelle Hemmung der Atmung bzw. oxydativen Phosphorylierung beeinflußt, während umgekehrt alle anderen, nicht alkylierenden Substanzen, die einen deutlichen Sauerstoffeffekt zeigen, sehr empfindlich auf Respirationsinhibitoren reagieren. Diese beiden Stoffgruppen beeinflussen demnach zweifellos verschiedene Prozesse.

Wie RIEGER u. MICHAELIS (9) ausführen, kann die Alkylierung, die der biologischen Wirkung der Alkylierungsmittel zugrunde liegt, in einer nucleophilen Substitution der Sulfhydryl-, Amino- und Carboxylgruppen in den Proteinen, der Phosphatgruppen in der Nucleinsäure oder der aromatischen Aminogruppen in den Nucleinsäurebasen vor allem durch „elektrophile" Carbeniumionen bestehen. Da die Substanzen, die durch ein größeres Reaktionsvermögen mit Amino- und SH-

Gruppen ausgezeichnet sind, im allgemeinen weder Gen- noch Chromosomen-
mutationen induzieren, scheinen Reaktionen mit Proteingruppen am Wirkungsmechanismus der Alkylierungsmittel bei der Aberrationsauslösung nicht beteiligt zu
sein. Hingegen kann es durch Veresterung der Phosphorsäuregruppen in der DNS
zur Bildung instabiler Triester und durch folgende Hydrolyse zum Bruch der Alky-
lierungsbindung, aber auch der Zucker-Phosphat-Bindung und damit der Nucleotidkette kommen (W. C. Ross). Reagieren die alkylierenden Agentien andererseits mit
den heterocyclischen Basen der DNS (vgl. ALEXANDER), so wird z. B. bei Purinalky-
lierung eine instabile quaternäre Verbindung gebildet, die in wenigen Stunden unter
Purinelimination zerfällt. Zugleich resultieren deutliche Änderungen in den physiko-
chemischen Eigenschaften der DNS (ALEXANDER u. LETT), die zu Brüchen in der
DNS-Doppelspirale führen können. Diese beiden letztgenannten Reaktionstypen
treten in einem verschiedenen Zahlenverhältnis zueinander auf: Methylmethan-
sulfonat alkyliert stark die Purine, während Myleran, Äthylmethansulfonat sowie
bestimmte N-Loste fast nur die Phosphatgruppen der DNS verestern. Solche Veränderungen stellen allerdings selbst noch keine Mutation dar, sondern erhöhen nur
die Chance für Fehler bei der späteren DNS-Verdoppelung. Auch sind alle diese
Störungen nicht unbedingt die alleinigen Ursachen der interessierenden Effekte.

Die einzelnen radiomimetischen Alkylierungsmittel zeigen
in ihrer Wirkung mancherlei Variationen, die die genannten Deutungs-
versuche nicht gerade erleichtern. So wird N-Nitroso-N-Methylurethan
in vivo möglicherweise erst in das eigentlich alkylierende Agens Diazo-
methan überführt (KIHLMAN u. ERIKSSON). In Übereinstimmung mit
anderen alkylierenden Substanzen [Diäthylsulfat: HEINER, KONZAK,
NILAN u. BARTELS, Äthylmethansulfonat: RIEGER u. MICHAELIS (2),
Myleran: MICHAELIS u. RIEGER (1) oder div. N-Losten: MICHAELIS u.
RIEGER (2)] erwies sich dieses Carcinogen als temperaturabhängig, im
Unterschied zu ihnen aber waren in *Vicia*-Wurzelspitzen die induzierten
Aberrationen — abgesehen von einer bevorzugten Lagerung im Heterochromatin — längenproportional auf die unterscheidbaren Chromosomen
[S/L = 2,2 anstatt z. B. 17,2 bei Myleran: MICHAELIS u. RIEGER (1)]
verteilt [KIHLMAN (1)]. Auch für verschiedene N-Loste machen MICHAE-
LIS u. RIEGER (2) auf einen Transportform-Wirkform-Mechanis-
mus aufmerksam, der sich mit steigender Basizität der Substanzen zunehmend ausprägt. Beim Endoxan (N-Lost-Phosphamidester) beispielsweise wird durch die Bindung des elektronegativen Phosphorylesters an
den positiv geladenen N-Lost die funktionelle β-Chloräthyl-Gruppe stark
in ihrer Aktivität eingeschränkt, so daß diese Substanz in vitro praktisch
inaktiv vorliegt. Voraussetzung für ihre Aktivierung ist hydrolytische
(bzw. enzymatische) Spaltung, in deren Verlauf radiomimetisch wirksame
Abwandlungsprodukte [u. a. Bis-(β-chloräthyl)-amin] entstehen. — Für
die bekannte höhere Wirksamkeit polyfunktioneller Alkylierungsmittel
(auf Grund von "cross-linking-Effekten"?) ermitteln RIEGER u. MICHAE-
LIS (2) im Vergleich des monofunktionellen Äthylmethansulfonats mit
dem bifunktionellen Myleran bei Verwendung gleich konzentrierter Lösungen ein Aberrationsverhältnis von etwa 1 : 50.

In ähnlicher Weise wie für diese alkylierenden Substanzen kann auch
für alle übrigen Radiomimetica angenommen werden, daß sie — vielfach sicherlich indirekt — in den chromosomalen Duplikationsmechanis-
mus einzugreifen vermögen, sofern sie ausschließlich Chromatidenaberrationen auslösen und nach Abschluß der Chromosomenduplikation

in der späten Interphase unwirksam sind. Das trifft mit Ausnahme der
N-methylierten Oxypurine für alle daraufhin getesteten Substanzen mit
radiometischer Wirkung zu. Diese Substanzen, deren Wirkung durch die
Sauerstoffkonzentration und den Stoffwechselzustand der Zelle (vgl.
S. 402f) beeinflußbar ist, sind ohne Zweifel in bezug auf ihre Wir-
kungsmechanismen sehr heterogen.

Leider gibt es in dieser Hinsicht bisher nur sehr wenige Befunde, die
zu einer weiteren Charakterisierung der aberrationsauslösenden Reaktionen dieser Stoffgruppe beitragen. Schon die Sauerstoff- und Energie-
abhängigkeit der Wirkung sind nur für einzelne Substanzen genauer
analysiert. Für Maleinsäurehydrazid ist beispielsweise so gut wie nichts
über die ursächlichen Beziehungen bei der Aberrationsauslösung bekannt,
obgleich es seit der Entdeckung seiner spezifischen Affinität zum Heterochromatin häufig verwendet wurde [so neuerdings ABEL; GRANT u.
HARNEY; MOUTSCHEN (3, 4)]. Originell ist der Versuch, die Chromosomen
in *Vicia*-Wurzelspitzen vor der Maleinsäurehydrazid-Behandlung in
einer 0,12 mol Lösung von $NaHCO_3$ zu entspiralisieren. Mit dieser Vergrößerung der Gesamtoberfläche wächst auch die Bruchhäufigkeit von
1,21 auf 1,33 Brüche/Zelle, wobei die Heterochromatinspezifität erhalten
bleibt. Da Bicarbonat-Zugabe jedoch auch die Atmung erhöhen kann,
ließe sich die erhöhte Aberrationsrate auch als indirekte Beeinflussung
deuten [MUKHERJEE (1, 2)]. Durch Anwesenheit von Cystamin kann die
Anzahl der durch Maleinsäurehydrazid induzierten Chromosomenbrüche
vermindert werden [MOUTSCHEN (2)]. — Die Aberrationsauslösung durch
Cupferron wurde ursprünglich auf den Chelatcharakter der Verbindung
bzw. auf eine Hemmung der Cytochromoxydase oder anderer Peroxyde
abbauender Enzyme zurückgeführt. Aus neueren Befunden aber muß
KIHLMAN (3) schließen, daß aus dem Cupferron in ähnlicher Weise wie
aus anderen Nitrosaminen unter Mitwirkung einer enzymkatalysierten
Oxydation radiomimetische Produkte, möglicherweise organische
Peroxyde oder freie Radikale entstehen. Solche wurden auch für die
durch Kaliumcyanid ausgelösten Chromatidenaberrationen verantwortlich gemacht und in zahlreichen Modellversuchen [AHNSTRÖM u. NATARA-
JAN; MICHAELIS u. RIEGER (3) u. a.] in ihrer Wirkung verfolgt. Bemerkenswerterweise ist die Kaliumcyanidwirkung sauerstoffabhängig, aber
durch Blockierung der Respiration bzw. der oxydativen Phosphorylierung nicht beeinflußbar.

Die Interpretation solcher Erscheinungen wird dadurch außerordentlich erschwert, daß es bisher anders als bei ionisierenden Strahlen (vgl.
Fortschr. Bot. 22, 326f.) keinen Test gibt, um bei Verwendung von chemischen Mutagenen zwischen dem Bruchgeschehen einerseits und der Rekombination andererseits zu unterscheiden. Weitere Schwierigkeiten
ergeben sich bei der Analyse radiomimetischer Wirkungen auf der molekularen Ebene z. B. aus der Tatsache, daß hier in großer Anzahl Isolocus-
brüche entstehen, die also beide Chromatiden des Chromosoms betreffen.
Die wirksamen Agentien, deren Eingriff in den Replikationsmechanismus
der DNS wahrscheinlich ist, müßten in diesem Falle also nicht nur die
neu synthetisierten DNS-Stränge, sondern am gleichen Ort auch den

alten verändern (vgl. TAYLOR in Fortschr. Bot. 22, 323 f.). Im Zusammenhang mit diesen und ähnlichen Problemen wird neuerdings in zunehmendem Maße anstelle der klassischen Bruch-Reunion-Hypothese die Revellsche Austauschhypothese (Fortschr. Bot. 22, 321 f.) zur Deutung von induzierten Aberrationen herangezogen [AVANZI (2); DAVIDSON (5); EVANS (1); MUKHERJEE (1); vgl. KIHLMAN (7), EVANS (3)]. Nach dieser Vorstellung würden unter dem Einfluß der Radiomimetica im Interphasekern keine Brüche, sondern (unbekannte) weniger drastische Veränderungen entstehen, die intra- und interchromosomale Wechselwirkungen erlauben und über Austauschvorgänge die Aberrationen entstehen lassen. Die Aberrationen induzierenden Radiomimetica würden damit mitotische Zellen in einen Zustand versetzen, der manche Ähnlichkeit mit den Verhältnissen z. Z. des meiotischen Crossing-over aufweist, das ebenfalls zwischen den alten und den neusynthetisierten Fibrillen (Chromatiden) eintritt. „Allerdings verlaufen diese unter dem Einfluß der Radiomimetica eintretenden hypothetischen Austauschvorgänge sehr viel weniger geregelt als in der Meiose" [vgl. RIEGER u. MICHAELIS (9)].

Bei allen bisher genannten Substanzen erhält man im Mutationsversuch eine „verzögerte Wirkung" [KIHLMAN (5); KIHLMAN u. ERIKSSON], d. h. Zellen mit Aberrationen treten z. B. in *Vicia*-Wurzelspitzen frühestens 8 Std, mit einem Maximum 18—36 Std nach der Behandlung auf. Die N-methylierten Oxypurine jedoch, von denen das 8-Äthoxycoffein besonders intensiv untersucht wurde [KIHLMAN (7); MOUTSCHEN-DAHMEN (1)], zeigen wie ionisierende Strahlen „unverzögerte Effekte". Unmittelbar nach der Einwirkung treten in den behandelten Zellen "sticky"-Effekte auf, es folgen Metaphasen mit Pseudochiasmen (zu deren Entstehung vgl. HAQUE), und schon nach 2 Std Erholungszeit, max. nach 4 Std treten Chromatidenaberrationen in den Metaphasezellen auf. Wenngleich diese Substanzen als weitere Besonderheit auch Chromosomenaberrationen in der frühen Interphase hervorrufen können [KIHLMAN (5)], erfolgt die charakteristische Beeinflussung hier doch in der späten Interphase und damit nach Abschluß der Chromosomenduplikation. Für diese Substanzgruppe ist daher ein Eingriff in die DNS-Synthese unwahrscheinlich, so daß ihre Funktion vorwiegend im Zusammenhang mit ihren physikalischen Eigenschaften, ihrem Vermögen, als Elektronen-Donatoren zu wirken, gesehen wird [KIHLMAN (7)].

Versuche, in denen zwei Agentien, die die Aberrationsentstehung soweit bekannt auf verschiedenen Wegen beeinflussen, gleichzeitig appliziert werden, haben im allgemeinen zum Ziel, weiteren Aufschluß über die Art und Wechselwirkungen der jeweils gebrochenen Bindungen zu erhalten. So war die Empfindlichkeit von *Vicia*-Chromosomen gegenüber 2,4,6-Triäthylenimin-1,3,5-Triazin oder Äthylalkohol eindeutig erhöht, wenn gleichzeitig EDTA einwirkte (MICHAELIS, NICOLOFF u. RIEGER), dessen spezifische Funktion als Chelatbildner im Zusammenhang mit dem Chromosomenbruch immer wieder postuliert wird [TAKEHISA; MATSUURA u. TAKEHISA; STEFFENSEN (1); STEFFENSEN u. LACHANCE; vgl. Fortschr. Bot. 22, 319 sowie die Zusammenfassung von STEFFENSEN (2)]. In entsprechender Weise sollen die zusätzlich induzierten Brüche auf gelöste Eisenbindungen im Chromosom zurückgehen, wenn α, α'-Dipyridyl in Kombination mit KCN oder Diepoxybutan verwendet wird [COHN (1, 2, 3)]. Aufschlußreicher waren Versuche, in denen nach Kombination von je zwei chemischen Verbindungen wie Äthylmethansulfonat, Myleran oder Äthylalkohol [RIEGER u. MICHAELIS (2); MICHAELIS u. RIEGER (1)] oder Myleran einerseits und 8-Äthoxycoffein, Maleinsäurehydrazid, N-Lost, Triäthylenmelamin oder Diepoxybutan andererseits [MOUTSCHEN (2, 4)] auf Grund höherer als additiver Effekte z. T. volle Wechselwirkung, d. h. Rekombination zwischen den durch verschiedene Agentien ausgelösten Brüchen festgestellt wurde, obwohl diese Chemikalien sicherlich auf recht verschiedenen Wegen wirksam werden. Demgegenüber tritt bei Behandlung mit 8-Äthoxycoffein und Maleinsäurehydrazid oder KCN und β-Propiolacton keine Wechselwirkung zwischen den induzierten Brüchen ein (MERZ, SWANSON u. COHN), und auch durch 20 min Vor- oder Nachbehandlung mit Myleran wird in *Vicia*-Wurzelspitzen die Bildung der röntgenstrahleninduzierten Anaphasebrücken weitgehend unterdrückt [MOUTSCHEN (1)]. Nach kombinierter Einwirkung von 8-Äthoxycoffein und Maleinsäurehydrazid ist ein Fehlen der Rekombination zwischen den Brüchen dadurch erklärbar, daß für beide Agentien die sensiblen Stadien der Interphase zeitlich verschieden sind. Ein solcher Zeitfaktor ist aber im Falle der Einwirkung von KCN und β-Propiolacton kaum gegeben, da beide Agentien eine „verzögerte Wirkung" besitzen und die sensiblen Interphaseabschnitte übereinstimmen. Andererseits divergieren die sensiblen Phasen für die Paare Röntgenstrahlen und KCN, Maleinsäurehydrazid bzw. β-Propiolacton, bei denen eine Wechselwirkung der Brüche festgestellt wurde. Daraus kann man schließen, daß eine Rekombination nicht nur Gleichzeitigkeit und räumliche Nähe der Brüche erfordert, sondern zur weiteren Voraussetzung hat, daß gleiche oder doch sehr ähnliche Bindungen gelöst sind (MERZ, SWANSON u. COHN).

Abschließend sei auf neue Arbeiten zur Wirkung des Acridin-Orange (Fortschr. Bot. 22, 329) bei der Auslösung von Chromosomenmutationen hingewiesen. Während NUTI-RONCHI u. D'AMATO und NUTI-RONCHI in *Allium*-Wurzelspitzen erneut eine Wirksamkeit dieser Substanz auch im Dunkeln feststellen, findet KIHLMAN (2, 7) die Reaktion bei *Vicia faba* nur im Licht. Nach RIEGER u. MICHAELIS (8) wird dieser photodynamische Effekt des Acridin-Orange durch N-Lost um etwa das 3fache verstärkt, nicht aber durch Äthylalkohol. KIHLMAN (7) findet vornehmlich Sauerstoff und NO im Licht-Acridin-Orange-System wirksam, die gleichen Substanzen, die die Röntgenstrahlenempfindlichkeit erhöhen. Er entwickelt als Arbeitshypothese die Vorstellung, daß diese ihre Wirkung durch Reaktion mit Radikalen ausüben, die dieses System in der Zelle erzeugt. Im Gegensatz zu Röntgenstrahlen aber gibt Acridin-Orange wie die meisten Radiomimetica „verzögerte Effekte" (vgl. S. 406), was mit der Tatsache zusammenhängen mag, daß die Strahlenwirkung (Licht) hier von der Lage und Reaktionsweise der sensibilisierenden Substanz (Acridin-Orange) abhängig ist.

4. Cytogenetik von Chromosomen-Mutanten

Lima-de-Faria leitet aus seinen bekannten Vorstellungen über die Organisation des Chromosoms den Schluß ab, daß strukturelle (oder molekulare) Umbauten nur dann erhalten bleiben, wenn sie sich wieder in das Organisationsmuster des Chromosoms einfügen. Anhand einer Reihe von Beispielen für intra- und interchromosomale Interaktionen, wie der Wirkung von Telomeren, "knobs" oder des *Ac-Ds*-Systems beim Mais, zeigt er, daß die Evolution primär von dieser Selektion auf chromosomaler (oder molekularer) Ebene gelenkt wird und die im Phänotyp angreifenden Selektionsvorgänge nur sekundär sind.

Auffällig in der Tat ist zuweilen der Umfang, in dem bestimmte Aberrationen weitere Veränderungen nach sich ziehen können. Insbesondere gilt das, wenn nach dem Bruch eines dicentrischen Chromosoms in einer Anaphasebrücke Schwesterstrangreunion erfolgt und dadurch ein Bruch-Fusion-Brücke-Cyclus in Gang gesetzt wird, wie ihn Basu, Röbbelen u. Scheibe in einer induzierten Gersten-Mutante beschrieben. Im *Trillium*-Endosperm beobachtete Rutishauser, daß neu induzierte centrische Fragmente ihr Vermögen, Schwesterstrangreunion einzugehen, schneller verlieren als ihre Rekombinationsfähigkeit mit anderen Bruchenden. Einzeln in einer Zelle vorkommende centrische Fragmente erhielten sich in 37 von 39 untersuchten Fällen über z. T. mehr als 6 Mitosecyclen unverändert; kamen jedoch in demselben Zellkern gleichzeitig weitere Fragmente vor, so waren bis zu 36% der Brüche an Rekombinationen beteiligt. Die so entstandenen dicentrischen Chromosomen veränderten sich in den folgenden Mitosen laufend mit der Tendenz, ihre intercentrischen Arme abzubauen, bis schließlich von den zwei ursprünglichen Chromosomen nur noch ein solches mit einem großen (Doppel-)Centromer und je einem Schenkel übrig war.

Komplementäre Isochromosomen 6 vom Mais, die beidseits des Centromers einen kurzen (1 oder 2 Chromomeren) homologen Abschnitt besaßen, paarten sich in diesem Centromerensegment nur selten. Auf Grund dieser Beobachtung stellt Maguire die Frage, ob dem Centromer wirklich, wie allgemein angenommen wird, bei der Einleitung der Paarung eine spezifische Rolle zukommt. Auch wird in Zweifel gezogen, ob die Diplotän-Trennung und Terminalisation durch eine Trennung der Centromeren zustande kommt, da die in sich gepaarten univalenten Isochromosomen in Diplotän und Diakinese das Aussehen typischer Bivalente mit Chiasmen annahmen. Aberrante Nucleolenchromosomen 6 sind auch für Studien über die Verteilung der Chromosomen aus einer Translokationsfigur besonders geeignet, weil Fehlverteilungen an der Nucleolenbildung der Tetradenzellen erkannt werden können. Wie Ibrahim feststellt, nimmt die Häufigkeit der "adjacent"-Verteilung, bei der in der Metaphase I homologe Centromere zum gleichen Pol wandern, mit zunehmender Länge der interstitiellen Segmente ab. Dementsprechend finden Kurabayashi, Lewis u. Raven in vergleichenden Karyotypanalysen, daß bei den *Onagraceae* die Gattungen, in denen regelmäßig Translokationssysteme auftreten, durch gleichgroße, metacentrische und partiell heterochromatische Chromosomen ausgezeichnet sind. In diesen ist die Chiasmabildung durch das proximale Heterochromatin auf die distalen Abschnitte beschränkt und damit die Terminalisation früh und vollständig, so daß eine Zickzack-Anordnung in Metaphase I wesentlich erleichtert wird. In einer ursprünglich vollkommen homozygoten tetraploiden *Oenothera hookeri* löste LINNERT durch Bestäubung mit subletal bestrahltem Pollen parthenogenetische Entwicklung der Eizellen aus und verfolgte, wie einzelne in den tetraploiden Mutterpflanzen (bzw. deren Vorfahren) spontan aufgetretene Translokationen auf die entstehenden hemiploiden Nachkommen verteilt werden. Dabei ergab sich u. a. in den Nachkommen von Duplex-Heterozygoten eine drastische Erhöhung der Heterozygotenfrequenz, die sich aber, wie Verfn. anschaulich ableitet, zwanglos unter der Annahme einer völlig zufallsgemäßen Chromosomenpaarung erklärt, da in diesem Falle nicht das Zygotenverhältnis einer tetrasomen Faktorheterozygoten $(1:8:18:8:1)$, sondern auf Grund der durch die Translokation veränderten Paarungsbeziehungen eine Spaltung nach $1:23:123,25:23:1$ gegeben sein muß.

Beim Mais verwendeten BIANCHI u. Mitarb. [BIANCHI u. CONTIN (1); BELLINI, BIANCHI u. OTTAVIANO] Translokationen zwischen A- und B-Chromosomen zur Bestimmung von Faktormutationsraten in Mutationsversuchen. Diese interessante Methode beruht darauf, daß die B^A-Chromosomen in der 2. Mikrosporenmitose "non-disjunction" eingehen und demzufolge die F_1-Samen in hohem Maße hypoploide Embryonen und Endosperme enthalten, an denen sich jede Mutation, die in dem translozierten A-Segment auftritt, phänotypisch manifestiert. — Die zahlreichen, zumeist induzierten Translokationen, die bei der Gerste inzwischen bekannt sind (vgl. die Zusammenstellung von RAMAGE, BURNHAM u. HAGBERG) lassen sich in der Züchtung zu einer Art „gerichteter" Mutagenese heranziehen. Kreuzt man nämlich zwei Translokationsheterozygote, in denen dieselben Chromosomenpaare jedoch an verschiedenen Stellen umgebaut wurden, so spaltet in der F_2 im einfachsten Falle unter 16 Pflanzen eine heraus, die das zwischen den beiden Translokationspunkten liegende Segment homozygot dupliziert besitzt [HAGBERG (1, 2, 3)].

Auch mit der üblichen cytogenetischen Standardmethode, das Erbverhalten durch einen Vergleich chromosomaler Aberrationen mit den durch sie bedingten abweichenden Mendel-Verhältnissen oder umgekehrt zu analysieren, ergaben sich im Berichtszeitraum im speziellen manche interessanten Resultate. Nur als Beispiel für derartige Arbeiten sei hingewiesen auf einen weiteren Beitrag zur Geschlechtsbestimmung beim Spinat (IIZUKA u. JANICK), die Genkartierung mit Hilfe telocentrischer Chromosomen [SEARS (2)] oder Translokationen bei Weizen [TSUNEWAKI (1)] oder Tomate (RICK u. KHUSH) oder die Analyse eines Falles von „Immer-Spalten" bei *Matthiola* (ROSS u. MILLER) und der Blattscheckung einer induzierten Tomaten-Mutante (LESLEY u. LESLEY).

B. Genom-Mutationen

Im Zusammenhang des letztjährigen Berichtes (Fortschr. Bot. 24, 317—330) wurden die Fortschritte, die unser Wissen um die Entstehung und Folgen von Genom-Mutationen in den vergangenen Jahren machte, ausführlicher dargestellt. Im Vergleich zu den Chromosomen-Mutationen war im Grundsätzlichen die Anzahl der neuen Erkenntnisse gering, und auch den Publikationen des letzten Jahres konnte Ref. keine Hinweise entnehmen, von welcher Seite grundlegend neue Einsichten in das Problem zu gewinnen wären. Im folgenden sollen daher nur einige Beispiele genannt werden, die den Stand und die Bedeutung der derzeitigen Untersuchungen kennzeichnen. Hingewiesen sei auch auf das pädagogisch geschickte Büchlein von Dawson: "Introduction to the cytogenetics of polyploids".

Immer wieder werden als Ursache von spontanen Chromosomenzahlvariationen verschiedenartige Mitosestörungen beschrieben, so multiple Spindelbildung infolge eines Gens m in der Meiose von *Clarkia* (Vasek) oder Entstehung multiploider Zellen durch Ausfall der Zellwandbildung während der Mikrosporogenese in bestimmten Genotypen *(Sorghum:* Damon*)* oder bei Wachstum unter höheren Temperaturen *(Lolium:* Jain*)*. Während einerseits Haploide von *Nicotiana tabacum* auch noch bei Verlust von 2 Chromosomen lebensfähig sind (Burk u. Gerstel), wird andererseits die bekannte Tumorbildung u. a. im Bastard *Nicotiana glauca* × *N. langsdorfii* (normalerweise $2n = 21$ oder ein Vielfaches) auf genetisch unbalancierte Initialzellen zurückgeführt, da in entsprechenden somatischen Zellen $2n = 17, 18, 19, 36$ oder 38 Chromosomen zu zählen waren (Burk u. Tso). Bekannt ist die unterschiedliche Kreuzungsverträglichkeit innerhalb einer Species zwischen autoploiden Individuen verschiedener Valenz; so ist es bei Gerste zwar einfach, Triploide mit 2x, 3x oder 4x-Formen zu kreuzen, aus der Kombination 4x und 2x jedoch erhält man Triploide nur sehr selten [Tsuchiya (1)]. Den Abort der Samenanlagen in diploid-polyploid-Kreuzungen, der auch bei *Trifolium*-Arten bekannt ist [Hagberg (2)], verfolgte von Wangenheim bei *Oenothera hookeri* in seinen entwicklungsgeschichtlichen Ursachen.

Die nach Röntgenbestrahlung auftretenden Haploiden sind in der Regel parthenogenetische Nachkommen aus unbefruchteten Eizellen *(Triticum:* Natarajan, Ray u. Swaminathan; *Oenothera:* Linnert*)*. Aneuploide können sowohl infolge chromosomaler Aberrationen entstehen, z. B. Trisome in der Nachkommenschaft von Translokationsheterozygoten [Gerste: Tsuchiya (2)] als auch durch direkte strahleninduzierte Schädigung des Centromers, die im Verlauf der Mitose zu reduktionellen Gruppierungen führen kann *(Bellevalia:* Gläss*)*. Den Untersuchungen zur chemischen Beeinflussung der Mitose sei dem Kapitel A 1 dieser Berichte an dieser Stelle nur der Hinweis auf den praktisch bedeutungsvollen Befund von Kihara u. Tsunewaki angefügt, die Ähren von *Triticum dicoccum* zur Polyploidisierung 24 Std nach der Bestäubung für 15 Std einer Behandlung mit 6 atm N_2O aussetzten und nahezu 100% polyploide Nachkommen ohne jeglichen Chimärencharakter erhielten.

Die Erscheinung der Rückregulierung in jungen Autopolyploiden läßt sich zwar cytologisch zumeist in Begleitung mehrpoliger Spindeln erkennen (Sharma u. Sarma; vgl. Fortschr. Bot. 22, 337f.), ist jedoch in ihren cytologischen Ursachen bisher völlig ungeklärt. Gegenüber diesem intraindividuell ablaufenden Prozeß ist in polyploiden Populationen die Tendenz aneuploider Individuen, wieder Nachkommen mit orthoploider Chromosomenzahl (entweder 2n oder 4n) hervorzubringen, auf Grund des genetischen Ungleichgewichtes und einer entsprechenden Selektion leicht verständlich und für die praktische Züchtung der zweifellos wichtigere Vorgang (vgl. die umfangreiche Studie von TOKUMASU). Die bevorzugte Befruchtung zwischen den aneuploiden Gameten einer hyperhexaploiden *Valeriana* (SKALINSKA) ist eine seltene Ausnahme. Interessant ist das Auftreten von homozygot diploiden Mutanten nach Colchicin-Behandlung von tetraploidem *Sorghum;* wurden in solchen Versuchen duplex-Translokationsheterozygote verwendet, so deutete das völlige Fehlen von Viererringen in den F_1-Nachkommen darauf hin, daß hier nach einer somatischen Reduktion eine Verdoppelung zumindest der beiden markierten Chromosomen, wahrscheinlich aber des ganzen Genoms erfolgte [J. G. ROSS; SANDERS u. FRANZKE (1); SIMANTEL, ROSS, HUANG u. HAENSEL].

Was die Eigenschaften der Polyploiden anlangt, so läßt sich im einzelnen sicherlich kein allgemein zutreffendes Schema finden. Je nach der Dosisempfindlichkeit der untersuchten Gene oder Genotypen wird das betreffende Merkmal durch Polyploidie gefördert oder gehemmt (vgl. z. B. die Korngröße beim Mais: OTTAVIANO). Ebenso läßt sich das Ausmaß der Sterilität, um das sich die Züchter vor allem bei den Autotetraploiden nun schon seit über 20 Jahren bemühen, im speziellen Falle nicht im voraus bestimmen (vgl. SCHERTZ u. a.). Da man über die Grundsätze der meiotischen Chromosomenpaarung und -verteilung nur unzureichend informiert ist, lassen sich die unterschiedlichen Chiasma- und Multivalent-(Univalent-)Frequenzen in verschiedenen Autoploiden nicht recht deuten (vgl. z. B. *Collinsia:* DHILLON u. GARBER). Nach allgemein anerkannter Ansicht stellen sie, vielfach wohl infolge einer resultierenden Aneuploidie (VETTEL; KROLOW), die cytologische Vorstufe für die beobachtete Sterilität dar. Wo diese chromosomalen Eigenschaften eine einfachere genetische Grundlage besitzen, wie sie beispielsweise für die Chiasmafrequenz bekannt ist, kann man durch Auslese von cytologisch weniger gestörten Individuen die Fertilität in der Regel erhöhen (Roggen: ROSEWEIR u. REES; *Triticale:* KROLOW). Doch spielen zuweilen auch Sterilitätsfaktoren mit anderen Wirkungsmechanismen eine Rolle [MORRISON u. RAJHATHY; SHAVER (1)]. Ein weiterer Fortschritt auf diesem Gebiet ist nach Ansicht des Ref. daher vorerst kaum durch neue cytologische Beobachtungen, sondern vielmehr durch eine umfangreiche Analyse der sicherlich zumeist quantitativ wirkenden Genkomplexe [vgl. dazu ROSS u. CHEN; SANDERS u. FRANZKE (2)] zu erreichen.

Als Beispiel für die Spaltungsverhältnisse bekannter Faktoren vergleichen DYCK u. ZILLINSKY den Erbgang der Resistenz gegen Schwarz- und Kronenrost bei *Avena strigosa* und finden in den Autotetraploiden für Kronenrost- zufallsgemäße Chromosomentrennung, für Schwarzrost-Resistenz hingegen Chromatidenspaltung. Staunenswert rasch hat sich bei der genetischen Bearbeitung von polyploiden Arten die Monosomenanalyse (vgl. Fortschr. Bot. 24, 350f.) durchgesetzt. Bei Weizen wurde auf diesem Wege in synthetischen Bastarden der Genome AABB × DD die gleiche Lage der Gene wie im Kulturweizen und damit das bekannte Schema der Weizen-Evolution bestätigt [TSUNEWAKI (2)]. Einige weitere Untersuchungen betreffen die Lage der Gene für markhaltigen Halm (LARSON u. MacDONALD) oder Rostresistenz [SEARS (1)] bei *Triticum aestivum* oder für Begrannung, Winterform-Charakter oder eine bekannte Nekrose bei *T. macha* (TSUNEWAKI u. KIHARA).

McGinnis berichtet über erste Versuche zur Aufstellung eines vollständigen Mono-somen-Sortiments beim hexaploiden *Avena sativa;* zugleich werden in dem cyto-logisch ausreichend differenzierten Chromosomensatz auf den Chromosomen 14 und 21 je ein albina-Faktor lokalisiert (McGinnis u. Taylor; McGinnis u. Andrews).

C. Extrachromosomale Erbträger

In einer Reihe von Untersuchungen wurde das Erbverhalten von extrachromosomalen Erbträgern höherer Pflanzen wiederum mit den in Fortschr. Bot. 23, 287 ff. beschriebenen Methoden untersucht. Cleland verglich das Auftreten der Bastardscheckung in einer großen Anzahl eigener, z. T. älterer Kreuzungen zwischen nordamerikanischen Euoeno-theren und erhielt dabei praktisch die gleichen Gruppen, die Stubbe (Fortschr. Bot. 23, 293) in seinem Stammbaum der *Oenothera*-Plastome aufgestellt hatte. Umfangreichere Untersuchungen über die Zahlen-gesetzmäßigkeiten der Plastiden im Verlauf der ontogenetischen Entwicklung verschiedener Pflanzen veröffentlichten Schröder und vor allem Michaelis (3). Wie letzterer auch durch eine große Anzahl von Literaturstellen belegt, können die ursprünglichen Zahlenrelationen im Vegetationskegel während der Zelldifferenzierung in offenbar gesetz-mäßiger Weise verschoben werden, sei es durch Ausfall einer Zell- oder Plastidenteilung oder durch Änderung eines (hypothetischen) Schwellen-wertes der Plastidenanzahl (-substanz), der Voraussetzung für eine Zelltei-lung sein soll. Im somatischen Gewebe greifen Genotyp und Umwelt in man-nigfacher Weise in die Zahlenverhältnisse ein, so daß die ursprünglichen Gesetzmäßigkeiten in den fertig ausgebildeten Zellen in der Regel kaum mehr zu erkennen sind. So läßt die zufallsgemäße Verteilung grüner und weißer Plastiden in den „Mischzellen" eines albomaculaten *Antirrhinum* zwar in jungen Blättern auf eine etwa gleiche Vermehrungsgeschwindig-keit beider Plastidensorten schließen, in älteren Laubblättern jedoch überwiegen auf Grund vorzeitiger Degeneration der weißen in hohem Maße die grünen Plastiden (Hagemann). Mit zwei striata-Mutanten der Gerste werden erneut Fälle für geninduzierte Mutationen des „Plas-motypus" beschrieben (von Wettstein; Hagemann u. Scholz). Michaelis (1, 2) berichtet bei *Epilobium* über gehäufte Plastom-Ab-änderungen als Folge von primären Plastom- oder auch Plasmon-Muta-tionen. Aus der Musteranalyse ergab sich, daß diese sekundären Pla-stom-Mutationen in den meisten Fällen in den Zelldeszendenzen erfolgten, die durch die Primärmutation heteroplastomatisch geworden waren. Sie manifestierten sich phänotypisch durchweg in einem im Ver-gleich mit den primären Mutationen geringeren Plastidendefekt.

Einige Aufregung verursachten elektronenmikroskopische Beob-achtungen von Mühlethaler u. Bell, nach denen im Archegonium von *Pteridium aquilinum* in der jungen Eizelle sämtliche Plastiden und Mitochondrien vollständig degenerieren und aus dem Cytoplasma elimi-niert werden. Die neuen Organelle sollen im Verlauf der weiteren Eirei-fung durch blasenförmige Ausstülpungen der Kernmembran neu ent-stehen, sich später von der Kernoberfläche ablösen und in das Plasma wandern. Wenngleich die beigefügten Abbildungen (vgl. auch Bell u.

Mühlethaler) diese morphologische Diskontinuität von Plastiden und Mitochondrien noch nicht ganz überzeugend belegen, da keine Zelle gezeigt wird, die vollkommen frei von diesen Organellen ist, und die genetischen Schlußfolgerungen der Autoren nicht ganz zutreffend sind (vgl. Stubbe; Schötz), mehren sich doch die Befunde, die die Meyer-Schimper'sche Kontinuitätstheorie in ihrer ursprünglichen Form in Frage stellen. Weitere elektronenmikroskopische Daten für eine Neubildung führen Camefort für Mitochondrien und Hohl, Onishchenko und Badenhuizen für Plastiden an; aber alle unterliegen der gleichen Schwierigkeit, daß man bisher in den frühesten Entwicklungsstadien nicht sicher zwischen Plastiden bzw. Mitochondrien und anderen vesikulären Plasmastrukturen unterscheiden kann. Von besonderem Wert sind in diesem Zusammenhang weitere Untersuchungen an apochlorotischen Algen [Pringsheim (1, 2)] sowie insbesondere an *Euglena gracilis* (vgl. Fortschr. Bot. 23, 289). Schiff, Lyman u. Epstein konnten hier nämlich die Replikation der Chloroplasten durch UV-Bestrahlung vollständig blockieren, so daß 100%ig albinotische Kolonien entstanden. Die weitere Entwicklung einmal gebildeter Vorstufen zu grünen Chloroplasten wurde hingegen durch UV nicht mehr beeinflußt, sondern war lediglich lichtabhängig (mit einem der Protochlorophyllabsorption entsprechenden Aktionsspektrum). Die Vermehrung der für eine normale Chloroplastenentwicklung notwendigen Vorstufen (Nucleoproteid-Partikel?) und ihre spätere morphologische Ausdifferenzierung sind also bei *Euglena* zwei getrennte Vorgänge. Dementsprechend läßt sich die obige Diskussion um die Schimper'sche Kontinuitätstheorie in die Frage zusammenfassen, ob die persistierenden, selbstreproduzierenden Erbträger des Plastoms von Anfang an in den Plastiden lokalisiert sein müssen oder ob sie im Falle einer morphologischen Diskontinuität der Plastiden zunächst nicht auch außerhalb derselben vorkommen können und erst im Verlauf der Entwicklung in diese eingebaut werden (vgl. Haustein). Mit beiden Hypothesen (nicht aber mit der Vorstellung von einer ausschließlichen Neubildung aus dem mütterlichen Kern, die Mühlethaler u. Bell postulierten) wäre eine völlige Übereinstimmung mit den bisherigen klassischen Versuchen zur genetischen Kontinuität des Plastoms zu erzielen.

Literatur

Abel, W. O.: Chromosoma 11, 322—334 (1960). — Ahnström, G., and A. T. Natarajan: Nature (Lond.) 188, 961—962 (1960). — Alexander, P.: Proc. 3rd Austral. Conf. Radiobiol., S. 287—297, London 1961. — Alexander, P., and J. T. Lett: Biochem. Pharmacol. 4, 34—48 (1960). — Amenta, P. S.: Stain Technol. 36, 15—19 (1961). — Arnold, C. G.: Z. Vererbungsl. 93, 417—434 (1962). — Avanzi, S.: (1) Genet. agr. 13, 113—122 (1960); — (2) Caryologia 14, 251—261 (1961).

Badenhuizen, N. P.: Canad. J. Bot. 40, 861—867 (1962). — Basu, M. C., G. Röbbelen u. A. Scheibe: Biol. Zbl. 81, 227—251 (1962). — Beatty, A. V., and J. W. Beatty: (1) Genetics 45, 331—344 (1960); — (2) Proc. nat. Acad. Sci. (Wash.) 46, 1488—1492 (1960); — (3) Radiat. Bot. 2, 65—69 (1962); — (4) Genetics 47, 942 (1962). — Beatty, A. V., J. W. Beatty and B. C. Moore: Radiat. Bot. 2, 109—114 (1962). — Bell, P. R., and K. Mühlethaler: J. Ultrastruct. Res. 7, 452—466 (1962). — Bellini, G., A. Bianchi and E. Ottaviano: Z. Vererbungsl. 92, 85—99 (1961). — Bhaskaran, S., and M. S. Swaminathan: (1) Genetica 31, 449—480

(1960); — (2) 32, 1—32 (1961). — Bianchi, A., and M. Contin: (1) In: Effects of ionizing radiations on seeds. S. 359—369; Wien: Internat. Atomic Energy Agency 1961; — (2) Z. Vererbungsl. 93, 118—126 (1962). — Bloom, W.: (1) Ann. N. Y. Acad. Sci. 90, 353—356 (1960); — (2) Science 131, 1316 (1960). — Bowen, H. J. M., and J. Thick: Radiat. Res. 13, 234—241 (1960). — Brewbaker, J. L., and G. C. Emery: Radiat. Bot. 1, 101—154 (1962). — Brown, M. S.: Amer. J. Bot. 48, 532 (1961). — Burk, L. G., and D. U. Gerstel: J. Hered. 52, 203—206 (1961). — Burk, L. G., and T. C. Tso: J. Hered. 51, 184—187 (1960).

Callaghan, J. J., and P. Grun: J. biophys. biochem. Cytol. 10, 567—575 (1961). — Caldecott, R. S.: In: Effects of ionizing radiations on seeds. S. 3—24; Wien: Intern. Atomic Energy Agency 1961. — Camefort, H.: C. R. Acad. Sci. (Paris) 253, 2744—2746 (1961). — Carpio, M. D. A.: Genet. iber. 13, 219—235 (1961). — Caspar, A. L., and W. R. Singleton: Genetics 47, 946—947 (1962). — Cleland, R. E.: Planta 57, 699—712 (1962). — Cohn, N. S.: (1) Exper. Cell Res. 24, 596—599 (1961); — (2) Nature (Lond.) 192, 1093—1094 (1961); — (3) Genetics 46, 859 (1961). — Conger, A. D.: J. cell. comp. Physiol. 58, 27—32 (1961). — Crouse, H. V.: Chromosoma 12, 190—214 (1961).

Damon, E. G.: Phyton 17, 193—203 (1961). — Davidson, D.: (1) In: Radiation protection and recovery. S. 175—211; Oxford: Pergamon Press 1960; — (2) Ann. Bot. 24, 287—295 (1960); — (3) 5th Southeast. Development. Biol. Conf. Wakulla, Florida 1961; — (4) Chromosoma 12, 484—504 (1961); — (5) zit. nach Rieger, R., u. A. Michaelis (9). — Davies, D. R., and E. T. Wall: Int. J. Radiat. Biol. 2, 261—267 (1960). — Dawson, G. W. P.: Introduction to the cytogenetics of polyploids. Oxford: Blackwell 1962. — Dempsey, E., and M. M. Rhoades: Maize Genet. Coop. News Letter: 35, 65 (1961). — Dhillon, T. S., and E. D. Garber: Indian J. Genet. Plant Breed. 21, 206—211 (1961). — Dyck, P. L., and F. J. Zillinsky: Canad. J. Genet. Cytol. 4, 469—474 (1962).

Ehrenberg, A.: In: Free radicals in biological systems. S. 337—350; New York: Academic Press 1961. — Ellerström, S., and A. Hagberg: Sver. Utsädesför. Tidskr. 72, 192—209 (1962). — Emsweller, S. L., and J. Uhring: Amer. J. Bot. 49, 978—984 (1962). — Endrizzi, J. E.: Evolution 16, 325—329 (1962). — Enns, H., and E. N. Larter: (1) Canad. J. Plant Sci. 40, 570—571 (1960); — (2) Canad. J. Genet. Cytol. 4, 263—266 (1962). — Evans, H. J.: (1) In: Effects of ionizing radiations on seeds. S. 259—270; Wien: Intern. Atomic Energy Agency 1961; — (2) Genetics 46, 257—275 (1961); — (3) Intern. Rev. Cytol. 13, 221—321 (1962). — Evans, H. J., and T. R. L. Bigger: Genetics 46, 277—289 (1961). — Evans, H. J., and A. H. Sparrow: Brookhaven Symp. Biol. 14, 101—127 (1961).

Fredga, K., and P. O. Nyman: Exp. Cell Res. 22, 146—150 (1961).

Gaul, H.: (1) 2. Kongr. ,,Eucarpia", Köln, 6.—10. Juli 1959, S. 65—69; — (2) Genet. agr. 12, 297—318 (1960); — (3) In: Effects of ionizing radiations on seeds S. 117—138; Wien: Intern. Atomic Energy Agency 1961. — Gläss, E.: Int. J. Radiat. Biol. 4, 429—436 (1962). — Godward, M. B. E.: Nature (Lond.) 185, 706 (1960). — Grant, W. F., and P. M. Harney: Canad. J. Genet. Cytol. 2, 162—174 (1960).

Hagberg, A.: (1) 2. Kongr. ,,Eucarpia", Köln, 6.—10. Juli 1959, S. 235—248; — (2) Genet. agr. 12, 319—336 (1960); — (3) Hereditas 48, 243—246 (1962); — (4) Z. Pflanzenzücht. 47, 277—285 (1962). — Hagemann, R.: Kulturpflanze 9, 163—170 (1961). — Hagemann, R., u. F. Scholz: Züchter 32, 50—59 (1962). — Haque, A.: In: Effects of ionizing radiations on seeds. S. 327—332; Wien: Intern. Atomic Energy Agency 1961. — Hartmann, K. U., and C. Heidelberger: J. biol. Chem. 236, 3006—3013 (1961). — Haustein, E.: Z. Vererbungsl. 93, 531—533 (1962). — Heiner, R. E., C. F. Konzak, R. A. Nilan and H. Bartels: Nature (Lond.) 194, 788—789 (1962). — Heiner, R. E., C. F. Konzak, R. A. Nilan and R. R. Legault: Proc. nat. Acad. Sci. (Wash.) 46, 1215—1221 (1960). — Hohl, H. R.: Phytopathol. Z. 40, 317—356 (1961).

Ibrahim, M. A.: Genetics 46, 1567—1672 (1961). — Iizuka, M., and J. Janick: Genetics 47, 1225—1241 (1962).

Jain, H. K.: Chromosoma 12, 812—818 (1962). — James, A. P., and I. Müller: Radiat. Res. 14, 779—788 (1961). — Jamieson, H. D., and J. Read: Int. J. Radiat. Biol. 4, 487—493 (1962).

KALIA, H. R.: J. Genet. **58**, 65—80 (1962). — KAMRA, O. P., and S. K. KAMRA:
(1) Canad. J. Genet. Cytol. **4**, 255—262 (1962)·; — (2) Genetics **47**, 946 (1962). —
KAMRA, O. P., S. K. KAMRA, R. A. NILAN and C. F. KONZAK: (1) Hereditas **46**,
152—170 (1960); — (2) **46**, 261—273 (1960). — KATO, Y.: Japan. J. Genet. **35**,
251—256 (1960). — KEMPANNA, C., and R. RILEY: Nature (Lond.) **195**, 1270—1273
(1962). — KIHARA, H., and K. TSUNEWAKI: Proc. Jap. Acad. **36**, 658—663 (1960). —
KIHLMAN, B. A.: (1) Exper. Cell Res. **20**, 657—659 (1960); — (2) Radiat. Bot. **1**,
35—42 (1961); (3) **1**, 43—50 (1961); (4) **1**, 51—60 (1961); — (5) Exper. Cell.
Res. **25**, 694—697 (1961); — (6) Abh. dtsch. Akad. Wiss. Berlin. Kl. Med., Nr. 1,
S. 131—140, 1962; — (7) Adv. Genet. **10**, 1—59 (1961); — (8) Exper. Cell Res. **27**,
604—607 (1962); — (9) Caryologia **15**, 261—277 (1962). — KIHLMAN, B. A., and T.
ERIKSSON: Hereditas **48**, 520—529 (1962). — KIHLMAN, B. A., and G. ODMARK:
Radiat. Bot. **27**, 27—34 (1962). — KIMBER, G.: Nature (Lond.) **191**, 98—100
(1961). — KIRBY-SMITH, J. S., B. NICOLETTI, and M. L. GWYN: (1) Genetics **45**, 996
(1960); — (2) Abstr. Intern. Biophys. Congr. Stockholm, 31. Juli—4. Aug. 1961. —
KIRBY-SMITH, J. S., and M. L. RANDOLPH: In: Symposium on recovery of cells
from injury. ORNL, S. 1—11 (1961). — KLINGMÜLLER, W.: (1) Planta **56**, 290—301
(1961); — (2) Intern. J. Radiat. Biol. **4**, 255—276 (1962). — KLINGMÜLLER, W., and
G. R. LANE: Nature (Lond.) **185**, 699—700 (1960). — KONZAK, C. F., H. J. CURTIS,
N. DELIHAS and R. A. NILAN: Canad. J. Genet. Cytol. **2**, 129—141 (1960). — KON-
ZAK, C. F., R. A. NILAN, J. R. HARLE and R. E. HEINER: Brookhaven Symp. Biol.
14, 128—157 (1961). — KONZAK, C. F., R. A. NILAN, R. R. LEGAULT and R. E.
HEINER: In: Effects of ionizing radiations on seeds. S. 155—169; Wien: Intern.
Atomic Energy Agency 1961. — KROLOW, K. D.: Z. Pflanzenzücht. **48**, 177—196
(1962). — KURABAYASHI, M., H. LEWIS and P. H. RAVEN: Amer. J. Bot. **49**, 1003 to
1026 (1962).
    LACHANCE, L.: (1) Proc. nat. Acad. Sci. (Wash.) **46**, 1501—1506 (1960); —
(2) Genetics **45**, 997 (1960); — (3) Amer. J. Bot. **48**, 489—492 (1961); — (4) Radiat.
Bot. **1**, 203—208 (1962). — LACHANCE, L. E., and D. M. STEFFENSEN: Exp. Cell
Res. **20**, 519—528 (1960). — LARSON, R. I., and M. D. MACDONALD: Canad. J.
Genet. Cytol. **4**, 97—104 (1962). — LARSSON, B., and B. A. KIHLMAN: Int. J. Radiat.
Biol. **2**, 8—19 (1960). — LAWRENCE, C. W.: (1) Heredity **16**, 83—89 (1961); —
(2) Radiat. Bot. **1**, 92—96 (1961). — LESLEY, J. W., and M. M. LESLEY: Genetics **46**,
831—844 (1961). — LIMA-DE-FARIA, A.: J. theor. Biol. **2**, 7—15 (1962). — LINNERT,
G.: Z. Vererbungsl. **93**, 389—398 (1962).
    MAGUIRE, M. P.: Science **138**, 445—446 (1962). — MARTINOLI, G.: Caryologia **14**,
31—34 (1961). — MATSUURA, H., and M. IWABUCHI: (1) J. Fac. Sci. Hokkaido Univ.,
Ser. V, **8**, 115—142 (1962); (2) **8**, 101—113 (1962). — MATSUURA, H., T. SAHO,
S. TANIFUJI and M. IWABUCHI: J. Fac. Sci. Hokkaido Univ., Ser. V, **8**, 173—200
(1962). — MATSUURA, H., and S. TAKEHISA: J. Fac. Sci. Hokkaido Univ., Ser. V, **8**,
86—100 (1962). — MATSUURA, H., and S. TANIFUJI: J. Fac. Sci. Hokkaido Univ.,
Ser. V, **8**, 157—172 (1962). — MATSUURA, H., S. TANIFUJI and M. IWABUCHI: J. Fac.
Sci. Hokkaido Univ., Ser. V, **8**, 57—73 (1962). — MATSUURA, H., S. TANIFUJI, M.
IWABUCHI and H. KANAZAWA: Jap. J. Genet. **37**, 348—356 (1962). — MATSUURA,
H., S. TANIFUJI, T. SAHO and M. IWABUCHI: J. Fac. Sci. Hokkaido Univ., Ser. V, **8**,
75—85 (1962). — MATSUURA, H., S. TANIFUJI, T. SAHO, M. IWABUCHI and S. TAKI-
ZAWA: J. Fac. Sci. Hokkaido Univ., Ser. V, **8**, 201—208 (1962). — MCGINNIS, R. C.:
Canad. J. Genet. Cytol. **4** 296—301 (1962). — MCGINNIS, R. C., and G. Y. ANDREWS:
Canad. J. Genet. Cytol. **4**, 1—5 (1962). — MCGINNIS, R. C., and D. K. TAYLOR:
Canad. J. Genet. Cytol. **4**, 436—443 (1961). — MEISELMAN, N., A. H. SPARROW and
J. E. GUNCKEL: Bull. Torrey bot. Club **88**, 30—38 (1961). — MERZ, T.: Science **133**,
329—330 (1961). — MERZ, T., C. P. SWANSON and N. S. COHN: Science **133**, 703—705
(1961). — MICHAELIS, A., H. NICOLOFF and R. RIEGER: Biochem. biophys. Res.
Comm. **9**, 280—284 (1962). — MICHAELIS, A., u. R. RIEGER: (1) Züchter **30**, 150—163
(1960); — (2) Biol. Zbl. **80**, 301—317 (1961); — (3) Abh. dtsch. Akad. Wiss. Berlin,
Kl. Med., Nr. 1, S. 106—112, 1962(). — MICHAELIS, P.: (1) Planta **58**, 34—49 (1962);
— (2) Biol. Zbl. **81**, 91—128 (1962); — (3) Protoplasma **55**, 177—231 (1962). —
MITRA, J., and F. C. STEWARD: Amer. J. Bot. **48**, 358—368 (1961). — MOHANTY,
R. N.: Indian J. Genet. Plant Breed. **20**, 136—143 (1960). — MORRISON, J. W., and
T. RAJHATHY: Chromosoma **11**, 297—309 (1960). — MOUTSCHEN, J.: (1) Hereditas

46, 471—480 (1960); — (2) Radiobiol. lat. (Milano) 3, 271—277 (1960); — (3) Lejeunia, N. S. 3, 1—12 (1961); (4) 10, 1—9 (1961); — (5) Bull. Soc. roy. Bot. Belgique 95, 73—84 (1962). — MOUTSCHEN, J., et M. MOUTSCHEN-DAHMEN: Cellule 62, 159—169 (1962). — MOUTSCHEN-DAHMEN, J. et. M.: (1) Hereditas 46, 253—260 (1960); — (2) In: Effects of ionizing radiations on seeds. S. 333—344; Wien: Intern. Atomic Energy Agency 1961. — MOUTSCHEN-DAHMEN, M. et J., et W. G. VERLY: Radiobiol. lat. (Milano) 4, 179—193 (1961). — MOUTSCHEN-DAHMEN, J. and M., W. G. VERLY and G. KOCH: Exp. Cell Res. 20, 585—588 (1960). — MÜHLETHALER, K., u. P. R. BELL: Naturwissenschaften 49, 63—64 (1962). — MÜLLER, I., u. E. A. LÖBBECKE: Atompraxis 7, 103—109 (1961). — MUKHERJEE, R. N.: (1) Nucleus 4, 145—150 (1961); — (2) Current Sci. 31, 167 (1962).

NATARAJAN, A. T.: Exp. Cell Res. 22, 275—281 (1961). — NATARAJAN, A. T., M. RAY and M. S. SWAMINATHAN: Caryologia 14, 349—373 (1961). — NEARY, G. J., J. R. K. SAVAGE and H. J. EVANS: In: Effects of ionizing radiations on seeds. S. 251—257; Wien: Intern. Atomic Energy Agency 1961. — NILAN, R. A.: (1) Genet. agr. 12, 283—296 (1960); — (2) Sver. Utsädesför. Tidskr. 70,110—118 (1960). — NILAN, R. A., and C. F. KONZAK: In: Mutation and plant breeding. Nat. Acad. Sci. (Wash.) Publ. 891, S. 437—460, 1961. — NILAN, R. A., C. F. KONZAK, E. FROESE-GERTZEN and N. S. RAO: Abh. dtsch. Akad. Wiss. Berlin, Kl. Med., Nr. 1, S. 141—152, 1962. — NILAN, R. A., C. F. KONZAK, R. R. LEGAULT and J. R. HARLE: In: Effects of ionizing radiations on seeds. S. 139—154; Wien: Intern. Atomic Energy Agency 1961. — NUJDIN, N. I., and R. L. DOZORZEVA: Izv. Akad. Nauk SSSR, Ser. Biol. 26, 679—692 (1961). — NUTI-RONCHI, V.: Caryologia 14, 193—203 (1961). — NUTI-RONCHI, V., and F. D'AMATO: Caryologia 14, 163—165 (1961). — NUTI-RONCHI, V., e G. MARTINI: Caryologia 15, 293—302 (1962).

OCKEY, C. A.: Abh. dtsch. Akad. Wiss. Berlin, Kl. Med., Nr. 1, S. 47—53, 1960. — ODMARK, G., and B. A. KIHLMAN: Nature (Lond.) 194, 595—596 (1962). — OEHLKERS, F., u. H. BERGFELD-GÄRTNER: Z. Vererbungsl. 93, 264—279 (1962). — OHNO, R.: Jap. J. Genet. 35, 120—124 (1960). — OHNO, R., and S. TANIHUZI: (1) Jap. J. Genet. 35, 125—132 (1960); (2) 35, 167—176 (1960). — OKAMOTO, M., and E. R. SEARS: Canad. J. Genet. Cytol. 4, 24—30 (1962). — ONISHCHENKO, L. I.: Ukrain. Bot. Z. 17, 20—28 (1960), zit. n. Biol. Abstr. 36, Nr. 73450. — OTTAVIANO, E.: Maydica 7, 99—114 (1962).

PAI, R. A., and M. S. SWAMINATHAN: Evolution 14, 427—432 (1960). — PATIL, B. D., and S. K. VOHRA: Current Sci. 31, 345—346 (1962). — PEACOCK, W. J.: Nature (Lond.) 191, 832—833 (1961). — PERSHAD, G. D., and C. C. BOWEN: (1) Nucleus 4, 39—46 (1961); — (2) J. Hered. 52, 67—72 (1961). — PERSHAD, G. D., S. A. KRANE, C. C. BOWEN and H. T. DAVID: Radiat. Res. 14, 184—191 (1961). — POWERS, E. L., R. B. WEBB and C. F. EHRET: Radiat. Res., Suppl. 2, 94—121 (1960). — PRENSKY, W.: Genetics 47, 977 (1962). — PRINGSHEIM, E. G.: (1) Vorträge a. d. Gesamtgebiet d. Botanik, N. F., Nr. 1, 85—88 (1962); — (2) Ber. dtsch. bot. Ges. 75, 335—337 (1962).

RAMAGE, R. T., C. R. BURNHAM and A. HAGBERG: Crop Sci. 1, 277—279 (1961). — READ, J.: (1) Proc. 3rd Austral. Conf. Radiobiol. Sidney, 15.—18. Aug. 1960; — (2) In: Effects of ionizing radiations on seeds. S. 217—227; Wien: Intern. Atomic Energy Agency 1961; — (3) Int. J. Radiat. Biol. 3, 95—98 (1961). — REES, H.: Heredity 17, 427—437 (1962). — REVELL, S. H.: In: Effects of ionizing radiations on seeds. S. 229—242; Wien: Intern. Atomic Energy Agency 1961. — RIEGER, R., u. H. BÖHME: Abh. dtsch. Akad. Wiss. Berlin, Kl. Med., Nr. 1, S. 38—62, 1962. — RIEGER, R., u. A. MICHAELIS: (1) Mber. dtsch. Akad. Wiss. Berlin 1, 51—53 (1959); — (2) Kulturpflanze 8, 230—243 (1960); — (3) Biol. Zbl. 79, 1—5 (1960); — (4) Abh. dtsch. Akad. Wiss. Berlin, Kl. Med., Nr. 1, S. 54—65 (1960); — (5) Mber. dtsch. Akad. Wiss. Berlin 2, 290—297 (1960); — (6) Chromosoma 11, 573—581 (1961); — (7) Naturwissenschaften 48, 139 (1961); — (8) Biochem. biophys. Res. Commun. 7, 331—335 (1962); — (9) Kulturpflanze 10, 212—292 (1962). — RICK, C. M., and G. S. KHUSH: Genetics 46, 1389—1393 (1961). — RILEY, H. P., and V. J. HOFF: Nucleus 3, 1—18 (1960). — RÖBBELEN, G.: Z. Vererbungsl. 93, 127—153 (1962). — ROSEWEIR, J., and H. REES: Nature (Lond.) 195, 203—204 (1962). — ROSS, J. G.: Manitoba med. Rev. 42, 536—539 (1962). — ROSS, J. G., and C. H. CHEN: Hereditas 48, 324—331 (1962). — ROSS, J. G., and W. H. MILLER: J. Hered. 52, 194—199

(1961). — Ross, W. C.: Biological alkylating agents. Cancer Monograph Ser., London 1962. — Rutishauser, A.: Arch. J. Klaus-Stift. Vererb. forsch. 35, 413—418 (1960).

Sanders, M. E., and C. J. Franzke: (1) Nature (Lond.) 196, 696—698 (1962); — (2) Amer. J. Bot. 49, 990—996 (1962). — Savage, J. R. K., G. J. Neary and H. J. Evans: J. biophys. biochem. Cytol. 7, 79—85 (1960). — Sax, K., and H. J. Sax: Radiat. Bot. 1, 80—83 (1961). — Schertz, K. F.: Canad. J. Genet. Cytol. 4, 179—186 (1962). — Schiff, J. A., H. Lyman and H. T. Epstein: Biochim. biophys. Acta 51, 340—346 (1961). — Schötz, F.: Planta 58, 333—336 (1962). — Schröder, K. H.: Z. Bot. 50, 348—367 (1962). — Sears, E. R.: (1) Wheat Inform. Serv. 12, 12—13 (1961); — (2) Genetics 47, 983 (1962). — Sharma, A. K., and A. K. Chatterji: Nucleus 5, 67—74 (1962). — Sharma, A. K., and M. Sarma: Nucleus 4, 157—168 (1961). — Sharma, A. K., and A. Sharma: (1) Int. Rev. Cytol. 10, 101—136 (1960); — (2) Nucleus 3, 215—224 (1960); — Sharma, A. K., and C. Talukdar: Proc. nat. Inst. Sci. India 27, 6—12 (1961). — Shaver, D. L.: Canad. J. Genet. Cytol. 4, 226—233 (1961). — Shaver, D. L., and A. H. Sparrow: Genetics 47, 984 (1962). — Simantel, G. M., J. G. Ross, C. C. Huang and H. D. Haensel: Proc. South Dakota Acad. Sci. 1962. — Singh, B. B., B. Venkateraman, N. K. Notani, C. Mouli and K. C. Bora: In: Biological effects of ionizing radiation at the molecular level. S. 1—13; Wien: 1962. — Skalinska, M.: Folia Biol. 10, 155—167 (1962). — Sparrow, A. H., R. L. Cuany, J. P. Miksche and L. A. Schairer: (1) Radiat. Bot. 1, 10—34 (1961); — (2) In: Effects of ionizing radiations on seeds. S. 289—320; Wien: Intern. Atomic Energy Agency 1961. — Sparrow, A. H., and H. J. Evans: Brookhaven Symp. Biol. 14, 76—100 (1961). — Sparrow, A. H., and J. P. Miksche: Radiat. Res. 12, 475 (1960). — Sparrow, A. H., J. P. Miksche and H. J. Evans: Radiat. Res. 14, 505 (1961). — Sparrow, A. H., L. A. Schairer and J. P. Miksche: Bull. Ecol. Soc. Amer. 42, 95 (1961). — Sparrow, A. H., and G. M. Woodwell: Radiat. Bot. 2, 9—26 (1962). — Steffensen, D. M.: (1) In: The cell nucleus. Proc. meeting Faraday Soc. S. 216—221, London: Butterworths 1960; — (2) Int. Rev. Cytol. 12, 163—197 (1961). — Steffensen, D. M., and L. E. LaChance: In: Radioisotopes in the biosphere. S. 132—145; Minneapolis 1960. — Stubbe, W.: Z. Vererbungsl. 93, 175—176 (1962). — Swaminathan, M. S.: In: Effects of ionizing radiations on seeds. S. 279 to 288; Wien: Intern. Atomic Energy Agency 1961. — Swaminathan, M. S., and M. V. P. Rao: Science 132, 1842 (1960). — Sybenga, J.: Radiat. Res. 12, 478 (1960).

Takehisa, S.: Jap. J. Genet. 36, 200—205 (1961). — Taylor, J. H.: Int. Rev. Cytol. 13, 39—73 (1962). — Taylor, J. H., W. F. Haut and J. Tung: Proc. nat. Acad. Sci. (Wash.) 48, 190—198 (1962). — Thomas, S.: Current Sci. 29, 376—379 (1960). — Tokumasu, S.: Mem. Ehime Univ., Sect. VI (Agricult.) 7, 177—349 (1961). — Tsuchiya, T.: (1) Seiken Ziho 11, 29—37 (1960); — (2) Jap. J. Genet. 35, 58—65 (1960). — Tsunewaki, K.: (1) Ann. Rep. nat. Inst. Genet. Misima, Japan 11, 46 (1961); — (2) Jap. J. Genet. 37, 155—168 (1962). — Tsunewaki, K., and H. Kihara: Wheat Inform. Serv. 12, 1—3 (1961).

Van't Hof, J., G. B. Wilson and A. Colon: Chromosoma 11, 313—321 (1960). — Vasek, F. C.: Amer. J. Bot. 49, 536—539 (1962). — Vettel, F. K.: Züchter 30, 181—189 (1960).

Wakonig-Vaartaja, R., and J. Read: Radiat. Bot. 2, 53—63 (1962). — Wangenheim, K. H. von: Z. Vererbungsl. 93, 319—334 (1962). — Wettstein, D. von: Canad. J. Bot. 39, 1537—1545 (1961). — Wilson, G. B., and A. H. Sparrow: Chromosoma 11, 229—244 (1960). — Wolff, S.: (1) Radiat. Res., Suppl. 1, 453—462 (1959); — (2) Amer. Naturalist 94, 85—93 (1960); — (3) Radiat. Res., Suppl. 2, 122—132 (1960); — (4) In: Radiation protection and recovery. S. 157—174, Oxford: Pergamon Press 1960; — (5) Radiat. Res. 14, 517 (1961); — (6) J. cell. comp. Physiol., Suppl. 1, 58, 151—162 (1961); — (7) In: Mechanisms in radiobiology. Bd. 1, S. 419—476, New York: Academic Press 1961. — Wolff, S., and H. E. Luippold: In: Progress in photobiology. Proc. 3rd intern. Congr. Photobiol., S. 457—460, 1961. — Wolff, S., and A. M. Sicard: In: Effects of ionizing radiations on seeds. S. 171—179; Wien: Intern. Atomic Energy Agency 1961. — Woodard, J., E. Rasch and H. Swift: J. biophys. biochem. Cytol. 9, 445—462 (1961).

Yu, C. K., and E. O. Dodson: Genetics 46, 1411—1423 (1961).

Zecevic, L.: Beograd Inst. Biol. N. R. Srbije 1960.

20. Wachstum

Von Jakob Reinert, Berlin

21a. Entwicklungsphysiologie

Von Anton Lang, Pasadena, Californien (USA)

Die Beiträge folgen in Band 26

21b. Physiologie der Fortpflanzung und Sexualität

Von Hansferdinand Linskens, Nijmegen (Holland)

Allgemeines

Auf den grundsätzlichen Unterschied zwischen Fertilität (Zahl der Antheren, der Samenanlagen, usw.) und Sexualität (Blütenzahl je Pflanze) hat Schwanitz hingewiesen. Für die ökotypische Variation innerhalb einer Art spielt die Fortpflanzungsbiologie eine entscheidende Rolle (Baker). Die Wechselwirkung zwischen Fortpflanzung und vegetativem Wachstum hat Leonard zusammenfassend dargestellt.

Geschlechtliche Differenzierung. Erstmalig gelang es Galun, Jung u. Lang die sexuelle Differenzierung an *Cucumis*-Blüten in vitro umzukehren: männliche Knospen können bei Anwesenheit von IES total verweiblicht werden.

Bei *Allomyces* konnte Turian zeigen, daß die Differenzierung der männlichen Geschlechtsorgane mit einer polaren Akkumulation eines biochemischen Systems einhergeht, das die DNS-Synthese in dem prospektiven männlichen Bereich des Cytoplasmas der Hyphe begünstigt, während in den künftig weiblichen Bereichen der Hyphe vorzugsweise die RNS-Synthese begünstigt wird. Die Nucleolen beeinflussen direkt oder indirekt die sexuelle Differenzierung (Herich).

Das früher mitgeteilte Ergebnis, wonach weibliche Pflanzen von *Cannabis* einen höheren Wuchsstoffgehalt haben als männliche (Fortschr. Bot. **24**, 364), konnte für die vegetativen Teile allein nicht bestätigt werden (Conrad). Das vorzeitige Vergilben der männlichen Pflanzen kann durch Wuchsstoffuntersuchungen daher kaum erklärt werden.

Meiose. Die Tatsache, daß die vertikale Zonierung, der jahreszeitliche Wechsel und die Verbreitung hinsichtlich der geographischen Breite für die Alge *Prasiola* durch die Lebensform (entweder Meiosporophyt oder Gametophyt) bestimmt wird, die Trennung in sexuelle und sporenbildende Formen jedoch durch das Stattfinden, respektive den Ausfall der Meiose kontrolliert wird, weist auf ökologische Aspekte im Vorkommen der Meiose (Friedmann).

Phänotypische Geschlechtsbestimmung bei Algen

Bei *Spirogyra* erfolgt offensichtlich die Geschlechtsbestimmung als Folge einer physiologisch-inäqualen Zellteilung beim Übergang vom 8-Zell- zum 16-Zell-Stadium. Der physiologisch inhomogene Zustand kann an der Plasmolyseform abgelesen werden: Konvexplasmolyse ist der Ausdruck des vegetativen Zustandes, während eckige Plasmolyseform Kopulationsbereitschaft anzeigt. Weiterhin ergab sich, daß bei der diözischen *Spirogyra majuscula* die Bildung normaler Kopulationskanäle unabhängig von dem Vorhandensein eines Kopulationspartners oder eines Kontaktreizes erfolgt (REICHART).

Da es erstmalig gelang, diploide Gameten bei *Ulva* nachzuweisen, muß man folgern, daß bei dieser Gattung kein Kausalzusammenhang zwischen Kernphasen- und Generations-Wechsel besteht (FÖYN).

Sexualphysiologie der Moose

Von großem Interesse sind die Regenerationsversuche an Moosen. BAUER (1, 2) fand bei Arten der haplomonözischen Gattung *Splachnum* zwei Gruppen von Sporogon-Regeneraten, die sich durch das Überwiegen von männlichen bzw. weiblichen Geschlechtsorganen auszeichnen. Auffallend ist ein stabiler männlicher Stamm, der keinen Rückschlag zur Bildung von weiblichen Organen zeigte. Da BAUER eine „klassische" Mutation auszuschließen können glaubt, kommt den Befunden große theoretische Bedeutung zu.

Induktion von Gametophoren. Als entscheidender Faktor für die Bildung der Knospen bei Laubmoosen wurde Kinetin entdeckt (SZWEYNOWSKA [1, 2)], während IES allein hemmend wirkt. Kombinationen von Kinetin und IES verstärken den Induktionseffekt. Die in Flüssigkeitskulturen (SZWEYKOWSKA u. MACKOWIAK) gewonnenen Resultate zeigen, daß bei der Gametophoren-Bildung Licht im Dunkeln durch Kinetin ersetzt werden kann.

Die Sporangium-Induktion von *Polytrichum* scheint in erster Linie durch innere Faktoren eingeleitet zu werden (HUGHES). Das Auftreten von 2 und mehr Sporophyten in einer weiblichen Inflorescenz (Polysetie) wird für zahlreiche *Musci* beschrieben, wobei der Ursachenkomplex offen bleibt (LONGTON).

Sexualität der Pteridophyten

Gametophytische Differenzierung. In Callus-Kulturen von *Pteris* kann durch Zuckerkonzentration von 0,1 g/l und höher sporophytische Differenzierung eingeleitet, durch Entfernung der exogenen Zuckerquelle die Entwicklung zu Gametophyten umgesteuert werden (BRISTOW). Auch bei *Pteridium* führt die Anwesenheit energieliefernder Substrate zu Differenzierungsverschiebungen (WHITTIER).

Antheridienbildung. Zur Physiologie der Antheridien-Induktion sind entscheidende Fortschritte zu berichten, die eine Annäherung der Auffassungen von DÖPP und NÄF erkennen lassen. Die Fragestellung, durch die Beobachtung von DÖPP (1950) angeregt, daß wäßrige Prothallien-Extrakte die Antheridienbildung auf Vorkeimen von *Pteridium* beschleunigen, hat durch den Kontakt zwischen der Marburger und New Yorker Arbeitsgruppe an Präzision gewonnen. Der Antheridial-Substanz kann Hormoncharakter zugeschrieben werden (DÖPP). In dem Prothallium besteht eine sensible Phase, in der bei Anwesenheit des A-Faktors infolge Verbrauchs von Wachstumspotential eine Depression des vegetativen Wachstums auftritt. Im reifenden Gametophyten tritt ein Verlust der Sensitivität gegenüber dem A-Faktor auf [NÄF (1)]. Es kann angenommen werden, daß der Antheridial-Faktor durch die Entfernung einer Blockierung der Antheridium-Bildung wirkt [NÄF (2)].

Zur Deutung führt DÖPP eine *Hemmsubstanz H* ein, die nur in rasch wachsenden Prothallien vorhanden ist, in kleinen meristemlosen Vorkeimen jedoch fehlt. Die Verschiedenheit der Prothallien von *Pteridium aquilinum* wird von DÖPP folgendermaßen gedeutet: die großen, rein weiblichen Prothallien bilden keine Antheridien, weil die Hemmsubstanz H deren Bildung schon frühzeitig verhindert. Die kleinen, rein männlichen Prothallien bilden nur sehr geringe Hemmsubstanz-Mengen. In den zwittrigen Prothallien ist die in der sensiblen Phase gebildete Hemmstoffmenge infolge der reduzierten Meristemaktivität zu gering, um die Wirkung der A-Substanz auszuschalten. Der A-Substanz kommt daher nach DÖPP eine doppelte Funktion zu: a) Aufhebung des Blockes der H-Substanz für die Antheridiumentwicklung, b) Induktion der Antheridium-Bildung.

Die chemische Natur der A-Substanz hat PRINGL noch nicht vollständig klären können: er erhielt eine hochwirksame phosphorfreie, ninhydrinnegative Fraktion, die die Eigenschaften einer komplexen, ungesättigten Carbonsäure besaß. Hinsichtlich der Wirksamkeit erwies sich in Versuchen von SCHRAUDOLF Gibberellinsäure in der Lage, die früher von NÄF beschriebenen (vgl. Fortschr. Bot. **23**, 350) Induktionsleistungen des *Anemia*-Faktors hervorzurufen. Doch scheint die GS nicht generell als Antheridium-Faktor angesehen werden zu können, da die Auslösung der Antheridienbildung wohl bei *Anemia* und *Lygodium*, nicht aber bei *Polypodium* gelang.

Oogenese. Während der Ei-Reifung, die bei *Pteridium* innerhalb von 24 Std abläuft, spielen sich umfangreiche Umbauprozesse ab, die sich sowohl elektronenmikroskopisch (BELL u. MÜHLETHALER), als auch mittels Autoradiographie verfolgen lassen (BELL); die Autoren berichten von Ausstülpungen des Zellkernes in das Cytoplasma, die mit den bisher erst bei Pilzen und bei tierischen Objekten beobachteten Vesikel-Bildungen der Kernmembran übereinstimmen (MEEK u. MOSES, MOORE u. MC-ALEAR). Besonders sensationell waren die Befunde, mit denen MÜHLETHALER und BELL glauben den Nachweis erbracht zu haben, daß in den sich entwickelnden Archegonien Plastiden und Mitochondrien in der Eizelle *de novo* gebildet werden. Die Degenerationsprodukte sollen zur Bildung der Eimembran verwendet werden. Noch vor dem Eintreffen des männlichen Kernes entstehen aus den Kernwand-Vesikeln neue Mitochondrien, die sich später zu Plastiden auswachsen, deren Differenzierung allerdings erst nach der Teilung der befruchteten Eizelle erfolgt.

Es verwundert nicht, daß diese umstürzenden Befunde nicht unwidersprochen blieben; vor allem von der Seite der Genetik wurden schwerwiegende Einwände erhoben (SCHÖTZ; STUBBE; SCHÖTZ u. STUBBE), die jedoch in erster Linie auf den klassischen Ergebnissen der Plastiden-Genetik von v. WETTSTEIN, RENNER und MICHAELIS u. a. fußen (vgl. auch HAUSTEIN).

Physiologie der Blütenorgane

Nektar-Sekretion. Die weitere Analyse floraler Nektarien ergab (vgl. Fortschr. Bot. **24**, 366), daß es sich nicht um eine spezifische Zuckerabscheidung handelt, sondern um einen polaren Austritt zahlreicher, löslicher Zellinhaltsbestandteile [LÜTTGE (1)]. Offensichtlich sind an der Sekretion Enzymreaktionen beteiligt, die Magnesium als Co-Faktor benötigen [LÜTTGE (2)]. Die Rückresorption des Blütennektars ist ein aktiver Vorgang, der durch das Entfernen des Fruchtknotens stimuliert wird [LÜTTGE (3)].

Anthese. Die Öffnung der Blüten zeigt eine positive Korrelation zu Temperatur und Licht, durch welche sie aktiviert wird. Wind verhindert Anthese, während überraschenderweise die relative Luftfeuchtigkeit bei Gräsern keinen direkten Effekt hat [EMECZ (1, 2)]. Die Lebensdauer der Perigone wird durch die Temperatur bestimmt. Höhere Temperaturen während der Anthese der Zungenblüten von *Dahlia* bewirken erhöhte R_Q-Werte [RUNKEL (1)]. Das Streckungswachstum der Blütenachse bei einer kleistogamen Gras-Blüte erwies sich als tageslängenabhängig [HESLOP-HARRISON (1)]. Die flüchtigen Duftstoffe der Mais-Blüte sind geschlechtscharakteristisch (PORUTSKII u. CHEREDNICHENKO).

Alterung der Blüte. Die Blütenfärbung ist kein isoliertes Phänomen, sondern muß unter dem Gesichtspunkt des altersbedingten Stoffwechsels gesehen werden. Das klimakterische Maximum der Atmung der Blüten steht im Zusammenhang mit den chymochromen Stadien der Blüten; beide sind für das Stadium des Plasmaabbaues kennzeichnend (REZNIK). Bei den Petalen von *Tradescantia* beginnt der Absterbevorgang in den apikalen Teilen an der Unterseite (HORIE). Bei der Alterung verschwinden die tagesperiodischen Schwankungen im Atmungsstoffwechsel, während der R_Q-Wert charakteristisch ansteigt [RUNKEL (1)]. Bei plötzlich eintretendem Temperaturwechsel treten verschiedenartige Reaktionstypen hinsichtlich der Atmung und der R_Q-Veränderungen auf, die nicht durch physikalische Faktoren bestimmt sind [RUNKEL (2)].

Das Abwerfen der Blütenteile und der Früchte erfolgt grundsätzlich nach den gleichen Gesetzlichkeiten und Mechanismen wie bei den Laubblättern (JACOBS).

Entwicklung der Früchte. Während bei *Pyrus* die Entwicklung der Frucht normalerweise von einer erfolgreichen Befruchtung abhängig ist, kann der für das Fruchtwachstum erforderliche Zellteilungsfaktor davon unabhängig anwesend sein. In jungen *Prunus*-Früchten werden zwei synergistische Zellteilungsfaktoren gefunden, von denen der eine 10mal wirksamer ist als Kokosnußmilch, aber nicht mit Kinetin identisch ist (LETHAM u. BOLLARD). Die biochemischen Grundlagen der Frucht-Reifung haben BIALE und YOUNG dargestellt. Die Atmungskurve der reifenden Erdnuß zeigt einen starken Anstieg während der Periode der Fettsynthese; der Atmungsquotient des sich rasch entwickelnden Embryos ist größer als 2,5 (SCHENK).

Physiologie des Ovariums

Die Kultur von Ovarien auf synthetischem Medium hat neue Einsichten in den Wuchsstoffhaushalt gebracht (JOHRI). Bei Exstirpation unbefruchteter Samenanlagen kann auch bei Zusatz von Kinetin und IES keine Weiterentwicklung beobachtet werden (MAHESHWARI u. LAL).

Wird das Ovar jedoch erst nach der Bestäubung herausgenommen, so werden normale, wenn auch kleinere Früchte erhalten (SACHAR u. KANTA).

Ausführliche elektronenmikroskopische Studien über die plasmatische Organisation der Oospore und der Zentralzelle von *Pinus laricio* hat CAMEFORT (1—7) vorgelegt. RYCZKOWSKI (1—3) setzte seine Unteruchungen des osmotischen Zustandes in den Zentralvacuolen fort; für weitere Objekte werden die charakteristischen Konzentrationsänderungen bestätigt und im wesentlichen auf Kohlenhydrat-Transformationen zurückgeführt. In den Ovarien der Banane werden zwei verschiedene Wuchsstoff-Systeme gefunden (SIMMONDS); IES konnte mit Sicherheit festgestellt werden, sie entsteht wahrscheinlich auch in den Ovarien aus Tryptophan, das bei fortgeschrittener Entwicklung im Extrakt verschwindet (SHANMUGAVELU u. RANGASWAMI).

Haustorien. Bei zahlreichen *Angiospermen* zeigen die Antipoden und Suspensoren einen extrem hohen Polyploidie-Grad *(Phaseolus:* 4096 n*)* mit Riesenchromosomen [NAGL (1, 2); HASITSCHKA-JENSCHKE]. In diesen Fällen scheint der Suspensor die Funktion übernommen zu haben, dem heranwachsenden Embryo Nahrungsstoffe zuzuführen. Bei *Cotula (Compositae)* wird nach Eintritt der Befruchtung eine der beiden Synergiden zu einem Haustorium, das während der frühen Embryoentwicklung funktionsfähig bleibt (DAVIS).

Abort von Samenanlagen. Die Ursache für die Abortion der Samenanlagen in Kreuzungen zwischen Eltern mit verschiedenen Chromosomenzahlen beruht nach v. WANGENHEIM (1, 2) nicht auf einer Störung des Verhältnisses der an der Samenentwicklung beteiligten Gewebe, sondern in dem abgeänderten Verhältnis eines extrachromosomalen Faktors und der Zahl der Chromosomensätze.

Physiologie der Antheren

Die Entwicklung der Antheren ist durch eine Reihe von morphologischen und physiologischen Umbauten charakterisiert, die sich sowohl im Tapetum als auch in den Pollenmutterzellen abspielen [VASIL (3)]. Durch einmalige Behandlung mit Gibberellinsäure bei *Helianthus* vor Ausbildung der Knospen kann die Antherenbildung weitgehend unterdrückt werden; es tritt Protogynie auf (SCHUSTER). Bei *Cucumis* hingegen wirkt Gibberellin vermännlichend (MICHELL-WITTWER).

Tapetum. Kurz vor Beginn der Meiose finden im Tapetum *(Cyperaceae)* keine normalen Mitosen mehr statt, sondern nur echte Endomitosen. Die endomitotische Polyploidisierung beginnt während des Leptotäns und erreicht ihren Höhepunkt während des Pachytäns (CARNIEL). Wird durch Colchicinbehandlung die Ausbildung des Tapetums gehemmt, so bleibt auch die Entwicklung des sporogenen Gewebes auf dem Stadium der PMZ stecken (DOIDA).

Pollenmutterzelle. Die Callose-Synthese in den PMZ erreicht ihren Höhepunkt vor dem Leptotän-Stadium. Sofort nach der 2. Reifeteilung sondern sich die vier Tochterzellen mit Callose-Septen gegeneinander ab. Der Calloseabbau beginnt, ehe eine Exine wahrzunehmen ist. Bei älteren PMZ ist die Callose-Hülle mit Protein-Lipoid-Partikeln durchsetzt

(Eschrich). Bleibt die Cytokinese aus, so wird je PMZ nur ein Pollenkorn gebildet, das bei der Reife eine wechselnde Anzahl von Spermakernen und vegetativen Kernen enthält. Die so entstandenen Gigas-Pollen erwiesen sich als keimfähig (Fischer).

Im Cytoplasma der Pollenmutterzellen treten sowohl beim Übergang zur Teilungsphase, als auch in den frühen Prophasestadien selbständige Vesikel auf, deren Entstehungsort an der Zelloberfläche gesucht wird; diese Pynocytose-Bläschen [Weiling (1—3)] genannten Strukturen betrachtet Weiling als eine Art Flüssigkeits-Transportmechanismus zum perinuclearen Raum hin.

Entwicklung der Exine. Das Exine-Material wird von dem Tapetum synthetisiert, das die granulären Strukturen an die jungen Mikrosporen abgibt. Die Exinebildung braucht bei sterilen Pollen nicht gestört zu sein (Heslop-Harrison, Rowley).

Pollenphysiologie

Eine übersichtliche Literaturstudie zur Strahlenempfindlichkeit des *Angiospermen*-Pollen haben Brewbaker und Emery vorgelegt. Lagerungsversuche mit Pollen brachten keine neuen Gesichtspunkte [Vasil (4)].

Im Pollenplasma finden sich ein ausgeprägtes endoplasmatisches Reticulum und zahlreiche Golgi-Strukturen. Im wachsenden Pollenschlauch sind alle cytoplasmatischen Strukturen parallel in Strömungsrichtung orientiert. Aus der Tatsache, daß die Golgi-Vesikel hauptsächlich an der Schlauchspitze in Assoziation mit der Membran auftreten, wird geschlossen, daß die eingeschlossenen Substanzen bei der Schlauchwandbildung benötigt werden. Wahrscheinlich wird das Vesikel-Sekret außerhalb des Protoplasten freigesetzt, während die Vesikel-Membran ein Teil der Plasma-Membran bildet (Larson u. Lewis).

Im Gegensatz zu früheren Untersuchungen hat sich herausgestellt, daß die Anzahl der im Pollen vorkommenden Aminosäuren wesentlich größer ist (mindestens 21); innerhalb der Familien und Gattungen unterscheidet sich das Aminosäuren-Sortiment nur quantitativ (Biebendorf, Gross u. Weichlein). Der Stickstoff-Haushalt zeigt charakteristische Änderungen im Zusammenhang mit dem Pollenschlauchwachstum: Polypetide können nur im ruhenden Pollen gefunden werden, der Protein- und Proteid-Gehalt nimmt mit Beginn des Schlauchwachstums rasch ab, während im Griffel Proteinsynthese eingeleitet wird (Pozsar). Die verbesserte Lebensfähigkeit UV-bestrahlter Pollen wird mit dem erhöhten Redox-Potential in Zusammenhang gebracht (Ostapenko).

Sowohl der DNS- als auch der RNS-Gehalt ist eine charakteristische Komponente in verschiedenen Pollenarten (Vanyushin u. Fais). Im vegetativen Kern des keimenden Pollens von *Pinus ponderosa*, in einer sich nicht-teilenden Zelle also, findet DNS-Synthese bzw. -turnover statt (Stanley u. Young). Offensichtlich hängt diese Tatsache mit der starken Enzymproduktion im wachsenden Pollenschlauch zusammen. Eine gewisse Übereinstimmung mit früheren Befunden über den Einbau von Ca in den vegetativen Kern (vgl. Fortschr. Bot. **23**, 351) des Pollenschlauches bei *Lilium* liegt hier vor. So ergeben sich interessante Perspektiven für die

Tatsache, daß DNS-Synthese und Chromosomen-Verdoppelung auch ohne Kern- bzw. Zell-Teilung stattfinden können.

Im Pollen findet die Pektin-Synthese aus Zuckern auf dem Wege über *myo*-Inosit statt. Der Eingriff der essentiellen Borsäure kann hier vermutet werden (STANLEY u. LOEWUS). In keimenden Pollen zahlreicher Pflanzen kann ein Enzymsystem nachgewiesen werden, das in der Lage ist, Cutin abzubrechen. Diese Cutinase fehlt bei Pollen von Arten, deren Narbenoberfläche nackt und nicht mit einer Cuticula überzogen ist (LINSKENS u. HEINEN).

Pollensterilität. Die Pollenkörner der einzelnen Sterilitätstypen bei *Beta* haben verschiedene Formen und Keimfähigkeit (BANDLOW). Allgemein muß man sagen, daß die biochemischen Ursachen der plasmatisch bedingten Pollensterilität noch unbekannt sind (MÜLLER), wenn auch erste elektronenoptische Analysen Unterschiede in der submikroskopischen Struktur des Cytoplasmas gegenüber fertilen Formen zeigten. Vor allem zeichnen sich die sterilen Tapetumzellen gegenüber der Kontrolle durch größere Inklusionen aus, die durch Ribonuclease abgebaut werden können (EDWARDSON). Äußerste Vorsicht dürfte bei der Interpretation solcher Befunde geraten sein, um nicht durch Virus-Artefakte getäuscht zu werden.

Befruchtungsphysiologie der Spermatophyten

Bei *Pseudotsuga* ist der Beginn der Empfängnisperiode gekennzeichnet durch das Aufbrechen der Knospenschuppen. Die Pollenkörner keimen an der Nucellus-Spitze (BARNER u. CHRISTIANSEN). Bei *Chamaecyparis* dringen in 50% aller Fälle nach Einsetzen der Proembryoentwicklung überzählige Spermatozoiden in das befruchtete Archegonium ein. Die Spermatozoiden degenerieren häufig an der Außenseite des Proembryos (GIANORDOLLI). Das Entwicklungsstadium der Narbe hat einen entscheidenden Einfluß auf Samenansatz und Samen-Gewicht. Die Höhe des Ansatzes steht im Verhältnis zur auf die Narbe aufgebrachten Pollenmenge. Der Einfluß des Pollenalters auf den Samenansatz ist wesentlich geringer als jener des Narbenstadiums [RAJKI (1—3)].

Verhalten der Pollenkerne. Durch Phasenkontrastmikroskopie (VENEMA u. KOOPMANS) und Mikrokinematographie (POLUNINA u. SVESHNIKOV) konnte die Frage des Bewegungsmodus der Pollenkerne weitgehend geklärt werden. Der generative Kern wird nicht passiv mit der Plasmaströmung mitgeführt, sondern befindet sich auf Grund seines aktiven, unabhängigen Verhaltens praktisch immer in der Spitzenregion [VASIL (1, 2)]. Die Plasmaströmung ist wesentlich schneller als die Kernbewegung im Schlauch, so daß an die Wirkung einer Friktion zwischen Kernoberfläche und Cytoplasma gedacht werden kann. Der Vacuole kommt bei der Keimung offensichtlich eine große Bedeutung zu. Die Kernbewegung kann als Resultante von Reibungskräften im Zusammenwirken mit dem plasmatischen Druck auf das distale Ende des Kernes angesehen werden (VENEMA u. KOOPMANS).

Befruchtung in vitro. Intraovarial-Befruchtung kann für weitere Arten demonstriert werden (MAHESHWARI u. KANTA). Inzwischen gelang es der Arbeitsgruppe in Delhi, explantierte Ovarien auf Agarmedium zu kultivieren und auch zu befruchten. Zunächst wachsen die *in vitro* befruchteten gleich schnell wie *in vivo* oder nach intraovarialer Bestäubung; später ist die Embryo- und Endosperm-Entwicklung sogar schneller und besser als in den Kontrollen (MAHESHWARI u. LAL; KANTA, RANGA SWAMY u. MAHESHWARI). Man darf von dieser Arbeitsrichtung auch für die experimentelle Befruchtungsphysiologie noch zahlreiche neue Anregungen erwarten.

Chemotropismus der Pollenschläuche. Neue, wichtige Aufschlüsse über die chemotropisch wirksamen Faktoren ergaben sich durch eine von MASCARENHAS und MACHLIS (1, 2) ausgearbeitete Methode. Durch Zwischenschalten einer Dialysemembran zwischen das zu testende Material und die keimenden Pollen konnte die im Extrakt vorhandene Interferenz mit Pollenhemmstoffen aufgehoben werden. Chemotropische Aktivität wird vor allem in Gynaeceum-Extrakten gefunden. In anderen Fällen erwiesen sich auch vegetative Pflanzenteile (Blätter) als chemotropisch wirksam (LINCK u. BLAYDES; LINCK). Der chemotropische Effekt kann weder durch Hefe-Extrakte, noch durch Vitamine, Aminosäuren in verschiedenen Konzentrationen und Kombinationen, Wuchsstoffe, Zucker, Krebscyclus-Säuren reproduziert werden. In Übereinstimmung mit früheren Befunden (vgl. Fortschr. Bot. **24**, 386) wird lediglich Calcium als chemotropisch wirksam gefunden. Es zeigt sich weiterhin, daß die Organe, deren Extrakte chemotropisch wirksam sind (Griffel, Ovar, Placenta), sich durch hohen Ca-Gehalt auszeichnen, während andere Pflanzenteile (Antheren, Petalen), mit geringerem Ca-Gehalt keine chemotropische Wirkung auf Pollenschläuche ausüben. Diese Befunde würden die geringe Spezifität der chemotropischen Faktoren bei Blütenpflanzen zu erklären vermögen.

Bisher sind jedoch nur wenige Pollen-Arten auf ihre Reaktion gegenüber Calcium untersucht, so daß mit verallgemeinernden Schlüssen einige Zurückhaltung angebracht ist (vgl. auch ROSEN, ZIEGLER).

Selektive Befruchtung. Die Bevorzugung bestimmter Gametenkombinationen auf Grund eines stärkeren Anziehungsvermögens zwischen den entsprechenden Pollenschlauch- und Eizell-Sorten (ARNOLD) ist als Sonderfall des Chemotropismus anzusehen. In Extrakten aus den Samenanlagen von *Oenothera longiflora* erwiesen sich ninhydrinpositive Stoffe und Zucker (Galactose, Glucose, Fructose) im Gemisch als chemotropisch wirksam. Saccharose erwies sich lediglich im Gemisch als anziehend. Von besonderer Bedeutung scheint das K-Ion im Gemisch zu sein (SCHILDKNECHT u. BENONI). Ca wurde von den gleichen Autoren leider nicht in die Untersuchung einbezogen.

Celluläre Inkompatibilität der Pilze

In einer sorgfältigen Studie versuchte BEISSON-SCHECROUN bei dem Ascomyceten *Podospora anserina* das Sperrphänomen *(barrage)* als Ausdruck der Cellularinkompatibilität zu deuten. Das Auftreten des Phänotypus *s* hängt von dem Vorhandensein eines cytoplasmatischen Inkompatibilitätsfaktors *s* ab. Das Gen *s* kann in zwei stabilen Zuständen

vorkommen, einem aktiven und einem inaktiven Zustand; es ist nur
aktiv bei Vorhandensein seines Aktivitätsproduktes, während es bei Abwesenheit desselben automatisch inaktiviert wird. Ein Vergleich der
Eigenschaften der beiden Gene S und s zeigt, daß diese sich nicht nur in
der Beschaffenheit ihrer strukturellen Information unterscheiden, sondern auch in ihrem funktionellen Zustand, der als ein Element der genetischen Information betrachtet werden kann. Der Begriff des „funktionellen Zustandes" kann bei der Erklärung cellulärer Inkompatibili-
tätsphänomene eine Rolle spielen (BEISSON-SCHECROUN), aber auch zur
Deutung gewisser Phänomene der Zelldifferenzierung herangezogen werden (CHEVAUGON u. VAN HUONG). Bei dem tetrapolaren Basidiomyceten
Schizophyllum commune konnte gezeigt werden (RAPER; RAPER u.
ESSER), daß die biochemische Aktivität der Inkompatibilitätsfaktoren in
spezifischen Protein-Differenzen zum Ausdruck kommt.

Physiologie der Inkompatibilität bei Blütenpflanzen

In einer großen, 40jährige Bemühungen abschließenden Arbeit
kommt ERNST zu dem Schluß, daß innerhalb der Gattung *Primula* die
Kompatibilitätsphänomene sowohl von der Blütenplastik, der physiologischen Übereinstimmung der Bestäubungspartner, als auch dem Grad
der phylogenetischen Verwandtschaft abhängig sind.

Zwischen der sexuellen Verträglichkeit und der vegetativen Verträglichkeit bei der Pfropfung besteht eine deutliche Beziehung [EVANS (1)]:
sexuell kompatible Typen sind auch vegetativ zu pfropfen, nicht pfropf-
bare Genotypen sind im allgemeinen auch sexuell inkompatibel. Be-
fruchtungs- und Pfropfungs-Inkompatibilität besitzen also wahrscheinlich eine gemeinsame biochemische Grundlage. Diese Feststellung gilt zumindest für die interspezifischen Kompatibilitätsverhältnisse. Hinsichtlich der Zusammenhänge bei der intraspezifischen Verträglichkeit sind
die wenigen Daten von EVANS (1) nicht so überzeugend.

Intraspezifische und Selbst-Inkompatibilität. Immerhin hat FRANKEL
durch Wiederholung an umfangreichem Material *(Petunia)* zeigen können, daß die plasmatisch bedingte männliche Sterilität durch Pfropfung
auf den normal fertilen Unterstamm übertragen werden kann. Die
Pfropfpartner bleiben phänotypisch autonom. Man wird den Resultaten
von FRANKEL vertrauen und die Möglichkeit der Übertragung sterilitäts-
bedingender plasmatischer Einheiten diskutieren können, wenn eine
Virus-Infektion ausgeschlossen werden kann.

PANDEY (2, 3) setzt seine theoretischen Erwägungen über das physiologische Verhalten der S-Allele fort. Ausgehend von dem bipartiten
Charakter der beiden unabhängig voneinander mutierbaren Einheiten,
von denen die eine die Pollenspezifität, die andere die Griffel-Spezifität
bestimmt, werden 4 Komponenten für die Kontrolle der Inkompatibilität
durch S-Gene angenommen: ein Wachstumsstoff, eine „Schutzsubstanz"
sowie die primäre und sekundäre Spezifität. Die Schutzsubstanz soll an
den Wachstumsstoff angeheftet sein und dessen Inaktivierung verhindern [PANDEY (2)]. Es ist aus der Darstellung nicht ersichtlich, ob die
Schutzsubstanz eine Beziehung zu dem an anderer Stelle [PANDEY (3)]

postulierten Pollen-Inkompatibilitäts-Precursor hat, der die Kontrolle über den Wachstumsstoff ausüben soll. Das Denkbild von PANDEY beruht in erster Linie auf Kreuzungsexperimenten, nicht auf einer biochemischen Analyse. Es ist, ebenso wie der Versuch, die Klon-Selektionstheorie der Immunität auf die Inkompatibilitätsreaktion anzuwenden [LINSKENS (2)], bislang noch ungenügend experimentell gestützt.

Für das Verständnis der Hemmung des Pollenschlauch-Wachstums im Griffel von Arten mit gametophytischer Determination der Inkompatibilität werden von HAGMAN sowie von MÄKINEN und LEWIS weitere Hinweise für den Wirkungsmechanismus einer Enzym-Antienzym-Hypothese geliefert. Auch bei *Betula* ist die Intensität der Hemmreaktion durch Temperaturerniedrigung abgeschwächt (HAGMAN). Wichtig ist der Befund von MÄKINEN und LEWIS, daß ein für das *S*-Allel charakteristisches Protein bereits aus dem intakten Pollen herausdiffundiert. Man kann daher annehmen, daß die Wirkung der *S*-Proteine beim Wachstum des Pollenschlauches im Griffel an der Schlauchoberfläche ausgeübt wird.

Für *Theobroma cacao* hat COPE zeigen können, daß die Inkompatibilität bei ungestörter Pollenkeimung und ungehemmtem Schlauchwachstum in dem Unterbleiben der Syngamie besteht, woran sich der Abwurf der Blüten anschließt.

Interspezifische Inkompatibilität

Trotz zahlreicher neuer Befunde zur Inkompatibilität bei Artkreuzungen [DATTA u. SEN (1—3), DATTA u. BANERJI, DATTA DAN u. BANERJI, PATEL u. DATTA, EVANS (2), PANDEY (1)] sind die physiologischen Ursachen noch weitgehend unklar.

Bei *Trifolium*-Artkreuzungen erwies sich die Hemmung des Pollenschlauchwachstums im Griffel als die wichtigste Barriere [EVANS (3)]; damit ist eine interessante Parallele zur intraspezifischen Inkompatibilität in anderen Gattungen gefunden, während die Sterilitätserscheinungen durch Ausfall der Chromosomenhomologie grundsätzlich anderer Natur sind (NIELSEN).

Für die Inkompatibilität bei Gattungs-Kreuzungen innerhalb der Familie der *Cruciferen* diskutiert SAMPSON einen Mechanismus, mit dessen Hilfe kompatible Pollenkörner und Narben einander „erkennen" können. Dieser soll auf der Möglichkeit einer molekularen Kombination an 2 Arealen komplementärer Strukturen, dem „*S*-Allel-Areal" und dem „Species-Areal" beruhen. Inkompatibilität innerhalb einer selbstinkompatiblen Art resultiert dann aus der Kombination am „*S*-Allel-Areal"; Inkompatibilität zwischen selbstinkompatiblen Gattungen wird durch den Ausfall der Kombination am „Species-Areal" bedingt. Kombinationen am „Species-Areal" führen zur Kompatibilität. Wir möchten annehmen, daß sich nach der Auffindung eines Cutinase-Enzymsystems in Pollen von Arten, deren Inkompatibilitätsbarriere in der Narbencuticula zu suchen ist (LINSKENS u. HEINEN), die Pollen-Narben-Inkompatibilität auf eine Hemmung oder fehlende Aktivierung enzymatischer Systeme zurückführen läßt.

Unverträglichkeit bei Artkreuzungen kann aber auch durch Ausfall des Fruchtansatzes nach erfolgreicher Befruchtung zustande kommen [PANDEY (1)]. Ausfall der Samenentwicklung wird meist auf die Genom-Unterschiede zurückgeführt [DATTA u. SEN (2)]. Sicherlich ist der Endospermentwicklung eine große Bedeutung beim Zustandekommen des Abortes der Zygoten zuzuschreiben [DATTA u. BANERJI (2)]. Durch Embryokultur gelingt es in einigen Fällen Artbastarde zu erhalten, die *in vivo* abortiert werden. Hingegen erwiesen sich Pfropfungen nach der Mitschurin-Methode zur Überwindung der Kreuzungsbarrieren als unwirksam [EVANS (2)]. Auf Grund ihrer Embryokulturen von Bohnenhybriden nimmt KROH an, daß die abnorme Entwicklung der Bastard-Embryonen durch entwicklungsphysiologische Störungen hervorgerufen wird, die durch Gen-Kombinationen gesteuert wird (vgl. auch NAKAJAMA u. MORISHIMA; GRANT, BULLEN u. DE NATTANCOURT). Der Embryokultur kommt daher für die Überwindung der interspezifischen Inkompatibilität eine große Bedeutung zu (RANDOLPH u. REAYAT KHAN; KANTA, RANGA SWAMY u. MAHESHWARI).

Strahleninduzierte Sterilität. In den Antheren von *Lilium* nimmt in der späten Prophase die Empfindlichkeit für γ-Strahlung stark zu; die stärksten Effekte werden bei Diakinese-Bestrahlung erzielt [PERSHAD u. BOWEN (1)]. Verwandte Arten und Varietäten verhalten sich hinsichtlich der Strahlenempfindlichkeit ähnlich [PERSHAD u. BOWEN (2)], PERSHAD, KRANE, BOWEN u. DAVID].

Sproßbestrahlung von *Melandrium* äußert sich in verzögerter Anthese, reduzierter Fertilität und steigender Verweiblichung, die sich durch Hemmung der Bildung von Y-Gameten erklären lassen (KIVI). Durch Bestrahlung des Griffelgewebes vor der Bestäubung kann bei *Petunia* die Inkompatibilitätsreaktion teilweise aufgehoben werden [LINSKENS (1)].

Literatur

ARNOLD, C. G.: Z. Bot. **50**, 113—127 (1962).

BAKER, H. G.: Cold Spr. Harb. Symp. quant. Biol. **24**, 177—191 (1962). — BANDLOW, G.: Dtsch. Landwirtsch. **2**, 1—3 (1961). — BARNER, H., and H. CHRISTIANSEN: Silvae Genet. **11**, 89—102 (1962). — BAUER, L.: (1) Naturwissenschaften **48**, 58 (1961); — (2) Naturwissenschaften **48**, 58—59 (1961). — BEISSON-SCHECROUN, J.: Ann. Génét. **4**, G 4—G 50 (1962). — BELL, P. R.: Proc. roy. Soc. B **153**, 421 (1961). — BELL, P. R., and K. MÜHLETHALER: J. Ultrastruct. Res. **7**, 452—466 (1962). — BIALE, J. B., and E. E. YOUNG: Endeavour **21**, 164—174 (1962). — BIEBERDORD, F. W., A. L. CROSS and R. WEICHLEIN: Ann. Allergy **19**, 867—876 (1961). — BREWBAKER, J. L., and G. C. EMERY: Radiation Bot. **1**, 101—154 (1962). — BRISTOW, J. M.: Develop. Biol. **4**, 361—375 (1962).

CAMEFORT, H.: (1) C. R. Acad. Sci. (Paris) **248**, 1568—1570 (1959); — (2) C. R. Acad. Sci. (Paris) **249**, 1790—1791 (1959); — (3) C. R. Acad. Sci. (Paris) **250**, 3707—3709 (1960); — (4) C. R. Acad. Sci. (Paris) **252**, 2918—2920 (1960); — (5) C. R. Acad. Sci. (Paris) **253**, 2744—2746 (1961); — (6) C. R. Séances Soc. Biol. **155**, 1864—1871 (1961); — (7) Ann. Sci. nat., Bot. Biol. veget. Sér. 12, **3**, 265—291 (1962). — CARNIEL, K.: Öst. Bot. Z. **109**, 168—173 (1962). — CHEVAUGEON, J., et N. VAN HUONG: C. R. Acad. Sci. (Paris) **252**, 4183—4185 (1961). — CONRAD, K.: Flora **152**, 68—73 (1962). — COPE, F. W.: Heredity **17**, 157—182 (1962).

DATTA, R. M., and S. N. BANERJI: Genetica **31**, 385—409 (1960). — DATTA, R. M., and S. K. DANA: (1) Delpinoa (Napoli) n. s. **1**, 129—148 (1959); — (2) Züch-

ter **30**, 265—269 (1960); — (3) Euphytica **10**, 113—119 (1961). — DATTA, R. M.,
S. K. DANA and S. N. BANERJI: Genet. Iber. **12**, 139—165 (1960). — DAVIS, G. L.:
Aust. J. Sci. **24**, 296 (1962). — DÖPP, W.: Planta **58**, 482—508 (1962). — DOIDA, Y.:
Kromosoma (Tokyo) **48**, 1582—1590 (1961).

EDWARDSON, J. R.: Amer. J. Bot. **49**, 184—187 (1962). — EMECZ, T. I.: (1) Ann.
Rep. Welsh Plant Breed. Stat. **1960**, 125—126; — (2) Ann. Bot. N. S. **26**, 1, 59—172
(1962). — ERNST, A.: Arch. J. Klaus-Stift. Vererbungs-Forsch. **37**, 1—127 (1962. —
ESCHRICH, W.: Protoplasma **55**, 419—422 (1962). — EVANS, A. M.: (1) Ann. Rep.
Welsh Plant Breed. Stat. **1959**, 81—87; — (2) Euphytica **11**, 164—176 (1962); —
(3) Euphytica **11**, 256—262 (1962).

FISCHER, H. E.: Züchter **32**, 307—311 (1962). — FÖYN, B.: Nature (Lond.) **193**,
300—301 (1962). — FRANKEL, R.: Genetics **47**, 641—646 (1962). — FRIEDMANN, I.:
4th Intern. Seaweed Symp. 186—190 (1962).

GALUN, E., Y. JUNG and A. LANG: Nature (Lond.) **194**, 596—598 (1962). —
GIANORDOLI, M.: C. R. Acad. Sci. (Paris) **254**, 4499—4501 (1962). — GRANT, W. F.,
M. R. BULLEN and D. DE NETTANCOURT: Amer. J. Bot. **48**, 533—537 (1961).

HAGMAN, M.: Ann. Rep. Forest Res. Inst. of Finland **2**, 1—42 (1962). — HA-
SITSCHKA-JENSCHKE, G.: Öst. Bot. Z. **109**, 125—137 (1962). — HAUSTEIN, E.: Z.
Vererbungsl. **93**, 531—533 (1962). — HERICH, R.: Caryologia (Firenze) **14**, 375—381
(1961). — HESLOP-HARRISON, J.: (1) Phytomorphology **11**, 378—383 (1961); —
(2) Nature (Lond.) **195**, 1069—1071 (1962). — HORIE, K.: Mem. Hyogo Univers. of
Agricult. (Biol. Ser.) **14**, 1—54 (1962). — HUGHES, J. G.: New Phytolog. **61**,
266—273 (1962).

JACOBS, W. P.: Ann. Rev. Plant Physiol. **13**, 403—436 (1962). — JOHRI, B. M.:
Proc. Summer School Bot. Darjeeling **1960**, 94—105 (1962).

KANTA, K., N. S. RANGA SWAMY and P. MAHESHWARI: Nature (Lond.) **194**,
1214—1217 (1962). — KIVI, E. I.: Ann. Acad. Sci. fenn. A 4, **56**, 1—96 (1962). —
KROH, M.: Z. Pflanzenzücht. **47**, 201—216 (1962).

LARSON, D. A., and C. W. LEWIS jr.: Proc. 5th intern. Congr. Electron Microscopy
W-11 (1962). — LEONHARD, E. R.: Bot. Rev. **28**, 353—410 (1962). — LETHAM, D.
S., and E. G. BOLLARD: Nature (Lond.) **191**, 1119—1120 (1961). — LEWIS, D.: J.
theor. Biol. **2**, 69—71 (1962). — LINCK, A. J.: Phytomorphology **11**, 84—85 (1961).
— LINCK, A. J., and G. W. BLAYDES: Ohio J. Sci. **60**, 274—278 (1960). — LINS-
KENS, H. F.: (1) Abstr. V. Intern. Congr. Biochem. (Moskou) **18**, 407 (1962); —
(2) Port. Acta Biol. A 6, 251—258 (1962). — LINSKENS, H. F., u. W. HEINEN: Z.
Bot. **50**, 338—347 (1962). — LÜTTGE, U.: (1) Planta **56**, 189—212 (1961); — (2)
Planta **59**, 108—114 (1962); — (3) Planta **59**, 175—194 (1962).

MAHESHWARI, N., and M. LAL: Phytomorphology **11**, 307—314 (1961. —
MAHESHWARI, P., and K. KANTA: Plant Embryology Symposium New Delhi 1960,
146—156 (1962). — MÄKINEN, Y. L. A., and D. LEWIS: Genet. Res. **3**, 352—363
(1962). — MASCARENHAS, J. P., and L. MACHLIS: (1) Nature (Lond.) **196**, 292—293
(1962); — (2) Amer. J. Bot. **49**, 482—489 (1962). — MEEK, G. A., and M. J. MOSES:
J. biochem. biophys. Cytol. **10**, 121 (1961). — MITCHELL, W. D., and S. H. WITT-
WER: Science **136**, 880—881 (1962). — MOORE, R. T., and J. H. MCALEAR: Exp.
Cell. Res. **24**, 588—590 (1961). — MÜHLETHALER, K., u. P. R. BELL: Naturwissenschaften **49**, 63—64 (1962). — MÜLLER, H. W.: Züchter **32**, 90—100 (1962).

NÄF, U.: (1) Phyton (Argent.) **18**, 173—182 (1962); — (2) Ann. Rev. Plant
Physiol. **13**, 507—532 (1962). — NAGL, W.: (1) Naturwissenschaften **49**, 261—262
(1962); — (2) Öst. Bot. Z. **109**, 432—494 (1962). — NAKAJIMA, T., and H. MORIS-
HIMA: Jap. J. Breeding **8**, 105—110 (1960). — NIELSEN, E. L.: Crop. Sci. **2**, 181—185
(1962).

OSTAPENKO, V. I.: Biull. Nach. Inform. Tsentral Genet. Lab. I. V. Mitchurina
5/6, 80—88 (1958); ref. Zhur. Biol. No. 2VI70 (1961).

PANDEY, K. K.: (1) Amer. J. Bot. **49**, 874—882 (1962); — (2) Nature (Lond.)
195, 205—206 (1962); — (3) Nature (Lond.) **196**, 236—238 (1962). — PATEL, G. I.,
and R. M. DATTA: Euphytica **9**, 89—110 (1960). — PERSHAD, G. D., and C. C.
BOWEN: (1) The Nucleus **4**, 39—46 (1961); — (2) J. Hered. **52**, 67—72 (1961). —
PERSHAD, G. D., S. A. KRANE, C. C. BOWEN and H. T. DAVID: Radiat. Res. **14**,
184—191 (1961). — POLUNINA, N. N., i A. I. SVESHNIKOV: Dokl. Akad. Nauk
SSSR Otd. Biol. **127**, 217—219 (1959). — PORUTSKII, G. V., i S. V. CHEREDNI-

CHENKO: Dokl. Akad. Nauk SSSR, Otd. Biol. Bot. Sect. **124**, 473—477 (1959).— POZSAR, B. I.: Acta Botan. Acad. Sci. Hung. **6**, 389—395 (1962). — PRIGLE, R. B.: Science **133**, 284 (1961).

RAJKI, E.: (1) Növénytermeles **10**, 51—58 (1961); — (2) Növénytermeles **10**, 335—344 (1961); — (3) Növénytermeles **11**, 35—44 (1962). — RANDOLPH, L.F.,and REAYAT KHANA: Phytomorphology **10**, 43—49 (1960). — RAPER, J. R.: Ber. dtsch. bot. Ges. **74**, 326—328 (1961). — RAPER, J. R., and K. ESSER: Z. Vererbungsl. **92**, 439—444 (1961). — REICHART, G.: Protoplasma **55**, 129—155 (1962). — REZNIK, H.: Flora **150**, 454—473 (1962). — ROSEN, W. G.: Quart. Rev. Biol. **37**, 242—259 (1962). — ROWLEY, J. R.: Science **137**, 526—528 (1962). — RUNKEL, K. H.: (1) Beitr. Biol. Pfl. **37**, 447—504 (1962); — (2) Planta **59**, 138—150 (1962). — RYCZKOWSKI, M.: (1) Acta Soc. Bot. Polon. **31**, 53—65 (1962); — (2) Bull. L'Acad. Polon. Sci. Cl. V., **10**, 371—374 (1962); — (3) Bull. L'Acad. Polon. Sci. Cl. V., **10**, 375—380 (1962).

SACHAR, R. C., and K. KANTA: Phytomorphology **8**, 202—218 (1958). — SAMPSON, D. R.: Canad. J. Genet. Cytol. **4**, 38—49 (1962). — SCHENK, R. U.: Crop Sci. **1**, 103—106 (1961). — SCHILDKNECHT, H., u. H. BENONI: Z. Naturforsch. **18 b**, 45—54 (1962). — SCHÖTZ, F.: Planta **58**, 333—336 (1962). — SCHÖTZ, F., u. W. STUBBE: Naturwissenschaften **49**, 211 (1962). — SCHRAUDOLF, H.: Biol. Zbl. **81**, 731—740 (1962). — SCHUSTER, W.: Z. Pflanzenzücht. **46**, 389—404 (1961). — SCHWANITZ, F.: Züchter **31**, 183—186 (1961). — SHANMUGAVELU, K. G., and G. RANGASWAMI: Nature (Lond.) **194**, 775—776 (1962). — STANLEY, R. G., and F. A. LOEWUS: Pacific Slopes Biochem. Conf. (Seattle) Sept. 1962. — STANLEY, R. G., and L. C. T. YOUNG: Nature (Lond.) **196**, 1228—1229 (1962). — STUBBE, W.: Z. Vererbungsl. **93**, 175—176 (1962). — SZWEYKOWSKA, A.: (1) Acta Soc. Bot. Polon. **31**, 553—557 (1962); — (2) J. exp. Bot. **14**, 137—141 (1963). — SZWEYKOWSKA, A., i T. MACKOWIAK: Acta Soc. Bot. Polon. **31**, 269—274 (1962).

TURIAN, G.: Nature (Lond.) **190**, 825 (1961).

VANYUSHIN, B. F., i D. FAIS: Biochimiya **26**, 1034—1039 (1961). — VASIL, I. K.: (1) Plant Embryology-Symposium New Delhi 1960, 254—260 (1962); — (2) Beitr. Biol. Pflanz. **38**, 137—159 (1962); — (3) Proc. Summer School of Botany — Darjeeling 1960, 477—487 (1962); — (4) J. Ind. Bot. Soc. **41**, 178—198 (1962). — VENEMA, G., and A. KOOPMANS: Cytologia (Tokyo) **27**, 11—24 (1962).

WANGENHEIM, K. H. v.: (1) Z. Pflanzenzücht. **46**, 13—19 (1961); — (2) Z. Vererbungsl. **93**, 319—334 (1962). — WEILING, F.: (1) Ber. dtsch. bot. Ges. **74**, 246—254 (1961); — (2) Protoplasma **55**, 372—405 (1962); — (3) Protoplasma **55**, 452—496 (1962). — WHITTIER, D. P.: Phytomorphology **12**, 10—20 (1962).

ZIEGLER, H.: Hb. Pfl. Physiol. **17/2**, 396—450 (1962).

22. Bewegungen

Von Wolfgang Haupt, Erlangen

Mit 8 Abbildungen

I. Freie Ortsbewegung

a) Bewegungsmechanismen

Die Erforschung des Feinbaues der Flagellatengeißel führt immer wieder zu neuen Ergebnissen, die für den Bewegungsphysiologen von Interesse sind. Nachdem die grundsätzliche Übereinstimmung im Geißelbau aller eukaryonten Organismen in Tier- und Pflanzenreich gesichert erscheint, darf der Botaniker auch Ergebnisse von zoologischen Objekten zur Ergänzung heranziehen, auch auf die Gefahr hin, daß in Einzelheiten noch Unterschiede nachgewiesen werden. Hier möge auf eine schöne Analyse an Rotiferen-Cilien hingewiesen werden (Lansing und Lamy), einmal wegen des detaillierten Blockdiagramms, zum anderen aber, weil in den elektronenmikroskopischen Bildern Hinweise dafür gefunden werden, daß sich noch im fixierten Zustand die kontrahierten Fibrillen von den expandierten unterscheiden lassen. Verfasser glauben, dies auch nachträglich an elektronenmikroskopischen Bildern anderer Autoren an anderen Objekten feststellen zu können.

Daß der Feinbau der Bakteriengeißel von dem der „typischen" Geißel abweichen muß (schon allein wegen der geringeren Dimensionen), war schon lange bekannt. Nun erhalten wir erste Einblicke bei *Salmonella typhimurium* (Kerridge et al.). Bei partieller Auflösung (z. B. durch Ultraschall) zeigt sich, daß die Geißel aus sphärischen Untereinheiten besteht, die vermutlich mit den Flagellin-Molekülen von 45 Å Durchmesser identisch sind. In Querschnitten sind diese Protein-Moleküle im Fünfeck angeordnet (Abb. 16), in der Aufsicht entsteht der Eindruck einer Schraubenanordnung. Verf. diskutieren als wahrscheinlichstes Ordnungsprinzip die Anordnung in 5 geraden oder 3 Schraubenlinien (Abb. 17).

Wachsendes Interesse wird auch der Gleitbewegung entgegengebracht, die möglicherweise in verschiedenen Pflanzengruppen ein relativ einheitliches Phänomen darstellt. Drews und Nultsch haben die bisherigen Kenntnisse zusammengefaßt. Dabei zeigt sich, daß über den eigentlichen Mechanismus noch wenig bekannt ist, zumal sich ältere Auffassungen, die schon zur Lehrmeinung geworden sind, nicht aufrechterhalten lassen. So konnte Nultsch (1962d) eindeutig nachweisen, daß bei den Diatomeen zwar die Raphe für die Bewegung notwendig ist, indem sie den Kontakt zwischen dem Protoplasma (als Sitz der bewegenden Kraft) und dem umgebenden Medium (als Widerlager für das Bewegungssystem) ermöglicht. Doch ist die bewegende Kraft mit Sicherheit nicht in einer Plasmaportion zu suchen, die durch *Turgor*wirkung aus der Raphe herausgepreßt wird; denn Bewegung findet noch im plasmolysierten Zustand statt, sofern nur die Raphe der negative Plasmolyse-Ort ist (und gerade diese einschränkende Bedingung zeigt die erwähnte Bedeutung der Raphe). Scheidet somit der Turgor aus, um die bewegende Kraft an das Substrat

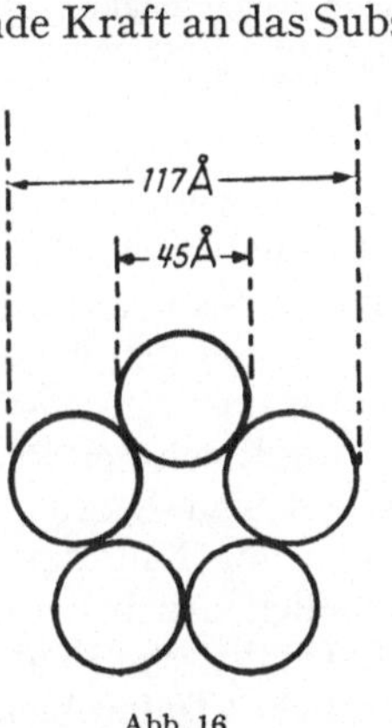

Abb. 16   Abb. 17

Abb. 16. Schematischer Querschnitt durch eine Geißel von *Salmonella typhimurium*. Nach Kerridge et al.

Abb. 17. Blockschema des Aufbaues der Geißel von *Salmonella* aus globulären Einheiten, Verknüpfung in 3 Parastichen (links) oder 5 Orthostichen (rechts). Nach Kerridge et al.

heranzubringen, so wird auch die Art dieser bewegenden Kraft in ihrer bisherigen Form stark angezweifelt: Die Verlagerung von Farbstoff- oder Tuschepartikeln, die auf die Raphe gebracht werden, muß nicht notwendig eine Plasma*strömung* anzeigen. Dagegen sprechen die Beobachtungen beim Umschalten der Bewegung von der einen in die andere Richtung; dieses Umschalten erfolgt nämlich nicht über die ganze Länge der Raphe gleichzeitig, wie es für eine Plasmaströmung zu erwarten wäre, sondern sukzessive — ganz analog den Befunden an Blaualgen (vgl. Fortschr. Bot. **20**, 282). Damit erscheint es verlockend, die Bewegung in beiden Pflanzengruppen auf das gleiche Prinzip zurückzuführen; die Vorstellungen von Jarosch (1959; vgl. Fortschr. Bot. **23**, 358) dürften hierfür eine wertvolle Arbeitshypothese darstellen, doch weist Nultsch mit Recht darauf hin, daß noch andere Möglichkeiten denkbar sind.

Auf die Verschiebung von Schleimsubstanzen entlang vorgegebener Bahnen deuten auch Befunde an ganz anderen Objekten hin: Gräf (1961, 1962) führt die Bewegung von Myxobakterien auf diesen Mechanismus zurück; da die Schleimbahnen die Zelle spiralig umlaufen, ist die Translationsbewegung mit einer Rotation verbunden. Es wäre wichtig, diesen Bewegungsmechanismus, der für Arten der Gattungen *Sporocytophaga* und *Sphaerocytophaga* (nov. gen.) beschrieben wurde, auch bei weiteren Myxobakterien nachzuweisen, da hier ja noch ein anderer Bewegungsmechanismus zur Diskussion steht: Formveränderung der Zelle nach Art amöboider Bewegung (Fortschr. Bot. **20**, 282).

Unter den Cyanophyceen ist nur die Gleitbewegung der Hormogonales genauer bekannt. Das schließt aber nicht aus, daß auch unter den Chroococcales aktive Bewegung vorkommt (vgl. DREWS und NULTSCH). GEITLER gibt mit seinen Beobachtungen an *Synechococcus* spec. ein neues Beispiel hierfür. Bemerkenswert ist, daß die Bewegungsrichtung in keiner Beziehung zur morphologischen Längserstreckung der Zelle steht; vielmehr kann die Bewegung sowohl quer als auch schräg zur Längsachse der Zelle erfolgen. Zudem ist die Bewegungsrichtung einem ständigen Wechsel unterworfen. GEITLER zitiert noch eine Reihe wenig bekannter älterer Literaturstellen über die Bewegung von einzelligen Blau- und Rotalgen.

b) Phototaxis

Während die Phototaxis der Flagellaten seit Jahrzehnten unter den verschiedensten Gesichtspunkten untersucht und analysiert wird, lagen über die Phototaxis der hormogonalen Cyanophyceen bis vor kurzem nur ganz gelegentliche Beobachtungen vor — wenn wir von den klassischen Untersuchungen HARDERs über die Phobo-Phototaxis von *Nostoc* absehen (vgl. hierzu „Phototaxis der Algen" in „Handbuch der Pflanzenphysiologie" Bd. 17/1). Aufbauend auf der Arbeit von DREWS (1959) beginnen nun die systematischen Untersuchungen von NULTSCH (1961, 1962a, b) wesentliche Gesetzmäßigkeiten aufzuhellen. Auch bei Cyanophyceen lassen sich ja phobisch- und topisch-phototaktische Reaktionen unterscheiden. Daraus ergeben sich als wesentliche Teilprobleme die folgenden: 1. Die photochemischen Primärprozesse bzw. die Natur des Photoreceptors (oder der Photoreceptoren), 2. der Mechanismus der sichtbaren Reaktion und 3. Beziehungen zwischen phobischer und topischer Phototaxis, insbesondere im Vergleich zu den Verhältnissen bei Flagellaten.

Neben der Notwendigkeit, topische und phobische Reaktionen voneinander zu trennen, wirkt auch der Umstand erschwerend, daß wir innerhalb der Cyanophyceen noch mindestens zwei grundverschiedene Typen topophototaktischer Reaktion zu unterscheiden haben, vermutlich bedingt durch die verschiedene Fortbewegungsweise in verschiedenen Gruppen. Die im folgenden zu referierenden Ergebnisse beziehen sich daher zunächst nur auf den „*Phormidium*-Typ", bei dem eine topophototaktische Ansammlung nicht durch ein Steuervermögen zustande kommt, sondern dadurch, daß die Bewegungsumkehr in den Dienst der Orientierung gestellt wird: Förderung der Umkehr bei „falscher" Bewegungsrichtung, Hemmung bei zufällig richtiger.

NULTSCH konnte nachweisen, daß Topo- und Phobophototaxis bereits vom Primärprozeß her gesehen auf grundverschiedene Reaktionen zurückzuführen sind. Das wird deutlich einmal am quantitativen Lichtbedarf, indem bei Verwendung von Weißlicht die absolute Schwelle, das Reaktionsoptimum und der Umkehrpunkt sich um Größenordnungen unterscheiden (vgl. Abb. 18); zum anderen aber wird diese Tatsache eindrucksvoll durch die unterschiedlichen Wirkungsspektren belegt (vgl. Abb. 19). Zur Vervollständigung finden wir auch noch entsprechende Angaben über die Photokinesis, d. h. den Einfluß der Belichtung auf die

Bewegungsgeschwindigkeit ohne orientierende Wirkung; diese Reaktion unterscheidet sich im quantitativen und qualitativen Lichtbedarf sowohl von der topischen als auch von der phobischen Phototaxis.

Mit aller Vorsicht, die bei der Beurteilung von Wirkungsspektren geboten ist, versucht NULTSCH, aus seinen Versuchen Rückschlüsse auf die Photoreceptor-Substanzen zu ziehen. Fast zwangsläufig bieten sich dabei folgende Parallelen an: Für die *Topophototaxis* ist Absorption in Carotinoiden und den Phycobilinen verantwortlich, während die maßgebliche Beteiligung von Chlorophyll und Phycobilinen bei der *Phobophototaxis* die Auffassung nahelegt, daß für letztere Reaktion ebenso wie bei *Rhodospirillum* die Photosynthese der ausschlaggebende Faktor ist. Die *Photokinesis* wiederum, die auf Absorption im Chlorophyll zurückzuführen ist, hat nichtsdestoweniger keine Beziehung zur Photosynthese,

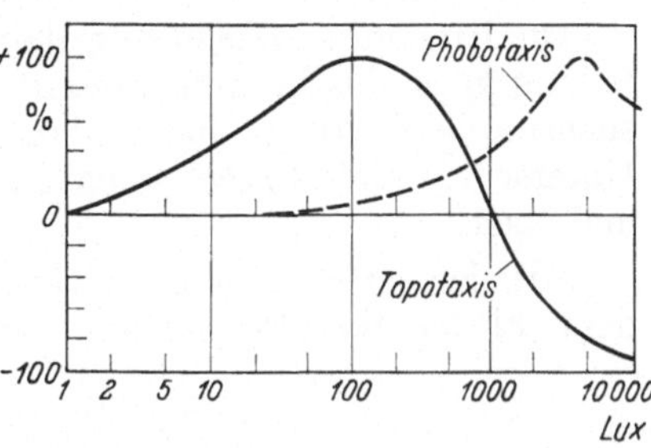

Abb. 18. Abhängigkeit der topischen und phobischen Phototaxis von *Phormidium ambiguum* von der Intensität des Weißlichts (Abszisse). Ordinate: Reaktionsgröße in relativen Einheiten; negative Reaktionen nach unten aufgetragen. Nach NULTSCH (1962e)

da die Phycobiline photokinetisch inaktiv, photosynthetisch aber von großer Bedeutung sind. Allerdings ist bei diesen Schlußfolgerungen der Vorbehalt zu machen (worauf auch NULTSCH selbst hinweist), daß die maßgebliche Beteiligung der Phycobiline an der Photosynthese bei den auf Phototaxis untersuchten Objekten noch nicht nachgeprüft worden

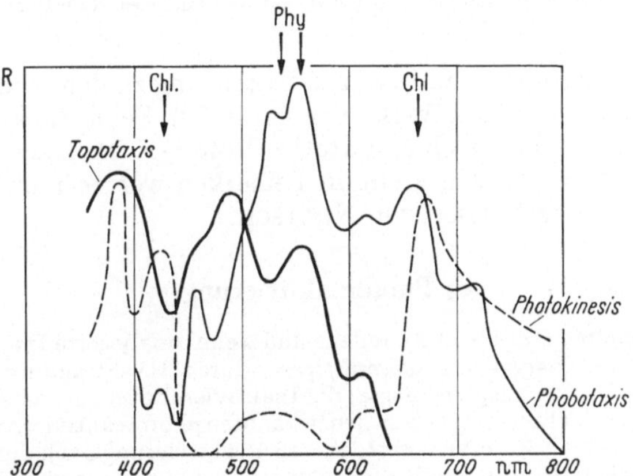

Abb. 19. Wirkungsspektren der verschiedenen Lichtreaktionen von *Phormidium uncinatum:* topische und phobische Phototoxis sowie Photokinesis. Ordinate: Reaktionsgrößen in relativen Einheiten. Über den Kurven sind die Absorptionsmaxima von Chlorophyll a (Chl) und der Phycoerythrine (Phy) angegeben. Nach NULTSCH (1962e), kombiniert

ist. Daneben wird man mit Interesse den vergleichenden Untersuchungen zwischen Phototaxis und Pigmentgehalt bei weiteren Oscillatoriaceen entgegensehen, zumal Nultsch (1962c) die Verfahren zur Analyse der Phycobiline verfeinert hat.

Im übrigen sind die Untersuchungen von Nultsch ein instruktives Beispiel dafür, daß für quantitative Aussagen die Methode der Auswertung und die Wahl des geeigneten Parameters mindestens ebenso wichtig sind wie eine exakte Versuchsanordnung und Verbesserung der technischen Voraussetzungen.

Die Ergebnisse zeigen mit aller Deutlichkeit, daß die klassische Einteilung in phobische und topische Taxien nicht nur eine Frage der Versuchsmethodik oder eine Gedankenkonstruktion ist, sondern daß die Unterschiede mindestens ebenso groß sind wie die zwischen Tropismen und Nastien.

Mit gleicher Präzision ermittelte Halldal (1961a) an seinem Objekt, dem Flagellaten *Platymonas subcordiformis*, das Wirkungsspektrum

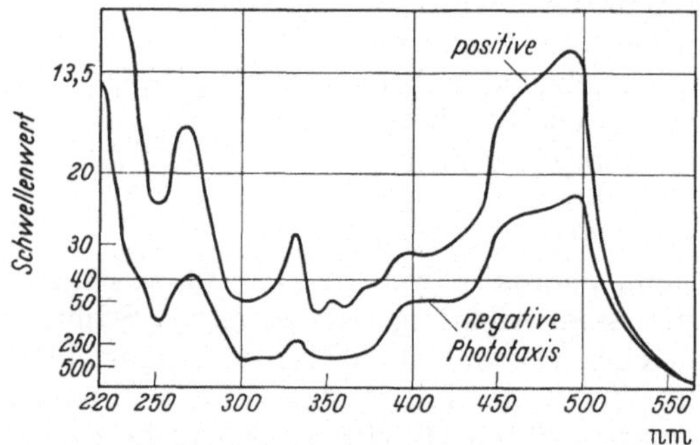

Abb. 20. Erweitertes Wirkungsspektrum der topischen Phototaxis von *Platymonas subcordiformis*, bezogen auf die Schwellenenergie (Ordinate) für positive und negative Reaktionen. Nach Halldal (1961a)

der topischen Phototaxis, und zwar in Ergänzung zu den früheren Untersuchungen auch für den UV-Bereich (Abb. 20). Seine Ansicht, daß ein Carotinoid (in der Form eines Carotin-Protein-Komplexes) als Photoreceptor zu betrachten sei, steht in bemerkenswerter Parallele zu den oben referierten Ergebnissen von Nultsch.

c) Photoinaktivierung

Die von Halldal (1961b, c) gefundene und weiter analysierte Inaktivierung der Beweglichkeit von *Platymonas subcordiformis* durch UV-Strahlung gehört nicht eigentlich in die Bewegungsphysiologie; die Inaktivierung ist reversibel durch kurzwelliges sichtbares Licht und dürfte zu den bekannten photoreaktivierbaren Strahlenschädigungen gehören. Bemerkenswert ist, daß Reaktivierung auch durch Strahlung von 223 nm möglich ist, also durch Wellenlängen, die kürzer als die inaktivierenden sind. Das Wirkungsspektrum der Reaktivierung wird mit der Absorption eines Flavoproteins verglichen. Zum (topo-)phototaktischen Wirkungsspektrum bestehen offenbar keine näheren Beziehungen.

Im übrigen sei hier noch darauf hingewiesen, daß diese Inaktivierung einen Komplex aus zwei ganz verschiedenen Reaktionen darstellt: Die „typische" UV-Inaktivierung manifestiert sich erst nach einigen Tagen und zeigt ein Wirkungsspektrum, das der DNS-Absorption entspricht; für die Reaktivierung dieser Hemmung gelten die eben erwähnten Verhältnisse. Daneben gibt es einen Verlust der

Beweglichkeit, der durch Absorption im Protein vermittelt wird und sich sofort manifestiert; diese Hemmung ist autoreversibel. Auch die typische UV-Inaktivierung ist in gewissem Grad noch autoreversibel, wobei als weitere Komplikation hinzukommt, daß diese Autoreversibilität durch photosynthetisch wirksames Licht unterstützt wird.

d) Chemotaxis

Die Bedeutung der Chemotaxis in der Aggregationsphase von *Dictyostelium* war schon mehrfach Gegenstand von Untersuchungen. Dabei stand meist der entwicklungsphysiologische Aspekt im Vordergrund: Welche Zellen erzeugen das Chemotacticum Acrasin und welche reagieren darauf, wie kommt es zu einem für die Orientierung notwendigen Gradienten (vgl. z. B. Fortschr. Bot. 23, 334 ff.), während dieTatsache der Chemotaxis als solche gesichert schien. Diese wird nun aber durch Untersuchungen von GERISCH in Frage gestellt, nach denen eine Aggregation auch ohne Aggregationszentrum erfolgen kann[1]; in solchen Fällen gibt es dann nämlich kreisförmig in sich geschlossene Stränge wandernder Amöben. Hier versagt natürlich jeder Versuch, die orientierende Bewegung mit einem *stofflichen* Gradienten zu erklären, ganz entsprechend den Protoplasmaströmungen in kreisförmigen Plasmodien (vgl. Fortschr. Bot. 24, 379). Wenngleich hiermit nicht die Existenz des Acrasins überhaupt in Frage gestellt werden soll (hierzu wäre eine sorgfältige Sichtung der gesamten früheren einschlägigen Literatur in Verbindung mit neuen Experimenten nötig), so scheint doch diese Substanz ihre zentrale Bedeutung in der Morphogenese von *Dictyostelium* zu verlieren, und das gerade in dem Augenblick, in dem für die schwarmbildenden Myxobakterien eine Chemotaxis nachgewiesen werden konnte, die von Fruchtkörperanlagen ausgehend die Bewegung der Bakterien orientiert (McVITTIE und ZAHLER).

Neben der „positiven" Bedeutung solcher Chemotaktica, Ansammlungen von Individuen hervorzurufen, ist auch eine „negative" Bedeutung denkbar, die eine Zerstörung vorhandener Ansammlungen verhindert. Hierfür findet GEITLER bei den von ihm untersuchten beweglichen einzelligen Cyanophyceen Hinweise; andere Möglichkeiten der Wechselwirkung zwischen den Individuen sind hier allerdings noch nicht auszuschließen.

Zum Mechanismus der topo-chemotaktischen Orientierung von Farnspermatozoiden geben die Untersuchungen von BROKAW (1958a, b) neue Anregungen. Zunächst kann recht glaubwürdig nachgewiesen werden, daß nicht das Malat-Ion, sondern das Bimalat-Ion die chemotaktisch wirksame Form der Äpfelsäure darstellt. Auch ein p_H-Gradient wirkt orientierend, aber nur sofern Äpfelsäure (oder die ebenso wirkende Maleinsäure) gleichzeitig vorhanden ist; die Ansammlung erfolgt dann gerade in dem p_H-Bereich, in dem die Dissoziation der organischen Säure zu maximaler Konzentration des einfach geladenen Ions führt (Bimalat bzw. Bimaleat). Nun werden weiterhin Chemotaxis und Galvanotaxis miteinander kombiniert; die Orientierung zur Anode (Schwelle bei etwa 0,5 V/cm) ist sehr eindrucksvoll, jedoch nur möglich, wenn gleichzeitig

---

[1] Auf die bedeutsamen entwicklungsphysiologischen Folgerungen kann hier nicht eingegangen werden.

ein Chemotakticum in homogener Verteilung vorhanden ist. Durch Überlagerung von Konzentrationsgradienten der Äpfelsäure mit einem elektrischen Feld lassen sich beide orientierendenTendenzen exakt kompensieren, das Verhältnis der Gradienten und Feldstärken zueinander ist für diese Kompensation stets konstant. Auf Grund rechnerischer Überlegungen kommt BROKAW zu der Auffassung, daß die beobachteten Erscheinungen sich einheitlich erklären lassen: Am Vorderende des Spermatozoids wird das Chemotakticum an spezifischen Receptorstellen adsorbiert, wodurch dann nach physikalischen Gesetzen eine Einstellung im elektrischen Feld und im Konzentrationsgradienten des Chemotakticums erfolgt; die Geißelbewegung selbst würde davon unbeeinflußt bleiben und nur die veränderte Orientierung der Zelle durch eine gerichtete Bewegung sichtbar machen (ein Einfluß des Chemotakticums auf die Geißelbewegung war nicht festzustellen).

Diese Auffassung würde die Schwierigkeiten vermeiden, die sich aus quantitativen Betrachtungen der Empfindlichkeit ergeben: Bei der von BROKAW festgestellten Relativschwelle (Unterschiedsempfindlichkeit) errechnet sich ein Konzentrationsunterschied zwischen den Flanken eines querstehenden Spermatozoids von $1-2\%$; das wird auch nicht wesentlich besser, wenn wir mit METZNER die Geißel selbst als Sitz der chemotaktischen Empfindlichkeit betrachten (vgl. ZIEGLER in „Handbuch der Pflanzenphysiologie" Bd. 17/2), zumal dieser Unterschied infolge der schnellen Rotation jeweils nur für Bruchteile einer Sekunde perzipiert werden könnte. Andererseits aber müßten vor einer kritiklosen Übernahme der neuen Vorstellungen die gut begründeten Untersuchungen von METZNER gebührend berücksichtigt und evtl. im Hinblick auf die dargestellten Ergebnisse erneut überprüft werden.

Zur Galvanotaxis von *Physarum polycephalum* liefert ANDERSON einen Beitrag: Die Orientierung kommt dadurch zustande, daß die Bewegung in Richtung Anode gehemmt, in Richtung Kathode jedoch unbeeinflußt bleibt. Derart orientierte Plasmodien verlieren am Hinterende etwa 25% ihres K-Gehaltes. Das scheint auch in gewissem Umfang für gerichtet kriechende Plasmodien zu gelten, die nicht galvanotaktisch orientiert sind. Offen bleibt völlig, was Ursache und was Wirkung ist; ebenso ungeklärt ist die Art dieses K^+-Verlustes, bei dem es sich offensichtlich nicht um eine Permeabilitätserhöhung handelt, da Na^+ nicht davon betroffen ist. Dieser K-Verlust wird noch rätselhafter, wenn wir erfahren, daß ein großer Teil des K nicht extrahierbar, also offenbar an Protein gebunden ist.

II. Plasmabewegungen

Nachdem bereits fibrilläres Protein aus Plasmodien von *Physarum* extrahiert worden war, das als Sitz der bewegenden Kraft angesehen werden kann (vgl. Fortschr. Bot. **23**, 361), gelang es nun WOHLFARTH-BOTTERMANN, in Ultradünnschnitten elektronenmikroskopisch fibrilläre Strukturen *in situ* nachzuweisen. Diese Fibrillen befinden sich einerseits im gelartigen Ektoplasma, andererseits aber bilden sie sich innerhalb von 10 min in isolierten Endoplasmatropfen. Die Fibrillen sind zu Bündeln vereinigt, die eine Dicke von (0,1–) 0,7 (-2,0) μ haben und im günstigsten Fall über 35 μ Länge hinweg verfolgt werden können; sie scheinen an der Cytoplasmamembran verankert zu sein, und sofern diese Membran die Grenze zu einer Vacuole darstellt, ist diese in Richtung der Fibrillen in die Länge gezogen. Das weist auf die contractile Natur der Fibrillen hin[1]. Verf. sieht in den von ihm gefundenen Strukturen eine wichtige Stütze für seine „Theorie des contractilen Gel-Reticulums" zur Erklärung der Plasmaströmung und darüber hinaus der amöboiden Bewegung.

Dabei bleiben allerdings noch manche Einzelheiten ungeklärt, insbesondere die Frage, ob in einer Amöbe die Gel-Sol-Umwandlung am Hinterende eine Druckwirkung ausübt oder die Sol-Gel-Umwandlung am Vorderende eine Zugwirkung. Letztere Auffassung, die ALLEN vertritt (vgl. Fortschr. Bot. 24, 379), findet sich nochmals im Zusammenhang dargestellt und begründet, unterstützt von eindrucksvollen Schemazeichnungen (ALLEN, 1962).

Daß die bewegende Kraft aus dem Stoffwechsel allgemein durch Vermittlung von ATP gespeist wird, ist eine gut begründete Vorstellung. Dabei ist jedoch möglicherweise außerdem die Spaltung von Acetylcholin beteiligt, wie Versuche von HATANO und NAKAJIMA (1961) vermuten lassen: Hemmung der Acetylcholin-Esterase durch Coffein oder Eserin bringt die bewegende Kraft reversibel zum Erliegen, ohne daß es sich dabei um ein direktes Eingreifen in die Respirations- oder Phosphorylierungsvorgänge handelt. Damit wäre eine weitere Parallele zur Geißel- und Cilienbewegung gegeben, bei der die Acetylcholinesterase in ähnlicher Weise einzugreifen scheint. Daß Kontraktions- und Erschlaffungsvorgänge bei der amöboiden Bewegung eine Rolle spielen, die den Reaktionen der Muskelfasern vergleichbar sind, geht auch aus einer Untersuchung von KÄPPNER (1961) hervor, nach der durch Salyrgan (das die ATP-Spaltung unterbindet) tiefgreifende Strukturänderungen an Amöben erzeugt werden, wodurch die Bewegungsfähigkeit gestört wird.

Mit einem Fall typischer Plasmaströmung befaßt sich TAKATA an *Acetabularia*, wo das Zurückströmen des Endoplasmas nach Zentrifugierung entlang definierter ektoplasmatischer Bahnen verfolgt wird. Auch hier läßt sich die Beteiligung von ATP wahrscheinlich machen, indem Zugabe von ATP in geeigneter Konzentration die Bewegung bis aufs 5fache beschleunigen kann. Zudem kann ebenso wie an Muskeln am toten Objekt durch ATP kurzfristig Bewegung ausgelöst werden, wenn sich das Object in Glycerin befindet und wenn (bei nicht zu hoher K^+-Konzentration) Ca^{++} oder Mg^{++} gleichzeitig zur Verfügung steht. Das bewegende System und die Kraftentfaltung zeigt also jetzt schon mancherlei Parallelen zwischen Muskelbewegung, Geißelbewegung, amöboider Bewegung und Plasmaströmung (letztere sowohl in Form der „Weberschiffchenströmung" der Myxomyceten als auch der „Streifenströmung" bei *Acetabularia*).

Ein wesentliches Problem bei der Myxomycetenströmung ist noch der regelmäßige Wechsel und die Koordination der Bewegungsrichtung

---

[1] Nebenbei wird hier die Frage aufgeworfen, ob diese für die Plasmaströmung verantwortlichen Fibrillen vielleicht auch maßgeblich an der Tropfenverlagerung bei der Pinocytose beteiligt sind.

in nahe benachbarten Regionen. Daß diese Koordination sich erst herausbilden muß, zeigen Versuche von RAKOCZY (1961) an *Didymium*. Wird die Strömung durch mechanische Reizung sistiert, so beginnt sie anschließend zunächst als Agitation, bis sich wieder ein übergeordnetes Koordinationsprinzip durchgesetzt hat. Bemerkenswerterweise erfolgt eine solche Koordination aber auch dann, wenn zwei Teil-Plasmodien, die auf operativem Wege aus einem Plasmodium hervorgegangen sind, wieder zusammenfließen.

Gesetzmäßige Entwicklung einer Rotationsströmung aus Glitschbewegungen (Agitation) finden auch KIERMAYER und JAROSCH im Verlauf der Zellteilung von *Micrasterias*. Hier scheint außerdem ein Fall von Photodinese vorzuliegen, der weiterer Analyse bedarf, indem die Bewegung durch starkes Licht erheblich intensiviert wird.

Neben diesen autonomen Plasmabewegungen sind die durch Außenfaktoren induzierten Verlagerungen von erheblichem zellphysiologischen Interesse. Hier sind in erster Linie die Systrophen zu nennen, die durch verschiedenste Faktoren ausgelöst werden und sich in verschiedenster Weise äußern können. Hierzu nur drei Beispiele: Bei der Meeresalge *Cladophora prolifera* verlagert sich in hypertonischem Medium der Großteil des Protoplasmas nach dem basalen Ende der Zelle [leicht erkennbar infolge der hierdurch hervorgerufenen ungleichen Verteilung der Chloroplasten; HÖFLER (1961)]. Dabei handelt es sich nicht um einen einfachen Reizeffekt; denn in hypotonischem Medium verlagert sich das Protoplasma apikalwärts. Auf die Bedeutung der Polarität bei diesen Vorgängen kann hier nicht eingegangen werden. Auch die sog. Rosettensystrophe, die URL (1960) in der Zwiebelschuppenepidermis fand, ist nicht einfach ein durch Plasmolyse erzeugter Reizvorgang. Zwar ist die Plasmolyse dabei notwendige, nicht aber hinreichende Bedingung; der eigentlich auslösende Faktor ist Thioharnstoff. Schließlich gehört in diesen Zusammenhang die Verlagerung der Chloroplasten von *Biddulphia titiana* von der Peripherie über die Plasmastränge zum zentral gelegenen Kern, die außer durch starkes Licht auch durch leichte Ansäuerung des Mediums erreicht werden kann (HÖFLER, 1962). Alle diese Vorgänge sind eine gewisse Zeit reversibel, über den Bewegungsmechanismus ist jedoch noch gar nichts bekannt.

Auf Versuche, in das Verständnis der lichtinduzierten Chloroplastenverlagerung tiefer einzudringen, soll im nächsten Bericht eingegangen werden. Hier sei nur erwähnt, daß möglicherweise auch noch innerhalb des Chloroplasten gewisse „Orientierungsbewegungen" vorkommen können, indem die Grana im Stroma ihre Lage verändern (WEIER und STOCKING).

Die Bewegung von Zellkernen gibt bezüglich Bewegungsmechanismus, Energetik und Steuerung noch mindestens ebenso viele Rätsel auf wie die Bewegung anderer Zellorganellen (vgl. hierzu den Artikel von GIRBARDT im Handbuch der Pflanzenphysiologie, Bd. 17/2.). Die geeignetsten Objekte für die Untersuchungen scheinen Basidiomyceten zu sein; doch kommen die interessanten Arbeiten von ELLINGBOE (1962), GIRBARDT (1961) und SWIEZYNSKI (1961a, b) noch kaum über die für weitere Analysen notwendigen Materialsammlungen hinaus. Offenbar spielen

Kompatibilitätsfaktoren in der Form von Wechselwirkungen zwischen den Kernen innerhalb einer Zelle eine große Rolle als Regulatoren für die Bewegung.

III. Phototropismus höherer Pflanzen

Die in Fortschr. Bot. 23, 367 referierte Auffassung, daß die zweite positive Krümmung der *Avena*-Koleoptile nicht unmittelbar mit Änderungen im Auxinspiegel erklärt werden kann, wird durch Untersuchungen von BALL weiter gestützt. Verf. arbeitet in einem Energiebereich, der für die zweite positive Krümmung leicht überoptimal ist, und verbindet einstündige phototropische Induktionen mit gleichzeitigen, vorhergehenden oder nachfolgenden Auxin-Behandlungen (IES). Bewußt wird von der sonst üblichen Induktionsrichtung quer zur Symmetrie-Achse abgegangen und so belichtet, daß die Krümmung zum Korn hin erfolgen muß. Das führt zu interessanten Interferenzen, da symmetrische IES-Zufuhr (durch zeitweiliges Eintauchen der ganzen Koleoptilen in die Lösung) nastische Krümmungen vom Korn weg induziert. Hervorzuheben ist nun, daß eine Auxin-Zufuhr, die das *Wachstum* verdoppelt, die *phototropische Krümmung* nicht nachhaltig stören kann; und besonders bemerkenswert ist der Versuch, in dem die Auxin-Behandlung auf die Belichtung folgt: Die phototropische Krümmung wird durch die „Auxinonastie" abgelöst, tritt jedoch nach Beendigung des Auxinbades erneut in Erscheinung.

Schon aus diesen Untersuchungen geht wohl eindeutig hervor, daß IES nicht der begrenzende Faktor der phototropischen Krümmungsreaktion sein kann. Erhärtet wird das weiter durch Versuche an Koleoptilen ohne Korn, deren Wachstum und phototropische Krümmung stark reduziert sind; während Zugabe von IES (und/oder Saccharose) jedoch das Wachstum wieder steigert, bleibt die phototropische Reaktion gering. Ganz unerklärlich erscheint im Augenblick die Beobachtung, daß dekapitierte Koleoptilen (bei stark herabgesetztem Wachstum) noch fast normal phototropisch reagieren — allerdings werden sie in diesem Versuch nach der Induktion für zwei Stunden in Wasser getaucht[1]. Durch Auxin, das das Wachstum erheblich steigert, wird die phototropische Reaktion stark abgeschwächt. In diesen letztgenannten Untersuchungen dürfte jedoch die Wahl der Beleuchtungsrichtung vom Korn her zu schwer übersehbaren Komplikationen führen, und eine Ergänzung der Versuche durch Flankenbelichtung wäre dringend erwünscht. Ebenso erscheint dem Ref. eine Ausweitung der Versuche auf andere Bereiche der Dosis-Effekt-Kurve wünschenswert. — Verf. schließt aus seinen Versuchen, daß die asymmetrische Verteilung eines Co-Faktors für die IES-Wirkung einen maßgeblichen Vorgang in der phototropischen Reaktionskette darstellt.

Zu ganz analogen Ergebnissen gelangt DIEMER an *Helianthus*-Hypokotylen. Qualitativ ergeben sich hier die gleichen Verhältnisse wie beim

---

[1] Alle Versuche, in denen Koleoptilen in Wasser oder IES gebadet werden, gestatten trotzdem eine einwandfreie Sauerstoffversorgung, da die Koleoptilen rhythmisch innerhalb von 3 min für jeweils 1 min vollständig aus dem Bad herausgenommen werden.

Geotropismus (BRAUNER und HAGER, vgl. Fortschr. Bot. **20**, 293 und **21**, 354ff.): Auxinverarmung durch Dekapitation führt zum Verlust der Reaktionsfähigkeit, ohne die Induktionsfähigkeit zu zerstören; denn durch symmetrische Zufuhr von Auxin kann jene wieder hergestellt werden, und zwar auch, wenn die Auxinzufuhr erst nach der Induktion erfolgt (hier: einseitige Belichtung). Eine zeitliche Trennung zwischen Induktion und Reaktion ist auch hier um mehrere Stunden möglich, der phototropische Reiz klingt dabei nicht wesentlich schneller ab als der geotropische (Halbwertzeit 4,5 gegenüber 5,8 Std). Ferner kann wie beim Geotropismus die Reaktion statt durch IES auch durch die synthetischen Wuchsstoffe NES oder 2,4-D ermöglicht werden.

Doch bestehen auch charakteristische Unterschiede zum Geotropismus: Die phototropische Reaktionsfähigkeit geht nach Dekapitation wesentlich schneller verloren als die geotropische; in stark Auxinverarmten Hypokotylen kann durch IES das phototropische Reaktionsvermögen in viel geringerem Maße wieder hergestellt werden als das geotropische. Parallel dazu zeigen Wuchsstoffextraktionen, daß die Abnahme des Auxinspiegels viel langsamer vonstatten geht als diejenige des phototropischen Reaktionsvermögens, so daß diese nicht gut allein auf jene als Ursache zurückgeführt werden kann. Offenbar geht also noch eine Substanz nach der Dekapitation verloren, die beim Geotropismus ohne Bedeutung ist (die Vermutung, daß es sich dabei um den Photosensibilisator handelt, erscheint dem Ref. allerdings etwas unwahrscheinlich).

Schließlich wird noch der Einfluß der Belichtung auf das „Reaktionsvermögen auf Auxin" unmittelbar nachgewiesen: Dekapitierte (Auxinverarmte) Hypokotyle werden allseitig belichtet und dann durch einseitiges Auftragen von Auxinpaste zur Krümmung veranlaßt. Gegenüber den Dunkelkontrollen ist die Krümmung (und damit also auch das Auxininduzierte Wachstum) erheblich geringer. Einseitig vorbelichtete Hypokotyle verhalten sich entsprechend: Die mit Auxin bestrichene Schattenflanke wächst stärker als die mit Auxin bestrichene Lichtflanke; die Dunkelkontrollen liegen dazwischen. Daraus wird geschlossen, daß nicht nur allseitige Vorbelichtung zu einer Konzentrationsminderung des „CoFaktors" führt, sondern außerdem einseitige Vorbelichtung zu einer Verschiebung desselben. Diese Querverschiebung des Co-Faktors als unmittelbare Wirkung der Belichtung ist allerdings mit Zurückhaltung zu betrachten, da Wachstumsmessungen an isolierten Hypokotylhälften in Auxinlösung keine Unterschiede zwischen belichteten und verdunkelten Flanken ergaben.

Die Übereinstimmung mit dem Geotropismus einerseits, die Unterschiede andererseits, lassen es nun als reizvoll erscheinen, mit diesem offensichtlich besonders günstigen Objekt kombinierte phototropischgeotropische Versuche anzustellen. Vielleicht sind dann auch über den Co-Faktor etwas konkretere Aussagen möglich. Als Arbeitshypothese greift DIEMER auf die Vorstellungen von LEOPOLD zurück, daß IES durch CoA aktiviert werden muß, um physiologisch wirksam zu werden.

Über die Inversion des Phototropismus durch Paraffinöl (vgl. Fortschr. Bot. **23**, 368) liegt eine Notiz von HUMPHRY vor. Danach ist für die negative Krümmung in Öl bei der *Avena*-Koleoptile die Spitze als Lichtperzeptionsorgan ebenso notwendig wie für die normale positive Krümmung, und die Inversion erfolgt nur, wenn die Spitze selbst von Öl bedeckt ist. Verf. rechnet mit einer Wirkung der Ölinfiltration auf den Auxin-Haushalt. Ob diese in ihrer Wirkung noch recht undurchsichtige Inversion eine Hilfe bei der Aufklärung der normalen phototropischen Reaktionskette sein kann, erscheint im Augenblick recht fraglich.

IV. Geotropismus

BRAUNER und BRAUNER haben ihre Untersuchungen zur Analyse der geotropischen Perzeption systematisch weitergeführt. Nachdem mindestens für die Anfangsphase der geotropischen Krümmung eine Geo-Saugkraft-Reaktion verantwortlich gemacht werden konnte (Fortschr. Bot. **24**, 386), wird diese Reaktion nun auf eine „Geodehnbarkeitsreaktion" (GDR) zurückgeführt, während der osmotische Wert des Zellsaftes praktisch unbeeinflußt bleibt. In waagerecht gelegten *Helianthus*-Hypokotylen nimmt die Dehnbarkeit der Zellwand zu, und zwar sowohl auf der Ober- wie auf der Unterseite, auf letzterer aber stärker (ganz entsprechend den Verhältnissen bei der Geo-Saugkraft-Reaktion). Die GDR bezieht sich sowohl auf die plastische wie auf die elastische Dehnbarkeit, auf erstere jedoch stärker. Auch allseitige Reizung auf dem Klinostaten führt zu einer GDR, jetzt natürlich zu einer allseitig gleichen. Für die Reizaufnahme, die zur GDR führt, ist die Spitze nicht notwendig: Dekapitierte und 4 Tage an Auxin verarmte Hypokotyle, die keine geotropische Krümmungsfähigkeit mehr besitzen, zeigen nichtsdestoweniger noch eine normale GDR[1].

Damit tritt nun wieder das gleiche Problem wie bei der Geo-Saugkraft-Reaktion auf (Fortschr. Bot. **24**, 386), warum dekapitierte, geotropisch gereizte Hypokotyle zwar eine GDR entwickeln (auf Ober- und Unterseite verschieden!), diese aber auch bei reichlicher Wasserversorgung nicht zur Krümmung führt. Die Auffassung der Autoren, daß das noch vorhandene Restauxin wohl für eine Erhöhung der Wanddehnbarkeit genüge, nicht aber für eine echtes Wandwachstum, scheint dem Ref. den Sachverhalt nicht erklären zu können; eine Erhöhung der Wanddehnbarkeit bei gleichbleibendem osmotischen Wert muß (über die ja ebenfalls nachgewiesene Saugkrafterhöhung) bei günstiger Wasserversorgung zur Wasseraufnahme und damit zur Zellvergrößerung führen, und diese müßte sich doch bei asymmetrischer Änderung der Dehnbarkeit im Organ in einer Krümmung äußern — auch wenn es sich dabei wegen Fehlens von echten Wachstumsvorgängen nur um einen reversiblen Prozeß handeln würde.

Trotzdem spricht vieles dafür, daß mit der GDR ein Schritt in der geotropischen Reaktionskette erfaßt ist; denn ebenso wie die Krümmungsreaktion ist die GDR in niederer Temperatur nicht möglich, tritt aber nachträglich in Erscheinung, wenn die Hypokotyle in *aufrechter*

---

[1] In diesem Zusammenhang sei erinnert, daß BARA für das gleiche Objekt am Klinostaten eine positive Geowachstumsreaktion (GWR) fand, die ebenfalls nach Dekapitation nicht verlorenging (Fortschr. Bot. **21**, 356). Demgegenüber konnten SCHRANK und RUMSEY (1961) an intakten *Avena*-Coleoptilen keine GWR nachweisen.

Stellung wieder auf normale Temperatur erwärmt werden. Die vom Stoffwechsel abhängige Teilreaktion muß also noch vor der GDR liegen. Zur gleichen Schlußfolgerung führen auch die Versuche unter Anaerobiose: In N_2-Atmosphäre ist keine GDR möglich (wohl aber wird hierdurch die Dehnbarkeit *allgemein* erhöht, unabhängig von der Orientierung der Pflanze im Raum; gibt es auch eine entsprechende allseitige Wachstumszunahme unter diesen Bedingungen?).

Vorausgesetzt, daß die GDR wirklich in der Reaktionskette liegt und nicht eine Nebenreaktion darstellt, hätten wir in dieser wohl ein sehr frühes Glied der *physiologischen* Reizaufnahme (der Perzeption). Dieser muß nun jedenfalls noch die *physikalische* Reizaufnahme (die Suszeption) voraufgehen. Die oft geäußerte Vermutung, daß es sich dabei um den geoelektrischen Effekt handelt (GEE), scheint sich nicht zu bestätigen. Mit einer neuartigen Methode, die eine Beeinflussung der Pflanze durch die Messung vermeidet und außerdem meßtechnisch bedingte Fehlerquellen ausschaltet, haben GRAHM und HERTZ den geoelektrischen Effekt an *Zea*- und *Avena*-Koleoptilen studiert. An den Untersuchungen ist besonders bemerkenswert, daß der geoelektrische Effekt nicht in Erscheinung tritt, wenn der aerobe Stoffwechsel vergiftet wird (N_2-Atmosphäre, DNP, NaN_3, CO). Das steht einerseits im Gegensatz zu den Ergebnissen früherer Untersuchungen, die den GEE sogar an toten Systemen fanden, stimmt aber bemerkenswert mit den obenerwähnten physiologischen Reaktionen überein und zeigt zugleich, daß es sich hier noch nicht wirklich um den *physikalischen* Primäreffekt handeln kann. Ob auch der GEE ein Glied der Reaktionskette oder eine Nebenreaktion ist, kann noch nicht entschieden werden; jedenfalls ist er keine *Folge* der geotropischen Krümmung, da ihn auch dekapitierte Koleoptilen noch zeigen (vgl. wieder die Parallele zur GDR!). So bleibt also doch wieder die Statolithentheorie in irgend einer Form als einzige Denkmöglichkeit; damit wird die Frage dringend, wie sich unter den von BRAUNER verwendeten Versuchsbedingungen (Kälte, Anaerobiose) die Statolithenstärke verhält.

Im Zusammenhang mit der Statolithenfrage sind immer wieder Ergebnisse interessant, die über Parallelen zwischen geotropischem Reaktionsvermögen und dem Vorhandensein von Statolithenstärke berichten. TRONCHET (1958) fand bei *Cuscuta gronovii*, daß nach Behandlung mit 2,4-D das normale negativ geotropische Wachstum in positiven Geotropismus umschlägt, begleitet von einem Verschwinden der Stärkekörner. Nach durchschnittlich 36 Std macht sich dann in den neu zugewachsenen Geweben wieder der normale negative Geotropismus geltend, und hier treffen wir auch wieder Statolithenstärke an. Bemerkenswert erscheint dem Ref., daß diese Statolithen offenbar für den negativen Geotropismus notwendig, für den positiven jedoch entbehrlich sind — wieder ein Hinweis darauf, daß negativer und positiver Geotropismus auf ganz verschiedenen physiologischen (und sogar physikalischen!) Grundlagen beruhen, wenn ein Organ zu beiderlei Reaktionen befähigt ist (vgl. hierzu z. B. Fortschr. Bot. **20**, 291 f).

Eine interessante Variante der Statolithentheorie hat LARSEN (1961) entwickelt, für die Wurzel dargestellt in Abb. 21. Danach ist der „Statolith" einem Pendel vergleichbar, das zwei Kräften unterliegt: Auf den Pendelschwerpunkt wirkt die Schwerkraft ($\mathcal{S}$) und eine Rückstellkraft ($\mathcal{r}$), die in der Längsrichtung des Organs wirkt und vielleicht elektrostatischer Natur ist. Das Pendel stellt sich naturgemäß in die Richtung der resultierenden Gesamtkraft (u) ein. Der Abstand des Pendelschwerpunktes von der Medianen ist ein Maß für die geotropische Reizung. Dieses Modell erklärt zwanglos eine Reihe früherer Beobachtungen: Da infolge der Vektorenaddition der Winkel, unter dem die Schwerkraft angreift, immer

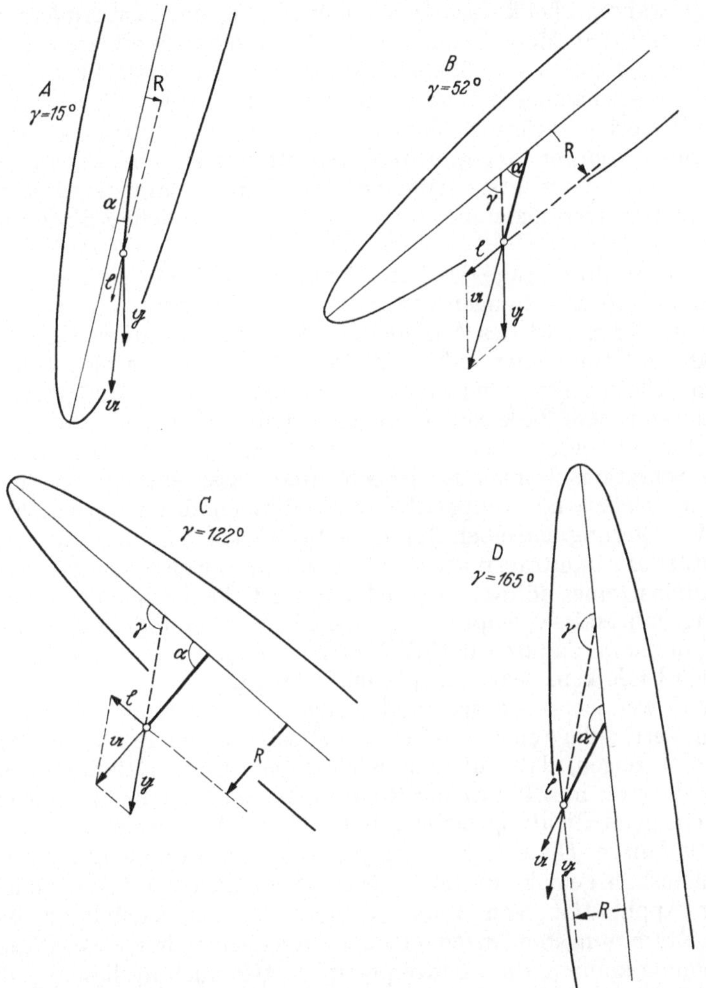

Abb. 21. Schematische Darstellung des „pendelförmigen" Statolithen (starke Linie) in einer Wurzel. Der Kreis am Ende des Pendels stellt den Pendelschwerpunkt dar, an ihm greift die Kraft u — als Resultante der Kräfte g und ℓ — an (siehe Text). Das Pendel befindet sich in jedem Diagramm im Gleichgewichtszustand im Hinblick auf die Angriffsrichtung der Gesamtkraft u. R bezeichnet den Abstand des Pendelschwerpunktes von der Medianen und stellt ein Maß für die Reizstärke dar. γ ist der Winkel, den die Längsachse der Wurzel mit der Angriffsrichtung der Schwerkraft (g) bildet. Nach LARSEN (1961), verändert

größer sein muß als derjenige, unter dem die Gesamtkraft angreift ($\gamma > \alpha$), muß der Reizwinkel für maximale Reizung größer als 90° sein. Das gilt aber nur, falls so lange gereizt wird, bis die Endlage erreicht ist.

Für kurze Induktionen dagegen, die gerade ausreichen, um die Bewegung des Pendels in Gang zu setzen, kann die Rückstellkraft noch vernachlässigt werden, und die Gesamtkraft ist eine reine Funktion von sin γ. Damit stimmt überein — entsprechend den Angaben früherer Autoren — daß bei Dauerreizung die optimale Reizlage zwischen 105 und 120° beträgt, während bei kurzen Induktionen 90° optimal ist. Außerdem lassen sich mit dem Modell von LARSEN die Ergebnisse erklären, in denen eine Reizung durch anschließendes Inversstellen verstärkt wurde (das etwas ausgeschwungene Pendel wird durch Inversstellen weiter aus seiner Ruhelage entfernt). Manche Folgerungen aus dieser geistreichen Hypothese könnten experimentell geprüft werden. Insbesondere aber besteht jetzt die wichtige Aufgabe, das „Pendel" mit definierten Zellstrukturen zu identifizieren; hier dürften noch erhebliche Schwierigkeiten liegen.

Auch zur alten Frage der Beteiligung von Auxin liegen neue Vorstellungen und Untersuchungen vor. HERTEL und LEOPOLD unterstellen, daß der polare Transport des Auxins in erster Linie darauf zurückzuführen ist, daß auf Grund einer stabilen Zellpolarität nur im basalen Teil Auxin aus der Zelle ausgeschieden werden kann (und damit zur Aufnahme durch die nächst tiefere Zelle zur Verfügung steht). Versuche scheinen diese Vorstellungen eines „Sekretionsplasmas" zu unterstützen. Innerhalb dieses Sekretionsplasmas ist jedoch Auxinausscheidung nur möglich, wenn energieliefernde Zellpartikel (z. B. Mitochondrien) vorhanden sind. Eine Verlagerung derselben durch die Schwerkraft könnte durchaus die Polarität des Auxintransportes modifizieren und zu einer Querabweichung des Auxinstromes führen. Tatsächlich wird die basipetale Transportleistung von Mais-Koleoptilen in Inverslage gehemmt; ein acropetaler Transport kann dadurch natürlich nicht induziert werden, weil sich am apikalen Ende kein Sekretionsplasma befindet.

LYON wendet sich gegen die im allgemeinen vertretene Auffassung, daß die Vertikallage eine „reizfreie Lage" sei. Für eine Reihe von Pflanzen konnte er zeigen, daß auf dem Klinostaten starke Krümmungen auftreten, die zwar in willkürlicher Richtung beginnen, dann aber die einmal eingeschlagene Richtung beibehalten und bis zu Abweichungen von 45 bis 180° führen. Diese Krümmungsrichtung kann durch Eingriff in den Auxinhaushalt gelenkt werden: Abschneiden einzelner Blätter oder einseitige Applikation von TIBA. In normaler Vertikalstellung werden solche Krümmungstendenzen offenbar ausgeglichen, bevor es wirklich zur Krümmung kommt; die Pflanze perzipiert also auch in diesem Falle die Lage im Raum. Verf. schließt aus seinen Versuchen auf einen orientierenden Einfluß der Schwerkraft auf die Auxinverteilung, wodurch geringe seitliche Differenzen ausgeglichen werden.

BARA (1962) denkt dagegen an Neuproduktion von Auxin in geotropischer Reizlage, hervorgerufen durch eine Erhöhung des Tryptophanspiegels. Die Versuche auf dem „intermittierenden Klinostaten" (hier: alle 5 min um 180° gedreht) scheinen aber dem Ref. durchaus nicht beweisend, zumal die Ergebnisse je nach Extraktionsmittel sehr verschieden ausfallen. So ist also insgesamt das Hormonproblem beim Geotropismus nach wie vor noch recht undurchsichtig. Auch die interessanten Untersuchungen von SCHRANK und RUMSEY über den Einfluß der Trichlorbenzoësäure, die je nach Versuchsbedingungen fördernd oder hemmend auf die geotropische Krümmung wirkt, konnten in dieser Hinsicht noch keine Klärung bringen. Vielleicht ist die *Avena*-Koleoptile, das Objekt in den Versuchen SCHRANKs, für die in Frage stehenden Probleme nicht ganz das geeignete Objekt; denn wenn die geotropische Reizung 20—180 min dauern muß und darauf noch 30—90 min Rotation am Klinostaten folgen, dürfte es kaum mehr eindeutig möglich sein, stoffliche Wirkungen auf *verschiedene* Phasen oder Teilprozesse der Reaktion voneinander zu trennen. Das geht allein schon daraus hervor, daß (bei geotropischer Reizung in 22°C) die Krümmung am Ende des Klinostatierens größer ist, wenn sie bei 4°C erfolgte, als wenn die Pflanze auch auf dem Klinostaten bei 22° gehalten wurde und sich hier offenbar schon wieder etwas zurückgekrümmt hat.

Ein z. Z. noch völlig unerklärliches Phänomen fanden HOSHIZAKI und HAMNER (1962a): *Xanthium*-Pflanzen, die parallel zur waagerechten Klinostatenachse, aber in einigem Abstand (25—50 cm) von ihr rotiert werden, krümmen sich statistisch signifikant bevorzugt in Richtung der Tangente der Umlaufsbewegung, und zwar vorwärts in Bewegungsrichtung, gleichgültig ob die Rotation im oder gegen den Uhrzeigersinn verläuft. Die Reaktion ist an ein gewisses Mindestalter der Pflanzen gebunden, zeigt sich im Licht deutlicher als in Dunkelheit und wird bei langsamer Rotation (1 Umdr. = 4 min) besser beobachtet als bei schneller (1 Umdr. = 1 min bzw. 20 sec). Außerdem verdient Erwähnung, daß dieser Krümmungstyp viel weiter apikalwärts lokalisiert ist als eine normale geotropische Krümmung. Ein Hinweis auf eine „hormonale Umstimmung" liegt darin, daß unter diesen Bedingungen die Kurztag-induzierte Blütenbildung stark gehemmt wird (HOSHIZAKI und HAMNER, 1962b); aber damit ist noch nichts über das Zustandekommen des zu fordernden ungewöhnlichen Quergradienten gesagt.

Angaben über die Umstimmung des Geotropismus durch verschiedene Faktoren (BENDIXEN und PETERSON; MÜLLER; PALMER) bringen nichts grundsätzlich Neues (vgl. Fortschr. Bot. 24, 388), sind aber bei Versuchen zur Kausalanalyse des Plagiotropismus zu berücksichtigen. Bemerkenswert ist, daß bei *Trifolium fragiferum* über Ortho- oder Plagiotropismus ein einziges Gen entscheidet und daß die plagiotrope Rasse durch Gibberellin orthotrop wird (vgl. hierzu Fortschr. Bot. 22, 387).

Im Zusammenhang mit dem von AUDUS entdeckten Magnetotropismus (Fortschr. Bot. 23, 368f.) sei auf eine weitere Wirkung des Magnetismus auf physiologische Vorgänge hingewiesen: Die Zellvermehrung von Bakterien wird in einem homogenen Magnetfeld von 3000—8000 Oe zunächst gehemmt, später stimuliert (GERENCSER et al.).

V. Epinastie

Epinastische Entfaltungsbewegungen werden im allgemeinen den autonomen Bewegungen zugerechnet. Das Primärblatt des etiolierten Weizenkeimlings benötigt jedoch einen einmaligen Lichtreiz, um sich entfalten zu können (VIRGIN). Es handelt sich um einen typischen Auslösevorgang, der durch Lichtabsorption im Phytochrom vermittelt wird; die Reaktion findet in den auf die Lichtwirkung folgenden 24 Std statt. Für die Reaktion ist volle Turgescenz Voraussetzung, nicht aber für die Induktion: Belichtung im nicht-turgescenten Zustand führt noch nachträglich zur Reaktion, wenn das Blatt wieder in günstige Hydraturverhältnisse gebracht wird.

Die Epinastie von Seitensprossen, die mit dem negativen Geotropismus zusammen zu plagiotroper Einstellung führt (und demnach erst bei

Ausschaltung des Geotropismus am Klinostaten allein in Erscheinung
tritt), hat eine physiologische Dorsiventralität des ursprünglich radiären
Seitensprosses zur Voraussetzung; im Falle der „Geo-Epinastie" wird
diese Dorsiventralität durch die Schwerkraft reversibel induziert, und
mit dieser Induktion befassen sich LEIKE und v. GUTTENBERG bei *Coleus*.
Die physiologische Dorsiventralität kann durch etwa 4 tägiges Inversstellen umgekehrt werden, so daß nach dieser Behandlung auf dem Klinostaten eine *Hyponastie* in Erscheinung tritt (bezogen auf den morphologischen Bau; im Sinn der vorhergehenden Lage zur Schwerkraft ist das
also wieder eine Epinastie). Die epi- (bzw. hypo-) nastische Bewegung ist
an die Anwesenheit von Auxin gebunden, doch kann die *Induktion* auch
in dekapitierten, entblätterten und somit auxinfreien (bzw. stark auxinverarmten) Sprossen erfolgen; die Bewegung findet dann statt, wenn
wieder Auxin zugeführt wird. Auxin ist also für die Induktion der Dorsiventralität nicht notwendig, aber auch bei der Reaktion scheint Auxin
kein Glied der Kausalkette zu sein, sondern nur eine notwendige Voraussetzung für das Wachstum überhaupt.

Diese Auxinwirkung muß ein recht komplexer Vorgang sein; denn SOEKARJO
fand in Versuchen mit isolierten Blattstielen von *Coleus* eine zweigipflige Kurve der
Abhängigkeit von der Auxinkonzentration (Indolylessigsäure).

Jedenfalls beruht die Epinastie nicht auf ungleicher Auxinverteilung
zwischen beiden Flanken; die Epinastie kommt nämlich zustande, gleichgültig, ob Auxin über eine apikale Schnittfläche, durch einen ventralen
oder einen dorsalen Blattstiel zugeführt wird (LEIKE und v. GUTTEN-
BERG). Das gilt für die Reaktion auf dem Klinostaten; daß prinzipiell
auch bei *Coleus* einseitige Auxinzufuhr zu Krümmungen führen müßte,
zeigt sich in entsprechenden Versuchen an aufrechten Kontrollpflanzen.
Wir müssen deshalb unter den gegebenen Versuchsbedingungen mit einer
ziemlich schnellen Verteilung des Auxins über den ganzen Sproßquer-
schnitt rechnen. Welcher Faktor dann allerdings zu dem ungleichen
Wachstum führt, ist noch ganz unklar; Verf. konnten keine unterschiedliche Auxinempfindlichkeit beider Flanken feststellen.

Erwähnenswert ist noch, daß das Auxin auch von der Basis her zugeführt werden kann, sofern transpirierende Blätter dafür sorgen, daß der Wuchsstoff passiv
mit dem Transpirationsstrom in die Wachstumszone gelangt; in diesem Falle erfolgt
die Krümmung nur in dem Teil des Sprosses, der sich unterhalb der transpirierenden
Blätter befindet (LEIKE).

Da den Verff. für die Geo-Epinastie die Trennung zwischen Induktion
und Reaktion gelungen ist, kann nun analog den Verhältnissen beim Geotropismus und Phototropismus der Versuch unternommen werden, den
Induktionsvorgang näher zu charakterisieren. LEIKE und v. GUTTENBERG
untersuchten die Wirksamkeit der Schwerkraft in Abhängigkeit von der
Reizlage. Optimale Induktion findet sich nicht in Horizontallage der in
Frage stehenden Seitensprosse, sondern bei einer über die Horizontale um
etwa 60° erhobenen Lage. Diese Ergebnisse sind allerdings noch nicht als
endgültig zu betrachten, da hier eine Reihe anderer Faktoren mitwirkt,
die im Augenblick noch nicht ausgeschaltet werden konnten; störend
wirkt sich bei der Induktion vor allem aus, daß auch in auxinverarmten

Sprossen offenbar immer noch so viel Rest-Auxin vorhanden ist, daß es infolge der mehrtägigen geischen Reizung doch zu einer gewissen geotropischen Aufkrümmung kommt. Diese ließe sich vielleicht vermeiden, wenn die Induktion — analog den Versuchen von BRAUNER und HAGER zum Geotropismus — in niederer Temperatur durchgeführt würde.

VI. Circumnutation und Haptotropismus

Bei biochemischen Untersuchungen von windenden und rankenden Pflanzen scheinen sich interessante Gesetzmäßigkeiten abzuzeichnen. Danach scheint eine Korrelation derart zu bestehen, daß Pflanzenteile, die zur Circumnutation fähig oder haptotropisch reizbar sind, gewisse Flavonole enthalten, die in den übrigen Teilen nicht vorhanden sind. Dort finden sich dann umgekehrt Anthocyane. Das gilt einmal für *Convolvulus sepium*, das sich durch zweierlei Sproßtypen auszeichnet, windende und kriechende, wobei sich die älteren Teile der windenden Sprosse wie kriechende verhalten, während kriechende, die durch Gibberellinbehandlung (s. unten) in windende umgewandelt wurden, sich auch biochemisch wie diese verhalten (TRONCHET, 1960 b, c)[1]. Ähnliche Unterschiede scheinen aufzutreten, wenn *Mercurialis annua* oder *Lactuca saligna* durch Gibberellin zur Circumnutation veranlaßt werden (TRONCHET, 1961 a). Andererseits wurde aus *Convolvulus sepium* ein Cumarin-Derivat extrahiert, das sich nur in den kriechenden, nicht in den windenden Sprossen findet und das im *Lepidium*-Test wachstumshemmend wirkt (TRONCHET, 1961 b). Schließlich werden bei *Passiflora* aktiv bewegliche und reizbare Ranken mit den nicht reizbaren Sprossen verglichen (TRONCHET, 1960 e). Die Verhältnisse sind stark vereinfacht in Tab. 1 zusammengestellt. Außerdem aber treten derartige Unterschiede noch in ein und derselben Ranke reversibel während und nach der Reaktion auf (TRONCHET, 1960 d, e): Sowohl bei *Echinocystis Wrightii* als auch bei *Passiflora coerulea* verschwinden während der haptotropischen Einkrümmung gewisse Flavonole, während andere verwandte Substanzen neu auftreten. Wenn sich (im Falle nur kurzzeitiger Reizung) die Ranken wieder geradegestreckt haben, sind biochemisch die ursprünglichen Verhältnisse wieder

Tabelle 1. *Gehalt an Flavonolen und Anthocyanen in windenden und rankenden Pflanzen*

	Flavonole	Anthocyane
Convolvulus sepium		
Spitze der windenden Sprosse	+	—
ältere Teile derselben (nicht mehr windend)	—	+
kriechende Sprosse normal.	—	+
durch Gibberellin zur Circumnutation induziert	+	—
Passiflora coerulea		
Ranken (reizbar)	+	—
Sproßachse	—	+

[1] Ergebnisse an *Convolvulus arvensis* mahnen jedoch zur Vorsicht bei Verallgemeinerungen (PROVOST, 1960).

hergestellt; bei der autonomen Alterseinrollung finden offenbar keine grundsätzlichen Änderungen im Flavonol-Gehalt statt. Eine Anzahl der hier beteiligten Substanzen ist noch nicht genauer analysiert; hierauf dürfte sich in Zukunft die Arbeit konzentrieren (vgl. z. B. WIOLAND, 1960), gleichgültig, ob diese leicht faßbaren Änderungen im Gehalt an sekundären Pflanzenstoffen Ursache, Folge oder Begleiterscheinung der Fähigkeit zur Circumnutation und der haptotropischen Reaktion sind.

Die Auslösung von Circumnutationen durch Gibberellin an Sprossen, die normalerweise diese Bewegung nicht zeigen (vgl. Fortschr. Bot. **22**, 389; **23**, 373) wird an weiteren Pflanzen bestätigt, scheint also auf eine allgemeinere Gesetzmäßigkeit hinzudeuten. Allerdings können nicht alle Pflanzen zur Bewegung veranlaßt werden; hier scheinen wieder Beziehungen zum Flavonolgehalt zu bestehen (TRONCHET u. Mitarb., 1961a, b). Die Umwandlung kriechender in windende Sprosse bei *Convolvulus sepium* wurde schon erwähnt (TRONCHET, 1960b). Bei *Zinnia elegans* ist die Gibberellin-induzierte Circumnutation recht unregelmäßig — auch die Windungsrichtung ist nicht konstant — und reicht nicht zum Umfassen einer Stütze aus (TRONCHET, 1960a; TRONCHET u. Mitarb., 1960a, b); bei *Lactuca saligna* dagegen kann diese Circumnutation kaum von einer autonomen Bewegung einer windenden oder rankenden Pflanze unterschieden werden. Nach den früher von TRONCHET u. Mitarb. erarbeiteten Gesetzmäßigkeiten gehört die *Lactuca*-Bewegung dem Rankentyp an (vgl. Fortschr. Bot. **20**, 298 sowie BAILLAUD, 1960). Dem entspricht, daß die Blätter nach Gibberellinbehandlung eine starke Spreitenreduktion erfahren und in der Jugend eingerollt sind; sie können als Ranken eine Stütze umfassen, sind allerdings nicht haptotropisch reizbar (TRONCHET u. Mitarb., 1960c, 1961a). Recht regelmäßige Circumnutationen können auch bei *Ocimum basilium* und *Mercurialis annua* durch Gibberellin erzeugt werden (TRONCHET u. Mitarb., 1961b). Der wesentliche Faktor der Gibberellinwirkung scheint einfach das stark intensivierte Längenwachstum zu sein, wodurch eine etwa vorhandene zirkuläre Polarität sich erst in der Wachstumsbewegung manifestieren kann. Darauf deuten auch Untersuchungen von McCOMB an Erbsen hin; Gibberellinbehandlung erhöht die Amplitude der Circumnutation erheblich, während die Periode unverändert bleibt. Gibberellin bestimmt also gewissermaßen die Stärke des Wachstums, ist aber ohne Einfluß darauf, *welche* Zellen jeweils wachsen. Die Natur dieser zirkulären Polarität ist ein noch völlig ungeklärtes Problem.

VII. Blattbewegungen

Über die Seismonastie von *Dionaea* liegen zwei kleinere Beiträge vor. DI PALMA u. Mitarb. (1961) fanden, daß eine *einmalige* Berührung einer Reizborste normalerweise noch nicht zur Reaktion führt; hierzu sind vielmehr zwei Reizungen in kurzem Abstand nötig, in Einzelfällen sogar drei (ein Abstand von 2 sec ist noch nicht zu lang). Ein Aktionsstrom tritt bereits bei der ersten Reizung auf, bei der zweiten erreicht dieser jedoch regelmäßig eine höhere Amplitude. Es hat also den Anschein, als ob der erste Aktionsstrom eine Sensibilisierung bewirkt und daß die Reaktion erst von einer bestimmten Höhe der Amplitude an ausgelöst wird; dabei bleibt die Möglichkeit offen, daß der Aktionsstrom nicht die Ursache für die Reaktion ist, sondern ein Indicator für den „gereizten Zustand" der Zellen. Freilich läßt sich diese „Sensibilisierung" durch einen vorhergehenden Reiz nicht leicht in Übereinstimmung bringen mit den sonstigen Erfahrungen der Reizphysiologie, nach denen ein relatives Refraktärstadium dafür sorgt, daß der folgende Reiz sich weniger stark auswirkt.

Während diese eben erwähnten Aktionsströme *einmalige* Folgen der mechanischen Reizung sind, bewirkt osmotische (?) Reizung *rhythmische* Aktionsströme mit einer Frequenz von 2—4 pro min, die sich bis zu mehreren Stunden fortsetzen können; jeder einzelne Aktionsstrom dauert nur Sekundenbruchteile (BALOTIN und DI PALMA). Auslösend für diese Serie von Aktionsströmen ist 3%ige Kochsalz-, KCl- oder Glucoselösung, während verdünntere Lösungen oder Wasser unwirksam bleiben. Zugleich schließt sich das Blatt. Eine völlige Trennung zwischen osmotischer „Reizung" und beginnender Schädigung ist hier wohl noch nicht gelungen.

Die Methode der Potentialmessungen mit Mikroelektroden gestattet eine genaue Lokalisierung der sensiblen Gewebe im Blattstiel von *Mimosa*. SIBAOKA fand Aktionsströme bei Reizung nur in den parenchymatischen Zellen des Protoxylems sowie im Phloem-Parenchym, während Epidermis, Rinde, Siebzellen und Mark nicht reagierten. Die reaktionsfähigen Zelltypen zeichnen sich außerdem durch ein Ruhepotential aus, das dreimal so hoch wie das der übrigen Zellen ist.

Der Reaktionsmodus des *Mimosa*-Gelenks wird gewöhnlich so erklärt, daß die Blattunterseite ihren Turgor verliert; infolge verminderter Gewebespannung kann die Oberseite dann noch zusätzlich Wasser aufnehmen und die Bewegungstendenz verstärken. Diese Auffassung gründet sich auf Versuche, in denen jeweils eine Gelenkhälfte weggeschnitten wird; sie muß jedoch nach den Ergebnissen von AIMI revidiert werden. Er führte die gleichen Versuche, aber mit inversgestellten Pflanzen durch; nun zeigt auch die isolierte Gelenk*oberseite* Turgorverlust und damit Kontraktion. In den klassischen Versuchen konnte ein solcher Turgorverlust nicht bemerkt werden, weil die Schwerkraft dem dadurch ausgelösten Kontraktionsbestreben ihren Widerstand entgegensetzt. Im intakten Gewebeverband könnte es trotzdem infolge der herabgesetzten Gewebespannung zu einer Wasseraufnahme durch die obere Gelenkhälfte kommen, wenn die (als Primäreffekt angenommene) Permeabilitätserhöhung in der unteren Gelenkhälfte stärker ist.

Als neue Reizqualität zur Auslösung der nastischen Blattbewegungen entdeckten HUG und MILTENBERGER die Röntgenstrahlen in einer Größenordnung der Dosis von 5—10 Kr/min × 20—40 sec. Alle Gesetzmäßigkeiten der Seismonastie wurden wiedergefunden, so z. B. das Refraktärstadium und die Reizleitung. Es konnte auch sichergestellt werden, daß es sich dabei weder um einen Wärme-Effekt noch um einen etwaigen Ozoneffekt handelt. Verff. schlagen vor, diesen Bewegungstyp, den sie bei *Mimosa*, *Dionaea* und *Mimulus* fanden, als Radionastie zu bezeichnen.

Die autonom tagesperiodischen Blattbewegungen, die von der „physiologischen Uhr" gesteuert werden, scheinen den extremen Gegensatz zu den Bewegungen der „Sensitiven" darzustellen; sie hängen ja nur insofern von Außenbedingungen ab, als diese den Gang der „Uhr" beeinflussen. Und doch sind die Beziehungen möglicherweise viel enger als man vermuten möchte. Bünning trägt immer mehr Beweismaterial dafür zusammen, daß der physiologischen Uhr ein Oscillator zugrunde liegt, der keine Pendel-, sondern Kippschwingungen vollführt, wobei Entspannungs- und Spannungsphase manche Ähnlichkeiten mit den Vorgängen der Reaktion und Restitution bei Sensitiven aufweisen. Vielleicht sind diese Ähnlichkeiten mehr als nur Analogien; denn Bünning und Zimmer können alle regulierenden Einflüsse von Außenfaktoren auf die tagesrhythmischen Blattbewegungen, insbesondere die Phasenverschiebungen, zwanglos erklären mit der Annahme, daß der endodiurnale Oscillator den gleichen Gesetzmäßigkeiten unterworfen ist, die wir von typischen Erregungen her kennen, insbesondere daß er ein absolutes und relatives Refraktärstadium aufweist. Die wesentlichen Unterschiede zu den Reaktionen der Sensitiven wären dann nur einmal die extrem verlängerten Zeiten für alle Teilvorgänge, zum anderen aber die Auslösbarkeit durch innere, statt durch äußere Reize. Ein Modell, das zwischen beiden Typen steht, stellt *Desmodium gyrans* dar, dessen Blätter unter geeigneten Bedingungen mit kurzen Perioden schwingen (also in dieser Hinsicht mehr den Sensitiven vergleichbar; s. hierzu die rhythmischen Aktionsströme von *Dionaea*, S. 451), jedoch die Bewegungen ohne äußere Reize durchführen, in diesem Punkte also den tagesperiodischen Blattbewegungen entsprechen.

Voraussetzung zu den detaillierten Vorstellungen von Bünning und Zimmer waren genaue Kenntnisse über die Wirkung der Außenfaktoren in den verschiedenen Phasen der tagesperiodischen Bewegung. Die Untersuchungen von Moser einerseits und Zimmer andererseits zeigten, daß Licht- und Temperaturreize in ganz unterschiedlicher Weise Phasenverschiebungen zur Folge haben, je nachdem, zu welchem Zeitpunkt innerhalb der Periode sie geboten werden. Gerade diese Abhängigkeit führte dann zu den oben referierten Folgerungen. Dabei ist noch der Nachweis von Bedeutung, daß die Blattbewegung wirklich den Gang der „Uhr" anzeigt, so daß wir auch bei komplizierten Phasenverschiebungen stets die Blattbewegung exakt als Indicator für den unbekannten Oscillator betrachten können (Bünning und Zimmer).

Die erneute Auslösung einer im Dauerlicht oder Dauerdunkel allmählich abgeklungenen Blattbewegung durch Übergang zu Dunkel bzw. Licht stellt einen Faktor aus dem Komplex der Lichteinflüsse dar, die auf die tagesperiodischen Blattbewegungen regulierend wirken (vgl. Fortschr. Bot. **21**, 358). Daß bereits dieser Teilfaktor zwei verschiedene Lichtwirkungen enthält, konnten Karvé, Engelmann und Schoser (1961) an *Kalanchoë*-Blüten zeigen: Die eigentliche Auslösung der Bewegung erfolgt offenbar durch Änderungen in der Lichtabsorption durch Chlorophyll, während gleichzeitig Absorption im Phytochromsystem zu einer allgemeinen Schließtendenz (bzw. Fehlen dieser Absorption zur Öffnungstendenz) führt, die sich der Induktion überlagert und zur Licht- bzw. Dunkelstarre führt. Überhaupt hat sich in diesen und anderen Versuchen die *Kalanchoë*-Blüte als ideales Versuchsobjekt für Bewegungsstudien erwiesen; die Bewegung wird an isolierten Blüten verfolgt.

VIII. Spaltöffnungsbewegungen

Wie kaum bei einer anderen Bewegungsreaktion ist bei der Analyse der Stomatabewegungen die Wahl der geeigneten Methode von entscheidender Bedeutung. In diesem Sinne gelang HEATH und MANSFIELD ein wesentlicher Fortschritt, indem sie ein automatisch registrierendes Porometer entwickelten, das 4 verschiedene Blätter gleichzeitig messen und registrieren kann. Darüber hinaus wird die Porometerkappe zwischen den Messungen jeweils vom Blatt abgehoben, so daß ein freier Gasaustausch mit der Umgebung möglich ist; nur während 3 min innerhalb der 30minütigen Perioden erfolgt die Messung. Das Gerät bedeutet mehr als nur eine Erleichterung für den Experimentator, wie interessante Testversuche zeigten. Blätter von verschiedenen Pflanzen machen unter scheinbar konstanten Bedingungen die gleichen kurzfristigen Schwankungen in der Öffnungsweite der Stomata durch. Das deutet darauf hin, daß Außenfaktoren, die von uns bisher zu wenig berücksichtigt wurden, einen wesentlichen Einfluß ausüben müssen und daß die in vielen Untersuchungen auftretende Uneinheitlichkeit der Ergebnisse zwischen verschiedenen Pflanzen (oder auch Blättern einer Pflanze) vielleicht weniger ein Ausdruck individueller Verschiedenheit ist („launisches Verhalten der Stomata"), als vielmehr unbewältigter Außenfaktoren; vgl. hierzu auch Fortschr. Bot. 23, 377 f.

Vielleicht gehört die — in ihrer Wirkung an sich wohlbekannte — CO_2-Konzentration zu diesen Faktoren. Einen Hinweis darauf sehen die Autoren in gelegentlichen Beobachtungen, nach denen die Anwesenheit von Personen im klimatisierten Versuchsraum bereits zu deutlichen Schließbewegungen in allen Blättern führte. Hier ergeben sich dankbare Aufgaben für das neue Gerät.

Andererseits macht aber STÅLFELT darauf aufmerksam, daß auch die beste Porometermethode immer nur eine indirekte Messung liefert und zudem die Bedingungen im Blatt grundlegend ändert. Während nämlich normalerweise der Gasaustausch auf dem Diffusionsweg erfolgt, führt die Porometermethode zu einem Massenstrom, der sehr schnell zu außerordentlich wirksamen Hydraturänderungen führen kann, sofern nicht die Hydratur der Porometerluft sehr exakt eingestellt und konstant gehalten wird. Wir werden daher daneben immer wieder auf die direkte mikroskopische Messung zurückgreifen müssen, wie wir sie in den Arbeiten von STÅLFELT finden. In diesem Zusammenhang verdient ein neuartiges Abdruckverfahren von ZELITCH (1961) Erwähnung.

Die Stomatabewegung resultiert aus dem Zusammenwirken verschiedener Tendenzen, insbesondere photoaktiver, hydroaktiver, hydropassiver und CO_2-aktiver[1] Bewegung. Im Zusammenhang mit den Versuchen, die Lichtwirkung über eine (photosynthetisch bedingte) Abnahme der CO_2-Konzentration zu verstehen, sind die Ergebnisse von STÅLFELT

---

[1] CO_2 führt zum Spaltenschluß, Fehlen von CO_2 zur Spaltenöffnung.

(1961) bemerkenswert, nach denen der Einfluß der Hydratur auf die CO_2-aktive Öffnung den gleichen Gesetzmäßigkeiten gehorcht wie derjenige auf die photoaktive Öffnung. Da letztere mindestens auf 2 verschiedene Komponenten zurückzuführen ist, schließt STÅLFELT, daß doch eine dieser Komponenten über die CO_2-Reduktion wirkt. Im übrigen kann STÅLFELT hier noch einmal zeigen, daß sich hydroaktive und hydropassive Bewegung im Experiment stets eindeutig voneinander trennen lassen, so lange unter physiologischen Bedingungen gearbeitet wird; in welkenden Blättern herrschen dagegen noch kompliziertere Verhältnisse. STÅLFELT formuliert das Zusammenwirken der verschiedenen Faktoren so, daß der ausschlaggebende Faktor das Wasserdefizit ist, das eine hydroaktive Schließbewegung hervorruft (aktive Wasserabgabe?); Licht sowie Minderung der CO_2-Konzentration wirken indirekt, indem sie dieser Tendenz entgegenarbeiten.

Die Wechselwirkung von CO_2 und Hydratur kommt auch in den Untersuchungen von HEATH und MANSFIELD zum Ausdruck, während MEIDNER die Beziehungen zwischen Licht und CO_2 wieder aufgreift. Während normalerweise die intercellulare CO_2-Konzentration auch durch noch so günstige Photosynthese-Bedingungen nicht ganz auf Null reduziert werden kann, ist das nach MEIDNER bei Mais möglich; parallel dazu ist hier die CO_2-Konzentration auch noch im Bereich geringster CO_2-Werte für die Spaltenweite von Bedeutung im Gegensatz zu anderen Pflanzen, bei denen unterhalb einer Grenzkonzentration kein derartiger Einfluß des CO_2 mehr nachweisbar ist — bei dieser Grenzkonzentration handelt es sich gerade um den „Γ"-Wert des Autors bzw. den „CO_2-Kompensationspunkt", der durch photosynthetische Tätigkeit nicht unterschritten werden kann.

Die Wirkung der Temperatur auf die Bewegungsgeschwindigkeit der Stomata kann nicht allein über eine Änderung des CO_2-Kompensationspunktes oder der Hydratur verstanden werden. STÅLFELT (1962) kann eindeutig nachweisen, daß unter konstanten Licht-, CO_2- und Hydraturbedingungen die Geschwindigkeit der photoaktiven und der CO_2-aktiven Öffnung im Bereich von 5°—35° linear mit der Temperatur ansteigt. Für beide Bewegungstypen stimmen die Temperaturkurven erstaunlich gut überein. Oberhalb 40° kehrt sich die Wirkung der Temperatur um; auf eine eindeutige Erklärung muß in diesem Bereich vorerst verzichtet werden, da hier vermutlich mehrere Faktoren gleichzeitig ins Spiel kommen.

Von einer ganz anderen Seite gehen ZELITCH sowie STODDARD und MILLER an die Stomatabewegung heran. Durch verschiedene Chemikalien kann die Spaltenöffnung unter sonst adäquaten Bedingungen verhindert bzw. Spaltenschluß induziert werden, ohne daß die Blätter eine Schädigung erfahren. Hier sind besonders außer 8-Oxy-Chinolin verschiedene α-Hydroxy-Sulfonate zu nennen; letztere wirken etwa im gleichen Ausmaß, in dem sie die Glykol-Oxydase hemmen. Ob hier Kausalbeziehungen bestehen, muß noch offen bleiben. Darüber hinaus aber glaubt ZELITCH nachzuweisen, daß die Spaltöffnungsweite zwar (wie allgemein bekannt) die Transpiration reguliert, dagegen auf die Photo-

synthese praktisch ohne Einfluß ist. CO_2 wäre also nicht auf die Stomata
angewiesen. Weitere Untersuchungen müßten diesen an Tabakblättern
erhobenen Befund nachprüfen; denn BRUN z. B. kann Transpiration und
Photosynthese bei Bananenblättern in gleicher Weise als Maß für die
Spaltöffnungsweite verwenden.

Die im vorigen Bericht erwähnten Untersuchungen über endogen-
tagesperiodische Schwankungen in der Öffnungstendenz werden jetzt von
MANSFIELD ausführlich beschrieben. Viel eindrucksvoller noch können

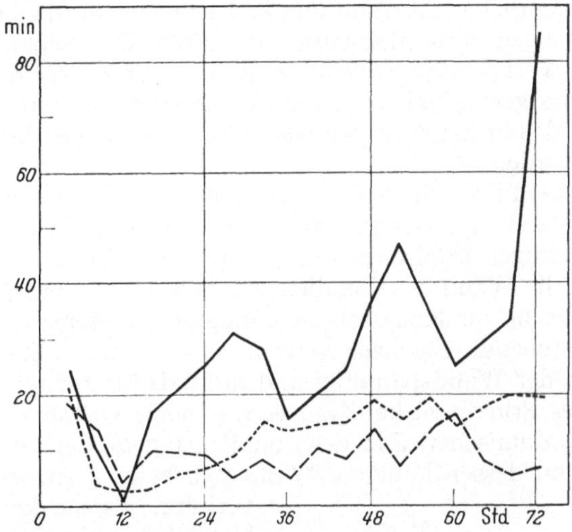

Abb. 22. Reaktionsbereitschaft der Stomata von *Musa acuminata* nach verschieden langer Dunkelperiode.
Pflanzen zum Zeitpunkt „Null" dunkelgestellt; zu dem auf der Abszisse angegebenen Zeitpunkt wurde durch
Belichtung die Öffnungsbewegung ausgelöst und deren Latenzzeit (Ordinate) gemessen. Ausgezogene Kurve:
Versuch bei 29°C, punktierte und gestrichelte Kurve: 21° bzw. 16°. Nach BRUN

solche Schwankungen von BRUN an *Musa acuminata* demonstriert werden, wo durch geeignete Bedingungen im Dauerdunkel ein regelmäßiger
Wechsel maximaler und minimaler Öffnungsbereitschaft mit 24 stündigen
Perioden über 72 Std verfolgt werden kann. Parameter ist hier die Latenzzeit zwischen Beginn der Beleuchtung und Einsetzen der Öffnungsbewegung, die zwischen 2 und 85 min schwankt (Abb. 22). Die Öffnungs-
geschwindigkeit und der erreichte Endwert sind dagegen unabhängig von
dieser Rhythmik. Zeitgeber der Rhythmik ist der Beginn der Dunkelphase, dem nach 12 Std das erste Maximum der Reaktionsbereitschaft
folgt. Diese Reaktionsbereitschaft ist mit der endogenen Rhythmik nicht
etwa durch Schwankungen in der CO_2- Dunkelfixierung oder in der CO_2-
Produktion verknüpft, wie Kontrollen verschiedener Art zeigen. Daß der
Rhythmus über 24 Std hinaus nur bei 29°, nicht aber bei 21° oder 16° zu
erkennen ist, braucht nicht auf zwei verschiedene zeitabhängige Vorgänge zu deuten, wie Verf. meint, sondern dürfte auf der Basis unserer
Vorstellungen von der physiologischen Uhr ohne allzugroße Schwierigkeiten erklärbar sein (vgl. Spannungs- und Entspannungsphase, S. 452).

Endogen-tagesrhythmische Schwankungen in der Spaltöffnungsweite beobachteten HEATH und MANSFIELD an *Soja* im Dauerlicht.

IX. Ballistische Bewegungen

INGOLD (1961) setzt seine Untersuchungen über den Sporenabschuß von Ascomyceten fort. Die Anfangsgeschwindigkeit liegt bei Arten aus verschiedenen Gattungen in der gleichen Größenordnung. Für die 4 großen Sporen von *Pleurage taenioides*, die in einer Reihe hintereinander den Ascus verlassen, kann gezeigt werden, daß die beiden letzten Sporen mit größerem zeitlichen Abstand ihre Ziel erreichen als die beiden ersten. Das ist zu erwarten, wenn der Turgor des Ascus die treibende Kraft ist; denn mit dem Verlassen jeder Spore muß ja dieser Turgor notwendig abnehmen. Solche geringfügigen Unterschiede sind exakt und signifikant meßbar durch das Prinzip der rotierenden Scheibe, auf der die „Geschosse" aufgefangen werden.

Daß auch bei Pilzen die Sporenabschleuderung nach dem Prinzip des Kohäsionsmechanismus erfolgen kann, zeigt MEREDITH (1961, 1962) für die Conidien einiger tropischer Fungi imperfecti. Bei *Deightoniella* und *Cordana* wird die Wand des Conidienträgers in trockener Atmosphäre so lange eingedellt, bis die Kohäsionsspannung des Wassers überwunden ist; die dann entstehende Gasblase vergrößert sich augenblicklich, erlaubt den Ausgleich der Wandspannung und führt dadurch zum Abschuß der Conidie. Dieses Prinzip ist bei *Zygosporium* noch wirksamer durch einen besonderen anatomischen Bau des Conidienträgers, der sichelförmig gekrümmt ist und dessen konkave Wand sich beim Austrocknen stärker verkürzt als die konvexe. Auch hier führt schließlich das Auftreten einer Gasblase zum explosionsartigen Ausgleich (Abb. 23). Diese Sichelzelle erinnert stark an die Annulus-Zelle des Farn-Sporangiums. Wie dort können auch hier die Bewegungen durch Glycerin hervorgerufen werden. Da auch in diesem Falle die Gasblase auftritt und da diese sofort verschwindet, wenn die Zelle in Wasser gebracht wird, kann es sich dabei nicht um Luft, sondern nur um Wasserdampf handeln. Bemerkenswerterweise wird

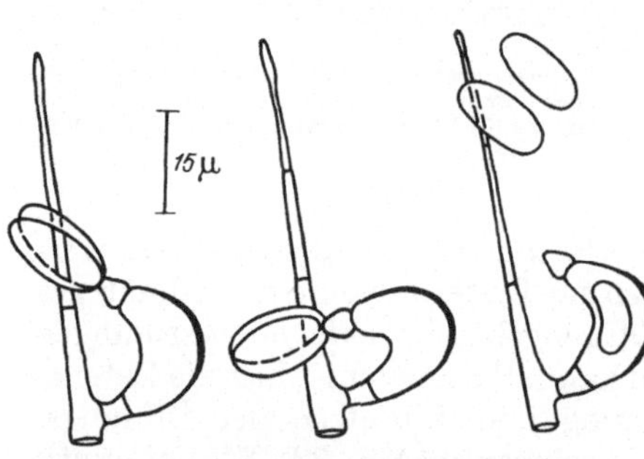

Abb. 23. Sichelförmiger Conidienträger mit 2 Conidien von *Zygosporium*. Links: turgeszenter Zustand; Mitte: Beginn des Wasserverlustes; rechts: Kohäsionskraft des Wassers überwunden, Bildung einer Wasserdampfblase und Entspannung der Zellwand, Conidien abgeschleudert. Nach MEREDITH (1962)

durch diese Vorgänge die Struktur der Tragzelle nicht merklich geschädigt; denn der Vorgang kann praktisch beliebig oft wiederholt werden.

Einen ganz anderen Verbreitungsmechanismus finden wir bei *Chaetomium globosum* (DIXON, 1961). Hier sind die Perithezien in einem solchen Maße hydrophob, daß bei Berührung mit Wasser eine merkliche Abstoßungskraft auftritt, die nicht nur dem Wassertropfen einen Impuls gibt, sondern (nach dem Prinzip des Rückstoßes) auch dem Perithecium.

Ein fallender Tropfen (Regentropfen), der noch erhebliche kinetische Energie mitbringt, führt so zu einem Wegschleudern der Fruchtkörper bis zu 17 cm; die Sporen, die im reifen Zustand schon teilweise aus dem Ostiolum ausgepreßt sind und zwischen den Paraphysen hängen, werden dabei bis über 30 cm verbreitet. Daß hier das Wasser wirklich eine erhebliche Kraft aufwenden muß, geht daraus hervor, daß Luftbewegungen bis 10 m/sec den Fruchtkörper nicht mit sich fortführen können.

Literatur

AIMI, R.: Bot. Mag. Tokyo 73, 412—416 (1960). — ALLEN, R. D.: Scientif. Amer. 206, 112—122 (1962). — ANDERSON, J. D.: J. Gen. Physiol. 45, 567—574 (1962).

BAILLAUD, L.: C. R. Acad. Sci. (Paris) 251, 1406—1408 (1960). — BALL, N. G.: J. exp. Bot. 13, 45—60 (1962). — BALOTIN, N. M., and J. R. DI PALMA: Science 138, 1338—1339 (1962). — BARA, M.: Physiol. Plantarum (Kopenh.) 15, 725—728 (1962). — BENDIXEN, L. E., and M. L. PETERSON: Plant. Physiol. 37, 245—250 (1962). — BRAUNER, L., u. M. BRAUNER: Planta (Berl.) 58, 301—325 (1962). — BROKAW, C. J.: J. Exp. Biol. 35, 192—196; 197—212 (1958a, b). — BRUN, W. A.: Physiol. Plantarum (Kopenh.) 15, 623—630 (1962). — BÜNNING, E., u. R. ZIMMER: Planta (Berl.) 59, 1—14 (1962).

DIEMER, R.: Planta (Berl.) 57, 111—137 (1961). — DIXON, P. A.: Nature (Lond.) 191, 1418—1419 (1961). — DREWS, G.: Arch. Protistenkde. 104, 389—430 (1959). — DREWS, G., u. W. NULTSCH: Handb. Pflanzenphysiol. Bd. 17/2 (1962).

ELLINGBOE, A. H.: Amer. J. Bot. 49, 666 (1962).

GEITLER, L.: Öst. Bot. Z. 109, 350—363 (1962). — GERENCSER, V. F., M. F. BARNOTHY and J. M. BARNOTHY: Nature (Lond.) 196, 539—541 (1962). — GERISCH, G.: Developmental Biology 3, 685—724 (1961). — GIRBARDT, M.: Exp. Cell. Res. 23, 181—194 (1961). — GRÄF, W.: Arch. Hyg. 145, 405—459 (1961); 146, 114—125 (1962). — GRAHM, L., and H. HERTZ: Physiol. Plantarum (Kopenh.) 15, 96—114 (1962).

HALLDAL, P.: Physiol. Plantarum (Kopenh.) 14, 133—139 (1961a); — Physiol. Plantarum (Kopenh.) 14, 558—575 (1961b); — Physiol. Plantarum (Kopenh.) 14, 890—895 (1961c). — HATANO, S., and H. NAKAJIMA: Ann. Rep. Sci. Works Fac. Sci. Osaka Univ. 9, 21—28 (1961). — HEATH, O. V. S., and T. A. MANSFIELD: Proceed. Roy. Soc. (Lond.) B 156, 1—13 (1962). — HERTEL, R., und A. C. LEOPOLD: Naturwiss. 49, 377—378 (1962). — HÖFLER, K.: Protoplasma 54, 202—216 (1961); — Ber. Dt. Bot. Ges. 75, 206—210 (1962). — HOSHIZAKI, T., and K. C. HAMNER: Plant. Physiol. 37, 453—459 (1962a); — Science 137, 535—536 (1962b). — HUG, O., u. H. MILTENBURGER: Naturwiss. 49, 499—500 (1962). — HUMPHRY, V. R.: Naturwiss. 49, 476 (1962).

INGOLD, C. T.: New Phytol. 60, 143—149 (1961).

KÄPPNER, W.: Protoplasma 53, 504—529 (1961). — KARVÉ, A., W. ENGELMANN and G. SCHOSER: Planta (Berl.) 56, 700—711 (1961). — KERRIDGE, D., R. W. HORNE, and A. M. GLAUERT: J. Mol. Biol. 4, 227—238 (1962). — KIERMAYER, O., u. R. JAROSCH: Protoplasma 54, 382—420 (1962).

LANSING, A. J., and F. LAMY: J. Biophys. Biochem. Cytol. 9, 799—812 (1961). — LARSEN, P.: Recent Advances in Botany, Univ. of Toronto press, 1240—1244 (1961). — LEIKE, H.: Planta (Berl.) 59, 77—84 (1962). — LEIKE, H., u. H. v. GUTTENBERG: Planta (Berl.) 58, 453—470 (1962). — LYON, CH. J.: Science 137, 432—433 (1962).

MANSFIELD, T. A.: Nature (Lond.) 195, 514—515 (1962). — MC COMB, A. J.: New Phytol. 61, 128—131 (1962). — MC VITTIE, A., and S. A. ZAHLER: Nature (Lond.) 194, 1299—1300 (1962). — MEIDNER, H.: Jour. Exp. Bot. 13, 284—293 (1962). — MEREDITH, D. S.: Ann. Bot. 25, 271—278 (1961); 26, 233—241 (1962). — MOSER, I.: Planta (Berl.) 58, 199—219 (1962). — MÜLLER, H.: Arch. Mikrobiol. 41, 351—382 (1962).

NULTSCH, W.: Planta (Berl.) **56**, 632—647 (1961). — Planta (Berl.) **57**, 613—623 (1962a); — Planta (Berl.) **58**, 647—663 (1962b); — Biochim. Biophys. Acta **59**, 213—215 (1962c); — Planta (Berl.) **58**, 22—33 (1962d); — Ber. Dt. Bot. Ges. **75**, 443—453 (1962e).

DI PALMA, J. R., R. MOHL and W. BEST: Science **133**, 878—879 (1961). — PALMER, J. H.: Physiol. Plantarum (Kopenh.) **15**, 445—451 (1962). — PROVOST, C.: Bull. de la Soc. d'Hist. Nat. Doubs **62**, 67—69 (1960).

RAKOCZY, L.: Acta Soc. Bot. Pol. **30**, 443—456 (1961).

SCHRANK, A. R., and A. F. RUMSEY: Physiol. Plantarum (Kopenh.) **14**, 231 to 241 (1961). — SIBAOKA, T.: Science **137**, 226 (1962). — SOEKARJO, R.: Proc. Kon. Ned. Akad. Wet. C **64**, 655—658 (1961). — STÅLFELT, M. G.: Physiol. Plantarum (Kopenh.) **14**, 826—843 (1961); — Physiol. Plantarum (Kopenh.) **15**, 772—779 (1962). — STODDARD, E. M., and P. M. MILLER: Science **137**, 224—225 (1962). — ŚWIEŻÝNSKI, K. M.: Acta Soc. Bot. Pol. **30**, 529—534, 535—552 (1961a, b).

TAKATA, M.: Ann. Rep. Scient. Works Fac. Sci. Osaka Univ. **9**, 63—70 (1961). — TRONCHET, J.: Ann. Sci. Univ. Besançon 2e sér. Bot. **10**, 23—49 (1958). — TRONCHET, A.: Revue hort. (Paris) **2**, 338 (1960a). — TRONCHET, J.: Bull. del a Soc. d'Hist. nat. Doubs, No. **62**, Fasc. 4, 101—104 (1960b); — **62**, Fasc. 3, 65—66 (1960c); — Ann. Sci. Univ. Besançon 2e sér. Bot. **15**, 75—80 (1960d); — Bull. de la Soc. d'Hist. nat. Doubs, No. **62**, Fasc. 2, 45—48 (1960e); — Ann. Sci. Univ. Besançon 2e sér. Bot. **17**, 83—88 (1961a); — Bull. de la Soc. d'Hist. nat. Doubs, No. **63**, Fasc. 1, 11—13 (1961b). — TRONCHET, A., J. TRONCHET et J. P. PERNEY: Compt. rend., **250**, 1328 to 1330 (1960a); — Compt. rend. **250**, 576—578 (1960b). — TRONCHET, A., et J. MARCHAL: Bull. de la Soc. d'Hist. nat. Doubs, No. **62**, Fasc. 4, 99—100 (1960c). — TRONCHET, A., J. TRONCHET et J. MARCHAL: Compt. rend., **252**, 2927—2929 (1961a). — TRONCHET, A., J. TRONCHET, J. M. BRESSOT, G. MARCHAND et B. BLANC: Ann. Sci. Univ. Besançon 2e sér. Bot. **17**, 3—26 (1961b).

URL, W.: Protoplasma **52**, 260—273 (1960).

VIRGIN, H. J.: Physiol. Plantarum (Kopenh.) **15**, 380—389 (1962).

WEIER, T. E., and C. R. STOCKING: Amer. J. Bot. **49**, 24—32 (1962). — WIOLAND, M.: Bull. de la Soc. d'Hist. nat. Doubs **62**, 71—73 (1960). — WOHLFARTH-BOTTERMANN, K. E.: Protoplasma **54**, 514—539 (1962).

ZELITCH, J.: Proc. Nat. Acad. Sci. US. **47**, 1423—1433 (1961). — ZIMMER, R.: Planta (Berl.) **58**, 283—300 (1962).

E. Ausgewählte Kapitel der angewandten Botanik

23a. Allgemeine Pflanzenpathologie *

Von ROLAND ROHRINGER, Winnipeg, Manitoba

Im Berichtsjahr erschienen Übersichtsreferate von FARKAS u. KIRALY (Rolle phenolischer Substanzen in der pathologischen Physiologie) und von MILLERD u. SCOTT (Atmung der kranken Pflanze). In letzterem wird die europäische Literatur nur sehr unvollkommen berücksichtigt.

Axeniefaktoren. Ähnlich wie bei der Süßkartoffel scheint *Ceratocystis fimbriata* auch bei Befall von Kaffeepflanzen durch die Chlorogensäure des Wirtes im Wachstum beeinflußt zu werden (ECHANDI u. FERNANDEZ). Bisher unbekannte Axeniefaktoren werden für die Resistenz von Grassorten gegen *Helminthosporium* spp. und *Curvularia lunata* verantwortlich gemacht (MOWER). KONO berichtet über eine Korrelation zwischen der Aktivität von Enzymen der Oberfläche von Haferblättern und deren Resistenz gegen *Puccinia coronata;* diese Beziehung hat jedoch sicher nicht allgemein Gültigkeit (Ref.), da sie mit der physiologischen Spezialisierung dieses Erregers schwer zu vereinbaren wäre. Der Gehalt an einem glucosidischen Benzoxazinonderivat geht der Resistenz von Weizenblättern gegen Schwarzrost parallel (ELNAGHY u. LINKO): aus dem an sich harmlosen Glucosid soll in der resistenten Reaktion das phytotoxische Aglucon (2,4-Dihydroxy-7-methoxy-1,4-benzoxazin-3-on) freigesetzt werden, welches die Weiterentwicklung des Erregers im nekrotischen Wirtsgewebe verhindert; Phytotoxicität des 2(3)-Benzoxazolons, einer dem Aglucon verwandten Verbindung, wird durch geringe Konzentrationen von Benzimidazol oder Kinetin unterdrückt. Auch hier ist es unwahrscheinlich, daß die Konzentration solcher in der Pflanze vorgeformter Resistenzfaktoren für den Krankheitsverlauf allgemein bestimmend ist, da die physiologische Spezialisierung des Parasiten und die Mitbeteiligung von Außenfaktoren auf kompliziertere Zusammenhänge deutet (Ref.); da die Synthese aromatischer Verbindungen infektionsbedingt beeinflußt ist (vgl. FARKAS), bleibt die Möglichkeit offen, daß Benzoxazinone oder ähnliche Verbindungen durch übergeordnete Stoffwechselprozesse während der Infektion qualitativ oder quantitativ verändert werden und bei der Auseinandersetzung zwischen Wirt und Parasit auf diese Weise eine bestimmende Rolle spielen.

---

* Contribution No. 135 from the Canada Department of Agriculture, Research Station, Winnipeg, Manitoba.

Abwehrreaktionen. In diesem Zusammenhange ist es vielleicht bedeutungsvoll, daß eine ähnliche Verbindung (Isocumarinderivat) als Abwehrstoff des Möhrengewebes gegen Infektion mit einer Anzahl von Parasiten erkannt wurde (Condon u. Kuc; Hampton). Auch hier, sowie nach Infektion der Kartoffel mit *Verticillium albo-atrum* (Patil, Powelson u. Young) wird der Chlorogensäure oder ihren Oxydationsprodukten eine resistenzbestimmende Rolle zugeschrieben, während eine Anzahl fluorescierender, bisher nicht identifizierter Abwehrstoffe der Bohne die Ausdehnung der Infektionsherde von *Colletotrichum lindemuthianum* begrenzen (Romanowsky, Kuc u. Quackenbush). Die Rolle phenolischer Verbindungen bei Demarkationsreaktionen verwundeten Gewebes einer Reihe von pflanzenpathologisch wichtiger Wirte wurde von Craft u. Audia untersucht. Rubin, Ivanova u. Davydova berichten über die Rolle von Polyphenolen bei der Abwehr von *Botrytis cinerea* durch Kohlgewebe. Äthernarkose oder Hitzebehandlung unterbindet die Phytoalexinproduktion von *Pisum sativum* nach Infektion mit *Ascochyta pisi* [Uehara (1)]. Weitere Untersuchungen liegen vor über seine unspezifische Wirkung [Uehara (2)] und über die des Pisatins (Cruickshank). Die Freisetzung von Blausäure durch Kronenfäuleerreger (Fortschr. Bot. **24**, 393) ist nicht in allen Fällen an das Vorhandensein von Blausäureglycosiden im Wirt gebunden (Ward u. Lebeau). Obwohl die Konzentration von Alkaloiden in der Kartoffel im Umkreis der durch *Fusarium caeruleum* hervorgerufenen Schadstellen ansteigt, besteht keine einfache Abhängigkeit zwischen ihnen und der Resistenz des Wirtsgewebes (McKee).

Biotrophe Parasiten
(Uredineen, Erysiphaceen, Peronosporaceen, u. ä.)

1. Physiologie und Biochemie des Wirt-Parasit-Komplexes

Die Reaktion von Weizen- und Gerstenkeimpflanzen gegen *Puccinia striiformis* kann durch Temperaturvorbehandlung prädisponiert werden (Sharp). Einmalige Hitzebehandlung (9 sec, 50°C) von rostigen Bohnenblättern tötet den Parasiten *(Uromyces phaseoli)* ohne Schädigung des Wirtsgewebes (Yarwood); dieser kann jedoch nach entsprechender Vorbehandlung hitzeadaptiert werden (Yarwood u. Holm).

Person, Samborski u. Rohringer geben eine Definition der „Genäquivalenz" in Wirt und Parasit, wobei gezeigt wird, daß es nur bei Partnern parasitärer Symbiosen zur Herausbildung sich entsprechender Gene kommen kann. Flangas u. Dickson versuchen, die bisherigen genetischen Ergebnisse bei Rostkrankheiten durch die Annahme eines Wechselspiels zwischen wirtseigenen Repressorgenen und Induktorgenen des Parasiten (adaptive Enzymbildung) zu deuten, wobei die Autoren darauf hinweisen, daß Pathogenitätsmerkmale von *Puccinia sorghi* nur z. T. einem Mendelerbgang folgen.

Ein erster Bericht liegt vor über elektronenoptische Untersuchungen an schwarzrostinfizierten Weizenpflanzen: die Haustorienbildung verläuft in anfällig und resistent reagierenden Geweben zunächst ähnlich;

erst zu einem späteren Zeitpunkt treten Unterschiede auf, wobei sich die Haustorien in anfälligen Geweben auszeichnen durch ihren größeren Gehalt an Mitochondrien und endoplasmatischem Reticulum, und durch eine dichtere partikuläre Struktur extrahaustorialer Schichten (EHRLICH u. EHRLICH).

In *grünen* Gerstenblättern ist der postinfektionelle Atmungsanstieg nach Mehltauinfektion von erhöhter Aktivität der Glucose-6-phosphat- und der 6-Phosphogluconsäuredehydrogenase begleitet, während in *etiolierten* Blättern die Atmung nicht parasitogen gesteigert ist und die Aktivität der genannten Enzyme unverändert bleibt (SCOTT u. SMILLIE); die Autoren deuten an, daß der durch den Parasiten induzierte Atmungsanstieg in grünen Blättern mit einem gleichzeitigen Rückgang der Photosynthese solcher Gewebe zusammenhängt. Daß die Atmung in etiolierten Blättern nach Infektion unverändert bleibt, dürfte nicht verwundern, da hier sicher der Mangel an Atmungssubstraten limitierend wirkt (Ref.). Höhere Aktivitäten der genannten Enzyme, sowie die von Hexokinase, wurden nach Infektion mit *Puccinia graminis tritici* auch in Weizenkeimpflanzen gefunden (LUNDERSTÄDT, HEITEFUSS u. FUCHS; FARKAS), ein Befund, der erneut auf die postinfektionell erhöhte Aktivität des Pentosephosphat-Kreislaufes hindeutet, wobei allerdings, zumindest in späteren Infektionsstadien, pilzbürtige Enzyme zu dem beobachteten Aktivitätsanstieg beitragen. Inwieweit letzterer durch unspezifische Wundreaktionen hervorgerufen wird (vgl. FARKAS, LOVREKOVICH u. KLEMENT), läßt sich vorläufig noch nicht übersehen. FARKAS u. KIRALY und FARKAS diskutieren Möglichkeiten der Rückoxydation des durch den Pentosephosphatcyclus vermehrt entstehenden NADPH, wobei auf die postinfektionell erhöhte Aktivität der NADPH-Oxydase verwiesen und die vermehrte Aktivität der Cytochromoxydase bestätigt wird. Einen anderen Weg der NADPH-Oxydation diskutieren DALY, INMAN u. LIVNE bei *Carthamus*- und Bohnenrost: die in rostinfizierten Geweben aufgefundenen Zuckeralkohole [vgl. auch Mannitolgehalt der Sporen von *P. coronata* und *Sterostratum corticioides* (TANI u. NAITO)] könnten durch Reduktion aus den entsprechenden Zuckerphosphaten entstehen. Allerdings muß darauf hingewiesen werden (Ref.), daß die entsprechenden Enzyme in diesen Geweben bisher nicht nachgewiesen wurden und daß die anderer Organismen häufig NADH-spezifisch sind (WOLFF u. KAPLAN). Eine weitere Möglichkeit für die Rückoxydation des NADPH besteht nach Meinung des Ref. in der Biosynthese aromatischer Verbindungen, welche in rostigen Weizenblättern meist vermehrt gebildet werden (vgl. FARKAS; KIRALY): ihre aromatische Grundstruktur geht sicherlich (NEISH) auf Shikimisäure zurück, deren Synthese durch die NADPH-spezifische Dehydroshikimisäure-Reduktase katalysiert wird; letztere ist in Weizenblättern in besonders großer Menge vorhanden (BALINSKY u. DAVIES); diese Möglichkeit der Rückoxydation des NADPH erscheint im vorliegenden Fall besonders attraktiv, da sich das Kohlenstoffgerüst der Shikimisäure z. T. aus Produkten des Pentosephosphatkreislaufes herleitet (SPRINSON, SRINIVASAN u. KATAGIRI; SPRINSON, SRINIVASAN u. ROTHSCHILD). Es wäre in diesem Zusammenhange interessant zu wissen, ob sich das Grundgerüst der Benzoxazolinone aus Shikimisäure-ähnlichen Vorstufen ableitet und ob die Benzoxazolinonsynthese, ähnlich der anderer aromatischer Körper, postinfektionell beeinflußt ist.

Der Kohlenhydratspiegel von Bohnenblättern ist nach deren Befall mit *Uromyces phaseoli* verändert, wobei Ausmaß und Richtung der Veränderung vom Krankheitsstadium und der Infektionsdichte abhängen [INMAN (1, 2)] und ein Teil der Zucker in späteren Infektionsstadien zu Trehalose, einem typischen Pilzinhaltsstoff, umgesetzt wird (vgl. DALY, INMAN u. LIVNE für *Carthamus tinctorius/Puccinia carthami*). Umfassende Nachuntersuchungen über den Säurestoffwechsel schwarzrostinfizierter Weizenblätter zeigen, daß frühe Infektionsstadien vor allem durch erhöhte Äpfelsäure- und Bernsteinsäurespiegel, spätere Stadien durch eine Konzentrationszunahme der Citronensäure und Glutaminsäure gekennzeichnet sind; der Säurespiegel wird jedoch durch den ernährungsphysiologischen Zustand des Wirtes und durch diurnale Schwankungen mitbestimmt (DALY u. KRUPKA); dies soll auch die teilweisen Widersprüche mit früheren Ergebnissen anderer Autoren erklären; der Einfluß des Lichtes auf die Malonat- und Fluoracetathemmung der Atmung in rostigen Weizenblättern (Fortschr. Bot. **24**, 398) wird durch den Einfluß der Photosynthese auf die Säurekonzentration gedeutet.

Schwarzrostbefallene Weizenblätter (anfällige Reaktion) zeigen große Veränderungen im Phosphatgehalt vieler Fraktionen: der Quotient anorganisches Phosphat/organisches Phosphat ist verringert, Gesamt-Phosphat, organisches Phosphat, säureunlösliches Phosphat (Nucleinsäuren) nehmen infektionsbedingt zu (MUKHERJEE u. SHAW; HEITEFUSS u. FUCHS); desgleichen sind säurelabiles Phosphat, fettlösliches Phosphat und „Restphosphat" angereichert (MUKHERJEE u. SHAW). Dies bestätigt frühere Ergebnisse über postinfektionell gesteigerte Nucleinsäuresynthese und widerlegt die Annahme einer Entkopplung der Atmung von der Phosphorylierung. Die Versuche von HEITEFUSS u. FUCHS über den Einbau von ^{32}P, welcher infolge der langen Fütterungszeit die Größe der betreffenden "pools" widerspiegelt, ermöglichen darüber hinaus Einblicke in den Nucleotidstoffwechsel: der Anteil von ADP ist nach der Infektion vermindert, wobei der Quotient ATP/ADP, trotz der parasitogen gesteigerten Atmung, auf den doppelten Wert *ansteigt* (Aktivitätserhöhung der Hexokinase? s. o.); eine hierzu gegenläufige Veränderung wurde für UDP, bzw. UTP/UDP gefunden, was mit der gleichzeitig abklingenden Saccharosesynthese in Zusammenhang gebracht wird; die meisten der beschriebenen Verschiebungen im ^{32}P-Einbau sind mit Entwicklungsstadium des Pilzes und Infektionsdichte korreliert. Mikrospektrophotometrische Untersuchungen (WHITNEY, SHAW u. NAYLOR) zeigen, daß die Vergrößerung der Kerne parasitierter Wirtszellen von einer RNS-Synthese in den Nucleolen begleitet ist, und daß die später eintretende Strukturauflösung der Kerne einem DNS-Verlust parallel geht, wobei sich die Vorgänge in der resistenten Reaktion durch ihre schnellere zeitliche Abfolge auszeichnen; die Haustorien enthalten große Mengen RNS; die in den Wirtskernen induzierte RNS-Synthese könnte mit der postinfektionellen Steigerung der Proteinsynthese zusammenhängen; ferner wird die Möglichkeit diskutiert, daß die vom Wirt unter dem Einfluß der Infektion gebildete RNS vom Pilz als solche benötigt wird. Daß intercelluläre Translokation von RNS-Polymeren möglich ist, beweisen die kürzlich veröffentlichten Ergebnisse von LEDOUX u. HUART über Experimente mit Gerstenkeimlingen.

Eiweißfraktionierung über Säulen mit DEAE-Cellulose (DICKSON u. LORDS) zeigten, daß sich die Proteine von Maiskeimpflanzen „temperaturlabiler" Sorten in Zahl und Konzentration nach entsprechender Temperaturvorbehandlung der Pflanzen verändern (FLANGAS u. DICKSON). Ob es sich hierbei um mehr als eine formale Korrelation handelt, bleibt zunächst offen, zumal infizierte Pflanzen nicht untersucht wurden. Die Autoren weisen darauf hin, daß der Benzimidazoleffekt auf die Rostreaktion abgetrennter Blätter (vgl. Fortschr. Bot. **21**, 366) durch den stabilisierenden Einfluß des Benzimidazols auf die Proteinsynthese zurückgehen könne: sollte adaptive Enzymbildung im Resistenzmechanismus des Wirtes eine Rolle spielen (s. S. 460), so würde dieser Abwehrmechanismus im abgetrennten Blatt infolge des Abklingens synthetischer Prozesse erliegen, während Benzimidazolbehandlung die Fähigkeit zur Nettosynthese von Proteinen erhält und damit adaptive Enzymbildung begünstigt.

Neue Gesichtspunkte über die rosthemmende Wirkung des Äthionins, welches auch die Entwicklung anderer Pilze hemmt (PAPAVIZAS u. DAVEY; BEHAL), ergeben sich aus Untersuchungen an Säugetiergeweben, in welchen ATP durch diesen Antimetaboliten festgelegt (VILLA-TREVINO u. FARBER) und die Synthese von Pyridinnucleotiden gehemmt wird (STEKOL et al.).

Der Einfluß des Bonenrostes *(Uromyces phaseoli)* auf den Stofftransport in der Wirtspflanze wurde mit Hilfe von ^{32}P (GERWITZ) und Radiokohlenstoff verfolgt (ZAKI u. DURBIN). Lange Fütterungszeiten mit $^{14}CO_2$ führen in rostigen Weizenblättern zu einer Anreicherung der Aktivität in den pilzlichen Strukturen (VON SYDOW u. DURBIN).

Indolessigsäure und einige ihrer Stoffwechselprodukte werden von rostigen Weizenblättern schneller abgebaut als in Blättern gesunder Pflanzen, was auf oxydative Decarboxylierung durch Enzyme des Parasiten zurückgeführt wird (SAHAI u. SHAW); ein Abbauprodukt, wahrscheinlich Indolcarboxylsäure, konnte in Blättern gesunder Pflanzen und resistent reagierender Gewebe nachgewiesen werden, während sie in der anfälligen Reaktion nicht auftrat. Eine Beeinflussung des Wuchsstoffhaushaltes von Bohnenblättern nach Infektion mit *Uromyces phaseoli* läßt sich aus deren veränderter Wachstumsrate ableiten (GERWITZ). *Albugo candida* verursacht in den von ihm befallenen Inflorescenzen von *Brassica napus* eine Konzentrationsminderung der Indolessigsäure, des Indolazetonitrils, und anderer Wuchsstoffe (SRIVASTAVA, SHAW u. VANTERPOOL).

Die bei Schwarzrost- und Braunrostbefall des Weizens beobachteten Veränderungen der Peroxydase- und Katalaseaktivität (SEROVA) lassen sich vorläufig noch nicht zuordnen.

2. Keimungsphysiologie, Kulturversuche

Die von Uredosporen einer Reihe von Rosten passiv ins Medium diffundierenden Keimungshemmstoffe besitzen ein unspezifisches Wirkungsspektrum (HOYER). Aus dem Keimmedium von *Uromyces phaseoli* konnten chromatographisch 2 aktive Fraktionen erhalten werden (BELL u. DALY), die jedoch nicht mit Asparagin- und Glutaminsäure (Fortschr. Bot. **21**, 368) identisch sind. Die Hemmstoffe können durch Suspension der Sporen in wäßrigen Medien leicht entfernt werden (SYAMANANDA u. STAPLES). Keimungshemmstoffe wurden außerdem in Conidien von *Peronospora manshurica* (PEDERSON) und in solchen von *P. tabacina* (SHEPHERD u. MANDRYK) nachgewiesen. Die des letzteren (mindestens 2 aktive Komponenten) diffundieren in das Wirtsgewebe und sind dort für die Hemmung von Superinfektionen verantwortlich.

Die Konzentration verschiedener Inhaltsstoffe der Conidien von *Erysiphe graminis hordei* (organische Säuren, Zucker, freie und gebundene Aminosäuren) wird durch die Umweltbedingungen während des Pilzwachstums beeinflußt (MALCA, MURRAY u. ZSCHEILE). Rostsporen wurden auf ihren Gehalt an freien Aminosäuren (BURLEIGH u. PURDY) und ihren Fettgehalt (TULLOCH u. LEDINGHAM) untersucht. Keimende Uredosporen des Flachsrostes können, wie die anderer Rostarten, verfüttertes Acetat zu Kohlenhydraten umsetzen und enthalten alle Enzyme des Glyoxylsäurecyclus (JOHNSON u. FREAR). Schwarzrosturedosporen decarboxylieren verfütterte Indolessigsäure (SAHAI u. SHAW). Sporen von *P. coronata* und *Sterostratum corticioides* enthalten relativ wenig Zucker und größere Mengen D-Mannitol, dessen Konzentration in *P. coronata* während der Sporenkeimung abnimmt (TANI u. NAITO). STAPLES, SYAMANANDA, KAO u. BLOCK verglichen biochemische Prozesse bei der Keimung von Rostsporen mit solchen keimender Conidien saprophytischer Pilze: Rostsporen verarbeiten einen geringeren Teil der im Medium gebotenen Metaboliten, deren Kohlenstoffgerüste größtenteils in Intermediärprodukten wiedergefunden werden, während die Conidien saprophytischer Pilze größere Substratmengen in den Stoffwechsel einbeziehen und größtenteils zur Nucleinsäure- und Eiweißsynthese verwenden. Eine Proteinnettosynthese findet in keimenden Rostsporen, im Gegensatz zum Saprophytenstoffwechsel, nicht statt, kann jedoch durch Vorbehandlung mit Puromycin angeregt werden (Fortschr. Bot. **24**, 401). Viele dieser Ergebnisse wurden durch Einbau radioaktiv markierter Vorstufen in die betreffenden Fraktionen gewonnen; die Konzentration intermediärer Verbindungen ist größtenteils unbekannt; etwaige vorhandene Unterschiede in der Größe dieser "pools" könnte die Verteilung der Radioaktivität sinngemäß beeinflussen; eine andere Deutung der gewonnenen Ergebnisse bleibt daher zunächst offen (Ref.; vgl. Fortschr. Bot. **24**, 401).

Der Einfluß von Umweltsfaktoren auf die Keimung von Uredosporen wurde untersucht von McCRACKEN u. BURLEIGH *(P. striiformis;* Licht, Temperatur) und von NAITO, TANI u. OKUMURA, welche bei *P. coronata,* nicht jedoch bei der gleichfalls untersuchten *Uromyces alopecuri,* vereinzelte Vesikelbildung feststellten. Die für die Keimung von *P. graminis tritici* maximal verträglichen osmotischen Werte des Keimmediums sind bei Verwendung von Glucose als Osmoticum um ein Vielfaches höher als bei Verwendung von Kochsalz (GAERTNER u. FUCHS); nahe der Grenzkonzentration kommt es bei einem durch Glucose stabilisierten eiweißhaltigen Weizenblattextrakt zur Bildung von „Sekundärsporen", was als Notsporenbildung gedeutet wird. Kulturversuche mit *P. suaveolens*, *Gymnoconia pekiana* und *P. graminis secalis* auf Gewebekulturen ihrer Wirte führten nicht zu saprophytischem Wachstum dieser Roste (ABRAHAMSEN u. HART).

Phytophthora spp.

Die Resistenz von Kakaoschalen gegen *Phytophthora palmivora* wird von SPENCE mit der Polyphenoloxydaseaktivität des Wirtsgewebes in Verbindung gebracht. SOKOLOVA u. SOLOVEVA berichten über den Chlorogensäuregehalt und die Konzentration ihrer Oxydationsprodukte in von *P. infestans* befallenen Kartoffeln. Das Wachstum von *P. fragariae* wird *in vitro* durch verschiedene Polyphenole, einschließlich Chlorogensäure, gefördert, während andere Polyphenole wachstumshemmend wirken, wobei Pilze verschiedener Herkünfte unterschiedlich reagieren (JARVIS). Die Untersuchungen von RUBIN u. AKSENOVA über das Enzymbesteck von *P. infestans* wurden bereits in anderem Zusammenhang erwähnt (Fortschr. Bot. **24**, 403—404).

CAMERON ermittelte die p_H-Optima für das wirtsfreie Wachstum verschiedener *Phytophthora*-Arten. Eine Reihe von Autoren berichten über Keimungsphysiologie und Wachstumsbedingungen von *P. infestans* in künstlicher Kultur: Licht, Temperatur (ROMERO u. GALLEGLY), C- und N-Quellen, Hemmung durch Wuchsstoffe (YAMAMOTO u. TANINO), C-Quellen (PRUSOVA), p_H-Optimum, Vitaminbedürfnisse, C- und N-Quellen, Schwermetallbedürfnisse, Analysen des Kulturfiltrates (SAKAI). Nach dem zuletzt genannten Autor besteht keine Beziehung zwischen der Pathogenität verschiedener Erregerrassen und ihrer Fähigkeit zur Ausnutzung verschiedener Stickstoffquellen.

Venturia inaequalis

In Übereinstimmung mit früheren Versuchen, fanden WILLIAMS u. BOONE keine direkte Abhängigkeit der Pathogenität der Pilzrassen von ihren ernährungsphysiologischen Ansprüchen. Die resistente Reaktion von *Malus atrosanguinea*, welche zur Nekrose der Wirtszellen des Focus führt (NOVEROSKE u. WILLIAMS), kann durch gleichzeitige Fütterung von Glucose und einem Polyphenoloxydasehemmstoff (4-Chlorresorzin) gebrochen werden (NOVEROSKE, WILLIAMS u. KUC). Fütterung von Radiokohlenstoff führt zur Anreicherung der Aktivität an den Infektionsstellen; stark infizierte Blätter des Wirtes enthalten ein wasserlösliches „Toxin", welches die Sporenkeimung des Parasiten hemmt (NOVEROSKE u. WILLIAMS). Das in resistenten Wirten axenisch wirkende Phloridzin wird vom Pilz im Wirt (NOVEROSKE u. KUC) und in wirtsfreier Kultur (HOLOWCZAK, KUC u. WILLIAMS) zu einer Reihe phenolischer Produkte umgesetzt, die bei der Abwehrreaktion offenbar teilweise mitwirken. Der Pilz ist in der Lage, Cellobiose sowie Cellulose und Pektin als Kohlenstoffquelle auszunützen (HOLOWCZAK, KUC u. WILLIAMS). Zellfreie Extrakte des Erregers katalysieren die Synthese von UDP-N-Acetylglucosamin aus einfacheren Chitinvorstufen (WANG, CARPENTER u. JAWORSKI).

Ceratocystis fimbriata

Neben der Beteiligung der Chlorogensäure bei der Abwehrreaktion (ECHANDI u. FERNANDEZ) steht weiterhin Ipomeamaron als induzierter Abwehrstoff im Mittelpunkt des Interesses: Mevalonsäure, besonders aber Acetat können als Vorstufen für die Biosynthese dieser Verbindung dienen, wobei offenbar im pathologischen Stoffwechsel Acetyl-CoA vor seinem Eintritt in den Tricarbonsäurecyclus abgeleitet und nach Einbau in Mevalonsäure zur Ipomeamaronsynthese verwendet wird (AKAZAWA, URITANI u. AKAZAWA). Gleichzeitig führt jedoch Infektion oder Ipomeamaronbehandlung des Wirtsgewebes zu einer Intensivierung des Tricarbonsäurecyclus und zu einem vermehrten Abbau der Glucose über den Pentosephosphatkreislauf (AKAZAWA u. URITANI); die Veränderung des Glucoseabbauweges kann in der resistenten Reaktion vorerst nicht mit der Ipomeamaron-Wirkung in Einklang gebracht werden. Der Pilz löst in der Wirtspflanze die Synthese des Äsculetins aus (MINAMIKAWA, AKAZAWA u. URITANI) und verursacht Konzentrationsänderungen immunochemisch nachweisbarer Proteine (URITANI u. STAHMANN).

Welkekrankheiten

Allgemeines. *Fusarium oxysporum* f. *cubense*, der Erreger der Bananenwelke, ist im saprophytischen Wachstum konkurrierenden Pilzen in der Rhizosphäre unterlegen (STOVER), gewinnt jedoch nach Eindringung in die Gefäße der Wirtswurzel die Oberhand über andere parasitische Pilze, da die zu lokaler Gefäßverstopfung führende Gelbildung zunächst verzögert ist und eine systemische Verbreitung der Sporen des Welkeerregers erfolgt (BECKMAN u. HALMOS). Die Umweltstemperatur wirkt hierbei modifizierend (BECKMAN, HALMOS u. MACE). Die postinfektionelle Gefäßverbräunung geht offenbar auf Oxydations- und Polymerisationsprodukte des 3-Hydroxytyramins zurück (MACE). Die mit *Verticillium albo-atrum* in der Rhizosphäre der Tomate konkurrierenden Mikroorganismen verwerten die von der Wurzel ausgeschiedenen organischen Verbindungen, je nach der Wirtsvarietät, in unterschiedlichem Maße, wobei jedoch keine Beziehung zur Resistenz gegen *Verticillium*-Befall vorliegt (SUBBA-RAO, BIDWELL u. BAILEY). NAZIROV et al. untersuchten die Zucker- und Aminosäurekonzentration in Baumwollpflanzen nach Infektion mit *Verticillium dahliae*. Tomatenmitochondrien aus welkekranken *(F. oxysporum* f. *lycopersici)* Pflanzen wurden mit solchen aus gesunden Pflanzen verglichen (WU u. SCHEFFER): erstere zeigen einen größeren Protein-N Gehalt und eine höhere Aktivität der Bernsteinsäureoxydase, während ihre Fähigkeit zur oxydativen Phosphorylierung von der Erkrankung unbeeinflußt bleibt. Ob es sich bei den beschriebenen Veränderungen um eine spezifische Wirkung des Pilzes handelt, ist vorerst unklar (Ref.), da physikalisch gewelkte Pflanzen nicht untersucht wurden (vgl. Fortschr. Bot. 21, 377 für biochemische Veränderungen in der Tomate nach Wasserentzug).

Pektolytische Enzyme. Berichte über die Beteiligung pektolytischer Enzyme bei Welkekrankheiten sind auch im Berichtsjahr erschienen. Diese behandeln die Tomatenfusariose [DEESE u. STAHMANN (1, 2)], Bananenwelke [DEESE u. STAHMANN (3)], Befall von Tomaten mit *Verticillium albo-atrum* [DEESE u. STAHMANN (4)], Polygalakturonaseproduktion von *Fusarium lateritium* f. *cajani* (SINGH u. HUSAIN) und Protopektinasebildung von *Fusarium orthoceras* var. *ciceri* (GUPTA). Die Mitteilungen der Arbeitsgruppe aus Wisconsin führen aus, daß die Pektinaseproduktion in resistenten Wirten häufig geringer ist als in anfälligen, was in ersteren zu einer Wachstumshemmung des Pilzes und damit zur „Befallsresistenz" des Wirtes führe, da dem Pilz in den parasitierten Gefäßen weniger Pektinspaltprodukte als C-Quellen zur Verfügung stünden. Nach Meinung des Referenten wäre allerdings auch ein umgekehrter Reaktionsablauf möglich, wobei die geringere Pektinaseproduktion in resistenten Wirtsgeweben nicht Ursache, sondern Folge der schwächeren Entwicklung des Parasiten ist; die Befallsresistenz ginge dann auf andere, die Pektinaseproduktion des Parasiten nur mittelbar berührende Einflüsse des Wirtes zurück. Nach McDONNELL besteht nicht in allen Fällen eine Korrelation zwischen Pathogenität der Stämme von *F. oxysporum* f. *lycopersici* und ihrer Fähigkeit, pektolytische Enzyme zu bilden. Diese Deutung wurde später eingeschränkt (MANN) und BARKER u. WALKER berichten, daß sich der „pektinaselose" Pilzstamm von McDONNELL bei Nachuntersuchungen in Wisconsin als nichtpathogen erwies. PAQUIN u. COULOMBE berichten über gute Korrelation zwischen Pektinaseproduktion und Pathogenität der untersuchten Fusariumstämme. Daß pektolytische Enzyme tatsächlich eine wesentliche Rolle bei der Tomatenfusariose spielen, geht auch aus Untersuchungen mit Pektinasehemmstoffen hervor [GROSSMANN (1, 2, 3, 4)].

Toxine. Fusarinsäure wird von Tomatenpflanzen zu dem weniger giftigen Fusarinsäureamidmethylat und von *F. oxysporum* f. *lycopersici* zu einem anderen Pyridincarbonsäurederivat, welches ebenfalls weniger giftig ist, umgebaut (BRAUN u. KERN). Lycomarasmin und seine Abbauprodukte wurden in Kulturfiltraten von *F. oxysporum* f. *cubense* festgestellt (PAGE); der Autor vermutet, daß Lycomarasmin von Zellwandbestandteilen des Pilzes herrührt. Welkeaktive Stoffe mit bisher unbekannter Zusammensetzung wurden nachgewiesen in Kulturfiltraten von *F. orthoceras* var. *ciceri* (CHAUHAN), *Endothia parasitica* und *F. martii* (GEMPELER) sowie in solchen von *Verticillium dahliae* (McLEOD u. SMITH).

Weitere Krankheitsprozesse

Die durch *Helminthosporium victoriae* in anfälligen Haferpflanzen hervorgerufene Permeabilitätserhöhung [BLACK u. WHEELER (1)] tritt auch nach Behandlung mit „Victorin", dem Toxin des Erregers ein [BLACK u.

WHEELER (2)]. Diese Permeabilitätsänderungen finden in resistenten Pflanzen nicht statt; sie könnten in anfälligen Geweben die parasitogen oder toxininduzierte Atmungssteigerung veranlassen (Verschiebung des Ionengleichgewichtes?) (WHEELER u. BLACK). Diese streng spezifische Wirkung des Toxins geht auch aus Untersuchungen von SCHEFFER u. PRINGLE (1) hervor: Toxinkonzentrationen von 2×10^{-4} µg/ml hemmen das Wurzelwachstum anfälliger Haferpflanzen, während andere Pflanzen vom Toxin nicht in Mitleidenschaft gezogen werden; der Tricarbonsäure-cyclus bleibt offenbar von der toxin-induzierten Atmungsteigerung unbeeinflußt. Die spezifische Wirkung des Victorins erstreckt sich auch auf den Aminosäure- und Eiweißstoffwechsel der Pflanze (LUKE u. FREEMAN), während Victoxinin, ein weniger giftiges Abbauprodukt des Toxins, wirts-unspezifisch ist und andere stoffwechselphysiologische Wirkungen hervor-ruft [SCHEFFER u. PRINGLE (2)].

Die Wirkung des von *Periconia circinata* produzierten Toxins zeigt dagegen wiederum große Wirtsspezifität [SCHEFFER u. PRINGLE (3)]. Ein bisher nur teilweise gereinigtes Stoffwechselprodukt von *Fusarium moniliforme* hemmt die O_2-Aufnahme von Gerstenkeimlingen (PRENTICE). *Cercospora beticola* bildet *in vitro* ein Tropolonderivat, welches das Wachstum von Bakterien hemmt und phytotoxische Wirkung besitzt (SCHLÖSSER). Weitere phytotoxische Substanzen wurden nachgewiesen in Kulturfiltraten von *Rhizoctonia solani* (Phenolglykosid; SHERWOOD u. LINDBERG), *Fusicoccum amygdali* (GRANITI) und in solchen von *Cochliobolus miyabeanus* (AKAI u. UEYAMA). Die stoffwechselphysiologischen Ver-änderungen, welche TOKUNAGA, FURUTA u. SASAKI in Reispflanzen nach Befall mit *Pericularia oryzae* untersuchten, dürften auf die bereits be-schriebenen Toxine des Erregers (Fortschr. Bot. **21**, 379) zurückgehen. Infektion mit *Cochliobolus miyabeanus* führt in Reisblättern zu Ver-bräunung und Zelltod in Geweben um den Infektionsort, wobei in resistenten Wirten eine kleinere Anzahl von Zellen von diesen Verände-rungen betroffen ist als in denen anfälliger Gewebe; die Verbräunung der betroffenen Zellen geht auf die Anhäufung phenolischer Substanzen zu-rück (OKU). Befall mit *Helminthosporium carbonum* verursacht in Mais-blättern Aktivitätsverschiebungen verschiedener Enzyme des Kohlen-hydratstoffwechsels (MALCA, HUFFAKER u. ZSCHEILE). Vorbehandlung der Pflanzen mit Wuchsstoffen führt zu einer Vergrößerung der Infek-tionsherde (HALE, ROANE u. HUANG).

Aktivwachsendes Tumorgewebe, das in Maispflanzen durch Befall mit *Ustilago zeae* entsteht, enthält größere Mengen von Bernsteinsäure, Fumarsäure, Äpfelsäure und α-Ketosäuren; dies wird als Zeichen für eine parasitogene Steigerung der Eiweißsynthese gesehen, zumal Glutamin-säure und Glutamin ebenfalls angereichert sind (TURIAN). Brandige Mais-pflanzen zeigen einen Anstieg ihrer Katalase- und Peroxydaseaktivität (SEROVA). Die Aktivitäten dieser Enzyme, sowie die von Polyphenol-oxydase, sind auch in Weizenpflanzen nach Befall mit *Ustilago tritici* erhöht (SAVULESCU).

Pektolytische Enzyme sind in Kulturfiltraten von *Botryosphaeria ribis, Penicillium italicum* (COLLINS u. SLEDJESKI) und in solchen von

Rhizoctonia solani (DESHPANDE) enthalten. Die Pathogenität verschiedener Stämme von *Pellicularia filamentosa* ist mit deren Fähigkeit zur Polygalakturonaseaktivität-Produktion korreliert (BARKER u. WALKER). Die von *Botrytis* spp. *in vitro* gebildeten pektolytischen und cellulytischen Enzyme unterscheiden sich teilweise von den *in vivo* produzierten (HANCOCK, MILLAR u. LORBEER). DEVERALL u. WOOD berichten erneut über eine Beeinflussung der pektolytischen Enzyme von *Botrytis cinerea* durch Phenoloxydasen des Wirtes. *Fusarium roseum* f. *cerealis* bildet Cellulase (PHILLIPS), *Alternaria* spp., *Botrytis cinerea* und *Colletotrichum linicola* bilden Cellulasen und Hemicellulasen adaptiv (VAN PARIJS). Die Produktion proteolytischer Enzyme (und ihre vermehrte Bildung in befallenen Wirtsgeweben) wurde für *Botryosphaeria ribis*, *Physalospora obtusa* und *Glomerella cingulata* beschrieben (KUC u. WILLIAMS). Ein wahrscheinlich phenolisches Toxin, welches in Tomaten Nekrosis und Welke hervorruft, ist in Kulturfiltraten von *Helicobasidium mompa* enthalten (TAKAI). Stoffliche Verschiebungen in der Zusammensetzung lagernder Äpfel werden mit deren Resistenz gegen *Botryosphaeria ribis*, *Glomerella cingulata* und *Physalospora* spp. in Verbindung gebracht (WALLACE, KUC u. DRAUDT). Untersuchungen ähnlicher Art wurden an Wirtsgeweben nach Befall mit *Botrytis* spp. (Zuckergehalt; ORELLANA u. THOMAS) und mit *Cladosporium fulvum* (Aminosäurespiegel; C/N-Verhältnis; BAILEY u. LOWTHER) durchgeführt.

Literatur

Einige der Literaturangaben sind zusätzlich mit einem Zitat der Reviews of Applied Mycology (RAM) versehen. Hierdurch sind Veröffentlichungen gekennzeichnet, die dem Referenten nur im Auszug zur Verfügung standen.

ABRAHAMSEN, M., and H. HART: Phytopathology **52**, 721 (1962). — AKAI, S., and A. UEYAMA: Forsch. Pflkr., Kyoto **7**, 23—33 (1961); — RAM **41**, 653 (1962). — AKAZAWA, T., and I. URITANI: Plant Physiol. **37**, 662—670 (1962). — AKAZAWA, T., I. URITANI and Y. AKAZAWA: Arch. Biochem. Biophys. **99**, 52—59 (1962).

BAILEY, D. L., and R. L. LOWTHER: Can. J. Bot. **40**, 1095—1106 (1962). — BALINSKY, D., and D. D. DAVIES: J. Exptl. Bot. **13**, 414—421 (1962). — BARKER, K. R., and J. C. WALKER: Phytopathology **52**, 1119—1125 (1962). — BECKMAN, C. H., and S. HALMOS: Phytopathology **52**, 893—897 (1962). — BECKMAN, C. H., S. HALMOS and M. E. MACE: Phytopathology **52**, 134—140 (1962). — BEHAL, F. J.: Arch. Biochem. Biophys. **84**, 151—156 (1959). — BELL, A. A., and J. M. DALY: Phytopathology **52**, 261—266 (1962). — BLACK, H. S., and H. WHEELER: (1) Phytopathology **52**, 4 (1962); (2) Phytopathology **52**, 725 (1962). — BRAUN, R., u. H. KERN: Pathol. et Microbiol. **23**, 575—580 (1960). —BURLEIGH, J. R., and L. H. PURDY: Phytopathology **52**, 727 (1962).

CAMERON, H. R.: Phytopathology **52**, 727 (1962). — CHAUHAN, S. K.: Proc. Natl. Acad. Sci. India, Sect. B, **31**, 341—348 (1961); RAM **41**, 628 (1962). — COLLINS, R. P., and W. F. SLEDJESKI: Mycologia **52**, 455—459 (1961). — CONDON, P., and J. KUC: Phytopathology **52**, 182—183 (1962). — CRAFT, C. C., and W. V. AUDIA: Bot. Gaz. **123**, 211—219 (1962). — CRUICKSHANK, I. A. M.: Aust. J. Biol. Sci. **15**, 147—159 (1962).

DALY, J. M., R. E. INMAN and A. LIVNE: Plant Physiol. **37**, 531—538 (1962). — DALY, J. M., and L. R. KRUPKA: Plant. Physiol. **37**, 277—282 (1962). — DEESE, D. C., and M. A. STAHMANN: (1) J. Agric. Fd. Chem. **10**, 145—150 (1962); (2) Phytopathology **52**, 255—260 (1962); (3) Phytopathology **52**, 247—255 (1962); (4) Phytopath. Z. **46**, 53—70 (1962). — DESHPANDE, K.: J. Indian Bot. Soc. **40**, 456—464 (1961); RAM **41**, 438—439 (1962). — DEVERALL, B. J., and R. K. S. WOOD: Ann. Appl.

Biol. **49**, 473—487 (1961). — DICKSON, J. G., and J. L. LORDS: Nature (Lond.) **196**, 1099—1100 (1962).

ECHANDI, E., and C. E. FERNANDEZ: Phytopathology **52**, 544—546 (1962). — EHRLICH, H. G., and M. A. EHRLICH: Am. J. Bot. **49**, 665 (1962). — ELNAGHY, M. A., and P. LINKO: Physiol. Plantarum **15**, 764—771 (1962).

FARKAS, G. L.: Ber. dtsch. Bot. Ges. **74**, 382—388 (1961). — FARKAS, G. L., and Z. KIRALY: Phytopath. Z. **44**, 105—150 (1962). — FARKAS, G. L., L. LOVREKOVICH u. Z. KLEMENT: Naturwissenschaften **50**, 22—23 (1963). — FLANGAS, A. L., and J. G. DICKSON: Quart. Rev. Biol. **36**, 254—272 (1961).

GAERTNER, A., u. W. H. FUCHS: Arch. Mikrobiol. **41**, 169—174 (1962). — GEMPELER, H.: Tobacco Abstr. **5**, 466—467 (1961). — GERWITZ, D. L.: Phytopathology **52**, 733 (1962). — GRANITI, A.: Phytopath. medit. **1**, 182—185 (1962); RAM **42**, 34 (1963). — GROSSMANN, F.: (1) Phytopath. Z. **44**, 361—380; (2) **45**, 1—20; (3) 139—159 (1962); (4) Naturwissenschaften **49**, 138—139 (1962). — GUPTA, M. N.: Proc. Indian Acad. Sci., Sect. B, **55**, 120—127 (1962); RAM **41**, 638 (1962).

HALE, M. G., C. W. ROANE and M. R. C. HUANG: Phytopathology **52**, 185—191 (1962). — HAMPTON, R. E.: Phytopathology **52**, 413—415 (1962). — HANCOCK, J. G., R. L. MILLAR and J. W. LORBEER: Phytopathology **52**, 735 (1962). — HEITE-FUSS, R., u. W. H. FUCHS: Phytopath., Z. **46**, 174—198 (1962).— HOLOWCZAK, J., J. KUC and E. B. WILLIAMS: Phytopathology **52**, 1019—1023 (1962). — HOYER, H.: Zbl. Bakt., Abt. 2, **115**, 266—296 (1962).

INMAN, R. E.: (1) Diss. Abstr. **22**, 2545—2546; (2) Phytopathology **52**, 1207 bis 1211 (1962).

JARVIS, W. R.: Trans. Brit. mycol. Soc. **44**, 357—364 (1961). — JOHNSON, M. A., and D. S. FREAR: Plant Physiol. **37**, Suppl. LX (1962).

KIRALY, Z.: Phytopathology **52**, 738 (1962). — KONO, A.: Bull. Fac. Agric. Univ. Miyazaki **6**, 125—129 (1960); RAM **41**, 708 (1962). — KUC, J., and E. B. WILLIAMS: Phytopathology **52**, 739 (1962).

LEDOUX, L., and R. HUART: Biochim. Biophys. Acta **61**, 185—196 (1962). — LUKE, H. H., and T. E. FREEMAN: Phytopathology **52**, 740 (1962). — LUNDER-STÄDT, J., R. HEITEFUSS u. W. H. FUCHS: Naturwissenschaften **49**, 403 (1962).

MACE, M. E.: Phytopathology **52**, 19 (1962). — MALCA, I., R. C. HUFFAKER and F. P. ZSCHEILE: Phytopathology **52**, 741 (1962). — MALCA, I., H. C. MURRAY and F. P. ZSCHEILE: Phytopathology **52**, 891—893 (1962). — MANN, B.: Trans. Brit. mycol. Soc. **45**, 169—178 (1962). — McCRACKEN, F. I., and J. R. BURLEIGH: Phytopathology **52**, 742 (1962). — McDONNELL, K.: Trans. Brit. mycol. Soc. **45**, 55—62 (1962). — McKEE, R. K.: Tagungsber. dtsch. Akad. Landwiss. Berlin **27**, 277—289 (1961); RAM **42**, 45 (1963). — McLEOD, A. G., and H. C. SMITH: N. Z. J.. agric. Res. **4**, 123—128 (1961); RAM **41**, 171 (1962). — MILLERD, A., and K. J. SCOTT: Ann. Rev. Plant Physiol. **13**, 559—574 (1962). — MINAMIKAWA, T., T. AKAZAWA and I. URITANI: Nature (Lond.) **195**, 726 (1962). — MOWER, R. G.: Diss. Abstr. **22**, 3803—3804 (1962). — MUKHERJEE, K. L., and M. SHAW: Can. J. Bot. **40**, 975—985 (1962).

NAITO, N., T. TANI and Y. OKUMURA: Tech. Bull. Fac. Agric. Kagawa Univ. **12**, 84—92 (1960); RAM **41**, 370—371 (1962). — NAZIROV, N. N., E. G. ZAPRUDER, F. DZHANIKULOV, S. MAVLYANKHODZHAEVA and M. KHAKIMOVA: Uzbek. biol. Zh. 45—56 (1961); RAM **41**, 520—521 (1962). — NEISH, A. C.: Ann. Rev. Plant Physiol. **11**, 55—80 (1960). — NOVEROSKE, E. B., and J. KUC: Phytopathology **52**, 746 (1962). — NOVEROSKE, R. L., and E. B. WILLIAMS: Proc. Ind. Acad. Sci. **70**, 53 (1961); RAM **41**, 396 (1962). — NOVEROSKE, R. L., E. B. WILLIAMS and J. KUC: Phytopathology **52**, 23 (1962).

OKU, H.: Phytopath. Z. **44**, 39—56 (1962). — ORELLANA, R. G., and C. A. THOMAS: Phytopathology **52**, 533—538 (1962).

PAGE, O. T.: Phytopathology **51**, 578 (1961). — PAPAVIZAS, G. C., and C. B. DAVEY: Phytopathology **52**, 24 (1962). — PAQUIN, R., and L. J. COULOMBE: Can. J. Bot. **40**, 533—541 (1962). — VAN PARIJS, R.: Arch. int. physiol. biochim. **69**, 153—160 (1961); RAM **41**, 214 (1962). — PATIL, S. S., R. L. POWELSON and R. A. YOUNG: Phytopathology **52**, 747 (1962). — PEDERSON, V. D.: Proc. Iowa Acad. Sci. **67**, 103—108 (1960); RAM **41**, 627 (1962). — PERSON, C., D. J. SAMBORSKI and R. ROHRINGER: Nature (Lond.) **194**, 561—562 (1962). — PHILLIPS, D. J.: Phytopathology 52, 323—328 (1962). — PRENTICE, N.: Physiol. Plantarum 15, 693—699 (1962). — PRUSOVA, H.: Ces. Mykol. 16, 31—33 (1962); RAM 41, 541 (1962).

ROMANOWSKI, R. D., J. KUC and F. W. QUACKENBUSH: Phytopathology 52, 1259—1263 (1962). — ROMERO, S., and M. E. GALLEGLY: Phytopathology 52, 165 (1962). — RUBIN, B. A., and V. A. AKSENOVA: Biokhim. Plod. Ovoshch. 252—261 (1961); RAM 41, 626 (1962). — RUBIN, B. A., T. M. IVANOVA and M. A. DAVYDOVA: Biokhim. Plod. Ovoshch. 77—95 (1961); RAM 41, 626 (1962).

SAHAI SRIVASTAVA, B. I., and M. SHAW: Can. J. Bot. 40, 511—521 (1962). — SAKAI, R.: Rep. Hokkaido agric. Expt. Sta. 57, 158pp. (1961); RAM 41, 639 (1962). — SAVULESCU, A.: Conf. Scient. Problems Plant Protection, 83—99, Budapest, 1960. — SCHEFFER, R. P., and R. B. PRINGLE: (1) Phytopathology 52, 750; (2) 750 (1962); (3) Nature (Lond.) 191, 912—913 (1961). — SCHLÖSSER, E.: Phytopath. Z. 44, 295—312 (1962). — SCOTT, K. J., and R. M. SMILLIE: Plant Physiol. 37, Suppl. LVII (1962). — SEROVA, Z. Y.: Dokl. Akad. Nauk B. S. S. R. 5, 475—477 (1961); RAM 41, 283 (1962). — SHARP, E. L.: Nature (Lond.) 194, 593—594 (1962). — SHEPHERD, C. J., and M. MANDRYK: Trans. Brit. mycol. Soc. 45, 233—244 (1962). — SHERWOOD, R. T., and C. G. LINDBERG: Phytopathology 52, 586—587 (1962). — SINGH, G. P., and A. HUSAIN: Curr. Sci. 31, 110—112 (1962). — SOKO- LOVA, V. E., and G. A. SOLOVEVA: C. R. Acad. Sci. U.S.S.R. 144, 1398—1401 (1962); RAM 42, 45 (1963). — SPENCE, J. A.: Nature (Lond.) 192, 278 (1961). — SPRINSON, D. B., P. R. SRINIVASAN and M. KATAGIRI: Methods in Enzymology 5, 394—398 (1962). — SPRINSON, D. B., P. R. SRINIVASAN and J. ROTHSCHILD: Methods in Enzymology 5, 398—402 (1962). — SRIVASTAVA, B. I. S., M. SHAW and T. C. VANTERPOOL: Can. J. Bot. 40, 53—59 (1962). — STAPLES, R. C., R. SYAMANANDA, V. KAO and R. J. BLOCK: Contrib. Boyce Thompson Inst. 21, 345—362 (1962). — STEKOL, J. A., E. BEDRAK, U. MODY, N. BURNETTE and C. SOMMERVILLE: J. Biol. Chem. 238, 469—473 (1963). — STOVER, R. H.: Can. J. Bot. 40, 1473—1481 (1962). — SUBBA-RAO, N. S., R. G. S. BIDWELL and D. L. BAILEY: Can. J. Bot. 40, 203 to 212 (1962). — SYAMANANDA, R., and R. C. STAPLES: Phytopathology 51,579(1961). — VON SYDOW, B., and R. D. DURBIN: Phytopathology 52, 169—170 (1962).

TAKAI, S.: Phytopath. Z. 43, 175—182 (1961). — TANI, T., and N. NAITO: Techn. Bull. Fac. Agric. Kagawa Univ. 12, 93—96 (1960); RAM 41, 371 (1962). — TOKUNAGA, Y., T. FURUTA and T. SASAKI: Bull. Tohoku agric. Expt. Sta. 17, 102—136 (1959); RAM 41, 710 (1962). — TULLOCH, A. P., and G. A. LEDINGHAM: Can. J. Microbiol. 8, 379—387 (1962). — TURIAN, G.: Phytopath. Z. 45, 321—328 (1962).

UEHARA, K.: (1) Ann. phytopath. Soc. Japan 25, 85—91 (1960); RAM 41, 73—74 (1962); (2) Bull. Hiroshima agric. Coll. 1, 7—10 (1960); RAM 41, 512 (1962). — URITANI, I., and M. A. STAHMANN: Agric. Biol. Chem. 25, 479—486 (1961).

VILLA-TREVINO, S., and E. FARBER: Biochim. Biophys. Acta 61, 649—651 (1962).

WALLACE, J., J. KUC and H. N. DRAUDT: Phytopathology 52, 1023—1027 (1962). — WANG, L. C., W. D. CARPENTER and E. G. JAWORSKI: Plant Physiol. 37, Suppl. LVI (1962). — WARD, E. W. B., and J. B. LEBEAU: Can. J. Bot. 40, 85—88 (1962). — WHEELER, H., and H. S. BLACK: Science 137, 983—984 (1962). — WHITNEY, H. S., M. SHAW and J. M. NAYLOR: Can. J. Bot. 40, 1533—1544 (1962). — WILLIAMS, B. J., and D. M. BOONE: Phytopathology 52, 757 (1962). — WOLFF, J. B., and N. O. KAPLAN: J. Biol. Chem. 218, 849—869 (1956). — WU, L.-C., and R. P. SCHEFFER: Phytopathology 52, 354—358 (1962).

YAMAMOTO, M., and J. TANINO: Forsch. Pflkr., Kyoto 7, 7—22 (1961); RAM 41, 639 (1962). — YARWOOD, C. E.: Phytopathology 52, 758 (1962). — YARWOOD, C. E., and E. W. HOLM: Phytopathology 52, 709—712 (1962).

ZAKI, A. I., and R. D. DURBIN: Phytopathology 52, 758 (1962).

23b. Virosen

Von ERICH KÖHLER, Braunschweig

Mit 1 Abbildung

Morphologie und Klassifizierung der Viren

Über die Struktur der Partikeln in der Formengruppe der relativ großen, runden Viren, die in der Natur von Zikaden übertragen werden, war bis vor kurzem noch wenig bekannt. Neuere Arbeiten befassen sich mit zwei wichtigen Vertretern dieser etwas vernachlässigten Gruppe, nämlich dem dwarf-Virus von *Oryza sativa* und dem Wundtumorvirus. Über das genannte Reisvirus liegt eine zweite, ausführlichere Beschreibung von FUKUSHI et al. vor. Die sphärischen, genauer gesagt polyedrischen Partikeln haben einen Durchmesser von etwa 70 mμ, ihr dichter Zentralkörper (40—50 mμ) ist von einer hellen Außenzone umgeben. Die Partikeln sind sowohl in der Wirtspflanze als auch im Vektorinsekt, der Zikade *Nephotettix cincticeps*, in großen Mengen in situ nachweisbar. Die Verf. weisen auf die große Ähnlichkeit mit einem in *Tipula*, einer Schnake, vorgefundenen Virus (SMITH u. HILLS, 1959) hin. Das etwas kleinere Wundtumorvirus hat nach den Untersuchungen von BILS u. HALL (1962) einen Durchmesser von etwa 60 mμ und die Gestalt eines Ikosaëders. Der aus Protein bestehende Außenteil setzt sich aus 92 Untereinheiten von etwa 75 Å zusammen; der Innenteil (etwa 36 mμ) ist mit Uranylacetat stark anfärbbar und besteht demnach aus RNS oder aus Nucleoprotein. Löst man die Proteinteile des Virus, so werden lange, aus RNS bestehende Fäden frei; diese sind etwa 30 Å dick.

Sowohl aus der Gruppe der gestreckten (elongated), wie auch aus der der kleinen sphärischen Viren werden immer neue Arten mit einem mehr oder weniger auffälligen Pleomorphismus bekannt (Fortschr. Bot. **24**, 410). Die „bacilliformen" Partikeln des Luzerne-Mosaikvirus, die 18 mμ dick sind, kommen nach GIBBS, NIXON u. WOODS (1960) in verschiedenen Längen (zumeist 36, 48 und 58 mμ) vor; sie alle besitzen gleiche Infektiosität. Beim bean pod mottle-Virus fand BANCROFT drei Fraktionen mit Sedimentationskonstanten 119, 91 und 54, von denen nur die erste infektiös ist. ARONSON u. BANCROFT erhielten beim Zentrifugieren des gereinigten broad bean mottle-Virus zwei Banden; nur das Virus der unteren war infektiös, das nicht infektiöse der oberen Bande enthielt nur etwa 250 Nucleotide weniger als das der unteren. Das Virus der „Frühen Erbsenverbräunung" hat nach BOS u. VAN DER WANT (1962) zweierlei Normallängen (etwa 102 und 205 mμ). Ob sich die beiderlei Partikeln bezüglich ihrer Infektiosität unterscheiden, ist noch nicht bekannt.

Nach elektronenmikroskopischen Untersuchungen von Rubio-Huertos kristallisiert das Virus des *Petunia*-ringspot, wie dies auch vom TMV bekannt ist, in der Wirtszelle in hexagonalen Platten aus. Die Anordnung der Partikeln in den Platten ist aber bei dem *Petunia*-Virus eine ganz andere: im Querschnitt zeigen die Platten eine wabige, in Längsschnitten eine streifige Textur. Eine genauere Analyse steht noch aus.

Corbett u. Roberts (1962) bestimmten mit neuer Methodik im Elektronenmikroskop Größe und Form der Partikeln des Tabak-ringspot-Virus: Es handelt sich um Polyeder; der Abstand zwischen zwei Parallelseiten beträgt 28 mμ.

Für die Zwecke der Virus-klassifizierung verdienen nach allen vorliegenden Erfahrungen die morphologischen Merkmale sowie das Verhalten bei Serumreaktionen — diese sind bekanntlich für den Proteinteil spezifisch — den Vorrang vor allen andern Feststellungen. Die morphologischen und serologischen Befunde ergeben aber oft eine verschiedene Grenzziehung. So ist es für eine Reihe von „gestreckten" Viren bereits bekannt, daß sie „serologisch verwandt" sind, daß sie also gewisse Antigenfraktionen gemeinsam besitzen, obwohl sie bezüglich ihrer Normallängen nicht übereinstimmen und auch aus anderen Gründen als verschiedene Virusarten aufzufassen sind. Dies war erstmalig am Steinkleevirus (pea streak virus) und am Rotklee-Adermosaikvirus festgestellt worden (Wetter, Quantz u. Brandes, 1959). Die genannten Autoren verglichen nun in einer neueren Arbeit (1962) die Viren des Rotklee-Adernmosaiks und des Erbsenstrichels. Danach unterscheiden sich diese in ihren Normallängen (654 mμ resp. 619 mμ) und sind dabei serologisch verwandt. Die Differenzierung nach den Symptomen, die sie an ihren zahlreichen Wirtsarten und -sorten hervorrufen, gelingt nur ganz unsicher. Offenbar ist hier die Partikel-Normallänge das eindeutigste Kriterium der Artabgrenzung (Abb. 24).

Mit der serologischen Methode prüften Hakkaart, van Slogteren u. de Vos die verwandtschaftlichen Beziehungen zwischen dem (gestreckten) Chrysanthemum-Virus B und anderen Virusarten ähnlicher Größenordnung. Ferner prüfte Bercks (1962/63) die verwandtschaftlichen Beziehungen zwischen 5 verschiedenen Varianten des (sphärischen) Virus

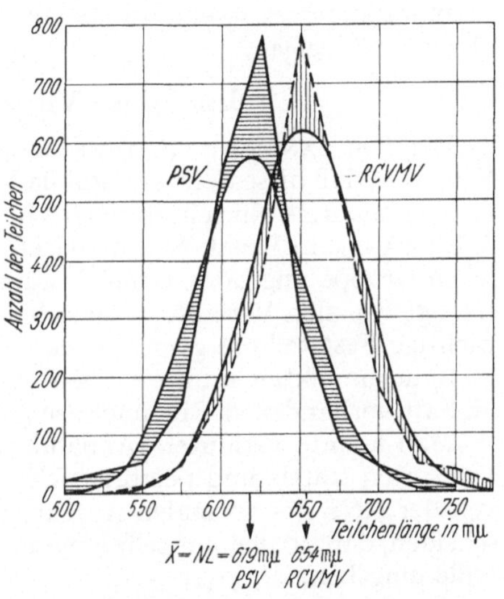

Abb. 24. Häufigkeitsverteilungen der Partikellängen des Erbsen-streakvirus (PSV) und des Rotklee-Adernmosaik-virus (RCVMV) im Vergleich zu den entsprechenden Gauss-Verteilungen. Nach Wetter, Quantz u. Brandes (1962)

des Tomaten-blackring, wobei er zwei Variantengruppen unterscheiden konnte. Hier wie dort zeigte sich, daß mit dem serologischen Überkreuzungsverfahren sehr feine Antigenunterschiede erfaßbar sind.

KÖHLER (1962a) versuchte, den Anwendungsbereich des Prämunitätstestes ("cross protection") für die Artabgrenzung näher zu umreißen: fällt der Test eindeutig positiv aus, so kann nach wie vor auf nahe Verwandtschaft (Artzugehörigkeit) der beiden interferierenden Viren geschlossen werden, dagegen schließt der negative Ausfall Artzugehörigkeit offenbar nicht aus. Auch äußerte er Bedenken gegen die Auswertung des Prämunitätstestes, wenn dieser an Blättern vorgenommen wird, die "Recovery" zeigen.

Infektiöse Virusnucleinsäure

Der von SÄNGER u. BRANDENBURG am Tabak-rattle-Virus geführte Nachweis, daß dieses Virus unstabile Varianten bildet, die im Wirt hauptsächlich als freie Nucleinsäure (RNS) vorhanden sind, hat durch BABOS u. KASSANIS am Tabak-Nekrosisvirus, das einer völlig anderen taxonomischen Gruppe angehört, seine Bestätigung gefunden. Auch dieses Virus erzeugt von sich Varianten, die sich so verhalten. Dabei wurde auch die wichtige Feststellung gemacht, daß Blattauszüge in 0,05 m Borax (bei pH 9) hochinfektiös sind, weil die freie RNS dann gegen die Wirkung der im Saft vorhandenen Ribonuclease geschützt ist.

Man könnte vermuten (Annahme des Ref.), daß die obengenannten Virusarten (rattle und necrosis) RNS-Varianten hervorbringen, die sich von der RNS des normalen Ausgangsvirus vornehmlich dadurch unterscheiden, daß sie sich nur sehr langsam, wenn überhaupt, mit der Proteinhülle umgeben.

Aus 2—3 Tage zuvor mit dem TMV infizierten Tabakblättern konnte DIENER Ribonuclease-empfindliche RNS gewinnen, nach drei Wochen war aber die Ausbeute nur noch sehr gering. Augenscheinlich wird also zuerst die RNS synthetisiert, die dann im „Normalfall" rasch weiter zum Vollvirus aufgebaut wird.

Nach anatomischen Befunden von OSSIANNILSSON (1961) erscheint es ausgeschlossen, daß die Darmwand der Blattlaus *Myzus persicae* für Virusvollpartikeln passierbar ist; es kommen nur kleinere Untereinheiten in Frage.

Infektion und Erkrankung

Die Anfangsphase der Infektion gibt noch manche Rätsel auf. Es ist bekannt, daß das bei der Impfeinreibung in die Blattoberfläche gelangte, nicht abwaschbare Virus in seiner Masse seine Infektiosität in kurzer Zeit verliert, und zwar viel schneller als in vitro. Nicht bekannt ist, worauf diese Inaktivierung beruht, man kann aber wohl einen enzymatischen Einfluß von seiten des Wirtes vermuten. Jedenfalls erreicht nur ein sehr kleiner Teil des bei der Impfung auf das Blatt geriebenen Virus bzw. seiner RNS ungefährdet den Ort in der Zelle, wo die Vermehrung der RNS möglich ist und von wo also eine Infektion ausgehen kann. Die elektronenmikroskopischen Befunde von ZECH (1961) und die Biosynthese-Ver-

suche in zellfreien Medien von Cochran et al. (1962) ließen es kaum noch
zweifelhaft erscheinen, daß dieser Ort der Zellkern ist. Ob diese Vorstellung durch die von Doi u. Spiegelman an einem RNS-Bakteriophagen
gewonnene Erkenntnis ernstlich in Frage gestellt ist, wie diese Autoren
annehmen, bleibt abzuwarten. Dort kommt der Kern als Ort der Synthese
der Virus-RNS offenbar nicht in Frage.

Auch bei der Alge *Acetabularia* findet übrigens eine erhebliche plasmatische RNS-
Synthese statt und „ein RNS-Austritt aus dem Kern kann gegenwärtig weder bei
Acetabularia noch bei anderen Zellen als gesichert angesehen werden". Tätigkeits-
ber. Max Planck-Ges. in: Naturwissenschaften **40**, 588 (1962).

Santilli et al. stellten bei TMV-Verimpfungen an Bohnenblättern
fest, daß die Ribonuclease des Blattes indirekt das Zustandekommen von
Infektionen fördert und daß eine Zunahme der Nuclease im Blatt nicht
mit einer Resistenzerhöhung gegen Infektionen sowohl des Vollvirus wie
der Virus-RNS verbunden ist. Augenscheinlich ist die RNS im Plasma
der Enzymwirkung entzogen, während sie ihr im Preßsaft rasch unterliegt. Die Autoren stellen sich vor, daß die RNS gegen die Enzymwirkung
geschützt ist, wenn ihre Bindung an bestimmte Zellbestandteile zustande
gekommen ist. Eine solche Bindung nehmen auch Rappaport u. Wu
(1961) in Anspruch zur Deutung ihres Befundes, daß die Infektionsherde
in ihrem frühesten Stadium durch Wärmegrade abortieren, die unter
der Inaktivierungstemperatur des Virus und der Virus-RNS liegen.

Neuere Untersuchungen von Yarwood, Resconich u. Kado ver-
mochten die schon früher von Yarwood geäußerte Vorstellung zu stützen, daß Blattbeschädigungen der verschiedensten Art, und zwar ganz
unabhängig davon, ob sie dem Virus den Eintritt in das Blatt öffnen oder
nicht, die Disposition für Infektionen erhöhen. Vermutet wird eine Wund-
hormonwirkung. Die Untersuchungen betrafen das TM- und das Tabak-
nekrosisvirus.

Nach den übereinstimmenden Befunden von Bawden (1961) und von
Gordon u. Smith (1961) kommen TMV-Infektionen an Blättern von
Rhoeo *discolor* nur bei genügend starker Belichtung in Gang. Mit der
Virus-RNS dagegen gelingen Infektionen auch bei schwacher Belichtung.
Die Deutung dieses Ausnahmeverhaltens scheint noch auszustehen.

Nach Yarwood (1962) wird die Infektionsbereitschaft von Blättern
der Pintobohne *(Phaseolus)* für das TMV durch Behandlung der Blätter
mit 1 prozentigem K_2HPO_4 stark gefördert. Die Wirkung ist im Zeitpunkt
der Impfung am größten, sie beginnt praktisch 100 sec vorher und fällt
nach dem Maximum fast ebenso schnell wieder ab, ohne jedoch längere
Zeit auf Null zurückzugehen. Auch von der Tageszeit ist die Wirkung abhängig; am Vormittag ist sie am stärksten. Es wird angenommen, daß das
Phosphat die Anheftung ("attachment") des Virus an die Orte seiner Vermehrung begünstigt.

Die Infektiositätskurve, die Fulton (1962) mit Verdünnungsreihen
des necrotic-ringspot-Virus der Sauerkirsche an Blättern von *Dolichos
biflorus* oder *Momordica balsamina* erhielt, führten ihn zu dem Schluß,
daß bei diesem Virus Mehrtrefferkurven vorliegen und daß nicht wie in
den meisten Fällen nur eine, sondern 2 oder auch 3 Partikeln erforderlich

sind, um eine Infektion hervorzubringen. SOLBERG u. BALD untersuchten an mit TMV systemisch erkrankten *Nicotiana glutinosa*-Pflanzen den Virusgehalt der Blätter in Abhängigkeit von ihrem Entwicklungszustand: Bei noch unausgewachsenen, aber schon größeren Blättern hat die Spitze in der Ausdifferenzierung einen Vorsprung vor der Basis. Bei ihnen ist auch das Virus in der Spitze früher vorhanden als in der Basis. Dem entspricht, daß bei noch jüngeren Pflanzen offenbar die ganze Spreite virusfrei ist. Wie NAGARAJ berichtet, gelingt die Anfärbung von Virusantigen mit fluoreszierenden Antikörpern im Innern von Pflanzenzellen, wenn man diese zuvor durch Pektinase-Einwirkung aus dem Zellverband löst; die Antikörper können in solche freigemachte Zellen leicht eindringen. Die an Tomaten nach Infektion mit dem spotted wilt-Virus (Bronzefleckenkrankheit) auftretenden Veränderungen im Bestand an freien Aminosäuren und Amiden wurde von SELMAN et al. untersucht. Sie fanden in den geimpften Blättern bis zum 12. Tage eine besonders starke Zunahme an Glutamin und Asparagin. Insgesamt stieg der Gehalt an freien Aminosäuren in 13 Tagen auf 150—180% an. Im systemisch infizierten Stengel erreicht die Zunahme an freien Aminosäuren 200—300% und an Amiden über 400%. Die Verff. deuten die beobachteten Zunahmen als Folge der infektionsbedingten Wachstumshemmung, eine primäre Viruswirkung wird dagegen für wenig wahrscheinlich gehalten.

Infektionshemmung

Limasset (1961a u. b, 1962) machte die Entdeckung, daß im Fleisch und in den Säften der Auster *(Cressostrea angulata)* und der Mismuschel *(Mytilus edulis* var. *galloprovincialis)* infektionshemmende Substanzen enthalten sind. Diese verhalten sich verschieden. Die Austernsubstanz hemmt das Angehen der TMV-Infektion, die Mismuschelsubstanz die Vermehrung des TMV. Beide Wirkstoffe verbreiten sich leicht im Blattparenchym, gegen Alkohol und Erhitzen sind sie wenig empfindlich. Der in *Dianthus caryophyllus* enthaltene sehr wirksame Hemmstoff, der bei entsprechender Dosierung das Zustandekommen von Infektionen völlig verhindert (Fortschr. Bot. 20, 313), konnte von RAGETLI u. WEINTRAUB (1962a u. b) weitgehend gereinigt und als Protein bestimmt werden. Die Hydrolyse der Substanz ergab 14 Aminosäuren, sämtlich ohne Schwefel. Für ihre Wirksamkeit werden freie Aminogruppen — wahrscheinlich sind es die ε-Gruppen des Lysins — verantwortlich gemacht. Eine Ribonuclease-Wirkung hat die Substanz nicht. Sie entfaltet ihre Wirksamkeit im Wirtsplasma vermutlich dadurch, daß sie sich vermittelst ihrer ε-Gruppen an die "infectible sites" anlagert und sie dadurch gegen das Virus abschirmt.

Auch VAN KAMMEN, NOORDAM u. THUNG untersuchten die Hemmwirkung des Nelkensaftes auf TMV-Infektionen, wobei sie besonders die Infektionsrate in ihrer Abhängigkeit von der Hemmstoffdosierung studierten. Die Hemmwirkung entspricht wahrscheinlich dem Massenwirkungsgesetz (Langmuirsche Gleichung).

Mit der Analyse der wohlbekannten Hemmwirkung des 2-Thiouracil auf die Virusvermehrung befaßten sich beim TMV FRANCKI (1962a u. b) sowie FRANCKI u. MATTHEWS (1962a) und am Virus des turnip yellow-mosaik, FRANCKI u. MATTHEWS (1961 u. 1962b). Die Annahme, daß die Wirkung des Stoffes dadurch zu erklären sei, daß er in die Virus-RNS eingebaut werde, ist nach ihren Befunden offenbar nicht zutreffend, die Wirkung muß vielmehr eine indirekte sein. Denn beim TMV kommt ein Einbau nur in so geringem Umfang vor, daß er nicht entscheidend sein kann, und beim genannten turnip-Virus kommt er offenbar überhaupt nicht zustande.

Virusinterferenzen

Blätter von *Gomphrena globosa*, auf die das Kartoffel-X-Virus verimpft wurde, nachdem es durch UV-Bestrahlung inaktiviert worden war, erwiesen sich einen Tag danach zu einem gewissen Grade abwehrfähig gegen Zweitinfektionen des intakten Virus (64—87% Infektionen gegenüber der Kontrolle). Dasselbe Verhalten zeigten die Blätter, wenn zur Zweitimpfung das TMV genommen wurde. Die Reaktion ist also unspezifisch (MURAYAMA u. YOSHIZAKI, 1962). Durch Erhitzen bei über 68°C (10 min) inaktiviertes X-Virus hatte keine solche Wirkung. Über ähnliche unspezifische Wirkungen hatten früher schon BAWDEN u. KLECZKOWSKI (1953) berichtet, wozu noch angemerkt sei, daß der thermale Inaktivierungspunkt für viele Stämme des X-Virus gleichfalls um 68°C liegt (vgl. KÖHLER, 1962b).

Virusübertragung durch Vektoren

a) Insekten. Nach Versuchen von TEAKLE u. SYLVESTER (1962) können Blattläuse unter extremsten Bedingungen im Experiment nun doch das TMV auf Blätter übertragen. Dabei handelt es sich allem Anschein nach um simple Wundinfektionen, wobei der Stechapparat lediglich die Rolle einer Impfnadel spielt. Die Übertragungschancen sind auf diesem Wege nur sehr gering. BRADLEY (1962a) stellte bei Übertragungsversuchen an Blättern von Tabakpflanzen, die mit dem Kartoffel-Y-Virus systemisch infiziert waren, fest, daß die Blattläuse das Virus von den verschiedenen Blattarealen mit sehr unterschiedlichem Erfolg in sich aufnehmen. Weiterhin fand er (1962b), daß die Übertragung des Y-Virus durch Öle gehemmt wird; über den Hemmungsmechanismus ist nichts bekannt. Andererseits zeigte sich (1962c), daß die Epidermiszellen an den verschiedensten Stellen des Blattes etwa die gleiche Anfälligkeit für dieses Virus aufweisen, wenn man infektiöse Läuse an ihnen saugen läßt.

Die Möglichkeiten der Bekämpfung virusübertragender Blattläuse mit E 605 und Metasystox, besonders an Zuckerrüben, werden in letzter Zeit durch die Tatsache gemindert, daß die Blattlauspopulationen gegen diese Gifte immer resistenter werden (BAERECKE).

b) Nematoden. CADMAN gab eine ausführliche Darstellung der in Großbritannien von bodenbewohnenden epiphytischen Nematoden übertragenen Himbeervirosen. Als Vektor des Tabak-ringspot-Virus wurde von FULTON (1962) der Bodennematode *Xiphinema americanum* eindeutig nachgewiesen. Als Überträger des Tabak-rattle-Virus (potato corky ringspot) wurde *Trichodorus christiei* festgestellt (WALKINSHAW et al., 1961).

c) Pilze. Eine vom Boden aus übertragbare Krankheit des Salats (Aderverdickung, big vein), als deren Erreger eine Zeitlang der Pilz *Olpidium brassicae* angesehen wurde, ist in Wirklichkeit eine Virose, bei der der Pilz als Vektor fungiert. Nach CAMPBELL (1962) dauert das Virus in den Dauersporen des Pilzes aus, jedoch vermehrt es sich nicht in seinem Vektor. Seine Zoosporen übertragen das Virus in die Wurzeln der Salatpflanzen. Bei künstlicher Masseninfektion beträgt die Inkubationszeit 21, bei natürlicher Feldinfektion 38 Tage. Pilz und Virus halten sich bis zu 8 Jahren in den lufttrockenen Wurzeln. Auch dem gleichfalls im Boden ausdauernden Tabaknekrosis-Virus scheint „*Olpidium brassicae*" als Vektor zu dienen. Nach Befunden von SAHTIYANCI (1962) können übrigens offenbar nur bestimmte Arten aus der alten Sammelart *Olpidium brassicae* mit dem big vein des Salats in ätiologischen Zusammenhang gebracht werden. In ihren Versuchen traf dies nur für *Pleotrachelus virulentus* n. sp. zu, nicht aber für andere Arten dieser Gattung.

Am Kultur-Champignon *(Agaricus bisporus* Lange*)* kommen Krankheiten vor, die durch Viren verursacht sind (HOLLINGS, 1962). Im Elektronenmikroskop ließen sich dreierlei Partikeln nachweisen: sphärische (etwa 25 mμ), sphärisch-hexagonale (etwa 29 mμ) und längliche (etwa 19 × 50 mμ). Hier vermehrt sich das Virus im Pilz.

Literatur

I

BALDACCI, E. et al.: Ricerche sulle malattie da virus della vite (vitis): semeiotica, eziologia, perpetuazione e prevenzione. Riv. Pathol. veget. 1, 114—231 (1961). — BERCKS, R.: Der Stand der serologischen Verwandtschaftsforschung bei pflanzenpathogenen Viren. Zbl. Bakt. (2. Abt.) 116, 3—12 (1962). — BODE, O.: Die Blattrollkrankheit der Kartoffel. Angew. Bot. 36, 86—116 (1962).

CARTER, W.: Insects in relation to plant diseases. 738 S. New York: J. Wiley & Sons 1962.

EAU, K.: Plants, Viruses, and Insects. 110 S. Cambridge, Massachusetts: Harvard Univ. Press (1961).

GIERER, A.: Structure and replication of tobacco mosaic virus. Biophys. J. (U.S.A.) 2, Part II, Suppl. 5—11 (1962).

HEINZE, K.: Die Bedeutung der Insekten für die Ausbreitung von Viruskrankheiten im Blumen- und Zierpflanzenbau. Anz. Schädlingsbek. 35, 113—119 (1962).

KRISTENSEN, RØNDE, H.: Jordbårne Plantevira (Soil-borne viruses). Tidsskr. Planteavl. 66, 75—148 (1962).

LINDNER, R. C.: Chemical tests in the diagnosis of plant virus diseases. Bot. Rev. 27, 501—521 (1961). — LWOFF, A., R. W. HORNE et P. TOURNIER: Un système des virus. C. rend. Acad. Sci. Fr. 254, 4225—4227 (1962).

MEIJNEKE, C. A. R., en H. PFAELTZER: Derde en vierde symposium voor virusziekten van vruchtbomen in Europa. Meded. Directeur Tuinb. 24, 634—640 (1961). — MÜLLER, H. J.: Moderne Vorstellungen über Biologie und Ökologie des Blattlausfluges und seiner Bedeutung für die Virusausbreitung. Z. Pflanzenkrkh. 69, 385—393 (1962).

PAUL, H. L.: Die Gestalt und Struktur der pflanzenpathogenen Viren. Zbl. Bakt. (2. Abt.) 114, 694—717 (1961).

SCHUSTER, G.: Methoden und Wege zur physiologisch-chemischen Virusdiagnostik bei Kartoffelknollen. Wiss. Abh. 50, 249 S. Berlin: Akad. Verl. 1962.

WELSH, M. F.: Terminology of plant viruses. Canad. J. Bot. 39, 1773—1780 (1961). — WOLFFGANG, H.: Erkenntnisse und Vorstellungen über die Struktur pflanzlicher Viren. Biol. Zbl. 81, 649—666 (1962).

Proc. 4. *Symposium* virus diseases of fruit trees in Europa, Lyngby, 1960. Tidsskr. Planteavl 65, Sondernr. 252 S. (1961).

II

Aronson, A. I., and J. B. Bankroft: Virology 18, 570—575 (1962).

Babos, P., and B. Kassanis: Virology 18, 206—211 (1962). — Bawden, F. C.: J. biol. Chem. 236, 2760—2761 (1961). — Bawden, F. C., and A. Kleczkowski: Brit. J. exp. Path. 16, 434—443 (1953). — Bercks, R.: Phytopath. Z. 46, 97—100 (1962/63). — Bils, R. F., and C. E. Hall: Virology 17, 123—130 (1962). — Bos, L., en J. P. H. van der Want: Tijdschr. Plantenziekten 68, 368—390 (1962). — Bradley, R. H. S.: Virology 16, 366—370 (1962a); — Virology 18, 327—329 (1962b); — Virology 17, 357—358 (1962c).

Cadman, C. H.: Hort. Res. 1, 47—61 (1962); u. Autorref.: Biol. Abstr. 38, No. 3585 (1962). — Campbell, R. N.: Nature (Lond.) 195, 675—676 (1962). — Cochran, G. W., A. S. Dhaliwal, G. W. Welkie, J. L. Chidester, M. H. Lee and B. K. Chandrasekhar: Science 138, 46—48 (1962). — Corbett, M. K., and D. A. Roberts: Phytopathology 52, 902—905 (1962).

Diener, T. O.: Virology 16, 140—146 (1962). — Doi, R. H., and S. Spiegelman: Science 138, 1270—1272 (1962).

Francki, R. I. B.: Virology 17, 1—8 (1962a); — Virology 17, 9—20 (1962b). — Francki, R. I. B., and R. E. F. Matthews: Nature (Lond.) 191, 1078—1080 (1961); — Virology 17, 22—29 (1962a); — Virology 17, 367—384 (1962b). — Fukushi, T., E. Shikata and I. Kimura: Virology 18, 192—205 (1962). — Fulton, J. P.: Phytopathology 52, 375 (1962).

Gibbs, A. J., H. L. Nixon and R. D. Woods: Ann. Rept. Rothamsted Exp. Sta. 1960, p. 116 (1961). — Gordon, M. P., and C. J. Smith: J. biol. Chem. 236, 2726—2763 (1961).

Hakkart, F. A., D. H. M. van Slogteren and N. P. de Vos: Tijdschr. Plantenziekten 63, 126—135 (1962). — Hollings, M.: Nature (Lond.) 169, 962—965 (1962).

Kammen, A. van, D. Noordam and T. H. Thung: Virology 14, 100—108 (1961). — Köhler, E.: Zbl. Bakt. (2. Abt.) 115, 616—633 (1962a); — Phytopath. Z. 44, 189—199 (1962b).

Limasset, P.: C. rend. Acad. Sci. 252, 3154—3156 (1961a); — C. rend. Acad. Sci. 253, 2427—2429 (1961b); — C. rend. Acad. Sci. 254, 585—587 (1962).

Murayama, D., and T. Yoshizaki: J. Facult. Agric., Hokkaido Univers. 52, 123—131 (1962).

Nagaraj, A. N.: Virology 18, 329—332 (1962). — Nagaraj, A. N., and L. M. Black: Virology 16, 152—162 (1962).

Ossiannilsson, F.: Nature (Lond.) 190, 1222 (1961).

Ragetli, H. W. J., and M. Weintraub: Virology 18, 232—240 (1962a); — Virology 18, 241—248 (1962b). — Rubio-Huertos, M.: Virology 18, 337—342 (1962).

Sahtiyanci, S.: Arch. Mikrobiol. 41, 187—228 (1962). — Santilli, V., C. M. Nepokroeff and N. C. Gagliardi: Nature (Lond.) 193, 656—658 (1962). — Selman, I. W., M. B. Brierley, G. F. Pegg and T. A. Hill: Ann. appl. Biol. 49, 601 to 615 (1961). — Singer, B., and H. Fraenkel-Conrat: Virology 14, 59—65 (1961). — Smith, K. M., and G. J. Hills: J. mol. Biol. 1, 277—280 (1959). — Solberg, R. A., and J. G. Bald: Virology 17, 359—360 (1962).

Teakle, D. S.: Virology 18, 224—231 (1962a); — Phytopathology 52, 1037—1040 (1962b). — Teakle, D. S., and E. S. Sylvester: Virology 16, 363—365 (1962).

Walkinshaw, C. H., G. D. Griffin and R. H. Larson: Phytopathology 51, 806—808 (1961). — Wetter, C., L. Quantz u. J. Brandes: Phytopath. Z. 44, 151—169 (1962). — Wu, J. H., and I. Rappaport: Phytopathology 51, 823—826 (1961); — Nature (Lond.) 193, 908 (1962).

Yarwood, C. E.: Phytopathology 52, 206—209 (1962). — Yarwood, C. E., E. C. Resconich and C. J. Kado: Virology 16, 414—418 (1962).

Zech, H.: Z. Naturforsch. 16b, 520—538 (1961).

23c. Bakteriosen

Von CARL STAPP, Braunschweig

Allgemeines

Bereits im vorjährigen Bericht wurde näher auf nomenklatorische und taxonomische Fragen, Unstimmigkeiten in der systematischen Stellung sowie auf Identifizierung bestimmter pflanzenpathogener Bakterienarten eingegangen. Inzwischen sind einige Ergänzungen hierzu notwendig geworden.

So behauptet z. B. IZRAIL'SKY (1960), daß der Maiswelkeerreger, *Xanthomonas stewarti*, weil er viele Eigenschaften mit *Shigella sonnei* gemeinsam habe wie Unbeweglichkeit, gramnegatives Verhalten und ungewöhnliche Toxicität nach Einführung in die Blutbahn von Versuchstieren (was nach anderer und eigener Erfahrung bestätigt werden könne),richtiger *Shigella stewarti* zu benennen sei.Ebenso wird von IZRAIL'SKY die Aufnahme verschiedener phytopathogener Bakterien in die Gattung *Agrobacterium* bemängelt. Wegen der nahen Verwandtschaft einiger Vertreter dieser zu den Rhizobien, vor allem zu *Rhizobium meliloti*, wird vorgeschlagen, z. B. *Agrobacterium tumefaciens* und *A. rhizogenes* in die Gattung *Rhizobium* einzureihen, was gewiß einige Berechtigung hätte. Es mehren sich auch die Stimmen, die sich gegen die Einführung der Gattung *Pectobacterium* wenden, in die diejenigen *Erwinia*-Arten gestellt werden sollen, denen pektolytische Eigenschaften zukommen (MILLER und McFADDEN, 1961).

In Fortführung ihrer früheren Untersuchungen über die Wirt-Parasit-Beziehung nach Injektion von Bakteriensuspensionen in Bohnenhülsen wiesen KLEMENT und LOVREKOVICH nach, daß die 3 getesteten bohnenpathogenen Krankheitserreger, nämlich *Pseudomonas phaseolicola*, *Xanthomonas phaseoli* und *X. phaseoli* var. *fuscans*, in dem Gewebe der Bohnenhülse eine hohe Wachstumsrate erreichen. Die Wachstumskurve dieser Populationen verlief entsprechend einer geometrischen Funktion, ähnlich derjenigen der auf Nährböden wachsenden Bakterien. Daraus wird gefolgert, daß in den Wirtsgeweben der kongenialen Pflanzen von diesen Bakterien keine bakteriostatischen Reaktionen ausgelöst werden, zum Unterschied von den phytopathogenen, aber nicht bohnenpathogenen Bakterien *(Pseud. syringae, Xanth. juglandis, X. malvacearum)*, bei denen es offensichtlich zu einer postinfektionell ausgelösten Abwehrreaktion des nicht kongenialen Wirtsgewebes kommt, die dann eine Weiterentwicklung der Mikroorganismen verhindert. Dagegen wird eine Wachstumshemmung des saprophytischen (?) Bakteriums *Pseudomonas aeruginosa*, das sich zwar meist noch unmittelbar nach der Impfung vermehrt, wahrscheinlich durch einen bereits präinfektionell in den Geweben der Bohnenhülsen vorhandenen Faktor verursacht; dieser wird innerhalb der ersten beiden Tage wirksam. Unter Hinweis auf die (vorjährig erwähnten) Versuche von STOLP (1961) sind KLEMENT und LOVREKOVICH der Meinung, daß dessen weittragende Schlußfolgerungen nicht haltbar sind, da die an den Versuchspflanzen durch aspezifische Bakterien hervorgerufenen Schädigungen „keine typischen Krankheitssymptome" sind.

Übrigens konnten HOBBS, GOWLAND und WILLIS (1961) zeigen, daß die *Pseudomonas*-Arten generell sowohl Lipase als auch Lecithinase produzieren.

Ob ein bisher gänzlich unbekannter, obligat parasitischer Mikroorganismus, der sich durch seine lytischen Eigenschaften gegenüber

Pseudomonas- und *Xanthomonas*-Arten auszeichnet und über den STOLP und PETZOLD berichtet haben, zur Identifizierung von Vertretern dieser beiden Gattungen herangezogen werden kann, ist z. Z. noch fraglich.

Es handelt sich bei diesem interessanten, monopolar begeißelten und nur 0,3 bis 0,4 μ dicken Mikroben um einen Parasiten, der dem *Caulobacter vibrioides* nahestehen soll, da auch bei ihm gelegentlich gestielte Zellen zu beobachten waren; doch sei er mit ihm nicht identisch. Bei der Suche nach Bakteriophagen wurde er zufällig aus Bodenproben von STOLP isoliert und fiel dadurch auf, daß sich seine Plaques, zum Unterschied von denen der Phagen, nach Abschluß der log. Wachstumsphase der Wirtsorganismen häufig noch vergrößerten, vielfach sogar erst nach 2—3 Tagen auf dem Bakterienrasen zu erkennen waren und ihre endgültige Ausdehnung nach etwa einer Woche erreichten. Indem der Parasit sich mit dem der Geißel gegenüber liegenden Pol auf der Wirtszelle festsetzt, leitet er die Lysis ein.

Geprüft wurden, laut Tabelle, 126 *Pseudomonas*-Stämme, von denen die meisten phytopathogenen Arten und 6 Stämme jeweils verschiedenen *Xanthomonas*-Arten angehörten. Die letzteren wurden alle von dem Parasiten lysiert, für die Mehrzahl der pathogenen *Pseudomonas*-Stämme traf das ebenfalls zu. So erwiesen sich z.B. alle 11 getesteten Stämme von *Ps. tabaci*, ferner 9 Stämme von *Ps. phaseolicola* sowie die 5 in der Tabelle aufgeführten und anscheinend weitere 25 aus Kirschen isolierte (Ergebnis nur im Text erwähnt) von *Ps. morsprunorum* als anfällig, doch merkwürdigerweise nicht alle Stämme von *Ps. syringae*, obwohl dieser Erreger als mit *Ps. morsprunorum* identisch angesehen wird. Auch die Stämme von *Ps. lachrymans* verhielten sich nicht einheitlich, desgleichen nicht die beiden Stämme der saprophytischen *Ps. fluorescens*. Daß die Zellen von *Ps. solanacearum* nicht lysiert werden konnten, ist nicht verwunderlich, da ihre Stellung im Genus *Pseudomonas*, wie sich gezeigt hat, mit Recht umstritten ist.

Nach CUMMINS enthalten alle von ihm geprüften Corynebakterien als Zellwandbestandteile Glucosamin und Muraminsäure. Nur bei den 3 getesteten phytopathogenen Stämmen von *Corynebacterium fascians* waren außerdem Arabinose und Glucose nachweisbar, bei *C. poinsettiae* nur noch Rhamnose, Galaktose und Mannose, bei *C. tritici* und *C. flaccumfaciens* var. *aurantiacum* Glucose und Mannose, bei *C. betae* nur Rhamnose und bei *C. insidiosum* Glucose. Bei allen Stämmen wurde auch eine gemeinsame antigene Komponente gefunden.

Erwähnenswert sind noch Untersuchungen von FAIVRE-AMIOT und STARON (1960), die von *Eucalyptus*- Blättern einen noch nicht benannten Pilz isolieren konnten, der durch sein besonders breites antibiotisches Wirkungsspektrum auffiel, das er nicht nur gegen grampositive, sondern auch gegen gramnegative menschen- und pflanzenpathogene Bakterien besaß.

Allerdings schwankten die Minimalmengen an Antibioticum, die eine vollständige Inhibierung des Parasiten innerhalb von 24 Std bei 26°C, in jeweils 1 ml des flüssigen Mediums in vitro geboten, bewirkten, stark. So waren z.B. für *Ps. mori* nur 1,5—3,12 μg notwendig, für *Ps. savastanoi* und *Corynebact. fascians* nur je 3,12 μg, für *Ps. glycinea* jedoch 200 μg, *Ps. phaseolicola* und *X. campestris* je 400 μg, *Ps. tabaci* (resp. *Ps. angulata*) und *Xanth. beticola* je 800 μg sowie für *Agrobact. gypsophilae* und *A. tumefaciens* je $\geq$ 800 μg. Ob sich das Antibioticum zur Bekämpfung der durch die genannten Erreger bewirkten Krankheiten verwenden läßt, die Frage ist aber noch völlig offen.

In diesem Zusammenhange sei auch auf Untersuchungen von MARUZELLA (1961) hingewiesen, der in Extrakten der methanollöslichen Fraktion von 33 der 34 getesteten, jeweils verschiedenen Farne aus dem Botanischen Garten Brooklyn antibakterielle Substanzen nachweisen konnte, gegen die sich pflanzenpathogene Bakterien empfindlicher gezeigt hätten als menschenpathogene.

Abermals sind aus der Literatur eine Reihe neuer phytopathogener Arten resp. Varietäten bekannt geworden, so z. B. *Xanthomonas teramni*, ein Blattfleckenkrankheitserreger an *Teramnus labialis* durch BHATT, PAWAR und SUKAPURE (1960), *X. annamalaiense*, ein solcher an *Pennisetum typhoides* durch RANGASWAMI, PRASAD und ESWARAN (1961a), *X. eleusineae*, desgleichen an *Eleusine coracana* und *Setaria italica* von denselben Autoren (1961b) und *X. jasminii* an *Jasminum* spp. von RANGASWAMI und ESWARAN (1961), *X. argemoneae* an *Argemone mexicana* und *X. coriandri* an *Coriandrum sativum* sowie *X. physalidis* an *Physalis minima*, alles ebenfalls Blattfleckenkrankheitserreger, durch SRINIVASAN, PATEL und THIRUMALACHAR (a, b, c), sowie *X. alangi* an *Alangium lamarckii* durch PADHYA und PATEL. *Corynebacterium betae*, der Erreger der „silvering" Krankheit der Roten Rüben, ist von KEYWORTH und HOWELL (1961) beschrieben worden, *X. fragariae*, der Erreger der „Eckigen Blattflecken"-Krankheit an Erdbeeren von KENNEDY und KING (a und b), *X. albilineans* var. *paspali* an *Paspalum dilatatum* von ORIAN und *Corynebact. ilicis*, der Erreger des Bakterienbrandes an *Ilex opaca*, von MANDEL und GUBA.

Es muß mit Nachdruck darauf aufmerksam gemacht werden, daß Angaben von indischer Seite über immer neu entdeckte Arten mit größter Reserve aufgenommen werden sollten, weil es mehr als unwahrscheinlich ist, daß alljährlich so viele bisher unbekannte Krankheitserreger in diesem Lande vorkommen.

Spezielles

Das Interesse am bakteriellen Pflanzenkrebsproblem ist auch weiterhin unverändert rege geblieben[1]. Eine neuerliche kritische Würdigung der bisherigen Ergebnisse, vor allem unter Berücksichtigung der Literatur von 1954—1961, liegt von BRAUN vor, der seine Ausführungen mit dem Satz schließt: "*It is clear from all these studies on the nature of the TIP[2] that much additional work will be required before that most interesting agency is finally characterized.*" Unter Einschluß der früheren Befunde von WOOD und BRAUN, über die in Bd. XXIV berichtet ist, kommen BRAUN und WOOD nunmehr zur Interpretation, daß 6 von 7 essentiellen biosynthetischen Systemen, permanent unblockiert in den Tumorzellen, direkt oder indirekt ionenaktivierbare Systeme sind. Nur die Aktivierung des Stoffwechselsystems, das an der Synthese des mitogenetischen Hormons Kinin beteiligt ist,. könne bis jetzt noch nicht auf dieser Grundlage erklärt werden. Sie folgern aus ihren Untersuchungen weiter, daß Abwandlungen in der Membranpermeabilität oder in Ionentransportsystemen die Zelltransformierung begleiten. Solche Änderungen würden also einen fundamentalen Unterschied zwischen einer normalen und einer Tumorzelle darstellen, da sie die Aktivierung durch Ionen eines großen Segmentes des Stoffwechsels erlauben, der spezifisch beteiligt ist an Zellwachstum und -teilung. Ihre Studien geben zugleich einen Einblick in den Mechanismus, durch den solche biosynthetischen Systeme in Zellen normaler Pflanzen reguliert werden.

Auch BOPP (a) hat seine Untersuchungen mit halogenierten Pyrimidinen bei *Kalanchoë daigremontiana* fortgesetzt, um seine diesbezüglichen Ergebnisse, die von anderer Seite angezweifelt wurden (s. vorjährigen Bericht), zu festigen:

---

[1] Für das Studium der pflanzlichen Tumoren allgemein hat RYZHKOV neuerdings (1960) den Ausdruck „Phyto-Onkologie" geprägt.

[2] TIP = Tumor induzierendes Prinzip.

Eine einmalige Behandlung der infizierten Blätter mit Bromuracil hemme die Tumorentwicklung relativ wenig oder gar nicht, eine dreimalige Behandlung habe dagegen einen manifesten Hemmeffekt, sowohl was die Zahl als auch die Größe der Tumoren betrifft. Der Erfolg der Hemmung durch Bromuracil hänge aber auch von der Virulenz des Erregers ab. Die Verwendung hochvirulenter Stämme führe zu keinem Hemmeffekt von Bromuracil, wohl aber die geringerer Aktivität (?). Im Fluordesoxyuridin hat BOPP (b) nunmehr nach seiner Überzeugung ein Pyrimidin gefunden, das 100fach[1] wirksamer sei als das Bromuracil und daher auch nach Infektion der Blätter mit stark virulenten Erregerstämmen die Hemmwirkung zeige, die aber nicht wie beim Bromuracil durch Thymin, sondern durch das nur in der DNS vorkommende Nucleosid Thymidin in bestimmten Zeitabschnitten wieder aufgehoben werden könne; später appliziert, sei auch dieses völlig wirkungslos.

Zur Zeit besteht wohl kein Zweifel darüber, daß an der Transformierung der Normal- in Tumorzellen die DNS einen überragenden Anteil hat, obgleich nicht sicher ist, daß auch ein bestimmtes Protein bei der Alteration noch eine nicht unbedeutende Rolle spielen wird.

Sieben Jahre lang wurde von SPURR, HOLCOMB, HILDEBRANDT und RIKER normales Stengel- und Tumorgewebe von Tomaten auf einem Substrat gezüchtet, das Essigsäure, Calciumpentothenat, 2,4-dichlorphenoxy-essigsäure (2,4-D) und Cocosnußmilch enthielt (= D-Medium). Diese Gewebe wurden anschließend auf dem gleichen Medium, doch ohne 2,4-D (= C-Medium) subkultiviert. Ebenso wurden Saatstückchen von je 75 mg auf C- und D-Medium gebracht und ihr Wachstum nach 4 Wochen als durchschnittliches Frischgewicht bestimmt. Um die enzymatische Kapazität der Oxydationsfähigkeit von Ascorbin- und Chlorogensäure zu erfassen, wurde das jeweilige Gewebe homogenisiert. Der Wachstumszuwachs von Normalgewebe war auf D-Medium größer als auf C-Medium, die enzymatische Aktivität war aber entgegengesetzt. Tumorgewebe des virulenten Stammes B6 von *Agrobacterium tumefaciens* wuchs langsamer und mit geringerer enzymatischer Aktivität auf D-Medium als auf C-Medium, während das Tumorgewebe vom geschwächten Stamm B6—6 zwar auch langsamer auf D-Medium wuchs, seine enzymatische Aktivität hier jedoch größer war als auf C-Medium. Aus diesen und noch anderen Befunden ergab sich also, daß Wachstum und enzymatische Aktivität solcher Gewebe unterschiedlich durch die Zusammensetzung des Mediums beeinflußt werden.

Übrigens haben A. RENNERT und M. GUBANSKI versucht, die bei der Gewebezüchtung von crown galls im Substrat verwendete Cocosmilch durch Honig, Bienenbrei und Gelée royale zu ersetzen. Das beste Tumorwachstum erzielten sie in White's Medium (s. hierzu WHITE 1960/61) mit Zusatz von Cysteinhydrochlorid, Inosit und Biotin, dem sie außerdem in einer Serie 20 g Honig/l + 10 g Glucose neben den übrigen Bestandteilen oder 25 g Honig/l + der Mineralkomponenten zusetzten und in einer anderen Serie anstatt des Honigs 10 ml/l Bienenkörperextrakt.

KLEIN und MANOS (1960) erhielten beim Vergleich von White's Medium + Fe-Äthylendiamintetraessigsäure (= ADTS) als metallchelierendes Agens oder Trishydroxymethylaminomethan (= Tris) in einer Konzentration von 5×10^{-4}M bei pH 7 und 24°C innerhalb von 18 Tagen folgende Gewichtszunahmen: bei Normalgewebe von *Parthenocissus tricuspidatus* in White's Medium + Fe-ADTS 52%, + Tris 91%, bei Tumorgewebe 220 resp. 485%, weshalb die Anwendung von Metallchelaten, besonders von Tris, bei der pflanzlichen Gewebekultur durchaus vorteilhaft sein dürfte.

KLEIN, CAPUTO und WITTERHOLT prüften die Rolle des Zinks bei Auxin-auxotrophen Callus- und Auxin-prototrophen crown-gall Gewebekulturen derselben Pflanze, die einerseits hinreichende, andererseits ungenügende Mengen an Zn enthielten, hinsichtlich ihrer Wachstumskapazität und ihrer Fähigkeit, Tryptophan zu synthetisieren.

Bei Mangel an Zn-Ionen im dargebotenen Substrat (White's Medium ohne Zn oder + 0,1 mg/ml Zn als Sulphat) nahm die Wachstumskapazität rapide ab, ebenso

---

[1] Nach mündlicher Darlegung.

wurde die Synthetase-Aktivität stark reduziert. Dagegen wurde das Wachstum von Zn-freiem crown-gall Gewebe durch Auxin (NES) oder Tryptophan und das von Zn-freiem Callusgewebe nur durch Tryptophan gefördert.

Die Chlorogensäure (CS)-Konzentration und die enzymatische Oxydation wurden von SPURR, HILDEBRANDT und RIKER (a) im Hinblick auf Wachstum, Verwundung und Tumorentwicklung in Tomatenpflanzen verfolgt.

Die Konzentrationen von CS (Frischgewicht) nahmen in folgender Reihe ab: reife Blätter, junge Blätter, junge Internodien, reife Internodien und Wurzeln. Die Reifung von Internodien war demnach mit einer Verringerung von CS und der Fähigkeit, CS enzymatisch zu oxydieren, gekoppelt. Tumoren, erzeugt durch Impfung der Internodien mit dem virulenten Stamm B6, waren in dieser Hinsicht vergleichbar jungen Internodien. Einstiche schwächten die CS-Konzentration nicht ab. Vollständige Zerstörung der Zellen durch Homogenisierung resultierte jedoch in einem rapiden Verschwinden aller wirksamen CS.

Von SPURR, HILDEBRANDT und RIKER (b) wurden des weiteren die Ascorbinsäureoxydase- und Tyrosinase-Aktivitäten in Homogenaten von normalem, verwundetem und crown-gall-Tomatenstengelgewebe vergleichend gemessen. Nach Verwundung ließ sich eine anfängliche Steigerung der Ascorbinsäureoxydase- und Tyrosinase-Wirkung sowohl bei 26° als auch bei 32°C feststellen, die aber nach 16 Tagen wieder bis fast zu den Ausgangsaktivitäten zurückging. Entwickelten sich jedoch nach Infektion der Wunden bei 26°C Tumoren, so blieb die Aktivität dieser beiden Enzyme hoch und war charakteristisch für das crown-gall-Gewebe. Bei 32°C, einer Temperatur, bei der nach Infektion mit *A. tumefaciens* Tumoren bei Tomaten bekanntlich nicht mehr entstehen, verhielten sich die Enzymwirkungen wie die bei Wundgewebe. Tumoren, die durch einen abgeschwächten Stamm des Erregers hervorgerufen wurden, waren kleiner, langsamer im Wuchs und wiesen auch geringere Enzymaktivitäten auf als solche, die durch einen virulenten Stamm erzeugt waren.

Indolylessigsäure schien die Ascorbinsäureoxydase- und Tyrosinasewirksamkeiten nur in direkter Beziehung zur Wuchsförderung zu stimulieren. Die hohen Spiegel an den beiden Enzymaktivitäten, die einerseits auf den anfänglichen Wundreiz und andererseits auf den bakteriellen Erreger zurückgeführt werden, blieben so lange im Tumorgewebe aufrecht erhalten, wie sich dieses noch vermehrte.

Sowohl in Extrakten von normalem Tomatenstengelgewebe als auch in solchen von mit *A. tumefaciens* infizierten Tomatenpflanzen fanden DYE, CLARKE und WAIN 3-Indolessigsäure (IES), 3-Indolcarboxylsäure und 3-Indolacetonitril. Diese Auxine waren im Tumorextrakt jedoch in größerer Menge enthalten. Die freie IES in Tumorgewebe betrug schätzungsweise 8—12 μg/kg. Außerdem seien in wäßrigen Auszügen von beiden Geweben noch unbekannte, ätherunlösliche Wuchsstoffe vorhanden.

SIMONESCU stellte fest, daß durch Impfung mit *A. tumefaciens* an Tomaten hervorgerufene Tumoren durch nichttoxische, „antioxydierende" Agentien, die die enzymatischen Prozesse innerhalb der Krebszellen blockieren, in ihrer Weiterentwicklung gehemmt werden können. Gallussäure und Octylgallat hatten unter allen getesteten Inhibitoren den größten Effekt.

Die tumorösen Wucherungen von Möhrenscheiben enthielten nach LIPPINCOTT und LIPPINCOTT etwa zweimal soviel Protein/g Frischgewicht wie die Kontrollscheiben; die durchschnittliche Aktivität von Cytochrom-c-oxydase je Einheit Protein war aber in den Wucherungen 25% niedriger, die spezifische Aktivität der Diaphorase etwa gleich und die Succino-cytochrom-c-reductase-Aktivität in den meisten Fällen wenig verschieden von der endogenen Cytochrom-c-reductase, was auf einen generellen Verlust an Protein von den basalen zu den wachsenden Teilen hinweist.

Nach Untersuchungen von WATSON (1960) enthalten Tumoren von *Datura stramonium* mehr P (was schon früher mehrfach festgestellt wurde!) und zeigen höhere Aktivität von Ribonuclease, Desoxyribonuclease und Glycerophosphatase als gesundes Gewebe, ähneln also in diesem ihrem Verhalten den tierischen Tumoren.

Nachdem H. KELBITSCH die Übertragung des tumorinduzierenden Prinzips (TIP) von einer tumorkranken Pelargonie auf eine gesunde mit Hilfe von *Cuscuta* spec. gelungen war, ein Vorgang, der bisher nur für Viren bekannt ist, wurde von ihr der Frage nachgegangen, ob sich im crown-gall-Gewebe überhaupt Viren entwickeln können. Als Versuchspflanzen dienten *Schlumbergera truncata* und *Hesperis candida*, die nachweislich viruskrank waren und die dann mit *A. tumefaciens* infiziert wurden. Bei *Schlumbergera* handelte es sich um den Befall mit dem Epiphyllum-, bei *Hesperis* wahrscheinlich um den mit Alliaria-Mosaikvirus. Das Vorhandensein der Viren im Tumorgewebe sieht die Autorin in der mikroskopischen Feststellung von kristallinen Einschlußkörpern im Geschwulstgewebe des ersteren Wirtes, während sie in den Tumoren von *H. candida* die charakteristischen „X-bodies" nachweisen konnte. Daraus wäre zu schließen, daß die mit der Transformierung normaler in alterierte Zellen verbundene genetische und physiologische Umstellung auf die Virusvermehrung in diesen ohne Einfluß ist. Ergänzend fand K. DASHKEEVA (1961), daß in gegen das Tabakmosaikvirus (TMV) immunen Tabakpflanzen sich das TMV in Tumoren, die nach der Beimpfung mit *A. tumefaciens* an ihnen hervorgerufen waren, nicht vermehren konnte, während es jedoch in den Tumoren anfälliger Sorten einen sehr hohen Titer erreichte.

VARDANIS und HOCHSTER (1961) untersuchten den Glucosestoffwechsel in *A. tumefaciens*. Wenn dialysierte Extrakte des Erregers mit Glucose oder Gluconsäure 2 Std anaerob inkubiert wurden, war keine O_2-Aufnahme nachweisbar; der direkte Weg Glucose-Gluconsäure-2-Ketogluconsäure war demnach auszuschließen. Im zellfreien Extrakt war aber nicht nur die Anwesenheit, sondern auch die hohe Aktivität des Glucose-6-phosphatdehydropyridinnucleotids nachweisbar. Die Oxydation des reduzierten Diphosphopyridinnucleotids (DPNH) erfolgte durch die in den Extrakten enthaltene hochaktive Oxydase, dagegen zeigte eine TPNH-Oxydase nur eine geringe und eine Pyridinnucleotidtranshydrogenase überhaupt keine Aktivität. Auf weitere interesssante Einzelheiten kann hier nur verwiesen werden.

KRASSILNIKOV und KOVESNIKOV isolierten einen zur *albus*-Gruppe gehörenden Actinomyceten *(Actinomyces tumemacerans)*, der die Fähigkeit haben soll, pflanzliche Tumoren zu zerstören; er vermöge an Sonnenblumen und Tomaten künstlich erzeugte Wucherungen aufzulösen, wobei die bakteriellen Erreger jedoch nicht abgetötet würden und ihre Pathogenität behielten (s. noch KOVESNIKOV). Die Annahme der Autoren, daß als Infektionsquelle nicht die Bakterien als solche, sondern ein in ihnen etwa anwesendes Virus in Frage komme, dürfte wohl auf berechtigte Zweifel stoßen.

Literatur

BHATT, V. V., V. H. PAWAR and R. S. SUKAPURE: Indian Phytopath. 13, 180—181 (1960). — BOPP, M.: a) Z. Naturforsch. B, 17, 282—283 (1962); — b) Jahrb. Techn. Hochschule Hannover 1960—1962, 1—7 (1962). — BRAUN, A. C.: Ann. Rev. Plant Physiology 13, 533—558 (1962). — BRAUN, A. C., and H. N. WOOD: Proc. Nat. Acad. Sci. 48, 1776—1782 (1962).

CUMMINS, C. S.: J. gen. Microbiol. 28, 35—50 (1962).

DASHKEEVA, K. N.: Izv. Mold. Fil. Akad. Nauk S. S. S. R., 1961, 17—26 (1961). DYE, M. H., G. CLARKE and R. L. WAIN: Proc. Roy. Soc., B. 155, 478—492 (1962).

FAIVRE-AMIOT, A., et T. STARON: Compt. rend. Acad. Sci. (Paris) 250, 2942—2944 (1960).

HOBBS, G., G. GOWLAND and A. T. WILLIS: J. appl. Bact. 24, 117—120 (1961).

IZRAIL'SKY, W. P.: Wissenschaftl. Pflanzenschutzkonferenz, Budapest 1960, 177—186 (1960).

KELBITSCH, HELGA: Protoplasma 53, 205—211 (1961). — KENNEDY, B. W., and T. H. KING: a) Plant Dis. Reptr. 46, 360—363 (1962); b) Phytopathology 52, 873—875 (1962). — KEYWORTH, W. G., and J. S. HOWELL: Ann. appl. Biol. 49, 173—194 (1961). — KLEIN, R. M., EMERITA M. CAPUTO and BARBARA A. WITTERHOLT: Am. J. Bot. 49, 323—327 (1962). — KLEIN, R. M., and G. E. MANOS: Ann. N. Y. Acad. Sci. 88, 416—425 (1960). — KLEMENT, Z., and L. LOVREKOVICH: Phytopath. Z. 45, 81—88 (1962). — KOVESNIKOV, A. D.: Mikrobiologija 31, 827—832 (1962). — KRASSILNIKOV, N. A., i. A. D. KOVESNIKOV: Mikrobiologija 31, 589—594 (1962).

LIPPINCOTT, J. A., and Barbara B. LIPPINCOTT: Plant Physiology 37, Suppl. LIV (1962).

MANDEL, M., and E. F. GUBA: Phytopathology 52, 925 (1962). — MARUZELLA, J. C.: Nature (London) 191, 518 (1961). — MILLER, H. N., and LORNE A. McFADDEN: Phytopathology 51, 826—831 (1961).

ORIAN, G.: Rev. agric. sucr. Maurice 41, 7—24 (1962).

PADHYA, A. C., and M. K. PATEL: Curr. Sci. 31, 196—197 (1962).

RANGASWAMI, G., and K. S. S. ESWARAN: Curr. Sci. 30, 352 (1961). — RANGASWAMI, G., N. N. PRASAD and K. S. S. ESWARAN: a) Madras agric. J. 48, 180—181 (1961); — b) Indian Phytopath. 14, 105—107 (1961). — RENNERT, ALDONA, and MARIAN GUBANSKI: Naturwissenschaften 49, 404 (1962). — RYZHKOV, V. L.: Priroda (Moskau) 49, 31—38 (1960).

SIMONESCU, C. I.: C. rend. Acad. Sci. USSR 143, 239—241 (1962). — SPURR JR., H. W., A. C. HILDEBRANDT and A. J. RIKER: a) Phytopathology 52, 753 (1962); — b) Phytopathology 52, 1079—1086 (1962). — SPURR JR., H. W., G. E. HOLCOMB, A. C. HILDEBRANDT and H. J. RIKER: Plant Physiology 37, Suppl. XXIII—XXIV (1962). — SRINIVASAN, M. C., M. K. PATEL and M. J. THIRUMALACHAR: a) Proc. Nat. Inst. Sci. India, Sect. B. 27, 104—107 (1961); — b) Proc. Indian Acad. Sci. Sect. B, 53, 298—301 (1961); c) — Proc. Indian Acad. Sci. Sect. B, 56, 93—96 (1962). — STOLP, H., u. H. PETZOLD: Phytopath. Z. 45, 364—390 (1962).

VARDANIS, A., and R. M. HOCHSTER: Canad. J. Biochem. 39, 1165—1182 (1961).

WATSON, D. J.: in Report of the Rothamsted Experimental Station for 1959., 288 pp. (Harpenden 1960). — WHITE, PH. R.: Arch. Inst. Bot. Univ. Liège 27, 128 pp. (1960—1961).

23d. Mykosen

α) Mykosen, verursacht durch Archimyceten und Phycomyceten

Von Johannes Ullrich, Braunschweig

I. Archimyceten

Vor wenigen Jahren schien die Ätiologie der Aderchlorose (big vein) des Kopfsalates geklärt zu sein. Das Symptom wurde auf den Befall der Wurzeln durch „*Olpidium brassicae*" [*Pleotrachylus virulentus* (Fortschr. Bot. 24, 428)] zurückgeführt, und es schien so, als könnte die Beteiligung eines Virus, und zwar des Tabaknekrosevirus, ausgeschlossen werden (Fortschr. Bot. 21, 402–403). Jetzt deuten jedoch mehrere Befunde darauf hin, daß der Pilz nicht der Erreger, sondern lediglich der Überträger der Aderchlorose ist. Er wurde in den Wurzeln kranker als auch symptomloser Pflanzen gefunden (Marlatt u. McKittrick, Tomlinson u. Garrett). Andererseits kann, wenn auch selten, das Symptom auftreten, ohne daß der Pilz in den Wurzeln nachgewiesen werden kann. Das die Erkrankung hervorrufende Agens ist durch Preßsaft sowie durch Pfropfung übertragbar (Campbell u. Mitarb.). Tomlinson u. Garrett sind im Gegensatz zu Teakle (1) der Ansicht, daß das Virus nicht mit dem Tabaknekrosevirus identisch ist. Es kann, wie Teakle (2) zeigte, durch die Zoosporen des Pilzes übertragen werden und bleibt nach Campbell für längere Zeit in den Dauersporen erhalten.

Morphologische und anatomische Untersuchungen über die durch *Synchytrium endobioticum* bei der Kartoffel ausgelöste Gallbildung legte Ullrich (1) vor. Die im Bereich einer einzelnen Dauerspore entstehende Galle wurde erstmalig beschrieben. Durch das heranwachsende Dauersporangium ausgelöst, teilt sich die infizierte Epidermiszelle ein- oder zweimal, das Dauersporangium wird dabei in die untere bzw. mittlere Tochterzelle verlagert. Die benachbarten Epidermiszellen teilen sich einmal, woran sich Zellen anschließen können, die lediglich vergrößert sind. Das subepidermale Parenchym bleibt unverändert. Hille und Lehmann unterzogen sich der mühevollen Arbeit, 328 Tomatensorten auf ihr Verhalten gegenüber dem Krebserreger zu prüfen. Sämtliche Sorten erwiesen sich als hochanfällig. Stenz verwendete zur Infektion von Kartoffelaugen Schwärmersuspensionen des Pilzes. Es bleibt abzuwarten, ob die erzielten Infektionsraten für eine Beurteilung der Resistenz ausreichen.

Keskin, Gaertner u. Fuchs isolierten aus Wurzeln junger, kümmernder Zuckerrübenpflanzen eine Plasmodiophoracee, die wahrscheinlich zur Gattung *Polymyxa* zu stellen ist. Zwei auf die Hauptwirte Kohl bzw. Kohlrübe spezialisierte, deutsche Rassen von *Plasmodiophora brassicae* unterscheidet BOCHOW. Aus anderen europäischen Ländern ist jedoch eine weitergehende Spezialisierung bekannt. Auf eine Verwechslungsmöglichkeit der Kohlherniegallen mit Tumoren, die durch Einwirkung von 2,4-D entstehen, weisen NATTI u. SHERF hin. Diese können als Folge einer Abdrift des Herbicides bei Behandlung von Hafer- und Maisbeständen auftreten.

II. Phycomyceten

1. Überwinterung und Epidemiologie

Die saprophytische Lebensweise von *Aphanomyces euteiches* ist praktisch bedeutungslos, das Mycel wächst im natürlichen Boden nicht und kann dort lediglich in geringem Ausmaß Rückstände von Wirtspflanzen besiedeln. Die Infektkette wird in erster Linie durch die Oosporen aufrechterhalten. Im Laboratoriumsversuch waren diese nach zweijähriger Lagerung in Erde bei tiefer Temperatur noch unvermindert lebensfähig (SHERWOOD u. HAGEDORN). Keine Rolle spielen die Oosporen jedoch für die Überwinterung von *Pseudoperonospora humuli*. COLEY-SMITH bestätigte für England die Befunde von SKOTLAND (Fortschr. Bot. **24**, 429), wonach der Pilz als Mycel im Wurzelstock überwintert und dort z. T. die schlafenden Augen infiziert. Neue Belege für die Überwinterung der *Phytophthora infestans* in Kartoffelknollen, die dann nach dem Pflanzen die Ursache für die Entstehung eines ersten Befallsherdes sein können, lieferten ČERVENKA sowie CH'WAN-KWANG u. HWANG.

SCHNATHORST zeigte, daß die beiden Mehltauerreger des Kopfsalates, *Bremia lactucae* und *Erysiphe cichoriacearum* unterschiedliche ökologische Ansprüche stellen. *Bremia* bevorzugt niedere Temperaturen (13°C) und höhere Luftfeuchtigkeit (88%). Im kalifornischen Salatbaugebiet sind auf Grund der ökologischen Verhältnisse drei Krankheitszonen zu unterscheiden. In der einen kommen beide Pilze nebeneinander vor, in den anderen ist jeweils nur ein Erreger vertreten. ULLRICH (2) konnte zeigen, daß sich unter mitteleuropäischen Verhältnissen *Phytophthora infestans* auch in Taunächten im Kartoffelfeld erheblich ausbreiten kann. Über die Beeinflussung der Krautfäuleepidemiologie im ariden Negev-Gebiet Israels durch Beregnung und Bewässerung berichteten ROTEM u. Mitarb. Die Krankheit entwickelte sich bei Beregnung, fehlte jedoch bei einer Bewässerung entlang den Furchen.

Einen Überblick über die europäische Pandemie des Blauschimmels, *Peronospora tabacina*, gab KLINKOWSKI. Infolge der intensiven Bekämpfung sind die Verluste, besonders im deutschen Tabakanbau, 1961 zurückgegangen (KRÖBER u. MASSFELLER). Eine relativ rasche Ausbreitung des Pilzes im Tabakfeld bei günstigen Witterungsbedingungen beobachteten KOSSWIG u. PAWLIK. Die Sporulation des Pilzes ist bei höheren Temperaturen optimal und zwar bei einer konstanten Temperatur von 22,5°C oder bei 22,5° am Tage und 15°C in der Nacht (CIFERRI). Die Sporenausschüttung beginnt am Morgen, wenn die relative Luftfeuchtigkeit unter 85% absinkt (POPULER). Die Lebensdauer der Conidien nimmt mit steigender Luftfeuchtigkeit und steigender Temperatur ab, sie beträgt bei niederen Werten, z. B. 30—40% relative Feuchtigkeit und 10°C, etwa 70 Tage (HILL).

2. Artenabgrenzung und Spezialisierung

Taxonomische Studien liegen über folgende Genera vor: *Bremia* und *Bremiella* (SAVULESCU), *Sclerophthora* (SAFEEULLA u. SHAW), *Aphanomyces* (SCOTT). Die auf Compositen lebenden Peronosporaceen behandelte NOVOTELNOVA. Nach SCHWINN ist *Phytophthora citricola* mit *P. cactorum* var. *applanata* Chester identisch, „*applanata*" besitzt Priorität. Er hält die Merkmalsunterschiede für zu gering, um diese Varietät als selbständige Art von *P. cactorum* abtrennen zu können.

Das Studium der physiologischen Spezialisierung ist für die Resistenzzüchtung von Bedeutung, sofern nicht, wie bei *Phytophthora infestans*, die Züchtung auf Rassenresistenz aufgegeben wurde. APPLE unterscheidet zwei Rassen von *P. parasitica* var. *nicotianae*. Da eine dieser Rassen die auf Einkreuzung von *Nicotiana longiflora* und *N. plumbaginifolia* beruhende Resistenz einiger Tabakvarietäten bricht, wurde die Resistenzzüchtung vor neue Aufgaben gestellt. Für die physiologischen Rassen der *P. fragariae* wäre die Aufstellung eines internationalen Testsortimentes zu wünschen. MONTGOMERIE differenzierte in Schottland 13 Rassen, HICKMAN in England 12 Rassen, CONVERSE u. SCOTT stellten zu den bisherigen 5 nordamerikanischen Rassen eine weitere auf. Nach TWEEDY u. POWELL soll jedoch die Bestimmung der Kultureigenschaften dieses Bodenpilzes für die Rassenanalyse geeigneter sein als ein Testsortiment. Die Variabilität der Kultureigenschaften sowie der Pathogenität verschiedener Einsporlinien von *P. megasperma* var. *sojae* untersuchten HILTY u. Mitarb., hier variierten diese Eigenschaften aber unabhängig voneinander. Bei *Peronospora farinosa* unterschieden SMITH u. Mitarb. zwei Rassen mit unterschiedlicher Pathogenität gegenüber *Spinacea oleracea;* es wurden Spinatformen gefunden, die gegenüber beiden Rassen resistent sind.

3. Wirt-Parasit-Verhältnis und Resistenz

Das Mycel von *Bremia lactucae* soll auf die Intercostalfelder des Salatblattes beschränkt bleiben (VERHOEFF). 1958 wurde jedoch in den USA eine Infektion des Stammes der Wirtspflanze beobachtet. An Sämlingen konnten MARLATT, LEWIS u. MCKITTRICK zeigen, daß sich das Mycel überaus rasch in der ganzen Pflanze auszubreiten vermag. Inoculiert man die Kotyledonen von *Lactuca sativa*, so ist bei 12—17°C das Mycel 108 Std später in den Primärblättern zu finden, nach 114 Std in den Wurzeln. Nach der Infektion von Tabaksämlingen mit *Peronospora tabacina* können befallene, aber noch symptomlose Pflanzen durch ihre blaue Eigenfluorescenz erkannt werden, womit sich ein Weg zur Frühdiagnose eröffnen würde (BECK u. DISKUS). Zoosporen von *Aphanomyces euteiches* dringen in anfällige wie in resistente Erbsensorten ein, eine nekrogene Abwehr ist nicht zu beobachten, jedoch ist die Zahl der in resistenten Pflanzen gebildeten Oosporen bei anfälligen Sorten größer

[CUNNINGHAM u. HAGEDORN (1)]. Die Schwärmer werden nicht nur von Wurzeln der Wirtspflanzen, sondern auch des Nichtwirtes *Zea mays* angelockt [CUNNINGHAM u. HAGEDORN (2)]. Nach DUKES u. APPLE wirken auch Wurzeln hochresistenter Tabakvarietäten chemotaktisch auf die Schwärmer von *Phytophthora parasitica* var. *nicotianae*.

KNUTSON fand, daß die im Felde gegenüber *P. infestans* relativ anfällige Kartoffelsorte Cobbler beim Vergleich mit anderen Sorten im Gewächshaus eine nennenswerte Resistenz besaß. Neben diesen physiologischen Eigenheiten des Wirtes wird die Bestimmung der Resistenz weiterhin dadurch erschwert, daß verschiedene Erregerherkünfte, auch wenn sie ein und derselben Rasse zuzuordnen sind, in ihrer Pathogenität variieren (JEFFREY u. Mitarb.). Die relative Resistenz der Kartoffelsorten gibt sich in erster Linie in einer verringerten Sporulationsintensität zu erkennen, diese bestimmt auch weitgehend das epidemiologische Potential im Felde (WEIHING u. O'KEEFE).

4. Einzelne Krankheiten

Die Fortschritte in der phytopathologischen Forschung Indiens sind durch die Entdeckung und Bearbeitung einer Reihe überhaupt oder in Indien neuer Pflanzenkrankheiten gekennzeichnet. *Plasmopara halstedii* wurde erstmalig — auf einer *Vernonia* — beobachtet (EDWARD u. NAIM). *Phytophthora palmivora* infiziert vom Boden her tiefer hängende Früchte von *Achras sapota* (RAO u. Mitarb.), ebenso wurden bodennahe Baumwollkapseln von einer *Phytophthora*-Art befallen (PATIL-KULKARNI u. Mitarb.). *Sclerophthora cryophila* wurde in Indien, und damit erstmalig außerhalb Kanadas, auf Gramineen gefunden (SRINIVASAN u. Mitarb.), neu für Indien ist ebenfalls *Physoderma maydis* auf Mais (PRASAD u. Mitarb.). Über abnormen Blattfall bei *Hevea brasiliensis*, hervorgerufen durch *Phytophthora palmivora*, und die Bekämpfung dieser Erscheinung berichten RAMAKRISHNAN u. Mitarb.

Phytophthora-Arten sind, besonders im Obstbau, wirtschaftlich bedeutende Erreger von Wurzelfäulen. *P. cithrophthora* und *P. parasitica* gefährden die Citruskulturen in Kalifornien und Arizona, eine Verwendung toleranter Unterlagen wird angestrebt (CARPENTER u. FURR). Obwohl *P. cactorum* und *P. cinnamomi* die Wurzeln der Birne zu befallen vermögen, nimmt CAMERON an, daß diese Pilze nicht die primäre Ursache für das an der pazifischen Küste der USA auftretende Birnensterben sind. In Frankreich wird durch *P. cambivora* und *P. cinnamomi* eine Wurzelfäule der Eßkastanie verursacht (GRENTE). Wie TURNER u. Mitarb. feststellten, vermag *P. palmivora* die Wurzeln von Cacao-Sämlingen zu infizieren, was eine starke Wachstumsdepression zur Folge hat. In Süddeutschland ruft *P. cactorum* eine Rhizom- und Wurzelfäule der Erdbeere hervor (SCHMIDLE). *Pythium*-Arten als Erreger von Wurzelfäulen sind neu bekanntgeworden aus den USA bei *Antirrhinum* (HANAN u. Mitarb.), aus Brasilien bei Zuckerrohr und Mais (CARVALHO). *Phytophthora parasitica* ruft in den USA eine Trockenfäule am Wurzelhals der Petunien hervor (DOUGLAS u. BAKER, PHILLIPS u. BAKER). Eine sehr ähnliche oder iden-

tische Art verursacht in Hawaii durch oberirdischen Befall eine Nelken-
welke (HINE u. Mitarb.). In Italien ist *P. syringae* als Erreger einer Blattfleckenkrankheit des Fenchels identifiziert worden (NOVIELLO u. SNYDER).
ROOSJE hat in Holland erstmals eine natürliche Infektion der Rinde von
Apfel- und Birnbäumen durch diesen Pilz beobachtet. SALERNO u. Mitarb.
berichten über den Befall junger Tomatenpflanzen durch *P. cactorum* var.
applanata an der Südküste Siziliens, dieser Pilz wurde bisher noch nie auf
Tomaten beobachtet und war bisher auch im Mittelmeerraum unbekannt.
Im pazifischen Nordwesten der USA wird durch *Peronospora parasitica*
an Brokkoli eine wirtschaftlich bedeutsame Mehltaukrankheit hervor-
gerufen, deren chemische Bekämpfung als aussichtslos angesehen wird
(DAVISON u. Mitarb.).

Literatur

APPLE, J. L.: Phytopathology **52**, 351—354 (1962).

BECK, W., u. A. DISKUS: Fachl. Mitt. Österr. Tabakregie **2**, 1—8 (1962). —
BOCHOW, H.: Nachrbl. Dtsch. Pflanzenschutzd. (Berlin) **16**, 127—130 (1962).

CAMERON, H. R.: Phytopathology **52**, 1295—1297 (1962). — CAMPBELL, R. N.:
Phytopathology **52**, 727 (1962). — CAMPBELL, R. N., R. G. GROGAN and D. E.
PURCIFULL: Virology **15**, 82—85 (1961). — CARPENTER, J. B., and J. R. FURR:
Phytopathology **52**, 1277—1285 (1962). — CARVALHO, P. C. T. DE: Rev. Agric.
(Piracicaba) **37**, 50—52 (1962). — ČERVENKA, J.: Rostlinna vyroba **8**, 131—138
(1962). — CH'WAN-KWANG, L., and H. HWANG: Sci. Sinica **11**, 1669—1681 (1962).
— CIFERRI, R. D.: Riv. Pat. veg. Ser. 3., **2**, 13—19 (1962). — COLEY-SMITH, J. R.:
Ann. appl. Biol. **50**, 235—243 (1962). — CONVERSE, R. H., and D. H. SCOTT: Phyto-
pathology **52**, 802—807 (1962). — CUNNINGHAM, J. L., and D. J. HAGEDORN: (1)
Phytopathology **52**, 827—834 (1962); (2) **52**, 616—618 (1962).

DAVISON, A. D., E. K. VAUGHAN and H. R. HIKIDA: Plant Dis. Rep. **46**, 310—311
(1962). — DOUGLAS, J. P., and R. BAKER: Phytopathology **52**, 25 (1962). — DUKES,
P. D., and J. L. APPLE: Phytopathology **51**, 195—197 (1961).

EDWARD, J. C., and J. NAIM: Sci. and Cult. **28**, 190—191 (1962).

GRENTE, J.: Ann. Epiphyt. **12**, 25—59 (1961).

HANAN, J. J., R. W. LANGHANS and A. W. DIMOCK: Bull. New Jersey Sta.
Flower Grs. **195**, 1—6 (1962). — HICKMAN, C. J.: Ann. appl. Biol. **50**, 95—103
(1962). — HILL, A. V.: Nature (Lond.) **195**, 827—828 (1962). — HILLE, M., u. CH. O.
LEHMANN: Züchter **32**, 311—317 (1962). — HILTY, J. W., and A. F. SCHMITTHEN-
NER: Phytopathology **52**, 859—862 (1962). — HINE, R. B., and M. ARAGAKI: Phyto-
pathology **52**, 736 (1962).

JEFFREY, S. I. B., J. L. JINKS and M. GRINDLE: Genetica **32**, 323—338 (1962).

KESKIN, B., A. GAERTNER u. W. H. FUCHS: Ber. Dtsch. bot. Ges. **75**, 275—279
(1962). — KLINKOWSKI, M.: Biol. Zentralbl. **81**, 75—89 (1962). — KNUTSON, K. W.:
Amer. Potato J. **39**, 152—161 (1962). — KOSSWIG, W., u. A. PAWLIK: Z. Pflanzen-
krankh. **69**, 462—465 (1962). — KRÖBER, H., u. D. MASSFELLER: Nachrbl. Dtsch.
Pflanzenschutzd. (Braunschweig) **14**, 107—109 (1962).

MARLATT, R. B., R. W. LEWIS and R. T. McKITTRICK: Phytopathology **52**,
888—890 (1962). — MARLATT, R. B., and R. T. McKITTRICK: Plant Dis. Rep. **46**,
428—429 (1962). — MONTGOMERIE, I.: Eighth Annual Report 1960—1961. Scottish
Hortic. Res. Inst. 1961.

NATTI, J. J., and A. F. SHERF: Farm. Res. **27**, 2—3 (1961). — NOVIELLO, C., and
W. C. SNYDER: Phytopath. Z. **46**, 139—163 (1962). — NOVOTELNOVA, N. S.: Bot.
Zh. (Moskau) **47**, 970—981 (1962).

PATIL-KULKARNI, B. G., and B. ASWATHAIAH: Sci. and Cult. **28**, 233—234 (1962).
— PHILLIPS, D. J., and R. BAKER: Plant Dis. Rep. **46**, 506—508 (1962). — POPU-
LER, C.: Parasitica **18**, 1—7 (1962). — PRASAD, N., R. L. MATHUR and K. L. KO-
THARI: Sci. and Cult. **28**, 187—188 (1962).

RAMAKRISHNAN, T. S., and P. N. PILLAY: Rubb. Bd. Bull. **5**, 11—20 (1961). —
RAO, V. G., M. K. DESAI and N. B. KULKARNI: Plant Dis. Rep. **46**, 381—382 (1962).

— ROOSJE, G. S.: Tijdschr. Planteziekten **68**, 246—247 (1962). — ROTEM, J., J. PALTI and E. RAWITZ: Plant Dis. Rep. **46**, 145—149 (1962).

SAFEEULLA, K. M., and C. G. SHAW: Phytopathology **52**, 750 (1962). — SALERNO, M., e C. CALABRETTA: Atti Ist. Bot. Univ. Lab. Crittogam. Pavia 5. Ser. **18**, 222—233 (1960).— SAVULESCU, O.: Rev. Biologie 7, 43—62 (1962). — SCHMIDLE, A.: Bad. Obst- u. Gartenbauer **54**, 401—402 (1961). — SCHNATHORST, W. C.: Phytopathology **52**, 41—46 (1962). — SCHWINN, F. J.: Phytopath. Z. **45**, 217—236 (1962). — SCOTT, W. W.: Techn. Bull. Virginia agric. Exp. Sta. **151**, 1—95 (1961). — SHERWOOD, R. T., and D. J. HAGEDORN: Phytopathology **52**, 150—154 (1962). — SMITH, P. G., R. E. WEBB and C. H. LUHN: Phytopathology **52**, 597—599 (1962). — SRINIVASAN, M. C., and M. J. THIRUMALACHAR: Bull. Torrey bot. Club **89**, 91—96 (1962). — STENZ, G.: Nachrbl. Dtsch. Pflanzenschutzd. (Berlin) **16**, 206—211 (1962).

TEAKLE, D. S.: (1) Nature (Lond.) **188**, 431—432 (1960); — (2) Phytopathology **52**, 754 (1962). — TOMLINSON, J. A., and R. G. GARRETT: Nature (Lond.) **194**, 249—250 (1962). — TURNER, P. D., and E. J. A. ASOMANING: Trop. Agric. Trin. **39**, 339—342 (1962). — TWEEDY, B. G., and D. POWELL: Trans. Illinois State Acad. Sci. **54**, 157—163 (1961).

ULLRICH, J.: (1) Phytopath. Z. **44**, 57—75 (1962); — (2) Nachrbl. Dtsch. Pflanzenschutzd. (Braunschweig) **14**, 149—152 (1962).

VERHOEFF, K.: Tijdschr. Planteziekten **66**, 133—203 (1960).

WEIHING, J. L., and R. B. O'KEEFE: Phytopathology **52**, 1268—1273 (1962).

β) Mykosen, verursacht durch Ascomyceten und Fungi imperfecti

Von EMIL MÜLLER, Zürich

Mit 1 Abbildung

Infektion und Besiedlung

Da die Pilze in überwiegender Mehrheit ihre parasitischen Eigenschaften im Innern ihrer Wirtspflanzen entfalten, kommt dem Eindringen in die pflanzlichen Gewebe und deren nachheriger Besiedlung eine zentrale Bedeutung zu.

Nicht pathogene Ascomyceten können zuweilen unter bestimmten Außenbedingungen die lebenden Pflanzen oberflächlich besiedeln und sich von deren Exsudaten ernähren. In einzelnen Fällen beeinträchtigen z. B. Rußtauarten oder der Fliegenfleckenpilz [*Schizothyrium pomi* (Mont.) v. Arx] (VON ARX) das Aussehen der Früchte und vermindern ihren Marktwert.

Eindringen in das Wirtsgewebe

Pathogene Ascomyceten und Fungi imperfecti dringen durch Wunden, durch natürliche Öffnungen, z. B. Spaltöffnungen oder durch die intakte Cuticula in ihre Wirtspflanzen ein. Am leichtesten scheint die Besiedlung durch Wunden, weil anzunehmen ist, daß den Parasiten von Anfang an genügend Nährstoffe zur Verfügung stehen. So stellte SCHENCK mit *Mycosphaerella citrullina* (C. O. Sm.) Gross., einem Fäulniserreger der Wassermelone, haftende Infektionen beim Eindringen durch Wunden nach 24 Std, beim Eindringen durch Stomata erst nach 48 Std fest. Doch auch bei Benützung von Wunden als Eintrittspforte ist der Infektionserfolg oft nicht gesichert. MEREDITH fand bei Versuchen mit *Colletotrichum musae* (Berk. et Curt.) v. Arx [= Gloeosporium musarum Cke. et Massee] Wundinfektionen um so erfolgreicher, je reifer die künstlich infizierten Bananen waren. HUBBES untersuchte die Verhältnisse bei der Infektion von Pappelpflanzen mit *Cryptodiaporthe populea* (Sacc.) Butin [*Chondroplea populea* Kleb. = *Dothichiza populea* Sacc. et Br.]. Künstliche Wunden heilten bei konstanten Temperaturen zwischen 16° und 21°C verhältnismäßig rasch, dementsprechend waren Infektionen sozusagen erfolglos. Bei wechselnden Temperaturen und bei konstanten Temperaturen unter 12°C heilten Wunden schlecht, und die Infektionen hafteten gut.

Wundinfektionen sind manchmal auch nur in bestimmten Jahreszeiten erfolgreich; dies gilt z. B. für *Ceratocystis ulmi* (Buism.) Moreau auf *Ulmus americana* L. [QUELLETTE (2)], für *Ceratocystis fagacearum* (Bretz) Hunt auf *Quercus*arten (NORRIS), für *Pezicula malicorticis* (Jacks.) Nannf. [*Gloeosporium perennans* Zeller et Childs] auf dem Apfelbaum (CORKE) und für *Lachnellula willkommii* (Hartig) Dennis [= *Dasyscypha willkommii* (Hartig) Rehm] auf *Larix*-Arten (DAY).

Nach ihrem Eindringen in die Gewebe durch die Stomata bilden die Pilze in den Atemhöhlen oft zunächst dichte, manchmal sklerotienartige Hyphenknäuel, so *Fusarium phaseoli* Burk. in Bohnenhypokotylen (CHRISTOU u. SNYDER), *Fusarium martii* Appel et Wollenw. auf *Pisum* (BYWATER), *Stemphylium loti* Graham in Blättern von *Lotus* (DRAKE), *Alternaria longipes* (Ell. et Everh.) Mason in Blättern von *Nicotiana* (v. RAMM) oder *Mycosphaerella brassicola* (Duby) Oudem. auf Kohlgewächsen (DRING). Erst dann führen sie die Besiedlung der Gewebe weiter.

Die Probleme, welche mit dem direkten Eindringen von Pilzen durch die unversehrte Cuticula zusammenhängen, sind in den letzten Jahren in einigen Sammelreferaten behandelt worden; neben GÄUMANN haben sich DICKINSON und WOOD (1, 2) von verschiedenen Seiten her damit befaßt. (Fortschr. Bot. **21**, 414—417). Die herkömmliche Vorstellung eines Zusammenwirkens von mechanischen Kräften und chemischen, hauptsächlich enzymatischen Reaktionen werden von diesen Autoren näher beleuchtet und durch zahlreiche Einzelheiten ergänzt. So bespricht DICKINSON die Bedeutung der Appressorien beim Eindringungsvorgang. Dieses Organ verhilft dem Pilz zur notwendigen Adhäsion, ohne die ein mechanisches Eindringen undenkbar ist. Die Haftfähigkeit wird manchmal durch Schleimhüllen rund um die Appressorien verstärkt (NUSBAUM u. KEITT). Angaben über Eindringen durch die Cuticula ohne vorherige Bildung von Appressorien beziehen sich meist auf Fälle, in denen die zu durchstoßenden Membranen dem Pilz wenig Widerstand entgegenstellen, z. B. in Wurzeln. So fanden CHRISTOU und CHRISTOU u. SNYDER beim Eindringen von *Thielaviopsis basicola* (Berk. et Br.) Ferr, bzw. *Fusarium phaseoli* in Bohnenhypokotylen keine Appressorien. Als Ersatz mag bei *Fusarium phaseoli* ein kleiner, oberflächlicher Thallus funktionieren.

Bei der Infektion von Cruciferen und Tomaten durch *Pellicularia filamentosa* (Pat.) Rogers gelangen nach FLENTJE die Hyphen vom Boden an die Wurzeln. Berührt eine Hyphenspitze die Wurzeloberfläche, so bildet sich sofort eine relativ dicke Schleimhülle rund um die Spitze. Dann entwickelt sich daraus eine der Wurzeloberfläche entlang kriechende Hyphe, von der Seitenzweige ausgehen. Erst nach der Verdichtung in einen kleinen Thallus dringen von diesem aus mehrere Penetrationshyphen in die Pflanze ein. In andern Fällen bilden sich an den Seitenverzweigungen lappig verzweigte Appressorien.

Auch andere Pilze, welche gut ausgeprägte Appressorien haben, benützen manchmal entweder ausschließlich oder bevorzugt Epidermiszellen mit relativ dünnen, weichen Wänden als Eintrittspforten. So waren nach EDGERTON und CARVAJAL Infektionsversuche mit *Glomerella tucumanensis* (Speg.) v. Arx et Müller [= *Physalospora tucumanensis* Speg.] nur erfolgreich, wenn die Sporen in den Raum zwischen Blattscheide und jungen, wachsenden Stengel der zu infizierenden Zuckerrohrpflanze gebracht wurden. Die Autoren wiesen ausdrücklich auf die dünneren und weichern Zellwände dieser Gewebe hin. Auch die Bevorzugung der sog. "motor cells" der Reisblätter (dem Entfalten dienende, vergrößerte Epidermiszellen) durch *Cochliobolus miyabeanus* (Ito et Kurib.) Drechsl. kann mit deren dünnern und weichern Epidermis erklärt werden (Oku).

Hingegen haben die Schließzellen, wie auch die Nebenzellen der Spaltöffnungen oft dickere Wände; ihre Bevorzugung durch bestimmte Pilze, z. B. Mehltauarten, versuchen Hirata u. Togashi und Hirata mit deren größerem Gehalt an Calcium zu erklären. *Erysiphe cichoracearum* DC. auf Lattich meidet demgegenüber nach Schnathorst die Stomanebenzellen, was auf den gegenüber den andern Epidermiszellen höhern osmotischen Wert zurückgeführt wird. In andern Fällen ist die Ursache für eine Bevorzugung bestimmter Zellen oder Gewebepartien noch unbekannt, so bei der Besiedlung von Gerstensamen durch *Rhynchosporium secalis* (Oudem.) Davis (Skoropad) oder beim Eindringen von *Fusarium oxysporum* fa. *psidii* Prasad in die unverletzte Wurzel von *Psidium gujava* L. Dieser Imperfekt bevorzugt nach Edward Wurzelregionen, unter denen Sekundärwurzeln in Bildung begriffen sind.

In unverletzte, verkorkte Epidermiszellen vermag *Pezicula malicorticis* nicht einzudringen, wie Edney bei seinen Untersuchungen mit Äpfeln der Sorte Cox Orange festgestellt hat.

Nach Purdy stimulieren bei *Sclerotinia sclerotiorum* (Lib.) de By. in erster Linie mechanische Reize, daneben aber auch die Ernährung, die Bildung von Appressorien. Diese entstehen demnach nicht automatisch, sondern erst nach Kontakt mit einer Oberfläche, welche auch den Ernährungsansprüchen genügt. Unterschiede in der Zahl gebildeter Appressorien können manchmal auf Pflanzen verschiedener Sorten beobachtet werden. *Helminthosporium victoriae* Meeh. et Murphy bildet auf Pflanzen resistenter Hafersorten eine geringere Zahl von Appressorien als auf solchen anfälliger Sorten (Paddock). Es ist aber ungewiß, ob hier die kleinere Zahl von Appressorien schon Ausdruck der Resistenz ist; denn Blazquez u. Owen haben umgekehrt für *Microcyclus ulei* (P. Henn.) v. Arx [= *Dothidella ulei* P. Henn.] auf Blättern resistenter Sorten von *Hevea brasiliensis* Müll. Arg. mehr Appressorien beobachtet als auf solchen anfälliger Sorten (Fortschr. Bot. **24**, 441).

Die Beeinflussung der Appressorien durch den Wirt, sowie die Wirkung des Pilzes auf den Wirt v o r dem Eindringen gehen aber noch bedeutend weiter (Paddock, P. A. Young, Fellows) (Fortschr. Bot. **21**, 415). So reagieren Pflanzen manchmal sehr heftig auf die Bildung von Appressorien durch Veränderungen unmittelbar unter den Kontaktstellen. Adams u. Mitarb. experimentierten mit *Ginkgo biloba* L. Sie ließen auf der Oberfläche von Blättern vier verschiedene, nicht spezifische Pilzparasiten keimen, nämlich *Alternaria solani* (Ell. et G. Martin) Sor., *Botrytis allii* Munn., *Glomerella cingulata* (Stonem.) Spauld, et v. Schr. und *Monilinia fructicola* (Wint.) Honey. Alle vier Pilze bildeten zahlreiche Appressorien, und unter allen Appressorien reagierte die Zellwand der Epidermiszellen mit einer Verdickung (Lignituber) und einer Änderung im chemischen Aufbau, was durch verschiedene Färbung nach Anwendung von Safranin-Picroanilinblau zum Ausdruck kam. Im Gegensatz zu den Feststellungen von P. A. Young und Fellows ließ sich aber kein Lignin in den so veränderten Wandpartien nachweisen. Daneben beobachteten die Autoren auch eine Änderung im Verhalten der Zellkerne in den betroffenen und unmittelbar benachbarten Epidermiszellen. Keiner der in den Versuch

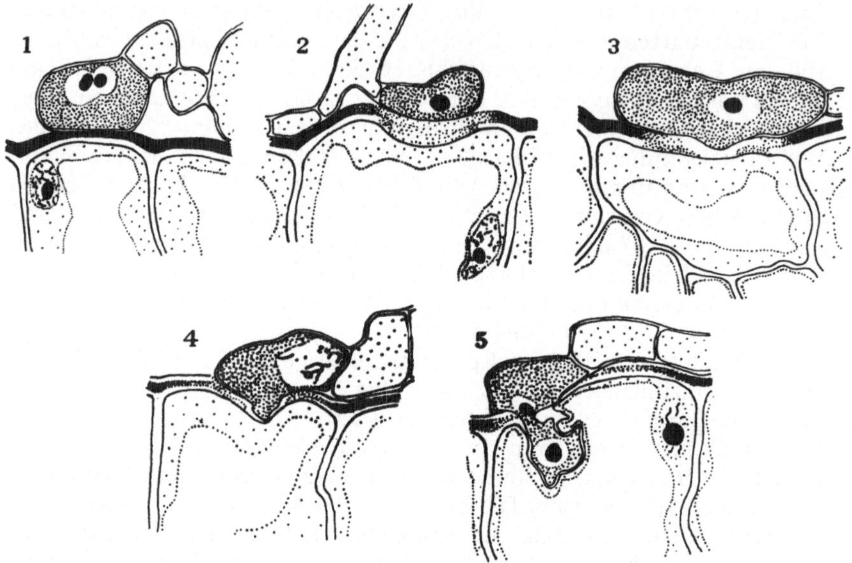

Abb. 25. Das Eindringen von *Sphaerotheca pannosa* in die Blattepidermis von *Rosa pouzini*. 1. Bildung eines Appressoriums, leichtes Eindrücken der Cuticula. 2. Quellung von Cuticula und Epidermiszellwand. 3. Bildung der Eindringungshyphe. 4. Vordringen der Eindringungshyphe in die gequellte Wand und gleichzeitig Beginn der Kernteilung im Appressorium. 5. Bildung des Haustoriums, welches das Cytoplasma nach innen stößt; einer der Tochterkerne ist in das Haustorium gewandert (Vergr. etwa 550 ×). (Nach Caporali, 1)

einbezogenen Pilze vermochte aber in die Blätter von *Ginkgo biloba* einzudringen; die Autoren konnten auch nie die Bildung von Eindringungshyphen nachweisen. Die rasche Reaktion der Wirtspflanze genügte also in diesem Falle zur Abwehr.

Neben der Zellwand und den Zellkernen kann die Wirtszelle auch durch eine Veränderung im Verhalten des Plasmas reagieren. Van den Ende untersuchte den Eindringungsvorgang bei *Verticillium albo atrum* Reinke et Berth. in Lupinenwurzeln. Die aus den Sporen hervorgehenden Keimschläuche bilden gegen die Wurzeln gerichtete Seitenäste, deren Enden leicht anschwellen. Darnach entsprießt der Anschwellung eine spitze Hyphe. Unmittelbar nach deren Berührung eines Wurzelhaares entsteht sowohl in der Hyphenspitze wie auch im Wurzelhaar eine auffallend schnelle Plasmaströmung.

Ähnliche Reaktionen der Wirtspflanze konnten Caporali (1, 2) und Wartenberg bei ihren Untersuchungen über den Eindringungsmechanismus von Mehltaupilzen feststellen. Nach Caporali (1) drücken die relativ großen Appressorien von *Sphaerotheca pannosa* (Wallr.) Lév. var. *rosae* die Cuticula von *Rosa pouzini* Tratt. zunächst leicht ein (Abb.25, 1). Durch Anwendung verschiedener Färbemethoden lassen sich in einer nächsten Phase Änderungen im Chemismus der Cuticula erkennen; deren Konturen verlieren nach und nach an Deutlichkeit (Abb. 25, 2) und gleichzeitig schwillt die darunter liegende Partie der Epidermiszellwand an, womit auch hier noch nicht in allen Einzelheiten erfaßte chemische Änderungen parallel gehen. Erst dann entwickelt sich aus dem Appressorium eine keilförmige Eindringungshyphe (Abb. 25, 3); diese dringt bis zur elastischen Plasmahaut vor (Abb. 25, 4), durchstößt diese aber nicht, sondern wölbt sie mitsamt dem Cytoplasma gegen die große, innere Vacuole ein (Abb. 25, 5). Der sich im Appressorium befindliche Zellkern teilt sich gleichzeitig mit der Entwicklung der Eindringungshyphe, und einer der Tochterkerne wandert in das sich in der Wirtszelle bildende Haustorium. In der Wirtszelle werden die Plastiden zurückgebildet und verlieren ihren stärkeartigen Inhalt. Auch in den anschließenden Mesophyllzellen vermindert sich der Stärkeanteil [Caporali (2)].

Podosphaeria leucotricha (Ell. et Everh.) Salm. bildet auf der Oberfläche der Wirtsblätter von Pflanzen aus den Gattungen *Pirus* und *Prunus* keine Appressorien (Wartenberg). Aber auch hier scheinen sich unter dem Einfluß des Pilzes in der Cuticula und in der Epidermiszellwand chemische Änderungen abzuspielen, welche schon vor dem Eindringen zu einer Aufweichung führen.

Schnathorst beobachtete in Blattgeweben von *Lactuca*, in die *Erysiphe cichoracearum* schon eingedrungen war, eine Wanderung des Zellkerns in die unmittelbare Nachbarschaft des Haustoriums. Auch die Zellkerne der unmittelbar benachbarten Epidermiszellen begaben sich an einen Punkt, der dem Haustorium am nächsten lag und nahmen dabei oft die zusammengeballten Chloroplasten mit.

Viele Blattparasiten durchdringen wohl die Cuticula, breiten sich unter dieser auch aus, eine Invasion der Zellen unterbleibt indessen. In zahlreichen Fällen spielt sich der gesamte Lebensablauf der Pilze subcuticular ab; viele derartige Beispiele sind bei Hansford sowie Müller u. v. Arx beschrieben und abgebildet.

Über Probleme, die mit dem Eindringen von Pilzen in die Cuticula zusammenhängen, haben sich Kerling und Drachovska u. Sandera befaßt, während der Chemismus der Cuticula in letzter Zeit durch Martin u. Batt, Roberts u. Mitarb., sowie Richmond u. Martin im Hinblick auf den Eintritt von Parasiten untersucht wurde. Martin, Batt u. Burchill fanden in der die Cuticula von Apfelblätter überziehenden Wachsschicht fungistatische, z. B. die Conidienkeimung von *Podosphaera leucotricha* hemmende Fraktionen. Mit dem enzymatischen Abbau des Cutins in der pflanzlichen Cuticula durch Pilze hat sich besonders Heinen (1, 2, 3) auseinandergesetzt. Auf Grund seiner Ergebnisse kann deshalb, häufiger als früher angenommen wurde, ein vor dem Eindringen des Parasiten beginnender Abbau der Cuticula als gesichert gelten. Dies geht auch aus den Untersuchungen von Caporali (1) indirekt hervor.

TENERINI u. LOPRIENO, sowie GRANITI haben das Eindringen in die Cuticula für *Spilocea oleagina* (Cast.) Hughes [= *Cycloconium oleaginum* Cast.] untersucht. Dieser imperfekte, wahrscheinlich zu den Venturiaceae gehörende Pilz verursacht auf dem Ölbaum die als „occhio di pavone" oder „vaiolo" beschriebene Blattschorferkrankung. Über den Epidermiszellen des Wirtes können bis nach außen drei Schichten unterschieden werden: die eigentliche Zellwand aus Cellulose, die innere Cuticularschicht, welche nur schwach cutinisiert ist und sauer reagiert und die äußere Cuticularschicht, welche stark cutinisiert ist und neutral bis schwach basisch reagiert. Darüber breitet sich noch eine feine Wachsschicht aus. *Spilocea oleagina* durchstößt die äußere Cuticularschicht und breitet sich innerhalb der inneren Cuticularschicht nach allen Richtungen aus. Der Pilz verwertet die Stoffe, welche er in dieser Schicht vorfindet, ohne die Zellwände oder den Zellinhalt anzugreifen. Solange die Blätter am Baum hängen, dringt er auch nicht weiter in die Epidermis der Blattoberseite ein. Blattunterseits vermag er allerdings bis zu drei Zellschichten tief intercellulär unter die Epidermis zu wachsen, ebenso in Blatt- und Fruchtstielen, weil in diesen Organen die innere Cuticularschicht sich durch die Zwischenzellräume der Epidermis und der obersten Schichten des Parenchyms fortsetzt. Bemerkenswert ist für diese Krankheit, daß Infektionen nur dann haften, wenn die äußere Cuticularschicht genügend dick ist. Deshalb sind auch Infektionen der Blattunterseite und der jungen Triebe seltener.

In ähnlicher Weise verhalten sich auch *Venturia inaequalis* (Cke) Wint. (NUSBAUM u. KEITT), sowie *Venturia rumicis* (Desm.) Wint. (KERR). Auch der Apfelschorf dringt nicht in die Wirtszellen ein, sondern breitet sich unter der Cuticula aus. Welche der von RICHMOND u. MARTIN in der Cuticula des Apfelblattes gefundenen Stoffe mobilisiert werden, ist noch ungewiß.

Ausbreitung im Wirtsgewebe

Ähnliche Barrieren wie beim Eindringen stellen sich den Pilzen, wenn sie sich innerhalb pflanzlicher Gewebe ausbreiten. In zahlreichen Fällen unterbleibt das Eindringen in lebende Wirtszellen; solche Pilze ziehen es vor, die Zellen vorerst abzutöten und sie erst dann zu besiedeln (GÄUMANN).

Im Extremfall, z. B. bei *Botrytis allii*, besiedelt der Pilz vorerst nur die Blattoberfläche. Dieser Imperfekt verursacht auf der Gartenzwiebel eine Erkrankung (onion blast), welche früher (DORAN, JONES) als physiologische Reaktion gegenüber abnormen Außenbedingungen gedeutet wurde. Nach den Untersuchungen von SEGALL u. NEWHALL bildet sich aus den keimenden *Botrytis*sporen ein oberflächliches Mycel; Eindringungshyphen lassen sich keine nachweisen. Hingegen wird vom Mycel ein auch in vitro nachweisbares Toxin produziert, welches das Blattgewebe vorerst bezirksweise abtötet und später unter bestimmten Außenbedingungen die Pflanze zum Absterben bringt. Erst die toten Gewebe werden vom Pilz besiedelt.

In einem andern Extrem vermag sich ein Parasit im pflanzlichen Gewebe auszubreiten, ohne daß dies von außen an irgend welchen Symptomen beobachtet werden kann. Derartige latente Infektionen wurden z. B. festgestellt für *Guignardia citricarpa* Kiely auf *Citrus*-Arten [KIELY (1), SCHÜEPP], *Gibberella fujikuroi* (Saw.) Wollenw. auf *Zea mays* (FOLEY), sowie für *Spilocea oleagina* auf *Olea* (BONIFACIO u. GUDIN). In einzelnen Fällen leben die Pilze symptomlos in bestimmten Sorten, die deshalb als resistent gelten, als Krankheitsträger aber eine ernsthafte Gefahr für Pflanzungen mit anfälligen Sorten darstellen, so *Glomerella cingulata*, der Erreger einer Anthracnose des Teestrauches und *Verticillium albo atrum* als Erreger einer Welkekrankheit des Hopfens (SEWELL u. WILSON). BONIFACIO u. GUDIN, PREECE, KIELY (2) und SCHÜEPP haben sich bemüht, Methoden auszuarbeiten, um diese latenten Infektionen in bestimmten Wirtspflanzen sichtbar zu machen.

Beim Durchwuchern von Geweben benützen viele Parasiten die Tüpfel, um von Zelle zu Zelle zu gelangen, so *Ceratocystis fagacearum* in infizierten Eichen (STRUCKMYER, KUNTZ u. RIKER, WILSON). Aber auch innerhalb der Gewebe wird manchmal die kompakte Zellwand durchdrungen, so wiederum durch *Ceratocystis fagacearum*, deren Hyphen oft sogar auch im Wirtsgewebe Appressorien bilden. Solche beobachtete auch EDNEY bei *Pezicula malicorticis*. Ebenso beschränkt sich die Bildung von Lignituber nicht auf die Epidermiszellen beim Eindringen der Pilze. STRUCKMYER, NICHOLS, LARSON u. GABELMUND fanden bei Zwiebelpflanzen, infiziert mit *Pyrenochaeta terrestris* (Hansen) Gorenz, Walker et Larson, Zellwandverdickungen im ganzen vom Pilz erfaßten Gewebe. Besonders zahlreich waren diese in Pflanzen relativ resistenter Sorten. Mühsam mußte sich der Pilz seinen Weg von Zelle zu Zelle erkämpfen, in dem er die sich vor ihm gebildeten Lignituber durchzustoßen hatte. Oft wurden die durchdringenden Hyphen abgekapselt. Wenn auch in diesen resistenteren Sorten der Pilz nicht ferngehalten werden konnte, waren diese Zellwandreaktionen wirksam genug, um die Durchwucherung im Vergleich zu den anfälligen Sorten stark zu verlangsamen.

Neben der aktiven spielt auch die passive Besiedlung des Wirtes durch den Pilz eine Rolle. Sporen, welche in die Gefäße gelangen, können manchmal durch den Saftstrom weitertransportiert werden und die Infektionen in weit entfernte Organe tragen. Tatsächlich vermögen auch viele Pilze innerhalb pflanzlicher Gewebe und vor allem auch innerhalb der Gefäße zu sporulieren, so *Ceratocystis fagacearum* in erkrankten Eichen (STRUCKMYER, KUNTZ u. REHER, WILSON), *Ceratocystis ulmi* auf Ulmen [OUELLETTE (1)], *Thielaviopsis basicola* auf *Citrus*-Arten (TSAO u. VAN GUNDY) oder *Fusarium cubense* in Bananen (BECKMAN u. Mitarb.). Nach diesen letzteren Autoren werden junge und alte Wurzeln von Bananen sehr unterschiedlich besiedelt. In jungen Wurzeln sind die Gefäßelemente kurz und die sie abschließenden Tüpfelmembranen feinporig, so daß keine Sporen passieren können. Nach und nach nimmt die Porengröße zu und mit fortschreitendem Alter werden die Tüpfelmembranen ganz aufgelöst; den Sporen steht deshalb ein langer Transportweg offen und die Besiedlung geht dementsprechend weiter und rascher. In einigen Fällen kann

32*

die Resistenz gewisser Sorten direkt auf die Gefäßmorphologie zurückgeführt werden, so beim Zuckerrohr gegenüber *Glomerella tucumanensis* (EDGERTON). Bei den durch *Ceratocystis*-Arten hervorgerufenen Welkekrankheiten der Ulme und der Eiche vermögen bestimmte Wirtsarten rascher als andere unter dem Einfluß des Pilzes sekundäre Gefäßbarrieren zu bilden (Tylosis); sie sind deshalb gegenüber diesen Krankheiten relativ resistent (R. A. YOUNG). Es ist nun auch gelungen, die Bildung solcher Gefäßbarrieren künstlich hervorzurufen und den Pflanzen dadurch einen gewissen Schutz zu verleihen (SMALLEY).

Literatur

ABE, T., and M. KONO: Sci. Rep. Fac. Agric. Saikyo Univ. **7**, 95—102 (1955). — ADAMS, P. B., T. SPROSTOU, H. TIETZ and R. T. MAJOR: Phytopathology **52**, 233 to 236 (1962). — ARX, J. A. v.: Proc. Koninkl. Ned. Akad. Wetenschap. Amsterdam ser. C, **62**, 333—340 (1958).

BECKMAN, C. H., M. E. MACE, S. HALMOS and M. W. McGAHAN: Phytopathology **51**, 507—515 (1961). — BLAZQUEZ, C. H., and J. H. OWEN: Phytopathology **47**, 727—732 (1957). — BONIFACIO, A., e C. GUDIN: Riv. Pat. veg. Pavia ser. 3, **1**, 107—113 (1961). — BYWATER, J.: Trans. Brit. Mycol. Soc. **42**, 201—212 (1959).

CAPORALI, L. (1): Comptes Rend. Ac. Sci. (Paris) **250**, 2415—2417 (1960); (2): **250**, 2822—2824 (1960). — CHRISTOU, T.: Phytopathology **52**, 194—198 (1962). — CHRISTOU, T., and W. C. SNYDER: Phytopathology **52**, 219—226 (1962). — CORKE, A. T. C.: Rep. agric. hort. Res. St. Bristol 1954, 164—168 (1955).

DAY, W. R.: Phytopath. Z. **44**, 313—323 (1962). — DICKINSON, S. in HORSFALL, J. G., and A. E. DIMOND: Plant Pathology 2, 203—232 (1960). — DORAN, W., L. and A. I. BOURNE: Mass. Agr. Expt. St. Bull. 279, 176—185 (1931). — DRACHOVSKA, M., and K. SANDERA: Scient Pap. Inst. Chem. Techn. Prag, Faculty Food Industry 2, 325—368 (1958). — DRAKE, C. R.: Phytopathology **52**, 8 (1962). — DRING, M.: Trans. Brit. Mycol. Soc. **44**, 253—264 (1961).

EDGERTON, C. W.: Proc. Intern. Soc. Sugar Cane Techn. 518—523 (1950). — EDGERTON, C. W., and F. CARVAJAL: Phytopathology **34**, 827—857 (1944). — EDNEY, K. L.: Ann. Appl. Biol. **46**, 622—629 (1958). — EDWARD, J. C.: Indian Phytopathology 13, 168—171 (1960). — VAN DEN ENDE, G.: Acta Bot. Neerl. 7, 665—740 (1958).

FELLOWS, H.: J. Agr. Res. 37, 647—661 (1928). — FLENTJE, N. T.: Trans. Brit. Mycol. Soc. **40**, 322—336 (1957). — FOLEY, D. C.: Phytopathology **50**, 146—150 (1960).

GÄUMANN, E.: 1951: Pflanzliche Infektionslehre, 2. Aufl. 681 S. Basel 1951. — GRANITI, A.: Phytopath. mediterr. **1**, 157—165 (1962).

HANSFORD, C. G.: C. M. I. Kew, Mycol. Pap. 15, 1—240 (1946). — HEINEN, W. (1): Acta Bot. Neerl. **9**, 167—190 (1960); (2) **10**, 171—189 (1961); — (3) Arch. Mikrobiol. **41**, 268—281 (1962). — HIRATA, K.: Ann. Phytopath. Soc. Japan **23**, 139—144 (1958). — HIRATA, K., and K. TOGASHI: Ann. Phytopath. Soc. Japan **22**, 230—235 (1957). — HUBBES, M.: Phytopath. Z. **35**, 58—96 (1959).

JONES, L. H.: Plant. Physiol. **19**, 139—147 (1944).

KERLING, L. C. P.: Medel. Landbouwhogeschool en Opzoekingsstas Staat Gent **24**, 577—592 (1959). — KERR, J. E.: Trans. Brit. Mycol. Soc. **44**, 465—486 (1961). — KIELY, T. B. (1): Agric. Gaz. N. S. W. **56**, 391—392 (1945); — (2) Proc. Linn. Soc. N. S. W. **73**, 249—292 (1948).

MARTIN, J. T., and R. F. BATT: Ann. Appl. Biol. **46**, 375—387 (1958). — MARTIN, J. T., R. F. BATT und R. T. BURCHILL: Nature (London) 180, 796—797 (1957). — MEREDITH, D. S.: Ann. Appl. Biol. **48**, 518—528 (1961). — MÜLLER, E., u. J. A. v. ARX: Beitr. Krypt. Fl. Schweiz. **11** (2), 1—923 (1962).

NORRIS, D. M.: Plant Dis. Rep. 39, 249—253 (1955). — NUSBAUM, C. J., and G. W. KEITT: J. Agr. Res. 56, 595—618 (1938).

OKU, H.: Phytopath. Z. **44**, 39—56 (1962). — OUELLETTE, G. B. (1): Canad. J. Bot. **40**, 1463—1466 (1962); (2) **40**, 1567—1575 (1962).

PADDOCK, W. C.: Mem. Cornell agric. experiment. St. **315**, 1—63 (1953). — PREECE, T. F.: Plant Pathology **8**, 127—129 (1959). — PURDY, L. H.: Phytopathology **48**, 605—609 (1958).

RAMM, C. v.: Phytopath. Z. **45**, 391—398 (1962). — RICHMOND, D. V., and J. T. MARTIN: Ann. Appl. Biol. **47**, 583—592 (1959). — ROBERTS, M. F., R. F. BATT and J. T. MARTIN: Ann. Appl. Biol. **47**, 573—582 (1959).

SCHENCK, N. C.: Phytopathology **52**, 635—638 (1962). — SCHNATHORST, W. C.: Phytopathology **49**, 562—571 (1959). — SCHÜEPP, H.: Phytopath. Z. **40**, 258—271 (1961). — SEGALL, R. H., and A. G. NEWHALL: Phytopathology **50**, 76—82 (1960). — SEWELL, G. W. F., and J. F. WILSON: Rep. E. Malling Res. St. 1960, 100—104 (1961). — SKOROPAD, W. P.: Phytopathology **49**, 623—626 (1959). — SMALLEY, E. B.: Phatopathology **52**, 1090—1091 (1962). — STRUCKMEYER, B. E., J. E. KUNTZ and A. J. RIKER: Phytopathology **48**, 556—561 (1958). — STRUCKMEYER, B. E., C. G. NICHOLS, R. H. LARSON and W. H. GABELMUND: Phytopathology **52**, 1163 to 1168 (1962).

TENERINI, I., u. N. LOPRIENO: Phytopath. Z. **39**, 101—119 (1960). — TSAO, P. H., and S. D. VAN GUNDY: Phytopathology **52**, 781—786 (1962).

WARTENBERG, H.: Phytopath. Z. **39**, 16—64 (1960). — WILSON, C. L.: Phytopathology **51**, 210—215 (1961). — WOOD, R. K. S. (1): in HORSFALL, J. G. and A. E, DIMOND: Plant Pathology **2**, 233—272 (1960); — (2) Ann. Rev. Plant. Physiol. **11** 299—322 (1960).

YOUNG, P. A.: Bot. Gaz. **81**, 258—279 (1926). — YOUNG, R. A.: Phytopathology **39**, 425—441 (1949).

γ) Mykosen, verursacht durch Basidiomyceten

Von Kurt Hassebrauk, Braunschweig

Hymenomycetes

(mit Ausnahme der Fruchtkörper bildenden Holzzerstörer)

Nach 30 Jahren ist endlich eine neue Auflage der Basidiomyceten im Handbuch der Pflanzenkrankheiten (Sorauer) erschienen. In die Darstellung der Hymenomyceten haben sich zwei Autoren geteilt. Schuhmann hat die Exobasidiaceen übernommen, während Zycha die Arten mit Fruchtkörperbildung bearbeitet hat.

Christou verfolgte den Infektionsvorgang und die weitere Entwicklung von *Rhizoctonia solani* an Bohnenhypokotylen. Nach dem Eindringen durch die Cuticula wächst der Pilz inter-, seltener intracellulär, bis er durch die Endodermis gestoppt wird. Er bildet Sklerotien auch im Innern des Wirtsgewebes aus.

Die *Pellicularia*-Arten bzw. ihre Nebenfruchtformen weisen bekanntlich eine äußerst starke morphologische und pathologische Variabilität auf. Kontani u. Mineo, Papavizas u. Davey sowie Barker u. Walker liefern dazu Beiträge, ohne sich wie viele frühere Autoren dazu verleiten zu lassen, neue Species aufzustellen. Die von Barker u. Walker geprüften Stämme entwickelten bei Kultur auf Pektin enthaltenden Nährböden eine hohe Polygalacturonase- und Pektinmethylesteraseaktivität. Zwischen der PG-Aktivität und der Pathogenität bestand eine gesicherte Korrelation, nicht dagegen zwischen Cellulaseaktivität und Pathogenität. Die Cellulaseaktivität ist übrigens bei *R. solani* so groß, daß in Reinkulturen Filtrierpapier als einzige C-Quelle genügt (Garrett).

Die Vermutung, daß *R. solani* toxische Stoffwechselprodukte ausscheide, konnte von Wyllie sowie Sherwood u. Lindberg experimentell bestätigt werden. Wyllie zeigte, daß das wirksame Agens an Sojabohnensämlingen sehr unterschiedliche Reaktionen hervorrufen kann. Umgekehrt bewirkten Wurzelausscheidungen der Sojabohnen beim Pilz die Bildung von Appressorieninitialen.

Nach Verfütterung von Rotklee kann es bei Wiederkäuern zu starkem Speichelfluß kommen. Smalley, Nichols, Crump u. Henning wiesen nach, daß dies durch einen Befall des Klees mit *R. leguminicola* hervorgerufen wird. Der Pilz enthält im Mycel ein für Warmblütler toxisches Agens, das nicht ins Kulturfiltrat übertritt.

Uredinales

In dem oben erwähnten Basidiomycetenbande des Handbuches der Pflanzenkrankheiten sind die Rostpilze von Hassebrauk völlig neu bearbeitet worden. In neuer Auflage ist auch das unentbehrliche Manual der nordamerikanischen Rostpilze von Arthur erschienen. Cummins hat das Werk auf den gegenwärtigen Stand des Wissens gebracht.

Jørstad (1) hat in Ergänzung zu seinem 1960 erschienenen Verzeichnis der norwegischen Rostpilze nunmehr eine Übersicht über die geographische Verbreitung auf den verschiedenen Wirtspflanzen und über weitere wichtige Daten gebracht. Er berichtet weiterhin (2) über mykologische, vorwiegend Uredineen betreffende Untersuchungen auf Mallorca und Menorca, die insbesondere wegen der dabei berücksichtigten epidemiologischen und ökologischen Fragen aufschlußreich sind. Mehrere der aufgefundenen Arten waren für das Mittelmeergebiet neu. Das von Jørstad 1958 erschienene Verzeichnis der auf den Kanarischen Inseln gefundenen Uredineen wird von ihm ergänzt (3) und schließlich wird von ihm noch über in Alaska gefundene Pilze berichtet (4).

Baxter hat die taxonomischen Untersuchungen über die Labiaten bewohnenden Rostpilze mit einer Übersicht über die in Nordamerika auf *Hyptis* vorkommenden *Puccinia*-Arten fortgesetzt, wobei die starke Berücksichtigung der Uredosporenmorphologie für taxonomische Belange auffällt. Wertvolle taxonomische, morphologische, biologische und geographische Angaben finden sich bei Savile über Uredineenfunde auf Liliaceen (1) und Onagraceen (3) und bei Lindquist (1, 2) über Cyperaceen bewohnende und andere Rostpilze aus Südamerika.

Craigie u. Green bestätigten in eingehenden Untersuchungen, daß die seinerzeit von Craigie für *Puccinia helianthi* bei der Dikaryotisierung erkannten Entwicklungsschritte in vollem Umfange auch für *P. graminis* gelten. Die Pycnienzellen sind auch hier stets einkernig. Die Pycniosporen sind unfähig zu keimen und fusionieren nur mit den flexiblen Hyphen eines andersgeschlechtigen Pycniums. Die Kerne paaren sich zum Dikaryonten erst im Protoaecidium.

Die seit den alten Untersuchungen von Smith aus dem Jahre 1905 bestehende Anschauung, daß *Puccinia asparagi* bei der Infektion kein Appressorium und keine substomatäre Blase bilde, wurde von Lubani u. Linn widerlegt. *P. asparagi* scheint nur insofern unter den *Puccinia*-Arten eine Eigenheit aufzuweisen, als sich die ersten Uredolager unter den primär besiedelten Spaltöffnungen ausbilden sollen.

Beim Infektionsablauf sind immer wieder überraschende und schwer verständliche Erscheinungen zu beobachten. So berichtet Sharp in weitgehender Bestätigung schon in den 30er Jahren von Gassner u. Straib gewonnener Erkenntnisse, daß durch eine tiefere Anzuchttemperatur von 15° bei vielen Weizensorten die spätere Anfälligkeit für *Puccinia striiformis* stark erhöht werde. Ein genau entgegengesetztes Verhalten stellte er nun aber für Holzapfels Früh, Webster und für Manchuria-Gerste fest.

Jewell, True u. Mallett lieferten einen Beitrag zur pathologischen Anatomie durch Untersuchung der durch *Cronartium fusiforme* an Sämlingen von *Pinus elliottii* var. *elliottii* hervorgerufenen Gallen.

Milholland gelang es, Scutellargewebe aus Weizenkaryopsen auf synthetischem Medium für drei Wochen zur Bildung von Callus anzuregen und diesen mittels einer äußerst geschickten Methode steril mit Uredomycel von *Puccinia graminis tritici* zu infizieren. Der Rost entwickelte auf dem Callus aber nur steriles Luftmycel. Abrahamsen u. Hart gingen bei ähnlichen Versuchen so vor, daß sie Blätter von *Cirsium arvense* und *Rubus* sp., bzw. Stengelabschnitte von Berberitzen, die alle schon beginnende Rostinfektionen aufwiesen (*Puccinia suaveolens*, *Gymnoconia peckiana*, *Puccinia graminis secalis*), in Gewebekultur nahmen. Bei *Cirsium* und *Berberis* kam es zur Pycnien- und Äcidienbildung. In einem Fall entstand auf *Berberis* auch Luftmycel mit "a variety of spore forms". Niemals wuchs aber in all diesen Versuchen Mycel auf das synthetische Substrat hinüber.

PAYAK hat Uredosporen mehrerer Species von *Crossopsora, Phragmidiella, Puccinia* und *Scopella* nach der „LO-Analyse" von ERDTMAN eingehend morphologisch untersucht und glaubt dabei selbst innerhalb einer Gattung so markante Unterschiede gefunden zu haben, daß sie für taxonomische Zwecke genutzt werden könnten. Das gleiche strebt LIU mit seinen Keimporenzählungen bei von 23 verschiedenen Gräsergattungen gewonnenen Schwarzrostherkünften an.

An zweckmäßigen Verfahren zur optimalen Konservierung von Uredosporen unter Umgehung der zeitraubenden Vakuumtrocknung wird immer wieder gearbeitet. SCHEIN stellte fest, daß die Uredosporen von *Uromyces phaseoli* bei Temperaturen bis zu $-16°$ nach 1–5 Monaten abstarben. Bei $-60°$ aufbewahrt, erwiesen sie sich noch nach 2 Jahren ausreichend keim- und infektionstüchtig. LOEGERING u. HARMON fanden dagegen Temperaturen von $-60°$ für die Konservierung von Uredosporen von *Puccinia graminis* wesentlich weniger geeignet als Temperaturen von $-196°$. Es ist bemerkenswert, daß bei solchen tiefgefrorenen Sporen die Wiederherstellung der Keimfähigkeit davon abhängt, daß sie innerhalb einer Stunde nach dem Auftauen für 2–5 min einem Hitzeschock von 40–50° ausgesetzt werden.

Das Jahre 1961 brachte für Deutschland, die Schweiz und einige angrenzende Gebiete eine Gelbrostepidemie, wie sie seit Jahrzehnten nicht mehr beobachtet worden war. Die Hauptursache ist in der Folge ungewöhnlicher meteorologischer Verhältnisse zu sehen, wie sie vom Sommer 1960 an geherrscht haben und die für die Gelbrostentwicklung geradezu ideal waren (s. auch OZOE). Der nasse Herbst verhinderte 1960 vielfach das rechtzeitige Einbringen der Ernte und den Stoppelumbruch, so daß massenhaft Ausfallgetreide auflief und neben oder innerhalb der Winterung, häufig bis zur Ernte 1961, erhalten blieb. Auf diesem früh infizierten Ausfallgetreide ist *Puccinia striiformis* in einer außergewöhnlichen Stärke durch den milden feuchten Winter gekommen und hat sich dann in dem für die Jahreszeit zu warmen Februar, März, z. T. auch noch April, sowie in dem naßkalten Frühsommer sehr schnell ausgebreitet (KOBEL, HASSEBRAUK). Es wurden sogar Gebiete heimgesucht, in denen der Gelbrost sonst nahezu unbekannt ist, wie die Bezirke Rostock und Schwerin (MASURAT u. STEPHAN) oder Österreich (NEUBURGER). Das Sortenangebot scheint bei dieser Epidemie von minderer Bedeutung gewesen zu sein, und es ist abwegig, wenn ZADOKS die Epidemie in der Schweiz wegen des vorwiegend angebauten Probus-Weizens als „Probus-Epidemie" bezeichnet (GALLAY, CORBAZ u. ZWEIFEL) und es als ein züchterisches und phytopathologisches Verdienst ansieht, wenn Holland 1961 weitgehend verschont blieb. Von der Epidemie wurde in erster Linie Gerste, weniger Winterweizen und kaum Sommerweizen betroffen. Während die Schäden bei Winterweizen auf etwa 25% geschätzt wurden, mußten sie bei Wintergerste bis 40%, bei Sommergerste in extremen Fällen auf 60–80% beziffert werden (HASSEBRAUK; v. ROSENSTIEL; ZADOKS). In den Untersuchungen von v. ROSENSTIEL ergaben sich wieder wertvolle Hinweise auf die sehr unterschiedliche Toleranz der einzelnen Sorten, da trotz anscheinend gleich starken und frühen Befalls einige Sorten immer noch relativ gute Erträge brachten. Die seit einigen Jahren in der ganzen Welt zu beobachtende Zunahme des Gerstengelbrostes (s. auch s'Jacob) wurde 1961, wenn zwar noch nicht alarmierend, auch in England verzeichnet (Doling). Auch Kalifornien hat 1961 eine Gelbrostepidemie auf Weizen mit Ertragsausfällen von 28—56% erlebt (Halisky, Prato, Houston u. Lindt). Offenbar sind die meteorologischen Verhältnisse dort ganz ähnlich gewesen wie in den betroffenen Teilen Westeuropas.

Die von Ozoe mit *P. striiformis* in Japan durchgeführten epidemiologischen Untersuchungen bestätigten im wesentlichen frühere Erfahrungen. 23 Gräserspecies, vor allem *Agropyron* und *Bromus*-Arten, erwiesen sich für Weizen- und Gerstengelbrost als anfällig, in ziemlich starkem Ausmaß auch Roggen. Es ist übrigens bemerkenswert, daß bei der Epidemie des Jahres 1961 in Deutschland auch Roggen mehrfach, und zwar in einer kaum jemals beobachteten Stärke befallen war. Der Frage, welche Wildgräser als Nebenwirte für *P. striiformis* in Betracht kommen, sind auch Halisky, Prato, Houston u. Lindt sowie Dietz u. Hendrix in den USA, Bogoyavlenskaya in der USSR und Lele u. Rao in Indien nachgegangen.

Lele u. Rao dehnten ihre Prüfungen auch auf *Puccinia graminis tritici*, *P. graminis avenae* und *P. recondita tritici* aus und fanden anfällige Species vor allem unter den nicht einheimischen Gräsern. In der Ukraine stellen *Aegilops cylindrica*, *Bromus tectorum* und *Agropyron imbricatum* die wichtigsten Infektionsreservoire für *P. recondita tritici* dar (Tsymbal u. Filipova). *Aegilops* spp. beherbergen auch in Portugal auf Weizen übergehende Rassen von *P. recondita*. Darüber hinaus isolierte Freitas hier auch von dem Wechselwirt *Thalictrum speciosissimum* eine Weizen befallende Braunrostrasse. Daß besonders viele Wildgrasarten als Nebenwirte für *P. graminis* dienen können, ist bekannt. Dennoch ist es überraschend, daß Sibilia u. Basile auf *Lolium perenne*, *Phleum phleoides*, *Poa nemoralis* und *P. trivialis* Rassen von *P. graminis tritici* identifizierten, da diese Gräser in der Regel nur die f. sp. *avenae* beherbergen.

In Nordwestrußland spielt *Agropyron repens* eine so wichtige Rolle als Nebenwirt für den Roggenschwarzrost, daß Shestiperova sogar vorschlägt, die f. sp. *secalis* f. sp. *agropyri* zu benennen (s. auch Koštič). Äcidiosporen von Berberitzen infizierten hier nicht Weizen oder Hafer, sondern nur Roggen, Gerste und einige Wildgräser. Koštič fand dagegen in Jugoslawien auf *Berberis* sowohl die f. sp. *tritici* wie die f. sp. *secalis*.

Robert untersuchte die Spezialisierung und den Wirtsbereich der drei auf Mais auftretenden Rostarten *Physopella zeae*, *Puccinia sorghi* und *P. polysora*. Alle ließen sich bereitwillig auf *Euchlaena mexicana* übertragen, die somit zum erstenmal als Nebenwirt von *Ph. zeae* nachgewiesen wurde. *Coix* spp., *Setaria* spp., *Sorgum* spp., *Pennisetum spicatum* und *Tripsacum dactyloides* erwiesen sich für alle Herkünfte als immun.

Im Gegensatz zu den früheren Feststellungen von Green u. Johnson konnten Garrett u. Line unter einer größeren Anzahl von Herkünften der Rasse 15 B von *P. graminis tritici* einige finden, mit denen sich Berberitzen infizieren ließen. Vereinzelt trat unter der Nachkommenschaft dann wieder die Rasse 15 B auf.

BAXTER (2) konnte nach Infektion mit der auf *Calamofilva longifolia* vorkommenden *Puccinia sporoboli* Pycnien und Äcidien auf mehreren *Yucca*-Arten und auf *Smilacina stellata*, nur Pycnien auf *Sansevieria* erzielen. Bisher galten nur *Allium* und *Lilium* als Haplontenwirte.

Aus der Fülle der Untersuchungen über die physiologische Spezialisierung seien nur einige mit bemerkenswerteren Ergebnissen herausgegriffen. ROJAS isolierte in Peru von *Viguiera*, auf der nur *Puccinia abrupta* bekannt war, eine Rasse von *P. helianthi* mit bisher unbekannten Pathogenitätseigenschaften. LINE u. GARRETT selektierten aus 30 verschiedenen Herkünften der Rasse 15 B von *P. graminis tritici* diejenigen Linien, die noch bei 4—5° infektionstüchtig waren. Sie zeigten in ihrer vegetativen Nachkommenschaft bei der Keimung und Infektion eine für *P. graminis* ungewöhnliche Vorliebe für tiefere Temperaturen. WATSON u. LUIG erhielten in der Nachkommenschaft einer Feldherkunft von *P. graminis secalis* nach Berberitzenpassage Linien, die z. T. Weizensorten befielen.

Die spontane Mutationsrate für Linien mit erhöhter Aggressivität betrug nach ZIMMER (1) bei verschiedenen Rassen von *Puccinia coronata avenae* 1 : 8140 bis 1 : 23865. Vegetative Rekombinationen konnte er bei der Verimpfung eines Gemischs aus 6 Rassen nicht beobachten.

Die Resistenzzüchtung bei unseren Kulturpflanzen basiert auf einer hinreichenden Kenntnis der physiologischen Spezialisierung der zugehörigen Rostarten und erfordert eine Methodik, die zuverlässig und schnell über die Zusammensetzung des jeweiligen Rassenspektrums und über die Resistenz der Kreuzungsnachkommenschaften gegenüber bestimmten Rassen der Rostpilze Auskunft gibt. Mit zunehmender Vertiefung unserer Kenntnisse begegnen wir auf diesem Gebiet Schwierigkeiten, die bisher noch nicht gemeistert werden konnten. So ist auf die besonders unbefriedigenden Versuche, die Spezialisierungsverhältnisse beim Gelbrost zu klären, im vorigen Jahr schon hingewiesen.

Bei der Prüfung von Sorten und Kreuzungslinien gestattet zuweilen schon die Untersuchung von Keimlingen gültige Aussagen über das Verhalten ausgewachsener Pflanzen, wie es bei *Carthamus tinctorius* und *Puccinia carthami* der Fall zu sein scheint [ZIMMER (2)]. Bei den Getreiderosten kommt es aber nicht selten zu ontogenetisch bedingten Resistenzverschiebungen, die alle an Keimpflanzen gewonnenen Feststellungen umstoßen können. GREEN u. KNOTT prüften die Rostreaktion zahlreicher Weizenlinien, in die bekannte Resistenzgene eingekreuzt waren, auf die Infektion mit 8 verschiedenen Rassen von *Puccinia graminis* und fanden neben übereinstimmendem Verhalten aller Entwicklungsstufen bei bestimmten Wirt-Rasse-Paarungen Altersresistenz bei Keimlingsanfälligkeit. Sie diskutieren, wie sich solche Verschiebungen mit der gene-for-gene-Hypothese in Einklang bringen lassen. Gerade umgekehrte Verschiebungen der Rostresistenz beobachteten PURDY u. ALLAN bei Gelbrost und den Sorten Apache und Triumph, die im Felde einen Befall von

40—50% aufwiesen, bei der Nachprüfung im Keimlingsstadium im Gewächshause aber hoch resistent waren. Beide Fälle zeigen, daß die Methode der Keimpflanzenprüfung im Gewächshause Gefahren birgt. Entweder kann wertvolles Genmaterial verworfen werden oder es können Kreuzungslinien zur weiteren Entwicklung zur Sorte zugelassen werden, deren hohe Feldanfälligkeit späterhin möglicherweise zu schweren Rückschlägen führt.

In Neu-Seeland wurde zum erstenmal ein Coniferenrost, wahrscheinlich *Gymnosporangium fusiforme*, auf *Juniperus* und *Crataegus* entdeckt (Rept. For. Res. Inst.).

Mehrere erste Funde wirtschaftlich wichtiger Rostpilze oder bisher unbekannter Wirtspflanzen werden aus Nordamerika gemeldet. *Puccinia arachidis* trat zum erstenmal in Virginia (SMART) und Nord-Karolina (WELLS) auf. In Indiana fanden WALKER u. EARHART Äcicien von *Gymnosporangium clavipes* auf *Mespilus germanica*. Auf *Mespilus* war in Nordamerika bisher kein Rost aufgetreten.

Ustilaginales

In der Neuauflage des Basidiomycetenbandes des Handbuches der Pflanzenkrankheiten hat NIEMANN den allgemeinen Teil der Brandpilze und die *Ustilaginaceae*, SCHUHMANN die *Tilletiaceae* und *Graphiolaceae* bearbeitet. — Die schon erwähnten Veröffentlichungen von JØRSTAD (3, 4) enthalten auch viele Angaben über Ustilagineen.

Nach der Infektion von 6 Weizensorten und -linien unterschiedlicher Resistenz gegen *Ustilago nuda* ist es überraschend verschiedenartig, aber offenbar sortenspezifisch, welche Pflanzenteile jeweils noch von dem Brandmycel durchzogen werden, ehe seine Entwicklung gestoppt wird (GASKIN u. SCHAFER). An der Gerstensorte Jet beobachteten MUMFORD u. RASMUSSON eine bisher unbekannte Reaktion auf Flugbrandbefall. Nach künstlicher Reaktion mit *U. nuda hordei* wurden bis zu 50% der Embryonen von Mycel besiedelt. Die Pflanzen blieben aber in der Folge extrem gestaucht und entwickelten keine oder nur sehr kleine Ährenprimordien. Jet zeigt auch gegenüber *U. hordei* hohe Resistenz, die nach KIESLINGs (2) Untersuchungen weitgehend morphologisch bedingt ist. Nach Entfernung des Pericarps erzielte er bei 28° einen Infektionserfolg von 29% gegenüber 3% bei den Kontrollen. Während bei Jet die meisten Brandähren bei 28° ausgebildet wurden, entwickelte die Sorte Odessa bei 20—28° Blattsori und nur bei 16° Brandähren. An der Basis der Koleoptile beimpfte Pflanzen zeigten den besten Infektionserfolg [KIESSLING (1); SCHAFER, DICKSON u. SHANDS].

McCAIN u. HALISKY gelang es, *Cynodon dactylon*-Stoppeln nach dem Mähen mit einer Sporenaufschwemmung von *Ustilago cynodontis* erfolgreich zu infizieren. Der Brand entwickelte sich dann wie üblich systemisch.

HOFFMANN konnte durch Beimpfen anfälliger Gramineen mit Gemischen von monosporidialen Linien Hybriden aus *U. hordei* × *U. bullata* und *U. bullata* × *U. trebouxii* gewinnen. In der F_2 spalteten neben den Elterntypen zuweilen auch so abweichende Typen heraus, daß sie als neue Species hätten angesehen werden können.

Nach MANTLE sporuliert bei Mischinfektionen mit *U. nuda tritici* und *Tilletia caries* der Steinbrand gewöhnlich an der Spitze, der Flugbrand an der Basis der Ähren.

Die unterschiedlichen Temperaturansprüche einzelner Rassen von *T. caries* und *T. foetida* fanden sich in Infektionsversuchen von KENDRICK u. PURDY wieder bestätigt. Die Rasse T-5 von *T. caries*, die für ihre relativ schnelle und gute Keimung auch bei höheren Temperaturen bekannt ist, brachte bei 20° noch 70% Infektionen.

Man nahm bisher an, daß die Fusion zwischen Sekundärsporidien haploider Linien von *T. caries* nicht nur auf Kompatibilität in sexueller, sondern auch in pathogener Hinsicht hinweise. Nach KENDRICK muß das nicht sein, wie seine Hybridisierungsversuche mit Linien verschiedener Rassen zeigten. — SILBERNAGEL hat zahlreiche Hybriden zwischen *T. caries* und *T. controversa* hergestellt, die hinsichtlich ihrer Temperaturansprüche und ihrer Pathogenität eine Kombination der elterlichen Eigenschaften aufwiesen.

Durch die von DURAN u. FISCHER in ihrer *Tilletia*-Monographie gewählte Schreibweise *T. controversa* ist ein nomenklatorischer Disput ausgelöst. SAVILE (1) vertritt, sicherlich mit Berechtigung, die Ansicht, daß es tatsächlich *controversa* heißen muß, und daß die Schreibweise *contraversa* durch einen Schreib- oder Druckfehler in die Literatur eingegangen ist.

In der sowjetischen Besatzungszone Deutschlands konnte FRAUENSTEIN unter 1117 Gerstenflugbrandherkünften nur *U. nuda*, nie *U. nigra* nachweisen.

Literatur

ABRAHAMSEN, M., and H. HART: Phytopathology **52**, 721 (1962). — ARTHUR, J. C.: Manual of the Rusts in United States and Canada. With a new Supplement by B. CUMMINS. Reprinted, New York 1962.

BARKER, K. R., and J. C. WALKER: Phytopathology **52**, 1119—1125 (1962). — BAXTER, J. W.: (1) Mycologia **53**, 17—24 (1961); — (2) Plant Dis. Reptr. **46**, 706 (1962). — BOGOYAVLENSKAYA, R. A.: Bot. Zh. S. S. S. R. **47**, 1197—1201 (1962).

CHRISTOU, T.: Phytopathology **52**, 381—389 (1962). — CRAIGIE, J. H., and G. J. GREEN: Can. J. Bot. **40**, 163—178 (1962).

DIETZ, S. M., and J. W. HENDRIX: Phytopathology **52**, 730 (1962). — DOLING, D. A.: Plant Pathol. **11**, 91 (1962).

FRAUENSTEIN, K.: Nachr.-Bl. dtsch. Pflanzenschutzd. (Berlin), N. F. **16**, 18—20 (1962). — FREITAS, A. P. CARMO e: Agron. Lusit. **23**, 85—102 (1961).

GALLAY, R., R. CORBAZ et J. ZWEIFEL: Agric. Romande **1**, 10—11 (1961). — GARRETT, S. D.: Trans. Brit. mycol. Soc. **45**, 115—120 (1962). — GARRETT, W. N., and R. F. LINE: Phytopathology **52**, 11 (1962). — GASKIN, T. A., and J. F. SCHAFER: Phytopathology **52**, 602—607 (1962). — GREEN, G. J., and D. R. KNOTT: Can. J. Plant Sci. **42**, 163—168 (1962).

HALISKY, P. M., J. D. PRATO, B. R. HOUSTON and J. H. LINDT: California Agric. **16**, 5—6 (1962). — Handbuch der Pflanzenkrankheiten (SORAUER). III/4.—6. Aufl. 747 S., Berlin u. Hamburg 1962. — HASSEBRAUK, K.: Nachr.-Bl. dtsch. Pflanzenschutzd. (Braunschweig) **14**, 22—26 (1962). — HOFFMANN, J. A.: Diss. Abstr. **22**, 962 (1961).

s'JACOB, J. C.: Jaarversl. Inst. Plantenziektenkundig Onderzoek in 1961. Wageningen 1962. — JEWELL, F. F., R. P. TRUE and S. L. MALLETT: Phytopathology **52**, 850—858 (1962). — JØRSTAD, I.: (1) Nytt Mag. Bot. **9**, 61—134 (1962); — (2) Skrift. Norske Vidensk. Akad. Oslo, mat.-naturv.Kl., N. S. Nr. 2, 73 pp. (1962). —

(3) Norske Vidensk. Akad. Oslo, mat.-naturv. Kl., N. S. Nr. 7, 71 pp. (1962). —
(4) Norske Vidensk. Selskabs Skrift. Nr. 4, 22 pp. (1962).
KENDRICK, E. L.: Phytopathology 52, 737—738 (1962). — KENDRICK, E. L.,
and L. H. PURDY: Phytopathology 52, 621—623 (1962). — KIESLING, R. L.: (1)
Phytopathology 52, 16—17 (1962); — (2) Phytopathology 52, 738 (1962). — KOBEL,
F.: Mitt. Schweiz. Landwirtschaft 9, 109—112 (1961). — KONTANI, S., and K.
MINEO: Bull. Flor. Exp. Sta. Meguro 134, 19 pp. (1962). — KOŚTIČ, B.: Zaštita
Bilja 62, 117—130 (1960).
LELE, V. C., and M. H. RAO: Indian Phytopath. 14, 154—159 (1961). — LIND-
QUIST, J. C.: (1) Rev. Fac. Agron. Univ. nac. La Plata 36, 101—108 (1960); —
(2) Rev. Fac. Agron. Univ. nac. La Plata 36, 121—144 (1960). — LINE, R. F., and
W. N. GARRETT: Phytopathology 52, 18 (1962). — LIU, L.-J.: Diss. Abstr. 22,
2933—2934 (1962). — LOEGERING, W. Q., and D. L. HARMON: Plant Dis. Reptr.
46, 299—302 (1962). — LUBANI, K. R., and M. B. LINN: Phytopathology 52,
115—119 (1962).
MANTLE, P. G.: Trans. Brit. mycol. Soc. 45, 75—80 (1962). — MASURAT, G., u.
S. STEPHAN: Nachr.-Bl. dtsch. Pflanzenschutzd. (Berlin) N. F. 16, 141—174 (1962).
— MAYOR, E.: Ber. Schweiz. Bot. Ges. 72, 262—271 (1962). — McCAIN, A. H., and
P. M. HALISKY: Phytopathology 52, 742 (1962). — MILHOLLAND, R. D.: Phyto-
pathology 52, 21 (1962). — MUMFORD, D. L., and D. C. RASMUSSON: Phytopathology
52, 744—745 (1962).
NEUBURER, H.: Pflanzenarzt 14, 73 (1961).
OZOE, S.: Bull. Shimane Agr. Exp. Sta. Nr. 4, 171 pp. (1961).
PAPAVIZAS, G. C., and C. B. DAVEY: Phytopathology 52, 834—840 (1962). —
PAYAK, M. M.: Mycopath., Mycol. appl. 16, 70—82 (1962). — PURDY, L. H., and
R. E. ALLAN: Phytopathology 52, 748 (1962).
Rept. For. Res. Inst. New Zealand 1960. 28—32 (1961). — ROBERT, A. L.:
Phytopathology 52, 1010—1012 (1962). — ROJAS, M. E.: Turrialba 12, 99—100
(1962). — ROSENSTIEL, K. v.: Angew. Bot. 36, 16—24 (1962).
SAVILLE, D. B. O.: (1) Mycologia 53, 31—52 (1961); — (2) Mycologia 54, 109 bis
110 (1962); — (3) Can. J. Bot. 40, 1385—1398 (1962). — SCHAFER, J. F., J. G.
DICKSON and H. L. SHANDS: Phytopathology 52, 1161—1163 (1962). — SCHEIN,
R. D.: Phytopathology 52, 653 (1962). — SHARP, E. L.: Nature 194, 593—594
(1962). — SHERWOOD, R. T., and C. G. LINDBERG: Phytopathology 52, 586—587
(1962). — SHESTIPEROVA, Z. I.: Mem. Inst. agron. Leningrad 80, 140—151 (1960). —
SIBILIA, C., e R. BASILE: Boll. Staz. Pat. veg. 19, 153—156 (1961). — SILBERNAGEL,
M. J.: Phytopathology 52, 365 (1962). — SMALLEY, E. B., R. E. NICHOLS, M. H.
CRUMP and J. N. HENNING: Phytopathology 52, 753 (1962). — SMART, G. C. JR.:
Plant Dis. Reptr. 46, 65 (1962).
TSYMBAL, M. M., and N. I. FILIPOVA: J. Bot. Acad. Sci. Ukrain. 19, 54—61
(1962).
WALKER, J. T., and E. F. EARHART: Plant. Dis. Reptr. 46, 293 (1962). — WAT-
SON, I. A., and N. H. LUIG: Proc. Linn. Soc. New South Wales 87, 39—44 (1962). —
WELLS, J. C.: Plant Dis. Reptr. 46, 65 (1962). — WYLLIE, T. D.: Phytopathology
52, 202—206 (1962).
ZADOKS, J. C.: Zevende Jaarb. Nederl. Graan-Centrum 1962, 45—50. —
ZIMMER, D. E.: (1) Diss. Abstr. 22, 2960—2961 (1962); — (2) Phytopathology 52,
1177—1180 (1962).

23e. Nichtparasitäre Pflanzenkrankheiten

Von ADOLF KLOKE, Berlin-Dahlem

A. Klimafaktoren

Auf gerodeten Flächen innerhalb von größeren Obstplantagen fallen in Spätfrostnächten die Temperaturen um $6°{-}7°$C tiefer als in geschlossenen Beständen und rufen gegebenenfalls Frostschäden hervor. Wenn jedoch die Fläche so groß ist, daß der Wind ungehindert durchwehen kann, sind die Temperaturdifferenzen geringer, worauf KARNATZ erneut hinweist. Neuanpflanzungen in solchen Bestandslücken sind besonders empfindlich. Gefährdete Flächen sollen daher nur mit frosthärteren Obstsorten bepflanzt und bevorzugt durch geeignete Maßnahmen bei zu erwartenden Schadfrösten geschützt werden. Der Erfolg einer Frostabwehr ist um so größer, je besser das Mikroklima, besonders die Luftbewegungen, in und um eine Anlage bekannt sind. WEISE konnte durch Temperaturmessungen feststellen, daß in eine Obstplantage Kaltluft aus einer benachbarten Hochmulde einfloß. Ein Zaun aus Ölpapier und eine dichte Reihe von Ölöfen zwischen der Hochmulde und der Obstplantage verhinderten einen Frostschaden [vgl. auch KAUFHOLD; AICHELE; JENNY; DURAND (1); KING und RENTSCHLER]. — Neben der Beheizung zum Schutz vor Frostschäden gewinnt die Frostschutzberegnung immer größere Bedeutung [BOUCHET; DURAND (2); LINSENMAIER und WACKERNELL]. Sie ergab bei Obstbäumen vollen Schutz, während der Erfolg bei Reben noch umstritten ist (PEYER). Auch über Frostschutz durch Vernebeln und Versprühen besteht noch keine Klarheit. — KUNZE berichtet über Frostschadenverhütung durch künstlichen Schnee, der bei Außentemperaturen unter $-1°$C und relativer Luftfeuchtigkeit unter 90% aus Wasser mit Temperaturen unter $+10°$C erzeugt werden kann. Bei einer Schneehöhe von 2 cm betragen die Kosten DM 0,10 pro qm. — WILHELM diskutiert auf Grund von Versuchen die Möglichkeit der Frostschadenverhütung durch Austriebsverzögerungen mit Hilfe von Gibberellinsäure.

LÜDECKE u. NEEB stellten fest, daß die Ertragsverluste bei Zuckerrüben durch Hagelschaden im Vergleich zur Laubzerstörung relativ gering sind. Die Schäden nehmen bei Hagelschauern bis Juli/August zu, um dann wieder zurückzugehen. Leichte Schäden (50%ige mechanische Zerstörung des Blattapparates) brachten gegenüber schweren Schäden folgende Verluste: Rübenertrag: -14% bzw. -23%, Krautertrag: -15% bzw. -25%, Zuckerertrag: unerheblich bzw. -27%. Bei Blattschäden unter 50% gingen die Erträge nur unwesentlich zurück. Die verhältnismäßig geringe Empfindlichkeit der Zuckerrübe gegen Hagelschlag erklärt sich aus dem hohen Regenerationsvermögen des Blattapparates der Rübe. — Die Tomate ist dagegen viel empfindlicher, wie im letzten Jahr wieder festgestellt werden konnte (KLOKE). Ein Hagelschauer mit Hagelkörnern bis zu 0,5 cm Durchmesser zerstörte im August 1962 in Berlin-Dahlem in 15 min etwa 70% des Blattapparates eines Tomatenfeldes. Da die Regeneration des Blattapparates bei Tomaten unbedeutend ist und neue Triebe ausgegeizt werden, wurde der Ertrag stark gemindert. Neben einer Reifeverzögerung konnten in den zahllosen tiefen Wunden an Stengeln und Früchten verschiedene Fäulniserreger beobachtet werden.

Schneebruchschäden in Wäldern können nach SCHNEIDER auf mechanische Weise durch den Einsatz von Hubschraubern verhindert werden, wenn die Kostenfrage gelöst ist.

B. Bodenphysikalische Faktoren

Die Anwendung immer schwererer Geräte bei Bestellungs- und Erntearbeiten führt in zunehmendem Maße zu Bodenverdichtungen. TROUSE u. HUMBERT verdichteten künstlich Bodenzylinder ($r = 10$ cm, $h = 10$ cm), legten sie in lockeren Boden in Mitscherlich-Gefäßen und bepflanzten diese mit Zuckerrohr. Die Ergebnisse zeigten, daß mit Störungen des Wurzelwachstums bei Zuckerrohr zu rechnen ist, wenn die Dichte des Bodens bei humusarmen Latosolen 1 g/cm³ überschreitet. Ab 1,25 g/cm³ sind die Wurzeln verformt und ab 1,5 g/cm³ können sie nicht mehr in die verfestigten Bodenkörper eindringen. Bei humosen Latosolen begann die Schädigung bereits bei 0,56 g/cm³. Verdichtete Proben, die im Freiland eingegraben wurden, lagerten dort nach zwei Jahren noch unverändert. Die Nährstoffe solcher verdichteten Bodenstücke stehen der Pflanze nicht zur Verfügung, wie ihre Markierungen mit ⁸⁶Rb zeigten. — Nach ähnlichen Untersuchungen von ZIMMERMANN u. KARDOS mit Sojabohnen und Sudangras dringen Sudangraswurzeln besser in verdichteten Boden ein als die von Sojabohnen (vgl. auch FLOCKER, VOMOCIL u. HOWARD und BLACKE, OGDEN, ADAMS u. BOELTER).

C. Bodenchemische Faktoren

Bei Sellerie beobachteten JOHNSON, DAVIS u. BENNE Magnesiummangel, wenn der Mg-Gehalt der oberirdischen Pflanzenteile unter 0,128 bis 0,112% Mg in der Trockensubstanz lag, jedoch nicht bei Gehalten über 0,144% Mg. Eine Reihe der geprüften Sorten (bis zu 19 auf vier Standorten) sollen als recessiv vererbbares Merkmal eine Anfälligkeit gegenüber Magnesiummangel besitzen. Bei der Beseitigung des Mangels erwies sich besonders bei den anfälligen Sorten eine Blattspritzung (insgesamt 94 kg MgSO₄/ha in sechs Spritzungen) erfolgreicher als eine Düngung (840 bzw. 560 kg MgSO₄/ha) vor der Pflanzung. Mit steigenden Mg-Gehalten nach Mg-Düngung trat ein Rückgang der Ca- und K-Gehalte der Blätter ein. Die Bedeutung des Ca/Mg-Antagonismus konnte JAKOBY auch an Citrussämlingen nachweisen. Danach ist die Ursache von Mg-Mangelerscheinungen nicht immer allein auf den Mg-Mangel im Boden zurückzuführen, sondern in vielen Fällen auch auf eine zu hohe Ca-Düngung; (vgl. auch SELKE, ORTLEPP, SCHRAMEIER u. WILBERG: Düngungsversuche, und DÉMÉTRIADÈS, HOLEVAS u. GAVALAS: Beobachtungen an Oliven.) ADAMS u. HENDERSON zeigten diesen Ca-Effekt auch beim Sudangras und stellten ferner fest, daß K-Düngung auf Mg-Mangelböden die Mg-Aufnahme erhöht und auf Mg-reichen Böden drückt (vgl. auch MENGEL: Versuche mit Lihoraps). Auch durch Düngung mit $(NH_4)_2SO_4$ wird die Mg-Aufnahme bei Gräsern gemindert (WOLTON).

Die vielfältigen antagonistischen und synergistischen Beziehungen zwischen den Pflanzennährstoffen zeigen sich auch beim Mangan. Durch Ca-Düngung wird die Mn-Aufnahme gedrückt. Diesen Effekt nutzten COPPENT u. GALVEZ, um Schäden bei Kartoffeln durch zu hohe Mn-Aufnahme aus einem sauren Boden ($p_H - H_2O = 4,8$) mit hohen Mn-Gehalten zu beseitigen. Überschußschäden durch Mangan treten in abnehmender Reihenfolge nach STENUIT u. PIOT bei Gurken, Tomaten, Salat, Bohnen, Getreide und Gras auf. Auch Luzerne ist nach DESSUREAUX empfindlich gegen Mn-Überschuß. Die Anfälligkeit gegen Mn-Mangel ist bei Hafer am größten, dann folgen Sommergerste, Weizen und Roggen. Bei den Hackfrüchten sind Rüben, Kreuzblütler, Erbsen und Bohnen, beim Gemüse Tomaten und Spinat, beim Obst Äpfel und Pfirsiche am stärksten anfällig. Die Mangelsymptome sind bei den Pflanzen unterschiedlich, gemeinsam ist aber allen eine gelbliche Verfärbung infolge Chlorophyllmangel, die im Gegensatz zum Mg-Mangel zuerst an den jüngsten Pflanzenteilen auftritt. Beim Mn-Überschuß beginnt die Verfärbung an den Adern der Blattbasis. Im Endzustand entstehen in den Blättern schwarze Punkte aus MnO_2, die nicht nekrotisch sind wie beim Mn-Mangel. — Eine als Blattspitzen-Eintrocknungs-Krankheit (leaf-tip-drying) bezeichnete Erscheinung beim Reis konnte PERUMAL auf zu hohe Mn-Mengen in bewässerten Reisböden zurückführen, die durch die dort herrschenden reduzierenden Verhältnisse in hohem Maße verfügbar werden. Die Austrocknung der Blätter beginnt an den Spitzen und schreitet langsam nach unten mit blaßbrauner Farbe fort. Bei hohem Mn-Überschuß (in Pflanzen: 40 bis 1624 ppm Mn) gehen Wachstum und Ertrag zurück. — Bei Weizen und Hafer beobachtete COIC Mn-Mangel, wenn die Trockensubstanz weniger als 25 ppm Mn enthielt. Für Kiefernnadeln liegt nach WEHRMANN der Gehalt, bei dem Mn-Mangel auftritt, bei 30—40 ppm. HAMMES u. BERGER beseitigten Mn-Mangel bei Hafer, der bei weniger als 30 ppm in jungen Pflanzen und bei weniger als 12 ppm Mn im reifen Korn vorliegt, durch einmalige Spritzung mit 5,7 kg $MnSO_4$ in 140 l H_2O/ha. Den gleichen Effekt zeigten 28 kg $MnSO_4$/ha, gemischt mit einem N-P-K-Dünger. SHEPHERD, LAWTON u. DAVIS erzielten bei Banddüngung mit 56 kg Mn/ha höhere Zwiebelerträge als bei Spritzung mit 0,76 kg Mn/ha.

Zinkmangel trat nach BURLESON, DACUS u. GERARD bei Mais, Tomaten und Buschbohnen auf einem feinsandigen Lehmboden ($p_H = 8,5$) nach Düngung mit Phosphorsäure (120 kg P_2O_5/ha) auf, der auf einen Zn/P-Antagonismus zurückgeführt wird. Die Zn-Aufnahme wurde durch eine physiologisch saure $(NH_4)_2SO_4$-Düngung auf einem feinsandigen Lehmboden ($p_H = 7,3$) bei Hirse, Kartoffeln und Zuckerrüben mehr gefördert als durch eine physiologisch alkalische Ca(NO₃)₂-Düngung(BOAWN, VIETS, CRAWFORD u. NELSON). Nach ROUTCHENKO erstrecken sich die Zinkmangelsymptome beim Mais nicht nur auf die Intercostalfelder, sondern auch auf Blattränder und -nerven sowie auf den Fruchtstand. Der Pflanzensaft zeigte bei Mangelpflanzen einen hohen N-, P- und Mg-Gehalt. ZATTLER, PFEIFER u. CHROMETZKA „maskierten" durch Zink (Zn-Düngung in Gefäßen, Spritzungen mit Zineb und 0,1 % Zinksulfat im Freiland) die Kräuselkrankheit des Hopfens. Böden von Hopfengärten mit Kräuselkrankheit enthielten 6,9 ppm Zn, solche ohne Krankheit 9,3 ppm Zn. In der Trockensubstanz viruskranker Blätter von Hauptreben wurden 19, in gesunden 38 und in „maskierten" Blättern 45 ppm Zn gefunden.

Nach KOHL u. OERTLI wird Bor passiv mit dem Transpirationsstrom in der Pflanze bewegt. Damit stimmt überein, daß Bormangel vornehmlich in trockenen Jahren und auf trockenen Standorten auftritt. Eine eingehende Schilderung der morphologischen und anatomischen Veränderungen bei Mais, Gerste, Roggen, Weizen und Hafer bringt KORONOWSKI (1, 2); am Blatt: Entfaltungshemmung der Blattknospe, Verminderung der Spreitenlänge, Dickenzunahme der Spreitenbreite, chlorotische Flecken- und Streifenbildung, Nekrosen der Blattknospe; am Halm: Hemmung der Internodienstreckung, abnorme Zunahme der Halmdicke, vermehrte Seitensproßbildung, Nekrosen an Internodien und Plumula; am Blütenstand: flissige Ähren, sterile Pollen; an der Wurzel: Hemmung des Längenwachstums, abnorme Querschnittzunahme, vermehrte Bildung von Seitenwurzeln, Nekrosen der Wurzelspitzen. MAYNARD, GERSTEN u. MICHELSON beschreiben B-Mangel bei Tomaten: loculicide Spaltung der Früchte, die bereits auftrat, als die Früchte erst die Hälfte ihrer vollen Größe erreicht hatten; eine Bräunung des Fruchtinneren und äußere Braunfärbung etwa halbgroßer Früchte mit Rißbildungen in der Schale. Bormangelsymptome an Olivenbäumen (DÉMÉTRIADÈS, GAVALAS u. HOLEVAS): Chlorose, viele tote Zweige, besenartiger Wuchs, forkenartige Verzweigungen, verkürzte Internodien und in der Baumrinde braune nekrotische Flecke. Blätter kranker Bäume enthielten 7—15 und solche von gesunden 19—20 ppm B. B-Spritzungen, -Düngungen und -Injektionen steigerten den B-Gehalt von 7,5 auf 20 ppm; beim Wein (COOK, BAERDEN, CARLSON u. HANSEN): chlorotische Flecken an den Spitzenblättern, Absterben des Vegetationspunktes und geringer Beerenansatz. Triebspitzen kranker Pflanzen enthielten 4 und gesunder Pflanzen 21 ppm B, kranke Blätter 5 und gesunde 121 ppm B (vgl. auch BUCHER). Bormangel beim Spargelkohl beschreiben BENSON, DEGMAN u. CHMELIR. Durch B-Spritzungen mit 2 kg H₃BO₃/ha steigerte KAZARJAN den Samenertrag und den Ertrag an Grünmasse bei Wildklee (Trifolium Bordzilowskij Grossh.) und vermehrte den Kleebestand auf Kosten der Gräser und Unkräuter. Das Absterben der Triebspitzen von Kiefern verhinderten VAIL, PARRY u. CALTON durch Düngung von 2,84 g Borax/Kiefer. Nach HEINONEN ermöglichte erst eine Bordüngung auf Hochmoor zu Hafer eine normale Wurzelentwicklung, wodurch die geringen Eisenvorräte dieses Bodens besser verwertet und normale Ernten erzielt werden konnten. Bor ist für die Wurzelausbildung nach BUSSLER für alle Pflanzen ein unentbehrliches Element. — Durch ein Versehen wurden nach GÄRTEL in einer Rebschule 50 kg Borax/ha verabreicht. Eingeschulte Pfropfreben zeigten im Laufe des Sommers Verfärbungen und Nekrosen an Blättern sowie Deformationen bis zur Unkenntlichkeit. Die Triebe blieben dünn und hatten kurze Internodien. Nach Verkümmern der Triebspitzen zeigte sich starke Geizbildung, bis es zum Absterben kam. Die Toxicität hoher Borgaben bewirkt nach OERTLI u. KOHL nekrotische Blattspitzen (monokotyle Pflanzen und Nelken), Blattrandnekrosen (Geranien, Baumwolle, Melonen), Chlorosen der Intercostalfelder (Gerbera, Aster, Citrus) und Kombinationen dieser Symptome. Die 19 geprüften Pflanzenarten zeigten keine spezifische B-Empfindlichkeit, lediglich die Anreicherung von B in den Blättern durch Transpiration des Wassers scheint unterschiedlich schnell vor sich zu gehen. Gesunde Pflanzen enthielten weniger als 100 ppm, geschädigte mehr als 1000 ppm B; vgl. hierzu auch OERTLI, LUNT u. YOUNGNER. B-Mangel und Schorfbefall bei Kartoffeln siehe JUDEL u. KÜRTEN; B-Mangel bei Mandeln siehe HANSEN, KESTER u. URIU.

Kobalt spielt nach DELWICHE, JOHNSON u. REISENAUER eine wichtige Rolle bei der Luzerne-Rhizobium-Symbiose, da bei Anwesenheit von Co die Wurzeln und Knöllchen eine bessere N-Bindungsfähigkeit besitzen (vgl. auch SHAUKAT-AHMED u. EVANS; KABATA u. BEESON; HALLSWORTH, WILSON u. GREENWOOD; BOND u. HEWITT und CARLES, CABROL u. MAGNY). Diese und andere Autoren berichten teils über positive, teils über negative Wirkungen einer Co-Applikation. DANILOVA u. DAVYDOVA erzielten bei 0,5 mg Co/kg Boden toxische Effekte; bei 0,05 und 0,005 mg Co/kg Boden wurden mehr Samen gebildet als bei den Kontrollpflanzen. BÖNIG fand im Heu im Durchschnitt 0,15 und im trockenen Weidegras und Grünfutter 0,25 ppm Co. Im Futter werden 0,08 ppm Co für die Ernährung der Wiederkäuer als notwendig angesehen. Klare Beziehungen zwischen Boden-Co und Futter-Co bestanden nicht, jedoch wiesen schwere Böden durchschnittlich einen höheren Co-Gehalt auf (vgl. auch SCHOLL und KULIKOW). ASMUS bestätigte, daß zwischen Co- und Fe-Aufnahme antagonistische Beziehungen bestehen.

Der schädliche Einfluß starker Bodenversauerung beruht vielfach auf einer toxischen Wirkung hoher Aluminium- oder Mangan-Gehalte im Boden. REES u. SIDRAK vermuten, daß beide Elemente das K/Ca-Verhältnis in der Pflanze beeinflussen. Al verändert ferner die Permeabilität der Zellwände und Mn das Fe/Mn-Verhältnis nachteilig. Al wirkt jedoch auch bei alkalischer Reaktion schädlich, wie Letztgenannte und JONES zeigen. JONES vermutet nach Versuchen mit Al-haltigen Flugaschen, daß Al in den Wurzeln infolge saurer Reaktion des Zellsaftes als Hydroxyd bzw. Phosphat ausfällt, auf diese Weise toxisch wirkt und auch P-Mangel in den oberirdischen Pflanzenteilen hervorrufen kann (vgl. auch HORTENSTINE u. FISKELL und HARRIS).

Literatur

ADAMS, F., and J. B. HENDERSON: Proc. Soil Sci. Soc. Amer. 26, 65—68 (1962). — AICHELE, H.: Dtsch. Weinbau 15, 403—404 (1960). — ASMUS, F.: Dtsch. Landwirtsch. 12, 72—74 (1961).

BENSON, N. R., E. S. DEGMAN and J. C. CHMELIR: Plant Physiol. 36, 296—301 (1961). — BLACKE, G. R., D. B. OGDEN, E. P. ADAMS and D. H. BOELTER: J. Amer. Soc. Sugar Beet Technol. 11, 236—242 (1960). — BOAWN, L. C., F. G. VIETS, C. L. CRAWFORD and J. L. NELSON: Soil Sci. 90, 329—337 (1960). — BÖNIG, G.: Phosphorsäure 21, 298—301 (1961). — BOND, G., and E. J. HEWITT: Nature (Lond.) 195, 94—95 (1962). — BOUCHET, R.: Mitt. Inform. Stelle Frostschutz, St.-Hohenheim, Nr. 6, 10—24 (1960). — BUCHER, R.: Rebe und Wein 15, 8—12, 14 (1962). — BURLESON, C. A., A. D. DACUS and C. J. GERARD: Proc. Soil Sci. Soc. Amer. 25, 365—368 (1961). — BUSSLER, W.: Z. Pflanzenern., Düng., Bodenk. 92, 57—62 (1961).

CARLES, J., P. CABROL et J. MAGNY: Bull. Soc. chim. Biol. 43, 1111—1120 (1961). — COIC, Y.: Compt. rend. acad. agr. France 46, 287—290 (1960). —COOK, J. A., B. E. BAERDEN, C. V. CARLSON and C. J. HANSEN: Calif. Agric. 15, 3 (1961). — COPPENET, M., et J. GALVEZ: Compt. rend. acad. agr. France 47, 728—734 (1960).

DANILOVA, T. A. i. E. N. DAVYDOVA: Dokl. Akad. Nauk S.S.S.R. (Moskva) 29, 1470—1473 (1961). — DELWICHE, C. C., C. M. JOHNSON and H. M. REISENAUER: Plant Physiol. 36, 73—78 (1961). — DÉMÉTRIADÈS, S. D., N. A. GAVALAS and C. D. HOLEVAS: Ann. Inst. Phytopath. Benaki 3, 119—129 (1960). — DÈMÈTRIADÈS, S. D., C. D. HOLEVAS and N. A. GAVALAS: Ann. Inst. Phytopath. Benaki 3, 130—138 (1960). — DESSUREAUX, L.: Plant and Soil 13, 114—122 (1961). — DURAND, D.: (1) Mitt. Inform. Stelle Frostschutz, St.-Hohenheim, Nr. 6, 25—35 (1960); — (2) Phytoma 13, 22—23 (1961).

FLOCKER, W. J., J. A. VOMOCIL and F. D. HOWARD: Proc. Soil Sci. Soc. Amer. 23, 188—191 (1959).

GÄRTEL, W.: Weinberg u. Keller 8, 218—225 (1961).

HALLSWORTH, E. G., S. B. WILSON and E. A. GREENWOOD: Nature (Lond.) 187, 79—80 (1960). — HAMMES, J. K., and K. G. BERGER: Soil Sci. 90, 239—244 (1960). — HANSEN, C. J., D. E. KESTER and K. URIU: California Agric. 16, 6—7 (1962). — HARRIS, S. A.: Nature (Lond.) 189, 513—514 (1961). — HEINONEN, R.: J. Sci. Agric. Soc. Finl. 33, 267—271 (1961). — HORTENSTINE, C. C., and J. G. A. FISKELL: Proc. Soil Sci. Soc. Amer. 25, 304—307 (1961).

JAKOBY, B.: Plant and Soil 15, 74—80 (1961). — JENNY, J.: Landw. Jb. Schweiz 75, 311—318 (1961). — JOHNSON, K. E. E., J. F. DAVIS and E. J. BENNE: Soil Sci. 91, 203—207 (1961). — JONES, L. H.: Plant and Soil 13, 297—310 (1961). — JUDEL, G. K., u. P. W. KÜRTEN: Kartoffelb. 13, H. 2 (1962).

KABATA, A., and K. C. BEESON: Proc. Soil Sci. Soc. Amer. 25, 125—128 (1961).— KARNATZ: Mitt. Obstbauversuchsring. Alten Landes 16, 70 (1961). — KAUFHOLD, W.: Prakt. Ratg. Obstb. 68, 90—92 (1960). — KAZARJAN, E. S.: Nachr. Akad. Armen. SSR. 13, 81—85 (1960). — KING, E.: Weinberg u. Keller 9, 26—30 (1962). — KLOKE, A.: (unveröff.). — KOHL JR., H. C., and J. J. OERTLI: Plant Physiol. 36, 420—424 (1961). — KORONOWSKI, P.: (1) Z. Pflanzenern., Düng., Bodenk. 94, 53—67 (1961); — (2) Z. Pflanzenern., Düng., Bodenk. 94, 25—39 (1961). — KULIKOW, N. W.: Bodenkunde, H. 4, 78—81 (1961), russ.— KUNZE, F.: Technik im Gartenb., Beilage Zbl. dtsch. Erwerbsgartenbau Nr. 9, 1—2 (1960).

LINSENMAIER, O.: Rebe und Wein 15, 63—66 (1962). — LÜDECKE, W., u. O. NEEB: Zucker 12, H. 16 (1959).

MAYNARD, D. N., B. GERSTEN and L. F. MICHELSON: Proc. Amer. Soc. hortic. Sci. 74, 500—505 (1959). — MENGEL, K.: Landw. Forsch. 13, 253—261 (1960).

OERTLI, J. J., and H. C. KOHL: Soil Sci. 92, 243—247 (1961). — OERTLI, J. J., O. R. LUNT and V. B. YOUNGNER: Agron. J. 53, 262—265 (1961).

PERUMAL, S.: Soil Sci. 91, 218—221 (1961). — PEYER, E.: Schweiz. Z. Obst- u. Weinb. 69, 191—192 (1960).

REES, W. J., and G. H. SIDRAK: Plant and Soil 14, 101—117 (1961). — RENTSCHLER, W.: Rebe und Wein 13, 159—163 (1960). — ROUTCHENKO, W.: Compt. rend. acad. agr. France 47, 739—741 (1961).

SCHNEIDER, E.: Agric. Aviat. **4**, 15—17, 31—32 (1962). — SCHOLL, W.: Landw. Forsch. **15**. Sonderh., 82—89 (1961). — SELKE, W., H. ORTLEPP, R. SCHRAMEIER u. E. WILBERG: Z. landw. Vers.- und Unters.-Wesen **6**, 374—395 (1960). — SHAUKAT-AHMED, and H. J. EVANS: Proc. nat. Acad. Sci. (Wash.) **47**, 24—36 (1961). — SHEPHERD, L., K. LAWTON and J. F. DAVIS: Proc. Soil Sci. Soc. Amer. **24**, 218—221 (1960). — STENUIT, D., u. R. PIOT: Agricultura **8**, 141—172 (1960), fläm.

TROUSE, A. C., and R. P. HUMBERT: Soil Sci. **91**, 208—217 (1961).

VAIL, J. W., M. S. PARRY and W. E. CALTON: Plant and Soil **14**, 393—398 (1961).

WACKERNELL, N.: Pflanzenarzt **14**, 1—5 (1961). — WEHRMANN, J.: Forstwiss. Zbl. **80**, 167—174 (1961). — WEISE, R.: Prakt. Ratg. Obstb. **68**, 13—15 (1960). — WILHELM, F. A.: Dtsch. Weinbau **15**, 211—213 (1960). — WOLTON, K. M.: Proc. Eight Intern. Grassland Congr. 5B/1, 544—548 (1960).

ZATTLER, F., H. PFEIFER u. P. CHROMETZKA: Brauwelt **72**, 1374 (1962). — ZIMMERMANN, R. P., and L. T. KARDOS: Soil Sci. **91**, 280—288 (1961).

23f. Pflanzenschutz

Von Hermann Fischer, Kiel

Mycosen, allgemein

Daß auch in der Pflanzenheilkunde Ganzheitsprobleme auftreten, zeigen Untersuchungen von Fehrmann zur Pathogenese der durch *Phytophthora infestans* hervorgerufenen Kartoffelkrankheit. In Freilandspritzversuchen mit handelsüblichen Fungiciden hatten die Knollen der — hinsichtlich der Blattsymptome erfolgreich — gespritzten Parzellen nach mehrwöchiger Lagerung einen drei- bis viermal so hohen Braunfäulebefall wie die der ungespritzten. — Bei der Verwendung konzentrierter Spritzbrühen ergeben sich — besonders bei Flugzeugeinsätzen und in den Tropen — Schwierigkeiten, weil die Spritztröpfchen oft verdampfen, bevor sie die Blattflächen erreichen; Evans u. Geering verwenden mit Erfolg ein Additiv (Stearinsäure gelöst in stark flüchtigen Aminen), das einen molekularen Fettsäureüberzug als Schutz auf der Tropfenoberfläche erzeugt. Gale u. Poljakoff verhinderten Mehltaubefall auf Rüben durch das Aufsprühen einer transpirationshemmenden copolymeren Dispersion von Vinylacetat-acrylat-Estern; wahrscheinlich bildet das Präparat eine mechanische Barriere. Nach Mitchell u. Moore erfolgt auf Äpfeln kein Schorfbefall *(Venturia inaequalis)*, solange ein Dodine-Rückstand auf der Frucht- bzw. Blattoberfläche $0{,}75\ \mu\mathrm{g/cm^2}$ nicht unterschreitet. Die Feststellung [Fortschritte **23**, 445 (1961)], daß bei gezielter — kurativer — Schorfbekämpfung die Spritzbrühekonzentration auf die Hälfte bis ein Viertel herabgesetzt werden kann, wurde von Liebster bestätigt. Bei der Bekämpfung von Gefäßkrankheiten wurden Fortschritte erzielt. Die Fusarienwelke der Tomaten *(Fusarium oxysporum f. lycopersici)* wurde von Young durch Bodeninjektion 6 Wochen vor dem Pflanzen mit Vorlex (Methylisothiocyanat mit chlorierten C_3-Kohlenwasserstoffen) unterdrückt. Grossmann stellte die innertherapeutische Wirkung von Pektinase-Hemmstoffen, z. B. Rufiansäure, gegen den Welke-Erreger fest; er vermutet Hemmung der pectolytischen Ektoenzyme des Pilzes. Matta erzielte Erfolge gegen die Tomatenwelke durch Isomere des Dichlorcresoxy-penta-äthylenglycol und von Naphthalenessigsäure. Bodenbehandlung mit Oxyquinolinbenzoat hat nach Dimond einen systemischen Effekt gegen den Erreger der Ulmenkrankheit *(Ceratocystis ulmi)*. — Berichte über weitere systemisch wirkende Fungicide liegen vor. Nach *Corbaz* diffundiert das wasserlösliche Natriumdimethyldithiocarbamat nach Wurzelaufnahme in das Innere von Tabakpflanzen und verhindert 6 Wochen eine Blauschimmelinfektion. Aufnahme von Ethionin (4-Äthylthio-2-aminobuttersäure) durch die Wurzel hemmt nach ZENTMYER, MOJE u. MIRCETICH die Krebsentwicklung durch *Phytophthora cinnamomi* an *Persea indica* und *Avocado*. HILLS fand eine systemische Wirkung von p-Dimethylaminobenzoldiazo-natriumsulfonat in Rübensämlingen gegen *Aphanomyces cochlioides* Drechs.; ebenfalls systemisch wirken nach VAN ANDEL p- und m-Fluorphenylalanin gegen *Cladosporium cucumerianum* und *Aspergillus niger*.

Über neue Fungicide berichten BATES, SPENCER u. WAIN (2-Methyl-4,6-Dinitrophenol), BYRDE, CLIFFORD u. WOODCOCK (n-Alkylguanidinacetate), ECKERT (Nitrobenzolabkömmlinge), v. SCHMELING (N-Arylitakonimide), STODDARD u. MILLER (8-Hydroxyquinolinsulfat), DEKKER (Procainhydrochlorid), ECKERT u. KOLBEZEN (2-Aminobutan) u. a. CLINCH, COLLYER u. HIGGONS sowie BONNET, LAMBERT u. LHOSTE berichten über gute Mehltauwirkung eines Acaricids, während HACSKAYLER u. STEWART ein systemisches Insecticid mit Erfolg gegen *Rhizoctonia solani* einsetzten.

Rost- und Brandkrankheiten

Die Gelbrostepidemie des Jahres 1961 [Fortschritte **24**, 460 (1962)] hat erhebliche Verluste in ganz Europa verursacht. v. ROSENSTIEL beobachtete Ausfälle bis **37%**. HASSEBRAUK befürwortet als wichtigste Bekämpfungsmaßnahme die Beseitigung des Ausfallgetreides vor dem Auflaufen der Winterung. Sommergerste darf nicht neben Wintergerste, jedenfalls nicht in der Hauptwindrichtung, angebaut werden. Leguminosen als Vorfrucht sollen den Befall verstärkt haben (Stickstoff-Versorgung), während Kalkstockstoff im Februar (Verätzung der infizierten Herbstblätter) rostfreie Bestände ergab. Durch die rosthemmende Wirkung von Nickel-Komplexen (Nickel-Zineb) erzielte BOHNEN Mehrerträge bis **33,2%** und einen Mehrerlös vom 306 schweiz. Fr./ha. Nach CORBAZ waren Nickel-Präparate auch gegen Braunrost *(Puccinia recondita)*, nach HOBBS u. FUTRELL gegen Weizenschwarzrost *(P. graminis tritici)* wirksam. Nach FORSYTH ist bei niedrigerer Luftfeuchtigkeit die rosthemmende Wirkung der Nickel-Präparate geringer. ANDERSEN u. ROWELL berichten über Versuche, den D. I. (= duration index) von innertherapeutischen Rostbekämpfungsmitteln festzustellen. Der D. I. gibt die Zeit in Stunden an, nach der eine ausreichend wirkende Dosis (90—95%ige Wirkung 24 Std nach der Applikation) eines Mittels nur noch eine 50%ige Wirkung erkennen läßt. Nickel hat einen schlechten D. I., erfordert daher in der Praxis die Kombination mit einem "surface protectant" wie Zineb. — EVANS u. SAGGERS entdeckten in N-phenyl-N-3-sulfanylhydrazin ein systemisch wirkendes kuratives Rostbekämpfungsmittel,. Uredosporen von *Puccinia menthae* Pers. und *Uromyces valerianae* dienen in erheblichem Umfang den Larven von *Mycodiplosis sp.* als Nahrung; GOLENIA versucht, die Fliegenlarven zur biologischen Bekämpfung der an Pfefferminze auftretenden Krankheiten zu verwenden.

NIEMANN beurteilt die thermischen und anaeroben Verfahren zur Flugbrandbekämpfung bei Gerste und Weizen. Die Behandlungsdauer muß mit abnehmendem Wassergehalt verlängert werden. Bei niedrigen Temperaturen beruht die Wirkung vorwiegend auf anaerober Atmung;

mit steigender Temperatur tritt die direkte Wärmewirkung in den Vordergrund. Die Beizverfahren sind bei mittleren Temperaturen (25—35°C) am wenigsten schädigend; sie sind keimschonend, wenn dem Saatgut nur geringe Wassermengen zugeführt werden. Bei tiefen Temperaturen kann die Keimkraft durch Mikroorganismen geschädigt werden. — PURDY schlägt als neues Beizmittel gegen *Tilletia caries* und *T. contraversa* Tetrachlornitroanisol vor.

Die Blauschimmelkrankheit an Tabak

Die bis dahin in Europa noch nicht festgestellte Blauschimmelkrankheit an Tabak *(Peronospora tabacina* Adam) wurde 1958 nach England eingeführt. Im Folgejahr verbreitete sie sich von dort über große Teile des nördlichen europäischen Festlandes; 1960 überschwemmte der Erreger Mittel-, Ost- und Südeuropa sowie Nord-Afrika (KRÖBER). Die Wirkung war enorm: in Belgien wurden 1960 etwa 50% (DE BAETS), in der Bundesrepublik 60—70% Ernteverluste registriert (DREES). Als Folge ging 1961 der Anbau in der Bundesrepublik um 38% der Fläche zurück (KRÖBER u. MASSFELLER). In Süd-Europa traten die großen Schäden zuerst 1961 auf: die italienische Ernte sank von einem Durchschnittsgewicht von 77000 t auf 27000 t (ANONYM). Der Blauschimmel hat die alte Erfahrung bestätigt (KLINKOWSKI), daß ein Seuchenzug, sobald er ein bislang freigebliebenes Gebiet erstmalig erfaßt, sich durch besondere Dynamik auszeichnet. Während 1961 die Hauptschäden im Süden auftraten, verminderten sie sich in den bereits im Vorjahr betroffenen Gebieten; sie betrugen in dem genannten Jahr in der Bundesrepublik nur noch 1—2%. Dies ist aber nicht nur auf ein Nachlassen der Dynamik des Erregers zurückzuführen, sondern in erster Linie auf die sofort einsetzenden energischen Bekämpfungsaktionen. BÖNING empfiehlt als hygienische Maßnahmen Überwachung der Saatbeete und sofortige Vernichtung befallener Anzuchten. Nicht minder wichtig hat sich in Europa der Schutz der Feldbestände herausgestellt. Nach KRÖBER u. MASSFELLER sind Spritzungen mit Maneb hinsichtlich fungizider Wirksamkeit, Wirkungsdauer und Regenbeständigkeit anderen Wirkstoffen überlegen.

Antibiotica

Über die Anwendung von Antibiotica zur Bekämpfung pilzlicher Pathogene ist erfolgreich gearbeitet worden. Prophylaktisch verhinderte KREJČOVÁ die Sporenkeimung von *Monilia fructigena* auf Birnen mit Fungicidin. Bodenbehandlung mit Grizin (von *Actinomyces griseus*) vor dem Pflanzen führt nach KRASIL'NIKOV zu einem erheblichen Befallsrückgang von Kartoffelkrebs *(Synchytrium endobioticum)*. Gute Ergebnisse gegen *Verticillium*-Welke an Baumwolle erzielten ASKAROVA u. JOFFE mit Trichothecin. Gegen *Verticillium dahliae* verwendete BILAI Dendrochin. Stammendenfäule an Bananen *(Gloeosporium* und *Thielaviopsis)* wurde nach MARTINEZ, ANDRADE u. PUZZI mit Mycostatin zum mindesten ebenso gut wie mit den üblichen Fungiciden vernichtet. Gegen Echten Mehltau *(Sphaerotheca)* an Rosen erzielten MILLER und COYIER mit Actidion weitaus die besten Ergebnisse von allen Fungiciden. Nicht nur *Spaerotheca*, sondern auch *Actinonema rosae* (Sternrußtau) wird nach KÖHLER an Freilandrosen mit Actinomycin-Tetraen, Actidion u. a. wirkungsvoll bekämpft. Beide Präparate wirken systemisch — wichtig bei Knospeninfektionen — und sind bis zu 16 Tagen in den Pflanzen nachweisbar. — NOHARA, KODAMA u. AOYAMA hatten mit einer Mischung aus Naramycin und Zineb Erfolge gegen *Melampsora larici-populina* an Pappeln. Mit Cycloheximid-Derivaten wurde *Didymascella thujina* an *Thuja plicata* von PAWSEY im Frühjahr erfolgreich bekämpft. Nach VAN ARSDEL und MOSS führen Spritzungen mit Actidion im Jugendstadium der Nadeln zum Absterben von Wucherungen des Weymouthskiefernblasenrostes *(Cronartium ribicola)*. Im Zierpflanzenbau werden Antibiotica nach VALÁŠKOVÁ praktisch eingesetzt zur Bekämpfung verschiedener Mycosen an Begonien- und Hyazinthenknollen, von Botrytis an Tulpen und Pelargonien, von Mehltau an Begonien und Chrysanthemen sowie von Rostkrankheiten an Nelken. Zur Rückstandsfrage berichtet STARZYK, daß nach Spritzungen von Bohnen mit Acitidion nach 24 Std noch 61%, nach 26 Tagen 26% des ursprünglichen Spritzbelages vorhanden waren. Bei 100% rel. Luftfeuchtigkeit betrugen die Restmengen nach einem Tage noch 21%, nach 10 Tagen war nichts mehr festzustellen; bei Kirschen dauerte der Abbau auf die Hälfte 1–4 Tage. ZAHN bestätigte, daß phytotoxische Wirkungen des Streptomycin durch die Anwesenheit eines Überschusses von Metalljonen vermindert werden. — Da die biologische Bekämpfung bodenbürtiger pilzlicher Pathogene durch Zuführung von Antagonisten sehr schwer ist, haben MITCHELL u. ALEXANDER dem Boden Chitin (200 kg/ha) zugeführt, um Chitinase produzierende, also zur Auflösung von Pilzmembranen fähige Mikroorganismen zu fördern. Der Versuch verlief erfolgreich gegen Fusarien an Bohnen (Wurzelfäule) und Radies (Welkekrankheit).

Virosen

Virusfreie Reiser sind von einigen Obstsorten nur unter Schwierigkeiten zu bekommen. Versuche, durch Wärmebehandlung infizierter Reiser gesunde Triebe zu erhalten, sind erfolgreich verlaufen. CAMPBELL berichtet, daß Augen von viruskranken Apfelreisern nach einer Wärmeeinwirkung von 37°C über 10–21 Tage zwar noch infiziert waren; wenn er aber im Frühjahr die äußersten Spitzen (1 cm) derartig behandelter Zweige jungen Apfelsämlingen unter besonderen Vorsichtsmaßnahmen aufpfropfte, erhielt er mehr als ein Drittel virusfreier Triebe. POSNETTE et al. bekamen gesunde Pflanzen von infizierten Apfelreisern (Gummosis), Birnenreisern (Birnen-Adernmosaik sowie Rindennekrosis) und Quittenreisern (Stauchvirus) bei einer Dauer der Wärmeeinwirkung von 3–4 Wochen. — Nach BRIERLEY war der überwiegende Teil einer Nelkenpartie, die einen Monat bei 38°C kultiviert worden war, frei von Ringspot-, Mosaik- und Strichelvirus; zur Ausschaltung des mottle-Virus waren zwei Monate erforderlich. Eine zweistündige Warmwasserbehandlung von Zuckerrohrstecklingen bei 50°C gegen das ratoon-Stauchevirus war nach ADSNAR u. LÓPEZ-ROSA erfolgreich; LEE u. LIU drückten durch diese

Maßnahme den Befall von 97,5% auf 3,6%, durch eine achtstündige Heißluftbehandlung (54°C) auf 3,1% herab und erzielten Erntesteigerungen von 19,7 % bzw. 23,7%.

In Versuchen von YARWOOD u. HOLM vertrugen Tabak-Nekrosevirus, Gurken-Mosaik und Tomaten-Rattlevirus nach einer Wärmebehandlung damit infizierter Bohnen- und Erbsenblätter bei Folgebehandlungen höhere Temperaturen. Bei Überimpfung in andere Blätter ging die Resistenz verloren. — ULRYCHOVÁ-ŽELINKOVÁ erzielte mit 2-Amino-4-methyl-6-hydroxypyrimidin eine 98 bzw. 77%ige Hemmung von TMV. Auch CHIU u. SILL heben die therapeutische Wirkung einiger substituierter Pyrimidine sowie von Purinen gegen TMV und Getreidevirosen hervor. Die viricide Wirkung von Kuhmilch-Molke, Imanin, Mikrozidin und einigen Kulturfiltraten war unmittelbar nach der Infektion erheblich stärker als sechs Stunden danach (BOBȲR), während bei Granicidin keine zeitliche Wirkungsänderung eintrat. Die Verhinderung der Kontaktübertragung des TMV an Tomaten durch Magermilch wurde von HEIN bestätigt, während LUCAS und ANZALONE über die Hemmwirkung verdünnter Trockenmilch auf verschiedene Viren berichten.

Literatur

ADSNAR, J., and J. H. LÓPEZ-ROSA: J. Agric. Univ. P. R. **46**, 83—86, 87—90 (1962). — ANDEL, O. M. VAN: Nature (Lond.) **194**, 790 (1962). — ANONYM: Foreign Agric. **26**, 18 (1962). — ANDERSON, A. S., and J. B. ROWELL: Phytopathology **52**, 909—913 (1962). — ANZALONE, L.: Plant Dis. Reptr. **46**, 213—215 (1962). — ARSDEL, E. P. VAN: Plant Dis. Reptr. **46**, 306—309 (1962). — ASKAROVA, S., u. R. Y. JOFFE: Khlopkovodstvo **12**, 59—61 (1962).

BAETS, A. DE: Parasitica **18**, 8—24 (1962). — BATES, A. N., D. M. SPENCER and R. L. WAIN: Ann. appl. Biol. **50**, 21—32 (1962). — BILAI, V. I.: Microbiologie, Moskau **30**, 1023—1027 (1961). — BOBȲR, A. D.: J. Microbiol., Kiew **23**, 27—32 (1961). — BÖNING, K.: PflSchInform **4**, 1—4 (1962). — BOHNEN, K.: Pflanzenschutzberichte Dr. MAAG Nr. 2, 33 (1962). — BONNET, R., J. LAMBERT et J. LHOSTE: C. R. Acad. Agric. Fr. **48**, 347—353 (1962). — BRIERLEY, P.: Ref. in Phytopathology **52**, 163 (1962). — BYRDE, R. J. W., D. R. CLIFFORD and D. WOODCOCK: Ann. appl. Biol. **50**, 291—298 (1962).

CAMPBELL, A. I.: Nature (Lond.) **195**, 520 (1962). — CHIU, R., and W. H. SILL JR.: Phytopathology **52**, 432—438 (1962). — CLINCH, P. G., J. COLLYER and D. J. HIGGONS: Proceed. Brit. Ins. a. Fung. Conf. (1961) 471—482 (1961). — CORBAZ, R.: Phytopath. Z. **44**, 101—103 (1962); Agric. rom., Sér. A. **1**, 44—45 (1962). — COYIER, D. L.: Diss. Abstr. **22**, 1787 (1961).

DEKKER, J.: Meded. LandbHogesch. Gent **26**, 1378—1384 (1961). — DIMOND, A. E.: Front. Plant Sci. **14**, 4—5 (1962). — DREES, H.: Gesunde Pflanzen **15**, 15—16 (1963).

ECKERT, J. W.: Phytopathology **52**, 642—694 (1962). — ECKERT, J. W., and M. J. KOLBEZEN: Nature (Lond.) **194**, 888—889 (1962). — EVANS, E., and Q. GEERING: World Crops **14**, 260—263 (1962). — EVANS, E., and D. T. SAGGERS: Nature (Lond.) **195**, 619—620 (1962).

FEHRMANN, H.: Phytopath. Z. **46**, 371—408 (1963). — Forsyth, F. R.: Can. J. Bot. **40**, 415—423 (1962).

GALE, J., and A. POLJAKOFF-MAYBER: Phytopathology **52**, 715—717 (1962). — GOLENIA, A.: Biul. państw. Inst. Nauk. lecz. Surow. Roš. Poznań **7**, 239—246 (1961). — GROSSMANN, F.: Phytopath. Z. **45**, 139—159 (1962).

HACSKAYLER, J., and R. B. STEWART: Phytopathology **52**, 371—372 (1962). — HASSEBRAUK, K.: Nachr.bl. dtsch. Pflanzenschd., Braunschweig **14**, 22—26 (1962). — HEIN, A.: Phytopath. Z. **42**, 263—271 (1961). — HILLS, F. J.: Phytopathology

52, 389—392 (1962). — Hobbs, C. D., and M. C. Futrell: Phytopathology 52, 736 (1962).

Klinkowski, M.: Biol. Zbl. 81, 75—89 (1962). — Köhler, H.: Zbl. Bakt. II. Abt. 115, 512—524 (1962). — Krasil'nikov, N. A.: Vestn. Mosk. Univ. Ser. biol. (1962) 3—25 (1962). — Krejčová, J.: Folia microbiol., Prag 6, 66—69 (1961). — Kröber, H.: Nachr.bl. dtsch. Pflanzenschd., Braunschweig 13, 69—70 (1961). — Kröber, H., u. D. Massfeller: Nachr.bl. dtsch. Pflanzenschd., Braunschweig 13, 49—54 (1961); 14, 107—109, 113—118 (1962).

Lee, S. M., and H. P. Liu: Rep. Taiwan Sug. Exp. Sta. 25, 111—118 (1961). — Liebster, G.: Erwerbsobstbau 2, 68—70 (1960). — Lucas, G. B.: Ref. in Phytopathology 52, 19 (1962).

Martinez, J. A., A. C. Andrade y D. Puzzi: Arq. Inst. biol., S. Paulo 28, 199—213 (1961). — Matta, A.: Riv. Pat. veg. Pavia, Ser. 3, 2, 234—244 (1962). — Miller, H. N.: Proc. Fla hort. Soc. 74, 400—404 (1962). — Mitchell, J. E., and J. D. Moore: Phytopathology 52, 572—580 (1962). — Mitchell, R., and M. Alexander: Plant Dis. Reptr. 45, 487—490 (1961). — Moss, V. D.: For. Sci. 7, 380—396 (1961).

Niemann, E.: Angew. Bot. 36, 1—15 (1962). — Nohara, Y., T. Kodama and Y. Aoyama: Bull. For. Exp. Sta. Meguro 139, 177—180 (1962).

Pawsey, R. G.: Nature (Lond.) 194, 109 (1962). — Posnette, A. F., R. Cropley and L. D. Wolfswinkel: Rep. E. Malling Res. Sta. 1960—1961, 94—96 (1962). — Purdy, L. H.: Ref. in Phytopathology 52, 25—26 (1962).

Rosenstiel, K. v.: Angew. Bot. 36, 16—24 (1962).

Schmeling, B. v.: Phytopathology 52, 819—827 (1962). — Starzyk, M. J.: Diss. Abstr. 22, 2937—2938 (1962). — Stoddard, E. M., and P. M. Miller: Plant Dis. Reptr. 46, 258—259 (1962).

Ulrychová-Zelinková, M.: Biol. Plant. Acad. Sci. bohemosl. 2, 240—243 (1960).

Valásková, E.: Za sots sel.-Khoz. Nauk 11, 155—162 (1962).

Yarwood, C. E., and E. W. Holm: Phytopathology 52, 709—712 (1962). — Young, P. A.: Plant Dis. Reptr. 46, 151 (1962).

Zahn, G.: Phytopath. Z. 45, 345—363 (1962). — Zentmyer, G. A., W. Moje and S. M. Mircetich: Ref. in Phytopathology 52, 34 (1962).

24. Holzkrankheiten und Holzschutz

Von HERBERT ZYCHA, Hann. Münden

1. Natürliche Dauerhaftigkeit

In einer vergleichenden Prüfung mit 28 holzzerstörenden Pilzarten konnte IGARASHI nachweisen, daß das Kernholz von *Abies sachalinensis* wesentlich widerstandsfähiger ist als das von *Picea jezoensis*, welchem als Bauholz die gleiche große wirtschaftliche Bedeutung zukommt. Von 7 eingehend untersuchten Holzarten aus Neu-Guinea (KONING-VROLIJK u. Mitarb.) erwies sich bei der Prüfung des Kernholzes mit 3 Pilzarten *Alstonia scholaris* als leicht angreifbar und *Manilkara fasciculata* als besonders pilzfest. — Eichenholz, welches etwa 1000 Jahre in einem Moor lag, wurde von *Coniophora cerebella* und *Polyporus versicolor* genau so wenig wie frisches Kernholz von *Quercus petraea* angegriffen. Gegenüber *Daedalea quercina* erwies sich das alte Holz als weniger widerstandsfähig [SCHULTZE-DEWITZ (1)]. Der gleiche Autor (2) fand — im Gegensatz zu anderen Autoren —, daß Kernholz von *Taxus baccata* sehr resistent ist und (3), daß Kernholz von in Deutschland gewachsenem *Sequoiadendron giganteum*, sowie von *Taxodium distichum* wesentlich weniger pilzfest ist als solches von *Sequoia* spec., sowie von *Taxodium distichum* aus den USA. Die bei solchen Untersuchungen auftretenden Widersprüche sind z. T. darin begründet, daß Alter, Lage im Stamm und die weitere Behandlung des Holzes von Einfluß auf die pilzhemmenden Stoffe sind. Die Versuche, solche Stoffe zu erfassen, setzte RUDMAN (1) fort. Durch fraktionierte Extraktion und weitere Prüfung konnte er nachweisen, daß offenbar gewisse Polyphenole die hohe Pilzresistenz einzelner *Eucalyptus*-Arten bedingen. Der Mangel an diesen Stoffen im nicht resistenten Holz von *E. regnans* erhärtet den Befund. Auch im Kernholz von *Sequoia sempervirens* bedingen mit Wasser extrahierbare Stoffe die Resistenz, während Aceton-Extraktion die Anfälligkeit des Holzes nicht herabsetzt, wie ANDERSON, DUNCAN u. SCHEFFER nachwiesen.

Untersucht man auf einem von Hemmstoffen befreiten Sägemehl den Einfluß gewisser Pflanzenstoffe auf deren Pilzwidrigkeit [RUDMAN (2)], so zeigt sich, daß Thujaplicin sowie Pyrogallol das Pilzwachstum stark hemmen, im Gegensatz zu Taxifolin, Quercetin, Gallussäure, Vanillin u. a. Es darf hierbei jedoch nicht übersehen werden, daß einzelne als Kernholzzerstörer bekannte Pilze in der Lage sind derartige „Schutzstoffe" zu entgiften (LYR).

Da die Empfindlichkeit der Pilzarten gegenüber gewissen Holzbestandteilen sehr verschieden ist, kommt manchen Hölzern eine selektive Wirkung auf die Pilzflora zu, die insbesondere bei ganz frischem

Holz sehr auffallend ist, jedoch durch Alterung, Erhitzung oder dgl. verlorengeht. Vor einigen Jahren hat RISHBETH dies für *Fomes annosus* auf frischem Kiefernholz nachgewiesen. Nun zeigte ETHERIDGE, daß *Stereum sanguinolentum* auf frischem Holz von *Abies balsamea* wesentlich besser wächst als andere geprüfte Pilzarten, was für die natürliche Infektion des Holzes von großer Bedeutung sein kann.

2. Holzzerstörung durch Basidomyceten

Da bei den holzzerstörenden Pilzen die Grenze zwischen Parasiten und Saprophyten nicht streng zu ziehen ist, sind in der neuen Auflage des SORAUER (Handbuch der Pflanzenkrankheiten) alle wichtigen holzzerstörenden Hymenomyceten bearbeitet (ZYCHA). Eine Zusammenstellung der in Mittelböhmen an Stubben von Fichten, Kiefern und Laubbäumen gefundenen Pilze gibt LEONTOVYČ. Neben den Fruchtkörpern untersuchte er das Mycel, welches er in künstlichen Holzeinschnitten nach Art der Cholodny-Platten 14 Tage auf eingelegte Glasplatten aufwachsen ließ.

Der Nachweis einer Holzfäulnis im Inneren stehender Stämme wird vielfach mit Hilfe von Bohrkernen vorgenommen, welche man mit einem Presslerschen Zuwachsbohrer entnimmt. Die hierdurch entstehende Holzbeschädigung ist nicht unerheblich und führt leicht zu Pilzinfektionen (SCHÖPFER). Neuerdings wurden erfolgversprechende Versuche mit einem Stichgerät durchgeführt, welches den Baum nur unbedeutend beschädigt und den Verlust des Holzes an Festigkeit anzeigt (ZYCHA u. DIMITRI).

Über die Veränderung der Holzsubstanz durch die Einwirkung von Mikroorganismen wird an vielen Stellen gearbeitet. Elektronenoptisch konnte nachgewiesen werden, daß Braunfäulepilze häufig in der Sekundärwand kleine rautenförmige Auflösungsstellen hervorrufen und die Hyphen von Weißfäuleerregern meist von einem mehr oder weniger breiten Auflösungshof umgeben sind, in dem auch die Tertiärwand angegriffen ist. Bei *Trametes pini* („Weißlochfäule") zeigte sich nicht nur ein charakteristisches Angriffsbild, sondern es wurden hier auch eigenartige „Mikrohyphen" (0,1—0,4 μ Durchmesser) gefunden (LIESE u. SCHMID).

Die bisherigen Kenntnisse über die chemischen Veränderungen, welche Organismen an der Holzsubstanz hervorrufen, hat SEIFERT (1) zusammengefaßt.

KAWASE analysierte von einer großen Zahl verschiedener Bäume Holz, welches unter natürlichen Verhältnissen von bekannten Pilzen angegriffen worden war, wobei die Rohdichte einen Anhaltspunkt für den Grad der Zerstörung gab. Die ermittelten zahlreichen Werte, insbesondere über das Verhältnis von Holocellulose zu Lignin, geben einen interessanten Überblick. KAYAMA konnte zeigen, wie schnell die Braunfäulepilze Cellulose und Polysaccharide abbauen, während dieser Vorgang bei Weißfäulepilzen nur sehr langsam vor sich geht. An entharztem, gedarrtem Kiefernholz studierte SEIFERT (2) den Abbau des Holzes durch *Coniophora cerebella* im Laborversuch. Dieser Braunfäulepilz greift zwar vorwiegend die Cellulose an, doch können auch etwa 10% des Lignins abgebaut werden. Es konnte ferner gezeigt werden, daß die zunehmende Alkalilöslichkeit als deutlichstes Zeichen für den Beginn einer Holzzerstörung zu betrachten ist. Die Untersuchungen von Fuse u. Mitarb. weisen nicht nur auf die gleiche Bedeutung der Alkalilöslichkeit hin, sondern zeigen auch, daß der Verlust an mechanischer Festigkeit in gleicher Weise die ersten Stadien der Holzzerstörung deutlicher erkennen läßt als der Gewichtsverlust.

3. Andere holzbewohnende Mikroorganismen

Holzangreifende Bakterien isolierten Knuth u. McCoy aus in Süßwasser lagerndem Kiefernholz. 14 Arten von Pyrenomyceten und Imperfekten konnte Jones an Holzproben verschiedener Art finden, welche er an den Küsten Englands im Meerwasser aussetzte.

Kirschsteiniella thujina (Peck) Pom. et Ether. *(= Amphisphaeria th.)* ist ein Bläuepilz, welcher nicht in den Markstrahlzellen, sondern nur in den Tracheiden, vor allem des Kernholzes, von *Abies balsamea* wächst. An stehenden Stämmen findet man ihn an toten Ästen, von wo aus er — seltener auch von Gipfelbruchwunden — in das Stammholz, aber nur in Verbindung mit einem holzzerstörenden Pilz, einzudringen scheint. Die Art dieses Zusammentreffens ist noch nicht geklärt, da Laborversuche mit Holz gezeigt haben, daß ein Vorbefall durch den Bläuepilz das Wachstum des häufigsten Holzzerstörers *(Stereum sanguinolentum)* sehr beeinträchtigt (Pomerleau u. Etheridge). An *Pinus contorta*-Stämmen, welche von dem Borkenkäfer *Dendroctonus monticolae* befallen sind, werden von den Käfern erst Hefen und der Bläuepilz *Ceratocystis montia* verschleppt; später führt im geschwächten Stamm vor allem *Leptographium* spec. zu völliger Verblauung des Splintholzes (Robinson).

Die Moderfäule, welche sich bei hoher Feuchtigkeit an Nutzholz einstellt, gewinnt zunehmend an Bedeutung. Liese untersuchte die Widerstandsfähigkeit einer größeren Zahl von Holzarten. Der natürlichen Infektion in Kühltürmen ausgesetzt, zeigten alle gebräuchlichen einheimischen Holzarten einen starken Pilzangriff. Den größten Gewichtsverlust nach 12 Monaten hatten jedoch Eichensplint- und -kernholz, sowie das Holz von Buche und Fichte. In Laboratoriumsversuchen, welche allerdings nur eine Zeit von 8 Wochen umfaßten, wurden sowohl im Erde-Klötzchen-Verfahren als auch im Kolleschalen-Versuch mit einem Mineralsalzagar die Nadelholzproben von *Chaetomium*-Arten kaum angegriffen, während Buche und Eiche etwas stärkeren Gewichtsverlust aufwiesen. Bei einer Prüfung des Holzes von 23 einheimischen Baumarten mit Reinkulturen von *Chaetomium globosum* bzw. *Alternaria tenuis* bzw. *Phialophora* spec. zeigte den größten Gewichtsverlust das Holz von *Salix* spec., *Betula verrucosa, Carpinus betulus* und *Fagus silvatica.* Kernholz von *Robinia pseudacacia* und *Platanus occidentalis* erwiesen sich als relativ widerstandsfähig. Die Nadelholzproben zeigten fast durchweg keinen Gewichtsverlust, doch ist es möglich, daß hier unter „natürlichen" Verhältnissen andere Pilzarten eine größere Rolle spielen. Eine Reihe von tropischen Holzarten wurde in Indien im Außen- und Laborversuch geprüft. Im Feldversuch hat sich *Bombax malabaricum* als besonders resistent erwiesen.

4. Holzschutz

Der Holzschutz, dessen Geschichte von der ältesten Zeit bis heute BAVENDAMM kurz zusammengefaßt hat, ist um zwei Lehrbücher bereichert worden. LANGENDORF (1) behandelt für den Techniker den Holzschutz mit allen seinen Randgebieten (Biologie, Chemie, Physik) in gedrängter Form; FINDLAY verdanken wir ein kurzes, klares Lehrbuch, in dem die Schädlinge zwar nur kurz, die Schutzmittel und Schutzverfahren aber ausführlich behandelt werden. Eine Übersicht über die Probleme der Holzzerstörung durch Pilze und Insekten bei Lagerung und Gebrauch geben mit ausführlichen Literaturhinweisen ZABEL u. RAYMOND. In vielen Ländern gewinnt der Holzschutz dadurch an Bedeutung, daß die dauerhaften Holzarten nicht mehr in der erforderlichen Menge zur Verfügung stehen. KEATING berichtet über die heute in Australien sich einbürgernden Verfahren zum Schutz von *Eucalyptus*-Holz. In den meisten tropischen Gebieten muß sich der Schutz des Holzes bei Transport und Lagerung auf einfache Anstrichverfahren mit billigen Schutzmitteln beschränken (Indien: PURUSHOTHAM). In Indonesien haben LIESE u. MARTAWIDJAJA Eindringtiefe und Aufnahme von Schutzmittellösungen bei verschiedenen Laub- und Nadelhölzern bestimmt. Bei Anstrich oder Trogtränkung nahm *Pinus merkusii* am leichtesten die Tränklösung auf; auch *Agathis loranthifolia* ließ sich gut tränken. — Wirtschaftlich besonders bedeutsam ist der Schutz von Eisenbahnschwellen aus Holz. G. SCHULZ hat die bei der Deutschen Bundesbahn üblichen Schutzverfahren zusammengestellt und auch Versuche mit einer Nachbehandlung älterer Schwellen mit Schutzsalzen mitgeteilt.

Die Tränkbarkeit des Holzes hängt von vielen Faktoren ab. So ist das Kernholz der Douglasie von Standorten im westlichen Oregon durchlässiger als das im östlichen Gebiet gewachsene (MILLER), und das in Finnland 2—7 Wochen in Wasser gelagerte Kiefernholz ist besser tränkbar als trocken gelagertes (SUOLAHTI). Auffallend ist, daß bei *Cryptomeria japonica* die Übergangzone von Splint zu Kern in Längsrichtung eine wäßrige Schutzmittellösung besonders gut eindringen läßt (NISHIMOTO u. KATAOKA).

Zu einer Rationalisierung der Tränkverfahren ist es erforderlich, die Schutzmittelaufnahme und -verteilung im Holz genauer als bisher zu verfolgen. So versucht BOSSHARD die Ölverteilung in Buchenholzschwellen durch Untersuchung von Schnitten unter dem Fluorescenzmikroskop genau nachzuweisen, und LANGENDORF (2) weist auf die Möglichkeiten der Anwendung radioaktiver Isotopen für ähnliche Holzschutzuntersuchungen hin.

Von neueren Verfahren ist bemerkenswert, daß HENRIKSSON u. Mitarb. gute Erfahrungen mit dem Wechseldruckverfahren machten, einem Kesseldruckverfahren, bei dem mit einer schnellen Folge von Druck und Vakuum gearbeitet wird und mit dem sich auch Fichtenholz mit einer wäßrigen Schutzsalzlösung gut tränken läßt. Die bei Masten besonders gefährdete Zone am Austritt aus dem Boden wird nach GEWECKE bei dem üblichen Trogsaugverfahren zusätzlich dadurch geschützt, daß an der entsprechenden Stelle Bohrlöcher angebracht werden, durch welche nach Beendigung der Normaltränkung zusätzlich eine höher konzentrierte Schutzsalzlösung über aufgelegte Tücher eingesaugt wird.

RENNERFELT teilt die Ergebnisse eines 18jährigen schwedischen Versuches mit imprägnierten, im Boden eingesetzten Holzstäben (5 × 2 × 50 cm) mit. Mehr als 80% ihrer Biegefestigkeit hatten Stäbe aus Kiefernsplintholz ungetränkt nach 2–4 Jahren verloren, während je nach Art und Menge des Schutzmittels getränkte Stäbe dieses Stadium erst nach einer wesentlich längeren Zeit erreichten.

Eine Prüfung der Wirksamkeit von Holzschutzmitteln im Laboratorium kann stets nur relative Werte ergeben. Man ist daher bemüht, die in verschiedenen Ländern üblichen Verfahren zu vergleichen. Alle im Festlands-Europa üblichen Prüfmethoden zur Bewertung der Wirksamkeit gegen Fäulnis, Moderfäule, Bläue oder Insektenbefall, sowie die Methoden der Prüfung von Eindringung, Verdunstung und Auswaschbarkeit hat HOF zusammengestellt. Ein Vergleich der deutschen Kolleschalen-Methode mit dem amerikanischen Erde-Klötzchen-Verfahren (THEDEN) ergab, daß bei letzterem die Pilze stets eine etwas höhere Schutzmittelkonzentration vertragen. Geringfügige Schwankungen von Eigenschaften der Versuchshölzer beeinträchtigen dabei in allen Fällen den Aussagewert der Prüfungen. Kehrt man zu den historischen Schwammkeller-Versuchen zurück, die GERSONDE in moderner Gestaltung mit Abschnitten von Fußbodendielen durchführte, so zeigt sich, daß in diesem feuchten, aber doch luftigen Milieu *Merulius lacrymans* und *Coniophora cerebella* relativ unempfindlich gegenüber Schutzmitteln sind, so daß die „Grenzkonzentrationen" hier wesentlich höher liegen als die nach dem Kolleschalen-Verfahren ermittelten.

Näheres über die Prüfung der bläuewidrigen Wirkung von Anstrichmitteln erfahren wir von BUTIN, der vor allem eine Freilandbewitterung empfiehlt, der er Zaunlattenabschnitte $^1/_2$–1 Jahr aussetzt, da die Laboratoriumsprüfungen eine zu milde Bewertung ergeben.

Gute Erfahrungen mit der Kolleschalen-Methode bei der Prüfung von Schutzmitteln gegen Moderfäule machten SCHULZ u. RIEWENDT. Sie stellten jedoch fest, daß die üblichen Laborversuche mit Buchenholz andere Bewertungen ergeben als die Beobachtungen an Kiefernsplintholz unter den Bedingungen eines Kühlturms.

Literatur

ANDERSON, A. B., C. G. DUNCAN and T. C. SCHEFFER: For. Prod. J. **12**, 311—312 (1962).

BAVENDAMM, W.: Holz-Ztrbl. Stuttgart **88**, 982 (1962). — BOSSHARD, H. H.: Mitt. Dtsch. Ges. Holzforsch. Stuttgart H. **48**, 62—68 (1961). — BUTIN, H.: Mitt. Dtsch. Ges. Holzforsch. Stuttgart H. **48**, 14—17 (1961).

ETHERIDGE, D. E.: Canad. J. Bot. **40**, 1459—1462 (1962).

FINDLAY, W. P. K.: The preservation of timber. 162 S. London: Black Ltd. 1962. — FUSE, G., N. SHIRAISHI and K. NISHIMOTO: Wood Res., Bull. No. 26 Wood Res. Inst. Kyoto Univ. 49—66 (1961).

GERSONDE, M.: Ber. a. d. Bauforsch. H. 26, Holzschutz im Bauwes. (2. Heft) 57—65 (1962). — GEWECKE, H.: Mitt. Dtsch. Ges. Holzforsch. Stuttgart, H. 48, 79—83 (1961).

HENRIKSSON, S. T., H. BELLMANN u. J. BENKER: Mitt. Dtsch. Ges. Holzforsch. Stuttgart, H. 48, 84—88 (1961). — HOF, T.: Ann. Concenttion T. N. O. Delft, 19 S. (1962).

IGARASHI, T.: Res. Bull. Coll. Exp. For. Hokkaido Univ. 21, 203—218 (1962). JONES, E. B. G.: Trans. Brit. Mycol. Soc. 45, 92—114 (1962).

KAWASE, K.: J. Facul. Agr. Hokkaido Univ. Sapporo 52, 186—245 (1962). — KAYAMA, T.: J. Japan. Wood Res. Soc. (Meguro) 8, 29—37 (1962). — KEATING, W. G.: Emp. For. Rev. (Lond.) 41, 19—34 (1962). — KNUTH, D. T., and E. McCOY: For. Prod. J. 12, 437—442 (1962). — KONING-VROLIJK, G. M. C., S. M. JUTTE and T. HOF: Nova Guinea, Bot. (Leiden, NL.) No. 10, 137—175 (1962).

LANGENDORF, G.: (1) Handbuch für den Holzschutz. 330 S. Leipzig: VEB-Fachbuchverlag 1961; — (2) Holztechnologie (Dresden) 2, 87/93 (1961). — LEONTOVYČ, R.: Výsk. Ústav Lesného Hosp. Pčsapv Banská Štiavnica 243—295 (1961). — LIESE, W.: Mitt. Dtsch. Ges. Holzforsch. Stuttgart H. 48, 18—28 (1961). — LIESE, W., u. A. A. MARTAWIDJAJA: Holz Roh- u. Werkstoff 20, 438—443 (1962). — LIESE, W., u. R. SCHMID: Angew. Bot. 36, 291—298 (1962). — LYR, H.: Nature (Lond.) 195, 289—290 (1962).

MILLER, D. J.: For. Prod. J. 11, 14—16 (1961).

NISHIMOTO, K., and S. KATAOKA: Wood Res., Bull. No. 28 Wood Res. Inst. Kyoto Univ. 50—57 (1962).

POMERLEAU, R., and D. E. ETHERIDGE: Mycologia 53, 155—170 (1961). — PURUSHOTHAM, A.: Mitt. Dtsch. Ges. Holzforsch. Stuttgart, H. 48, 29—31 (1961).

RENNERFELT, E.: Mitt. Dtsch. Ges. Holzforsch. Stuttgart, H. 48, 69—72 (1961). — RISHBETH, J.: Trans. Brit. mycol. Soc. 42, 243—260 (1959). — ROBINSON, R. C.: Canad. J. Bot. 40, 609—614 (1962). — RUDMAN, P.: (1) Holzforsch. 16, 56—61 (1962); (2) Holzforsch. 16, 74—77 (1962).

SCHÖPFER, W.: Allg. Forst- u. Jagdztg. 133, 43—49 (1962). — SCHULTZE-DEWITZ, G.: (1) Holztechnologie (Dresden) 3, 266—268 (1962); (2) Holztechnologie (Dresden) 3, 142—144 (1962); — (3) Drevársky Výsk. (Bratislava) 4, 293—305 (1962). — SCHULZ, G.: Eisenbahntechn. Rundschau 371—384 (1962). — SCHULZ, O. W., u. M. RIEWENDT: Holz Roh- u. Werkstoff 20, 105—114 (1962). — SEIFERT, K.: (1) Holzforsch. 16, 78—91 (1962); (2) Holzforsch. 16, 102—113 (1962). — SUOLAHTI, O.: Mitt. Dtsch. Ges. Holzforsch. Stuttgart, H. 48, 89—92 (1961)

THEDEN, G.: Mitt. Dtsch. Ges. Holzforsch. Stuttgart, H. 48, 9—13 (1961).

ZABEL, R. A., and R. A. ST. RAYMOND: Fifth World For. Congr. proceed. (Seattle 1960) 12 S. (1961). — ZYCHA, H.: Hymenomycetes. In: SORAUER, Handbuch der Pflanzenkrankheiten 3. Bd. 6. Aufl. 550—679. Berlin u. Hamburg: Parey 1962. — ZYCHA, H., u. L. DIMITRI: Forstwiss. Ctrbl. 81, 222—230 (1962).

25. Antibiotica

Von Hans Zähner, Zürich

Zur Systematik der Antibiotica-Bildner

Unter den Antibiotica-Produzenten spielen immer noch die Actinomyceten die größte Rolle und damit ist auch der Systematik dieser Organismen besondere Beachtung zu schenken. Verschiedene Fragenkomplexe haben dabei Bedeutung erlangt [vgl. auch Fortschritte der Botanik **21**, 438 (1959)]:

1. Anwendung des Nomenklaturcode: Die *Actinomycetales* sind nach dem "International Code of Nomenclature of Bacteria and Viruses", Ames Iowa, 1959, zu behandeln. Auf dem Gebiet der Genera hat die eingehende Untersuchung von Lessel Klarheit geschaffen. Für die Fixierung der Arten sind die anläßlich des 8. Internat. Kongr. Mikrobiol., Montreal, Canada 1962, gefaßten Beschlüsse des Subcommittee on Taxonomy of the Actinomycetales des International Committee on Bacteriological Nomenclature von großer Bedeutung. Diese Beschlüsse beziehen sich vorläufig nur auf die Streptomyceten, doch handelt es sich dabei um die artenreichste Gattung. Auf internationaler Basis soll das Studium und die Neubeschreibung aller erhältlichen Typuskulturen vorgenommen werden. Wo authentische Kulturen fehlen, sollen Neotypen bezeichnet werden. Ungenügend beschriebene Taxa sind als "Nomina rejicienda" zu verwerfen. Vorarbeiten auf diesem Gebiet stellen die Arbeiten von Pridham u. Lyons, Waksman und Hütter (1, 2, 3) dar. Ein zentrales Depot für Typuskulturen wird beim Centraalbureau voor Schimmelcultures (CBS) in Baarn errichtet. Subdepots werden bei der American Type Culture Collection (ATCC) in Washington D. C., am Institut für Mikrobiologie in Moskau und am National Institute of Health in Tokyo errichtet.

2. Die Zuverlässigkeit der verschiedenen, für die Charakterisierung von Actinomyceten verwendeten Kriterien ist überprüft worden. Die physiologischen Merkmale haben sich im allgemeinen als wenig stabil erwiesen und sind für die Systematik erst auf der Stufe der Subspecies und der Infrasubspecies von Bedeutung. An erster Stelle für die Familien-, Gattungs- und Arten- (und auch Artgruppen)einteilung haben die morphologischen Kriterien Bedeutung [Pridham, Hesseltine, Gottlieb, Hütter (1, 2, 3), Hütter u. Mitarb., Krassilnikov u. Mitarb., Sveshnikova u. Mitarb., Waksman].

Um die zahlreichen bekannten Teste und Nährmedien auf ein erträgliches Maß zu beschränken und eine Vereinheitlichung der Beschreibungen zu erreichen, haben sich die Mitglieder des Subcommittee on Taxonomy of Actinomycetales auf ein Minimum von Kriterien geeinigt, das als Information in jeder Beschreibung eines Actinomyceten enthalten sein soll. Dieses umfaßt: Morphologie der sporentragenden Hyphen, Zahl der Sporen, Form der Sporangien, Begeißelung der Sporen, Fähigkeit der Luftmycelbildung, Ort der Conidienbildung, Mycelfragmentierung, Sklerotienbildung, Morphologie der Sporenoberfläche im Elektronenmikroskop, Registrierung aller markant auftretenden Farben, Melaninbildung, Verwertung einer beschränkten Anzahl von Kohlenstoffquellen, Temperaturbedürfnisse, Mikroärophilie, Lysozymempfindlichkeit. Die Brauchbarkeit der verwendeten Kriterien für die Trennung von Gattungen und Arten ist nicht festgelegt worden.

Die Beschränkung auf eine kleine Zahl von Kriterien steht im Gegensatz zu den Tendenzen der sog. „Computer-Taxonomie", wie sie neuerdings für *Actinomycetales* von GILARDI u. Mitarb., HILL u. Mitarb., SILVESTRI u. Mitarb., HILL u. SILVESTRI, MÖLLER und BOJALIL u. Mitarb. propagiert wird.

3. Die Verwandtschaftsbeziehungen innerhalb der *Actinomycetales* sind von HESSELTINE kritisch zusammengefaßt worden. Weiteren Einblick bieten die neuaufgefundenen Formen, die als Bindeglieder zwischen divergierenden Entwicklungstendenzen aufgefaßt werden können: *Micropolyspora* (LECHEVALIER u. Mitarb.), *Microellobosporia* (CROSS u. LECHEVALIER). Auch die Ergebnisse der genetischen Studien werden zur Aufklärung der verwandtschaftlichen Beziehungen beitragen [vgl. Ann. N. Y. Acad. Sci. **81**, Art. 4, 805—1016 (1959)].

4. Die Beziehungen zwischen der gebildeten Substanz und der Systematik der Organismen sind Gegenstand der Chemotaxonomie, die durch die Arbeiten von HEGNAUER neuen Auftrieb erhalten hat. Bei den Antibiotica besteht eine ausgesprochene Spezifität in der Art des gebildeten Antibioticums, so lange große systematische Einheiten miteinander verglichen werden; z. B. finden sich von den über 600 Antibiotica aus Actinomyceten nur 2 Stoffe auch noch bei andern Organismen: Nebularin = 9 β-D-Ribofuranosylpurin (LÖFGREN u. LÜNING, ISONO u. SUZUKI) bei Actinomyceten und Pilzen, β-Nitropropionsäure = Bovinocidin = Hiptagensäure bei Actinomyceten (ANZAI u. SUZUKI), Pilzen (BIRCH u. Mitarb.) und Phanerogamen (MORRIS u. Mitarb.). Nach ANCHEL u. Mitarb. ist auch die Bildung der Diatretyne wahrscheinlich auf eine einzige Familie der Basidiomyceten, auf die *Agaricaceae* sensu Cato beschränkt. Werden aber kleinere systematische Einheiten (Arten und teils auch bei Gattungen) miteinander verglichen, so werden die Beziehungen zwischen Artzugehörigkeit und Antibioticabildung sofort verwirrend kompliziert.

Antibiotica-Biogenese

Die von WOODWARD aufgestellte Hypothese der Magnamycin-Biogenese [vgl. Fortschritte der Botanik **21**, 442 (1959)], die einen Aufbau aus 8 Acetateinheiten und einer Propionateinheit postulierte, hat durch die

Arbeiten von GRISEBACH u. Mitarb. (1, 2, 3) einige Korrekturen erfahren. Neben der Propionateinheit sind am Aufbau des Lactonringes nur 6 Acetateinheiten beteiligt, während das fehlende C-4-Stück direkt aus der Glucose übernommen wird. GRISEBACH u. Mitarb. (4, 5) untersuchten auch die Herkunft des C-Gerüstes der Zucker, und sie konnten zeigen, daß das C-Gerüst mit Ausnahme der verzweigten Methylgruppe in der Mycarose, direkt, ohne Trennung der C-C-Kette aus der Glucose stammt.

Die Methylgruppe der Mycarose wird vom Methionin geliefert. Der Isovaleriansäurerest des Magnamycins geht auf L-Leucin zurück [GRISEBACH u. Mitarb. (6)]. In der Formel I ist die Herkunft der verschiedenen C-Atome des Magnamycins zusammengestellt.

Wirkungsweise von Antibiotica

STROMINGER (1, 2) stellt die Kenntnisse über die Zellwandsynthese der Bakterien neu zusammen und ordnet die, die Zellwandsynthese hemmenden Antibiotica Penicillin, Bacitracin, Novobiocin und Cycloserin in das gewonnene Bild ein. Das Schema 1 gibt einen Überblick über die Wirkung dieser Antibiotica.

Die Antibiotica Actinomycin (BROCKMANN) und Mitomycin greifen in den Nucleinsäurehaushalt ein. Verschiedene Autoren weisen eine Bindung zwischen Actinomycinen und DNS, resp. auch Desoxyoligonucleotiden und in viel geringerem Ausmaß auch mit RNS nach (RAUEN u. Mitarb., KERSTEN u. Mitarb., KAWAMATA u. IMANISHI, MÜLLER). KERSTEN zeigte, daß auch Mononucleotide mit Actinomycin C reagieren, wobei z. B. Desoxyguanosin viel stärker wirkt als Guanosin. Darin liegt evtl. auch die Erklärung für die schwächere Wirkung der RNS gegenüber von DNS. Es ist anzunehmen, daß eine derartige Wirkungsweise für alle Actinomycine (C, X, I, U, Z) zutrifft; ob auch die mit Actinomycinen Kreuzresistenz aufweisenden Chinoxalin-Antibiotica (Echinomycin, Chinomycin C, Triostin und Antibioticum A 6270) in derselben Weise wirken,

Schema 1: Die Synthese des Glykopeptids der Zellwand von *Staphylococcus aureus* und die Angriffsorte der Antibiotica Penicillin, Bacitracin, Novobiocin und Cycloserin

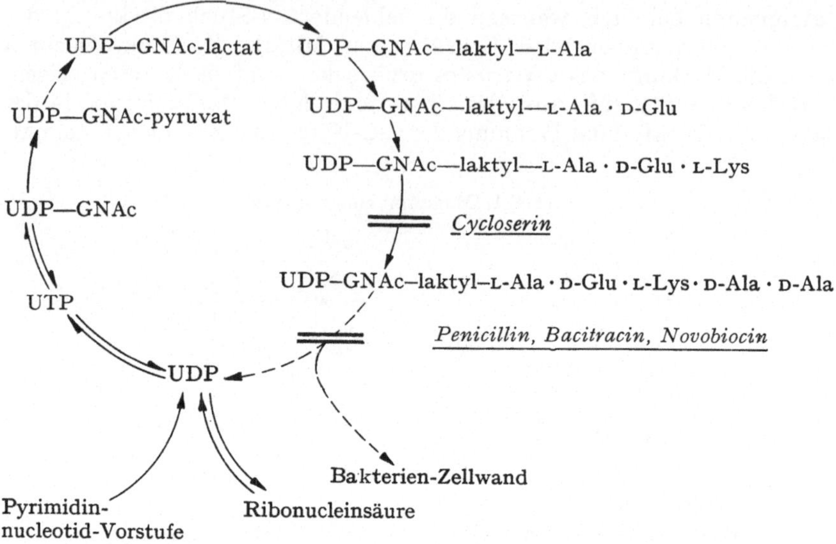

GNAc = N-Acetylglucosamin

Schema 2: Wirkungsweise von Sideraminen und Sideromycinen

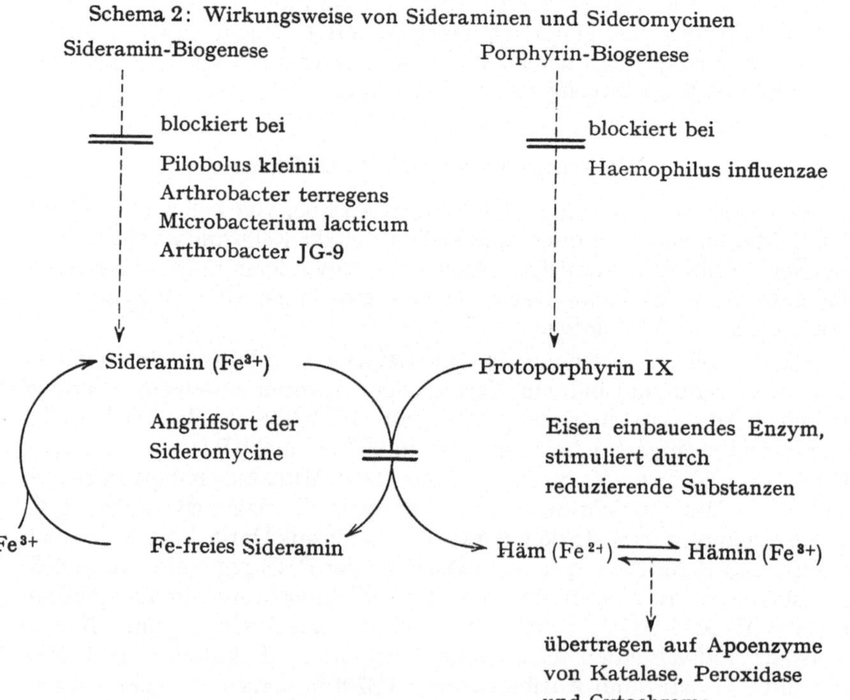

ist noch nicht abgeklärt (KATAGIRI u. SUGIURA). Für die Mitomycine wird eine depolymerisierende Wirkung auf DNS wahrscheinlich gemacht (SEKIGUCHI u. TAKAGI, KERSTEN u. RAUEN, WINKLER). Mit den Mitomycinen verwandt ist das Porfiromycin, so daß auch für dieses Antibioticum eine Einwirkung auf DNS anzunehmen ist (WAKAKI u. Mitarb., WEBB u. Mitarb.).

Die Wirkungsweise der eisenhaltigen Antibiotica Sideromycine und der eisenhaltigen Wuchsstoffe Sideramine wurde weiter untersucht [vgl. Fortschritte der Botanik 23, 458 (1961)]. Gestützt auf die Untersuchungen an Sideramin-heterotrophen Stämmen konnte BURNHAM die Eisentransport-Hypothese der Sideraminwirkung wiederlegen. ZÄHNER u. Mitarb. faßten die bisherigen Ergebnisse in einer neuen, in Schema 2 dargestellten Hypothese zusammen.

Übersichtsreferate

Antibiotica allgemein: BRYSON, BRUNNER u. MACHEK.

Antibiotica aus Actinomyceten: WAKSMAN.

Antibiotica aus Pilzen: HEGNAUER.

Einzelne Stoffe und Stoffgruppen:

Penicilline: BRUNNER u. MACHEK,
semisynthetische Penicilline: AUHAGEN u. WALTER.
Streptomycin: BRUNNER u. MACHEK.
Tetracycline und Chloramphenicol: BRUNNER u. MACHEK, SPITZY.
Acetylen-Antibiotica: BOHLMANN u. Mitarb.
Antifungische Antibiotica: DROUHET.

Neue Antibiotica

Die Tabelle 1 enthält die neubeschriebenen Antibiotica. Die Liste schließt an die Fortschritte der Botanik Bd. 24 an.

Die Tabelle 1 beginnt auf der nächsten Seite

Tabelle 1. *Neue Antibiotica*. (Die Liste wurde am 28. Februar 1963 abgeschlossen)

Name	gebildet durch	aktiv gegen	chemische Charakterisierung	Literatur
Actinogan	*Streptomyces* sp.	Tumor gram pos. Bakterien, Hefen u. Protozoen	enthält Kohlenhydrate und Aminosäuren hohes Molekulargewicht	SCHMITZ u. Mitarb. PRICE u. Mitarb.
Actinonin	*Streptomyces* sp.	gram pos. u. gram neg. Bakterien, Mycobakterien	$C_{19}H_{35}O_5N_3$ Smp. 148—149° lipophile Säure	GORDON u. Mitarb.
Acumycin	*Streptomyces griseoflavus*	gram positive Bakterien	Makrolid-Antibioticum	BICKEL u. Mitarb.
Antibioticum A 19	*thermophile Streptomyceten*	gram pos. u. gram neg. Bakt.	$C_{11}H_{13}O_9N_4$ Smp. 162—166 lipophile Säure UV-Max. in Methanol 295, 280, 223 mμ	PUTTER u. WOLF MILLER u. Mitarb.
Antibioticum A 59	*Streptomyces* sp.	gram pos. Bakt.	Smp. 248—255°, UV-Max. in Äthanol Polypeptid 240—250, 275—285 mμ	KONDO u. Mitarb.
Antibioticum A 216	*Streptomyces rubrireticuli*	Tumor	Protein, UV-Max. (p$_H$ 2—6) 280 mμ (p$_H$ 12) 290 mμ	INOUYE
Antibioticum A 272	*Streptomyces rutgersensis*	Pilze	Oligomycin ähnlicher Stoff, UV-Max. in Äthanol 225 mμ $C_{25}H_{42}O_6$	THOMPSON u. Mitarb.
Antibioticum A 280	*Streptomyces* sp.	Tumor	Protein, MG 15000—25000	INOUYE
Antibioticum 323/58	*Streptomyces* sp.	gram pos. Bakt., Hefen, Tumor	Hydrolyse gibt Uracil und Glucosamin, Smp. 226—229 UV-Max. in Äthanol. 260 mμ	KRUGLYAK u. Mitarb.
Antibioticum BA 6903	*Streptomyces* sp.	gram pos. Bakterien, Protozoen	Smp. 200—202 $C_{23}H_{30}O_{10}$ UV-Max. in Methanol 232, 275, 363 mμ	RAO u. BROOKS
Antibioticum BA180265	*Streptomyces* sp.	gram pos. Bakterien, HeLa-Zellen		RAO u. Mitarb. (2)
Antibioticum M-770	*Actinomyces violaceus var. rubescens*	gram pos. Bakt. Tumor	ähnlich Violarin und Rhodomycinen	KRUGLYAK u. Mitarb. GOLDBERG u. Mitarb.

AntibioticumU -12898	*Streptomyces* sp.	gram neg. gram pos. Bakterien	hydrophile Base, gekreuzte Resistenz mit Streptomycin u. Neomycin, $C_{21}H_{39-41}N_5 \cdot 2HCl$	BERGY u. Mitarb. MASON u. Mitarb. (a)
Antibioticum DCS	*Streptomyces nagasakiensis*	Tumor	Smp. etwa 180° (Zersetzung) hydrophile Base	OTAMI
Bundlin A + B	*Streptomyces griseofuscus*	gram pos. Bakt.	A Smp. 157—161, UV.-Max. in Methanol 227 mμ, ähnlich Lankacidin B Smp. 188°, UV.-Max. in Methanol 227 mμ	SAKAMOTO u. Mitarb.
Capreomycin	*Streptomyces capreolus*	Mycobakterien	Polypeptid [Alanin, Serin, α, β-Diamino-propionsäure, β-Lysin, α-(2-Iminohexahydro-4-pyrimidyl)-glycin]	HERR STARK u. Mitarb. WESTHEAD u. HERR
Cervicarcin	*Streptomyces* sp.	Tumor	$C_{19}H_{22}O_9$, Smp. 203—205 (Zersetzung) UV.-Max. in Äthanol 227, 264, 323	SUZUKI u. Mitarb.
Chelocardin	*Nocardia sulfurea*	gram neg. gram pos. Bakterien	$C_{23}H_{23}O_8N$, UV-Max, in 0,01 N methanolischer HCl 224, 275, 435 mμ Smp. Hydrochlorid 22—230° (Zersetzung)	SINCLAIR u. Mitarb. OLIVIER u. Mitarb.
Cortinellin	*Cortinellus shiitake*	gram neg. gram. pos. Bakt., Pilze	Polyacetylen	HERRMANN
Dermostatin	*Streptomyces viridogriseus*	Pilze	UV.-Max. in Methanol 282, 385 mμ gelbes, neutrales, lipophiles Pulver, enthält nur C, H und O	THIRUMALACHAR u. MENON BHATE u. Mitarb. GOKHALE u. Mitarb.
Fusidinsäure = Fucidin	*Fusidium coccineum*	gram pos. Bakt. Mycobakterien	verwandt mit Helvolsäure und Cephalosporin P$_1$ (Steroid)	GODTFREDSEN u. Mitarb. (a), (b); BARBER u. WATERWORTH, TAYLOR u. BLOOR HILSON
Glebomycin	*Streptomyces hygroscopicus* var., *glebosus*	gram. pos. gram neg. Bakterien, Mycobakterien	mit Streptomycin verwandt	MIYAKI u. Mitarb. OHMORI u. Mitarb. OKANISHI u. Mitarb.
Globismycin	*Streptomyces griseus*	Bakterien, Pilze	Smp. 54,5—55,5, lipophil neutral	STOPSACK u. Mitarb.
Gougerotin	*Streptomyces gougerotii*	gram. pos. gram neg. Bakterien	Smp. oberhalb 200° (Zersetzung) Hydrophile Base	KANZAKI u. Mitarb.

Tabelle 1 (Fortsetzung)

Name	gebildet durch	aktiv gegen	chemische Charakterisierung	Literatur
Griseococcin + Griseococcin D	*Streptomyces griseus*	polyresistente Staphylokokken	lipophile Basen, UV-Max. 239 u. 291, D UV-Max. 243 u. 290	TAKEUCHI u. Mitarb.
Helminthin	*Helminthosporium siccans*	Pilze	$C_{11}H_{18}O_2N_2$, lipophil, neutral, farblos UV leer	INAGAKI
Ilamycin	*Streptomyces islandicus*	gram pos. gram neg. Bakterien, Mycobakterien	Polypeptid (L-Alanin, L-Leucin, L-N-Methylleucin, L-3-Nitro-4-hydroxy-phenylalanin)	TAKITA u. Mitarb.
Lincomycin	*Streptomyces lincolnensis*	gram pos. Bakt.	$C_{18}H_{34}N_2O_6S \cdot HCl$ UV leer	MASON u. Mitarb. (b) HERR u. BERGY LEWIS u. Mitarb. HANKA u. Mitarb.
Malformin	*Aspergillus niger*	erzeugt Verkrümmungen an Phanerogamen	$C_{23}H_{39-41}N_5O_5S_2$ (Polypeptid)	TAKAHASHI u. CURTIS CURTIS u. KANDLER CURTIS (a), (b)
Maltoryzin	*Aspergillus oryzae*	toxisch für Warmblütler		IIZUKA u. IIDA
Mithramycin	*Streptomyces* sp.	Hela-Zellen Tumor	gelbe, lipophile Säure UV-Max. in Methanol 230 u. 290 mμ verwandt mit Chromomycin	RAO u. Mitarb. (1) CURRERI u. ANSFIELD PARKER u. Mitarb.
Mitiromycin	*Streptomyces verticillatus*	gram pos. Bakt. Tumor	Gemisch von 6 Stoffen zur Mitomycin-Porfiromycin-Gruppe gehörend	LEFEMINE u. Mitarb.
Mycobactocidin	*Staphylococcus epidermidis*	Mycobakterien	Glucoprotein	FREGNAN u. SMITH

In der Zeile „Maltoryzin" steht in der Spalte chemische Charakterisierung die Strukturformel:

$$OH-C_6H_2(OH)(OH)-CO-CH_2-CH = CH-CH_3$$

Nancimycin	*Streptomyces albovinaceus*	gram pos. Bakt.	$C_{23}H_{30}O_{10}$, Smp. 170—173	Donovick u. Mitarb.
Olivomycin	*Actinomyces olivoreticuli*	Tumor, atmungsgeschädigte Staphylococcen	Verwandt mit Aureolsäure und Aburamycin Smp. 168—171, UV.-Max. in Methanol 280, 320, 410 mμ	Gause u. Mitarb. Brazhnikova u. Mitarb. Kunrat; Vertogradova Goldberg u. Kremer Belova u. Muraveiskaya Chorin u. Mitarb. Mayevsky u. Mitarb. Kuchkarer
Pactamycin = Antibioticum U-15800	*Streptomyces pactum*	gram pos. gram neg. Bakterien, Tumor	$C_{28}H_{40}O_8N_4$, lipophile Base UV.-Max. in 0,01 N H_2SO_4 238, 262, 314, 352 mμ UV.-Max. in 0,01 N KOH 238, 264, 320	Argoudelis u. Mitarb. Bhuyan u. Mitarb. Brodasky u. Lummis Bhuyan
Phytostreptin	*Streptomyces hygroscopicus*	Pilze	Polypeptid (Valin, Alanin, Prolin, Leucin oder Isoleucin, Arginin, Glycin, Serin)	Ziffer u. Mitarb.
Protomycin	*Streptomyces reticuli*	gram pos. Bakterien, Pilze, Amöben	Smp. 110—111°, $C_{16}H_{19-21}NO_4 \cdot H_2O$	Hata u. Mitarb.
Pyrenophorin	*Pyrenophora avena*	gram pos. Bakt., Pilze	$C_{25}H_{30}O_9$, Smp. 174°	Ishibashi (1)
Roridine	*Myrothecium verrucaria Myrothecium roridum*	Pilze, Tumor	Roridin A Smp. 198—204, UV.-Max. 263 mμ B Smp. 143—149, UV leer C Smp. 117—119, UV leer	Härry u. Mitarb.
Roseolsäure	*Streptomyces* sp.	HeLa-Zellen	Hydrophile Säure, MG etwa 1500, rubinrot	Renn u. Mitarb.
Siccanin	*Helminthosporium siccans*	Pilze	Lipophiler Neutralstoff, Smp. 138—139° UV.-Max. 230, 278, 285 mμ	Ishibashi (2)
Sparsomycin	*Streptomyces sparsogenes*	Tumor	$C_{13}H_{21}N_3O_6S_2$, Smp. 208—209 (Zersetzung) UV.-Max in Wasser 302, Schulter bei 270 mμ UV.-Max in Alkali 328, Schulter bei 284 mμ	Argoudelis u. Herr Owen u. Mitarb.

Tabelle 1 (Fortsetzung)

Name	gebildet durch	aktiv gegen	chemische Charakterisierung	Literatur
Stendamycin	*Streptomyces endus*	Pilze	Polypeptid (Alanin, Glycin, Leucin, Isoleucin, Prolin, Serin, Threonin, Valin)	THOMPSON u. HUGHES
Antibioticum aus Streptomyces ogaensis	*Streptomyces ogaensis*	Tumor	$C_{19}H_{22}O_9 \cdot {}^1/_2 H_2O$, Smp. 203—205, UV.-Max. in Äthanol 227, 264, 323 mμ	OHKUMA u. Mitarb. (a)
Tuberin	*Streptomyces amakusaensis*	säurefeste Bakt.	CH_3—O—⟨benzene⟩—CH$=$CH—NH—CHO	OHKUMA u. Mitarb..(b) ANZAI (1, 2) ANZAI u. Mitarb.
Verrucarine	*Myrothecium verrucaria* *Myrothecium roridum*	Pilze, Tumor	Verrucarin A Smp. über 330, UV.-Max. 260 mμ B Smp. über 330, UV.-Max. 258,5 mμ C Smp. 223—224°, D Smp. 127—128°, E Smp. 103—104°, F Smp. 237—238°, UV.-Max. 202, 233, 308 mμ G Smp. 118°/131—135° UV.-Max 208, 254, 300 mμ	HÄRRY u. Mitarb. TAMM u. GUTZWILLER
Zizanin	*Helminthosporium zizaniae*	Pilze, Staphylokokken	$C_{29}H_{44}O_5$, Smp. 174°, UV.-Max. 237 mμ	ISHIBASHI (3)

Literatur

ANCHEL, M., W. B. SILVERMAN, N. VALANJU and C. T. ROGERSON: Mycologia 54, 249—257 (1962). — ANZAI, K.: Antibiotics Ser. A, 15, 117 (1962), Ser. A, 15, 123 (1962). — ANZAI, K., K. OKUMA, J. NAGATSU and S. SUZUKI: J. Antibiotics Ser. A, 15, 110 (1962). — ANZAI, K., and S. SUZUKI: J. Antibiotics Ser. A, 13, 133—136 (1960). — ARGOUDELIS, A. D., and R. R. HERR: Abstr. Papers, 2nd. Intersc. Conference on Antimicrobial Agents and Chemotherapy 1962, S. 61. — ARGOUDELIS, A. D., H. K. JAHNKE and J. A. FOX: Antimicrobial Agents and Chemotherapy 1961, 191—197 (1962). — AUHAGEN, E., u. A. M. WALTER: Z. Arzneimittelforsch. 12, 733—735 (1962).

BARBER, M., and P. M. WATERWORTH: Lancet 7236, 931—932 (1962). — BELOVA, I. P., and V. S. MURAVEISKAYA: Antibiotiki 7, 57—59 (1962). — BERGY, M. E., T. M. EBLE, R. R. HERR, C. M. LARGE and B. BANNISTER: Abstr. Papers 2nd. Intersc. Conference on Antimicrobial Agents and Chemotherapy 1962, S. 45. — BHATE, D. S., G. R. AMBEKAR and K. K. BHATNAGAR: Hindustan Antibiotics Bull. 4, 159 (1962). — BHUYAN, B. K.: App. Microbiol. 10, 302—304 (1962). — BHUYAN, B.K., A. DIETZ and C. G. SMITH: Antimicrobial Agents and Chemotherapy 1961, 183—190 (1962). — BICKEL, H., E. GÄUMANN, R. HÜTTER, W. SACKMANN, E. VISCHER, W. VOSER, A. WETTSTEIN u. H. ZÄHNER: Helv. Chim. Acta 45, 1396—1405 (1962). — BIRCH, A. J., B. J. McLOUGHLIN, H. SMITH and J. WINTER: Chem. Ind. (London) 1960, 840—841. — BOHLMANN, F., H. BORNOWSKI u. CHR. ARNDT: Fortschr. chem. Forsch. 4, 138—272 (1963). — BOJALIL, L. F., J. CERBON and A. TRUJILLO: J. Gen. Microbiol. 28, 333—346 (1962). — BRAZHNIKOVA, M. G., E. B. KRUGLYAK, I. N. KOVSHAROVA, N. V. KONSTANTINOVA and V. V. PROSHLYAKOVA: Antibiotiki 7, 39—44 (1962). — BROCKMANN, H.: Zechmeister: Fortschr. Chemie organ. Naturstoffe 18, 1—54 (1960). — BRODASKY, T. F., and W. L. LUMMIS: Antimicrobial Agents and Chemotherapy 1961, 198—204 (1962). — BRUNNER, R., u. G. MACHEK: Die Antibiotica Bd. I 1 und I 2. Nürnberg: Hans Carl Verlag 1962. — BRYSON, V.: Survey Biol. Progr. 4, 345—440 (1962). — BURNHAM, F. B.: Arch. Biophys. Biochim. 97, 329—335 (1962).— BUSH, M. T., O. TOUSTER and J. E. BROCKMAN: J. Biol. Chem. 188, 685 (1954).

CHORIN, V. A., O. K. ROSSOLIMO, M. S. STANISLAUSKAYA, N. A. BLUMBERG, S. T. FILIPPOSYAN and G. N. LEPESHKINA: Antibiotiki 7, 60—64 (1962). — CROSS, T., and H. A. LECHEVALIER: J. Gen. Microbiol. 1963 (im Druck). — CURRERI, A. R., and J. J. ANSFIELD: Cancer Chemotherapy Rep. 8, 18 (1960). — CURTIS, R. W.: Plant Physiol. 33, 17—22 (1958); 36, 37—43 (1961). — CURTIS, R. W., and O. KANDLER: Plant. Physiol. 37, 691—695 (1962).

DONOVICK, R., J. F. PAGANO and J. VANDEPUTTE: U.S. Pat. 2'999'048 (1961). — DROUHET, E.: Antibiotica et Chemotherapia 11, 21—50 (1963).

FREGNAN, G. B., and D. W. SMITH: J. Bact. 83, 1069—1076 (1962).

GAUSE, G. F., R. S. UKHOLINA and M. A. SVESHNIKOVA: Antibiotiki 7, 34—38 (1962). — GILARDI, E., L. R. HILL, M. TURRI and L. G. SILVESTRI: G. Microbiol. 8, 203—218 (1960). — GODTFREDSEN, W. O., S. JAHNSEN, H. LORCK, K. ROHOLT and L. TYBRING: Nature (London) 193, 987 (1962). — GODTFREDSEN, W., K. ROHOLT and L. TYBRING: Lancet 7236, 928—931 (1962).— GOKHALE, B. B., M. V. JOGLEKAR, A. A. PADHYE and M. J. THIRUMALACHAR: Hindustan Antibiotics Bull. 4, 127—129 (1962). — GOLDBERG, L. E., and V. E. KREMER: Antibiotiki 7, 53—57 (1962). — GOLDBERG, L. E., V. A. LYASHENKO, M. S. STANISLASKAYA, U. S. MURAVEYSKAYA, V. E. KREMER, S. T. FILIPPOSIAN and G. N. LEPESHKINA: Antibiotiki 7, 971 (1962). — GORDON, J. J., B. K. KELLY and G. A. MILLER: Nature (London) 195, 701—702 (1962). — GOTTLIEB, D.: App. Microbiol. 9, 55—64 (1961). — GRISEBACH, H., u. H. ACHENBACH: (2) Z. Naturforsch. 17,b 6—8 (1962); (3) Tetrahedron Letters Nr. 13, 569—572 (1962); (5) Z. Naturforsch. 17, b 63—64 (1962); (6) Experientia 19, 6—7 (1963). — GRISEBACH, H., H. ACHENBACH and W. HOFHEINZ: (1) Tritium in the physical and biological sciences Vol. II. 139—145, Wien 1962; (4) Tetrahedron Letters No. 7, 234—237 (1961).

HÄRRY, E., W. LÖFFLER, H. P. SIGG, H. STÄHELIN, CH. STOLL, CH. TAMM u. D. WIESINGER: Helv. Chim. Acta 45, 839—853 (1962). — HANKA, L. J., D. J. MASON, M. R. BURCH and R. W. TREICK: Abstr. Papers 2. Intersc. Conference Antimicrobial Agents and Chemotherapy 1962, S. 42. — HATA, F., R. SUGAWARA and A. MATSUMAE: Jap. Pat. 12198 (1961), Chem. Abstr. **56**, 9234 (1962). — HEGNAUER, R.: Chemotaxonomie der Pflanzen Bd. I., Basel: Birkhäuser 1962. — HERR, E. B.: Abstr. Papers 2. Intersc. Conference on Antimicrobial Agents and Chemotherapy 1962, S. 15. — HERR, R. R., and M. E. BERGY: Abstr. Papers 2. Intersc. Conference on Antimicrobial Agents and Chemotherapy 1962, S. 42. — HERRMANN, H.: Naturwissenschaften **49**, 542 (1962). — HESSELTINE, C. W.: Mycologia **52**, 460—474 (1960). — HILL, L. R., E. GILARDI et L. G. SILVESTRI: G. Microbiol. **9**, 56—72 (1961). — HILL, L. R., et L. G. SILVESTRI: G. Microbiol. **10**, 1—28 (1962). — HILSON, G. R. F.: Lancet **7236**, 932—933 (1962). — HÜTTER, R.: Arch. Mikrobiol. **38**, 367—383 (1961); **43**, 23—49 (1962); **43**, 365—391 (1962). — HÜTTER, R., W. KELLER-SCHIERLEIN u. H. ZÄHNER: Arch. Mikrobiol. **39**, 158—194 (1961).

IIZUKA, H., and M. IIDA: Nature (London) **196**, 681—682 (1962). — INAGAKI, N.: Chem. & Pharm. Bull. (Japan) **10**, 152 (1962). — INOUYE, S.: Agr. Biol.Chem. (Japan) **26**, 563 (1962). — ISHIBASHI, K.: (1) Japan Pat. 9148 (1961); Chem. Abstr. **56**, 9234 (1962); (2) J. Antibiotics Ser. A, **15**, 161 (1962); (3) J. Antibiotics Ser. A, **15**, 88 (1962). — ISONO, K., and S. SUZUKI: J. Antibiotics Ser. A, **13**, 270—272 (1960).

KANZAKI, T., E. HIGASHIDE, H. YAMAMOTO, M. SHIBATA, K. NAKAZAWA, H. IWASAKI, T. TAKAWAKA and A. MIYAKE: J. Antibiotics Ser. A, **15**, 93 (1962). — KATAGIRI, K., and K. SUGIURA: Antimicrobial Agents and Chemotherapy 1961. 162—168 (1962). — KAWAMATA, J., and M. IMANISHI: Nature (London) **187**, 1112—1113 (1960). — KERSTEN, W.: Biochem. Biophys. Acta **47**, 610—611 (1961). — KERSTEN, W., H. KERSTEN and H. M. RAUEN: Nature (London) **187**, 60—61 (1960). — KERSTEN, H., and H. M. RAUEN: Nature (London) **190**, 1195—1196 (1961). — KONDO, S. I., E. AKITA, J. M. J. SAKAMOTO, M. OGASAWARA, T. NIIDA and T. HATAKEYAMA: J. Antibiotics Ser. A, **14**, 194—198 (1961). — KRASSILNIKOV, N. A., N. I. NIKITINA and A. I. KORENJAKOV: Internat. Bull. Bacteriol. Nomencl. Taxon. **11**, 133—159 (1961). — KRUGLYAK, E. B., T. S. MAKSIMOVA, T. S. BOBKOVA, G. V. GAVRILINA, V. N. BORISOVA and I. N. KORSHAROVA: Antibiotiki **7**, 966 (1962). — KRUGLYAK, E. B., R. S. UKHOLIMA, M. A. SVESHNIKOVA, V. V. PROSHLYAKOVA and I. N. KORSHAROVA: Antibiotiki **7**, 588 (1962). — KUCHKARER, R. N.: Antibiotiki **7**, 67—70 (1962). — KUNRAT, I. A.: Antibiotiki **7**, 44—48 (1962).

LECHEVALIER, H. A., M. SOLOTOROVSKY and C. I. McDURMONT: J. Gen. Microbiol. **26**, 11—18 (1961). — LEFEMINE, D. V., M. DANN, F. BARBATSCHI, W. K. HAUSMANN, V. ZBINOVSKY, P. MOMIKENDAM, J. ADAM and N. BOHONOS: J. Amer. Chem. Soc. **84**, 3184 (1962). — LESSEL, E. F.: Internat. Bull. Bacteriol. Nomencl. Taxon. **10** (Suppl.) 87—192 (1960). — LEWIS, CH., H. W. CLAPP and J. E. GARDY: Abstr. Papers 2. Intersc. Conference on Antimocrobial Agents and Chemotherapy 1962, S. 43. — LÖFGREN, N., and B. LÜNING: Acta chem. Scand. **7**, 225 (1953).

MASON, D. J., A. DIETZ and C. DE BOER: (2) Abstr. Papers 2. Intersc. Conference on Antimicrobial Agents and Chemotherapy 1962, S. 42. — MASON, D. J., A. DIETZ and L. J. HANKA: (1) Abstr. Papers 2. Intersc. Conference on Antimicrobial Agents and Chemotherapy 1962, S. 45. — MAYEVSKY, M. M., E. A. ROMANENKO, A. P. URAZOVA, YV. N. MOLKOV, E. A. TIMOFEEVSKAYA, A. S. BONDEREVA, V. G. MAZAEVA, V. A. TALYZINA and I. O. VYAZOVA: Antibiotiki **7**, 64—67 (1962). — MILLER, B. M., A. BARRETO and H. B. WOODRUFF: Antimicrobial Agents and Chemotherapy 1961, 445—453 (1962). — MIYAKI, T., H. TSUKINA, M. WAKAE and H. KAWAGUCHI: J. Antibiotics Ser. A, **15**, 15 (1962). — MÖLLER, F.: G. Microbiol **10**, 24—47 (1962). — MORRIS, M. P., C. PAGAN and E. WARMKE: Science **119**, 322 (1954). — MÜLLER, W.: Naturwissenschaften **49**, 156—157 (1962).

OHKUMA, K., K. ANZAI and S. SUZUKI: (2) J. Antibiotics Ser. A, **15**, 115 (1962).— OHKUMA, K., J. NAGATSU, C. ITAKURA, S. SUZUKI and Y. SUMIKI: (1) J. Antibiotics Ser. A, **15**, 152 (1962). — OHMORI, T., M. OKANISHI and H. KAWAGUCHI: J. Antibiotics Ser. A, **15**, 21 (1962). — OKANISHI, M., H. KOSHIYAMA, T. OHMORI, M. MATSUZAKI, S. OHASHI and H. KAWAGUCHI: J. Antibiotics Ser. A, **15**, 7 (1962). — OLIVIER, T. J., J. F. PROKOP, R. R. BOWER and R. H. OTTO: Abstr. Papers 2. Intersc. Conference on Antimicrobial Agents and Chemotherapy 1962, S. 43. — OTAMI, S.: Japan Pat. 11'297 (1961); Chem. Abstr. **56**, 3927 (1962). — OWEN, S. P., A. DIETZ and G. W. CAMIENER: Abstr. Papers 2. Intersc. Conference on Antimicrobial Agents and Chemotherapy, 1962, S. 61.

PARKER, G. W., WILTSIE D. S. and C. B. JACKSON: Cancer Chemotherapy Rep. 8, 23 (1960). — PRICE, K. E., G. A. HANT, A. J. MOSES, A. GOUREVITCH and J. LEIN: Abstr. Papers 2. Intersc. Conference on Antimicrobial Agents and Chemotherapy 1962, S. 41. — PRIDHAM, T. G.: Rev. Latinoamericana Microbiol. Suppl. 3, 1—22 (1959). — PRIDHAM, T. G., and A. J. LYONS: J. Bact. 81, 431—441 (1961). — PUTTER, I., and F. J. WOLF: Antimicrobial Agents and Chemotherapy 1961, 454 to 461 (1962).

RAO, K. V., and S. C. BROOKS: Antimicrobial Agents and Chemotherapy 1961, 491—494 (1962). — RAO, K. V., W. P. CULLEN and B. A. SOBIN: (1) Antibiotics and Chemotherapy 12, 182—186 (1962). — RAO, K. V., W. LIU and W. P. CULLEN: (2) Abst. Papers 2. Intersc. Conference on Antimicrobial Agents and Chemotherapy 1962, S. 61. — RAUEN, H. M., H. KERSTEN u. W. KERSTEN: Hoppe-Seyler's Z. physiol. Chem. 321, 139—147 (1960). — RENN, D. W., I. TRUUMEES and K. V. RAO: Abstr. Papers 2. Intersc. Conference on Antimicrobial Agents and Chemotherapy 1962, S. 60.

SAKAMOTO, J. J., S. KONDO, H. YOMOTO and M. ARISHINA: J. Antibiotics Ser. A, 15, 98 (1962). — SCHMITZ, H., W. T. BRADNER, A. GOUREVITCH, B. HEINEMANN, K. E. PRICE, J. LEIN and I. R. HOOPER: Cancer Research 22, 163—166 (1962). — SEKIGUCHI, M., and Y. TAKAGI: Biochim. Biophys. Acta 41, 434—443 (1960). — SILVESTRI, L., M. TURRI, L. R. HILL et E. GILARDI: Symp. Soc. gen. Microbiol. 12, 333—360 (1962). — SINCLAIR, A. C., J. B. SCHENCK, G. G. POST, E. V. CARDINAL, S. BUROKAS and H. H. PRICKE: Abstr. Papers 2. Intersc. Conference on Antimicrobial Agents and Chemotherapy, 1962, S. 43. — SPITZY, K. H.: Antibiotica et Chemotherapia 10, 193—334 (1962). — STARK, W. M., R. N. WOLFE, M. M. HÖHN and J. M. McGUIRE: Abstr. Papers 2. Intersc. Conference on Antimicrobial Agents and Chemotherapy 1962, S. 44. — STOPSACK, H., T. ELSÄSSER and P. RODECK: Ostdeutsches Pat. 20948 (1959), Chem. Abstr. 56, 3572 (1962). — STROMINGER, J. L.: (1) Antimicrobial Agents Annual 1960, 328—337 (1961); (2) in GUNSALUS, I. C., and R. Y. STAINIER: The Bacteria, Vol. III Biosynthesis, 413—470. New York: Academic Press 1962. SUZUKI, S., K. OHKUMA, C. ITAKURA, J. NAGATSU and Y. SUMIKI: Abstr. Papers 2. Intersec. Conference on Antimicrobial Agents and Chemotherapy 1962, S. 62. — SVESHNIKOVA, N. A., E. S. KUDRINA, T. S. MAXIMOVA and T. P. PREOBRAJENSKAYA: Mikrobiologija 29, 611—616 (1961).

TAKAHASHI, N., and R. W. CURTIS: Plant Physiol. 36, 30—36 (1961). — TAKEUCHI, T., K. MAEDA, T. MIURA, T. ODA, Y. OKAMI and H. UMEZAWA: J. Antibiotics Ser. A, 15, 141 (1962). — TAKITA, T., K. OHI, Y. OKAMI, K. MAEDA and H. UMEZAWA: J. Antibiotics Ser. A, 15, 46 (1962). — TAMM, CH., u. J. GUTZWILLER: Helv. Chim. Acta 45, 1726—1731 (1962). — TAYLOR, G., and K. BLOOR: Lancet 7236, 935—937 (1962). — THIRUMALACHAR, M. J., and S. K. MENON: Hindustan Antibiotics Bull. 4, 106—108 (1962). — THOMPSON, R. Q., M. M. HOEHN and C. E. HIGGENS: Antimicrobial Agents and Chemotherapy 1961, 474—480 (1962). — THOMPSON, R. Q., and M. S. HUGHES: Abstr. Papers VIII. Internat. Congr. Microbiology Montreal 1962, S. 65. VERTOGRADOVA, T. P.: Antibiotiki 7, 48—53 (1962).

WAKAKI, S., Y. HARADA, K. UZU, G. B. WHITEFIELD, A. N. WILSON, A. KALOWSKY, E. O. STAPLEY, F. J. WOLF and D. E. WILLIAMS: Antibiotics & Chemotherapy 12, 469 (1962). — WAKSMAN, S. A.: The Actinomycetes. Baltimore: Williams & Wilkins Comp. Vol. II, 363 S., 1961, Vol. III, 430. S. 1962. — WEBB, J. S., D. B. COSULICH, J. H. MOWAT, J. B. PATRICK, R. W. BROSCHARD, W. E. MEYER, R. P. WILLIAMS, C. F. WOLF, W. FULMOR, C. PIDACKS and J. E. LANCASTER: J, Amer. chem. Soc. 84, 3185 (1962). — WESTHEAD, J. E., and E. B. HERR: Abstr. Papers 2. Intersc. Conference on Antimicrobial Agents and Chemotherapy 1962. S. 44. — WINKLER, U.: Z. Naturforsch. 17 b, 670—675 (1962). — WOODWARD, R. B.: Angew. Chemie 69, 50—58 (1957)..

ZÄHNER, H., E. BACHMANN, R. HÜTTER u. J. NÜESCH: Path. Microbiol. 25, 708—736 (1962). — ZIFFER, J., S. ISHIHARA, T. J. CAIRNEY and A. WEN-JEN CHOW: Dt. Pat. 1'124'638 (1962).

26. Hydrobiologie, Limnologie, Abwasser und Gewässerschutz

Von Otto Jaag, Zürich

A. Hydrobiologie, Limnologie und Ozeanologie

1. Gesamtdarstellungen

Die intensive Erforschung der Weltmeere fand ihren Niederschlag in einer Reihe von umfangreichen Werken. von Arx (1962) behandelt Fragen der physikalischen Ozeanographie mit besonderer Berücksichtigung der Dynamik des Wassers und des Goldstromproblems. Der zweite Band der Ozeanologie von Bruns (1962) gibt eine ausführliche Behandlung der ozeanographischen Meßmethoden und ist reichlich mit Tabellen über physikalische Eigenschaften des Meerwassers ausgestattet. Methoden der marinen Mikrobiologie und Ergebnisse, besonders russischer Arbeiten, über Biochemie, Verteilung und produktionsbiologische Bedeutung der Mikroorganismen werden von Kriss (1961) dargelegt. In den letzten Jahren sind die Meeressäuger einem steigenden wissenschaftlichen Interesse begegnet. Der Bau von Riesenaquarien ermöglicht das Studium der Delphine in Gefangenschaft. Von Slijper erschien in der Reihe Verständliche Wissenschaft (1962) eine kurze Einführung in die Biologie der Wale und Delphine und eine englische Übersetzung seines größeren Werkes über diese Tiergruppe (1962). Die "Contributions of the Scripps Institute of Oceanography" (1961) geben einen Einblick in die Vielseitigkeit der Meeresforschung. Verschiedene Meßmethoden, die in diesem Institut entwickelt wurden, werden sich auch auf die limnologische Forschung anregend auswirken. Ein Führer zur Unterwasserfauna der Mittelmeerküsten ist von Luther und Fiedler (1961) herausgegeben worden.

Methoden der chemischen Wasseranalyse, die vor allem auf russischen Erfahrungen fußen, behandelt Alekin (1962). Das Buch enthält Analysendaten über russische Gewässer, die sonst schwer erhältlich sind. Rabotnova (1963) untersucht die Bedeutung der Wasserstoffionen-Konzentration und des Redoxpotentials für die Tätigkeit der Mikroorganismen, ein Problemkomplex, der besonders beim Studium von Schlamm und Abwässern von Bedeutung ist. Über die Biologie und Toxikologie der Abwässer ist ein Werk in italienischer Sprache von Marchetti (1962) erschienen. In zunehmendem Maße werden unsere Gewässer mit Ölen und Detergentien belastet. Die dadurch aufgeworfenen Probleme und ihre Bekämpfung werden im Band 9 der „Münchner Beiträge zur Abwasser-, Fischerei- und Flußbiologie" (Liebmann, 1962a) dargelegt.

Im Laufe der beiden letzten Jahre sind einige systematische Werke erschienen, die besonders dem Limnologen wertvolle Dienste leisten werden. CORLISS (1961) versucht in "Ciliated Protozoa" die Systematik der Ciliaten nach neuen Gesichtspunkten aufzubauen, TARTAR (1961) behandelt in einer ausführlichen Monographie das Genus *Stentor*. Das russische Werk von BYCHOWSKY (1962) über die Monogenoidea wird durch eine englische Übersetzung zugänglich. In einer Monographie untersucht RAMAZZOTTI (1962) Biologie und Systematik der Tardigraden der Erde, eine Tiergruppe, deren Bedeutung als Sandbesiedler noch ungenügend beachtet wurde. Das Werk ist mit einem umfangreichen Bestimmungsschlüssel versehen. T. GOODEYs Buch über Boden- und Süßwassernematoden ist in überarbeiteter und erweiterter 2. Auflage durch J. B. GOODEY herausgegeben worden (1963).

Die Fischliteratur wurde durch eine Anzahl Übersetzungen aus dem Russischen bereichert. So ist der erste Band des Werkes von BERG über die Süßwasserfische der UdSSR und der benachbarten Länder (4. russische Auflage 1948) 1962 in englischer Sprache erschienen; ebenso wurden von BAUER die Parasiten der Süßwasserfische und die biologische Basis ihrer Kontrolle (1962) und von DOGIEL, PETRUSHEVSKI und POLYANSKI "Parasitology of Fishes" (1961) die Süßwasser- und Meerfischparasiten behandelt. Mit der experimentellen Ökologie der Fischernährung befaßt sich IVLEV (1961). NIKOLSKY untersucht die Ökologie der Fische (1963). — Eine ausführliche Behandlung der Probleme der Fischteichwirtschaft in Europa, Asien und Afrika gibt HICKLING (1962).

Eine umfangreiche Bearbeitung des gewaltig angewachsenen Wissens über Physiologie und Biochemie der Algen durch eine große Zahl von Spezialisten ist 1962 von LEWIN herausgegeben worden. In einer ähnlichen Art ist das Wissen über die Physiologie der Crustaceen zusammengetragen worden (WATERMAN, 1960/61). HEGNAUER (1962) stellt weitzerstreute Angaben über das Vorkommen verschiedener Pflanzenstoffe in den Algen zusammen und diskutiert Probleme der Systematik vom biochemischen Gesichtspunkt aus. Eine handliche Einführung in die interessante Gruppe der Wasserlinsen, die zu beliebten Laborpflanzen mancher Physiologen geworden sind, gibt SCHULZ (1962) in einem kleinen Werk der Neuen Brehm-Bücherei.

Über die besonderen limnologischen Verhältnisse von Speicherseen und Flußstauen orientieren die in einem Sammelband zusammengefaßten Arbeiten, die am Fortbildungskurs „Wasser und Abwasser" 1961 der Bundesanstalt für Wasserbiologie und Abwasserforschung in Wien-Kaisermühlen zur Diskussion standen. Gliederung und Morphologie dieser künstlichen Stauhaltungen, Geschiebeführung, Trübung, Sedimentation, Chemismus, Biologie, Bakteriologie, Planktonentwicklung und Fischerei, aber auch Fragen der Trinkwasseraufbereitung kommen in diesem Werk zur Sprache.

2. Die Produktivität von Fließgewässern und Seen

OWENS und EDWARDS (1962) studierten in langsam fließenden südenglischen Flüssen die sommerliche primäre Produktion durch Abernten der Makrophytenvegetation. Sie stellten eine durchschnittliche Tagesproduktion von 1,48—2,3 g organischen Kohlenstoffs pro m² fest. In einer weiteren Arbeit (EDWARDS und OWENS, 1962) wurden Primärproduktion und Atmung der Vegetation im Fluß Yvel durch Untersuchung des Sauerstoffhaushaltes errechnet. Die Ermittlung der Belüftungskoeffizienten erfolgte durch die Sulfittechnik oder durch die zeltartige Bedeckung einer etwa 100 m langen Fließstrecke mit lichtundurchlässiger Kunstfolie. Dadurch wird es möglich, unter Ausschaltung der Photosynthese die Sauerstoffaustauschkoeffizienten auch bei den höheren Sauerstoffspannungen zu messen, die bei Tageslicht durch die flußaufwärts liegenden Pflanzenbestände erzeugt werden. Die Primärproduktion der Makrophytenvegetation im Sommerhalbjahr lag zwischen 3,2 und 17,6 g O_2/m² und Tag. Ungefähr 30% der Atmung der Fließstrecken entfielen auf den Schlamm und die Pflanzenwurzeln. Bei der experimentell begründeten Annahme eines mittleren Nutzeffekts der Photosynthese von 1,5% der einfallenden Strahlung hielten sich ein jährlicher Sauerstoffverbrauch von 3100 g/m² und eine Produktion von 3500 g/m² beinahe die Waage, wobei aber im Sommer die Produktion die Zehrung deutlich überwiegt.

Die Produktivität einer Algenaufwuchsvegetation studierte KOBAYASI an einem Bergfluß Mittel-Japans (1962a und b). Die Messungen erfolgten durch Aufnahme von Längsprofilen der Chlorophyllkonzentration des Aufwuchses, Bestimmung des Gasstoffwechsels der Aufwuchsalgen in am Standort versenkten Flaschen zu verschiedenen Jahreszeiten und Messung der Lichtintensität und Belichtungsdauer mit einer neuartigen photographischen Methode. Die jährliche Bruttoproduktion des Aufwuchses ergab für den Oberlauf 0,21 kg Glucose/m², für den Mittellauf 0,81 kg Glucose/m², Werte, die in derselben Größenordnung liegen wie in mesotrophen japanischen Seen.

NELSON und SCOTT (1962) untersuchten die Produktivität von Felsbiozönosen in einem rasch fließenden Gewässer mit beweglichem Untergrund. Für die primären Konsumenten in einem solchen Biotop bildet der zuströmende Detritus die wichtigste Ernährungsgrundlage trotz starken Makrophytenbewuchses, so daß der Abschnitt als heterotroph bezeichnet wurde.

Auf die Größe der Drift, ihre artenmäßige Zusammensetzung und ihre tagesperiodische Fluktuation in Flüssen geht WATERS (1962a) ein. In einer weiteren Arbeit werden Methoden entwickelt, die die Produktionsraten der Flußbett-Invertebraten zu bestimmen ermöglichen (WATERS, 1962b). Für *Baetis vagans* wurden mittlere Produktionsraten bis zu 0,28 g/m² und Tag errechnet. Tagesperiodische Schwankungen im Chemismus seichter Gewässer von etwa ¹/₂ m Tiefe und Fluktuationen in der Planktondichte, besonders der Ciliaten, können sehr ausgeprägt sein (BAMFORTH, 1962). Die Möglichkeit derartiger Tagesrhythmen in der Dichte tierischer Organismen ist in produktionsbiologischen Untersuchungen zu berücksichtigen.

Eine Trennung von im Wasser suspendierten anorganischen Teilchen von den organischen stößt auf große Schwierigkeiten. Eine Methode zu ihrer Auszentrifugierung in Dichtegradienten wurde von LAMMERS (1962) entwickelt.

Auch im Meer scheint der Detritus eine wichtige Rolle zu spielen. Durch Aufnahme von Detritusprofilen bis in 3000 m Tiefe stellten PARSONS und STRICKLAND (1962) fest, daß unter 1 m² Oberfläche im nordöstlichen Pazifik mindestens 500 g organischen Trockenmaterials liegen, wovon nur etwa 1 g auf lebende Pflanzen entfällt. Das Material ist reich an verschiedenen organischen Verbindungen, die die Ernährung von Organismen unterhalb der photischen Zone ermöglichen sollten. Über die Art und Weise, wie diese Stoffe in die Nahrungskette aufgenommen werden, besteht noch nicht volle Klarheit, da bisher in der Tiefsee noch keine pelagischen detritusfressenden Zooplankter nachgewiesen worden sind.

Über die Wirkung der Strömung auf das Verhalten einzelner Tierarten ist im letzten Fortschritts-Bericht (1962) und in einem Sammelreferat von MACAN (1962) über die Ökologie von Wasserinsekten eingehend hingewiesen worden. Von der Hypothese ausgehend, die Strömung erhöhe die Gradienten an der Oberfläche der Organismen und erleichtere dadurch den Stoffaustausch, finden WHITFORD und SCHUMACHER (1961) bei *Oedogonium* eine starke Zunahme der P^{32}-Aufnahme und der CO_2-Produktion bei erhöhter Zirkultation des Wassers in einem geschlossenen System. Von einem ähnlichen Effekt auf die Atmung von 3 Makrophytenarten berichtet EDWARDS (1962), der die Atmung in ruhendem und bewegtem Wasser bei verschiedenen Sauerstoffspannungen untersuchte.

Auf Grund von Lichtabsorptionswerten von Reinkulturen von *Cyclotella Meneghiniana* und *Chlorella vulgaris* berechnet STEEMANN NIELSEN (1962) die maximal möglichen Chlorophyllmengen in der photischen Zone. Er kommt auf Höchstwerte von etwa 300 mg/m², was bei 20°C und einem 16 Std.-Tag eine tägliche Primärproduktion von etwa 4600 mg Kohlenstoff pro m² ergeben würde. Die Bedeutung der Stickstoff fixierenden Blaualgen im Haushalt der Seen studierten DUGDALE and DUGDALE (1962) und fanden z. Z. der spätsommerlichen Massenentwicklung von *Anabaena* eine scharfe Zunahme des gebundenen N-Gehaltes und bei Verwendung von markiertem N_2 eine erhöhte Stickstoffixation. Die positive Korrelation zwischen N-Fixation und Belichtung legt die Beteiligung der Blaualge nahe, aber der Anteil der Bakterien ließ sich in der Untersuchung nicht abklären. Auf Fehlerquellen bei der Verwendung von Polyäthylenschläuchen zum Studium des Stoffwechsels in stehenden Gewässern wurde von GOLDMANN (1962) hingewiesen.

3. Die ökologische Bedeutung von Vitaminen

In einer Diskussion über die Beziehung zwischen Auxotrophie und Ökologie stellt PROVASOLI (1961) fest, daß von 154 Algenarten, die bisher in bakterienfreier Kultur gezogen wurden, 98 zu ihrem Wachstum Vitamine bedürfen. Seither ist für weitere marine Diatomeen (MENZEL und SPAETH, 1962) und Blaualgen (VAN BAALEN, 1961) ein Bedarf an Vitamin B_{12} nachgewiesen worden. Neben Vitamin B_{12}, Thiamin und Biotin können auch andere organische Verbindungen Wuchsstoffcharakter zeigen. Die wachstumsfördernde Wirkung von *Caulobacter* auf *Nostoc* läßt sich durch β-Indolylessigsäure ersetzen (BUNT, 1961). Untersuchungen über die ökologische Bedeutung des Vitamingehaltes fehlen für das Süßwasser und beschränken sich auf das Meer. Die Methoden zur Bestimmung von Vitamin B_{12} und Thiamin, die räumliche und zeitliche Verteilung und ökologische Funktion dieser Vitamine im Long Island Sound sind von VISHNIAC und RILEY (1961) untersucht worden. MENZEL und SPAETH (1962) vergleichen die jahreszeitlichen Veränderungen von Vitamin B_{12}-Gehalt und Assimilation von C^{14} in der Sargassosee und kommen zum Schluß, daß Vitamin B_{12} die absoluten Produktionsraten kaum begrenzen, hingegen die Artenverteilung im Plankton durch Förderung der Diatomeenentwicklung im Frühjahr bestimmen dürfte.

Neben dem Vitaminbedarf scheint auch die Verteilung des Eisens in der Begrenzung von Hochsee- und Küstenphytoplankton bedeutungsvoll zu sein (RYTHER und KRAMER, 1961). DROOP (1962) diskutiert das Bedürfnis von *Sceletonema costatum* für Eisen und zweiwertigen Schwefel und weist auf die Rolle von physiko-chemischen Faktoren für das Wachstum der marinen Diatomeen hin.

4. Sauerstoffspannung als ökologischer Faktor

Trotz der großen Bedeutung, die der Sauerstoffspannung als ökologisch wirksamem Faktor zugemessen wird, sind unsere Kenntnisse über die Beziehung zwischen Atmungsintensität und Sauerstoffpartialdruck bei Lebewesen, die in ökologisch verschiedenen Biotopen vorkommen, noch sehr lückenhaft. BERG, JONASSON und OCKELMANN (1962) unterscheiden in einer vergleichenden Untersuchung von Wirbellosen des Profundals dänischer Gewässer drei verschiedene physiologische Verhaltensgruppen, die sich in mehr oder weniger rascher Einschränkung der Atmungsintensität bei verringerter O_2-Spannung ausdrücken. *Chironomus anthracinus* profundaler Herkunft atmet weniger intensiv als sublitoraler Herkunft und weist jahreszeitliche Variationen in der Atmungsintensität auf. Deutliche Beziehungen zwischen Atmungsintensität und Wachstumsrate wurden für diese Art festgestellt. Über die Bedeutung von Sauerstoffmikrostratifikation und Dichte des Schlammes für die Eindringtiefe von Schlammbewohnern berichtet FORD (1962).

5. Ernährungsphysiologie

Pflanzenfressende Insektenlarven sind häufig auf eine bestimmte Wirtspflanze spezialisiert. Bei einer Untersuchung der Stoffwechselbilanz von *Phryganea grandis*, die an *Potamogeton* und *Elodea* gehalten wurden (SMIRNOW, 1962), ergab sich, daß die Larven auf *Elodea* ihren Energiebedarf nicht decken können. Spektrophotometrische Analyse der Blätter läßt das Vorhandensein von Fraß-Schutzstoffen in *Elodea* vermuten.

B. Beseitigung flüssiger und fester Abfallstoffe und Gewässerschutz

1. Verlauf des Sauerstoffgehaltes in Flüssen

Die natürliche Belüftung von abwasserbelasteten Flußläufen ist ein gewichtiges Problem, das schon wiederholt behandelt wurde, namentlich mit Hinsicht auf die Möglichkeit einer Prognose oder Vorausberechnung des Sauerstoffgehaltes unter projektierten, neuen Bedingungen. Auf solchen Berechnungen basiert die Bewirtschaftung der Wasserqualität der Flüsse großer europäischer und amerikanischer Industrieregionen.

Der zeitliche oder räumliche Verlauf des Sauerstoffgehaltes eines Flusses folgt der Gleichung $\frac{dD}{dt} = K_1L - K_2D$, wobei D = Sauerstoffdefizit zur Zeit t, L = biochemischer Sauerstoffbedarf zur Zeit t, K_1 = Zehrungskoeffizient und K_2 = Belüftungskoeffizient. Während somit der erste Teil dieser Gleichung durch die Abwasserlast, also durch anthropogene Gegebenheiten bestimmt wird, ist der zweite Teil von den physiographischen und hydraulischen Faktoren des Gerinnes abhängig. Daraus die Belüftungsgeschwindigkeit bzw. den Belüftungskoeffizienten K_2 zu berechnen, ist freilich sehr schwierig. Mit umfangreichen Untersuchungen an Flüssen, welche von Talsperren her mit sauerstoffarmem, im weiteren aber reinem Wasser gespiesen werden, haben CHURCHILL, ELMORE und BUCKINGHAM (1962) die Geschwindigkeit der Sauerstoffaufnahme gemessen und in Abhängigkeit verschiedener Parameter (Temperatur, Fließgeschwindigkeit, Physiographie des Gerinnes, Sauerstoffgehalt u. a.) mit einer elektronischen Rechenanlage mathematisch ausgewertet. Durch Dimensionsanalyse wurde eine Anzahl numerisch zutreffender Formeln aufgestellt und davon eine einzige ausgewählt, welche weiter auf ihre Brauchbarkeit geprüft wurde. Danach berechnet sich der bei 20°C gültige Belüftungskoeffizient als $K_2 = \dfrac{5\,V}{R^{5/3}}$, wobei V = mittlere Fließgeschwindigkeit und R = mittlere Tiefe des Gerinnes. Diese allgemein gültige Formel zeichnet sich durch besondere Einfachheit und Sicherheit aus, da sie aus einem riesigen Zahlenmaterial hervorgegangen ist. Angesichts der Wichtigkeit von K_2 innerhalb der Wasserwirtschaft stellt die Formel einen echten Fortschritt dar.

Mit dem Mechanismus der natürlichen Selbstreinigung abwasserbelasteter Flüsse befassen sich VELZ und GANNON (1962) in einer Untersuchung, welche besonders den Abbau der organischen Substanz im Wasser zum Gegenstand hat. Dieser Abbau teilt sich im Gewässer in zwei unabhängige, synchrone Prozesse auf, nämlich in eine normale Befriedigung des biochemischen Sauerstoffbedarfes, also die normale aerobe Abbautätigkeit, und in eine biologische Extraktion organischer Stoffe aus dem Flußwasser. Die von diesem zweiten Vorgang betroffenen organischen Stoffe werden im Moment noch nicht oxydiert, sondern in der biologischen Flocke gespeichert; der eigentliche Abbau findet erst in der sedimentierten Schlamm-Masse statt. Diese Extraktion verläuft unabhängig von der Temperatur, steht aber unter dem Einfluß der Turbulenz des Wassers und der Konzentration der biologischen Flocken, während die normale Abbaurate einer Temperaturfunktion folgt, welche ihrerseits von der Hydraulik des Flusses unabhängig ist. Die Selbstreinigung des Flusses wird somit durch zwei getrennte Vorgänge gesteuert, wobei je nach den lokalen Verhältnissen die biologische Extraktion den normalen Abbau sogar übertreffen kann.

Ein weiteres Beispiel für die große Bedeutung, welche die Vorausberechnung des Sauerstoffgehaltes gütemäßig bewirtschafteter Flüsse heute besitzt, sind die umfangreichen Berechnungen von SCHROEPFER, ROBIN und SUSAG (1962) am Mississippi River. Um ein Klärwerk für den gesamten Minneapolis — Saint Paul Sanitary District zuverlässig dimensionieren zu können, mußten die Sauerstoffverhältnisse des Flusses unter allen möglichen Kombinationen verschiedener Faktoren (Wasserführung, Abwasserlast, Temperatur, Sauerstoffgehalt) vorausberechnet werden. Mit Hilfe der hierfür bekannten mathematischen Ausdrücken und eines Elektronenrechners wurden mehr als 12000 Sauerstoff-Verlaufskurven, sog. "Sag curves", ermittelt, welche nun erlauben, an die Leistungsfähigkeit des geplanten Klärwerkes bestimmte fundierte Anforderungen zu stellen. Ohne Rechenautomat wären derartige Berechnungen kaum möglich.

Der theoretische Verlauf des Sauerstoffgehaltes in organisch verunreinigten Flüssen folgt einer verhältnismäßig einfachen Exponentialfunktion. Die gleiche Funktion stellt sich bei der Entladung eines elektrischen Kondensators ein, was RENNERFELT und LUNDSTEDT (1960) dazu benützen, die Verlaufskurve des Sauerstoffgehaltes in Flüssen elektrisch nachzuahmen. Mit einer sinnreichen Schaltung, in welcher die einzelnen hydraulischen und biochemischen Parameter elektrisch eingestellt werden können, läßt sich mit minimalem Aufwand der Sauerstoffgehalt unter beliebigen Annahmen graphisch vorausbestimmen, oder es können aus einer angenommenen oder verlangten Gehaltskurve die einzelnen Parameter berechnet werden.

2. Künstliche Maßnahmen zur Verbesserung der Sauerstoffverhältnisse in Gewässern

Die Belastung mit organischen Stoffen äußert sich in den Gewässern in erster Linie in einer Störung des Sauerstoffregimes und einem erhöhten Sauerstoffbedürfnis. Maßnahmen zur Belüftung von Flüssen sind früher besprochen worden (Fortschritte der Botanik, Band 21). Ebenfalls seit Jahren im Gang ist die Diskussion von Maßnahmen zur künstlichen Sanierung von überdüngten Seen. Grundsätzlich kommen hier in Betracht: 1. Völliges Fernhalten sämtlicher Abwässer durch Errichten von Sammelleitungen (BALDINGER, 1959); 2. sofern diese Möglichkeit nicht besteht, vollständige Reinigung der Abwässer und zusätzliche Entfernung der eutrophierenden Stoffe (THOMAS, 1962). Die eigentliche Sanierung kann hernach beschleunigt werden, indem das mit Nährstoffen angereicherte, sauerstoffarme Tiefenwasser mit einer Leitung abgesogen wird, oder, sofern eine derartige Möglichkeit technisch nicht gegeben ist, durch Belüftung des Tiefenwassers. OLSZEWSKI (1961) berichtet über einen Versuch in einem kleinen polnischen See, das Tiefenwasser mit einer Heberleitung abzuleiten. Es konnte damit erreicht werden, daß sich die Sauerstoffverhältnisse verbesserten. Über die technischen Aspekte der Entnahme von Tiefenwasser aus Seen äußert sich WILDI (1963).

Über ein Großexperiment mit der zweiten Methode, der Belüftung des Hypolimnions des Pfäffikersees im Kanton Zürich (Schweiz) berichtet

AMBÜHL (1962). Dem See wird seit mehreren Jahren mit einer Mammutpumpe Preßluft zugeführt; diese fördert das Tiefenwasser an die Oberfläche und bewirkt dadurch eine wesentliche Intensivierung der natürlichen Zirkulationstätigkeit und damit eine bessere natürliche Versorgung mit Sauerstoff. Der mittlere Gehalt an Ammoniak ging seit dem Versuch auf einen Bruchteil zurück, während der Schwefelwasserstoff praktisch gänzlich verschwand.

3. Analytische Methoden zur Bestimmung des Sauerstoffgehaltes im Wasser

Obschon zur Bestimmung des Sauerstoffgehaltes im Wasser altbewährte, sicher arbeitende Verfahren zur Verfügung stehen und auf der ganzen Erde praktisch standardisiert sind, wird doch dauernd an der Entwicklung neuer Methoden gearbeitet, hauptsächlich mit dem Ziel, den Sauerstoffgehalt automatisch messen und vor allem registrieren zu können. Im Rahmen der sich mehr und mehr abzeichnenden Notwendigkeit einer qualitativen Dauerüberwachung der Gewässer sind solche automatisch arbeitenden Verfahren von eminenter Bedeutung.

Infolge der zwischen der Probenahme und der Laboruntersuchung unvermeidlichen Temperaturschwankungen und Volumenänderung bildet sich in den zur Sauerstoffbestimmung verwendeten Glasflaschen normalerweise eine Gasblase, welche nach KNIE und GAMS (1960) einen wesentlichen Anteil an Sauerstoff enthält und bei der nachfolgenden chemischen Analyse berücksichtigt werden muß. Um den Endpunkt bei der Titration besser zu indizieren, verwenden GOLDMAN und DIETZ (1960) an Stelle von Natriumthiosulfat eine Lösung von n-Phenylarsenoxyd und statt Stärke die amperometrische Indikation. Zur Bestimmung sehr geringer Mengen von Sauerstoff entwickelte BARGH (1959) eine verbesserte Winkler-Technik, welche namentlich den Einfluß des Luftsauerstoffes auf die Probe fernhält. Die Bestimmung selber erfolgt hier durch Titration mit Thiosulfat, wobei der Stärkeindicator ebenfalls durch eine amperometrische Anzeige (Dead-Stop) ersetzt ist. Zur laufenden Bestimmung und Registrierung beliebiger wasserchemisch interessanter Gase sind namentlich im Kesselhausbetrieb seit langem Analysiergeräte im Gebrauch, welche nach dem Prinzip des Gasaustausches durch ein inertes Gas und nachfolgende Gasanalyse arbeiten, doch scheint sich diese Anordnung — wohl wegen ihres beträchtlichen apparativen Aufwandes — erst in neuester Zeit durchzusetzen. Nach AXT (1959) zeichnet sich die Methode neben ihrer Vielseitigkeit vor allem durch Unempfindlichkeit gegenüber gelösten und suspendierten Verunreinigungen des Wassers aus.

Dem Wunsch nach einer einfachen und kontinuierlich arbeitenden Messung kommen besonders die elektrischen Verfahren entgegen. STRACKE (1958) vergleicht die hier entwickelten Systeme, nämlich Kolorimetrie, Phasenaustausch, Polarometrie und elektrochemische Messung, und beschreibt insbesondere eine Modifikation dieses letzten Verfahrens, welches sich dadurch auszeichnet, daß die Elektroden auf einer rotierenden Achse angebracht sind und durch Schleifbürsten dauernd sauber gehalten werden. Die Anordnung kann auch in stark verunreinigtem Wasser und sogar in Belebtschlamm eingesetzt werden (STRACKE, 1960). Die gleiche Methode wird von AMBÜHL (1960) für limnologische Messungen in Oberflächengewässern benützt. In einem als „Oxytester" beschriebenen Gerät, welches die gleichzeitige Messung von Temperatur, Leitfähigkeit und Sauerstoffgehalt erlaubt, wurde die nach der rein elektrochemischen Technik ausgelegte Sauerstoffmessung weiter ausgebaut, um wahlweise auch nach der polarometrischen Methode mit festen Elektroden messen zu können. Eine Methode, welche sich insbesondere für den Gebrauch im Laboratorium eignet und sich durch besondere Genauigkeit und Stabilität auszeichnet, ist die polarometrische oder polarographische Messung mit der tropfenden Quecksilber-Elektrode. Die von BRIGGS und KNOWLES (1961) entwickelte "Wide-bore"-Elektrode ist für die Anwendung bei Routine-Analysen oder in physiologischen Experimenten besonders geeignet und kann auch zur Bestimmung des Sauerstoffgehaltes in Gasen verwendet werden. Der Einfluß der Leitfähigkeit des Wassers wird durch Zugabe einer inaktiven Salzlösung ausgeschaltet. Diese Methode wurde von BRIGGS und MASON (1962) bei der Konstruktion eines tragbaren Sauerstoff-Analysegerätes für Feldmessungen verwendet und von KNOWLES, EDWARDS und BRIGGS (1962) zur Bestimmung der Respirationsrate natürlicher Gewässersedimente benützt.

Zwar ist die polarometrische Methode sehr genau, doch hat sie neben der Abhängigkeit von der Leitfähigkeit des Wassers den Nachteil, daß sie nur ortsfest eingesetzt werden kann. Ein neuartiger Elektrodentyp von CARRITT und KANWISHER (1959) vermeidet diese Einschränkung. Eine galvanische Zelle, bestehend aus einer Platin-Elektrode und einer Silber-Silberchlorid-Referenzelektrode, liefert einen Strom, der dem Sauerstoffgehalt des Wassers proportional ist. Das System ist gefüllt mit einem Leitelektrolyten und bedeckt mit einer dünnen Polyäthylen-Membran, welche — wie alle derartigen Stoffe — für Ionen impermeabel, für gelöste Gase dagegen permeabel ist. Sobald der Gasdruck an der Pt-Elektrode gleich ist wie im umgebenden Wasser, kann das Resultat an einem Meßgerät abgelesen werden. Dieses System findet weite Verbreitung und wird laufend weiter entwickelt. EYE, REUTER und KESHAVAN (1961) benützen eine ähnliche, membranbedeckte Platin-Silber-Elektrode zur Dauermessung in Fluß- und Abwasser. Mit Hilfe anderer Elektrodenmaterialien, aber unter Beibehaltung der Membran, erreichen MANCY und WESTGARTH (1962) eine Verbesserung der elektrischen Stabilität und Nullpunkts-Sicherheit, was namentlich für die Registrierung über längere Zeitspannen hinweg von Belang ist. PARKER u. Mitarb. (1960) setzen sich insbesondere mit dieser speziellen Verwendung von Elektrodensystemen auseinander.

4. Biologische Beurteilung der Gewässergüte

a) Ökologische Methoden. Angesichts der dauernd zunehmenden Nutzung und Verunreinigung der Oberflächengewässer wächst auch die Bedeutung der biologischen Methoden zur Beurteilung des Zustandes stehender und namentlich fließender Gewässer. Da es sich hier jedoch um Verfahren handelt, welche sich — im Gegensatz zu chemischen Arbeitsmethoden — schwer vereinheitlichen lassen, ist die Diskussion darüber in vollem Gang.

So folgern CASPERS und SCHULZ (1960) auf Grund von Untersuchungen in einem Kanal, die biologische Wasseranalyse nach KOLKWITZ und MARSSON sei nicht stichhaltig und sei schon im gedanklichen Ansatz falsch. Sie schlagen vor, an Stelle einer saprobiologischen Analytik die biologische Wasseranalyse am Trophiebegriff zu orientieren und dazu die Planktonorganismen heranzuziehen, was von KNÖPP (1962) abgelehnt wird. In einer weiteren Arbeit äußern sich CASPERS und SCHULZ (1962) zu dieser Entgegnung. Eine Zusammenstellung der heute üblichen und vorgeschlagenen Methoden zur biologischen Bewertung der Verunreinigung von Gewässern stammt von BICK (1962), während BRINGMANN, KÜHN und LÜDEMANN (1962) in einer ausführlichen Beschreibung der Bewertungs- und namentlich der physiologischen Laboratoriumsmethoden kritisch Stellung nehmen. Daß die Begriffe der Saprobie und der Trophie streng auseinander zu halten sind und auch das Saprobiensystem nur für jene Fälle angewendet werden darf, für die es geschaffen ist, zeigt ELSTER (1962) in einer Gegenüberstellung der Gewässertypen mit dem Saprobiensystem.

In Fortsetzung seines bisherigen Verfahrens bemüht sich LIEBMANN (1962b), die als brauchbar angesehenen Indicatororganismen erneut auf ihren analytischen Aussagewert zu prüfen, legt daneben aber Wert darauf, daß zur biologischen Beurteilung nicht einzelne Indicatoren, sondern stets nur die gesamte Lebensgemeinschaft herangezogen werden darf. Die Ergebnisse solcher Untersuchungen werden kartographisch, nicht aber arithmetisch ausgewertet, während BREITIG (1961) eine zahlenmäßige Bewertung der vorhandenen Arten in Form des „Saprobienindexes" verwendet. Ähnliche statistische Verfahren sind schon früher eingeführt worden. Wohl am weitesten gehen hier ZELINKA und MARVAN (1961), welche jedem als Indicator verwendeten Organismus eine zahlenmäßig festgelegte Indikationsvalenz zuordnen, die zusammen mit der ebenfalls numerisch erfaßten Abundanz der betreffenden Arten erlaubt, den analytischen Wert einer Lebensgemeinschaft innerhalb des verwendeten Systems zahlenmäßig festzulegen.

Die Notwendigkeit, sehr stark verunreinigte Gewässer beurteilen zu müssen, führt SLÁDEČEK (1961) zu einer verfeinerten Aufteilung namentlich des polysaproben Bereiches, während FJERDINGSTAD (1960) eine Klassifizierung des gesamten Bereiches in neun Saprobiezonen vorschlägt und die einzelnen Zonen durch typische Organismengesellschaften charakterisiert. Allerdings bezieht sich diese Methode ausschließlich auf die langsam fließenden Gewässer des Flachlandes.

Diese Methoden erlauben, den Grad der Verunreinigung mit organischen, ungiftigen Stoffen festzustellen; der Einfluß anorganischer und toxischer Stoffe stellt dagegen für die Beurteilung besondere Probleme. Aus dem Vergleich des Artenbestandes des Gewässers ober- und unterhalb der Einleitung derartiger Abgänge berechnet KOTHÉ (1962) den „Artenfehlbetrag" und charakterisiert damit die Giftwirkung.

b) Physiologische Methoden. Im Gegensatz zur biologischen, beziehungsweise ökologischen Methode, welche das Zustandsbild des Gewässers wiedergibt, lassen sich mit chemischen Untersuchungen nur die Verhältnisse erfassen, die im Augenblick der Probenahme herrschen. Daneben erfordert die chemische Analyse aber namentlich in der Gewässerüberwachung einen zu großen Aufwand, weshalb man sich bemüht, einfachere, wenn auch chemisch unspezifische Verfahren zu finden, welche eine hinreichende Überwachung des Zustandes des Gewässers erlauben. Es handelt sich dabei um mikrobiologische Teste, welche grundsätzlich der bekannten BSB_5-Bestimmung gleichen, bei denen aber ausgewählte Testorganismen verwendet werden. Zur Bestimmung des Saprobiegrades verwenden BRINGMANN und KÜHN (1962) und BRINGMANN (1960) Kulturen von Escherichia Coli. Die Zunahme der Biomasse in der beimpften Wasserprobe wird durch die nicht mineralisierten Stickstoffverbindungen als Minimumfaktor begrenzt. Die Konzentration der Zellen wird nephelometrisch gemessen und in Trübungseinheiten ausgedrückt. In analoger Weise wird die biologische Wirkung der Düngesalze des Wassers, d. h. der Trophiegrad, erfaßt. Als Testorganismus dient hier die Protococcale Scenedesmus quadricauda. Sie spricht auf die Wirkung der das Wachstum grüner Algen fördernden Inhaltsstoffe des Wassers an. Auf Grund der beiden als „Biomassentiter" bezeichneten Werte wird der jeweilige Grad der biologischen Selbstreinigung ersichtlich.

Mit einem ähnlich aufgebauten Test bestimmt KNÖPP (1961, 1962) die hemmende Wirkung von Abwasser auf die Entwicklungsfähigkeit bestimmter Protococcalen, gemessen an der Sauerstoffproduktion belichteter, verschieden stark verdünnter Abwasserproben, welche vorher mit diesen Algen beimpft worden waren. Gleichzeitig wird die Sauerstoffzehrung in mit Pepton versetzten und verschieden verdünnten Proben desselben Abwassers bestimmt. Das Verfahren ist unter dem Namen „A-Z-Test" (Assimilations-Zehrungs-Test) bekannt.

Als weiteres physiologisches Verfahren ist der Keimungstest von SLÁDEČEK (1961) zu erwähnen. Samen von Sinapis werden mit dem zu prüfenden Wasser begossen und die Keimungsfähigkeit ermittelt. Dieser Test dient dazu, die Verwendbarkeit von Wasser für Bewässerungszwecke zu prüfen.

5. Verarbeitung und Verwertung fester Siedlungs- und Industrieabfälle

Vielerorts werden durch unzweckmäßige Ablagerung von Hausmüll sowie festen Abfällen aus Gewerbe und Industrie im offenen Gelände, aber auch an und in Flüssen und Seen, Oberflächen -und Grundwässer — letztere oft bis zur Unbrauchbarkeit — verdorben. Die gefahrlose Beseitigung fester Abfallstoffe stellt deshalb heute ein nicht weniger wichtiges Problem und eine dringliche Aufgabe des Gewässerschutzes dar.

a) Aufbereitungstechnik. Der Aufbereitungstechnik erwächst heute die Aufgabe, nicht nur den eigentlichen Hausmüll, sondern auch Sperrgüter, Gartenabraum, Schlamm aus Abwasserreinigungsanlagen, Abfallöle und Rückstände aus Mineralölabscheidern, feste und schlammförmige

Abfälle der Industrie und des Gewerbes sowie Metzgereiabfälle, Konfiskate und Tierkadaver so zu verarbeiten, daß die Endprodukte entweder gefahrlos im Gelände deponiert oder in den allgemeinen Stoffkreislauf zurückgeführt werden können. Zu dieser maschinellen Aufbereitung sind heute die meisten Städte und Landgemeinden gezwungen, da den Möglichkeiten der sog. geordneten Deponie im Gelände ("Sanitary Landfills" in U.S.A., "Controlled Tipping" in England) enge Grenzen gesetzt sind (PARTRIDGE, 1962, und Ministry of Housing and Local Government, London, 1961), denn sie benötigt viel Platz und gefährdet unter Umständen das Grundwasser (JENFER, 1962).

Zusammenfassende Darstellungen der technischen Möglichkeiten zur Verarbeitung fester Abfallstoffe finden sich im "Municipal Refuse Disposal", einem Handbuch der American Public Works Association (1961) sowie bei BRAUN (1962b), KAUPERT (1962) und VON MASSOW (1962b).

Die letzten Jahre sind gekennzeichnet durch zahlreiche technische Neuentwicklungen, sowohl auf dem Gebiet der Verbrennung als auch der Kompostierung.

Verbrennung. Nach wie vor stehen für Großstädte Verbrennungsanlagen mit Wärmerückgewinnung im Vordergrund des Interesses (ENGEL und VON WEIHE, 1962, NUBER, 1962, KAMPSCHULTE, 1962b, PALM, 1962c, WEYRAUCH, 1962 und SCHREIER, 1962). Die Verbrennungsindustrie sieht sich auf Grund der erhöhten hygienischen und ästhetischen Anforderungen seitens der Behörde und der Allgemeinheit gezwungen, der Rauchgasreinigung vermehrtes Augenmerk zu schenken (EBERHARDT und WEIAND, 1962). Man gibt heute allgemein der Ausnützung der Wärmeenergie aus dem Müll in Verbindung mit Fernheizwerken, die mit Öl betrieben werden, den Vorzug (FISCHER, 1962). Durch die schwankenden Heizwerte des Mülls bedingt (TANNER, 1962), ist die Verwertung der Wärme aus einer Müllverbrennungsanlage allein technisch nicht zweckmäßig. Durch Entwicklung neuer Rost-Konstruktionen wird ein besserer Ausbrand erzielt (PALM. 1962b).

Neuerdings treten Verbrennungsanlagen ohne Wärmerückgewinnung immer mehr in den Blickpunkt des Interesses, wie dies in den USA seit einer Reihe von Jahren schon der Fall ist (PALM, 1962a). In Europa dürften solche Anlagen namentlich für kleinere und mittelgroße Gemeinden (KAMPSCHULTE, 1962a), dann aber auch in Verbindung mit Müllkompostwerken zur Vernichtung schwer oder nicht verrottbarer Rückstände von erheblicher Bedeutung sein (VON MASSOW, 1962a, und BRAUN, 1962a). Spezielle Ofentypen wurden entwickelt, um die in immer größeren Mengen anfallenden festen und schlammförmigen Abfälle der Industrie zu vernichten (LEIB, 1962). Es geht dabei nicht nur darum, schwer brennbare oder explosive Stoffe, sondern auch anorganische Abfälle ohne Heizwert durch Ausglühen in wasserunlösliche und damit gefahrlos deponierbare Form überzuführen.

Kompostierung. Einerseits wurden konventionelle Verfahren technisch verbessert (FEHLMANN, 1961, DE FRAJA FRANGIPANE, 1962, BANSE, 1961, SPOHN, 1962, STRAUB, 1962a, und BRAUN, 1962a), anderseits neue

Verfahren entwickelt, wie z. B. das Brikettierverfahren nach CASPARI (MEYER, 1962) und das Biotankverfahren (TRÉNEL, 1962). Durch Kombination von Gärzellen mit Hammermühlen wird das Problem der Sperrgutverarbeitung zweckmäßig gelöst, wobei zugleich Glas- und Keramikscherben pulverisiert werden und dadurch im Kompost nicht mehr stören. Die gemeinsame Kompostierung fester Abfälle mit Klärschlamm nimmt dank den zahlreichen Vorteilen immer mehr überhand, namentlich in kleinen und mittelgroßen Gemeinden (KELLER, 1962). Der entstehende Müllklärschlammkompost ist auf Grund der Inhaltsstoffe des Schlammes gegenüber dem gewöhnlichen Müllkompost bedeutend wertvoller, was in Form zahlreicher Untersuchungen und Vegetationsversuche bewiesen wurde (KICK, HILKENBÄUMER und REINKEN, 1962).

Schlammentwässerung. In engem Zusammenhang mit der gemeinsamen Kompostierung oder Verbrennung fester Abfälle mit Klärschlamm steht dessen Entwässerung. Sie stellt den ersten Schritt dar für jegliche weitere Verarbeitung und gewinnt immer mehr an Bedeutung, da die Lösung des Schlammproblems für unsere Gemeinden immer schwieriger wird. Die Landwirtschaft ist je länger je weniger in der Lage, die großen Mengen anfallenden Schlammes abzunehmen und zu verwerten (MAKAWI, 1961). Da er nur in den seltensten Fällen im Gelände abgelagert werden kann (ROHDE, 1962), muß er entweder verbrannt (PALM, 1961) oder kompostiert werden. In beiden Fällen ist eine Entwässerung mindestens bis zur Stichfestigkeit, d. h. bis zu einem Restwassergehalt von etwa 70%, notwendig. In den letzten Jahren sind einige neue Entwässerungsverfahren entwickelt worden, die insbesondere von WEGMANN (1962), KIESS (1962) und BRAUN (1962a) beschrieben worden sind.

b) Mikrobiologie der Müllkompostierung. Mit der zunehmenden Dringlichkeit des Problems der Beseitigung fester Siedlungs- und Industrieabfälle sowie des in Abwasserreinigungsanlagen anfallenden Klärschlammes ist in den letzten Jahren die Forschung auf dem Gebiete der Müll- und Müllklärschlamm-Kompostierung in stärkerem Maße in Gang gekommen. Dabei sind sowohl die grundlegenden mikrobiologischen Vorgänge als auch die angewandten Fragen der praktischen Durchführung intensiv untersucht worden.

Grundlagenforschung. Interessante Ergebnisse, die auch für die allgemeine Mikrobiologie von großer Bedeutung sind, wurden bei der Erforschung der grundlegenden Vorgänge mikrobieller Art erzielt. Es zeigt sich dabei je länger je mehr die enorme Vielfalt biologischer und biochemischer Vorgänge, die in dem sehr heterogenen Müllkompost ablaufen,und damit die Forschung vor komplizierte Probleme stellt.

Folgende für die Verrottung maßgebenden Faktoren sind genauer untersucht worden: Temperatur, Belüftung, Feuchtigkeit, Mikroorganismen und hygienische Belange.

1. *Selbsterhitzung und Temperaturverlauf.* Wird Müll oder eine Mischung von Müll und Klärschlamm in größeren Stapeln der natürlichen aeroben Verrottung überlassen, so tritt eine rasche Erwärmung des Materials ein. Nachdem ähnliche Erscheinungen bei Heustöcken von MIEHE (1930) untersucht worden waren, ist die Selbsterhitzung des Mülls

nun von NIESE (1959, 1961) eingehend behandelt worden. Der Temperaturverlauf einer Müllkompostmiete kann danach in drei typische Phasen eingeteilt werden. In der ersten, der Erwärmungsphase, erhitzt sich die Miete je nach Größe und Zusammensetzung in ein bis zwei Tagen auf 60—70°C. Die Keimzahlen der mesophilen Bakterien gehen nach anfänglichem Anstieg bald zurück, diejenigen der thermophilen nehmen stark zu. Ein Artenwechsel findet statt, zugleich aber auch ein intensiver Abbau der noch reichlich vorhandenen leicht abbaubaren Substanz, wodurch erhebliche Mengen Wärmeenergie frei werden. Steigt dadurch die Temperatur über 60—65°C, so sterben auch die thermophilen Mikroorganismen teilweise wieder ab und es kommt zur zweiten, der thermophilen Phase, welche durch gleichbleibend hohe Temperatur und stagnierende Keimzahlen charakterisiert ist. Diese Phase kann wochenlang dauern; infolge Nährstoffmangels oder Austrocknung kommt sie aber einmal zum Abklingen und wird abgelöst von der dritten, der Abkühlungsphase. In dieser kommen zuerst die thermophilen, später auch die mesophilen Bakterien wieder zur Vermehrung und es tritt ein erneuter Artenwechsel ein. Der wesentliche Teil des Stoffabbaues ist damit abgeschlossen und eine gewisse Reife des Materials erreicht.

Die Verfolgung des Temperaturverlaufs in einer Müllkompostmiete gibt nach den Untersuchungen von NIESE (1959, 1961), GLATHE (1962), GLATHE et al. (1961) und FARKASDI (1961 a, 1961 b) ein gutes Bild von der Entwicklung der Mikroorganismen und der Intensität des Stoffabbaues. Ein von NIESE (1959) entwickeltes Gerät erlaubt es, den Selbsterhitzungsvorgang genau zu verfolgen und Rückschlüsse auf den Reifegrad einer Kompostprobe zu ziehen.

2. *Belüftung.* Die Erhaltung aerober Rottebedingungen auch in größeren Müllkompostmieten ist erwünscht, da bei anaerober Fäulnis folgende Nachteile kaum zu umgehen sind: längere Abbauzeiten, unvollständiger Abbau, Auftreten unangenehm riechender Fäulnisstoffe. Eine künstliche Belüftung, sei es durch mechanisches Umarbeiten der Mieten oder Einblasen von Luft, wird daher empfohlen (HORSTMANN et al., 1961, SPOHN, 1962, TEENSMA, 1962). Die Intensität der mikrobiellen Atmung stellt ein gutes Maß der Rotteaktivität dar; sie ist daher in Arbeiten von BARDTKE (1961), HORSTMANN et al. (1961), PÖPEL (1961), FARKASDI (1961 b) und SCHULZE (1960, 1962) eingehend untersucht worden. Die Faktoren Feuchtigkeit und Beschaffenheit (insbesondere Dichte und Porosität) des Mülls sowie dessen stoffliche Zusammensetzung bestimmen maßgeblich den Sauerstoffbedarf. Die optimale Belüftung ist also in jedem Falle zu bestimmen. Dabei wird in der Praxis das mechanische Umsetzen wegen größerer Einfachheit und guter Wirkung vorgezogen (HORSTMANN et al., 1961). Die in großen Mieten bestehende Gefahr, daß in tief innen gelegenen Stellen anaerobe Zonen auftreten, kann ebenfalls durch häufiges Umarbeiten am besten vermieden werden (TEENSMA, 1962).

3. *Feuchtigkeit.* Die Bedeutung des Faktors Feuchtigkeit ist, da es sich um biologische Vorgänge handelt, von vorneherein gegeben. Der erwünschte optimale Wassergehalt ist daher zu bestimmen. Mit Hilfe der

Warburg-Methode hat SCHULZE (1961a) den Sauerstoffverbrauch von Müllkomposten verschiedenen Wassergehaltes ermittelt und dabei ein Optimum bei 60% Feuchtigkeitsgehalt gefunden. Je nach Zusammensetzung, Beschaffenheit, insbesondere Wassersaugfähigkeit, und Rottestadium eines Müllkompostes kann aber dieser Optimalwert etwas variieren. In der Praxis wird zur Aufrechterhaltung möglichst intensiver aerober Rotteverhältnisse ein Wassergehalt von 40—55% empfohlen (BANSE, 1961, FARKASDI, 1961b, STRAUB, 1961). Da der anfallende Frischmüll meist niedrigere Werte aufweist, kann vorteilhafterweise Klärschlamm mitverarbeitet werden.

4. *Mikroorganismen.* Die im wesentlichen an der Müllverrottung beteiligten pflanzlichen Mikroorganismen sind Vertreter der Bakterien, Actinomyceten und Pilze. Die Bakterienflora, vor allem jene der thermophilen Phase, ist von NIESE (1959), GLATHE et al. (1961) und GLATHE (1962) untersucht worden. Es ergaben sich dabei interessante Gesetzmäßigkeiten in bezug auf die Gesamtkeimzahlen. Das Verhältnis der thermophilen zu den mesophilen Keimen, das normalerweise im Müll weit unter 1 liegt, steigt bei der Erhitzung der Kompostmieten über 45° rasch an und bleibt auch nach der Abkühlung auf Werten über 1. Damit kann auch in Reifkomposten noch nachgewiesen werden, ob eine genügende Selbsterhitzung stattgefunden hat.

Das Verhalten des bodenkundlich wichtigen Bacteriums Azotobacter chroococcum gegenüber Müllkompost wurde von AHRENS (1961) verfolgt. Der Autor zeigte, daß zwar durch Rohmüll, nicht aber durch Reifkompost eine Schädigung dieses Bacteriums eintreten kann.

Während über die Actinomyceten keine Arbeiten vorliegen, ist die Besiedlung der Müllkomposte durch Pilze eingehend erforscht worden (VON KLOPOTEK, 1961, 1962). Die drei Phasen der Kompostierung widerspiegeln sich auch in der Pilzflora. In der thermophilen Phase treten ebenfalls einige wenige dominierende Arten hervor, während in der Abkühlungsphase eine große Zahl von Arten isoliert werden konnte. Auch die Pilzanalyse erlaubt daher Rückschlüsse auf die Art und die Intensität des stattgefundenen Kompostierungsvorganges.

5. *Hygienische Belange.* Bei der immer mehr aufkommenden Kompostierung von mit Klärschlamm gemischtem Müll müssen auch hygienische und parasitologische Belange besonders berücksichtigt werden, da im Klärschlamm noch Erreger von Krankheiten des Menschen und der Tiere vorhanden sein können und damit eine latente Seuchengefahr besteht. Lassen wir den Müllklärschlammkompost „kalt" verrotten, d. h. bei Temperaturen unter 45°C, so werden die Krankheitserreger nicht vernichtet. Unterwerfen wir umgekehrt das Material einer extremen Heißvergärung bei Temperaturen über 65°C, so sterben zwar alle pathogenen Keime rasch ab, aber wir verlieren dabei einen Teil der organischen Substanz, welche für die Humusbildung wertvoll wäre. Es wurde daher von KNOLL (1961a und b, 1962) untersucht, inwieweit die Abtötung der schädlichen Keime auch im dazwischenliegenden Temperaturbereich von 45—65°C erfolgen kann. Es zeigte sich, daß unter folgenden Bedingungen eine absolut zuverlässige Hygienisierung erreicht werden kann: Minimal-

temperatur von 55°C, Einwirkungsdauer 14 Tage, Feuchtigkeitsgehalt 40—60% und mindestens einmaliges Umsetzen der Kompostmiete. Da Temperaturen um 55°C allein nicht alle Krankheitskeime abtöten können, müssen auch antibiotisch wirksame Stoffe mitwirken, was tatsächlich nachgewiesen werden konnte. Die kombinierte Wirkung von Temperatur und Antibiotica führt somit zur gewünschten völligen Entseuchung des Kompostmaterials, welches dann unbedenklich im Obst-, Wein- und Gartenbau verwendet werden kann.

Die bei der Kompostierung von mit Typhusbakterien verseuchten Schlachthofabfällen einzuhaltenden Bedingungen sind von BAETGEN (1962) erarbeitet worden, während allgemein veterinärhygienische Untersuchungen von STRAUCH (1961, 1962), parasitologische von WETZEL (1961) vorliegen. Der Gehalt der Müllkomposte an Coli-Bakterien wurde von PARRAKOVA (1962) untersucht.

Angewandte Forschungsprobleme. In der praktischen Durchführung der Müllkompostierung ergeben sich vielfältige technische Probleme, zu deren Lösung die angewandte Forschung herangezogen werden muß. Einige der sich stellenden Fragen betreffen auch die Mikrobiologie des Kompostierungsvorganges. So ist schon verschiedentlich versucht worden, durch Beigabe von Zusätzen bakterieller, enzymatischer oder chemischer Natur die Verrottung zu beeinflussen und wenn möglich zu beschleunigen. Die Zugabe solcher Impfstoffe wird von WESTSTRATE (1951), GOLUEKE et al. (1954), GOTAAS (1956) und STRAUB (1961) als zwecklos bezeichnet, was verständlich erscheint, da Rohmüll schon Keimzahlen bis zu mehreren Millionen pro Gramm Frischgewicht aufweist. Neuere Arbeiten (GLATHE und ATANASIU, 1961, OBRIST, 1963) zeigen nun, daß die von den früheren Autoren untersuchten bakteriellen Zusätze bei der Mietenkompostierung keine wesentliche Beeinflussung des Rottevorganges bewirken, während gewisse Nährstoffe einen solchen Effekt auslösen und das Endprodukt qualitativ verbessern können. Dazu kann vor allem auch der in immer größeren Mengen anfallende Klärschlamm verwertet werden (BRAUN und ALLENSPACH, 1958, CASPARI, 1962, STRAUB, 1962b).

Wesentlich anders stellen sich die Probleme, wenn statt Mietenkompostierung mit neuartigen Verfahren in Gärzellen eine kontinuierliche thermophile Fermentation durchgeführt wird. Hier können außer der stofflichen Zusammensetzung des Mülls auch die Faktoren Temperatur, Feuchtigkeit und Belüftung genau reguliert werden. Eingehende Untersuchungen darüber liegen vor von SCHULZE (1960, 1961b, 1962, deutsche Zusammenfassung siehe OBRIST, 1962).

Literatur

AHRENS, E.: In GLATHE und STRAUB, 117—122 (1961). — ALEKIN, O. A.: Grundlagen der Wasserchemie. Eine Einführung in die Chemie natürlicher Wässer. 260 S. Leipzig: VEB Deutscher Verlag für Grundstoffindustrie 1962. — AMBÜHL, H.: (1) Schweiz. Z. Hydrol. **22**, 23 (1960); — (2) Verb. Ber. VSA 77/3 (1962). — American Public Works Association: Municipal Refuse Disposal. United States Public Health Service, Dep. Health, Education, and Welfare, 506 S., Chicago 1961. — ARX, W. S., VON: An Introduction to Physical Oceanography. 422 S. Reading, Mass.: Addison-Wesley Publishing Company, Inc. 1962. — AXT, G.: Jahrb. Vom Wasser **26**, 174 (1959).

BAETGEN, D.: Städtehygiene 13, 81—85 (1962). — BALDINGER, F.: Österr. Wasserwirtsch. 11, 152 (1959). — BAMFORTH, S. S.: Limnol. Oceanogr. 7, 348—353 (1962). — BANSE, H. J.: Städtehygiene 12, 142—144 (1961). — BARDTKE, D.: Städtehygiene 12, 135—137 (1961). — BARGH, J.: Chemistry and Industry, 1307—1311 (1959). — BAUER, O. N.: Parasites of Freshwater Fish and the Biological Basis for their Control, Leningrad 1959 (translated from Russian, Israel Program for Scientific Translations, Jerusalem 1962, 236 S.). — BERG, K., P. M. JONASSON u. K. W. OCKELMANN: Hydrobiologia 19, 1—39 (1962). — BERG, L. S.: Freshwater Fishes of the USSR and adjacent Countries. Vol. 1, 4th edition, improved and augmented, Moskva-Leningrad 1948 (translated from Russian, Israel, Program for Scientific Translations, 504 S., Jerusalem 1962). — BICK, H.: World Health Organisation, Env. San. 139 (1962). — BRAUN, R.: (1) Neue Zürcher Zeitung, Beil. Technik, Nr. 774/775 (1962a); — (2) Schweiz. Techn. Z., No. 46/47, 915—919 (1962b). — BRAUN, R. u. H. ALLENSPACH: Schweiz. Z. Hydrol. 20, 60—134 (1958). — BREITIG, G.: Mitt.Inst. Wasserwirtsch. 12 (1961). — BRIGGS, R., and G. KNOWLES: Analyst 86, 603 (1961) — BRIGGS, R., and W. H. MASON: Laboratory Practice (1962). — BRINGMANN, G.: Jahrb. Vom Wasser 27, 86 (1960). — BRINGMANN, G. u. R. KÜHN: Int. Rev. ges. Hydrobiol. 47, 123 (1962). — BRINGMANN, G., R. KÜHN u. D. LÜDEMANN: GWF 103, 1127, 1232 (1962). — BRUNS, E.: Ozeanologie. Bd. 2, Ozeanometrie 1. 494 S. Berlin: VEB Deutsch. Verl. d. Wiss. 1962. — BUNT, J. S.: Nature (London) 192, 1271—1275 (1961). — BYCHOWSKY, B. E.: Monogenetic Trematodes. Their Systematics and Phylogeny. Translation of a Russian Monograph. English Editor W. J. Hargis, Jr. Amer. Inst. of Biological Sciences. 627 S., Washington D. C. 1961.

CARRITT, D. E., and J. W. KANWISHER: Anal. Chem. 31, 5 (1959). — CASPARI, F.: Städtehygiene 13, 145—148 (1962). — CASPERS, H. u. H. SCHULZ: (1) Int. Rev. ges. Hydrobiol. 45, 535 (1960); (2) Int. Rev. ges. Hydrobiol. 47, 100 (1962). — CHURCHILL, M. A., H. L. ELMORE, and R. A. BUCKINGHAM: Internat. Conf. Water Poll. Res. 1/2, Oxford (1962). — CONTRIBUTIONS Scripps Inst. of Oceanography, University of California, La Jolla/California, Vol. 31, 1234 S., 1961. — CORLISS, J. O.: The Ciliated Protozoa. Int. Series of Monographs on pure and applied Biology. Div. Zoology. Vol. 7, 310 S. Oxford: Pergamon Press 1961.

DE FRAJA FRANGIPANE, E.: Vortrag Int. Kongr. der Internat. Arbeitsgemeinsch. f. Müllforschung (IAM), Essen, 1962. — DOGIEL, V. A., G. K. PETRUSHEVSKI, and I. POLYANSKI: Parasitology of Fishes. Translated by Z. Kabata. 384 S. Edinburgh und London: Oliver and Boyd Ltd. 1961. — DROOP, M. R.: Beiträge zur Physiologie und Morphologie der Algen. Vorträge aus dem Gesamtgebiet der Botanik, herausgeg. v. d. Deutsch. Bot. Ges., S. 77—82. Stuttgart: Gustav Fischer Verlag 1962. — DUGDALE, V. A., and R. C. DUGDALE: Limnol. Oceanogr. 7, 170—177 (1962).

EBERHARDT, H. u. H. WEIAND; Städtehygiene 13, 30—32 1962. — EDWARDS, R. W.: Internat. Conf. Water Poll. Res. Reprints, 1962. — EDWARDS. R. W., and M. OWENS: J. Ecol. 50, 207—220 (1962). — ELSTER, H.-J.: Int. Rev. ges. Hydrobiol. 47, 211 (1962). — ENGEL, W. u. A. von WEIHE: Kommunalwirtschaft, H. 1, Fachheft Städtereinigung, 21—23 (1962). — EYE, J. D., L. H. REUTER, and K. KESHAVAN: Water and Sewage Wks 108, 231 (1961).

FARKASDI, G.: (1) Städtehygienie 12, 138—142 (1961a); — (2) In GLATHE und STRAUB, 43—72 (1961b). — FEHLMANN, P.: Mouvement Communal Bruxelles (1961). — FISCHER, R.: Vortrag Int. Kongress der IAM, Essen, 1962. — FJERDINGSTAD, E.: Nordisk Hyg. Tidskr. 41,. 149 (1960). — FORD, J. B.: Hydrobiologia 19, 262—272 (1962).

GLATHE, H.: Vortrag Int. Kongreß d. IAM, Essen, 1962. — GLATHE, H. et al.: In GLATHE und STRAUB, 123—144 (1961). — GLATHE, H. u. N. ATANASIU: Org. Landbau 4, 74—76, 95—96 (1961). — GLATHE, H. u. H. STRAUB: Bericht über die Ergebnisse von Forschungsarbeiten auf dem Gebiet der Kompostierung von Müll. Frankfurt a. Main: DLG-Verlag 1961. — GOLDMAN, CH. R.: Limnol. Oceanogr. 7, 99—101 (1962). — GOLDMAN, E. u. B. DIETZ: J. AWWA 52, 1575 (1960). — GOLUEKE, C. G., B. J. CARD and P. H. McGAUHEY: Appl. Microbiol. 2, 45—53 (1954). — GOODEY, T.: Soil and Freshwater Nematodes. 2nd edition reviser and rewritten by J. BASIL GOODEY, 544 S. London: Methuen 1963. — GOTAAS, H.B.: Composting. World Health Organisation, Genève 1956.

HEGNAUER, R.: Chemotaxonomie der Pflanzen. Eine Übersicht über die Verbreitung und systematische Bedeutung der Pflanzenstoffe. Bd. 1: Thallophyten, Bryophyten, Pteridophyten und Gymnospermen. 517 S., Basel und Stuttgart: Birkhäuser Verlag 1962. — HICKLING, C. F.: Fish Culture. 295 S. London: Faber and Faber, Ltd. 1962. — HORSTMANN, O., E. ENGELHORN u. G. FARKASDI: Informationsbl. IAM 11, 3—14 (1961).

IVLEV, V. S.: Experimental Ecology of the Feeding of Fishes. Translated from the Russian by Douglas Scott. 302 S. New Haven: Yale University Press 1961.

JENFER, O.: Kommunalwirtschaft, H. 1, Fachheft Städtereinigung, 17—18 (1962).

KAMPSCHULTE, J.: (1) Der Städtetag, H. 11, 614—617 (1962a); — (2) Städtereinigung, VDI-Z. 104, 639—652 (1962b). — KAUPERT, W.: Der Städtetag, H. 2, 101—108 (1962). — KELLER, P.: GWF 103, H. 20, 494—496 (1962). — KICK, H., F. HUILKENBÄUMER u. G. REINKEN: Wiss. Ber. d. landw. Fakultät Univ. Bonn, H. 6, Reihe B, 123 S. (1962). — KIESS, F.: Vortrag Int. Kongreß der IAM, Essen, 1962. — KLOPOTEK, A. VON: (1) In GLATHE und STRAUB, S. 90—102 (1961); — (2) Antonie van Leeuwenhoek 28, 141—160 (1962). — KNIE, K. u. H. GAMS: Wasser und Abwasser, 10, H. 4, 51 (1960). — KNÖPP, H.: (1) Deutsche Gewässerkundl. Mitt. 5, 66 (1961); — (2) GWF 103, 786 (1962); — (3)Int. Rev. ges. Hydrobiol. 47, 85 (1962). — KNOLL, K. H.: (1) Compost Science 2, 35—40 (1961a); — (2) Städtehygiene 12, 95—99 (1961b); — (3) Vortrag am Int. Kongreß der IAM in Essen, 1962. — KNOWLES, G., R. W. EDWARDS u. R. BRIGGS: Limnol. Oceanogr. 7, 481 (1962). — KOBAYASI, H.: (1) Botanical Magazine, Tokyo, 74, 228—235 (1961a); — (2) Botanical Magazine, Tokyo, 74, 331—341 (1961b). — KOTHÉ, P.: Deutsche Gewässerkundl. Mitt. 6, 60 (1962). — KRISS, A. E.: Meeresmikrobiologie. Tiefseeforschungen. 570 S. Jena: VEB Gustav Fischer 1961.

LAMMERS, W. T.: Limnol. Oceanogr. 7, 224—229 (1962). — LEIB, H.: Mitt. Ver. Großkesselbesitzer Essen, H. 78, 3—11 (1962). — LEWIN, R. A. (editor): Physiology and Biochemistry of Algae. 938 S., New York-London: Academic Press 1962. — LIEBMANN, H. (Herausgeber): (1) Öle und Detergentien im Wasser und Abwasser. Münchner Beiträge zur Abwasser-, Fischerei- und Flußbiologie, Bd. 9, 313 S. München: R. Oldenbourg 1962 (a); (2) Handbuch der Frischwasser- und Abwasserbiologie, Bd. 1, 2. Aufl. München: R. Oldenbourg 1962 (b). — LUTHER, W. u. K. FIEDLER: Die Unterwasserfauna der Mittelmeerküsten. Ein Taschenbuch für Biologen und Naturfreunde. 253 S., Hamburg-Berlin: Verlag Paul Parey 1961.

MACAN, T. T.: Ann. Rev. Entomology 7, 261—288 (1962). — MAKAWI, A. A. M.: Diss. Justus Liebig-Universität, Gießen 1962. — MANCY, K. H., and W. C. WESTGARTH: J. Wat. Poll. Control Fed. 34, 1037 (1962). — MARCHETTI, R.: Biologia e Tossicologia delle Acque Usate. 386 S., Milano: Editrice Tecnica Artistica Scientifica 1962. — MASSOW, H., VON: (1) Heizung-Lüftung-Haustechnik, 13, Nr. 7, 225—228 (1962a); — (2) Kommunalwirtschaft, H. 1, Fachheft Städtereinigung, 10—12 (1962b). — MENZEL, D. W., u. J. P. SPAETH: Limnol. Oceanogr. 7, 151—158 (1962). — MEYER, H.: Der Städtetag, H. 3, 162—164 (1962). — MIEHE, H.: Arch. Mikrobiol. 1, 78—118 (1930). — Ministry of Housing and Local Government, London: Pollution of Water by Tipped Refuse 141 S., London: Her Majesty's Stationery Office 1961.

NELSON, D. J., and D. C. SCOTT: Limnol. Oceanogr. 7, 396—413 (1962). — NIESE, G.: (1) Arch. Mikrobiol. 34, 285—318 (1959); — (2) In GLATHE und STRAUB, 73—89 (1961). — NIKOLSKY, G. V.: The Ecology of Fishes. Translated from the Russian by L. Birkett. 352 S. London-New York: Academic Press 1963. — NUBER, K.: Aufbereitungs-Technik, H. 5, 199—202 (1962).

OBRIST, W.: (1) Informationsbl. IAM Nr. 16, 10 (1962); (2) Informationsbl. IAM (im Druck) (1963). — OLSZEWSKI, P.: Verh. Internat. Ver. Limnol. 14, 855 (1961). — OWENS, M., and R. W. EDWARDS: J. Ecol. 50, 157—162 (1962).

PALM, R.: (1) Schweiz. Bauztg. 79, H. 49, 882—883 (1961); — (2) Straße u. Verkehr, Nr. 2 (1962a); — (3) Ges.-Ing. 83, H. 2, 36—43 (1962b); — (4) Vortrag Int. Kongr. d. IAM in Essen, 1962 (c). — PARKER, B. W. und Mitarb.: J. San. Engng. Div., Proc. Am. Soc. Civ. Engrs. 86, SA 4, 25 (1960). — PARRAKOVA, E.: Informationsbl. IAM Nr. 16, 9 (1962). — PARSONS, T. R., and J. D. H. STRICKLAND: Science 136, 313—314 (1962). — PARTRIDGE, J. W.: Vortrag Int. Kongreß der IAM in Essen,

1962. — Pöpel, F.: Informationsbl. IAM Nr. 13, 17—20 (1961). — Provasoli, L.: Algae and Metropolitan Wastes. Transactions of the 1960 Seminar. U.S. Department of Health, Education, and Welfare, S. 48—56, 1961.

Rabotnowa, I. L.: Die Bedeutung physikalisch-chemischer Faktoren (pH und rH$_2$) für die Lebenstätigkeit der Mikroorganismen. 226 S. Jena: VEB Gustav Fischer Verlag 1963. — Ramazzotti, G.: Il Phylum Tardigrada. Memorie dell'Instituto Italiano di Idrobiologia Dott. Marco de Marchi, 595 S. Verbania-Pallanza 1962. — Rennerfelt, J., and K. Lundstedt: Vattenhygien 16, 4 (1960). — Rohde, H.: Vortrag Internat. Kongreß der IAM in Essen, 1962. — Ryther, J. H., and D. D. Kramer: Ecology 42, 444—446 (1961).

Schreier, F.: Vortrag Int. Kongreß der IAM in Essen, 1962. — Schroepfer, G. J., M. L. Robin, and R. H. Susag: Internat. Conf. Water Poll. Res. 1/14, Oxford (1962). — Schulz, B.: Wasserlinsen. Die Neue Brehm-Bücherei. 95 S. Wittenberg: A. Ziemsen Verlag 1962. — Schulze, K. L.: (1) Compost Science 1, 36—40 (1960);— (2) Compost Science 2, 32—34 (1961a); — (3) Aerobic decomposition of organic waste materials. Final report. Michigan State University, East Lansing/Mich., 1961(b). — (4) Appl. Microbiol. 10, 108—122 (1962). — Sládeček, V.: Arch. Hydrobiol. 58, 103 (1961). — Slijper, E. J.: Riesen des Meeres, eine Biologie der Wale und Delphine. Verständliche Wissenschaft. 119 S. Berlin: Springer-Verlag 1962. Gekürzte Fassung von "Walvissen, Centen", Hilversum: Verlag C. de Boer jr. 1958. 524 S. — Smirnov, N. N.: Hydrobiologia 19, 152—161 (1962). — Spohn, E.: Städtehygiene 13, 86—92 (1962). — Steemann Nielsen, E.: Int. Rev. ges. Hydrobiol. 47, 333—338 (1962). — Stracke, G.: (1) Jahrb. Vom Wasser 25, 181 (1958); — (2) Water and Sewage Wks. 107, 388 (1960). — Straub, H.: (1) In Glathe und Straub, 8—42 (1961); — (2) Informationsbl. IAM Nr. 14, 3—9 (1962a); — (3) Untersuchungen des Einflusses technischer Bedingungen bei der Verrottung von Siedlungsabfällen unter den Voraussetzungen des Werkbetriebes. Frankfurt a/Main: DLG-Verlag 1962(b). — Strauch, D.: (1) In Glathe und Straub, 152—153 (1961); — (2) Vortrag am Internat. Kongreß der IAM in Essen, 1962.

Tanner, R.: Vortrag am Internat. Kongreß der IAM in Essen, 1962. — Tartar, V.: The Biology of Stentor. 413 S. Oxford: Pergamon Press 1961. — Teensma, B.: (1) Informationsblatt IAM Nr. 11, 15—18 (1961); (2) Informationsbl. IAM Nr. 16, 5—8 (1962). — Thomas, E. A.: Vj.schr. Naturf. Ges. Zürich 107, H. 3, 127 (1962). — Trénel, M.: Städtehygiene 13, H. 11, 224—229 (1962).

Van Baalen, C.: Science 133, 1022—1923 (1961). — Velz, C. J., and J. J. Gannon: Internat. Conf. Water Poll. Res. 1/16, Oxford (1962). — Vishniac, H. S., and G. A. Riley: Limnol. Oceanogr. 6, 36—41 (1961).

Wasser und Abwasser, Sammelband des Fortbildungskurses 1961 der Bundesanstalt für Wasserbiologie und Abwasserforschung, Wien-Kaisermühlen, über Flußstaue und Speicherseen. Wien: Verlag E. Winkler. — Waterman, T. H. (editor): The Physiology of Crustacea. Vol. 1: Metabolism and Growth, Vol. 2: Sense Organs, Integration, and Behavior. 670 und 681 S. New York/London: Academic Press 1960/61. — Waters, T. F.: (1) Ecology 43, 316—320 (1962a); — (2) Transactions Amer. Fisheries Soc. 91, 243—250 (1962b). — Wegmann, E.: Industrieabwässer, Mai-Heft, Deutscher Kommunalverlag Düsseldorf (1962). — Weststrate, W. A. G.: Publ. Cleansing 41, 491 (1951). — Wetzel, R.: In Glathe und Straub, 154—164 (1961). — Weyrauch, H.: Vortrag Internat. Kongreß der IAM in Essen, 1962. — Whitford, L. A., and G. J. Schumacher: Limnol. Oceanogr. 6, 423—425 (1961). — Wildi, P.: Hoch- u. Tiefbau 62, H. 12, 312 (1963).

Zelinka, M., u. P. Marvan: Arch. Hydrobiol. 57, 389 (1961).

27. Pharmakognosie

Von Dietrich Frohne und Otto Moritz, Kiel

Allgemeine Informationsquellen

Die bereits in Band XXIII erwähnte „Experimental Pharmacognosy" von Tyler und Schwarting erschien 1962 in dritter Auflage. Von erheblicher Bedeutung für den Pharmakognosten dürfte R. Hegnauers „Chemotaxonomie der Pflanzen" sein, von der 1962 Band I (Thallophyta, Bryophyta, Pteridophyta und Gymnospermae) erschien.

Systematische Pharmakognosie

Wenngleich vielfach synthetische Arzneimittel an die Stelle von pflanzlichen Drogen und Inhaltsstoffen getreten sind, so zeigt es sich doch, daß die Suche nach neuen pflanzlichen Wirkstoffen selbst auf solchen Gebieten noch mit gewissen Erfolgen fortgesetzt wird, die als Domäne der reinen Chemotherapie gelten.

Wir wählten für den diesjährigen Bericht neuere Arbeiten über pflanzliche Amöbicide, Insecticide und Anthelminthica aus; Stoffe also, die dem umfassenderen Begriff der Antiparasitica zuzuordnen sind. Ferner wurden auch aus der Gruppe der Cytostatica (Cancerostatica, Oncolytica) Arbeiten über die Wirkungen pflanzlicher Stoffe ausgesucht.

Antiparasitica sind Mittel zur Bekämpfung pflanzlicher oder tierischer Parasiten des Menschen oder höherer Tiere. Auf die zur Bekämpfung pflanzlicher Parasiten dienenden „Bactericide" und „Fungicide" soll hier nicht eingegangen werden. Die tierischen Parasiten entstammen vorwiegend den Stämmen der Protozoen, Arthropoden und Vermes. Die oben erwähnten Antiparasitica richten sich gegen jeweils eine bestimmte Gruppe dieser 3 Stämme.

a) Die als **Amöbicide** bezeichneten Mittel dienen im wesentlichen zur Bekämpfung der für den Menschen pathogenen *Entamoeba histolytica* (Erreger der Amöbenruhr). Das als Brechmittel nicht mehr verwendete Alkaloid Emetin aus der Wurzel von *Uragoga ipecacuanha* besitzt eine spezifische Wirkung gegen den Erreger, jedoch ist nach Untersuchungen von Blanc, Nosny u. a. (1961) an Ratten und Mäusen das 2-Dehydro-Emetin(DHE) bei geringerer Toxicität schneller wirksam als Emetin. An Patienten mit Amöbenruhr wurden mit DHE (100 mg/kg täglich, intramuskulär, 7—10 Tage) gute Erfolge ohne Nebenwirkungen erzielt. Die bessere Verträglichkeit des DHE kann, darauf weisen Schwartz und Rieder (1961) in einer Arbeit hin, möglicherweise auf seiner schnelleren Ausscheidung aus dem Organismus beruhen. — Duriez, Bailly und Roustan (1962) erprobten das aus den Samen von *Simaruba glauca* isolierte „Glaucarubin" an 120 Personen. Bei einer Dosierung von 3 mg/kg täglich über 10 Tage erzielten sie eine Abtötung der Parasiten in 91 % der Fälle. Selten auftretende Nebenwirkungen im Verdauungstrakt wurden symptomatisch behandelt. — Ein Antibioticum aus *Streptomyces*-Arten, das neben seiner Wirkung auf Enterobakterien auch eine besondere Wirkung gegen *Entamoeba histolytica* zeigt, ist das Paromomycin (Humatin). COURTNEY, THOMPSON, HODGKINSON und FITZSIMMONS (1960) berichten über sehr gute Ergebnisse bei der Anwendung an über 1000 Personen. Auch WAGNER und BURNETT (1961) haben selbst bei chronischen Fällen der Eingeborenen des Nyassalands Erfolg mit Humatinsulfat. TOVIA ARRIOJA und VILLALPANDO (1961) bestätigen die amöbicide Wirkung des Paromomycins und zeigen, daß die antibakterielle Wirkung gegen die Darmbakterien nicht einheitlich ist. CARTER, BAYLES und THOMPSON (1962) konnten mit Dosen von 15 mg/kg täglich (5 Tage) neben *Entamoeba histolytica* auch eine Reihe anderer Protozoen erfolgreich bekämpfen. Ein Nachteil der Therapie mit diesem Antibioticum ist nach CHAUDHURI, SAHA und ROY (1961) darin zu sehen, daß die Erreger nur im Darmtrakt, nicht aber in der Leber beeinflußt werden.

b) Insecticide dienen zur Bekämpfung der (zu den Arthropoden gehörenden) Gruppe der Insekten, soweit diese Schädlinge — und dabei auch Parasiten — von Menschen, Tieren und Pflanzen sind. Für die USA gibt HALL (1962) einen durchschnittlichen Verbrauch an insecticiden Wirkstoffen von etwa 225 Mill. lbs pro Jahr an. Bei den Insecticiden sind die natürlich vorkommenden durch hochwirksame synthetische Produkte stark zurückgedrängt worden. Aber gerade die Hochwirksamkeit, die eine entsprechende Gefährdung nützlicher Insekten (z. B. Bienen), aber auch eine allgemeine Gefahr bedeutet, hat zur Folge, daß pflanzliche Stoffe mit geringeren oder fehlenden Nebenwirkungen weiterhin im Gebrauch sind. Beispiele hierfür sind die Pyrethrine (aus *Pyrethrum*-Arten) und das Rotenon (aus Leguminosenwurzeln), zwei für den Menschen praktisch nicht toxische Insecticide. Die Struktur der Pyrethrine, Ester des Pyrethrolons mit terpenoiden „Chrysanthemumsäuren", ist weitgehend geklärt: Eine Übersicht über die Chemie der natürlich vorkommenden Pyrethrine geben CROMBIE und ELLIOTT (1961).

Über die Biosynthese der Pyrethrine berichten CROWLEY, INGLIS, SNAREY und THAIN (1961) sowie CROWLEY, GODIN, INGLIS, SNAREY und THAIN (1962). Letztere konnten zeigen, daß in den Blüten von *Chrysanthemum cinerariifolium* 2-C^{14}-Mevalonsäure in die Chrysanthemumsäuren eingebaut wird. Den natürlich vorkommenden Pyrethrinen entsprechende Synthetica — z. B. „Allethrin" — sind z. T. stärker wirksam als diese selbst. GERSDORFF und PIQUETT (1961) erhielten durch Veränderungen im Allethrinmolekül Produkte, die gegen Musca domestica 195 % bzw. 120 % der Toxicität der Pyrethrine erreichten. CHADWICK und GLYNNE JONES (1960) verglichen ein anderes Pyrethrinanalogon, „Barthrin"-6-chloropiperonyl-Ester der dl-cis-trans-chrysanthemumsäure, mit der Wirkung von Pyrethrinen. Die auch von anderen Untersuchern gefundene geringe Wirkung des „Barthrins" wurde bestätigt, Piperonylbutoxid hatte keinen synergistischen Effekt. Wird dagegen

Piperonylbutoxid mit Pyrethrumextrakt im Verhältnis 8 : 1 vernebelt, so ergibt sich nach Kogan (1961) eine beachtliche synergistische Wirkungssteigerung bei der Anwendung gegen Moskitos. Den gleichen Effekt beobachteten Lloyd und Hewlett (1960) gegen *Ephestia elutella*, nicht aber gegen die Larven dieser Motte. Eine Übersicht über Pyrethrum-Synergisten gibt auch Price (1960), der gegen *Musca domestica* Sulfoxid mit Pyrethrinen kombiniert. Burnett (1961) zeigt, daß bei örtlicher Anwendung an der Tsetse-Fliege *(Glossina morsitans)* die Wirkungen organischer Phosphorsäureester und der Pyrethrine schlechter sind als die von „Dieldrin" (Gruppe der chlorierten Kohlenwasserstoffe). Über die Pyrethrinresistenz der Hausfliege siehe Fine (1961). Wie die Pyrethrine ist auch das Rotenon, der insecticide Wirkstoff aus *Derris-* und *Lonchocarpus*-Arten, in seiner Struktur bekannt. Über die erstmals durchgeführte Totalsynthese des Rotenons berichten Miyano, Masateru, Kobayashi und Matsui (1961). Rotenon ist, wie manche anderen Insecticide, auch als sicher wirkendes Fischgift zu verwenden. So benutzt Larsen (1961) z. B. Rotenon zur quantitativen Erfassung des Fischbestandes einer Torfgrube. Lindgren (1960) erwähnt als gebräuchlichstes Mittel zur Vergiftung begrenzter Gewässer Rotenon, das in einer Konzentration von 0,5 mg/l den Fischbestand fast ausnahmslos vergiftet, während ein Teil der Bodenfauna dann noch überlebt.

Über Pflanzen, die bisher nicht als Insecticide benutzt worden sind, haben Mathur, Srivastava und Chopra (1961) (über *Zanthoxylon alatum*) und Mukerjea und Ram Govind (1960, 1961) Arbeiten veröffentlicht. Letztere prüfen Petroläther-Extrakte von *Acorus calamus*-Rhizom und finden gegen *Musca nebulo* eine 17mal geringere Toxicität, verglichen mit DDT. Der Ätherextrakt wirkt als Fraßgift gegen die Larven von *Bombyx mori*, höhere Konzentrationen des Extrakts töten auch die Eier von *B. mori* ab. Ob das ätherische Öl oder andere Bestandteile des Rhizoms für die Wirkung verantwortlich zu machen sind, wird nicht näher ausgeführt. — Anhangsweise sei noch auf die Arbeit von Lopez und Chambers (1959) hingewiesen: Sie prüften 456 Pflanzen Mexikos auf ihre Wirkung als „attractant" für die mexikanische Fruchtfliege. *Cassia-*, *Nicotiana-* und *Prunus*-Arten erwiesen sich als besonders geeignet.

c) Anthelminthica sind gegen endoparasitisch lebende Eingeweidewürmer wirksame Mittel. In den zu besprechenden Arbeiten werden entweder die seit langem benutzten pflanzlichen Zubereitungen hinsichtlich ihrer Wirkung bzw. Toxicität überprüft oder neue Wirkstoffe durch Vergleich mit Standardsubstanzen getestet. — Eine Übersicht über „Neuere Aspekte der chemischen Anthelminthicaforschung", in der auch die natürlich vorkommenden Wirkstoffe besprochen werden, gibt Bally (1959). — Während die Verwendung der Santonin enthaltenden Blütenköpfchen von *Artemisia cina* altbekannt ist, berichten Sharaf, Fahmy, Ahmed und Moneim (1959) über die Wurmwirksamkeit von *Artemisia monosperma* bei Ascariasis. Über den Santoningehalt thüringischer *Artemisia maritima*, die in Japan gezogen wurde, machen Kawatani, Toyo-Hiko und Ohno (1960) Angaben: bis 0,35% im ersten Jahr, 0,21—0,83%

nach dem 2. Jahr. WELTER und JOHNSON (1962) kombinierten das in der Veterinärmedizin benutzte Arecolin-HBr (von *Areca catechu*) mit n-Butylchlorid und erzielten am Hund gute Erfolge bei Befall mit Hakenwürmern (99%), Ascariden (97%) und bestimmten Bandwürmern (98 bis 100%), nicht aber bei Peitschenwürmern.

Über Desaspidin, ein Phloroglucinderivat aus finnischem Wurmfarn, das in einer Dosis von 200 mg gegen den Fischbandwurm *(Diphyllobotrium latum)* wirksam ist, berichtet ÖSTLING (1961). Von über 2300 Personen zeigte nur eine auffallende Nebenwirkungen.MITTAL und MEHRA (1960) untersuchten 18 indische Farnarten mit der Absicht, einen Ersatz für *Dryopteris filix mas* zu finden, da diese Droge nach Indien eingeführt werden muß. Auf Grund der Bestimmung des ätherischen Gesamtextrakts und des Rohfilicins schlagen sie *Dryopteris chrysocoma*, *Dryopt. ramosa*, *Dryopt. barbigera* und *Dryopt. cochleata* für eine noch ausstehende pharmakologische Prüfung vor. Über das Vorkommen der charakteristischen „inneren Drüsenhaare" bei verschiedenen Farnen berichten die gleichen Autoren (MEHRA und MITTAL, 1962). Sie zeigen, daß Filicin sich nur bei solchen Arten findet, die Drüsenhaare besitzen, während umgekehrt bei Fehlen der Drüsenhaare der Filicingehalt gleich null ist. Weitere, vorwiegend analytische Arbeiten über Phloroglucide aus *Dryopteris filix mas* sind im Abschn. 3 — analytische Pharmakognosie — erwähnt.

Phloroglucin-Derivate enthalten auch die Früchte von *Embelia ribes*. SRIVASTAVA und DATEY (1962) überprüften die Wirkung dieser einheimischen indischen Droge bei Ascariasis und fanden eine Erfolgsrate von nur 18,75%, verglichen mit 66% bei Anwendung von Santonin und 76% bei Anwendung von Piperazinsalzen. Eine Beschreibung der als Cortex Musennae (Rinde von *Albizzia*-Arten) bekannten afrikanischen Droge gibt STEINMETZ (1961). Neben Phlorogluciden sollen hier Saponine für die tänicide Wirkung verantwortlich sein. JENTZSCH, SPIEGL und FUCHS (1961) beziehen die Rinde von *Albizzia anthelminthica* sowie das daraus isolierte Saponin Musennin in ihre Untersuchungen über die anthelminthische Wirkung von Saponinen (in vitro) ein. Obwohl die Saponine Aescin, Primulasäure und Digitonin nach der von JENTZSCH und RONGE vorgeschlagenen Methode für die Wertbestimmung von Wurmmitteln stärker wirksam waren als Musennin, scheiterte ihre Anwendung in vivo infolge der starken Reizwirkungen auf die Schleimhäute.

Während die bisher erwähnten Wurmmittel bei höherer Dosierung oder längerer Verweildauer im Darm auch für den Wirtsorganismus toxisch werden, sind die seit einigen Jahren bei Ascariasis verwendeten pflanzlichen proteolytischen Fermente (Papain aus *Carica papaya*, Ficin aus *Ficus*-Arten, Fermente aus *Ananas sativus*) praktisch ungiftig: Während die Würmer angedaut und dann durch ein Laxativum abgetrieben werden, wird die Darmwand des Wirts von den Fermenten nicht angegriffen. DE AZEVEDO, FRAGA, GANDARA und FERREIRA (1958) weisen auf die Ungiftigkeit hin, durch die sich Papainzubereitungen auch ohne gleichzeitige Gabe eines Laxativums auszeichnen. Bei alleinigem Befall mit *Ascaris lumbricoides* erzielen sie eine Erfolgsrate von 62%, bei Vergesellschaftung mit Hakenwürmern beträgt sie noch 27%. Über die An-

wendung proteolytischer Fermente aus Pflanzen berichtet FROST (1958)
(bei der Ascariasis von Hühnern). BOSE, SAIFI, VIJAYAVARGIYA und
BHAGWAT (1961) weisen auf die in vitro-Wirkung der Samen von *Carica
papaya* gegen *Pheretima posthuma* und bestimmte Bandwurmarten hin.
Sie empfehlen die weitere Erprobung durch klinische Versuche. Ob die
Wirkung der Samen ebenfalls durch proteolytische Fermente bedingt ist
oder anderen Stoffen zuzuschreiben ist, bedarf der Klärung. Erwähnt sei
in diesem Zusammenhang die tänifuge Wirkung der Kürbissamen (VALEN-
TIN und BROCKELT, 1956), zumal verwandtschaftliche Beziehungen der
Caricaceae zu den *Cucurbitaceae* diskutiert werden. Auch von KRISHNA-
KUMARI und MAJUMDER (1960a) liegen Angaben über anthelminthische
Wirkungen der *Carica papaya* Samen vor. Die gleichen Autoren (1960b)
testen die Samen in vitro gegen Regenwürmer, *Pheretima* species, in
Ringerlösung neben Piperazincitrat, Knoblauch und Gewürznelken. Im
Vergleich zum Piperazincitrat ist die Wirkung geringer, während Knob-
lauch- und Gewürznelkenextrakte stärker wirksam sind. — Erwähnt sei
auch eine Arbeit von MALINOWSKI (1961) über die vermicide Wirkung
(gegen *Enchytraeus albidus)* von Extrakten der trockenen Früchte von
Vaccinium myrtillus, Vaccinium vitis idaea und *Oxycoccus quadripetalus.*

Anthelminthische Wirkungen können auch Drogen besitzen, deren
therapeutischer Wert auf anderen Gebieten zu suchen ist. So fanden z. B.
SHARAF, SHIHATA und HAMIDI (1961) bei der Prüfung eines Alkohol-
Extrakts von *Rauwolfia vomitoria* neben Wirkungen auf Darmmuskulatur,
Uterus, Blutdruck und Atmung auch eine schwache in-vitro-Wirkung auf
den Hundebandwurm und Ascariden. Eine pharmakologische Untersuchung der Blüten von *Hibiscus sabdariffa* durch SHARAF (1962) — die
Blüten dienen zur Bereitung eines erfrischenden, wohlschmeckenden Ge-
tränks — ergab, daß Extrakte außer spasmolytischen und blutdruck-
senkenden Effekten in vitro eine deutlich bewegungshemmende Wirkung
auf Taenien sowie eine stark bewegungsfördernde auf Ascariden zeigten.

Zellteilungshemmende und zellschädigende Stoffe — Cytostatica und
Cytotoxica — können, wenn ihre Wirkung auf Krebszellen stärker oder anders geartet als auf normale Zellen ist, als Cancerostatica oder Cancero-
toxica eingesetzt werden. Als Onkolytica werden geschwulstauflösende
Mittel bezeichnet. — Das dem Botaniker vertraute Mitosegift Colchicin
aus *Colchicum autumnale* ist bereits vor längerer Zeit als Cancerostaticum
versucht worden, hat sich aber wegen geringer therapeutischer Breite
nicht bewährt. Über die Anwendung von Colchicin bei Hodgkinscher
Krankheit siehe TORRIOLI (1960). Eine zusammenfassende Darstellung
der Inhaltsstoffe von *Colchicum autumnale* und anderen Pflanzen der
„Colchicaceae" gibt ŠANTÁVI (1958). Ihm ist auch zusammen mit REICH-
STEIN die Isolierung des weniger toxischen „Demecolcins" (N-Desacetyl-
Methylcolchicin) zu verdanken, das bei myelotischer Leukämie angewendet wird. Behandlung des Leberkrebses mit N-Desacetyl-thiocolchicin
brachte nach den Beobachtungen von JORIS und BASTIN (1961) weder
klinisch noch histologisch eine Änderung des Krankheitsbildes.

Zellteilungshemmend wirken bereits kleine Dosen von Podophyllo-
toxin und Peltatin, Bestandteile des Harzes von *Podophyllum peltatum.*

Diese sonst als drastisches Abführmittel bekannte Droge ist daher auch auf seine Wirkung als krebshemmendes Mittel geprüft worden. [Neuere Zusammenfassungen über *Podophyllum*-Wirkstoffe: HARTWELL u. SCHRECKER (1958), AUTERHOFF u. MAY (1958), EMMENEGGER, STÄHELIN, RUTSCHMANN, RENZ u. V. WARTBURG (1961).] Derivate des Podophyllotoxins mit cancerostatischer Wirkung erwähnt FILIPETTO (1961). Über Versuche zur Kultivierung von *Podophyllum peltatum* und *P. emodi* im Leningrader Raum berichtet SELIVANOVA-GORODKOVA (1959) mit dem Hinweis auf die Verwendung der Inhaltsstoffe zur Bekämpfung maligner Tumoren. Nicht unerwähnt bleiben soll in diesem Zusammenhang, daß mit der Möglichkeit einer teratogenen Wirkung des Podophyllins gerechnet werden muß (CULLIS, 1962).

Da Extrakte der in der Volksmedizin seit langem benutzten Mistel, *Viscum album*, bei örtlicher Anwendung nekrotisierend wirken, ist eine Verwendung gegen maligne Tumoren mit gewissem Erfolg versucht worden. Aus einer neueren Arbeit von WINTERFELD, SELAWRY, GRUNTHAL und SCHWARTZ (1963) geht hervor, daß weder das Peptid Viscotoxin noch die sog. „Nekrotoxine" der Mistel für die tumorhemmende Wirkung verantwortlich gemacht werden können. Durch HCl-Fällung aus wäßrigen Extrakten und Chromatographie an Al_2O_3 konnte eine aktive Fraktion 25fach angereichert werden.

Bevor auf diejenigen Mittel eingegangen wird, die z. Z. in der Krebstherapie mit pflanzlichen Wirkstoffen die Hauptrolle spielen, sollen weitere Arbeiten besprochen werden, in denen über therapeutisch bisher nicht oder anders benutzte Pflanzenbestandteile mit cancerostatischer Wirkung berichtet wird. Febrifugin, das Alkaloid aus *Dichroa febrifuga (Saxifragaceae)* ist, ebenso wie das Chinin, ein allgemeines Zellgift mit spezieller Wirkung auf bestimmte Entwicklungsphasen der *Plasmodium*-Arten. VERMEL und SYRKINA-KRUGLIAK (1960) prüften das Alkaloid auf eine mögliche cancerostatische Wirkung. In vitro wurden Ascites-Zellen des Ehrlich-Tumors im Kontakt mit 0,25%iger Lösung in 3 Std zu 80 bis 90% abgetötet. Im Tierexperiment (Maus) wurde das Wachstum der gleichen Zellart bei einer Dosierung von 2 mg/kg peroral oder subcutan bis zu 100% gehemmt, bei anderen Tumoren war die Wirkung geringer. Da der Gewichtsverlust der Tiere während der Versuche nicht sehr erheblich war, ist es denkbar, daß nicht nur die allgemeine Zellgiftwirkung des Febrifugins für die beobachteten Ergebnisse verantwortlich zu machen ist.

Heftige Reizwirkungen sind für das Protoanemonin verschiedener *Ranunculaceae* bekannt. Die Mitosegiftwirkung des Lactons wurde von RONDANELLI (1962) durch kinematographische Aufnahmen mit Hilfe des Phasenkontrastverfahrens untersucht. SOKOLOFF, SAELHOF, FUJISAWA, FUNAOKA und MILLER (1962) untersuchten Zubereitungen von *Caltha palustris*. Während wäßrige Extrakte bei geringer Tumor-Hemmwirkung erhebliche Toxicität an der Maus zeigten, konnte mit isoliertem Anemonin (dem Dimeren des Protoanemonins) Sarkom 180 und Ehrlich-Carcinom bei einer Dosierung von 17,5 mg/kg täglich (7 Tage) zu 50% im Wachstum gehemmt werden. Die Mortalitätsrate der Tiere betrug aber bei dieser Dosierung 58%. Der gleiche Arbeitskreis [SOKOLOFF, SAELHOF, MC CON-

NELL, TANIGUCHI und FUNAOKA (1962)] dehnte seine Untersuchungen auch auf *Euphorbiaceae* aus, die im Milchsaft verbreitet sehr heftige Reizstoffe („Euphorbon") enthalten. Neben wäßrigen Extrakten von *Euphorbia amygdaloides* wurde vor allem der Aceton-Ligroin-Extrakt der Pflanze geprüft. Das Ergebnis war noch ungünstiger als beim Anemonin: Dosierungen mit allerdings hoher onkolytischer Wirkung hatten eine Mortalität von beinahe 100% der Tiere zur Folge.

Milchsaft mit hautreizender Wirkung finden wir auch bei *Chelidonium majus*. Während bei den *Euphorbiaceae* die Wirkstoffe Harzkörper sind, handelt es sich bei *Chelidonium* um das Alkaloid Chelerythrin. Wenn man die für das Chelidonin angegebene Mitosegiftwirkung mit berücksichtigt, ist es nicht überraschend, daß auch *Chelidonium majus* als Onkolyticum in Betracht gezogen worden ist. McKENNA und TAYLOR (1962a) stellten in Fütterungsversuchen fest, daß von 19 untersuchten Pflanzen nur *Chelidonium majus* eine verzögernde Wirkung auf die Spontanbildung von Mamma-Carcinomen bei Mäusen zeigte. Das durchschnittliche Lebensalter der Versuchstiere war gleichzeitig gegenüber den Kontrollen verlängert. Die gleichen Autoren (MC KENNA und TAYLOR, 1962b) testeten pflanzliche Alkoholextrakte von 374 Species. *Chrysopsis tricophylla* und *Verbesina aristata* aus der Familie der *Compositae* lieferten Extrakte mit hoher Tumorhemmwirkung; Extrakte von 39 Species hemmten über 50% und diejenigen von 10 Species zu 40—50%. Bitterstoffe der *Cucurbitaceae* wurden von GITTER, GALLILY, SHOHAT und LAVIE (1961) untersucht. In vitro stellten sie eine mäßige Hemmwirkung der triterpenoiden Bitterstoffe Elatericin A, Elatericin B und Elaterin auf das Wachstum besonders von Sarkom 180 fest. Ebenfalls in vitro konnte eine Beeinflussung von Tumorzellen durch Allicin festgestellt werden. DI PAOLO und CARRUTHERS (1960) zeigten aber, daß Allicin und Alliin (bis zu 30 mg/kg Maus) oder auch Knoblauch-Extrakte im Tierversuch völlig wirkungslos waren.

Ein interessantes Problem bietet die Frage nach der tumorhemmenden Wirkung von 5-Hydroxytryptamin („Serotonin"). SOKOLOFF, FUNAOKA, FUSIJAWA, SAELHOF, TANIGUCHI, BIRD und MILLER (1961) isolierten einen onkolytisch wirksamen Faktor aus der Rinde von *Hippophae rhamnoides* und identifizierten ihn als 5-Hydroxytryptamin-Hydrochlorid. Dosen von 60 mg/kg Maus hemmten Sarkom 180 zu 60% und Ehrlich-Carcinom zu 35%. Bei höheren Dosierungen traten zu starke Nebeneffekte auf, während niedrigere Dosen (6 mg/kg) eher eine schwach fördernde Wirkung auf das Tumorwachstum zeigten. Auch von PUKHALSKAYA (1960 und 1962) liegen Untersuchungen über die tumorhemmende Wirkung von Serotonin vor: Die Wirkung von 5-Hydroxytryptamin, das aus *Hippophae* isoliert wurde, war ausgeprägter als die von körpereigenem Serotonin; eine eindeutige Erklärung dieser Diskrepanz steht noch aus. Ein Oxydationsschutz des Serotonins z. B. durch Ascorbinsäure ließ den hemmenden Effekt auf das Tumorwachstum steigen, ohne daß die toxischen Nebenwirkungen merklich stärker wurden. Über die cytostatischen Eigenschaften von *Opuntia maxima* berichtet HOVY (1963), während von CAIN (1961, 1963) die tumorhemmende Wirkung roher

Extrakte der Flechte *Sticta coronata* auf die darin enthaltene Polyporsäure zurückgeführt werden konnte.

Schließlich seien noch Stoffe mit cancerostatischer Wirkung genannt, für die normalerweise ausgeprägte physiologische Wirkungen auf den menschlichen Organismus nicht bekannt sind: TOWNSEND, BROWN, FELAUER und HAZLETT (1961) stellten Tumorhemmungen durch Gelee royal und durch die daraus isolierten Fettsäuren mit einer Kettenlänge von 9—10 C-Atomen fest. GALLO, FARISANO und GASPARINI (1962) lyophilisierten verschiedene Hefen, *Candida tropicalis, Saccharomyces cerevisiae*, var. *ellipsoideus* und *Criptococcus albidus* und konnten im Kontakt mit diesen Lyophilisaten in vitro eine Verlangsamung des Wachstums von Walker-Tumorzellen beobachten. Cancerostatische Wirkungen werden auch seit langem Extrakten von *Symphytum officinale* zugeschrieben, woraus CONSTANTINESCO, NEDELESCU u. a. (1961) im Tierversuch aktives Allantoin isolierten. Extrakte aus der Roten Rübe, *Beta vulgaris*, var. *conditiva*, können nach klinischen Versuchen von FERENCZI (1961) ebenfalls onkolytisch wirken. Im Gegensatz zur *Beta vulg.* var. *saccharifera* ließ sich in der Roten Rübe nach Untersuchungen von TYHIAK (1962) jedoch Allantoin nicht eindeutig nachweisen.

Von geringen Ausnahmen abgesehen (Demecolcin z. B.), haben alle bisher erwähnten pflanzlichen Wirkstoffe, so interessant die Versuche im einzelnen auch sein mögen, keine oder noch keine klinische Bedeutung erlangt. Vielfach ist man über das Stadium von Versuchen in vitro nicht hinausgekommen, in anderen Fällen sind bereits im Tierversuch so starke Nebenwirkungen aufgetreten, daß die weitere Erprobung fragwürdig erscheinen mußte.

Antibiotica aus Actinomyceten sind dagegen als krebswirksame Stoffe in größerem Maße auch klinisch untersucht worden. Eine ausführliche Übersicht über den gegenwärtigen Stand der Krebstherapie mit Actinomyceten-Antibioticis geben KH. ZEPF und CHR. ZEPF (1961). Aus der Vielzahl der Arbeiten seien stichwortartig einige neuere aufgeführt: BACK, SHIELDS und MUNSON (1961) isolierten von *Streptomyces ambofaciens* „Spiramycin" mit breitem Wirkungsspektrum gegen transplantable Tumoren bei geringer Toxicität. „Carcinostatin" nannten KUMAGAI (1962) und KUMAGAI, MIYAZAKI, RIKIMARU und ISHIDA (1962) ein aus *Streptomyces*arten isoliertes Antibioticum, das bei intravenöser Injektion gegen Sarkom 180 wirksam war. Das von SCHMITZ, BRADNER u. a. (1962) sowie BRADNER und SUGIURA (1962) entdeckte „Actinogan" war ebenfalls intravenös gegen Sarkom 180 wirksam, peroral dagegen wirkungslos. Es bleibt abzuwarten, in welchem Maße die von Actinomyceten gewonnenen, meist auch antibakteriell wirksamen Stoffe die hinsichtlich der Tumorhemmwirkung gesetzten Erwartungen erfüllen.

Am eingehendsten sind in der letzten Zeit die onkolytischen Eigenschaften des Vincaleucoblastins untersucht worden. Vincaleucoblastin (VLB, Vinblastin) ist ein aus *Vinca rosea (Apocynaceae)* isoliertes Alkaloid mit der Summenformel $C_{46}H_{58}O_9N_4$. Seine Struktur wurde von NEUSS, GORMAN, BOAZ und CONE (1962) weitgehend aufgeklärt. Es enthält sowohl Indol- als auch Dihydroindol-Anteile im Molekül; folgende Strukturformel ist vorgeschlagen:

Vincaleukoblastin

Das ebenfalls aus *Vinca rosea* gewonnene Leurosin soll nach JOHNSON, VLANTIS, MATTAS und WRIGHT (1961) ein geringeres Wirkungsspektrum haben als VLB. Weitere onkolytisch wirksame Alkaloide aus *Vinca rosea* wurden von SVOBODA (1961) Leurosidin und Leurocristin genannt. — Untersuchungen über den Angriffspunkt des VLB im Organismus weisen in zwei verschiedene Richtungen: Einmal wirkt Vincaleucoblastin als Mitosegift und hemmt Zellteilungen im metaphasischen Stadium [CARDINALI, CARDINALI und BLAIR (1961), SOLDATI und GAETANI (1961), CUTTS (1961)]; auf den Stoffwechsel bezogen soll die Wirkung durch Eingriff in den Glutaminsäureumsatz in den Zellen bedingt sein: JOHNSON, VLANTIS, MATTAS und WRIGHT (1961). Bei gleichzeitiger Glutaminsäuregabe beobachteten VAITKEVICIUS, TALLEY, TUCKER und BRENNAN (1962) eine geringere Toxicität des VLB. Dies dürfte von Bedeutung sein, da toxische Nebenwirkungen bei der Therapie mit VLB nicht eben selten sind. Vor allem starke Verminderung der Leukocytenzahl (Leukopenie) wird häufiger beobachtet [z. B. FROST, GOLDWEIN und BRYAN (1962)]. Bei der Injektion der Alkaloide von *Vinca major* dagegen konnten FARNSWORTH, FONG, BLOMSTER und DRAUS (1962) bei Ratten keine Leukopenie hervorrufen. — Aus der Vielzahl der Arbeiten, die über die klinische Anwendung von VLB berichten, sei nur eine neuere, zusammenfassende Arbeit von HODES, ROHN, BOND, YARDLEY und CORPENING (1962) erwähnt. Ihre Ergebnisse an 150 Patienten bei über $2^1/_2$ jähriger Beobachtung stimmen mit denen anderer Untersucher weitgehend überein: Die Therapie mit VLB ist vor allem bei Hodgkinscher Krankheit (Lymphogranulomatose) erfolgversprechend, während in allen anderen Fällen neoplastischer Erkrankungen die Ergebnisse unterschiedlich sind. Die Nebenwirkungen sind u. U. beachtlich und erfordern sorgfältige Dosierung und Kontrolle der Medikation.

Analytische Pharmakognosie

In diesem Teil des Berichts muß zunächst das Erscheinen einiger, auch für den Pharmakognosten und Botaniker unentbehrlicher Nachschlagewerke erwähnt werden. So sind jetzt zu den bisherigen 4 Bänden der „Modernen Methoden der Pflanzenanalyse" von PAECH und TRACEY 2 weitere Bände gekommen (herausgegeben von LINSKENS und TRACEY). Neben einem Ergänzungsband der allgemeinen Methoden sind im Band 6 auch neue Stoffgruppen und vor allem enzymologische Methoden aufgenommen worden. Für das Gebiet der Dünnschichtchromatographie ist die in Band XXIV angekündigte Zusammenfassung „Dünnschichtchromatographie, ein Laboratoriumshandbuch", herausg. v. E. STAHL (1962) inzwischen erschienen, ebenso eine weitere Monographie von RANDERATH (1962) über das gleiche Gebiet.

Die im 2. Teil erwähnten Arbeiten über die Analytik der *Filix*-Phloroglucide wurden mit Hilfe papierchromatographischer und dünnschichtchromatographischer Methoden durchgeführt. Auf gepufferten Papieren trennten PENTILLÄ und SUNDMAN (1961) Phloroglucin-Derivate verschiedener *Dryopteris* Species unter Verwendung nur eines Lösungsmittelgemischs auf. Kieselgelschichten, ebenfalls gepuffert, verwendeten STAHL und SCHORN (1962) zur Auftrennung von Phloroglucin-Butanonen und auch v. SCHANTZ und NIKULA (1962) bei der Untersuchung von *Dryopteris filix mas*-Extrakten finnischer Herkunft. v. SCHANTZ, IVARS, KUKKONEN u. RUUSKANEN (1962) schlossen an die chromatographische Trennung auch noch eine quantitative Bestimmung der einzelnen Komponenten an. — Über die infraspezifische chemische Variabilität bei einigen *Dryopteris*-Arten berichtete schließlich HEGNAUER (1961).

Literatur

AUTERHOFF, H., u. O. MAY: Plant. med. 6, 240—252 (1958). — DE AZEVEDO, J. FRAGA., A. GANDARA and A. P. FERREIRA: An. Inst. Med. Trop. 15 (1), 251—257 (1958).

BACK, N., R. R. SHIELDS and A. E. MUNSON: Antibiot. and Chemother. 11 (10), 652—660 (1961). — BALLY, J.: Fortschr. Arzneimittelforsch. (Progr. Drug Res.) 1, 243—277 (1959). — BLANC, F., Y. NOSNY, M. ARMENGAUD, M. SANKALE, M. MARTIN, G. CHARMOT and P. NOSNY: Bull. Soc. Pathol. Exot. 54 (1), 29—38 (1961). — BOSE, B. C., A. Q. SAIFI, R. VIJAYAVARGIYA and A. W. BHAGWAT: Indian J. Med. Sci. 15 (11), 887—892 (1961). — BRADNER, W. T., and KANEMATSU SUGIURA. Cancer Res. 22 (2), 167—173 (1962). — BURNETT, G. F.: Bull. Entomol. Res. 52 (4), 763—768 (1961).

CAIN, B. F.: J. chem. Soc. (London) 1961, 936—940 und 1963, 356—359. — CARDINALI, G., G. CARDINALI and J. BLAIR: Cancer Res. 22 (11), 1542—1544 (1961). — CARTER, C. H., ANITA BAYLES and P. E. THOMPSON: Amer. J. Trop. Med. and Hyg. 11 (4), 448—451 (1962). — CHADWIG, P. R., and G. D. GLYNNE JONES: Pyrethrum Post. 5, 14—16 (1960). — CHAUDHURI, R. N., T. K. SAHA and N. ROY: Trans. Roy. Soc. Trop. Med. Hyg. 55 (5), 424—427 (1961). — CONSTANTINESCU, S., E. NEDELESCU u. a.: Farmacia 9, 285 (1961). — COURTNEY, K. O., P. E. THOMPSON, R. HODGKINSON and J. R. FITZSIMMONS. Ann. Biochem. and Exptl. Med. (Calcutta) 20 (Suppl.), 449—456 (1960). — CROMBIE, L., and M. ELLIOTT: Fortschr. Chem. Org. Naturstoffe 19, 120—164 (1961). — CROWLEY, M. P., H. S. INGLIS, M. SNAREY and E. M. THAIN: Nature (London) 191 (4785), 281—282 (1961). — CROWLEY, M. P., P. J. GODIN, H. S. INGLIS, M. SNAREY and E. M. THAIN: Biochem. Biophys. Acta 60 (2), 312—319 (1962). — CULLIS, J. E.: Lancet, Vol. II, 511 (1962). — CUTTS, J. H. In: R. W. BEGG, et al. (Editorial Bd.) Canadian Cancer Conference. Proceedings. 3, p. 363—372. New York: Academic Press 1961.

DURIEZ, R., C. BAILLY and R. ROUSTAN: Presse méd. 70 (26), 1291—1292 (1962).

EMMENEGGER, M., H. STÄHELIN, J. RUTSCHMANN, J. RENZ u. A. v. WARTBURG: Arzneimittelforsch. 11, 459—469 (1961).

FARNSWORTH, N. R., H. H. FONG, R. N. BLOMSTER and F. J. DRAUS: J. Pharm. Sci. 51 (3), 217—224 (1962). — FERENCZI, S.: Z. Ges. inn. Med. 16, 437 (1961). — FILIPPETTO, A.: Riv. ital. essenze e profumi 43 (8), 357—359 (1961). —

FINE, B. C.: Nature (London) 191, (4791): 884—885 (1961). — FROST, J. W., M. I. GOLDWEIN and J. A. BRYAN: Ann. intern. Med. 56 (6), 854—859 (1962). GALLO, E., G. FARISANO and V. GASPARINI. Ann. Sclavo 4 (3), 244—251 (1962). — GERSDORFF, W. A., and P. G. PIQUETT: J. Econ. Ent. 54 (6), 1250—1252 (1961).— GITTER, S., RUTH GALLILY, B. SHOHAT and D. LAVIE: Cancer Res. 21 (4), 516—521 (1961).

HALL, D. G.: Bull. Entomol. Soc. Amer. 8 (2), 90—92 (1962). — HARTWELL, J., u. A. SCHRECKER: Fortschr. Chem. org. Naturstoffe 15, 84—166 (1958). — HEGNAUER, R.: Pharmac. Acta Helvetiae 36, 21—29 (1961). — HEGNAUER, R.: Chemotaxonomie der Pflanzen, Bd. 1. Basel, Stuttgart: Birkhäuser Verl. 1962. — HODES, M. E., R. J. ROHN, W. H. BOND, J. M. YARDLEY and W. S. CORPENING: Cancer Chemother. Repts. 16, 401—406 (1962). — HOVY, I. W. H.: Proc. of the First Intern. Pharmakol. Meet. Vol. 10 Nr. 230. Pergamon Press, Oxford, New York, Paris, London, 1963.

JENTZSCH, K., P. SPIEGL u. L. FUCHS: Arzneimittel-Forsch. 11, 413—414 (1961). — JOHNSON, I. S., JANET VLANTIS, BARBARA MATTAS and H. F. WRIGHT. In: R. W. BEGG, et al. (Editorial Bd.) Canadian Cancer Conference Proceedings. 3, p. 339—353. New York: Academic Press 1961. — JORIS, H., and J. P. BASTIN: Ann. Soc. Belge Med. Trop. 41 (5), 445—452 (1961).

KAWATANI, T., and T. OHNO: Bull. Natl. Inst. Hyg. Sci. (Japan) 78, 49—53 (1960). — KOGAN, M.: Rev. Brasil. Biol. 21 (1), 17—36 (1961). — KRISHNAKUMARI, M K., and S. K. MAJUMDER: Ann. Biochem. and Exptl. Med. (Calcutta) 20 (Suppl.), 551—556 (1960). — KRISHNAKUMARI, M. K., and S. K. MAJUMDER: J. Sci. and Industr. Res. (India) 19 (8), 202—204 (1960). — KUMAGAI, K.: J. Antibiot. Ser. A (Tokyo) 15 (2), 53—59 (1962). — KUMAGAI, K., K. MIYAZAKI, M. RIKIMARU and N. ISHIDA: J. Antibiot. Ser. A (Tokyo) 15 (3), 154 (1962).

LARSEN, K.: Meddel. Danmarks Fisk.-og Havundersøg. Ny Ser. 3 (5), 117—132 (1961). — LINDGREN, P. E.: Rept. Inst. Freshwater Res. Drottningholm 41, 172—184 (1960) — LLOYD, C. J., and P. S. HEWLETT: Pyrethrum Post 5, 12—13 (1960). — LOPEZ, D., F., and D. L. CHAMBERS: In: Memoria Nacional de Entomologia y Fitopatologia. Escuela Nacional de Agricultura: Chapingo, Mexico 1958, p. 218—222 (1959).

MALINOWSKI, H.: Wiadomosci Parazytol. 7 (Suppl. 2) 501—509 (1961). — MATHUR, A. C., J. B. SRIVASTAVA and I. C. CHOPRA: Current Sci. 30 (6), 223—224 (1961). — MC KENNA, G. F., and A. TAYLOR: Texas Repts. Biol. and Med. 20 (1), 64—59 (1962). — MC KENNA, G. F., and A. TAYLOR: Texas Repts. Biol. and Med. 20 (2), 214—220 (1962). — MEHRA, P. N., T. C. MITTAL: Planta med. 9, 189—199 (1961). — MITTAL, T. C., and P. N. MEHRA: J. Pharmacy Pharmacol. 12, 317—319 (1960). — MIYANO, M. , A. KOBAYASHI and M. MATSUI: Agric. and Biol. Chem. 25 (11), 820—828 (1961). — MUKERJEA, T. D., and R. GOVIND: Indian J. Ent. 21, 194—204 (1959/1961). — MUKERJEA, T. D., and R. GOVIND: J. Sci. and Industr. Res. (India) 19 (5), 112—119 (1960).

NEUSS, N., M. GORMAN, H. E. BOAZ and N. J. CONE: J. Amer. Chem. Soc. 84, 1509 (1962).

ÖSTLING, G.: Amer. J. Trop. Med. and Hyg. 10 (6), 855—858 (1961).

PAECH, K., u. M. V. TRACEY, fortgeführt von H. F. LINSKENS und M. V. TRACEY: Moderne Methoden der Pflanzenanalyse, Bd. V (1962) und Bd. VI. Berlin-Göttingen-Heidelberg: Springer Verlag 1963. — DI PAOLO, J. A., and C. CARRUTHERS: Cancer Res. 20 (4), 431—334 (1960). — PENTTILÄ, A., and J. SUNDMAN: J. Pharmacy Pharmacol. 13, 531—535 (1961). — PRICE, R.: Pyrethrum Post 5, 5—11, 30 (1960). — PROST, MARIA: Wiadomosci Parazytol. 4 (5/6), 583—585 (1958). — PUKHAL'SKAYA, E. CH.: Vestnik Akad. Med. Nauk. SSSR 12, 61—72 (1960); Ref. Zhur., Biol., 1961, No. 21 M268 (Translation). — PUKHAL'SKAYA, E. CH.: Vopr. Med. Khimii 8 (1) 42—47 (1962).

RANDERATH, K.: Dünnschichtchromatographie, 250 S. Weinheim (Bergstraße): Verlag Chemie 1962. — RONDANELLI, R.: Arch. intern. Pharmacodyn. 135 (3/4), 289—302 (1962).

ŠANTAVÝ, F.: Alkaloidy ocunovitých rostlin a jejich deriváty Prag: Státni zdravotnické nakladatelstvi (1958). — SCHANTZ, M. v., and S. NIKULA: Planta med. 10, 22—28 (1962). — SCHANTZ, M. v., L. IVARS, I. KUKKONEN u. A. RUUSKANEN:

Planta med. **10**, 98—106 (1962). — Schmitz, H. W., T. Bradner, A. Gourevitch, B. Heinemann, K. E. Price, J. Lein and I. R. Hooper: Cancer Res. **22** (2), 163—166 (1962). — Schwartz, D. E., and J. Rieder: Bull. Soc. Pathol. Exot. **54** (1), 38—48 (1961). — Selivanova-Gorodkova, E. A.: Trudy Bot. Inst. Akad. Nauk SSSR **6** (7), 314—318 (1959); Ref. Zhur. Biol., 1961, No. 8G676 (Translation). — Sharaf, A.: Planta med. **10**, 48—52 (1962). — Sharaf, A., I. R. Fahmy, Z. F. Ahmed and F. Abdel ;Moneim: Egyptian Pharm. Bull. **41** (6), 47—52 (1959). — Sharaf, A., I. M. Shihata and A. Hamidi: Planta med. **9**, 153—159 (1961). — Sokoloff, B., K. Funaoka, M. Fujisawa, C. C. Saelhof, E. Taniguchi, L. Bird and C. Miller: Growth **25** (4), 401—409 (1961). — Sokoloff, B., C. C. Saelhof, M. Fujisawa, K. Funaoka and C. Miller: Growth **26** (1), 71—75 (1962). — Sokoloff, B., C. C. Saelhof, B. McConnel, K. Funaoka and E. Taniguchi: Growth **26** (1), 77—81 (1962). — Soldati, M., and M. Gaetani: Tumori **47** (1), 87—103 (1961). — Srivastava, B. N., and M. D. Datey: Current med. Practice **6** (2), 73—75 (1962). — Stahl, E.: Dünnschichtchromatographie. Berlin-Göttingen-Heidelberg: Springer Verlag 1962. — Stahl, E., u. P. J. Schorn: Naturwissenschaften **49**, 14 (1962). — Steinmetz, E. F.: Quart. J. Crude Drug Res. **1** (1), 20 (1961). — Svoboda, G. H.: Lloydia. **24** (4), 173—178 (1961).

Torrioli, M.: Antibiot. et Chemother. **8**, 386—387 (1960). — Townsend, G. F. W. H. Brown, Ethel E. Felauer and Barbara Hazlett: Canad. J. Biochem. and Physiol. **39** (11), 1765—1770 (1961). — Tovia Arrioja, F., and A. R. Villalpando: Med. Rev. Mex. **41** (863), 97—101 (1961). — Tyhiák, E.: Scient. pharmac. **30** (H. 3), 185—187 (1962). — Tyler, V. E., and A. E. Schwarting: Experimental pharmacognosy 3rd ed. v + 105 p. Minneapolis 15, Minnesota: Illus. Burgess Publishing Company 1962.

Vaitkevicius, V. K., R. W. Talley, J. L. Tucker, jr. and M. J. Brennan: Cancer **15** (2), 294—306 (1962). — Valentin, J., u. G. Brockelt: Pharmazie **11**, 412—416, 796—798 (1956). — Vermel, E. M., and S. A. Syrkina-Krugliak: Vopr. Onkol. (Transl.) **6** (7), 1005—1011 (1960); Translated from Vopr. Onkol. **6** (7), 56—61 (1960).

Wagner, E. D., and H. S. Burnett: Trans. Roy. Soc. Med. and Hyg. **55** (5), 428—430 (1961). — Welter, C. J., and D. R. Johnson: J. Amer. Vet. Med. Assoc. **140** (1), 62—64 (1962). — Winterfeld, K., O. S. Selawry, M. Grunthal u. M. R. Schwartz: Arzneimittelforsch. **13**, 29—33 (1963).

Zepf, K., and Christa Zepf: Fortschr. Arzneimittelforsch. (Progr. Drug. Res.) **3**, 451—456 (1961).

28. Angewandte Pflanzenphysiologie

Der Wasserhaushalt des Bodens

Von Ursus Schendel, Kiel

1. Einleitung

Klima, Topographie, Bodenart und Vegetationstyp beeinflussen den Wasserkreislauf in der Natur. Niederschlags- und Verdunstungsintensität, Menge und Zeit der Eindringung des Wassers in den Boden sowie die Art der Bindung des Wassers im Boden schaffen unterschiedliche Bedingungen der Wasserversorgung, die Gunst oder Ungunst des natürlichen Standortes ausmachen. Im Rahmen von Betrachtungen über den Wasserhaushalt des Bodens interessiert hier diejenige Phase des Wasserkreislaufes, in der das Wasser im durchwurzelten Bodenraum gespeichert wird — die Verweilphase des Wassers im Boden. Art und Dauer der Verweilphase des Wassers im Boden, vor allem die Wassermenge, die der Boden nutzbar speichert, sind die entscheidenden natürlichen Voraussetzungen für die Ausbildung des Ertragspotentials eines Standortes.

Die natürliche Nährstoffmobilisation tritt demgegenüber nur sekundär in Erscheinung, weil sie durch Mineraldünger kompensiert werden kann. Wassermangel kann zwar auch durch Bewässerung ausgeglichen werden, jedoch ist es nicht möglich, einen potentiellen Wassermangelstandort durch Bewässerung auf eine vergleichsweise ähnliche Intensitätsstufe zu bringen, wie einen Standort, dessen Boden die Fähigkeit zur natürlichen Nährstoffmobilisation nur in geringem Maße besitzt, durch Mineraldüngeraufbringung.

Deswegen ist die agrarische Erschließung „nährstoffarmer Standorte" auch stets derjenigen der potentiellen Wassermangelzonen vorausgegangen. Die heutige Entwicklung zielt aber dahin, die Ernährungsbasis über die Zonen der bisher wirtschaftlich vertretbaren landwirtschaftlichen Nutzung hinaus auch auf solche Gebiete auszudehnen, die infolge Wassermangels bislang nicht in Kultur genommen worden sind.

Die Erforschung des Wasserhaushaltes des Bodens gewinnt in dieser Sicht eine immer mehr zunehmende Bedeutung. Es ist schwierig, das Gesamtgebiet des Wasserhaushaltes des Bodens in der hier geforderten knappen Form zu umreißen. Die Auswahl der zu behandelnden Gesichtspunkte ist deswegen so getroffen worden, daß dem Leser in Anlehnung an das Handbuch der Pflanzenphysiologie (Bd. III, Pflanze und Wasser) eine gedrängte Übersicht über aktuelle Probleme des Wasserhaushaltes des Bodens vermittelt wird, wie sie sich zum gegenwärtigen Zeitpunkt aus der Sicht des Verfassers ergeben. Dabei werden bewußt die Wassereindringung in den Boden und die Wasserhaltung des Bodens in den Vordergrund gestellt, weil sie im Hinblick auf Be- und Entwässerung von besonderer Bedeutung sind.

2. Die Wassereindringung in den Boden

Die Wassereindringung in den Boden verläuft in zwei Phasen. 1.Phase: Eindringendes Niederschlagswasser füllt den Boden bis zu einer bestimmten Tiefe auf Feldkapazität auf. 2. Phase: Durchfeuchtung der unter dieser Zone liegenden Schichten in Abhängigkeit von dem Saugkraftgefälle. Beide Phasen verlaufen nach BAUMANN (1) nicht unbedingt nacheinander, sondern häufig, besonders bei langsam fallendem Regen, zeitlich nebeneinander. MUSGRAVE nennt fünf Faktoren, die die Wassereindringung in den Boden beeinflussen: 1. die Oberflächenbeschaffenheit, 2. die inneren Charakteristika der Bodenmasse wie Porengröße, Ausmaß der Quellung und Schrumpfung der Ton- und Kolloidbestandteile, Gehalt an organischer Substanz und Strukturzustand, 3. der Feuchtegehalt, 4. die Dauer des Regenfalls und 5. Jahreszeit sowie Temperatur des Wassers und des Bodens.

Um das Infiltrationsvermögen verschiedener Bodenarten zu vergleichen, bestimmt man die sog. „minimale Infiltrationsrate", d. h. die während einer bestimmten Zeitdauer in den Boden eingedrungene Wassermenge in mm Wasserhöhe, nachdem der Boden zuvor auf Feldkapazität gebracht worden ist. MUSGRAVE unterscheidet in dieser Hinsicht vier Gruppen: 1. schwere Tonböden und gewisse Salzböden mit 1,3 mm/Std, 2. Tonlehme (clay loam) und sandige Lehme mit 1,3—3,8 mm/Std, 3. lehmige Sande mit 3,8—7,6 mm/Std und 4. leichtere Sandböden mit 7,6—11,4 mm/Std.

Die Beziehung zwischen der Infiltrationsrate und der Bodenfeuchte ist für die Bewässerung von besonderem Interesse, weil die Kenntnis dieser Beziehung Rückschlüsse über die Tiefenwirkung eines Niederschlages oder einer Bewässerungsgabe zuläßt. Infiltrationsversuche des Verfassers (unveröffentlicht) an einem roterdigen, lehmigen Ton in Südafrika ergaben, daß 1 mm Wasserhöhe bei 0 Gew.-% Wassergehalt 0,25 cm, bei 10 Gew.-% 0,38 cm, bei 29 Gew.-% (Feldkapazität) 2,85 cm tief in den Boden eindringt, mäßige Niederschlagsdichte und kein oberirdischer Ablauf vorausgesetzt. Diese Versuche wurden an Bodenmonolithen in Vegetationsgefäßen durchgeführt. Obwohl über die Theorie der Infiltration eine große Zahl detaillierter Untersuchungsergebnisse vorliegt (PHILIP), fehlt es bislang an praktisch für die Bewässerung verwertbaren Zahlen über Menge und Zeitdauer der Infiltration auf verschiedenen Bodenarten in Abhängigkeit von dem Feuchtegehalt des Bodens.

3. Die Wasserhaltung im Boden

Seit den grundlegenden Untersuchungen SEKERAS (1, 2) über die Saugspannung des in den Capillaren sich befindenden Wassers und den Arbeiten von SCHOFIELD, ROGERS und RICHARDS Mitte der 30er bzw. Anfang der 40er Jahre über die Zustandsgrößen der Wasserhaltefähigkeit des Bodens und vor allem der methodischen Ermittlung dieser Größen ist eine Wende in den bisherigen Anschauungen über die Speicherung des Wassers im Boden insofern eingetreten, als man von der stark vereinfachten Vorstellung der Bindung des Wassers im Boden durch physikalisch-chemische und elektrostatische Kräfte zu konkreten Erkenntnissen über die Art der Wasserbindung gelangte. Mit dem von SCHOFIELD geprägten pF-Wert (dekadischer Logarithmus der in cm Wassersäule ausgedrückten Saugspannung) ist eine Größe in die Bodenphysik eingeführt worden, die sich zur Kennzeichnung der Intensität der Wasserbindung im Boden allgemein durchgesetzt hat. Zur Bestimmung des pF-Wertes arbeitet man mit Saug- bzw. Unterdruck und Überdruck in speziell dafür gebauten Druckkammern, in denen wassergesättigte Bodenproben verschiedenen Saugspannungsbereichen ausgesetzt werden. Verschiedene Modifikationen von Druckkammern sind entwickelt worden. Für Messungen in den unteren Druckbereichen bis etwa 2,5 pF hat WOLKEWITZ (1) eine Unterdruckapparatur gebaut, mit der eine größere Anzahl von Stechzylinderproben gleichzeitig untersucht werden können.

Über die Festlegung des Begriffes „Feldkapazität" in pF-Einheiten gehen die Ansichten noch auseinander; die Angaben schwanken zwischen 1,7—2,5 pF, [LAATSCH, WOLKEWITZ (2)]. Der „permanente Welkepunkt" ist demgegenüber allgemein gültig durch den Wert 4,2 pF gekennzeichnet.

Das Problem der Kennzeichnung der Bindungsverhältnisse des Wassers im Boden durch Saugspannungseinheiten ist somit physikalisch eindeutig gelöst. Wassermengen außerhalb des durch Feldkapazität und permanenten Welkepunkt abgegrenzten Bereiches sind im allgemeinen nicht pflanzenverfügbar (Tot- bzw. Sickerwasser). Die Salzkonzentration des Bodens, aber auch der von morphologisch und ökologisch differenzierten Pflanzentypen entwickelte unterschiedliche Wurzelsaugdruck, verschieben jedoch den aktuell auftretenden permanenten Welkepunkt mitunter in Bereiche, die über bzw. unter pF 4,2 liegen.

Daß die Abgrenzung der Bodenwasserverhältnisse nach Saugspannungseinheiten bisher wenig Eingang in die Ent- und Bewässerungspraxis gefunden hat (z. B. zur Ermittlung der Ent- und Bewässerungsbedürftigkeit), hängt generell damit zusammen, daß experimentelle im Labor ermittelte Wasserhaushaltsgrößen stets nur eine wertvolle Ergänzung unserer Kenntnisse über grundsätzliche Fragen des Wasserhaushaltes des Bodens darstellen, daß aber andererseits die am natürlichen Standort wirkenden Faktoren so komplexer Art sind, daß sie nur Anhaltspunkte liefern, eine eingehende Standortuntersuchung wie sie HUSEMANN fordert, jedoch nicht ersetzen können. Dies gilt besonders bei der Ermittlung der Entwässerungsbedürftigkeit.

Für die Entwässerungs- oder Dränbedürftigkeit eines Standortes sind die Bodeneigenschaften maßgebend, die den Abzug überschüssigen Wassers erschweren, also seine physikalischen, chemischen und strukturellen Eigenschaften.

Die Bindungsintensität des Wassers sollte nun theoretisch als Maßstab der Dränbedürftigkeit gelten können, gibt sie doch Auskunft darüber, welche unterschiedlichen Wassermengen der Boden bei gleichen Saugspannungen festhält. Ein schwerer Boden, d. h. ein Boden mit hohem Tonanteil, entwickelt hohe Saugspannungskräfte, er bindet bei einem gleichen pF-Wert größere Wassermengen als ein Boden geringeren Tongehaltes. Also müßte er auch stärker entwässerungsbedürftig sein. Daß dies aber nicht der Fall zu sein braucht, beweisen Untersuchungen von BAUMANN (2) und KUNTZE. Beide fanden nämlich keine oder zumindest nicht immer eine Beziehung zwischen Tongehalt und Wasserdurchlässigkeit. Der Tongehalt kennzeichnet die Textur, mit der Durchlässigkeit wird jedoch eine Strukturgröße ermittelt. Ein texturell ungünstiger Boden kann jedoch als Folge guter Durchporung eine günstige Struktur besitzen und umgekehrt. Würde man, wie es zunächst durchaus sinnvoll erscheinen könnte, die größere Bindungsintensität des Wassers in einem schweren Tonboden allein als Maßstab seiner Dränbedürftigkeit anlegen, so könnten nach obigen Untersuchungen Fehlbeurteilungen die Folge sein, weil ein gut durchporter „schwerer" Boden eben nicht in dem Maße dränbedürftig ist wie ein weniger gut durchporter, strukturell ungünstiger leichter Boden. Deshalb fordert HUSEMANN als Vorstufe für Meliorationsmaßnahmen Bodenuntersuchungen entsprechend dem Normenblatt DIN 4220 „Aufnahme, Darstellung und Beurteilung meliorationsbedürftiger Standorte" des deutschen Fachnormenausschusses. Diese Untersuchungen umfassen: „Humusgehalt, Humusart, C:N-Verhältnis, Textur, Gefüge, Lagerungsdichte, Plastizität, Adhäsion, Kohäsion, Konsistenz, Eisengehalt und -ausscheidungsform, $CaCO_3$-Gehalt, Sorptionskapazität mit Kationenbelegung, Grundwasserstand, Feuchtezustand, Wasserdurchlässigkeit, Bindungsintensität des Wassers im Boden, Durchwurzelung". Nach Vornahme dieser Bestimmungen hat man durch die Vielzahl der Komponenten zweifellos ein Zahlenmaterial zur Verfügung, auf dessen Basis eine sachgemäße Standortsbeurteilung für Meliorationsmaßnahmen möglich ist. Jedoch ist der Zeitaufwand, den solche Einzelbestimmungen erfordern, hoch. Der Entwicklung von Schnellmethoden, die die Ermittlung von Textur und Struktur kennzeichnenden Größen gestatten, kommt in dieser Hinsicht eine besondere Bedeutung zu.

In der Bewässerungspraxis ist man in dieser Hinsicht weiter vorangekommen, wenn auch die neueren Methoden der Ermittlung des Bewässerungswasserbedarfes bisher nur zögernd in die Bewässerungspraxis Eingang gefunden haben. Ursprünglich wurde nach Erfahrungsgrundsätzen bewässert, die häufig auf der falschen Vorstellung beruhten, daß ein „Zuviel" an Wasser besser ist als ein „Zuwenig". Die Folgen der Überbewässerung, besonders in ariden und semiariden Gebieten, sind bekannt (Versalzung, Verarmung des Bodens an Nährstoffen durch Auswaschung). Bewässerungsversuche brachten die Erkenntnis, daß gleiche Ernteerträge auch mit weniger Bewässerungswasser erzielt werden können. SCHMIDT u. GOOSEN veröffentlichten kürzlich Ergebnisse von Bewässerungsversuchen zu Luzerne und Baumwolle, nach denen unter semiariden Klimaverhältnissen Nordwestkaplands (Südafrika) diese Gewächse bei 900 bis 1000 mm Bewässerung gleiche Erträge wie bei 3000 mm lieferten. Ähnliche Versuchsergebnisse liegen auch aus anderen Klimazonen, insbesondere Israel, vor (RAWITZ u. GAIRON). Sie mündeten fast ausnahmslos in die Feststellung, daß bei richtiger Dosierung der Bewässerungsgaben nach Zeit und Menge erheblich an Wasser gespart werden kann, besonders wenn man die Bewässerung in Anpassung an die Bestandsentwicklung allmählich steigert.

Es ist naheliegend, den Wasserbedarf der Pflanzen nach dem Ausmaß zu bemessen, bis zu dem der Wasservorrat des Bodens in Trockenperioden aufgezehrt wird. Zur Kontrolle des Wassergehaltes bieten sich die verschiedenen Bodenfeuchtemeßmethoden an. Diese können in direkte (gravimetrische) und indirekte Methoden eingeteilt werden. Bei den letzteren werden Meßkörper, wie Gipsblöcke (BOUYOUCOS u. MICK), Tonzellen oder andere eine hohe Affinität zum Wasser besitzende Körper, in den Boden installiert. Diese Körper dienen als Übermittler der im Boden herrschenden Saugspannung, die eine Funktion des Wassergehaltes ist. In neuerer Zeit werden auch radioaktive Quellen für Bodenfeuchtemessungen verwendet . Eine Übersicht über diese sog. Neutronmetermethoden gibt VAN BAVEL.

Allen Bodenfeuchtemeßmethoden haften jedoch Mängel an, die ihre Verwendung für die Bewässerungskontrolle in Frage stellen, sei es, daß der Aufwand an Zeit und Arbeit zu groß ist, wie bei der gravimetrischen Methode, oder aber methodische und apparative Unzulänglichkeiten die praktische Verwendung einschränken, wie bei allen indirekten Methoden.

4. Feststellung des Wasserbedarfs aus meteorologischen Daten

Durch die Arbeiten von BRIGGS u. SHANTZ und 20 bzw. 30 Jahre später von ALBRECHT, THORNTHWAITE und PENMAN ist eine Entwicklung eingeleitet worden, die dazu führte, mit Hilfe meteorologischer Daten den Wasserverbrauch von Pflanzen zu ermitteln. Dabei bedient man sich sowohl einzelner als auch mehrerer meteorologischer Größen gleichzeitig. THORNTHWAITE, KLATT, BLANEY u. CRIDDLE und LOWRY u. JOHNSON benutzen Temperaturdaten, um direkt oder über die potentielle Evapotranspiration bzw. die potentielle Evaporation den Wasserverbrauch zu ermitteln. HAUDE wählt für seine Berechnungen das Sättigungsdefizit der Luft um 14.00. ALBRECHT, TANNER und SCHOLTE-UBING bedienen sich der Energiebilanzmethode.

SCHENDEL errechnet die potentielle Evaporation mit Hilfe des Thermohygro-Index $PE = \dfrac{T}{H} \times 16$, wobei T = Tagesmitteltemperatur, H = Tagesmittel der relativen Luftfeuchte, 16 = konstanter Faktor. Die Berechnung des aktuellen Wasserverbrauchs, der sog. aktuellen Evapotranspiration, über die potentielle Evapotranspiration (PET) bzw. potentielle Evaporation (PE) geschieht meist in der Weise, daß diese potentiellen Werte mit Faktoren multipliziert werden, die für größere klimatische Räume, besser aber für jeden Standort ermittelt werden. Die Größe der Faktoren hängt von der Jahreszeit, der Art der Gewächse, von der Bodenart und von der Witterung ab. Eine Bodenwasserbilanzermittlung zur fortlaufenden Kontrolle des Bewässerungseinsatzes mit Hilfe dieser Verfahren erscheint jedoch z. Z. kaum sinnvoll. Man kann die

Kontrolle der Bodenfeuchte durch Messungen noch nicht entbehren. Nur nachträglich kann eine über Klimawerte bzw. potentielle Verdunstungswerte ermittelte Bodenwasserbilanz aufgestellt werden, die zur Beurteilung der Effektivität der einzelnen Bewässerungsgaben und für die Ermittlung der Bestandsverdunstung von Interesse ist. Erst wenn Erfahrungen über die Änderung der Faktoren in mehreren Jahren und an mehreren Standorten vorliegen, kann man den Wasserverzehr eines ablaufenden Jahres ohne direkte Bodenfeuchtebestimmungen einschätzen.

GREEN äußert grundsätzliche Bedenken gegen eine Messung der PET, wenn es nicht gelingt, den sog. „Oaseneffekt", der durch die Überexposition der Verdunstungsmeßgeräte im Gelände zurückzuführen ist — was besonders für aride Gebiete zutrifft — zu eliminieren. Er berechnet einen Reduktionsfaktor, der den über einem Verdunstungstank von 11Zoll Durchmesser wirksam werdenden Oaseneffekt für einen Umkreis von etwa 200 m um dem Tank herum ausschaltet.

In bezug auf die Standardisierung der Messung der PET seien einige Hinweise gegeben:

1. Der Boden in der Umgebung des Tanks oder Zylinders muß die gleiche Vegetationsdecke (mit gleicher Düngung und gleichem Schnittzeitpunkt) tragen wie der Tank selbst.

2. Das Gras soll auf etwa 1—2 cm Höhe gehalten werden.

3. Die in Frage kommende Grasart soll (a) mehrjährig und an hohe Feuchteversorgung angepaßt sein, (b) kurzwüchsig und schnittverträglich sein, (c) eine dichte Matte bilden, (d) eine lange Wachstumszeit haben und (e) eine große ökologische Streubreite besitzen.

4. Der Boden und vor allem die Bodenoberfläche müssen sich gleichmäßig und fortlaufend im Zustand der maximalen Wasserkapazität befinden.

Unter der Voraussetzung dieser Forderungen ist die PET bzw. PE (ohne Pflanzenwuchs) vornehmlich abhängig von den herrschenden Wetterbedingungen, dagegen weniger vom Pflanzentyp und der Bodenart.

Für die Bewässerungspraxis kommt es nun darauf an, diese z. T. noch recht komplizierten Verfahren so zu verfeinern und gleichzeitig zu vereinfachen, daß sie die Grundlage zur Steuerung des Einsatzes der Bewässerung sowie zur Planung des Gesamtbedarfs an Bewässerungswasser bilden können.

Literatur

ALBRECHT, FR.: Arch. Meteor. Geophys. Bioklimat. B 2, 1—38 (1950).

BAUMANN, H.: (1) Z. Pflanzenern. Düng. Bodenk. 38, 150—165 (1947). — (2) Ber. Landesanst. Bodennutzungssch., Bochum, 3, 1—3 (1962). — BLANEY, H. F., and W. D. CRIDDLE: S. C. S.-T. P.-96, U.S.D.A., Washington DC. (1950). — BOUYOUCOS, G., and A. H. MICK: Mich. Agric. Exp. Sta. Tech. Bull. 172, 3—38 (1940). — BRIGGS, L. J., and H. L. SHANTZ: J. agric. Res. 7, 155—212 (1916).

GREEN, F. H. W.: Water and Water Engin. 64, 558—563 (1960).

HAUDE, W.: Mitt. dtsch. Wetterd. 2, 3—24 (1955). — HUSEMANN, C.: Kulturtechn. 47, 1—36 (1959).

KLATT, FR.: Z. Wasserwirtsch. u. Wassertechnik 12, 558—560 (1959). — KUNTZE, H.: Ber. Landesanst. Bodennutzungssch., Bochum, 3, 113—114 (1962).

LAATSCH, W.: Dynamik d. mitteleurop. Mineralböden, 3. Aufl., S. 164—166. Dresden u. Leipzig: Th. Steinkopf 1954. — LOWRY, R. L., and A. F. JOHNSON: Amer. Soc. Civ. Engin. Trans. **107**, 1243—1252 (1942).

MUSGRAVE, G. W.: Water. Yearb. of Agric., U.S.D.A., 151—159 (1955).

PENMAN, H. L.: Roy. Soc. London Proc. Ser. A **193**, 120—145 (1948). — PHILIP, J. R.: Soil Sci. **83**, 345—357, 435—448; **84**, 163—178, 157—264, 329—339 (1957).

RAWITZ, E., and S. GAIRON: Nat. and Univ. Inst. Agric. Rehovoth, Div. Irrig. and Soil Phys. (1962). — RICHARDS, L. A.: Soil Sci. **53**, 241—248 (1942). — ROGERS, W. S.: J. agric. Sci. **25**, 326—343 (1935).

SCHENDEL, U.: Z. Kulturt. **4**, 36—41 (1963). — SCHMIDT, G., en R. J. GOOSEN: Tegn. Mededel. **7**, Dep. Landb. Tegn. Dienste, Pretoria (1962). — SCHOFIELD, R. K.: Trans. 3rd. intern. Congr. Soil Sci. **2**, 37—48 (1935). — SCHOLTE-UBING, D. W.: Mededel. Landbouwhogesch. Wageningen **59**, 1—93 (1959). — SEKERA, F.: (1) Z. Pflanzenern. Düng. Bodenk. **22**, 87—111 (1931). — (2) Bodenk. u. Pflanzenern. **6**, 259—288 (1938).

TANNER, C. B.: Proc. Soil Sci. Soc. Amer. **24**, 1—9 (1960). — THORNTHWAITE, C. W.: Geogr. Rev. **38**, 55—94 (1948).

VAN BAVEL, C. H. M.: A.R.S. 41—42, U.S.D.A., Washington DC. (1958).

WOLKEWITZ, H.: (1) Kulturtechn. **47**, 37—50 (1959); — (2) **3**, 143—146 (1962).

29. Angewandte Mikrobiologie

Mikrobielle Korrosion von Kunststoffen

Von ADELHEID SCHWARTZ, Greifswald

Mit 2 Abbildungen

1. Vorbemerkungen

Korrosion ist ein vielseitiger Begriff. Es handelt sich um Vorgänge, die zur Zerstörung von Metallen, Holz, Textilien, Glas, Beton, Bausteinen, Anstrichen, Isolierungen, Kunststoffen und anderen Werkstoffen führen und den Vorgängen der Verwitterung in der Natur entsprechen. Chemische und physikalische Faktoren sind einzeln oder kombiniert an der Korrosion beteiligt. Licht, Sauerstoff, vom neutralen Bereich abweichende Reaktionsverhältnisse, hohe Luftfeuchtigkeit, Temperaturschwankungen, Salz und andere chemische Einflüsse, Boden- und Wasserkontakt werden als Ursachen korrosiver Veränderungen genannt.

Daß auch Mikroorganismen durch physikalische oder chemische Einwirkungen Korrosionen verursachen können, ist seit langem bekannt. Verwitterung und Korrosion von Gesteinen und Unterwasserbauten werden von Bakterien und Cyanophyceen, unter terrestrischen Bedingungen auch von Flechten, eingeleitet. Die Aufwuchsbildung an Schiffswänden mit ihren Folgeerscheinungen beginnt mit einer Besiedelung durch Bakterien, Cyanophyceen und Algen. Eiserne Rohrleitungen werden in Böden mit hohem Grundwasserstand in Verbindung mit der Desulfurikation in kurzer Zeit zerstört; ebenso Rohrleitungen, Pumpen und Gleise in Gruben sulfidischer Erze und in Kohlengruben durch Grubenwässer, die unter Mitwirkung von Thiobakterien der Gattung *Thiobacillus* auf pH-Werte von 1—2 angesäuert worden sind.

Was das Verhalten von Mikroorganismen gegenüber Kunststoffen betrifft, so schien das hohe Molekulargewicht der Polymeren in Verbindung mit ihrer chemischen Korrosionsfestigkeit von vornherein gegen das Vorkommen mikrobieller Korrosionen zu sprechen, ganz abgesehen davon, daß es sich bei einem Teil der Polymeren um künstliche Stoffe handelt, die in der Natur nicht vorkommen. Hiergegen ist jedoch einzuwenden, daß den Polymeren meist niedrig molekulare chemische Verbindungen der verschiedensten Art, z. T. in erheblichen Mengen, beigemischt sind und daß die entsprechenden Monomeren nicht sämtlich naturfremd sind. Es muß ferner mit dem hohen Adaptationsvermögen von Mikroorganismen gerechnet werden. Und so ist es nicht weiter verwunderlich, wenn mit zunehmender Verbreitung von Kunststoff-Gegenständen Fälle bekannt werden, bei denen offensichtlich die Entwicklung von Mikroorganismen zur Entwertung und Zerstörung geführt hat. Als drastisches Beispiel mag erwähnt werden, daß im Krieg mehrere Millionen von

Polyvinylbutyrat-Regenmänteln aus US-Heeresbeständen unter schwierigen klimatischen Bedingungen durch Einwirkung von Pilzen und Bakterien verdorben sind (GEORGE et al. in GREATHOUSE u. WESSEL).

Keinesfalls läßt sich also die Frage nach der biologischen Korrosionsfestigkeit von Kunststoffen generell positiv beantworten. Schon die außerordentliche Verschiedenheit der in der Kunststoff-Industrie verwandten Substanzen mahnt zur Vorsicht.

Weitere Beispiele mögen folgen: Bekannt sind die Gesundheitsschäden, die durch das Capillargift o-Trikresylphosphat im Weichmacher Trikresylphosphat verursacht worden sind. HEYDE[1] glaubt nachgewiesen zu haben, daß cancerogene Substanzen aus dem Gummi von Melkmaschinen an die Milch abgegeben werden können. Andererseits ist die Verwendung von Polyäthylenrohren für Milchleitungen nach KIERMEIER u. SCHATTENFROH unbedenklich. Die noch recht unklare Situation in bezug auf die Verwendbarkeit von Kunststoffen zur Verpackung von Lebensmitteln wird von v. SCHELHORN diskutiert. HORÁČEK u. MALKUS weisen auf schädliche Wirkungen von Polyamiden hin. Auch die Untersuchungen von KLIMMER u. NEBEL an PVC-Folien sind hier von Interesse. Proteolytische Enzyme vermögen nach HORNAUER Polycaprolactum anzugreifen, das als Verpackungsmaterial für Lebensmittel und auf medizinischem Gebiet zu Naht- und Implantations-Material benutzt wird.

Das Thema Kunststoffe und Krebs ist in zahlreichen Veröffentlichungen behandelt worden, ohne daß bis jetzt eine eindeutige Klärung erzielt worden ist. Tierversuche mit implantierten Kunststoffen haben z. B. OPPENHEIMER et al. ausgeführt. Sehr zurückhaltend über Zusammenhänge zwischen Krebs und Kunststoff-Bestandteilen äußert sich HEINZE.

Die hochpolymeren Anteile der Kunststoffe sind organische Makromoleküle, die z. T. nach den gleichen Prinzipien wie natürlich vorkommende Makromoleküle aufgebaut sind. Die Technik verwendet vollsynthetische Polymere (Polyvinylchlorid, Polyäthylen, Polyamid usw.) und andere, bei deren Herstellung von Naturstoffen ausgegangen wird (Cellulose-Ester, Chlorkautschuk usw.). Die niedrig-molekularen Bestandteile sind für den Polymerisationsprozeß erforderlich (Emulgatoren, Beschleuniger, Stabilisatoren, Vernetzungsmittel), oder sie werden nachträglich dem fertigen Polymerisat zugesetzt, um es anzufärben (organische Farbstoffe z. B. Irgaplaste), oder um seine technischen Eigenschaften zu verändern (Weichmacher, Lichtschutzmittel usw.) (Tab. 1).

Jede dieser Gruppen von Zusatzstoffen besteht wieder aus zahlreichen, in ihrer chemischen Zusammensetzung recht verschiedenen Substanzen, deren biologische Wirkung ebenso wie ihre Verwendbarkeit als Kohlenstoff- (oder Stickstoff-)Quelle für Mikroorganismen meist unbekannt ist. Über die Art der Bindung der Zusatzstoffe im fertigen Kunststoffprodukt besteht offenbar noch keine Klarheit, und es scheint sicher zu sein, daß ein Teil von ihnen nicht am Ort in einer chemischen Bindung fixiert ist. Nach KLIMMER u. NEBEL lassen sich z. B. Stabilisatoren (Stearate, organische Zinnverbindungen) aus PVC-Folien extrahieren. THINIUS u.

---

[1] Nach mündlicher Mitteilung.

Tabelle 1. *Übersicht über die wichtigsten Gruppen von Kunststoffen und Zusatzstoffen* (vgl. hierzu LEUCHS, sowie die Handbücher der Kunststoffindustrie von HOUWINK, THINIUS u. a.). In Klammern die Namen einiger wichtiger Handelsprodukte. Die Mehrzahl der genannten Präparate ist mikrobiologisch untersucht worden

Polymere	Zusatzstoffe
Polyvinyl-Gruppe	*Beschleuniger*
Polyäthylen (Hostalen, Lupolen, Mirathen N und H)	Laurylmercaptan
	Dimethylanilin
Polystyrol (Styron, Styroflex, Styropor, Trolitul)	Kobalt-Naphthenat
	Carbamate
Polyvinylchlorid (PVC, Igelit, Vinidur, Vestolit, Mipolam, Vinoflex)	Benzothiazole
Polyvinylacetat (Mowilith)	*Stabilisatoren*
Polyakrylnitril (Orlon, Wolcrylon)	2-Phenylindol
Polyvinyliden-Gruppe	organische Zinn-Verbindungen wie
Polyisobutylen (Oppanol B)	Dibutyl-Zinn-mercaptid, Dibutyl-Zinn-dilaurat
Polymethakrylsäuremethylester (Plexiglas, Piacryl)	Stearate des Blei, Cadmium, Calcium, Zink, Aluminium
Polydien-Gruppe	*Gleitmittel*
Polybutadien (Buna 85, 115)	(IG-Wachs)
Methylkautschuk (synthet. Gummi)	Paraffinwachs
Polychloropren (Neopren, Sowpren)	Polywachse
Chlorkautschuk	
Polytetrafluoräthylen (Teflon)	*Emulgatoren*
	(Kogasin)
Polyäther-Gruppe	*Weichmacher*
Polyäthylenglykol	Phosphorsäureester
Polyepoxyd (Äthoxylinharz)	Tributylphosphat
hierhin gehören auch Derivate der Cellulose wie Hydratcellulose, Nitrocellulose, Tylose, Trolit, Celluloid, Cellit	Trikresylphosphat
	Fettsäureester
	Glycerintriacetat
	Butylstearat u. -oleat
Polyester-Gruppe	Rizinusöl
gesättigte Polyester (Lanon, Terylen, Hostaphan, Desmophen)	Phthalsäureester
	Dimethylphthalat
Polyamid-Gruppe	Dibutylphthalat
Polyamide (Perlon L und T, Nylon 66, Miramid, Perfol)	Dioctylphthalat
	Diäthylhexylphthalat
Polyurethane (Perlon U, Igamid U)	Dicarbonsäureester
Polyharnstoffe	Adipinate
Alkydharz-Gruppe	Sebazinate
Phenolharze	Paraffinsulfonsäureester
Harnstoffharze	(Mesamoll)
Melaminharze	*Farbstoffe*
Anilinharze	(Irgaplaste)
Silikone	(Vulcanosin-Präparate)
Silikon-Öle, -Fette, -Harze, -Lacke, -Gummi	*Lichtschutzmittel*
	(Antilux)

SCHRÖDER sprechen von einer Wanderung von Weichmachern aus PVC-Folien in das umgebende Medium, z. B. in Lebensmittel.

Die Literatur über die mikrobielle Korrosion von Werkstoffen, einschließlich der Kunststoffe, bis Ende 1950 ist zusammenfassend von GREATHOUSE, WESSEL u. SHIRK behandelt worden. Eine Übersicht über sämtliche Agentien der biologischen Korrosion einschließlich Insekten, Nagetiere und marine Metazoen (ohne Beschränkung auf die Kunststoffe) findet man bei GEORGE, SNYDER, DYKSTRA u. HENDERSON. Die sowjetische Literatur wird berücksichtigt in Mitteilungen des Laboratoriums für wissenschaftlich technische Informationen des Ministeriums für Chemie der UdSSR.

Eingehende Untersuchungen auch in methodologischer Hinsicht hat SCHWARTZ an etwa 300 Präparaten von in der Kunststoffindustrie benutzten Verbindungen durchgeführt.

Zahlreiche Beobachtungen, auf die im einzelnen nicht eingegangen werden kann, über Schadensfälle, über Versuche mit einzelnen Kunststoffen und niedrig-molekularen Bestandteilen, über die Wirksamkeit fungicider und bactericider Zusätze sind in technischen Zeitschriften niedergelegt[1].

2. Korrodierende Mikroorganismen

Hierzu liegt bereits eine Reihe in der technischen Literatur verstreuter Angaben vor. Da die Erscheinungen des Pilzbefalls viel augenfälliger sind, haben Pilze (Ascomyceten und Fungi imperfecti) bisher im Mittelpunkt von Untersuchungen gestanden. Erst neuerdings hat die Rolle der Bakterien bei der Kunststoff-Korrosion stärkere Beachtung gefunden.

Pilze sind meist nicht auf bestimmte Klimazonen beschränkt; sie können überall und unter nahezu allen Bedingungen vorkommen. Am häufigsten werden genannt: *Aspergillus-* und *Penicillium*-Arten (darunter *Asp. niger*), *Chaetomium globosum, Memnoniella echinata, Stachybotrys atra, Spicaria divaricata (Paecilomyces varioti), Cladosporium herbarum, Alternaria tenuis.*

Bakterien brauchen höhere Luftfeuchtigkeit als Pilze. Annähernd Wasserdampf-gesättigte Luft, Taubildung, vor Verdunstung geschützte Stellen ermöglichen auch auf festen Substraten von geringem Wassergehalt eine Bakterienvermehrung. Aus Schadensfällen sind vor allem Vertreter folgender Gattungen und ernährungsphysiologischer Gruppen isoliert worden: *Pseudomonas, Micrococcus, Brevibacterium, Vibrio, Nocardia,* ferner Cellulose-Spalter *(Cytophaga, Cellvibrio).*

3. Methoden der Testung

Da die chemischen Bestandteile der Kunststoffe fast durchweg als relativ schwer angreifbar angesehen werden dürfen, muß für die Testung eine möglichst große Auswahl aggressiver Stämme zur Verfügung stehen. Sie sind z. T. aus Schadensfällen isoliert worden. Sie lassen sich ferner einfangen, indem Kunststoffe, oft für Monate, in Boden oder Schlamm exponiert werden, also nach dem gleichen Prinzip, nach dem DUBOS u. AVERY durch Exponierung eines Kapsel-Polysaccharids im Boden einen Bakterienstamm angereichert haben, der die Kapselsubstanz abbaut. Schließlich finden sich manche für Versuchszwecke geeignete, bereits adaptierte Stämme schon als Bestandteile der „Hausflora" in den Herstellungsbetrieben.

Pilze. Für Pilze sind eine Anzahl durch DIN- und TGL-Vorschriften genormte Methoden vorhanden, deren Arbeitsweise bis in die letzten Einzelheiten vorgeschrieben wird in der (nicht zutreffenden) Annahme, daß

---

[1] Zum Beispiel Plaste und Kautschuk, Kunststoffe, Farbe und Lacke, Plastics, Melliand Textilberichte.

dadurch die Aufzucht und Kontrolle der Pilzstämme sowie das Ansetzen und Auswerten der Versuche auch dem Nicht-Biologen ermöglicht werden kann[1]. Gearbeitet wird mit einem Sporengemisch, das, suspendiert in Wasser oder Würze, auf die zu untersuchende Substanz aufgesprüht wird. Eine Exponierung der beimpften Substanzen bei hoher Luftfeuchtigkeit und 30°C schafft optimale Bedingungen für die Entwicklung der Test-pilze. Die Bewertung erfolgt nach vier Wochen nach dem Grad der Pilz-entwicklung, die in 5—6 Stufen abgeschätzt wird.

Die Methoden sind in erster Linie für die Testung von Materialien der Elektroindustrie, z. B. durch die International Electrotechnical Commission (IEC)[2], ausgearbeitet worden. Bei diesen Materialien spielen Cellu-lose-haltige Bestandteile eine wesentliche Rolle. Die nach Gesichtspunk-ten der Praxis ausgewählten Pilzstämme gehören daher meist zu Arten, die Cellulose anzugreifen vermögen. Die Anwendbarkeit des Gemisches wird dadurch eingeschränkt. Kritische Untersuchungen über seine Brauchbarkeit haben THEDEN u. SCHULTZE-MOTEL ausgeführt. Die IEC-Methode ist von GANZ u. WÄLCHLI kritisiert worden. THEDEN hat ver-schiedene Methoden miteinander verglichen und bewertet. Ein Universal-gemisch für sämtliche Gruppen von Kunststoffen gibt es nicht.

Das in den meisten Ländern benutzte Gemisch besteht aus Stämmen von

Aspergillus niger	*Penicillium cyclopium*
Asp. amstelodami	*Stachybotrys atra*
Paecilomyces varioti	*Chaetomium globosum*
Penicillium brevi-compactum	

SCHWARTZ hat außerdem zahlreiche andere Arten benutzt, darunter *Asp. flavus* und *fumigatus*, *Pen. rubrum*, *rugulosum*, *chrysogenum*, *cyaneum*, *funiculosum* und *citrinum*, *Alternaria tenuis*, *Trichoderma lignorum* und einen *Verticillium*-Stamm. Die Exponierung der beimpften Kunststoffe erfolgte hier nicht hängend in Luft bestimmter Feuchtigkeit, sondern aufliegend auf einem Kohlenstoff-freien Mineralsalz-Agar. Die Versuchsdauer wurde erheblich verlängert (3—6 Monate, gelegentlich sogar darüber hinaus), da bei schwer angreifbaren Substanzen, zu denen die meisten Kunststoffe gehören, mit einer erst allmählich einsetzenden Adaptation von Mikroorganismen gerechnet werden muß.

Eubakterien und Actinomyceten. Streptomcyten lassen sich in gleicher Weise wie Pilze testen. Für die Testung mit Eubakterien und *Nocardia*-Arten ist eine Methode von SCHWARTZ (Bakterien-Reihentest) ausgearbeitet worden. Sie beruht auf folgendem Prinzip (Abb. 26): Die zu prüfende Substanz wird als einzige organische Kohlenstoffquelle in einer mineralischen Nährlösung mit Ammoniumnitrat als Stickstoffquelle der Einwirkung verschiedener potentiell aggressiver Bakterien einzeln oder im Gemisch ausgesetzt. Wenn erforderlich, wird über Monate hinaus das

---

[1] Zahlreiche Normen-Entwürfe und Normen sind in den verschiedenen Ländern ausgearbeitet worden. Sie können bezogen werden durch Beuth-Vertrieb GmbH, Berlin W 15 und Köln und Buchhaus Leipzig, Abt. Standards.

[2] Auch CEI: Commission Electrotechnique Internationale.

Verhalten der Keimzahlen (je ml Medium) kontrolliert. Aus Vermehrung, Rückgang, Wiederansteigen und aus dem Vergleich mit den Kontrollen läßt sich das Verhalten der Keime gegenüber der fraglichen Substanz beurteilen. Als Kontrollen dienen nicht geimpfte Ansätze mit dem Untersuchungsmaterial, um Aufschluß über etwa vom Material selbst mitgeführte wirksame Keime zu erhalten, eine Null-Reihe ohne zugesetzte C-Quelle und eine Vergleichsreihe mit Paraffin (Schmelzpunkt 54°C) als C-Quelle. Paraffin ist für die hier in Frage kommenden anspruchslosen

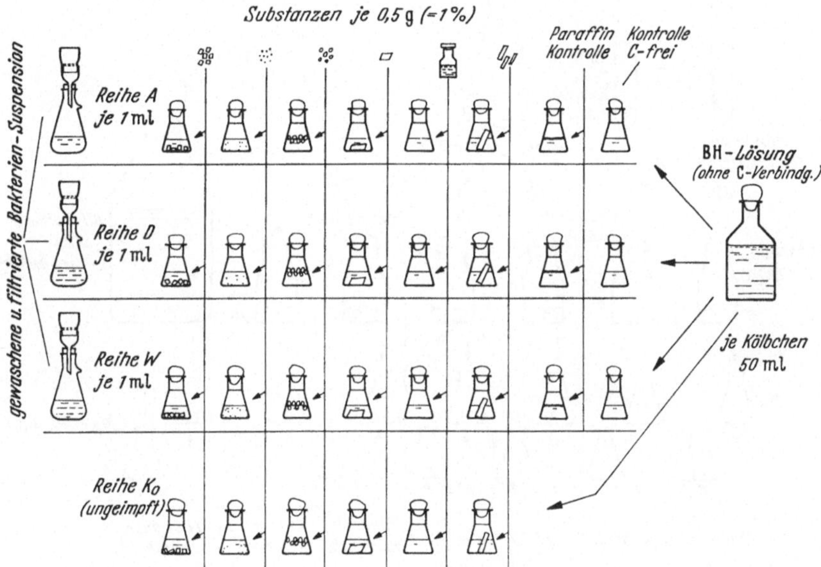

Abb. 26. Beispiel für den Aufbau einer Versuchsserie aus 6 Substanzen mit 3 verschiedenen Stämmen bzw. Gemischen von Bakterien (*Reihe A, Reihe D, Reihe W*) und einer ungeimpften Kontrolle (*Reihe K₀*). BH-Lösung = Mineralsalzlösung nach BUSHNELL u. HAAS. Zur Erzielung einer homogenen Impfflüssigkeit wird die Bakterien-Suspension durch ein 1 G 3-Filter gesaugt

Bakterien gut verwertbar. Feste, wasserlösliche und nicht-wasserlösliche Materialien lassen sich in gleicher Weise prüfen. Die Methode arbeitet langfristig und gibt gut reproduzierbare Resultate; sie läßt sich in Verbindung mit Forschungs- und Entwicklungsarbeiten auf dem Kunststoffgebiet verwenden, unter anderem auch zur Prüfung der Schutzwirkung von bactericiden und bacteriostatischen Zusätzen.

Für die Praxis, d. h. für eine biologische Kontrolle der laufenden Produktion, ist eine schnell arbeitende orientierende Methode erforderlich. Hierzu eignet sich die manometrische Methode nach WARBURG. Sie ist zur Verwendung auf dem Kunststoffgebiet von SCHWARTZ modifiziert worden. Der Sauerstoffverbrauch im Hauptversuch (Testmaterial + korrosive Stämme) wird verglichen mit den Werten, die sich im Nullversuch (endogene Atmung) und im Versuch mit einer Vergleichssubstanz (Paraffin) ergeben (Abb. 27).

In neuester Zeit wurde mit Hilfe der Replika-Platten Technik der Genetiker und mit *Pasteurella tularensis* als Versuchsobjekt eine bactericide Wirkung von Butyl-Kautschuk auf *P. tularensis* festgestellt, während Polyäthylene, Silicon-Kautschuk und Epoxydharz wirkungslos blieben (ROSENWALD et al.).

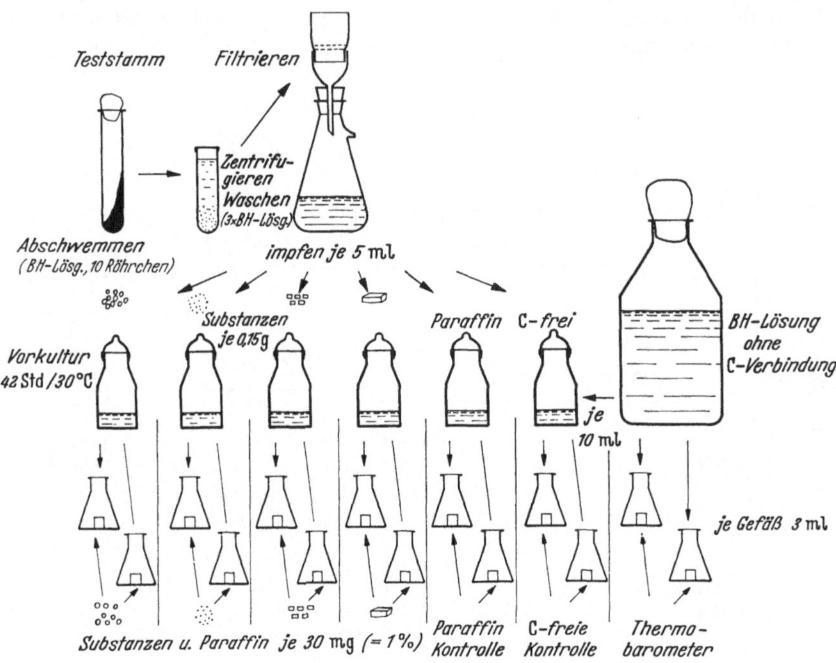

Abb. 27. Beispiel für die Anwendung der manometrischen Methode. Ausführung mit Vorkultur zur Adaptierung der Testkeime an das Substrat

4. Verhalten von Hochpolymeren, Oligomeren und Monomeren

Bei reinen Polymerisaten (Polyäthylen, PVC, Polystyrol usw.) ist nach Untersuchungen an Polyäthylenen und Polyäthylenglykolen das mittlere Molekulargewicht bei sonst gleicher Beschaffenheit und Herkunft der Präparate von entscheidendem Einfluß auf die Keimvermehrung, sowohl im Pilz- wie im Bakterien-Test und im manometrischen Versuch [Lü u. SCHWARTZ (1, 2)]: Je höher das mittlere Molekulargewicht, desto niedriger die Keimzahlen. Langfristige Versuche von jetzt $4^{1}/_{2}$ Jahren (SCHWARTZ) zeigten bei Polyäthylenen jedoch, daß eine langsame Anpassung an höhere mittlere Molekulargewichte möglich ist, eine Erscheinung, die für die weitere Entwicklung auf dem Kunststoff-Gebiet bedeutungsvoll werden könnte.

Bei Polyäthylenen hat sich ferner ergeben, daß die als C-Quelle verwertbaren Bestandteile nicht oder kaum wasserlöslich (auslaugbar) sind, sondern an die Substanz gebunden sind [Lü u. SCHWARTZ (2)]. Ihr Anteil ist bei Proben mit relativ niedrigem Molekulargewicht (z. B. 4800) am höchsten und wahrscheinlich identisch mit den im Präparat enthaltenen Oligomeren.

Bei reinen Polykondensaten (Polyamide, Polyester) kann es, unabhängig vom mittleren Molekulargewicht, je nach der Natur der Komponenten, zu einer mikrobiellen Korrosion kommen, meist jedoch erst nach langsamer Adaptation (SCHWARTZ).

Das Verhalten der Monomeren ist verschieden. Bis jetzt liegen Beobachtungen über Äthylen, Äthylenglykol, Styrol, Vinylacetat, Acrylsäurebutylester, Monophenylharnstoff, ε-Kaprolactam, Hexamethylendiamin, Adipinsäure, Pimelinsäure, Terephthalsäure vor, jedoch sind die Ergebnisse nicht eindeutig, da bei einem Teil der Monomeren (Styrol. Vinylacetat, Acrylsäurebutylester) zur Verhinderung einer spontanen Polymerisation eine Stabilisierung mit Hydrochinon erforderlich ist, das seinerseits eine Bakterien- und Pilzentwicklung nicht zuläßt. Wenn jedoch bei längerer Lagerung das Hydrochinon wirkungslos wird, ändern sich die Verhältnisse, und es setzt eine Verwertung der Monomeren und der teilweise schon vorliegenden Oligomeren durch Bakterien und Pilze ein (Styrol, Vinylacetat). Für Äthylen ist bekannt, daß es microbiell verwertet wird (Literatur bei ZoBELL); auch Äthylenglykol wird angegriffen und von Acetobacter-Stämmen zu Glykolsäure oxydiert (THIMAN). Das monomere ε-Kaprolactam scheint nach BOMAR das Wachstum von Pilzen zu fördern. Nicht angegriffen werden, z. T. wegen stark abweichender Reaktionsverhältnisse, Adipinsäure, Pimelinsäure, Terephthalsäure, Hexamethylendiamin, Monophenylharnstoff, Acrylsäurebutylester.

Was die verarbeiteten Kunststoffe betrifft, so sind Rohre, Folien und andere Materialien auf Polyäthylenbasis bei einwandfreier Beschaffenheit widerstandsfähig gegenüber den heute bekannten korrosiven Mikroorganismen. Das gleiche gilt für PVC. Dagegen entwickeln sich in Polyvinylacetat-Dispersionen Schimmelpilze(PöGE)undBakterien(SCHWARTZ). Bedenken, die anfangs gegen die Verwendung von Kunststoffrohren aus Polyäthylen und PVC in Trinkwasserleitungen geäußert worden sind, haben sich nicht bestätigen lassen (MÜLLER u. W. SCHWARTZ). Im Verhalten gegenüber Chlor in gechlortem Wasser bestehen keine grundsätzlichen Unterschiede zwischen Kunststoffrohren und andersartigen, für Trinkwasserleitungen benutzten Rohren (NEHRKORN u. W. SCHWARTZ). Polystyrol-Erzeugnisse lassen sich nach SCHMIDT als Bestandteile von Wasserzählern verwenden. Bei Polyamiden und Polyestern kann es dagegen zu Adaptationen von Bakterien kommen (SCHWARTZ).

Bei natürlichem Kautschuk ist die Beimengung anderer organischer Verbindungen zu den Kautschuk-Kohlenwasserstoffen für das Verhalten vieler Mikroorganismen von entscheidender Bedeutung. Für künstlichen Kautschuk ist seit langem bekannt, daß zwischen den verschiedenen Arten von Elastomeren Unterschiede in bezug auf Korrosionsfestigkeit bestehen (ZoBELL, BLAKE et al., ROOK, NETTE et al. mit sowjetischer Literatur).

Sehr verschieden ist das Verhalten kombinierter Plaste, wie sie in der Elektroindustrie in Form von Hartpapieren, Hartgeweben, Bitumen- und

Schellack-haltigen Isolierbändern, ferner bei Dichtungsmaterialien benutzt werden. Hier erweist sich oft ein Cellulose- oder Bitumen-Anteil als locus minoris resistentiae.

Eine große Zahl von Farben auf Öl-, Öl-Harz-, Alkydharz- und PVC-Basis sind von KLEUS u. LANG (1, 2) gegen Pilze getestet worden, wobei in Außenanstrichen vorherrschend *Pullularia pullulans* als Bewuchs auftrat. Auf Innenanstrichen war das Bild mannigfaltiger; neben *Aspergillus-* und *Penicillium*-Arten konnten Vertreter der Gattungen *Alternaria, Curvularia, Trichoderma* und *Hormodendrum* nachgewiesen werden. Auf Anstrich-Filmen waren *Alternaria tenuis, Cladosporium herbarum* und *Chaetomium globosum* am wirksamsten (MEIER und SCHMIDT), wobei Stickstoff-haltige Filme (Harnstoffharze, Nitrocellulose) stärker befallen wurden als saure Filme (Phthalatharze, Polyvinylacetat).

Unter den Bakterien wird *Flavobacterium resinovorum* als Verwerter von Kunstharzen genannt (DASTE).

Ein Kunststoff-Lack auf PVC-Basis, der als Oberflächenschutz in den Filterbecken eines Wasserwerkes dienen sollte, wurde von Bakterien, Cyanophyceen, Pilzen *(Fusarium)* und Algen besiedelt und zerstört (ARNOLD SCHWARTZ u. W. SCHWARTZ).

5. Zusatzstoffe

Unter der großen Zahl der in der Kunststoffindustrie benutzten Zusatzpräparate, die ständig durch neue vermehrt werden, fallen die Gruppen der Stabilisatoren und Gleitmittel dadurch auf, daß diese Substanzen fast durchweg eine z. T. recht kräftige Entwicklung von Pilzen und Bakterien zulassen. Bei den Stabilisatoren vermögen auch Schwermetallkationen hieran nichts zu ändern. Bei den als Gleitmittel benutzten Wachsen liegen die Verhältnisse etwas günstiger: Ein Teil der synthetischen Wachse läßt eine Vermehrung von Mikroorganismen nicht zu.

Unter den Beschleunigern sind Präparate auf Carbamat-Basis offenbar durch Mikroorganismen nicht gefährdet. Bei den sonstigen Präparaten dieser Gruppe fällt das relativ häufige Vorkommen von Adaptationen bei Bakterien auf. Bei den Chlorparaffinen in der Gruppe der Weichmacher ist Chlor für die Resistenz gegenüber Bakterien entscheidend, jedoch erst bei hohen Chlorgehalten, während Pilze nicht wachsen. Die in großer Zahl als Weichmacher benutzten Ester organischer Säuren zeigen gegenüber Pilzen und Bakterien wechselndes Verhalten. Nach STAHL u. PESSEN (1, 2) sind besonders *Asp. versicolor* und *Ps. aeruginosa* an der Zerstörung vieler Weichmacher beteiligt, die als C-Quelle verwendet werden; auch Hefepilze *(Zygosacch. drosophilae* El Tabey, *Sacch. cerevisiae)* können Weichmacher angreifen.

Die zum Anfärben von Kunststoffen benutzten Irgaplaste und Vulcanosin-Farbstoffe erwiesen sich als resistent (SCHWARTZ).

Bei einzelnen hierhin gehörenden Präparaten, wie Melamine, Peroxyde, sind mit *Escherichia coli* als Testorganismus cytotoxische Erscheinungen beobachtet worden (SCHWEISFURTH u. W. SCHWARTZ).

Literatur

BLAKE, J. T., D. W. KITCHIN and O. S. PRATT: Appl. Microbiol. 3, 35—39 (1955). — BOMAR, M.: Plaste u. Kautschuk 4, 287—288 (1957). — BUSHNELL, L. D., and H. F. HAAS: J. Bacteriol. 41, 653—673 (1941).

CEI: Commission Electrotechnique Internationale. Essais fondamentaux climatiques et de robustesse mécanique des pièces détachées. Publ. Nr. 68, Bureau Central de la CEI, Genf 1954.

DASTE, P.: C. R. Acad. Sci. (Paris) 246, 2953—2955 (1958). — DUBOS, R., and O. T. AVERY: J. exper. Med. 54, 51—71 (1931).

GANZ, E., u. O. WÄLCHLI: Bull. schweiz. elektrotechn. Ver. 46, 233—239 (1955). — GEORGE, R. A. ST., T. E. SNYDER, W. W. DYKSTRA, L. S. HENDERSON et al. In: G. A. GREATHOUSE and C. J. WESSEL: Deterioration of Materials, Causes and Preventive Techniques. New York: Reinhold Publ. Corp. 1954. — GREATHOUSE, G. A., C. J. WESSEL and H. G. SHIRK: Ann. Rev. Microbiol. 5, 333—358 (1951).

HEINZE, R.: Plaste u. Kautschuk 6, 345—346 (1957). — HORÁČEK, I., and Z. MALKUS: J. Hyg. Epid. Microbiol. Immunol. 5, 357—365 (1961). — HORNAUER, H.: Beiträge zur enzymatischen Hydrolyse von Polycaprolactam. Arbeitskreis ,,Plaste und Chemiefasern in der Medizin" des Ministeriums für Gesundheitswesen der DDR. Sonderdruck Plaste u. Kautschuk (o. J.). — HOUWINK, R.: Chemie und Technologie der Kunststoffe I/II. Leipzig: Bd. I. 3. Auflage 1954, 4. Auflage 1962, Bd. II. 3. Auflage 1956.

KIERMEIER, F., u. GERDA SCHATTENFROH: Z. Lebensm.-Untersuch. u. -Forsch. 110, 241—249 (1959). — KLEUS, P. F., and I. F. LANG: (1) J. Oil & Colour Chem. Ass. 39, 887—899 (1956); — (2) Verfkronick 29, 11—15 (1956). — KLIMMER, O. R., u. I. U. NEBEL: Arzneimittel-Forsch. 10, 3—6 (1960).

LEUCHS, D.: Kunststoffe 15, 329—334, 375—382, 511—519 (1955). — LÜ, JEN-HAO, u. ADELHEID SCHWARTZ: (1) Z. allgem. Mikrobiol. 1, 176—177 (1961); — (2) Kunststoffe 51, 317—319 (1961).

MEIER, K., u. H. SCHMIDT: Farbe u. Lack 62, 469—476 (1956). — MÜLLER, ADELHEID, u. W. SCHWARTZ: Kunststoffe 47, 583—588 (1957).

NEHRKORN, A., u. W. SCHWARTZ: Arch. Hyg. u. Bakteriol. 145, 481—497 (1961). — NETTE, I. T., N. R. POMORZEWA u. E. I. KOSLOWA: Mikrobiol. (russ.) 28, 881—886 (1959) (dtsch. Übers. in Sowjetwissenschaft. Naturwissenschaftliche Beiträge Jahrgang 1960, Heft 7, S. 770—778).

OPPENHEIMER, B. S., ENID T. OPPENHEIMER, J. DANISHEVSKY, A. P. STOUT and F. R. EIRICH: Cancer Res. 15, 333—340 (1955).

PÖGE, W.: Plaste u. Kautschuk 8, 74—76 (1961).

REITER, R.: Plaste u. Kautschuk 8, 407 (1961). — ROOK, J. J.: Appl. Microbiol. 3, 302—309 (1955). — ROSENTAL, A. J., H. M. HODGE, S. N. METCALFE JR. and R. S. HUTTON: Appl. Microbiol. 10, 345—353 (1962).

SCHELHORN, M. V.: Verpackungsrundschau 6, 9—15 (Beilage) (1955). — SCHMIDT, B.: Zentr. Bakteriol. usw. I Orig. 178, 381—392 (1960). — SCHWARTZ, ADELHEID: Mikrobielle Korrosion von Kunststoffen und ihren Bestandteilen. Abhandlungen der Deutschen Akademie der Wissenschaften zu Berlin. Kl. f. Chem., Geol., Biol. 1963 Nr. 5. — SCHWARTZ, ARNOLD u. W. SCHWARTZ: Zentr. Bakteriol. usw. II. Abt. 115, 546—554 (1962). — SCHWEISFURTH, R. u. W. SCHWARTZ: Acta biologica et medica germanica 2, 54—143 (1959). — STAHL, W. H. and H. PESSEN: (1) Appl. Microbiol. 1, 30—35 (1953); — (2) Plastics 31, 111—112 (1954).

THEDEN, GERDA: Materialprüfung 2, 88—97 (1960). — THEDEN, GERDA, u. MARLEEN SCHULTZE-MOTEL: Angew. Bot. 34, 133—157 (1960). — THIMAN, K. V.: The life of bacteria. New York 1955. — THINIUS, K.: Hochpolymere. Herstellung, Eigenschaften und Anwendung als Kunststoffe. Leipzig 1952. — THINIUS, K., u. E. SCHRÖDER: Plaste u. Kautschuk 5, 127—129 (1958).

ZOBELL, C. E.: Advances in Enzymol. 10, 443—486 (1950).